ENCYCLOPEDIA OF PHYSICS

EDITED BY

S. FLÜGGE

VOLUME VIII/1

FLUID DYNAMICS I

CO-EDITOR

C. TRUESDELL

WITH 186 FIGURES

SPRINGER-VERLAG
BERLIN · GÖTTINGEN · HEIDELBERG
1959

HANDBUCH DER PHYSIK

HERAUSGEGEBEN VON

S. FLÜGGE

BAND VIII/1

STRÖMUNGSMECHANIK I

MITHERAUSGEBER

C. TRUESDELL

MIT 186 FIGUREN

SPRINGER-VERLAG
BERLIN · GÖTTINGEN · HEIDELBERG
1959

Printed in Germany

Druck der Universitätsdruckerei H. Stürtz AG., Würzburg

Inhaltsverzeichnis.

11/20/59 - J. K. Maxwell

Physikalische Grundlagen der Strömungslehre.

Von

K. Oswatitsch.

Mit 69 Figuren.

Einleitung.

Seit dem Erscheinen des Vorgängers dieses Handbuch-Bandes im Jahre 1927 haben sich die Aufgaben und Interessen auf dem Gebiet der Strömungslehre außerordentlich erweitert. In den vor 30 Jahren erschienenen Werken spiegelt sich die Entwicklung wieder, welche im Anfang des Jahrhunderts in Fluß kam. Sie war eng verbunden mit der zunehmenden Bedeutung der technischen Wissenschaften, insbesondere der Luftfahrt, und ist eng verknüpft mit dem Namen L. Prandtls, der nicht nur auf manchen Gebieten durch neue Anschauungsweisen, wie beispielsweise die Grenzschichttheorie, aus einer Stagnation herausführte, sondern auch das Fachgebiet seiner Schaffensperiode zu beherrschen vermochte. Die Aufgaben waren zwar auch damals verwickelt, ihre experimentelle Darstellung und auch der theoretische Aufwand bewegten sich jedoch meist in erträglichen Grenzen.

Solche Schranken scheinen heute aber nach allen Richtungen durchbrochen. Die Entwicklung nach hohen Geschwindigkeiten, stationär und instationär, mit und ohne Reibung und Wärmeübergang, hat besonders nach dem letzten Krieg zu einer Ausweitung des Fachgebietes und des Wissenschaftler-Stabes geführt, welche den Überblick über die wissenschaftliche Produktion und die Auslese wichtiger Arbeiten sehr erschwert. Das Vordringen zu extremen Geschwindigkeiten führt zu thermischen Zuständen, die gegenwärtig weder theoretisch und noch weniger experimentell beherrscht werden. Gerade der ungeheure Versuchsaufwand rechtfertigt größere Bemühungen in der Theorie, die allerdings von der Entwicklung der Rechenautomaten erleichtert werden. Lösungen, welche wegen des Umfanges der Arbeit früher aussichtslos schienen, etwa in der Meteorologie, werden heute versucht. Ältere Probleme, wie die Strömung in hoch verdünnten Gasen, gewinnen neues Interesse. Ganz neue Probleme, wie Plasmaströmungen in magnetischen und elektrischen Feldern kommen hinzu. Dabei steht eine Modelltheorie für einfache turbulente Strömungen auch heute noch aus.

Angesichts dieses Zustandes ist eine Beschränkung insbesondere in einem allgemeinen Grundlagenartikel erforderlich. Deshalb sind im folgenden gaskinetische Effekte, magnetische und elektrische Kräfte, sowie Strömungen mit Diffusion nicht behandelt. Im übrigen habe ich mich aber um eine möglichst allgemeine und klare Darstellung der Grundlagen der gegenwärtig interessierenden, im allgemeinen kompressiblen Strömungen bemüht.

Wie schon früher begann ich mit den Grundgleichungen in Form von Integralsätzen. Für die Beschreibung der Teilchenbewegungen und die Herleitung der Wirbelsätze zog ich die Lagrange-Darstellung vor. Im Hauptabschnitt über die Strömungstypen versuchte ich eine übersichtliche Klassifizierung. Die verstreuten Beispiele, sowie Hauptabschnitt XI sollten die Anschauung fördern und zu den

Spezialartikeln überleiten. In Ermangelung einer Turbulenztheorie ist den Nachbarproblemen in Hauptabschnitt XII etwas mehr Raum gewidmet. Die Variationsprinzipien dagegen wurden mit Rücksicht auf die umfassende Behandlung im Parallelartikel von B. Serrin nicht nochmals dargestellt[1].

1. Physikalisch-thermodynamische Voraussetzungen. Allen folgenden Überlegungen soll stets ein Medium zugrundegelegt werden, dessen thermodynamischer Zustand durch Angabe der absoluten Temperatur T, des Druckes p und der Dichte ϱ beschrieben werden kann, und dessen Bewegung durch einen einzigen Geschwindigkeitsvektor $\mathfrak{w}$ mit den drei Komponenten u, v, w in den Koordinatenrichtungen x, y, z darstellbar ist.

Durch diese Annahme wird eine Reihe interessanter Probleme von den Betrachtungen ausgeschlossen, wie etwa die Strömung von Phasengemischen bei starker Beschleunigung oder Verzögerung, wo beispielsweise die Tropfen eine andere Bahn beschreiben als das Gas der Umgebung und Kräfte von der einen Phase auf die andere ausgeübt werden. Solche Vorgänge erfordern jedoch wegen ihrer Kompliziertheit zu ihrer Beschreibung andere Vereinfachungen, wie eine Beschränkung auf eindimensionale Bewegung und ähnliches. Sie erschweren unnötig die hier angestrebte allgemeine Darstellung des Strömungsvorganges.

Soweit die verschiedenen Bestandteile des Mediums jedoch einheitliche Geschwindigkeit besitzen, sind sie bei den folgenden Überlegungen mit eingeschlossen. Es ist dann eine reine Frage der Thermodynamik, wie die einzelnen Bestandteile abhängig vom gemeinsamen Druck und von der gemeinsamen Temperatur und, bei Relaxationsphänomenen auch abhängig von der Zeit t, ineinander übergehen. Stets kann einem solchen Gemisch dann auch eine innere Energie e, eine Enthalpie i oder eine Entropie s, alle drei Größen auf die Masseneinheit bezogen, zugeordnet werden. Die Darstellung von Strömungen reagierender Substanzen ist also im folgenden durchaus mit einbegriffen, solange die beteiligten Produkte nicht durch den Strömungsvorgang getrennt werden. Voraussetzung ist zunächst also nur, daß sich das Medium genau so verhält, als ob es in eine große Anzahl masseloser und kräftefrei deformierbarer Hüllen verpackt wäre.

Das Medium muß also als *physikalisch-homogen* darstellbar sein, es muß sich im thermodynamischen Gleichgewicht befinden oder, in der Ausnahme, dieses thermodynamische Gleichgewicht mit einer angebbaren Verzögerung annehmen. Ferner heißt das, daß die „Körnigkeit" der Struktur des Mediums klein sein muß gegenüber den Strömungsdimensionen. So können einerseits in kosmischen Räumen die Bewegungen von Sternansammlungen als Strömungen von Gaswolken beschrieben werden, während andererseits die molekulare Struktur gewöhnlicher Gase bei sehr abrupten Änderungen bereits in Betracht zu ziehen sein wird.

Unter diesen Annahmen ist die Abhängigkeit der mittleren thermodynamischen Zustandsgrößen T, p, ϱ, e, i und s untereinander eine reine Frage der Thermodynamik, welche völlig unabhängig vom Strömungsvorgang und parallel zu diesem zu lösen ist. Für den Strömungsvorgang selbst kann stets vorausgesetzt werden, daß nur zwei der thermodynamischen Zustandsgrößen unabhängig voneinander sind, beispielsweise p, ϱ oder s, T. Die übrigen Zustandsgrößen können stets durch rein thermodynamische Beziehungen auf zwei unabhängige zurückgeführt werden. Allerdings sind diese thermodynamischen Beziehungen häufig

[1] Herrn C. Truesdell danke ich bestens für seine zahlreichen historischen Hinweise. Meinem Assistenten Herrn T.D. Rues gebührt mein bester Dank für viele Hilfeleistungen, insbesondere für das Zusammenstellen der Figuren und das kritische Lesen der Korrekturen. Für letzteres bin ich auch meinem Mitarbeiter, Herrn R. Schwarzenberger zu Dank verbunden.

so verwickelt, daß auf ihre explizite Anwendung verzichtet und nur ihre grundsätzliche Existenz angenommen wird. Bei einigen wenigen besonders schnell ablaufenden Zustandsänderungen kann infolge von Relaxationserscheinungen in diese Beziehungen auch noch die Zeit t eingehen. Über den Einfluß der Relaxation geben einige Messungen Auskunft[1].

Elektrische und magnetische Kräfte zwischen den einzelnen Teilen des Mediums, wie sie etwa bei starker Ionisierung des Gases in einem Magnetfeld auftreten können, sollen nicht mit eingeschlossen werden. Diese Erscheinungen sind Gegenstand der Magnetohydrodynamik und der Plasmadynamik, eines gegenwärtig stark in der Entwicklung begriffenen Wissensgebietes.

2. Darstellung des Strömungsvorganges. Der Strömungsvorgang wird stets durch fünf unabhängige Funktionen beschrieben, deren zwei den thermodynamischen Zustand und deren drei die Bewegung des Mediums im Raume betreffen. Für eine solche Darstellung stehen zwei verschiedene Methoden zur Verfügung, die sich beide schon bei EULER finden[2].

Die eine nach LAGRANGE (1736—1813) bezeichnete Darstellungsform schließt sich den Methoden der Punktmechanik an. Als unabhängige Veränderliche werden bei dieser neben der Zeit t drei Variable gewählt, welche für das einzelne Teilchen des in drei Dimensionen erstreckten Mediums charakteristisch sind. Als solche Variable kommen in erster Linie die Koordinaten des Teilchens zur Zeit $t=0$ in Frage. Die abhängigen Veränderlichen sind neben den beiden thermodynamischen Zustandsgrößen die Lage x, y, z des Teilchens zu einem beliebigen Zeitpunkt. Für bestimmte Werte der Teilchenkoordinaten geben die kartesischen Koordinaten x, y, z als Funktion der Zeit die Teilchenbahn. Die Ableitungen der Koordinaten nach der Zeit geben die Geschwindigkeitskomponenten. Wenn diese „Lagrange-Methode" auch weniger angewendet wird, so leuchtet doch ein, daß sie dort gute Dienste leisten wird, wo es sich um die Verfolgung der Eigenschaften eines einzelnen Teilchens handelt, wie etwa bei den Wirbelsätzen (siehe z.B. [*1*]).

Im allgemeinen ist jedoch die nach EULER (1707—1783) benannte Darstellungsform[2] vorzuziehen. Bei ihr wird der Strömungszustand in einem geeignet gelegenen Bezugssystem registriert. Die unabhängigen Veränderlichen sind hier also die Zeit und die Ortskoordinaten. Gesucht werden der thermodynamische Zustand und der Strömungszustand in Abhängigkeit von Ort und Zeit.

Die Eulersche Methode entspricht den gebräuchlichsten Meß- und Beobachtungsmethoden in der Strömungsmechanik. Man registriert dabei etwa den Druck in bestimmten Punkten der Wand, das Strömungsbild von einem bestimmten Beobachtungsstand oder auch die Kraft, welche auf den Körper ausgeübt wird. Die Eigenschaften der Teilchen bleiben außer Betracht und sind oft auch gar nicht so leicht zu ermitteln.

Dabei gibt es noch einen wichtigen Spezialfall, nämlich jenen, wo der Strömungszustand zeitlich unabhängig ist, die stationäre Strömung. Die thermodynamischen Zustandsgrößen und der Strömungsvektor sind in diesem Fall nur mehr Ortsfunktionen.

Man erhält also für jeden Zeitpunkt t ein Richtungsfeld der Geschwindigkeiten. Diejenigen Kurven, welche in jedem Punkt des Strömungsfeldes die Richtung des Geschwindigkeitsvektors besitzen, bezeichnet man als Stromlinien. Die röhrenförmigen Gebilde, deren Wände aus Stromlinien erzeugt werden, nennt man Stromfäden oder Stromröhren. Bei instationärer Strömung sind die Strom-

---

[1] H. G. NAGAMATSU, R.E. GEIGER and R.E. SHEER jr.: J. Aeronaut. Sci. (1959).
[2] L. EULER: Berl. Akad. **11**, Jg. 1755.

linien keineswegs mit den Teilchenbahnen identisch. Nur bei stationärer Strömung bewegen sich die Teilchen nicht nur im Augenblick, sondern dauernd längs einer bestimmten Stromlinie.

Unabhängig von der Form der Darstellung handelt es sich stets darum, ein Gleichungssystem für die fünf abhängigen Veränderlichen, beispielsweise für u, v, w, p und ϱ zu finden. Dieses wird geliefert durch den Satz von der Erhaltung der Masse (Kontinuitätsbedingung), die Impulssätze in den drei Koordinatenrichtungen und den Energiesatz. Der Energiesatz gibt ja in der Thermodynamik des physikalisch-homogenen Mediums den thermodynamischen Zustand, demzufolge muß er also auch beim Strömungsvorgang herangezogen werden. Die drei Bewegungsgleichungen oder Impulssätze stellen den Bewegungsvorgang in der Punktmechanik dar. Die Kontinuitätsbedingung schließlich ist eine für die Strömungslehre typische Gleichung und hat weder in der Thermodynamik noch in der Punktmechanik ein vollkommenes Gegenstück, da dort im allgemeinen genau abgegrenzte Materieteile betrachtet werden. Dagegen muß in der Strömungslehre stets besonders ausgedrückt werden, wie sich die Menge durch Zuströmen, Abströmen oder durch Ausdehnung ändert.

Aus einem später ersichtlichen Grunde wird im folgenden mit der Darstellung in Form von Integralsätzen begonnen, wobei zunächst die Eulersche Darstellungsform angewendet wird.

I. Grundgleichungen in Integralform.

3. Integralform der Kontinuitätsbedingung. Im Raume mit den Koordinaten x, y, z sei ein Bereich B durch eine geschlossene Fläche F abgetrennt (Fig. 1). Die Flächennormale führe nach außen und sei durch einen Einheitsvektor $\mathfrak{n}$ gegeben. Er schließe mit den drei Koordinatenrichtungen die Winkel (n, x), (n, y) und (n, z) ein:

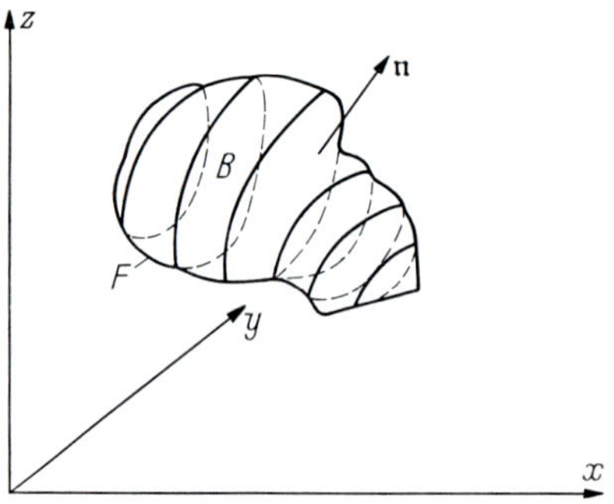

Fig. 1. Räumlicher Bereich B.

$$\mathfrak{n} = \big(\cos(n, x); \quad \cos(n, y); \quad \cos(n, z)\big). \tag{3.1}$$

Die Geschwindigkeitskomponente in Richtung der Flächennormale ist dann das innere Produkt oder Skalarprodukt von Geschwindigkeitsvektor und Flächennormale:

$$\left.\begin{aligned} \mathfrak{w} \cdot \mathfrak{n} = u \cos(n, x) + v \cos(n, y) + \\ + w \cos(n, z). \end{aligned}\right\} \tag{3.2}$$

Der Materiestrom durch ein Flächenelement df in der Zeiteinheit ist gegeben durch den Zylinder der Grundfläche df, der Höhe $(\mathfrak{w} \cdot \mathfrak{n})$ multipliziert mit der Dichte ϱ:

$$\varrho\, (\mathfrak{w} \cdot \mathfrak{n})\, df. \tag{3.3}$$

Dieser Materiestrom, über die Fläche F integriert, gibt den Materiefluß aus dem betrachteten Raum.

Im Bereich B befindet sich die Masse:

$$\iiint\limits_B \varrho\, dx\, dy\, dz. \tag{3.4}$$

Q, die Summe der Quellstärken aller innerhalb von F befindlichen Quellen, muß nun gleich sein der zeitlichen Zunahme der in B befindlichen Masse (3.4) vermehrt um den durch F fließenden Materiestrom:

$$Q = \frac{d}{dt} \iiint_B \varrho \, dx \, dy \, dz + \iint_F \varrho \, \mathfrak{w} \cdot \mathfrak{n} \, df. \tag{3.5}$$

Sofern die Begrenzung F als zeitlich gleichbleibend angenommen wird, kann die Ableitung nach der Zeit in (3.5) auch auf den Integranden ausgeübt werden. Sind im Innern von F keine Quellen vorhanden, oder ist die Summe ihrer Quellstärke Null ($Q = 0$), dann verschwindet die linke Seite der Gleichung der Kontinuitätsbedingung in der Integralform (3.5).

Der Integrand des Flächenintegrales von (3.5) kann auch als Skalarprodukt eines neuen Vektors $\varrho\,\mathfrak{w}$ mit dem Normalenvektor $\mathfrak{n}$ aufgefaßt werden. Dieser Stromdichte-Vektor:

$$\varrho\,\mathfrak{w} = (\varrho u;\ \varrho v;\ \varrho w) \tag{3.6}$$

spielt in der Strömungslehre kompressibler Medien eine bedeutende Rolle. Seine Projektion auf die Normalenrichtung gibt den Ausfluß durch eine Fläche.

4. Integralform des Impulssatzes. Nach dem Impulssatz muß die Resultierende aller auf den Bereich B ausgeübten Kräfte eine Erhöhung der Bewegungsgröße in der Kraftrichtung bewirken. Dabei sollen drei verschiedene Formen von Kräften unterschieden werden. Erstens eine Haltekraft gegeben durch einen Kraftvektor:

$$\mathfrak{k} = (K_x;\ K_y;\ K_z). \tag{4.1}$$

Mit Hilfe dieser auf das Innere von B oder auf einen Teil seiner Oberfläche ausgeübten Kraft soll die Anordnung festgehalten werden. Man kann sich unter (4.1) etwa die für die Verankerung eines Triebwerkes, einer Rohrleitung oder eines Windkanalmodells erforderliche Kraft vorstellen. Als zweites kommen Massenkräfte in Betracht, welche, wie beispielsweise die Schwerkraft, am Materieelement angreifen

$$\mathfrak{g} = (X, Y, Z). \tag{4.2}$$

Ihre drei Komponenten X, Y, Z seien als Funktionen des Ortes und allenfalls der Zeit gegeben. Schließlich sind noch Flächenkräfte in Rechnung zu stellen, wie sie als statischer Druck oder als Reibungskräfte auftreten. Auf ein Oberflächenelement können unabhängig voneinander zwei Schubspannungen in der Ebene des Flächenelementes und eine Normalspannung in Richtung senkrecht zum Flächenelement wirken. Da es aber drei unabhängige Richtungen für das Flächenelement gibt. sind das zunächst neun Größen, durch welche die Flächenkraft dargestellt wird. Der statische Druck p soll dabei herausgeschält werden, und zwar als $-p$, weil eine dem statischen Druck gleiche Flächenkraft entgegen der Normalrichtung auf das Flächenelement ausgeübt werden muß. Der verbleibende Teil der Oberflächenkräfte ist in (4.3) durch die Bildung σ_{ik} gekennzeichnet. Er ist auf innere Reibung des Mediums zurückzuführen. Die entsprechenden Beziehungen werden in Ziff. 29 abgeleitet. Der statische Druck wirkt unabhängig von der Richtung des Flächenelementes mit der gleichen Stärke. Damit gewinnt man folgendes Schema für den Tensor der Oberflächenkräfte:

$$\mathfrak{S} = \begin{pmatrix} -p + \sigma_{xx} & \sigma_{xy} & \sigma_{xz} \\ \sigma_{yx} & -p + \sigma_{yy} & \sigma_{yz} \\ \sigma_{zx} & \sigma_{zy} & -p + \sigma_{zz} \end{pmatrix}. \tag{4.3}$$

Der erste Index bezieht sich dabei stets auf die Richtung des Flächenelementes. In der ersten Zeile also stehen die Kraftkomponenten, welche auf das normal zur x-Achse stehende Element ausgeübt werden (Fig. 2). Der zweite Index hingegen bezieht sich auf die Kraftrichtung. In der ersten Kolonne stehen also alle x-Komponenten. Ganz wie bei den Vektoren stehen die in den drei Koordinatenrichtungen wirkenden Komponenten nebeneinander. Die auf der Diagonalen stehenden σ-Ausdrücke mit den Doppelindices xx, yy, zz werden als Normalspannungen, die übrigen als Tangential- oder häufiger noch als Schubspannungen bezeichnet.

Im übrigen sind die Komponenten nicht unabhängig voneinander. Wie ein Druck stets einen Gegendruck und eine Kraft stets eine Gegenkraft bedingt, so sind auch die Schubspannungskomponenten gekoppelt. Fig. 3 zeigt einen Längsschnitt durch ein quaderförmiges Materieelement, an dessen Oberseite eine Schubspannung in x-Richtung, σ_{yx}, angreift. Es soll keine Bewegung entstehen, also

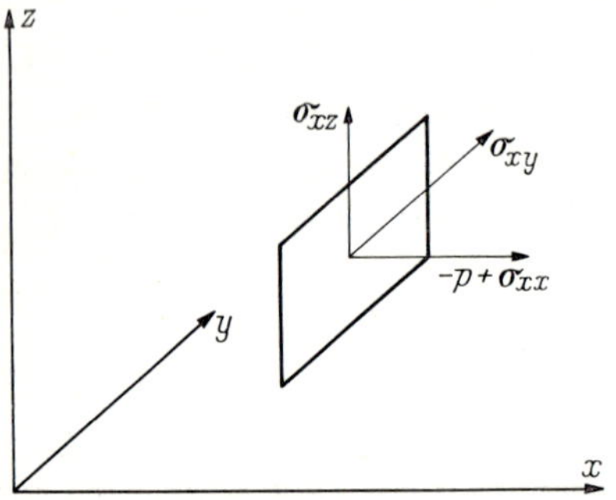

Fig. 2. Oberflächenkräfte auf ein Flächenelement senkrecht zur x-Achse.

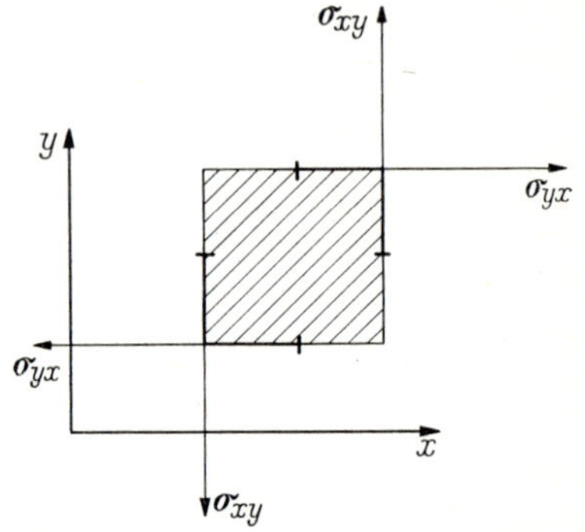

Fig. 3. Längsschnitt durch ein quaderförmiges Element.

volles Kräftegleichgewicht herrschen. Dann muß an der Unterseite dieselbe Schubspannung σ_{yx} in entgegengesetzter Richtung wirken. Das allein genügt jedoch nicht, da nun ein Moment auf das Materieteilchen ausgeübt wird. Im Gleichgewicht muß gleichzeitig eine Oberflächenkraft in y-Richtung an den auf die x-Richtung senkrechten Flächenelementen wirken, σ_{xy}, welche gleich groß ist wie σ_{yx}. Da dies nicht nur auf die Paarung xy zutrifft, sondern auch für alle anderen Indicespaarungen gilt, haben die Tensorkomponenten von (4.3) folgende Bedingungen zu erfüllen:

$$\sigma_{ik} = \sigma_{ki} \quad \text{mit} \quad i, k = x, y, z. \tag{4.4}$$

Die Oberflächenkräfte werden demnach durch einen symmetrischen Tensor zweiter Stufe, d.h. durch eine symmetrische Dyade, dargestellt.

Wieder aus Gründen des Kräftegleichgewichts ist die Kraft, welche auf ein beliebig liegendes Flächenelement df wirkt, gleich groß wie die Summe der Kräfte, die auf die drei Komponenten des Flächenelementes $\cos(n, x)\,df$, $\cos(n, y)\,df$, $\cos(n, z)\,df$ wirken (Fig. 4). Pro Flächeneinheit wirkt also auf eine Fläche der Normalenrichtung $\mathfrak{n}$ die Kraft in x-, y- und z-Richtung:

$$\left.\begin{aligned} &(-p + \sigma_{xx}) \cos(n, x) + \sigma_{yx} \cos(n, y) + \sigma_{zx} \cos(n, z);\\ &\sigma_{xy} \cos(n, x) + (-p + \sigma_{yy}) \cos(n, y) + \sigma_{zy} \cos(n, z);\\ &\sigma_{xz} \cos(n, x) + \sigma_{yz} \cos(n, y) + (-p + \sigma_{zz}) \cos(n, z). \end{aligned}\right\} \tag{4.5}$$

Das System (4.5) stellt also die drei Komponenten des an der Flächeneinheit angreifenden Flächenkraftvektors dar, nur sind diese Komponenten aus drucktechnischen Gründen untereinander geschrieben. Mit Hilfe der Tensorsymbolik kann der Vektor (4.5) als Produkt von $\mathfrak{n}\cdot\mathfrak{S}$ dargestellt werden, womit sich das Einführen eines neuen Vektorsymbols erübrigt:

$$\mathfrak{n}\cdot\mathfrak{S}=\big(\cos(n,x);\ \cos(n,y);\ \cos(n,z)\big)\cdot\begin{pmatrix}-p+\sigma_{xx}; & \sigma_{xy}; & \sigma_{xz}\\ \sigma_{yx}; & -p+\sigma_{yy}; & \sigma_{yz}\\ \sigma_{zx}; & \sigma_{zy}; & -p+\sigma_{zz}\end{pmatrix}. \quad (4.6)$$

Der mit der Tensorrechnung nicht vertraute Leser braucht das Produkt $\mathfrak{n}\cdot\mathfrak{S}$ nur als Symbol für den Vektor (4.5) anzusehen. Nach den Regeln des Tensorkalküls sind nämlich in (4.6) alle Produktsummen von Zeile mal Spalte zu bilden. Das gibt nebeneinander stehend gerade die drei Vektorkomponenten wie sie in (4.5) untereinander geschrieben sind. Die durch (4.1), (4.2) und (4.6) dargestellten Kraftvektoren erzeugen eine Bewegungsgröße in den drei Komponentenrichtungen. Die Bewegungsgröße der Masseneinheit ist $\mathfrak{w}$, jene der Raumeinheit $\varrho\mathfrak{w}$. Somit ist die in B enthaltene Bewegungsgröße:

$$\iiint_B \varrho\mathfrak{w}\,dx\,dy\,dz. \quad (4.7)$$

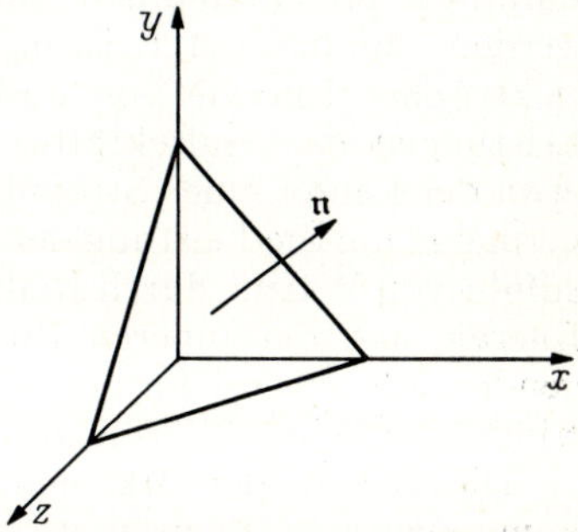

Fig. 4. Kräftegleichgewicht am Tetraeder.

Aber nicht nur durch die zeitliche Zunahme dieses Raumintegrals wird die Bewegungsgröße vermehrt, sondern auch durch den Strom an Bewegungsgröße durch die Fläche F aus dem Bereich B hinaus. Dieser Strom an Bewegungsgröße unterscheidet sich von dem Strom an Masse nur durch die transportierte Eigenschaft. Während früher pro Raumeinheit ϱ floß, strömt nun $\varrho\mathfrak{w}$. Damit kann der Impulssatz in folgender Integralform geschrieben werden:

$$\mathfrak{k}+\iiint_B \mathfrak{g}\varrho\,dx\,dy\,dz+\iint_F \mathfrak{n}\cdot\mathfrak{S}\,df=\frac{d}{dt}\iiint_B \varrho\mathfrak{w}\,dx\,dy\,dz+\iint_F \varrho\mathfrak{w}\,(\mathfrak{w}\cdot\mathfrak{n})\,df. \quad (4.8)$$

(4.8) entspricht drei unabhängigen Gleichungen für die Komponenten. Unter der Annahme einer zeitlich unveränderlichen Fläche F im Raume kann die Zeitableitung unter das Integral gezogen werden. Mit Hilfe von (4.6), (4.5) und (3.2) schreibt sich der Impulssatz (4.8) beispielsweise für die x-Komponente dann:

$$\left.\begin{aligned}K_x+\iiint_B X\varrho\,dx\,dy\,dz+\iint_F\left[\sigma_{xx}\cos(n,x)+\sigma_{yx}\cos(n,y)+\sigma_{zx}\cos(n,z)\right]df\\ =\iiint_B\frac{\partial\varrho u}{\partial t}\,dx\,dy\,dz+\\ +\iint_F\left[(\varrho u^2+p)\cos(n,x)+\varrho uv\cos(n,y)+\varrho uw\cos(n,z)\right]df.\end{aligned}\right\} \quad (4.9)$$

Eine Bemerkung zur Bezeichnung erscheint hier angebracht. In der Strömungslehre pflegt man Größen von der Form ϱu^2+p; ϱuv; ϱuw als „Impulse" zu bezeichnen. Sie können durch weitere sechs Größen ergänzt werden, die alle zusammen den symmetrischen Impulstensor bilden. Vom statischen Druck p abgesehen, handelt es sich bei den genannten Bildungen nicht um Impulse oder Bewegungsgrößen im Sinne der Mechanik starrer Körper, sondern um eine Impulsstromdichte. (ϱu^2, ϱuv, ϱuw) ist das Produkt der Bewegungsgröße u der Masseneinheit mit dem Stromdichtevektor (3.6). Die physikalische Bedeutung ist der Transport an Bewegungsgröße u durch die Strömung. Man lasse sich also nicht durch die Dimension täuschen, die jener der Energie pro Raumeinheit gleich ist.

Ganz entsprechend sind (4.8) und (4.9) in präziser Ausdrucksweise Sätze vom Impulsfluß oder auch Kraftsätze. Dies sei hier nur mit Rücksicht auf die auftretenden Dimensionen erwähnt. Von den eingeführten Bezeichnungen soll jedoch nicht abgegangen werden.

5. Integralform des Energiesatzes. Wie in Ziff. 4 ist auch hier die Bezeichnung nicht exakt, denn es handelt sich um ein Gleichsetzen der in der Zeiteinheit umgesetzten Energie, also um Leistung. Dabei sollen nur die mechanischen und thermischen Energieformen in Betracht gezogen werden, und im letzteren Fall auch nur die Wärmeleitung und nicht die Strahlung. Alle übrigen denkbaren Zufuhren pro Zeiteinheit sollen in einer einzigen Größe L zusammengefaßt werden, nämlich der Leistung, welche mit der Zufuhr mechanischer Arbeit oder elektrischer Energie von außen verbunden ist. Dazu kommen noch mögliche Leistungen der Haltekräfte, wenn sich nämlich ein Teil der Berandung, wie etwa der Läufer einer Strömungsmaschine in Bewegung befindet. Diese Leistung vermehrt um die Leistung der Massen- und Oberflächenkräfte und um die Energiezufuhr von Wärme durch Reibung ist gleichzusetzen der Änderung der kinetischen Energie und der inneren Energie des Mediums. Dabei sollen hier und im folgenden alle Energieformen im gleichen Maße gemessen werden, so daß sich die Einführung eines Wärmeäquivalentes erübrigt.

Die Arbeit der Massenkräfte ist gegeben durch das Produkt der Kraftkomponente in Bewegungsrichtung mit dem Weg. Die Leistung pro Masseneinheit ist also gleich dem inneren Produkt vom Massenkraftvektor und Geschwindigkeitsvektor:

$$\mathfrak{g} \cdot \mathfrak{w} = uX + vY + wZ. \tag{5.1}$$

Ganz Entsprechendes gilt für die Flächenkräfte, wo das innere Produkt des Kraftvektors (4.5) oder (4.6) mit dem Geschwindigkeitsvektor zu bilden ist:

$$\left.\begin{aligned} (\mathfrak{n} \cdot \mathfrak{S}) \cdot \mathfrak{w} = {} & [(-p + \sigma_{xx}) \cos(n, x) + \sigma_{yx} \cos(n, y) + \sigma_{zx} \cos(n, z)]\, u + \\ & + [\sigma_{xy} \cos(n, x) + (-p + \sigma_{yy}) \cos(n, y) + \sigma_{zy} \cos(n, z)]\, v + \\ & + [\sigma_{xz} \cos(n, x) + \sigma_{yz} \cos(n, y) + (-p + \sigma_{zz}) \cos(n, z)]\, w = (\mathfrak{w} \cdot \mathfrak{S}) \cdot \mathfrak{n}. \end{aligned}\right\} \tag{5.2}$$

Wegen der Symmetrie des Tensors $\mathfrak{S}$ kann in (5.2) auch der Vektor $\mathfrak{n}$ mit dem Vektor $\mathfrak{w}$ vertauscht werden, wie sich leicht verifizieren läßt. Die Klammer zeigt an, welcher Vorgang zuerst auszuführen ist. Auf das Transponieren von Vektoren soll im Rahmen dieser Darstellung verzichtet werden.

Zu den Arbeitsleistungen der Kräfte kommt die Energiezufuhr durch Wärmeleitung. Mit λ als Wärmeleitvermögen ist der stets in Richtung abfallender Temperatur gerichtete Wärmestrom pro Flächeneinheit mit Rücksicht auf die Richtung der Flächennormalen:

$$+\lambda\, \mathfrak{n} \operatorname{grad} T = +\lambda \left[\frac{\partial T}{\partial x} \cos(n, x) + \frac{\partial T}{\partial y} \cos(n, y) + \frac{\partial T}{\partial z} \cos(n, z)\right]. \tag{5.3}$$

Integriert über die Fläche F ist dann die Wärmezufuhr durch Leitung ausgedrückt. Alle Formen des Energieaufwandes müssen sich in der Energieänderung des Gases widerspiegeln. Die Summe von kinetischer Energie und innerer Energie im Raume B ist:

$$\iiint\limits_B \left(\tfrac{1}{2}\mathfrak{w}^2 + e\right) \varrho \, dx\, dy\, dz. \tag{5.4}$$

Wie beim Massefluß und Impulsfluß ist die zeitliche Energieänderung nicht nur durch die zeitliche Ableitung von (5.4) gegeben, sondern auch durch den Energiefluß durch die Fläche F. Dieser ist ganz analog zu bilden, indem anstelle der Massendichte ϱ oder der Stromdichte $\varrho\mathfrak{w}$ nun die Energiedichte:

$$\left(\tfrac{1}{2}\mathfrak{w}^2+e\right)\varrho \tag{5.5}$$

tritt.

Der Energiesatz lautet damit:

$$\left.\begin{aligned} L+\iiint\limits_B \mathfrak{g}\cdot\mathfrak{w}\,\varrho\,dx\,dy\,dz+\iint\limits_F(\mathfrak{n}\cdot\mathfrak{S})\cdot\mathfrak{w}\,df+\iint\limits_F\lambda\,\mathfrak{n}\cdot\operatorname{grad}T\,df\\ =\frac{d}{dt}\iiint\limits_B\left(\frac{1}{2}\,\mathfrak{w}^2+e\right)\varrho\,dx\,dy\,dz+\iint\limits_F\left(\frac{1}{2}\,\mathfrak{w}^2+e\right)\varrho\,(\mathfrak{w}\cdot\mathfrak{n})\,df.\end{aligned}\right\} \tag{5.6}$$

Besonders bei stationärer Strömung erweist es sich als zweckmäßig, den statischen Druck aus dem Spannungstensor abzuspalten und dem Energiefluß beizufügen. In diesem erhält man folgende Kombination thermischer Zustandsgrößen, die als Enthalpie oder Wärmeinhalt i der Masseneinheit bezeichnet wird:

$$i=e+p/\varrho. \tag{5.7}$$

Der Energiesatz nimmt dann die Gestalt an:

$$\left.\begin{aligned} L+\iiint\limits_B \mathfrak{g}\cdot\mathfrak{w}\,\varrho\,dx\,dy\,dz+\iint\limits_F(\mathfrak{w}\cdot\mathfrak{S}+p\,\mathfrak{w})\cdot\mathfrak{n}\,df+\iint\limits_F\lambda\,\mathfrak{n}\cdot\operatorname{grad}T\,df\\ =\frac{d}{dt}\iiint\limits_B\left(\frac{1}{2}\,\mathfrak{w}^2+e\right)\varrho\,dx\,dy\,dz+\iint\limits_F\left(\frac{1}{2}\,\mathfrak{w}^2+i\right)\varrho\,\mathfrak{w}\cdot\mathfrak{n}\,df.\end{aligned}\right\} \tag{5.8}$$

Von (5.8) kann leicht zur Darstellung in Komponenten übergegangen werden unter Berücksichtigung von (5.1), (5.3) und (3.2). Der aus dem Spannungstensor entspringende Ausdruck ist in (5.9) auf eine kürzeste Form gebracht:

$$\left.\begin{aligned} (\mathfrak{w}\cdot\mathfrak{S}+p\,\mathfrak{w})\cdot\mathfrak{n}=(\sigma_{xx}u+\sigma_{xy}v+\sigma_{xz}w)\cos(n,x)+\\ +(\sigma_{yx}u+\sigma_{yy}v+\sigma_{yz}w)\cos(n,y)+(\sigma_{zx}u+\sigma_{zy}v+\sigma_{zz}w)\cos(n,z)\,.\end{aligned}\right\} \tag{5.9}$$

Die potentielle Energie von Kraftfeldern, wie beispielsweise jene des Schwerefeldes, ist bereits im Kraftintegral durch den Integranden $\mathfrak{g}\cdot\mathfrak{w}$ als Leistung äußerer Kräfte berücksichtigt, darf also nicht zusätzlich noch in Betracht gezogen werden.

II. Stoßwellen und Schallwellen.

6. Unstetigkeiten. Eine Hauptursache dafür, daß in den vorausgehenden Ziffern mit der Darstellung der Strömungsvorgänge in Integralform begonnen wurde, ist unter anderem das Auftreten von unstetigen Strömungsvorgängen. Es wird sich gleich zeigen, daß eine stetige Änderung des Strömungszustandes nicht in allen Punkten vorausgesetzt werden darf. Eine solche Änderung wäre aber eine wesentliche Voraussetzung für das Bilden von Ableitungen. Zunächst soll nach der Möglichkeit des Auftretens stationärer Unstetigkeiten im Strömungsraum gefragt werden, weil sich dafür bereits alle erforderlichen Gleichungen in der Kontinuitätsbedingung (3.5), der Gleichung für den Impulsfluß (4.8) und für den Energiefluß (5.8) anbieten. Neben zeitlicher Unveränderlichkeit der Strömung sei noch Verschwinden der Wärmeleitung ($\lambda\to 0$) und der inneren Reibung, d.h. also Verschwinden der Schubspannungen, vorausgesetzt.

Der Bereich B sei eine äußerst schmale, durch zwei senkrecht auf der x-Achse stehende Ebenen begrenzte Schicht (Fig. 5), so daß die senkrecht zur x-Achse aus dem Bereich B austretenden Mengen gegenüber jenen Mengen vernachlässigt werden können, welche in oder gegen die x-Richtung hindurchgehen. Dann gilt auf beiden scheibenförmigen Flächen:

$$\left.\begin{aligned} x<0:&\quad \cos(n,x)=-1; \qquad 0<x:\quad \cos(n,x)=+1;\\ x\lessgtr 0:&\quad \cos(n,y)=0; \qquad \cos(n,z)=0. \end{aligned}\right\} \tag{6.1}$$

Bezeichnet man die Zustände auf der scheibenförmigen Oberfläche auf der Seite $0<x$ mit einem Dach und auf der Seite $x<0$ ohne Dach, also beispielsweise die Geschwindigkeitskomponenten mit u, v, w und $\hat{u}, \hat{v}, \hat{w}$, so gilt mit Gl. (3.2):

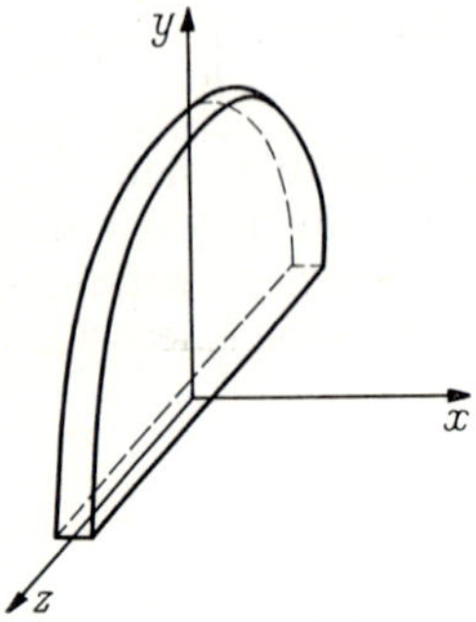

Fig. 5. Bereich zur Ableitung der Stoßgleichungen.

$$x<0:\quad \mathfrak{w}\cdot\mathfrak{n}=-u; \qquad 0<x:\quad \mathfrak{w}\cdot\mathfrak{n}=\hat{u}. \tag{6.2}$$

Die Strömungszustände sollen im betrachteten Gebiet beiderseits der Ebene $x=0$ jeweils als konstant angesehen werden können. Mit Rücksicht darauf, daß weder Quellen, noch äußere Kräfte, noch Leistungen angenommen werden, d.h.:

$$Q=0; \quad \mathfrak{k}=0; \quad \mathfrak{g}=0; \quad L=0, \tag{6.3}$$

können die Integralsätze (3.5), (4.8) und (5.8) auf folgende Form gebracht werden

$$\left.\begin{aligned} &\text{Kontinuitätsbedingung:} && 0=-\varrho u+\hat{\varrho}\hat{u},\\ &\text{Impulssätze:} && p-\hat{p}=-\varrho u^2+\hat{\varrho}\hat{u}^2;\\ & && 0=-\varrho v u+\hat{\varrho}\hat{v}\hat{u};\\ & && 0=-\varrho w u+\hat{\varrho}\hat{w}\hat{u};\\ &\text{Energiesatz:} && 0=-\left[\left(\tfrac{1}{2}u^2+v^2+w^2\right)+i\right]\varrho u+\\ & && \quad+\left[\tfrac{1}{2}\left(\hat{u}^2+\hat{v}^2+\hat{w}^2\right)+\hat{i}\right]\hat{\varrho}\hat{u}. \end{aligned}\right\} \tag{6.4}$$

Dieses System läßt sich durch Einführen der Kontinuitätsbedingung in die letzten drei Gleichungen leicht in die Form bringen:

$$\left.\begin{aligned} &\text{Kontinuitätsbedingung:} && \hat{\varrho}\hat{u}=\varrho u;\\ &\text{Impulssätze:} && \hat{\varrho}\hat{u}^2+\hat{p}=\varrho u^2+p;\\ & && \hat{v}=v;\\ & && \hat{w}=w;\\ &\text{Energiesatz:} && \tfrac{1}{2}\hat{u}^2+\hat{i}=\tfrac{1}{2}u^2+i. \end{aligned}\right\} \tag{6.5}$$

Da die Orientierung des Koordinatensystems lediglich mit Rücksicht auf den scheibenförmigen Bereich erfolgte, kann nach Grenzübergang zu einer unendlich dünnen Schicht gesagt werden, daß die beiden Tangentialkomponenten v und w in der Schicht keine unstetigen Änderungen erfahren dürfen, daß sich jedoch für die Normalkomponente $\hat{u}$ und die beiden unabhängigen thermischen Variablen (i ist ja Funktion von p und ϱ) drei Gleichungen ergeben, nämlich die erste, zweite und fünfte Gleichung in (6.5), welche sehr wohl eine Lösung $\hat{u}\neq u$ zulassen. Man erkennt sofort, daß das System auch die triviale Lösung $\hat{u}=u$, $\hat{p}=p$, $\hat{\varrho}=\varrho$, $\hat{i}=i$ enthält. Das muß auch so sein, da ja im Bereich B weder Menge, noch

Impuls, noch Leistung hinzugeführt werden, so daß der unveränderte Zustand auch eine mögliche Lösung bilden muß. Aus dem System (6.5) läßt sich eine Beziehung ableiten, die nur Zustandsgrößen enthält. Aus Energiesatz und Impulssatz gewinnt man unter Hinzuziehung der Kontinuitätsbedingung leicht:

$$\frac{\hat{i}-i}{\hat{p}-p}=\frac{1}{2}\,\frac{u^2-\hat{u}^2}{\varrho\,u^2-\hat{\varrho}\,\hat{u}^2}=\frac{1}{2}\,\frac{u+\hat{u}}{\varrho\,u}=\frac{1}{2}\left(\frac{1}{\varrho}+\frac{1}{\hat{\varrho}}\right), \tag{6.6}$$

eine als *dynamische Adiabate* oder nach ihren ersten Entdeckern als *Rankine-Hugoniot-Kurve*[1] bezeichnete rein thermodynamische Beziehung:

$$\hat{i}\,(\hat{p},\hat{\varrho})-i\,(p,\varrho)=\frac{1}{2}\left(\frac{1}{\varrho}+\frac{1}{\hat{\varrho}}\right)(\hat{p}-p). \tag{6.7}$$

Fig. 6 zeigt die dynamische Adiabate für ein ideales Gas konstanter spezifischer Wärme. Für ein solches kann mittels bekannter thermodynamischer Gleichungen die Enthalpie mit einer unwesentlichen additiven Konstanten ausgedrückt werden als:

$$i=c_p\,T+\text{const}=\frac{\varkappa}{\varkappa-1}\,\frac{p}{\varrho}+\text{const}. \tag{6.8}$$

Hierbei bedeuten c_p die spezifische Wärme bei konstantem Druck und $\varkappa=c_p/c_v$ das Verhältnis der spezifischen Wärmen.

Auf Grund elementarer Beziehungen gelangt man dann durch Einsetzen von Gl. (6.7) in (6.6) zu einer sehr einprägsamen Form der dynamischen Adiabate für das ideale Gas konstanter spezifischer Wärme:

$$\frac{\hat{p}-p}{\hat{\varrho}-\varrho}=\varkappa\,\frac{\hat{p}+p}{\hat{\varrho}+\varrho}. \tag{6.9}$$

Sie stammt von G. Eichelberg[2] und wurde von v. Kármán wieder entdeckt und wird häufig nach ihm benannt.

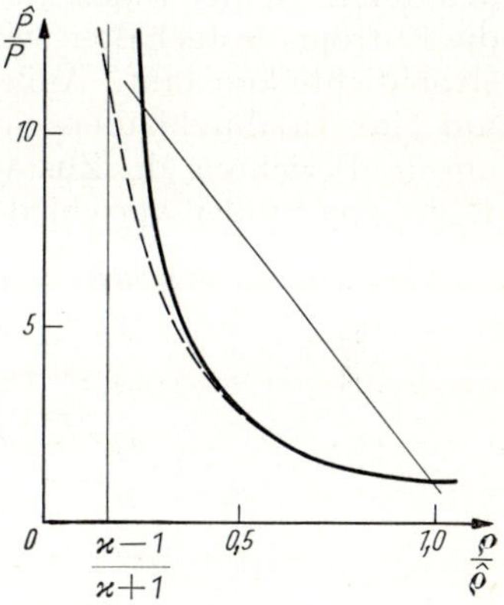

Fig. 6. Rankine-Hugoniot-Kurve und Isentrope (— — —).

Fig. 6 zeigt, zunächst allerdings nur für das ideale Gas konstanter spezifischer Wärme, die Tatsache, daß in einer Strömung sprunghafte Änderungen des thermischen Zustandes auftreten können, die nach (6.5) dann auch mit sprunghaften Änderungen der Normalkomponente der Geschwindigkeit auf die Unstetigkeitsfläche verbunden sind. Bei einer solchen Änderung darf die Entropie des Gases nicht abnehmen, weil sich sonst mit Hilfe einer solchen Strömung ein Perpetuum mobile zweiter Art konstruieren ließe. Fig. 6 zeigt, daß wenigstens beim idealen Gas konstanter spezifischer Wärme nur Unstetigkeiten im Zusammenhang mit Verdichtungen und Druckerhöhungen auftreten können. Man spricht daher von *Verdichtungsstößen*. Diesen ist ein besonderer Handbuchartikel von Cabannes in Bd. IX gewidmet. Mit Rücksicht auf die Bedeutung der Erscheinung im Rahmen der allgemeinen Strömungsvorgänge seien die wesentlichen Eigenschaften des Vorganges noch näher erläutert. Eine nahe verwandte Erscheinung gibt es bei Strömungen in offenen Gerinnen (vgl. den Beitrag von Wehausen und Laitone über Oberflächenwellen).

---

[1] W. J. Rankine: Phil. Trans. Roy. Soc. Lond. **160**, 277—288 (1870). — H. Hugoniot: J. École polytech., Cahier **57**, 1—97 (1887); Cahier **58**, 1—125 (1889).

[2] G. Eichelberg: Forsch. Ing.-Wes. **5**, 127—129 (1934). — Th. v. Kármán: Volta-Kongr., Rom 1935, S. 222—276.

7. Schallwellen. Schon bei Gl. (6.9) fällt auf, daß die Zustandsänderung für schwache Störungen in die für isentrope Zustandsänderung gültige Beziehung übergeht:

$$\hat{p} \to p: \frac{\hat{p}-p}{\hat{\varrho}-\varrho} = \frac{dp}{d\varrho} = \varkappa \frac{p}{\varrho} = \left(\frac{\partial p}{\partial \varrho}\right)_s. \tag{7.1}$$

Es liegt daher nahe, die Zustandsänderung bei der dynamischen Adiabate mit jener bei der reversiblen Adiabate, also bei der Isentrope zu vergleichen. Vorweg sei dabei an folgende, aus

$$T\,ds = di - \frac{1}{\varrho}\,dp \tag{7.2}$$

ableitbare thermodynamische Beziehungen erinnert:

$$\left(\frac{\partial i}{\partial p}\right)_s = \frac{1}{\varrho}; \qquad \left(\frac{\partial^2 i}{\partial p^2}\right)_s = \left(\frac{\partial}{\partial p}\frac{1}{\varrho}\right)_s; \qquad \left(\frac{\partial^3 i}{\partial p^3}\right)_s = \left(\frac{\partial^2}{\partial p^2}\frac{1}{\varrho}\right)_s. \tag{7.3}$$

Während, wie der Index an der Klammer andeutet, bei der reversiblen Adiabate die Entropie festgehalten wird, bleibt bei der dynamischen Adiabate die Impulsstromdichte konstant. Außerdem handelt es sich bei der Kurve von Fig. 6 nicht um eine zu durchlaufende Zustandsänderung, wie bei der Isentrope, sondern um die Beziehung des Zustandes nach dem Stoß zu dem vor dem Stoß für eine Reihe von Stößen verschiedener Stärke. Aus Gl. (6.6) folgt für die Ableitungen:

$$\left.\begin{aligned}
\frac{d\hat{i}}{d\hat{p}} &= \frac{1}{2}\left(\frac{1}{\varrho} + \frac{1}{\hat{\varrho}}\right) + \frac{1}{2}(\hat{p}-p)\frac{d}{d\hat{p}}\left(\frac{1}{\hat{\varrho}}\right);\\
\frac{d^2\hat{i}}{d\hat{p}^2} &= \frac{d}{d\hat{p}}\left(\frac{1}{\hat{\varrho}}\right) + \frac{1}{2}(\hat{p}-p)\frac{d^2}{d\hat{p}^2}\left(\frac{1}{\hat{\varrho}}\right);\\
\frac{d^3\hat{i}}{d\hat{p}^3} &= \frac{3}{2}\frac{d^2}{d\hat{p}^2}\left(\frac{1}{\hat{\varrho}}\right) + \frac{1}{2}(\hat{p}-p)\frac{d^3}{d\hat{p}^3}\left(\frac{1}{\hat{\varrho}}\right).
\end{aligned}\right\} \tag{7.4}$$

Für den Ausgangspunkt $p = \hat{p}$, $\varrho = \hat{\varrho}$, führt ein Vergleich mit (7.3) dann zu folgenden Beziehungen:

$$\left.\begin{aligned}
\hat{p} \to p:\quad \frac{d\hat{i}}{d\hat{p}} &= \left(\frac{\partial i}{\partial p}\right)_s; \qquad \frac{d^2\hat{i}}{d\hat{p}^2} = \frac{d}{d\hat{p}}\left(\frac{1}{\hat{\varrho}}\right) = \left(\frac{\partial}{\partial p}\frac{1}{\varrho}\right)_s = \left(\frac{\partial^2 i}{\partial p^2}\right)_s;\\
\frac{d^3\hat{i}}{d\hat{p}^3} &= \frac{3}{2}\frac{d^2}{d\hat{p}^2}\left(\frac{1}{\hat{\varrho}}\right) = \frac{3}{2}\left(\frac{\partial^2}{\partial p^2}\frac{1}{\varrho}\right)_s = \frac{3}{2}\left(\frac{\partial^3 i}{\partial p^3}\right)_s.
\end{aligned}\right\} \tag{7.5}$$

Dabei ist die Tatsache ausgenützt, daß die Änderung von $1/\varrho$ mit p isentrop sein muß, wenn die Änderung von i mit p isentrop ist. Aus (7.5) ist zu erkennen, daß die Zustandsänderung in schwachen Unstetigkeiten nicht nur in erster Näherung, sondern auch in zweiter Näherung isentrop ist. Dies ist also nicht nur eine Eigenschaft idealer Gase konstanter spezifischer Wärme, sondern eine allgemeine Eigenschaft beliebiger physikalisch-homogener Medien.

Der bisher behandelte Vorgang ist voraussetzungsgemäß stationär. Für ein Koordinatensystem, in welchem das strömende Medium ruht, bewegt sich die Unstetigkeit mit der Geschwindigkeit u in das Medium hinein. u kann also als Relativgeschwindigkeit der Störungsfront zum Medium aufgefaßt werden. Diese Relativgeschwindigkeit läßt sich mittels der ersten beiden Gleichungen von (6.5) leicht auf die Änderung des thermodynamischen Zustandes zurückführen:

$$u = \sqrt{\frac{\hat{\varrho}}{\varrho}\,\frac{\hat{p}-p}{\hat{\varrho}-\varrho}} = \varrho\sqrt{\frac{\hat{p}-p}{1/\varrho - 1/\hat{\varrho}}}. \tag{7.6}$$

Für den Spezialfall kleiner Störungen ist die Relativgeschwindigkeit der Störungsfront nichts anderes als die Schallgeschwindigkeit c. Da es sich gezeigt hat, daß die Zustandsänderungen für kleine Störungen isentrop sind, kommt man damit auf die Schallgeschwindigkeitsformel für beliebige homogene Medien:

$$c = \sqrt{\left(\frac{\partial p}{\partial \varrho}\right)_s}\,; \qquad \text{ideales Gas:} \quad c = \sqrt{\varkappa \frac{p}{\varrho}}\,. \tag{7.7}$$

Während Gl. (7.7) in der Akustik in der Regel unter der Annahme isentroper Zustandsänderung abgeleitet wird, wurde hier lediglich Freiheit von Wärmeleitung und innerer Reibung angenommen. Isentropie ergab sich dann zwangsläufig aus der Annahme kleiner Störungen.

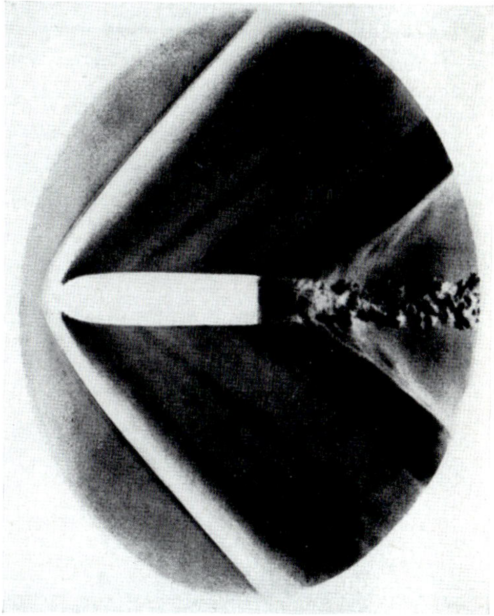

Fig. 7. Schlierenaufnahme der Kopfwelle und Mach-Linien an einem mit Überschall fliegenden Körper. (Originalaufnahme von L. MACH).

Stationäre Schallwellen kann es nur in *Überschallströmungen* geben, da bei *Unterschallströmungen* die Störung stets über das Medium instationär hinwegläuft. Damit ist zum erstenmal eine Typenunterscheidung aufgezeigt, die später noch genauer untersucht werden wird. Bei Überschallströmungen können solche stationäre Schallwellen in Schlieren- oder Schattenaufnahmen gut beobachtet werden (Fig. 7). Man bezeichnet diese stehenden Wellen nach dem Physiker und Naturphilosophen ERNST MACH[1] als *Mach-Linien*. DOPPLER[2] hat bereits vor E. MACH ähnliche Beobachtungen ausgeführt. Der Winkel α, welchen der Strömungsvektor und die Schallwellenfront einschließen, läßt sich leicht dadurch bestimmen, daß die Normalkomponente der Geschwindigkeit auf die Front gleich c ist (Fig. 8). α wird als Mach-Winkel bezeichnet. Die Mach-Zahl M dagegen ist das Verhältnis vom Betrag der Strömungsgeschwindigkeit $|\mathfrak{w}|$ zur Schallgeschwindigkeit (vgl. Ziff. 33). Eine „Unterschallströmung" ist also durch $M < 1$, eine „Überschallströmung" durch $1 < M$ gekennzeichnet:

$$\sin\alpha = \frac{c}{|\mathfrak{w}|} = \frac{1}{M}\,. \tag{7.8}$$

Für $M < 1$ wird $\sin\alpha > 1$, und es gibt keine reellen Mach-Linien. Instationäre Schallwellen können jedoch in allen strömenden Medien auftreten. Sie spielen bei der Behandlung instationärer Strömungsvorgänge eine ausgezeichnete Rolle.

8. Verdichtungsstöße. Gemäß Gl. (7.6) ist die Relativgeschwindigkeit einer Stoßfront zum anströmenden Medium proportional zur Wurzel aus der Neigung

[1] E. MACH u. P. SALCHER: Sitzgsber. Akad. Wiss. Wien (IIa) **95**, 764—780 (1887). — E. MACH u. L. MACH: Sitzgsber. Akad. Wiss. Wien (IIa) **98**, 1310—1326 (1889). — L. MACH: Sitzgsber. Akad. Wiss. Wien (IIa) **105**, 605—613 (1896).

[2] CH. DOPPLER: Abh. böhm. Ges. Wiss., V. F. **5** (1847).

der Geraden, welche vom Ausgangspunkt der dynamischen Adiabate $1/\varrho, p$ zum Punkte $1/\hat{\varrho}, \hat{p}$ gezogen werden kann (Fig. 6). Daraus erkennt man leicht, daß die Relativgeschwindigkeit der Stoßfront um so größer ist, je kräftiger der Stoß ist, je stärker also die Zustandsgrößen beim Stoßvorgang springen. Ein Verdich-

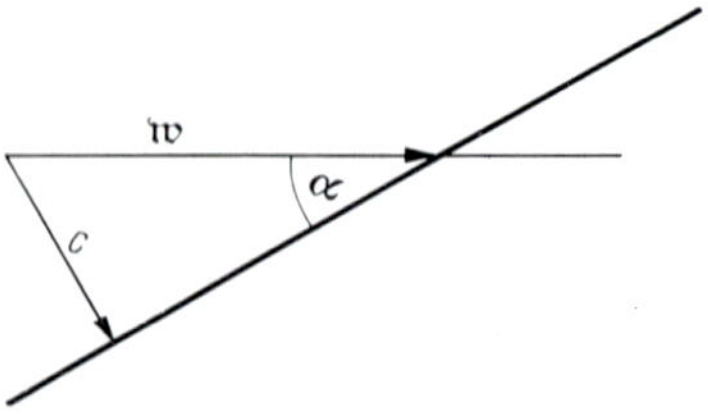

Fig. 8. Mach-Winkel und Schallwelle.

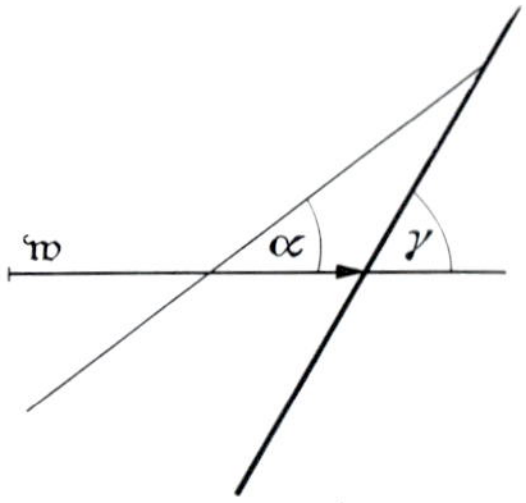

Fig. 9. Stoßfrontneigung (—— Stoßfront, —— Mach-Linie).

tungsstoß steht daher stets steiler in der Strömung als eine Mach-Linie vor der Front (Fig. 9). Ein sehr kräftiger Stoß kann einen Winkel von $\gamma = 90°$ mit der Anströmung einschließen, indem seine Laufgeschwindigkeit gerade gleich der

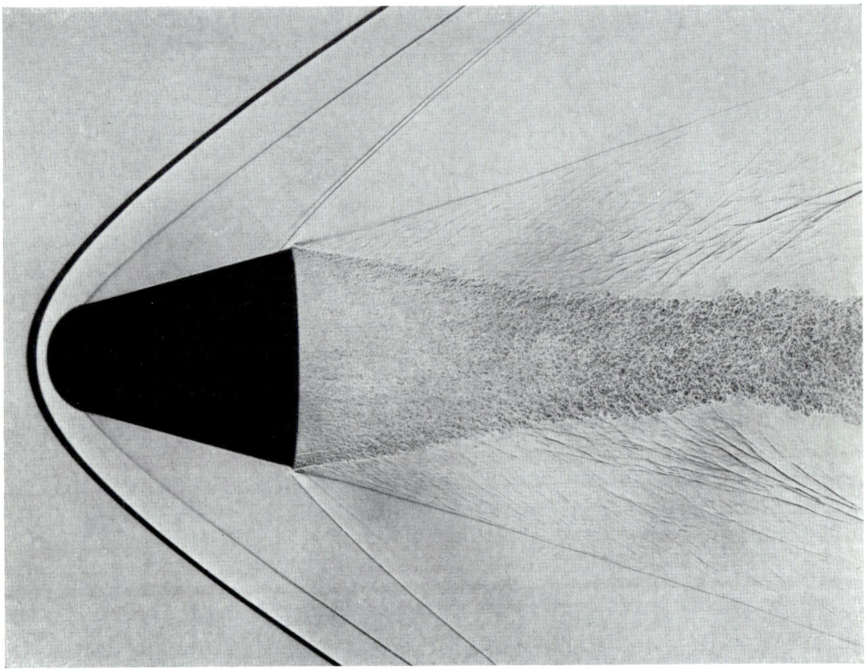

Fig. 10. Kopfwelle vor einem stumpfen Körper. (U.S. Naval Ordnance Laboratory, White Oak, Md.)

Strömungsgeschwindigkeit ist. Dies entspricht der Lösung im System (6.5) mit $= w = 0$. Ein sehr schwacher Stoß entspricht einer Mach-Linie im Grenzfall $\gamma = \alpha$. Dazwischen gibt es alle Zwischenlagen. Fig. 10 zeigt die Kopfwelle vor einem mit Überschallgeschwindigkeit angeströmten stumpfen Körper. Vor dem Körper, wo die Störung am kräftigsten ist, ist der Stoß senkrecht. Dabei zeigt es sich, daß die Strömung selbst auf Unterschallgeschwindigkeit springt. Mit zunehmendem Körperabstand wird der Stoß schwächer, der Stoßwinkel γ nimmt ab, bis er sich schließlich in großem Körperabstand dem Mach-Winkel mehr und mehr nähert. In großer Entfernung kann ja selbst ein stumpfer Körper nur geringe Störungen hervorrufen, also nur durch Mach-Linien in Erscheinung treten.

Alle Überlegungen über Verdichtungsstöße gingen bisher von einer im exakten Sinn sprunghaften Änderung der Zustandsgrößen aus. Ein Temperatursprung beispielsweise kann aber nicht auftreten; er würde durch eine, wenn auch noch so geringe Wärmeleitung „verschmiert" werden. Eine weitere Ursache für eine solche „Verschmierung" liegt in der inneren Reibung, die in Gebieten sprunghafter Geschwindigkeitsänderungen groß wird. Im Sinne einer ersten Abschätzung nach L. Prandtl[1] sei die Betrachtung hier zugunsten einer klaren Anschaulichkeit auf den Effekt der Wärmeleitung beschränkt. Bezüglich der genaueren Rechnungen sei auf die speziellen Darstellungen verwiesen. Es ist ja bekannt, daß die Einflüsse von Wärmeleitung und innerer Reibung bei idealen Gasen von gleicher Größenordnung sind, und nur auf eine größenordnungsmäßige Abschätzung kommt es im folgenden an.

Wird ein senkrechter Stoß aus einem in Stoßfrontrichtung bewegten Bezugssystem betrachtet, so ändert sich die Normalkomponente auf die Stoßfront nicht. Es treten nur zusätzliche Tangentialkomponenten auf, die aber beiderseits der Stoßfront gleich sein müssen. Daraus erklärt sich ohne weiteres das Ergebnis (6.5), wo die Konstanz der Tangentialkomponenten aus dem Impulssatz hergeleitet wurde. Daraus ist zu ersehen, daß sich die Untersuchungen über die Tiefe der Stoßfront auf den Fall eines senkrechten Stoßes beschränken können, weil sie damit ohne weiteres auch für schiefe Stöße gelten.

Unter Vernachlässigung der Wärme, welche im Stoß auf mechanischem Wege durch Kompression oder Reibung erzeugt wird, reduziert sich die Wärmeleitungsgleichung für stationäre Strömung auf das konvektive Glied der linken Gleichungsseite von (8.1) und ein Wärmeleitungsglied:

$$\varrho u c_p \frac{dT}{dx} = \frac{d}{dx}\left(\lambda \frac{dT}{dx}\right). \tag{8.1}$$

Schon aus dieser Beziehung allein ist zu ersehen, daß die Stoßfronttiefe außerordentlich gering sein muß, denn die Wärmeabfuhr durch Konvektion ist bei hohen Geschwindigkeiten außerordentlich groß. Dieser Abfuhr kann die Wärmeleitung nur dann das Gleichgewicht halten, wenn der Temperaturgradient ebenfalls sehr groß ist. Die zusätzliche Produktion von Wärme in der Front auf mechanischem Wege kann daran kaum etwas ändern. Auch diese Wärme muß abgeführt werden, was einen starken Temperaturgradienten bedingt.

Gl. (8.1) kann unter Berücksichtigung der Randbedingungen leicht integriert werden. Das ist aber angesichts der Vereinfachungen des Problems kaum sinnvoll. Es sei eine Abschätzung vorgezogen, wobei d die Tiefe der Stoßfront darstellt. Für diese erhält man näherungsweise:

$$d = \lambda / \varrho u c_p. \tag{8.2}$$

Die kinetische Gastheorie gibt folgenden Zusammenhang zwischen Wärmeleitfähigkeit, mittlerer freier Weglänge l und mittlerer Geschwindigkeit der Moleküle $\bar{c}$:

$$\lambda = \tfrac{1}{2} \varrho c_p \bar{c} l. \tag{8.3}$$

Wird ferner berücksichtigt, daß die mittlere Geschwindigkeit der Moleküle $\bar{c}$ um einen zwischen 1 und 2 liegenden Faktor größer ist als die Schallgeschwindigkeit c [Gl. (7.7)], so drückt sich d, das Maß für die Stoßfronttiefe, näherungsweise

[1] L. Prandtl: Z. ges. Turbinenwesen **3**, 241–245 (1906).

durch mittlere freie Weglänge l und Mach-Zahl M wie folgt aus:

$$d = \frac{l}{M}, \tag{8.4}$$

ein Resultat, das durch genauere Rechnungen nur bestätigt wird. Da stationäre Stöße nur bei $1 < M$ auftreten, ist also die Stoßfronttiefe von der Größenordnung der mittleren freien Weglänge oder kleiner. Das bedeutet, daß Verdichtungsstöße im Rahmen der Behandlung der strömenden Materie als kontinuierliches Medium als Unstetigkeiten des Strömungszustandes anzusehen sind.

Es war also völlig berechtigt, wenn bei der Aufstellung der Stoßgleichungen in Ziff. 6, das Verschwinden von Reibung und Wärmeleitung an der Oberfläche F des betrachteten Bereiches angenommen wurde. Über das Auftreten von Reibung und Wärmeleitung im Innern des Bereiches B war aber nichts angenommen worden. In den Raumintegralen von Ziff. 5 tritt weder Reibung noch Wärmeleitung in Erscheinung.

Es zeigt sich, daß die Berechnung der Struktur des Verdichtungsstoßes mit Hilfe von Kontinuumsbetrachtungen zu bedeutend besserer Übereinstimmung mit Experimenten führt als das Resultat von Gl. (8.4) erwarten läßt, das ja auf eine Behandlung mit Hilfe der kinetischen Gastheorie hinweist. Die Ursache, warum mit dieser in diesem Falle an der Grenze der Kontinuumsphysik noch so gute Ergebnisse erzielt werden, bedarf einer besonderen Untersuchung. Im allgemeinen ist es jedoch nicht gerechtfertigt, die Tiefe des Verdichtungsstoßes bei der folgenden Kontinuumsdarstellung zu berücksichtigen.

Dieses wichtige Resultat hat Folgen, die sich auf die Krümmung stationärer Stöße beziehen. In Fig. 5 wurde ein scheibenförmiges Stück eines Stoßes betrachtet, wobei vorausgesetzt werden mußte, daß die Dicke der Scheibe klein gegenüber ihrem Durchmesser ist. Wir wissen nun, daß die Dicke der Scheibe von der Größenordnung der mittleren freien Weglänge, ihr Durchmesser also von der Größenordnung von etwa hundert mittleren freien Weglängen sein muß, um die aus den Scheibenkanten ausfließenden Massen, Impulse und Energien vernachlässigen zu können. Ist der Stoß nun gekrümmt, wie das im allgemeinen der Fall ist, dann muß der Krümmungsradius so groß sein, daß sich die gekrümmte Stoßfront in der Scheibe unterbringen läßt. Durch eine einfache geometrische Betrachtung zeigt sich, daß bei einem Bezugszustand der Luft von 0,1 mm Druck der Krümmungsradius der Stoßfront mindestens tausend mittlere freie Weglängen erreichen muß. Bei sehr kleinen Modellen in Kanälen mit sehr geringen Dichten wäre der Effekt der Krümmung der Stoßfront also einiger Aufmerksamkeit wert.

Die gewonnenen Ergebnisse erlauben sofort eine Erweiterung auf instationäre Stöße konstanter Geschwindigkeit, indem eine Galilei-Transformation angewendet wird, die Vorgänge also aus einem bewegten Bezugssystem verschwindender Beschleunigung betrachtet werden. Um beschleunigte oder verzögerte Stöße als quasistationäre Stöße ansehen zu können, kommt es darauf an, wie schnell sich eine Änderung vor der Stoßfront hinter dieser bemerkbar machen kann. Die dazu erforderliche Zeit ist von der Größenordnung d/u, das ist unter Normalverhältnissen etwa 10^{-9} bis 10^{-10} sec. Sind die zeitlichen Änderungen der Zustände beiderseits des Stoßes in diesen Zeitspannen gering, und das wird in der weit überwiegenden Zahl der Fälle zutreffen, dann wird eine quasistatische Darstellung des Stoßes zulässig sein. Immerhin muß man sich aber darüber im klaren sein, daß eine Übertragung der Stoßtheorie auf beschleunigte Systeme nicht völlig kritiklos erfolgen darf.

III. Differentialform der Grundgleichungen in Eulerscher Darstellung.

9. Kontinuitätsbedingung in Euler-Variablen. Nach dem Gaußschen Integralsatz gilt für ein Funktionentripel $L(x, y, z)$, $M(x, y, z)$, $N(x, y, z)$ folgende Beziehung zwischen einem Raumintegral über den Bereich B und einem Flächenintegral über die umschließende Oberfläche F:

$$\left.\begin{aligned}&\iiint\limits_B \left[\frac{\partial L}{\partial x} + \frac{\partial M}{\partial y} + \frac{\partial N}{\partial z}\right] dx\,dy\,dz \\ &\qquad = \iint\limits_F [L\cos(n, x) + M\cos(n, y) + N\cos(n, z)]\,df.\end{aligned}\right\} \tag{9.1}$$

Dabei können L, M und N als drei Komponenten eines Vektors aufgefaßt werden. Der Integrand des Raumintegrals stellt dann die Divergenz des Vektors dar. Der Integrand des Flächenintegrals ist die Projektion des Vektors auf die Normalenrichtung $\mathfrak{n}$ [Gl. (3.1)]. Die anschauliche Bedeutung des Integralsatzes wird aus den folgenden Ausführungen klar.

Vorausgesetzt ist, daß die Ableitungen im Anwendungsbereich des Integralsatzes existieren. Das ist nach den Ergebnissen der letzten Ziffern durchaus nicht selbstverständlich. Es seien daher im folgenden nur solche Bereiche oder Teilbereiche gewählt, die keine Stoßwellen enthalten. Darin liegt auch der Grund, warum die Integralformen der Kontinuitätsbedingung, der Impulsätze und des Energiesatzes zuerst aufgestellt wurden. Diese lassen nämlich Stöße zu und sind daher allgemeiner gültig als die Differentialgleichungen, welche nur zwischen Stößen, aber keineswegs über sie hinweg angewendet werden dürfen.

Werden die Komponenten L, M, N durch jene des Stromdichtevektors, Gl. (3.6) ersetzt, so läßt sich die Kontinuitätsbedingung in einem quellenfreien ($Q = 0$) und stoßfreien Feld mit Hilfe des Gaußschen Integralsatzes und Gl. (3.2) auch schreiben:

$$\iiint\limits_B \left[\frac{\partial \varrho}{\partial t} + \frac{\partial \varrho u}{\partial x} + \frac{\partial \varrho v}{\partial y} + \frac{\partial \varrho w}{\partial z}\right] dx\,dy\,dz = 0. \tag{9.2}$$

Da nun aber über Form und Größe des Bereiches B nichts vorausgesetzt wurde, kann er so klein gewählt werden, daß der Integrand im Integrationsgebiet als konstant angesehen werden kann. Auch dabei kommt nochmals die Voraussetzung hinein, daß Stöße ausgeschlossen sind. Im stoß- und quellenfreien Feld kann also Gl. (9.2) nur dann gelten, wenn dort überall der Integrand verschwindet. Mithin gilt:

$$\frac{\partial \varrho}{\partial t} + \frac{\partial \varrho u}{\partial x} + \frac{\partial \varrho v}{\partial y} + \frac{\partial \varrho w}{\partial z} = 0, \tag{9.3}$$

als Kontinuitätsbedingung für quellen- und stoßfreie Strömungsgebiete.

10. Bewegungsgleichungen in Euler-Variablen. Auch bei den Impulssätzen führt der Gaußsche Satz zum Ziel. Nur handelt es sich dabei um drei Gleichungen, bei denen für L, M und N jeweils andere Ausdrücke einzusetzen sind. Für den Impulsfluß in x-Richtung [Gl. (4.9)] gilt beispielsweise:

$$L = \varrho u^2 + p - \sigma_{xx}; \quad M = \varrho u v - \sigma_{yx}; \quad N = \varrho u w - \sigma_{zx}. \tag{10.1}$$

Setzt man nun voraus, daß im betrachteten Bereich keine äußeren Kräfte $\mathfrak{k}$ [Gl. (4.1)] wirken, so kann, wieder unter der weiteren Annahme von Stoßfreiheit,

Gl. (4.9) umgeschrieben werden in:

$$\left.\begin{aligned} 0 = \iiint\limits_B \Big[\frac{\partial \varrho u}{\partial t} + \frac{\partial}{\partial x}(\varrho u^2 + p - \sigma_{xx}) + \frac{\partial}{\partial y}(\varrho u v - \sigma_{yx}) + \\ + \frac{\partial}{\partial z}(\varrho u w - \sigma_{zx}) - X \varrho\Big]\, dx\, dy\, dz. \end{aligned}\right\} \quad (10.2)$$

Indem der Bereich wieder auf genügend kleine Ausdehnung beschränkt wird, eine Ausdehnung, welche bei großräumigen Bewegungen durchaus sehr großen absoluten Dimensionen entsprechen darf, kann wieder geschlossen werden, daß der Integrand für sich selbst verschwinden muß. Man kommt damit für die x-Richtung zur Bewegungsgleichung:

$$\frac{\partial \varrho u}{\partial t} + \frac{\partial \varrho u^2}{\partial x} + \frac{\partial \varrho u v}{\partial y} + \frac{\partial \varrho u w}{\partial z} = -\frac{\partial p}{\partial x} + \frac{\partial \sigma_{xx}}{\partial x} + \frac{\partial \sigma_{yx}}{\partial y} + \frac{\partial \sigma_{zx}}{\partial z} + \varrho X. \quad (10.3)$$

Die Ableitungen auf der linken Gleichungsseite von (10.3) lassen sich nun nach der Produktregel der Differentiation in Ableitungen des Faktors u und eines zweiten Faktors aufspalten. Diese zweiten Teile geben aber gerade die mit u multiplizierte Kontinuitätsbedingung (9.3), womit diese Glieder für ein quellenfreies Feld wegbleiben können. Beschreitet man den gleichen Weg für den Impulssatz in y- und z-Richtung, so erhält man schließlich folgendes System von Bewegungsgleichungen:

$$\left.\begin{aligned} \varrho\frac{\partial u}{\partial t} + \varrho u\frac{\partial u}{\partial x} + \varrho v\frac{\partial u}{\partial y} + \varrho w\frac{\partial u}{\partial z} &= -\frac{\partial p}{\partial x} + \frac{\partial \sigma_{xx}}{\partial x} + \frac{\partial \sigma_{yx}}{\partial y} + \frac{\partial \sigma_{zx}}{\partial z} + \varrho X; \\ \varrho\frac{\partial v}{\partial t} + \varrho u\frac{\partial v}{\partial x} + \varrho v\frac{\partial v}{\partial y} + \varrho w\frac{\partial v}{\partial z} &= -\frac{\partial p}{\partial y} + \frac{\partial \sigma_{xy}}{\partial x} + \frac{\partial \sigma_{yy}}{\partial y} + \frac{\partial \sigma_{zy}}{\partial z} + \varrho Y; \\ \varrho\frac{\partial w}{\partial t} + \varrho u\frac{\partial w}{\partial x} + \varrho v\frac{\partial w}{\partial y} + \varrho w\frac{\partial w}{\partial z} &= -\frac{\partial p}{\partial z} + \frac{\partial \sigma_{xz}}{\partial x} + \frac{\partial \sigma_{yz}}{\partial y} + \frac{\partial \sigma_{zz}}{\partial z} + \varrho Z. \end{aligned}\right\} \quad (10.4)$$

Bei reibungsfreier Strömung verschwinden alle Schubspannungen, und man besitzt in (10.4) bereits drei Beziehungen für die Komponenten des Geschwindigkeitsvektors und die beiden thermischen Variablen ϱ, p. Bei Strömungen mit Reibung ist σ noch durch den Geschwindigkeitsverlauf auszudrücken, was in Gl. (29.2) erfolgen wird.

11. Energiegleichung in Eulerscher Darstellung. Zur Überführung der Energiegleichung in die Differentialgleichungsform ist zunächst vorausgesetzt, daß keine Zufuhr von Energie oder äußerer Leistung stattfindet, $L = 0$. Man setzt nun für die in Gl. (9.1) aufgetretenen L, M, N:

$$\left.\begin{aligned} L &= -(\sigma_{xx} u + \sigma_{xy} v + \sigma_{xz} w) - \lambda\frac{\partial T}{\partial x} + \left(\frac{1}{2}\mathfrak{w}^2 + i\right)\varrho u; \\ M &= -(\sigma_{yx} u + \sigma_{yy} v + \sigma_{yz} w) - \lambda\frac{\partial T}{\partial y} + \left(\frac{1}{2}\mathfrak{w}^2 + i\right)\varrho v; \\ N &= -(\sigma_{zx} u + \sigma_{zy} v + \sigma_{zz} w) - \lambda\frac{\partial T}{\partial z} + \left(\frac{1}{2}\mathfrak{w}^2 + i\right)\varrho w. \end{aligned}\right\} \quad (11.1)$$

Mit der in den letzten Ziffern angewendeten Schlußweise gelangt man dann zur Differentialgleichung für den Energiestrom:

$$\frac{\partial}{\partial t}\left[\left(\frac{1}{2}\mathfrak{w}^2 + e\right)\varrho\right] - \varrho\,[u X + v Y + w Z] + \frac{\partial L}{\partial x} + \frac{\partial M}{\partial y} + \frac{\partial N}{\partial z} = 0. \quad (11.2)$$

Hier ist es wieder zweckmäßig, die Ableitungen nach der Produktregel aufzugliedern. Für die zeitlichen Ableitungen kann dies wie folgt geschehen:

$$\left.\begin{aligned}\frac{\partial}{\partial t}\left[\left(\frac{1}{2}\,\mathfrak{w}^2+e\right)\varrho\right]&=\frac{\partial}{\partial t}\left[\left(\frac{1}{2}\,\mathfrak{w}^2+i\right)\varrho-p\right]\\&=\left(\frac{1}{2}\,\mathfrak{w}^2+i\right)\frac{\partial\varrho}{\partial t}+\varrho\frac{\partial i}{\partial t}-\frac{\partial p}{\partial t}+\varrho\,u\frac{\partial u}{\partial t}+\varrho\,v\frac{\partial v}{\partial t}+\varrho\,w\frac{\partial w}{\partial t}.\end{aligned}\right\}\tag{11.3}$$

Für die letzten drei Ableitungen in (11.2) sei die Aufspaltung nur an der Ableitung von L gezeigt:

$$\left.\begin{aligned}\frac{\partial L}{\partial x}&=\left(\frac{1}{2}\,\mathfrak{w}^2+i\right)\frac{\partial\varrho\,u}{\partial x}+\varrho\,u\frac{\partial i}{\partial x}-\frac{\partial}{\partial x}\left(\lambda\frac{\partial T}{\partial x}\right)-\sigma_{xx}\frac{\partial u}{\partial x}-\sigma_{xy}\frac{\partial v}{\partial x}-\sigma_{xz}\frac{\partial w}{\partial x}+\\&+\varrho\,u^2\frac{\partial u}{\partial x}+\varrho\,u\,v\frac{\partial v}{\partial x}+\varrho\,u\,w\frac{\partial w}{\partial x}-u\frac{\partial\sigma_{xx}}{\partial x}-v\frac{\partial\sigma_{xy}}{\partial x}-w\frac{\partial\sigma_{xz}}{\partial x}.\end{aligned}\right\}\tag{11.4}$$

Man erkennt, daß sich der erste Ausdruck der rechten Seite von (11.3) mit dem Ausdruck der Ableitung von L und den entsprechenden Gliedern der Ableitung von M und N zu der mit $(\frac{1}{2}\mathfrak{w}^2+i)$ multiplizierten Kontinuitätsbedingung (9.3) ergänzt.

Die Glieder der zweiten Zeile von (11.3) und (11.4) sind dagegen Ausdrücke, die man erhält, wenn die Bewegungsgleichungen (10.4) ihrer Reihenfolge nach mit u, v, w multipliziert werden. Es treten auf diese Weise auch noch die Bildungen $\varrho u X$, $\varrho v Y$ und $\varrho w Z$ von Gl. (11.2) auf. Übrig bleiben nur die Ableitungen des statischen Druckes aus den Bewegungsgleichungen, so daß man insgesamt folgende Form der Energiegleichung erhält:

$$\left.\begin{aligned}\varrho\left(\frac{\partial i}{\partial t}+u\frac{\partial i}{\partial x}+v\frac{\partial i}{\partial y}+w\frac{\partial i}{\partial z}\right)-\left(\frac{\partial p}{\partial t}+u\frac{\partial p}{\partial x}+v\frac{\partial p}{\partial y}+w\frac{\partial p}{\partial z}\right)\\=\frac{\partial}{\partial x}\left(\lambda\frac{\partial T}{\partial x}\right)+\frac{\partial}{\partial y}\left(\lambda\frac{\partial T}{\partial y}\right)+\frac{\partial}{\partial z}\left(\lambda\frac{\partial T}{\partial z}\right)+\Phi.\end{aligned}\right\}\tag{11.5}$$

Darin ist Φ, die sog. *Dissipation*, ein später noch (S. 51) genau zu deutender, durch folgende Beziehung gegebener Ausdruck:

$$\left.\begin{aligned}\Phi=\sigma_{xx}\frac{\partial u}{\partial x}+\sigma_{yy}\frac{\partial v}{\partial y}+\sigma_{zz}\frac{\partial w}{\partial z}+\sigma_{xy}\left(\frac{\partial v}{\partial x}+\frac{\partial u}{\partial y}\right)+\\+\sigma_{yz}\left(\frac{\partial w}{\partial y}+\frac{\partial v}{\partial z}\right)+\sigma_{zx}\left(\frac{\partial u}{\partial z}+\frac{\partial w}{\partial x}\right).\end{aligned}\right\}\tag{11.6}$$

Auch hier bedarf es einer Beziehung zwischen Spannungstensor σ_{ik} und Geschwindigkeitsverteilung, für die vollkommene Rückführung von Φ auf u, v und w.

Gl. (11.5) wird sich als der in Eulerscher Darstellung geschriebene zweite Hauptsatz der Wärmelehre herausstellen, indem gemäß Gl. (7.2) auf der linken Seite im wesentlichen die mit ϱ und T multiplizierte Entropieänderung eines Teilchens steht, auf der rechten Seite aber die Wärmeleitung und die Dissipation als Ursache der Entropieänderung.

IV. Kinematische Beziehungen und Deutungen.

12. Bewegung eines Raumteilchens. In den Differentialgleichungen der letzten Ziffern treten bestimmte Differentialausdrücke wiederholt auf, für deren anschauliche Deutung sich die Darstellungsform von LAGRANGE besonders eignet. Nach dieser werden die Differentialgleichungen für die Bahnkurven der einzelnen Teilchen aufgestellt. Die einzelnen Gas- oder Flüssigkeitselemente seien durch die drei unabhängigen Veränderlichen a, b, c festgelegt. Oft ist es zweckmäßig mit a, b, c die Lage des Punktes zur Zeit $t=0$ zu bezeichnen. Die Lage des Teilchens $\mathfrak{x}(x, y, z)$ ist dann Funktion von a, b, c und von der Zeit t:

$$\mathfrak{x}(a,b,c,t): \quad x(a,b,c,t); \quad y(a,b,c,t); \quad z(a,b,c,t). \tag{12.1}$$

Gl. (12.1) kann als Parameterdarstellung der Bahnkurven der Teilchen angesehen werden. Während aber in der Punktmechanik die Lage des Punktes x, y, z nur von der Zeit abhängt, hängt in der Mechanik der Kontinua die Bahnkurve noch außerdem vom individuellen, durch a, b, c gekennzeichneten Teilchen ab. Die Ableitungen von x, y, z bei festem a, b, c — im folgenden einfach durch einen darüber gesetzten Punkt gekennzeichnet — sind dann die Geschwindigkeitskomponenten:

$$u = \dot{x}(a,b,c,t); \quad v = \dot{y}(a,b,c,t); \quad w = z(a,b,c,t), \tag{12.2}$$

oder in Vektorschreibweise:

$$\mathfrak{w}(a,b,c,t) = \dot{\mathfrak{x}}(a,b,c,t) = \left(\frac{\partial \mathfrak{x}}{\partial t}\right)_L. \tag{12.3}$$

Dabei ist noch einmal zum Ausdruck gebracht, was unter dem darüber gesetzten Punkt zu verstehen ist. Der Index L bedeutet die zeitliche Ableitung bei Lagrange-Unabhängigen, also bei festgehaltenem a, b, c. Es wird sich gleich zeigen, daß eine solche Unterscheidung gegenüber der zeitlichen Ableitung bei festgehaltenem x, y, z in verschiedenen Zweifelsfällen notwendig ist. Die letztere Zeitableitung soll mit dem Index E (Euler-Unabhängige) gekennzeichnet werden. Bei den Ableitungen nach a, b, c oder x, y, z ist eine entsprechende Kennzeichnung nicht erforderlich, weil es ohne weiteres klar ist, daß bei der Ableitung $\partial/\partial y$ x, z und t, hingegen bei der Ableitung $\partial/\partial a$ b, c, t festzuhalten sind.

Für die Änderung irgendeiner Eigenschaft eines Teilchens, etwa der Temperatur T oder der Geschwindigkeitskomponente u mit der Zeit wird in den deutschen Darstellungen in der Regel wie in der Punktmechanik das gewöhnliche Differentialzeichen d/dt, in der englischen Literatur D/Dt verwendet. Eine solche Ableitung irgendeiner Funktion f ist identisch mit dem Lagrangeschen Differentialquotienten nach der Zeit:

$$\frac{df}{dt} = \frac{\partial f(a,b,c,t)}{\partial t} = \left(\frac{\partial f}{\partial t}\right)_L. \tag{12.4}$$

Um die Beziehung zwischen der zeitlichen Ableitung bei festen Massenteilchen und den in der Eulerschen Darstellung auftretenden Ableitungen zu finden, muß f als Funktion von x, y, z und t aufgefaßt und nach der Kettenregel differenziert werden. Dabei ist zu beachten, daß die zeitliche Ableitung von x, y, z bei festen a, b, c nach (12.2) die Geschwindigkeitskomponenten sind. Man erhält für die „massenfeste“ zeitliche Ableitung damit:

$$\left(\frac{\partial f}{\partial t}\right)_L = \frac{df}{dt} = \left(\frac{\partial f}{\partial t}\right)_E + \frac{\partial f}{\partial x}u + \frac{\partial f}{\partial y}v + \frac{\partial f}{\partial z}w. \tag{12.5}$$

Die linken Seiten des Gleichungssystems (10.4) oder des Energiesatzes (11.5) stellen also „massenfeste“ zeitliche Ableitungen dar, wobei dort der Index E wegbleiben konnte, weil kein Zweifel bestehen kann, daß bei festem x, y, z nach der Zeit abzuleiten ist.

Gl. (12.6) gibt einen Überblick über die Entwicklung der Ortskoordinaten nach Lagrange-Variablen:

$$\left.\begin{aligned} x(a,b,c,t) &= A_0(t) + A_1(t)\,a + A_2(t)\,b + A_3(t)\,c + \cdots; \\ y(a,b,c,t) &= B_0(t) + B_1(t)\,a + B_2(t)\,b + B_3(t)\,c + \cdots; \\ z(a,b,c,t) &= C_0(t) + C_1(t)\,a + C_2(t)\,b + C_3(t)\,c + \cdots, \end{aligned}\right\} \tag{12.6}$$

oder auch in Vektorschreibweise:

$$\mathfrak{x}(a,b,c,t) = \mathfrak{A}_0(t) + \mathfrak{A}_1(t)\,a + \mathfrak{A}_2(t)\,b + \mathfrak{A}_3(t)\,c + \cdots. \tag{12.7}$$

Dabei sind die Koeffizienten:

$$\mathfrak{A}_i(A_i, B_i, C_i) \tag{12.8}$$

Zeitfunktionen. Ohne Einschränkung der Allgemeinheit ist dabei die Entwicklung im Punkte $a=b=c=0$ vollzogen worden, um die Darstellung nicht mit einer unnötig komplizierten Symbolik zu belasten. Für den Zeitpunkt $t=0$ seien außerdem im folgenden gewählt:

$$t=0\colon\quad x=a,\qquad y=b,\qquad z=c. \tag{12.9}$$

Das hat für die Koeffizienten der Entwicklung (12.6) oder (12.7) zur Folge:

$$\left.\begin{aligned} &A_1(0)=B_2(0)=C_3(0)=1;\\ &A_0(0)=A_2(0)=A_3(0)=B_0(0)=B_1(0)=B_3(0)=C_0(0)=C_1(0)=C_2(0)=0.\end{aligned}\right\} \tag{12.10}$$

Für den Zeitpunkt $t=0$ steht also in (12.6) die Einheitsmatrix.

Da die Ortskoordinaten x, y, z mit den Lagrange-Variablen a, b, c zur Zeit $t=0$ übereinstimmen, gilt dieselbe Übereinstimmung auch für die entsprechenden Ableitungen einer beliebigen Funktion f:

$$t=0\colon\ f(a,b,c)=f(x,y,z);\quad \frac{\partial f}{\partial a}=\frac{\partial f}{\partial x};\quad \frac{\partial f}{\partial b}=\frac{\partial f}{\partial y};\quad \frac{\partial f}{\partial c}=\frac{\partial f}{\partial z}. \tag{12.11}$$

In der Wahl des Zeitpunktes $t=0$, in welchem Gleichheit der Maßstäbe (12.9) gefordert wird, und in der Wahl des Ursprunges der Entwicklung ist man völlig frei. Damit gelten aber die im folgenden abgeleiteten Deutungen ganz allgemein für ein beliebiges Teilchen zu einem beliebigen Zeitpunkt.

13. Dehnung eines Teilchens. Ein genügend kleines Massenteilchen, welches zur Zeit $t=0$ durch einen Quader der Seitenlängen a, b, c dargestellt werden kann (Fig. 11), besitzt zur Zeit t die Form eines Parallelepipeds. Welche Zeitdauer zwischen den beiden Zeitpunkten verstrichen ist, ist dabei ohne Bedeutung. Dies macht sich nur in der Größe der Verschiebung des Punktes $a=b=c=0$ geltend. Die verstrichene Zeit sei zunächst ebenso wenig wie die Verformung des Teilchens als klein angenommen. Wohl ist aber die örtliche Ausdehnung des Teilchens, entsprechend den Entwicklungen (12.6) oder (12.7), als klein genug vorausgesetzt, damit nach dem linearen Glied abgebrochen werden darf. Für die Ableitungen des Ortsvektores im Punkte $a=b=c=0$ gilt dementsprechend für beliebige Zeitpunkte:

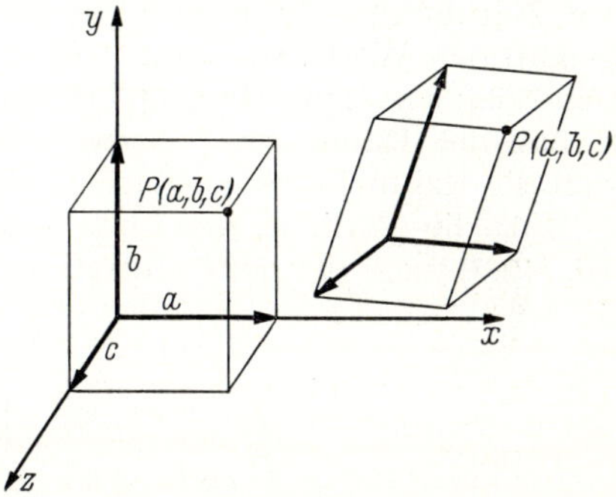

Fig. 11. Massenelement in zwei Zeitpunkten.

$$a=b=c=0\colon\quad \left.\begin{aligned} &\frac{\partial x}{\partial a}=A_1(t); && \frac{\partial x}{\partial b}=A_2(t); && \frac{\partial x}{\partial c}=A_3(t);\\ &\frac{\partial y}{\partial a}=B_1(t); && \frac{\partial y}{\partial b}=B_2(t); && \frac{\partial y}{\partial c}=B_3(t);\\ &\frac{\partial z}{\partial a}=C_1(t); && \frac{\partial z}{\partial b}=C_2(t); && \frac{\partial z}{\partial c}=C_3(t),\end{aligned}\right\} \tag{13.1}$$

oder in Vektorsymbolik:

$$a = b = c = 0\colon \quad \frac{\partial \mathfrak{x}}{\partial a} = \mathfrak{A}_1(t)\,; \quad \frac{\partial \mathfrak{x}}{\partial b} = \mathfrak{A}_2(t)\,; \quad \frac{\partial \mathfrak{x}}{\partial c} = \mathfrak{A}_3(t)\,. \tag{13.2}$$

Das Parallelepiped ist auf drei, in Fig. 11 fettgedruckte, Grundvektoren aufgebaut, welche durch folgende drei Kombinationen der Lagrange-Variablen gekennzeichnet sind:

$$(a, 0, 0)\,; \quad (0, b, 0)\,; \quad (0, 0, c)\,. \tag{13.3}$$

Die drei Grundvektoren für beliebige Zeiten sind gegeben durch:

$$\frac{\partial \mathfrak{x}}{\partial a}\, a\,; \quad \frac{\partial \mathfrak{x}}{\partial b}\, b\,; \quad \frac{\partial \mathfrak{x}}{\partial c}\, c\,, \tag{13.4}$$

und das durch sie bestimmte Volumen des Parallelepipeds ist nach bekannten Formeln der Vektorrechnung:

$$\left(\frac{\partial \mathfrak{x}}{\partial a} \times \frac{\partial \mathfrak{x}}{\partial b}\right) \cdot \frac{\partial \mathfrak{x}}{\partial c}\, a\, b\, c = \left(\frac{\partial \mathfrak{x}}{\partial b} \times \frac{\partial \mathfrak{x}}{\partial c}\right) \cdot \frac{\partial \mathfrak{x}}{\partial a}\, a\, b\, c = \left(\frac{\partial \mathfrak{x}}{\partial c} \times \frac{\partial \mathfrak{x}}{\partial a}\right) \cdot \frac{\partial \mathfrak{x}}{\partial b}\, a\, b\, c\,. \tag{13.5}$$

Dabei ist das Produkt $a\,b\,c$ der Rauminhalt des Massenteilchens zur Zeit $t = 0$. Das Volumenverhältnis für die beiden Zeitpunkte $t \neq 0$ und $t = 0$, letzteres mit $x = a$, $y = b$, $z = c$, ist also durch einen Ausdruck gegeben, der sich nach den Regeln der Vektorrechnung durch die Determinante D ausdrücken läßt:

$$\left(\frac{\partial \mathfrak{x}}{\partial a} \times \frac{\partial \mathfrak{x}}{\partial b}\right) \cdot \frac{\partial \mathfrak{x}}{\partial c} = \begin{vmatrix} \frac{\partial x}{\partial a}\,; & \frac{\partial y}{\partial a}\,; & \frac{\partial z}{\partial a} \\ \frac{\partial x}{\partial b}\,; & \frac{\partial y}{\partial b}\,; & \frac{\partial z}{\partial b} \\ \frac{\partial x}{\partial c}\,; & \frac{\partial y}{\partial c}\,; & \frac{\partial z}{\partial c} \end{vmatrix} = D\,. \tag{13.6}$$

Im Zeitpunkt $t = 0$ nimmt die Determinante nach Gl. (12.9) voraussetzungsgemäß den Wert $D = 1$ an. Indem $a = b = c = 1$ gesetzt wird, kann D auch als das Volumen eines Massenteilchens gedeutet werden, welches zur Zeit $t = 0$ die Größe der Raumeinheit besitzt. Dabei muß allerdings vorausgesetzt werden, daß die Raumeinheit ausreichend klein gewählt ist.

Für die zeitliche Ableitung von D erhält man unter Berücksichtigung von Gl. (12.2) nach den Differentiationsregeln der Determinanten:

$$\left(\frac{\partial D}{\partial t}\right)_L = \begin{vmatrix} \frac{\partial u}{\partial a}\,; & \frac{\partial y}{\partial a}\,; & \frac{\partial z}{\partial a} \\ \frac{\partial u}{\partial b}\,; & \frac{\partial y}{\partial b}\,; & \frac{\partial z}{\partial b} \\ \frac{\partial u}{\partial c}\,; & \frac{\partial y}{\partial c}\,; & \frac{\partial z}{\partial c} \end{vmatrix} + \begin{vmatrix} \frac{\partial x}{\partial a}\,; & \frac{\partial v}{\partial a}\,; & \frac{\partial z}{\partial a} \\ \frac{\partial x}{\partial b}\,; & \frac{\partial v}{\partial b}\,; & \frac{\partial z}{\partial b} \\ \frac{\partial x}{\partial c}\,; & \frac{\partial v}{\partial c}\,; & \frac{\partial z}{\partial c} \end{vmatrix} + \begin{vmatrix} \frac{\partial x}{\partial a}\,; & \frac{\partial y}{\partial a}\,; & \frac{\partial w}{\partial a} \\ \frac{\partial x}{\partial b}\,; & \frac{\partial y}{\partial b}\,; & \frac{\partial w}{\partial b} \\ \frac{\partial x}{\partial c}\,; & \frac{\partial y}{\partial c}\,; & \frac{\partial w}{\partial c} \end{vmatrix}\,. \tag{13.7}$$

Geht man hier von den Ableitungen nach a, b, c zu jenen nach x, y, z über, so geschieht dies für die Ableitung einer beliebigen Funktion f nach der bekannten Kettenregel:

$$\left.\begin{aligned} \frac{\partial f}{\partial a} &= \frac{\partial f}{\partial x}\frac{\partial x}{\partial a} + \frac{\partial f}{\partial y}\frac{\partial y}{\partial a} + \frac{\partial f}{\partial z}\frac{\partial z}{\partial a}\,; \\ \frac{\partial f}{\partial b} &= \frac{\partial f}{\partial x}\frac{\partial x}{\partial b} + \frac{\partial f}{\partial y}\frac{\partial y}{\partial b} + \frac{\partial f}{\partial z}\frac{\partial z}{\partial b}\,; \\ \frac{\partial f}{\partial c} &= \frac{\partial f}{\partial x}\frac{\partial x}{\partial c} + \frac{\partial f}{\partial y}\frac{\partial y}{\partial c} + \frac{\partial f}{\partial z}\frac{\partial z}{\partial c}\,. \end{aligned}\right\} \tag{13.8}$$

Dies kann als ein lineares System dreier Gleichungen für die Ableitungen von f nach x, y, z angesehen werden. Nach der Cramerschen Regel für die Auflösung eines solchen Systems erhält man dann:

$$D\frac{\partial f}{\partial x} = \begin{vmatrix} \frac{\partial f}{\partial a}; & \frac{\partial y}{\partial a}; & \frac{\partial z}{\partial a} \\ \frac{\partial f}{\partial b}; & \frac{\partial y}{\partial b}; & \frac{\partial z}{\partial b} \\ \frac{\partial f}{\partial c}; & \frac{\partial y}{\partial c}; & \frac{\partial z}{\partial c} \end{vmatrix}; \quad D\frac{\partial f}{\partial y} = \begin{vmatrix} \frac{\partial x}{\partial a}; & \frac{\partial f}{\partial a}; & \frac{\partial z}{\partial a} \\ \frac{\partial x}{\partial b}; & \frac{\partial f}{\partial b}; & \frac{\partial z}{\partial b} \\ \frac{\partial x}{\partial c}; & \frac{\partial f}{\partial c}; & \frac{\partial z}{\partial c} \end{vmatrix}; \quad D\frac{\partial f}{\partial z} = \begin{vmatrix} \frac{\partial x}{\partial a}; & \frac{\partial y}{\partial a}; & \frac{\partial f}{\partial a} \\ \frac{\partial x}{\partial b}; & \frac{\partial y}{\partial b}; & \frac{\partial f}{\partial b} \\ \frac{\partial x}{\partial c}; & \frac{\partial y}{\partial c}; & \frac{\partial f}{\partial c} \end{vmatrix}. \qquad (13.9)$$

Indem abwechselnd für f die drei Geschwindigkeitskomponenten u, v, w eingesetzt werden, gelangt man von den Gln. (13.7) und (12.5) sofort zur Beziehung:

$$\frac{1}{D}\left(\frac{\partial D}{\partial t}\right)_L = \frac{1}{D}\frac{dD}{dt} = \frac{\partial u}{\partial x} + \frac{\partial v}{\partial y} + \frac{\partial w}{\partial z} = \operatorname{div} \mathfrak{w}. \qquad (13.10)$$

Die *Divergenz* des Geschwindigkeitsvektors $\mathfrak{w}$ ist also gleich der zeitlichen Volumenänderung eines Teilchens geteilt durch das augenblickliche Volumen. Daraus erklärt sich auch die Bezeichnung „Divergenz".

Besitzt ein Teilchen irgendeine Eigenschaft f der Volumeneinheit, etwa die Masse der Volumeneinheit, d.h. die Dichte ϱ, oder die innere Energie der Volumeneinheit, d.h. also $e\,\varrho$, dann ist die Eigenschaft, auf das ganze Teilchen bezogen, gegeben durch:

$$f\,D\,a\,b\,c. \qquad (13.11)$$

Für die zeitliche Änderung erhält man dann, nachdem der Logarithmus gebildet und bei festen a, b, c nach der Zeit abgeleitet wurde, mit Hilfe von Gl. (12.5) und (13.10):

$$\frac{1}{D}\left(\frac{\partial f D}{\partial t}\right)_L = \frac{df}{dt} + f \operatorname{div} \mathfrak{w} = \left(\frac{\partial f}{\partial t}\right)_E + \operatorname{div}(f\,\mathfrak{w}). \qquad (13.12)$$

In der Kontinuitätsbedingung (9.3) der Eulerschen Form erkennt man mit $f = \varrho$ also die einfache Aussage, daß die Masse ($\varrho D a b c$) eines Teilchens der Ausdehnung a, b, c sich mit der Zeit nicht ändert.

14. Drehung und Winkelgeschwindigkeit. Als zweiter kinematischer Grundvorgang sei die Drehung eines starren Körpers aus der Anfangslage $x = a$, $y = b$, $z = c$ betrachtet. Die a-Achse schließt nach einer gewissen Zeit mit den drei Koordinatenachsen die Winkel $\alpha_1, \alpha_2, \alpha_3$ ein. Entsprechendes gelte für die b- und die c-Achse. Damit ergibt sich folgendes Winkelschema für die Achsenrichtungen:

	x	y	z
a	α_1	α_2	α_3
b	β_1	β_2	β_3
c	γ_1	γ_2	γ_3

(14.1)

Die Komponenten der Einheitsvektoren in den drei Richtungen a, b, c sind die Cosinus-Funktionen der Einschließungswinkel. Da es sich um Einheitsvektoren handelt, gilt:

$$\cos^2\alpha_1 + \cos^2\alpha_2 + \cos^2\alpha_3 = 1; \qquad \cos^2\alpha_1 + \cos^2\beta_1 + \cos^2\gamma_1 = 1, \qquad (14.2)$$

sowie weitere vier Bedingungen für alle Zeilen und Kolonnen von (14.1). Da die Einheitsvektoren außerdem aufeinander senkrecht stehen, muß auch das innere

Produkt aller Vektorpaarungen verschwinden. So gilt:

$$\left.\begin{aligned}\cos\alpha_1\cos\beta_1+\cos\alpha_2\cos\beta_2+\cos\alpha_3\cos\beta_3=0;\\ \cos\alpha_1\cos\alpha_2+\cos\beta_1\cos\beta_2+\cos\gamma_1\cos\gamma_2=0,\end{aligned}\right\}\qquad(14.3)$$

und noch vier weitere Gleichungen für die übrigen Zeilen- und Kolonnenpaarungen. Von diesen insgesamt zwölf Gleichungen für nur neun Winkel sind aber nur sechs Gleichungen unabhängig voneinander, wie sich zeigen läßt. Drei Winkel sind also beliebig wählbar, durch sie wird die Drehung im Raume bestimmt. Darauf wird später noch in einem Sonderfall eingegangen.

Die unabhängige Veränderliche a ist die Projektion des Ortsvektors $\mathfrak{x}$ des Punktes P auf die Richtung a, also das innere Produkt von $\mathfrak{x}$ und dem zu a gehörigen Einheitsvektor (Fig. 12).. Entsprechendes gilt für b und c:

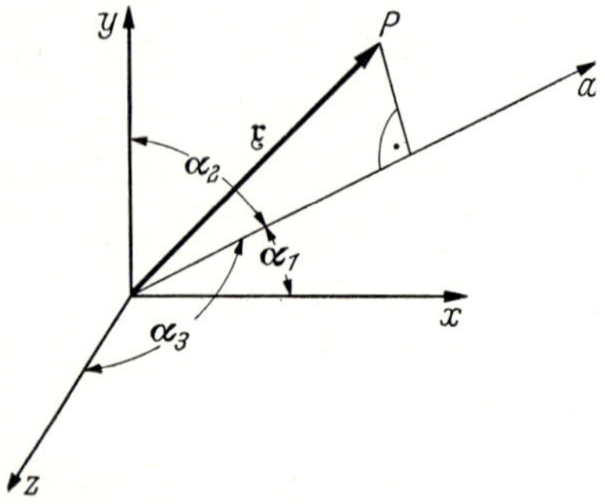

Fig. 12. Drehung im Raum.

$$\left.\begin{aligned}a&=x\cos\alpha_1+y\cos\alpha_2+z\cos\alpha_3;\\ b&=x\cos\beta_1+y\cos\beta_2+z\cos\beta_3;\\ c&=x\cos\gamma_1+y\cos\gamma_2+z\cos\gamma_3.\end{aligned}\right\}\qquad(14.4)$$

Aus der gleichen Überlegung heraus erhält man auch die Umkehrung:

$$\left.\begin{aligned}x&=a\cos\alpha_1+b\cos\beta_1+c\cos\gamma_1;\\ y&=a\cos\alpha_2+b\cos\beta_2+c\cos\gamma_2;\\ z&=a\cos\alpha_3+b\cos\beta_3+c\cos\gamma_3.\end{aligned}\right\}\qquad(14.5)$$

Für *kleine Drehungen* im Raume gilt nun, wie aus Fig. 12 allein schon zu erkennen ist:

$$\alpha_1,\beta_2,\gamma_3\ll\frac{\pi}{2};\qquad \alpha_2\sim\alpha_3\sim\beta_3\sim\beta_1\sim\gamma_1\sim\gamma_2\sim\frac{\pi}{2}.\qquad(14.6)$$

Damit sind die Gleichungen vom Typus (14.2) erfüllt. Aus den Gleichungen vom Typus (14.3) folgt in guter Näherung:

$$\cos\beta_1+\cos\alpha_2=0;\qquad \cos\gamma_2+\cos\beta_3=0;\qquad \cos\gamma_1+\cos\alpha_3=0.\qquad(14.7)$$

Die Cosinus-Funktionen der Winkel (14.1) sind damit auf drei unabhängige Größen zurückgeführt, als welche $\cos\beta_3$, $\cos\gamma_1$, $\cos\alpha_2$ gewählt werden mögen. Damit erhält (14.5) für kleine Drehungen die Gestalt:

$$\left.\begin{aligned}x&=a-b\cos\alpha_2+c\cos\gamma_1;\\ y&=a\cos\alpha_2+b-c\cos\beta_3;\\ z&=-a\cos\gamma_1+b\cos\beta_3+c.\end{aligned}\right\}\qquad(14.8)$$

Setzt man hierin $\beta_3=\gamma_1=\pi/2$, so erkennt man, daß es sich um eine Drehung um die z-Achse um den Winkel $(\pi/2-\alpha_2)$ handelt. In analoger Weise ergeben sich die Spezialfälle einer Drehung um die x-Achse um den Winkel $(\pi/2-\beta_3)$ und einer Drehung um die y-Achse um den Winkel $(\pi/2-\gamma_1)$. Da die Drehungen nun aber voraussetzungsgemäß klein sind, ist es gleichgültig, ob die drei Drehungen hintereinander oder ob sie aus der Ausgangslage heraus ausgeführt werden. Der Unterschied macht sich erst in Gliedern höherer Ordnung geltend.

Durch Ableitung von x, y, z nach der Zeit bei festen a, b, c gelangt man zu den Geschwindigkeitskomponenten. Dabei ist zu beachten, daß die Sinus-Funktionen der Winkel β_3, γ_1, α_2 gleich Eins gesetzt werden dürfen:

$$\left.\begin{aligned}u&=\quad b\dot\alpha_2-c\dot\gamma_1;\\ v&=-a\dot\alpha_2+c\dot\beta_3;\\ w&=\quad a\dot\gamma_1-b\dot\beta_3.\end{aligned}\right\}\qquad(14.9)$$

Das gilt nicht nur für kleine Drehungen, sondern exakt auch für die Drehgeschwindigkeiten zur Zeit $t=0$. Mit Rücksicht darauf, daß der Drehwinkel durch den Komplementärwinkel von β_3, γ_1 und α_2 gegeben war, sind die Winkelgeschwindigkeiten um die x-, y-, z-Achse gegeben durch:

$$-\dot{\beta}_3, \quad -\dot{\gamma}_1, \quad -\dot{\alpha}_2. \tag{14.10}$$

Die Geschwindigkeitsverteilung der Drehung eines starren Körpers wird also dargestellt durch einen antisymmetrischen Tensor, dessen Koeffizienten durch Winkelgeschwindigkeiten gegeben sind.

15. Dehnung nach drei orthogonalen Achsen. Die Dehnung eines Flüssigkeitselementes nach drei orthogonalen Achsen sei in drei Schritten durchgeführt: Die Koordinaten des Elementes zur Zeit $t=0$: $x=a$, $y=b$, $z=c$, werden auf „Hauptachsen" $\bar{x}, \bar{y}, \bar{z}$ transformiert. Dann folgt eine Dehnung in diesen drei Richtungen und schließlich eine Rücktransformation auf die ursprünglichen Richtungen.

Die Winkel, welche die Hauptachsenrichtungen mit den Ausgangsrichtungen einschließen, seien wieder durch das Schema (14.1) gegeben, nur daß entsprechend zu den Koordinaten $\bar{x}, \bar{y}, \bar{z}$ auch die Winkel mit einem Querstrich gekennzeichnet seien, um sie von den Drehwinkeln des letzten Paragraphen zu unterscheiden. Die Hauptachsenrichtungen sind dann entsprechend zu (14.5) gegeben durch:

$$\left.\begin{aligned} \bar{x} &= a\cos\bar{\alpha}_1 + b\cos\bar{\beta}_1 + c\cos\bar{\gamma}_1;\\ \bar{y} &= a\cos\bar{\alpha}_2 + b\cos\bar{\beta}_2 + c\cos\bar{\gamma}_2;\\ \bar{z} &= a\cos\bar{\alpha}_3 + b\cos\bar{\beta}_3 + c\cos\bar{\gamma}_3. \end{aligned}\right\} \tag{15.1}$$

Die Dehnung um den l-, m- und n-fachen Betrag in den drei Hauptachsenrichtungen liefert dann die neuen durch zwei Querstriche bezeichneten Lagen der Punkte im Koordinatensystem der Hauptachsen:

$$\bar{\bar{x}} = (1+l)\,\bar{x}; \qquad \bar{\bar{y}} = (1+m)\,\bar{y}; \qquad \bar{\bar{z}} = (1+n)\,\bar{z}. \tag{15.2}$$

Zur Ermittlung der Koordinaten x, y, z, welche die Punkte nach der Dehnung im ursprünglichen System annehmen, muß schließlich mit dem zu (15.1) inversen Koeffizientensystem rücktransformiert werden, also beispielsweise:

$$x = \bar{\bar{x}}\cos\bar{\alpha}_1 + \bar{\bar{y}}\cos\bar{\alpha}_2 + \bar{\bar{z}}\cos\bar{\alpha}_3. \tag{15.3}$$

Es ist das dem System (14.4) entsprechende Schema, nur mit dem Unterschied, daß an Stelle von x, y, z nun $\bar{\bar{x}}, \bar{\bar{y}}, \bar{\bar{z}}$ und an Stelle von a, b, c nun x, y, z stehen.

Werden schließlich die Koordinaten im Hauptachsensystem $\bar{\bar{x}}, \bar{\bar{y}}, \bar{\bar{z}}$ durch $\bar{x}, \bar{y}, \bar{z}$ und diese mittels (15.1) durch a, b, c ersetzt, so ist die Lage x, y, z der Punkte nach der Dehnung im Ausgangssystem ausgedrückt. Man erhält ein Schema der Form (12.6) und kann sich durch Ausführung der Rechnungen leicht die Koeffizienten verschaffen. Sie sind gegeben durch:

$$\left.\begin{aligned} A_0 &= 0; \quad & A_1 &= 1 + l\cos^2\bar{\alpha}_1 + m\cos^2\bar{\alpha}_2 + n\cos^2\bar{\alpha}_3;\\ B_0 &= 0; \quad & B_2 &= 1 + l\cos^2\bar{\beta}_1 + m\cos^2\bar{\beta}_2 + n\cos^2\bar{\beta}_3;\\ C_0 &= 0; \quad & C_3 &= 1 + l\cos^2\bar{\gamma}_1 + m\cos^2\bar{\gamma}_2 + n\cos^2\bar{\gamma}_3; \end{aligned}\right\} \tag{15.4}$$

$$\left.\begin{aligned} B_3 = C_2 &= l\cos\bar{\beta}_1\cos\bar{\gamma}_1 + m\cos\bar{\beta}_2\cos\bar{\gamma}_2 + n\cos\bar{\beta}_3\cos\bar{\gamma}_3;\\ C_1 = A_3 &= l\cos\bar{\gamma}_1\cos\bar{\alpha}_1 + m\cos\bar{\gamma}_2\cos\bar{\alpha}_2 + n\cos\bar{\gamma}_3\cos\bar{\alpha}_3;\\ A_2 = B_1 &= l\cos\bar{\alpha}_1\cos\bar{\beta}_1 + m\cos\bar{\alpha}_2\cos\bar{\beta}_2 + n\cos\bar{\alpha}_3\cos\bar{\beta}_3. \end{aligned}\right\} \tag{15.5}$$

Es handelt sich also um einen symmetrischen Tensor, dessen Koeffizienten sechs unabhängige, für die Dehnung charakteristische Größen enthalten. Von den neun Winkeln sind wie bei der Drehung nur drei unabhängig. Sie legen die Hauptachsenrichtungen fest. Das Ausmaß der Dehnung ist durch l, m, n gegeben.

Sehr zum Unterschied von der Drehung, wo der Drehwinkel mit der Zeit wächst, für kurze Zeiten also stets klein ist, liegen die Hauptachsenrichtungen von vorne herein fest. Nur die Dehnungsbeträge l, m und n nehmen mit der Zeit zu.

Zur Ermittlung von u, v, w aus Gl. (12.6) ist wieder nach der Zeit bei festem a, b, c abzuleiten. Dabei sind sowohl l, m, n als auch die Hauptachsenrichtungen Funktionen der Zeit. Da jedoch für den Zeitpunkt $t=0$; $l=m=n=0$ angenommen wurde, gilt:

$$\left.\begin{aligned} t=0:\quad \dot{A}_1 &= \dot{l}\cos^2\bar{\alpha}_1+\dot{m}\cos^2\bar{\alpha}_2+\dot{n}\cos^2\bar{\alpha}_3;\\ \dot{B}_3=\dot{C}_2 &= \dot{l}\cos\bar{\beta}_1\cos\bar{\gamma}_1+\dot{m}\cos\bar{\beta}_2\cos\bar{\gamma}_2+\dot{n}\cos\bar{\beta}_3\cos\bar{\gamma}_3,\end{aligned}\right\} \tag{15.6}$$

und ganz entsprechende Gleichungen für die übrigen Koeffizienten, die aus (15.4) und (15.5) leicht herzuleiten sind.

Da der Zeitpunkt $t=0$ und der Koordinatenursprung wieder beliebig gewählt werden dürfen, gilt ganz allgemein für ein beliebiges Element, daß eine lineare Beziehung zwischen dem Geschwindigkeitsvektor und den Variablen a, b, c:

$$\left.\begin{aligned} u&=\dot{A}_1 a+\dot{A}_2 b+\dot{A}_3 c;\\ v&=\dot{B}_1 a+\dot{B}_2 b+\dot{B}_3 c;\\ w&=\dot{C}_1 a+\dot{C}_2 b+\dot{C}_3 c\end{aligned}\right\} \tag{15.7}$$

mit symmetrischem Koeffizientenschema als Dehnung eines Flüssigkeitselementes nach drei Hauptachsenrichtungen gedeutet werden kann. Die Hauptachsenrichtungen (drei unabhängige Winkel) und die drei Dehnungsgeschwindigkeiten:

$$\dot{l},\dot{m},\dot{n}, \tag{15.8}$$

also die sechs unabhängigen kinematischen Größen sind durch die sechs unabhängigen Koeffizienten des symmetrischen Tensors nach Gl. (15.6) festgelegt. Ein Beispiel wird im nächsten Abschnitt gebracht.

16. Kinematische Deutungen der Geschwindigkeitsableitungen. Nach der Vorbereitung durch die letzten Ziffern ist es möglich, bestimmten Kombinationen der Ableitung des Geschwindigkeitsvektors $\mathfrak{w}$ nach dem Ortsvektor Deutungen zu geben, die einen tieferen Einblick in die Strömungsvorgänge ermöglichen. Zunächst seien die Ortskoordinaten in (12.6) nach der Zeit abgeleitet. Dadurch gewinnt man ein Schema ähnlich jenem von (15.7), das jedoch auch noch die Ableitungen von A_0, B_0 und C_0 enthält. Für diese gilt:

$$u(0,0,0)=\dot{A}_0;\qquad v(0,0,0)=\dot{B}_0;\qquad w(0,0,0)=\dot{C}_0. \tag{16.1}$$

Ferner gilt für die übrigen Koeffizienten, wenn die Ableitung jeweils im Punkte $a=b=c=0$ genommen wird:

$$\dot{A}_1=\frac{\partial u}{\partial a};\quad \dot{A}_2=\frac{\partial u}{\partial b};\quad \ldots;\quad \dot{C}_2=\frac{\partial w}{\partial b};\quad \dot{C}_3=\frac{\partial w}{\partial c}. \tag{16.2}$$

Für den Zeitpunkt $t=0$ ist die Ableitung nach a, b, c nach Gl. (12.1) jener nach x, y, z gleich zu setzen. Folglich ist:

$$t=0:\quad \mathfrak{w}(a,b,c)=\mathfrak{w}(0,0,0)+\frac{\partial\mathfrak{w}}{\partial x}a+\frac{\partial\mathfrak{w}}{\partial y}b+\frac{\partial\mathfrak{w}}{\partial z}c. \tag{16.3}$$

Nimmt man das (16.3) entsprechende Komponentenschema, so erweist sich dieses keineswegs als symmetrisch oder antisymmetrisch. Es kann jedoch ohne Schwierigkeit in ein symmetrisches, vermehrt um ein antisymmetrisches Schema aufgegliedert werden:

$$\left.\begin{aligned}
u(a,b,c) &= u(0,0,0) + \frac{\partial u}{\partial x} a + \frac{1}{2}\left(\frac{\partial u}{\partial y} + \frac{\partial v}{\partial x}\right) b + \frac{1}{2}\left(\frac{\partial u}{\partial z} + \frac{\partial w}{\partial x}\right) c + \\
&\quad + \frac{1}{2}\left(\frac{\partial u}{\partial y} - \frac{\partial v}{\partial x}\right) b + \frac{1}{2}\left(\frac{\partial u}{\partial z} - \frac{\partial w}{\partial x}\right) c; \\
v(a,b,c) &= v(0,0,0) + \frac{1}{2}\left(\frac{\partial v}{\partial x} + \frac{\partial u}{\partial y}\right) a + \frac{\partial v}{\partial y} b + \frac{1}{2}\left(\frac{\partial v}{\partial z} + \frac{\partial w}{\partial y}\right) c + \\
&\quad + \frac{1}{2}\left(\frac{\partial v}{\partial x} - \frac{\partial u}{\partial y}\right) a + \frac{1}{2}\left(\frac{\partial v}{\partial z} - \frac{\partial w}{\partial y}\right) c; \\
w(a,b,c) &= w(0,0,0) + \frac{1}{2}\left(\frac{\partial w}{\partial x} + \frac{\partial u}{\partial z}\right) a + \frac{1}{2}\left(\frac{\partial w}{\partial y} + \frac{\partial v}{\partial z}\right) b + \frac{\partial w}{\partial z} c + \\
&\quad + \frac{1}{2}\left(\frac{\partial w}{\partial x} - \frac{\partial u}{\partial z}\right) a + \frac{1}{2}\left(\frac{\partial w}{\partial y} - \frac{\partial v}{\partial z}\right) b.
\end{aligned}\right\} \quad (16.4)$$

Danach läßt sich die Bewegung eines Flüssigkeitsteilchens in jedem Augenblick aus drei Teilvorgängen zusammensetzen, nämlich einer Translation gegeben durch $\mathfrak{w}(0, 0, 0)$, einer Dehnung in drei Hauptachsenrichtungen, gegeben durch den symmetrischen Tensor:

$$\mathfrak{D} = \begin{pmatrix}
\frac{\partial u}{\partial x}; & \frac{1}{2}\left(\frac{\partial u}{\partial y} + \frac{\partial v}{\partial x}\right); & \frac{1}{2}\left(\frac{\partial u}{\partial z} + \frac{\partial w}{\partial x}\right) \\
\frac{1}{2}\left(\frac{\partial v}{\partial x} + \frac{\partial u}{\partial y}\right); & \frac{\partial v}{\partial y}; & \frac{1}{2}\left(\frac{\partial v}{\partial z} + \frac{\partial w}{\partial y}\right) \\
\frac{1}{2}\left(\frac{\partial w}{\partial x} + \frac{\partial u}{\partial z}\right); & \frac{1}{2}\left(\frac{\partial w}{\partial y} + \frac{\partial v}{\partial z}\right); & \frac{\partial w}{\partial z}
\end{pmatrix} \quad (16.5)$$

und einer Rotation, gegeben durch den antisymmetrischen Tensor:

$$\begin{pmatrix}
0; & -\frac{1}{2}\left(\frac{\partial v}{\partial x} - \frac{\partial u}{\partial y}\right); & \frac{1}{2}\left(\frac{\partial u}{\partial z} - \frac{\partial w}{\partial x}\right) \\
\frac{1}{2}\left(\frac{\partial v}{\partial x} - \frac{\partial u}{\partial y}\right); & 0; & -\frac{1}{2}\left(\frac{\partial w}{\partial y} - \frac{\partial v}{\partial z}\right) \\
-\frac{1}{2}\left(\frac{\partial u}{\partial z} - \frac{\partial w}{\partial x}\right); & \frac{1}{2}\left(\frac{\partial w}{\partial y} - \frac{\partial v}{\partial z}\right); & 0
\end{pmatrix}. \quad (16.6)$$

Diese Deutung wird oft HELMHOLTZ[1] zugeschrieben, geht aber schon auf STOKES[2] zurück.

Die Tensorkomponenten von (16.5) entsprechen den Koeffizienten von (15.7). Sie sind mit Hilfe der Gleichungen vom Typus (15.6) auf die Hauptdehnungsgeschwindigkeiten (15.8) und die Hauptachsenrichtungen zurückzuführen. Insbesondere kann man sich davon überzeugen, daß folgende Beziehungen zwischen den Geschwindigkeitsableitungen und den Hauptdehnungsgeschwindigkeiten bestehen:

$$\dot{l} + \dot{m} + \dot{n} = \frac{\partial u}{\partial x} + \frac{\partial v}{\partial y} + \frac{\partial w}{\partial z} = \operatorname{div} \mathfrak{w}. \quad (16.7)$$

[1] H. v. HELMHOLTZ: Crelles J. **55**, 25 (1858). (Ostwalds Klassiker Nr. 79.)

[2] G. G. STOKES: Trans. Cambr. Phil. Soc. **8**, 287–319 (1844–1849). (Papers 1, 75–129.)

Das ist im wesentlichen eine Wiederholung von Gl. (13.10), die zum Ausdruck bringt, daß div $\mathfrak{w}$ gleich ist der relativen Ausdehnungsgeschwindigkeit des Teilchens. Weiter gilt:

$$\left.\begin{aligned} \dot{m}\dot{n}+\dot{n}\dot{l}+\dot{l}\dot{m} = \frac{\partial v}{\partial y}\frac{\partial w}{\partial z}+\frac{\partial w}{\partial z}\frac{\partial u}{\partial x}+\frac{\partial u}{\partial x}\frac{\partial v}{\partial y}-\frac{1}{4}\left(\frac{\partial w}{\partial y}+\frac{\partial v}{\partial z}\right)^2 - \\ -\frac{1}{4}\left(\frac{\partial u}{\partial z}+\frac{\partial w}{\partial x}\right)^2-\frac{1}{4}\left(\frac{\partial v}{\partial x}+\frac{\partial u}{\partial y}\right)^2; \end{aligned}\right\} \tag{16.8}$$

und:

$$\dot{l}\dot{m}\dot{n} = \begin{vmatrix} \frac{\partial u}{\partial x}; & \frac{1}{2}\left(\frac{\partial u}{\partial y}+\frac{\partial v}{\partial x}\right); & \frac{1}{2}\left(\frac{\partial u}{\partial z}+\frac{\partial w}{\partial x}\right) \\ \frac{1}{2}\left(\frac{\partial v}{\partial x}+\frac{\partial u}{\partial y}\right); & \frac{\partial v}{\partial y}; & \frac{1}{2}\left(\frac{\partial v}{\partial z}+\frac{\partial w}{\partial y}\right) \\ \frac{1}{2}\left(\frac{\partial w}{\partial x}+\frac{\partial u}{\partial z}\right); & \frac{1}{2}\left(\frac{\partial w}{\partial y}+\frac{\partial v}{\partial z}\right); & \frac{\partial w}{\partial z} \end{vmatrix}. \tag{16.9}$$

Durch das System der drei Gln. (16.7) bis (16.9) sind die Hauptdehnungsgeschwindigkeiten auf die lokalen Strömungsverhältnisse zurückgeführt.

Einfacher sind die Beziehungen zwischen dem antisymmetrischen Tensor (16.6) und den Winkelgeschwindigkeiten der Drehung eines starren Körpers (14.10). Ein Vergleich mit (16.6) ergibt:

$$\text{rot}\,\mathfrak{w}:\quad \left(\frac{\partial w}{\partial y}-\frac{\partial v}{\partial z}\right) = -2\dot{\beta}_3;\quad \left(\frac{\partial u}{\partial z}-\frac{\partial w}{\partial x}\right) = -2\dot{\gamma}_1;\quad \left(\frac{\partial v}{\partial x}-\frac{\partial u}{\partial y}\right) = -2\dot{\alpha}_2. \tag{16.10}$$

Die drei Komponenten des Vektors rot $\mathfrak{w}$ geben nach Ziff. 14 also die doppelte Winkelgeschwindigkeit des Teilchens um die drei Achsen.

17. Invarianz gegenüber Drehungen. Von einem Gleichungssystem, welches physikalische Vorgänge beschreibt, die unabhängig von der Koordinatenrichtung gelten sollen, muß gefordert werden, daß es bei einer Drehung des Koordinatensystems seine formale mathematische Form beibehält. Eine solche Forderung haben alle bisher abgeleiteten, auf dem klassischen Boden der Mechanik stehenden Gleichungen zu erfüllen. Handelt es sich speziell um Größen mit einer vom Koordinatensystem unabhängigen physikalischen Bedeutung, wie etwa die Volumenänderung eines Massenteilchens, die kinetische Energie eines Massenteilchens, die Dissipation an einer bestimmten Stelle und ähnliches, so muß der entsprechende mathematische Ausdruck nach einer Drehung formal erhalten bleiben.

Als Drehungstensor sei dasselbe Winkelschema wie in Ziff. 14 angenommen, nur mit dem Unterschied, daß es sich nun nicht um eine Drehung des Körpers, sondern um eine Drehung des Koordinatensystems in Richtung eines neuen Dreibeins x', y', z' handelt. In (14.4) und (14.5) sind also die Variablen a, b, c durch x', y', z' zu ersetzen. Wieder gelten Gleichungen vom Typus (14.2) und (14.3), wonach die Zeilen und die Kolonnen der Koeffizienten als Einheitsvektoren aufzufassen sind, die aufeinander senkrecht stehen. Für die transformierten Komponenten gelten die gleichen Beziehungen wie für die Koordinaten, also:

$$\left.\begin{aligned} u &= u'\cos\alpha_1 + v'\cos\beta_1 + w'\cos\gamma_1; \\ v &= u'\cos\alpha_2 + v'\cos\beta_2 + w'\cos\gamma_2; \\ w &= u'\cos\alpha_3 + v'\cos\beta_3 + w'\cos\gamma_3. \end{aligned}\right\} \tag{17.1}$$

Für die Ableitung einer beliebigen Funktion f nach den Koordinaten gilt ebenfalls das gleiche Koeffizientenschema, wie man sich leicht durch Anwendung der Kettenregel der Differentiation überzeugen kann:

$$\left.\begin{aligned} \frac{\partial f}{\partial x} &= \frac{\partial f}{\partial x'}\cos\alpha_1 + \frac{\partial f}{\partial y'}\cos\beta_1 + \frac{\partial f}{\partial z'}\cos\gamma_1; \\ \frac{\partial f}{\partial y} &= \frac{\partial f}{\partial x'}\cos\alpha_2 + \frac{\partial f}{\partial y'}\cos\beta_2 + \frac{\partial f}{\partial z'}\cos\gamma_2; \\ \frac{\partial f}{\partial z} &= \frac{\partial f}{\partial x'}\cos\alpha_3 + \frac{\partial f}{\partial y'}\cos\beta_3 + \frac{\partial f}{\partial z'}\cos\gamma_3. \end{aligned}\right\} \tag{17.2}$$

Bildet man nun die Divergenz des Geschwindigkeitsvektors unter Anwendung der Formeln (17.1) und (17.2), so erhält man sofort:

$$\operatorname{div}\mathfrak{w} = \frac{\partial u}{\partial x} + \frac{\partial v}{\partial y} + \frac{\partial w}{\partial z} = \frac{\partial u'}{\partial x'} + \frac{\partial v'}{\partial y'} + \frac{\partial w'}{\partial z'}. \tag{17.3}$$

Auch das innere Produkt des Geschwindigkeitsvektors und des Gradienten irgendeiner Funktion f hat eine von der Drehung unabhängige formale Gestalt, denn es hat bei stationärer Strömung die Bedeutung einer Änderung der Eigenschaft f des Teilchens mit der Zeit:

$$\mathfrak{w}\cdot\operatorname{grad} f = u\frac{\partial f}{\partial x} + v\frac{\partial f}{\partial y} + w\frac{\partial f}{\partial z} = u'\frac{\partial f}{\partial x'} + v'\frac{\partial f}{\partial y'} + w'\frac{\partial f}{\partial z'}. \tag{17.4}$$

Ganz entsprechendes gilt auch für die Differentialausdrücke (16.8) und (16.9).

Aus den Gln. (17.3) und (17.4) folgt sofort, daß auch die Divergenz eines mit einer Skalarfunktion multiplizierten Geschwindigkeitsvektors $\mathfrak{w}$ gegenüber Drehungen erhalten bleibt:

$$\operatorname{div}(f\,\mathfrak{w}) = \frac{\partial f u}{\partial x} + \frac{\partial f v}{\partial y} + \frac{\partial f w}{\partial z} = \frac{\partial f u'}{\partial x'} + \frac{\partial f v'}{\partial y'} + \frac{\partial f w'}{\partial z'}. \tag{17.5}$$

Bedeutet f also eine Eigenschaft der Raumeinheit, etwa deren Masse oder Energie, so bedeutet div $(f\mathfrak{w})$ die Änderung dieser Eigenschaft der Raumeinheit mit der Zeit, ist also wieder eine vom Koordinatensystem unabhängige anschauliche Größe.

Da sich der Gradient einer skalaren Größe nach (17.2) wie der Geschwindigkeitsvektor (17.1) transformiert, gilt für zwei beliebige Funktionen g und f mit den erforderlichen Differenzierbarkeitseigenschaften in Analogie zu (17.5):

$$\left.\begin{aligned} \operatorname{div}(f\operatorname{grad} g) &= \frac{\partial}{\partial x}\left(f\frac{\partial g}{\partial x}\right) + \frac{\partial}{\partial y}\left(f\frac{\partial g}{\partial y}\right) + \frac{\partial}{\partial z}\left(f\frac{\partial g}{\partial z}\right) \\ &= \frac{\partial}{\partial x'}\left(f\frac{\partial g}{\partial x'}\right) + \frac{\partial}{\partial y'}\left(f\frac{\partial g}{\partial y'}\right) + \frac{\partial}{\partial z'}\left(f\frac{\partial g}{\partial z'}\right). \end{aligned}\right\} \tag{17.6}$$

Die Umrechnung der Komponenten (16.10) des Vektors rot $\mathfrak{w}$ auf ein gedrehtes System führt nach Ausführung aller Schritte zur selben Transformation wie für den Geschwindigkeitsvektor:

$$\begin{pmatrix} \dfrac{\partial w}{\partial y} - \dfrac{\partial v}{\partial z} \\ \dfrac{\partial u}{\partial z} - \dfrac{\partial w}{\partial x} \\ \dfrac{\partial v}{\partial x} - \dfrac{\partial u}{\partial y} \end{pmatrix} = \begin{pmatrix} \cos\alpha_1; & \cos\beta_1; & \cos\gamma_1 \\ \cos\alpha_2; & \cos\beta_2; & \cos\gamma_2 \\ \cos\alpha_3; & \cos\beta_3; & \cos\gamma_3 \end{pmatrix} \cdot \begin{pmatrix} \dfrac{\partial w'}{\partial y'} - \dfrac{\partial v'}{\partial z'} \\ \dfrac{\partial u'}{\partial z'} - \dfrac{\partial w'}{\partial x'} \\ \dfrac{\partial v'}{\partial x'} - \dfrac{\partial u'}{\partial y'} \end{pmatrix}. \tag{17.7}$$

Der Betrag des Wirbelvektors ist jedoch wieder ein invarianter Ausdruck, wie aus der kinematischen Bedeutung (16.10) allein schon folgt:

$$\left.\begin{aligned}(\operatorname{rot}\mathfrak{w})^2 &= \left(\frac{\partial w}{\partial y} - \frac{\partial v}{\partial z}\right)^2 + \left(\frac{\partial u}{\partial z} - \frac{\partial w}{\partial x}\right)^2 + \left(\frac{\partial v}{\partial x} - \frac{\partial u}{\partial y}\right)^2 \\ &= \left(\frac{\partial w'}{\partial y'} - \frac{\partial v'}{\partial z'}\right)^2 + \left(\frac{\partial u'}{\partial z'} - \frac{\partial w'}{\partial x'}\right)^2 + \left(\frac{\partial v'}{\partial x'} - \frac{\partial u'}{\partial y'}\right)^2;\end{aligned}\right\} \qquad (17.8)$$

$|\operatorname{rot}\mathfrak{w}|$ ist ja der doppelte Betrag der Winkelgeschwindigkeit des Teilchens.

Für die Transformation des Schubspannungstensors sei auf Fig. 4 und Ziff. 4 zurückgegriffen. Die drei Komponenten der resultierenden Oberflächenkräfte auf das Flächenelement mit der Normalen $\mathfrak{n}$ waren durch (4.5) gegeben. Wenn im folgenden nur von den Spannungen, nicht aber vom statischen Druck gesprochen wird, so braucht nur p in (4.5) gestrichen zu werden. Sei nun die Richtung $\mathfrak{n}$ mit der Richtung der neuen Koordinate x' identisch, dann ist nach dem Winkelschema (14.1):

$$(n,x) = \alpha_1; \qquad (n,y) = \alpha_2; \qquad (n,z) = \alpha_3. \qquad (17.9)$$

Zur Ermittlung der Tensorkomponenten in den neuen Koordinatenrichtungen x', y', z' ist nun das innere Produkt des Vektors (4.5) mit den Einheitsvektoren in den Richtungen x', y', z' zu bilden. Man erhält auf diese Weise die drei Tensorkomponenten:

$$\sigma_{x'x'}; \qquad \sigma_{x'y'}; \qquad \sigma_{x'z'}. \qquad (17.10)$$

Es handelt sich um die drei Komponenten, welche auf das Flächenelement mit der Normalen in x'-Richtung wirken. Der erste Index in (17.10) gibt wie immer die Flächenrichtung an. In entsprechender Weise erhält man auch die übrigen Tensorkomponenten. Sie lassen sich alle zusammen als Tensorprodukt schreiben, wobei im folgenden in Analogie zu Gln. (17.1) und (17.2) die ungestrichenen Größen als Funktionen der gestrichenen angegeben sind:

$$\left.\begin{aligned}&\begin{pmatrix}\sigma_{xx}; & \sigma_{xy}; & \sigma_{xz}\\ \sigma_{yx}; & \sigma_{yy}; & \sigma_{yz}\\ \sigma_{zx}; & \sigma_{zy}; & \sigma_{zz}\end{pmatrix}\\ &= \begin{pmatrix}\cos\alpha_1; & \cos\beta_1; & \cos\gamma_1\\ \cos\alpha_2; & \cos\beta_2; & \cos\gamma_2\\ \cos\alpha_3; & \cos\beta_3; & \cos\gamma_3\end{pmatrix} \cdot \begin{pmatrix}\sigma_{x'x'}; & \sigma_{x'y'}; & \sigma_{x'z'}\\ \sigma_{y'x'}; & \sigma_{y'y'}; & \sigma_{y'z'}\\ \sigma_{z'x'}; & \sigma_{z'y'}; & \sigma_{z'z'}\end{pmatrix} \cdot \begin{pmatrix}\cos\alpha_1; & \cos\alpha_2; & \cos\alpha_3\\ \cos\beta_1; & \cos\beta_2; & \cos\beta_3\\ \cos\gamma_1; & \cos\gamma_2; & \cos\gamma_3\end{pmatrix}.\end{aligned}\right\} \qquad (17.11)$$

Man kann sich durch Anwenden von Gln. (17.1) und (17.2) davon überzeugen, daß der Tensor (16.5) durch genau dieselbe Transformation (17.11) in die neue Richtung zu transformieren ist. Auch der Tensor (16.6) transformiert sich nach diesem Schema, das in letzterem Fall aber auch in die Form (17.7) umgeschrieben werden kann.

Als *Spur* eines Tensors bezeichnet man die Summe der in der Hauptdiagonalen stehenden Komponenten. So ist div $\mathfrak{w}$ die Spur des symmetrischen Verformungstensors (16.5). Es wurde bereits festgestellt, daß die Spur des Tensors bei der Drehung (17.11) erhalten bleibt. Dies gilt also auch für die Summe der Hauptspannungen:

$$\sigma_{xx} + \sigma_{yy} + \sigma_{zz} = \sigma_{x'x'} + \sigma_{y'y'} + \sigma_{z'z'}. \qquad (17.12)$$

Bildet man nun das Produkt des Tensors der Deformationsgeschwindigkeiten (16.5) und des Spannungstensors, so erkennt man, daß die Dissipation Φ,

Gl. (11.6), die Spur des neuen Tensors ist. Damit ist aber gezeigt, daß Φ gegenüber Drehungen invariant ist, was seiner physikalischen Bedeutung gemäß bereits erwartet werden mußte.

Auch der Energiesatz (11.5) erweist sich als eine Differentialbeziehung, welche bei Drehungen erhalten bleibt. Für seine einzelnen Differentialoperatoren wurde die Invarianz bereits in Gln. (17.4) und (17.6) gezeigt.

Jede Bewegungsgleichung für sich ist jedoch nicht gegenüber Drehungen invariant, da sie eine Beziehung zwischen den Kräften und Beschleunigungen in einer Koordinatenrichtung darstellt. Nach den vorbereiteten Rechnungen kann es jedoch dem Leser überlassen werden, das System der drei Gleichungen in ein formal gleiches System in den gestrichenen Größen zu verwandeln.

V. Grundgleichungen für reibungslose Strömungen.

18. Hydrodynamische Gleichungen in Lagrange-Darstellung. Ein Teilchen, welches zur Zeit $t=0$ die quaderförmige Gestalt von Fig. 11 und den Rauminhalt $a\,b\,c$ besitzt, hat zu einem beliebigen Zeitpunkt das Volumen $D\,a\,b\,c$. Dabei ist D, wie in Ziff. 13 hergeleitet, die Jacobische Determinante von x, y, z nach a, b und c. Ist nun ϱ_0 die Dichte zur Zeit $t=0$, so folgt aus der Erhaltung der Masse:

$$\varrho\,\frac{\partial(x, y, z)}{\partial(a, b, c)} = \varrho_0. \tag{18.1}$$

Damit ist die Kontinuitätsbedingung bereits gewonnen. Dabei macht es formal keinen Unterschied, ob die Strömung stationär oder instationär ist, wie überhaupt der Begriff der stationären Strömung wesentlich mit der Eulerschen Darstellungsform verknüpft ist.

Die weiteren Gleichungen seien unter der Voraussetzung reibungs- und wärmeleitungsfreier Strömung hergeleitet. In den Bewegungsgleichungen (10.4) fallen dann die Flächenkräfte bis auf den statischen Druck weg. Bei Verwendung von Lagrange-Variablen gilt:

$$\mathfrak{w} = \frac{\partial \mathfrak{x}}{\partial t}. \tag{18.2}$$

Dies in die Bewegungsgleichung (10.4) eingeführt, gibt nach Anwendung der Kettenregel der Differentiation Gleichungen vom Typus:

$$\frac{\partial^2 x}{\partial t^2} - X = -\frac{1}{\varrho}\left(\frac{\partial p}{\partial a}\,\frac{\partial a}{\partial x} + \frac{\partial p}{\partial b}\,\frac{\partial b}{\partial x} + \frac{\partial p}{\partial c}\,\frac{\partial c}{\partial x}\right). \tag{18.3}$$

Werden nun die drei Gleichungen für die Koordinaten x, y, z wechselweise mit $\partial x/\partial a$, $\partial y/\partial a$, $\partial z/\partial a$ multipliziert, so erhält man mit Rücksicht auf die Beziehung:

$$\left.\begin{aligned}
\frac{\partial a}{\partial a} &= 1 = \frac{\partial a}{\partial x}\,\frac{\partial x}{\partial a} + \frac{\partial a}{\partial y}\,\frac{\partial y}{\partial a} + \frac{\partial a}{\partial z}\,\frac{\partial z}{\partial a};\\
\frac{\partial b}{\partial a} &= 0 = \frac{\partial b}{\partial x}\,\frac{\partial x}{\partial a} + \frac{\partial b}{\partial y}\,\frac{\partial y}{\partial a} + \frac{\partial b}{\partial z}\,\frac{\partial z}{\partial a},
\end{aligned}\right\} \tag{18.4}$$

die erste der Bewegungsgleichungen (18.5). Die weiteren folgen dann entsprechend:

$$\left.\begin{aligned}
\left(\frac{\partial^2 x}{\partial t^2} - X\right)\frac{\partial x}{\partial a} + \left(\frac{\partial^2 y}{\partial t^2} - Y\right)\frac{\partial y}{\partial a} + \left(\frac{\partial^2 z}{\partial t^2} - Z\right)\frac{\partial z}{\partial a} &= -\frac{1}{\varrho}\,\frac{\partial p}{\partial a};\\
\left(\frac{\partial^2 x}{\partial t^2} - X\right)\frac{\partial x}{\partial b} + \left(\frac{\partial^2 y}{\partial t^2} - Y\right)\frac{\partial y}{\partial b} + \left(\frac{\partial^2 z}{\partial t^2} - Z\right)\frac{\partial z}{\partial b} &= -\frac{1}{\varrho}\,\frac{\partial p}{\partial b};\\
\left(\frac{\partial^2 x}{\partial t^2} - X\right)\frac{\partial x}{\partial c} + \left(\frac{\partial^2 y}{\partial t^2} - Y\right)\frac{\partial y}{\partial c} + \left(\frac{\partial^2 z}{\partial t^2} - Z\right)\frac{\partial z}{\partial c} &= -\frac{1}{\varrho}\,\frac{\partial p}{\partial c}.
\end{aligned}\right\} \tag{18.5}$$

Im Energiesatz (11.5) schließlich wird bei Vernachlässigung von Reibung und Wärmeleitung die rechte Gleichungsseite Null. Man erhält mit Gl. (12.5) und der bekannten thermodynamischen Beziehung für die Entropie der Masseneinheit s:

$$\frac{\partial i}{\partial t} - \frac{1}{\varrho}\frac{\partial p}{\partial t} = T\frac{\partial s}{\partial t} = 0. \tag{18.6}$$

Die Entropie eines Massenteilchens in einer stetigen reibungs- und wärmeleitungsfreien Strömung ist also konstant. Keineswegs heißt das, daß die einzelnen Massenteilchen untereinander gleiche Entropie haben. Sie behalten nur ihre individuelle Entropie. Die Voraussetzung der Stetigkeit ist dabei nicht nur eine mathematisch notwendige Forderung, die wegen der Differenzierbarkeit gestellt ist. Die Forderung hat auch durchaus praktische physikalische Bedeutung, da dadurch Verdichtungsstöße von den Schlußfolgerungen ausgeschlossen sind. In solchen Stößen ändert sich nämlich trotz Vernachlässigung von Reibung und Wärmeleitung die Entropie eines Massenteilchens. Sie bleibt aber dann konstant bis das Massenteilchen einen nächsten Verdichtungsstoß durchzumachen hat.

19. Webersche Transformation. Angenommen, die Massenkraft habe ein Potential Ω:

$$\mathfrak{g} = -\operatorname{grad}\Omega, \tag{19.1}$$

dann lassen sich die Bewegungsgleichungen (18.5) mit Rücksicht auf Beziehungen der Art:

$$\frac{\partial}{\partial t}\left(\frac{\partial x}{\partial t}\frac{\partial x}{\partial a}\right) = \frac{\partial^2 x}{\partial t^2}\frac{\partial x}{\partial a} + u\frac{\partial u}{\partial a} \tag{19.2}$$

auf Gleichungen von der Form (19.3) bringen:

$$\frac{\partial}{\partial t}\left[\frac{\partial x}{\partial t}\frac{\partial x}{\partial a} + \frac{\partial y}{\partial t}\frac{\partial y}{\partial a} + \frac{\partial z}{\partial t}\frac{\partial z}{\partial a}\right] = -\frac{\partial \Omega}{\partial a} + \frac{1}{2}\frac{\partial \mathfrak{w}^2}{\partial a} - \frac{1}{\varrho}\frac{\partial p}{\partial a}. \tag{19.3}$$

Unter der Voraussetzung konstanter Entropie aller Teilchen ist ϱ nur eine Funktion von p und man kann mittels bekannter thermodynamischer Beziehungen das Differential dp/ϱ als Differenz in den Enthalpien der Masseneinheit i schreiben:

$$s = \text{const}: \quad \frac{1}{\varrho}\,dp = di. \tag{19.4}$$

Für die Spezialfälle konstanter Dichte und für ein ideales Gas konstanter spezifischer Wärme c_p gilt beispielsweise:

$$\left.\begin{array}{ll} \text{konstante Dichte:} & i - i_0 = \frac{1}{\varrho}(p - p_0); \\ \text{ideales Gas konstanter spezifischer Wärme:} & i - i_0 = c_p(T - T_0). \end{array}\right\} \tag{19.5}$$

Führt man nun folgendes Zeitintegral ein:

$$\chi = \int_0^t \left[\Omega - \tfrac{1}{2}\mathfrak{w}^2 + i\right] dt, \tag{19.6}$$

das bei festem a, b, c zu bilden ist, dann stehen auf beiden Gleichungsseiten von (19.3) Ableitungen nach der Zeit. Werden die Bewegungsgleichungen schließlich über die Zeit integriert, so bleibt in jeder Gleichung noch eine additive Funktion von a, b, c zu bestimmen:

$$\left.\begin{aligned} \frac{\partial x}{\partial t}\frac{\partial x}{\partial a} + \frac{\partial y}{\partial t}\frac{\partial y}{\partial a} + \frac{\partial z}{\partial t}\frac{\partial z}{\partial a} &= u_0 - \frac{\partial \chi}{\partial a}; \\ \frac{\partial x}{\partial t}\frac{\partial x}{\partial b} + \frac{\partial y}{\partial t}\frac{\partial y}{\partial b} + \frac{\partial z}{\partial t}\frac{\partial z}{\partial b} &= v_0 - \frac{\partial \chi}{\partial b}; \\ \frac{\partial x}{\partial t}\frac{\partial x}{\partial c} + \frac{\partial y}{\partial t}\frac{\partial y}{\partial c} + \frac{\partial z}{\partial t}\frac{\partial z}{\partial c} &= w_0 - \frac{\partial \chi}{\partial c}. \end{aligned}\right\} \tag{19.7}$$

Da jedoch χ zur Zeit $t=0$ überall verschwindet, erkennt man in diesen additiven Funktionen die Geschwindigkeitskomponenten zur Zeit $t=0$:

$$t=0,\ a=x,\ b=y,\ c=z: \quad \mathfrak{w}(a,b,c,t)=\mathfrak{w}_0(a,b,c). \tag{19.8}$$

Die Form der Bewegungsgleichungen (19.7) geht auf H. WEBER[1] zurück.

20. Verschiedene Formen der Grundgleichungen in Eulerscher Darstellung. Es ist zweckmäßig, die Grundgleichungen für reibungs- und wärmeleitungsfreie Strömung auch in Eulerscher Darstellung nochmals zusammenzufassen. Wenngleich sich über das in Ziff. 9 bis 11 Gesagte hinaus nichts wesentlich Neues ergibt, so ist damit doch eine Darstellung gegeben, die später nützlich sein wird. Die Kontinuitätsbedingung (9.3) kann in Vektordarstellung auch geschrieben werden:

$$\operatorname{div}\mathfrak{w}=-\frac{1}{\varrho}\frac{d\varrho}{dt}=\varrho\frac{d}{dt}\left(\frac{1}{\varrho}\right), \tag{20.1}$$

womit der Zusammenhang zu Gln. (13.6), (13.10) und (18.1) hergestellt ist. Durch Fortlassen der Spannungskräfte in Gl. (10.4) gewinnt man nach Einführen des Kräftepotentiales (19.1) die bekannten Eulerschen Bewegungsgleichungen:

$$\left.\begin{aligned}
\frac{du}{dt}&=\frac{\partial u}{\partial t}+u\frac{\partial u}{\partial x}+v\frac{\partial u}{\partial y}+w\frac{\partial u}{\partial z}=-\frac{1}{\varrho}\frac{\partial p}{\partial x}-\frac{\partial\Omega}{\partial x};\\
\frac{dv}{dt}&=\frac{\partial v}{\partial t}+u\frac{\partial v}{\partial x}+v\frac{\partial v}{\partial y}+w\frac{\partial v}{\partial z}=-\frac{1}{\varrho}\frac{\partial p}{\partial y}-\frac{\partial\Omega}{\partial y};\\
\frac{dw}{dt}&=\frac{\partial w}{\partial t}+u\frac{\partial w}{\partial x}+v\frac{\partial w}{\partial y}+w\frac{\partial w}{\partial z}=-\frac{1}{\varrho}\frac{\partial p}{\partial z}-\frac{\partial\Omega}{\partial z}.
\end{aligned}\right\} \tag{20.2}$$

Diese lassen sich vektoriell mit Hilfe der bekannten thermodynamischen Beziehungen:

$$\frac{1}{\varrho}\left(\frac{\partial p}{\partial s}\right)_i=-T; \qquad \frac{1}{\varrho}\left(\frac{\partial p}{\partial i}\right)_s=1 \tag{20.3}$$

in der Form schreiben:

$$\frac{d\mathfrak{w}}{dt}=-\frac{1}{\varrho}\operatorname{grad}p-\operatorname{grad}\Omega=-\operatorname{grad}(i+\Omega)+T\operatorname{grad}s. \tag{20.4}$$

Nun läßt sich aber folgende Vektorbeziehung leicht verifizieren:

$$\frac{d\mathfrak{w}}{dt}=\frac{\partial\mathfrak{w}}{\partial t}+\operatorname{grad}\frac{\mathfrak{w}^2}{2}-\mathfrak{w}\times\operatorname{rot}\mathfrak{w}, \tag{20.5}$$

womit die Euler-Gleichungen eine neue Gestalt annehmen:

$$\left.\begin{aligned}
\frac{\partial\mathfrak{w}}{\partial t}-\mathfrak{w}\times\operatorname{rot}\mathfrak{w}&=-\frac{1}{\varrho}\operatorname{grad}p-\operatorname{grad}\left(\Omega+\frac{\mathfrak{w}^2}{2}\right)\\
&=-\operatorname{grad}\left(i+\Omega+\frac{\mathfrak{w}^2}{2}\right)+T\operatorname{grad}s.
\end{aligned}\right\} \tag{20.6}$$

Hinzu tritt als dritte Gleichung noch die Aussage, daß die Entropie eines Teilchens konstant ist, in Lagrange-Darstellung gegeben durch (18.6), in Eulerscher Darstellung durch:

$$\frac{ds}{dt}=\frac{\partial s}{\partial t}+\mathfrak{w}\cdot\operatorname{grad}s=0. \tag{20.7}$$

[1] H. WEBER: Crelles J. **68** (1868).

VI. Wirbelsätze.

21. Wirbellinie, Wirbelfaden, Zirkulation. Durch den Vektor rot $\mathfrak{w}$ mit den Komponenten (16.10) ist ein Vektorfeld gegeben, das in jedem Punkt und zu jeder Zeit die Rotation der Massenteilchen nach Richtung und Betrag angibt. Kurven, welche in jedem Raumpunkt die Richtung des Wirbelvektors annehmen, bezeichnet man in Analogie zu den Stromlinien als Wirbellinien. Wie Stromfäden und Stromröhren lassen sich auch Wirbelfäden und Wirbelröhren aus Wirbellinien bilden. Der Wirbelvektor rot $\mathfrak{w}$ liegt überall tangential an der seitlichen Begrenzung des Wirbelfadens (Fig. 13).

Unter der einzigen Voraussetzung einer ausreichenden Differenzierbarkeit der Geschwindigkeitskomponenten besteht folgende bekannte mathematische Beziehung:

$$\operatorname{div}(\operatorname{rot}\mathfrak{w}) = 0, \tag{21.1}$$

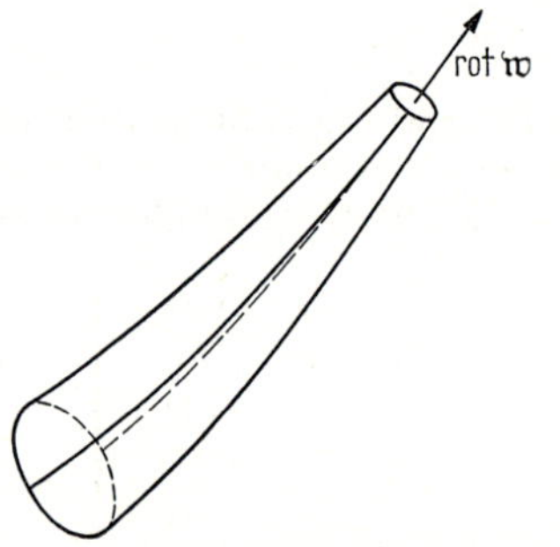

Fig. 13. Wirbelfaden.

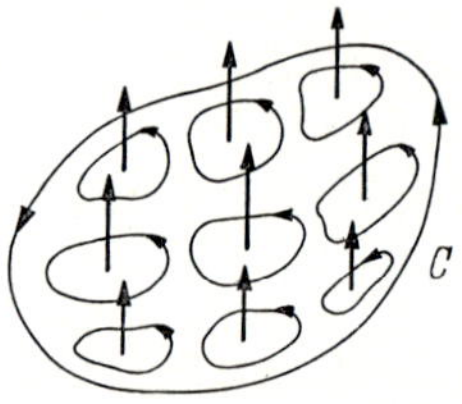

Fig. 14. Zirkulation und Wirbelfluß.

die sich für beliebige Vektorfelder von $\mathfrak{w}(x, y, z)$, die weder der Kontinuitätsbedingung noch einer anderen hydrodynamischen Beziehung zu genügen brauchen, verifizieren läßt. Es handelt sich um eine rein mathematische Identität.

Wendet man nun auf Gl. (21.1) den Gaußschen Satz (9.1) an, und wählt man als Integrationsbereich einen Wirbelfaden, so fallen alle Beiträge des Flächenintegrales an den Seitenwänden des Wirbelfadens weg und man erhält die Aussage:

$$\iint_F \operatorname{rot}_n \mathfrak{w}\, df = \text{const}. \tag{21.2}$$

Die Integration der Normalkomponente von rot $\mathfrak{w}$ über den Querschnitt des Wirbelfadens gibt überall konstante Werte. Oder in Analogie zum Stromfaden kann ausgesagt werden: Der Fluß an Wirbelstärke in einem Wirbelfaden ist konstant. Dieser auf Helmholtz[1] zurückgehende Satz folgt allein aus den zuvor eingeführten Begriffen und Definitionen ohne physikalische Überlegungen.

Nach dem Integralsatz von Stokes, der wie Gl. (21.1) für jedes beliebige Vektorfeld gilt, kann das Flächenintegral über die Normalkomponente von rot $\mathfrak{w}$ auf ein Kurvenintegral über die Berandung C zurückgeführt werden, dessen Integrand die Tangentialkomponente $\mathfrak{w}_t$ des Vektors darstellt (Fig. 14):

$$\iint_F \operatorname{rot}_n \mathfrak{w}\, df = \oint_C (u\,dx + v\,dy + w\,dz) = \oint_C \mathfrak{w}_t\, ds. \tag{21.3}$$

Dieses Linienintegral der Tangentialkomponente über den geschlossenen Kurvenzug C wird als *Zirkulation* Γ bezeichnet:

$$\Gamma = \oint_C (u\,dx + v\,dy + w\,dz) = \oint_C \mathfrak{w}_t\, ds. \tag{21.4}$$

[1] H. v. Helmholtz: Crelles J. **55**, 25 (1858). (Ostwalds Klassiker Nr. 79.)

Damit kann der Wirbelsatz (21.2) auch so ausgesprochen werden: *Die Zirkulation um einen Wirbelfaden oder eine Wirbelröhre ist konstant.*

22. Zeitliche Erhaltung der Zirkulation. Die Zirkulation zur Zeit $t=0$ längs einer beliebigen Kurve (Fig. 15):

$$\Gamma_0 = \oint_C (u_0\,da + v_0\,db + w_0\,dc) \tag{22.1}$$

läßt sich mittels der Weberschen Gleichungen (19.7) leicht auf die Zirkulation zu einem beliebigen Zeitpunkt zurückführen. Man drückt $\mathfrak{w}_0$ durch Gl. (19.7) aus und gruppiert um, was zu Gl. (22.2) führt:

$$\left.\begin{aligned}\Gamma_0 = \oint_C \Big\{ & u\left[\frac{\partial x}{\partial a}da + \frac{\partial x}{\partial b}db + \frac{\partial x}{\partial c}dc\right] + v\left[\frac{\partial y}{\partial a}da + \frac{\partial y}{\partial b}db + \frac{\partial y}{\partial c}dc\right] + \\ & + w\left[\frac{\partial z}{\partial a}da + \frac{\partial z}{\partial b}db + \frac{\partial z}{\partial c}dc\right] + d\chi\Big\}.\end{aligned}\right\} \tag{22.2}$$

Dabei ist zu beachten, daß die Integrationskurve C einen bestimmten funktionellen Zusammenhang von a, b, c darstellt. Das heißt, es ist über eine bestimmte massenfeste Kurve C mit dem Parameter l:

$$\left.\begin{aligned} & C(a,b,c); \quad && a = a(l); \\ & b = b(l); && c = c(l), \end{aligned}\right\} \tag{22.3}$$

zu integrieren. Die Integration von $d\chi$ über eine geschlossene Kurve gibt keinen Beitrag, und das Ergebnis lautet:

$$\left.\begin{aligned}\Gamma_0 = \oint_C (u\,dx + v\,dy + \\ + w\,dz) = \Gamma.\end{aligned}\right\} \tag{22.4}$$

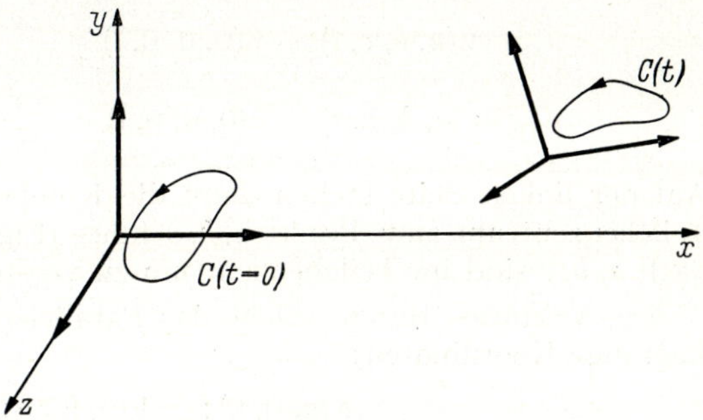

Fig. 15. Zur Erhaltung der Zirkulation.

Gl. (22.4) stellt den Thomsonschen Satz[1] dar: *Die Zirkulation längs einer massenfesten Kurve ist zeitlich konstant.* Mit den Weberschen Gleichungen ist dabei vorausgesetzt worden, daß die äußeren Kräfte ein Potential haben und daß die Massenteilchen konstante Entropie besitzen. Diese Forderungen sind auf das Integrationsgebiet beschränkt. Es ist also zulässig, den Satz für Teilchen einer bestimmten Entropie s_1 auszusprechen, welche in ein Medium abweichender Entropie s_2 eingebettet sind.

Der Satz hat eine sehr große Bedeutung in der Tragflügeltheorie. Er ist einem älteren Helmholtzschen Satz nahe verwandt. Mit Hilfe des Stokesschen Satzes (21.3) läßt sich die Zirkulation auf den Wirbelfluß (21.2) durch eine Fläche zurückführen. In Analogie zum Satz von Ziff. 21 kann also unter denselben Voraussetzungen wie sie beim Thomsonschen Satz gelten auch gesagt werden: *Der Wirbelfluß durch eine mit der Materie verbundene Fläche ist zeitlich konstant.*

Ein Teilchen, welches also wirbelfrei ist, bleibt in einer reibungsfreien isentropen Strömung wirbelfrei. Ist das ganze Anströmgebiet wirbelfrei, wie das etwa bei Parallelanströmung mit konstantem Strömungszustand stets zutrifft, so ist die ganze Strömung wirbelfrei.

23. Wirbelgleichungen von CAUCHY. Leitet man die letzte der Weberschen Gleichungen nach b und die zweite nach c ab, so gewinnt man nach Subtraktion

[1] W. THOMSON: Trans. roy. Soc. Edinburgh **25** (1869).

die erste Gl. (23.1). Bei der Zwischenrechnung treten auf der linken Gleichungsseite die Ableitungen von $u=\partial x/\partial t$, $v=\partial y/\partial t$, und $w=\partial z/\partial t$ nach b und c auf. Diese sind in Ableitungen nach x, y, z umzuschreiben mit dem Ergebnis:

$$\left.\begin{aligned}
\frac{\partial w_0}{\partial b}-\frac{\partial v_0}{\partial c}&=\left(\frac{\partial w}{\partial y}-\frac{\partial v}{\partial z}\right)\frac{\partial(y,z)}{\partial(b,c)}+\left(\frac{\partial u}{\partial z}-\frac{\partial w}{\partial x}\right)\frac{\partial(z,x)}{\partial(b,c)}+\left(\frac{\partial v}{\partial x}-\frac{\partial u}{\partial y}\right)\frac{\partial(x,y)}{\partial(b,c)};\\
\frac{\partial u_0}{\partial c}-\frac{\partial w_0}{\partial a}&=\left(\frac{\partial w}{\partial y}-\frac{\partial v}{\partial z}\right)\frac{\partial(y,z)}{\partial(c,a)}+\left(\frac{\partial u}{\partial z}-\frac{\partial w}{\partial x}\right)\frac{\partial(z,x)}{\partial(c,a)}+\left(\frac{\partial v}{\partial x}-\frac{\partial u}{\partial y}\right)\frac{\partial(x,y)}{\partial(c,a)};\\
\frac{\partial v_0}{\partial a}-\frac{\partial u_0}{\partial b}&=\left(\frac{\partial w}{\partial y}-\frac{\partial v}{\partial z}\right)\frac{\partial(y,z)}{\partial(a,b)}+\left(\frac{\partial u}{\partial z}-\frac{\partial w}{\partial x}\right)\frac{\partial(z,x)}{\partial(a,b)}+\left(\frac{\partial v}{\partial x}-\frac{\partial u}{\partial y}\right)\frac{\partial(x,y)}{\partial(a,b)}.
\end{aligned}\right\}\qquad(23.1)$$

Die beiden letzten Gleichungen folgen durch zyklisches Vertauschen. Die Gln. (23.1) können bereits als Erhaltungssätze gedeutet werden. Die Entwicklung (12.6) der Teilchenkoordinaten um den Mittelpunkt des Teilchens kann auch in folgender Form geschrieben werden:

$$\left.\begin{aligned}
x(a,b,c,t)-x(0,0,0,t)&=\frac{\partial x}{\partial a}a+\frac{\partial x}{\partial b}b+\frac{\partial x}{\partial c}c;\\
y(a,b,c,t)-y(0,0,0,t)&=\frac{\partial y}{\partial a}a+\frac{\partial y}{\partial b}b+\frac{\partial y}{\partial c}c;\\
z(a,b,c,t)-z(0,0,0,t)&=\frac{\partial z}{\partial a}a+\frac{\partial z}{\partial b}b+\frac{\partial z}{\partial c}c.
\end{aligned}\right\}\qquad(23.2)$$

Auf der linken Seite stehen dann die Komponenten des Vektors, welcher vom Teilchenzentrum zum Punkt a, b, c führt (Fig. 11). Die Ableitungen von x, y, z nach a, b, c sind im Teilchenzentrum zu verstehen.

Die Vektoren, durch welche das Parallelepiped aufgespannt wird, haben die Lagrange-Koordinaten:

$$\mathfrak{a}(a,0,0);\quad \mathfrak{b}(0,b,0);\quad \mathfrak{c}(0,0,c)\qquad(23.3)$$

und gemäß (23.2) die kartesischen Koordinaten:

$$\mathfrak{a}\left(\frac{\partial x}{\partial a}a,\ \frac{\partial y}{\partial a}a,\ \frac{\partial z}{\partial a}a\right);\quad \mathfrak{b}\left(\frac{\partial x}{\partial b}b,\ \frac{\partial y}{\partial b}b,\ \frac{\partial z}{\partial b}b\right);\quad \mathfrak{c}\left(\frac{\partial x}{\partial c}c,\ \frac{\partial y}{\partial c}c,\ \frac{\partial z}{\partial c}c\right).\qquad(23.4)$$

Der Vektor, welcher auf der b, c-Ebene senkrecht steht und dessen Länge gleich der Fläche des durch b, c bestimmten Parallelogramms ist, hat die Koordinaten:

$$\mathfrak{b}\times\mathfrak{c}:\quad \frac{\partial(y,z)}{\partial(b,c)}bc;\quad \frac{\partial(z,x)}{\partial(b,c)}bc;\quad \frac{\partial(x,y)}{\partial(b,c)}bc.\qquad(23.5)$$

Multipliziert man also die erste Gl. (23.1) mit $\mathfrak{b}\times\mathfrak{c}$, so steht auf der linken Seite, die durch $\mathfrak{b}$ und $\mathfrak{c}$ aufgespannte Fläche mal der senkrechten Wirbelkomponente. Auf der rechten Gleichungsseite steht das innere Produkt vom Wirbelvektor und dem Vektor $\mathfrak{b}\times\mathfrak{c}$, das ist abermals die von $\mathfrak{b}$ und $\mathfrak{c}$ aufgespannte Fläche mal der Normalkomponente des Wirbelvektors (Fig. 16). (Die Normalrichtung fällt für $t\neq 0$ im allgemeinen nicht mehr in Richtung des Vektors $\mathfrak{a}$.) Damit ist der zweite Helmholtzsche Satz (Ziff. 22) noch einmal wiederholt, wonach der Wirbelfluß durch ein massenfestes Flächenstück erhalten bleibt.

Entwickelt man die Jacobische Determinante (18.1) nach der ersten Zeile, so nimmt die Kontinuitätsbedingung die Form (23.6) an:

$$D=\frac{\varrho_0}{\varrho}=\frac{\partial x}{\partial a}\frac{\partial(y,z)}{\partial(b,c)}+\frac{\partial x}{\partial b}\frac{\partial(y,z)}{\partial(c,a)}+\frac{\partial x}{\partial c}\frac{\partial(y,z)}{\partial(a,b)}.\qquad(23.6)$$

Multipliziert man nun die Gl. (23.1) der Reihe nach mit $\partial x/\partial a$, $\partial x/\partial b$ und $\partial x/\partial c$, so erhält man die x-Komponente von rot $\mathfrak{w}$ multipliziert mit den Koeffizienten (23.6), während die Koeffizienten der anderen Komponenten verschwinden. Durch diese und entsprechende Operationen gelangt man zu den Wirbelgleichungen von CAUCHY[1]. Die linken Seiten von (23.1), die Wirbelkomponenten zur Zeit $t=0$ sind dabei durch den Index 0 gekennzeichnet:

$$\left.\begin{aligned}
\frac{\varrho_0}{\varrho}\left(\frac{\partial w}{\partial y}-\frac{\partial v}{\partial z}\right) &= \left(\frac{\partial w}{\partial y}-\frac{\partial v}{\partial z}\right)_0\frac{\partial x}{\partial a}+\left(\frac{\partial u}{\partial z}-\frac{\partial w}{\partial x}\right)_0\frac{\partial x}{\partial b}+\left(\frac{\partial v}{\partial x}-\frac{\partial u}{\partial y}\right)_0\frac{\partial x}{\partial c};\\
\frac{\varrho_0}{\varrho}\left(\frac{\partial u}{\partial z}-\frac{\partial w}{\partial x}\right) &= \left(\frac{\partial w}{\partial y}-\frac{\partial v}{\partial z}\right)_0\frac{\partial y}{\partial a}+\left(\frac{\partial u}{\partial z}-\frac{\partial w}{\partial x}\right)_0\frac{\partial y}{\partial b}+\left(\frac{\partial v}{\partial x}-\frac{\partial u}{\partial y}\right)_0\frac{\partial y}{\partial c};\\
\frac{\varrho_0}{\varrho}\left(\frac{\partial v}{\partial x}-\frac{\partial u}{\partial y}\right) &= \left(\frac{\partial w}{\partial y}-\frac{\partial v}{\partial z}\right)_0\frac{\partial z}{\partial a}+\left(\frac{\partial u}{\partial z}-\frac{\partial w}{\partial x}\right)_0\frac{\partial z}{\partial b}+\left(\frac{\partial v}{\partial x}-\frac{\partial u}{\partial y}\right)_0\frac{\partial z}{\partial c}.
\end{aligned}\right\}\qquad(23.7)$$

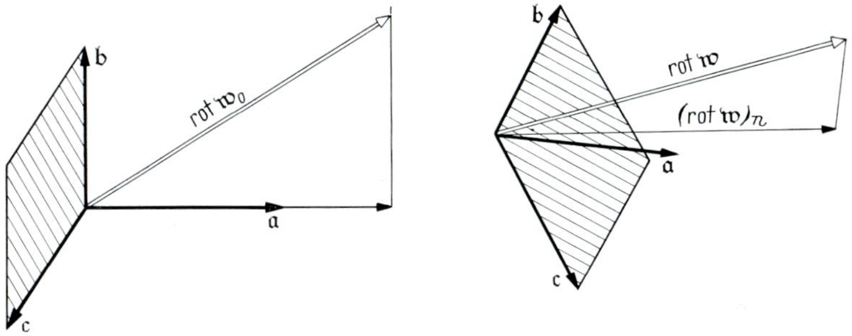

Fig. 16. Zum zweiten Helmholtzschen Satz.

Die Ableitungen der Ortskoordinaten nach a, b, c sind für eine bestimmte Strömung Funktionen von a, b, c und t. Ein Vergleich mit dem System (23.2) zeigt sofort, daß sich der Vektor ϱ_0/ϱ rot $\mathfrak{w}$ genau so ändert wie der vom Teilchenzentrum zu einem bestimmten Punkt des Teilchens führende Ortsvektor $\mathfrak{x}(a, b, c, t) - \mathfrak{x}(0, 0, 0, t)$. Besitzt der Wirbelvektor zur Zeit $t=0$, also etwa die Koordinaten:

$$\left(\frac{\partial w}{\partial y}-\frac{\partial v}{\partial z}\right)_0=a_1;\qquad\left(\frac{\partial u}{\partial z}-\frac{\partial w}{\partial x}\right)_0=b_1;\qquad\left(\frac{\partial v}{\partial x}-\frac{\partial u}{\partial y}\right)_0=c_1,\qquad(23.8)$$

und führt der Vektor rot $\mathfrak{w}$ zur Zeit $t=0$ vom Teilchenzentrum zum Punkt P_1 (Fig. 17), so endigt gemäß Gleichungssystem (23.2) und (23.7) der Vektor $\frac{\varrho}{\varrho_0}$ rot $\mathfrak{w}$ in jedem späteren Zeitpunkt auch im Punkte $P_1(a_1, b_1, c_1)$. Seine Koordinaten sind zu allen Zeiten gegeben durch:

$$\frac{\varrho_0}{\varrho}\,\mathrm{rot}\,\mathfrak{w}=\mathfrak{x}(a_1, b_1, c_1, t)-\mathfrak{x}(0, 0, 0, t).\qquad(23.9)$$

Das bedeutet, daß der Vektor rot $\mathfrak{w}$ seiner Richtung nach fest im Teilchen verankert ist, und daß sich seine Länge bei dichtebeständiger Strömung ($\varrho=\varrho_0$) mit dem Teilchen ändert.

Nach einem dritten, von HELMHOLTZ stammenden Wirbelsatz kann man das Ergebnis auch folgendermaßen formulieren: *Die Wirbellinien werden stets von denselben Teilchen gebildet.* Bei inkompressibler Strömung ändert sich die Länge der Wirbelvektoren wie der Abstand benachbarter Teilchen auf den Wirbellinien.

[1] A. CAUCHY: Mém. Acad. roy. Sci. 1827.

Auch an das Gleichungssystem (23.7) lassen sich ähnliche Überlegungen über den Wirbelfluß anknüpfen wie an das Gleichungssystem (23.1), wobei aber nun nicht feste Flächen des Massenteilchens, sondern gleich gerichtete Flächen im Raume verglichen werden.

Die Rotation eines Massenteilchens steht in naher Beziehung zu seinem Drehimpuls. Beispielsweise ist die Zirkulation eines sich drehenden starren Kreisringes mit der Winkelgeschwindigkeit ω und dem Radius r:

$$\Gamma = 2\pi\,\omega\, r^2 \tag{23.10}$$

gleich dem Drehimpuls der Masseneinheit dieses Ringes. Ganz entsprechend wäre der Wirbelfluß durch eine Kreisscheibe gleich dem Drehimpuls der Masseneinheit dieser Scheibe und entsprechendes gilt auch für einen Zylinder. Sofern also nur

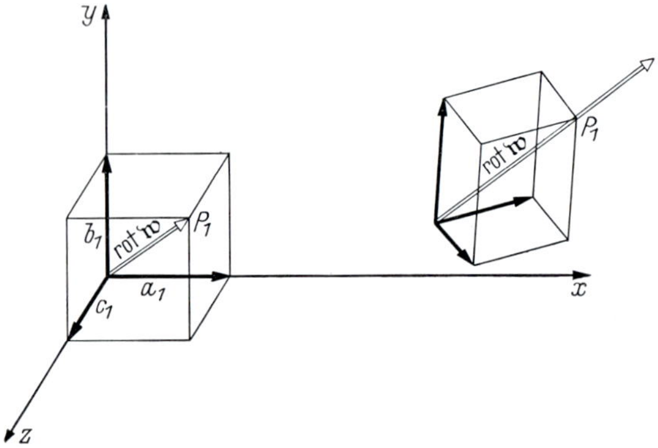

Fig. 17. Bindung des Wirbels an die Materie.

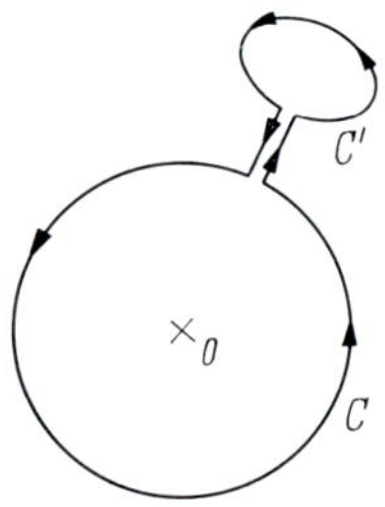

Fig. 18. Zur Zirkulation auf zwei geschlossenen Kurvenzügen.

die Drehung eines Teilchens durch den Wirbelvektor in Betracht gezogen wird, können die Wirbelsätze auch als Erhaltung des Drehimpulses der Massenteilchen gedeutet werden. Die Massenteilchen werden jedoch auch durch Deformation gedreht, wie das Beispiel des Potentialwirbels in Ziff. 24 deutlich zeigt.

Aus den Gleichungen von WEBER (19.7) und von CAUCHY sei noch ein Erhaltungssatz von ERTEL-ROSSBY[1] [Gl. (23.12)] abgeleitet. Multiplikation der Gln. (19.7) mit $\partial a/\partial x$, $\partial b/\partial x$, $\partial c/\partial x$ liefert die erste Gl. (23.11). Die anderen folgen durch entsprechende Multiplikationen mit Ableitungen nach y und z:

$$\left.\begin{aligned} u + \frac{\partial\chi}{\partial x} &= u_0\frac{\partial a}{\partial x} + v_0\frac{\partial b}{\partial x} + w_0\frac{\partial c}{\partial x};\\ v + \frac{\partial\chi}{\partial y} &= u_0\frac{\partial a}{\partial y} + v_0\frac{\partial b}{\partial y} + w_0\frac{\partial c}{\partial y};\\ w + \frac{\partial\chi}{\partial z} &= u_0\frac{\partial a}{\partial z} + v_0\frac{\partial b}{\partial z} + w_0\frac{\partial c}{\partial z}. \end{aligned}\right\} \tag{23.11}$$

Dieses System führt zusammen mit dem System (23.7) sofort zum Erhaltungssatz (23.12):

$$\frac{1}{\varrho}\,\mathrm{rot}\,\mathfrak{w}\cdot(\mathfrak{w} + \mathrm{grad}\,\chi) = \frac{1}{\varrho_0}\,\mathrm{rot}\,\mathfrak{w}_0\cdot\mathfrak{w}_0. \tag{23.12}$$

Der Ausdruck der linken Seite ist also für jedes Teilchen zeitlich konstant.

24. Starrer Wirbel und Potentialwirbel. Der einfachste Wirbel wurde im wesentlichen bereits in Ziff. 14 bei der Ableitung der Drehung behandelt. Es ist

[1] H. ERTEL u. C. G. ROSSBY: Sitzgsber. Akad. Wiss. Berlin, Math.-nat. Kl. 1949, S. 1–11.

jener Fall, bei dem sich die Flüssigkeit wie ein starrer Körper mit konstanter Winkelgeschwindigkeit um eine Achse dreht. Nicht nur die Winkelgeschwindigkeit um die Achse ist dann konstant, sondern es dreht sich auch jedes Teilchen mit derselben Winkelgeschwindigkeit um die eigene Achse. Denn während sich die Gesamtmasse einmal um 360° gedreht hat, hat das auch jedes einzelne Teilchen getan. rot $\mathfrak{w} = 2\omega$ ist in diesem Fall konstant. Die Teilchen werden nicht deformiert; diese Strömung ist also sehr trivial. Gemäß Gl. (23.10) ist die Zirkulation Γ auf Kreisen um die Drehachse proportional zum Quadrat des Radius.

Weniger trivial ist der Fall des Wirbels konstanter Zirkulation Γ auf Kreisen um die Achse. Er wird mit Rücksicht auf das später noch einzuführende Geschwindigkeitspotential als *Potentialwirbel* bezeichnet. Gemäß der Definition der

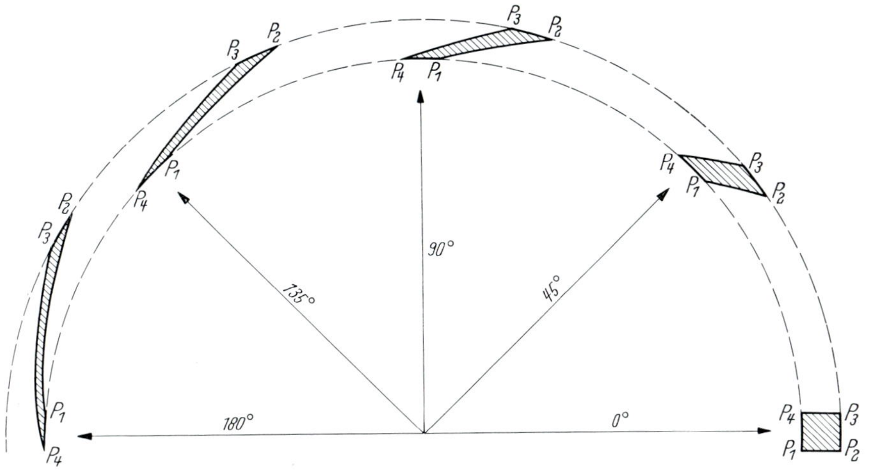

Fig. 19. Deformation eines Teilchens im Potentialwirbel.

Zirkulation Γ (21.4) ist die Zirkulation auf Kurvenzügen $C + C'$ (Fig. 18) gleich der Summe der Zirkulationen auf den einzelnen Kurventeilen. Der Beitrag auf dem Verbindungsstück beider Kurven C und C' fällt weg. Das heißt aber, daß die Zirkulation auf C' und damit auch auf jeder geschlossenen, das Zentrum des Wirbels nicht umschließenden Kurve verschwindet. Der Wirbel konstanter Zirkulation ist also überall außerhalb des Zentrums wirbelfrei. Die Winkelgeschwindigkeit der Teilchen bezüglich des Zentrums nimmt nac h Gl. (23.10) mit dem Quadrat des Zentralabstandes ab. Die in Fig. 19 am äußeren Kreis gelegenen Teilchenpunkte P_2 und P_3 bleiben daher gegenüber den am inneren Kreis gelegenen Punkten P_1 und P_4 zurück. Dies führt zu einer Deformation, welche bereits nach einer Drehung von 90° aus der quadratischen Form des Teilchens eine Form mit deutlich gekrümmten Rändern macht, die nur schlecht durch ein Parallelogramm zu nähern ist. Noch bemerkenswerter ist, daß die Teilchen in dieser „wirbelfreien" (oder wie man zu sagen pflegt, „drehungsfreien") Strömung gedreht werden! Es ist ein Umkneten des Teilchens, welches allerdings der Masse des Teilchens auch einen Drehimpuls erteilt. Zur näheren Untersuchung dieses Umknetungsvorganges sei die Dehnung des Teilchens nach den drei Hauptachsen untersucht.

Bei ebener Strömung können die Hauptachsenwinkel $\bar{\alpha}_1$ bis $\bar{\gamma}_3$ in Ziff. 15 leicht auf den einzigen Winkel $\bar{\alpha}_1$ zurückgeführt werden. Alle Winkel mit dem Index 3 und alle Winkel $\bar{\gamma}$ können außer Betracht bleiben. Da die Hauptachse in der x, y-Ebene liegt, folgt unmittelbar aus Fig. 12:

$$\bar{\alpha}_2 = \frac{\pi}{2} - \bar{\alpha}_1; \quad \bar{\beta}_1 = \frac{\pi}{2} + \bar{\alpha}_1; \quad \bar{\beta}_2 = \bar{\alpha}_1. \tag{24.1}$$

Damit folgt für den Richtungscosinus:

$$\cos\bar{\alpha}_1; \quad \cos\bar{\alpha}_2 = \sin\bar{\alpha}_1; \quad \cos\bar{\beta}_1 = -\sin\bar{\alpha}_1; \quad \cos\bar{\beta}_2 = \cos\bar{\alpha}_1. \tag{24.2}$$

Man überzeugt sich leicht, daß die Bedingungen vom Typus (14.2) und (14.3) erfüllt sind.

Die Gleichungen für die Koeffizienten (15.6) können dann leicht auf folgende Form gebracht werden:

$$\left.\begin{aligned} \dot{A}_1 &= \tfrac{1}{2}(\dot{l} + \dot{m}) + \tfrac{1}{2}(\dot{l} - \dot{m}) \cos 2\bar{\alpha}_1; \\ \dot{A}_2 = \dot{B}_1 &= -\tfrac{1}{2}(\dot{l} - \dot{m}) \sin 2\bar{\alpha}_1; \\ \dot{B}_2 &= \tfrac{1}{2}(\dot{l} + \dot{m}) - \tfrac{1}{2}(\dot{l} - \dot{m}) \cos 2\bar{\alpha}_1. \end{aligned}\right\} \tag{24.3}$$

Damit läßt sich die Hauptdehnung und die Richtung der Hauptachsen, ganz im Gegensatz zu den Komplikationen im dreidimensionalen Fall, leicht ausdrücken:

$$\dot{l} + \dot{m} = \dot{A}_1 + \dot{B}_2; \quad \dot{l}\dot{m} = \dot{A}_1 \dot{B}_2 - \dot{A}_2 \dot{B}_1; \quad \tan 2\bar{\alpha}_1 = -\frac{\dot{A}_2 + \dot{B}_1}{\dot{A}_1 - \dot{B}_2}. \tag{24.4}$$

Die Koeffizienten $\dot{A}_1$ bis $\dot{B}_2$ des Dehnungstensors sind in (16.5) dargestellt. Man erhält dann für die Dehnungen und Hauptachsenrichtungen bei ebener Strömung die folgende Formel:

$$\left.\begin{aligned} \dot{l} + \dot{m} &= \frac{\partial u}{\partial x} + \frac{\partial v}{\partial y}; \\ \dot{l}\dot{m} &= \frac{\partial u}{\partial x}\frac{\partial v}{\partial y} - \frac{1}{4}\left(\frac{\partial v}{\partial x} + \frac{\partial u}{\partial y}\right)^2; \end{aligned} \qquad \tan 2\bar{\alpha}_1 = -\frac{\dfrac{\partial v}{\partial x} + \dfrac{\partial u}{\partial y}}{\dfrac{\partial u}{\partial x} - \dfrac{\partial v}{\partial y}}.\right\} \tag{24.5}$$

Die Ausdrücke für $\dot{l}$ und $\dot{m}$ stellen den ebenen Spezialfall für die Drehungsinvarianten (16.7) und (16.8) dar. Der Ausdruck für den Winkel $\bar{\alpha}_1$ ist dagegen keine Drehungsinvariante, da sich der Winkel $\bar{\alpha}_1$ mit der Drehung des Koordinatensystemes ändert.

Für einen ebenen Wirbel gilt nun ganz allgemein:

$$\Gamma = 2r\pi\sqrt{u^2 + v^2}; \quad v/u = -x/y, \tag{24.6}$$

oder:

$$u = -\frac{\Gamma}{2\pi}\frac{y}{r^2}; \quad v = \frac{\Gamma}{2\pi}\frac{x}{r^2}. \tag{24.7}$$

Für den Potentialwirbel speziell gilt, weil Γ konstant ist:

$$\frac{\partial u}{\partial x} = \frac{\Gamma}{2\pi}\frac{2xy}{r^4} = -\frac{\partial v}{\partial y}; \quad \frac{\partial u}{\partial y} = \frac{\partial v}{\partial x} = -\frac{\Gamma}{2\pi}\frac{x^2 - y^2}{r^4}. \tag{24.8}$$

Dies in (24.5) eingesetzt, ergibt:

$$\dot{l} = -\dot{m} = \frac{\Gamma}{2\pi}\frac{1}{r^2} = \omega; \quad \cot 2\bar{\alpha}_1 = \frac{2xy}{x^2 - y^2}. \tag{24.9}$$

Die Dehnungsgeschwindigkeit ist gleich der Drehgeschwindigkeit. Bei der Bestimmung der Hauptachsenrichtung kann man sich auf die x-Achse beschränken, weil sich die Hauptachsen der Dehnung bei einer drehsymmetrischen Strömung mit den Teilchen mit drehen. Man findet auf der x-Achse $\bar{\alpha}_1 = 45^\circ$ und $= 135^\circ$.

Fig. 20 zeigt die schrittweise Verformung des quadratförmigen Teilchens von Fig. 19 in den jeweiligen Hauptachsenrichtungen bei Schritten von 9° Drehung. Die Dehnung in der einen und Schrumpfung in der anderen Richtung beträgt bei jedem Schritt rund 15%. Beim Drehwinkel von 36° führt die Verformung des nächsten Verformungsschrittes zur Gestalt und Lage des Teilchens bei 45°, die

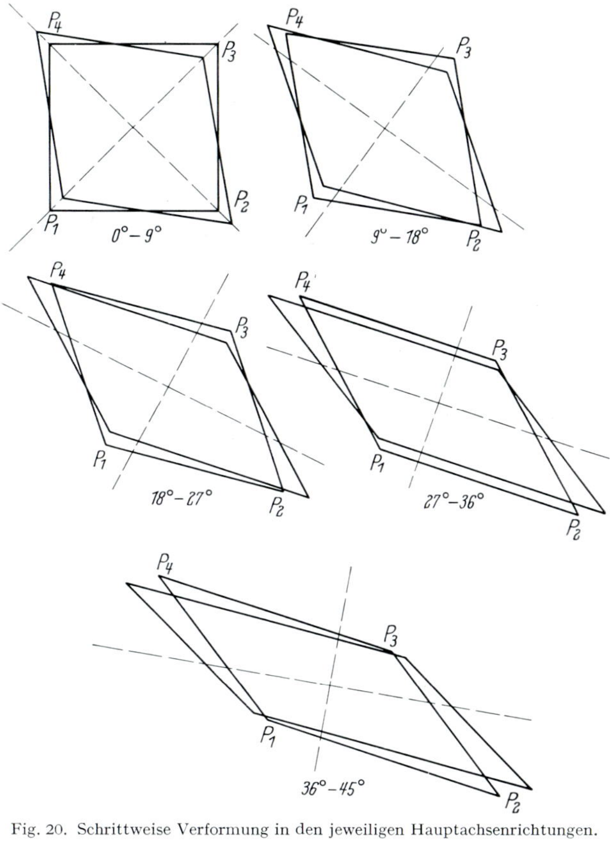

Fig. 20. Schrittweise Verformung in den jeweiligen Hauptachsenrichtungen.

in der Tat recht gut mit dem Bild des Teilchens in Fig. 19 nach einer Drehung von 45° übereinstimmt. Fig. 20 zeigt deutlich, daß das Teilchen schrittweise durch Verformung in eine andere Richtung gelangt.

Man erkennt daraus, daß der Drehimpuls eines Teilchens im allgemeinen nur dann mit dem Wirbelfluß gleichzusetzen ist, wenn das Teilchen nicht deformiert, sondern höchstens gleichmäßig gedehnt wird, wie das etwa bei einer Strömung durch einen Rohrkanal mit axialem Drall der Fall ist.

25. Wirbelsatz von L. CROCCO und verwandte Sätze. Die Betrachtungen dieser Ziffer seien stationären, reibungsfreien, aber nicht isentropen Strömungen gewidmet. In erster Linie ist dabei an Überschallströmungen mit Verdichtungsstößen gedacht (Fig. 21). Abgesehen von einer körpernahen Schicht einschließlich deren Nachlauf, ist eine solche Strömung reibungsfrei. In den stoßfreien Zonen ist die Strömung längs Stromlinien auch isentrop, wie in Ziff. 18 [Gl. (18.6)] gezeigt wurde. Nur in den Verdichtungsstößen springt die Entropie, behält aber dann längs jeder Stromlinie den hinter dem letzten Stoß angenommenen Wert bei.

Die Bewegungsgleichungen und die Energiegleichung bekommen deshalb die spezielle stationäre Form von Gln. (20.6) und (20.7):

$$\mathfrak{w} \times \operatorname{rot} \mathfrak{w} = \operatorname{grad}\left(i + \tfrac{1}{2}\mathfrak{w}^2 + \Omega\right) - T \operatorname{grad} s, \tag{25.1}$$

$$\mathfrak{w} \operatorname{grad} s = 0. \tag{25.2}$$

Multipliziert man Gl. (25.1) skalar mit $\mathfrak{w}$, so verschwindet die rechte Gleichungsseite, weil $\mathfrak{w}$ auf dem Vektor $\operatorname{rot}\mathfrak{w} \times \mathfrak{w}$ senkrecht steht, und man erhält mit Gl. (25.2):

$$\mathfrak{w} \cdot \operatorname{grad}\left(i + \tfrac{1}{2}\mathfrak{w}^2 + \Omega\right) = 0. \tag{25.3}$$

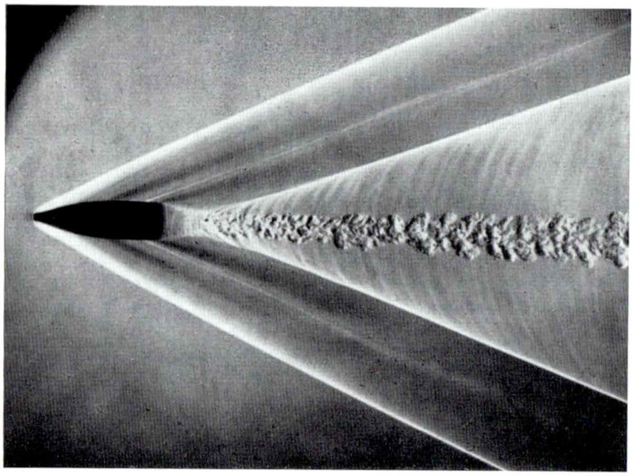

Fig. 21. Verdichtungsstoß an einem spitzen Körper. (H. SCHARDIN, Forschungsinstitut Weil a. Rh.)

Wie s ist auch der Klammerausdruck $(i + \frac{1}{2}\mathfrak{w}^2 + \Omega)$ auf Stromlinien konstant. Das ist nichts Neues, sondern nur der Energiesatz (5.8) auf den hier behandelten speziellen Fall einer stationären Strömung angewendet. Multipliziert mit der Stromdichte $\varrho\,|\mathfrak{w}|$ stellt der Klammerausdruck den Energiefluß im Stromfaden dar. Er muß bei stationärer reibungsfreier Strömung konstant sein. Seien die Werte, welche auf dem Stromfaden im Zustand der Ruhe $\mathfrak{w} = 0$ erreicht werden, mit dem Index 0 bezeichnet, so gilt:

$$i + \tfrac{1}{2}\mathfrak{w}^2 + \Omega = i_0 + \Omega_0, \tag{25.4}$$

wobei die Werte von i_0 und Ω_0 zunächst noch wie die Entropie von Stromlinie zu Stromlinie variieren dürfen. Damit ist bereits ein Wirbelsatz ausgesprochen:

$$\mathfrak{w} \times \operatorname{rot} \mathfrak{w} = \operatorname{grad}(i_0 + \Omega_0) - T \operatorname{grad} s. \tag{25.5}$$

Er stellt eine von A. VAZSONYI[1] mitgeteilte Verallgemeinerung des CROCCOschen Wirbelsatzes [Gl. (25.6)] dar. Danach bedingt im allgemeinen eine Änderung der Ruheenergie und der Entropie von Stromlinie zu Stromlinie das Entstehen von Wirbeln. Da sich die Ruheenergie $i_0 + \Omega_0$ in Stößen nicht ändert, wie aus den Stoßgleichungen (6.5) und ihrer nahen Beziehung zu Gl. (25.4) unmittelbar folgt, und die Ruheenergie außerdem im Anströmgebiet in der Regel konstant

[1] A. VAZSONYI: Quart. Appl. Math. **3**(1), 29–37 (1945).

ist, ist $i_0 + \Omega_0$ bei den stationären reibungsfreien Überschallströmungen im ganzen Strömungsraum konstant. Eine solche Strömung nennt man *isoenergetisch.* (Im anglo-amerikanischen wird im allgemeinen auch noch zwischen isentrop und homotrop unterschieden. Dabei versteht man unter *isentrop* eine Strömung, bei der jedes einzelne Teilchen konstante Entropie besitzt, unter *homotrop* eine Strömung, wo alle Teilchen gleiche Entropie haben. Der vorliegende Artikel beschäftigt sich jedoch mit den entsprechenden Fragen zu wenig, um eine derartige Anhäufung von Definitionen zu rechtfertigen.)

Für solche isoenergetischen Strömungen gilt dann der Satz:

$$\mathfrak{w} \times \operatorname{rot} \mathfrak{w} = - T \operatorname{grad} s. \tag{25.6}$$

Es ist der *Croccosche Wirbelsatz*[1] in der für beliebige physikalisch homogene Medien gültigen Form[2].

Folgende Schlüsse können daraus für alle stationären reibungsfreien isoenergetischen Strömungen gezogen werden: 1. Eine Strömung mit unterschiedlicher Entropie auf den Stromlinien hat notwendigerweise Wirbel. 2. Jede wirbelfreie Strömung hat im ganzen Raum konstante Entropie, d.h. der Druck ist nur Funktion der Dichte allein.

Hingegen kann eine Strömung konstanter Entropie Wirbel besitzen, deren Vektor in Strömungsrichtung weist. Dieser Fall:

$$\mathfrak{w} \times \operatorname{rot} \mathfrak{w} = 0 \tag{25.7}$$

wird als *Beltrami-Strömung*[3] bezeichnet. Der einfachste Fall ist die Strömung in einem Rohr mit axialem Wirbel.

Ein gutes Beispiel für die Erläuterung der Wirbelsätze dieser Ziffer ist durch den Nachlauf eines Körpers gegeben (Fig. 21). In genügendem Körperabstand ist die Strömung im wesentlichen parallel: $u = u(y, z)$, $v = w = 0$, und der Druck konstant. Beschränken wir uns auf den Fall isoenergetischer Strömung, dann wird der Reibungsnachlauf besser von der Betrachtung ausgeschlossen, weil die Teilchen in der Reibungsschicht gegenseitig Kräfte aufeinander ausgeübt haben, die Ruheenergie also nicht konstant zu sein braucht. Bei gleichem Druck haben die Teilchen höherer Entropie auch höhere Enthalpie i. Nach dem Energiesatz für $\Omega = \Omega_0$ (25.4) sind die Teilchen höherer Enthalpie aber langsamer. Mit zunehmender Entropie gegen die Körperachse hin wird also die Geschwindigkeit u im „Nachlauf" geringer. Weil aber $v = w = 0$ ist, bedingt das Wirbel. Aus dem Energiesatz kann unmittelbar geschlossen werden:

$$-u \frac{\partial u}{\partial y} = \frac{\partial i}{\partial y}; \qquad -u \frac{\partial u}{\partial z} = \frac{\partial i}{\partial z}. \tag{25.8}$$

Zu demselben Ergebnis aber führt Gl. (25.6) für $v = w = 0$. Dann gilt:

$$\operatorname{rot} \mathfrak{w}\colon\ 0,\ \frac{\partial u}{\partial z},\ -\frac{\partial u}{\partial y}; \qquad \mathfrak{w} \times \operatorname{rot} \mathfrak{w}\colon\ 0,\ u\frac{\partial u}{\partial y},\ u\frac{\partial u}{\partial z}, \tag{25.9}$$

und wegen der Konstanz des Druckes nach bekannten Beziehungen der Thermodynamik:

$$p = \text{const}\colon \quad T \operatorname{grad} s = \operatorname{grad} i. \tag{25.10}$$

26. Wirbelsatz von Ertel und verwandte Sätze. Führt man an der Eulerschen Gleichung die Operation rot aus, d.h. leitet man die Eulerschen Gleichungen wechselweise genau in derselben Weise nach x, y, z ab, wie dies zur

[1] L. Crocco: Z. angew. Math. Mech. **17**, 1—7 (1937).
[2] K. Oswatitsch: Luftfahrtforsch. **20**, 260 (1943).
[3] E. Beltrami: Rend. Ist. Lombardo (2) **22**, 121—130 (1889) (Opere 4, S. 300—309).

Ableitung der Cauchy-Gleichung an den Weberschen Gleichungen (19.7) mit a, b, c geschehen ist, so fallen alle Gradientenausdrücke weg, und man erhält zunächst unter Verwendung von (21.1) nach vektoranalytischer Umformung[1]:

$$\left.\begin{aligned}\frac{\partial \operatorname{rot} \mathfrak{w}}{\partial t} + \mathfrak{w} \cdot \operatorname{grad} (\operatorname{rot} \mathfrak{w}) - \operatorname{rot} \mathfrak{w} \cdot \operatorname{grad} \mathfrak{w} + \operatorname{rot} \mathfrak{w} \operatorname{div} \mathfrak{w} \\ = - \operatorname{grad} \left(\frac{1}{\varrho}\right) \times \operatorname{grad} p = \operatorname{grad} T \times \operatorname{grad} s.\end{aligned}\right\} \tag{26.1}$$

Nun läßt sich die Kontinuitätsbedingung (9.3) auch in der Form schreiben:

$$\frac{\partial}{\partial t}\left(\frac{1}{\varrho}\right) + \mathfrak{w} \cdot \operatorname{grad} \left(\frac{1}{\varrho}\right) - \frac{1}{\varrho} \operatorname{div} \mathfrak{w} = 0. \tag{26.2}$$

Multipliziert man schließlich (26.1) mit $1/\varrho$ und (26.2) mit rot $\mathfrak{w}$, so gewinnt man die Gleichungen:

$$\frac{d}{dt} \frac{\operatorname{rot} \mathfrak{w}}{\varrho} - \frac{\operatorname{rot} \mathfrak{w}}{\varrho} \cdot \operatorname{grad} \mathfrak{w} = - \frac{1}{\varrho} \operatorname{grad} \left(\frac{1}{\varrho}\right) \times \operatorname{grad} p = \frac{1}{\varrho} \operatorname{grad} T \times \operatorname{grad} s. \tag{26.3}$$

Für Isentropie fällt die rechte Gleichungsseite weg, und man erhält Wirbelgleichungen, die auf HELMHOLTZ zurückgehen. Sie sind mit den Cauchy-Gleichungen (23.7) ganz nahe verwandt. Leitet man letztere nach t ab, was der massenfesten zeitlichen Ableitung in (26.3) gleich kommt, so erhält man rechts anstatt der Ableitungen von x, y, z nach a, b, c die Ableitungen von u, v, w nach a, b und c. Geht man dann schließlich zum Zeitpunkt $t=0$, mit $x=a$, $y=b$, $z=c$ über, so ist die Überführung auf die Helmholtz-Gleichung bereits durchgeführt. Daher erübrigt sich hier auch eine physikalische Interpretation.

Die Gleichung mit den Gradienten von $1/\varrho$ und p auf der rechten Seite wurde zuerst von SILBERSTEIN[2], die Gleichung mit den Gradienten von T und s auf der rechten Seite zuerst von VAZSONYI[3] veröffentlicht.

Für wirbelfreie Strömungen läßt sich aus Gl. (26.3) schließen, daß Druck- und Dichtegradient parallel sein müssen, wenn nicht eine dieser Größen verschwindet. Aus der bekannten Entropiedefinition ergibt sich für ein physikalisch homogenes Medium dann weiter, daß Entropie- und Druckgradient parallel sein müssen. Diese Bedingung engt die Klasse der möglichen wirbelfreien anisentropen Strömungen außerordentlich ein. Es läßt sich eine stationäre Parallelströmung im Schwerefeld und ein stationärer Potentialwirbel mit Entropiegradient konstruieren. Ferner gehört instationäre eindimensionale Strömung zu der Klasse, wobei die Bedingung rot $\mathfrak{w}=0$ trivial st. Außer diesen Fällen scheinen aber keine praktisch bedeutenden Beispiele bekannt geworden zu sein.

Aus Gl. (20.7) für die Entropie eines Massenteilchens läßt sich leicht folgende Gleichung ableiten:

$$\frac{d}{dt} (\operatorname{grad} s) + \operatorname{grad} \mathfrak{w} \cdot \operatorname{grad} s = 0. \tag{26.4}$$

Multipliziert man nun Gl. (26.3) mit grad s, so wird die rechte Seite zu Null. Weil sich aber die Produktregel der Differentiation auch auf die massenfeste Ableitung anwenden läßt, so folgt mit Gl. (26.4) ein neuer, von ERTEL[4] aufgestellter Erhaltungssatz für instationäre Strömung mit unterschiedlicher Entro-

[1] Zur Vereinfachung der Schreibweise wird hier formal der Gradient eines Vektors gebildet, was einem Tensor entspricht.

[2] L. SILBERSTEIN: C. R. Acad. Sci. Cracovie, S. 280–290 (1896).

[3] A. VAZSONYI: Quartl. Appl. Math. **3**(1), 29–37 (1945).

[4] H. ERTEL: Meteor. Z. **59**, 277–281 (1942).

pie auf den einzelnen Stromlinien:

$$\frac{d}{dt}\left[\frac{\operatorname{rot}\mathfrak{w}}{\varrho}\cdot\operatorname{grad}s\right]=0. \tag{26.5}$$

Eine wesentliche Voraussetzung zur Ableitung dieser Gleichung war, daß s ein dem Teilchen anhaftender Wert ist. Damit ist Gl. (20.7) und, unter der Voraussetzung einer zusätzlichen Differenzierbarkeit, auch Gl. (26.4) erfüllt. Ohne Rücksicht auf Gl. (12.9) ist aber eine notwendige und hinreichende Bedingung für jede Lagrange-Koordinate, d.h. für jede dem Teilchen anhaftende feste Größe, daß die massenfeste Ableitung nach der Zeit verschwindet:

$$\frac{da}{dt}=\frac{\partial a}{\partial t}+\mathfrak{w}\cdot\operatorname{grad}a=0, \tag{26.6}$$

und entsprechende Gleichungen für b und c. Daraus folgt aber unmittelbar:

$$\frac{d}{dt}(\operatorname{grad}a)+\operatorname{grad}\mathfrak{w}\cdot\operatorname{grad}a=0. \tag{26.7}$$

Werden nun ähnlich wie früher die Eulersche Gleichung (26.3) mit $\operatorname{grad}a$ und Gl. (26.7) mit $\operatorname{rot}\mathfrak{w}/\varrho$ multipliziert und danach addiert, so verschwindet die rechte Seite im allgemeinen nur bei Isentropie. In diesem Fall gilt also in formaler Übereinstimmung mit dem Ertelschen Satz (26.5) folgende Gleichung:

$$\frac{d}{dt}\left[\frac{\operatorname{rot}\mathfrak{w}}{\varrho}\cdot\operatorname{grad}a\right]=0. \tag{26.8}$$

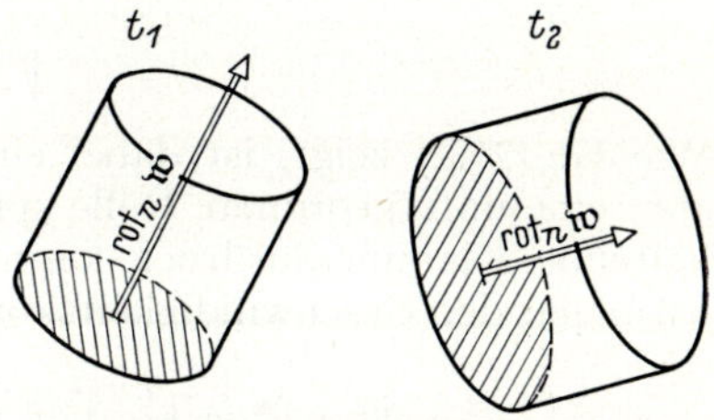

Fig. 22. Rotierendes Flächenelement in zwei Zeitpunkten.

Der Unterschied zwischen Gl. (26.8) und dem Ertelschen Satz (26.5) ist demnach der, daß bei Gl. (26.8) einerseits Isentropie vorausgesetzt wurde, daß diese Gleichung aber andererseits für jede beliebige Lagrange-Koordinate erfüllt ist[1].

Gl. (26.8) ist nun aber nicht etwa ein neuer Wirbelsatz, sondern nur eine neue Fassung der Cauchy-Gleichungen (23.1) oder auch der Helmholtzschen Sätze in Eulerschen Koordinaten. Verwendet man die mathematischen Identitäten:

$$\frac{\partial a}{\partial x}D=\frac{\partial a}{\partial x}\frac{\varrho_0}{\varrho}=\frac{\partial(y,z)}{\partial(b,c)} \tag{26.9}$$

und die durch zyklisches Vertauschen aus ihnen für die anderen Koordinaten entspringenden Formeln, so braucht Gl. (23.1) nur noch massenfest nach der Zeit abgeleitet zu werden, um Gl. (26.8) zu gewinnen. Damit ist aber auch die Deutung von Gln. (26.8) und (26.5) gefunden.

Nach Gl. (21.2) ändert sich die Normalkomponente des Wirbelvektors auf ein Flächenelement umgekehrt wie dessen Ausdehnung (Fig. 22). Die Ausdehnung der Teilchenfläche hingegen kann leicht auf die räumliche Ausdehnung des Teilchens und die Dichte zurückgeführt werden. Die Höhe des Teilchens ändert sich ja umgekehrt wie der Gradient der Lagrange-Koordinate in Höhenrichtung. Dadurch wird aber das innere Produkt von $\operatorname{rot}\mathfrak{w}$ und $\operatorname{grad}a$ geteilt durch die Dichte ϱ zu einer festen Teilcheneigenschaft.

Im Falle anisentroper Strömung hingegen ist nur der Fluß von $\operatorname{rot}\mathfrak{w}$ durch Flächen konstanter Entropie zeitlich konstant. Daher tritt im Ertelschen Satz nur die Komponente des Wirbelvektors auf, die senkrecht auf der Entropiefläche steht.

[1] Eine Verallgemeinerung der Gl. (26.8) befindet sich in: C. Truesdell: Z. angew. Math. Phys. **2**, 110 (1951).

27. Wirbelmaße. Die wirbelfreie Strömung:

$$\operatorname{rot}\mathfrak{w}=0:\quad \frac{\partial w}{\partial y}-\frac{\partial v}{\partial z}=0;\qquad \frac{\partial u}{\partial z}-\frac{\partial w}{\partial x}=0;\qquad \frac{\partial v}{\partial x}-\frac{\partial u}{\partial y}=0, \tag{27.1}$$

spielt in der Strömungslehre eine ausgezeichnete Rolle. Damit ist aber auch die Frage nach einem Wirbelmaß aufgeworfen, in welchem zum Ausdruck kommt, ob es sich um eine hohe Wirbelstärke, um geringe Wirbelstärke oder überhaupt um verschwindende Wirbelstärke handelt. Der Betrag des Wirbelvektors kommt für solche Zwecke nicht in Frage, da ein Wirbelmaß eine dimensionslose Größe sein muß, während der Wirbelvektor als Winkelgeschwindigkeit die Dimension einer reziproken Zeit besitzt. Die ersten brauchbaren Wirbelmaße sind von TRUESDELL[1] eingeführt worden. In diesem Zusammenhang seien die Werke [*1*] und [*2*] desselben Verfassers als enzyklopädische Zusammenfassungen aller Wirbelsätze empfohlen. Als ein *kinematisches Wirbelmaß* gibt TRUESDELL das Verhältnis von Winkelgeschwindigkeit zur Deformationsgeschwindigkeit an:

$$\frac{|\operatorname{rot}\mathfrak{w}|}{\sqrt{2(\dot{l}^2+\dot{m}^2+\dot{n}^2)}}, \tag{27.2}$$

Wie Gl. (27.2) zeigt, ist dabei ein bestimmter Normierungsfaktor gewählt, der aber eine untergeordnete Rolle spielt. Der die Deformationsgeschwindigkeit enthaltende Klammerausdruck kann mit Gln. (16.7) und (16.8) leicht auf die Ableitungen der Geschwindigkeitskomponenten zurückgeführt werden:

$$\left.\begin{aligned}\dot{l}^2+\dot{m}^2+\dot{n}^2 &= \left(\frac{\partial u}{\partial x}\right)^2+\left(\frac{\partial v}{\partial y}\right)^2+\left(\frac{\partial w}{\partial z}\right)^2+\frac{1}{2}\left(\frac{\partial w}{\partial y}+\frac{\partial v}{\partial z}\right)^2+\\ &\quad+\frac{1}{2}\left(\frac{\partial u}{\partial z}+\frac{\partial w}{\partial x}\right)^2+\frac{1}{2}\left(\frac{\partial v}{\partial x}+\frac{\partial u}{\partial y}\right)^2.\end{aligned}\right\} \tag{27.3}$$

In Zähler und Nenner des Maßes stehen drehungsinvariante, positiv definite Ausdrücke.

Für den Potentialwirbel ist das kinematische Wirbelmaß Null, da der Zähler, nicht aber der Nenner verschwindet. Für den starren Wirbel dagegen ist das Umgekehrte der Fall, damit wird für diesen das kinematische Wirbelmaß unendlich als Ausdruck für den vollkommenen Wirbel. Im allgemeinen ist das Wirbelmaß aber verschieden von Punkt zu Punkt.

Für die Frage, in welchem Grade eine Strömung als drehungsfrei angesehen werden kann, ist das Verhältnis von Rotationsgliedern zu den übrigen Gliedern im Beschleunigungsvektor (20.5) maßgebend. Dafür hat TRUESDELL die Bezeichnung *dynamisches Wirbelmaß* gewählt:

$$\frac{|\mathfrak{w}\times\operatorname{rot}\mathfrak{w}|}{\left|\dfrac{\partial\mathfrak{w}}{\partial t}+\operatorname{grad}\left(\dfrac{1}{2}\,\mathfrak{w}^2\right)\right|}. \tag{27.4}$$

Dieses Verhältnis muß klein gegen Eins sein, wenn eine Strömung als drehungsfrei angesehen werden soll. Dies spielt beispielsweise in stationärer Überschallströmung hinter gekrümmten Verdichtungsstößen eine Rolle. Mit Hilfe des Croccoschen Wirbelsatzes (25.6) kann der Zähler von (27.4) auf den Entropiegradienten und der Nenner kann mit Hilfe der Energiegleichung auf den Enthalpiegradienten zurückgeführt werden.

Das dynamische Wirbelmaß verschwindet nicht nur wie das kinematische Wirbelmaß bei wirbelfreier Strömung, sondern auch bei Beltrami-Strömung

[1] C. TRUESDELL: J. Rational Mech. Analysis **2**, No. 2, 171—217 (1953).

(25.7). Beim starren Wirbel erhält man den Wert 2. Bei einem Wirbel konstanter Geschwindigkeit hingegen ist das dynamische Wirbelmaß unendlich. Dennoch liegt ein solcher Wirbel konstanter Geschwindigkeit seinem Strömungsbilde nach zwischen dem Potentialwirbel, dessen Geschwindigkeit nach innen zunimmt und dem starren Wirbel, bei welchem das Umgekehrte der Fall ist.

28. Beziehungen zur Meteorologie. Die Wirbelsätze spielen bei der Strömung in der Erdatmosphäre eine besondere Rolle, da die „Luftkörper" durch die Rotation der Erde wirbelbehaftet sind, was sich bei Verlagerung der Luft geltend macht. Beispielsweise strebt die Luft von einem Hochdruckgebiet divergent auseinander. Der Luftkörper dehnt sich dadurch aus, seine Zirkulation im Inertialsystem der Bewegung nimmt ab, während die Erde unter dem Luftkörper mit konstanter Winkelgeschwindigkeit weiter rotiert. Dadurch gerät der Luftkörper relativ zur Erde in eine zur Erddrehung entgegengesetzte Zirkulation. Man nennt das eine Antizyklone im Gegensatz zur Zyklone, welche durch ein Tiefdruckgebiet bedingt wird. Solche Hochdruck- und Tiefdruckgebiete können sich über Tausende von Kilometern ausdehnen.

Zur Bestimmung des dynamischen Wirbelmaßes (27.4) kann eine stationäre Strömung angenommen werden. Da die Strömung im wesentlichen auch eben ist, kann das Wirbelmaß mit ω als Winkelgeschwindigkeit auf folgenden Ausdruck vereinfacht werden:

$$\left|\frac{2\omega}{\operatorname{grad}\sqrt{u^2+v^2}}\right|. \tag{28.1}$$

Die Winkelgeschwindigkeit der Erdoberfläche am Nordpol beträgt bei Vernachlässigung des Unterschiedes zwischen Sterntag und Sonnentag $2\pi/24\ \mathrm{h}^{-1}$. Für eine beliebige geographische Breite β ist dieser Betrag noch mit $\sin\beta$ zu multiplizieren. Für große Höhen ist 100 km/h eine häufig vorkommende Windgeschwindigkeit. Unter der Annahme, daß die Zyklone einen Radius von 1000 km besitzt, erhält man einen Windgradienten in der Größenordnung von $0{,}10\ \mathrm{h}^{-1}$ und das dynamische Wirbelmaß (27.4) erhält näherungsweise den Wert:

$$\left|\frac{2\omega}{\operatorname{grad}\sqrt{u^2+v^2}}\right| = 5\sin\beta. \tag{28.2}$$

Damit ist der entscheidende Einfluß der Erdrotation und die Bedeutung der Wirbelsätze für großräumige Strömungen in der Erdatmosphäre gezeigt. Fig. 28d des Artikels über die dynamische Meteorologie [3], der für das ganze Gebiet atmosphärischer Strömungen empfohlen sei, zeigt in einer geographischen Breite von 45° und einer Länge von nahezu 100° mitten in Nordamerika eine Zyklone, mit der für Wirbel typischen, im wesentlichen durch die Erddrehung bedingten Windrichtung.

VII. Innere Reibung.

29. Reibungskräfte und Reibungskoeffizienten. Das einfachste Bild einer scherenden Strömung gibt die ebene Couette-Strömung (Fig. 23), die Parallelströmung zwischen zwei parallelen Platten, von denen mindestens eine bewegt ist. Durch die Bewegung wird eine Kraft auf beide Platten ausgeübt, welche durch die innere Reibung der Flüssigkeit bedingt ist. Dabei entsteht die Frage nach dem Zusammenhang zwischen Reibungskräften und Deformationsgeschwindigkeiten. Es liegt nahe in Analogie zum Hookeschen Satz der Elastizitätstheorie einerseits und zur Beziehung zwischen Wärmefluß und Temperaturgefälle andererseits eine lineare Beziehung in den Deformationsgeschwindigkeiten für die Flächenkräfte anzusetzen. Damit ist dann die Forderung erfüllt, daß mit den Deformationsgeschwindigkeiten auch die Flächenkräfte bis auf den statischen Druck verschwinden. Mit c_i als zunächst unbekannten Koeffizienten wäre beispielsweise zu schreiben:

$$\left.\begin{aligned}\sigma_{xx} &= c_1 \frac{\partial u}{\partial x} + c_2 \frac{\partial v}{\partial y} + c_3 \frac{\partial w}{\partial z};\\ \sigma_{yx} &= \sigma_{xy} = c_4 \frac{\partial u}{\partial y} + c_5 \frac{\partial v}{\partial x}.\end{aligned}\right\} \tag{29.1}$$

Für σ_{xx} kommen nur solche Ableitungen der Geschwindigkeitskomponenten in Frage, welche bei einer Spiegelung der Strömung an der x-Achse denselben Wert von σ_{xx} liefern. Damit entfallen aber die Ableitungen von u nach y oder z, die Ableitungen von v nach x und z und von w nach x und y. Bei $\sigma_{yx} = \sigma_{yx}$ dagegen kommen wieder nur solche Ableitungen in Frage, welche bei einer Spiegelung an der x-Achse eine Vorzeichenumkehr liefern, denn mit Fig. 23 leuchtet es ein, daß die Schubspannung eine Umkehr erfahren muß, wenn das Strömungsbild an der ruhenden Wand gespiegelt wird. Da auch die Spiegelung an der Ebene $z=0$ den gestellten Forderungen genügen muß, kommen keine weiteren Differentialquotienten der Geschwindigkeitskomponenten in den Ansatz.

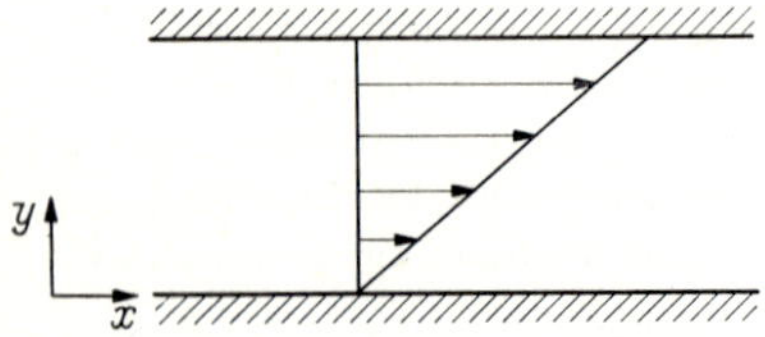

Fig. 23. Zur ebenen Couette-Strömung.

Von (29.1) muß des weiteren gefordert werden, daß diese Gleichung bei einer Drehung des Koordinatensystems wieder auf die gleiche Form reduziert werden kann. Beispielsweise kommen bei einer Drehung gemäß Gl. (17.11) in den Ausdrücken für die Schubspannungen σ_{xy} sämtliche Komponenten des transformierten Tensors $\sigma_{x'x'}, \sigma_{x'y'}, \ldots, \sigma_{z'z'}$ hinein. Die Ansätze (29.1) für die übrigen Komponenten folgen durch zyklisches Vertauschen. Nach einer Drehung jedoch kommen die unterschiedlichsten Kombinationen der Koeffizienten c_i vor, und es können nur drehungsinvariante Beziehungen (29.1) erreicht werden, wenn sich der Tensor der Deformationsgeschwindigkeiten genauso transformiert wie der Tensor der Oberflächenkräfte. Es wurde am Ende von Ziff. 17 bereits erwähnt, daß diese Forderung gleicher Transformation gemäß Gl. (17.11) vom Tensor (16.5) erfüllt wird. Auch der Wirbelvektor (16.6) erfüllt diese Forderung, sowie auch der reine Dehnungstensor mit den Komponenten div $\mathfrak{w}$ auf der Hauptdiagonale und mit allen anderen Komponenten gleich Null.

Die starre Drehung eines Teilchens kann jedoch keine innere Reibung verursachen, da die Elemente bei einer solchen Bewegung keinerlei Relativbewegung zueinander aufweisen. Würde der Wirbeltensor mit einbezogen, so würde sich für den starren Wirbel unvermeidbar Reibung ergeben, da die Komponenten der ersten beiden Tensoren in diesem Falle alle verschwinden.

Damit kommt einzig und allein nur folgender, die trivialen Forderungen der Spiegelung und der Drehungsinvarianz erfüllender linearer Ansatz in Frage:

$$\left.\begin{aligned}\begin{pmatrix}\sigma_{xx}; & \sigma_{xy}; & \sigma_{xz}\\ \sigma_{yx}; & \sigma_{yy}; & \sigma_{yz}\\ \sigma_{zx}; & \sigma_{zy}; & \sigma_{zz}\end{pmatrix} &= 2\mu \begin{pmatrix}\frac{\partial u}{\partial x}; & \frac{1}{2}\left(\frac{\partial u}{\partial y} + \frac{\partial v}{\partial x}\right); & \frac{1}{2}\left(\frac{\partial u}{\partial z} + \frac{\partial w}{\partial x}\right)\\ \frac{1}{2}\left(\frac{\partial v}{\partial x} + \frac{\partial u}{\partial y}\right); & \frac{\partial v}{\partial y}; & \frac{1}{2}\left(\frac{\partial v}{\partial z} + \frac{\partial w}{\partial y}\right)\\ \frac{1}{2}\left(\frac{\partial w}{\partial x} + \frac{\partial u}{\partial z}\right); & \frac{1}{2}\left(\frac{\partial w}{\partial y} + \frac{\partial v}{\partial z}\right); & \frac{\partial w}{\partial z}\end{pmatrix} +\\ &+ \bar{\mu}\begin{pmatrix}\operatorname{div}\mathfrak{w}; & 0; & 0\\ 0; & \operatorname{div}\mathfrak{w}; & 0\\ 0; & 0; & \operatorname{div}\mathfrak{w}\end{pmatrix}.\end{aligned}\right\} \tag{29.2}$$

μ ist der sog. „Reibungskoeffizient". Der Faktor 2 beim Deformationstensor ist deshalb gewählt, damit die Schubspannung der Couette-Strömung gegeben ist durch:

$$\sigma_{xy} = \mu \frac{\partial u}{\partial y}. \tag{29.3}$$

Für den Koeffizienten der inneren Reibung oder *Viskosität* wird in physikalischen Darstellungen gerne der Buchstabe η verwendet, während die Bezeichnung μ in der Strömungsmechanik üblich ist. $\bar{\mu}$ ist ein zweiter Reibungskoeffizient.

Führt man das Mittel der drei Normalspannungen ein, so erhält man mit Gl. (29.2) und der Kontinuitätsbedingung (20.1):

$$\frac{1}{3}(\sigma_{xx} + \sigma_{yy} + \sigma_{zz}) = \left(\frac{2}{3}\mu + \bar{\mu}\right) \operatorname{div} \mathfrak{w} = -\bar{\bar{\nu}} \frac{d\varrho}{dt}. \tag{29.4}$$

Dabei ist $\bar{\bar{\nu}}$ in Analogie zu den Größen:

$$\mu/\varrho = \nu; \quad \bar{\mu}/\varrho = \bar{\nu}. \tag{29.5}$$

gebildet. Man nennt ν die *kinematische Zähigkeit*. Da in den Rechnungen vielfach μ nur im Zusammenhang $\nu = \mu/\varrho$ auftritt, erwies es sich als zweckmäßig, dafür eine eigene Bezeichnung einzuführen. Diese hat den Vorteil, der Dimension nach eine rein kinematische Größe zu sein, nämlich Länge^2/Zeit, und sich für unterschiedliche Medien auch nicht in dem Maß zu unterscheiden wie μ oder ϱ (bei 0° C ist für Wasser $\nu = 0{,}018$ cm^2/sec, bei 0° C und 1 Atm ist für Luft $\nu = 0{,}13$ cm^2/sec).

Die Reibungskoeffizienten von Gasen können im allgemeinen nicht als konstant angesehen werden. Bei idealen Gasen ist μ ebenso wie der Wärmeleitungskoeffizient λ temperaturabhängig. Das Konstantsetzen dieser Ausdrücke bei Gasen, wie es in früheren Werken gemacht wurde, ist also nur in bestimmten Ausnahmefällen gerechtfertigt und entspricht mehr dem Wunsch mathematischer Vereinfachung als physikalischer Rechtfertigung, wobei die Fehler einer solchen Vereinfachung nicht immer groß zu sein brauchen, jedoch im Auge behalten werden müssen. Vielfach kann bei Grenzschichtproblemen von Gasen eine größere Vereinfachung dadurch erzielt werden, daß μ nicht konstant, sondern proportional zur absoluten Temperatur T angesetzt wird, was den praktischen Verhältnissen in weiten Temperaturbereichen gut entspricht.

In Gl. (29.4) ist ein neuer Koeffizient $\bar{\bar{\nu}}$, die *Kompressions-Viskosität* („bulk viscosity"), eingeführt. Er steht mit den beiden Koeffizienten der kinematischen Zähigkeit in folgendem Zusammenhang:

$$\bar{\bar{\nu}} = \tfrac{2}{3}\nu + \bar{\nu}. \tag{29.6}$$

Bis in die letzte Zeit wird in verschiedenen Werken $\bar{\bar{\nu}} = 0$ gesetzt, womit die beiden Zähigkeitskoeffizienten auf einen einzigen $\bar{\nu}$ zurückgeführt werden. Dieser Schritt wird dadurch begründet, daß das Mittel der drei Normalspannungen gleich dem statischen Druck gesetzt wird oder daß der Druck p als Mittel der drei Hauptspannungen definiert wird. Letzteres ist im Rahmen unserer Darstellung nicht gerechtfertigt, da der statische Druck p durch die Zustandsgleichung der Thermodynamik bereits festgelegt ist und nicht durch eine weitere Gleichung definiert werden darf. Mit Hilfe der kinetischen Gastheorie kann geschlossen werden, daß bei den einfachen Verhältnissen einatomiger Gase $\bar{\nu}$ verschwindet, nicht aber bei mehratomigen Gasen[1].

---

[1] Vgl. den Beitrag von L. Waldmann in Bd. XII dieses Handbuchs, insbesondere Ziff. 99.

Wenn es einerseits also auch feststeht, daß die Kompressionsviskosität mehratomiger Gase nicht verschwindet, so ist andererseits die Bestimmung dieses Koeffizienten noch nicht mit Sicherheit gelungen. Der Grund liegt darin, daß Versuche zur Bestimmung von $\bar{\bar{\nu}}$ nicht leicht sind, da die mit diesem Koeffizienten zusammenhängenden Effekte nicht groß sind und sich mit anderen Effekten überlagern. Sofern die Effekte gering sind (in Grenzschichtströmungen beispielsweise spielt nur ν eine Rolle), hat das auch sein Gutes, nämlich daß die Kenntnis von $\bar{\bar{\nu}}$ für die Praxis nicht wesentlich erscheint.

Drei verschiedene Möglichkeiten zur Bestimmung von $\bar{\bar{\nu}}$ seien kurz besprochen. Die älteste ist die Bestimmung der Schallwellendämpfung durch innere Reibung und Wärmeleitung, die bereits auf STOKES zurückgeht. Eine eingehende Behandlung mit Literaturangaben gibt TRUESDELL[1]. Die Schwierigkeit liegt dabei darin, daß die Schallwellendämpfung durch Relaxation, also zu langsame Einstellung der Gleichverteilung, ziemlich groß ist und von derselben Potenz der Frequenz abhängt wie die Reibungsdämpfung. Damit ist eine Trennung der Effekte schwierig und unsicher. Auch bei der Berechnung der Tiefe von Verdichtungsstößen infolge Reibung und Wärmeleitung kommt $\bar{\bar{\nu}}$ in die Rechnung. Jedoch wurde bereits gezeigt, daß die Stoßtiefe von der Größenordnung der mittleren freien Weglänge der Moleküle ist und nur schwache Stöße Tiefen von vielen freien Weglängen besitzen. Damit wird es aber zweifelhaft, in welchem Grade mit Kontinuumsvorstellungen überhaupt eine Bestimmung von $\bar{\bar{\nu}}$ aus Stoßfronttiefen mit ausreichender Sicherheit möglich ist. Ein dritter Effekt, der zur Bestimmung von $\bar{\bar{\nu}}$ führen könnte, ist der Reibungseinfluß der Strömung vor sehr kleinen Staurohren und in sehr kleinen Düsen. Mit diesen Vorgängen beschäftigt sich L. J. E. BROER[2] ausführlich und kommt zu dem Schluß, daß die Effekte als Relaxation zu deuten sind. Man wird sich also zunächst damit begnügen müssen, $\bar{\nu}$ oder $\bar{\bar{\nu}}$ als noch unbestimmte Koeffizienten einzuführen und nur bei einatomigen Gasen $\bar{\bar{\nu}}$ zu vernachlässigen.

Der Ansatz (29.3) einer zur Schergeschwindigkeit proportionalen Schubspannung bei der Couette-Strömung geht auf NEWTON[3] zurück. Diese Beziehung bildet die Grundlage für den Tensoransatz (29.2). Man spricht deshalb für den speziellen Fall eines konstanten Reibungskoeffizienten, der für die Flüssigkeiten in einem nicht zu weiten Temperaturbereich realisiert ist, vom *Newtonschen Zähigkeitsansatz*. So groß seine Bedeutung heute ist, so birgt er doch auch eine gewisse Problematik.

Bei allen scherenden Strömungen einschließlich Potentialwirbeln (Fig. 19), werden die Teilchen mit der Zeit in zunehmendem Maße in die Länge gezogen. Jedes elastische Medium würde auf eine solche Deformation mit einer unbegrenzt anwachsenden Schubspannung reagieren. Den Umstand, daß die Schubspannung endlich bleibt, erklärte MAXWELL[4] durch Relaxation. Damit ist die Erscheinung gemeint, daß die Spannung in einem festen Körper nachläßt, wenn bestimmte Elastizitätsgrenzen überschritten werden. Wird die Änderung der Spannung mit der Zeit proportional zur Spannung selbst angesetzt, so gelangt man im stationären Falle zum Newtonschen Ansatz (29.3). Bei allen Zwischenstadien zwischen jenem des festen Körpers und jenem der Flüssigkeit, eine Unterscheidung, die durch keine starren Grenzen, sondern nur durch graduelle Unterschiede ausgezeichnet ist, kommen nun aber sehr verschiedene Relaxationsgesetze vor. Im Newtonschen Ansatz (29.3) kann dieser Umstand so berück-

[1] C. TRUESDELL: J. Rational Mech. Analysis **2**, No. 4, 643—741 (1953).
[2] L. J. E. BROER: III. Appl. Sci. Res. A **5**, 76—80 (1954).
[3] I. NEWTON: Principia, Lib. II, Sect. IX.
[4] J. C. MAXWELL: Phil. Trans. Roy. Soc. Lond. **157**, 49 (1866) [Sci. Pap. **2**, 30 (1890)].

sichtigt werden, daß der Reibungskoeffizient μ selbst noch als Funktion der Schubspannung angesetzt wird. Damit können Erscheinungen beschrieben werden, wie sie beim Fließen von Pasten, von Breien oder auch von Metall beobachtet werden. Das ganze Gebiet bildet heute einen eigenen Forschungszweig, die Rheologie[1], die mit der Theorie der Struktur der Materie eng verknüpft ist. Bei anderen Medien, wie etwa bei Sand oder bei Getreide, wird die Strömung wesentlich dadurch beeinflußt, daß der Reibungskoeffizient stark von der Dichte abhängig ist.

30. Bewegungsgleichungen von NAVIER-STOKES. Nach Einsetzen der Schub- und Normalspannungen (29.2) in die Bewegungsgleichungen (10.4) gelangt man unmittelbar zu den bekannten allgemeinen Bewegungsgleichungen von NAVIER-STOKES[2]:

$$\left.\begin{aligned}
\varrho\frac{du}{dt} &= -\frac{\partial p}{\partial x} + \varrho X + \frac{\partial}{\partial x}\left[2\mu\frac{\partial u}{\partial x} + \bar\mu\,\mathrm{div}\,\mathfrak{w}\right] + \\
&\quad + \frac{\partial}{\partial y}\left[\mu\left(\frac{\partial u}{\partial y} + \frac{\partial v}{\partial x}\right)\right] + \frac{\partial}{\partial z}\left[\mu\left(\frac{\partial u}{\partial z} + \frac{\partial w}{\partial x}\right)\right];\\
\varrho\frac{dv}{dt} &= -\frac{\partial p}{\partial y} + \varrho Y + \frac{\partial}{\partial x}\left[\mu\left(\frac{\partial v}{\partial x} + \frac{\partial u}{\partial y}\right)\right] + \\
&\quad + \frac{\partial}{\partial y}\left[2\mu\frac{\partial v}{\partial y} + \bar\mu\,\mathrm{div}\,\mathfrak{w}\right] + \frac{\partial}{\partial z}\left[\mu\left(\frac{\partial v}{\partial z} + \frac{\partial w}{\partial y}\right)\right];\\
\varrho\frac{dw}{dt} &= -\frac{\partial p}{\partial z} + \varrho Z + \frac{\partial}{\partial x}\left[\mu\left(\frac{\partial w}{\partial x} + \frac{\partial u}{\partial z}\right)\right] + \\
&\quad + \frac{\partial}{\partial y}\left[\mu\left(\frac{\partial w}{\partial y} + \frac{\partial v}{\partial z}\right)\right] + \frac{\partial}{\partial z}\left[2\mu\frac{\partial w}{\partial z} + \bar\mu\,\mathrm{div}\,\mathfrak{w}\right].
\end{aligned}\right\}\qquad(30.1)$$

Wie schon betont, müssen die Reibungskoeffizienten wie auch die Koeffizienten der Wärmeleitung unter dem Differentialzeichen bleiben. Das Gleichungssystem (30.1) gibt zusammen mit der Kontinuitätsbedingung (9.3) und der Energiegleichung (11.5) ein vollständiges Differentialgleichungssystem in Eulerscher Darstellungsweise für die drei Geschwindigkeitskomponenten und zwei unabhängige thermodynamische Variable. Die Dissipation in (11.5) kann nun durch die Geschwindigkeitskomponenten und die Reibungskoeffizienten ausgedrückt werden:

$$\left.\begin{aligned}
\Phi = 2\mu\left[\left(\frac{\partial u}{\partial x}\right)^2 + \left(\frac{\partial v}{\partial y}\right)^2 + \left(\frac{\partial w}{\partial z}\right)^2 + \frac{1}{2}\left(\frac{\partial w}{\partial y} + \frac{\partial v}{\partial z}\right)^2 + \frac{1}{2}\left(\frac{\partial u}{\partial z} + \frac{\partial w}{\partial x}\right)^2 + \frac{1}{2}\left(\frac{\partial v}{\partial x} + \frac{\partial u}{\partial y}\right)^2\right] + \\
+ \bar\mu\left(\frac{\partial u}{\partial x} + \frac{\partial v}{\partial y} + \frac{\partial w}{\partial z}\right)^2.
\end{aligned}\right\}\qquad(30.2)$$

Φ stellt sich dar als Summe zweier drehungsinvarianter Ausdrücke, nämlich dem mit 2μ multiplizierten Ausdruck (27.3) und dem mit $\bar\mu$ multiplizierten Quadrat der Divergenz (16.7). Die Gleichungen enthalten mehr als nur zwei thermische Größen. Diese können aber grundsätzlich durch rein thermodynamische Beziehungen eliminiert werden, wenngleich man sich diesen Schritt zugunsten einer besseren Übersichtlichkeit gern erspart.

Ist die Dichte wie etwa bei einer inkompressiblen Flüssigkeit als konstant anzusehen und kann auch der Reibungskoeffizient μ als konstant angesetzt wer-

[1] Vgl. den Beitrag von M. REINER in Bd. VI dieses Handbuchs.

[2] C.L.M.H. NAVIER: Mém. Acad. Sci. **6**, 389 (1822). — G.G. STOKES: Trans. Cambridge Phil. Soc. **8**, 287 (1845) (Papers I, S. 75).

den, so vereinfachen sich die Gln. (30.1) zu den häufig verwendeten speziellen *Navier-Stokesschen Gleichungen*:

$$\left.\begin{aligned} \frac{du}{dt} &= -\frac{1}{\varrho}\frac{\partial p}{\partial x} + X + \nu\left[\frac{\partial^2 u}{\partial x^2} + \frac{\partial^2 u}{\partial y^2} + \frac{\partial^2 u}{\partial z^2}\right]; \\ \frac{dv}{dt} &= -\frac{1}{\varrho}\frac{\partial p}{\partial y} + Y + \nu\left[\frac{\partial^2 v}{\partial x^2} + \frac{\partial^2 v}{\partial y^2} + \frac{\partial^2 v}{\partial z^2}\right]; \\ \frac{dw}{dt} &= -\frac{1}{\varrho}\frac{\partial p}{\partial z} + Z + \nu\left[\frac{\partial^2 w}{\partial x^2} + \frac{\partial^2 w}{\partial y^2} + \frac{\partial^2 w}{\partial z^2}\right]. \end{aligned}\right\} \quad (30.3)$$

In diesem Zusammenhang sei erwähnt, daß die Dichte der einzelnen Teilchen konstant sein kann, ohne daß die Strömung überall die gleiche Dichte aufweist. Der reine Wirbel, der in Ziff. 24 behandelte starre Wirbel oder der Potentialwirbel kompressibler Medien liefern Beispiele. Ferner können Medien praktisch inkompressibel sein, ohne daß der Reibungskoeffizient als konstant angesehen werden darf. Strömungen von Ölen mit durch Wärmeübergang bedingten starken Temperaturunterschieden (Ölkühler) sind für letzteres wichtige Beispiele.

31. Reibung und Rotation[1]. Die Überlegungen dieses Abschnittes beschränken sich auf dichtebeständige Strömungen, da das Wesentliche dabei besser zur Geltung kommt als bei kompressiblen Medien. Bei letzteren sind die Möglichkeiten und damit die Fallunterscheidungen groß, was die Übersichtlichkeit stört.

Bei wirbelfreien, dichtebeständigen Strömungen gilt mit Gl. (27.1) und der Kontinuitätsbedingung $\operatorname{div} \mathfrak{w} = 0$:

$$\Delta u = 0; \quad \Delta v = 0; \quad \Delta w = 0. \quad (31.1)$$

Das heißt aber, daß die Wirkung der Reibungskräfte in den Navier-Stokesschen Gleichungen (30.3) verschwindet. Daraus darf allerdings keineswegs geschlossen werden, daß es keine Reibung gibt, denn dann müßte ja die Dissipation Φ verschwinden. Diese läßt sich für dichtebeständige Medien wie folgt schreiben:

$$\Phi/\mu = \operatorname{rot}^2 \mathfrak{w} - 2 \operatorname{div}(\mathfrak{w} \times \operatorname{rot} \mathfrak{w}) + \Delta \mathfrak{w}^2. \quad (31.2)$$

Auch bei verschwindender Rotation ergibt sich also mit dem letzten Glied von (31.2) Dissipation.

Diese Dissipation von Energie muß durch Arbeitsleistung oder bei instationärer Strömung auch durch Verlust an kinetischer Energie gedeckt werden, was durch Aufstellung eines zum allgemeinen Satz (5.8) analogen Satzes gezeigt werden kann. Zum selben Ziel kommt man, indem man die Bewegungsgleichungen (10.4) der Reihe nach mit u, v, w multipliziert und addiert. Unter Verwendung der Kontinuitätsbedingung erhält man bei Vernachlässigung aller äußeren Kräfte:

$$\varrho \frac{\partial}{\partial t} \frac{\mathfrak{w}^2}{2} + \varrho \operatorname{div}\left(\mathfrak{w} \frac{\mathfrak{w}^2}{2}\right) + \Phi = \operatorname{div}(\mathfrak{w} \cdot \mathfrak{S}). \quad (31.3)$$

Bei Integration über den Raum gelangt man unter Verwendung des Gaußschen Satzes zu:

$$\left.\begin{aligned} \iiint_B \left[\frac{\partial}{\partial t}\left(\varrho \frac{\mathfrak{w}^2}{2}\right) + \Phi\right] dx\, dy\, dz + \iint_F \left(\frac{1}{2}\mathfrak{w}^2 + \frac{p}{\varrho}\right) \varrho\, \mathfrak{w} \cdot \mathfrak{n}\, df \\ = \iint_F (\mathfrak{w} \cdot \mathfrak{S} + p\, \mathfrak{w}) \cdot \mathfrak{n}\, df. \end{aligned}\right\} \quad (31.4)$$

---

[1] Siehe auch H. Poincaré: Théorie des Tourbillons. Georges Carré, Editeur. Paris 1893.

Auf der linken Seite erkennt man der Reihe nach die Änderung der im Raum enthaltenen kinetischen Energie, die Dissipation Φ, den Fluß an kinetischer Energie durch die den Raum B umschließende Fläche F und die Arbeit der Druckkräfte an dieser Fläche in der Zeiteinheit. Rechts steht die Arbeit der Reibungskräfte an der Oberfläche. Der Ausdruck ist bereits in Gl. (5.9) durch die Komponenten dargestellt worden.

Bei stationärer Strömung wird die Arbeit der Druckkräfte und Schubspannungen kompensiert durch den Fluß an kinetischer Energie und durch die Dissipation. Letztere kann mit Hilfe von Gl. (31.2) und dem Gaußschen Integralsatz auf ein Raumintegral über den Betrag des Wirbelvektors und auf Oberflächenintegrale zurückgeführt werden:

$$\iiint\limits_B \Phi\, dx\, dy\, dz = \mu \left\{ \iiint\limits_B \operatorname{rot}^2 \mathfrak{w}\, dx\, dy\, dz - \iint\limits_F \left[2\,(\mathfrak{w} \times \operatorname{rot} \mathfrak{w})_n - \frac{\partial \mathfrak{w}^2}{\partial n} \right] df \right\}, \quad (31.5)$$

dabei bedeutet der Index n die Komponente in Richtung der Flächennormale und $\partial/\partial n$ die Ableitung in dieser Richtung.

Man erkennt also, daß die Dissipation auf den Wirbelvektor allein zurückgeführt werden kann, wenn die Geschwindigkeit auf der Oberfläche F verschwindet. Dies ist der Fall, wenn die Strömung in einem geschlossenen Kessel mit der Zeit zur Ruhe kommt. Bei einer Umströmung eines ruhenden Körpers mit in großem Körperabstand drehungsfreier Parallelströmung beschränkt sich das Oberflächenintegral von (31.5) auf den Nachlauf des Körpers.

Bei drehungsfreier Strömung hingegen läßt sich die Dissipation auf ein Oberflächenintegral, nämlich den letzten Ausdruck in (31.5) reduzieren. Dieses Oberflächenintegral ist eben gerade die Arbeit der Schubspannungskräfte an der Oberfläche, also der Ausdruck auf der linken Gleichungsseite von Gl. (31.4). In Ziff. 47 wird sich zeigen, daß ein Körper in einer stationären, inkompressiblen, drehungsfreien Strömung keinen Widerstand aufweist (d'Alembertsches Paradoxon). Dennoch bedingt eine solche Strömung Dissipationsverluste, welche durch die Arbeit der Reibungskräfte an den Oberflächen gedeckt werden. Dabei hat man sich vorzustellen, daß jedes Oberflächenelement gerade mit jener Geschwindigkeit mitwandert, welche durch die Lösung der Aufgabe unter der Annahme von Wirbelfreiheit gegeben ist. Die besprochenen Effekte sind allerdings sehr klein und eher von theoretischer als von praktischer Bedeutung.

Für Wirbel in einer Strömung wurde in den Ziff. 21 bis 28 eine Reihe von Erhaltungssätzen abgeleitet, wobei stets reibungsfreie Strömung vorausgesetzt wurde. Für die Änderung der Wirbelstärke ist danach die Reibung von wesentlichem Einfluß. Wendet man auf die Navier-Stokesschen Gleichungen (30.3) der dichtebeständigen Strömung wie bei der Ableitung des Ertelschen Satzes in Ziff. 26 die Vektoroperation rot an, so erhält man nach bekannten vektoranalytischen Umformungen:

$$\frac{d}{dt}(\operatorname{rot} \mathfrak{w}) - \operatorname{rot} \mathfrak{w} \cdot \operatorname{grad} \mathfrak{w} = \nu\, \Delta\, (\operatorname{rot} \mathfrak{w})\,. \quad (31.6)$$

Bei ebener Strömung ist das innere Produkt $\operatorname{rot} \mathfrak{w} \cdot \operatorname{grad} \mathfrak{w}$ stets Null und man erhält eine reine Wirbelgleichung, bei welcher die Änderung des Wirbelvektors eines Teilchens mit der Zeit durch die wirbelbedingte Reibung dargestellt ist.

Von Gl. (31.6) läßt sich eine Brücke zum allgemeinen Satz (26.8) schlagen. Verfährt man ebenso wie dort, so erhält man für eine beliebige Lagrange-Koordinate bei dichtebeständiger, aber reibungsbehafteter Strömung eine neue

Beziehung[1]:

$$\frac{d}{dt}(\text{rot}\,\mathfrak{w}\cdot\text{grad}\,a) = \nu\,\text{grad}\,a\cdot\Delta\,(\text{rot}\,\mathfrak{w}), \tag{31.7}$$

in der nicht mehr die Erhaltung einer Wirbelgröße (rot $\mathfrak{w}$ · grad a) eines Teilchens, sondern ihre Änderung mit der Zeit durch Reibung ausgedrückt wird.

32. Beispiele. Bei wirbelfreier und reibungsfreier Strömung erwies sich der Potentialwirbel als eine einfache Lösung. Da nun alle wirbelfreien inkompressiblen Strömungen auch Lösungen der Navier-Stokesschen Gleichungen bei konstantem Reibungskoeffizienten μ sind, ist auch der Potentialwirbel eine Lösung von (30.3). Der Potentialwirbel sei nun durch zwei konzentrische Wände begrenzt. Um die Bewegung des Potentialwirbels aufrecht zu erhalten, muß ihm durch Rotation der inneren Wand Energie zugeführt werden. Diese Energie wird zum Teil im Wirbel verbraucht und zum Teil als Arbeit an die äußere Wand abgegeben. Der Unterschied zwischen beiden Arbeitsleistungen ist gleich der Dissipation im Wirbel, denn durch die Wände fließt weder Energie noch wird dort gegen den statischen Druck Arbeit geleistet. Die Arbeitsleistung an einer Wand ist durch die rechte Seite von (31.4) gegeben. Ist Γ die konstante Zirkulation des Wirbels, so errechnet sich die Leistung der Schubspannung auf einem Kreisring vom Radius r und von der Höhe der Einheit zu:

$$4\pi\mu\left(\frac{\Gamma}{2\pi r}\right)^2. \tag{32.1}$$

Zu demselben Wert gelangt man auch über das Dissipationsintegral von Gl. (31.5). Würde diese, wenn auch sehr geringe Arbeit, nicht geleistet werden, so müßte die Dissipation auch in wirbelfreier Strömung die kinetische Energie aufzehren. Ein anschauliches Beispiel wird auch hier wieder von einem Wirbel geliefert (HAMEL[2]).

Gl. (31.6) auf eine ebene, aber instationäre reine Wirbelströmung angewendet, führt nach Transformation des Laplace-Operators Δ auf Polarkoordinaten zu:

$$\frac{\partial}{\partial t}(\text{rot}\,\mathfrak{w}) = \nu\left[\frac{\partial^2}{\partial r^2}(\text{rot}\,\mathfrak{w}) + \frac{1}{r}\frac{\partial}{\partial r}(\text{rot}\,\mathfrak{w})\right]. \tag{32.2}$$

Die konvektiven Glieder der linken Seite fallen weg. Die Verwandtschaft mit dem achsensymmetrischen Wärmeleitungsproblem ist offenbar. Mit A als beliebiger Konstanten gewinnt man die Lösung:

$$\text{rot}\,\mathfrak{w} = \frac{A}{t}\exp\left(-\frac{r^2}{4\nu t}\right). \tag{32.3}$$

Da bei einer solchen rotationssymmetrischen Strömung zwischen dem Wirbelvektor und der Geschwindigkeit folgender Zusammenhang besteht:

$$\text{rot}\,\mathfrak{w} = \frac{1}{r}\frac{d}{dr}\left(r\sqrt{u^2+v^2}\right), \tag{32.4}$$

kommt man nach Integration von (32.3) zur Geschwindigkeitsverteilung:

$$\sqrt{u^2+v^2} = \frac{\Gamma_0}{2\pi r}\left[1-\exp\left(-\frac{r^2}{4\nu t}\right)\right]. \tag{32.5}$$

Γ_0 ist dabei die Zirkulation zur Zeit $t=0$ oder auch für sehr große Werte von r.

[1] C. TRUESDELL: Z. angew. Math. Phys. **2**, 111 (1951).

[2] G. HAMEL: Jber. dtsch. Math.-Ver. 34 (1916) (NACA TM 1342).

Das Ergebnis ist sehr anschaulich (vgl. Fig. 24). Zur Zeit $t=0$ herrscht überall die Verteilung des Potentialwirbels. Die Strömung ist wirbelfrei, wie aus Gl. (32.3) folgt. Dann breitet sich von innen ein nahezu starrer Wirbel aus. Die Reibung baut die Geschwindigkeit im Potentialwirbel und die Relativgeschwindigkeit der Teilchen zueinander ab, so daß ein immer größerer Teil der Masse wie ein starrer Körper rotiert. Der Wirbelkern wird dabei mit der Zeit langsamer, weil die äußeren Teile des Wirbels bremsend wirken. Unter der Wirkung der Reibung nimmt also die Zirkulation der Teilchen ab. Dies gilt allerdings nur für das vorliegende Beispiel. Im allgemeinen kann es durchaus vorkommen, daß die Zirkulation einzelner Teilchen unter der Einwirkung der Reibungskräfte der Umgebung in begrenzten Zeiträumen zunimmt.

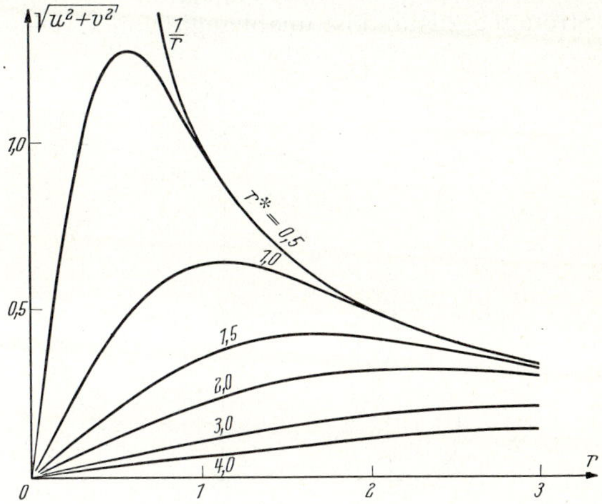

Fig. 24. Geschwindigkeitsverteilung des instationären Reibungswirbels.

Der Potentialwirbel enthält eine grundsätzliche Schwierigkeit, indem seine kinetische Energie unendlich groß ist. Das Integral über $\mathfrak{w}^2$ wächst sowohl in Wirbelzentren als auch für große Radien logarithmisch über alle Grenzen. Dieses Resultat für große Radien ist allerdings nicht bedenklich, weil sich die unendliche Energie dort auf eine unendliche Masse bezieht, ganz abgesehen davon, daß die Lösung des Potentialwirbels dort im allgemeinen gar nicht mehr gilt, da sich in großer Entfernung entgegengesetzt drehende Wirbel geltend machen können, die Bewegung vielleicht in Parallelströmung übergeht usw. Für das Wirbelzentrum gibt aber der Reibungswirbel (32.5) die Lösung des Problems. Ein reiner Potentialwirbel kann dort praktisch nie existieren. Der Reibungswirbel weist jedoch, wie man sich leicht überzeugen kann, eine kinetische Energie auf, welche nur mit dem Radius seiner äußeren Begrenzung über alle Grenzen wächst, für eine endliche Masse aber für alle Zeiten $t \neq 0$ beschränkt bleibt.

Eine interessante exakte Lösung der Navier-Stokesschen Gleichungen liefert die stationäre Strömung zwischen zwei konzentrischen, mit unterschiedlicher Winkelgeschwindigkeit bewegten Zylindern, die sog. *Couette-Strömung*[1]. Die routinemäßige Ableitung der exakten Lösung würde sich durch Transformation der Gln. (30.3) auf Zylinderkoordinaten ergeben. Ohne sich damit aufzuhalten, kann man aber erkennen, daß eine Linearkombination von starrem Wirbel und Potentialwirbel eine Lösung der Gleichung ist. In Gl. (32.2) fällt nämlich links das instationäre Glied weg, die beiden stationären Lösungen können ohne Schwierigkeit superponiert werden. Indem mit (32.4) auf die Geschwindigkeitsverteilung übergegangen wird, erhält man:

$$\sqrt{u^2+v^2} = c_1 r + c_2 \frac{1}{r}. \tag{32.6}$$

Die Konstanten c_1 und c_2 können nun leicht durch die Winkelgeschwindigkeit ω_2 des äußeren Zylinders vom Radius r_2 und ω_1 des inneren Zylinders vom Radius r_1

[1] M. Couette: Ann. Chim. Phys. **21**, 433 (1890).

ausgedrückt werden. Damit erhält man:

$$\sqrt{u^2+v^2} = \frac{1}{r_2^2-r_1^2}\left[(\omega_2 r_2^2 - \omega_1 r_1^2)\, r - (\omega_2-\omega_1)\frac{r_1^2 r_2^2}{r}\right]. \tag{32.7}$$

Die Lösung kommt später nochmals zur Sprache (Ziff. 61).

Einen besonders einfachen Spezialfall gibt der Grenzfall, daß der Zylinderabstand klein gegen den Zylinderradius ist. Man gelangt dann zur *ebenen Couette-Strömung* mit der einfachen Lösung:

$$u = u_1\, y/d; \qquad v = 0; \qquad p = \text{const}. \tag{32.8}$$

Dabei ist u_1 die Geschwindigkeit der bewegten Wand im Abstand $y = d$. Der Strömungszustand ist unabhängig von x. Diese Strömung ist dadurch von beson-

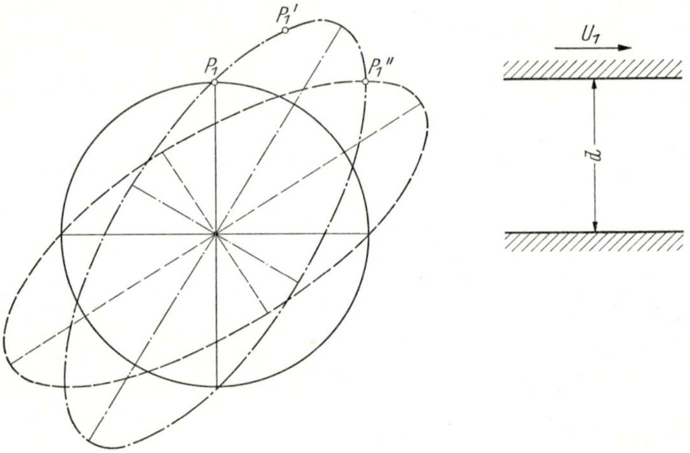

Fig. 25. Dehnung und Drehung eines Flüssigkeitselementes in der ebenen Couette-Strömung.

derem Interesse, daß sich die Linearansätze (12.6) für die Untersuchung der Deformationen eines Teilchens in diesem Fall nicht auf eine begrenzte Umgebung beschränken. Sie gelten wegen der Linearität der Geschwindigkeitsverteilung für endliche Flüssigkeitselemente beliebiger Größe. Diese Strömung kann exakt zusammengesetzt werden aus einer Translation, einer Dehnung in zwei Hauptachsenrichtungen, die nun nicht mehr Momentanachsen sind, und einer Drehung (Fig. 25). Für ein Teilchen des Zentrums fällt die Translation weg. Durch die Scherbewegung ist der Punkt P_1 nach einer bestimmten Zeit in die Lage P_1'' gelangt. Diese Bewegung kann exakt aufgelöst werden in eine ellipsenförmige Deformation des ursprünglich kreisförmigen Teilchens nach den beiden strichpunktierten Hauptachsen (Lage P_1') mit einer nachfolgenden Drehung im Uhrzeigersinn.

VIII. Strömungstypen.

33. Modellgesetze. Das System der Strömungs-Differentialgleichungen bietet für eine allgemeine Behandlung sehr große Schwierigkeiten. Für die Berechnung von Beispielen sind daher starke Vereinfachungen erforderlich. Jedoch geben die allgemeinen Gleichungen die Möglichkeit, jene Gesetze zu bestimmen, unter welchen eine Übertragung von Modellversuchen auf andere oder auf Großausführungen möglich ist. Für eine Ableitung dieser Modellgesetze erweist sich die formale Darstellung der Gleichungssysteme durch Vektoren und Tensoren als äußerst praktisch. Dabei soll so vorgegangen werden, daß die Gleichungen zuerst in dimensionslose Größen umgeschrieben werden, indem die Koordinaten durch eine bestimmte Länge L (etwa die Länge des Modells oder den Durchmesser eines Kanals), die Zeit durch eine bestimmte Zeit τ (etwa die Schwingungszeit eines periodischen Vorganges oder die Halbwertszeit eines Anlauf- oder Dämpfungsvorganges) reduziert wird. Dasselbe gilt für alle Zustandsgrößen, wie die Geschwindigkeitskomponenten und die thermischen Größen und schließlich auch für die Stoßwerte. Im allgemeinen ist es am zweckmäßigsten, alle Zustandsgrößen und Stoßwerte durch die Werte in einem einzigen Punkt P_1 mit der Geschwindigkeit vom Betrage U_1, etwa dem unendlich fernen Punkt einer Parallelströmung oder dem Punkt der maximalen Geschwindigkeit, dimensionslos zu machen. Alle diese *dimensionslosen* oder *reduzierten* Größen seien durch einen Apostroph gekennzeichnet:

$$\left.\begin{aligned} &\frac{x}{L}=x'; \quad \frac{y}{L}=y'; \quad \frac{z}{L}=z'; \quad \frac{t}{\tau}=t'; \quad \frac{\mathfrak{w}}{U_1}=\mathfrak{w}'; \\ \frac{\varrho}{\varrho_1}=\varrho'; \quad \frac{p}{p_1}=p'; \quad \frac{T}{T_1}=T'; \quad &\frac{c_p}{c_{p_1}}=c_p'; \quad \frac{\mu}{\mu_1}=\mu'; \quad \frac{\bar{\mu}}{\mu_1}=\bar{\mu}'; \quad \frac{\lambda}{\lambda_1}=\lambda'. \end{aligned}\right\} \tag{33.1}$$

Es ist zu beachten, daß die beiden dimensionsgleichen Reibungskoeffizienten μ und $\bar{\mu}$ durch denselben Wert μ_1 des ersten Koeffizienten im Punkte P_1 reduziert wurden. In diesem Punkte ist also $\mu'=1$, jedoch $\bar{\mu}'\neq 1$.

Wenn sich die Differentialoperatoren der Vektorsymbolik auf die dimensionslosen Größen beziehen, sollen sie ebenfalls durch einen angefügten Apostroph gekennzeichnet werden. Somit gilt:

$$\operatorname{grad}=\frac{1}{L}\operatorname{grad}'; \qquad \operatorname{div}=\frac{1}{L}\operatorname{div}'; \qquad \operatorname{rot}=\frac{1}{L}\operatorname{rot}'. \tag{33.2}$$

Die Kontinuitätsbedingung:

$$\frac{\partial\varrho}{\partial t}+\mathfrak{w}\cdot\operatorname{grad}\varrho+\varrho\operatorname{div}\mathfrak{w}=0 \tag{33.3}$$

läßt sich dann in der folgenden reduzierten, durch Apostrophe gekennzeichneten Form darstellen:

$$\underline{\frac{L}{U_1\tau}}\cdot\frac{\partial\varrho'}{\partial t'}+\mathfrak{w}'\operatorname{grad}'\varrho'+\varrho'\operatorname{div}'\mathfrak{w}'=0. \tag{33.4}$$

Das Ergebnis eines Modellversuches ist nur dann auf eine Großausführung übertragbar, wenn es vom selben Gleichungssystem dargestellt wird. Die Differentialgleichungen und die Randbedingungen müssen sich also in dieselbe Form bringen lassen.

Bei der Kontinuitätsbedingung ist das offenbar nur dann der Fall, wenn die unterstrichene Größe:

$$L/U_1\tau \tag{33.5}$$

in den Vergleichsfällen übereinstimmt oder wenn die zeitliche Dichteänderung vernachlässigt werden kann. Damit ist die erste Modell-Kennzahl gewonnen. Sie bezieht sich offenbar nur auf instationäre Vorgänge. Bei periodischen Vorgängen, etwa beim Flügelflattern oder bei den Strömungen in Kolbenmotoren, kann anstatt der reziproken Zeit $1/\tau$ eine Frequenz eingeführt werden. Die Kennzahl (33.5) wird dann als *reduzierte Frequenz* bezeichnet.

Die Navier-Stokessche Bewegungsgleichung (30.1) läßt sich in Vektorsymbolik wie folgt schreiben:

$$\varrho\frac{\partial\mathfrak{w}}{\partial t}+\varrho\,\mathfrak{w}\cdot\operatorname{grad}\mathfrak{w}=-\operatorname{grad}p+\varrho\,\mathfrak{k}+2(\mu\mathfrak{D})\cdot\operatorname{grad}+\operatorname{grad}(\bar{\mu}\operatorname{div}\mathfrak{w}). \tag{33.6}$$

Das Produkt $(\mu\mathfrak{D})\cdot\mathrm{grad}$ ist mit dem Deformationstensor $(\mu\mathfrak{D})$ (16.5) und mit dem Operator grad wie eine Tensormultiplikation auszuführen. Für das Folgende interessiert in erster Linie der Zusammenhang mit dem reduzierten Deformationstensor. Gemäß Gl. (16.5) gilt:

$$\mathfrak{D}=\frac{U_1}{L}\mathfrak{D}'. \tag{33.7}$$

Damit gelangt man zu den reduzierten Navier-Stokesschen Gleichungen:

$$\left.\begin{aligned}\underline{\frac{L}{U_1\tau}}\,\varrho'\frac{\partial\mathfrak{w}'}{\partial t'}+\varrho'\mathfrak{w}'\cdot\mathrm{grad}'\,\mathfrak{w}'&=-\underline{\frac{p_1}{\varrho_1U_1^2}}\,\mathrm{grad}'p'+\varrho'\underline{\frac{\mathfrak{k}L}{U_1^2}}+\\&+\underline{\frac{\mu_1}{\varrho_1U_1L}}\,2(\mu'\mathfrak{D}')\cdot\mathrm{grad}'+\underline{\frac{\mu_1}{\varrho_1U_1L}}\,\mathrm{grad}'(\bar{\mu}'\,\mathrm{div}'\,\mathfrak{w}').\end{aligned}\right\} \tag{33.8}$$

Wir richten unser Augenmerk zunächst auf die fünf unterstrichenen Faktoren, deren Übereinstimmung in Vergleichsfällen Voraussetzung für Modellähnlichkeit ist. Der erste Faktor wurde bereits diskutiert. Die letzten beiden Faktoren sind einander gleich. Man bezeichnet ihren Kehrwert als *Reynolds-Zahl*:

$$R_e=\frac{U_1L\varrho_1}{\mu_1}=\frac{U_1L}{\nu_1} \tag{33.9}$$

nach O. Reynolds[1], der als erster die Modell-Gesetze für Strömungen mit Reibung aufstellte. Danach können zwei Strömungen mit Reibung nur dann verglichen werden, wenn sie dieselbe Reynolds-Zahl R_e aufweisen. Soll ein für den Flug in der Atmosphäre vorgesehener Körper im Windkanal untersucht werden, so ist mit der Temperatur auch die Zähigkeit μ im wesentlichen festgelegt. Die Geschwindigkeit im Windkanal ist im allgemeinen kleiner oder nur wenig größer als im freien Flug. So hat man also in einer Erhöhung der Dichte praktisch die einzige Möglichkeit, die verringerte Modell-Länge L gegenüber jener der Großausführung zu kompensieren. Für Versuche, welche die Reibung genau berücksichtigen, sind also Windkanäle von nicht zu kleinem Ausmaß erforderlich, die möglichst noch mit Überdichten betrieben werden. Für die inkompressiblen Medien konstanter Viskosität sind damit die Forderungen für die Modell-Ähnlichkeit, welche sich aus der Reibung ergeben, aufgestellt.

Bei veränderlicher Zähigkeit, vor allem infolge der Temperaturabhängigkeit der Viskosität, ist zu beachten, daß μ' eine Funktion des Ortes ist, die in Vergleichsfällen übereinstimmen muß. Dasselbe gilt von der Funktion $\bar{\mu}'$, die in Vergleichsfällen nicht nur im Punkte P_1, sondern im ganzen Strömungsraum dieselben Werte anzunehmen hat. Bei höheren Ansprüchen ist es also nicht möglich, Versuche mit temperaturabhängigen Werten von μ (heißes Öl) mit Versuchen bei konstanten μ (Wasser) zu vergleichen.

Bei Versuchen in Kraftfeldern ($\mathfrak{k}\neq 0$) ist es ebenfalls erforderlich, daß sich diese bis auf einen konstanten Faktor in Vergleichsfällen aufeinander abbilden lassen. Dieser Faktor sei etwa durch den Betrag der Kraft im Punkte P_1, also durch $|\mathfrak{k}_1|$ gegeben. Aus Gl. (33.8) entspringt dann die Forderung einer Übereinstimmung in der Kennzahl:

$$\frac{|\mathfrak{k}_1|L}{U_1^2}. \tag{33.10}$$

Meist handelt es sich um Versuche in einem konstanten Schwerefeld. Dann ist $|\mathfrak{k}_1|=g$, die Schwerebeschleunigung, und die Kennzahl (33.10) wird als *Froude-Zahl*[2] bezeichnet. Sie spielt in der Schiffstheorie eine besondere Rolle, da die

[1] O. Reynolds: Phil. Trans. Roy. Soc. Lond. **174**, 935 (1883) (Sci. Pap. II, S. 51).
[2] W. Froude und R.E. Froude: Trans. Inst. Nav. Arch. **22** (1881).

Wasserwellen Schwerewellen sind. Auch beim Flug im Schwerefeld der Erde ist diese Zahl von Bedeutung. Ist L etwa die Steighöhe eines Flugkörpers, so kann die Froude-Zahl als das Verhältnis seiner potentiellen Energie zu seiner doppelten kinetischen Energie gedeutet werden.

Eine Reduktion der Kennzahl:

$$p_1/\varrho_1 U_1^2 \tag{33.11}$$

sei auf die Behandlung des Energiesatzes (33.16) verschoben.

Da die Einbeziehung des Energiesatzes nur bei kompressiblen Medien wesentlich ist, kommt man damit zu einer Gruppe von Strömungen, bei welcher auch eine Annahme über die Art des Gases erforderlich ist. Eine genaue Untersuchung zeigt sehr schnell, daß im allgemeinen nur bei idealen Gasen Ähnlichkeitsaussagen möglich sind, wenn man sich nicht auf ganz spezielle Temperaturbereiche ausgesuchter Medien beschränken soll. Daher sei das Gebiet der Modelltheorie kompressibler Medien auf ideale Gase beschränkt. Dann gilt mit m als konstant angenommenem Molgewicht und R als absoluter Gaskonstante die bekannte Zustandsgleichung:

$$p = \frac{R}{m} T \varrho = (c_p - c_v) T \varrho. \tag{33.12}$$

Da diese auch im Punkte P_1 erfüllt sein muß, gelangt man durch eine Division leicht zur *reduzierten Zustandsgleichung*:

$$p' = T' \varrho'. \tag{33.13}$$

Sie enthält keine Kennzahl und damit keine zusätzliche Forderung für die Modelltheorie.

Im Energiesatz (11.5) kann die Enthalpie i leicht durch die spezifische Wärme bei konstantem Druck c_p und die absolute Temperatur ersetzt werden. Der Satz gewinnt dann folgende Gestalt:

$$\varrho c_p \left[\frac{\partial T}{\partial t} + \mathfrak{w} \cdot \operatorname{grad} T\right] - \left[\frac{\partial p}{\partial t} + \mathfrak{w} \cdot \operatorname{grad} p\right] = \operatorname{div}(\lambda \operatorname{grad} T) + \Phi. \tag{33.14}$$

Bezeichnet man mit Φ' die reduzierte Dissipationsfunktion in derselben Form wie (30.2), nur daß alle Symbole mit einem Apostroph versehen sind, so besteht folgende Beziehung zu der nicht reduzierten Dissipationsfunktion:

$$\Phi = \mu_1 \frac{U_1^2}{L^2} \Phi'. \tag{33.15}$$

Damit läßt sich auch Gl. (33.14) in folgende reduzierte Form bringen:

$$\left.\begin{aligned} &\varrho' c_p' \left[\underline{\frac{L}{U_1 \tau}} \frac{\partial T'}{\partial t'} + \mathfrak{w}' \cdot \operatorname{grad}' T'\right] - \underline{\frac{\varkappa - 1}{\varkappa}} \left[\underline{\frac{L}{U_1 \tau}} \frac{\partial p'}{\partial t'} + \mathfrak{w}' \cdot \operatorname{grad}' p'\right] \\ &\quad = \underline{\frac{\lambda_1}{U_1 L \varrho_1 c_{p1}}} \operatorname{div}' (\lambda' \operatorname{grad}' T') + \underline{\frac{\mu_1}{L U_1 \varrho_1}} \cdot \underline{\frac{U_1^2 \varrho_1}{p_1}} \cdot \underline{\frac{\varkappa - 1}{\varkappa}} \Phi'. \end{aligned}\right\} \tag{33.16}$$

Man erkennt neue Kennzahlen, von denen die letzte sich allerdings auf die Reynolds-Zahl, die Kennzahl (33.11) und das Verhältnis der spezifischen Wärme:

$$\varkappa = c_p/c_v \tag{33.17}$$

zurückführen läßt. Diese ist also auch eine Kenngröße für Gasströmungen. Im allgemeinen ist es daher nicht möglich, Strömungen von Luft ($\varkappa = 1{,}40$) und von Wasserdampf ($\varkappa = 1{,}33$) exakt zu vergleichen. Hingegen ist eine Übereinstimmung im Molgewicht m keineswegs erforderlich.

Falls die spezifische Wärme c_p und damit $\varkappa$ nicht konstant sind, was bei höheren Temperaturen durchaus der Fall sein kann, müssen $\varkappa$ und c_p' in den Vergleichsfällen dieselben Funktionen von T' sein. Diese Forderung ist im übrigen in der Regel gut erfüllt und von nicht so großem Einfluß wie die Temperaturabhängigkeit von μ und λ.

Anstatt jene Kennzahlen zu verwenden, die sich als Koeffizienten der reduzierten Gleichungen ergeben, können ebensogut Kombinationen solcher Kennzahlen verwendet werden. Wenn also die Größen (33.11) und (33.17) Kennzahlen sind, so ist mit der Schallgeschwindigkeitsformel (7.7) die Größe:

$$\sqrt{U_1^2\,\varrho_1/\varkappa\,p_1} = U_1/c_1 = M_1 \tag{33.18}$$

eine Kennzahl. Es ist das Verhältnis von Strömungsgeschwindigkeit zu Schallgeschwindigkeit, die sog. *Mach-Zahl* im Punkte P_1. Sie ist nach E. Mach[1] genannt (vgl. Ziff. 7) und stellt die wichtigste Kenngröße und eine wichtige Zustandsgröße in der Theorie kompressibler Strömungen dar, wie sich immer wieder herausstellen wird.

An Stelle der mit λ gebildeten Kenngröße kann aus dieser Zahl und der Reynolds-Zahl (33.9) auch die Kennzahl:

$$\mu_1\,c_{p\,1}/\lambda_1 = Pr \tag{33.19}$$

gebildet werden. Es ist die sog. *Prandtl-Zahl*[2]. Sie kann als das Verhältnis von kinematischer Zähigkeit (29.5) und Temperaturleitfähigkeit:

$$\lambda/c_p\,\varrho \tag{33.20}$$

gedeutet werden. Diese Kennzahl wurde bereits von Nusselt[3] hergeleitet und findet sich der Sache nach schon bei Maxwell[4].

Die kinetische Gastheorie zeigt, daß die Prandtl-Zahl idealer Gase nur vom Verhältnis der spezifischen Wärmen (33.17) abhängt. Die Forderung nach der Gleichheit der Kennzahlen (33.17) und (33.19) fällt also in diesem Falle zusammen. Bei idealen Gasen liegt der Wert der Prandtl-Zahl ziemlich nahe an Eins (für Luft $Pr = 0{,}74$). Bei reibenden Strömungen dichtebeständiger Flüssigkeiten mit Wärmeübergang (Ölkühler) fällt die Forderung (33.17) weg, während die Kennzahl (33.19) ihre Bedeutung beibehält. Umgekehrt wird bei reibungsloser Strömung von Gasen die Prandtl-Zahl unwichtig, während die Bedeutung von $\varkappa$ erhalten bleibt.

Für die Übertragbarkeit von Modellversuchen haben sich also sechs wichtige Kennzahlen ergeben, nämlich (33.5) für instationäre Strömung, (33.9), (33.10), (33.17) bis (33.19). Aus diesen können neue Kennzahlen gebildet werden, die aber keine neuen Forderungen mehr liefern. Gebräuchlich ist beispielsweise die Pécletsche Kennzahl: Das Produkt von Reynolds-Zahl und Prandtl-Zahl. Damit sind nur die wichtigsten Kennzahlen aufgestellt. Bei Problemen mit Diffusion, z.B. Diffusion von Wasserdampf in Luft, tritt die *Diffusionskonstante* auf. Sie hat dieselbe Dimension wie die kinematische Zähigkeit oder die Temperaturleitfähigkeit (33.20). Daraus leitet sich eine neue Kennzahl her, die ähnlich wie die Reynolds-Zahl oder die Pécletsche Zahl gebildet wird, nur daß die Diffusionskonstante an Stelle der kinematischen Zähigkeit oder der Temperaturleitfähigkeit zu setzen ist.

[1] E. Mach u. P. Salcher: Sitzgsber. Akad. Wiss. Wien (IIa) **95**, 764—780 (1887). — E. Mach u. L. Mach: Sitzgsber. Akad. Wiss. Wien (IIa) **98**, 1310—1326 (1889). — L. Mach: Sitzgsber. Akad. Wiss. Wien (IIa) **105**, 605—613 (1896).

[2] L. Prandtl: Phys. Z. **11**, 1072—1078 (1910).

[3] W. Nusselt: Mitt. Forsch.-Arch. Ing.-Wes. Nr. 89, 1—38 (1910).

[4] J.C. Maxwell: Papers II, S. 26—78.

34. Folgerungen für Rand- und Anfangsbedingungen. Für eine Übertragbarkeit von Versuchen ist es erforderlich, daß auch die Randbedingungen und Anfangsbedingungen in reduzierten Größen geschrieben in den Vergleichsfällen dieselbe Gestalt annehmen. Bei der Umströmung eines Körpers machen die Bedingungen im Anströmgebiet im allgemeinen keinerlei Schwierigkeit. Da in der Regel ohnehin mit dem Anströmzustand dimensionslos gemacht wird, sind diese Bedingungen im allgemeinen von selbst erfüllt. Auch die Bedingungen für die Geschwindigkeit an einem ruhenden Körper sind dadurch erfüllt, daß die Vergleichskörper ähnliche Gestalt haben, sei es nun, daß man eine reibungslose Strömung behandelt und angenommen wird, daß der Geschwindigkeitsvektor auf der Flächennormale senkrecht steht, oder sei es, daß die Reibung berücksichtigt wird und man Haften an der Wand, also Verschwinden des Geschwindigkeitsvektors an der Oberfläche fordert.

Eine genauere Beachtung verdienen Randbedingungen für thermische Zustandsgrößen. Es wurde schon darauf hingewiesen, daß Verdichtungsstöße mathematisch die Rolle von Randbedingungen zwischen Bereichen kontinuierlicher Strömungs-Zustandsänderungen spielen. Es zeigt sich aber, daß die Strömungsgleichungen bei gleichen Kennzahlen in Vergleichspunkten dieselbe Mach-Zahl liefern, und daß die thermischen Zustandsgrößen in Vergleichspunkten proportional zum Zustande im Punkte P_1 sind. Daraus folgt weiter, daß die Stoßgleichungen mit Erfüllung der Forderungen der vorigen Ziffer auch bereits erfüllt sind. Dies überrascht nicht sonderlich. Man könnte ja die Ähnlichkeitstheorie auch aus den Integralsätzen von Ziff. 5 ableiten und hätte damit gleichzeitig die Differentialgleichungen und die Stoßgleichungen erfaßt.

Anders ist es mit den Randbedingungen für die thermischen Größen an den Wänden. Beispielsweise sind bei Wärmeübergangsaufgaben an den Strömungsberandungen Vorschriften für die Temperaturverteilung zu machen. Diese Randbedingungen müssen in den Vergleichsfällen in derselben Weise ähnlich sein wie die Temperaturen im Feldinnern. Im Spezialfall des sog. „Thermometerproblems", wo der Wärmeübergang an der Wand verschwindet, d.h. wo der Temperaturgradient an der Wand Null ist, muß in den Vergleichsfällen ebenfalls der Temperaturgradient an der Wand verschwinden. Es lassen sich also nur „Thermometerprobleme" untereinander und Wärmeübergangsprobleme bestimmter Wandtemperaturverteilung untereinander vergleichen.

In bestimmten Fällen sind die Randbedingungen nicht durch eine direkte Vorschrift für bestimmte Variable gegeben, sondern indirekt durch eine Koppelung zwischen verschiedenen Größen. Ein einfaches Beispiel liefert die innere Ballistik mit der Bedingung am Geschoßboden. Diese drückt die Beschleunigung durch den Gasdruck, durch die Bodenfläche und die Projektil-Masse aus. Aus solchen Bedingungen können dann neue Kennzahlen abgeleitet werden. Beim letzten Beispiel zeigt es sich, daß sich Versuche nur bei gleichen Verhältnissen von Geschoßmasse zur Masse der Pulverladung vergleichen lassen[1].

35. Physikalische Charakterisierung der Strömungen. Durch eine geschickte Wahl der Maßstäbe L und τ und des Punktes P_1 kann man häufig erreichen, daß alle reduzierten Größen, die Unabhängigen t', x', y', z' sowie die abhängigen Veränderlichen $\mathfrak{w}'$, ϱ', p' usw. von der Größenordnung der Einheit sind. Ebenso sind dann auch in guter Näherung die verschiedenen Ableitungen von der Größenordnung der Einheit. Unter diesen Voraussetzungen lassen sich die Kennzahlen oder ihre Kombinationen für die Abschätzung der Größenordnung der einzelnen

[1] K. Oswatitsch: Gasdynamik, S. 151. Wien: Springer 1952.

Glieder in den Differentialgleichungen heranziehen. Einige Vorsicht ist allerdings dabei geboten, wie sich noch herausstellen wird. Sicherlich kann dieser Weg aber für eine Charakterisierung der verschiedenen Strömungstypen beschritten werden.

α) Es sei mit der Kennzahl (33.5) begonnen. L/U_1 ist jene Zeit, welche ein Teilchen der Geschwindigkeit U_1 zum Passieren der Strecke L braucht. Ist diese Zeit klein im Verhältnis zur Größenordnung der Zeit τ, in welcher sich die instationären Vorgänge abspielen, so ist die Kennzahl (33.5) klein und die instationären Terme des Gleichungssystems können unter Hinnahme eines begrenzten Fehlers vernachlässigt werden. Man nennt solche Strömung *quasistationär*. Sind alle Randbedingungen und die Anfangsbedingungen unabhängig von der Zeit, dann kann die Strömung meist als stationär angenommen werden und das Wegfallen der instationären Terme versteht sich von selbst.

Allerdings sind auch unter stationären äußeren Bedingungen durchaus instationäre Vorgänge möglich. Die Strömungsform kann instabil sein, es können ungedämpfte Schwingungen auftreten und die Strömung kann schließlich auch turbulent sein (Ziff. 57), d.h. es treten verwickelte Wirbelbewegungen auf, die mit Reibung verbunden sind und von denen nur die Mittelwerte über gewisse Zeitspannen konstant sind.

Wenn also zeitlich unabhängige Strömungsbedingungen noch keine genügenden Voraussetzungen für stationäre Strömungen darstellen, so können umgekehrt Strömungen instationär sein, obwohl die instationären Terme in den Gleichungen fortfallen. Das ist nämlich immer dann der Fall, wenn die Randbedingungen von der Zeit abhängen. Das Schwingen von Flügeln in Parallelströmung mit ausreichend niedriger Frequenz (kleine „reduzierte Frequenz") ist ein Beispiel für eine solche quasistationäre Strömungsform.

Die Einteilung in stationäre, quasistationäre und instationäre Strömungen überlagert sich über alle folgenden Unterscheidungen und soll daher dort nicht nochmals wiederholt werden.

β) Bei ausreichend kleinem Reibungskoeffizient, d.h. bei ausreichend großer Reynolds-Zahl, können die Reibungsterme in den Bewegungsgleichungen mit einer gleich zu behandelnden Einschränkung weggelassen werden. Da die Prandtl-Zahl von Gasen (33.19) nahe an Eins liegt, bedeutet das, daß die rechte Seite des Energiesatzes für Gase im allgemeinen weggelassen werden kann. Für zähe Flüssigkeiten gilt das um so mehr, da bei diesen die Prandtl-Zahl weit größer als Eins ist. Für große Reynolds-Zahlen ergibt sich also eine reibungsfreie und wärmeleitungsfreie Strömung, wobei die Zustandsänderungen der Teilchen gemäß (33.16) isentrop sind. Nur durch Stöße können Entropieänderungen auftreten. Gibt es keine Stöße oder nur schwache Stöße, dann sind die Strömungen nach dem Thomsonschen Satz überall wirbelfrei, wenn sie es im Anströmgebiet sind. Damit ist die große Klasse *wirbelfreier und reibungsfreier Strömungen* abgegrenzt. Das auf solche Weise vereinfachte Gleichungssystem läßt seiner Ordnung entsprechend allerdings nur die Randbedingung zu, daß die Normalkomponente der Geschwindigkeit auf der Oberfläche verschwindet. Die Flüssigkeit gleitet unter diesen Annahmen also an den Berandungen entlang.

γ) Wird bei höheren Reynolds-Zahlen entsprechend den physikalischen Erfahrungen angenommen, daß das Medium an der Wand haftet, so besitzt die Strömung noch in unmittelbarer Nähe der Wand Geschwindigkeiten, wie sie sich aus den Gleichungen ohne Reibung und Wärmeleitung ergeben. In einer dünnen „*Grenzschicht*" oder „*Reibungsschicht*" fällt die Geschwindigkeit dann rapide auf den Wert Null, der durch die Haftbedingung gegeben ist, ab. Die Vorgänge sind bei kompressibler und inkompressibler Strömung nur qualitativ verschieden, so daß man sich die Grundzüge ohne weiteres an letzterer klar machen kann.

Der Vorstellung sei ein dünner flügelförmiger Körper zugrundegelegt, ohne daß die Überlegung etwa auf dünne Körper beschränkt bliebe. Die maßgebenden Gleichungen sind dann durch (30.3) gegeben. Die Strömung sei eben, womit die letzte Navier-Stokessche Gleichung und alle Ableitungen nach z wegfallen. Da die Änderungen in x- und y-Richtung sehr unterschiedlich sind, müssen die x- und y-Koordinate mit verschiedenen Längen dimensionslos gemacht werden, wenn alle auftretenden Größen und Ableitungen die Größenordnung der Einheit annehmen sollen. Beschränkt man weiter die Überlegungen auf stationäre Strömungen ohne äußere Kräfte, so erhält man in den neuen reduzierten Koordinaten:

$$x' = x/L; \qquad y' = y/\delta \tag{35.1}$$

die erste Navier-Stokessche Gleichung:

$$u' \frac{\partial u'}{\partial x'} + v' \frac{L}{\delta} \frac{\partial u'}{\partial y'} = - \frac{p_1}{\varrho_1 U_1^2} \frac{\partial p'}{\partial x'} + \frac{1}{R_e} \frac{L^2}{\delta^2} \left(\frac{\delta^2}{L^2} \frac{\partial^2 u'}{\partial x'^2} + \frac{\partial^2 u'}{\partial y'^2} \right) \tag{35.2}$$

und die Kontinuitätsbedingung für ebene dichtebeständige Strömung:

$$\frac{\partial u'}{\partial x'} + \frac{\partial}{\partial y'} \left(\frac{v' L}{\delta} \right) = 0. \tag{35.3}$$

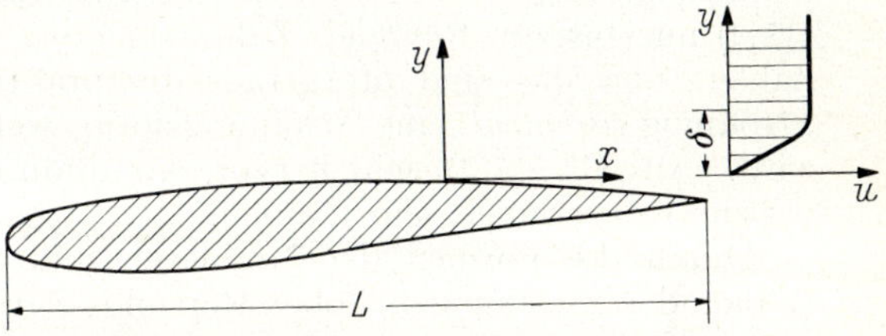

Fig. 26. Reibungsschicht und Geschwindigkeitsprofil.

Durch Einführen einer in ihrer Größe zunächst nicht festgelegten Reibungsschichtdicke δ (in Fig. 26 im Geschwindigkeitsprofil eingezeichnet) sind u', x', y' und die dazugehörigen Ableitungen zunächst auf die Größenordnung der Einheit gebracht. Da die beiden Summanden der Kontinuitätsbedingung (35.3) von gleicher Größenordnung sein müssen und v' sowie u' an der Wand den Wert Null annehmen, ist zu erkennen, daß $v' L/\delta$ die Größenordnung der Einheit besitzt.

Die beiden Terme der linken Seite von (35.2) haben also gleiche Größenordnung. Unter Umgehung des Druckgliedes, welches später in größerem Zusammenhang noch erläutert wird, seien die Reibungsglieder untersucht. Da δ^2/L^2 sehr klein ist, kann offenbar der Beitrag von $\partial^2 u/\partial x^2$, der durch die Normalspannung bedingt ist, gestrichen werden. Voraussetzungsgemäß sind die nun verbleibenden Summanden der Navier-Stokesschen Gleichung von gleicher Größenordnung. (Das Druckglied könnte von kleinerer, aber als einziges Glied sicher nicht von höherer Größenordnung als die übrigen Glieder sein.) Das heißt, der Koeffizient des letzten Klammerausdruckes und um so mehr die Wurzel daraus, ist von der Größenordnung der Einheit:

$$\delta \sqrt{R_e}/L \sim 1. \tag{35.4}$$

Damit ist eine Abschätzung für die Größenordnung der Reibungsschichtdicke δ gewonnen und gleichzeitig die bekannte, auf L. PRANDTL[1] zurückgehende Reibungsschicht- oder Grenzschichtgleichung aufgestellt. Da normal zur Körperoberfläche in der dünnen Reibungsschicht weder Reibungskräfte noch Trägheitskräfte wirksam werden können, wird die Gleichung noch ergänzt durch die Bedingung, daß der Druck nur von x allein abhängt, in der Grenzschicht in y-Richtung jedoch als konstant angenommen werden darf. Wendet man die gleichen

[1] L. PRANDTL: Verh. III. Internat. Math. Kongr., Heidelberg 1904, S. 484—491. Leipzig: Teubner 1905.

Vereinfachungen bei kompressiblen Medien an, so erhält man zuzüglich dem Energiesatz das folgende Gleichungssystem für die ebene Strömung, das noch durch die Kontinuitätsbedingung zu ergänzen wäre:

$$\left.\begin{aligned} &\varrho \frac{du}{dt} = -\frac{\partial p}{\partial x} + \frac{\partial \sigma_{xy}}{\partial y}; && \text{laminar: } \sigma_{xy} = \mu \frac{\partial u}{\partial y}; \\ &p = p(x); && \\ &\varrho c_p \frac{dT}{dt} - \frac{dp}{dt} = \sigma_{xy} \frac{\partial u}{\partial y} + \frac{\partial q}{\partial y}; && \text{laminar: } q = -\lambda \frac{\partial T}{\partial y}. \end{aligned}\right\} \tag{35.5}$$

Die Strömung bei großen Reynolds-Zahlen gliedert sich also in der überwiegenden Anzahl von Fällen in eine reibungs- und wirbelfreie Außenströmung und in eine dünne Reibungs- oder Grenzschichtströmung in unmittelbarer Nähe der Berandungen. Diesem letzteren Gebiet ist allein eine große Literatur gewidmet [*5*], [*6*].

Es zeigt sich, daß die glatte, sog. „laminare" Strömung mit den einfachen Schubspannungs- und Wärmeleitungsansätzen (35.5) und damit die Beziehung (35.4) nur bis zur Reynolds-Zahl von etwa $4 \cdot 10^5$ gilt. Bei höheren Reynolds-Zahlen, und das sind oft gerade die praktisch wichtigen Bereiche, wird die Strömung *turbulent*, eine Strömungsform, welche in Ziff. 57 noch näher erläutert wird. Aus Gl. (35.4) geht hervor, wie dünn die Grenzschichtdicken im Verhältnis zur Körperlänge sein können.

Durch die Formen der laminaren und turbulenten Strömung erfährt das Gebiet der Strömungen hoher Reynolds-Zahlen eine weitere Charakterisierung.

δ) Dem in der Luftfahrt, bei Strömungsmaschinen, in der Meteorologie und vielen anderen Gebieten stark interessierenden Bereiche hoher Reynolds-Zahlen, steht der entgegengesetzte Grenzfall sehr niedriger Reynolds-Zahlen oder, wie er auch genannt wird, das Gebiet *schleichender Strömung*, gegenüber. Sofern man im Rahmen der Kontinuumsphysik bleibt, sind nämlich kleine Reynolds-Zahlen notwendig an kleine Geschwindigkeiten gebunden. Mit der in der Stoßtheorie bereits verwendeten Formel für die mittlere freie Weglänge l eines Gases der mittleren Molekülgeschwindigkeit $\bar{c}$ gewinnt man nämlich leicht folgende Formel, wenn man statt λ, ϱ und c_p mit Gln. (33.9), (33.18) und (33.19) Reynolds-Zahl, Mach-Zahl und Prandtl-Zahl einfügt:

$$\frac{l}{L} = \frac{2c}{\bar{c}} \frac{M}{Pr \cdot R_e}. \tag{35.6}$$

Die mittlere Molekülgeschwindigkeit $\bar{c}$ liegt stets um einen Zahlenfaktor von der Größenordnung der Einheit über der Schallgeschwindigkeit c, und die Prandtl-Zahl idealer Gase ist nahe an Eins. Auf der rechten Seite steht daher im wesentlichen das Verhältnis M/R_e, auf der linken das Verhältnis von freier Weglänge zur Körperdimension. Da das letztere aber für Kontinuumsbetrachtungen klein sein muß, muß auch die Mach-Zahl stets klein im Verhältnis zur Reynolds-Zahl sein, wobei sich die Aussage allerdings mit Rücksicht auf die Ansätze zunächst auf ideale Gase beschränkt.

Schleichende Bewegungen trifft man vorzüglich in der Theorie der Strömungen von Schmiermitteln. STOKES[1] hat mit einer Theorie der schleichenden Bewegung als erster den Widerstand langsam bewegter Kugeln abgeleitet. Es wird gleich gezeigt werden, daß die Strömung bei sehr kleinen Mach-Zahlen als dichtebeständig angesehen werden kann. Die thermischen Zustandsgrößen ändern sich dabei kaum und die Bewegungsgleichungen sind durch (30.3) gegeben.

[1] G. G. STOKES: Trans. Cambridge Phil. Soc. **9** [8] (1851).

Während aber bei hohen Reynolds-Zahlen die mit dem Reibungskoeffizienten multiplizierten Terme außerhalb der Grenzschicht vernachlässigt werden können, bleiben sie bei der schleichenden Bewegung gerade als die wichtigsten Beiträge in den Gleichungen erhalten. Eliminiert man durch Bildung der Rotation den Druck, so gelangt man zu einer (31.6) entsprechenden Gleichung, wobei allerdings nur die rechte Seite von Bedeutung ist. Die schleichende Strömung wird damit durch folgende Gleichung beschrieben:

$$\Delta(\operatorname{rot}\mathfrak{w}) = 0, \tag{35.7}$$

wobei unter Δ der bekannte Laplace-Operator zu verstehen ist. Im Gegensatz zu den Laplace-Gleichungen für die Geschwindigkeitskomponenten (31.1) ist Gl. (35.7) von ausreichend hoher Ordnung, um die Bedingungen des Haftens der Flüssigkeit an den Wänden erfüllen zu können.

ε) Eine weitere bedeutsame Klassifizierung ergibt sich aus der Größe der Mach-Zahl. Das Druckglied in der Bewegungsgleichung (33.8) ist ein im allgemeinen nicht zu vernachlässigender Ausdruck, da die Bewegung in der Regel durch die Unterschiede im statischen Druck wesentlich bestimmt wird. Unter der Annahme, daß die Trägheitsglieder nicht zu vernachlässigen sind, also keine schleichende Bewegung herrscht, und daß das instationäre Glied nicht größer als die stationären Trägheitsglieder ist, ergibt sich auf der linken Seite der Bewegungsgleichung die Größenordnung der Einheit. Daher muß auch das Druckglied dieselbe Größenordnung besitzen. Das bedeutet aber, daß bei kleinen Mach-Zahlen und mittleren Verhältnissen der spezifischen Wärme $\varkappa$ der Druckgradient $\partial p'/\partial x'$ und damit auch die Druckschwankungen sehr klein sein müssen. In der Tat mißt man bei normalem Luftdruck bei Windgeschwindigkeiten nur Druckunterschiede von einigen Dezimetern gegenüber einem Absolutdruck von 10 m Wassersäule. Die Druckschwankungen in Luft sind also bei kleinen Mach-Zahlen gering, das bedeutet bei isentroper Strömung kleine Dichteschwankungen und kleine Temperaturschwankungen. Wenn aber das Druckglied in der Bewegungsgleichung wegen des großen Faktors davor auch nicht vernachlässigt werden darf, so zeigt sich doch, daß eine Vernachlässigung des Dichtegliedes in der Kontinuitätsbedingung (33.4) erlaubt ist. Diese beschränkt sich also bei genügend kleinen Mach-Zahlen auch bei Gasen auf die Gleichung:

$$\operatorname{div}\mathfrak{w} = 0 \tag{35.8}$$

der dichtebeständigen Strömung. Doch sei nochmals darauf hingewiesen, daß die Dichteschwankungen bei Gasen durchaus von der gleichen Größenordnung, jedoch in den Gleichungen nicht von derselben Bedeutung sind wie die Druckschwankungen.

Bei nicht isentroper Strömung, also etwa bei solcher mit Wärmeübergang, sind die Dichteunterschiede von den Temperaturunterschieden abhängig. Ihr Einfluß muß dann besonders untersucht werden.

In der Energiegleichung (33.16) kann das Dissipationsglied bei kleinen Mach-Zahlen weggelassen werden, weil es mit dem Quadrat der Mach-Zahl multipliziert ist, während das davor stehende Glied diesen Faktor nicht besitzt.

Wenn außerdem die Strömung wesentlich instationär ist, der Faktor (33.5) also groß ist, so daß in der ersten Klammer nur das erste Glied mitzunehmen ist und der zweite Klammerausdruck wegen der außerordentlich geringen Druckunterschiede ganz wegfällt, bleiben schließlich nur die ersten beiden Terme beider Seiten übrig. In nicht reduzierten Größen also:

$$\frac{\partial T}{\partial t} = \frac{1}{\varrho c_p}\operatorname{div}(\lambda \operatorname{grad} T). \tag{35.9}$$

Damit ist man von der Strömungslehre in die Theorie der Wärmeleitung gelangt. Dennoch seien einige Worte an diese Gleichung geknüpft, weil immer wieder in verschiedenen Veröffentlichungen anstatt der spezifischen Wärme bei konstantem Druck c_p jene bei konstantem Volumen c_v anzutreffen ist. Letzteres ist falsch, es herrscht in einem solchen Gas wegen der außerordentlich geringen Ausbreitungsgeschwindigkeit der Wärmewellen gegenüber der Ausbreitungsgeschwindigkeit der Druckwellen, welche mit Schallgeschwindigkeit erfolgt, Druckausgleich, während sich die Dichte mit der Temperatur ändert. Demgemäß entspricht der Wärmeleitungsvorgang einem Energieumsatz bei konstantem Druck.

Bei Mach-Zahlen von der Größenordnung der Einheit und darüber werden auch die Unterschiede im thermischen Zustand groß. Gleichzeitig wird bei reibender Strömung das Dissipationsglied in der Energiegleichung (33.16) von Einfluß. Die verschiedenen Mach-Zahlbereiche werden in Ziff. 36 bei Erläuterung der Potentialströmung noch näher diskutiert werden.

36. Mathematische Charakterisierung. α) Die Behandlung der wesentlichen mathematischen Eigenschaften der unterschiedlichen Strömungstypen, die naturgemäß mit dem physikalischen Verhalten auf das engste verknüpft sind, sei mit dem einfachsten Fall begonnen. Die ebene, wirbelfreie Strömung wird gemäß der Kontinuitätsbedingung (35.8) und Gl. (27.1) durch folgendes System beschrieben[1]:

$$\left.\begin{aligned} &\text{Kontinuitätsbedingung:} \quad && \frac{\partial u}{\partial x} + \frac{\partial v}{\partial y} = 0, \\ &\text{Wirbelfreiheit:} \quad && \frac{\partial u}{\partial y} - \frac{\partial v}{\partial x} = 0. \end{aligned}\right\} \tag{36.1}$$

Dieses System entspricht genau den Cauchy-Riemannschen Differentialgleichungen in der Theorie der analytischen Funktionen. Durch Elimination von u oder v kann die ebene Laplace-Gleichung (31.1) für eine der beiden Geschwindigkeitskomponenten gewonnen werden. Mit einem solchen System, das wie die Laplace-Gleichung als elliptisch bezeichnet wird, werden Störungen dargestellt, welche sich über das ganze Strömungsfeld nach allen Richtungen hin ausbreiten. Beispielsweise erzeugt ein Profil bis an die Strömungsberandungen stromaufwärts wie stromabwärts Störungen, die zwar mit zunehmender Entfernung stark abklingen können, aber, wenn auch schwach, überall vorhanden sind.

Die durch Gl. (35.7) dargestellte „schleichende Bewegung" bietet ein weiteres Beispiel für eine elliptische Differentialgleichung.

β) Ganz anders ist das Verhalten bei Wellenausbreitung. Als Beispiel sei die ebene isentrope Kompressionswelle betrachtet. Durch Elimination des Druckes aus der Eulerschen Bewegungsgleichung (20.2) mit Hilfe der Schallgeschwindigkeitsformel (7.7) gewinnt man folgendes System:

$$\left.\begin{aligned} &\text{Kontinuitätsbedingung:} \quad && \frac{\partial \ln \varrho}{\partial t} + u\frac{\partial \ln \varrho}{\partial x} + \frac{\partial u}{\partial x} = 0, \\ &\text{Euler-Gleichung:} \quad && c^2\frac{\partial \ln \varrho}{\partial x} + \frac{\partial u}{\partial t} + u\frac{\partial u}{\partial x} = 0. \end{aligned}\right\} \tag{36.2}$$

Handelt es sich um äußerst schwache Störungen, wie sie in der Akustik auftreten, so können die Glieder mit dem kleinen Faktor u weggelassen werden und außerdem kann die Schallgeschwindigkeit konstant gesetzt werden ($c^2 = c_0^2$). Das

---

[1] J. le R. d'Alembert: Essai d'une nouvelle théorié de la resistance des fluides, Paris 1752.

System wird linearisiert, womit die Behandlung wesentlich vereinfacht ist:

$$\left.\begin{aligned} \frac{\partial \ln \varrho}{\partial t} + \frac{\partial u}{\partial x} &= 0, \\ c_0^2 \frac{\partial \ln \varrho}{\partial x} + \frac{\partial u}{\partial t} &= 0. \end{aligned}\right\} \tag{36.3}$$

Der wesentliche Unterschied zwischen diesem System und dem System (36.1) liegt in dem Umstand, daß die Vorzeichen in beiden Gleichungen dieselben sind. Eliminiert man nämlich nun beispielsweise u, so gewinnt man die sog. *Wellengleichung*:

$$\frac{\partial^2 (\ln \varrho)}{\partial t^2} - c_0^2 \frac{\partial^2 (\ln \varrho)}{\partial x^2} = 0. \tag{36.4}$$

Die beiden Ableitungen sind zum Unterschied von der Laplace-Gleichung durch ein negatives Vorzeichen verbunden. Der Typus von (36.3) und (36.4) wird als

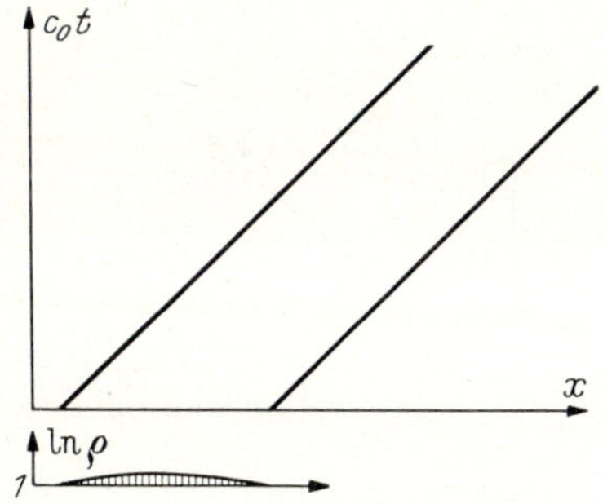

Fig. 27. Ebene Schallwelle.

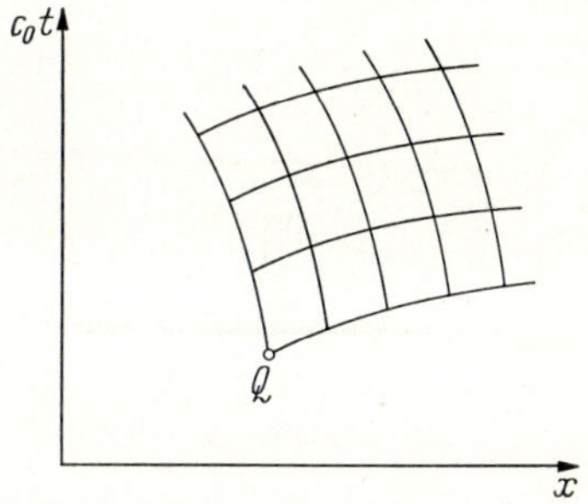

Fig. 28. Einflußgebiet einer Störung im Punkte Q.

hyperbolisch bezeichnet. Eine einfache Lösung von (36.4) mit f als willkürlicher Funktion ist z.B.:

$$\ln \varrho = f(x - c_0 t). \tag{36.5}$$

Sie entspricht einer Welle, die sich mit unveränderlicher Form mit der Geschwindigkeit c_0 in positiver x-Richtung fortpflanzt (Fig. 27).

Vor der Welle ist das Strömungsfeld völlig unbeeinflußt, eine Eigenschaft, die mit der Wellenausbreitung zusammenhängt und die mit der hier zur Vereinfachung vorgenommenen Linearisierung nichts Wesentliches zu tun hat. Die Folgen sind ziemlich weitreichend und betreffen auch räumliche Ausbreitungsvorgänge.

Für jeden mathematisch durch eine hyperbolische Differentialgleichung gekennzeichneten Ausbreitungsvorgang gibt es offenbar Einflußgebiete. Nur in diesen kann sich eine Störung bemerkbar machen. In Fig. 28 ist dieses Einflußgebiet durch die beiden Wellen begrenzt, welche vom Störzentrum Q entspringen und sich nach links und rechts ausbreiten. Auf den Zustand im Punkte P von Fig. 29 können umgekehrt nur solche Störungen auf der x-Achse einwirken, deren Wellen den Punkt erreichen können. Ist A der Punkt, dessen nach rechts laufende Welle, und B der Punkt, dessen nach links laufende Welle eben noch P berühren, so kann der Zustand im Punkte P also nur von den Zuständen jener zwischen A und B auf der x-Achse gelegenen Punkte abhängen. Man nennt ein solches Gebiet, von dessen Zuständen allein die Strömung im Punkte P abhängt, ein „*Abhängigkeitsgebiet*". Im allgemeinen kann es ein beliebig geformtes Kurvenstück oder bei drei unabhängigen Veränderlichen ein beliebig geformtes Flächenstück sein.

Mit Hilfe der Werte im Abhängigkeitsgebiet lassen sich die Zustände in allen Punkten berechnen, deren Abhängigkeitsgebiet innerhalb jenes des Punktes P liegt. Man nennt dieses berechenbare Gebiet *Fortsetzungsgebiet*, in Fig. 29 die dreieckförmige Fläche ABP. Diese Begrenztheit von Einfluß und Abhängigkeit hat bei den elliptischen Systemen kein Gegenstück.

Für die mathematische Behandlung ist es ohne Bedeutung, ob die unabhängigen Veränderlichen mit x, t oder x, y bezeichnet werden. Mit Rücksicht auf das Folgende sei daher in Fig. 30 in einem Strömungsfeld eine in ξ-Richtung verlaufende Kurve angenommen, welche ein Einflußgebiet begrenzt. Der Sinn einer partiellen Differentialgleichung ist nun der, daß sie Änderungen bestimmter abhängiger Veränderlicher in einer Richtung mit Änderungen von abhängigen Veränderlichen in einer anderen Richtung koppelt. Beispielsweise ist in (36.1) die Änderung von u in der x-Richtung mit der Änderung von v in der y-Richtung in Zusammenhang gebracht. Soll es aber über gewisse Kurven hinweg keinen

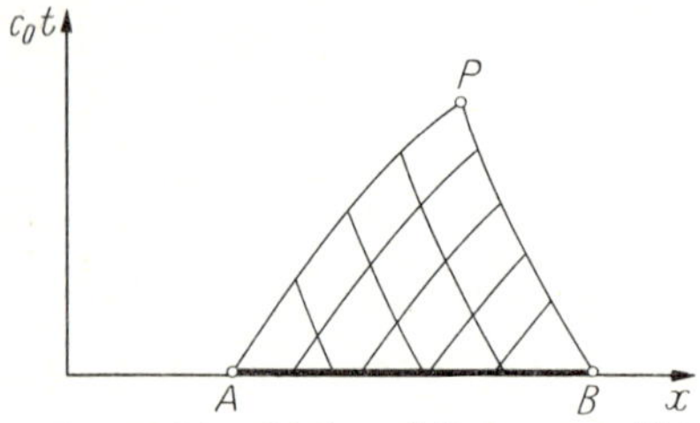

Fig. 29. Abhängigkeits- und Fortsetzungsgebiet.

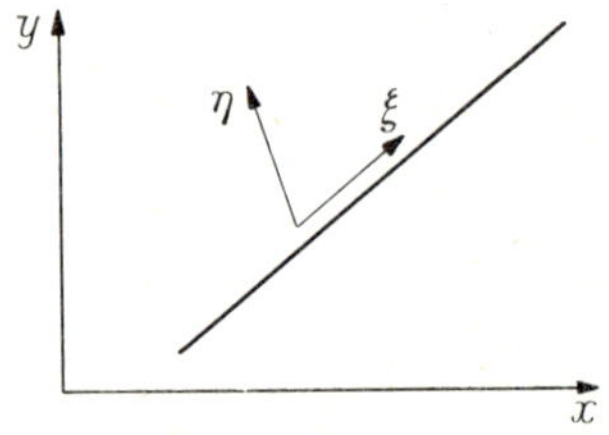

Fig. 30. Verlauf der Charakteristiken ξ und η.

Einfluß geben, so können die Änderungen in ξ-Richtung nicht von den Änderungen in η-Richtung (Fig. 30) abhängen. Die Änderungen in ξ-Richtung können dann nicht aus den Änderungen in η-Richtung berechnet werden und als eine weitere Folge können dann in bestimmten Richtungen nur die Ableitungen nach einer einzigen unabhängigen Variablen auftreten. Für bestimmte Richtungen erniedrigt sich das System der partiellen Differentialgleichungen zu gewöhnlichen Differentialgleichungen. Die Kurven mit der geschilderten Eigenschaft werden als Charakteristiken bezeichnet. Sie kommen nur in hyperbolischen Systemen vor. Zur Erläuterung diene die ebene, isentrope, stationäre, kompressible Strömung.

Eliminiert man aus den Eulerschen Gleichungen für stationäre Strömung und für $\Omega = 0$ (20.2) wie in (36.2) den Druck, so erhält man Ableitungen der Dichte nach x und y. Dies in die Kontinuitätsbedingung für stationäre Strömung eingesetzt, ergibt dann die sog. gasdynamische Gleichung für ebene, stationäre, reibungsfreie Strömung:

$$(c^2 - u^2)\frac{\partial u}{\partial x} - u v\left(\frac{\partial u}{\partial y} + \frac{\partial v}{\partial x}\right) + (c^2 - v^2)\frac{\partial v}{\partial y} = 0. \tag{36.6}$$

Diese Gleichung tritt für kompressible Strömung an Stelle der Kontinuitätsbedingung im System (36.1). Die Gleichung der Wirbelfreiheit dagegen bleibe unverändert erhalten. Die Schallgeschwindigkeit c könnte in der gasdynamischen Gleichung noch eliminiert werden. Der besseren Anschaulichkeit wegen soll das aber nicht geschehen. Für Strömungsgeschwindigkeiten, welche klein gegenüber der Schallgeschwindigkeit c sind, sind die dominierenden Glieder von (36.6) durch den Faktor c^2 gekennzeichnet. Nach Division durch diesen Faktor erkennt man, daß die gasdynamische Gleichung für Geschwindigkeiten, welche klein sind, ohne weiteres in die Kontinuitätsbedingung (36.1) für inkompressible Strömung übergeht, wie schon früher betont wurde.

In dem durch (36.6) und die Wirbelfreiheit gegebenen System können nun neue Koordinaten ξ, η eingeführt werden. Nach der Kettenregel der Differentiation gilt dann:

$$\frac{\partial}{\partial x} = \xi_x \frac{\partial}{\partial \xi} + \eta_x \frac{\partial}{\partial \eta}; \qquad \frac{\partial}{\partial y} = \xi_y \frac{\partial}{\partial \xi} + \eta_y \frac{\partial}{\partial \eta} \tag{36.7}$$

und das System von Kontinuitätsbedingung und Wirbelfreiheit kann in der Form geschrieben werden:

$$\left.\begin{aligned} &[(c^2-u^2)\,\xi_x - uv\,\xi_y]\,u_\xi + [(c^2-v^2)\,\xi_y - uv\,\xi_x]\,v_\xi \\ &\quad = -[(c^2-u^2)\,\eta_x - uv\,\eta_y]\,u_\eta - [(c^2-v^2)\,\eta_y - uv\,\eta_x]\,v_\eta, \\ &\xi_y u_\xi - \xi_x v_\xi = -\eta_y u_\eta + \eta_x v_\eta. \end{aligned}\right\} \tag{36.8}$$

Man kann (36.8) als ein lineares Differentialgleichungssystem für die unbekannten Ableitungen u_ξ und v_ξ auffassen, die aus den Ableitungen u_η und v_η sowie aus den Koeffizienten zu berechnen sind. Wenn nun aber die ξ-Kurven Charakteristiken sein sollen, so dürfen sich die Ableitungen u_ξ und v_ξ aus den Ableitungen nach η nicht berechnen lassen, die rechten Gleichungsseiten müssen verschwinden und nach der Theorie der linearen Gleichungssysteme muß die Koeffizientendeterminante der linken Seite Null sein:

$$\begin{vmatrix} (c^2-u^2)\,\xi_x - uv\,\xi_y; & (c^2-v^2)\,\xi_y - uv\,\xi_x \\ \xi_y; & -\xi_x \end{vmatrix} = 0. \tag{36.9}$$

Führt man den Strömungswinkel ϑ und wie schon in Gl. (7.8) den Mach-Winkel α ein:

$$\frac{v}{u} = \operatorname{tg}\vartheta; \qquad \cot\alpha = \sqrt{\mathfrak{w}^2/c^2 - 1}\,, \tag{36.10}$$

so erhält man nach elementarer Umrechnung zwei mögliche Richtungen für die Charakteristiken:

$$-\xi_x/\xi_y = \frac{uv \pm c\sqrt{\mathfrak{w}^2 - c^2}}{u^2 - c^2} = \tan(\vartheta \pm \alpha). \tag{36.11}$$

Die Richtungen (36.11) haben nur dann reelle Werte, wenn Überschallströmung im entsprechenden Punkte herrscht ($M > 1$), denn anderenfalls ist der Mach-Winkel imaginär. In Ziff. 7 (Fig. 8) wurde untersucht, unter welchen Umständen es stehende Schallwellen in einer Strömung gibt. Solche Wellen wurden als Mach-Linien bezeichnet und Gl. (36.11) zeigt nun, daß die Charakteristiken mit den Mach-Linien identisch sind.

Für Unterschallströmungen ist das Gleichungssystem elliptisch, die Charakteristiken sind komplex. Die stationäre Überschallströmung ist mathematisch eng verwandt mit der instationären Wellenausbreitung. Diese Verwandtschaft erstreckt sich nicht nur auf den hier erläuterten ebenen Fall, sondern auch auf räumliche Strömungen.

Wird die Strömung in Verallgemeinerung der beim System (36.8) geltenden Annahme nicht mehr als isentrop im ganzen Raum, sondern nurmehr gemäß Gl. (35.2) als isentrop auf Stromlinien angesehen, so ergeben sich die Stromlinien ebenfalls als eine mögliche Schar von Charakteristiken. Das ist physikalisch ohne weiteres einleuchtend. Beiderseits der Stromlinien muß das Medium gleichen Druck und gleiche Strömungsrichtung haben. Bei gleichem Druck und unterschiedlicher Entropie hat es aber beiderseits der Stromlinien unterschiedliche Dichte und Temperatur und, wie sich schließlich noch herausstellen wird, auch unterschiedliche Geschwindigkeit. Der Zustand auf der einen Seite der Stromlinien kann also nicht aus dem Zustand auf der anderen Seite allein berechnet werden.

γ) Auf Grund der vorausgegangenen Überlegungen ist nun eine Einteilung der reibungsfreien stationären Strömung leicht möglich. Für das Grundsätzliche genügt in diesem Rahmen eine Betrachtung der ebenen Strömung um schlanke

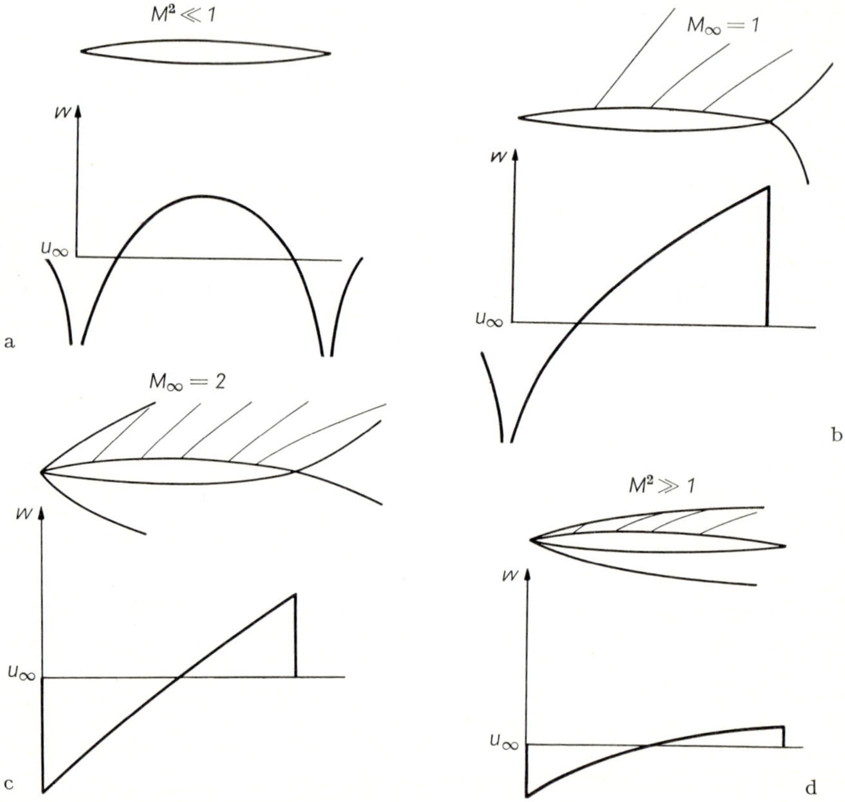

Fig. 31a—d. Geschwindigkeitsverteilungen am Profil im Bereich: a der Unterschallströmung, b der schallnahen Strömung, c der Überschallströmung, d der Hyperschallströmung.

Profile. Wenn die Geschwindigkeit, und damit die Komponente u bzw. v, wesentlich kleiner ist als die Schallgeschwindigkeit, so bleiben in der gasdynamischen Gleichung (36.6) nur die beiden mit c^2 versehenen Ausdrücke übrig, und man erhält ohne weiteres die im System (36.1) angegebene Form der Kontinuitätsbedingung. Eine solche Strömung reagiert auf Verengungen des Stromfadens mit Geschwindigkeitserhöhung, auf Erweiterung des Stromfadens mit Geschwindigkeitserniedrigung. In der Gegend der beiden Profil-Enden zeigen sich daher die kleinsten Geschwindigkeiten (Fig. 31a), in der Nähe des Dickenmaximums die Höchstgeschwindigkeiten.

Ist die mittlere Geschwindigkeit nicht mehr klein im Verhältnis zu c, aber immerhin überall noch kleiner als die Schallgeschwindigkeit, und ist außerdem der Körper schlank, so ist sicher $v^2 \ll u^2$. Da die Schwankungen von u und auch jene von c klein sind, können die Koeffizienten in (36.7) durch ihre Werte im

Anströmgebiet:

$$u = u_\infty; \quad c = c_\infty; \quad v = 0 \tag{36.12}$$

ersetzt werden, und man gewinnt die linearisierte gasdynamische Gleichung:

$$(1 - M_\infty^2)\frac{\partial u}{\partial x} + \frac{\partial v}{\partial y} = 0. \tag{36.13}$$

Bei einer Unterschallströmung ($M_\infty < 1$) und schlanken Körpern tritt diese Gleichung näherungsweise an Stelle der Kontinuitätsbedingung (36.1). Man hat wieder ein elliptisches System, das sich verhältnismäßig leicht behandeln läßt. Die gleiche Linearisierung läßt sich auch bei mittleren Überschallgeschwindigkeiten und schlanken Profilen vornehmen. Die Schwankungen von u, v und c sind dann wieder gering genug, um die Näherungen von (36.13) zu rechtfertigen. Weil nun aber $M_\infty > 1$ gilt, ist das Vorzeichen des ersten Summanden negativ. Man erhält ein der Gl. (36.3) verwandtes System und erkennt nochmals, daß Überschallströmungen den hyperbolischen Typen zuzuordnen sind. In der Tat macht sich ein mit Überschallgeschwindigkeit fliegender Körper vor der Kopfwelle überhaupt nicht bemerkbar und hat damit klar begrenzte Einflußgebiete.

Es zeigt sich, daß eine Überschallströmung vor dem Dickenmaximum mit einer Kompression und einer Geschwindigkeitsabnahme reagiert (Fig. 31 c), nach dem Dickenmaximum jedoch Übergeschwindigkeiten und Unterdrucke aufweist, was im ganzen (völlig im Gegensatz zur reibungsfreien Unterschallströmung) zu Widerständen führt.

Neben diesen beiden, durch die Linearisierung in guter Näherung beschriebenen Mach-Zahlen-Bereiche, gibt es noch zwei weitere, die eine ähnliche Vereinfachung grundsätzlich nicht zulassen. Ist die Strömungsgeschwindigkeit in der Nähe der Schallgeschwindigkeit, so kann die u-Komponente sowohl kleiner als auch größer als c sein. Das bedeutet aber, daß der Koeffizient des ersten Summanden von (36.6) sein Vorzeichen ändert. Man hat dann das Gebiet der *schallnahen Strömung* (transonic flow, écoulement transsonique). Der Typus des Gleichungssystems ist gemischt elliptisch-hyperbolisch. Wie aus der Herleitung der Charakteristiken hervorgeht, hängt aber der Typus gerade von dem Koeffizienten ab, und es ist nicht mehr möglich, diesen durch einen bestimmten konstanten Wert zu ersetzen. Das wird aus dem Beispiel der Schallströmung (Fig. 31 b) auch weitgehend klar, wo die Verhältnisse für Schallanströmung dargestellt sind. Im Gebiete der Untergeschwindigkeit von Unterschall- (Fig. 31 a) und Überschallströmung (Fig. 31 c) herrscht auch hier Untergeschwindigkeit, d.h. Unterschallgeschwindigkeit, und damit können sich die Störungen stromaufwärts fortpflanzen. Hinter dem Dickenmaximum dagegen herrscht Überschallgeschwindigkeit, die Strömungsverhältnisse im Staugebiet sind damit unabhängig von der speziellen Form des Körperhecks. Die Tatsache, daß die mathematischen Eigenschaften des zugrundeliegenden Systems aber erst durch die zu suchende Geschwindigkeitsverteilung bestimmt werden, macht die Lösung besonders schwierig und bedingt, daß das System mathematisch nicht mehr linear ist.

Ein zweites Gebiet, wo die Linearisierung nicht mehr möglich ist, ist jenes sehr hoher Überschallgeschwindigkeiten, obwohl das Differentialgleichungssystem bei schlanken Körpern in diesem Falle stets hyperbolisch ist. Wenn nämlich $u \gg c$ ist, so erhält v selbst bei schlanken Körpern die Größenordnung der Schallgeschwindigkeit c, womit der letzte Koeffizient von (36.6) in der Strömung das Vorzeichen wechseln und daher nicht mehr als konstant angenommen werden kann. Eine genaue Untersuchung zeigt, daß eine solche Strömung auch nicht mehr als drehungsfrei anzusetzen ist. Die Kopfwelle legt sich eng an den Körper

(Fig. 31d) und die Krümmung der Kopfwelle bedingt nach dem Croccoschen Satz Wirbel. Dieses zweite nicht lineare Gebiet heißt *Hyperschallströmung*.

Die Grenzen zwischen den zwei Linearisierungsgebieten der Unterschall- und der mittleren Überschallströmung und den beiden wesentlich nicht linearen Gebieten der schallnahen Strömung und der Hyperschallströmung sind nicht scharf und hängen wesentlich von der Art der Fragestellung und der geforderten Genauigkeit ab.

δ) Ein Zwischenglied zwischen den elliptischen und hyperbolischen Differentialgleichungen oder Differentialgleichungssystemen bildet die Wärmeleitungsgleichung (35.9). In der einfachsten Form für konstantes Wärmeleitvermögen λ und nur einer Ortskoordinate hat sie die Gestalt:

$$\frac{\partial T}{\partial t} = \frac{\lambda}{\varrho c_p} \frac{\partial^2 T}{\partial x^2}. \tag{36.14}$$

Während also die Laplace-Gleichung (35.8) als Prototyp einer elliptischen Gleichung in der Ebene eine Summe zweier zweiter Ableitungen und die Wellengleichung (36.4) als Prototyp einer hyperbolischen Gleichung in der Ebene eine Differenz zweier zweiter Ableitungen aufweist, hat die Wärmeleitungsgleichung überhaupt nur eine zweite Ableitung. Führt man den Wärmestrom

$$q = -\lambda \frac{\partial T}{\partial x} \tag{36.15}$$

ein, so kann die Wärmeleitungsgleichung auch durch das System ersetzt werden:

$$\left.\begin{aligned} \frac{\partial T}{\partial t} + \frac{1}{\varrho c_p} \frac{\partial q}{\partial x} &= 0; \\ \lambda \frac{\partial T}{\partial x} &= -q. \end{aligned}\right\} \tag{36.16}$$

Zum Unterschied von den Systemen (36.1) und (36.3) tritt in (36.16) in der zweiten Zeile überhaupt nur eine Ableitung auf.

Fragt man nun wie bei der gasdynamischen Gleichung nach Richtungen, in welchen die Änderungen des Zustandes unbestimmt sind, und führt man mit den Gln. (36.7) zunächst neue Koordinaten ein, so gelangt man zu einem zu (36.8) ähnlichen System. Das Verschwinden der Koeffizientendeterminante der Ableitungen von T und q nach ξ:

$$\begin{vmatrix} \xi_t; & \frac{1}{\varrho c_p} \xi_x \\ -\lambda \xi_x; & 0 \end{vmatrix} = \frac{\lambda}{\varrho c_p} \xi_x^2 = 0 \tag{36.17}$$

gibt jene Richtungen, über die hinweg keine Aussagen getroffen werden können.

Man erkennt hier nur eine einzige ausgezeichnete Richtung, nämlich $\xi_x = 0$. Es gibt also eine Charakteristikenschar. Dieser Typus des Gleichungssystems stellt demnach ein Mittelding zwischen den bereits behandelten elliptischen und hyperbolischen Systemen dar und wird als parabolisch bezeichnet.

Physikalisch ist das Resultat durchaus einleuchtend. Die Linien $\xi_x = 0$ sind die Geraden $t = \text{const}$. Bei einem Wärmeleitungsproblem sind nun die Verteilungen zu einer bestimmten Zeit gegeben und man berechnet den Zustand zu einem späteren Zeitpunkt. Die Rechnung wird also schon aus physikalischen Überlegungen heraus immer in Zeitrichtung und nie in x-Richtung durchgeführt. Der Zustand in einem Punkte x kann immer nur unter Heranziehung der früheren Zustände in diesem Punkte berechnet werden und nicht allein aus den Zuständen im übrigen Feld im gleichen Zeitpunkt.

ε) Nach dieser Vorbereitung sei noch eine allgemeinere Strömung mit Wärmeleitung und Reibung untersucht, und zwar seien alle Reibungs- und Wärmeleitungsglieder der Grenzschichttheorie berücksichtigt, wie sie in Gl. (35.5) dargestellt sind. Hingegen sei die volle zweite Eulersche Gleichung benützt, denn $p = p(x)$ gilt nur in der dünnen Reibungsschicht bei hohen Reynolds-Zahlen. Das im folgenden benutzte System erfaßt dann die Strömung sowohl in der Reibungsschicht an einem schlanken Körper wie in der freien Umströmung rund um den Körper. Zur Vereinfachung des Systems sei die Dichte aus der Kontinuitätsbedingung durch Druck und Temperatur unter Annahme der idealen Gaszustandsgleichung eliminiert. Die Strömung wird dann durch folgendes System beschrieben:

$$\left.\begin{array}{ll}
\text{Kont. Satz:} & \dfrac{\partial u}{\partial x} + \dfrac{\partial v}{\partial y} + \dfrac{1}{p}\dfrac{dp}{dt} - \dfrac{1}{T}\dfrac{dT}{dt} = 0; \\[2ex]
\text{1. Bew.-Gl.:} & \dfrac{du}{dt} + \dfrac{1}{\varrho}\dfrac{\partial p}{\partial x} - \dfrac{\partial \sigma_{xy}}{\partial y} = 0; \\[2ex]
\text{2. Bew.-Gl.:} & \dfrac{dv}{dt} + \dfrac{1}{\varrho}\dfrac{\partial p}{\partial y} = 0; \\[2ex]
\text{Energie-Gl.:} & -\sigma_{xy}\dfrac{\partial u}{\partial y} - \dfrac{dp}{dt} + \varrho c_p \dfrac{dT}{dt} + \dfrac{\partial q}{\partial y} = 0; \\[2ex]
\text{lam. Reibung:} & \mu \dfrac{\partial u}{\partial y} = \sigma_{xy}; \\[2ex]
\text{Wärmestrom:} & \lambda \dfrac{\partial T}{\partial y} = -q.
\end{array}\right\} \qquad (36.18)$$

Man hat ein lineares Differentialgleichungssystem erster Ordnung für die Unbekannten u, v, p, T, σ_{xy} und q. Selbstverständlich kann die Schubspannung σ_{xy} und der Wärmestrom q in die erste und vierte Gleichung eingesetzt werden. Man hätte dort jedoch dann zweite Ableitungen. Ein System mit ausschließlich ersten Ableitungen, aber einer größeren Anzahl von Gleichungen ist für das Folgende jedoch vorzuziehen.

Transformiert man nun wieder auf neue Koordinaten, so erhält man für die Ableitungen nach ξ analog zu (36.8) folgendes Koeffizientenschema:

$$\begin{array}{cccccc}
\dfrac{\partial u}{\partial \xi}; & \dfrac{\partial v}{\partial \xi}; & \dfrac{\partial p}{\partial \xi}; & \dfrac{\partial T}{\partial \xi}; & \dfrac{\varrho\,\sigma_{xy}}{\partial \xi}; & \dfrac{\partial q}{\partial \xi}
\end{array}$$

$$\left(\begin{array}{cccccc}
\xi_x; & \xi_y; & \dfrac{1}{p}\dfrac{d\xi}{dt}; & -\dfrac{1}{T}\dfrac{d\xi}{dt}; & 0; & 0 \\[2ex]
\dfrac{d\xi}{dt}; & 0; & \dfrac{1}{\varrho}\xi_x; & 0; & -\xi_y; & 0 \\[2ex]
0; & \dfrac{d\xi}{dt}; & \dfrac{1}{\varrho}\xi_y; & 0; & 0; & 0 \\[2ex]
-\sigma_{xy}\xi_y; & 0; & -\dfrac{d\xi}{dt}; & \varrho c_p \dfrac{d\xi}{dt}; & 0; & \xi_y \\[2ex]
\mu\xi_y; & 0; & 0; & 0; & 0; & 0 \\
0; & 0; & 0; & \lambda\xi_y; & 0; & 0
\end{array}\right). \qquad (36.19)$$

Dabei bedeutet:

$$\frac{d\xi}{dt} = \xi_t + u\,\xi_x + v\,\xi_y. \qquad (36.20)$$

Zur Auffindung der Charakteristiken dieses Gleichungssystems ist die Koeffizientendeterminante (36.19) gleich Null zu setzen mit dem Ergebnis:

$$\xi_y^4\left[(\xi_t + u\,\xi_x + v\,\xi_y)^2 - \frac{p}{\varrho}\,\xi_y^2\right] = 0. \tag{36.21}$$

Man erkennt eine vierfache Charakteristik $\xi_y = 0$ und zwei Charakteristiken, welche dem Verschwinden des Klammerausdruckes entsprechen. Man bezeichnet ein solches System als parabolisch ausgeartet. Der Vorgang, welcher sich aus dem Verschwinden des Klammerausdruckes herleitet, entspricht dem Druckausgleich, welcher durch Wärmeleitung veranlaßt wird. Die Wärmezufuhr an ein benachbartes Teilchen bedingt im ersten Augenblick einen Druckunterschied, welcher sich jedoch äußerst schnell ausgleicht, und zwar bei diesem Wärmeleitungsproblem nicht mit der gewöhnlichen Schallgeschwindigkeit sondern mit $\sqrt{p/\varrho}$. Für die Besprechung dieses Druckausgleichvorganges möge dieser Hinweis genügen.

Wichtiger erscheint die parabolische Eigenschaft, gekennzeichnet durch $\xi_y = 0$. Sie ist für alle Grenzschichtvorgänge und verwandte Reibungsvorgänge bezeichnend. Bei Reibungsschichtberechnungen kann ein Geschwindigkeitsprofil vorgegeben werden (Fig. 26). Seine Entwicklung stromabwärts errechnet sich dann, gemäß dem Differentialgleichungssystem, analog, jedoch mit beträchtlich größerem Aufwand, wie die zeitliche Änderung einer Temperaturverteilung.

Obwohl also die Gleichungen für reibungsfreie Unter- und Überschallströmung im System (36.18) als Spezialfälle enthalten sind, ist die hyperbolische Eigenschaft der Überschallströmung durch die Reibung und Wärmeleitung völlig überdeckt. In der Grenzschicht sind also die stehenden Schallwellen nicht mehr Grenzen des Einflußgebietes. Eine Wirkung stromaufwärts ist allerdings, wenn in der Grenzschicht keine Rückströmungen auftreten, trotzdem unmöglich, nicht wegen Überschallgeschwindigkeiten, sondern wegen der allgemeinen Eigenschaften parabolischer Systeme. Bei Grenzschichtgleichungen ist diese Wirkung stromaufwärts innerhalb der Grenzschicht auch bei Unterschallgeschwindigkeit ausgeschlossen.

Ein besonderes Problem erwächst in der Grenzschicht in der Umgebung von Ablösestellen. Auch wenn dort die Grenzschichtvernachlässigungen noch zulässig sein sollten, was im Einzelfall zu prüfen wäre, hat die Strömung an der Wand hinter dem Ablösepunkt und damit die Wirkung der verschiedenen Strömungsgebiete aufeinander eine zur Hauptströmung entgegengesetzte Richtung.

Sind die Änderungen in x-Richtung nicht mehr klein genug, so daß auch die übrigen Reibungs- und Wärmeleitungsglieder in den Bewegungsgleichungen und in der Energiegleichung mitzuführen sind, so würde sich das System auch bei Überschallströmung als elliptisch erweisen. In der Tat ergibt z.B. die Berechnung der Stoßtiefe unter Berücksichtigung von Wärmeleitung und innerer Reibung eine Wirkung stromaufwärts. Es sei also festgehalten, daß die hyperbolische Eigenschaft von Überschallströmungen ganz wesentlich an das Fehlen von Reibung und Wärmeleitung gebunden ist, und daß die Grenzschichtgleichungen unabhängig von der Geschwindigkeit parabolischen Charakter aufweisen und damit dem Problem der Wärmeleitung mathematisch nahe verwandt sind.

37. Typenwechsel durch Spezialisierung. Aus den Ausführungen von Ziff. 36 darf nicht der Schluß gezogen werden, daß jedes Überschallströmungsproblem oder jedes instationäre Problem nur durch eine hyperbolische Differentialgleichung beschrieben werden kann. Die angedeuteten Verhältnisse lassen sich besonders gut an den hier besprochenen stationären Strömungen erläutern, gelten aber entsprechend auch bei instationären Strömungen.

Eine stationäre, reibungsfreie Überschallströmung um einen ebenen Keil oder um einen Kreiskegel stellt eine nur durch eine einzige Veränderliche darstellbare Aufgabe dar. Vergleicht man nämlich beispielsweise den Strömungszustand in den Punkten P_1 und P_2 zweier verschieden großer Kegel mit demselben absoluten Abstand von der Spitze (Fig. 32), so müssen diese Strömungszustände gleich sein. Denn weder im Punkte P_1 noch P_2 macht sich ein Einfluß vom stromabwärts gelegenen Ende des Kegels geltend. Die Verkürzung oder Verlängerung des Kegels kann sich stromaufwärts nicht bemerkbar machen, da die Einflußgebiete in Überschallströmung stromabwärts liegen. Daraus schon geht hervor, daß die vorliegenden Schlüsse an Überschallgeschwindigkeit gebunden sind.

Nach der Ähnlichkeitstheorie reibungsloser Strömung muß der Zustand bei ähnlicher Vergrößerung oder Verkleinerung des Modells unabhängig von der Mach-Zahl der Anströmung in entsprechenden Punkten derselbe sein. Für Fig. 32 bedeutet das Übereinstimmung des Strömungszustandes in den Punkten P_1 und P_3. Das bedeutet aber weiter, daß der Strömungszustand in den Punkten P_2 und P_3 derselbe ist. Auf diese Weise läßt sich weiter schließen, daß Geschwindigkeitsbetrag und Richtung, Druck und Dichte nicht nur auf dem ganzen Kegel oder Keil, sondern auch auf allen Strahlen durch die Spitze konstant sein müssen. Bei einem mit Überschallgeschwindigkeit angeströmten Kegel oder Keil hängt der Strömungszustand also nur vom Verhältnis y/x ab.

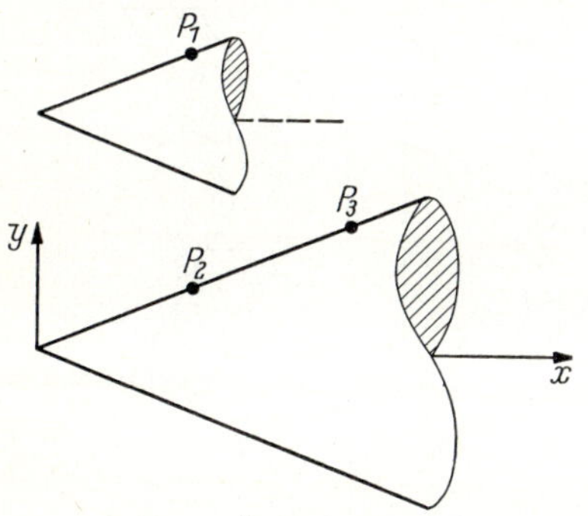

Fig. 32. Ähnliche Kreiskegel.

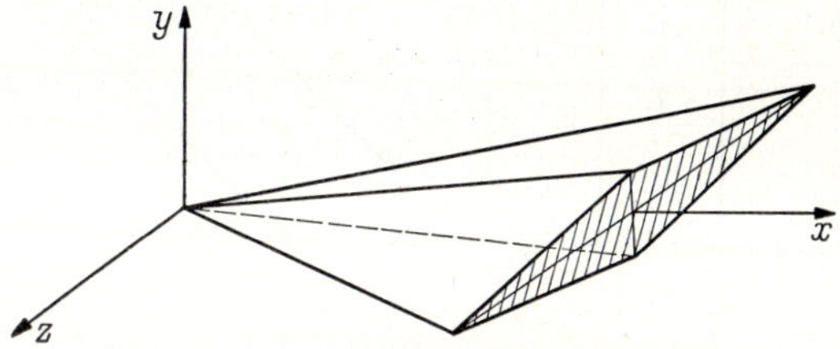

Fig. 33. Allgemeiner rhombusförmiger Kegel.

Damit lassen sich aber alle Zustände bei diesem Problem als Funktion einer einzigen unabhängigen Veränderlichen, y/x, darstellen. Das System partieller Differentialgleichungen läßt sich auf eine gewöhnliche Differentialgleichung zurückführen und die Unterscheidungsmerkmale von hyperbolischen und elliptischen Differentialgleichungen, die ganz wesentlich an mehr als eine Dimension geknüpft sind, fallen weg.

Man kann auch sagen, daß die Abhängigkeit von Kegelkoordinaten bedeutet, daß ein stromaufwärts gelegener Punkt (P_2) denselben Zustand aufweist wie ein weiter stromabwärts gelegener Punkt (P_3). Dadurch wird aber das ganze Konzept der Überlegungen mit Einfluß- und Abhängigkeitsgebiet zerstört, weil eine Bindung stromaufwärts durch Spezialisierung des Strömungsproblems hergestellt ist.

Auch für allgemeinere Kegelkörper, also z.B. einem Kegel mit rhombusförmigem Querschnitt (Fig. 33), in Überschallströmung kommt man zu ähnlichen Schlüssen. Wieder sind die Zustände auf Strahlen durch die Spitze konstant. Nur hängt der Zustand nun wegen der allgemeineren Form des Körpers von zwei unabhängigen Veränderlichen ab, nämlich von y/x und z/x. In beiden Fällen wird die Zahl der Unabhängigen kleiner, man steigt um eine oder zwei Dimensionen ab.

Eine andere, ihrem Wesen nach zweidimensionale Bewegung im Raum gewinnt man, wenn ein Flügel bei ebener Strömung in Richtung der Streckung bewegt wird (Fig. 34 links). Die Strömung in Schnitten parallel zur x'-Achse ist unabhängig von z'. Dennoch ist es eine Bewegung im Raum. Sie entspricht der Strömung um einen sog. „schiebenden Flügel" (Fig. 34 rechts). Dabei sind die verschiedensten Fälle denkbar. Beispielsweise kann die Schiebegeschwindigkeit sehr groß sein und Überschallgeschwindigkeiten entsprechen. Gleichzeitig kann die Geschwindigkeitskomponente normal auf die Vorderkante kleiner oder größer als die Schallgeschwindigkeit sein. Je nachdem kann man schiebende Flügel in Überschallströmung erhalten, deren Normalkomponenten auf die Vorderkante Überschall- oder Unterschallgeschwindigkeiten aufweisen.

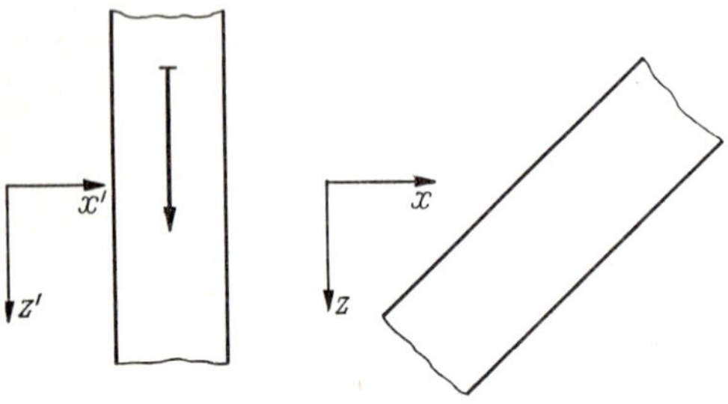

Fig. 34. Schiebender Flügel.

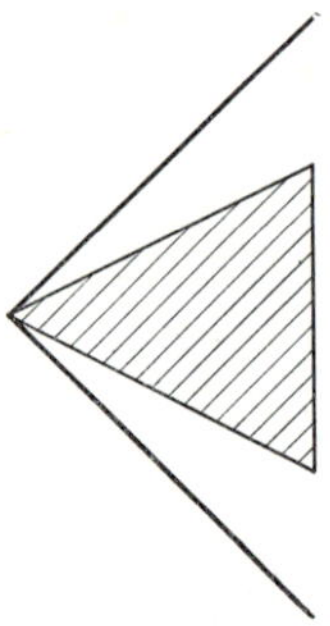

Fig. 35. Dreiecksflügel mit Unterschallvorderkanten.

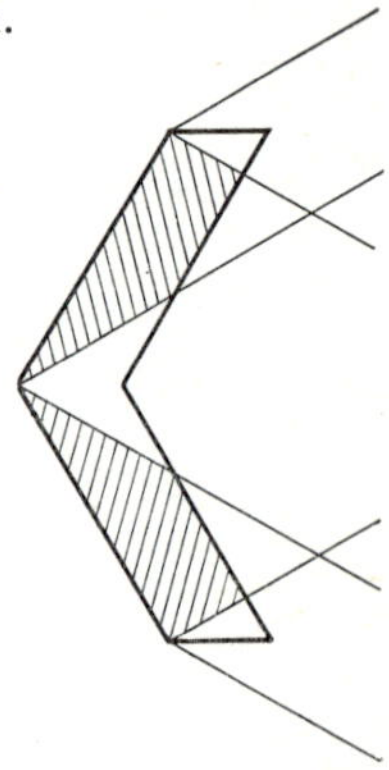

Fig. 36. Pfeilflügel mit Überschallvorderkanten.

Da sich eine solche Strömung durch eine derart einfache Transformation erzeugen läßt, kommt es für den Strömungscharakter offenbar nur darauf an, welche Eigenschaft die Strömungskomponente in Schnitten senkrecht zur Vorderkante besitzt. Obwohl es sich also um eine Überschallströmung handelt, kann das Problem unter Umständen auf ein in den Raum eingebettetes elliptisches Differentialgleichungssystem mit zwei unabhängigen Veränderlichen zurückgeführt werden. Als entscheidend erweist sich dabei in stationärer Strömung stets, wie groß die Geschwindigkeitskomponente senkrecht zur Flügelkante ist. Ist sie kleiner als die Schallgeschwindigkeit, so spricht man von Unterschallkanten, ist sie größer, von Überschallkanten. Fig. 35 zeigt einen Dreiecksflügel, der ganz innerhalb seiner Kopfwelle liegt. Sind die Störungen schwach genug, um die Kopfwelle als Mach-Kegel anzusehen, so ist die Komponente senkrecht zur Flügelkante in Fig. 35 kleiner als die Schallgeschwindigkeit. Es handelt sich um eine Unterschallvorderkante. Sie liegt ganz im Einflußgebiet ihrer eigenen Störung. Wenn die Flügel selbst kegelige Gestalt haben, kann das ganze Problem auf die unabhängigen Veränderlichen y/x und z/x gebracht werden, wobei es sich herausstellt, daß es sich um eine elliptische Aufgabe handelt.

Das Gegenstück dazu ist in Fig. 36 dargestellt. Die Pfeilung des Flügels ist nun etwas kleiner angenommen und die Mach-Zahl etwas größer, so daß der Mach-Winkel kleiner ist als im vorangegangenen Bild. Wir nehmen an, daß der Flügel überall gleiche Längsschnitte aufweist. Die Knickung des Pfeilflügels macht sich in einem von der Spitze ausgehenden, weiß gelassenen Dreiecksgebiet geltend, die Enden der Flügel durch entsprechende weiß gelassene Gebiete an den Seitenkanten. Die Vorderkante ist eine Überschallkante; sie wird von der ungestörten Anströmung getroffen. Im schraffierten Gebiet herrscht die Strömung eines unendlichen, schiebenden Flügels, da der Einfluß der Endlichkeit des Flügels dort noch nicht zur Geltung kommt.

Wenn also eine Überschallströmung im Raume auch hyperbolischen Charakter hat, so kann bei entsprechend einfachen Körperformen die Aufgabe unter Umständen dennoch auf die Lösung eines elliptischen Problems niederer Dimension herauslaufen. Ähnliches gilt für instationäre Strömungsformen.

IX. Potential- und Stromfunktionen.

38. Strömungspotentiale. Als Folge des Thomsonschen Satzes, nach dem eine reibungsfreie Strömung rotationsfrei bleibt, wenn sie es im Anströmgebiet ist, kommt den wirbelfreien, isentropen Strömungen besondere Bedeutung zu. Mit $\operatorname{rot}\mathfrak{w}=0$ und $s=\text{const}$ vereinfacht sich die Eulersche Gleichung (20.6) dann zu:

$$\frac{\partial\mathfrak{w}}{\partial t}+\operatorname{grad}\left(i+\Omega+\frac{1}{2}\mathfrak{w}^2\right)=0. \tag{38.1}$$

Diese Form der Eulerschen Gleichung läßt sich durch den Ansatz befriedigen:

$$-\Phi_t=i+\Omega+\tfrac{1}{2}\mathfrak{w}^2;\qquad \mathfrak{w}=\operatorname{grad}\Phi. \tag{38.2}$$

Wie sich die Feldstärke eines elektrischen Feldes als Gradient eines Potentiales darstellen läßt, so ist das gleiche bei drehungsfreien Strömungen für die Geschwindigkeiten möglich. Man spricht daher von einem *Geschwindigkeitspotential* Φ und nennt deshalb wirbelfreie Strömungen kurz Potentialströmungen.

Man überzeugt sich leicht, daß infolge einer bekannten Vektorbeziehung die Bedingungen der Wirbelfreiheit erfüllt sind:

$$\operatorname{rot}\mathfrak{w}=\operatorname{rot}(\operatorname{grad}\Phi)=0. \tag{38.3}$$

Bei dichtebeständiger Strömung erhält man mit Gl. (35.8) für das Potential die Laplace-Gleichung:

$$\operatorname{div}\mathfrak{w}=\Delta\Phi=0. \tag{38.4}$$

Damit sind die wirbelfreien, inkompressiblen Strömungen wieder auf die Potentialtheorie, im Zweidimensionalen also auf die Theorie der analytischen Funktionen und die konformen Abbildungen zurückgeführt.

Die Randbedingung ist durch das Verschwinden der Normalkomponente auf der Körperoberfläche gegeben, das bedeutet mit n als Normalenrichtung auf der Körperoberfläche:

$$\frac{\partial\Phi}{\partial n}=0. \tag{38.5}$$

Strömungsprobleme führen damit für das Potential auf die sog. zweite Randwertaufgabe der Potentialtheorie.

Bei stationären Strömungen ist der Klammerausdruck in Gl. (38.1) und damit Φ_t konstant. Darauf kommen wir in Ziff. 42 nochmals zurück.

Typisch für Potentialströmungen ist die Erfüllung der Eulerschen Gleichung durch eine einzige Potentialfunktion. Im allgemeinen ist aber Potentialströmung weder notwendig an die Laplace-Gleichung noch an stationäre Strömung geknüpft, dagegen an Wirbelfreiheit und damit im wesentlichen an konstante Entropie im Strömungsraum[1] [s. die Ausführungen zu Gl. (26.3)].

Bei isentroper Strömung stellt die Eulersche Gleichung die Beschleunigung der Teilchen $d\mathfrak{w}/dt$ direkt als negativen Gradienten der Enthalpie i und bei

[1] Siehe auch C. Truesdell: Vorticity and the thermodynamic state. S. 29, Mém. Ski. Math., Paris 1952.

dichtebeständigen Strömungen als $-1/\varrho$ mal dem Druckgradienten dar. i bzw. p können also als ein „*Beschleunigungspotential*“ gedeutet werden. Die Rechnung mit solchen Beschleunigungspotentialen wurde von L. PRANDTL[1] eingeführt und hat in der Theorie der tragenden Flächen weitgehende Anwendung gefunden.

39. Stromfunktionen. Analog zur Erfüllung der Gleichung der Wirbelfreiheit (38.3) oder der Eulerschen Gleichung mit Hilfe einer einzigen Funktion kann man versuchen, auch die Kontinuitätsbedingung durch eine einzige Funktion zu erfüllen. Für die stationäre ebene Strömung folgt aus (9.3) die Kontinuitätsbedingung:

$$\frac{\partial \varrho u}{\partial x} + \frac{\partial \varrho v}{\partial y} = 0. \tag{39.1}$$

Man überzeugt sich sofort, daß die Kontinuitätsbedingung (39.1) durch eine mittels ihrer Ableitungen

$$\varrho u = \Psi_y; \qquad \varrho v = -\Psi_x \tag{39.2}$$

festgelegte Funktion Ψ identisch erfüllt ist. Ψ ist allerdings dadurch noch keineswegs eindeutig bestimmt. Beispielsweise leistet jede Funktion $f(\Psi)$ dieselben Dienste. Da die Neigung der Stromlinien nach (39.2) gegeben ist durch:

$$v/u = -\Psi_x/\Psi_y, \tag{39.3}$$

erkennt man, daß

$$\Psi(x, y) = \text{const} \tag{39.4}$$

die Stromlinien der Strömung darstellt. Man bezeichnet daher die Funktion Ψ als *Stromfunktion*.

Auch bei achsensymmetrischer Strömung gibt es eine Stromfunktion. Durch Transformation auf Zylinderkoordinaten läßt sich die Kontinuitätsbedingung für stationäre achsensymmetrische Strömung mit x als Achse leicht auf folgende Form bringen:

$$\frac{\partial (y \varrho u)}{\partial x} + \frac{\partial (y \varrho v)}{\partial y} = 0. \tag{39.5}$$

y kann dabei als die radiale Zylinderkoordinate aufgefaßt werden, oder man kann die Strömung auch in der Ebene $z = 0$ als repräsentativ für alle gleichberechtigten Achsenschnitte ansehen.

Hier ist zur Erfüllung der Kontinuitätsbedingung zu setzen:

$$y \varrho u = \Psi_y; \qquad y \varrho v = -\Psi_x. \tag{39.6}$$

Wieder ist durch (39.3) die Neigung der Stromlinien und durch (39.4) die Stromlinie selbst festgelegt.

Da die Linien $\Phi = \text{const}$ gemäß Gl. (38.2) stets senkrecht auf dem Strömungsvektor stehen, ist das System der Strom- und Potentiallinien bei ebener und achsensymmetrischer stationärer Strömung stets ein orthogonales Kurvennetz (Fig. 37). Jedoch nur bei ebener inkompressibler Strömung besteht das Netz im kleinsten aus lauter Quadraten (Fig. 38). Denn nur in diesem Falle entspricht die Strömung dem System der Cauchy-Riemannschen Differentialgleichungen und damit den Bedingungen konformer Abbildung.

Auch bei eindimensionaler instationärer Strömung gibt es Funktionen, welche die Kontinuitätsbedingung identisch befriedigen. Diese lautet im Fall ebener

[1] L. PRANDTL: Luftfahrtforsch. **13**, 314 (1936).

Wellen oder bei ebener instationärer Strömung

$$\frac{\partial \varrho}{\partial t} + \frac{\partial \varrho u}{\partial x} = 0 \tag{39.7}$$

und wird erfüllt durch den Ansatz:

$$\varrho u = \Psi_t, \qquad \varrho = -\Psi_x. \tag{39.8}$$

Bei instationärer Strömung sind es nun aber nicht mehr die Stromlinien, welche durch

$$\Psi(x, t) = \text{const} \tag{39.9}$$

dargestellt werden, sondern die *Teilchenbahnen.* Dennoch soll die Bezeichnung „Stromfunktion" für Ψ auch hier beibehalten werden, denn die Teilchenbahnen

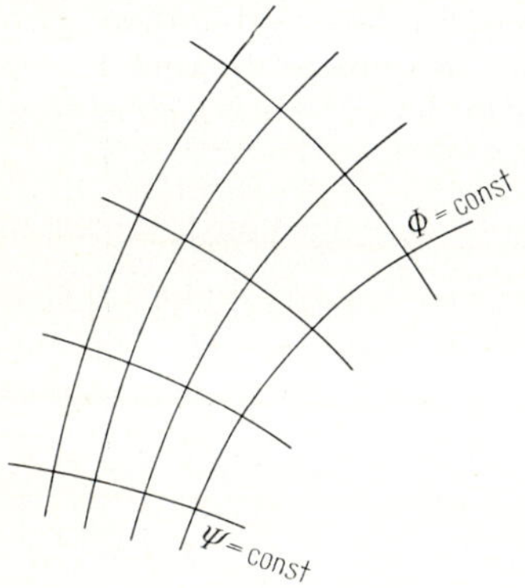

Fig. 37. Strom- und Potentiallinien bei kompressibler Strömung.

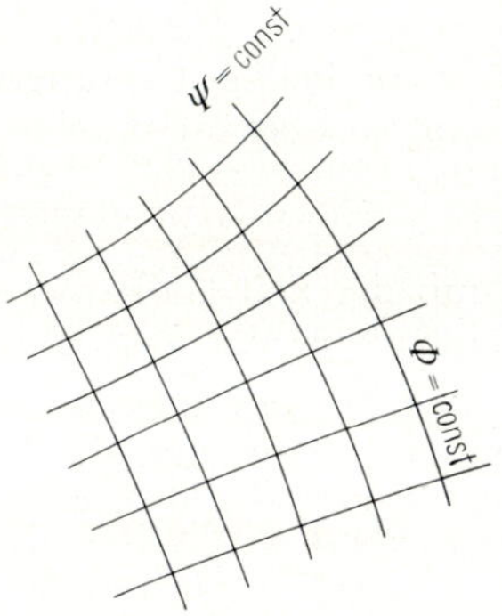

Fig. 38. Quadratisches Kurvennetz der Strom- und Potentiallinien bei ebener, inkompressibler Strömung.

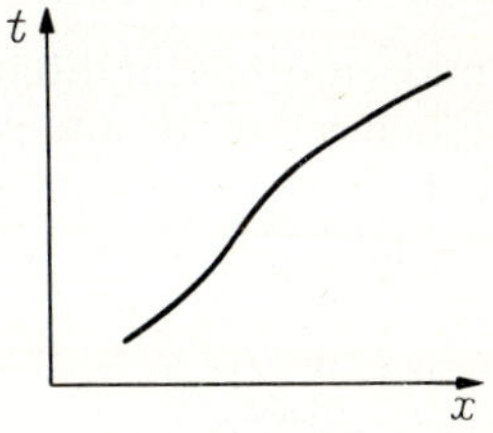

Fig. 39. Neigung einer Teilchenbahn in der Strömungsebene.

sind für das physikalische Geschehen in der x, t-Ebene besonders anschaulich. Schließlich sind die Stromlinien bei stationärerStrömung auch die Bahnen der Teilchen des strömenden Mediums.

Die Neigung einer Teilchenbahn in der „Strömungsebene", die nun die Koordinaten x, t besitzt, ist durch die Geschwindigkeit gegeben (Fig. 39):

$$u = -\Psi_t/\Psi_x. \tag{39.10}$$

Diese Beziehung folgt direkt aus (39.8).

Bei instationärer Strömung ist die Orthogonalität von Stromlinien und Potentiallinien nicht mehr vorhanden.

Auch für achsensymmetrische und kugelförmige instationäre Vorgänge existieren Stromfunktionen. In (39.8) wird ϱ dann noch mit einer Potenz von x multipliziert.

Kennzeichnend für alle hier behandelten Fälle ist die Beschränkung auf zwei unabhängige Veränderliche, nämlich x und y oder x und t bei der Stromfunktion im Gegensatz zur Potentialfunktion. Während aber die Potentialfunktion auf drehungsfreie, isentrope Strömung beschränkt war, fällt diese Beschränkung bei der Stromfunktion, die aus der Kontinuitätsbedingung allein hergeleitet wurde, weg. Stromfunktionen können also auch bei ebener achsensymmetrischer oder eindimensional instationärer Strömung mit Reibung verwendet werden. Insbesondere findet die Stromfunktion in der Grenzschichttheorie fruchtbare Verwendung.

40. Verallgemeinerung der Stromfunktion. Für die Darstellung der Teilchenbahnen oder bei stationärer Strömung auch der Stromlinien sind im Raume oder überhaupt bei mehr als zwei unabhängigen Veränderlichen mehrere Funktionen erforderlich:

$$\left.\begin{aligned} &\Psi_i(x, y, z) = \text{const}; \quad i = 1, 2 \\ \text{oder} \quad &\Psi_i(x, y, t) = \text{const}; \quad i = 1, 2 \\ &\Psi_i(x, y, z, t) = \text{const}; \quad i = 1, 2, 3. \end{aligned}\right\} \tag{40.1}$$

Denn eine einzige solche Funktion stellt ja nur eine Fläche im dreidimensionalen x, y, z- oder x, y, t-Raum oder eine Hyperfläche im vierdimensionalen x, y, z, t-Raum dar. Eine Raumkurve im drei- oder vierdimensionalen Raum ist aber erst durch den Schnitt zweier bzw. dreier Raumflächen oder Hyperflächen gegeben.

Die Lagrange-Variablen a, b, c sind mit dem Medium fest verbunden. Betrachtet man diese Koordinaten als Funktionen der Raumkoordinaten x, y, z und der Zeit t, kehrt man also die bei der Lagrange-Form der Strömungsgleichung angewendete Darstellung um, so erkennt man in

$$a(x, y, z, t) = \text{const}, \qquad b(x, y, z, t) = \text{const}, \qquad c(x, y, z, t) = \text{const} \tag{40.2}$$

massenfeste Raumflächen mit der Zeit als Parameter. Der Schnitt dreier solcher Flächen im Raum gibt einen von der Zeit abhängigen Schnittpunkt, das ist gerade die Teilchenbahn eines Massenpunktes.

Für Jacobische Determinanten gilt nun die Beziehung:

$$\frac{\partial(x, y, z)}{\partial(a, b, c)} \frac{\partial(a, b, c)}{\partial(x, y, z)} = 1. \tag{40.3}$$

Somit folgt aus der Kontinuitätsbedingung (18.1) die Gleichung:

$$\frac{\varrho}{\varrho_0} = \frac{\partial(a, b, c)}{\partial(x, y, z)}, \tag{40.4}$$

wobei in den folgenden Ausführungen ϱ_0 als ein konstanter Wert angesehen werden soll und nicht mehr, wie noch in (18.1), als eine von a, b, c abhängige Größe.

Entwickelt man folgende Determinante in bekannter Weise:

$$\frac{\partial(a, b, c)}{\partial(t, y, z)} = \frac{\partial a}{\partial t} \frac{\partial(b, c)}{\partial(y, z)} + \frac{\partial b}{\partial t} \frac{\partial(c, a)}{\partial(y, z)} + \frac{\partial c}{\partial t} \frac{\partial(a, b)}{\partial(y, z)}, \tag{40.5}$$

und verwendet man die für alle Lagrange-Variablen fundamentale Differentialbeziehung (26.6), so gelangt man nach einigen Reduktionen und mit Gl. (40.4) zur Beziehung:

$$\frac{\partial(a, b, c)}{\partial(t, y, z)} = -u \frac{\partial(a, b, c)}{\partial(x, y, z)} = -u \frac{\varrho}{\varrho_0}. \tag{40.6}$$

Durch zyklisches Vertauschen erhält man die entsprechenden Darstellungen der anderen Komponenten der „Stromdichte“:

$$u \frac{\varrho}{\varrho_0} = -\frac{\partial(a, b, c)}{\partial(t, y, z)}; \quad v \frac{\varrho}{\varrho_0} = -\frac{\partial(a, b, c)}{\partial(x, t, z)}; \quad w \frac{\varrho}{\varrho_0} = -\frac{\partial(a, b, c)}{\partial(x, y, t)}. \tag{40.7}$$

Damit sind die Dichte und die Komponenten des Stromdichtevektors als Ableitungen der Lagrange-Veränderlichen dargestellt.

Man kann also die Lagrange-Variablen als verallgemeinerte Stromfunktionen auffassen. Dieses Resultat ist bereits in einem allgemeinen Ergebnis von EULER (1777)[1] enthalten.

[1] L. EULER: Opera (II), 13, p. XIV, Gl. (204).

Berücksichtigt man die Differentialbeziehung zwischen Jacobischen Determinanten

$$\frac{\partial}{\partial t}\frac{\partial(a,b,c)}{\partial(x,y,z)}=\frac{\partial}{\partial x}\frac{\partial(a,b,c)}{\partial(t,y,z)}+\frac{\partial}{\partial y}\frac{\partial(a,b,c)}{\partial(x,t,z)}+\frac{\partial}{\partial z}\frac{\partial(a,b,c)}{\partial(x,y,t)} \tag{40.8}$$

so zeigt sich, daß die Kontinuitätsbedingung (9.3) erfüllt ist. Damit ist also eine allgemeine Darstellung des Stromdichtevektors und der Dichte durch Stromfunktionen (40.2) gefunden und eine Deutung dieser Stromfunktionen als Lagrange-Veränderliche.

41. Die stationäre Strömung im Lichte der allgemeinen Darstellung durch Stromfunktionen. Der Übergang zur Stromfunktion für instationäre eindimensionale Strömung ergibt sich sofort. Da die Strömung parallel zur x-Achse verläuft, setzt man in Gln. (40.4) und (40.7):

$$b=y;\qquad c=z;\qquad a=a(x,t) \tag{41.1}$$

und erkennt in $\Psi=-a\varrho_0$ die Stromfunktion von Gl. (39.8).

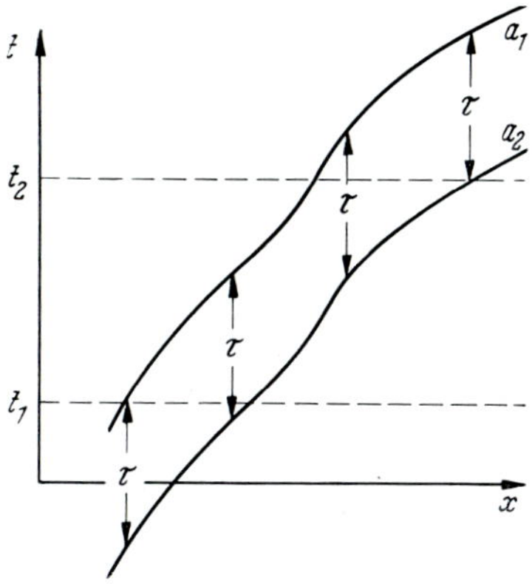

Fig. 40. Zeitliches Fortschreiten eines Teilchens in stationärer Strömung.

Bei stationärer Strömung dagegen fällt sofort auf, daß in Gl. (39.2) nur eine Stromfunktion verwendet wird, während in der Darstellung (40.4), (40.7) bei ebener Strömung, unabhängig davon, ob sie nun stationär oder instationär ist, zwei Stromfunktionen auftreten. Das rührt daher, daß auch bei stationärer Strömung die Bahn eines bestimmten Teilchens als Funktion der Zeit nur mit Hilfe zweier Funktionen wiedergegeben werden kann. Jedoch interessiert man sich im Stationären in der Regel nur für die stationären Stromlinien, nicht aber für die zeitliche Wanderung eines Teilchens. Dieser Vorgang sei für stationäre Strömung an Hand von Fig. 40 untersucht.

Das Vorwärtswandern in der Strömung sei durch die Funktion:

$$F(x,y,z,t)=a \tag{41.2}$$

dargestellt, während die beiden Funktionen b und c die Stromlinien in der stationären Strömung darstellen mögen, also nicht weiter von der Zeit abhängen sollen. a_1 und a_2 seien zwei unterschiedliche Werte der Stromfunktion (41.2), entsprechend zwei Teilchenfronten, welche zu unterschiedlichen Zeiten hintereinander den Strömungsraum überstreichen. Zur Zeit t_2 seien beide Teilchenfronten an den in der Fig. 40 skizzierten Stellen angelangt. $a_2(t_2)$ muß aber denselben Wert wie $a_1(t_2+\tau)$ haben, wobei τ jene Zeitspanne sein möge, welche die Teilchenfront a_1 benötigt, um in die augenblickliche Lage von a_2 zu gelangen. Wenn die Strömung weit vorne parallel mit der Geschwindigkeit u_∞ fließen soll, so bedeutet das, daß die Funktion (41.2) durch eine reine Ortsfunktion G und die Zeit wie folgt darstellbar ist:

$$F(x,y,z,t)=G(x,y,z)-u_\infty t=a. \tag{41.3}$$

Das Wesentliche ist dabei die lineare Abhängigkeit der Funktion F von t. Der Faktor $-u_\infty$ ist nur eine geeignete Normierung für die Funktion a, die im übrigen wie b und c in (41.1) die Dimension einer Länge haben möge. Für die ebene stationäre Strömung kann angesetzt werden:

$$b = b(x, y); \quad c = z. \tag{41.4}$$

Damit gewinnt man aus den Gln. (40.4) und (40.7) die Beziehungen:

$$\left.\begin{aligned} \varrho/\varrho_0 &= F_x b_y - F_y b_x; & u\,\varrho/\varrho_0 &= u_\infty b_y; \\ v\,\varrho/\varrho_0 &= -u_\infty b_x; & w\,\varrho/\varrho_0 &= 0. \end{aligned}\right\} \tag{41.5}$$

Man erkennt, daß ϱ/ϱ_0 eine reine Ortsfunktion ist, wie es sein muß, und daß die Stromfunktion in Gl. (39.2) mit b in der einfachen Beziehung steht:

$$\Psi = u_\infty \varrho_0 b. \tag{41.6}$$

Ganz entsprechend läßt sich auch der Übergang zur Darstellung der stationären Strömung im Raume finden, wo der Stromdichtevektor als das äußere Produkt der Gradienten zweier stationärer Stromfunktionen darzustellen ist[1].

Im Wirbelsatz (26.8) und (31.7) ist demnach a als irgendeine räumliche Stromfunktion zu verstehen. Dabei ist die Freiheit in der Wahl von Stromfunktionen im Raume noch viel größer als im ebenen Fall, da das System der massenfesten Flächen bereits im Anströmgebiet äußerst unterschiedlich gewählt werden kann.

X. Strömungskräfte.

42. Bernoullische Gleichungen. Da die Geschwindigkeitskomponenten den Hauptteil der Glieder in den Differentialgleichungen stellen und außerdem im allgemeinen in die Randbedingungen eingehen, versucht man in der Regel ein Differentialgleichungssystem für die Geschwindigkeitskomponenten, für das Potential oder die Stromfunktion zu gewinnen und den Druck nachträglich aus der Geschwindigkeitsverteilung zu bestimmen. Die Betrachtungen seien zunächst auf reibungslose Strömungen gerichtet. Die Überlegungen gelten damit auch weitgehend für hohe Reynolds-Zahlen, da sich die Wirksamkeit der Reibung im letzteren Falle auf eine dünne Grenzschicht nahe dem Körper beschränkt, durch welche hindurch der Druck als konstant angesehen werden kann.

Wir gehen also aus von der Eulerschen Gleichung (20.6) mit dem Druck auf der rechten Gleichungsseite und multiplizieren diese Vektorgleichung skalar mit dem Geschwindigkeitsvektor $\mathfrak{w}$. Für stationäre Strömung fällt dann die linke Gleichungsseite weg, weil der Vektor $\mathfrak{w}$ auf dem Vektor $\mathfrak{w} \times \operatorname{rot} \mathfrak{w}$ senkrecht steht, und man erhält die Beziehung:

$$\frac{1}{\varrho}\,\mathfrak{w}\cdot\operatorname{grad} p + \mathfrak{w}\cdot\operatorname{grad}\left(\Omega + \frac{\mathfrak{w}^2}{2}\right) = 0. \tag{42.1}$$

Das innere Produkt $\mathfrak{w}\cdot\operatorname{grad} f$ ist nun aber die Ableitung der Funktion f längs einer Stromlinie. Man kann also längs der Stromlinien integrieren und erhält damit für stationäre reibungsfreie Strömung die nach Daniel Bernoulli[2] bezeichnete Gleichung:

$$\frac{\mathfrak{w}^2}{2} + \Omega = \Omega_0 - \int\limits_{p_0} \frac{dp}{\varrho}. \tag{42.2}$$

Dabei sei Ω_0 das Kräftepotential und p_0 der Druck bei der Geschwindigkeit $\mathfrak{w} = 0$. Natürlich braucht in der Strömung kein Punkt verschwindender Geschwindigkeit (Staupunkt) aufzutreten. Dann sind Ω_0 und p_0 nur mathematische

[1] A. Clebsch: J. reine angew. Math. **54**, 303 (1857).

[2] D. Bernoulli: Hydrodynamica. Argentorati 1738.

Konstanten der Integration. Bei konstanter Dichte und ohne äußere Kräfte hat Gl. (42.2) die vertraute Form:

$$\frac{1}{2}\varrho\,\mathfrak{w}^2 + p = p_0. \tag{42.3}$$

Die Bernoulli-Gleichung (42.2) drückt aus, wie die Geschwindigkeit bei stationärer Strömung in einer Stromröhre infolge des Druck- und Potentialgefälles zunimmt. Aus diesem einfachen physikalischen Zusammenhang erklärt sich auch die einfache Gestalt der Gleichung. Es sei aber hervorgehoben, daß es eine Bewegungsgleichung ist, also *eine Impulsgleichung und keine Energiegleichung*. Sie gilt auch dann, wenn der Dichte-Druck-Zusammenhang durch Energiezufuhr beeinflußt wird. Zur Bestimmung des Druckes muß freilich in letzterem Fall die Größe der Wärmezufuhr bekannt sein.

Im Zusammenhang mit der Aufstellung des Croccoschen Wirbelsatzes wurde für stationäre Strömung der Energiesatz (25.4) abgeleitet. Obwohl die Dimension der Glieder beider Sätze (42.2) und (25.4) dieselbe ist, nämlich eine Energie der Masseneinheit oder auch der Fluß einer Bewegungsgröße der Masseneinheit, sollten die Bezeichnungen Bernoulli-Gleichung und Energiesatz nicht vertauscht werden. Während die Bernoullische Gleichung, wie bereits betont, Wärmezufuhr zuläßt, aber an stetige Vorgänge geknüpft ist, gilt der Energiesatz auch bei Stößen, nicht aber bei Wärmezufuhr. Im Falle stetiger Strömung ohne Energiezufuhr sagen beide Sätze freilich dasselbe aus, wie es auch sein muß. Dann ist die Zustandsänderung längs Stromfäden gemäß (20.7) nämlich isentrop. Nach der rein thermodynamischen Beziehung (20.3) kann also $dp/\varrho = di$ gesetzt werden und (42.2) läßt sich direkt auf den Energiesatz zurückführen.

Bei konstantem oder verschwindendem Kräftepotential Ω ist gemäß (42.2) die Geschwindigkeitszunahme in stationärer Strömung stets an einen Druckabfall geknüpft. Dabei können in Strömungen lokal leicht so große Geschwindigkeiten auftreten, daß der Druck unter dem Dampfdruck der Flüssigkeit liegt. Es bilden sich Dampfblasen in der Flüssigkeit, unter Umständen schon bei höherem Druck Luftblasen durch das Austreten der im Wasser gelösten Luft. Man bezeichnet diese mit Hohlraumbildung verbundenen Strömungserscheinungen als *Kavitation*[1]. Sie spielt bei Rohrströmung, Schiffsschrauben und Wasserpumpen eine wichtige, allerdings aber auch unerwünschte Rolle.

Die Existenz einer Bernoulli-Gleichung ist nicht unbedingt an stationäre reibungsfreie Strömung geknüpft. Bei instationärer Potentialströmung, die also wirbelfrei und mithin im allgemeinen auch isentrop sein wird, kann in Gl. (38.2) die Enthalpie durch den Druck ersetzt werden, und man erhält damit die Beziehung:

$$\frac{1}{2}\,\mathfrak{w}^2 + \Omega = \Omega_0 - \int\limits_{p_0} \frac{dp}{\varrho} - \Phi_t. \tag{42.4}$$

Zu den Summanden von Gl. (42.2) tritt also die zeitliche Ableitung des Geschwindigkeitspotentials. Wenn damit auch der physikalische Sinn etwas verwischt ist, so bleibt immerhin noch eine einfache Formel für die Bestimmung des Druckes aus dem Geschwindigkeitspotential.

Auch bei speziellen Strömungen mit Reibung kann es noch einfache Verallgemeinerungen der Bernoullischen Gleichung (42.2) oder (42.3) geben (vgl. etwa [*1*], S. 140—141). Im allgemeinen ist aber eine mühsame Berechnung des Druckes aus den Navier-Stokesschen Gleichungen erforderlich, wenn es gelungen ist, etwa

[1] Vgl. hierzu den Beitrag von D. GILBARG über Strahlbildung und Kavitation in Bd. IX dieses Handbuchs.

die Wirbeltransportgleichung (31.6) für das entsprechende Problem zu lösen und damit die Geschwindigkeitsverteilung zu bestimmen.

43. Auftrieb. Satz von Kutta-Joukowsky. Da die Kräfte, welche auf einen Körper wirken, gemäß den Integralformen der Impulssätze (4.9) in stationärer Strömung durch zu- und abfließende Bewegungsgrößen allein ausgedrückt werden können, lassen sich die Luftkräfte vielfach durch die Geschwindigkeitsverteilungen auf gewissen Kontrollflächen darstellen. Solche Darstellungen sind sowohl bei durchströmten Körpern als auch bei umströmten Körpern oder Körpern im Flug möglich. Im ersteren Falle kann die Kraft auf einen Strömungsumlenker, auf Schaufelgitter oder Schaufelkränze aus den Zu- und Abstromverhältnissen bestimmt werden. Im zweiten Falle, der hier eingehender behandelt werden soll, legt man in einem gewissen Körperabstand zweckmäßigerweise eine Kontrollfläche, die den betrachteten Körper völlig umschließt (Fig. 41).

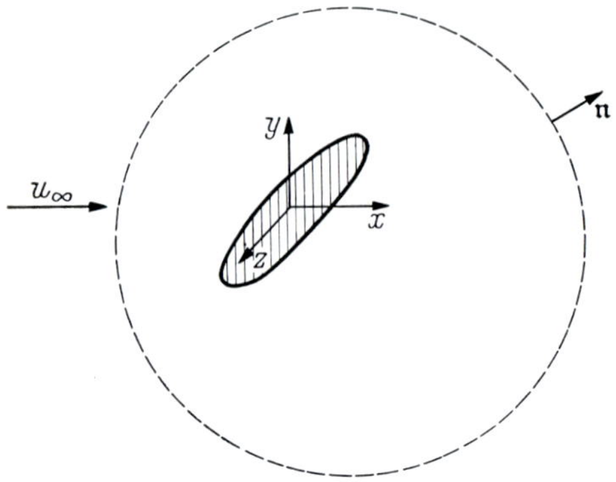

Fig. 41. Kontrollfläche um einen Flugkörper.

Die Kraft, mit welcher der Körper in y-Richtung gehalten werden muß, ist dann in stationärer Strömung bei Vernachlässigung aller äußeren Kräfte und der Reibungskräfte am Ort der Kontrollfläche gemäß Gl. (4.8) [vgl. auch (4.9)]:

$$K_y = \iint_F [\varrho\, u\, v \cos(n, x) + (\varrho\, v^2 + p) \cos(n, y) + \varrho\, w\, v \cos(n, z)]\, df. \tag{43.1}$$

Dabei ist von einer Vernachlässigung der Reibungskräfte im Innern oder etwa gar in der Grenzschicht am Körper keine Rede. In genügender Entfernung vom Körper ist aber eine Vernachlässigung der Reibungskräfte erlaubt.

Als *Auftrieb* A wird die senkrecht zur Anströmrichtung, also in y-Richtung wirksame Flügelkraft bezeichnet. Sie muß der auf den Flügel ausgeübten Kraft entgegengesetzt sein, wenn der Flügel im Gleichgewicht gehalten werden soll: $A = -K_y$. Ferner erzeugt ein konstanter Druck auf die Kontrollfläche F keine resultierende Kraft, womit Gl. (43.1) auch geschrieben werden kann:

$$A = -\iint_F [\varrho\, u\, v \cos(n, x) + (\varrho\, v^2 + p - p_\infty) \cos(n, y) + \varrho\, w\, v \cos(n, z)]\, df. \tag{43.2}$$

Dabei ist u_∞, $v = w = 0$, ϱ_∞ und p_∞ der Zustand der ungestörten Parallelströmung in großer Entfernung vom Flügel.

Hat die Kontrollfläche F genügenden Abstand vom Flügel, so sind die Störungen v und w sicher sehr klein und in (43.2) sind nur die Glieder erster Ordnung zu berücksichtigen:

$$\sqrt{x^2 + y^2 + z^2} \to \infty: \quad A = -\iint_F [\varrho_\infty\, u_\infty\, v \cos(n, x) + (p - p_\infty) \cos(n, y)]\, df. \tag{43.3}$$

Die Bernoulli-Gleichung lautet für kleine Störungen bei Berücksichtigung nur der Glieder erster Ordnung und $\Omega = 0$:

$$\frac{\mathfrak{w}^2}{2} - \frac{u_\infty^2}{2} + \int_{p_\infty}^{p} \frac{dp}{\varrho} = (u - u_\infty)\, u_\infty + \frac{p - p_\infty}{\varrho_\infty} + \cdots = 0. \tag{43.4}$$

Dann folgt für den Auftrieb aus (43.3) und (43.4):

$$A = -\varrho_\infty u_\infty \iint_F [v \cos(n, x) - (u - u_\infty) \cos(n, y)]\, df. \tag{43.5}$$

Dabei kann, wie schon früher beim Druck, der Integrand $u_\infty \cos(n, y)$ weggelassen werden, weil er über die ganze Fläche integriert keinen Beitrag liefert. Die Fläche F sei nun der Einfachheit halber eine zylindrische Fläche mit z als Achsenrichtung. Wird eine Flächenzunahme bei Durchwanderung der Schnittkurve von F mit der Ebene $z = \text{const}$ im positiven Sinne angenommen, so gilt die Beziehung:

$$\cos(n, x)\, df = dy\, dz; \qquad \cos(n, y)\, df = -dx\, dz. \tag{43.6}$$

Nimmt man nun die Integration über z als letzte, so erkennt man im inneren Integral die *Zirkulation* auf der Kurve $z = \text{const}$ gemäß Gl. (21.4):

$$A = -\varrho_\infty u_\infty \int \left[\int (u\, dx + v\, dy)\right] dz = -\varrho_\infty u_\infty \int \Gamma\, dz. \tag{43.7}$$

Mit dieser Gleichung ist der *Satz von Kutta und Joukowsky*[1] ausgesprochen. Ursprünglich wurde er für die ebene Strömung aufgestellt, dann ist Γ unabhängig von z und das Integral über z wird zu einem Streckenstück des Flügels in Spannweitenrichtung, auf welches sich der Auftrieb A bezieht. In der Regel wird die Gleichung mit dem umgekehrten Vorzeichen wiedergegeben. Wir sehen es jedoch für folgerichtiger an, die Zirkulation Γ bei Drehungen im Uhrzeigersinn als positiv zu definieren.

44. Auftrieb und Wirbelsätze. Der Kutta-Joukowskysche Satz in der Form (43.7) drückt der Herleitung gemäß den Auftrieb eines Körpers durch die Zirkulationsverteilung um den Körper in großer Entfernung aus. Es wird sich gleich zeigen, daß die Zirkulationsverteilung irgendwo in der reibungsfreien Strömung genommen werden kann, wenn der Flügel — wie in den meisten Fällen angenommen — wirbelfrei angeströmt wird. Die nächsten Betrachtungen seien an ein Profil in völlig rotationsfreier Strömung geknüpft.

Da die Anströmung wirbelfrei ist, muß die Zirkulation einer über dem Flügel oder unter dem Flügel vorbeifließenden massenfesten Kurve verschwinden. Nach der gleichen Schlußweise, wie sie beim Potentialwirbel durchgeführt wurde, muß aber dann die Zirkulation längs irgendeiner um das Profil gezogenen Kurve dieselbe sein, wenn die Kurve nur überall in der Potentialströmung verläuft.

Angenommen nun, das Profil werde aus der Ruhe in einer überall ruhenden Strömung „angefahren". Dann war die Zirkulation Γ vor dem Anfahren für die das Profil umgebende Flüssigkeit oder Gasmasse Null. Nach dem Anfahren muß die Zirkulation für einen Luft- oder Flüssigkeitskörper, der sich von der augenblicklichen Position der Nase bis zur Ausgangsposition des Flügelendes erstreckt, verschwinden. Das ist aber nur so möglich, daß an der Ausgangsstellung eine Zirkulation herrscht, welche jener um das Flügelprofil entgegengesetzt ist. Man bezeichnet diese Erscheinung als „*Anfahrwirbel*" (Fig. 42).

Die Tatsache, daß Auftrieb an Zirkulation um den tragenden Körper geknüpft ist, wird aus der Bernoullischen Gleichung allein klar. Auftrieb bedingt im allgemeinen Überdruck an der Unterseite und Unterdruck an der Oberseite des Flügels. Das bedeutet aber nach der Bernoullischen Gleichung Übergeschwindigkeiten an der oberen Seite und Untergeschwindigkeiten an der unteren Seite des Flügels, also Zirkulation.

[1] W. Kutta: Bayer. Akad. Wiss., math.-phys. Kl., München 1910. — Bayer. Akad. Wiss., math.-phys. Kl., München 1911. — N. Joukowsky: Aérodynamique. Paris 1916.

Da sowohl Zirkulation wie Geschwindigkeitspotential Linienintegrale der Geschwindigkeit sind, besteht zwischen beiden ein einfacher Zusammenhang. Während bei der Zirkulation auf einer geschlossenen Kurve im Umlaufssinn integriert wird, erfolgt die Integration für das Potential an der Ober- oder Unterseite in gleicher Richtung. Durch die Übergeschwindigkeit auf der Oberseite und die Untergeschwindigkeit auf der Unterseite des Flügels entsteht offenbar am Ende des Flügels eine Potentialdifferenz. Das Potential an der Oberseite der vom Flügel abgehenden Stromlinien sei mit Φ_1, jenes an der Unterseite mit Φ_2 bezeichnet. Φ_3 sei das Potential an irgendeinem geeigneten Punkt vor dem Flügel (Fig. 43). Betrachtet werde irgendein Längsschnitt eines räumlichen Tragflügelkörpers, also nicht notwendig eine ebene Strömung. Dann gilt:

$$\Gamma = \oint (u\,dx + v\,dy + w\,dz) = \Phi_1 - \Phi_3 + (\Phi_3 - \Phi_2) = \Phi_1 - \Phi_2. \tag{44.1}$$

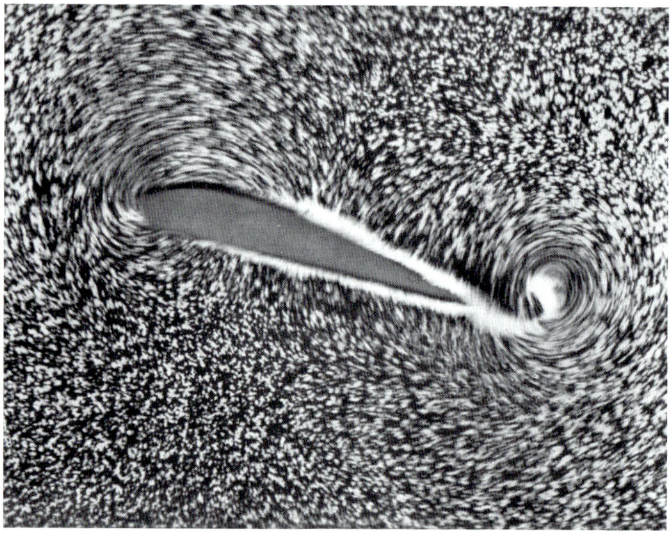

Fig. 42. Anfahrwirbel. (Prandtl-Tietjens, Abb. 54.)

Die Zirkulation ist also gleich dem Potentialsprung an der Durchtrittsstelle der Integralkurven durch die Stromlinie. Auf Stromflächen ist nun aber die Zirkulation Null. Die Integralkurve kann daher längs einer vom Flügel abgehenden Stromlinie verlängert werden, ohne daß sich Γ und damit der Sprung im Potential ändert. Auf diese Weise erkennt man, daß das Zirkulationsintegral in (43.7) auf ein solches unmittelbar um den Körper zurückgeführt werden kann, indem die Durchstoßpunkte durch die vom Flügel abgehende Stromfläche längs Stromlinien an die Flügelhinterkante herangezogen werden und die Kurven dann um den Flügel zusammengezogen werden können.

Nach dem Helmholtzschen Satz muß ein Wirbelfaden überall konstante Zirkulation aufweisen. Bei ebener Strömung ist diese Bedingung erfüllt, indem der Wirbelfaden in z-Richtung beiderseits ins Unendliche reicht. Bei einem endlichen Flügel muß aber die Zirkulation um den Flügel an den Seitenkanten irgendwie enden, der lokale Auftrieb muß dort schließlich aufhören. Da die Zirkulation nach den Flügelenden hin abnimmt, trifft dies auch für das Potential in der Nähe der Hinterkante (Fig. 44, $\Phi_4 < \Phi_5$) zu. Die Strömung erfolgt nun immer in Richtung zunehmenden Geschwindigkeitspotentiales, d.h. an der Oberseite von außen nach innen, an der Unterseite umgekehrt im Sinne eines Ausweichens der Strömung durch die Anstellung des Flügels an der Unterseite und eines Zusammenströmens zur Mitte an der Oberseite. Das führt also in der Strömung zu einem Wirbelsystem mit in Strömungsrichtung liegenden Wirbelachsen. Die am Flügel im wesentlichen in z-Richtung verlaufenden Wirbelachsen finden hinter dem Flügel in einem „Wirbelband" ihre Fortsetzung, das in x-Richtung verläuft, womit allen Bedingungen der Wirbelsätze Genüge getan ist.

Die Potentialdifferenz zwischen Ober- und Unterseite des Wirbelbandes ist keineswegs auf einen Sprung in der u-Komponente zurückzuführen. Bildet man das Linienintegral der Geschwindigkeit durch Integration in z-Richtung vom Rand des Wirbelbandes her, so liefert die w-Komponente auf der Oberseite einen positiven, auf der Unterseite einen negativen Beitrag und damit die Potentialdiffe-

Fig. 43. Potential und Zirkulation an einem Tragflügel.

renz. Der Druck auf beiden Seiten des Wirbelbandes dagegen ist derselbe, wie es an einer freien Oberfläche ja auch stets der Fall sein muß, da das Vorzeichen von w nicht in die Bernoulli-Gleichung eingeht.

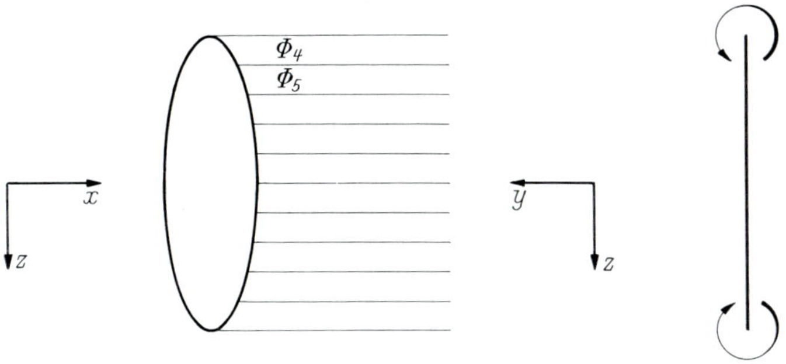

Fig. 44. Wirbelband hinter Tragflächen.

45. Schub. Wendet man Gl. (4.9) auf die Hauptströmungsrichtung oder Flugrichtung an, als welche stets die x-Richtung gewählt werden möge, so bekommt man Ausdrücke für den Schub oder den Widerstand eines Körpers. Die äußere Kraft $\mathfrak{k}$ soll wieder gleich Null gesetzt werden. Wie bei der Herleitung der Auftriebsformel kann man wieder eine Kontrollfläche in großer Entfernung um den Körper legen. Dann muß eine Kraft K_x angebracht werden, welche dem Schub oder dem Widerstand das Gleichgewicht hält. Dieser Weg soll im folgenden beschritten werden. Man kann aber auch eine zweite Kontrollfläche unmittelbar um den Körper legen und diese durch einen Schnitt mit der äußeren Kontrollfläche verbinden (Fig. 45). Die Kontrollfläche am Körper wird dann nicht durchströmt, und die Beiträge des Oberflächenintegrals auf ihr bestehen nur aus den Druckkräften und den Schubspannungskräften, die zusammen gerade den gesuchten Schub oder Widerstand ausmachen. Die Betrachtungen seien wieder auf stationäre Strömung beschränkt.

Für einen Raketenkörper im luftleeren Raum mit konstanter Ausstoßgeschwindigkeit u und dem Strahlquerschnitt f (Fig. 46) besteht der einzige Beitrag des Oberflächenintegrals von (4.9) in:

$$K_x = \iint_F \varrho u^2 df = \varrho u^2 f = G \cdot u. \tag{45.1}$$

G ist die von der Rakete in der Zeiteinheit ausgestoßene Masse. Die Kraft K_x, mit welcher der Körper gehalten werden muß, ist positiv und entspricht dem nach links gerichteten Raketenschub. u ist die Relativgeschwindigkeit der Gasmasse zum Raketenkörper. Unabhängig von deren Eigengeschwindigkeit gibt es also stets einen Schub, wenn Gasmasse ausgestoßen wird. Der physikalische Grund liegt im Schwerpunktsatz, wonach der Schwerpunkt von Rakete und Treibstoff keine Beschleunigung erfahren darf, die Rakete also um so schneller in der einen Richtung eilen muß, je mehr Masse in entgegengesetzter Richtung fliegt.

Für die nächsten Überlegungen seien keine Massenquellen im Körper angenommen. Dieser werde von einem Medium völlig umströmt. Die Kontrollfläche bestehe aus zwei Ebenen $x = \text{const}$. Die eine liege sehr weit vor dem Körper, so daß dort der konstante Anströmzustand angenommen werden kann, die andere in gewissem Abstand hinter dem Körper. Dann gilt für die

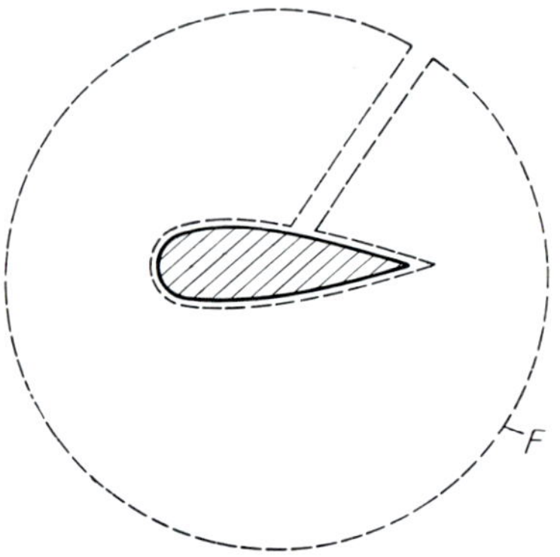

Fig. 45. Kontrollfläche um einen Flugkörper.

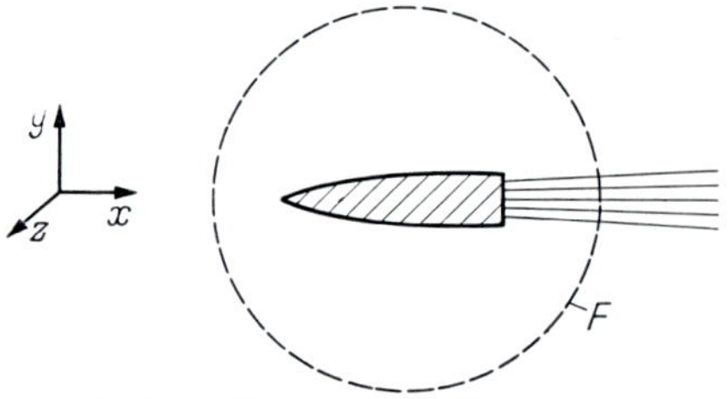

Fig. 46. Kontrollfläche um einen Raketenkörper.

Ebene vor dem Körper $\cos(n, x) = -1$, für jene hinter dem Körper $\cos(n, x) = +1$. Der Integrand in der Fläche vor dem Körper ist konstant gleich $\varrho_\infty u_\infty^2 + p_\infty$, so daß die Kraft ebenso gut durch eine Integration über die Fläche hinter dem Körper allein mit dem Integranden:

$$K_x = \iint_F \left[\varrho u^2 + p - (\varrho_\infty u_\infty^2 + p_\infty)\right] dy\, dz \tag{45.2}$$

berechnet werden kann.

Da nun keine Massenquellen vorhanden sein sollen, kann die Kontinuitätsbeziehung (3.5) auf die gleiche Kontrollfläche angewendet werden, mit dem Resultat:

$$\iint_F (\varrho u - \varrho_\infty u_\infty)\, dy\, dz = 0. \tag{45.3}$$

Multipliziert man diese Gleichung mit u_∞ und zieht sie von (45.2) ab, so erhält man:

$$K_x = \iint_F \left[\varrho u (u - u_\infty) + p - p_\infty\right] dy\, dz. \tag{45.4}$$

Mit einem Propeller oder einem Strahlantrieb wird nun eine vorne angesaugte Masse G bei einem Druck, welcher praktisch gleich dem Anströmdruck ist ($p = p_\infty$), aber mit erhöhter Geschwindigkeit wieder ausgestoßen. Unter der Annahme, daß der Zustand im Antriebstrahl konstant ist, kann über den Strahl integriert werden. Man erhält dann wieder die im Antriebstrahl geförderte Menge G und weiter die Formel für den Schub:

$$K_x = G (u - u_\infty). \tag{45.5}$$

Bei den normalen Flugzeugantrieben und auch beim Schiffsantrieb ist also der Schub gleich der in der Zeiteinheit geförderten Menge mal deren Geschwindigkeitserhöhung. Die Verwandtschaft mit der Gleichung für den Raketenschub (45.1) ist offensichtlich.

46. Induzierter Widerstand. Setzt man verlustfreie und dichtebeständige Strömung voraus, so läßt sich der Druck in Gl. (45.2) leicht mit Hilfe der Bernoulli-Gleichung (42.3) eliminieren, indem der Druck p_0 dort durch einen Zustand in der Anströmung ersetzt wird. Ersetzt man ferner den Geschwindigkeitsvektor durch seine Komponenten, so erhält man:

$$\left.\begin{aligned} K_x &= \frac{\varrho}{2} \iint\limits_F [u^2 - v^2 - w^2 - u_\infty^2]\, dy\, dz \\ &= \frac{\varrho}{2} \iint\limits_F \left[2(u - u_\infty)\, u_\infty + (u - u_\infty)^2 - v^2 - w^2\right] dy\, dz. \end{aligned}\right\} \tag{46.1}$$

Mit Rücksicht auf die Kontinuitätsbedingung (45.3) für dichtebeständige Medien ($\varrho = \varrho_\infty$) fällt der erste Summand unter dem letzten Integral weg mit dem Ergebnis:

$$K_x = \frac{\varrho}{2} \iint\limits_F \left[(u - u_\infty)^2 - v^2 - w^2\right] dy\, dz. \tag{46.2}$$

Aus diesem Integral läßt sich nun der Widerstand berechnen, welcher durch die Wirbel bedingt ist, die sich im Wirbelband einer tragenden Fläche befinden. Er wird als *induzierter Widerstand* bezeichnet. Es wurde bereits gezeigt, daß die Änderung der Wirbel, die das Wirbelband bilden, in x-Richtung im Verhältnis zu den Änderungen, die in der y-, z-Ebene stattfinden, zu vernachlässigen ist (Fig. 44). (Genau genommen findet allerdings ein langsames Aufrollen des Wirbelbandes von seinen Rändern her statt.) Die x-Komponente der Geschwindigkeit ist also praktisch ungestört ($u = u_\infty$). Damit wird, durch das Potential ausgedrückt:

$$-K_x = \frac{\varrho}{2} \iint\limits_F [\Phi_y^2 + \Phi_z^2]\, dy\, dz. \tag{46.3}$$

Wegen der Unveränderlichkeit der Strömung in x-Richtung gilt die Laplace-Gleichung in der y-, z-Ebene:

$$\Phi_{yy} + \Phi_{zz} = 0, \tag{46.4}$$

und das Doppelintegral kann mit der Greenschen Formel

$$\iiint\limits_B \operatorname{grad}^2 \Phi\, dB + \iiint\limits_B \Phi\, \Delta\Phi\, dB = \iint\limits_F \Phi \frac{\partial \Phi}{\partial n}\, df \tag{46.5}$$

auf ein Integral um eine das Wirbelband umschließende Kurve reduziert werden. Wird das Integral schließlich nur über die Oberseite des Bandes erstreckt, so kann mit (44.1) die Zirkulation eingesetzt werden:

$$-K_x = \frac{\varrho}{2} \oint \Phi \frac{\partial \Phi}{\partial n}\, ds = \frac{\varrho}{2} \int v(\Phi_1 - \Phi_2)\, dz = \frac{\varrho}{2} \int v\, \Gamma\, dz. \tag{46.6}$$

Dabei ist die Integration über z nur auf der positiven y-Seite auszuführen.

In diesem, der Prandtlschen Tragflügeltheorie[1] entstammenden Ergebnis wird die v-Komponente in der Regel auch noch durch die Zirkulationsverteilung ausgedrückt. Für das physikalische Verständnis genügt aber die vorhandene Formel.

[1] L. Prandtl: Vier Abhandlungen zur Hydrodynamik. Göttingen 1927.

Das Wirbelband hat eine abwärts gerichtete Komponente (Fig. 43, $v<0$) und der Auftrieb entspricht einer negativen Zirkulation. Damit erweist sich der Integrand von (46.6) als positiv, es ergibt sich wie erwartet ein Widerstand.

Betrachtet man den Vorgang in dem in der Luft vor dem Körper ruhenden Koordinatensystem, so wird das Wirbelband innerhalb der Kontrollfläche in der Zeiteinheit um eine durch die Fluggeschwindigkeit gegebene Länge vergrößert. Dementsprechend wird die durch die Wirbel induzierte Energie vergrößert. Dieselbe Energie ist aufzuwenden, den Widerstand des Flugzeuges bei der Vorwärtsbewegung zu überwinden. Auf diese Weise ist der Widerstand nochmals energetisch erklärt.

Das Eigentümliche am induzierten Widerstand ist die Tatsache, daß er aus einem völlig verlustfreien Vorgang hervorgeht, sofern man sich auf die Theorie ohne innere Reibung beschränkt. Ein gewisser Teil der Energie der Strömung im Wirbelband läßt sich übrigens wieder verwerten. Am Rande des Wirbelbandes herrscht Aufwind, der für den Auftrieb eines nachkommenden Flugkörpers ausgenutzt werden kann. In der Tat nützen die Wildgänse und Kraniche diese Erscheinung durch ihre pfeilförmige Flugordnung aus.

47. Widerstand und Verluste. Viel größer als der induzierte Widerstand ist unter Umständen der Reibungswiderstand fliegender Körper und bei Überschallgeschwindigkeiten der Druckwiderstand. Letzterer äußert sich im Nachlauf weitgehend durch die Verluste, welche die Verdichtungsstöße bedingen. Im allgemeinen weisen also fliegende Körper sog. Nachlaufdellen auf, welche in der Umgebung der Stromfläche des Körpers ziemlich ausgeprägt sein können und die sich bei Stößen wie die Kopfwelle und die Schwanzwelle oft weit in die Strömung hinein ausdehnen (Fig. 21).

Der Zusammenhang von Druck und Geschwindigkeit ist dabei keineswegs mehr durch die Bernoulli-Gleichung gegeben, weil sie über Stöße hinweg nicht gilt und auch nicht in Reibungsschichten, da hier die einzelnen Stromfäden Kräfte aufeinander ausüben. Da der Körper keine Energie, etwa durch Wärmeverluste oder Verbrennung, an die Umgebung abgeben soll, kann aber angenommen werden, daß der Energiestrom durch die Kontrollfläche verschwindet. Es soll daher zunächst die Druckdifferenz $p-p_\infty$, die wie alle Störungen in einiger Körperentfernung sicher schwach ist, nach der Enthalpie- und Entropiedifferenz entwickelt werden:

$$p(i,s)=p_\infty+\left(\frac{\partial p}{\partial i}\right)_{s\infty}(i-i_\infty)+\left(\frac{\partial p}{\partial s}\right)_{i\infty}(s-s_\infty)+\frac{1}{2}\left(\frac{\partial^2 p}{\partial i^2}\right)_{s\infty}(i-i_\infty)^2+\cdots. \tag{47.1}$$

Glieder höherer Ordnung, welche die Entropiestörung enthalten, sollen nicht mitgenommen werden, da sie weit draußen keine wesentlichen Beiträge mehr liefern. Gemäß allgemeinen thermodynamischen Beziehungen (20.3) und der Schallgeschwindigkeitsbeziehung (7.7) gilt nun:

$$\left(\frac{\partial p}{\partial i}\right)_s=\varrho;\qquad \left(\frac{\partial p}{\partial s}\right)_i=-\varrho T;\qquad \left(\frac{\partial^2 p}{\partial i^2}\right)_s=\left(\frac{\partial \varrho}{\partial p}\right)_s\left(\frac{\partial p}{\partial i}\right)_s=\frac{\varrho}{c^2}. \tag{47.2}$$

Dies in die Entwicklung (47.1) und in den Impulssatz (45.4) eingesetzt, führt zu:

$$K_x=\iint\limits_F\left[\varrho u(u-u_\infty)+\varrho_\infty(i-i_\infty)-\varrho_\infty T_\infty(s-s_\infty)+\frac{1}{2}\frac{\varrho_\infty}{c_\infty^2}(i-i_\infty)^2\right]dy\,dz. \tag{47.3}$$

Es sei nun zunächst angenommen, daß der Energiesatz der Form (25.4), jedoch mit verschwindenden äußeren Kräften im ganzen Integrationsgebiet gilt. Das ist in der reibungsfreien Strömung, einschließlich der Verdichtungsstöße, sicher der Fall. In der Reibungsschicht allerdings gilt er nur für die Prandtl-Zahl $\sigma = 1$, wie in der Grenzschichttheorie gezeigt wird. Nur dann wird die durch Dissipation erzeugte Wärme durch Wärmeleitung gerade vollkommen abgeführt. Unter Beschränkung auf die genannten Strömungen gilt dann:

$$i - i_\infty = -u_\infty (u - u_\infty) - \tfrac{1}{2}\left[(u - u_\infty)^2 + v^2 + w^2\right]. \tag{47.4}$$

Nach Eliminierung von i erhält man schließlich für den Widerstand $-K_x$ folgenden Ausdruck:

$$-K_x = \varrho_\infty \iint\limits_F \left\{T_\infty (s - s_\infty) + \tfrac{1}{2} u_\infty \left[-(1 - M_\infty^2)(u - u_\infty)^2 + v^2 + w^2\right]\right\} df. \tag{47.5}$$

Dabei sind sowohl in den Entropie- als auch in den Geschwindigkeitsstörungen jeweils nur die ersten in den Entwicklungen auftretenden Summanden mitgenommen worden, die in der Entropiestörung linear, in der Geschwindigkeitsstörung aber quadratisch sind. Außerdem läßt sich zeigen, daß der Entropiesummand unter der allgemeineren Voraussetzung konstanten Energiestromes durch die ganze Fläche (und nicht längs jeder Stromlinie für sich) abgeleitet werden kann, wie es auch in der Originalarbeit gemacht wurde[1]. Dieses Glied gilt also auch im Nachlauf einer Reibungsschicht beliebiger Prandtl-Zahl σ. In den kinetischen Gliedern erkennt man den Ausdruck (46.2), der unter der Voraussetzung dichtebeständiger ($M_\infty^2 \to 0$) und isentroper Strömung ($s = s_\infty$) abgeleitet wurde.

Für beliebig großen Abstand vom Körper sind die Geschwindigkeitsstörungen und bei nicht zu hohen Mach-Zahlen sicher auch die Entropiestörung so klein, daß die in (47.5) berücksichtigten Glieder eine ausreichende Näherung für den Widerstand eines Körpers liefern.

Beschränken wir uns zunächst auf isentrope oder nahezu isentrope Vorgänge, dann ist der Widerstand $-K_x$ in (47.5) durch die Geschwindigkeitsstörungen auf einer Kontrollfläche hinter dem Körper ausgedrückt. Bei nicht angestellten Körpern klingen in reibungsfreier inkompressibler Strömung oder auch in Unterschallströmung die Störungen, welche von der Verdrängungswirkung des Körpers herrühren, ziemlich rasch ab. Es zeigt sich bei endlichen Körpern, wie Profilen, Rümpfen usw. ein Abklingen der Geschwindigkeitsstörungen mit dem Quadrat der Entfernung in ebener und mit der dritten Potenz der Entfernung in räumlicher Strömung. Da die umschließende Fläche F aber nur mit dem Quadrat der Entfernung anwächst und im Integranden die Quadrate der Geschwindigkeitsstörungen stehen, gibt das Integral bereits in einiger Entfernung sicher keine Beiträge mehr. Der Widerstand solcher Körper ist also Null, und das Integral kann auch in geringem Körperabstand keinen Beitrag liefern. Damit ist das *„hydrodynamische Paradoxon“* von D'ALEMBERT[2], welches schon bei L. EULER erscheint, ausgesprochen: Auftriebslose Körper weisen in reibungsloser stationärer Unterschallströmung keinen Widerstand auf.

Die Betrachtung sei auf einen mit Überschall fliegenden Körper und zunächst auf eine knapp hinter den Körper gezogene Kontrollfläche gerichtet (Fig. 47). Das Störungsfeld der Geschwindigkeit ist im wesentlichen auf eine Zone zwischen Kopf- und Schwanzwelle beschränkt. Hinter der Schwanzwelle erweist sich die Geschwindigkeitsstörung in der Regel als unbedeutend, sofern sie nicht von Grenzschichterscheinungen herrührt. Die Entropieanstiege in der Kopf- und Schwanzwelle sind in einem derart begrenzten Gebiet nahe dem Körper in der Regel ebenfalls von untergeordneter Bedeutung. Damit ist der Widerstand durch

[1] K. OSWATITSCH: Nachr. Ges. Wiss. Göttingen, math.-phys. Kl., **1**, 88–90 (1945).
[2] J. L. D'ALEMBERT: Suite de recherches, opusculus math. **5**, Nr. 34 (1768).

die in den stehenden Wellen nahe am Körper fließenden Impulse ausdrückbar, also durch die kinetischen Glieder in (47.5). Man spricht daher bei Überschallströmungen in Analogie zu den Erscheinungen der Oberflächenwellensysteme von Schiffen (Fig. 48) vom *Wellenwiderstand.* Gemeint ist aber damit der im Wellenimpulsstrom zur Geltung kommende „Druckwiderstand" am Körper in der Theorie reibungsfreier Strömung.

Besser und klarer erscheint aber die Aufteilung in *Druckwiderstand* einerseits und *Reibungswiderstand* andererseits. Mit Druckwiderstand ist dabei die aus der Integration der statischen Druckwirkungen am Körper resultierende Widerstandskraft gemeint. Er ist nicht genau gleich dem Widerstand, der sich aus der reibungsfreien Strömung ergibt, da auch die Reibungsgrenzschicht auf die Druckverteilung einwirkt. Der Reibungswiderstand ergibt sich einfach aus den Schubspannungen am Körper.

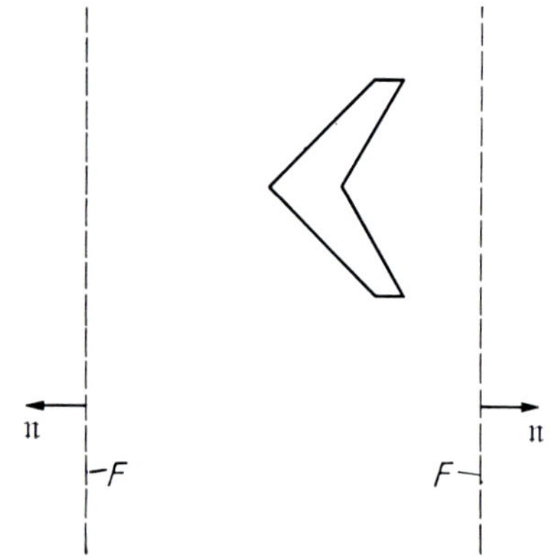

Fig. 47. Kontrollfläche vor und hinter einem Flugkörper.

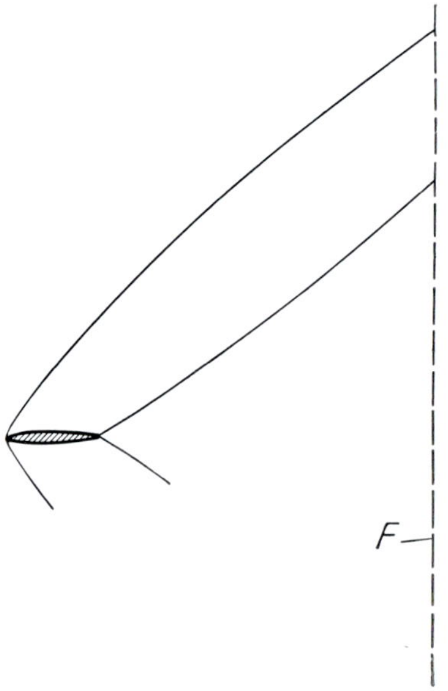

Fig. 48. Zum Wellenwiderstand eines Flugkörpers.

Es ist nun aber nicht möglich, die Nachlaufdelle der Reibung von jener der Stöße klar zu trennen und damit den Impulsverlust im Nachlauf auf einen solchen von der reibungsfreien Strömung bedingten und einen von der Grenzschicht bedingten aufzuspalten. Der Begriff des Wellenwiderstandes ist daher im wesentlichen auf verlustlose Strömungen beschränkt und soll daher besser gleich als „Druckwiderstand" einer solchen Strömung bezeichnet werden.

Mit zunehmender Entfernung der Kontrollfläche F von einem mit Überschallgeschwindigkeit fliegenden Körper nimmt die Bedeutung der Geschwindigkeitsstörungen zwischen Kopf- und Schwanzwelle ab. Hinter der Schwanzwelle und außerhalb des Grenzschichtnachlaufes sind die Geschwindigkeitsstörungen in der Regel ohnehin sehr schwach, so daß dort das Entropieglied im Integranden von (47.5) dominiert. Daraus ist also zu erkennen, daß mit zunehmendem Stromabwärtsrücken von F das erste Glied an Bedeutung gewinnt und in genügend großer Entfernung als einziges übrig bleibt. Das trifft auch für Grenzschichtnachläufe zu, deren Geschwindigkeitsdellen ebenfalls rasch schwächer werden. Nur abgehende Wirbelbänder brauchen eine äußerst große Wegstrecke zu ihrer Auflösung durch Reibung. Bei entsprechender Entfernung der Kontrollfläche kann also der Widerstand durch eine Entropieerhöhung allein ausgedrückt werden.

Damit wird er auf das thermodynamische Maß der Nichtumkehrbarkeit zurückgeführt.

Demnach sind drei verschiedene Erscheinungsformen des stationären Strömungswiderstandes betrachtet worden: Der Widerstand 1. als Integral der Oberflächenkräfte des statischen Druckes und der Wandschubspannung, 2. als Verminderung des Nachlaufimpulses einschließlich der dazugehörigen Druckkräfte und schließlich 3. als Entropieerhöhung im Nachlauf, d.h. energetisch als Aufwärmen des Nachlaufes.

Bei den in Überschallströmung vorzugsweise interessierenden schlanken Körpern erstrecken sich die Stoßwellen weit in den Raum hinein. In diesem Fall erweist sich der Wellennachlauf also als ein ausgedehntes Integral über schlecht meßbare kleine Störungen. Dagegen stellt das Messen des Widerstandes in Unterschallströmung aus dem Reibungsnachlauf hinter den Körpern eine gute Meßmethode dar.

In diesem Zusammenhang sei auf die wichtige Tatsache verwiesen, daß die Strömung in Überschallbereichen außerhalb der Reibungsschicht im allgemeinen trotz der Abnahme der Stoßstärke nach außen als rotationsfrei angesehen werden darf. Nach dem Croccoschen Wirbelsatz (Ziff. 25) ist die Folge einer Änderung des Entropiesprunges im Stoß unweigerlich eine Wirbelbildung. Da sich die Stoßstärke aber entlang der Stoßfront nur sehr langsam ändert, darf dennoch mit einer hohen Genauigkeit wirbelfrei gerechnet werden. Für die energetische Betrachtung des Wirbelwiderstandes sind dagegen auch die kleinsten Entropieanstiege im Stoß von Bedeutung, da sie als Integral über eine große Fläche zur Geltung kommen.

Alle vorangegangenen Überlegungen sind jedoch auf stationäre Strömungen beschränkt. Ein Anlaufvorgang ist dagegen selbst bei verlustfreier Strömung im allgemeinen mit Widerstand verknüpft, da beim Anlaufvorgang dem umgebenden Medium Bewegungsgröße erteilt wird. Für das Anfahren eines Körpers bis zur Ausbildung eines stationären Zustandes bei einer gewissen Endgeschwindigkeit ist jenes Zeitintegral der Kraft aufzubringen, also im Sinne der Punktmechanik jener Impuls zu erzeugen, welcher der Bewegungsgröße des Mediums am Schluß des Anfahrens entspricht.

Integriert man beispielsweise den Impulssatz (4.9) über die Zeit mit einer Kontrollfläche, welche sich in ausreichender Entfernung von allen Bewegungen und Störungen befindet, so folgt mit $X=0$ und Ruhe zur Zeit $t=0$:

$$\int_0^t K_x\,dt = \iiint_B \varrho u\,dx\,dy\,dz. \tag{47.6}$$

Man kann nun die Bewegungsgröße des Mediums gleichsetzen der Geschwindigkeit des Körpers multipliziert mit einer gewissen Masse des Mediums. Diese heißt „scheinbare Masse“, weil sie dem Körper beim Anfahren gleichsam wie eine träge Masse anhaftet. Zum Beispiel ist beim Anfahren eines Zylinders in inkompressibler Potentialströmung die scheinbare Masse gleich dem mit dem Medium gefüllten Zylinder[1].

XI. Potentialströmungen.

48. Fadenströmung. Bei stationärer Strömung, von der in dieser Ziffer allein gesprochen werden soll, muß gemäß der Integralform der Kontinuitätsbedingung mit f als Stromfadenquerschnitt (Fig. 49) und G als in der Zeiteinheit durch den Stromfaden fließender Menge das Produkt

$$G = |\mathfrak{w}|\,\varrho f \tag{48.1}$$

[1] L.M. Milne-Thomson: Theoretical Hydrodynamics, 3rd edit., p. 233. New York: MacMillan & Co. 1955.

konstant sein. Bei konstanter Dichte bedeutet das einfach eine Zunahme der Geschwindigkeit bei Abnahme des Stromfadenquerschnittes. Bei veränderlicher Dichte dagegen kann aus (48.1) zunächst nur auf die Änderung der Stromdichte $\varrho\,|\mathfrak{w}|$ geschlossen werden, und es entsteht die Frage, welche Schlüsse für die Geschwindigkeits- und Druckänderung zu ziehen sind. Dabei soll von Wärmequellen und äußeren Kräften abgesehen und die Änderung als stetig vorausgesetzt, Stöße also ausgeschlossen werden. Bei reibungs- und wärmeleitungsfreier Strömung ist die Zustandsänderung dann — wie in Ziff. 20 gezeigt — isentrop. Aus (42.2) läßt sich durch Bildung des Differentials längs der Stromlinie dann schließen:

$$|\mathfrak{w}|\,d\,|\mathfrak{w}| = -\frac{1}{\varrho}\,dp = -\left(\frac{\partial p}{\partial \varrho}\right)_S \frac{d\varrho}{\varrho} = -c^2\,\frac{d\varrho}{\varrho}. \tag{48.2}$$

Mit zunehmendem Geschwindigkeitsbetrag $|\mathfrak{w}|$ fällt also stets Druck und Dichte.

Für die Änderung der Stromdichte gewinnt man mit (48.2) leicht die Beziehung:

$$\frac{d(\varrho\,|\mathfrak{w}|)}{\varrho\,|\mathfrak{w}|} = \frac{d\,|\mathfrak{w}|}{|\mathfrak{w}|} + \frac{d\varrho}{\varrho} = (1-M^2)\,\frac{d\,|\mathfrak{w}|}{|\mathfrak{w}|}. \tag{48.3}$$

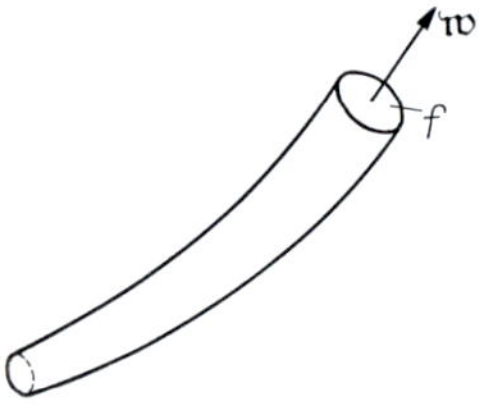

Fig. 49. Stromfaden.

Darin kommt der Faktor M^2 von der Änderung der Dichte her. Wie schon aus der gasdynamischen Gleichung (36.6) kann hier wieder der Schluß gezogen werden, daß die Strömung für kleine Mach-Zahlen ($M^2 \ll 1$) verschwindende Dichteänderungen aufweist. Man erkennt ferner, daß sich die Stromdichte bei Unterschallströmung qualitativ wie bei dichtebeständiger Strömung mit der Geschwindigkeit ändert. Bei Überschallströmung ($M > 1$) hingegen nimmt die Stromdichte bei steigender Geschwindigkeit ab, der Stromfadenquerschnitt also zu. Das rührt daher, daß bei Überschallströmung die Dichteänderung den entscheidenden Einfluß auf die Stromdichteänderung besitzt. Man kann das auch so ausdrücken, daß bei Unterschallströmung die Geschwindigkeitsänderung, bei Überschallströmung aber die Änderung des thermischen Zustandes für die Änderung des Stromfadenquerschnitts und damit für die Verdrängungswirkung dominierend ist. Bei sehr hohen Mach-Zahlen sind fast nur Dichteänderungen und keine Geschwindigkeitsänderungen vorhanden. In Schallnähe stehen beide Effekte gleichwertig nebeneinander. Damit ist von dieser Seite eine weitere Charakterisierung der Strömungsformen von Unterschall-, Überschall-, Schallnähe- und Hyperschallgeschwindigkeit gefunden.

Bei der Mach-Zahl $M = 1$, also bei $|\mathfrak{w}| = c$, erreicht die Stromdichte ein Maximum, der Stromfadenquerschnitt also ein Minimum. Man nennt diesen Strömungszustand daher „*kritisch*“ und bezeichnet ihn im allgemeinen mit einem Stern:

$$|\mathfrak{w}|^* = c^*; \qquad \varrho^*; \qquad T^*; \qquad p^*. \tag{48.4}$$

Nach dem Energiesatz im kräftefreien Feld [(25.4); $\Omega = \Omega_0$]

$$\mathfrak{w}^2 = 2\,(i_0 - i) \tag{48.5}$$

hängt die Geschwindigkeit nur von der Enthalpie i, bei isentroper Strömung also nur von einer der thermodynamischen Zustandsgrößen ab. Um den Zusammenhang analytisch darzustellen, müssen allerdings einige Voraussetzungen über die Eigenschaften des Gases gemacht werden. Für das ideale Gas konstanter spezifischer Wärme gilt beispielsweise unter Verwendung der Schallgeschwindigkeitsformel (7.7) und der Zustandsgleichung idealer Gase mit $\varkappa = c_p/c_v$ als

Verhältnis der spezifischen Wärmen:

$$\mathfrak{w}^2 = 2c_p(T_0 - T) = \frac{2}{\varkappa - 1}(c_0^2 - c^2). \tag{48.6}$$

Daraus läßt sich sofort für ein solches Gas das Verhältnis von kritischem Zustand zum Ruhezustand ermitteln ($|\mathfrak{w}|^* = c^*$):

$$c^{*2}/c_0^2 = T^*/T_0 = \frac{2}{\varkappa + 1}; \quad p^*/p_0 = \left(\frac{2}{\varkappa + 1}\right)^{\frac{\varkappa}{\varkappa - 1}}; \quad \varrho^*/\varrho_0 = \left(\frac{2}{\varkappa + 1}\right)^{\frac{1}{\varkappa - 1}}. \tag{48.7}$$

Das ergibt für Luft ($\varkappa = 1{,}4$), einen kritischen Druck von $p^* = 0{,}528\, p_0$. Herrscht also in einem Unterdruckkessel, zu dem ein Kanal mit einer engsten Stelle, eine sog. Laval-Düse[1] führt (Fig. 50), ein Druck, welcher unter dem kritischen Wert liegt, so stellt sich der kritische Wert an der engsten Stelle der Düse ein, da dort die maximale Stromdichte herrschen muß. Stromabwärts vom Düsenhals herrscht überall Überschallströmung, kenntlich durch die stehenden Schallwellen in der Schlierenaufnahme. Störungen im Überschallbereich (Fig. 50a) vermögen nur begrenzt stromaufwärts zu wirken, es sei denn, sie sind so kräftig, daß an der Störstelle ein neuer Düsenhals entsteht. Die maximale Durchflußmenge bei einem Vakuumkessel ist demnach gegeben durch:

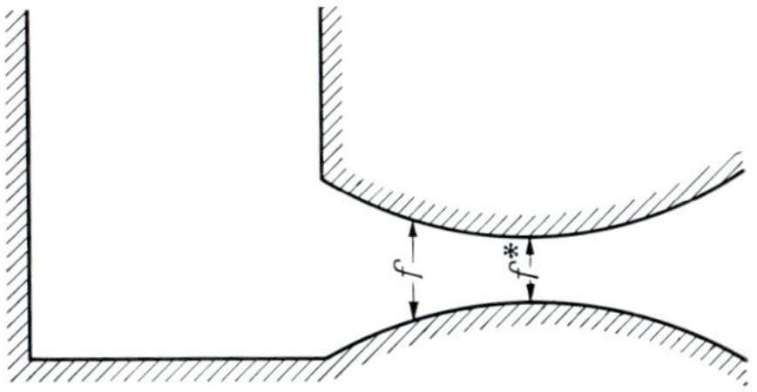

Fig. 50. Laval-Düse.

$$\left.\begin{aligned} G &= \varrho^* c^* f^* \\ &= \left(\frac{2}{\varkappa + 1}\right)^{\frac{\varkappa + 1}{2(\varkappa - 1)}} \times \\ &\quad \times \varrho_0 c_0 f^*. \end{aligned}\right\} \tag{48.8}$$

Das sind für Luft rund 20 Liter des ruhenden Mediums pro sec und cm² des Querschnitts des Düsenhalses. Damit kann beispielsweise die Wirkung der Undichtigkeit von Vakuumbehältern abgeschätzt werden.

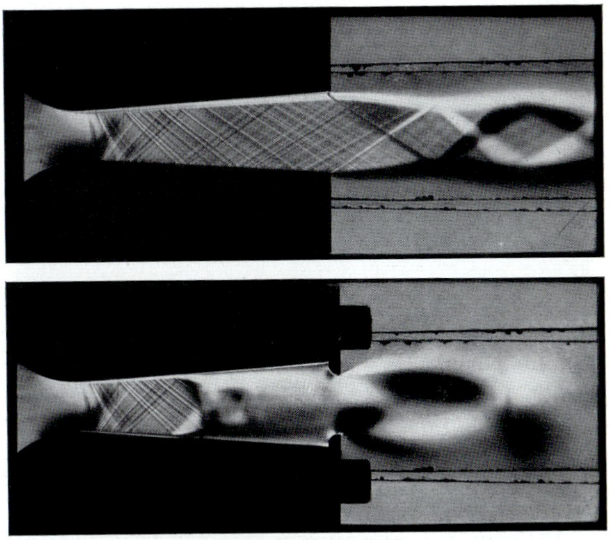

Fig. 50a. Störungen in einer Laval-Düse. (Nach L. PRANDTL.)

Gl. (48.5) zeigt, daß es für das Gas in stationärer Strömung eine Maximalgeschwindigkeit gibt, da die Temperatur und der Druck nicht unter den Wert Null sinken können. Für das ideale Gas konstanter spezifischer Wärme beträgt dieser Maximalwert:

$$\mathfrak{w}_{\max}^2 = 2i_0 = 2c_p T_0 = \frac{2}{\varkappa - 1} c_0^2. \tag{48.9}$$

Die Maximalgeschwindigkeit ist also bei $\varkappa = 1{,}40$ der $\sqrt{5}$-fache Betrag der Ruheschallgeschwindigkeit c_0.

[1] G. DE LAVAL: Schwed. Patent Nr. 1902 (1889).

Es wurde schon einmal darauf hingewiesen, daß die Relativgeschwindigkeit der Moleküle beim Modell der kinetischen Gastheorie etwas über der Schallgeschwindigkeit liegt. Die Maximalgeschwindigkeit, also die obere Grenze der Geschwindigkeit bei Hyperschallströmung, ist jener Zustand, bei welchem mit der Temperatur auch die Relativgeschwindigkeit der Moleküle verschwindet. Die Bewegung der Moleküle ist auf eine Richtung beschränkt. Es ist daher verständlich, daß sich $|\mathfrak{w}|_{max}$ als ein bestimmtes Vielfaches von c_0 darstellen läßt.

Während man für beliebige Medien nur ganz allgemein ein Maximum der Stromdichte bei $M = 1$ feststellen kann, läßt sich die Stromdichtekurve für das ideale Gas konstanter spezifischer Wärme exakt ermitteln. Sie ist in Fig. 51 für $\varkappa = 1{,}40$ wiedergegeben. Mit Gl. (48.6) kann als Abszisse anstatt der Geschwindigkeit auch ohne weiteres die Mach-Zahl eingeführt werden. Formeln zwischen den einzelnen Zustandsgrößen und Diagramme sind in großer Zahl vorhanden; es sei hierfür auf die einschlägigen Lehrbücher hingewiesen [*13*], [*14*], [*15*].

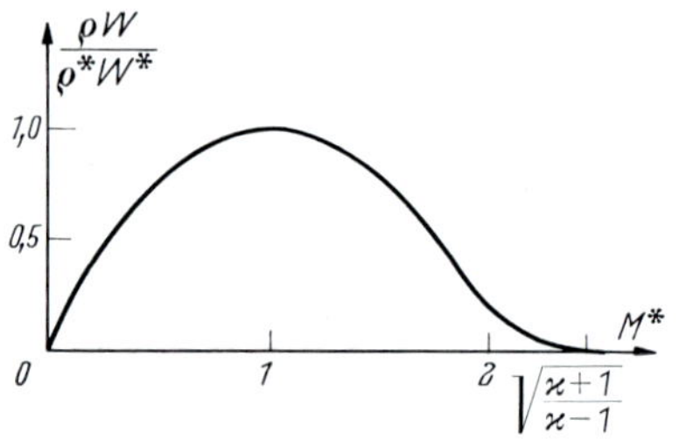

Fig. 51. Stromdichtekurve für ein ideales Gas mit $\varkappa = 1{,}40$ (Luft).

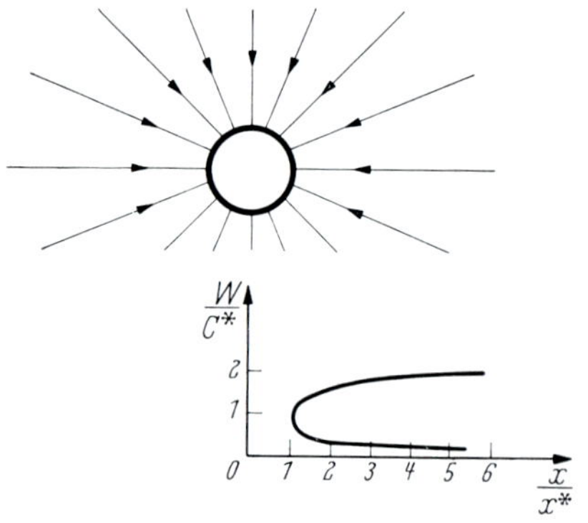

Fig. 52. Senkenströmung.

49. Quelle. Die Integralform der Kontinuitätsbedingung läßt sich für die ebene Quelle ganz analog zu (48.1) mit G als *Quellstärke* schreiben:

$$G = 2\pi r z \varrho\, |\mathfrak{w}|\,, \tag{49.1}$$

wobei $r = \sqrt{x^2 + y^2}$ und $r = 0$ das Zentrum der Strömung ist. z ist dabei die Ausdehnung der ebenen Strömung in z-Richtung. (Eine entsprechende Lösung läßt sich auch leicht im Raume finden.) Da nun aber die Stromdichte ein Maximum besitzt, nämlich $\varrho^* c^*$, so hat der Radius ein Minimum r^*. Für kleinere Radien gibt es keine Lösung, für größere Radien gibt es zu einem bestimmten Wert der Stromdichte gemäß Fig. 51 zwei Werte der Geschwindigkeit. Davon liegt einer im Unterschall-, der andere im Überschallbereich. Bei Umkehrung der Strömungsrichtung bekommt man zwei entsprechende Senken (Fig. 52).

Es zeigt sich also, daß es bei kompressiblen Strömungen unter Umständen Gebiete in der Strömungsebene geben kann, wo keine Lösung existiert. Sie sind von sog. *Grenzlinien* berandet, an denen in der Regel verschiedene Lösungen aneinander geknüpft sind, wie im Beispiel der Quelle der Überschallteil und der Unterschallteil. In anderen Fällen kann die Grenzlinie auch im Überschallteil der Strömung verlaufen. Das Aneinanderstoßen der Lösungen dort ist aber rein mathematisch zu verstehen. Mit dem physikalischen Vorgang hat es nur wenig zu tun.

Überhaupt hängt das Auftreten von Grenzlinien wesentlich mit der mathematischen Vorgabe der Strömungsbedingungen zusammen. Würde man beispielsweise versuchen, durch starkes Abpumpen des Mediums im Zentrum eine ideale Senkenströmung herzustellen, so würde bei ausreichend starkem Unterdruck im Zentrum in der Umgebung der Abzugkanäle, die dann in z-Richtung wegführen müßten, nahezu Schallgeschwindigkeit erreicht werden.

Selbstverständlich läßt sich (49.1) auch als Lösung der gasdynamischen Gleichung verifizieren. Es sei etwa die Quellösung der Laplace-Gleichung (38.4) für das Potential für die inkompressible Strömung gesucht.

Da die Geschwindigkeit in radiale Richtung weist, muß das Potential Funktion des Radius allein sein. Als Lösung bietet sich an:

$$\Phi = A \ln r, \qquad r^2 = x^2 + y^2, \tag{49.2}$$

wobei A zunächst eine willkürliche Konstante ist und eine mögliche additive Konstante weggelassen wurde. Für die Geschwindigkeitskomponenten erhält man dann das Ergebnis:

$$u = \Phi_x = A \frac{x}{r^2}; \qquad v = \Phi_y = A \frac{y}{r^2}. \tag{49.3}$$

Man überzeugt sich leicht, daß u und v dem System (36.1) genügen. Mit Gl. (49.1) läßt sich die Konstante A durch die Quellstärke G ausdrücken:

$$A = G/2\pi \varrho z. \tag{49.4}$$

Würde man aus (49.3) den Geschwindigkeitsbetrag bilden, so würde man mit (49.4) wieder Gl. (49.1) erhalten. Das heißt für Quelle oder Senke eines dichtebeständigen Mediums wächst der Geschwindigkeitsbetrag im Zentrum mit $1/r$ über alle Grenzen.

Die inkompressible Quelle füllt also die Strömungsebene in der Tat bis in das Zentrum hinein aus, sie gibt allerdings dort Lösungen, welche wegen der unendlichen Geschwindigkeiten physikalisch sinnlos sind. Je kleiner jedoch die Quellstärke ist, desto kleiner ist der Radius innerhalb dessen die kompressible Quelle keine und die inkompressible Quelle eine physikalisch sinnlose Lösung liefert. In der Tat wird sich noch eine sehr gute Verwendbarkeit der Lösung (49.3) zeigen (Ziff. 52). Um den physikalischen Forderungen zu genügen, sind unter Umständen kleine Gebiete der mathematischen Lösung als praktisch nicht realisierbar auszuschließen.

50. Wirbel. Der Potentialwirbel wurde bereits in Ziff. 24 unter der Annahme der Rotationsfreiheit mit dem Ergebnis (24.7) abgeleitet. Die Kontinuitätsbedingung ist bei jeder konzentrisch um ein Zentrum kreisenden Bewegung erfüllt, weshalb die Lösung (24.7) sowohl für die dichtebeständige wie für die kompressible Strömung gilt. Die Lösung sei für die inkompressible Strömung nochmals, aber auf analytischem Wege hergeleitet. Für inkompressible Strömung gilt mit (39.2) und der Gleichung für die Wirbelfreiheit die Laplace-Gleichung auch für die Stromfunktion Ψ:

$$\Delta \Psi = 0. \tag{50.1}$$

Während aber die Laplace-Gleichung für das Potential die Kontinuitätsbedingung darstellt, ist Gl. (50.1) für die Stromfunktion die Gleichung der Wirbelfreiheit.

Ψ hängt beim Wirbel nur vom Radius ab, weshalb nun die Lösung gilt:

$$\Psi = B \ln r. \tag{50.2}$$

Man findet mit Gl. (39.2) leicht die Geschwindigkeitskomponenten. Gl. (24.7) zeigt, daß sich die Konstante wie folgt durch die Zirkulation ausdrücken läßt:

$$B = -\Gamma \varrho / 2\pi. \tag{50.3}$$

Ferner überzeugt man sich, daß die Potentialfunktion des Wirbels gegeben ist durch

$$\Phi = \frac{\Gamma}{2\pi} \operatorname{arc\,tan} \frac{y}{x}, \tag{50.4}$$

denn die Potentiallinien sind Strahlen durch den Ursprung. Umgekehrt sind bei der Quelle die Stromlinien Strahlen durch den Ursprung und folglich ist dort die Stromfunktion durch die Funktion arc tan (y/x) gegeben.

Wie bei der inkompressiblen Quelle wächst auch beim Wirbel der Geschwindigkeitsbetrag mit $1/r$ für $r \to 0$ über alle Grenzen. Da die Strömung nun aber zirkuliert, ist jeder Stromfaden für sich geschlossen, die Schallgeschwindigkeit ist kein ausgezeichneter Wert mehr. Die Geschwindigkeit kann nach innen bis zum maximal möglichen Betrag, d.h. bis zur Maximalgeschwindigkeit mit dem Druck und der Dichte Null ansteigen. Innerhalb eines solchen Radius herrscht Vakuum. Bei dichtebeständiger Strömung gibt es wieder eine mathematische Lösung bis in das Zentrum hinein, wobei aber in physikalischer Hinsicht dasselbe zu bemerken ist wie bei der inkompressiblen Quelle.

51. Quelle und Wirbel im Parallelstrom. Im Gegensatz zur gasdynamischen Gleichung sind die Gleichungen für das Potential oder die Stromfunktion bei dichtebeständiger Strömung linear. Man darf die Lösungen also superponieren. Davon wird in reichem Maße Gebrauch gemacht. In der Tatsache, daß die gasdynamische Gleichung nicht linear ist, liegt das größte Hindernis für die Berechnung von Strömungen an vorgegebenen Körpern. Das Geschwindigkeitspotential für eine Parallelströmung in x-Richtung von der Geschwindigkeit u_∞ ist offenbar gegeben durch:

$$\Phi = u_\infty x. \tag{51.1}$$

Setzt man aus dieser Parallelströmung und der Quellströmung (49.2) und (49.4) eine neue Strömung zusammen:

$$\Phi = u_\infty x + \frac{G}{2\pi \varrho z} \ln r, \tag{51.2}$$

so erhält man für die Geschwindigkeitskomponenten:

$$u - u_\infty = \frac{G}{2\pi \varrho z} \cdot \frac{x}{r^2}; \qquad v = \frac{G}{2\pi \varrho z} \cdot \frac{y}{r^2}. \tag{51.3}$$

Diese setzen sich also aus den Komponenten der beiden Ausgangsströmungen additiv zusammen. Die Geschwindigkeiten sind vektoriell zu addieren.

Wegen der hohen Geschwindigkeit in der Nähe des Quellpunktes spielt dort die Parallelströmung nur eine untergeordnete Rolle, man hat im Ursprung näherungsweise das Bild einer reinen Quelle. Mit zunehmendem Abstand vom Quellpunkt wird aber die Parallelströmung dominierend. Das Stromlinienbild läßt sich aus dem Richtungsfeld bestimmen, oder man bildet die Stromfunktion als Summe der Stromfunktion beider Teilströmungen:

$$\Psi = u_\infty \varrho y + \frac{G}{2\pi z} \operatorname{arc\,tan} \frac{y}{x} \tag{51.4}$$

und sucht die Stromlinien $\Psi = \text{const}$. Zwei Punkte sind besonders leicht zu finden. Der eine ist der *Staupunkt*. Er muß auf der x-Achse liegen und die u-Komponente muß dort verschwinden:

$$x = -G/2\pi \varrho z u_\infty; \qquad y = 0. \tag{51.5}$$

Der andere ist die *Asymptote der Staupunktstromlinie* (Fig. 53). Die Menge, welche aus der Quelle austritt, muß gleich sein der Menge, welche innerhalb des Halbkörpers fließt und die schließlich weit draußen ($x \to \infty$) die Geschwindigkeit $u = u_\infty$ annimmt:

$$x \to \infty: \quad 2 y u_\infty \varrho z = G. \qquad (51.6)$$

Berechnet man die auf den Halbkörper wirkende Kraft, indem man das Impulsintegral (46.2) auf eine bei großen x-Werten außerhalb vom Körper ($|y| \geqq G/2u_\infty \varrho$) liegende Kontrollfläche anwendet, so bekommt man für $x \to \infty$ den Wert $K_x = 0$. Das heißt, der unendliche Halbkörper hat keinen Widerstand, auch für ihn gilt das d'Alembertsche Paradoxon (Ziff. 47). Eine Berechnung der Druckkräfte würde zeigen, daß der Überdruck in der Nähe des Staupunktes durch den Unterdruck weiter stromabwärts aufgewogen wird. Das Resultat gilt im übrigen für alle parallel angeströmten Halbkörper in der Ebene oder im Raum.

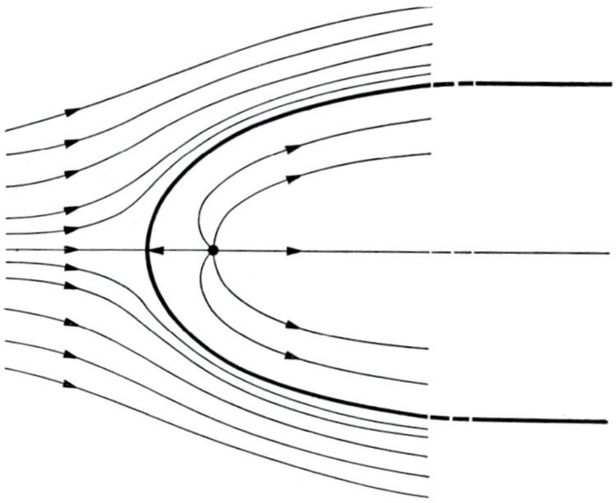

Fig. 53. Überlagerung von Quell- und Parallelströmung.

Da auf die Körperoberfläche keine Kräfte ausgeübt werden, was auch für die Innenseite gilt, muß der abströmende Impuls einer Kraft auf die Quellumgebung entsprechen. Angenommen, die Quelle bestehe aus einem nach allen Richtungen ausstrahlenden Körper, so müssen auf diesen die gleichen Kräfte wirken wie auf eine nur in x-Richtung abstrahlende Rakete, da die Umlenkung der Strahlen in x-Richtung keiner Kraft bedarf.

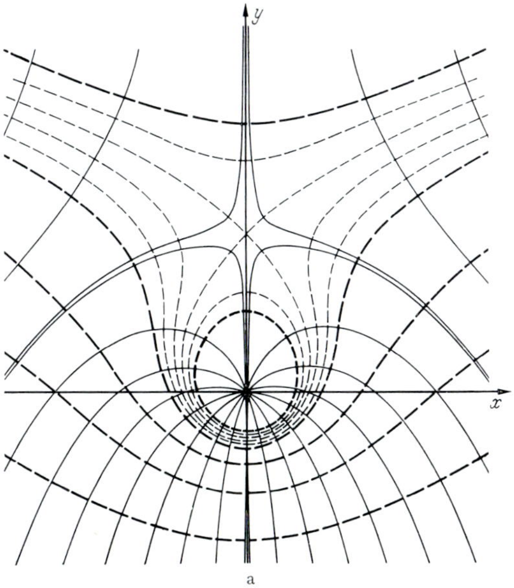

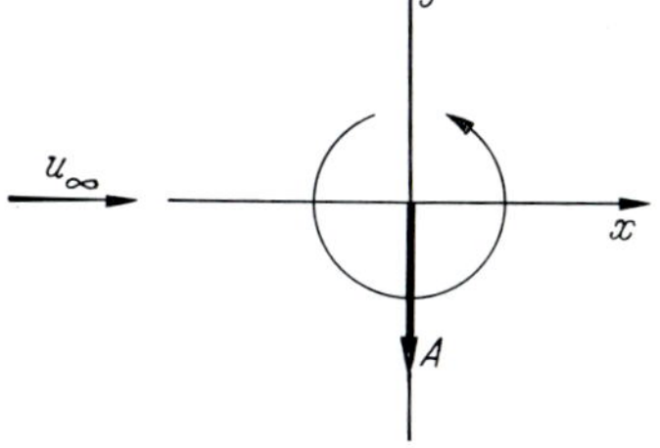

Fig. 54 a u. b. Überlagerung einer Parallelströmung über einen Wirbel. a Strom- (- - - - -) und Äquipotentiallinien (———) b Richtung der wirkenden Kraft.

Die auf die Quelle wirkende Kraft ist somit nach Gl. (45.1) gegeben durch

$$K_x = u_\infty \cdot G = 2 y z u_\infty^2 \varrho. \qquad (51.7)$$

Setzt man eine zweite Strömung aus der Parallelströmung und dem Potentialwirbel [Gln. (50.2) bis (50.4)] zusammen, so gewinnt man auf demselben Weg wie bei der Quelle folgende Potential- und Stromfunktion:

$$\Phi = u_\infty x + \frac{\Gamma}{2\pi} \arctan \frac{y}{x}; \quad \Psi = u_\infty \varrho y - \frac{\Gamma \varrho}{2\pi} \ln r. \tag{51.8}$$

Die Entstehung dieser Strömung (Fig. 54) kann man sich so vorstellen, daß ein Zylinder rotiert und das Medium mitreißt. Da die Zirkulation der superponierten Parallelströmung auf einer geschlossenen Kurve verschwindet, wird durch die Superposition der beiden Strömungen die Zirkulation des Wirbels nicht geändert. Somit ergibt sich nach dem Kutta-Joukowskischen Satz [Gl. (43.7)] eine auf den Wirbelkern wirkende Kraft von der Größe:

$$A = -\varrho_\infty u_\infty z \Gamma. \tag{51.9}$$

Die Richtung der Kraft ist in Fig. 54b eingetragen.

52. Quell- und Wirbelbelegungen. Statt einer Superposition einer endlichen Anzahl von Quellen und Wirbeln kann auch eine kontinuierliche Belegung einer

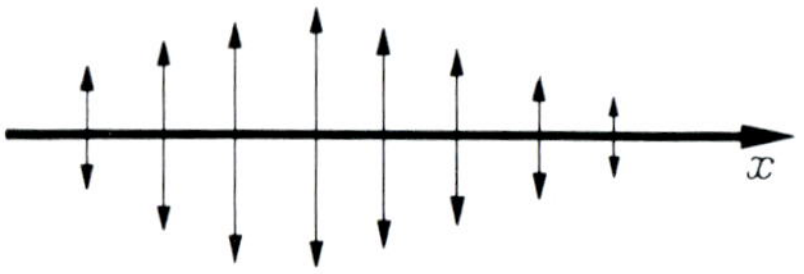

Fig. 55. Kontinuierliche Quellbelegung auf der x-Achse.

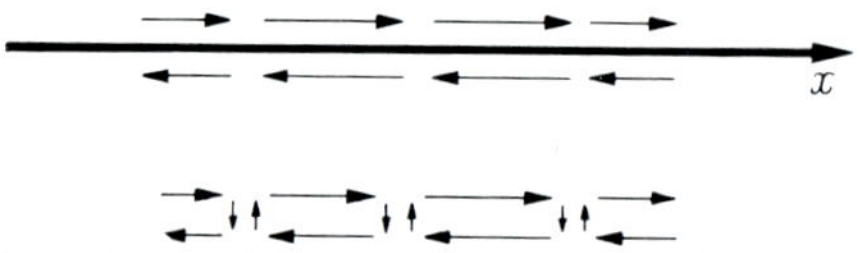

Fig. 56. Kontinuierliche Wirbelbelegung auf der x-Achse.

Linie, einer Fläche oder eines Raumes vorgenommen werden. Der Vorgang, der bei allen linearen Systemen möglich ist, soll an Hand der Belegung der x-Achse bei ebener dichtebeständiger Strömung besprochen werden. Bezüglich ähnlicher Methoden unter Verwendung der linearisierten gasdynamischen Gleichung (36.13) oder ihrer Verallgemeinerung für den Raum im Unter- und Überschallbereich sei auf den Artikel von SCHIFFER in Bd. IX dieses Handbuches hingewiesen.

Eine Quelle an irgendeiner Stelle ξ der x-Achse liefert gemäß (49.2) und (49.4) zum Potential den Beitrag:

$$d\Phi = \frac{G}{2\pi \varrho z} \ln \sqrt{(x-\xi)^2 + y^2}. \tag{52.1}$$

Eine kontinuierliche Belegung führt nun auch zu einem kontinuierlichen Ausströmen aus der x-Achse mit der Geschwindigkeit v (Fig. 55). Die Quellstärke auf einem Stückchen $d\xi$ der x-Achse ist dann gleich der Stromdichte ϱv mal der Fläche auf der Ober- und Unterseite:

$$G = 2\varrho v(\xi, 0) z \, d\xi. \tag{52.2}$$

Durch Integration aller Quellen auf der x-Achse und Superposition einer Parallelströmung, gewinnt man dann das Potential, wobei über den ganzen Quellbereich zu integrieren ist:

$$\Phi = u_\infty x + \frac{1}{\pi} \int v(\xi, 0) \ln \sqrt{(x-\xi)^2 + y^2} \, d\xi. \tag{52.3}$$

Dabei ist die Strömung allerdings nicht durch die Körperform gegeben, sondern durch die Quellbelegung, aus der die Körperform erst zu ermitteln wäre. Dieser indirekte Weg entspricht zwar nicht unmittelbar dem praktischen Bedürfnis, ist jedoch eine einfache und sehr anschauliche Darstellung, bei der die Belegung schon einiges über die Körperform vermuten läßt.

Anstatt mit dem Potential kann man die Superposition auch mit der Stromfunktion vornehmen, womit die Körperform direkter gegeben ist. Ganz analog zur Darstellung der Einzelquelle im Parallelstrom (51.4) tritt bei der Stromfunktion der Arcustangens an Stelle des Logarithmus beim Potential und man erhält für eine Quellbelegung der x-Achse im Parallelstrom:

$$\Psi = u_\infty \varrho y + \frac{\varrho}{\pi} \int v(\xi, 0) \operatorname{arc\,tan} \frac{y}{x - \xi} d\xi. \tag{52.4}$$

Führt man auf analoge Weise eine Wirbelbelegung aus, so kann die lokale Zirkulation $\Gamma(\xi, 0)$ auf die u-Komponente auf der Achse zurückgeführt werden (Fig. 56). Da die u-Geschwindigkeiten unmittelbar über und unter der Achse betrachtet werden und sich die v-Geschwindigkeiten gegenseitig aufheben, ist die Zirkulation auf einem Streckenstück $d\xi$:

$$\Gamma(\xi, 0) = -2u(\xi, 0)\, d\xi. \tag{52.5}$$

Analog zu (51.8) ist dann die Stromfunktion und Potentialfunktion einer Wirbelbelegung der x-Achse ohne Parallelanströmung gegeben durch:

$$\Phi = -\frac{1}{\pi} \int u(\xi, 0) \operatorname{arc\,tan} \frac{y}{x-\xi} d\xi; \quad \Psi = \frac{\varrho}{\pi} \int u(\xi, 0) \ln \sqrt{(x-\xi)^2 + y^2}\, d\xi. \tag{52.6}$$

Die Flächenbelegung mit Quellen erfolgt ganz analog zu den Linienbelegungen (52.3) und (52.4). Zur Darstellung tragender Flächen sind diese mit Wirbeln zu belegen. Während jedoch der Zusammenhang zwischen Quellbelegung und Körperform gut zu überblicken ist, ist dies beim Zusammenhang von Wirbelverteilung und Flügelanstellung und Wölbung nicht mehr der Fall. Jedes Element einer tragenden Fläche induziert in der Umgebung Auf- oder Abwinde unter deren gegenseitigem Einfluß die Flächenteile liegen. Dieses Gebiet ist Gegenstand der *Tragflügeltheorie*[1].

Als Beispiel einer Quellbelegung in ebener Strömung sei folgende Funktion gewählt:

$$0 < x < \infty: \quad v(x, 0) = \frac{1}{2} \sqrt{\frac{R}{x}}\, u_\infty. \tag{52.7}$$

Nach Ausführen der Integration gewinnt man die Stromfunktion:

$$\Psi = u_\infty \varrho \left[y - \operatorname{sgn} y \sqrt{R} \sqrt{r + x}\right], \qquad r^2 = x^2 + y^2 \tag{52.8}$$

und für $\Psi = 0$ die Stromlinien:

$$\Psi = 0: \quad y^2 \left[y^2 - 2R\, x - R^2\right] = 0. \tag{52.9}$$

Dabei gilt die Lösung $y = 0$ nur für $x < 0$, weil nur dann die Wurzel in (52.8) verschwindet. Durch Nullsetzen der eckigen Klammer in (52.9) erhält man eine Parabel mit dem Nasenradius R. Damit ist diese Konstante in (52.7) nachträglich geometrisch gedeutet.

Es handelt sich bei dieser Lösung also um die *symmetrische Umströmung einer Parabel* (Fig. 57), die in verschiedener Hinsicht ein lehrreiches Beispiel darstellt. Dieser Körper wird für $x \to \infty$ unendlich dick, seine Bedeutung erstreckt sich deshalb im wesentlichen auf die Strömungsverhältnisse in der Staupunktumgebung, die dort jenen an gewöhnlichen Vorderkanten-Nasen stark ähneln. Der Umstand, daß der Körper unendlich dick ist, führt im übrigen dazu, daß die

[1] L. PRANDTL: Vier Abhandlungen zur Hydrodynamik. Göttingen 1927. — Vgl. auch den Beitrag von J. WEISSINGER in Teil 2 dieses Bandes.

Eigenschaften von Halbkörpern endlicher Dicke, beispielsweise also verschwindender Widerstand, hier nicht mehr zutreffen. In der Tat herrscht überall an der Parabel Untergeschwindigkeit, also Überdruck, wovon man sich mit Gl. (39.2) leicht überzeugen kann.

Bei Darstellung irgendeines Profiles mit endlichem Nasenradius wird die Staupunktumgebung selbst jener einer Parabelnase stark ähneln. Die Quellbelegung eines symmetrischen schlanken Profiles wird also mit einem Glied der analytischen Form (52.7) beginnen müssen und sich dann vielleicht mit gewöhnlichen Polynomgliedern fortsetzen. Dabei muß die Summe über alle Quellstärken verschwinden, wenn das Profil endlich sein soll, weil die Strömung innerhalb der Profilkontur sonst nicht geschlossen sein kann. Dadurch, daß die Wurzelsingularität [Gl. (52.7)] an der Nase dominiert, kennt man erstens den Zusammenhang zwischen Nasenradius und Belegung und sieht ferner, daß die Belegung in der Entfernung von einem halben Nasenradius hinter der Profilnase beginnt[1].

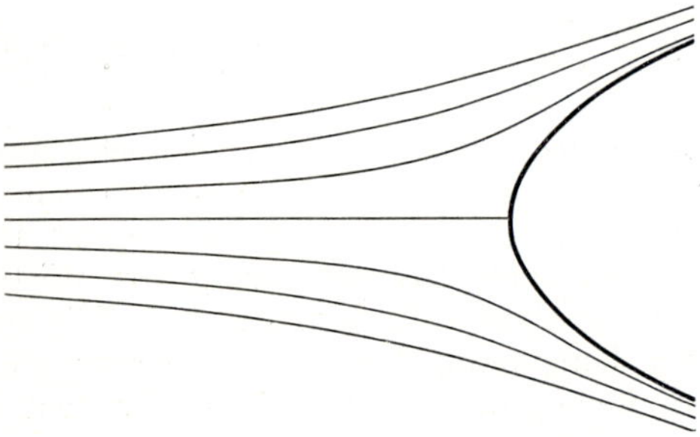

Fig. 57. Symmetrische Parabelumströmung.

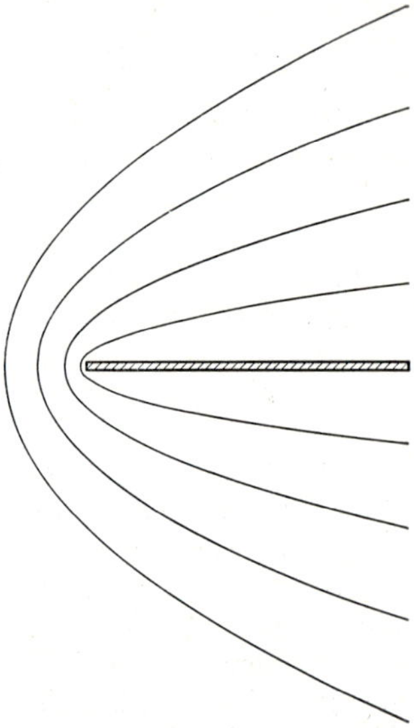

Fig. 58. Umströmung einer Kante.

Schließlich sei noch bemerkt, was auch für das Beispiel von Fig. 53 gilt, daß unendliche Geschwindigkeiten nur im Innern des Körpers auftreten, wo sie aber im wesentlichen nur mathematisch interessieren. Im physikalisch interessierenden Umströmungsgebiet des Körpers ist die Strömung auch bei Singularitätenbelegungen überall endlich, weshalb dort auch keine Widersprüche zu den physikalischen Voraussetzungen auftreten.

Die zu (52.7) analoge Wirbelbelegung lautet mit l als einer zunächst nicht näher definierten Länge:

$$0 < x < \infty: \quad u(x, 0) = \frac{1}{2} \sqrt{\frac{l}{x}}\, u_\infty. \tag{52.10}$$

Dies in die Formel für die Stromfunktion (52.6) ohne Parallelanströmung eingesetzt, liefert die Lösung:

$$\Psi = u_\infty \varrho \sqrt{l} \sqrt{r - x}, \qquad r^2 = x^2 + y^2. \tag{52.11}$$

Die Stromlinien $\Psi = \text{const}$ sind dieses Mal durchweg Parabeln der Form:

$$y^2 = \frac{2}{l} \left(\frac{\Psi}{u_\infty \varrho}\right)^2 \left[x + \frac{1}{2l} \left(\frac{\Psi}{u_\infty \varrho}\right)^2\right]. \tag{52.12}$$

[1] HELMBOLD-KEUNE: Luftfahrtforsch. **20**, 77—96, 152—170, 192—206 (1943).

Das Stromlinienbild ist in sich selbst ähnlich (vgl. Fig. 58). Dabei hat l zunächst nur die Bedeutung einer Länge, welche für die richtige Dimension sorgt.

Es handelt sich bei diesem zweiten Beispiel um die *Umströmung einer Kante*, wobei an der Kante selbst unendliche Geschwindigkeit auftritt. Physikalisch ist also die Kante ausgeschlossen. Doch kann irgendeine der Stromlinien als Körperkontur genommen werden, und man hat damit die Umströmung einer Parabelnase mit endlichem Geschwindigkeitsbetrag. Dieses Beispiel kann sehr einfach mit Hilfe der konformen Abbildung hergeleitet werden ([*8*], S. 150).

Auch bei der Kantenumströmung liegt die Profilvorderkante in der Entfernung eines halben Nasenradius vor der Belegung.

53. Kantenumströmung. Superponiert man nun die beiden Parabelströmungen von Fig. 57 und 58, so bleibt die Parabel Stromlinie, weil sie es in beiden Teilströmungen ist. Somit ist also

$$\Psi = u_\infty \varrho \left[y - \operatorname{sgn} y \sqrt{R}\sqrt{r+x} + \sqrt{l}\sqrt{r-x}\right] \tag{53.1}$$

die Stromfunktion für eine umströmte Parabelnase von der Form der Fig. 57. Nur ist nun im Anströmgebiet $y = 0$ nicht mehr Stromlinie. Man kann sich leicht vom Bestehen folgender Lösung überzeugen:

$$\Psi = \sqrt{lR}\, u_\infty \varrho\colon \quad \left[\sqrt{R} - \sqrt{r-x}\right]\cdot\left[\sqrt{l} + \operatorname{sgn} y \sqrt{r+x}\right] = 0. \tag{53.2}$$

Dabei entspricht dem Nullsetzen des ersten Klammerausdruckes der Parabelkörper und dem Nullsetzen des zweiten Klammerausdruckes die „Staustromlinie". Auch letztere ist eine Parabel mit dem Scheitelpunkt $2x = l$ und $y = 0$.

Je größer also l gewählt wird, desto mehr rückt der Staupunkt stromabwärts und desto stärker ist die Umströmung der Nase. Die Umströmung kann dabei leicht an Stelle des Überdruckes, wie er bei der symmetrisch angeströmten Nase auftritt, zu einem Sog führen. Ein solcher Fall ist in Fig. 59 angenommen, indem $l = 3R$ gewählt wurde. Außer einigen Stromlinien ist noch die Druckverteilung aufgetragen, und zwar in der Form des sog. „Druckkoeffizienten" c_p [Gl. (53.3)]. Bei inkompressibler Strömung nimmt er nach der Bernoullischen Gleichung am Staupunkt den Wert Eins und in der Anströmung den Wert Null an:

$$c_p = \frac{p - p_\infty}{\frac{1}{2}\varrho u_\infty^2} = 1 - \left(\frac{\mathfrak{w}}{u_\infty}\right)^2. \tag{53.3}$$

Auf der Kontur der Parabel errechnet sich die Geschwindigkeit aus der Stromfunktion als folgende Funktion von r:

$$\left(\frac{\mathfrak{w}}{u_\infty}\right)^2 = \frac{1}{2r}\left[\sqrt{l} + \operatorname{sgn} y \sqrt{2r - R}\right]^2. \tag{53.4}$$

Man erkennt in Fig. 59 einen starken Unterdruck an der Nase. Dieser wird um so stärker, je kleiner bei gleichbleibendem l der Nasenradius gemacht wird. Im Rahmen dichtebeständiger Theorie würde sich bei einem Übergang zu unendlich kleinem Nasenradius in der Grenze ein endlicher Sog auf die gesamte Nase ergeben, weil der Unterdruck proportional zur Abnahme der Angriffsfläche ansteigt, so daß sich für das Produkt von Angriffsfläche mal Unterdruck schließlich in der Grenze $R \to 0$ ein endlicher Betrag ergibt. Daher darf bei inkompressibler Strömung und schiefer Anströmung die auf die Kante wirkende Kraft selbst bei unendlich dünner Vorderkante nicht vernachlässigt werden.

Ein bekanntes Beispiel für Fehlschlüsse liefert die unendlich dünne, angestellte Platte bei ebener Strömung (Fig. 60). Am Ende der Platte geht die Stromlinie in tangentialer Richtung ab, wie es der Wirklichkeit auch in guter Näherung entspricht. Der Staupunkt liegt dann an der Unterseite der Platte. Eine solche Platte zeigt wohl Auftrieb, aber nach dem Paradoxon von d'Alembert (Ziff. 47) keinen Widerstand. Nun könnte man den Schluß ziehen, daß die Platte ja keine

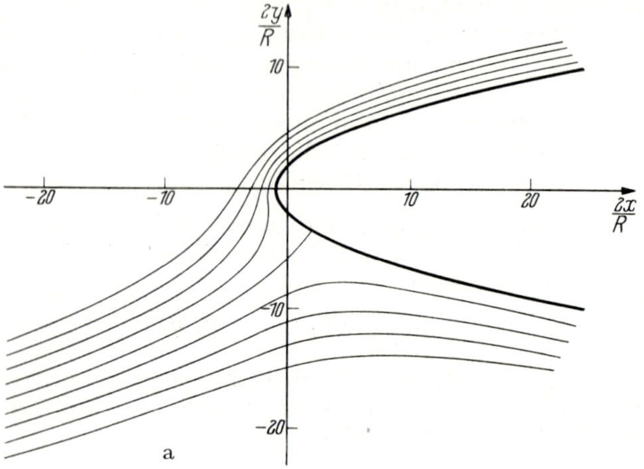

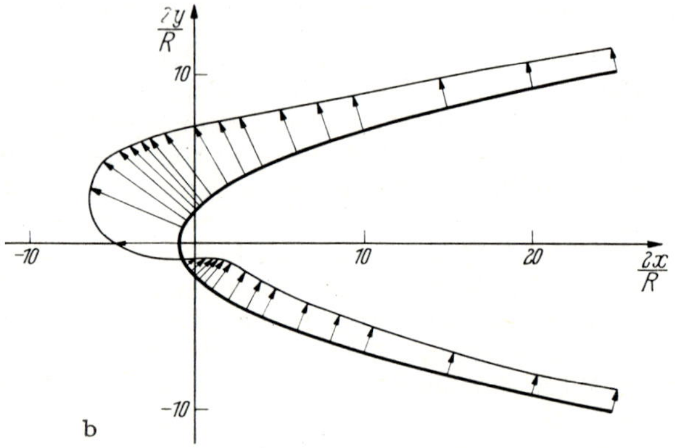

Fig. 59a u. b. Umströmung einer Parabelnase. a Stromlinien. b Druckkoeffizient.

Tangentialkraft haben darf, da diese bei einer unendlich dünnen Platte nicht angreifen kann. Bei Überschallströmung wäre ein solcher Schluß auch durchaus berechtigt, nur würde dann auch an der Unterseite kein Staupunkt sein. Bei

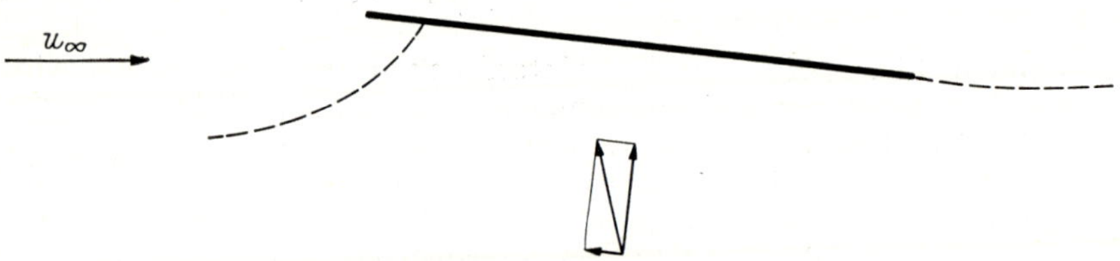

Fig. 60. Tragende Platte.

inkompressibler Strömung kommt man mit einem ähnlichen Schluß aber sofort auf Widersprüche, denn ein Auftrieb ohne Widerstand ist nur denkbar bei einer stromaufwärts wirkenden Tangentialkraft auf die Platte, da doch sicher eine Normalkraft vorhanden ist. Diese gesuchte Tangentialkraft wird in der Tat vom endlichen Sog an der unendlich dünnen Vorderkante geliefert.

Damit ist dieser Widerspruch im Rahmen der Theorie inkompressibler Flüssigkeiten geklärt. Vom Standpunkt der physikalischen Wirklichkeit jedoch kann ein Nasensog nur bei nicht zu großen Geschwindigkeiten, also bei nicht zu kleinen Nasenradien erwartet werden. Bei Flüssigkeiten entsteht an einer solchen Stelle sonst wegen des Unterdruckes Kavitation. Bei Gasen treten Überschallgeschwindigkeiten auf mit der Möglichkeit zur Bildung von Stößen. In beiden Fällen gibt es also an zu scharfen angestellten Kanten Verluste, die Widerstand bedingen. Damit ist kein Widerspruch zum Paradoxon von D'ALEMBERT gegeben, da die Voraussetzungen des Paradoxons wegen der praktischen Gegebenheiten nicht mehr erfüllt sind.

54. Tragflügel[1]. In Gl. (46.6) wurde der induzierte Widerstand durch die v-Verteilung und die Zirkulationsverteilung $\Gamma(z)$ ausgedrückt. Da mit (46.4) die Laplace-Gleichung in Querschnitten gilt, läßt sich die v-Verteilung durch die w-Verteilung analog zu (52.6) darstellen. Indem x durch z und außerdem die Integrationskonstante ξ durch ζ ersetzt wird, gewinnt man aus Gl. (52.6):

$$\Phi(x, y, z) = -\frac{1}{\pi}\int\limits_{-\frac{b}{2}}^{+\frac{b}{2}} w(x, 0, \zeta)\,\mathrm{arc\,tan}\,\frac{y}{z-\zeta}\,d\zeta. \tag{54.1}$$

b ist dabei die Belegungsbreite des Flügels, der als symmetrisch zur x-Achse angenommen wird. w läßt sich nun aber analog zu (52.5) auf die Zirkulation Γ zurückführen. Demgemäß besteht an der Oberseite des Wirbelbandes die Beziehung:

$$\frac{d\Gamma}{d\zeta} = -2w(x, 0, \zeta). \tag{54.2}$$

Für die v-Komponente auf $y=0$ erhält man aus dem Potential die folgende Beziehung:

$$v(x, 0, z) = \Phi_y(x, 0, z) = \frac{1}{2\pi}\int\limits_{-\frac{b}{2}}^{+\frac{b}{2}} \frac{d\Gamma}{d\zeta}\,\frac{d\zeta}{z-\zeta}. \tag{54.3}$$

Gln. (54.2) und (54.3) in Gl. (46.6) eingesetzt, führt den induzierten Widerstand $-K_x$ auf die Zirkulationsverteilung im Wirbelband allein zurück[2]:

$$-K_x = +\frac{\varrho}{4\pi}\int\limits_{-\frac{b}{2}}^{+\frac{b}{2}} \frac{d\Gamma(\zeta)}{d\zeta}\int\limits_{-\frac{b}{2}}^{+\frac{b}{2}} \Gamma(z)\,\frac{d\zeta\,dz}{z-\zeta}. \tag{54.4}$$

Damit ist die Beziehung zwischen Tragflügelform und Zirkulationsverteilung aber keineswegs schon bekannt. Widerstand und Auftrieb [Gl. (43.7)] sind nur auf die Wirbelverteilung im Wirbelband eines noch nicht näher festgelegten Flügels zurückgeführt.

Man kann nun nach jener Zirkulationsverteilung $\Gamma(z)$ fragen, welche bei gegebenem Auftrieb [Gl. (43.7)] den kleinsten Widerstand [Gl. (54.4)] erzeugt.

[1] Eine ausführliche Darstellung gibt der Beitrag von J. WEISSINGER über die Tragflügeltheorie in Teil 2 dieses Bandes.

[2] L. PRANDTL: Vier Abhandlungen zur Hydrodynamik. Göttingen 1927.

Es handelt sich dabei um eine bekannte Aufgabe der Variationsrechnung. Die gesuchte Auftriebsverteilung erweist sich als elliptisch:

$$\Gamma = \Gamma_0 \sqrt{1 - \left(\frac{2z}{b}\right)^2}. \tag{54.5}$$

Γ_0 ist dabei die Zirkulation im Mittelschnitt ($z = 0$). Sie ist bei positiver Anstellung negativ.

Die elliptische Auftriebsverteilung ist jene, welche im Wirbelband konstanten Abwind erzeugt, nämlich gemäß (54.3) und (54.5):

$$v(x, 0, z) = \frac{1}{b} \Gamma_0. \tag{54.6}$$

Aus Gln. (43.7) und (54.5) erhält man ferner den Auftrieb:

$$A = -\frac{b\pi}{4} \varrho u_\infty \Gamma_0 \tag{54.7}$$

und den induzierten Widerstand am besten direkt aus (46.6) und den letzten Gleichungen, einerseits durch Γ_0 oder andererseits durch A ausgedrückt:

$$-K_x = \frac{\pi}{8} \varrho \Gamma_0^2 = \frac{1}{\pi} \frac{A^2}{b^2} \frac{2}{\varrho u_\infty^2}. \tag{54.8}$$

Die Gln. (54.5) bis (54.8) sind für die elliptische Auftriebsverteilung gültig.

Die Beziehung zwischen $-K_x$ und A in Gl. (54.8) ist auch für nur annähernd elliptische Auftriebsverteilungen noch sehr gut brauchbar. Ganz allgemein hängt der induzierte Widerstand für kleine Anstellwinkel, die hier stets vorausgesetzt sind, vom Quadrate des Auftriebes ab, weil der Widerstand unabhängig vom Vorzeichen des Auftriebes sein muß.

Eine Hauptaufgabe der Tragflügeltheorie besteht darin, Auftrieb und Widerstand einer bestimmten Flügelform zu ermitteln und zu berücksichtigen, daß ein bestimmtes Flügelelement stets in den von den übrigen Elementen verursachten Abwinden liegt. Im Falle eines Flügels großer Spannweite kommt das darauf hinaus, daß am Ort des Flügels die Hälfte des im Wirbelband erzeugten Abwindes vorhanden ist. In unserem Beispiel ist also der „geometrische Anstellwinkel" um denjenigen Winkel zu vermindern, der dem halben Betrag von (54.6) entspricht, um den „effektiven Anstellwinkel" zu erhalten. Bei großen Spannweiten b bedeutet das naturgemäß nur eine kleine Korrektur.

55. Ebene Kompressionswellen endlicher Amplitude. Beim Studium der Strömungstypen wurde mit Gl. (36.2) ein Differentialgleichungssystem für die ebene instationäre Wellenausbreitung aufgestellt. Unter der Annahme kleiner Störungen konnte eine Linearisierung vorgenommen werden, wobei sich mit Gl. (36.5) eine recht allgemeine Lösung ergab. B. RIEMANN[1] hat in einer größeren Arbeit gezeigt, daß sich auch für eine Welle beliebiger Amplitude exakte Lösungen angeben lassen. Bei der Besprechung des hyperbolischen Strömungstypus wurden die Charakteristiken, also die Bahnlinien der Schallwellen, als ein Kurvensystem erkannt, längs dessen Scharen das Differentialgleichungssystem (36.2) in zwei gewöhnliche Differentialgleichungen zerfällt. Daher soll dieses System auf die Mach-Linien als Koordinaten transformiert werden. Die in x-Richtung, also nach rechts laufenden Mach-Linien (Fig. 30) werden mit $\eta = \text{const}$, die nach links gegen die x-Richtung laufenden Wellen mit $\xi = \text{const}$ bezeichnet.

[1] B. RIEMANN: Göttinger Abh. **8**, 43 (1858/59) (Werke 2. Aufl., S. 157, Leipzig 1892).

Dann sind die Neigungen dieser Mach-Linienscharen durch die lokale Schall- und Strömungsgeschwindigkeit wie folgt gegeben:

$$-\eta_t/\eta_x = c + u; \qquad -\xi_t/\xi_x = -c + u. \tag{55.1}$$

Nach der Kettenregel der Differentiation erhält man für die Ableitung einer beliebigen Funktion f nach x und t:

$$\frac{\partial f}{\partial x} = \frac{\partial f}{\partial \xi}\xi_x + \frac{\partial f}{\partial \eta}\eta_x; \qquad \frac{\partial f}{\partial t} = (c-u)\frac{\partial f}{\partial \xi}\xi_x - (c+u)\frac{\partial f}{\partial \eta}\eta_x. \tag{55.2}$$

Dies in das System (36.2) eingesetzt, liefert nach Division der zweiten Gleichung durch c:

$$\left.\begin{aligned} +c\frac{\partial \ln \varrho}{\partial \xi}\xi_x - c\frac{\partial \ln \varrho}{\partial \eta}\eta_x + \frac{\partial u}{\partial \xi}\xi_x + \frac{\partial u}{\partial \eta}\eta_x = 0; \\ +c\frac{\partial \ln \varrho}{\partial \xi}\xi_x + c\frac{\partial \ln \varrho}{\partial \eta}\eta_x + \frac{\partial u}{\partial \xi}\xi_x - \frac{\partial u}{\partial \eta}\eta_x = 0. \end{aligned}\right\} \tag{55.3}$$

Weiter sollen die beiden Gleichungen noch addiert und subtrahiert und danach durch η_x bzw. ξ_x dividiert werden. Letztere Größen sind im allgemeinen von Null verschieden.

Damit ist das gesuchte Differentialgleichungssystem gewonnen. Es besitzt die erwartete Eigenschaft, daß jede Gleichung nur Ableitungen nach einer Variablen enthält. Die zweite Veränderliche ist nur als Parameter in den Koeffizienten und den abhängigen Veränderlichen enthalten:

$$-c\frac{\partial \ln \varrho}{\partial \eta} + \frac{\partial u}{\partial \eta} = 0; \qquad c\frac{\partial \ln \varrho}{\partial \xi} + \frac{\partial u}{\partial \xi} = 0. \tag{55.4}$$

Da die Strömung als isentrop angenommen wurde, hängt c nur von ϱ ab und die Gln. (55.4) können allgemein integriert werden. Für das ideale Gas kann die Dichteänderung leicht auf die Temperaturänderung und mit der Schallgeschwindigkeitsgleichung auf die Schallgeschwindigkeitsänderung zurückgeführt werden:

$$d \ln \varrho = \frac{2}{\varkappa - 1}\frac{dc}{c}. \tag{55.5}$$

Dabei erweist sich die Schallgeschwindigkeit c als ein ideales Maß für den thermischen Zustand, in dem das System (55.4) in u und c sogar linear wird. Die Schallgeschwindigkeit ist deshalb ausgezeichnet, weil sie die gleiche Dimension wie die Geschwindigkeit besitzt, als Temperaturabhängige aber gleichzeitig den thermischen Zustand vertritt.

Nach Einführen von c lassen sich die Gln. (55.4) für ideale Gase konstanten Verhältnisses der spezifischen Wärmen $\varkappa$ bequem integrieren mit dem Ergebnis:

$$\frac{2}{\varkappa - 1}c - u = f_1(\xi); \qquad \frac{2}{\varkappa - 1}c + u = f_2(\eta), \tag{55.6}$$

d.h., daß eine Kombination von c und u auf linksläufigen Mach-Linien, eine andere Kombination auf rechtsläufigen Mach-Linien konstant ist. Dieses Ergebnis gilt ganz allgemein für beliebige, instationäre, ebene und isentrope Wellenausbreitung. Es soll nun auf die Darstellung einer Einzelwelle angewendet werden.

In Fig. 61 ist zur Zeit $t=0$ für $0 \leqq x \leqq 1$ eine Einzelwelle angenommen, die sich nach rechts in das ruhende Medium fortpflanzen soll. Vor dem Linienzug 1—2—3 hat das Gas den Ruhezustand $u=0$; $c=c_0$. Nun ist auf jeder linksläufigen Mach-Linie, von denen in Fig. 61 nur eine, $\xi = \text{const}$, eingezeichnet ist, die linke Kombination von (55.6) konstant. Da aber alle diese linksläufigen

Mach-Linien in das Ruhegebiet hineinführen, gilt ganz allgemein:

$$\frac{2}{\varkappa-1}c - u = \frac{2}{\varkappa-1}c_0. \tag{55.7}$$

Die wesentliche Voraussetzung dieses Schlusses bildet der Umstand, daß sich vor der Welle ein Gebiet konstanten Zustandes befindet.

Da nun gemäß (55.6) auf jeder rechtsläufigen Mach-Linie, also auf $\eta = \text{const}$ die Summe von $\frac{2}{\varkappa-1}c$ und u konstant ist, gemäß (55.7) dasselbe aber für die Differenzen der Größen gilt, muß auf jeder rechtsläufigen Mach-Linie sowohl c als auch u konstant sein. Das bedeutet aber gemäß Gl. (55.1), daß auch die Neigung der rechtsläufigen Mach-Linien konstant ist. Die Kurven $\eta = \text{const}$ sind gerade Linien von jener Neigung, welche sie zur Zeit $t = 0$ besitzen.

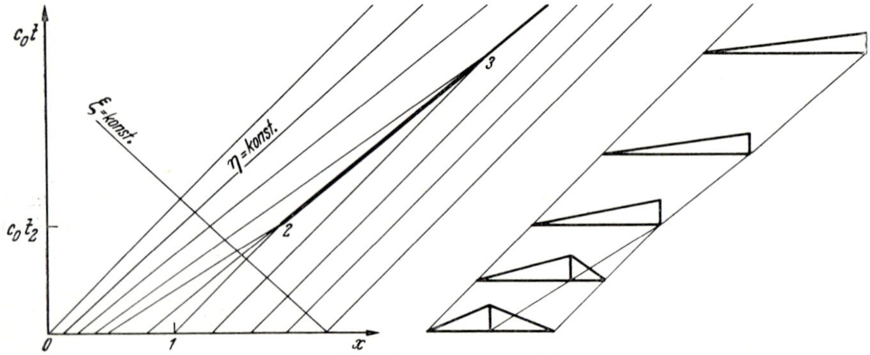

Fig. 61. Welle endlicher Amplitude.

Die Lösung ist demnach nicht wesentlich komplizierter als die Einzelwellenlösung des linearen Systems (36.5), Während aber bei dieser linearen Lösung alle Mach-Linien parallele Geraden waren, bilden jetzt nur die Kurven $\eta = \text{const}$ eine Geradenschar. Die Neigung der Geraden dieser Schar läßt sich leicht berechnen:

$$-\frac{\eta_t}{\eta_x} = c_0 + \frac{\varkappa+1}{\varkappa-1}(c - c_0). \tag{55.8}$$

Bei Überdrucken, das bedeutet Überdichten und Übertemperatur und erhöhte Schallgeschwindigkeit ($c > c_0$), laufen die Wellen schneller, und die Geraden $\eta = \text{const}$ sind weniger geneigt als bei $c = c_0$. Die Folge ist, daß die rechtsläufigen Mach-Linien im Gebiet des Druckanstieges konvergieren, im Gebiet des Druckabfalles divergieren. In Fig. 61 ist eine nach rechts laufende Welle eingetragen, in deren erster Hälfte zur Zeit $t = 0$ die Schallgeschwindigkeit linear ansteigt (also der Druck ansteigt), während in der zweiten Hälfte c linear abfällt. In der ersten Hälfte laufen daher die Störungen höheren Drucks und höherer c-Werte schneller, das Druckanstieggebiet der Welle wird mit der Zeit immer steiler, im Druckabfallgebiet ist es umgekehrt. Die konvergierenden Mach-Linien müssen sich daher schließlich überschneiden, was in Fig. 61 im Punkte 2 geschieht. Dort ist das Druckanstieggebiet zu einem Drucksprung entartet.

In der Originalarbeit von Riemann wird wohl auf die Doppeldeutigkeit der Welle für spätere Zeiten hingewiesen, die Theorie des Verdichtungsstoßes war damals jedoch noch unbekannt. Heute weiß man, daß Riemanns Lösung für nicht zu starke Druckanstiege auch noch über den Überschneidungspunkt hinaus verwendet werden darf. Schwächere Stöße haben nämlich die Eigenschaft, daß ihre

Neigung der Mittelwert der Mach-Linienneigung vor und hinter der Stoßfront (2—3— usw.) ist, wie man es in Punkt 3 beobachten kann. Das nach RIEMANN sich überlappende Feld ist also nur längs einer Stoßfront gemäß der erwähnten Neigungsregel aufzuschneiden und zu stückeln.

Der durch die Stoßfront in Fig. 61 festgelegte Verdichtungsstoß läuft also schneller als die Schallwellen vor ihm und langsamer als die Schallwellen hinter ihm. Das hat bei der betrachteten Druckwelle eine Zunahme der Wellenlänge ab Punkt 2 zur Folge. Gleichzeitig nimmt aber die Stoßstärke ab, da die Rückseite der Stoßfront mit wachsender Zeit vom immer schwächeren Teil der Welle gebildet wird. Es läßt sich zeigen, daß sich die Wellenlänge für große Zeiten mit $\sqrt{t}$, die Stoßstärke aber mit $1/\sqrt{t}$ ändert. Gleichzeitig zeigt sich, daß die lineare Lösung (36.5) für genügend kleine Störungen und kleine Zeiten stimmt, für große Zeiten aber stets falsch ist.

Die akustische Theorie baut sich nun völlig auf der linearen Theorie der Wellenausbreitung auf, was nach obigen Ausführungen für große Lauflängen falsch werden muß. Im Beispiel von Fig. 61 müssen für eine lineare Behandlung des Problems die Zeiten jedenfalls klein gegen t_2 oder die Lauflängen klein gegen $c_0 t_2$ sein. Für diesen Ausdruck errechnet sich aus einfachen geometrischen Betrachtungen der Wert:

$$c_0 t_2 = \frac{\varkappa - 1}{\varkappa + 1} \frac{l/2}{dc/c_0} = \frac{2\varkappa}{\varkappa + 1} \frac{l/2}{dp/p_0}, \tag{55.9}$$

dabei ist l die Länge der Druckwelle, dc die Amplitude der Schallstörung und dp jene der Druckstörung.

Nun ist ein Druck von 10^{-6} atm bereits ein ganz erheblicher Schalldruck. Bei einem mittleren Ton mit einer Wellenlänge in der Größenordnung von Metern ergibt sich also gemäß (55.9), daß die Lauflänge für eine Anwendung der linearen akustischen Theorie klein sein muß gegen 1000 km. Eine Verletzung der linearen Theorie kommt also nur bei tiefen und sehr lauten Tönen in Frage, also bei Explosionen, bei Donner und ähnlichem.

56. Stehende Wellen in Überschallströmung. In völliger Analogie zur Ausbreitung instationärer ebener Wellen kann das Problem stehender Wellen in stationärer Überschallströmung behandelt werden. Mit ϑ als Strömungswinkel findet man gemäß Fig. 62 die Neigung der Mach-Linien ausgedrückt durch Strömungs- und Mach-Winkel:

$$-\xi_x/\xi_y = \tan(\vartheta + \alpha); \qquad -\eta_x/\eta_y = \tan(\vartheta - \alpha). \tag{56.1}$$

Damit lassen sich im System (36.8) der gasdynamischen Gleichung und der Gleichung der Wirbelfreiheit, das bereits auf allgemeine Koordinaten transformiert ist, die Ableitungen ξ_x und η_x durch ξ_y und η_y ersetzen. Da der Mach-Winkel α nur von $|\mathfrak{w}|$ und c abhängt, die Schallgeschwindigkeit durch den Energiesatz (48.6) aber wieder auf den Geschwindigkeitsbetrag zurückgeführt werden kann, transformiert man am besten auch das System (36.8) mittels der Beziehung

$$u = |\mathfrak{w}| \cos\vartheta, \qquad v = |\mathfrak{w}| \sin\vartheta \tag{56.2}$$

auf Strömungswinkel und Geschwindigkeitsbetrag. Wie in Ziff. 55 kann man durch Kombination der beiden Gleichungen und schließlich durch Division durch η_y und ξ_y das Paar gewöhnlicher Differentialgleichungen erhalten:

$$\frac{\partial\vartheta}{\partial\eta} - \frac{\cot\alpha}{|\mathfrak{w}|} \frac{\partial|\mathfrak{w}|}{\partial\eta} = 0; \qquad \frac{\partial\vartheta}{\partial\xi} + \frac{\cot\alpha}{|\mathfrak{w}|} \frac{\partial|\mathfrak{w}|}{\partial\xi} = 0. \tag{56.3}$$

Dabei sei hier nochmals festgestellt, daß der Koeffizient $\cot\alpha/|\mathfrak{w}|$ nur vom Geschwindigkeitsbetrag abhängt.

Die Integration von (56.3) kann ohne Kenntnis des speziellen Problems allgemein durchgeführt werden, und es zeigt sich, daß auf einer der beiden Scharen Machscher Linien der Strömungswinkel plus oder minus einer bestimmten Geschwindigkeitsfunktion konstant ist. Das System kann daher zur außerordentlich bequemen Berechnung ebener Überschallfelder verwendet werden.

Hier sei nur die Anwendung auf eine Einzelwelle gezeigt, die durch Felder von Parallelströmung, also konstanten Werten von ϑ und $|\mathfrak{w}|$ begrenzt sei. Wie

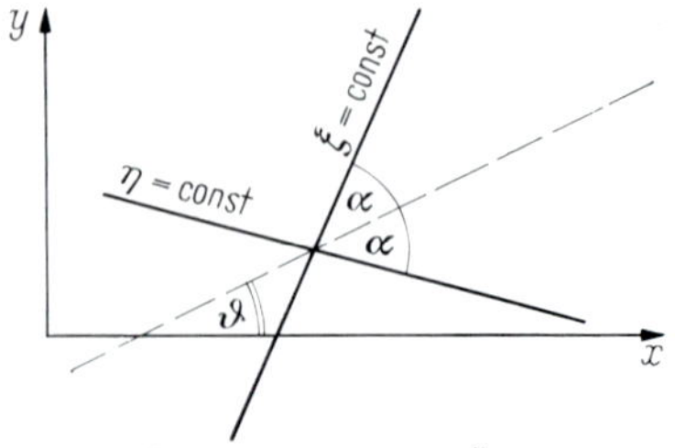

Fig. 62. Mach-Linien in stationärer Überschallströmung.

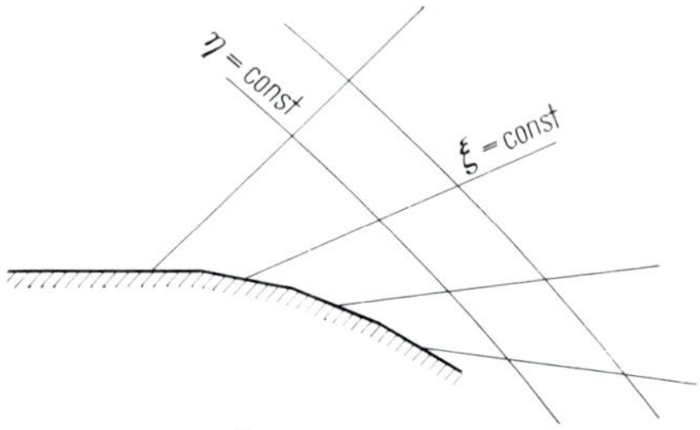

Fig. 63. Überschall-Expansionsströmung.

bei der instationären Welle folgt aus dem Angrenzen an ein Feld mit Parallelströmung, daß die eine Schar der Mach-Linien (in Fig. 63: $\xi = \text{const}$) gerade Linien sind, längs denen der Strömungszustand, Geschwindigkeitsrichtung, Geschwindigkeitsbetrag, Druck, Dichte usw. konstant sind.

Bei einer Expansion kommt es dabei zu keinem Überschneiden von Mach-Linien. Wird die Richtungsänderung in einem Punkt konzentriert

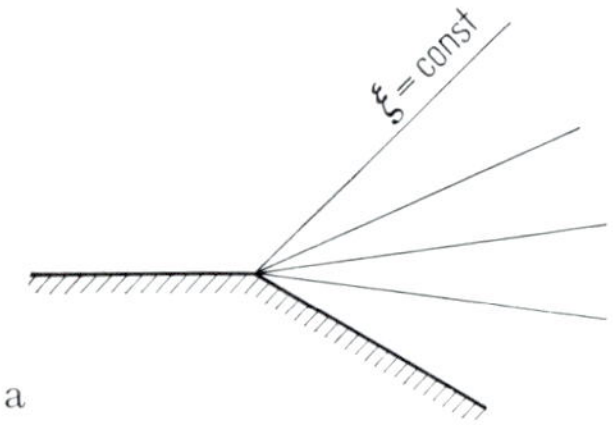

a

b

Fig. 64a u. b. Prandtl-Mayer Expansion. a Skizze. b Schlierenaufnahme (Aufnahme der F.F.A. Stockholm).

(Fig. 64), so erhält man die sog. Prandtl-Meyer-Expansion[1]. Sie ist häufig in Schlierenaufnahmen zu beobachten. Die zwei weißen von den Oberflächenknicken ausgehenden Fächer geben ein schönes Beispiel.

Die Prandtl-Meyer-Eckenströmung ist das Gegenstück zum Stoß an einer konkaven Ecke (etwa an der Spitze in Fig. 21). Während eine solche konkave Ecke die Strömung räumlich behindert, was bei Überschallströmungen immer zu Verdichtungen und bei einer plötzlichen Änderung zu einem Verdichtungsstoß führt, gibt eine konvexe Ecke Raum frei und gestattet damit bei Überschallströmung eine Expansion.

Würde man die Strömungsform des Stoßes gar nicht einbeziehen, so ergäbe sich ein Überschneiden der Mach-Linien wie beim Druckanstieg in einer instationären Welle. In Wirklichkeit ist aber eine solche Faltung des Strömungsfeldes ebensowenig wie beim entsprechenden instationären Problem möglich. Es bildet sich eine Stoßfront, in welche die Mach-Linien von beiden Seiten hineinlaufen. Dabei ist das Hineinlaufen der Mach-Linien vor dem Stoß ein Zeichen

[1] L. Prandtl: Phys. Z. **8**, 23 (1907). — Th. Meyer: VDI-Forsch.-Heft Nr. 62 (1908).

dafür, daß der Stoß schneller ist als eine Schallwelle davor. Das Hineinlaufen der Mach-Linien von hinten in die Stoßfront hingegen ist nur der mathematische Ausdruck dafür, daß der Stoß von der Körperform hinter ihm beeinflußt ist.

Bei der Expansion Fig. 63 und 64 gibt es eine solche Beeinflussung nicht. Das Strömungsfeld stromaufwärts ist von den Ereignissen stromabwärts unberührt und der Expansionsfächer knüpft bausteinartig zwei Felder von Parallelströmungen aneinander. Ein solches Zusammenfügen von Strömungsfeldern hat bei elliptischen Strömungsformen keinerlei Gegenstück.

XII. Instabilitäten und Turbulenz[1].

57. Scheinbare Schubspannungen. Bei Strömungen mit hohen Reynolds-Zahlen beobachtet man vielfach Schwankungen der Geschwindigkeit um einen Mittelwert (Fig. 65). Obwohl diese nur etwa 5 bis 10% der mittleren

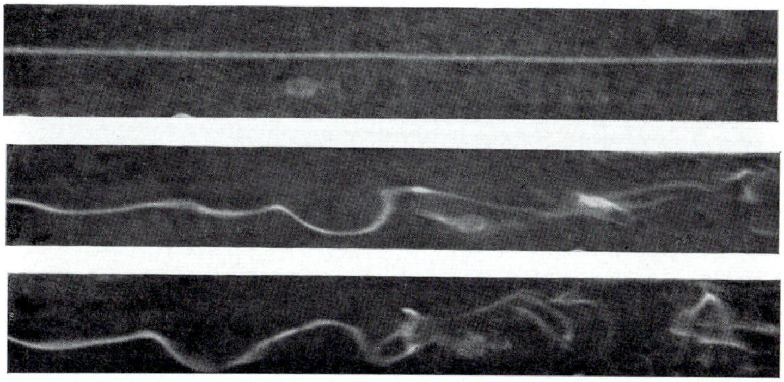

Fig. 65. Turbulentes Auflösen eines Stromfadens im Rohreinlauf. (Ausschnitte aus einem Film mit stetig veränderlicher *Re*-Zahl, aufgenommen von R. Wille, nach dem historischen Experiment von O. Reynolds.)

Geschwindigkeit betragen, sind sie für den Charakter der Strömung doch von ausschlaggebender Bedeutung. Solche unregelmäßige Schwankungen um einen zeitlichen Mittelwert werden als Turbulenz bezeichnet. Die Erscheinung ist im gesamten Mach-Zahl-Bereich von gleicher Bedeutung. Mit Rücksicht aber auf die Schwierigkeit des Problemkreises und die geringen bisherigen Erfolge einer modellmäßigen Beschreibung der Vorgänge seien alle hier gemachten Ausführungen auf die dichtebeständige Strömung beschränkt.

Eine Darstellung der Strömung geschieht zurückgehend auf O. Reynolds[2] am besten durch die zeitlichen Mittelwerte des Strömungszustandes:

$$\bar{u} = \frac{1}{T}\int\limits_{t_1}^{t_1+T} u\,dt, \quad \bar{v} = \frac{1}{T}\int\limits_{t_1}^{t_1+T} v\,dt, \quad \bar{w} = \frac{1}{T}\int\limits_{t_1}^{t_1+T} w\,dt, \quad \bar{p} = \frac{1}{T}\int\limits_{t_1}^{t_1+T} p\,dt \tag{57.1}$$

mit T als einem geeignet gewählten, ausreichend großen Zeitinterval. u', v', w', p' seien die Schwankungen dieser Mittelwerte:

$$u = \bar{u} + u'; \quad v = \bar{v} + v'; \quad w = \bar{w} + w'; \quad p = \bar{p} + p'. \tag{57.2}$$

Die zeitlichen Grenzen t_1 und $t_1 + T$ sollen dabei nicht vom Ort abhängen. So kann Differentiation und Mittelwertbildung vertauscht werden. Indem die Mittelbildung auf die Kontinuitätsbedingung inkompressibler Medien (35.8) angewendet

[1] Siehe die Beiträge von H. Schlichting über die Entstehung der Turbulenz in diesem Bande und von Lin und Corrsin über die turbulente Strömung in Teil 2 dieses Bandes.

[2] O. Reynolds: Phil. Trans. Roy. Soc. Lond. A **186**, 123 (1895) (Papers II, S. 535).

wird, findet man:

$$\frac{\partial \bar{u}}{\partial x} + \frac{\partial \bar{v}}{\partial y} + \frac{\partial \bar{w}}{\partial z} = 0. \qquad (57.3)$$

Die Kontinuitätsbedingung gilt also auch für die Mittelwerte. Da sie aber auch für die vollen Geschwindigkeitskomponenten u, v, w erfüllt sein muß, gilt sie schließlich auch für die Schwankungen:

$$\frac{\partial u'}{\partial x} + \frac{\partial v'}{\partial y} + \frac{\partial w'}{\partial z} = 0. \qquad (57.4)$$

Weniger einfach liegen die Verhältnisse bei den Bewegungsgleichungen. Unter Verwendung der Kontinuitätsbedingung kann man etwa die erste Navier-Stokessche Gleichung (30.3) auch schreiben:

$$\frac{\partial u}{\partial t} + \frac{\partial u^2}{\partial x} + \frac{\partial u v}{\partial y} + \frac{\partial u w}{\partial z} = -\frac{1}{\varrho}\frac{\partial p}{\partial x} + \nu \Delta u. \qquad (57.5)$$

Die Mittelwertbildung bei den in den abhängigen Veränderlichen linearen Ausdrücken bietet keine Schwierigkeit. Für die Mittelwertbildung der mit u^2, uv und uw gebildeten Summanden ist aber folgendes zu beachten. Da die Mittelwerte über die Schwankungsgrößen definitionsgemäß verschwinden:

$$\frac{1}{T}\int_{t_1}^{t_1+T} u'\,dt = 0; \qquad \frac{1}{T}\int_{t_1}^{t_1+T} p'\,dt = 0, \qquad (57.6)$$

gilt beispielsweise für den Mittelwert des Produktes uv:

$$\overline{uv} = \frac{1}{T}\int_{t_1}^{t_1+T} u\,v\,dt = \frac{1}{T}\int_{t_1}^{t_1+T} (\bar{u}\bar{v} + \bar{u}\,v' + u'\,\bar{v} + u'\,v')\,dt = \bar{u}\bar{v} + \overline{u'\,v'}, \qquad (57.7)$$

und entsprechendes für die übrigen Produkte.

Die zeitliche Mittelwertbildung auf die Bewegungsgleichung (57.5) angewendet führt, unter Berücksichtigung der Kontinuitätsbedingung (57.3) für die Mittelwerte, zur ersten Bewegungsgleichung für diese:

$$\frac{\partial \bar{u}}{\partial t} + \bar{u}\frac{\partial \bar{u}}{\partial x} + \bar{v}\frac{\partial \bar{u}}{\partial y} + \bar{w}\frac{\partial \bar{u}}{\partial z} = -\frac{1}{\varrho}\frac{\partial \bar{p}}{\partial x} + \nu \Delta \bar{u} - \frac{\partial \overline{u'^2}}{\partial x} - \frac{\partial \overline{u'\,v'}}{\partial y} - \frac{\partial \overline{u'\,w'}}{\partial z}. \qquad (57.8)$$

Ein Vergleich mit der Navier-Stokes-Gleichung (30.3) und den Bewegungsgleichungen (10.4) zeigt, daß zu dem Schubspannungstensor laminarer Reibung (29.2) noch ein zweiter Schubspannungstensor

$$\begin{pmatrix} \sigma_{xx}; & \sigma_{xy}; & \sigma_{xz} \\ \sigma_{yx}; & \sigma_{yy}; & \sigma_{yz} \\ \sigma_{zx}; & \sigma_{zy}; & \sigma_{zz} \end{pmatrix} = -\begin{pmatrix} \overline{u'^2}; & \overline{u'\,v'}; & \overline{u'\,w'} \\ \overline{v'\,u'}; & \overline{v'^2}; & \overline{v'\,w'} \\ \overline{w'\,u'}; & \overline{w'\,v'}; & \overline{w'^2} \end{pmatrix} \varrho \qquad (57.9)$$

additiv hinzugetreten ist. Man bezeichnet die Komponenten dieses Tensors als die *turbulente Scheinschubspannung*.

Der Tensor (57.9) ist wieder symmetrisch. Bei ausreichend hohen Reynolds-Zahlen spielen diese turbulenten Schubspannungen die ausschlaggebende Rolle. Die mit ν multiplizierten Beiträge laminarer Reibung können in großen Gebieten der Strömung oder bei bestimmten Problemen auch überall vernachlässigt werden. In diesem Falle spielt der Tensor (57.9) genau dieselbe Rolle wie in der Darstellung laminarer Reibung in der kinetischen Gastheorie nach Maxwell. Die quantitativen Unterschiede sind aber erheblich. In der kinetischen Gastheorie können die Strömungsgeschwindigkeiten als klein gegenüber den Molekularbewegungen angenommen werden. Die Moleküle idealer Gase fliegen mit Geschwindigkeiten, welche etwas über der Schallgeschwindigkeit liegen. Umgekehrt ist die mittlere freie Weglänge bei nicht zu hoch verdünnten Gasen außerordentlich klein im Vergleich zu den Strömungsdimensionen. Mittlere freie Weglänge und Bewegungsgeschwindigkeit der Moleküle sind nahezu unbeeinflußt vom Strömungsvorgang; es sind Stoffkonstanten, durch die sich die Stoffkonstante μ ausdrücken läßt. Bei turbulenten Strömungen dagegen sind die Transportgeschwindigkeiten der Teilchen durch die Schwankung u', v', w' gegeben und klein. Die Größe des Turbulenzballens und damit der Einfluß der Schwankungen in der Nachbarschaft ist in komplizierter Weise vom Strömungszustand abhängig. Dieser Umstand erschwert die Darstellung so sehr, daß es selbst für begrenzte Problemkreise der Turbulenz an erschöpfenden theoretischen Darstellungen fehlt.

Die Bedeutung der Geschwindigkeitsschwankungen für die scheinbare Reibung läßt sich leicht einsehen. Für eine im wesentlichen in x-Richtung verlaufende Strömung von Grenzschichtcharakter oder auch für eine Rohrströmung ist die Schubspannung gemäß (35.5) gegeben durch $\sigma_{xy}/\varrho = \nu\, \partial u/\partial y$. Sei nun U die Maximalgeschwindigkeit und d ein Maß für die y-Erstreckung des Vorganges, so läßt sich die laminare Reibung leicht durch die Reynolds-Zahl ausdrücken:

$$\sigma_{xy}/\varrho\, U^2 \sim \nu/U\, d = 1/Re. \tag{57.10}$$

Die mit ϱU^2 dimensionslos gemachte Schubspannung ist proportional der reziproken, mit U und d gebildeten Reynolds-Zahl.

Die entsprechende turbulente Scheinschubspannung $\overline{u'v'}\varrho$ in gleicher Weise dimensionslos gemacht liefert $\overline{u'v'}/U^2$. Wenn die Schwankungen u'/U und v'/U von der Größenordnung 5 bis 10% sind, ist der Wert der turbulenten Scheinreibung in der Größenordnung des Quadrates der Schwankungsgeschwindigkeiten. Aus dieser rohen Schätzung folgt, daß bei den angenommenen Geschwindigkeitsschwankungen und einer mit der Dicke d gebildeten Reynolds-Zahl von einigen 1000 die turbulente Scheinreibung ausschlaggebend sein muß. In keiner Weise ist damit allerdings erklärt, warum es zu den Schwankungen kommt und wieso sie die angegebene Größe annehmen. Für die turbulente Schubspannung gibt es eine Reihe von halb empirischen Ansätzen, die in den Spezialartikeln dieses Bandes behandelt werden.

58. Störungsgleichungen. Zur Untersuchung der Vorgänge, welche zu einem Abweichen von der laminaren Strömung führen, wird ein geringes instationäres Abweichen der Strömung von einem Ausgangszustand angenommen. Wie in Ziff. 57 wird die Störung als klein gegenüber dem Ausgangszustand vorausgesetzt und mit u', v', w' und p' bezeichnet. Im Gegensatz zu Ziff. 57 handelt es sich aber um eine Störung einer Lösung der laminaren Strömung und nicht um die Schwankungen um turbulente zeitliche Mittelwerte. Letztere sind ja keine Lösung der Navier-Stokesschen Gleichung, sondern eine Lösung der mit scheinbaren Schubspannungen versehenen Gleichungen der Art (57.8). Dagegen erfüllt bei den Störungsrechnungen die Grundströmung durchaus die Navier-Stokesschen Gleichungen und natürlich auch die Kontinuitätsbedingung. Daher muß diese wieder unter Beschränkung auf dichtebeständige Strömungen auch für die Störungen u', v', w' erfüllt sein. Es gilt also auch hier Gl. (57.4).

Da die Navier-Stokesschen Gleichungen für $u+u'$, $v+v'$, $w+w'$ und $p+p'$ erfüllt sein müssen, gilt bei Vernachlässigung der quadratischen Glieder in den

Störungen:

$$\left.\begin{aligned}\frac{\partial u}{\partial t}+\frac{\partial u'}{\partial t}+u\frac{\partial u'}{\partial x}+u'\frac{\partial u}{\partial x}+v\frac{\partial u'}{\partial y}+v'\frac{\partial u}{\partial y}+w\frac{\partial u'}{\partial z}+w'\frac{\partial u}{\partial z}\\ =-\frac{1}{\varrho}\frac{\partial p}{\partial x}-\frac{1}{\varrho}\frac{\partial p'}{\partial x}+\nu\Delta u+\nu\Delta u'.\end{aligned}\right\}\qquad(58.1)$$

Da jedoch die Grundströmung u, v, w, p für sich die Navier-Stokesschen Gleichungen erfüllt, bleibt schließlich folgendes in den Störungen lineare System der Bewegungsgleichungen:

$$\left.\begin{aligned}\frac{\partial u'}{\partial t}+u\frac{\partial u'}{\partial x}+v\frac{\partial u'}{\partial y}+w\frac{\partial u'}{\partial z}+u'\frac{\partial u}{\partial x}+v'\frac{\partial u}{\partial y}+w'\frac{\partial u}{\partial z}&=-\frac{1}{\varrho}\frac{\partial p'}{\partial x}+\nu\Delta u';\\ \frac{\partial v'}{\partial t}+u\frac{\partial v'}{\partial x}+v\frac{\partial v'}{\partial y}+w\frac{\partial v'}{\partial z}+u'\frac{\partial v}{\partial x}+v'\frac{\partial v}{\partial y}+w'\frac{\partial v}{\partial z}&=-\frac{1}{\varrho}\frac{\partial p'}{\partial y}+\nu\Delta v';\\ \frac{\partial w'}{\partial t}+u\frac{\partial w'}{\partial x}+v\frac{\partial w'}{\partial y}+w\frac{\partial w'}{\partial z}+u'\frac{\partial w}{\partial x}+v'\frac{\partial w}{\partial y}+w'\frac{\partial w}{\partial z}&=-\frac{1}{\varrho}\frac{\partial p'}{\partial z}+\nu\Delta w'.\end{aligned}\right\}\qquad(58.2)$$

Für den einfachen, jedoch häufig behandelten Fall einer Parallelströmung mit Geschwindigkeitsprofil, $u=u(y)$, $v=w=0$, als Grundströmung vereinfacht sich dieses System zu:

$$\left.\begin{aligned}\frac{\partial u'}{\partial t}+u\frac{\partial u'}{\partial x}+v'\frac{\partial u}{\partial y}&=-\frac{1}{\varrho}\frac{\partial p'}{\partial x}+\nu\Delta u';\\ \frac{\partial v'}{\partial t}+u\frac{\partial v'}{\partial x}&=-\frac{1}{\varrho}\frac{\partial p'}{\partial y}+\nu\Delta v'.\end{aligned}\right\}\qquad(58.3)$$

Obwohl solche Strömungen einen nur von x abhängigen Druck aufweisen, gilt das keineswegs von der Störströmung. Daraus ist zu erkennen, daß die Störungsgleichung einer solchen Strömung keineswegs aus dem System der Grenzschichtgleichungen (35.5) abgeleitet werden darf, die $p'=p'(x)$ liefern würde. Die Ableitung der Störgleichungen hat vielmehr aus dem vollständigen System der Ausgangsgleichungen zu erfolgen, wonach erst die Vereinfachungen eingeführt werden dürfen.

Dagegen ist es möglich, daß die laminare Reibung gar nicht oder in sehr begrenzter Weise für die Störungsgleichungen Bedeutung besitzt. Bei der Ableitung der Grenzschichtgleichung in Ziff. 35 wurde in Gl. (35.4) abgeschätzt, daß die Lauflänge L der Störung und die Dicke der Reibungsschicht δ mit der Reynolds-Zahl in folgendem Größenordnungsverhältnis stehen muß: $\delta\sqrt{Re}\sim L$. Die Reynolds-Zahl ist aber auch in Gl. (58.3) mit der ungestörten Strömung zu bilden. Sei also L' die Lauflänge oder Wellenlänge der Störung und δ' die Reibungsschichtdicke der Störung, so kann eines der Hauptträgheitsglieder der linken Seite und das Hauptreibungsglied der rechten Seite wie folgt abgeschätzt werden:

$$u\frac{\partial u'}{\partial x}\sim U_1\frac{u'}{L'};\qquad \nu\Delta u'\sim\nu\frac{\partial^2 u'}{\partial y^2}\sim\frac{U_1 L}{Re}\frac{u'}{\delta'^2}\sim\frac{\delta^2 U_1}{L}\frac{u'}{\delta'^2}.\qquad(58.4)$$

Das Reibungsglied kann also nur dann von gleicher Größenordnung sein wie das Trägheitsglied, wenn folgende Größenordnungsbeziehung erfüllt ist:

$$\delta'/\delta\sim\sqrt{L'/L}.\qquad(58.5)$$

Spielt sich also die Störung in sehr kleinen Längendimensionen ab oder ist die Wellenlänge der Störung klein, so kann die Reibung, wenn sie überhaupt zur Wirkung kommen soll, nur auf eine sehr dünne Schicht beschränkt sein. Abgesehen von einer solchen Schicht wirkt eine kurzwellige Störung auch in einer reibenden Grundströmung nur durch die Trägheitskräfte.

59. Energiegleichung der Nebenbewegung. Die drei Bewegungsgleichungen (58.2) mögen der Reihe nach mit u', v' und w' multipliziert und dann addiert werden. Bezieht man die massenfeste Ableitung lediglich auf die Grundbewegung

$$\frac{d}{dt} = \frac{\partial}{\partial t} + u\frac{\partial}{\partial x} + v\frac{\partial}{\partial y} + w\frac{\partial}{\partial z}, \tag{59.1}$$

wie das einer konsequenten Störungstheorie entspricht, so läßt sich die neue Gleichung wie folgt schreiben:

$$\left.\begin{aligned} \frac{d}{dt}\frac{u'^2+v'^2+w'^2}{2} = &-\left[u'^2\frac{\partial u}{\partial x} + v'^2\frac{\partial v}{\partial y} + w'^2\frac{\partial w}{\partial z} + u'v'\left(\frac{\partial v}{\partial x}+\frac{\partial u}{\partial y}\right) + \right.\\ &\left. + v'w'\left(\frac{\partial w}{\partial y}+\frac{\partial v}{\partial z}\right) + w'u'\left(\frac{\partial u}{\partial z}+\frac{\partial w}{\partial x}\right)\right] - \frac{1}{\varrho}\left(\frac{\partial u'p'}{\partial x}+\frac{\partial v'p'}{\partial y}+\frac{\partial w'p'}{\partial z}\right) + \\ &+ \nu\left[u'\Delta u' + v'\Delta v' + w'\Delta w'\right]. \end{aligned}\right\} \tag{59.2}$$

Führt man der Einfachheit halber einen Geschwindigkeitsvektor der Störung $\mathfrak{w}'$ mit den Komponenten u', v', w' ein, so kann für den Ausdruck der linken Seite von (59.2) mit der Kontinuitätsbedingung der Hauptbewegung geschrieben werden:

$$\frac{d}{dt}\frac{\mathfrak{w}'^2}{2} = \frac{\partial}{\partial t}\frac{\mathfrak{w}'^2}{2} + \frac{\partial}{\partial x}\left(u\frac{\mathfrak{w}'^2}{2}\right) + \frac{\partial}{\partial y}\left(v\frac{\mathfrak{w}'^2}{2}\right) + \frac{\partial}{\partial z}\left(w\frac{\mathfrak{w}'^2}{2}\right). \tag{59.3}$$

Im ersten Klammerausdruck der rechten Seite von (59.2) erkennt man die Energie Φ_{turb}, welche aus der Hauptbewegung in die Nebenbewegung dissipiert. $u'^2, v'^2, \ldots, w'u'$ sind nämlich in völliger Analogie zu (57.9) scheinbare Schubspannungen, geteilt durch $-\varrho$. Der Ausdruck ist damit wieder in völliger Analogie zu (11.6) gebildet:

$$\left.\begin{aligned} \Phi_{\text{turb}} = -\varrho\Big[&u'^2\frac{\partial u}{\partial x} + v'^2\frac{\partial v}{\partial y} + w'^2\frac{\partial w}{\partial z} + u'v'\left(\frac{\partial v}{\partial x}+\frac{\partial u}{\partial y}\right) + \\ &+ v'w'\left(\frac{\partial w}{\partial y}+\frac{\partial v}{\partial z}\right) + w'u'\left(\frac{\partial u}{\partial z}+\frac{\partial w}{\partial x}\right)\Big]. \end{aligned}\right\} \tag{59.4}$$

Der letzte Klammerausdruck von (59.2) schließlich kann unter Anwendung der Kontinuitätsbedingung auf folgende Form gebracht werden:

$$u'\Delta u' + v'\Delta v' + w'\Delta w' = \operatorname{div}(\mathfrak{w}'\times\operatorname{rot}\mathfrak{w}') - \operatorname{rot}^2\mathfrak{w}'. \tag{59.5}$$

Gl. (59.2) sei nun über einen festen Raumteil integriert, an dessen Grenzen alle Geschwindigkeitsschwankungen verschwinden sollen. Dann können alle Divergenzausdrücke mit Hilfe des Gaußschen Satzes in Oberflächenintegrale umgewandelt werden. Alle $\mathfrak{w}'$ enthaltenden Divergenzausdrücke liefern also keine Beiträge, da die Störgeschwindigkeit voraussetzungsgemäß an der Oberfläche verschwinden soll. Im Ausdruck (59.5) bleibt daher nur der Summand $-\operatorname{rot}^2\mathfrak{w}'$. Mit Gl. (31.5) kann aber dieses Integral auf die laminare Dissipation der Nebenbewegung Φ' zurückgeführt werden, weil auch in (31.5) voraussetzungsgemäß das Oberflächenintegral Null ist. Man erhält also folgenden, erstmals von H.A. LORENTZ[1] aufgestellten Energiesatz:

$$\frac{\partial}{\partial t}\iiint\frac{\mathfrak{w}'^2}{2}\varrho\,dx\,dy\,dz = \iiint[\Phi_{\text{turb}} - \Phi']\,dx\,dy\,dz. \tag{59.6}$$

[1] H.A. LORENTZ: Abhandlungen über theoretische Physik, I, S. 43. Leipzig 1907.

In einem Raum, an dessen Grenzen die Nebenbewegung verschwindet, ist die zeitliche Änderung der kinetischen Energie der Nebenbewegung gleich der Dissipation der Energie aus der Hauptbewegung, vermindert um die laminare Dissipation der Nebenbewegung.

Wenn dieser Satz zur Berechnung der kritischen Reynolds-Zahl, d.h. jener Reynolds-Zahl, bei welcher die laminare Strömung instabil wird, bisher nur wenig beigetragen hat, so ist sein physikalischer Inhalt doch außerordentlich durchsichtig. Nur der Ausdruck von Φ' enthält nämlich die Zähigkeit. Er wird unter sonst geometrisch und kinematisch gleichen Verhältnissen um so kleiner, je kleiner die Zähigkeit, je höher also die Reynolds-Zahl ist. Bei kleinen Reynolds-Zahlen und großen μ-Werten ist also die rechte Seite von (59.6) selbst negativ. Eine durch irgendeine Störung hereingebrachte kinetische Energie einer Nebenbewegung würde abgebremst. Bei großen Reynolds-Zahlen dagegen wird die kinetische Energie der Nebenbewegung angefacht, und es leuchtet dann auch ein, daß laminare Strömungen großer Reynolds-Zahlen instabil sind und zum Umschlag in turbulente Bewegung neigen.

60. Ebene Instabilitäten. Aus den beiden Gln. (58.3) läßt sich die Druckstörung leicht eliminieren indem man die obere Gleichung nach y und die untere nach x ableitet, und die beiden Gleichungen voneinander abzieht. Man gelangt dann zur Gleichung:

$$\frac{\partial}{\partial t}\left(\frac{\partial v'}{\partial x}-\frac{\partial u'}{\partial y}\right)+u\frac{\partial}{\partial x}\left(\frac{\partial v'}{\partial x}-\frac{\partial u'}{\partial y}\right)-v'\frac{d^2 u}{dy^2}=\nu\Delta\left(\frac{\partial v'}{\partial x}-\frac{\partial u'}{\partial y}\right). \qquad (60.1)$$

Führt man in diese Gleichung eine Störstromfunktion Ψ', welche die Kontinuitätsbedingung identisch befriedigt, mit einer von y abhängigen Amplitude $f(y)$ ein:

$$\Psi'=f(y)\,e^{(i\alpha x-\beta t)}; \qquad u'=\Psi_y; \qquad v'=-\Psi_x, \qquad (60.2)$$

so gewinnt man für die Störung des Wirbelvektors den Ausdruck:

$$\frac{\partial v'}{\partial x}-\frac{\partial u'}{\partial y}=(f''-\alpha^2 f)\,e^{i(\alpha x-\beta t)} \qquad (60.3)$$

und für die Amplitudenfunktion $f(y)$ die auf ORR und SOMMERFELD[1] zurückgehende Störungsgleichung:

$$(u-\beta/\alpha)(f''-\alpha^2 f)-\frac{d^2u}{dy^2}f=-i\frac{\nu}{\alpha}(f''''-2\alpha^2 f''+\alpha^4 f). \qquad (60.4)$$

Sie bildet die Grundlage für alle Stabilitätsuntersuchungen von laminaren Grenzschichten gegenüber ebenen Störungen. Die damit verbundenen Theorien und Untersuchungen sind in dem Artikel von H. SCHLICHTING über die Entstehung der Turbulenz in diesem Bande diskutiert (vgl. auch [7]).

Die einfachste Lösung von (60.4) bietet sich für die reibungslose Parallelströmung konstanter Geschwindigkeit an:

$$u=\text{const}, \qquad \nu=0: \quad f''-\alpha^2 f=0, \qquad f=-\frac{A}{\alpha}e^{\pm\alpha y}. \qquad (60.5)$$

Die frei wählbare Amplitude A wurde noch durch die Konstante $-\alpha$ geteilt. Man erhält dann für die Störkomponenten gemäß Gl. (60.2):

$$u'=\mp A\,e^{\pm\alpha y}\,e^{i(\alpha x-\beta t)}; \qquad v'=i A\,e^{\pm\alpha y}\,e^{i(\alpha x-\beta t)}. \qquad (60.6)$$

---

[1] W.M.F. ORR: Proc. Roy. Irish Acad. **17** (a), 124 (1907). — A. SOMMERFELD: Atti Congr. internat. Mat. Rome **3**, 116 (1908).

Bei Wahl des unteren Vorzeichens stellt der Realteil dieser Lösung offenbar eine in x-Richtung mit der Geschwindigkeit β/α fortschreitende Welle dar, deren Amplitude in y-Richtung mit einer e-Potenz abnimmt. Sowohl die Fortpflanzungsgeschwindigkeit β/α, als auch die Konstante α, welche die Wellenlänge und die Dämpfung in y-Richtung festlegt, sind zunächst frei wählbar. Das liegt daran, daß noch keinerlei Randbedingungen eingeführt wurden.

Die Lösung (60.6) ist insofern grundlegend, als sie eine Störung darstellt, welche sich mit einer von der Schallgeschwindigkeit c völlig verschiedenen Fortpflanzungsgeschwindigkeit weiter bewegt. Diese hat mit der Fortpflanzungsgeschwindigkeit des Schalles c nichts gemein. Letztere wäre auch beim hier gewählten Beispiel eines inkompressiblen Mediums unendlich. Selbstverständlich kommen aber zu (60.6) entsprechende Wellen auch bei kompressiblen Medien vor. Für diese wäre die Störungsgleichung (60.4) allerdings zu erweitern.

Mit der Lösung (60.6) sei die Stabilität einer Trennschicht zweier paralleler Strömungen konstanter Geschwindigkeit untersucht. Dabei sei ein solches Koordinatensystem gewählt, daß sich das Medium in der oberen Halbebene, $0 < y$, mit der Geschwindigkeit $+u$, in der unteren Halbebene, $y < 0$, dagegen mit der Geschwindigkeit $-u$ bewege. Für $y \to \pm\infty$ soll die Störung verschwinden. In der oberen Halbebene ist also das unter Vorzeichen, in der unteren Halbebene das obere Vorzeichen von (60.6) zu wählen. An der Begrenzung der oberen und unteren Strömung müssen der Druck und die Strömungsrichtung übereinstimmen. Es genügt aber, diese Bedingung an der Begrenzung der Grundströmung, $y = 0$, zu erfüllen. Sie ist dann auch in sehr guter Näherung an der gewellt gestörten Berandung erfüllt.

Gleichheit des Druckes der oberen und unteren Strömung für $y = 0$ bedeutet Gleichheit des Stördruckes und auch Gleichheit von $\partial p'/\partial x$ auf $y = 0$. Gemäß Gl. (58.3) für $du/dy = 0$, $v = 0$, führt das für die Lösung (60.6) zu folgender Bedingung:

$$A_1(-\beta + u\,\alpha) = A_2(\beta + u\,\alpha). \tag{60.7}$$

Dabei ist als obere Amplitude A_1, als untere Amplitude A_2 angenommen.

Freilich könnten auch α und β oben und unten verschieden angesetzt werden. Doch stellt sich bei einem solchen Ansatz sofort heraus, daß die Bedingung für alle Punkte der x-Achse und für alle Zeiten t nur bei gleichem α und β beiderseits der x-Achse erfüllbar ist.

Die y-Koordinate der Grenzlinie sei durch die Funktion gegeben:

$$y = B\,\mathrm{e}^{i(\alpha x - \beta t)}. \tag{60.8}$$

Sie hängt mit der y-Komponente der Geschwindigkeit wie folgt zusammen:

$$v' = \frac{dy}{dt} = \frac{\partial y}{\partial t} + u\frac{\partial y}{\partial x} = i\,B(-\beta + u\,\alpha)\,\mathrm{e}^{i(\alpha x - \beta t)}. \tag{60.9}$$

Eben wegen dieses Zusammenhanges müssen α und β in (60.8) oben und unten wieder gleich sein, wie schon in (60.7) gefordert. Auf die obere und untere Lösung angewendet liefert das die Bedingung:

$$B(-\beta + u\,\alpha) = A_1, \qquad B(-\beta - u\,\alpha) = A_2 \tag{60.10}$$

mit folgender Gleichung und Lösung für die Fortpflanzungsgeschwindigkeit β/α:

$$(u\,\alpha - \beta)^2 = -\,(u\,\alpha + \beta)^2; \qquad \beta/\alpha = \pm\,i\,u. \tag{60.11}$$

Durch α ist die Wellenlänge bestimmt. Diese Größe ist daher stets als positiv und reell anzusehen. Es gibt also Lösungen für β mit positivem Imaginärteil, das bedeutet zeitlich angefachte Störungen der Trennlinie für alle Wellenlängen. Wenn es aber überhaupt irgendwelche angefachte Störungen gibt, so ist die Strömung, hier also die Trennlinie, instabil.

Der reelle Teil der Lösung verschwindet, d.h. die Wellengeschwindigkeit ist Null. Vom Koordinatensystem unabhängig ausgedrückt bedeutet das: Die Fortpflanzungsgeschwindigkeit ist gleich dem arithmetischen Mittel der Strömungsgeschwindigkeiten oben und unten.

Die allgemeinen Stabilitätsuntersuchungen von Grenzschichten sind naturgemäß viel schwieriger. Dazu muß für ein vorgegebenes Grenzschichtprofil $u(y)$ unter den vorgegebenen Randbedingungen, also beispielsweise an der Wand $u' = v' = 0$, untersucht werden, ob und für welche Wellenlängen β einen positiven imaginären Teil besitzt. Für den Fall reibungsloser Strömung, $\nu = 0$, hat bereits Lord RAYLEIGH gezeigt, daß die *notwendige* Voraussetzung für eine Instabilität ein Wendepunkt im Geschwindigkeitsprofil $u(y)$ ist. TOLLMIEN zeigte dann, daß diese Bedingung auch *hinreichend* ist. Die Fortpflanzungsgeschwindigkeit der Störung liegt unter der äußeren Strömungsgeschwindigkeit. Beide Ergebnisse sind nach den Untersuchungen über die Trennschicht verständlich. Ein Wendepunktprofil ähnelt einer Trennschicht eher als ein durchgewölbtes Profil. Die Fortpflanzungsgeschwindigkeit der Störung lag aber auch bei der Trennschicht zwischen der oberen und unteren Strömungsgeschwindigkeit.

Die in Frage kommenden Wellenlängen erweisen sich als groß gegenüber der Grenzschichtdicke, jedoch als klein gegenüber der Länge der Grenzschicht. Letzteres ist überhaupt Voraussetzung dafür, daß der Zustand der Grenzschichtströmung als unabhängig von x angenommen werden darf. Der Umstand, daß die Wellenlänge groß im Vergleich zur Grenzschichtdicke ist, bedeutet, daß im Reibungsausdruck der rechten Seite von (60.4) f'''' den Haupteinfluß darstellt. Denn die Änderungen von f in y-Richtung müssen sich in Abständen von der Größenordnung der Grenzschichtdicke vollziehen. Das bedeutet aber: $f''''/f'' \sim \alpha^2 \delta^2$.

Am Ende von Ziff. 58 wurde gezeigt, daß sich kurzwellige Störungen bis auf eine kleine Unterschicht der Reibungsschicht nur auf die Trägheitsglieder auswirken. Das gilt hier bei der Störungstheorie mit einer Einschränkung. Die Reibungsglieder wirken sich nicht nur ganz nahe an der Wand aus, wo die Störgeschwindigkeiten u' und v' plötzlich auf Null abgebremst werden müssen, sondern auch noch an der Stelle $u = \beta/\alpha$, wo die Fortpflanzungsgeschwindigkeit der Störung gleich der Strömungsgeschwindigkeit ist. Dort bleibt von der linken Seite von (60.4) nur der Ausdruck mit du^2/dy^2, der also dann dem Reibungsglied gleich ist.

Dem Reibungsausdruck darf man im übrigen nicht wie bei zahlreichen Vorgängen in der Mechanik eine rein dämpfende Rolle zusprechen. Reibung kann auch Instabilitäten verursachen, was insbesondere für Grenzschichten, bei welchen nicht überall $d^2u/dy^2 \leqq 0$ gilt, von entscheidender Bedeutung ist.

Die Instabilitäten laminarer Strömungen stellen nur die ersten Anfänge für den Umschlag zu einer turbulenten Strömung dar. Man unterscheidet daher den Instabilitätspunkt vom Umschlagspunkt. Ersterer liegt stets bei kleineren Reynolds-Zahlen als die den Umschlag kennzeichnende kritische Reynolds-Zahl.

61. Räumliche Instabilitäten. Mit den Ausführungen in Ziff. 60 wurden nur die Instabilitäten gegenüber ebenen wellenförmigen Störungen berührt. Es wäre aber denkbar, daß die Instabilität gegenüber räumlichen, wellenförmigen Störungen größer ist. Jedoch kann gezeigt werden, daß dies unter den angenommenen Verhältnissen nicht der Fall ist. Anders ist es jedoch mit Reibungsströmungen, welche unter der Einwirkung von Zentrifugalkräften stehen. Ein grundlegendes Beispiel hierfür ist die zähe Strömung zwischen zwei konzentrischen Zylindern, von denen sich wenigstens der eine Zylinder dreht (Couette-Strömung, s. Ziff. 32). Dabei stellt man fest, daß bei einer bestimmten Drehgeschwindigkeit des inneren Zylinders geordnete wirbelförmige Strömungsgebilde auftreten. Sie wurden von G. I. TAYLOR[1] eingehend theoretisch und experimentell untersucht. Die Grund-Couette-Strömung wurde in Ziff. 32 hergeleitet. Ihr überlagern sich nun Wirbel mit einem in Umfangsrichtung unveränderten Strömungszustand. Die Wirbelfäden zeigen etwa den gleichen Durchmesser wie die durch den Zylinderabstand gegebene Breite und haben paarweise entgegengesetzten Drehsinn (Fig. 66). Auch die Umfangskomponente der Geschwindigkeit ist gestört.

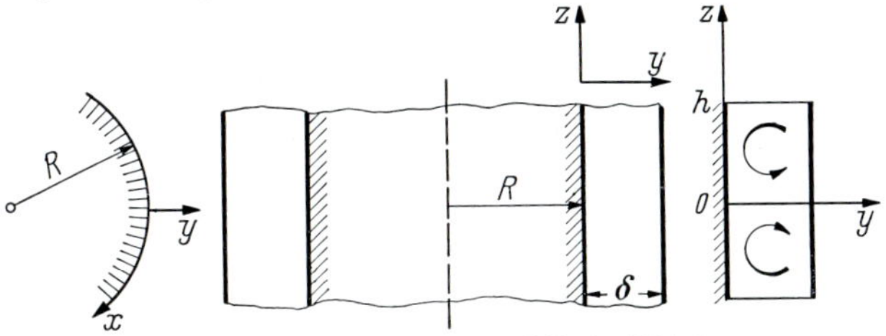

Fig. 66. Couette-Strömung und Taylor-Wirbel.

Bei der Untersuchung des Problems beschränkt man sich in der Regel auf Zylinderabstände δ (Fig. 66), welche klein gegen den Zylinderradius sind. Die x-Achse sei in Umfangsrichtung, die y-Achse radial und die z-Achse in Richtung der Zylinderachse gelegt. Unter diesen Annahmen treten die Zentrifugalkräfte und Coriolis-Kräfte in erster Ordnung nur als additive Terme zu den Trägheitsgliedern hinzu, und zwar in x- und y-Richtung in der Form:

$$x:\quad +\frac{u\,v}{r}\,;\qquad y:\quad -\frac{u^2}{r}\,. \tag{61.1}$$

Das Einführen krummliniger Koordinaten im bewegten System erübrigt sich. Für die Störungsgleichung (58.2) bedeutet das Zusatzglieder von der Form:

$$x:\quad +\frac{u\,v'}{r}+\frac{v\,u'}{r}\,;\qquad y:\quad -2\,\frac{u\,u'}{r}\,. \tag{61.2}$$

Weder in der Grundströmung noch in der gesuchten Störströmung hängt der Zustand von x ab. Die Grundströmung selbst ist die Couette-Strömung und damit gilt:

$$\left.\begin{aligned} &\text{Grundströmung:}\quad u=u(y)\,;\quad v=w=0\,;\quad p=p(y)\,;\\ &\text{Lösung:}\quad \partial/\partial x=0\,. \end{aligned}\right\} \tag{61.3}$$

Mit (61.2) und (61.3) vereinfacht sich die Störungsgleichung (58.2) dann zu:

$$\left.\begin{aligned} \frac{\partial u'}{\partial t}+v'\frac{du}{dy}+v'\frac{u}{R}&=\nu\left(\frac{\partial^2 u'}{\partial y^2}+\frac{\partial^2 u'}{\partial z^2}\right);\\ \frac{\partial v'}{\partial t}-2u'\frac{u}{R}&=-\frac{1}{\varrho}\frac{\partial p'}{\partial y}+\nu\left(\frac{\partial^2 v'}{\partial y^2}+\frac{\partial^2 v'}{\partial z^2}\right);\\ \frac{\partial w'}{\partial t}&=-\frac{1}{\varrho}\frac{\partial p'}{\partial z}+\nu\left(\frac{\partial^2 w'}{\partial y^2}+\frac{\partial^2 w'}{\partial z^2}\right). \end{aligned}\right\} \tag{61.4}$$

[1] G. I. TAYLOR: Phil. Trans. roy. Soc. Lond. A **223**, 289 (1923).

Dabei ist in den Zentrifugal- und Coriolis-Termen der örtliche Radius noch durch den Radius des Innenzylinders R ersetzt, was wegen $\delta \ll R$ gerechtfertigt ist. Ein Vergleich von du/dy und u/R in der ersten Gleichung (61.4) zeigt ferner, daß der erste Ausdruck bedeutend größer ist, nämlich etwa u/δ, weil die Umfangsgeschwindigkeit des einen Zylinders Null ist. Daher kann im folgenden das Coriolis-Glied $v' u/R$ weggelassen werden.

Zur Behandlung dieses Systems empfiehlt sich die Einführung reduzierter unabhängiger und abhängiger Veränderlicher. y und z werden mit der Spaltbreite δ dimensionslos gemacht und der Koordinatenursprung in die Oberfläche des inneren Zylinders verlegt. Die Reynolds-Zahl sei mit der Umfangsgeschwindigkeit U des bewegten Zylinders gebildet. In den reduzierten Größen

$$\left.\begin{aligned} t' &= \frac{t\nu}{\delta^2}; \quad \frac{y}{\delta} = y'; \quad \frac{z}{\delta} = z'; \\ Re &= \frac{U\delta}{\nu}; \quad u'' = \frac{\nu}{U\delta} u'; \quad p'' = \frac{\delta}{\varrho\nu} p' \end{aligned}\right\} \tag{61.5}$$

lautet dann schließlich das Gleichungssystem (61.4) wie folgt:

$$\left.\begin{aligned} \frac{\partial u''}{\partial t'} + v' \frac{d}{dy'} \frac{u}{U} &= \frac{\partial^2 u''}{\partial y'^2} + \frac{\partial^2 u''}{\partial z'^2}; \\ \frac{\partial v'}{\partial t'} - \left[Re^2 \frac{\delta}{R}\right] 2 \frac{u}{U} u'' &= -\frac{\partial p''}{\partial y'} + \frac{\partial^2 v'}{\partial y'^2} + \frac{\partial^2 v'}{\partial z'^2}; \\ \frac{\partial w'}{\partial t'} &= -\frac{\partial p''}{\partial z'} + \frac{\partial^2 w'}{\partial y'^2} + \frac{\partial^2 w'}{\partial z'^2}. \end{aligned}\right\} \tag{61.6}$$

Dazu tritt dann noch die Kontinuitätsbedingung, bei der der Ausdruck $\partial u/\partial x$ wegbleibt. Die Kontinuitätsbedingung hat in den reduzierten Größen die gleiche Form wie in den nicht reduzierten Größen.

Die Lösung ist offenbar in z-Richtung periodisch. Für die Untersuchung des zeitlichen Anwachsens der Störung empfiehlt sich daher folgender Ansatz mit Amplitudenfunktionen $\bar{u}, \bar{p}, \bar{v}, \bar{w}$, welche nur von y' abhängen:

$$\left.\begin{aligned} u'' &= \bar{u}(y') \cos\left(\pi \frac{z}{h}\right) e^{\beta t}; \quad p'' = \bar{p}(y') \cos\left(\pi \frac{z}{h}\right) e^{\beta t}; \\ v' &= \bar{v}(y') \cos\left(\pi \frac{z}{h}\right) e^{\beta t}; \quad w' = \bar{w}(y') \sin\left(\pi \frac{z}{h}\right) e^{\beta t}. \end{aligned}\right\} \tag{61.7}$$

Werden die Ableitungen nach y' mit $\dot{\bar{u}}, \dot{\bar{v}}$, usw. bezeichnet, so führt der Ansatz zu folgendem System gewöhnlicher Differentialgleichungen für die Funktionen $\bar{u}$ bis $\bar{p}$:

$$\left.\begin{aligned} \beta\bar{u} + \bar{v} \frac{d}{dy'}\left(\frac{u}{U}\right) &= \ddot{\bar{u}} - \left(\frac{\pi}{h}\right)^2 \bar{u}; \\ \beta\bar{v} - \bar{u}\, 2 \frac{u}{U}\left[Re^2 \frac{\delta}{R}\right] &= -\dot{\bar{p}} + \ddot{\bar{v}} - \left(\frac{\pi}{h}\right)^2 \bar{v}; \\ \beta\bar{w} &= \frac{\pi}{h}\bar{p} + \ddot{\bar{w}} - \left(\frac{\pi}{h}\right)^2 \bar{w}; \\ \dot{\bar{v}} + \frac{\pi}{h}\bar{w} &= 0. \end{aligned}\right\} \tag{61.8}$$

Nach H. GÖRTLER[1] empfiehlt sich noch das Eliminieren von $\bar{w}$ und $\bar{p}$ mit Hilfe der letzten beiden Gleichungen mit dem Ergebnis:

$$\left.\begin{aligned} -\ddot{\bar{u}} + \left(\beta + \frac{\pi^2}{h^2}\right)\bar{u} + \frac{d}{dy'}\left(\frac{u}{U}\right)\bar{v} &= 0; \\ -2\frac{u}{U}\left[Re^2 \frac{\delta}{R}\right]\bar{u} + \ddddot{\bar{v}} - \left(\beta + 2\frac{\pi^2}{h^2}\right)\ddot{\bar{v}} + \frac{\pi^2}{h^2}\left(\beta + \frac{\pi^2}{h^2}\right)\bar{v} &= 0. \end{aligned}\right\} \tag{61.9}$$

[1] H. GÖRTLER: Nachr. Ges. Wiss. Göttingen, math.-phys. Kl., N.F. **2**, Nr. 1 (1940).

Da u/U eine, wenn auch nur lineare Funktion von y' ist, bietet die Behandlung des Systems (61.9) Schwierigkeiten, deren Lösung den Rahmen dieses Artikels überschreiten würde. Einer Abschätzung ist das System aber zugänglich.

Zunächst sei darauf hingewiesen, daß in den Gleichungen nur ein entscheidender Parameter, nämlich die eckige Klammer, vorkommt. Dies ist schon aus Gl. (61.6) zu erkennen. u/U ändert sich linear vom Wert Eins am bewegten Zylinder auf den Wert Null am ruhenden Zylinder. Die Ableitung dieser Größe nach y' ist also ± 1 (Fig. 67).

Die Abschätzung der Lösung sei im Punkt $y'=\frac{1}{2}$ vorgenommen. h, das Verhältnis von Höhe zu Breite der Wirbelzellen, wird nahe an Eins liegen. Die Funktionen $\bar{u}$ und $\bar{v}$ müssen an den beiden Wänden ($y'=0;\,1$) verschwinden. Sie werden also bei $y'=\frac{1}{2}$ annähernd ihren Extremwert annehmen. Setzt man sie als harmonische Funktionen an, so ergeben sich folgende Abschätzungen:

$$\left.\begin{aligned} &h\sim 1; \quad y'=\frac{1}{2}; \quad 2\frac{u}{U}=1; \quad \frac{d}{dy'}\frac{u}{U}=\mp 1; \\ &y'=\frac{1}{2}:\ \ddot{\bar{u}}\sim -\pi^2\bar{u}; \quad \ddddot{\bar{v}}\sim -\pi^2\ddot{\bar{v}}\sim \pi^4\bar{v}. \end{aligned}\right\} \tag{61.10}$$

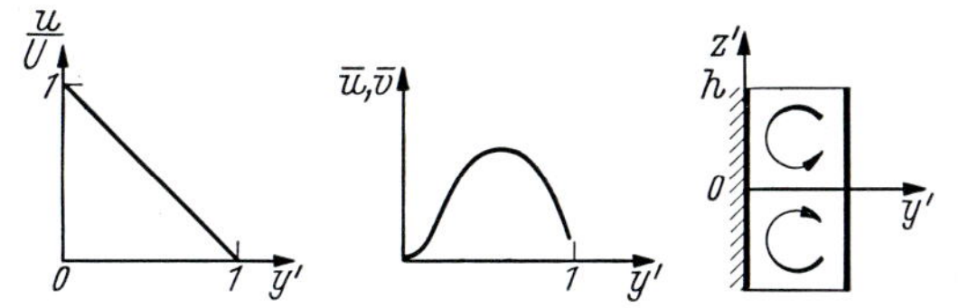

Fig. 67. Taylor-Wirbel in der Couette-Strömung.

Die Abschätzung der zweiten Ableitung kann ziemlich falsch sein, um so mehr gilt das für $\ddddot{\bar{v}}$. Sicher ist aber das Vorzeichen der zweiten Ableitung im Punkte $y'=\frac{1}{2}$ richtig und auch das Vorzeichen von $\ddddot{\bar{v}}$. Nun hat aber Gl. (61.9) die angenehme Eigenschaft, daß sich alle $\bar{u}$-Beiträge untereinander und alle $\bar{v}$-Beiträge untereinander addieren, weil die Vorzeichen vor den Ableitungen alternieren. Es besteht also keine Gefahr, daß die Abschätzungen zu falschen Vorzeichen in den Summen der $\bar{u}$- und $\bar{v}$-Terme führen. Mit (61.10) gelangt man für $y'=\frac{1}{2}$ zur Näherungslösung:

$$y'=\frac{1}{2}: \quad \left.\begin{aligned} (\beta+2\pi^2)\,\bar{u}\mp\bar{v}&=0; \\ -\left[Re^2\frac{\delta}{R}\right]\bar{u}+2\pi^2(\beta+2\pi^2)\,\bar{v}&=0. \end{aligned}\right\} \tag{61.11}$$

Dabei gilt das obere Vorzeichen für Geschwindigkeitsabnahme nach außen, d.h. für einen rotierenden Innenzylinder. Dieses homogene System für $\bar{u}(\frac{1}{2})$ und $\bar{v}(\frac{1}{2})$ hat nur dann eine Lösung, wenn die Koeffizientendeterminante verschwindet:

$$2\pi^2(\beta+2\pi^2)^2\mp\left[Re^2\frac{\delta}{R}\right]=0. \tag{61.12}$$

Eine reelle Lösung für β gibt es also nur für das obere Vorzeichen, d.h. rotierenden Innenzylinder. Der Fall $\beta\geqq 0$, also ein zeitliches Anwachsen der Störung, d.h. Instabilität, tritt nur ein bei:

	geschätzt	exakt
$\beta\geqq 0$: $Re\sqrt{\frac{\delta}{R}}$	88	41,3.

(61.13)

Neben unserem Abschätzungswert ist der seinerzeit von G. I. Taylor exakt ermittelte Wert beigefügt. Letzterer stimmt im übrigen mit den Versuchsergebnissen ausgezeichnet überein.

Es zeigt sich also, daß das hier dargestellte rohe Bild die Vorgänge qualitativ durchaus richtig darstellt. Vom quantitativen Resultat können angesichts der auftretenden hohen Ableitungen keine besseren Schätzungswerte erwartet werden.

Dieses Ergebnis hat für die Stabilität laminarer Grenzschichten an konkaven Wänden Bedeutung erlangt[1]. Die Außenströmung an konkaven Wänden wirkt nämlich wie ein bewegter innerer Zylinder, während die Wand die Rolle des stehenden Außenzylinders spielt. Auch in der Nähe von Staupunkten herrschen ähnliche Verhältnisse, da auch dort die Stromlinien konkav gekrümmt sind. Die Erscheinung läuft unter der Bezeichnung Taylor-Görtler-Wirbel.

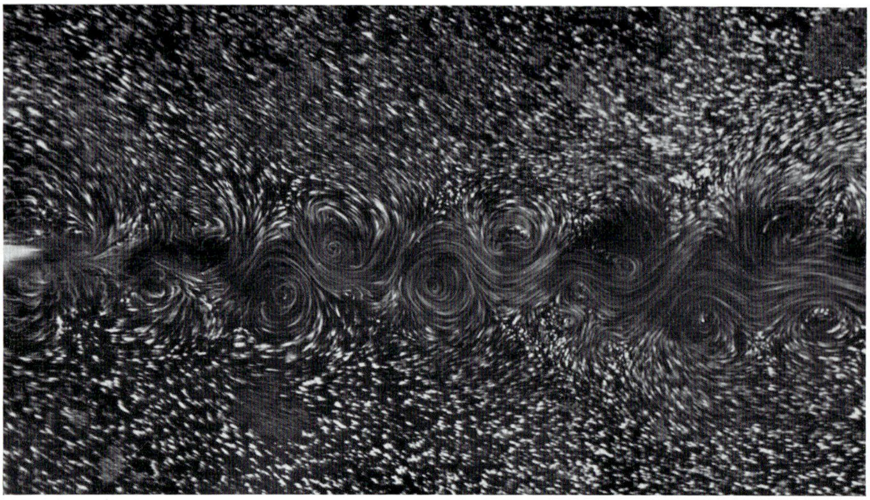

Fig. 68. Aufnahme der v. Kármánschen Wirbelstraße. (Aufnahme aus dem Max-Planck-Institut für Strömungsforschung, Göttingen.)

62. Kármánsche Wirbelstraße. Nur für eine geringe Anzahl turbulenter Strömungsvorgänge ist es bisher gelungen, klare theoretische Aussagen zu treffen. Einer davon ist die von v. Kármán[2] behandelte Wirbelstraße, eine weitgehend geordnete Bewegung abgehender Wirbel, die in bestimmten Reynolds-Zahl-Bereichen im Nachlauf dicker Körper zu beobachten ist (Fig. 68). Der Vorgang sei in einem ausreichenden Körperabstand betrachtet, wobei die Anzahl der Wirbel in beiden Richtungen als unendlich angenommen werden soll. Der Einfluß entfernter Wirbelpaare ist, zumal sie entgegengesetzte Zirkulation aufweisen, sicher gering, so daß die Abstraktion auf eine unendlich lange Wirbelstraße zulässig erscheint.

Angenommen sei ein Bezugssystem, in welchem die Wirbelkerne ruhen. Gemäß Gl. (50.4) ist das Potential für eine unendliche Anzahl auf der x-Achse in den Punkten $P(\pm n a, 0)$ befindlicher Wirbel der Zirkulation Γ gegeben durch:

$$\Phi = \frac{\Gamma}{2\pi} \sum_{n=-\infty}^{\infty} \operatorname{arc\,tan} \frac{y}{x - n a}. \tag{62.1}$$

---

[1] Siehe Fußnote 1, S. 120.

[2] Th. v. Kármán: Nachr. Ges. Wiss. Göttingen, math.-phys. Kl., H. 5, 509—517 (191)1; math.-phys. Kl., H. 5, 547—556 (1912). Th. v. Kármán u. H. Rubach: Phys. Z. **13**, 49—59 1912).

Gemäß Gl. (51.3) lassen sich daraus die Geschwindigkeitskomponenten u und v als unendliche Reihen darstellen, die sich jedoch geschlossen summieren lassen:

$$u = -\frac{\Gamma}{2a} \frac{\operatorname{Sin}\left(\frac{2\pi y}{a}\right)}{\operatorname{Cos}\left(\frac{2\pi y}{a}\right) - \cos\left(\frac{2\pi x}{a}\right)}; \qquad v = \frac{\Gamma}{2a} \frac{\operatorname{Sin}\left(\frac{2\pi x}{a}\right)}{\operatorname{Cos}\left(\frac{2\pi y}{a}\right) - \cos\left(\frac{2\pi x}{a}\right)}. \tag{62.2}$$

Man sieht also, daß gemäß (62.2) auf beiden Seiten der Reihe entgegengesetzte u-Geschwindigkeiten, jedoch gleiche v-Geschwindigkeiten induziert werden.

Aus Symmetriegründen müssen die Wirbel beider von einem Körper abgehender Wirbelreihen entgegengesetzten Drehsinn aufweisen. Liegen aber zwei solcher Wirbelreihen entgegengesetzten Drehsinnes nebeneinander, so befindet

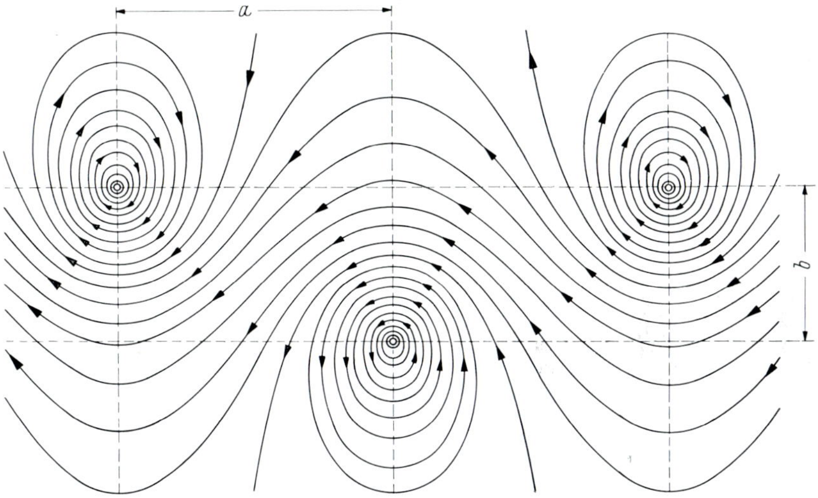

Fig. 69. Skizze der v. Kármánschen Wirbelstraße.

sich jede im v-Feld der anderen, wobei dieses v-Feld entgegengesetzte Strömungsrichtung aufweist. Das heißt, die Straßen wären in einer instabilen Lage, sie würden gegeneinander oder auseinander getrieben, es sei denn $v = 0$. Dies ist jedoch nur der Fall, wenn der Zähler in der Formel für v verschwindet, d.h. für die beiden Werte $x = 0$, und $x = a/2$. Es kommen also von vorne herein nur die zwei stabilen Gleichgewichtslagen der Straße in Frage, wie eine in Fig. 69 mit b als noch unbekannter Straßenbreite gezeigt ist.

v. Karman untersuchte nun die Stabilitäten der beiden Anordnungen gegenüber periodischen Lageverrückungen der Wirbel und fand die zweite Anordnung gegenüber solchen Störungen stabil oder indifferent, und zwar nur für das Abstandsverhältnis:

$$\operatorname{Cos}^2\left(\pi \frac{b}{a}\right) = 2; \qquad b/a = 0{,}281, \tag{62.3}$$

was mit den Beobachtungen recht gut übereinstimmt.

Die beiden Wirbelreihen induzieren im großen y-Abstand keine Geschwindigkeit, da sich die Wirkung beider Reihen dort aufhebt. Am Orte eines Wirbels wird jedoch eine Geschwindigkeit induziert, indem die eigene Reihe dort keinen Einfluß zeigt, die gegenüberliegende Reihe aber gemäß Gln. (62.2) und (62.3) eine negative Geschwindigkeit vom Betrage:

$$u = \frac{\Gamma}{4a}\sqrt{2} \tag{62.4}$$

aufweist. Bezüglich des in der Strömung ruhenden Koordinatensystems bewegen sich also die Wirbelstraßen mit dieser Geschwindigkeit nach rechts, während der Körper voreilt und dabei fortlaufend neue Wirbel erzeugt.

Man kann den Widerstand mit Hilfe des Impulssatzes berechnen und wählt dabei am besten ein Koordinatensystem, welches in der Wirbelstraße fest verankert ist, in welchem sich also die Anströmung mit dem positiven Wert von (62.4) bewegt, und zieht die Kontrollfläche im Nachlauf zwischen zwei Wirbeln hindurch. Dabei ist aber zu beachten, daß sich der Widerstand nicht nur im Abstrom und Zustrom an Bewegungsgröße äußert, sondern auch in Neubildung von Bewegungsgröße innerhalb der Kontrollfläche, da ja dort ständig neue Wirbel entstehen. Auf diese Weise kann der Körperwiderstand im Bereich gewisser Reynolds-Zahlen auf das Verhältnis von Straßenbreite zu Körperbreite und von Geschwindigkeit (62.4) zu Anströmgeschwindigkeit zurückgeführt werden. Für diese beiden Verhältnisse konnte bisher noch keine theoretische Ableitung gefunden werden. Im übrigen aber erweist sich der angedeutete theoretische Zusammenhang in sehr guter Übereinstimmung mit den Versuchen am Zylinder und an der quer angeströmten Platte.

Zusammenfassende Literatur.

[1] Truesdell, C.: The Kinematics of Vorticity. Indiana Univ. Publ. Sci. Ser. No. 19 (1954).

[2] Truesdell, C.: Vorticity and the thermodynamic state in a gas flow. Mém. Sciences Mathém., Paris 1952.

[3] Eliassen, A., u. E. Kleinschmidt: Dynamic Meteorology. Handbuch der Physik, Bd. XLVIII, S. 1—154. 1957.

[4] Reiner, M.: Building Materials. Amsterdam: North Holland Publishing Co. 1954.

[5] Schlichting, H.: Grenzschichttheorie, 3. Aufl. Karlsruhe: G. Braun 1958.

[6] Shih-I-Pai: Viscous Flow Theory, Bd. 1 u. 2. New York: Van Nostrand Comp. 1957.

[7] Lin, C.L.: The Theory of Hydrodynamic Stability. Cambridge: Cambridge University Press 1955.

[8] Betz, A.: Konforme Abbildung. Berlin: Springer 1948.

[9] Lichtenstein, L.: Grundlagen der Hydromechanik. Berlin: Springer 1929.

[10] Lamb, H.: Hydrodynamics, 6th edit. New York: Dover Publications 1932.

[11] Prandtl, L.: Führer durch die Strömungslehre, 4. Aufl. Braunschweig: Vieweg & Sohn 1956.

[12] Sauer, R.: Einführung in die theoretische Gasdynamik, 2. Aufl. Berlin: Springer 1951.

[13] Oswatitsch, K.: Gasdynamik. Wien: Springer 1952 (1. amerik. Aufl.: Academic Press 1956, übersetzt von G. Kuerti).

[14] Courant, R., and K.O. Friedrichs: Supersonic flow and shock waves. New York: Interscience Publ. 1948.

[15] Liepmann, H.W., and A. Roshko: Elements of Gasdynamics. New York: J. Wiley & Sons 1957.

[16] Kotschin, N. J., J.A. Kibel u. N.W. Rose: Theoretische Hydromechanik. Berlin: Akademie-Verlag 1954.

[17] Cowling, T.G.: Magnetohydrodynamics. New York: Interscience Publ. 1957.

[18] Patterson, G.N.: Molecular Flow of Gases. New York: J. Wiley & Sons 1956.

Mathematical Principles of Classical Fluid Mechanics.

By

James Serrin.

With 17 Figures.

A. Preface and introductory remarks.

1. Classical fluid mechanics is a branch of continuum mechanics; that is, it proceeds on the assumption that a fluid is practically continuous and homogeneous in structure. The fundamental property which distinguishes a fluid from other continuous media is that it cannot be in equilibrium in a state of stress such that the mutual action between two adjacent parts is oblique to the common surface. Though this property is the basis of hydrostatics and hydrodynamics, it is by itself insufficient for the description of fluid motion. In order to characterize the physical behavior of a fluid the property must be extended, given suitable analytical form, and introduced into the equations of motion of a general continuous medium, this leading ultimately to a system of differential equations which are to be satisfied by the velocity, density, pressure, etc. of an arbitrary fluid motion. In this article we shall consider these differential equations, their derivation from fundamental axioms, and the various forms which they take when more or less special assumptions concerning the fluid or the fluid motion are made.

Our intent, then, is to present in a mathematically correct way, in concise form, and with more than passing attention to the foundations, the principles of classical fluid mechanics. The work includes the body of exact theoretical knowledge which accompanies the fundamental equations, and at the same time excludes relativistic and quantum effects, most of the kinetic theory, special fields such as turbulence, and all numerical or approximate work. Other topics which have been omitted, but which properly come within the scope of the article, are hydrostatics, rotating fluid masses, one-dimensional gas flows, and stability theory; these subjects are treated elsewhere in this Encyclopedia. A basic knowledge of vector analysis and partial differential equations is expected of the reader, and some experience in hydrodynamics will prove helpful.

The paper proper begins with Division B, where the equations of motion are derived; we have attempted to give rigorous and complete discussions of the basic points, establishing the entire work on the concept of motion as a continuous point transformation. In the final part of this chapter we have discussed transformation of coordinates and variational principles. The material in Part C is to some extent standard in textbooks, but its omission would affect the unity of the article. Moreover, it is here that we first meet many of the ideas which are of importance in the more complex situations treated later. Part D returns to the foundations of the subject with a concise treatment of the thermodynamics of fluid motion, including a postulational summary of the relevant parts of classical thermodynamics. The presentation here may serve as a model for the discussion of multicomponent hydrodynamical systems.

In Part E we present the general theory of perfect (i.e. nonviscous) gases. We have attempted as much as possible to include results on non-isentropic motion and to avoid the ideal gas assumption $pV = RT$. Rather surprisingly, this point of view leads in many cases to a considerable economy of thought. Part F deals with the theory of shock waves in a perfect fluid. The treatment is based entirely on the postulates of motion (Parts B and D) and requires no new dynamical assumptions. The section on shock layers should be useful as an introduction to the specialized literature on the subject. The concluding chapter begins with a clearcut derivation of the constitutive equations of a viscous fluid and covers other theoretical work of recent years.

Some of the sections contain new material or improved treatment of known work. In particular we refer to the following items: the discussion of variational principles (Sects. 14, 15, 24, and 47), the theory of dynamical similarity (Sects. 36 and 66), the theory of the stress tensor (Sect. 59), the energy method (Sect. 73), an extension of the Helmholtz-Rayleigh theorem (Sect. 75), and several new formulas or equations, e.g. Eqs. (29.9), (40.6), (42.8), etc. An attempt has been made to cite original authorities whenever possible; on the other hand, complete references to a subject are seldom given, since they can usually be traced through the papers which are quoted. Finally, we must add that in a number of places proofs have been considerably modified and shortened from their original form.

This work owes much to the stimulating lectures and penetrating scholarship of my teachers David Gilbarg and Clifford Truesdell. Although the responsibility for the material presented is solely mine, their influence is apparent in many places. Also to my wife Barbara I owe sincerest thanks and gratitude, specifically for typing the entire manuscript and generally for smoothing the whole project to completion. Every work on fluid dynamics is the better for whatever degree of closeness it attains to the style, clarity, and thoroughness of Sir Horace Lamb's *Hydrodynamics*. The author hopes he has stayed to the path there laid out.

To the United States Air Force Office of Scientific Research and Development the author is indebted for support during a portion of the time he was engaged in writing this article.

2. Vectors and tensors. The mathematical notation used in this article is that of ordinary Cartesian or Gibbsian vector analysis. This notation leads to the utmost conciseness of expression, and at the same time illuminates the physical meaning of the phenomena represented. Most of the vector operations which we use are standard, but occasionally an expression is needed which may appear unusual or ambiguous. For this reason it is convenient to define all operations in terms of vector components: then the meaning of an equation can always be made clear simply by rewriting it in component form. Another advantage accrues to this method, namely that any equation admits an immediate tensorial interpretation if so desired.

Except in a few special situations we shall use lower case bold face to denote vectors; in a fixed rectangular coordinate system, the components of vectors $\mathbf{b}$, $\mathbf{c}$, etc., will be denoted by b^i, c^i, etc., or equivalently b_i, c_i, etc., where $i = 1, 2, 3$. In this notation the scalar product $\mathbf{b} \cdot \mathbf{c}$ is defined by

$$\mathbf{b} \cdot \mathbf{c} = b^i c_i = b_i c^i,$$

with the usual convention that a repeated index is summed from 1 to 3 [1]. Similarly the vector product $\mathbf{b} \times \mathbf{c}$ is defined by its components

$$(\mathbf{b} \times \mathbf{c})^i = e^{ijk} b_j c_k,$$

[1] The simultaneous use of upper and lower indices has been adopted in order to conform with the standard notation of tensor analysis.

where e^{ijk} is the usual permutation symbol[1]. The magnitude of a vector **b** is denoted by the corresponding italic lower case letter, thus

$$b = |\mathbf{b}| = \sqrt{\mathbf{b} \cdot \mathbf{b}}.$$

(One important exception to this rule will be made: the magnitude of the velocity vector **v** will be denoted by q, the letter v being reserved to stand for a velocity component.)

The symbols grad φ, div **b**, and curl **b** will be employed in their usual senses, thus

$$\operatorname{div} \mathbf{b} = b^i{}_{,i}$$

and

$$(\operatorname{curl} \mathbf{b})^i = e^{ijk} b_{k,j}, \quad (\operatorname{grad} \varphi)_i = \varphi_{,i}.$$

The comma in these formulas is a standard convention denoting differentiation. That is, if F is an arbitrary scalar or vector function of position we define

$$F_{,i} \equiv \frac{\partial F}{\partial x^i}, \qquad i = 1, 2, 3.$$

[This definition of $F_{,i}$ must be modified in case one wishes to consider curvilinear coordinate systems, as in Sect. 12. The modification need not concern us here, however, since except for a few instances the article is couched exclusively in the notation of Cartesian vector analysis.]

Second order tensors (dyadics) occur frequently in this work. They will be represented by *uppercase* bold face letters: $\mathbf{\Sigma}$, $\mathbf{T}$, etc. The components of a tensor $\mathbf{\Sigma}$ will be denoted by Σ^{ij}, and also, upon occasion, by Σ^i_j and Σ_{ij}. By the equations

$$\mathbf{b} = \mathbf{c} \cdot \mathbf{\Sigma} \quad \text{and} \quad \mathbf{b} = \mathbf{\Sigma} \cdot \mathbf{c}$$

we mean, respectively

$$b^i = c_j \Sigma^{ji} \quad \text{and} \quad b^i = \Sigma^{ij} c_j.$$

Finally $\mathbf{\Sigma} : \mathbf{T}$ stands for the scalar product $\Sigma^{ij} T_{ij}$.

Several special notations are convenient. By $\mathbf{\Sigma}_{\mathrm{x}}$ we mean the *vector* with components $e^{ijk} \Sigma_{jk}$. By grad **b** we mean the *tensor* with components $b_{j,i}$, that is

$$(\operatorname{grad} \mathbf{b})_{ij} = b_{j,i}.$$

Finally, div $\mathbf{\Sigma}$ stands for the *vector* with components $\Sigma^{ji}{}_{,j}$. From these definitions it follows that

$$\operatorname{curl} \mathbf{b} = (\operatorname{grad} \mathbf{b})_{\mathrm{x}} \quad \text{and} \quad (\mathbf{c} \cdot \operatorname{grad} \mathbf{b})_i = c^j b_{i,j}.$$

The reader familiar with tensor analysis will observe that if **b** is regarded as a short name for the set of contravariant components b^i or covariant components b_i of a vector in a general curvilinear coordinate system, and if $\mathbf{\Sigma}$ is likewise regarded as a short name for the components of a tensor, then the above definitions are tensorially invariant. Thus the vector symbols we have introduced could equally well serve as a shorthand for writing tensor formulas.

A general transformation of volume integrals into surface integrals is embodied in the symbolic formula[2]

$$\int_{\mathscr{v}} F_{,i}\, dv = \oint_{\mathscr{s}} F\, n_i\, da. \tag{2.1}$$

Here F is any scalar, vector, or tensor, with or without an index i to be summed out; $\mathscr{v}$ is a volume in which F is continuously differentiable; $\mathscr{s}$ is the surface of

[1] That is, $e^{123} = e^{231} = e^{312} = 1$, $e^{213} = e^{132} = e^{321} = -1$, and all other components are 0.
[2] H. B. Phillips [48], formula (127).

this volume (assumed suitably smooth); and n_i are the components of the *outer* normal $\mathbf{n}$ to the surface s. Replacing F by b^i gives

$$\int_v \operatorname{div} \mathbf{b}\, dv = \oint_s \mathbf{b} \cdot \mathbf{n}\, da, \tag{2.2}$$

usually called the divergence theorem; replacing F by $e^{ijk} b_j$ gives

$$\int_v \operatorname{curl} \mathbf{b}\, dv = \oint_s \mathbf{n} \times \mathbf{b}\, da. \tag{2.3}$$

These formulas, and others like them, will be used frequently in this work.

List of frequently used symbols.

Within a single section sometimes these same symbols are defined and used in a different sense. Numbers refer to section where symbol is first used.

c sound speed, Sect. 35.
E internal energy, Sects. 30, 33.
F arbitrary function.
H total enthalpy, Sects. 18, 38.
I enthalpy, Sect. 38.
J Jacobian, Sect. 3.
M Mach number, Sect. 36.
n distance normal to streamline.
p pressure.
q speed.
Q mass flow, Sect. 37.
r radial distance.
s distance along streamline.
S entropy, Sects. 30, 33.
t time.
T absolute temperature.
u, v, w velocity components.

$\mathbf{a}$ acceleration vector.
$\mathbf{D}$ deformation tensor, Sect. 11.
$\mathbf{f}$ extraneous force vector.
$\mathbf{I}$ unit matrix.
$\mathbf{n}$ unit (outer) normal vector to a surface.
$\mathbf{t}$ stress vector, Sect. 6.

$\mathbf{T}$ stress tensor, Sect. 6.
$\mathbf{v}$ velocity vector.

ϱ density.
θ polar coordinate.
ϑ velocity inclination.
Θ expansion, Sect. 26.
φ velocity potential.
Φ dissipation function, Sects. 34, 61.
ψ stream function, Sects. 19, 42.
ω vorticity magnitude.
Ω extraneous force potential, Sect. 9.

$\boldsymbol{\omega}$ vorticity vector.
$\boldsymbol{\Omega}$ vorticity tensor, Sect. 11.

$\mathfrak{T}$ kinetic energy, Sect. 9.
$\mathfrak{W}$ vorticity measure, Sect. 27.

$\mathscr{C}, \mathscr{S}, \mathscr{V}$ curves, surfaces, volumes moving with the fluid.
v, s, fixed volume in space, and its bounding surface.

Other standard notations are introduced in Sects. 2 and 3.

B. The equation of motion.

I. Kinematics and dynamics of fluid motion.

3. Kinematical preliminaries. Fluid flow is an intuitive physical notion which is represented mathematically by a *continuous transformation* of three-dimensional Euclidean space into itself. The parameter t describing the transformation is identified with the time, and we may suppose its range to be $-\infty < t < +\infty$, where $t=0$ is an arbitrary initial instant.

In order to describe the transformation analytically let us introduce a *fixed rectangular coordinate system* (x^1, x^2, x^3). We refer to the coordinate triple (x^1, x^2, x^3) as the *position* and denote it by $\mathbf{x}$. Now consider a typical point or particle P moving with the fluid. At time $t=0$ let it occupy the position $\mathbf{X} = (X^1, X^2, X^3)$ and at time t suppose it has moved to the position $\mathbf{x} = (x^1, x^2, x^3)$. Then $\mathbf{x}$ is determined as a function of $\mathbf{X}$ and t, and the flow may be represented by the transformation

$$\mathbf{x} = \boldsymbol{\varphi}(\mathbf{X}, t) \qquad (\text{or } x^i = \varphi^i(\mathbf{X}, t)). \tag{3.1}$$

If $\mathbf{X}$ is fixed while t varies, Eq. (3.1) specifies the *path* of the particle P initially at $\mathbf{X}$; on the other hand, for fixed t, Eq. (3.1) determines a transformation of the region initially occupied by the fluid into its position at time t.

We assume that initially distinct points remain distinct throughout the entire motion, or, in other words, that the transformation (3.1) possesses an inverse[1],

$$\mathbf{X} = \mathbf{\Phi}(\mathbf{x}, t) \qquad \left(\text{or } X^\alpha = \Phi^\alpha(\mathbf{x}, t)\right). \tag{3.2}$$

It is also assumed that φ^i and Φ^α possess continuous derivatives up to the third order in all variables, except possibly at certain singular surfaces, curves, or points. Unless otherwise specified, we shall be concerned only with those portions of a flow which *do not* contain singularities. Cases of exception (singular surfaces in particular) require a separate examination, and are dealt with in Sects. 51 and 54. Finally, notice that any closed surface whatever, which moves with the fluid, completely and permanently separates the matter on the two sides of it.

Although a flow is completely determined by the transformation (3.1), it is also important to consider the state of motion at a given point during the course of time. This is described by the functions

$$\varrho = \varrho(\mathbf{x}, t), \qquad \mathbf{v} = \mathbf{v}(\mathbf{x}, t), \quad \text{etc.} \tag{3.3}$$

which give the density and velocity, etc., of the particle which happens to be at the position $\mathbf{x}$ at the time t. It was D'ALEMBERT in 1749 and EULER in 1752 who first recognized the importance of the field description (3.3) in the study of fluid motion, and EULER who conceived the magnificent idea of studying the motion directly through partial differential equations relating the quantities (3.3)[2]. We must now develop the ideas just outlined.

The variables $(\mathbf{x}, t)$ used in the field description (3.3) of the flow will be called *spatial variables*; the variables $(\mathbf{X}, t)$, which single out individual particles will correspondingly be called *material variables*[3]. By means of Eq. (3.1) any quantity F which is a function of the spatial variables $(\mathbf{x}, t)$ is also a function of the material variables $(\mathbf{X}, t)$, and conversely. If we wish to indicate the dependence of F on a particular set of variables we write either

$$F = F(\mathbf{x}, t) \quad \text{or} \quad F = F(\mathbf{X}, t),$$

the functions $F(\mathbf{x}, t)$ and $F(\mathbf{X}, t)$ of course being related by the change of variables (3.1) and (3.2). Geometrically, $F(\mathbf{X}, t)$ is the value of F experienced at time t by the particle initially at $\mathbf{X}$, and $F(\mathbf{x}, t)$ is the value of F felt by the particle instantaneously at the position $\mathbf{x}$. We shall use the symbols

$$\frac{\partial F}{\partial t} \equiv \frac{\partial F(\mathbf{x}, t)}{\partial t} \quad \text{and} \quad \frac{dF}{dt} \equiv \frac{\partial F(\mathbf{X}, t)}{\partial t}$$

for the two possible time derivatives of F; obviously they are quite different quantities. dF/dt is called the *material derivative of* F. It measures the rate of

---

[1] Greek letters will be used as indices for particle coordinates.

[2] EULER's work on fluid mechanics will be found, for the most part, in volumes II **12**, **13** of his collected works (Opera Omnia, Zurich). Professor TRUESDELL's introductions to these volumes lucidly describe EULER's contributions to fluid mechanics in relation to those of his predecessors and contemporaries, and firmly establish EULER as the founder of rational fluid mechanics.

[3] The two sets of variables just introduced are usually called Eulerian and Lagrangian, respectively, though both are in fact due to EULER; cf. [*26*], § 14.

change of F following a particle, and it can of course be expressed in either material or spatial variables. $\partial F/\partial t$ on the other hand, gives the rate of change of F apparent to a viewer stationed at the position $\mathbf{x}$.

The *velocity* $\mathbf{v}$ of a particle is given by the definition

$$\mathbf{v} = \frac{d\mathbf{x}}{dt}, \qquad \left(v^i = \frac{dx^i}{dt} = \frac{\partial \varphi^i(\mathbf{X}, t)}{\partial t}\right).$$

As defined, $\mathbf{v}$ is a function of the material variables; in practice, however, one usually deals with the spatial form

$$\mathbf{v} = \mathbf{v}(\mathbf{x}, t).$$

In most problems it is sufficient to know $\mathbf{v}(\mathbf{x}, t)$ rather than the actual motion (3.1).

We have introduced the velocity field in terms of the motion (3.1). It is naturally important to be able to proceed in the opposite direction, that is, to determine Eq. (3.1) from $\mathbf{v}(\mathbf{x}, t)$. This transition is effected by solving the system of ordinary differential equations

$$\frac{d\mathbf{x}}{dt} = \mathbf{v}(\mathbf{x}, t) \tag{3.4}$$

with the conditions $\mathbf{x}(0) = \mathbf{X}$. The integration of Eq. (3.4) should be carried out "in the large" and is therefore not always an easy problem[1].

Acceleration is the rate of change of velocity experienced by a moving particle. Denoting the acceleration vector by $\mathbf{a}$, we have then $\mathbf{a} = d\mathbf{v}/dt$. We observe that acceleration can be computed directly in terms of the velocity field $\mathbf{v}(\mathbf{x}, t)$, for we have

$$a^i = \frac{dv^i}{dt} = \frac{\partial v^i}{\partial t} + \frac{\partial v^i}{\partial x^j}\frac{dx^j}{dt},$$

or

$$\mathbf{a} = \frac{\partial \mathbf{v}}{\partial t} + \mathbf{v} \cdot \operatorname{grad} \mathbf{v}. \tag{3.5}$$

Eq. (3.5) is a special case of the general formula

$$\frac{dF}{dt} = \frac{\partial F}{\partial t} + \mathbf{v} \cdot \operatorname{grad} F \tag{3.6}$$

relating the material derivative to spatial derivatives. Eq. (3.6) may be interpreted as expressing, for an arbitrary quantity $F = F(\mathbf{x}, t)$, the time rate of change of F apparent to a viewer situated on the moving particle instantaneously at the position $\mathbf{x}$.

The Jacobian of the transformation (3.1), namely

$$J = \frac{\partial(x^1, x^2, x^3)}{\partial(X^1, X^2, X^3)} = \det\left(\frac{\partial x^i}{\partial X^\alpha}\right),$$

represents the dilatation of an infinitesimal volume as it follows the motion. From the assumption that Eq. (3.1) possesses a differentiable inverse it follows that

$$0 < J < \infty. \tag{3.7}$$

---

[1] In [*10*], § 9.21 there is a particularly interesting example of the integration of equation (3.4), due originally to Maxwell, Proc. Lond. Math. Soc. **3**, 82 (1870). Other examples are discussed in [*10*], § 9.71 and [*8*], §§ 72, 159. The general problem of integration is considered by Lichtenstein [*9*], pp. 159 to 170.

In the sequel we shall make use of the elegant formula

$$\frac{dJ}{dt} = J \operatorname{div} \mathbf{v}, \tag{3.8}$$

due originally to EULER. To prove this, let A_i^α be the cofactor of $\partial x^i/\partial X^\alpha$ in the expansion of the Jacobian determinant, so that

$$\frac{\partial x^i}{\partial X^\alpha} A_j^\alpha = J\,\delta_j^i.$$

Then clearly

$$\frac{dJ}{dt} = \frac{d}{dt}\left(\frac{\partial x^i}{\partial X^\alpha}\right) A_i^\alpha = \frac{\partial v^i}{\partial X^\alpha} A_i^\alpha = \frac{\partial v^i}{\partial x^j}\,\frac{\partial x^j}{\partial X^\alpha} A_i^\alpha = \frac{\partial v^i}{\partial x^i} J.$$

Incompressible fluids. If a fluid is assumed to be incompressible, that is, to move without change in volume, then by Eq. (3.8) we have

$$\operatorname{div} \mathbf{v} = 0. \tag{3.9}$$

Further study of incompressible fluid motion must involve dynamical considerations; in particular, the common assumption curl $\mathbf{v} = 0$ needs dynamical justification whenever it is applied.

4. The transport theorem. Let $\mathscr{V} = \mathscr{V}(t)$ denote an arbitrary volume which is moving with the fluid[1], and let $F(\mathbf{x}, t)$ be a scalar or vector function of position. The volume integral

$$\int_{\mathscr{V}} F\,dv$$

is then a well-defined function of time. Its derivative is given by the important formula

$$\frac{d}{dt}\int_{\mathscr{V}} F\,dv = \int_{\mathscr{V}} \left(\frac{dF}{dt} + F \operatorname{div} \mathbf{v}\right) dv. \tag{4.1}$$

To prove Eq. (4.1), we introduce (X^1, X^2, X^3) as new variables of integration by means of Eq. (3.1). Then the moving region $\mathscr{V}(t)$ in the $\mathbf{x}$-variables is replaced by the fixed region $\mathscr{V}_0 = \mathscr{V}(0)$ in the $\mathbf{X}$-variables (recall that $\mathscr{V}$ is at all times composed of the same particles), and

$$\int_{\mathscr{V}} F\,dv = \int_{\mathscr{V}_0} F(\mathbf{X}, t)\,J\,dv_0,$$

where the formula $dv = J\,dv_0$ relates the element of volume dv in the $\mathbf{x}$-variables to the element of volume dv_0 in the $\mathbf{X}$-variables. The integral on the right involves t only under the integral sign, hence

$$\frac{d}{dt}\int_{\mathscr{V}} F\,dv = \int_{\mathscr{V}_0} \left(J\,\frac{dF}{dt} + F\,\frac{dJ}{dt}\right) dv_0,$$

and Eq. (4.1) follows at once by transformation of the last integral using EULER'S formula (3.8).

[1] We shall generally use script *capital* letters to denote volumes, surfaces, and curves which move with the particles of fluid. On the other hand, volumes, surfaces, and curves which are *fixed* in the physical space will be denoted by script *lower case* letters. This notation will prove to be a convenient one for the formulation of a number of the basic principles of hydrodynamics.

Eq. (4.1) can be expressed in an alternate way which brings out clearly its kinematical significance. Indeed, by virtue of Eq. (3.6) the integrand on the right of Eq. (4.1) can be written

$$\frac{\partial F}{\partial t} + \operatorname{div}(\mathbf{v}F),$$

and then by application of the divergence theorem (2.2) we find

$$\frac{d}{dt}\int_{\mathscr{V}} F\,dv = \frac{\partial}{\partial t}\int_{\mathscr{V}} F\,dv + \oint_{\mathscr{S}} F\,\mathbf{v}\cdot\mathbf{n}\,da. \tag{4.2}$$

Here $\mathscr{S}$ is the surface of $\mathscr{V}$, $\mathbf{v}\cdot\mathbf{n}$ is the component of $\mathbf{v}$ along the outward normal to $\mathscr{S}$, and $\partial/\partial t$ denotes differentiation with $\mathscr{V}$ held fixed. Eq. (4.2) expresses that the rate of change of the total F over a material volume $\mathscr{V}$ equals the rate of change of the total F over the fixed volume instantaneously coinciding with $\mathscr{V}$ plus the flux of F out of the bounding surface. It should be emphasized that Eqs. (4.1) and (4.2) express a *kinematical theorem*, independent of any meaning attached to F.

5. The equation of continuity. We suppose that the fluid possesses a density function $\varrho = \varrho(\mathbf{x}, t)$, which serves by means of the formula

$$\mathfrak{M} = \int_{\mathscr{V}} \varrho\,dv \tag{5.1}$$

to determine the mass $\mathfrak{M}$ of fluid occupying a region $\mathscr{V}$. We naturally assume $\varrho > 0$, and assign to ϱ the physical dimension "mass per unit volume".

Turning now to the physical significance of the concept of mass, we postulate the following *principle of conservation of mass: the mass of fluid in a material volume $\mathscr{V}$ does not change as $\mathscr{V}$ moves with the fluid.* The principle of conservation of mass is otherwise expressed by the statement

$$\frac{d}{dt}\int_{\mathscr{V}} \varrho\,dv = 0. \tag{5.2}$$

Now from Eqs. (4.1) and (5.2) it follows easily that

$$\int_{\mathscr{V}} \left(\frac{d\varrho}{dt} + \varrho\operatorname{div}\mathbf{v}\right) dv = 0,$$

and since $\mathscr{V}$ is arbitrary this implies

$$\frac{d\varrho}{dt} + \varrho\operatorname{div}\mathbf{v} = 0. \tag{5.3}$$

This is *the spatial, or Eulerian, form of the equation of continuity* and is a necessary and sufficient condition for a motion to conserve the mass of each moving volume. In virtue of Eq. (3.6) we can express the equation of continuity in the alternate form

$$\frac{\partial\varrho}{\partial t} + \operatorname{div}(\varrho\,\mathbf{v}) = 0. \tag{5.4}$$

The derivation just given is substantially due to EULER[1].

[1] L. EULER: Principes généraux du mouvement des fluids. Hist. Acad. Berlin (1755) (Opera Omnia II **12**, pp. 54 to 92). As early as 1751 EULER had corresponding ideas for incompressible fluids, but this material did not appear in published form until 1761.

Multiplying Eq. (5.3) by J and using Eq. (3.8), we derive two forms of the *material, or Lagrangian, equation of continuity*:

$$\frac{d}{dt}(\varrho J) = 0, \qquad \varrho J = \varrho_0, \tag{5.5}$$

where $\varrho_0 = \varrho_0(\mathbf{X})$ is the initial density distribution.

The principle of conservation of mass is sometimes expressed in an equivalent form involving a fixed volume: the rate of change of mass in a fixed volume v is equal to the mass flux through its surface, i.e.

$$\frac{\partial}{\partial t}\int_v \varrho\, dv = -\oint_s \varrho\, \mathbf{v}\cdot\mathbf{n}\, da. \tag{5.6}$$

Applying the divergence theorem to the right hand side of Eq. (5.6) leads to

$$\int_v \left(\frac{\partial \varrho}{\partial t} + \operatorname{div}(\varrho\,\mathbf{v})\right) dv = 0,$$

from which Eq. (5.4) is easily obtained. It is essentially this derivation which is found in most texts, but with application of the divergence theorem disguised in a discussion of the variation of $\varrho\mathbf{v}$ over a small box. The only objection to this derivation is that the principle of conservation of mass in its first form is more convincing.

We conclude this section with an important formula, valid for an arbitrary function $F = F(\mathbf{x}, t)$, namely

$$\frac{d}{dt}\int_{\mathscr{V}} \varrho\, F\, dv = \int_{\mathscr{V}} \varrho \frac{dF}{dt}\, dv. \tag{5.7}$$

Eq. (5.7) is an easy consequence of Eqs. (4.1) and (5.3).

6. The equations of motion. We consider now the *dynamics* of fluid motion; our intention is to derive the equations which govern the action of forces, external and internal, upon the fluid. In this section we shall present what seems to be the most straight-forward and compelling treatment of this topic, stemming from the pioneer work of EULER and CAUCHY.

We adopt the *stress principle* of CAUCHY[1], which states that "upon any imagined closed surface $\mathscr{S}$ there exists a distribution of *stress vectors* $\mathbf{t}$ whose resultant and moment are equivalent to those of the actual forces of material continuity exerted by the material outside $\mathscr{S}$ upon that inside"[2]. It is assumed that $\mathbf{t}$ depends at any given time only on the position and the orientation of the surface element da; in other words, if $\mathbf{n}$ denotes the (outward) normal to $\mathscr{S}$, then $\mathbf{t} = \mathbf{t}(\mathbf{x}, t; \mathbf{n})$. As TRUESDELL remarks, the above principle "has the simplicity of genius. Its profound originality can be grasped only when one realizes that a whole century of brilliant geometers had treated very special elastic problems in very complicated and sometimes incorrect ways without ever hitting upon this basic idea, which immediately became the foundation of the mechanics of distributed matter"[3].

[1] A.-L. CAUCHY: Ex. de Math. **2** (1827), (Oeuvres (2) **7**, pp. 79 to 81). A similar statement, but restricted to the case of perfect fluids, was given by EULER.

[2] This statement of CAUCHY's principle is due to TRUESDELL, J. Rational Mech. Anal. **1**, 125 (1952).

[3] C. TRUESDELL: Amer. Math. Monthly **60**, 445 (1953).

We now set forth the fundamental principle of the dynamics of fluid motion, the *principle of conservation of linear momentum: the rate of change of linear momentum of a material volume $\mathscr{V}$ equals the resultant force on the volume*[1]. This principle is otherwise expressed by the statement

$$\frac{d}{dt}\int_{\mathscr{V}} \varrho\,\mathbf{v}\,dv = \int_{\mathscr{V}} \varrho\,\mathbf{f}\,dv + \oint_{\mathscr{S}} \mathbf{t}\,da, \tag{6.1}$$

where $\mathbf{f}$ is the *extraneous force per unit mass.* In setting down axiom (6.1) it is tacitly assumed that the force $\mathbf{f}$ is a *known function* of position and time, and perhaps also of the state of motion of the fluid. This point of view bypasses one of the prime problems in the foundations of mechanics, namely the recognition, and even the existence, of a coordinate system in which $\mathbf{f}$ is known. Of course, in the situations to which fluid mechanics is usually applied, an inertial frame is generally evident beforehand, and the axiom (6.1) is patently applicable. By means of Eq. (5.7), Eq. (6.1) may be written in the form

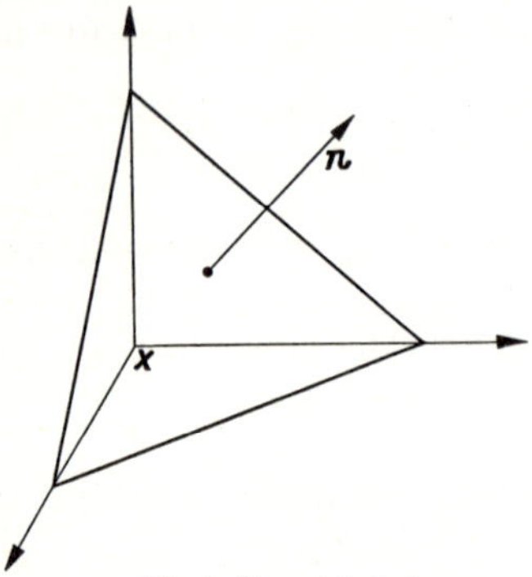

Fig. 1. Stress tetrahedron.

$$\int_{v} \varrho\,\frac{d\mathbf{v}}{dt}\,dv = \int_{v} \varrho\,\mathbf{f}\,dv + \oint_{s} \mathbf{t}\,da; \tag{6.2}$$

here integration over a moving volume can be replaced without loss of generality by integration over a fixed volume.

From the form alone of Eq. (6.2) follows a result of great importance. Let l^3 be the volume of v; dividing both sides of (6.2) by l^2, letting v tend to zero, and noting that the integrands are bounded, we obtain

$$\lim_{v\to 0} l^{-2}\oint_{s} \mathbf{t}\,da = 0, \tag{6.3}$$

that is, the stress forces are in local equilibrium. Consider the tetrahedron of Fig. 1, with vertex at an arbitrary point $\mathbf{x}$, and with three of its faces parallel to the coordinate planes. Let the slanted face have normal $\mathbf{n}$ and area Σ. The normals to the other faces are $-\mathbf{i}$, $-\mathbf{j}$, and $-\mathbf{k}$, and their areas are $n_1\,\Sigma$, $n_2\,\Sigma$, and $n_3\,\Sigma$. Now let us apply Eq. (6.3) to the family of tetrahedrons obtained by letting $\Sigma\to 0$. Since $\mathbf{t}$ is a continuous function of position, and $l^2 \sim \Sigma$, we obtain easily

$$\mathbf{t}(\mathbf{n}) + n_1\,\mathbf{t}(-\mathbf{i}) + n_2\,\mathbf{t}(-\mathbf{j}) + n_3\,\mathbf{t}(-\mathbf{k}) = 0, \tag{6.4}$$

where $\mathbf{t}(\mathbf{n})$ is an abbreviation for $\mathbf{t}(\mathbf{x}, t; \mathbf{n})$. This formula has been proved, of course, only for the case when all the components n_i are positive. To extend its validity, we first note that by continuity it holds if all the n_i are $\geqq 0$. Thus, in particular,

$$\mathbf{t}(\mathbf{i}) = -\,\mathbf{t}(-\mathbf{i}), \quad \mathbf{t}(\mathbf{j}) = -\,\mathbf{t}(-\mathbf{j}), \quad \mathbf{t}(\mathbf{k}) = -\,\mathbf{t}(-\mathbf{k}). \tag{6.5}$$

[1] The necessity for a clearcut statement of the postulates on which continuum mechanics rests was pointed out by FELIX KLEIN and DAVID HILBERT. The first axiomatic presentation is due to G. HAMEL, Math. Ann. **66**, 350 (1908); also [*38*], pp. 1 to 42. In a recent paper, W. NOLL has developed the foundations of continuum mechanics at a level of rigor comparable to that of advanced mathematical analysis.

It should be emphasized that the above postulate cannot be derived from classical mass-point mechanics by simple limiting processes; rather it is a plausible analogue of the basic equations of that subject.

Now applying the "tetrahedron" argument in the other octants, and using Eq. (6.5), we find that, in all cases,

$$\mathbf{t}(\mathbf{n}) = n_1\,\mathbf{t}(\mathbf{i}) + n_2\,\mathbf{t}(\mathbf{j}) + n_3\,\mathbf{t}(\mathbf{k}). \tag{6.6}$$

t *may therefore be expressed as a linear function of the components of* **n**, that is

$$t^i = n_j\,T^{ji} \quad \text{where} \quad T^{ji} = T^{ji}(\mathbf{x}, t).$$

The matrix of coefficients T^{ij} obviously forms a tensor, called the *stress tensor* and here denoted by **T**. Each component of **T** has a simple physical interpretation, namely, T^{ij} is the j-component of the force on the surface element with outer normal in the i-direction. The foregoing argument is due in principle to CAUCHY[1].

Replacing **t** by $\mathbf{n}\cdot\mathbf{T}$ in (6.2) and applying the divergence theorem, we find

$$\int_{v} \varrho\,\frac{d\mathbf{v}}{dt}\,dv = \int_{v} (\varrho\,\mathbf{f} + \operatorname{div}\mathbf{T})\,dv$$

and since v is arbitrary it follows that

$$\varrho\,\frac{d\mathbf{v}}{dt} = \varrho\,\mathbf{f} + \operatorname{div}\mathbf{T}. \tag{6.7}$$

This is the simple and elegant *equation of motion* discovered by CAUCHY[2]. It is valid for any fluid, and indeed for any continuous medium, regardless of the form which the stress tensor may take.

Perfect fluids. All real fluids obviously can exert tangential stresses across surface elements, so that **t** generally will fail to be normal to the surface element on which it acts. The effect of the tangential stresses is small in many practical cases, however, and therefore it is not unreasonable to study the idealized situation in which the tangential stresses are neglected altogether. A *perfect fluid* is then by definition a material for which

$$\mathbf{t} = -\,p\,\mathbf{n}. \tag{6.8}$$

p is called the *pressure:* when $p > 0$, the vectors **t** acting on a closed surface tend to compress the fluid inside. Comparing Eqs. (6.6) and (6.8), we find $p(\mathbf{n}) = p(\mathbf{i}) = p(\mathbf{j}) = p(\mathbf{k})$. That is, p is independent of **n**,

$$p = p(\mathbf{x}, t).$$

The equations of motion now take the simple form[3]

$$\varrho\,\frac{d\mathbf{v}}{dt} = \varrho\,\mathbf{f} - \operatorname{grad} p. \tag{6.9}$$

It is satisfying to note that we have obtained four equations, namely Eq. (5.3) and the three equations embodied in Eqs. (6.7) or (6.9), relating the four quantities ϱ and the components of **v**. To be sure, further variables **T** or p enter, but one may reasonably expect to express them in terms of ϱ and **v** by direct mechanical or thermodynamical assumptions. The various possibilities for this form the material of the following chapters.

Material forms of the equations of motion. For the case of a perfect fluid it is relatively simple to find equations satisfied by **v**, ϱ, and p as functions of the

[1] A.-L. CAUCHY: Ex. de Math. **2** (1827), (Oeuvres (2) **7**, pp. 79 to 81).
[2] A.-L. CAUCHY: Ex. de Math. **3** (1828), (Oeuvres (2) **8**, pp. 195 to 226).
[3] L. EULER: Cf. footnote 1, p. 132.

variables X^α, t. Indeed, noting that $d\mathbf{v}/dt = d^2\mathbf{x}/dt^2$, and multiplying both sides of Eq. (6.9) by $x_{i,\alpha} \equiv x^i_{\ ,\alpha}$, we obtain

$$\left(\frac{d^2 x^i}{dt^2} - f^i\right) x_{i,\alpha} = -\frac{1}{\varrho} p_{,\alpha}$$

which may be written vectorially as

$$\operatorname{Grad} \mathbf{x} \cdot \left(\frac{d^2\mathbf{x}}{dt^2} - \mathbf{f}\right) = -\frac{1}{\varrho} \operatorname{grad} p. \tag{6.10}$$

These equations are inconvenient to handle and infrequently used except for one dimensional flows. They are necessary, however, when one wishes to distinguish one particle from another, as in the case of a non-homogeneous fluid. The material equations for fluids sucseptible of tangential stresses are extremely cumbersome and never seem to be used[1].

7. Conservation of angular momentum. The principle of conservation of angular momentum is usually stated as a theorem in the classical dynamics of mass points or rigid bodies. Its proof, however, depends on certain axioms concerning the nature of the "inner forces" between the particles or bodies making up the dynamical system in question. The situation can be treated similarly in continuum mechanics[2]. Here, in order to guarantee the conservation of angular momentum it is necessary to make certain assumptions concerning the forces exerted across surface elements, or, in other words, concerning the stress tensor. Specifically, we postulate that the stress tensor is symmetric, i.e.

$$T^{ij} = T^{ji}. \tag{7.1}$$

(When extraneous *couples* are present this needs modification. However, we specifically exclude extraneous couples from this study, since they arise generally only for polarized media and thus are not important in fluid mechanics.) As a theorem, Eqs. (7.1) are due to Cauchy[3]; that they can equally well serve as axioms was first recognized by Boltzmann[4]. As a consequence of Eqs. (7.1) the following result now holds:

Theorem (conservation of angular momentum). *For an arbitrary continuous medium satisfying the continuity equation (5.3), the dynamical equation (6.7), and the Boltzmann postulate (7.1), we have*

$$\frac{d}{dt}\int_{\mathscr{V}} \varrho(\mathbf{r}\times\mathbf{v})\,dv = \int_{\mathscr{V}} \varrho(\mathbf{r}\times\mathbf{f})\,dv + \oint_{\mathscr{S}} \mathbf{r}\times\mathbf{t}\,da, \tag{7.2}$$

where $\mathscr{V}$ is an arbitrary material volume.

Proof. From Eqs. (5.7) and (6.7) it is easy to show that

$$\begin{aligned}\frac{d}{dt}\int_{\mathscr{V}} \varrho(\mathbf{r}\times\mathbf{v})\,dv &= \int_{\mathscr{V}} \varrho\left(\mathbf{r}\times\frac{d\mathbf{v}}{dt}\right)dv \\ &= \int_{\mathscr{V}} \varrho(\mathbf{r}\times\mathbf{f})\,dv + \oint_{\mathscr{S}} \mathbf{r}\times\mathbf{t}\,da - \int_{\mathscr{V}} \mathbf{T}_{\times}\,dv.\end{aligned}$$

---

[1] In non-linear elasticity, on the other hand, great importance is attached to the material form of the equation of motion.

[2] The following presentation is similar to that of Hamel, [*38*], p. 9. A different point of view is adopted by Truesdell and Toupin (this Encyclopedia, Vol. III, Part 1), who postulate a generalized law of conservation of angular momentum in which extraneous torques are admitted.

[3] A.-L. Cauchy: Cf. footnote 1, p. 135.

[4] Cf. [*38*], p. 9.

Here $\mathbf{T}_x$ is the axial vector field defined by $(\mathbf{T}_x)^i = e^{ijk}\, \mathbf{T}_{jk}$. By virtue of Eq. (7.1) we have $\mathbf{T}_x = 0$, and Eq. (7.2) is proved. Conversely, if Eq. (7.2) holds for arbitrary volumes then $\mathbf{T}$ must be symmetric.

For certain types of fluids the stress tensor turns out to be symmetric on purely mechanical grounds, irrespective of any other considerations. We mention in particular perfect fluids, where $\mathbf{T} = -p\mathbf{I}$, and isotropic viscous fluids in which stress is a function of the rate of deformation (Sect. 59). For these important cases, then, the Boltzmann postulate is a tautology and Eq. (7.2) can be obtained directly from the equations of motion.

It is possible to imagine a mechanical system for which $\mathbf{T}$ is not symmetric, and HAMEL, in the reference already cited, gives several examples. In cases of this sort, which are not of interest in fluid mechanics, the principle of conservation of momentum as given in Eq. (7.2) no longer holds, but must be generalized to allow for "apparent" extraneous torques.

8. Surface conditions. If a surface in a moving fluid always consists of the same particles, it is clearly a possible bounding surface of the fluid. The converse proposition, namely that every bounding surface must be a material surface, is less obvious.

Suppose a fluid to be in continuous motion according to the conditions set down in Sect. 3, and let $F(\mathbf{x}, t) = 0$ be the equation of its boundary surface. Then F must satisfy the condition

$$\frac{dF}{dt} = \frac{\partial F}{\partial t} + \mathbf{v} \cdot \operatorname{grad} F = 0 \quad \text{when} \quad F = 0, \tag{8.1}$$

(KELVIN[1]), and this condition in turn implies that the surface always consists of the same particles (LAGRANGE[2]).

Proof. It is well known that the normal velocity of a moving surface $F(\mathbf{x}, t) = 0$ is given by the formula

$$V = -\frac{\partial F}{\partial t} \Big/ |\operatorname{grad} F|.$$

But if $F = 0$ is a bounding surface, then

$$V = \mathbf{v} \cdot \mathbf{n} = \mathbf{v} \cdot (\operatorname{grad} F / |\operatorname{grad} F|),$$

and Eq. (8.1) follows at once. On the other hand, if Eq. (8.1) holds, we wish to show that $F = 0$ always consists of the same particles. Set

$$G(\mathbf{X}, t) = F(\boldsymbol{\varphi}(\mathbf{X}, t), t),$$

so that $G(\mathbf{X}, t) = 0$ describes the initial positions of particles which at time t are on the surface $F = 0$. Clearly

$$\frac{\partial G}{\partial t} = 0 \quad \text{when} \quad G = 0.$$

Therefore the normal velocity of propagation of the surface $G = 0$ through the $\mathbf{X}$-space is zero. It follows that $G = 0$ is fixed in the $\mathbf{X}$-space, and hence always the same particles make up the moving surface $F = 0$.

At a fixed boundary we have the obvious condition $\mathbf{v} \cdot \mathbf{n} = 0$, independent of the preceding analysis.

[1] W. THOMSON (Lord KELVIN): Cambridge and Dublin Math. J. (1848), (Papers **1**, p. 83).
[2] J.-L. LAGRANGE: Nouv. Mém. Acad. Sci. Berlin (1781), (Oeuvres **4**, p. 706).

II. Energy and momentum transfer.

9. The energy transfer equation. Let $\mathfrak{T}$ denote the kinetic energy of a volume $\mathscr{V}$,

$$\mathfrak{T} = \tfrac{1}{2} \int_{\mathscr{V}} \varrho q^2 \, dv,$$

and let $\mathbf{D}$ be the *deformation tensor*, $D_{ij} = \frac{1}{2}(v_{i,j} + v_{j,i})$. Then for an arbitrary material volume $\mathscr{V}$ we have

$$\frac{d\mathfrak{T}}{dt} = \int_{\mathscr{V}} \varrho \mathbf{f} \cdot \mathbf{v} \, dv + \oint_{\mathscr{S}} \mathbf{t} \cdot \mathbf{v} \, da - \int_{\mathscr{V}} \mathbf{T} : \mathbf{D} \, dv. \tag{9.1}$$

The proof is a simple exercise in use of Eqs. (5.7), (6.7), and the symmetry of $\mathbf{T}$. *Eq. (9.1) states that the rate of change of kinetic energy of a moving volume is equal to the rate at which work is being done on the volume by external forces, diminished by a "dissipation" term involving the interaction of stress and deformation.* This latter term must represent the rate at which work is being done in changing the volume and shape of fluid elements. Part of the power connected with this term may well be recoverable, but the rest must be accounted for as heat[1]. For a perfect fluid the energy equation takes the simpler form

$$\frac{d\mathfrak{T}}{dt} = \int_{\mathscr{V}} \varrho \mathbf{f} \cdot \mathbf{v} \, dv - \oint_{\mathscr{S}} p \, \mathbf{v} \cdot \mathbf{n} \, da + \int_{\mathscr{V}} p \operatorname{div} \mathbf{v} \, dv. \tag{9.2}$$

The last term is the rate at which work is done by the pressure in changing the volume of fluid elements.

A slight simplification of the energy equation may be effected if $\mathbf{f}$ is derivable from a time-independent potential; $\mathbf{f} = -\operatorname{grad} \Omega$, $\Omega = \Omega(\mathbf{x})$. In this case, setting $\mathfrak{U} = \int_{\mathscr{V}} \varrho \Omega \, dv$, Eq. (9.1) becomes

$$\frac{d}{dt}(\mathfrak{T} + \mathfrak{U}) = \oint_{\mathscr{S}} \mathbf{t} \cdot \mathbf{v} \, da - \int_{\mathscr{V}} \mathbf{T} : \mathbf{D} \, dv.$$

10. The momentum transfer equation. The principle of conservation of linear momentum, stated in Eq. (6.1), may be transformed by Eq. (4.2) into the form

$$\frac{\partial}{\partial t} \int_{v} \varrho \mathbf{v} \, dv = \int_{v} \varrho \mathbf{f} \, dv + \oint_{s} (\mathbf{t} - \varrho \mathbf{v} \, \mathbf{v} \cdot \mathbf{n}) \, da, \tag{10.1}$$

expressing the rate of change of momentum of a fixed volume v. Because of the physical interpretation of the final term, Eq. (10.1) is known as the *momentum transfer equation.* Eq. (10.1) is sometimes used instead of Eq. (6.1) as the basic expression of the law of conservation of linear momentum.

The momentum transfer equation is often used to determine the force on an obstacle immersed in a steady flow. To illustrate this with a single example, suppose that the fluid occupies the entire exterior of some obstacle, and that the external force field is zero. Then if s denotes the surface of the obstacle and Σ denotes a "control surface" enclosing s, we have the following formula for the force $\mathbf{F}$ acting on the obstacle,

$$\mathbf{F} = -\int_{s} \mathbf{t} \, da = \int_{\Sigma} (\mathbf{t} - \varrho \mathbf{v} \, \mathbf{v} \cdot \mathbf{n}) \, da, \tag{10.2}$$

[1] See Sect. 34.

(note that $\mathbf{v}\cdot\mathbf{n}=0$ on $\mathscr{s}$). By an analogous argument proceeding from the Eq. (7.2) we find for the moment $\mathbf{L}$ on $\mathscr{s}$ the formula

$$\mathbf{L}=\int_{\Sigma}\mathbf{r}\times(\mathbf{t}-\varrho\,\mathbf{v}\,\mathbf{v}\cdot\mathbf{n})\,dv.$$

Another force formula of a different type can be derived from the energy equation (9.1). Consider a rigid body moving with rectilinear velocity $\mathbf{U}$ through a fluid, the fluid being bounded externally by fixed walls. Let $\mathscr{V}$ denote the flow region, $\mathscr{s}$ its external boundary, and $\mathscr{s}_0$ the surface of the moving body. Then

$$\int_{\mathscr{s}_0}\mathbf{t}\cdot\mathbf{v}\,da=\mathbf{U}\cdot\int_{\mathscr{s}_0}\mathbf{t}\,da \tag{10.3}$$

(for a perfect fluid this follows from the boundary condition $\mathbf{v}\cdot\mathbf{n}=\mathbf{U}\cdot\mathbf{n}$; for a viscous fluid it depends on the assumption $\mathbf{v}=\mathbf{U}$ on $\mathscr{s}_0$). Combining Eq. (10.3) with Eq. (9.1) gives

$$\mathbf{F}\cdot\mathbf{U}=\frac{d\mathfrak{T}}{dt}+\int_{\mathscr{V}}\mathbf{T}:\mathbf{D}\,dv \tag{10.4}$$

thus determining the component of $\mathbf{F}$ in the direction of motion. (The case where the flow region is infinite in extent can be handled similarly, given suitable asymptotic behavior of the flow at infinity. Further applications of the momentum principle will be found in [*23*], pp. 203 to 234, and in [*12*].)

11. Kinematics of deformation. The vorticity vector. This subject is based upon a simple decomposition of the tensor grad $\mathbf{v}$, namely

$$\operatorname{grad}\mathbf{v}=\mathbf{D}+\boldsymbol{\Omega} \tag{11.1}$$

where

$$D_{ij}=\tfrac{1}{2}(v_{i,j}+v_{j,i}),\qquad \Omega_{ij}=\tfrac{1}{2}(v_{j,i}-v_{i,j}).$$

The tensors $\mathbf{D}$ and $\boldsymbol{\Omega}$ are respectively the symmetric and skew-symmetric parts of grad $\mathbf{v}$. The discussion is conveniently divided into two parts.

1. The deformation tensor. Let $d\mathbf{x}$ denote a material element of arc. Its rate of change during the fluid motion is given by the formula

$$\frac{d}{dt}(dx^i)=\frac{d}{dt}\left(\frac{\partial x^i}{\partial X^\alpha}dX^\alpha\right)=\frac{\partial v^i}{\partial X^\alpha}dX^\alpha=\frac{\partial v^i}{\partial x^j}dx^j,$$

or simply

$$\frac{d}{dt}(d\mathbf{x})=d\mathbf{x}\cdot\operatorname{grad}\mathbf{v}. \tag{11.2}$$

From Eq. (11.2) we have easily

$$\frac{d}{dt}(ds^2)=2\,d\mathbf{x}\cdot\mathbf{D}\cdot d\mathbf{x},$$

where $ds=|d\mathbf{x}|$. The tensor $\mathbf{D}$ thus is a measure of the rate of change of the squared element of arc following a fluid motion. In a rigid motion $ds\equiv$ const, whence *a necessary and sufficient condition that a motion be locally and instantaneously rigid is that* $\mathbf{D}=0$. For this reason, $\mathbf{D}$ is called the *deformation tensor.* The tensor $\mathbf{D}-\frac{1}{3}$ (Trace $\mathbf{D}$) $\mathbf{I}$ is also of interest, for its vanishing is the necessary and sufficient condition that the motion locally and instantaneously preserves angles.

If $\mathbf{D}=0$ everywhere in the fluid, the motion is rigid and

$$\mathbf{v}=\tfrac{1}{2}\boldsymbol{\omega}\times\mathbf{r}+\text{const}, \tag{11.3}$$

where $\boldsymbol{\omega}$ is twice the (constant) angular velocity of the motion. Eq. (11.3) can also be derived analytically as the integral of the system of first order partial differential equations $\mathbf{D}=0$.

2. *General motion of a fluid.* Let us consider the velocity field in the neighborhood of a fixed point P. Denoting the evaluation of a quantity at the point P by a subscript, we have near P,

$$\mathbf{v} = \mathbf{v}_P + \mathbf{r} \cdot (\text{grad}\,\mathbf{v})_P + O(r^2),$$

where $\mathbf{r}$ denotes the radius vector from P. Neglecting terms of order r^2 and using Eq. (11.1), we obtain

$$\mathbf{v} = \mathbf{v}_P + \mathbf{r} \cdot \mathbf{D}_P + \mathbf{r} \cdot \boldsymbol{\Omega}_P. \tag{11.4}$$

We must now interpret the various terms in this formula.

The first term on the right represents a uniform translation of velocity $\mathbf{v}_P$. If we set $D = \mathbf{r} \cdot \mathbf{D}_P \cdot \mathbf{r}$, then the second term can be written in the form

$$\text{grad}\,\tfrac{1}{2}D. \tag{11.5}$$

This term represents a velocity field normal at each point to the quadric surface $D=\text{const}$ which passes through that point. In this velocity field there are three mutually perpendicular directions which are suffering no instantaneous rotation (the axes of strain). The principal (or eigen-) values of D measure the rates of extension per unit length of fluid elements in these directions.

The final term in Eq. (11.4) may be written

$$\tfrac{1}{2}\,\boldsymbol{\omega}_P \times \mathbf{r} \tag{11.6}$$

where $\boldsymbol{\omega}=\text{curl}\,\mathbf{v}$ is the *vorticity vector*. [The simplest way to verify Eq. (11.6) is to note that

$$\boldsymbol{\omega} = (\text{grad}\,\mathbf{v})_{\mathrm{x}} = \boldsymbol{\Omega}_{\mathrm{x}} = 2\,(\Omega_{23}, \Omega_{31}, \Omega_{12}),$$

whence the components of Eq. (11.6) are equal to those of $\mathbf{r} \cdot \boldsymbol{\Omega}_P$.] The vector form of Eq. (11.6) shows clearly that the final term $\mathbf{r} \cdot \boldsymbol{\Omega}_P$ represents a rigid rotation of angular velocity $\tfrac{1}{2}\,\boldsymbol{\omega}_P$.

By combining the results of the two previous paragraphs, the identity (11.1) can be fully interpreted. For an arbitrary motion, the velocity $\mathbf{v}$ in the neighborhood of a fixed point P is given, up to terms of order r^2, by

$$\mathbf{v} = \mathbf{v}_P + \text{grad}\,\tfrac{1}{2}D + \tfrac{1}{2}\,\boldsymbol{\omega}_P \times \mathbf{r}, \tag{11.7}$$

where $D=\mathbf{r} \cdot \mathbf{D} \cdot \mathbf{r}$ is the rate of strain quadric and $\boldsymbol{\omega}=\text{curl}\,\mathbf{v}$ is the vorticity vector: thus *an arbitrary instantaneous state of continuous motion is at each point the superposition of a uniform velocity of translation, a dilatation along three mutually perpendicular axes, and a rigid rotation of these axes*[1]. The angular velocity of the rotation is $\tfrac{1}{2}\,\boldsymbol{\omega}_P$. This result amply establishes that $\boldsymbol{\omega}$ *represents the local and instantaneous rate of rotation of the fluid.*

If $\mathbf{D}=0$ at a point it is apparent from Eq. (11.7) that the motion is locally and instantaneously a rotation, while if $\mathbf{D}=k\mathbf{I}$ the motion is a combination of pure expansion and rotation. These results provide a verification of the statements of paragraph 1. On the other hand, if throughout a finite portion of fluid we have $\boldsymbol{\omega}=\boldsymbol{\Omega}=0$, the relative motion of any element of that portion consists of a pure deformation, and is called "irrotational". In this case it can be shown that $\mathbf{v}$ is everywhere derivable from a potential ($\mathbf{v}=\text{grad}\,\varphi$), cf. [*48*], p. 101.

[1] A.-L. CAUCHY: Ex. d'Anal. Phys. Math. **2** (1841), [Oeuvres (2) **12**, pp. 343 to 377]. — G. STOKES: Trans. Cambridge Phil. Soc. **8** (1845), (Papers **1**, pp. 75 to 129).

III. Transformation of coordinates.

12. We shall here obtain the equations of continuity and motion in a general curvilinear coordinate system. For this purpose it is useful to employ the methods of elementary tensor analysis; the reader unfamiliar with this topic will find a lucid discussion in [*47*], or he may omit the entire section without serious detriment to the rest of the article. Let (x^1, x^2, x^3) be the coordinates of a point in a general curvilinear coordinate system. We set $\mathbf{x} = (x^1, x^2, x^3)$ as before, with the understanding however that $\mathbf{x}$ is not a vector. The motion is still represented by equations of the form (3.1), stating the position of the particles at time t; for example, in cylindrical polar coordinates motion is represented by the equations

$$r = \chi(\mathbf{X}, t), \qquad \theta = \varphi(\mathbf{X}, t), \qquad z = \psi(\mathbf{X}, t).$$

It is easy to see that the derivatives dx^i/dt of the functions (3.1) form the contravariant component of a vector, hence the velocity vector in curvilinear coordinates retains the form $v^i = dx^i/dt$. We define the *material derivative* of a scalar, vector, or tensor function F by the formula

$$\frac{\delta F}{\delta t} = \frac{\partial F}{\partial t} + v^i F_{,i} \tag{12.1}$$

where the subscript comma denotes *covariant* differentiation. This definition is clearly consistent with the previous formula (3.6), and furthermore makes the material derivative a tensor quantity. It should be observed that the definition of the material derivative given in Sect. 3 is not generally valid in a curvilinear coordinate system, since for vector or tensor quantities F the expression $dF/dt \equiv \partial F(\mathbf{X}, t)/\partial t$ does not transform as a tensor. To establish the correct form for the material derivative in *material coordinates*, one can proceed as follows. Writing the covariant derivative

$$F_{,i} = \frac{dF}{\partial x^i} + A_i,$$

where the A_i denote certain well known expressions involving the Christoffel symbols, we obtain from (12.1) the formula

$$\frac{\delta F}{\delta t} = \frac{\partial F}{\partial t} + v^i \left(\frac{\partial F}{\partial x_i} + A_i\right) = \frac{dF}{dt} + v^i A_i. \tag{12.1'}$$

Eq. (12.1'), which appears also in the theory of parallel translation in differential geometry, clearly shows the difference between $\delta F/\delta t$ and the more naive expression dF/dt. The reader should observe, however, that in rectangular coordinates $\delta F/\delta t = dF/dt$; in other words, just as the covariant derivative is the tensor extension of the ordinary (Cartesian) derivative, so is $\delta F/\delta t$ an extension of dF/dt. Finally, it is evident that Eq. (12.1') could serve as the starting point for the discussion of material derivative, rather than Eq. (12.1). At this point it is convenient to introduce vector notation, the definitions of Sect. 2 being carried over in the obvious way. For example, $\mathbf{v}$ will now denote the set of contravariant or covariant components of the velocity vector, whichever is appropriate, and Eq. (12.1) will be written

$$\frac{\delta F}{\delta t} = \frac{\partial F}{\partial t} + \mathbf{v} \cdot \operatorname{grad} F.$$

With these preliminaries taken care of, we see that the equation of continuity can be written in either of the invariant forms,

$$\frac{\delta \varrho}{\delta t} + \varrho \operatorname{div} \mathbf{v} = 0 \quad \text{or} \quad \frac{\partial \varrho}{\partial t} + \operatorname{div}(\varrho \mathbf{v}) = 0, \tag{12.2}$$

where divergence has its usual tensorial meaning,

$$\operatorname{div}\mathbf{b} = b^i_{,i} = \frac{1}{\sqrt{g}}\frac{\partial}{\partial x^i}(\sqrt{g}\,b^i).$$

Let the stress tensor be defined in a curvilinear coordinate system by means of its components in rectangular coordinates. Then the relation between the stress vector $\mathbf{t}$ and the surface normal $\mathbf{n}$ retains the form $\mathbf{t}=\mathbf{n}\cdot\mathbf{T}$, even though the components of $\mathbf{T}$ are no longer equal to the magnitudes of forces acting upon surface elements. Finally, the equation of motion has the invariant form

$$\varrho\frac{\delta\mathbf{v}}{\delta t} = \varrho\mathbf{f} + \operatorname{div}\mathbf{T}, \tag{12.3}$$

where

$$(\operatorname{div}\mathbf{T})_i = T^k_{i,k} = \frac{1}{\sqrt{g}}\frac{\partial}{\partial x^k}(\sqrt{g}\,T^k{}_i) - T^k{}_j\,\Gamma^j_{ik}. \tag{12.4}$$

It is useful to write out Eqs. (12.2) to (12.4) for an orthogonal coordinate system, where the line element has the special form

$$ds^2 = (h_1 dx^1)^2 + (h_2 dx^2)^2 + (h_3 dx^3)^2. \tag{12.5}$$

The equation of continuity becomes simply

$$\frac{\partial\varrho}{\partial t} + \frac{1}{\sqrt{g}}\frac{\partial}{\partial x^i}(\sqrt{g}\,\varrho\, v^i) = 0, \quad \sqrt{g} = h_1 h_2 h_3. \tag{12.6}$$

In order to write out Eq. (12.3) we first observe that

$$\mathbf{a} = \frac{\delta\mathbf{v}}{\delta t} = \frac{\partial\mathbf{v}}{\partial t} + \mathbf{v}\times\boldsymbol{\omega} + \operatorname{grad}\frac{1}{2}q^2, \tag{12.7}$$

[cf. Eq. (17.1)], whence the acceleration can easily be written down in terms of $\mathbf{v}$ and $\boldsymbol{\omega}$. The latter is given by the formula

$$\omega^i = \frac{e^{ijk}}{\sqrt{g}}v_{k,j} = \frac{e^{ijk}}{\sqrt{g}}\frac{\partial v_k}{\partial x^j}, \tag{12.8}$$

using the fact that $\Gamma^l_{jk} = \Gamma^l_{kj}$. The term div $\mathbf{T}$ requires more effort because of the fairly complicated form of Eq. (12.4). The Christoffel symbols corresponding to the metric (12.5) are given by

$$\Gamma^i_{ik} = \Gamma^i_{ki} = \frac{1}{h_i}\frac{\partial h_i}{\partial x^k}, \quad \Gamma^k_{ii} = -\frac{h_i}{h_k^2}\frac{\partial h_i}{\partial x^k} \quad (i \neq k), \quad \text{all others zero},$$

(i and k unsummed). Thus after a straightforward calculation,

$$(\operatorname{div}\mathbf{T})_i = \frac{1}{\sqrt{g}}\frac{\partial}{\partial x^k}(\sqrt{g}\,T^k{}_i) - T^k{}_k\frac{\partial\log h_k}{\partial x^i}, \tag{12.9}$$

(summed on k). The reader should note that this formula is not needed in the case of a perfect fluid, while for a viscous fluid obeying the Cauchy-Poisson law (Sect. 61) it is usually simpler to obtain the equations of motion without first determining div $\mathbf{T}$.

Another method for computing the acceleration may be had from the formula

$$a_i = \frac{\partial v_i}{\partial t} + v^k\left(\frac{\partial v_i}{\partial x^k} - v_k\frac{\partial\log h_k}{\partial x^i}\right), \tag{12.10}$$

proved by the same calculation which led to Eq. (12.9).

In practice, rather than using the covariant or contravariant components of a vector **b**, it is convenient to use its physical components β_i, defined by

$$\beta_i = h_i b^i = \frac{1}{h_i} b_i \qquad (i \text{ unsummed});$$

thus β_i is the magnitude of the projection of **b** on the i-curve through the point of action of **b**. The physical components of tensors are similarly defined, but they will not be needed here.

Example: *cylindrical polar coordinates.* We have in this case

$$d s^2 = d r^2 + (r\, d\theta)^2 + d z^2.$$

Letting v_r, v_θ, and v_z be the respective physical components of velocity, the equation of continuity (12.6) takes the form

$$\frac{\partial \varrho}{\partial t} + \frac{1}{r}\left[\frac{\partial}{\partial r}(\varrho\, r\, v_r) + \frac{\partial}{\partial \theta}(\varrho\, v_\theta) + \frac{\partial}{\partial z}(\varrho\, r\, v_z)\right] = 0. \qquad (12.11)$$

The acceleration terms in the equation or motion are, from Eq. (12.7) or from Eq. (12.10)

$$a_r = D\, v_r - \frac{v_\theta^2}{r}, \qquad a_\theta = D\, v_\theta + \frac{v_r\, v_\theta}{r}, \qquad a_z = D\, v_z,$$

$$D \equiv \frac{\partial}{\partial t} + v_r \frac{\partial}{\partial r} + \frac{v_\theta}{r}\frac{\partial}{\partial \theta} + v_z \frac{\partial}{\partial z}.$$

The physical components of div **T** are given in LOVE's treatise[1] and need not be reproduced here. Finally, the vorticity vector is given by

$$\omega_r = \frac{1}{r}\frac{\partial v_z}{\partial \theta} - \frac{\partial v_\theta}{\partial z}, \qquad \omega_\theta = \frac{\partial v_r}{\partial z} - \frac{\partial v_z}{\partial r}, \qquad \omega_z = \frac{\partial v_\theta}{\partial r} - \frac{1}{r}\frac{\partial v_r}{\partial \theta} + \frac{v_\theta}{r}. \qquad (12.12)$$

13. Riemannian space. It may be of interest to consider the nature of the hydrodynamical equations in a Riemannian space, given the line element

$$d s^2 = g_{ij}\, dx^i\, dx^j$$

in some coordinate system $\mathbf{x} = (x^1, \ldots, x^n)$. It is generally not possible to introduce a set of rectangular coordinates, so that one cannot derive suitable "equations of motion" merely by carrying out the steps of the previous work.

Motion in a Riemannian space is represented by a transformation of the form (3.1), although now i runs from 1 to n. We define the velocity vector by $v^i = dx^i/dt$, and the material derivative by

$$\frac{\delta F}{\delta t} = \frac{\partial F}{\partial t} + v^i F_{,i}.$$

(This definition is in analogy to the one used in Euclidean space, and also has the property that, should the space be embedded in a higher dimensional Euclidean space, as for example a surface in three space, then the material derivative is the surface component of the "natural" material derivative of Euclidean space.)

The equation of continuity is easily derived by the method of Sects. 4 and 5. In this procedure we must replace Eq. (4.2) with

$$\int_{\mathscr{V}} \varrho(x, t)\, dV = \int_{\mathscr{V}_0} \varrho(\mathbf{X}, t) \sqrt{g}\, J\, dv_0$$

[1] A. E. H. LOVE: A Treatise on the Mathematical Theory of Elasticity, 4th edit. Cambridge 1927. See p. 90.

and then make use of the formula

$$\frac{\delta}{\delta t}(\sqrt{g}\,J) = \sqrt{g}\,J \operatorname{div} \mathbf{v},$$

which follows readily from Eq. (3.7). In other respects the argument is exactly as before, the final result being

$$\frac{\delta \varrho}{\delta t} + \varrho \operatorname{div} \mathbf{v} = 0,$$

which is exactly the same as Eq. (12.2), but obtained now without recourse to rectangular coordinates.

Deriving appropriate equations of motion involves dynamical considerations which do not seem adapted to Riemannian space; in particular, it is not evident how to formulate the principle of conservation of momentum. On the other hand, there seems to be no valid objection to taking Eq. (12.3) as a postulate. This done, further considerations will closely parallel corresponding results of ordinary hydrodynamics.

IV. Variational principles.

The wide scope and great success of variational principles in classical dynamics have stimulated many efforts to formulate the laws of continuum mechanics in a similar way. In the following section we shall discuss some of these formulations; the work applies generally to all continuous media, though it is stated only for the motion of fluids. In Sect. 15 we consider some special variational principles which apply to perfect fluids.

14. General fluids. The variational principle appropriate to a given dissipative system takes a form exactly suited to and dependent on the particular mechanism of dissipation, and is generally not capable of extension in unchanged form to other problems. This fact makes it easy to formulate a variational principle for fluids, but also indicates something of the *a posteriori* nature of the undertaking. The reader will observe that the appropriate variational principle is little more than a reformulation of the equations of motion; it may, however, provide methods for handling constraints otherwise beyond the scope of the original equations.

Let $\delta\mathbf{x} = \boldsymbol{\eta}(\mathbf{x}, t)$ be a *virtual displacement* of the particles of fluid from their instantaneous position. The vector function $\boldsymbol{\eta}$ is assumed to be finite valued and continuously differentiable; moreover it should conform to any restrictions placed on the fluid position. This latter condition implies, in particular, that $\boldsymbol{\eta}$ should be tangent to any wall bounding the fluid. The *virtual work* corresponding to a virtual displacement is defined by

$$\delta\mathfrak{A} = \delta\mathfrak{A}_e - \int_{\mathscr{V}} \mathbf{T} : \operatorname{grad} \delta\mathbf{x}\, dv,$$

where $\mathscr{V}$ is the volume occupied by the fluid, $\mathbf{T}$ is a tensor function of position, and

$$\delta\mathfrak{A}_e = \int_{\mathscr{V}} \varrho\mathbf{f} \cdot \delta\mathbf{x}\, dv + \oint_{\mathscr{S}} \mathbf{t} \cdot \delta\mathbf{x}\, da \tag{14.1}$$

is the virtual work done against extraneous forces $\mathbf{f}$ and surface stresses $\mathbf{t}$. The second term in the definition of $\delta\mathfrak{A}$ is peculiar to continuum mechanics: it reflects the common observation that deformations of a fluid medium generally require the expenditure of work against stress forces. We need not assume that $\mathbf{T}$

is symmetric, but otherwise a rigid virtual displacement will produce virtual work of deformation. For this reason, it is usual to consider only symmetric stresses $\mathbf{T}$. We may now state the fundamental d'Alembert-Lagrange variational principle: *A fluid moves in such a way that*

$$\delta\mathfrak{A} - \int_{\mathscr{V}} \varrho\, \mathbf{a} \cdot \delta \mathbf{x}\, dv = 0, \tag{14.2}$$

for all virtual displacements which satisfy the given kinematical conditions[1]. If there are no constraints on the motion, except for wall conditions, it follows in a well known way that

$$\varrho\, \mathbf{a} = \varrho\, \mathbf{f} + \operatorname{div} \mathbf{T} \quad \text{and} \quad \mathbf{t} = \mathbf{n} \cdot \mathbf{T}. \tag{14.3}$$

The first equation holds at all interior points of the motion, the second at "free" surfaces. These are of course just the equations of motion already derived.

Fluid motions on surfaces, or subject to other sorts of constraints, can be handled by the usual techniques of the calculus of variations. The interested reader should consult HELLINGER's article in the Encyclopaedia of Mathematical Sciences, in particular §§ 3e, 4c, and 8b.

The d'Alembert-Lagrange principle may be expressed equivalently in the form of Hamilton's principle. This is obtained by letting the virtual displacements arise from variations in the paths of the particles. Thus let a set of varied paths be given by $\mathbf{x} = \boldsymbol{\varphi}(\mathbf{X}, t; \varepsilon)$, where $-1 < \varepsilon < 1$, say, and the path $\varepsilon = 0$ is the one to be investigated. If

$$\delta \equiv \left.\frac{d}{d\varepsilon}\right|_{\varepsilon=0},$$

then the virtual displacement corresponding to a varied motion is defined by

$$\delta \mathbf{x} = \delta \boldsymbol{\varphi} = \left.\frac{d\boldsymbol{\varphi}}{d\varepsilon}\right|_{\varepsilon=0}.$$

We have now the following identity

$$\mathbf{a} \cdot \delta \mathbf{x} = \frac{d}{dt}(\mathbf{v} \cdot \delta \mathbf{x}) - \mathbf{v} \cdot \frac{d\,\delta \mathbf{x}}{dt} = \frac{d}{dt}(\mathbf{v} \cdot \delta \mathbf{x}) - \delta \frac{1}{2} q^2, \tag{14.4}$$

since δ and d obviously commute. The density of the varied motions is determined by the condition that the mass of fluid corresponding to an arbitrary set of particles shall be the same wherever the particles may be. Mathematically this leads to the "continuity condition"

$$\delta \varrho = -\varrho \operatorname{div} \delta \mathbf{x} \tag{14.5}$$

governing the variation of density. To prove Eq. (14.5) we observe that $\delta \mathbf{x}$ is the initial velocity in a motion for which ε plays the role of time; thus to obtain Eq. (14.5) we simply replace d/dt and $\mathbf{v}$ in the equation of continuity by δ and $\delta \mathbf{x}$ respectively. The same reasoning also proves the formula

$$\delta \int \varrho F\, dv = \int \varrho\, \delta F\, dv. \tag{14.6}$$

[1] The statical equivalent of Eq. (14.2), namely that a continuous medium will be in equilibrium if and only if $\delta\mathfrak{A} = 0$ for all virtual displacements, is due to LAGRANGE (Mécan. Anal. **1** part. Sect. IV, § 1). The extension of this principle to dynamical systems was likewise given by LAGRANGE, the fundamental idea in his derivation being the application of D'ALEMBERT's principle to the equilibrium condition $\delta\mathfrak{A} = 0$ (Mécan. Anal. 2e parts. Sects. I, II). See the articles of P. VOSS (Ency. Math. Wiss. **4**[1], No. 1) and E. HELLINGER (Ency. Math. Wiss. **4**[4], No. 30).

Condition (14.5) is also the consequence of assuming, (i) that each varied motion satisfies the equation of continuity, and (ii) that the virtual displacement vanishes at some fixed time. If Eq. (14.4) is multiplied by ϱ and integrated over a *material volume* $\mathscr{V}$, application of formulas (5.7) and (14.6) yields

$$\int_{\mathscr{V}} \varrho\, \mathbf{a} \cdot \delta \mathbf{x}\, dv = \frac{d}{dt} \int_{\mathscr{V}} \varrho\, \mathbf{v} \cdot \delta \mathbf{x}\, dv - \delta \mathfrak{T}, \tag{14.7}$$

where

$$\mathfrak{T} = \tfrac{1}{2} \int_{\mathscr{V}} \varrho\, q^2\, dv = \text{kinetic energy}.$$

Finally, by virtue of the d'Alembert-Lagrange principle, Eq. (14.7) can be written in the form

$$\delta \mathfrak{T} + \delta \mathfrak{A} - \frac{d}{dt} \int_{\mathscr{V}} \varrho\, \mathbf{v} \cdot \delta \mathbf{x}\, dv = 0. \tag{14.8}$$

This equation holds under the condition that the varied motions satisfy the continuity condition (14.5) and conform to external constraints. If Eq. (14.8) is integrated from t_0 to t_1, and if $\delta \mathbf{x}$ vanishes at t_0 and t_1, we obtain the so-called Hamilton's principle[1]

$$\int_{t_0}^{t_1} (\delta \mathfrak{T} + \delta \mathfrak{A})\, dt = 0;$$

each varied motion must satisfy the equation of continuity and external constraints, as well as having $\delta \mathbf{x} = 0$ at t_0 and t_1.[2]

15. Perfect fluids. For an incompressible perfect fluid the d'Alembert-Lagrange principle can be formulated in a more elegant fashion, namely, *an incompressible perfect fluid moves in such a way that*

$$\delta \mathfrak{A}_e - \int_{\mathscr{V}} \mathbf{a} \cdot \delta \mathbf{x}\, dv = 0 \tag{15.1}$$

for all virtual displacements $\delta \mathbf{x}$ *which preserve the volume, or, in other words, satisfy* $\operatorname{div} \delta \mathbf{x} = 0$. *The virtual work* $\delta \mathfrak{A}_e$ *is defined by Eq.* (14.1).

According to the theory of Lagrange multipliers, this is equivalent to

$$\int_{\mathscr{V}} [\varrho (\mathbf{a} - \mathbf{f}) \cdot \delta \mathbf{x} - \lambda \operatorname{div} \delta \mathbf{x}]\, dv - \oint_{\mathscr{S}} \mathbf{t} \cdot \delta \mathbf{x}\, da = 0,$$

where λ is a Lagrange multiplier and $\delta \mathbf{x}$ is subjected to no side conditions. It follows from an integration by parts that

$$\varrho\, \mathbf{a} = \varrho\, \mathbf{f} - \operatorname{grad} \lambda \quad \text{and} \quad \mathbf{t} = -\lambda\, \mathbf{n}. \tag{15.2}$$

λ thus becomes the "pressure", one of the principal unknowns of the problem. Eqs. (15.2) together with the continuity condition $\operatorname{div} \mathbf{v} = 0$ constitute four equations for the four unknowns $\mathbf{v}$ and λ.

For the general case of a compressible perfect fluid, Lagrange took Eq. (15.2) to be the correct equation, where λ is to be considered a "reaction" against the volume changes which are, of course, now permitted[3]. This derivation of a

[1] Cf. E. Hellinger: Ency. Math. Wiss. **4**[4], footnote 61.

[2] Other variational principles which may be mentioned are the principle of least time (Hellinger, § 5c) and an interesting energy principle of J. W. Herivel [Proc. Roy. Irish Acad. **56**, 37, 67 (1954)]. Cf. also E. Hölder: Ber. sächs. Akad. Wiss. (Lpz.), Math-phys. Kl. **97** (1950).

[3] Cf. [6], pp. 173, 522. A similar method was used by G. Piola [Modena Mem. **24**, 1 (1848)] to derive the general equations of continuum mechanics.

general case from a particular one—by retaining the old equation, but considering the Lagrange multiplier as a new "force of reaction"—HAMEL calls the "Lagrange freeing principle". He notes further that the reaction is to depend precisely on the compressibility (i.e. the density) which was before not allowed to vary. This procedure, although interesting and leading to a correct result, is not entirely convincing—one difficulty becomes evident in the case of gas, where the pressure is a definite thermodynamical variable.

The variational principle (15.1) may be written in the form of Hamilton's principle by means of identity (14.5). Thus we have the result, *an incompressible perfect fluid moves in such a way that*

$$\int_{t_0}^{t_1} (\delta\mathfrak{T} + \delta\mathfrak{A}_e)\, dt = 0$$

for all variations $\delta\mathbf{x}$ *of the motion satisfying*

$$\operatorname{div}\delta\mathbf{x} = 0 \quad \text{and} \quad \delta\mathbf{x} = 0 \quad \text{at} \quad t = t_0, t_1.$$

LICHTENSTEIN[1] has obtained a similar variational principle for the motion of compressible perfect fluids. A certain artificiality in his formulation was noticed by TAUB[2], who substituted an alternative procedure; the most satisfying form of the principle is, however, due to HERIVEL[3], and in the following discussion we shall use the latter's formulation.

We begin with the remark that, for a mechanical system whose energy is completely known it should be possible to state Hamilton's principle in the form

$$\int_{t_0}^{t_1} (\delta\mathfrak{L} + \delta\mathfrak{A}_e)\, dt = 0, \tag{15.3}$$

where the Lagrangian function $\mathfrak{L}$ is the difference of the kinetic and potential energies. An essential difference between the principle (15.3) and those stated earlier is that (15.3) can be written without *a priori* knowledge of the equations of motion. Thus this principle provides a way of deriving the equations of motion by a method which is genuinely independent of momentum considerations. Let us apply this to the case of a gas.

We suppose the motion takes place without loss of energy through the generation of transfer of heat, or, more precisely, that the specific entropy S of each fluid particle remains constant during the motion[4],

$$\frac{dS}{dt} = 0. \tag{15.4}$$

In this type of motion the energy is completely known, having the form $\mathfrak{T} + \mathfrak{E}$, where $\mathfrak{T}$ is the kinetic energy and $\mathfrak{E}$ the internal energy of the volume of fluid considered,

$$\mathfrak{E} = \int_{\mathscr{V}} \varrho E\, dv, \qquad E = E(\varrho, S) = \text{specific internal energy.}$$

[1] L. LICHTENSTEIN [9], Chap. 9.
[2] A. H. TAUB [44], p. 148.
[3] J. W. HERIVEL: Proc. Cambridge Phil. Soc. **51**, 344 (1955).
[4] The thermodynamical basis for the following work will be found in Sect. 30 and in the first paragraph of Sect. 33.

There seems only one reasonable choice for the Lagrangian function, namely $\mathfrak{L} = \mathfrak{T} - \mathfrak{E}$. For this $\mathfrak{L}$ we shall now show that Eq. (15.3) leads to the correct equations of motion for a compressible perfect fluid.

Let $\delta \mathbf{x} = \delta \mathbf{x}(\mathbf{X}, t)$ be a variation of the path, vanishing at t_0 and t_1. Assuming that the varied motions satisfy the equation of continuity, the variation of density is given by Eq. (14.5). By the same arguments, the variation of entropy must satisfy

$$\delta S = 0.$$

From Eqs. (14.6) and (14.5), and since $(\partial E/\partial \varrho)_S = p/\varrho^2$, there follows

$$\begin{aligned}\delta \mathfrak{E} &= \int_{\mathscr{V}} \varrho\, \delta E\, dv = -\int_{\mathscr{V}} p \operatorname{div} \delta \mathbf{x}\, dv \\ &= \int_{\mathscr{V}} \delta \mathbf{x} \cdot \operatorname{grad} p\, dv - \oint_{\mathscr{S}} p\, \mathbf{n} \cdot \delta \mathbf{x}\, da.\end{aligned}$$

$\delta \mathfrak{T}$ is evaluated by means of Eq. (14.7). We may now conclude in the usual way from Eq. (15.3) and the formulae for $\delta \mathfrak{T}$, $\delta \mathfrak{E}$, and $\delta \mathfrak{A}_e$, that

$$\varrho\, \mathbf{a} = \varrho\, \mathbf{f} - \operatorname{grad} p \quad \text{and} \quad \mathbf{t} = -p\, \mathbf{n}.$$

These are of course the correct equations[1]. We emphasize again that they have been derived from a principle whose statement involved no *a priori* knowledge of their form. This is in contrast to the earlier principle (14.2) and the derivation from it of Eqs. (14.3).

In theoretical mechanics the energy equation is a consequence of Hamilton's principle. It is interesting to see that this is also true in the present case. For since

$$\frac{d\mathfrak{E}}{dt} = \int_{\mathscr{V}} \varrho \frac{dE}{dt}\, dv = \int_{\mathscr{V}} p \operatorname{div} \mathbf{v}\, dv,$$

we have from Eq. (9.2),

$$\frac{d}{dt}(\mathfrak{T} + \mathfrak{E}) = \int_{\mathscr{V}} \varrho\, \mathbf{f} \cdot \mathbf{v}\, dv + \oint_{\mathscr{S}} \mathbf{t} \cdot \mathbf{v}\, dv,$$

which is the usual statement of conservation of energy for a non-heat-conducting media.

In the paper already referred to, Herivel attempted to found the equations of perfect fluids on a variational principle of spatial (Eulerian) type. He was not entirely successful, in that his principle yields as extremals only a subset of the class of flows satisfying the Euler equations. This difficulty was first pointed out by C.C. Lin, who then supplied a correct version of the principle[2]. Consider, in particular, the variational principle,

$$\delta \iint L(v, \varrho, S)\, dv\, dt = 0, \tag{15.5}$$

where L is the Lagrangian density

$$L = \tfrac{1}{2} \varrho\, q^2 - \varrho (E + \Omega)$$

[1] The preceding derivation is based on that in Herivel's paper, with, however, certain modifications in the formulation and proof.

[2] Herivel's principle included only the first pair of constraints in Eq. (15.6), the final constraint being due to C. C. Lin (unpublished). Without this additional constraint, isentropic flows could appear as extremals only if they were also irrotational [see Eq. $(15.7)_1$].

and the variations of the velocity, density, and entropy are subject to the following constraints,

$$\begin{aligned}
&\text{Conservation of mass:} && \frac{\partial \varrho}{\partial t} + \operatorname{div}(\varrho\,\mathbf{v}) = 0, \\
&\text{Conservation of energy:} && \frac{dS}{dt} = 0, \\
&\text{Conservation of the identity of particles:} && \frac{d\mathbf{X}}{dt} = 0,
\end{aligned} \tag{15.6}$$

where the vector field $\mathbf{X}(\mathbf{x}, t)$ establishes the initial position of the particle which occupies the position $\mathbf{x}$ at time t. We shall now verify that every extremal of the variational principle (15.5) is a flow (HERIVEL-LIN)[1].

Upon introduction of the Lagrange multipliers φ, β, $\boldsymbol{\gamma}$ the above principle becomes

$$\delta \iint \left\{ L + \varphi\left(\frac{\partial \varrho}{\partial t} + \operatorname{div}(\varrho\,\mathbf{v})\right) - \varrho\,\beta\,\frac{dS}{dt} - \varrho\,\boldsymbol{\gamma}\cdot\frac{d\mathbf{X}}{dt}\right\} dv\,dt = 0,$$

where v, ϱ, S and $\mathbf{X}$ are now to be varied without restrictions. The separate variations of these quantities now give the following equations

$$\left.\begin{aligned}
&\delta v: && \mathbf{v} = \operatorname{grad}\varphi + \beta \operatorname{grad} S + \operatorname{grad}\mathbf{X}\cdot\boldsymbol{\gamma}, \\
&\delta\varrho: && \frac{d\varphi}{dt} = \frac{1}{2}q^2 - I - \Omega, \\
&\delta S: && \frac{d\beta}{dt} = \left(\frac{\partial E}{\partial S}\right)_\varrho = T, \\
&\delta\mathbf{X}: && \frac{d\boldsymbol{\gamma}}{dt} = 0.
\end{aligned}\right\} \tag{15.7}$$

With the help of Eqs. $(15.6)_2$ and $(15.6)_3$ these equations can be shown to imply Eq. (6.9). Indeed, if we write Eq. $(15.7)_1$ in the form $\mathbf{v} = \sum_\varkappa \xi_\varkappa \operatorname{grad}\eta_\varkappa$, then a straightforward calculation based on Eqs. (3.5) and (3.6) yields the acceleration formula

$$\mathbf{a} + \operatorname{grad}\frac{1}{2}q^2 = \sum_\varkappa \left(\xi_\varkappa \operatorname{grad}\frac{d\eta_\varkappa}{dt} + \frac{d\xi_\varkappa}{dt}\operatorname{grad}\eta_\varkappa\right). \tag{15.8}$$

But $dS/dt = d\mathbf{X}/dt = d\boldsymbol{\gamma}/dt = 0$, whence

$$\mathbf{a} = -\operatorname{grad}\frac{1}{2}q^2 + \operatorname{grad}\frac{d\varphi}{dt} + \frac{d\beta}{dt}\operatorname{grad} S = -\operatorname{grad}\Omega - \frac{1}{\varrho}\operatorname{grad} p$$

where we have used the simple thermodynamic identity $T\,dS = dI - \frac{1}{\varrho}\,dp$.

To complete the discussion, it must still be shown that every flow is an extremal for the Herivel-Lin principle Eq. (15.5) to (15.6). This has been done by the author of the present article (see Sect. 29A).

It is likely that one can derive the equations of motion for a viscous fluid by a variational argument similar to HERIVEL'S. The essential point to be observed is that the energy equation must be postulated as a *side condition* [in HERIVEL'S work, for example, this is reflected in the condition (15.4)]. Without this or some equivalent side condition, it does not appear possible to obtain the equations of motion of a viscous fluid from Hamilton's principle. Thus MILLIKAN[2] has shown that a principle of the type $\delta\int L\,dv = 0$ where L is a function

[1] Preliminary results of a similar kind are due to A. CLEBSCH, J. reine angew. Math. **54**, 293 (1857); **56**, 1 (1859); and to H. BATEMAN, Proc. Roy. Soc. Lond., Ser. A **125**, 598 (1929).

[2] C. MILLIKAN: Phil. Mag. (7) **7**, 641 (1929).

only of $\mathbf{v}$ and grad $\mathbf{v}$, cannot represent the steady motion of a viscous incompressible fluid except in certain special cases, namely those investigated in Sect. 75 of this article[1].

Other variational principles. In addition to the fundamental principles already discussed, there are numerous variational formulations of special problems in fluid dynamics. At the appropriate place we shall mention some of these special principles, eg. KELVIN'S minimum energy theorem (Sect. 24), BATEMAN'S principles (Sect. 47), the theorems of HELMHOLTZ and RAYLEIGH (Sect. 75), etc.

C. Incompressible and barotropic perfect fluids.

I. General principles.

16. Preliminary discussion. We shall begin our detailed considerations of fluid flow with the special but highly important case of perfect fluids. Here the stress vector has the simple form $\mathbf{t} = -p\,\mathbf{n}$, and we have the following equations governing the motion,

$$\frac{d\varrho}{dt} + \varrho \operatorname{div} \mathbf{v} = 0, \tag{16.1}$$

$$\varrho \frac{d\mathbf{v}}{dt} = \varrho \mathbf{f} - \operatorname{grad} p. \tag{16.2}$$

In general, one may adjoin to these four equations a fifth (thermodynamical) relation

$$p = f(\varrho, T), \tag{16.3}$$

where T denotes the absolute temperature. Discussion of this situation is appropriately deferred to the following chapters, while here we consider the elegant theory arising when the pressure and density are *directly related:*

$$p = f(\varrho) \quad \text{or} \quad \varrho = g(p). \tag{16.4}$$

A flow in which density and pressure are thus related is called *barotropic.* We observe that Eq. (16.4) may arise from special circumstances in the flow considered, or it may be an inherent property of the fluid itself. In the latter case the fluid is called *piezotropic*; (the distinction between barotropic flow and piezotropic fluid is clarified if we note that every flow of a piezotropic fluid is barotropic, while the converse is not true, cf. the examples below). The special piezotropic fluids for which $\varrho \equiv$ const are called *incompressible.*

The following examples of barotropic flow may be noted:

1. Air in steady motion in the Mach number range 0 to 0.4. There is less than 8% overall variation of density in this range of Mach numbers, so that for many purposes the density can be supposed to have some appropriate constant value.

2. A gas in isentropic motion. For the case of an ideal gas with constant specific heats we have, in particular,

$$p = N\varrho^{\gamma}, \qquad N, \gamma = \text{const}.$$

We shall assume in this chapter that the extraneous force $\mathbf{f}$ is conservative, $\mathbf{f} = -\operatorname{grad} \Omega$, and all results will be stated subject to this condition. It is worth-

[1] Other negative results concerning variational principles yielding the Navier-Stokes equation are due to R. GERBER, Ann. Inst. Fourier (Grenoble) **1**, 157 (1950); J. Math. Pure Appl. **32**, 79 (1950). Cf. also H. BATEMAN: Phys. Rev. (2) **38**, 815 (1931).

while to point out that no further axioms of motion are necessary for the conclusions of this chapter.

The fundamental property which distinguishes barotropic motion is the simple formula of Euler,

$$\mathbf{a} = \frac{d\mathbf{v}}{dt} = -\operatorname{grad}\left(\int \frac{dp}{\varrho} + \Omega\right), \tag{16.5}$$

which shows that acceleration is derivable from a potential. The results of this chapter are largely due to the simplifying effect of this single equation.

Plane motion. Axially-symmetric motion. Vector-lines. We conclude this section with a brief summary of these concepts, mainly in order to fix upon a standard terminology.

A motion is called a *plane* flow if, in some rectangular coordinate system $\mathbf{x} = (x, y, z)$, the velocities $u = v^1$, $v = v^2$ are functions of x, y only, while $v^3 = 0$. The motion takes place in a series of planes parallel to xy, and is the same in each one. For this reason our attention can be directed entirely at the single plane $z = 0$. A motion is said to be *axially-symmetric* if, in some cylindrical polar coordinate system $\mathbf{x} = (x, y, \theta)$[1] the velocities $u = v^1$, $v = v^2$ are functions of x, y only, while $v^3 = 0$. It is obvious that our attention can be confined to the meridian half-plane $\theta = 0$.

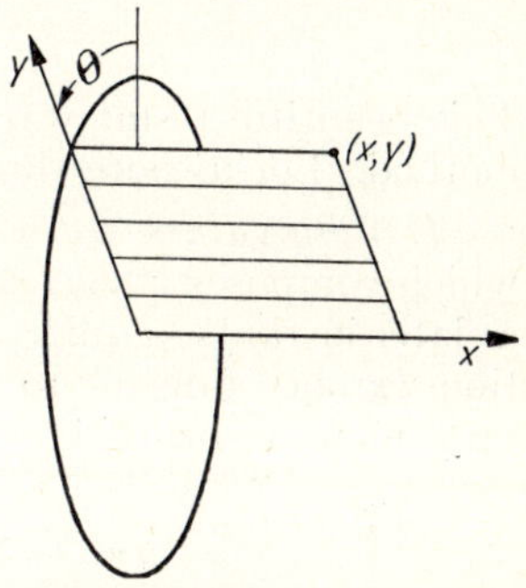

Fig. 2. Coordinates for axially-symmetric motion.

A curve every where tangent to a given continuous vector field is called a vector-line. In particular, the vector-lines of the velocity field are called *stream-lines*, and the vector-lines of the vorticity field are called *vortex-lines*. (It should be noted that streamlines and particle paths are identical in steady motion, but usually not otherwise.) Finally, a motion is said to be *irrotational* if its vorticity field is zero.

17. Convection of vorticity. One of the most important ways of gaining information about a fluid motion is to examine how its vorticity field changes with time. To this end, we shall derive a kinematical identity expressing the rate of change of vorticity in an arbitrary continuous motion. We begin with the well known vector identity

$$\mathbf{v} \cdot \operatorname{grad} \mathbf{v} = \boldsymbol{\omega} \times \mathbf{v} + \operatorname{grad} \frac{1}{2} q^2. \tag{17.1}$$

Taking the curl of Eq. (3.5) and using Eq. (17.1) yields

$$\operatorname{curl} \mathbf{a} = \frac{\partial \boldsymbol{\omega}}{\partial t} + \operatorname{curl}(\boldsymbol{\omega} \times \mathbf{v}) = \frac{d\boldsymbol{\omega}}{dt} - \boldsymbol{\omega} \cdot \operatorname{grad} \mathbf{v} + \boldsymbol{\omega} \operatorname{div} \mathbf{v}$$

whence by Eq. (5.3) follows the *diffusion equation* of Beltrami[2]:

$$\frac{d}{dt}\left(\frac{\boldsymbol{\omega}}{\varrho}\right) = \frac{\boldsymbol{\omega}}{\varrho} \cdot \operatorname{grad} \mathbf{v} + \frac{1}{\varrho} \operatorname{curl} \mathbf{a}. \tag{17.2}$$

Let us now apply this result to the barotropic flow of a perfect fluid. By virtue of Eq. (16.5) we have $\operatorname{curl} \mathbf{a} = 0$, so that Eq. (17.2) reduces to

$$\frac{d}{dt}\left(\frac{\boldsymbol{\omega}}{\varrho}\right) = \frac{\boldsymbol{\omega}}{\varrho} \cdot \operatorname{grad} \mathbf{v}. \tag{17.3}$$

[1] The orientation of coordinates is shown in Fig 2. Instead of the present notation, some authors (notably Lamb and Milne-Thompson) use $(x, \tilde{\omega}, \theta)$. It may be observed that when polar coordinates (r, φ) are introduced into the meridian plane, the resulting spatial coordinates (r, φ, θ) become spherical polar coordinates.

[2] E. Beltrami: Mem. Acc. Sci. Bologna (1871 to 1873), (Opere 2, pp. 202 to 379); especially § 6.

This celebrated equation[1] governs the convection of vorticity in a barotropic flow. It is a very remarkable fact that Eq. (17.3), considered as a differential equation for $\boldsymbol{\omega}$, can be integrated explicitly. For, introducing a new unknown $\mathbf{c}$ by means of[2]

$$\boldsymbol{\omega} = \varrho\,\mathbf{c}\cdot \operatorname{Grad}\mathbf{x}, \tag{17.4}$$

this being possible since $J \neq 0$, there results after a simple computation

$$\frac{d\mathbf{c}}{dt} = 0, \qquad \mathbf{c} = \mathbf{c}(\mathbf{X}).$$

Setting $t=0$ in Eq. (17.4) gives $\boldsymbol{\omega}_0 = \varrho_0\,\mathbf{c}$, and thus

$$\frac{\boldsymbol{\omega}}{\varrho} = \frac{\boldsymbol{\omega}_0}{\varrho_0}\cdot \operatorname{Grad}\mathbf{x}. \tag{17.5}$$

This beautiful result was obtained in 1815 by CAUCHY[3], by an entirely different method. Let us note three important consequences of Eq. (17.5).

1. Vortex-lines are material lines. This means simply that a set of particles which composes a vortex-line at one instant will continue to form a vortex-line at later instants (a quite surprising result!). The proof lies in the fact that a direction $d\mathbf{x}$ once tangent to a vortex-line is carried by the fluid so that it is always tangent to a vortex-line: if at $t=0$, $d\mathbf{x} = d\mathbf{X} = \boldsymbol{\omega}_0\,d\tau$, then at any other instant

$$d\mathbf{x} = d\mathbf{X}\cdot \operatorname{Grad}\mathbf{x} = \boldsymbol{\omega}_0\cdot \operatorname{Grad}\mathbf{x}\,d\tau = \frac{\varrho_0}{\varrho}\,\boldsymbol{\omega}\,d\tau, \tag{17.6}$$

and $d\mathbf{x}$ is tangent to a vortex-line. Incidentally, Eq. (17.6) shows that a material arc ds along a vortex-line varies during the motion according to the formula,

$$\frac{\varrho}{\omega}\,ds = \frac{\varrho_0}{\omega_0}\,ds_0. \tag{17.7}$$

This discussion will be amplified in Sect. 25.

2. The Lagrange-Cauchy theorem[4]. *If a fluid particle or a portion of fluid is initially in irrotational motion, then it will retain this property throughout its entire history.* This is an obvious consequence of CAUCHY's formula (17.5).

3. In plane flow we have

$$\omega_x = \omega_y = 0, \qquad \omega_z = \omega = \frac{\partial v}{\partial x} - \frac{\partial u}{\partial y}. \tag{17.8}$$

$\boldsymbol{\omega}$ is thus normal to the flow plane, and $\boldsymbol{\omega}\cdot\operatorname{grad}\mathbf{v} = 0$. It follows from Eq. (17.3) that $\omega/\varrho = \text{const}$ following each particle, vividly illustrating the results of (1)

[1] Due to E. NANSON: Mess. Math. 3, 120 (1874). In a slightly different form the result was obtained by EULER, Novi. Comm. Acad. Sci. Petrop. (1762), (Opera Ommia II 12, pp. 133 to 168). The special case valid for constant density is usually called Helmholtz's equation.

[2] $\operatorname{Grad} \equiv \partial/\partial X^\alpha$.

[3] A.-L. CAUCHY: Mém. Divers Savants (2) 1, (Oeuvres (1) 1, pp. 5 to 318), especially 1st part, § 4.

[4] J. L. LAGRANGE: Nouv. Mém. Acad. Berlin (1781), (Oeuvres 4, pp. 695 to 748). LAGRANGE's statement and proof were alike imperfect; a correct formulation and valid proof were given by CAUCHY, loc. cit. above. The proof is predicated on the assumption that the motion is continuous in the sense of Sect. 3. Shock waves of course introduce vorticity into an otherwise irrotational motion (Sect. 54), though singular surfaces across which the flow variables themselves are continuous do not (Sect. 51).

and (2) above. Similarly, in axially-symmetric flow

$$\omega_x = \omega_y = 0, \qquad \omega_\theta = \omega = \frac{\partial v}{\partial x} - \frac{\partial u}{\partial y}, \tag{17.9}$$

(see Sect. 12). It follows from Eq. (17.7) that $\omega/y\varrho = \text{const}$ following each particle. This can also be obtained from Eq. (17.3), but not so easily.

18. Bernoullian theorems. By a Bernoulli equation is commonly meant a first integral of the equations of motion[1]. There are various forms which this can take, depending on the particular kinematical or dynamical assumptions made about the motion, though in all cases the basic expression

$$H \equiv \frac{1}{2} q^2 + \int \frac{dp}{\varrho} + \Omega$$

is present. In this section we shall consider the several Bernoulli equations holding for barotropic flow of a perfect fluid.

By means of Eq. (17.1) the fundamental Eq. (16.5) can be written

$$\frac{\partial \mathbf{v}}{\partial t} + \boldsymbol{\omega} \times \mathbf{v} = -\operatorname{grad} H, \tag{18.1}$$

forming the starting point of the discussion. If it is now assumed that the flow is steady there results the following important

Bernoulli theorem: *Consider the steady barotropic flow of a perfect fluid. Then if* $\boldsymbol{\omega} \times \mathbf{v} \equiv 0$ *in the flow region we have*

$$\frac{1}{2} q^2 + \int \frac{dp}{\varrho} + \Omega \equiv \text{const}.$$

On the other hand, if $\boldsymbol{\omega} \times \mathbf{v} \neq 0$ *then there exists in the flow region a set of surfaces*

$$H = \frac{1}{2} q^2 + \int \frac{dp}{\varrho} + \Omega = \text{const},$$

each one covered by a network of vortex-lines and streamlines. In particular, H is constant on streamlines. The surfaces $H = \text{const}$ may be called Lamb surfaces, after their first investigator[2].

A very similar result may be proved under the weaker assumption that *merely the vorticity is steady*, rather than the entire flow[3]. Indeed, if $\boldsymbol{\omega} \times \mathbf{v} \equiv 0$, then by forming the curl of the relation $\mathbf{v} = k\boldsymbol{\omega}$ we find

$$\mathbf{v} = \frac{\omega^2}{\boldsymbol{\omega} \cdot \operatorname{curl} \boldsymbol{\omega}} \boldsymbol{\omega},$$

whence the velocity field as well as the vorticity field is steady. This is essentially the case already considered above. When $\boldsymbol{\omega} \times \mathbf{v} \neq 0$ the velocity field need not be steady, but instead we have

$$\operatorname{curl} \frac{\partial \mathbf{v}}{\partial t} = \frac{\partial \boldsymbol{\omega}}{\partial t} = 0, \quad \text{and so} \quad \frac{\partial \mathbf{v}}{\partial t} = \operatorname{grad} \chi$$

for some potential function χ. Thus, if $\boldsymbol{\omega} \times \mathbf{v} \neq 0$ there exists in the flow region a set of surfaces

$$\frac{1}{2} q^2 + \int \frac{dp}{\varrho} + \Omega + \chi = \text{const},$$

each one covered by a network of vortex-lines and streamlines.

---

[1] DANIEL BERNOULLI is the discoverer of the general type of theorem to be considered (Hydrodynamica, 1738). This does not mean that he was in possession of the various results which are today called Bernoulli's equation. See the Editor's Introduction to L. EULER, Opera Omnia II **12**.

[2] H. LAMB: Proc. Lond. Math. Soc. **9**, 91 (1878); also [8], § 165.

[3] This observation seems to be due to MASOTTI, Rend. Lincei (6) **6**, 224 (1927).

It is well known that an irrotational flow is characterized by the existence of a (possibly multiple-valued) *velocity potential* $\varphi = \varphi(\mathbf{x}, t)$, such that

$$\mathbf{v} = \operatorname{grad} \varphi. \tag{18.2}$$

(Many authors define the velocity potential by $\mathbf{v} = -\operatorname{grad} \varphi$, conforming with the minus sign found in force potentials. Modern usage tends to omit the minus sign as an unnecessary inconvenience.) The expression (18.2) for $\mathbf{v}$ allows an immediate integration of Eq. (18.1), and we thus obtain *the Bernoulli theorem for irrotational flow*,

$$\frac{\partial \varphi}{\partial t} + \frac{1}{2} q^2 + \int \frac{dp}{\varrho} + \Omega = f(t). \tag{18.3}$$

For steady flow this reduces to

$$\frac{1}{2} q^2 + \int \frac{dp}{\varrho} + \Omega = \text{const}. \tag{18.4}$$

Eqs. (18.3) and (18.4) constitute complete integrals of the equations of motion; their importance can hardly be overestimated.

19. The stream function. It is possible to introduce a stream function whenever the equation of continuity can be written as the sum of two derivatives. We consider in this section plane flow and axially-symmetric flow, though these are by no means the only cases which can be treated. Furthermore we shall assume the fluid to be incompressible, deferring the more elaborate treatment of compressible fluids until later (Sect. 42).

Plane flow. In this case $u = u(x, y)$, $v = v(x, y)$, $w = 0$, so that the equation of continuity takes the simple form

$$\frac{\partial u}{\partial x} + \frac{\partial v}{\partial y} = 0.$$

It follows that the line integral $\int u\, dy - v\, dx$ from some fixed point (x_0, y_0) to the variable point (x, y) defines a (possibly multiple-valued) function $\psi = \psi(x, y, t)$. Obviously

$$u = \frac{\partial \psi}{\partial y}, \qquad v = -\frac{\partial \psi}{\partial x}, \tag{19.1}$$

so that knowledge of ψ determines the complete velocity field. Moreover, it is evident that the curves $\psi = \text{const}$ are the streamlines of the field. ψ is called the stream function.

From Eqs. (17.8) and (19.1) we obtain the following important equation satisfied by ψ, namely

$$\frac{\partial^2 \psi}{\partial x^2} + \frac{\partial^2 \psi}{\partial y^2} = -\omega. \tag{19.2}$$

Eq. (19.2) serves to determine ψ when the vorticity magnitude is known. Now for *steady plane flow* the equation of motion (18.1) is equivalent to

$$H = H(\psi), \qquad \omega = -\frac{dH}{d\psi}.$$

Thus any solution of the equation $\Delta^2 \psi = f(\psi)$ provides an example of steady two-dimensional flow; of course in a definite problem one must also take into account boundary conditions on ψ.

In irrotational motion a velocity potential φ exists and

$$u = \frac{\partial \varphi}{\partial x} = \frac{\partial \psi}{\partial y}, \qquad v = \frac{\partial \varphi}{\partial y} = -\frac{\partial \psi}{\partial x}.$$

The complex function $w = w(z, t) = \varphi + i\psi$, $z = z + iy$, is therefore analytic, a fact which makes plane irrotational motion of an incompressible fluid particularly amenable to exact solution. Concerning this subject to reader is referred to the works of LAMB [*8*] and MILNE-THOMSON [*10*], and to the articles of BERKER, WEHAUSEN, and GILBARG in this Encyclopedia.

Axially symmetric flow. The development here is entirely analogous to the preceding, and the results need only be sketched. The equation of continuity takes the form

$$\frac{\partial}{\partial x}(y u) + \frac{\partial}{\partial y}(y v) = 0,$$

[cf. formula (12.11)], hence we can define a stream function $\psi = \psi(x, y, t)$ such that

$$u = \frac{1}{y}\frac{\partial \psi}{\partial y}, \qquad v = -\frac{1}{y}\frac{\partial \psi}{\partial x}. \tag{19.3}$$

As equation relating ψ to the vorticity is obtained by eliminating u and v from Eqs. (17.9) and (19.3), with the result

$$E^2\psi \equiv \frac{\partial^2 \psi}{\partial x^2} + \frac{\partial^2 \psi}{\partial y^2} - \frac{1}{y}\frac{\partial \psi}{\partial y} = -y\omega. \tag{19.4}$$

In *steady flow* H and ω are connected by

$$H = H(\psi), \qquad \omega = -y\frac{dH}{d\psi};$$

thus any solution of the equation $E^2\psi = y^2 f(\psi)$ provides an example of steady axially symmetric flow. An interesting case is furnished by HILL's spherical vortex, $\psi = \frac{1}{2}A y^2(a^2 - r^2)$, where $r^2 = x^2 + y^2$. Here $\omega = 5Ay$ and $H = -5A\psi +$ const (cf. [*8*], p. 245).

20. Intrinsic equations of motion. Consider a steady plane motion in which s and n denote, respectively, arc length along streamlines and along their orthogonal trajectories. We wish to express the equations of motion in terms of intrinsic derivatives. To this end, it is convenient first to find an intrinsic expression for the divergence of the velocity vector, at the same time illustrating the general technique to be used throughout the section. Consider a rectangular coordinate system with origin at a fixed point P in the flow field and axes oriented along the streamline and orthogonal trajectory at P. Denoting the coordinates by (x', y'), we have

$$\operatorname{div}\mathbf{v} = \frac{\partial u'}{\partial x'} + \frac{\partial v'}{\partial y'} = \frac{\partial}{\partial x'}[q\cos(\vartheta - \vartheta_P)] + \frac{\partial}{\partial y'}[q\sin(\vartheta - \vartheta_P)],$$

where ϑ is the inclination of the velocity vector to the original x-axis. Expanding the above formula and evaluating at P yields

$$\operatorname{div}\mathbf{v} = \frac{\partial q}{\partial s} + q\frac{\partial \vartheta}{\partial n}, \tag{20.1}$$

which is the required formula. Now introducing the curvatures $\varkappa$ and K of the streamlines and their orthogonal trajectories,

$$\varkappa = \frac{\partial \vartheta}{\partial s}, \qquad K = \frac{\partial \vartheta}{\partial n},$$

then by virtue of (20.1) we may write the equation of continuity in the form

$$\frac{\partial}{\partial s}(\varrho q) + K \varrho q = 0. \tag{20.2}$$

Similarly, using the formula

$$\frac{d}{dt} = q \frac{\partial}{\partial s}, \tag{20.3}$$

we obtain by resolution of Eq. (16.2) along streamlines and along normals,

$$\varrho q \frac{\partial q}{\partial s} = -\frac{\partial p}{\partial s}, \quad \varrho q^2 \varkappa = -\frac{\partial p}{\partial n}. \tag{20.4}$$

Eqs. (20.2) and (20.4) constitute the *intrinsic equations of steady two-dimensional flow*. A calculation similar to that leading to Eq. (20.1) yields the vorticity formula

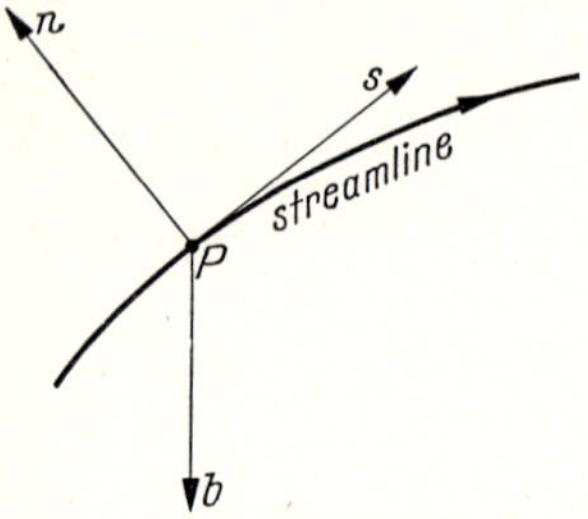

Fig. 3. Intrinsic directions in three-dimensional flow.

$$\omega = -\frac{\partial q}{\partial n} + \varkappa q. \tag{20.5}$$

Corresponding equations for axially symmetric flow are easily written down. In particular, we have

$$\frac{\partial}{\partial s}(y \varrho q) + K y \varrho q = 0 \tag{20.6}$$

in place of Eq. (20.2), while Eqs. (20.4) and (20.5) remain unchanged.

These equations are easily generalized to three-dimensional flows by using the Frenet formulas

$$\frac{\partial \mathbf{s}}{\partial s} = \varkappa \mathbf{n}, \quad \frac{\partial \mathbf{b}}{\partial s} = -\tau \mathbf{n}, \tag{20.7}$$

where **s**, **n**, and **b** are respectively the tangent, normal, and binormal vectors to the congruence of streamlines. We have

$$\operatorname{div} \mathbf{v} = \operatorname{div}(q \mathbf{s}) = \frac{\partial q}{\partial s} + q \operatorname{div} \mathbf{s}.$$

Therefore, if we put $\mathfrak{M} = \operatorname{div} \mathbf{s}$, the equation of continuity can be written in the form

$$\frac{\partial}{\partial s}(\varrho q) + \mathfrak{M} \varrho q = 0. \tag{20.8}$$

Similarly, setting $\boldsymbol{v} = q\mathbf{s}$ in the equation of motion and using Eq. (20.3) yields

$$\varrho q \frac{\partial q}{\partial s} \mathbf{s} + \varrho q^2 \frac{\partial \mathbf{s}}{\partial s} = -\operatorname{grad} p. \tag{20.9}$$

The second term on the left can be evaluated by one of Frenet's formulas, whence by resolving Eq. (20.9) along the directions **s**, **n**, and **b** we obtain

$$\varrho q \frac{\partial q}{\partial s} = -\frac{\partial p}{\partial s}, \quad \varrho q^2 x = -\frac{\partial p}{\partial n}, \quad 0 = -\frac{\partial p}{\partial b}. \tag{20.10}$$

Eqs. (20.8) and (20.10) are the required *intrinsic equations of steady motion*.

A formula for the vorticity is obtained most simply as follows. We observe that

$$\boldsymbol{\omega} = \operatorname{curl} \mathbf{v} = \begin{vmatrix} \mathbf{s}_P & \mathbf{n}_P & \mathbf{b}_P \\ \dfrac{\partial}{\partial s} & \dfrac{\partial}{\partial n} & \dfrac{\partial}{\partial b} \\ \mathbf{v}\cdot\mathbf{s}_P & \mathbf{v}\cdot\mathbf{n}_P & \mathbf{v}\cdot\mathbf{b}_P \end{vmatrix}, \tag{20.11}$$

where P is a fixed point in the flow, and (s, n, b) are considered as fixed rectangular coordinates with origin at P (see Fig. 3). Setting $\mathbf{v}=q\,\mathbf{s}$ in Eq. (20.11), performing the indicated differentiations and evaluating at P yields the formula

$$\boldsymbol{\omega} = q\left(\mathbf{b}\cdot\frac{\partial\mathbf{s}}{\partial n} - \mathbf{n}\cdot\frac{\partial\mathbf{s}}{\partial b}\right)\mathbf{s} + \frac{\partial q}{\partial b}\,\mathbf{n} + \left(\varkappa q - \frac{\partial q}{\partial n}\right)\mathbf{b}. \tag{20.12}$$

In the case of irrotational flow, or, more generally, whenever the velocity field is normal to a one-parameter family of surfaces S, the factor $\mathfrak{M}$ in Eq. (20.8) can be interpreted as the sum of the principal curvatures (mean curvature) of the equipotential surfaces or the surfaces S, which ever the case may be.

The remainder of this chapter is divided into two major sections concerned respectively with results peculiar to irrotational motion and to rotational motion. We begin with the simpler and more fully investigated case.

II. Irrotational motion.

21. The assumption of irrotational motion. As is apparent from the Bernoulli equations (18.3) and (18.4), the equations of fluid motion are greatly simplified by the assumption of irrotational flow. The usual justification for this assumption comes from the Cauchy-Lagrange theorem (Sect. 17), which implies that *a barotropic motion of a perfect fluid is irrotational if each of its particles starts from a region of quiet.* This does not prove that a barotropic fluid will move *only* irrotationally, for, aside from the philosophical question whether every particle were sometime at rest, vorticity may well exist in a particular problem under study, introduced, for example, by the extraneous mechanisms of viscosity or shock waves. The theorem above nevertheless strongly indicates the importance of irrotational motion in the theory of perfect fluids.

There is an important related result in this connection which serves in many cases to guarantee irrotational flow. It is commonly expressed by the statement that a flow emanating from a quiet state or a uniform state must be irrotational. Although roughly correct, this assertion must be qualified somewhat to be entirely accurate, for consider the case when the uniform state is at ∞. In this case $\lim \mathbf{v}$, $\lim \varrho$, and $\lim p$ all exist as $\mathbf{x}\to\infty$, and $\lim \boldsymbol{\omega} = 0$. Now if the flow is plane or axially symmetric, then by Theorem 3 of Sect. 17 we do indeed have $\omega = 0$. Not so, however, in a genuine three-dimensional flow[1]. There the conclusion can only be drawn in the case of steady motion, and the argument goes as follows: From the Theorem of Sect. 18, we have

$$H = \frac{1}{2}q^2 + \int\frac{dp}{\varrho} + \Omega = \text{constant on streamlines};$$

evaluation of the constant at ∞ shows it to be the same for each streamline[2]. It follows then from Eq. (18.1) that $\boldsymbol{\omega}\times\mathbf{v} = 0$, which in turn implies

$$\boldsymbol{\omega} = k\,\mathbf{v}, \tag{21.1}$$

[1] Although no counter-example is known, a little reflection will show that irrotationality does not follow simply from Eq. (17.3) or the equivalent formula (17.7); cf. Lecornu: C. R. Acad. Sci., Paris **168**, 923 (1919). I am indebted to a remark of Truesdell [*26*], § 77 for this reference and for the germ of the following proof.

[2] It is assumed that Ω tends to a finite limit at ∞.

where k is a scalar. Taking the divergence of both sides of Eq. (21.1) gives

$$0 = \operatorname{div} k\,\mathbf{v} = \operatorname{div}\left(\frac{k}{\varrho}\,\varrho\,\mathbf{v}\right) = \varrho\,\mathbf{v}\cdot\operatorname{grad}\frac{k}{\varrho}\,.$$

But this is nothing more than the condition that k/ϱ be constant on streamlines. Thus Eq. (21.1) becomes

$$\frac{\boldsymbol{\omega}}{\varrho\,\mathbf{v}} = \text{constant on streamlines}. \tag{21.2}$$

If $\lim \mathbf{v} \neq 0$ we find by evaluation at ∞ that the constant is zero, hence $\boldsymbol{\omega} = 0$. On the other hand, if $\lim \mathbf{v} = 0$ (flow emanating from a rest at ∞) we must be content with the milder conclusion (21.2).

The results of the preceding paragraphs may be summarized in the statement: *Barotropic flow of a perfect fluid, subject to conservative extraneous force, is irrotational if each particle starts from a region of quiet or uniform state. Moreover, a plane flow, an axially-symmetric flow, or a steady flow with* $\lim \mathbf{v} \neq 0$, *is irrotational if it emanates from a uniform state at* ∞.

22. Principles of irrotational motion. Development of a potential at infinity. Irrotational motion is characterized by the existence of a velocity potential $\varphi = \varphi(\mathbf{x}, t)$ satisfying $\mathbf{v} = \operatorname{grad}\varphi$. If the fluid under consideration is incompressible we have also $\operatorname{div}\mathbf{v} = 0$, and φ therefore satisfies LAPLACE's equation

$$\nabla^2\varphi = \frac{\partial^2\varphi}{\partial x^2} + \frac{\partial^2\varphi}{\partial y^2} + \frac{\partial^2\varphi}{\partial z^2} = 0\,. \tag{22.1}$$

The problem of irrotational motion of an incompressible fluid thus reduces simply to the solution of (22.1) under suitable boundary conditions. We shall discuss some fundamental aspects of this problem in the present and following sections, deferring until Part E the corresponding treatment for compressible fluids.

To begin with, consider the important situation in which fluid occupies the entire exterior of one or more moving bodies, each one rigid and of finite size. Let us suppose that the flow at infinite distances is uniform and of velocity $\mathbf{U}$, that is, $\lim\limits_{r\to\infty} \mathbf{v} = \mathbf{U}$. *Then the potential and velocity have the following asymptotic behavior as* $r \to \infty$

$$\left.\begin{aligned}\varphi &= \mathbf{U}\cdot\mathbf{x} + C + O(r^{-2})\,,\\ \mathbf{v} &= \mathbf{U} + O(r^{-3})\,.\end{aligned}\right\} \tag{22.2}$$

Here $\mathbf{x} = (x, y, z)$ *and* $r^2 = x^2 + y^2 + z^2$.

There are several proofs of this fundamental result, of which the following is probably the simplest. We observe first that it is sufficient to consider the case $\mathbf{U} = 0$, for the general case can be reduced to this one by superposing a uniform velocity field. Now under the assumption $\mathbf{U} = 0$ it can be shown that[1]

$$\varphi(\mathbf{x}) - C = \frac{1}{4\pi}\oint\limits_{\Sigma}\left[\varphi\,\frac{\partial}{\partial n}\left(\frac{1}{r'}\right) - \frac{1}{r'}\,\frac{\partial\varphi}{\partial n}\right]da\,, \tag{22.3}$$

where C is an appropriate constant, Σ is a closed surface surrounding the obstacles, $\mathbf{x}$ is a point outside Σ, and r' denotes the distance from $\mathbf{x}$ to the point of integration. (Note that the velocity potential may be multiple-valued due to perforations in some of the obstacles, but that any branch may be considered single-

[1] L. M. MILNE-THOMSON [*10*], § 3.75.

valued for r sufficiently large.) The integral on the right-hand side of Eq. (22.3) obviously has the asymptotic behavior

$$\frac{\Delta}{4\pi r} + O(r^{-2}), \tag{22.4}$$

where

$$\Delta = \oint_{\Sigma} \frac{\partial\varphi}{\partial n} da$$

is the outflow integral. In the present case there is no outflow, hence Δ vanishes and (22.2) is proved. Differentiating (22.3) with respect to $\mathbf{x}$ similarly leads to

$$\mathbf{v} = O(r^{-3}), \tag{22.5}$$

(assuming always that $\Delta = 0$). This completes the proof of Eq. (22.2).

If desired, the asymptotic formulas (22.4) and (22.5) can be written out in terms of spherical harmonics, giving a complete development for the potential and velocity in the neighborhood of infinity[1].

An alternative proof is based on the representation of the velocity field as a Poisson integral

$$\mathbf{v}(\mathbf{x}) = \int_{r=R} \mathbf{v} \frac{|x|^2 - R^2}{4\pi r'^3} da, \tag{22.6}$$

where R is suitably large, and $|\mathbf{x}| > R$. The representation (22.6) is easily established on the basis of known properties of the Poisson integral[2]. From Eq. (22.6) and the fact that div $\mathbf{v} = 0$ it follows that

$$\mathbf{v} = O(r^{-2}). \tag{22.7}$$

Integration of (22.7) yields $\varphi - C = O(r^{-1})$, whence φ can also be represented by a Poisson integral. The remainder of the proof is similar to the one above.

The asymptotic behavior of a plane flow can be obtained from analytic function theory, or it can be derived directly from an argument of the type just given. (The first method given above fails since φ may be multiple-valued.) The result is that, as $r \to \infty$,

$$\left.\begin{aligned} \varphi &= \mathbf{U}\cdot\mathbf{x} + C + \frac{\Gamma}{2\pi}\theta + O(r^{-1}),\\ \mathbf{v} &= \mathbf{U} + \frac{\Gamma}{2\pi r^2}(-y, x) + O(r^{-2}). \end{aligned}\right\} \tag{22.8}$$

One easily verifies that $\Gamma = \oint \mathbf{v}\cdot d\mathbf{x}$, the integral being taken along any circuit surrounding the obstacles once in the counter-clockwise sense. Γ is called the *circulation of the flow*; cf. also the definition of circulation in a rotational flow (Sect. 25).

23. Principles of irrotational motion (continued). In this section we review the important standard theorems of the subject.

1. *The velocity maximum occurs at the fluid boundary.* A simple proof, due to KIRCHHOFF, will be found in LAMB [8], § 37; another is given in Sect. 28 of the present article.

2. *Kinetic energy.* For flow in a bounded simply-connected region $\mathscr{v}$ it is found easily from GREEN's theorem that

$$2\mathfrak{T} = \int_{\mathscr{v}} \varrho\,(\operatorname{grad}\varphi)^2 dv = \varrho \oint_{\mathscr{s}} \varphi \frac{\partial\varphi}{\partial n} da, \tag{23.1}$$

[1] O. D. KELLOGG [46], p. 143.
[2] O. D. KELLOGG [46], p. 243.

where $\mathscr{s}$ is the boundary of $\mathscr{v}$. If $\mathscr{v}$ is the exterior of a surface $\mathscr{s}$ and if the fluid is at rest at infinity, the kinetic energy is again given by Eq. (23.1). For if Σ denotes a large sphere enclosing $\mathscr{s}$, the kinetic energy $\mathfrak{T}^*$ of the fluid instantaneously between $\mathscr{s}$ and Σ is given by

$$2\mathfrak{T}^* = \varrho \oint_{\mathscr{s}} \varphi \frac{\partial \varphi}{\partial n}\, da + \varrho \oint_{\Sigma} \varphi \frac{\partial \varphi}{\partial n}\, da.$$

If outflow is not present the integrand of the second integral is $O(r^{-5})$, and otherwise $O(r^{-3})$, [it is assumed that φ is normalized so that $C=0$ in (22.2)]. In either case the second integral approaches zero as Σ becomes infinite, and Eq. (23.1) follows.

3. Uniqueness. Consider the problem discussed in the preceding section. We assert that in a simply-connected flow region the fluid motion is completely determined by the motion of the bodies and by the value of $\mathbf{U}$. Indeed if φ_1 and φ_2 are the potentials of two flows consistent with the prescribed conditions, then $\varphi = \varphi_1 - \varphi_2$ is the potential of a flow at rest at infinity and satisfying $\partial\varphi/\partial n = 0$ at the surfaces of the moving bodies. Assuming the flow region to be simply-connected, we then have $\mathfrak{T}=0$ from Eq. (23.1). It follows that $\operatorname{grad}\varphi = 0$ and $\varphi = \text{constant}$, that is, the two flows must be identical. If the flow region is not simply-connected, simple examples show the result not to be true. For a discussion of the fluid motion in this case, the reader is referred again to Lamb, in particular §§ 47–55.

The uniqueness theorem proved above is important not only for its own sake, but also because it shows that one cannot in general prescribe more than the normal fluid velocity at a boundary surface. In particular, an *adherence condition* at a rigid surface will usually be incompatible with irrotational fluid motion[1].

4. The d'Alembert paradox. Consider the force acting on a solid body moving with uniform velocity through a fluid at rest at infinity, or, what comes to the same thing and is more easily computed, the action of a uniform stream on a fixed solid immersed in it. If $\mathbf{U}$ denotes the velocity of the uniform stream, then according to Eq. (22.2)

$$\mathbf{v} = \mathbf{U} + O(r^{-3}),$$

where, as in the rest of the paragraph, the order symbol refers to behavior as $r \to \infty$. It follows from Bernoulli's theorem (18.4) that

$$p = p_0 + \tfrac{1}{2}\varrho(U^2 - q^2) = p_0 + O(r^{-3}),$$

assuming $\Omega = 0$. Thus by Eq. (10.2), with $\mathbf{t} = -p\mathbf{n}$ and Σ a large sphere of radius R,

$$\mathbf{F} = -\int_{\Sigma} (p\,\mathbf{n} + \varrho\,\mathbf{v}\,\mathbf{v}\cdot\mathbf{n})\, da = -\int_{\Sigma} (p_0\,\mathbf{n} + \varrho\,\mathbf{U}\,\mathbf{U}\cdot\mathbf{n})\, da + O(R^{-1}).$$

The integral on the right vanishes by virtue of the divergence theorem, and it follows easily that $\mathbf{F}=0$.

This result, which at first glance appears unexpected, is known as d'Alembert's paradox[2]. The difficulty of course lies in the fact that the flow model is much too simplified[3].

[1] An extensive discussion of this point is given by Truesdell [*26*], § 37. The present argument, it should be noted, applies also to compressible irrotational motions once the appropriate uniqueness theorem is proved.

[2] J. L. d'Alembert: Opuscules Mathematiques **5** (1768). The result is there proved only for symmetric obstacles, and by the trivial argument involving a symmetric pressure distribution. The same idea had occurred earlier in d'Alembert's work, and the result was also given by Euler in his treatise on gunnery (1745): cf. the Editor's introduction to L. Euler, Opera Omnia (2) **12**.

[3] Cf. Lamb [*8*], §§ 370, 371.

The forces on an obstacle in plane flow are slightly more difficult to compute because of the presence of circulation. Let the coordinates be chosen with the positive x-axis in the direction of the uniform stream, so that $\mathbf{U}=(U, O)$. Then setting $\mathbf{v}=(u, v)$ we easily derive from Eq. (22.8) and BERNOULLI's equation that

$$p = p_0 + \varrho\, U(u-U) + O(r^{-2}).$$

Hence the force in the direction of the uniform stream is given by

$$\begin{aligned} X &= -\int_{\Sigma} (p\cos\theta + \varrho\, u\,\mathbf{v}\cdot\mathbf{n})\, ds \\ &= \varrho \int_{\Sigma} [U(u-U)\cos\theta - (u-U)\,\mathbf{v}\cdot\mathbf{n} - U\,\mathbf{v}\cdot\mathbf{n}]\, ds + O(R^{-1}), \end{aligned}$$

where $\mathbf{v}\cdot\mathbf{n} = u\cos\theta + v\sin\theta$. The sum of the first two terms of the integrand is $O(R^{-2})$ by (22.8). The third term represents outflow and correspondingly its integral vanishes. It follows then that $X=0$, and again there is no resistance. A similar calculation yields, however, a non-zero value for the lift

$$Y = -\varrho\,\Gamma\, U. \tag{23.2}$$

Remarkably, Y depends on the circulation in a manner entirely independent of the shape and dimensions of the obstacle. Formula (23.2), obtained independently by KUTTA[1] and JOUKOWSKY[2], is the basis for the theory of lift of an airfoil.

We call attention to KIRCHHOFF's formulas for the force and moment on a solid moving *in an arbitrary way* through a fluid. Although there is not enough space here to consider this theory, the reader will find an interesting discussion in [*8*], Chap. 6.

24. KELVIN's minimum energy theorem. Consider flows occupying a bounded simply-connected region $\mathscr{v}$ of space, the normal mass-flux being prescribed at each point of the boundary of $\mathscr{v}$, that is,

$$\varrho\,\mathbf{v}\cdot\mathbf{n} = h \quad \text{prescribed on } \mathscr{s}. \tag{24.1}$$

The following criterion characterizes irrotational flow among the totality of incompressible flows satisfying Eq. (24.1).

Kelvin's principle: Among all motions of an incompressible fluid in $\mathscr{v}$ which satisfy Eq. (24.1), the irrotational motion has least kinetic energy.

The proof given by KELVIN and reproduced by LAMB, § 45, cannot be improved. KELVIN's theorem has a converse, which, for some reason, is seldom stated in works on hydrodynamics, this converse being, in fact, nothing more than a restatement of the classical Dirichlet principle of potential theory. The result can be formulated as follows.

Dirichlet's principle: Among all irrotational motions in $\mathscr{v}$, the one satisfying

$$\operatorname{div}\mathbf{v} = 0, \qquad \varrho\,\mathbf{v}\cdot\mathbf{n} = h \quad \text{on} \quad \mathscr{s} \tag{24.2}$$

gives the greatest value to the expression

$$\mathscr{J} = -\tfrac{1}{2}\varrho \int_{\mathscr{v}} q^2\, dv + \oint_{\mathscr{s}} \varphi\, h\, da; \tag{24.3}$$

here φ is the potential of a competing motion[3].

[1] W. M. KUTTA: Sitzgsber. bayr. Akad. Wiss. (Münch.) **40** (1910).

[2] N. E. JOUKOWSKI: Bull. Inst. Aero. Koutchino (St. Petersburg) (1906).

[3] A similar theorem has been given by A. R. PRATELLI, Rend. Ist. Lombardo (3) **17**, 484 (1953). PRATELLI also considers the possibility of a prescribed distribution of vorticity for the competing motions.

The factor ϱ in Eqs. (24.2) and (24.3) refers to the constant density of a given incompressible fluid under consideration. Thus the competing motions, because they need not satisfy $\operatorname{div}\mathbf{v}=0$, may be impossible as far as the given fluid is concerned. To prove DIRICHLET's principle, let φ be the potential of the irrotational motion satisfying Eq. (24.2). Obviously φ is harmonic and is uniquely determined up to an additive constant. Then by simple transformations we find

$$\mathscr{J}(\varphi)=\mathscr{J}(\varphi^*)+\tfrac{1}{2}\varrho\int_{\mathscr{V}}[\operatorname{grad}(\varphi-\varphi^*)]^2\,dv,$$

where φ^* is any other potential. Thus $\mathscr{J}(\varphi)\geqq\mathscr{J}(\varphi^*)$, and the equality can hold if and only if $\varphi^*=\varphi+\text{const}$. This proves the assertion.

It is evident that the two principles above possess a common extremal motion. Moreover, *the minimized energy in the Kelvin principle is exactly equal to the maximized $\mathscr{J}$ in the Dirichlet principle:* This follows from the fact that, for the extremal flow,

$$\tfrac{1}{2}\varrho\int_{\mathscr{V}}q^2\,dv=\mathfrak{T}$$

and

$$\oint_{\mathscr{S}}\varphi\,h\,da=\varrho\int_{\mathscr{S}}\varphi\,\frac{\partial\varphi}{\partial n}\,da=2\mathfrak{T}.$$

III. Rotational motion.

25. Kelvin's circulation theorem. The Helmholtz theorems. Kelvin in 1869 introduced the concept of circulation for the purpose of visualizing better the geometrical nature of a fluid motion, and in order to give new proofs for some remarkable theorems obtained just a little earlier by HELMHOLTZ[1].

The *circulation* around any closed curve (circuit) in the fluid is defined by the integral $\oint_{\mathscr{C}}\mathbf{v}\cdot d\mathbf{x}=\oint_{\mathscr{C}}v_i\,dx^i$. If now $\mathscr{C}$ moves with the fluid, $\mathscr{C}=\mathscr{C}(t)$, we may calculate the rate of change of the circulation around this moving circuit. The motion of the curve $\mathscr{C}$ is given parametrically by the equation

$$\mathbf{x}=\boldsymbol{\varphi}(s,t),\quad 0\leqq s\leqq 1,$$

where s locates individual particles on $\mathscr{C}$, and t is the time. It follows easily that

$$\frac{d}{dt}\oint_{\mathscr{C}}\mathbf{v}\cdot d\mathbf{x}=\int_0^1\frac{d}{dt}\left(\mathbf{v}\cdot\frac{d\mathbf{x}}{ds}\right)ds=\oint_{\mathscr{C}}\mathbf{a}\cdot d\mathbf{x}. \tag{25.1}$$

This result is purely kinematical, and thus valid for any motion whatsoever. Now for barotropic flow we recall from Eq. (16.5) that $\mathbf{a}$ is derivable from a potential; therefore the last integral in Eq. (25.1) vanishes, and

$$\frac{d}{dt}\oint_{\mathscr{C}}\mathbf{v}\cdot d\mathbf{x}=0. \tag{25.2}$$

This is Kelvin's theorem; stated in words, *the barotropic flow of a perfect fluid under the action of a conservative extraneous force is circulation-preserving.* Conversely, if Eq. (25.2) holds for all circuits $\mathscr{C}$, then $\mathbf{a}$ is derivable from a potential. [From these results it is seen that a motion of an *incompressible fluid* is dynami-

[1] W. THOMSON (Lord KELVIN): Trans. Roy. Soc. Edinb. **25**, 217 (1869), (Papers **4**, pp. 13 to 66). — H. HELMHOLTZ: J. reine angew. Math. **55**, 25 (1858).

cally possible if and only if Eq. (25.2) holds for all circuits $\mathscr{C}$; this is not generally true for compressible fluids.]

With the help of Kelvin's theorem it is now a simple matter to obtain the three theorems of HELMHOLTZ, which so vividly present the geometrical aspects of circulation-preserving motion. The first of the theorems is purely kinematical, the remaining ones are simple deductions from Kelvin's theorem and therefore apply in *any* situation where a motion can be assumed circulation-preserving, irrespective of the nature of the medium.

A *vortex-tube* is usually defined as the surface swept out by the vortex-lines passing through a given closed curve. This definition unfortunately embraces a number of configurations which would not ordinarily be called "tubes". In the future we shall therefore restrict consideration specifically to those vortex-tubes whose "cross sections" are simple closed curves, one of which is the defining curve.

Let $\mathscr{C}_1$ and $\mathscr{C}_2$ be any two circuits drawn on the vortex tube, each encircling the tube in the same direction (more precisely, each circuit should be reducible on the tube to the closed curve defining the tube). *The first Helmholtz theorem states that the circulation about $\mathscr{C}_1$ is the same as the circulation about $\mathscr{C}_2$.* For the proof we refer the reader to nearly any work on hydrodynamics—particularly good is the discussion given by LAMB [*8*], § 145. There are several remarks to be made before we pass to the other Helmholtz theorems. First, by means of this theorem we are entitled to define the *strength* of a vortex-tube by the circulation around any curve $\mathscr{C}$ lying on it and encircling it. Thus

$$\text{Strength} = \int_{\mathscr{C}} \mathbf{v} \cdot d\mathbf{x} = \int_{\mathscr{s}} \boldsymbol{\omega} \cdot \mathbf{n}\, da,$$

the last equality following by Stokes' theorem, where $\mathscr{s}$ is any (orientable) surface in the fluid spanning $\mathscr{C}$. Second, LAMB's proof shows that the theorem is true even if the vorticity field is only piecewise continuous, so long as the velocity field is continuous. And third, we wish to call attention to a statement commonly made on the basis of the first Helmholtz theorem, namely that *vortex-lines* are either closed curves, or else extend to the boundary of the fluid motion. KELLOGG[1] has pointed out an error in this statement, but notes that it becomes correct when *vortex-tube* is substituted for vortex-line.

The second and third Helmholtz theorems state respectively that *vortex-lines are material lines*, (equivalently: vortex-tubes move with the fluid), and that *the strength of a vortex-tube remains constant as the tube moves with the fluid.* The second Helmholtz theorem has already been noted in Sect. 17 of this article; it can also be proved from Kelvin's circulation theorem (see LAMB, § 146). The third Helmholtz theorem is obvious from Kelvin's theorem. We remark finally that these theorems remain true when the vorticity field is only piecewise-continuous.

Vorticity theorems for non-circulation-preserving motions will be found in Sects. 40 and 69.

26. General considerations of vortex motion. The subject of vortex motion is discussed at length by LAMB [*8*] and VILLAT [*28*]. Though these treatments are generally quite complete, nevertheless we wish to clarify a few basic results which are not adequately explained there. In particular, we consider the problem of determining a velocity field in terms of its vorticity and expansion, and some related results concerning the overall distribution of vorticity.

[1] O. D. KELLOGG [*46*], p. 41.

The expansion and vorticity of a velocity field are defined by

$$\Theta = \operatorname{div} \mathbf{v}, \quad \boldsymbol{\omega} = \operatorname{curl} \mathbf{v}. \tag{26.1}$$

It is easy to show that *corresponding to a given (piecewise continuous) distribution of expansion and vorticity in a finite region, there exists not more than one velocity field having a prescribed normal speed on the boundary* (see LAMB, § 147). The same result holds for an infinite region if $\mathbf{v}$ is prescribed at infinity. The *existence* of a velocity field with given vorticity and expansion is somewhat more difficult. We treat three cases.

1. Finite regions: $\boldsymbol{\omega} \cdot \mathbf{n} = 0$ *on boundary*. Assuming that the given vorticity and expansion are once differentiable in a finite region $\mathscr{v}$, then a corresponding velocity field can be constructed from the potentials

$$\varphi = \frac{1}{4\pi} \int_{\mathscr{v}} \frac{\Theta}{r'}\, dv, \qquad \boldsymbol{\pi} = \frac{1}{4\pi} \int_{\mathscr{v}} \frac{\boldsymbol{\omega}}{r'}\, dv, \tag{26.2}$$

where r' denotes the distance between the point $\mathbf{x}'$ of integration and the point $\mathbf{x}$ at which the values of φ and $\boldsymbol{\pi}$ are required. We define

$$\mathbf{w} = -\operatorname{grad} \varphi + \operatorname{curl} \boldsymbol{\pi},$$

and observe that

$$\operatorname{div} \mathbf{w} = -\nabla^2 \varphi = \Theta,$$

$$\operatorname{curl} \mathbf{w} = \operatorname{curl} \operatorname{curl} \boldsymbol{\pi} = \operatorname{grad} \operatorname{div} \boldsymbol{\pi} - \nabla^2 \boldsymbol{\pi} = \boldsymbol{\omega}.$$

In the final step we have used the fact that $\operatorname{div} \boldsymbol{\pi} = 0$, i.e.,

$$\operatorname{div} \boldsymbol{\pi} = \frac{1}{4\pi} \int_{\mathscr{v}} \boldsymbol{\omega} \cdot \operatorname{grad} \frac{1}{r'}\, dv = -\frac{1}{4\pi} \int_{\mathscr{v}} \operatorname{div}' \left(\frac{\boldsymbol{\omega}}{r'}\right) dv$$

$$= -\frac{1}{4\pi} \oint_{\mathscr{s}} \frac{\boldsymbol{\omega} \cdot \mathbf{n}}{r'}\, da = 0;$$

the change in sign in the second equality is due to the shift of differentiation from $\mathbf{x}$ to $\mathbf{x}'$. Since $\mathbf{w}$ has correct vorticity and expansion, the required velocity field $\mathbf{v}$ can be written in the form

$$\mathbf{v} = \mathbf{w} + \operatorname{grad} h = \operatorname{grad}(h - \varphi) + \operatorname{curl} \boldsymbol{\pi}, \tag{26.3}$$

where h is a harmonic function to be determined so that $\mathbf{v} \cdot \boldsymbol{n}$ takes prescribed values on s. (These values must of course be consistent with the total expansion.)

The velocity field $\mathbf{v}^* = \operatorname{curl} \boldsymbol{\pi}$ is continuous in all space, has vorticity $\boldsymbol{\omega}$ inside $\mathscr{v}$ and zero outside $\mathscr{v}$, and $\mathbf{v}^* = 0$ at infinity. The condition $\boldsymbol{\omega} \cdot \mathbf{n} = 0$ on $\mathscr{s}$ means simply that the vortex lines are closed curves in $\mathscr{v}$. $\mathbf{v}^*$ is thus the velocity field due to an isolated vortex system in an incompressible fluid.

A natural problem arising in connection with a given velocity field $\mathbf{v}^*$ concerns the existence and uniqueness of the subsequent motion of the fluid under the Euler equations. The difficult problem of existence has been treated by LICHTENSTEIN[1], HÖLDER[2], WOLBINER[3], SCHAEFFER[4], and MARUHN[5]. That the flow is uniquely determined by the initial velocity field can be proved by the methods of Sect. 72. Special cases where the subsequent motion can be determined explicitly will be found in the works of LAMB, VILLAT, LICHTENSTEIN and MILNE-THOMSON.

---

[1] L. LICHTENSTEIN [*9*], Chap. 12; [*22*], Chaps. 11, 12.
[2] E. HÖLDER: Math. Z. **37**, 727 (1933).
[3] W. WOLBINER: Math. Z. **37**, 698 (1933).
[4] A. C. SCHAEFFER: Trans. Amer. Math. Soc. **42**, 497 (1937).
[5] K. MARUHN: Math. Z. **45**, 155 (1939).

2. *Infinite regions.* Assuming that Θ and $\boldsymbol{\omega}$ vanish outside some finite region and that $\mathbf{v}=0$ at infinity, we have

$$\mathbf{v} = -\operatorname{grad}\varphi + \operatorname{curl}\boldsymbol{\pi},$$

where φ and $\boldsymbol{\pi}$ are the potentials (26.1), taken over all space. When Θ and $\boldsymbol{\omega}$ vanish at infinity of order r^{-3}, the same formula can be shown to hold. Finally, if Θ and $\boldsymbol{\omega}$ vanish at infinity of order r^{-2}, then φ and $\boldsymbol{\pi}$ no longer exist, but the differentiated form of Eq. (26.2) remains valid,

$$\mathbf{v} = -\frac{1}{4\pi}\int \Theta \operatorname{grad}\left(\frac{1}{r'}\right) dv - \frac{1}{4\pi}\int \boldsymbol{\omega}\times\operatorname{grad}\left(\frac{1}{r'}\right) dv.$$

3. *Finite regions: general case.* The vector field (26.2) is no longer adequate for the description of $\mathbf{v}$ since $\operatorname{div}\boldsymbol{\pi}$ is not necessarily zero. However, if $\mathbf{v}$ is known on $\mathscr{s}$, then we can write

$$\mathbf{v} = -\operatorname{grad}\varphi^* + \operatorname{curl}\boldsymbol{\pi}^*,$$

where

$$\varphi^* = \frac{1}{4\pi}\int_{\mathscr{v}} \frac{\Theta}{r'} dv - \frac{1}{4\pi}\oint_{\mathscr{s}} \frac{\mathbf{n}\cdot\mathbf{v}}{r'} da, \tag{26.4}$$

$$\boldsymbol{\pi}^* = \frac{1}{4\pi}\int_{\mathscr{v}} \frac{\boldsymbol{\omega}}{r'} dv - \frac{1}{4\pi}\oint_{\mathscr{s}} \frac{\mathbf{n}\times\mathbf{v}}{r'} da, \tag{26.5}$$

([*48*], p. 190). It may be noticed that the surface integrals are harmonic in $\mathscr{v}$. If only $\mathbf{v}\cdot\mathbf{n}$ is given on $\mathscr{s}$, then the surface integral in Eq. (26.5) is not known, and a different procedure must be given.

Let us first extend $\boldsymbol{\omega}$ throughout all space by the following definition. Let φ' be harmonic in the exterior of $\mathscr{v}$ and satisfy $\partial\varphi'/\partial n = \boldsymbol{\omega}\cdot\mathbf{n}$ on $\mathscr{s}$. At points outside $\mathscr{v}$ we define $\boldsymbol{\omega} = \operatorname{grad}\varphi'$. This vector is divergenceless, and is $O(r^{-3})$ at infinity. With a revised meaning for $\boldsymbol{\pi}$, namely the integral being taken over all space, formula (26.2) can now be proved exactly as in paragraph 1.

LAMB includes two formulas for the kinetic energy of a vortex-system in an incompressible fluid. Suppose first that the fluid is at rest at infinity and $\boldsymbol{\omega}$ vanishes outside some finite region. Then

$$\mathfrak{T} = \frac{\varrho}{8\pi}\iint \frac{\boldsymbol{\omega}\cdot\boldsymbol{\omega}'}{r} dv\,dv',$$

where each integration extends over the whole space occupied by the vortices. TRUESDELL[1] has generalized this to the case of a finite region, allowing also for expansion. His result (corrected in one respect) is

$$\frac{1}{2}\int_{\mathscr{v}} q^2 dv = \frac{1}{8\pi}\iint_{\mathscr{v}\,\mathscr{v}} \frac{\Theta\Theta' + \boldsymbol{\omega}\cdot\boldsymbol{\omega}'}{r} dv\,dv' - \frac{1}{2}\int_{\mathscr{v}} (\Theta f + \boldsymbol{\omega}\cdot\mathbf{g})\, dv - {}$$
$$- \frac{1}{2}\oint_{\mathscr{s}} (\varphi^*\mathbf{v} + \boldsymbol{\pi}^*\times\mathbf{v})\cdot\mathbf{n}\, da,$$

where f and $\mathbf{g}$ are the surface potentials in Eqs. (26.4) and (26.5). LAMB's second formula is given in Sect. 71 of this article.

In conclusion we mention two interesting vorticity formulas which hold for an arbitrary continuous motion. The first is due to LAMB[2]

$$\int_{\mathscr{v}} (\Theta\mathbf{v} + \boldsymbol{\omega}\times\mathbf{v})\, dv = \oint_{\mathscr{s}} [\mathbf{v}(\mathbf{v}\cdot\mathbf{n}) - \tfrac{1}{2} q^2 \mathbf{n}]\, da, \tag{26.6}$$

---

[1] C. TRUESDELL [*26*], § 35.

[2] H. LAMB [*8*], p. 218. LAMB considered only incompressible fluids, so that the term $\Theta\mathbf{v}$ does not appear in his formula.

and the second to TRUESDELL[1]

$$\frac{d}{dt}\int_{\mathscr{V}} \boldsymbol{\omega}\, dv = \oint_{\mathscr{S}} [\mathbf{v}(\boldsymbol{\omega}\cdot\mathbf{n}) - (\mathbf{a}\times\mathbf{n})]\, da. \tag{26.7}$$

(These formulas are simple applications of the divergence theorem and identities (17.1) and (17.2)) When $\mathbf{v}=0$ on $\mathscr{s}$, or for an infinite region under conditions such that the surface integrals are negligible, these formulas become simply

$$\int_{v} (\boldsymbol{\omega}\times\mathbf{v})\, dv = 0, \qquad \frac{d}{dt}\int_{\mathscr{V}} \boldsymbol{\omega}\, dv = 0,$$

that is, the average of $\boldsymbol{\omega}\times\mathbf{v}$ is zero and the total vorticity is constant.

27. A vorticity measure. TRUESDELL[2] has pointed out that the angular velocity magnitude ω is not necessarily a good measure of the rotationally of a fluid motion. For ω, besides depending on the units chosen to measure it, certainly does not by itself indicate the relative importance of whatever rotation may be present in the motion. He has advanced good reasons for adopting as a vorticity measure the dimensionless invariant

$$\mathfrak{W} = \sqrt{\frac{\boldsymbol{\Omega}:\boldsymbol{\Omega}}{\mathbf{D}:\mathbf{D}}} = \frac{\omega}{\sqrt{2\mathbf{D}:\mathbf{D}}}. \tag{27.1}$$

Since in a non-rigid irrotational motion $\omega=0$, $\mathbf{D}\neq 0$, while in a rigid rotation $\mathbf{D}=0$, $\omega\neq 0$, we see that these cases are characterized respectively by $\mathfrak{W}=0$ and $\mathfrak{W}=\infty$. All possible motions with the exception of rigid translation are thus assigned a numerical degree of rotationality on a scale from 0 to ∞, a rigid rotation being the most rotational motion possible.

We shall now illustrate the concept of vorticity measure by computing $\mathfrak{W}$ for several well-known motions.

1. *Generalized Poiseuille motion.* This is given by

$$u = v = 0, \quad w = w(x, y), \tag{27.2}$$

in some rectangular coordinate system; Eq. (27.2) includes both pure shear flow, $w = ky$, and the laminar flow of viscous fluid down a straight pipe of uniform cross section. We find easily that $\mathfrak{W}=1$.

2. *Flow of uniform vorticity.* Consider a plane flow of incompressible fluid with uniform vorticity ω. The stream function satisfies

$$\nabla^2\psi = -\omega$$

and at fixed boundaries $\psi=$ const. If the fluid occupies a bounded vessel with fixed walls then clearly

$$\psi = \omega\,\psi^*(x, y),$$

and $\mathfrak{W}$ is independent of the vorticity of the motion, depending only on the shape of the vessel. For an elliptical vessel with semi-axes a and b we find in particular

$$\mathfrak{W} = \left|\frac{a^2+b^2}{a^2-b^2}\right|.$$

---

[1] C. TRUESDELL: Phys. Rev. (2) **73**, 510 (1948). In another paper [Canad. J. Math. **3**, 69 (1951)], TRUESDELL obtained a whole series of vorticity formulas generalizing Eq. (26.7).
[2] C. TRUESDELL: J. Rational Mech. Anal. **2**, 173 (1953).

3. Gerstner's waves. As a less trivial example, we consider the famous wave motion due to GERSTNER and attempt to assess whether its degree of rotationality is serious enough to detract from physical interest[1].

The motion is represented in the material form (3.1) by

$$x = a + \frac{1}{k}\,e^{kb}\sin k(a + ct), \qquad y = b - \frac{1}{k}\,e^{kb}\cos k(a + ct),$$

where k and c are positive constants. Here a, b serve to distinguish the individual particles, though of course they are not the same as the initial positions X, Y. We consider the motion of those particles for which $b \leq b_0$, where $b_0 = \text{const} < 0$. Since

$$J' \equiv \frac{\partial(x, y)}{\partial(a, b)} = 1 - e^{2kb} > 0$$

if $b<0$, it follows that these particles execute an admissable motion. The free surface $b = b_0$, and in fact any surface $b = \text{const}$, has the form of a trochoid of wave-length $2\pi/k$ moving with velocity c in the negative x-direction. Moreover

$$J = \frac{\partial(x, y)}{\partial(a, b)}\,\frac{\partial(a, b)}{\partial(X, Y)} = 1$$

so that the motion is possible for an incompressible fluid. The material Eqs. (6.10) can be integrated easily, giving the Bernoulli equation

$$\frac{p}{\varrho} = -g\,b + \frac{1}{2}c^2 e^{2kb} + \frac{1}{k}(g - k c^2)\,e^{kb}\cos k(a + ct) + \text{const}, \tag{27.3}$$

(we assume $\Omega = g\,y$). In order that $p = \text{const}$ on the free surface we must have

$$c^2 = g/k, \tag{27.4}$$

and Eq. (27.3) thereby reduces to

$$\frac{p}{\varrho} = -g\,b + \frac{1}{2}c^2 e^{2kb} + \text{const}.$$

This integration of Eq. (6.10) verifies that Gerstner's waves are dynamically possible *in a gravitational field.*

To compute $\mathfrak{W}$ it is necessary to determine the components of grad $\mathbf{v}$. To this end we have

$$u = \frac{dx}{dt} = c\,e^{kb}\cos\delta,$$

where $\delta = k(a + ct)$, so that

$$\frac{\partial u}{\partial x} = \frac{\partial(u, y)}{\partial(a, b)}\,\frac{\partial(a, b)}{\partial(x, y)} = -A\sin\delta, \quad (A = k\,c\,e^{kb} J'^{-1}).$$

In the same way it is found that

$$\frac{\partial u}{\partial y} = -A(\cos\delta + e^{kb}), \qquad \frac{\partial v}{\partial x} = -A(\cos\delta - e^{kb}), \qquad \frac{\partial v}{\partial y} = A\sin\delta.$$

Substitution into (27.1) then yields the remarkably simple expression

$$\mathfrak{W} = e^{kb} = 2\pi\,\frac{\text{Amplitude}}{\text{Wavelength}},$$

for the vorticity measure at any "depth" b.

[1] The following material is drawn from the paper cited above.

From this formula it is seen that $\mathfrak{W}$ is greatest at the free surface and decreases fairly rapidly with increasing depth. Also, if $\mathfrak{W}$ is to be less that 10%, say, we must have at the free surface

$$\text{Amplitude} < 1.5\% \text{ Wavelength}.$$

That is, Gerstner's waves are strongly rotational except for very small amplitudes, amplitudes indeed small enough that the linearized theory of surface waves may be employed.

28. Acceleration identities. In this section we shall obtain several kinematical identities for div **a**. Their derivation and full exploitation are due to TRUESDELL[1], though special cases have long been known.

By taking the divergence of the acceleration formula (3.5) we find, with $\Theta = \operatorname{div} \mathbf{v}$,

$$\left.\begin{aligned} \operatorname{div} \mathbf{a} &= \frac{\partial \Theta}{\partial t} + \operatorname{div}(\mathbf{v} \cdot \operatorname{grad} \mathbf{v}) \\ &= \frac{d\Theta}{dt} + v^i{}_{,j}\, v^j{}_{,i} \\ &= \frac{d\Theta}{dt} + \mathbf{D} : \mathbf{D} - \frac{1}{2}\omega^2, \end{aligned}\right\} \tag{28.1}$$

or

$$\operatorname{div} \mathbf{a} = \frac{d\Theta}{dt} + (1 - \mathfrak{W}^2)\, \mathbf{D} : \mathbf{D}. \tag{28.2}$$

Alternately, from Eq. (17.1) follows

$$\operatorname{div} \mathbf{a} = \frac{\partial \Theta}{\partial t} + \operatorname{div}(\boldsymbol{\omega} \times \mathbf{v}) + \nabla^2 \frac{1}{2} q^2. \tag{28.3}$$

Eqs. (28.1) to (28.3) are the identities mentioned above.

Now it is known that any vector field may be written as the sum of a gradient and a curl ([*48*], p. 186), whence in particular

$$\mathbf{a} = -\operatorname{grad} \varphi^* + \operatorname{curl} \boldsymbol{\pi}^*. \tag{28.4}$$

For a barotropic flow, of course,

$$\varphi^* = \int \frac{dp}{\varrho} + \Omega, \qquad \boldsymbol{\pi}^* = 0, \tag{28.5}$$

while for an incompressible viscous fluid obeying the Navier-Stokes equation (68.2)

$$\varphi^* = \frac{p}{\varrho} + \Omega, \qquad \boldsymbol{\pi}^* = -\nu\, \boldsymbol{\omega}. \tag{28.6}$$

Regardless of the dynamical situation, however, inserting Eq. (28.4) into Eqs. (28.2) and (28.3) yields the following Poisson equations for the acceleration potential φ^*:

$$\nabla^2 \varphi^* = -\frac{d\Theta}{dt} + (\mathfrak{W}^2 - 1)\, \mathbf{D} : \mathbf{D}, \tag{28.7}$$

and

$$\nabla^2 \left(\varphi^* + \frac{1}{2} q^2\right) = -\frac{\partial \Theta}{\partial t} + \operatorname{div}(\mathbf{v} \times \boldsymbol{\omega}). \tag{28.8}$$

The second of these equations may be considered a Bernoulli equation, for it gives an expression for $\varphi^* + \frac{1}{2} q^2$ in terms of other flow quantities. Eqs. (28.7)

[1] C. TRUESDELL: J. Rational Mech. Anal. **2**, 173 (1953).

and (28.8) were first obtained by TRUESDELL, although special cases had early been given by BOBYLEFF[1] and ROWLAND[2].

For applications to fluid dynamics we confine our remarks to the case $\varrho =$ const. First, for irrotational motion from Eqs. (28.2) and (28.3) follows

$$\nabla^2 \tfrac{1}{2} q^2 = \mathbf{D} : \mathbf{D} \geqq 0,$$

whence $\mathbf{v}$ must take its maximum value on the boundary, a result derived in Sect. 23 by a different method. Secondly, consider the dynamical situations represented by Eqs. (28.5) and (28.6). In either of these cases (since $\Theta = 0$) we can write Eq. (28.7) in the following form, known as the *pressure equation*,

$$\nabla^2 \left(\frac{p}{\varrho} + \Omega \right) = (\mathfrak{W}^2 - 1)\, \mathbf{D} : \mathbf{D}. \tag{28.9}$$

It follows that *given a flow of an incompressible fluid, whether viscous or not, subject to conservative extraneous force, then*

1. *In a region where* $\mathfrak{W} \geqq 1$ *the greatest value of* $p + \varrho\Omega$ *occurs on the boundary, while*

2. *In a region where* $\mathfrak{W} \leqq 1$ *the least value of* $p + \varrho\Omega$ *must occur on the boundary; in case* $\Delta^2 \Omega = 0$, *as for example in any gravitational field, or when there is no extraneous force,* $p + \varrho\Omega$ *may be replaced in these statements by the pressure alone.* Statement 2 includes, in particular, irrotational motion.

29. The transformations of WEBER and CLEBSCH. We conclude this chapter with a brief discussion of two celebrated transformations of the equations of motion for barotropic flow of a perfect fluid. Although rather little has come of these transformations, it is nevertheless of interest to set them down in a more modern style than that usually employed, and thus to make them more readily accessible to the reader.

We obtain first the transformation of Weber. To begin with we have the obvious identity

$$\operatorname{Grad} \mathbf{x} \cdot \mathbf{a} = \frac{d}{dt} (\operatorname{Grad} \mathbf{x} \cdot \mathbf{v}) - \operatorname{Grad} \frac{1}{2} q^2,$$

[note the similarity to the Lagrange formula (14.4)!]. Then from the dynamical expression (16.5) for acceleration follows

$$\frac{d}{dt} (\operatorname{Grad} \mathbf{x} \cdot \mathbf{v}) = - \operatorname{Grad} \left(\int \frac{dp}{\varrho} + \Omega - \frac{1}{2} q^2 \right).$$

Integrating this from 0 to t, setting

$$\Psi = \int_0^t \left[\int \frac{dp}{\varrho} + \Omega - \frac{1}{2} q^2 \right] dt,$$

and letting $\mathbf{v}_0$ denote the velocity field at $t = 0$, we obtain

$$\operatorname{Grad} \mathbf{x} \cdot \mathbf{v} - \mathbf{v}_0 = - \operatorname{Grad} \Psi, \tag{29.1}$$

which is *Weber's transformation*[3]. If desired, (29.1) can be used as an alternate form of the material equations of motion.

---

[1] D. BOBYLEFF: Math. Ann. **6**, 72 (1873).

[2] H. ROWLAND: Amer. J. Math. **3**, 226 (1880). Other writers who have introduced similar equations are LICHTENSTEIN [*9*], p. 409; HAMEL: Mh. Math. Phys. **43**, 345 (1936); and LAGALLY: Z. angew. Math. Mech. **17**, 80 (1937).

[3] H. WEBER: J. reine angew. Math. **68**, 286 (1868).

Building on the transformation of Weber it is not too difficult to obtain Clebsch's transformation[1]. Let us observe first that (locally, at least) the velocity field may always be expressed in the form[2]

$$\mathbf{v} = \operatorname{grad} \varphi + f \operatorname{grad} g. \tag{29.2}$$

But then $\boldsymbol{\omega} = \operatorname{grad} f \times \operatorname{grad} g$, so that the surfaces $f = \text{const}$ and $g = \text{const}$ are vortex-surfaces. Since vortex-surfaces are known to move with the fluid, this suggests that the representation (29.2) can be obtained in such a way that the surfaces $f = \text{const}$ and $g = \text{const}$ move with the fluid, that is, so that

$$\frac{df}{dt} = 0, \qquad \frac{dg}{dt} = 0. \tag{29.3}$$

Clebsch's transformation consists in the assertion that this is indeed possible.

For let $\mathbf{v}_0 = \operatorname{Grad} \varphi_0 + f \operatorname{Grad} g$, where φ_0, f, and g are functions of $\mathbf{X}$ alone. If we insert this expression for $\mathbf{v}_0$ into Eq. (29.1) and multiply both sides by $\operatorname{grad} \mathbf{X}$, there results

$$\mathbf{v} - \operatorname{grad} \varphi_0 = f \operatorname{grad} g = - \operatorname{grad} \Psi,$$

or

$$\mathbf{v} = \operatorname{grad} \varphi + f \operatorname{grad} g,$$

where $\varphi = \varphi_0 - \Psi$, and f and g satisfy Eq. (29.3).

CLEBSCH showed even more however, namely that the equation of motion (16.5) can be integrated when $\mathbf{v}$ is expressed in the form (29.2), (29.3). To see this, we have from a straightforward calculation beginning with the identity (15.8),

$$\begin{aligned} \mathbf{a} &= \operatorname{grad}\left(\frac{d\varphi}{dt} - \frac{1}{2} q^2\right) + \frac{df}{dt} \operatorname{grad} g + f \operatorname{grad} \frac{dg}{dt} \\ &= \operatorname{grad}\left(\frac{d\varphi}{dt} - \frac{1}{2} q^2\right) = \operatorname{grad}\left(\frac{1}{2} q^2 + \frac{\partial \varphi}{\partial t} + f \frac{\partial g}{\partial t}\right). \end{aligned}$$

Combining this with Eq. (16.5) gives at once

$$\frac{1}{2} q^2 + \int \frac{dp}{\varrho} + \Omega = - \frac{\partial \varphi}{\partial t} - f \frac{\partial g}{\partial t}, \tag{29.4}$$

where we have absorbed into φ an unimportant function of time. CLEBSCH'S Eq. (29.4) may be looked upon as a Bernoullian theorem, but unlike the earlier forms it depends neither on the assumption of steady motion nor on irrotationality. Finally, note that Eqs. (29.3) and (29.4) constitute three equations in the unknowns φ, f, g and ϱ, provided p and $\mathbf{v}$ are eliminated by means of Eqs. (16.4) and (29.2). A fourth relation is furnished by the equation of continuity[3].

A part of the apparent simplicity of Clebsch's transformation is illusory, since in steady motion the functions φ, f, and g will generally not be time independent.

If conditions (29.3) are not imposed on f and g then instead of (29.4) there arises

$$\frac{dg}{dt} \operatorname{grad} f - \frac{df}{dt} \operatorname{grad} g = \operatorname{grad} \mathfrak{H},$$

---

[1] A. CLEBSCH: J. reine angew. Math. **54**, 293 (1857); **56**, 1 (1859). These papers are not particularly easy reading: we follow here essentially the presentation of LAMB [*8*], § 167.

[2] H. B. PHILLIPS [*48*], § 49.

[3] CLEBSCH noted that this system of equations is equivalent to a certain variational problem. A more general form of the same variational problem was discovered independently by HERIVEL and LIN, cf. Sect. 15.

where

$$\mathfrak{H} = \frac{1}{2} q^2 + \int \frac{dp}{\varrho} + \Omega + \frac{\partial \varphi}{\partial t} + f \frac{\partial g}{\partial t}. \tag{29.5}$$

Hence $\mathfrak{H} = \mathfrak{H}(f, g, t)$, and

$$\frac{dg}{dt} = \frac{\partial \mathfrak{H}}{\partial f}, \qquad \frac{df}{dt} = -\frac{\partial \mathfrak{H}}{\partial g}, \tag{29.6}$$

formally reminiscent of HAMILTON'S canonical equations. Clebsch's transformation is the special case $\mathfrak{H} = 0$ of Eqs. (29.5) and (29.6). It is interesting to consider Eqs. (29.5) and (29.6) when the motion is steady and when f and g satisfy not Eq. (29.3) but rather

$$\frac{\partial f}{\partial t} = \frac{\partial g}{\partial t} = 0.$$

Then $\mathfrak{H}$ no longer depends explicitly on t, and we find

$$\frac{d\mathfrak{H}}{dt} = \frac{\partial \mathfrak{H}}{\partial f} \frac{df}{dt} + \frac{\partial \mathfrak{H}}{\partial g} \frac{dg}{dt} = 0, \tag{29.7}$$

as in a well known proof of the conservation of energy in Hamiltonian dynamics. Evidently, Eq. (29.7) is equivalent to a Bernoulli theorem of Sect. 17. This surprising analogy between Clebsch's transformation and Hamiltonian dynamics may have its roots in the variational principles of Sect. 15.

29 A. Appendix: generalized Weber and Clebsch transformations. We consider here an extension of the results of Sect. 29 to apply to a general gas. The necessary thermodynamical background will be found in the following chapter, Sects. 30, 35.

To generalize the Weber transformation, we follow exactly the procedure leading to Eq. (29.1), observing, however, that Eq. (16.5) must now be replaced by

$$\mathbf{a} = T \operatorname{grad} S - \operatorname{grad}(I + \Omega), \qquad \frac{dS}{dt} = 0, \tag{29.8}$$

where I is the specific enthalpy, $I = E + p/\varrho$; (this follows in virtue of the identity $\varrho^{-1} \operatorname{grad} p = T \operatorname{grad} S - \operatorname{grad} I$). The end result is that Eq. (29.1) is replaced by

$$\operatorname{Grad} \mathbf{x} \cdot \mathbf{v} - \mathbf{v}_0 = \beta \operatorname{Grad} S - \operatorname{Grad} \Psi \tag{29.9}$$

where

$$\frac{d\beta}{dt} = T, \qquad \frac{d\Psi}{dt} = I + \Omega - \frac{1}{2} q^2. \tag{29.10}$$

Eq. (29.9) is a generalization of the Weber transformation and can be used as an alternate form of the material equations of motion.

Eqs. (29.9) and (29.10) have an immediate and important application to the Eulerian variational principle of Sect. 15. Specifically, if we multiply both sides of Eq. (29.9) by Grad $\mathbf{X}$ there results

$$\mathbf{v} = -\operatorname{grad} \Psi + \beta \operatorname{grad} S + \operatorname{grad} \mathbf{X} \cdot \mathbf{v}_0. \tag{29.11}$$

Eqs. (29.10) and (29.11), together with the obvious condition $d\mathbf{v}_0/dt = 0$, are (with minor changes in notation) just the Euler equations of the variational principle (15.5), (15.6). This proves that every flow is an extremal for this principle, as asserted in Sect. 15.

A generalization of the Clebsch transformation can also be obtained without difficulty, though we leave its derivation and formal statement to the reader.

D. Thermodynamics and the energy equation.

I. Thermodynamics of simple media.

Except in the simple situations considered in the previous chapter, the number of unknown quantities in the equations derived in Part B is greater than the number of equations, so that these equations are not in themselves sufficient for a complete description of fluid motion. This situation is remedied by the introduction of a *total energy equation* based on the principles of classical thermodynamics, and later by the use of certain constitutive equations. In the present chapter we take up the derivation of the total energy equation, beginning with a brief outline (Sects. 30 to 32) of those parts of classical thermodynamics which are relevant. We consider, in particular, the fundamental laws governing the behavior of a thermodynamic system whose phases have constant mass and are of fixed constitution. Before taking up the details we should point out that it is not our purpose, nor is it within the scope of this article, to present any physical justification for the logical structure of thermodynamics. Suffice it to say that such justification lies in laws of CLAUSIUS and KELVIN, in the results of kinetic theory and statistical mechanics, and perhaps most strongly in the success of the ideas in explaining observed fact[1].

30. The one-phase system. The simplest thermodynamic system which can be considered consists of a single homogeneous medium. The structure of such a one-phase system underlies all of the hydrodynamics of compressible fluids, and its mathematical description is therefore an appropriate starting point for our discussion. A single phase is described by certain *state variables*, the most important being the volume V, the entropy S, the internal energy E, the pressure p, and the absolute temperature T. The *structure* of the phase is specified by certain functional relations among the state variables.

A particularly elegant formulation of these relations is that of GIBBS, in which the fundamental state equation is some *definite* relation

$$E = E(S, V),$$

and the variables p, T are *defined* by

$$p = -\frac{\partial E}{\partial V}, \qquad T = \frac{\partial E}{\partial S};$$

it is assumed, of course, that both p and T are greater than zero. The various relations among E, S, V, T, and p which may be derived from these formulae are known as *equations of state*. It is evident that, in general, fixing any two

[1] It is hard to refer the reader to a perfectly rigorous treatment of the foundations of thermodynamics. One of the best elementary presentations is that of PHILLIPS, reproduced in KEENAN'S *Thermodynamics* [*33*], Chap. 8. Chaps. 1—3, 6—7, and 19—24 of this book are also recommended. On a higher level, the method of CARATHÉODORY is extremely elegant [Math. Ann. **67**, 355 (1909); Sitzgsber. Akad. Wiss. Berlin, Math.-phys. Kl. 39 (1935); Handbuch der Physik, Vol. 9, Chap. 4, 1926]; but just as in the elementary treatments, CARATHÉODORY'S method is so far not developed in sufficient generality to cover irreversible processes; see for example, B. LEAF, J. Chem. Phys. **12**, 89 (1944), especially p. 94. The modern viewpoint, in fact, seems to be that the thermodynamics of irreversible processes must be handled on an abstract postulated basis, independent of any derivation from presumably more basic assumptions; cf. S.R. DE GROOT: *Thermodynamics of Irreversible Processes*. New York 1951; K.G. DENBIGH: *The Thermodynamics of the Steady State*. London 1951.

The standard treatise on the kinetic theory of gases is that of CHAPMAN & COWLING [*30*].

of the state variables determines the remaining ones[1]. By forming the total differential of the relation $E=E(S, V)$ we obtain the basic formula

$$T\,dS = dE + p\,dV, \tag{30.1}$$

relating the state variables.

In the special case $E=E(S)$, the pressure can no longer be considered a thermodynamic variable, and the prime Eq. (30.1) must be altered to read simply $T\,dS=dE$. These fundamental differences require special treatment in the following work, though for brevity we shall leave the necessary changes to the reader: from here on, *we shall deal exclusively with the normal case* $(\partial E/\partial V)_S<0$.

In a moment we shall consider the ideal gas as a specific example, but first we recall certain general results which apply to an arbitrary phase. A single phase system is said to undergo a *differentiable process* if its state variables are differentiable functions of time, e.g. $V=V(t)$, $T=T(t)$, etc. If the phase moves reversibly, that is, if it is in a state of equilibrium with its surroundings at each instant, then the heat $Q(t)$ supplied to the phase during the process is given by

$$dQ = dE + p\,dV;$$

(cf. Sect. 32). A phase has two important *heat capacities*[2]

$$c_v = \left(\frac{dQ}{dT}\right)_V \quad \text{and} \quad c_p = \left(\frac{dQ}{dT}\right)_p.$$

Since $c_v=T(\partial S/\partial T)_V$ and $c_p=T(\partial S/\partial T)_p$, it follows that both heat capacities are state variables. It is always found experimentally that

$$c_p > c_v > 0, \tag{30.2}$$

and we shall therefore take Eq. (30.2) as an additional postulate governing the makeup of a single phase.

Several theoretical relations will be needed later, including the well-known formulas

$$\left(\frac{\partial E}{\partial V}\right)_T = T\left(\frac{\partial p}{\partial T}\right)_V - p, \tag{30.3}$$

$$c_p - c_v = T\left(\frac{\partial p}{\partial T}\right)_V\left(\frac{\partial V}{\partial T}\right)_p, \tag{30.4}$$

proved in almost every work on thermodynamics. In addition, we have

$$\left(\frac{\partial p}{\partial T}\right)_V = \frac{\partial(p, V)}{\partial(T, V)} = \frac{\partial(p, V)}{\partial(p, T)}\,\frac{\partial(p, T)}{\partial(T, V)} = -\left(\frac{\partial V}{\partial T}\right)_p\left(\frac{\partial p}{\partial V}\right)_T, \tag{30.5}$$

and by a similar manipulation,

$$\frac{c_p}{c_v} = \left(\frac{\partial p}{\partial V}\right)_S \Big/ \left(\frac{\partial p}{\partial V}\right)_T. \tag{30.6}$$

From Eqs. (30.4) to (30.6) and the hypothesis (30.2) one easily deduces that

$$\left(\frac{\partial p}{\partial V}\right)_S < \left(\frac{\partial p}{\partial V}\right)_T < 0. \tag{30.7}$$

In Sect. 37 we shall introduce a final thermodynamic assumption, but until then the foregoing results will serve all our purposes.

---

[1] We shall usually use either (S, V) or (p, V) as basic variables; in the latter case one must generally restrict consideration to a subset of states for which p and V uniquely determine the state.

[2] If the phase is of unit mass, the heat capacities are called specific heats.

Though it is not our intention to treat multi-component phases in this article (since they can hardly be considered a branch of classical fluid mechanics), nevertheless it will be of some values to point out the changes necessary in the above formulation when such situations are included. In particular, the fundamental equation of state takes the more general form

$$E = E(S, V, M_i), \tag{30.8}$$

where the state variable M_i denotes the amount of the i-th substance in the phase, $i = 1, \ldots, \beta$. Since increasing the amounts M_i in uniform proportion does not alter the constitution of the phase, it is clear that E must be homogeneous of degree 1 in the M_i. With temperature and pressure defined as before, the prime Eq. (30.1) becomes

$$T\,dS = dE + p\,dV + \mu_i\,dM_i$$

where $\mu_i = -\partial E/\partial M_i$. The definition of $Q(t)$ in a differentiable process is the same as before, and formulas (30.2) to (30.7) continue to hold, it being understood that the partial derivative are to be evaluated at fixed M_i.

31. The ideal gas. It is found that many real gases (including air) have an equation of state more or less closely approximated by

$$p\,V = R\,T, \tag{31.1}$$

where R is a positive constant. Simple considerations of kinetic theory indicate, moreover, that Eq. (31.1) is theoretically natural. Thus although no real material satisfies Eq. (31.1) exactly, it is extremely useful to study the behavior of a hypothetical material, called the ideal gas[1], which obeys Eq. (31.1).

Relations involving other state variables of an ideal gas are readily obtained by using Eqs. (30.3) and (30.4). In particular we find

$$\left(\frac{dE}{dV}\right)_T = 0, \qquad c_p - c_v = R.$$

It follows that $E = E(T)$, and since $c_v = (\partial E/\partial T)_V$, also $c_v = c_v(T)$. In the case of monatomic real gases, it is found that c_v is nearly constant over a large temperature range, although it is not safe to extrapolate to extremely low temperatures. In the case of polyatomic gases, c_v cannot be taken constant except for a limited range of temperatures on both sides of room temperature. This is because at low temperatures the rotational motions of the molecules require less energy, while at high temperatures, molecular vibrations come into play. In view of this situation, even for an ideal gas it is usual to retain the expression for internal energy in the form

$$E = \int c_v\,dT.$$

For a monatomic ideal gas, kinetic theory predicts $c_v = \frac{3}{2}R$, while for a diatomic gas, at temperatures where rotational but not vibrational effects are important, the result is $c_v = \frac{5}{2}R$. For these values of c_v the ratio $\gamma = c_p/c_v$ assumes the values $\frac{5}{3}$ and $\frac{7}{5}$, respectively. For air at moderate temperatures it is found that $\gamma = 1.40$, in agreement with the theoretical value for a diatomic gas. This value is presumably also accurate at high temperatures when they are not sustained long enough for the vibrational energy to be appreciably excited. It may be added finally that air at high pressures departs considerably from the type of behavior discussed here[2].

[1] The terminology "perfect gas" is also in common use, but it seems preferable to reserve the word "perfect" to denote absence of viscosity.

[2] Concerning the behavior of real gases, and air in particular, the reader may consult BATEMAN [2], pp. 504—512; S. GOLDSTEIN: Aero, Res. Comm. R & M No. 2337 (1946); and Vol. XII of this Handbuch.

A formula for the entropy of an ideal gas may be obtained by integrating Eq. (30.1), thus

$$S = \int c_v \frac{dT}{T} + R \log V.$$

When c_v is constant this reduces to $S = c_v \log p V^\gamma + \text{const}$, which may in turn be solved for p, giving

$$p = e^{S/c_v} V^{-\gamma}, \qquad \gamma = \text{const} > 1. \tag{31.2}$$

In Eq. (31.2) a constant of integration is avoided by choosing the zero point of entropy at $p = V = 1$.

32. The laws of thermodynamics. Consider a set of m phases of the type described in Sect. 30, which interact mechanically and thermally but which maintain their identity throughout any process. Let the phases of the system be indexed by a subscript α, $\alpha = 1, \ldots, m$. Then the state of the system is described by the variables V_α, T_α, S_α, E_α and p_α. The entropy, volume, and internal energy of the system are defined by

$$\mathfrak{S} = \sum_\alpha S_\alpha, \qquad \mathfrak{V} = \sum_\alpha V_\alpha, \qquad \mathfrak{E} = \sum_\alpha E_\alpha.$$

Now imagine the system to undergo some process in which it passes from one state to another. During the process let the amount of work done by the system be $\mathfrak{W}$ and let an amount of heat Q^e_α be supplied to the phase α *from sources external to the system.* We define $\mathfrak{Q}^e = \sum_\alpha Q^e_\alpha$, that is, $\mathfrak{Q}^e$ is the total external heat supplied to the system. Then *the first law of thermodynamics* states that

$$\mathfrak{Q}^e = \Delta\,\mathfrak{E} + \mathfrak{W}, \tag{32.1}$$

where $\Delta\,\mathfrak{E}$ is the increment of internal energy of the system. Now consider a a differentiable process proceeding through a set of well-defined states, i.e. $V_\alpha = V_\alpha(t)$, $Q^e_\alpha = Q^e_\alpha(t)$, $\mathfrak{W} = \mathfrak{W}(t)$, etc. In this case Eq. (32.1) reduces to the special form

$$d\mathfrak{Q}^e = d\mathfrak{E} + d\mathfrak{W}. \tag{32.2}$$

For a single phase it is usual to write dQ instead of $d\mathfrak{Q}^e$. If the phase is in equilibrium with its surroundings, then the work done during a process is given by $d\mathfrak{W} = p\,dV$ ([*31*], Chap. 2). It follows that the heat supplied to a single phase during a reversible process is given by

$$dQ = dE + p\,dV.$$

This result has already been noted in Sect. 30.

The second law of thermodynamics has no complete formulation for arbitrary processes, but the following statement is sufficient for our purposes: *in a differentiable process the state functions and the heats supplied to the individual phases obey the inequality*

$$d\mathfrak{S} \geqq \sum_\alpha \frac{dQ^e_\alpha}{T_\alpha}. \tag{32.3}$$

In a process of any sort for which $Q^e_\alpha = 0$, the entropy must increase.

A process is called spontaneous if the inequality sign in Eq. (32.3) occurs; if the state variables are such that no spontaneous process is available, then the system is in equilibrium. As an example of the second law, consider a process conducted at a uniform temperature over all the phases, that is, $T_1 = T_2 = \cdots = T_m = T(t)$. Then Eq. (32.3) reduces simply to $T\,d\mathfrak{S} = d\mathfrak{Q}^e$, or, in integral form

$$\Delta\mathfrak{S} = \mathfrak{S}_2 - \mathfrak{S}_1 \geq \int_1^2 \frac{d\mathfrak{Q}^e}{T}. \tag{32.4}$$

It is this equation which is usually given in textbooks.

Although we shall not need the result in the sequel, it is instructive to determine the equilibrium conditions for a thermally and mechanically isolated system of fixed volume $\mathfrak{V}$. For this case $d\,Q^e_\alpha = d\mathfrak{W} = 0$, hence by the first law $d\mathfrak{E} = 0$. Also since $\mathfrak{V}$ is fixed we have $d\mathfrak{V} = 0$. Now it is clear that spontaneous processes will be available to the system unless $d\mathfrak{S} = 0$ for all differential changes of state satisfying the constraints $d\mathfrak{E} = d\mathfrak{V} = 0$. A simple examination of the situation shows, however, that we can always make $d\mathfrak{S} \neq 0$ unless T_α and p_α are uniform over the system. We conclude that equilibrium is characterized by constant temperature and pressure throughout the system. This result, although certainly anticipated, is nevertheless important in showing that the second law is compatible with familiar observations. Notice finally that at equilibrium in this example we have

$$T\,d^2\mathfrak{S} = \sum_\alpha \left(\frac{\partial p}{\partial V}\right)_T (dV_\alpha)^2 - \left(\frac{\partial S}{\partial T}\right)_V (dT_\alpha)^2,$$

whence by Eqs. (30.2) and (30.7) every small change in state results in a decrease in total entropy; in other words, the equilibrium is stable. This result may be taken as the theoretical basis for the postulate (30.2).

Another point of contact with the standard presentation of thermodynamics may be made here. For an arbitrary process conducted between temperatures T_1 and T_2 the heat capacity c is defined as

$$c = \frac{\mathfrak{Q}^e}{\Delta T}.$$

When the process is locally reversible and conducted so that at each instant the temperature is uniform throughout the system, this becomes

$$c = \frac{d\mathfrak{Q}^e}{dT} \leq T\frac{d\mathfrak{S}}{dT} = \sum_\alpha \frac{dQ_\alpha}{dT},$$

that is, *the total heat capacity of a multi-phase system can be no larger than the sum of the heat capacities of the individual phases.*

II. The energy equation.

33. Conservation of energy. As pointed out at the beginning of this chapter, it is necessary to augment the equations of motion with a total energy equation[1]. We define the *total energy* of a volume $\mathscr{V}$ as the sum of its kinetic energy $\mathfrak{T}$ and its internal energy $\mathfrak{E}$, where

$$\mathfrak{T} = \tfrac{1}{2}\int \varrho\, q^2\, dv, \quad \mathfrak{E} = \int \varrho\, E\, dv$$

[1] In the following discussion we are concerned only with homogeneous, chemically inert fluids. More general situations involving diffusion, chemical reactions, etc., are beyond the scope of this article. In this respect, the reader should consult the beautiful paper of C. TRUESDELL, *Sulle basi della termomeccanica* [Rend. Accad. naz. Lincei (8) **22**, 33–38, 158–166 (1957)], where for the first time these difficult topics are included in a rational and connected theory.

and E is the specific internal energy. The thermodynamical interpretation of E must naturally be somewhat different for compressible and incompressible fluids, and accordingly these cases are discussed separately. *For a compressible fluid we assume that E is a thermodynamic state variable satisfying the relation*

$$T\,dS = dE + p\,d\tau, \qquad \tau = 1/\varrho, \tag{33.1}$$

where T is the absolute temperature, S the specific entropy, p the pressure, and τ the specific volume (see Sect. 30). It should be noticed that this postulate *defines* fluid pressure as a thermodynamical variable; therefore, in general, $p = f(\varrho, S)$.

For an incompressible fluid we assume instead of Eq. (33.1) the simpler relation

$$T\,dS = dE, \qquad \varrho \equiv \text{const.} \tag{33.2}$$

It follows from Eqs. (33.2) that $E = E(S)$ and $T = dE/dS$. Consequently, pressure does not enter into the thermodynamical treatment of an incompressible fluid, it being, in fact, an entirely separate matter.

The principles stated above are by no means trivial or obvious when it is considered that they are intended to apply to fluids in all possible states of motion. In justification we offer firstly the relative simplicity and naturalness of Eq. (33.1), secondly, the kinetic theory, where it is shown that the same results are obtained, at least for simple enough molecular models, and, finally, the fact that a substantial body of experimental evidence exists which in no way contradicts the consequences which can be deduced from our assumptions. This last reason perhaps must be regarded as the ultimate justification. As GILBARG remarks[1], "equations have often been successful beyond the limits of their original derivation, and indeed this type of success is one of the hallmarks of a great theory".

With the fundamental assumptions of the preceding paragraphs understood, *we postulate that total energy is conserved*, i.e.

$$\frac{d}{dt}(\mathfrak{T} + \mathfrak{E}) = \int\limits_{\mathscr{V}} \varrho\,\mathbf{f}\cdot\mathbf{v}\,dv + \oint\limits_{\mathscr{S}} \mathbf{t}\cdot\mathbf{v}\,da - \oint\limits_{\mathscr{S}} \mathbf{q}\cdot\mathbf{n}\,da. \tag{33.3}$$

This equation states that the rate of change of the total energy of a materia volume is equal to the rate at which work is being done on the volume plus the rate at which heat is conducted into the volume. The heat flux vector $\mathbf{q}$ has the dimensions energy per unit area per unit time $= \mathsf{MT}^{-3}$. Its relation to other mechanical and thermodynamical variables must later be specified according to the particular medium under consideration. By comparing Eqs. (9.1) and (33.3) and making use of standard arguments we obtain the *total energy equation*[2]

$$\varrho \frac{dE}{dt} = \mathbf{T}\!:\!\mathbf{D} - \operatorname{div}\mathbf{q}. \tag{33.4}$$

According to TRUESDELL[3] this equation should be attributed to C. NEUMANN.

Eq. (33.3) corresponds to the first law of thermodynamics. In analogy with the second law we postulate the inequality

$$\frac{d}{dt}\int\limits_{\mathscr{V}} \varrho\,S\,dv \geqq -\oint\limits_{\mathscr{S}} \frac{\mathbf{q}\cdot\mathbf{n}}{T}\,da. \tag{33.5}$$

[1] D. GILBARG and D. PAOLUCCI: J. Rational Mech. Anal. **2**, 618 (1953).

[2] Occasionally a term R is added to the right of (33.3) to account for various other types of energy sources in the fluid, such as those resulting from chemical reaction, radiation, etc.

[3] C. TRUESDELL: J. Rational Mech. Anal. **1**, 160 (1952).

It may be worthwhile to mention here that the results of this section complete the set of general dynamical principles on which continuum mechanics is based. Further progress is based on particular assumptions as to the form of the stress tensor, the heat flux vector, and the equation of state relating the thermodynamical variables.

34. Thermodynamics of deformation. For a perfect fluid, the pressure has already appeared as a dynamic variable in Eq. (6.9). Characteristic of the discipline of gas dynamics is the postulate that the thermodynamic pressure introduced in the preceding section is equal to this dynamic pressure. Thus for a perfect fluid we have the general stress formula $\mathbf{T} = -p\mathbf{I}$, in which p is the thermodynamic pressure in case the fluid is *compressible*, while p is simply an independent dynamical variable otherwise.

More generally, when tangential stresses may not be neglected, we write $\mathbf{T}$ in the form

$$\mathbf{T} = -p\mathbf{I} + \mathbf{V}, \quad (\text{defining } \mathbf{V}), \tag{34.1}$$

where, for a compressible fluid, p is the thermodynamical pressure, and for an incompressible fluid, p is a primitive unknown which will later be specified in a convenient way (Sect. 60). So as to treat all cases on the same footing, we consider perfect fluids to be the special case $\mathbf{V} \equiv 0$ of Eq. (34.1). Then substituting (34.1) into Eq. (33.4) leads to

$$\varrho \frac{dE}{dt} + p \operatorname{div} \mathbf{v} = \Phi - \operatorname{div} \mathbf{q}, \tag{34.2}$$

where $\Phi = \mathbf{V} : \mathbf{D}$. By use of the equation of continuity and Eq. (33.1) or Eq. (33.2) depending on whether the fluid is compressible or not, Eq. (34.2) reduces to the elegant result

$$\varrho T \frac{dS}{dt} = \Phi - \operatorname{div} \mathbf{q}, \tag{34.3}$$

expressing the rate of change of entropy following a particle. Now the heat absorbed per unit mass of fluid is given by $dQ = TdS$, whence by Eq. (34.3) the rate per unit volume at which heat is absorbed is $\Phi - \operatorname{div}\mathbf{q}$. Since the second term represents the conduction of heat from neighboring fluid elements, it follows that Φ is the rate per unit volume at which heat is generated by the deformation of fluid elements. This heat must of course appear at the expense of mechanical energy, and Φ is accordingly called the *dissipation funktion*.

If we divide Eq. (34.3) by T and integrate over a volume moving with the fluid, there arises

$$\frac{d}{dt} \int_{\mathscr{V}} \varrho S \, dv = \int_{\mathscr{V}} \left[\frac{\Phi}{T} - \frac{\mathbf{q} \cdot \operatorname{grad} T}{T^2} \right] dv - \oint_{\mathscr{S}} \frac{\mathbf{q} \cdot \mathbf{n}}{T} \, da.$$

In order for this to be consistent with Eq. (33.5), it is necessary that

$$\Phi - \mathbf{q} \cdot \operatorname{grad} T / T \geqq 0.$$

This condition is most obviously satisfied if the stress and heat flux vectors satisfy the inequalities

$$\Phi \geqq 0, \qquad \mathbf{q} \cdot \operatorname{grad} T \leqq 0. \tag{34.4}$$

These conditions are the mathematical statements of two familiar facts: heat never flows against a temperature gradient, and, deformation absorbs energy (converting it to heat), but never releases it. Conversely, if we start with Ineqs. (34.4) we may *derive* Ineq. (33.5): thus the latter inequality is a direct consequence of simple physical observations.

In the subject of irreversible thermodynamics, one of the basic postulates is known as the "linear law"[1]. Its validity is certainly open to question, but at least it is worthwhile to examine its consequence in the present case. Stated roughly, it says that a thermodynamical system will tend to equilibrium at a rate linearly dependent on its displacement from equilibrium. In our case, this displacement is measured by **D** and grad T, hence **V** and **q** should be linear functions of **D** and grad T. By virtue of the tensorial difference of these various quantities it follows that

$$\mathbf{V} = \text{linear function of } \mathbf{D},$$

$$\mathbf{q} = \text{linear function of grad } T.$$

The first of these leads to the Cauchy-Poisson law of viscosity, while the second is the well-known law of Newton and Fourier. These considerations must be regarded as merely heuristic, however, and by no means provide an adequate derivation of the constitutive equations of a fluid.

E. The perfect gas.

I. General principles.

35. Preliminary discussion. The dynamical equations governing the motion of a perfect fluid have been derived in Part B; they are

$$\frac{d\varrho}{dt} + \varrho \operatorname{div} \mathbf{v} = 0, \tag{35.1}$$

and

$$\varrho \frac{d\mathbf{v}}{dt} = \varrho \mathbf{f} - \operatorname{grad} p. \tag{35.2}$$

To these is to be added the energy equation (34.3) of Part D. Since tangential stresses are neglected in the definition of a perfect fluid, it is logical to suppose in addition that $\mathbf{q} = 0$. [Indeed, according to kinetic theory viscosity and heat conduction arise from similar mechanisms (molecular impact), and are of the same order of magnitude; thus if one is to be neglected, we should also neglect the other.] Accordingly we set $\Phi = 0$ and $\mathbf{q} = 0$ in Eq. (34.3), which then becomes simply

$$\frac{dS}{dt} = 0. \tag{35.3}$$

The system of equations (35.1) to (35.3) is completed by a thermodynamical equation of state relating p, ϱ and S, namely

$$p = f(\varrho, S). \tag{35.4}$$

When the fluid is an ideal gas with constant specific heats, Eq. (35.4) has the particular form

$$p = e^{S/c_v} \varrho^{\gamma}, \qquad \gamma = \text{const} > 1. \tag{35.5}$$

Ordinarily, however, we shall not specify the form of Eq. (35.4) beyond requiring that it be compatible with the general thermodynamic considerations of Sect. 30.

[1] Cf. L. ONSAGER: Phys. Rev. **37**, 405 (1931); **38**, 2265 (1931); an outline version of the results will be found in an article of C.F. CURTISS [*35*].

By Eq. (30.7) this involves the condition $(\partial p/\partial \varrho)_S > 0$, thus allowing us to *define* the thermodynamic variable c,

$$c = \sqrt{\left(\frac{\partial p}{\partial \varrho}\right)_S} = \sqrt{\frac{\partial f}{\partial \varrho}}. \tag{35.6}$$

In the sequel we shall call a fluid satisfying Eqs. (35.1) to (35.4) a *perfect gas.* Also, as is almost universal in dealing with the dynamics of gases, we shall neglect the effect of the external force $\mathbf{f}$ in Eq. (35.2).

Perhaps the most striking single feature of the system (35.1) to (35.4) is the propagation of pressure waves with finite velocity. This intuitive fact can be given quantitative form by the following procedure: Supposing that the pressure wave is of "small" amplitude, all flow quantities may be considered as perturbations from the rest state $\mathbf{v}=0$, $p=p_0$, $\varrho=\varrho_0$, $S=S_0$. Upon neglect of squares of small quantities, Eqs. (35.1) and (35.2) become

$$\frac{\partial \varrho}{\partial t} + \varrho_0 \operatorname{div} \mathbf{v} = 0, \qquad \varrho_0 \frac{\partial \mathbf{v}}{\partial t} = -\operatorname{grad} p.$$

Elimination of $\mathbf{v}$ between these equations yields $\nabla^2 p = \partial^2 \varrho/\partial t^2$. On the other hand, from Eqs. (35.3) and (35.4) there follows $\partial^2 p/\partial t^2 = c_0^2\, \partial^2 \varrho/\partial t^2$. The equation governing small pressure disturbances is then[1]

$$c_0^2 \nabla^2 p = \frac{\partial^2 p}{\partial t^2},$$

and according to well-known theory it follows that disturbances are propagated with the speed c_0. This semi-heuristic analysis justifies calling c the *speed of sound*[2]. Later (Sects. 51 and 54) we shall give a more rigorous approach to this topic.

It should be observed that c is not a constant, but a thermodynamic variable, depending on the state of the fluid. Indeed, for an ideal gas[3]

$$c = \sqrt{\frac{\gamma p}{\varrho}} = \sqrt{\gamma R T}, \tag{35.7}$$

where R is the gas constant for a unit mass of fluid ($=2.87 \times 10^6$ for air, and $= 83.1 \times 10^6$/molecular weight, for a pure gas, in the C.G.S. system). The accuracy of formula (35.7) can be estimated by computing c for air at 0° Centigrade (273.16° absolute). We find, using $\gamma = 1.40$ and the above value of R, that $c = 331.3$ m/sec, in remarkable agreement with the observed value. This agreement

[1] This equation goes back to EULER, Mem. Acad. Sci. Berlin (1759), (Opera Omnia (3) **1**, pp. 428–507).

[2] The first theoretical formula for the speed of sound was found by NEWTON, Principia Mathematica, Lib. II, Sect. VIII, Props. 48, 49. EULER improved upon NEWTON's argument and derived the wave equation as an alternative approach to the subject. Since the concept of adiabatic changes was not then known, the final outcome of EULER's work, like that of NEWTON, was the formula $c^2 = p/\varrho$. The reconciliation of this theory with fact is due to LAPLACE, who pointed out that the temperature as well as the pressure rises in sudden compression. LAPLACE's remark appears to have been first published in a paper of BIOT, [Bull. Soc. Phil. Paris **3**, 116 (1802)]. In this paper the temperature rise is, however, still looked upon as an empirical fact. Some years later LAPLACE explained the rise as due to the adiabatic nature of sound transmission, and so found the formula $c^2 = \gamma p/\varrho$ with γ denoting the ratio of specific heats [Ann. Chim. Phys. **3**, 238 (1816)]. The general formula $c^2 = (\partial p/\partial \varrho)_S$ is, of course, the work of a later period.

[3] This formula holds whether or not the specific heats are constant, for by Eq. (30.6)

$$\left(\frac{\partial p}{\partial \varrho}\right)_S = \gamma \left(\frac{\partial p}{\partial \varrho}\right)_T = \frac{\gamma p}{\varrho}.$$

is, in fact, important among the reasons for accepting perfect fluid theory as an accurate account of the motion of gases.

From the concept of a finite speed of sound, one arrives directly at the well-known picture of subsonic and supersonic flows. Although the distinction will occur naturally in the subsequent analysis, nevertheless it is worthwhile to examine the situation here in an avowedly heuristic manner. Consider the case of subsonic steady motion—for example, the uniform level flight of an airplane. Here a pressure signal travels forward from the plane at sound velocity minus flight velocity, relative to the plane, whereas a signal travels backward at sound velocity plus flight velocity. Every point in space is therefore reaches by a signal, provided the flight has proceeded from an infinitely remote point. By contrast, in supersonic flight it is seen that all effect is restricted to a cone proceeding backward from the nose of the plane, the angle of the cone with respect to its axis being arcsin (c/q); (this picture will have to be amended when we consider disturbances of finite amplitude, i.e. shock waves)[1].

36. Dynamical similarity. In this section it is assumed that the reader knows the usual engineering treatment of dynamical similarity, and desires instead a discussion of the fundamental mathematical principles involved. The idea of dynamical similarity, it may be remarked, is due originally to Stokes. In his paper on the motion of a pendulum in a retarding fluid medium[2], not only is the notion of dynamical similarity formulated for the first time, but there even appears the combination of flow parameters now known as the Reynolds number.

Two perfect fluid motions are said to be *dynamically similar* if they are related by equations

$$\mathbf{v} = U\,\mathbf{v}', \qquad \varrho = R\,\varrho', \qquad p = P\,p', \tag{36.1}$$

and

$$\mathbf{x} = D\mathbf{x}', \qquad t = T\,t' \tag{36.2}$$

where U, R, P, D, and T are similarity constants[3]. We shall show that these constants must be related in definite ways, or, in other words, that certain parameters must be the same for each flow[4]. Making the substitutions (36.1) and (36.2) in the equation of continuity we find

$$\frac{R}{T}\,\frac{\partial \varrho'}{\partial t'} + \frac{R\,U}{D}\,\mathrm{div}'\,(\varrho'\,\mathbf{v}') = 0.$$

Since the "primed" flow is also a solution of the equation of continuity, this implies

$$T = D/U, \tag{36.3}$$

[an exception occurs when the motion is steady, but then Eq. $(36.2)_2$ need not be considered]. With the help of Eq. (36.3) the remaining flow equations become

$$\varrho'\,\frac{d\mathbf{v}'}{dt} = -\frac{P}{R\,U^2}\,\mathrm{grad}'\,p' \quad \text{and} \quad \frac{dS}{dt'} = 0.$$

[1] An excellent introduction to the theory of compressible perfect fluids will be found in the first chapter of [*43*]. General textbooks which can be recommended are [*17*], [*19*], [*21*] and [*23*].

[2] G. Stokes: Trans. Cambridge Phil. Soc. **9**, 8 (1850). (Papers **3**, pp. 1—141.)

[3] In the usual engineering treatments of dynamical similarity both motions are reduced to the same "dimensionless" flow. We find this procedure logically less appealing than the one adopted here.

[4] The conclusion is, of course, that mere geometric similarity of two flow regions does not guarantee dynamical similarity of the flows.

From the first of these we derive simply

$$\frac{R U^2}{P} = 1. \tag{36.4}$$

Now if the equation of state of the "primed" flow is $p' = g(\varrho', S')$, then

$$f(R\varrho', S) = P g(\varrho', S'). \tag{36.5}$$

Forming the material derivative of each side and using the fact that both S and S' are constant following particles, after cancellation of a factor there results

$$R c^2 = P c'^2. \tag{36.6}$$

It follows now from Eqs. (36.4) and (36.6) that *in order for two flows to be dynamically similar the local Mach*[1] *number $M = q/c$ must be the same at corresponding points of each flow.*

The condition just stated is not the only one necessary for dynamical similarity. Equally important, the equations of state must be such that Eq. (36.5) reduces to a relation not involving ϱ'. For example, in case of an ideal gas Eq. (36.5) reduces to

$$S - S' = c_v \log P R^{-\gamma},$$

which serves to determine the entropy of the "primed" flow.

In application of the above results (for example, in wind tunnel experiments) the external geometry of two flows is made similar and the reduced velocities $\mathbf{v}/c$ and $\mathbf{v}'/c$ are made to agree *at one point P*. Under these circumstances and provided that Eq. (36.5) can be satisfied, dynamically similar flows are mathematically possible. Whether dynamically similar flows actually occur or not is another question, one which rests squarely on the unique dependence of the flows on the conditions prescribed at P. At least in the case of subsonic flow past an obstacle, such uniqueness has been proved for conditions prescribed in the uniform stream (cf. Sect. 46). In actual wind tunnel tests, of course, so many factors intervene that the question whether dynamical similarity occurs must be answered at least partly on the basis of the particular experimental situation.

It has been shown that dynamically similar flows are possible for an ideal gas. Conversely, *if two gases allow dynamically similar flows for arbitrary values of P and R then each has an equation of state of the form*

$$p = \sigma(S)\varrho^m \tag{36.7}$$

with the same constant m.[2] This result shows how special a gas must be in order to possess useful properties of dynamical similarity. It is singularly fortunate that the common gases more or less accurately obey (36.7).

To prove the assertion, let us follow the path of a given particle, so that both S and S' in Eq. (36.5) will be constant. The unprimed flow being given once and for all, S is a fixed number which we can suppress for the moment in all relations; S', on the other hand, will be a function of the parameters P and R, or conversely

$$P = P(R, S'). \tag{36.8}$$

[1] A survey of the original work of Mach in fluid mechanics and a discussion of the origin of the terms which bear his name will be found in an article by J. Black, J. Roy. Aero. Soc. **54**, 371 (1950).

[2] A similar result for isentropic flows is given by Birkhoff [*16*], p. 112.

Substituting Eq. (36.8) into Eq. (36.5) yields

$$g(\varrho', S') = \frac{f(R\varrho')}{P(R, S')} = \frac{f(\varrho')}{P(1, S')}, \tag{36.9}$$

since R may be varied independently of S'. The second equality in Eq. (36.9) can be written in the form

$$\frac{P(R, S')}{P(1, S')} = \frac{f(R\varrho')}{f(\varrho')} = \frac{f(R)}{f(1)},$$

the final equality following since the left hand side is independent of ϱ'. Hence

$$f(R\varrho') = \text{const}\, f(R)\, f(\varrho'), \tag{36.10}$$

and this in turn implies[1] that $f(\varrho) = \text{const}\,\varrho^m$. Therefore $f(\varrho, S) = \sigma(S)\,\varrho^m$, and our assertion is proved.

The above analysis does not provide a complete list of necessary conditions for dynamically similar motion if viscosity, thermal conductivity, extraneous forces, boundary conditions, etc., are important factors in determining the motion. The influence of some of these quantities is dealt with in Sect. 66.

Dimensional analysis and dynamical similarity. Some of the results described above can be arrived at by simple dimensional analysis. Thus, since the equations of motion are dimensionally consistent, it follows that the dimensionless ratio q/c must be the same at corresponding points of two dynamically similar flows. More generally, *if one assumes the existence of dynamically similar flows and their unique dependence on the flow variables at some reference point P*, then using standard procedures of dimensional analysis one sees that any dimensionless quantity connected with the flows must be a function solely of the Mach number at P. The italicized assumptions are, however, just the crux of the matter: without them the dimensional analysis cannot be logically defended[2]. It is at this point that the theory of dynamical similarity is of value, the analysis in the preceding paragraphs serving to determine *necessary and sufficient conditions for the existence of dynamically similar flows.* For reasons such as these GOLDSTEIN[3] says, in commenting on an investigation of dynamical similarity, "so we recover by a somewhat clearer and more logical method, the results obtained earlier by considerations of dimensions".

This is not to say that dimensional analysis is unimportant, for there are many instances where the above assumptions are verified, or where nothing else avails; the technique of dimensional analysis should, however, be supplemented whenever possible by a consideration of the full equations governing the phenomena in question.

II. Energy, entropy, and vorticity.

In the rest of this chapter it is assumed that the extraneous force $\boldsymbol{f} = 0$. Since we are dealing with gases this assumption involves no serious restriction of generality.

---

[1] Differentiate (36.10) with respect to R and set $R = 1$.

[2] In ordinary applications of dimensional analysis the basic assumptions are, unfortunately, almost never stated. A critical discussion of these points, together with a number of examples, may be found in Chap. III of reference [*16*]; in particular, it is there emphasized (pp. 92—93) that the Pi Theorem, which is fundamental result of dimensional analysis, is never the point of objection, but rather that the difficulties lie in the assumptions upon which the dimensional analysis rests.

[3] [*42*], p. 112.

37. Bernoulli's equation. A gas flow is called *isentropic* (or *homentropic*) if the entropy is constant throughout the flow region. In this case Eq. (35.3) is identically satisfied, while Eq. (35.4) reduces simply to

$$p = f(\varrho). \tag{37.1}$$

We have therefore the case of barotropic flow already treated in some detail in Part C. In particular, for *isentropic, steady irrotational flow of a perfect gas subject to no extraneous force* the following Bernoulli equation holds,

$$\frac{1}{2} q^2 + \int \frac{dp}{\varrho} = \text{const}; \tag{37.2}$$

for definiteness it is customary to assign 0 as the lower limit of integration. The integral in Eq. (37.2) can be identified with the specific enthalpy of the fluid, but this need not concern us for the moment. Eq. (37.2) can be written in differential form

$$\varrho\, q\, dq + dp = 0, \tag{37.3}$$

or, equivalently,

$$\varrho\, q\, dq + c^2\, d\varrho = 0, \tag{37.4}$$

using formula (35.6) for the speed of sound.

For an ideal gas with constant specific heats the integral $\int dp/\varrho$ can be evaluated explicitly, and Eq. (37.2) becomes

$$\frac{q^2}{2} + \frac{c^2}{\gamma - 1} = \text{const}. \tag{37.5}$$

The various algebraic consequences of this equation are so familiar they need no comment. Instead we shall deal directly with the general equation (37.2). In so doing it is convenient to introduce the thermodynamic assumption[1]

$$\left(\frac{\partial^2 p}{\partial \tau^2}\right)_S > 0; \tag{37.6}$$

geometrically, Eqs. (30.7) and (37.6) imply that adiabatics in the (p, V)-plane are convex curves with negative slope. From inequality (37.6) it follows that

$$a \equiv \frac{1}{c} \frac{d}{d\varrho} (\varrho\, c) > 0. \tag{37.7}$$

It is the property $a > 0$ which we shall use in the subsequent analysis.

Now from Eqs. (37.4), (37.7), and the definition of the Mach number,

$$\frac{dM}{dq} = \frac{1}{c} \left[1 + (a-1) M^2\right]. \tag{37.8}$$

Thus $dM/dq > 0$ if $M \leq 1$, and it follows that there is exactly one speed $q = q_*$ for which $M = 1$. When $q < q_*$ the flow is *subsonic* $(M < 1)$, and when $q > q_*$ the flow is *supersonic* $(M > 1)$. q_* is called the *critical speed*.

It is interesting to observe the behavior of the mass flow $Q = \varrho q$ at different speeds. In virtue of Eq. (37.4),

$$\frac{d}{dq} (\varrho\, q) = \varrho (1 - M^2). \tag{37.9}$$

---

[1] This condition is a recurrent one in gas dynamics; it is the condition that the velocity profile must steepen in an adiabatic compression wave ([*17*], § 41), it occurs in WEYL's theory of the shock transition (§ 56), and we shall note several other consequences in this section. Obviously, Eq. (37.6) is satisfied by an ideal gas with constant specific heats.

Thus at subsonic speeds ϱq increases with increasing speed, while at supersonic speeds ϱq decreases with increasing speed. It follows that there are two flow regimes, one subsonic and one supersonic, corresponding to a given mass-flow ϱq. These facts are illustrated by Fig. 4, which shows the dependence of ϱq on q for the case of an ideal gas with constant specific heats. Many phenomena in gas dynamics can be traced directly to this "reversed" behavior of the mass-flow at supersonic speeds.

The dependence of the density on the Mach number can be investigated very simply by means of the formula

$$\frac{d\varrho}{dM^2} = \frac{d\varrho}{dq}\,\frac{dq}{dM^2} = -\frac{\varrho}{2\,[1+(a-1)\,M^2]}\,,$$

which is obtained directly from Eqs. (37.4) and (37.8). It follows by integration that

$$\log\frac{\varrho}{\varrho_0} = -\frac{1}{2}\int\limits_0^{M^2}\frac{du}{1+(a-1)\,u}\,,$$

$$= -\frac{1}{2}\left[M^2 - \frac{a_0-1}{2}M^4 + \cdots\right];$$

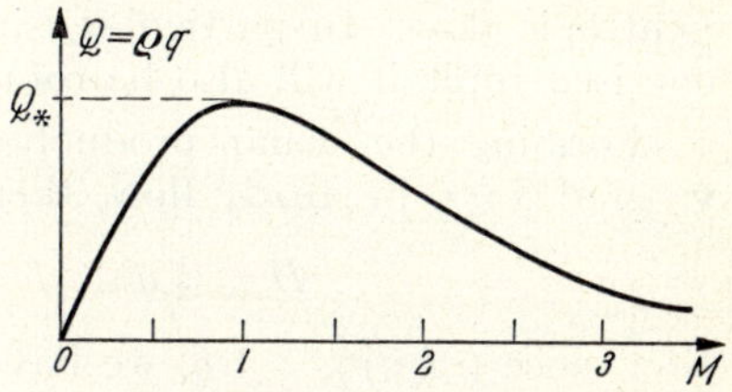

Fig. 4. Dependence of the mass flux $Q=\varrho q$ on the Mach number in steady, isentropic motion.

hence for an arbitrary gas

$$\varrho = \varrho_0\left(1 - \frac{1}{2}M^2 + \frac{2a_0-1}{8}M^4 + \cdots\right). \qquad (37.10)$$

This equation shows how slowly the density changes with Mach number when M is relatively small. The accompanying table presents ϱ, ϱq, and $\varrho/\sqrt{1-M^2}$ as functions of M for an ideal gas. The latter quantity varies quite slowly for small Mach numbers.

Table 1. *Variables of state in steady, isentropic flow of an ideal gas* ($\gamma = 1.40$).

Subsonic table					Supersonic table				
M	$\frac{q}{q_*}$	$\frac{\varrho}{\varrho_0}$	$\frac{Q}{Q_*}$	$\varrho_0 k$	M	$\frac{q}{q_*}$	$\frac{\varrho}{\varrho_0}$	$\frac{Q}{Q_*}$	$\frac{\hat{p}_0}{p_0}$
0.1	0.109	0.995	0.172	1.000	1.1	1.082	0.582	0.992	0.999
0.2	0.218	0.980	0.337	1.000	1.2	1.158	0.531	0.970	0.993
0.3	0.326	0.956	0.491	0.998	1.3	1.231	0.483	0.938	0.979
0.4	0.431	0.924	0.629	0.992	1.4	1.300	0.437	0.897	0.958
0.5	0.535	0.885	0.746	0.978	1.5	1.365	0.395	0.850	0.930
0.6	0.635	0.840	0.842	0.952	1.7	1.483	0.320	0.748	0.856
0.7	0.732	0.792	0.914	0.903	2.0	1.633	0.230	0.593	0.721
0.8	0.825	0.740	0.963	0.810	3.5	2.064	0.045	0.147	0.213
0.9	0.915	0.687	0.991	0.635	5.0	2.236	0.011	0.040	0.062
1.0	1.000	0.634	1.000	0	∞	2.449	0	0	0

Abbreviations: $Q=\varrho q$, $k=\varrho^{-1}\sqrt{1-M^2}$,

$\hat{p}_0$ = Stagnation pressure behind normal shock wave.

Note: The final column in the table serves also to determine the ratios $\hat{\varrho}_0/\varrho_0$, $\hat{Q}_*/Q_*$, see Eq. (55.7). Moreover, the entropy jump across a shock is given by $\Delta S = R\log(\hat{p}_0/p_0)$.

38. The Crocco-Vazsonyi equation. In the present section we shall consider non-isentropic steady motion. If we neglect the extraneous force $\mathbf{f}$ in Eq. (35.2) and make use of Eq. (17.1), there results

$$\boldsymbol{\omega}\times\mathbf{v} = -\operatorname{grad}\frac{1}{2}q^2 - \frac{1}{\varrho}\operatorname{grad}p\,. \qquad (38.1)$$

Now let I denote the specific enthalpy, $I = E + p/\varrho$; clearly

$$\operatorname{grad} I = T \operatorname{grad} S + \frac{1}{\varrho} \operatorname{grad} p.$$

Eliminating $\operatorname{grad} p$ from the two preceding equations now yields the important equation

$$\boldsymbol{\omega} \times \mathbf{v} = T \operatorname{grad} S - \operatorname{grad} H, \tag{38.2}$$

where

$$H = \tfrac{1}{2} q^2 + I.$$

Eq. (38.2) was given by CROCCO[1] for the special case of an ideal gas with $H \equiv$ const. The general result is due to VAZSONYI[2].

From Eq. (38.2) it follows that vorticity will generally be present in a non-isentropic flow. In particular, since the flow downstream of a curved shock is non-isentropic it will also be rotational.

Forming the scalar product of Eq. (38.2) with $\mathbf{v}$ and using the fact that $\mathbf{v} \cdot \operatorname{grad} S = 0$ in steady flow, there results $\mathbf{v} \cdot \operatorname{grad} H = 0$ or

$$H = \tfrac{1}{2} q^2 + I = \text{constant on streamlines}. \tag{38.3}$$

Now since $(\partial I / \partial p)_S = 1/\varrho$, we have

$$I = \int_0^p dp/\varrho$$

where it is assumed that $I = 0$ when $p = 0$ (the integration is of course undertaken at constant S). Eq. (38.3) is thus seen to be a generalization of the Bernoulli equation of the preceding section, to which it reduces when $\boldsymbol{\omega}$ and $\operatorname{grad} S$ are zero. If S and H are both known, then Eq. (38.3) determines density and pressure as functions of q.

For an ideal gas the enthalpy depends solely on the speed of sound. This follows from the fact that $I = E + RT = I(T)$ while also $c^2 = \gamma RT = c^2(T)$. Thus in any motion for which $H = $ const, whether or not it is isentropic, we have

$$\tfrac{1}{2} q^2 + I(c^2) = \text{const}.$$

For gases other than the ideal gas the enthalpy is a function of both c^2 and S.

It may be observed finally that the quantity H in steady flow is just the "stagnation" enthalpy; that is, according to Eq. (38.3) H is just the enthalpy I_0 which the particle would have if it ever should come to rest.

39. Isentropic, isoenergetic, and irrotational steady flow. We wish to examine the interrelations between steady flows of the following kinds:

$$\begin{aligned} &\text{Isentropic:} && S \equiv \text{const}, \\ &\text{Isoenergetic:} && H \equiv \text{const}, \\ &\text{Irrotational:} && \boldsymbol{\omega} \equiv 0. \end{aligned}$$

These types of flow are important because of their frequent occurence and their relative simplicity[3].

---

[1] L. CROCCO: Rend. Lincei (6) **23**, 115 (1936). — Z. angew. Math. Mech. **17**, 1 (1937).

[2] A. VAZSONYI: Quart. Appl. Math. **3**, 29 (1945).

[3] In some works, the words "homentropic" and "homenergic" are found in place of "isentropic" or "isoenergetic".

Consider first a flow in which all particles emanate from a uniform state. According to Eq. (35.3) the entropy will be constant over the flow region—assuming of course that the motion is continuous—and therefore the reasoning of Sect. 21 can be applied. Thus in general the motion will be isentropic, isoenergetic and irrotational. Even if shock waves intervene the flow will remain isoenergetic, though generally no longer isentropic. A related result is expressed in the following

Theorem 1. *A plane flow (or an axially symmetric flow) which is steady, isentropic, and isoenergetic will also be irrotational.*

Proof. By the Crocco-Vazsonyi equation, $\boldsymbol{\omega}\times\mathbf{v}=0$. Thus $\omega=0$ except at stagnation points. If the stagnation points are isolated, then $\omega=0$ everywhere, by continuity; otherwise, if the stagnation points fill up a region, then obviously $\omega=0$. There is a partial converse, which applies even to three-dimensional flow:

Theorem 2. *A steady irrotational flow is isentropic and isoenergetic, or it is of helicoidal type*[1].

Proof. If the given irrotational flow is isentropic, then it will also be isoenergetic, by the Crocco-Vazsonyi equation. Thus assume the flow is *non*-isentropic in some region; we must show that it is helicoidal in that region. This will be done in two steps. First, the speed and density must be constant along streamlines in the region. To see this, we have from Eq. (38.1) and the equation of state (35.4),

$$\frac{1}{2}\operatorname{grad} q^2 = -\frac{1}{\varrho}\operatorname{grad} p = -\frac{1}{\varrho}\left(f_\varrho \operatorname{grad}\varrho + f_S \operatorname{grad} S\right).$$

The first equality implies that $q=q(p)$ and also (wherever $\operatorname{grad} p\neq 0$) that $\varrho=\varrho(p)$. The second equality then gives, everywhere,

$$\operatorname{grad} p\times\operatorname{grad} S=0.$$

It follows that $p=p(S)$; hence $q=q(S)$ and $\varrho=\varrho(S)$. Since S is constant on streamlines, the first assertion is proved. The conclusion of the theorem is now obtained from the following fact:

If the speed and density are constant on streamlines in an irrotational flow, then the flow is of helicoidal type.

Proof. Since ϱ is constant on streamlines, Eq. (35.1) reduces to $\operatorname{div}\mathbf{v}=0$. The flow being irrotational, this establishes that the velocity potential φ is a harmonic function; moreover $|\operatorname{grad}\varphi|=\text{const}$ on streamlines. HAMEL[2] has shown that such a flow must be helicoidal. Q.E.D.

Since HAMEL's proof is exceedingly difficult[3], we add here a simple proof for the important case of plane flow (in this case helicoidal flow means vortex flow, of course). From Eq. (20.5), which is a kinematic result and therefore valid for any two-dimensional motion, the streamline curvature is given by

$$\varkappa=\frac{1}{q}\frac{\partial q}{\partial n}=\frac{1}{q}\frac{dq}{d\psi}\frac{\partial\psi}{\partial n}=\varrho\frac{dq}{d\psi},\qquad q=q(\psi),$$

[1] A flow is said to be helicoidal if it can be obtained by the superposition of a two-dimensional vortex and a uniform translation along the axis of the vortex. The result stated is due to D. GILBARG, Amer. J. Math. **71**, 687 (1949).

[2] G. HAMEL: Sitzgsber. preuß. Akad. Wiss., Phys.-math. Kl. 5—20 (1937); see also R.C. PRIM: J. Rational Mech. Anal. **1**, 425 (1952), where HAMEL's result is extended to a larger class of flows.

[3] An estimate of the difficulty of HAMEL's proof can be gained from the thesis of L. HOWARD, Princeton 1952.

where ψ is the streamfunction. Thus $\varkappa$ is constant on streamlines, and the streamlines are circles. These circles are furthermore concentric, since

$$\frac{\partial \varkappa}{\partial n} = \frac{d\varkappa}{d\psi}\frac{\partial \psi}{\partial n} = \varrho q \frac{d\varkappa}{d\psi} = \text{function of } \psi \quad \text{Q.E.D.}$$

The hypotheses of theorems 1 and 2 can be lightened slightly if a corresponding weakening of the conclusions is allowed. Thus, one has the symmetric pair of theorems:

In a steady, isentropic, isoenergetic flow the vorticity vector satisfies $\boldsymbol{\omega}\times\mathbf{v}=0$.

If $\boldsymbol{\omega}\times\mathbf{v}=0$ *in a steady flow, then either the flow is isentropic and isoenergetic or it has constant speed on streamlines.*

Consider now the steady flow of a gas whose equation of state has the form,

$$\varrho = P(p)\,\Sigma(S). \tag{39.1}$$

We show that it is always possible to assume either S or H constant over the flow field. Indeed, consider the *substitute flow* defined by

$$\mathbf{v}^* = \frac{1}{m}\mathbf{v}, \qquad \varrho^* = m^2\varrho, \qquad S^* = \Sigma^{-1}[m^2\,\Sigma(S)], \tag{39.2}$$

where m is a scalar, *constant on streamlines*. It is easily verified that the substitute flow provides a genuine solution of the equations of motion. Moreover,

$$p^* = p, \qquad I^* = \int \frac{dp^*}{\varrho^*} = \frac{1}{m^2} I,$$

and Bernoulli's equation has the form

$$\tfrac{1}{2}q^{*2} + I^* = H^* = m^{-2}H.$$

We observe that the substitute flow has the same streamline pattern, pressure distribution, and Mach number as the original flow. Furthermore, if we set $m = 1/\sqrt{\Sigma(S)}$ then the substitute flow is isentropic, while if $m=\sqrt{H}$ it is isoenergetic (the latter conclusion remains valid even if the flow contains shock waves). That is, it is always possible to make either S or H constant over the flow field, as asserted[1].

In general, S and H cannot be made simultaneously constant. Indeed, we have the following criterion: *S and H can be made simultaneously constant if and only if the stagnation pressure p_0 is uniform over the flow region.*

[Stagnation pressure is obtained by setting $q=0$ in Bernoulli's equation and solving for p; that is, $I(p_0, S) = H$. Obviously p_0 is constant on streamlines.] To prove the theorem we observe that if p_0 is constant over the entire flow field, then $p_0^* = p_0$ is also. Choosing m so that S^* is constant, it follows that H^* must likewise be constant. The converse is proved in the same way.

It should be mentioned that if S^* and H^* are constant over the flow field, then also

$$\boldsymbol{\omega}^* \times \mathbf{v}^* = 0, \tag{39.3}$$

by the Crocco-Vazsonyi equation (which of course applies equally to the substitute flow). The class of flows for which Eq. (39.3) holds has been called *generalized Beltrami flows*; This class is generated from the class of Beltrami flows ($\boldsymbol{\omega}\times\mathbf{v}=0$) by means of the substitution principle (39.2).

We emphasize in conclusion that the substitution principle is mainly of interest for rotational flow, and that it applies only to the steady flow of a gas whose equation of state has the form (39.1).

40. Diffusion of vorticity. The basic kinematical equations governing the distribution of vorticity in a fluid motion were derived in Sects. 17 and 25. They are BELTRAMI's equation

$$\frac{d}{dt}\left(\frac{\boldsymbol{\omega}}{\varrho}\right) = \frac{\boldsymbol{\omega}}{\varrho}\cdot\operatorname{grad}\mathbf{v} + \frac{1}{\varrho}\operatorname{curl}\mathbf{a}, \tag{40.1}$$

[1] M. MUNK and R. PRIM: Proc. Nat. Acad. Sci. U.S.A. **33**, 137 (1947).

and KELVIN's equation

$$\frac{d}{dt}\oint_{\mathscr{C}} \mathbf{v}\cdot d\mathbf{x} = \oint_{\mathscr{C}} \mathbf{a}\cdot d\mathbf{x}. \tag{40.2}$$

When applied to the non-isentropic motion of a perfect gas, Eqs. (40.1) and (40.2) yield a number of important conclusions.

If we set $\tau = 1/\varrho$ the equation of motion may be written

$$\mathbf{a} = -\tau \operatorname{grad} p. \tag{40.3}$$

Taking the curl of both sides of Eq. (40.3) and using the thermodynamic identity

$$\tau\, dp = -T\, dS + dI \tag{40.4}$$

yields

$$\operatorname{curl}\mathbf{a} = \operatorname{grad} T \times \operatorname{grad} S.$$

Finally, substituting this expression for curl **a** into (40.1) gives the vorticity equation of VAZSONYI[1],

$$\frac{d}{dt}\left(\frac{\boldsymbol{\omega}}{\varrho}\right) = \frac{\boldsymbol{\omega}}{\varrho}\cdot\operatorname{grad}\mathbf{v} + \frac{1}{\varrho}\operatorname{grad} T\times\operatorname{grad} S. \tag{40.5}$$

But for the second term on the right the vorticity distribution in a perfect gas would follow the theorems of HELMHOLTZ. This term shows, however, that a non-uniform entropy field generally leads to a *diffusion* of vorticity, blurring out the sharp convective changes predicted by HELMHOLTZ's theorems.

In the case of *steady isoenergetic flow* we have by the Crocco-Vazsonyi equation

$$\begin{aligned}\operatorname{grad} T\times\operatorname{grad} S &= T^{-1}\left[\operatorname{grad} T\times(\boldsymbol{\omega}\times\mathbf{v})\right]\\ &= T\left[\mathbf{v}\left(\boldsymbol{\omega}\cdot\operatorname{grad}\frac{1}{T}\right) - \boldsymbol{\omega}\frac{d}{dt}\left(\frac{1}{T}\right)\right].\end{aligned}$$

If this formula is used to eliminate grad $T\times$grad S from Eq. (40.5), there follows after some simplification

$$\frac{d}{dt}\left(\frac{\boldsymbol{\omega}}{\varrho T}\right) = \frac{\boldsymbol{\omega}}{\varrho}\cdot\operatorname{grad}\left(\frac{\mathbf{v}}{T}\right). \tag{40.6}$$

For plane flow (40.6) reduces simply to

$$\frac{\omega}{\varrho T} = \text{constant on streamlines}, \tag{40.7}$$

a result due to CROCCO[2] for the special case of an ideal gas. Finally, if $\boldsymbol{\omega}=0$ at a point P in steady isoenergetic flow, then from Eq. (40.6) follows $\boldsymbol{\omega}=0$ along the entire streamline through P[3].

By a straightforward calculation based on Beltrami's equation one easily obtains the identity[4]

$$\frac{d}{dt}\left(\frac{\boldsymbol{\omega}}{\varrho}\cdot\operatorname{grad} F\right) = \frac{\boldsymbol{\omega}}{\varrho}\cdot\operatorname{grad}\frac{dF}{dt} + \frac{1}{\varrho}\operatorname{curl}\mathbf{a}\cdot\operatorname{grad} F, \tag{40.8}$$

where F is an arbitrary scalar, vector, or tensor function. Eq. (40.8) is the kinematical equivalent of an interesting vorticity formula discovered by ERTEL[5].

---

[1] A. VAZSONYI: Quart. Appl. Math. **3**, 29 (1945).

[2] L. CROCCO: Z. angew. Math. Mech. **17**, 1 (1937). CROCCO wrote the result in the form $\omega/p =$ constant on streamlines.

[3] This should be compared with the Lagrange-Cauchy theorem of § 17.

[4] C. TRUESDELL: Z. angew. Math. Phys. **2**, 1 (1951); also [*26*], §§ 79, 98, 99.

[5] H. ERTEL: Naturwiss. **30**, 543 (1942). — Meteor. Z. **59**, 277, 385 (1942). — Phys. Z. **43**, 526 (1942).

If we take F to be the entropy of a perfect gas the right hand side of (40.8) reduces to zero, whence it follows that

$$\frac{\boldsymbol{\omega}}{\varrho}\cdot \operatorname{grad} S = \text{constant following particles.}$$

This interesting application of Eq. (40.8) is due to TRUESDELL; for other related results the reader is referred to the papers quoted above.

We turn now to the consequences of Kelvin's equation (40.2). Substituting for **a** from Eq. (40.3) yields

$$\frac{d}{dt}\oint_{\mathscr{C}} \mathbf{v}\cdot d\mathbf{x} = -\oint_{\mathscr{C}} \tau\, dp.$$

The last integral can be evaluated by plotting the curve $\mathscr{C}$ in the (p, τ)-plane, see Fig. 5. It follows that

$$\frac{d}{dt}\oint_{\mathscr{C}} \mathbf{v}\cdot d\mathbf{x} = \pm \begin{Bmatrix}\text{Area surrounded in the } (p,\tau)\text{-plane}\\ \text{by the image of } \mathscr{C}.\end{Bmatrix}.$$

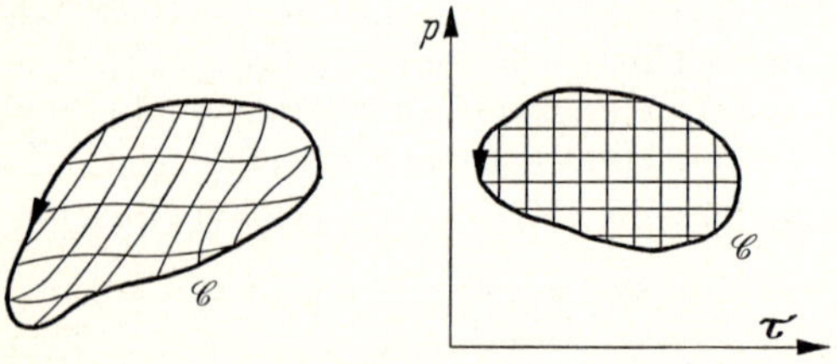

Fig. 5. Illustrating Bjerknes' circulation theorem.

In case of a barotropic flow the entire (p, τ)-image of $\mathscr{C}$ lies on a fixed curve. There is therefore no area, and we recover Kelvin's circulation theorem. Another interpretation of $\oint \tau\, dp$ may be had if we span $\mathscr{C}$ by an orientable surface $\mathscr{S}$ and plot on $\mathscr{S}$ the curves $p=0, \pm 1, \pm 2, \ldots$ and $\tau = 0, \pm 1, \pm 2, \ldots$. Referring again to Fig. 5 we see that

$$\frac{d}{dt}\oint_{\mathscr{C}} \mathbf{v}\cdot d\mathbf{x} = \pm \text{ number of } (p,\tau)\text{-cells on } \mathscr{S}.$$

This is the celebrated theorem of BJERKNES[1]. It would be permissible to use (T, S)-cells instead of (p, τ)-cells because

$$\oint \tau\, dp = -\oint T\, dS,$$

by formula (40.4). Finally, it is easy to see that Bjerknes' theorem remains true even should first order singular surfaces (Sect. 51) intervene in the motion.

III. Special methods in two-dimensional flow.

41. Intrinsic equations. From Sect. 20 we carry over the intrinsic equations governing steady two-dimensional flow. They are

$$\varrho q \frac{\partial q}{\partial s} = -\frac{\partial p}{\partial s}, \qquad \varrho q^2 \varkappa = -\frac{\partial p}{\partial n}, \tag{41.1}$$

and the equation of continuity

$$\frac{\partial}{\partial s}(\varrho q) + K \varrho q = 0. \tag{41.2}$$

[1] V. BJERKNES: Vidensk. Skr. No. 5 (1898). — Kgl. svenska Vet. Handl. (2) **31**, No. 4 (1898).

Since $dp = c^2\,d\varrho$ along streamlines, Eq. (41.2) can be written with the help of Eq. (41.1), in the alternate form

$$\frac{\partial q}{\partial s} = \frac{K q}{M^2 - 1}. \tag{41.3}$$

In the special case of irrotational motion the above equations can be replaced by the pair

$$\frac{\partial q}{\partial s} = \frac{K q}{M^2 - 1}, \qquad \frac{\partial q}{\partial n} = \varkappa q, \tag{41.4}$$

together with the Bernoulli equation (37.2).

42. The stream function. In Sect. 19 a stream function was defined for certain incompressible flows. For compressible fluids it is necessary to assume *steady motion* in order to carry out the same ideas. The equation of continuity of a steady, two-dimensional flow has the form

$$\frac{\partial}{\partial x}(\varrho u) + \frac{\partial}{\partial y}(\varrho v) = 0.$$

Thus, as in Sect. 19, a stream function $\psi = \psi(x, y)$ can be defined such that

$$\varrho u = \frac{\partial \psi}{\partial y}, \qquad \varrho v = -\frac{\partial \psi}{\partial x}. \tag{42.1}$$

The curves $\psi = \text{const}$ are streamlines.

Now from Eqs. (17.8) and (42.1) we easily obtain

$$\psi_{xx} + \psi_{yy} - \mathbf{v}^* \cdot \operatorname{grad} \varrho = -\varrho\,\omega, \tag{42.2}$$

where $\mathbf{v}^*$ is the vector with components $(-v, u)$. This equation for ψ can be put in an elegant form by carrying out the indicated differentiation of ϱ. The calculation is routine, but since it has been given incorrectly in recent years we include it here for completeness. We begin with the relations

$$\left.\begin{aligned} \boldsymbol{\omega} \times \mathbf{v} &= \omega\,\mathbf{v}^*, \\ \operatorname{grad} q^2 &= \varrho^{-2}\left[\operatorname{grad}(\varrho^2 q^2) - 2\varrho\, q^2 \operatorname{grad} \varrho\right], \\ \operatorname{grad} p &= c^2 \operatorname{grad} \varrho + B \operatorname{grad} S, \end{aligned}\right\} \tag{42.3}$$

where $B = (\partial p/\partial S)_\varrho$. Substituting Eq. (42.3) into Eq. (38.1) and solving for $\operatorname{grad} \varrho$ gives

$$\operatorname{grad} \varrho = (\varrho q^2 - \varrho c^2)^{-1}\left[\varrho^2 \omega\,\mathbf{v}^* + \varrho B \operatorname{grad} S + \operatorname{grad} \tfrac{1}{2}(\varrho^2 q^2)\right].$$

Finally, inserting this into Eq. (42.2) and observing that

$$\begin{aligned} \operatorname{grad}(\varrho^2 q^2) &= \operatorname{grad}(\psi_x^2 + \psi_y^2), \\ \operatorname{grad} S &= \varrho\,\mathbf{v}^* S', \end{aligned}$$

where $S' = dS/d\psi$, we find after some simplification that

$$(c^2 - u^2)\,\psi_{xx} - 2uv\,\psi_{xy} + (c^2 - v^2)\,\psi_{yy} = -\varrho\,(c^2 \omega + q^2 B S'). \tag{42.4}$$

This is the required equation for the stream function. (The derivation becomes somewhat simpler in the isentropic case, and even quite easy when the flow is both isentropic and irrotational.) The terms on the right hand side of Eq. (42.4) are connected by the Crocco-Vazsonyi equation, which can be written in the form

$$\omega = \varrho\,(T S' - H'), \tag{42.5}$$

where $S = S(\psi)$ and

$$H = H(\psi) = \tfrac{1}{2} q^2 + I(\varrho, S).$$

When $S(\psi)$ and $H(\psi)$ are known functions, Eq. (42.4) can be considered a second order partial differential equation for ψ.

The nature of Eq. (42.4) can be further clarified by considering its form in the special case of an ideal gas with constant specific heats. In this instance

$$B = \left(\frac{\partial p}{\partial S}\right)_\varrho = \frac{p}{c_v}$$

(see Sect. 35), whence after a short calculation we find

$$\left.\begin{aligned}(d^2 - \psi_y^2)\,\psi_{xx} + 2\psi_x\,\psi_y\,\psi_{xy} + (d^2 - \psi_x^2)\,\psi_{yy}\\ = d^4\left\{\left(\frac{1}{\gamma-1} + \frac{1}{2}M^2\right)\frac{d\log H}{d\psi} - \left(\frac{1}{\gamma-1} + M^2\right)\frac{d\,S/c_p}{d\psi}\right\},\end{aligned}\right\} \tag{42.6}$$

where $d = \varrho c$ is the acoustical impedance. Eq. (42.6) can be given a particularly simple form which at the same time is very convenient for the numerical computation of flows. To this end, consider the *substitute flow* (Sect. 39) defined by

$$\mathbf{v}^* = \varrho_0\,c_0\,\mathbf{v}, \qquad \varrho^* = \varrho/(\varrho_0\,c_0)^2, \qquad p^* = p.$$

Its streamfunction Ψ satisfies $d\Psi = d\psi/\varrho_0\,c_0$, hence

$$|\operatorname{grad}\Psi| = \varrho\,q/\varrho_0\,c_0. \tag{42.7}$$

Consequently, once the streamfunction Ψ is determined, *one can use ordinary gas dynamic tables (or simple formulas) to obtain the various parameters M, p/p_0, ϱ/ϱ_0, etc. of the original flow.* Now the streamfunction Ψ obviously satisfies Eq. (42.6) with all flow quantities starred. But

$$d^* = d/d_0, \qquad M^* = M,$$

and

$$H^* = (\varrho_0\,c_0)^2\,H = \text{const}\,p_0^2,$$

$$\frac{S^*}{c_v} = \log\frac{p\,\varrho^{-\gamma}}{(\varrho_0\,c_0)^{-2\gamma}} = \log p_0^{1+\gamma} + \text{const}.$$

Inserting these expressions into Eq. (42.6) leads at once to the result

$$\begin{aligned}\left((d/d_0)^2 - \Psi_y^2\right)\Psi_{xx} + 2\,\Psi_x\,\Psi_y\,\Psi_{xy} + \left((d/d_0)^2 - \Psi_x^2\right)\Psi_{yy}\\ = (1 - M^2)\,\frac{1}{\gamma}\left(\frac{d}{d_0}\right)^4\frac{d\log p_0}{d\Psi}.\end{aligned} \tag{42.8}$$

Eq. (42.8) is the simplification mentioned earlier. It has the tremendous advantage over Eq. (42.6) that all its coefficients can be obtained easily and once and for all in terms of grad Ψ. In addition, the intervention of S' and H' into Eq. (42.8) is confined solely to the simple term $\log p_0$. In Table 2 the coefficients in Eq. (42.8) are tabulated numerically; it has been found convenient to list all quantities as functions of the Mach number, even though $|\operatorname{grad}\Psi|$ is the actual independent variable. It will be observed that each value of $|\operatorname{grad}\Psi|$ less than 0.579 appears twice, while no values greater than 0.579 appear. This is, of course, a reflection of the fact that $|\operatorname{grad}\Psi|$ is a mass-flux, and should cause no confusion; whether one uses the subsonic or supersonic portion of the table to determine the coefficients depends on the problem at hand.

For flows which are isoenergetic, an equation equivalent to (42.8) was discovered by CROCCO[1]. The present calculation may be considered an extension and simplification of CROCCO's original work. In conclusion, we remark that the substitute streamfunction Ψ is available only in the case of an ideal gas, and that Ψ generally suffers a discontinuity at a shock surface, while ψ itself remains continuous.

Isentropic irrotational flow. In this case Eq. (42.4) takes the simple and elegant form

$$(c^2 - u^2)\,\psi_{xx} - 2uv\,\psi_{xy} + (c^2 - v^2)\,\psi_{yy} = 0. \tag{42.9}$$

This result can of course be obtained directly from Eq. (42.2), if the reader so wishes. It is interesting to observe that the velocity potential satisfies an equation with the same coefficients (Sect. 45).

For an ideal gas the equation satisfied by the substitute streamfunction has some computational advantages over Eq. (42.9), and its use is recommended.

Table 2. *Coefficient table for Eq. (42.8).*

Subsonic flow				Supersonic flow			
M	$\lvert\text{grad}\,\Psi\rvert$	$(d/d_0)^2$	$\mathscr{A}$	M	$\lvert\text{grad}\,\Psi\rvert$	$(d/d_0)^2$	$\mathscr{A}$
0.0	0	1	0.714	1.1	0.574	0.272	−0.011
0.1	0.099	0.988	0.690	1.2	0.562	0.219	−0.015
0.2	0.195	0.953	0.623	1.3	0.543	0.174	−0.015
0.3	0.284	0.898	0.524	1.4	0.519	0.137	−0.013
0.4	0.364	0.828	0.411	1.5	0.492	0.108	−0.010
0.5	0.432	0.746	0.299	1.7	0.432	0.065	−0.006
0.6	0.487	0.659	0.199	2.0	0.343	0.029	−0.002
0.7	0.529	0.571	0.119	3.5	0.085	0.001	−0.000
0.8	0.557	0.485	0.061	5.0	0.023	0.000	−0.000
0.9	0.574	0.406	0.022	10.0	0.011	0.000	−0.000
1.0	0.579	0.335	0	∞	0	0	0

Note: The entries in this table are defined by

$$\lvert\text{grad}\,\Psi\rvert = \varrho q/\varrho_0 c_0, \qquad d = \varrho c, \qquad \mathscr{A} = (1 - M^2)\,\frac{1}{\gamma}\left(\frac{d}{d_0}\right)^4,$$

and the computations are made for the specific heat ratio $\gamma = 1.40$.

Axially symmetric flow. The development here is entirely analogous to the preceding. The stream function may be defined by

$$\varrho u = \frac{1}{y}\frac{\partial\psi}{\partial y}, \qquad \varrho v = -\frac{1}{y}\frac{\partial\psi}{\partial x}.$$

After some calculation it is found that ψ satisfies the equation

$$(c^2 - u^2)\,\psi_{xx} - 2uv\,\psi_{xy} + (c^2 - v^2)\,\psi_{yy} - c^2\frac{\psi_y}{y} = -\varrho y\,(c^2\omega + y q^2 B S'),$$

the terms on the right hand side being connected by the equation $\omega = y\varrho(TS' - H')$. When the flow is irrotational, the right hand side is zero. In this case the velocity potential satisfies a slightly different equation, namely

$$(c^2 - u^2)\,\varphi_{xx} - 2uv\,\varphi_{xy} + (c^2 - v^2)\,\varphi_{yy} + c^2\frac{\varphi_y}{y} = 0.$$

A pair of stream functions for three-dimensional flows has been introduced by GIESE[2].

[1] L. CROCCO: Z. angew. Math. Mech. **17**, 1 (1937).
[2] J. GIESE: J. Math. Phys. **30**, 31 (1951).

43. The hodograph method. The Eqs. (42.9) or (45.4) governing plane irrotational flow, although relatively simple in appearance, nevertheless are quite difficult to handle because they are non-linear. MOLENBROECK[1] discovered in 1890 that by transferance to the hodograph plane, i.e. by using the velocity components u, v as independent coordinates (or, equivalently, q and ϑ), the differential equations of motion became linear. This method was exploited by CHAPLYGIN[2] in a path-breaking paper on gas jets, and in recent years by many other writers[3]. The extensive work based on this transformation cannot be discussed here, although we can give an account of the method.

As we have seen, the velocity potential and stream function of a steady plane irrotational flow satisfy the equations

$$u = \varphi_x = \frac{1}{\varrho}\psi_y, \qquad v = \varphi_y = -\frac{1}{\varrho}\psi_x. \tag{43.1}$$

We are interested in the equations satisfied by φ and ψ when the speed q and the velocity inclination ϑ are considered as independent variables. The following is probably the most elegant derivation. We observe that

$$\begin{aligned} d\varphi + i\frac{d\psi}{\varrho} &= (u\,dx + v\,dy) + i(-v\,dx + u\,dy) \\ &= (u - iv)(dx + i\,dy) = q\,\mathrm{e}^{-i\vartheta}\,dz, \end{aligned}$$

where $z = x + iy$. Hence with q, ϑ as independent variables,

$$z_q = \mathrm{e}^{i\vartheta}\left(\frac{\varphi_q}{q} + i\frac{\psi_q}{\varrho q}\right), \qquad z_\vartheta = \mathrm{e}^{i\vartheta}\left(\frac{\varphi_\vartheta}{q} + i\frac{\psi_\vartheta}{\varrho q}\right).$$

Since $z_{q\vartheta} = z_{\vartheta q}$ we find after some cancellation

$$-\frac{\psi_q}{\varrho q} + i\frac{\varphi_q}{q} = -\frac{\varphi_\vartheta}{q^2} + i\psi_\vartheta\frac{d}{dq}\left(\frac{1}{\varrho q}\right).$$

Equating the real and imaginary parts in this formula and using the Bernoulli equation (37.9) leads at once to the *hodograph* equations

$$\varphi_q = -\frac{1-M^2}{\varrho q}\psi_\vartheta, \qquad \varphi_\vartheta = \frac{q}{\varrho}\psi_q. \tag{43.2}$$

Solutions of Eq. (43.2) correspond to flows in the physical plane only when the Jacobian of the transformation from q, ϑ to x, y is non-zero. It is therefore of interest to express this Jacobian in the hodograph variables, i.e.

$$\frac{\partial(x,y)}{\partial(q,\vartheta)} = \frac{\partial(x,y)}{\partial(\varphi,\psi)}\,\frac{\partial(\varphi,\psi)}{\partial(q,\vartheta)} = -\frac{1}{\varrho^2 q^3}\left[\varrho^2\varphi_\vartheta^2 + (1-M^2)\,\psi_\vartheta^2\right]. \tag{43.3}$$

We observe that this cannot vanish in subsonic flows, except at isolated points. Since the introduction of hodograph variables depends essentially on the assumption that q, ϑ rather than x, y can be considered as independent variables, it follows that solutions for which

$$\frac{\partial(q,\vartheta)}{\partial(x,y)} = 0$$

---

[1] P. MOLENBROECK: Arch. Math. Phys. **9**, 157 (1890).

[2] S.A. CHAPLYGIN: Sci. Memoirs, Imp. Univ. Moscow **21**, 1 (1902), [English translation, NACA Tech. Mem. No. 1063 (1944)].

[3] Extensive reference lists will be found in the following articles: L. BERS: Comm. Pure Appl. Math. **7**, 79 (1954); P. GERMAIN: Comm. Pure Appl. Math. **1** 117 (1954); M. J. LIGHTHILL [*35*], Chap. 7; M. SCHIFFER: This Handbuch, Vol. IX; see also T. CHERRY: Phil. Trans. Roy. Soc. Lond. A **245**, 583 (1953); M. SCHÄFER: J. Rational Mech. Anal. **2**, 383 (1953), and references quoted later in this and the following section.

cannot be obtained by the hodograph method: the image of the flow region of such a solution reduces to a curve in the (u, v) plane. For the theory of these solutions the reader is referred to the article of SCHIFFER in Vol. IX of this Encyclopedia. Further discussion of the singularities in the hodograph transformation may be found in COURANT and FRIEDRICHS ([*17*], §§ 30, 105).

Equations satisfied in the hodograph plane by φ or ψ alone can easily be obtained by eliminating the other variable from Eq. (43.2). We illustrate this remark by considering the elimination of φ. Thus, introducing the new variable

$$\sigma = \int \varrho q^{-1} dq,$$

we find easily

$$\psi_{\sigma\sigma} + K(\sigma)\psi_{\vartheta\vartheta} = 0, \qquad K(\sigma) = \varrho^{-2}(1 - M^2). \tag{43.4}$$

This equation has been the starting point for a number of investigations of subsonic and transonic flow. For subsonic flow another independent variable is sometimes used, namely

$$r = \int \frac{\sqrt{1-M^2}}{q}\, dq;$$

in terms of (r, ϑ) the equation for the stream function is[1]

$$\psi_{rr} + \psi_{\vartheta\vartheta} + (\log k)_r \psi_r = 0, \qquad k = \varrho^{-1}\sqrt{1 - M^2}.$$

Another hodograph equation, which we mention briefly, is that for the Legendre transforms

$$\Phi = u x + v y - \varphi, \qquad \Psi = \varrho u y - \varrho v x - \psi.$$

Since

$$x = \Phi_u = -\Psi_{\varrho v}, \qquad y = \Phi_v = \Psi_{\varrho u},$$

it is found that

$$\Psi_q = \frac{\varrho}{q}(1 - M^2)\,\Phi_\vartheta, \qquad \Psi_\vartheta = -\varrho q\,\Phi_q. \tag{43.5}$$

These equations are equivalent to the earlier obtained set (43.2).

CROCCO[2] has noticed that the hodograph equations (43.2) and (43.5) can be written in an elegant symmetric form if the independent variable $Q = \varrho q$ is used simultaneously with q. In terms of the variables q, Q, and ϑ we have, in fact,

$$\varphi_\vartheta = -\frac{1}{Q}\psi_{q^{-1}}, \qquad \psi_\vartheta = \frac{1}{q}\varphi_{Q^{-1}}, \tag{43.6}$$

and similarly

$$\Phi_\vartheta = q\,\Psi_Q, \qquad \Psi_\vartheta = -Q\,\Phi_q. \tag{43.7}$$

44. Special solutions. It seems worthwhile to mention here several applications of the hodograph equations.

1. An approximation method. For subsonic flow Eq. (43.2) can be written in the form

$$\varphi_r = -k\psi_\vartheta, \qquad \varphi_\vartheta = k\psi_r, \tag{44.1}$$

where

$$r = \int_{q_0}^{q} \frac{\sqrt{1-M^2}}{q}\, dq, \qquad k = \frac{\sqrt{1-M^2}}{\varrho}, \tag{44.2}$$

---

[1] A similar equation can of course be obtained for supersonic flow. Further transformations of the hodograph equations can be made by means of the Bäcklund transformation, cf. C. LOEWNER: J. d'Anal. Math. **2**, 219 (1953).

[2] L. CROCCO: NACA Tech. Note 2432 (1951).

and q_0 is a reference speed in the flow. Now the function $k = k(r)$ is essentially constant over a relatively large range of Mach numbers, as can be seen from the expansion (37.10) or from Table 1. Indeed, for an ideal gas k varies less than 8% over the whole Mach number range $M = 0$ to $M = \frac{2}{3}$. For flows in this speed range, then, we can simplify Eq. (44.1) by setting $k = \text{const}$ and still not introduce serious error in the solutions. Similarly, for higher speed ranges we can again set $k = \text{const}$ provided the Mach number *variation* over the flow field is not too large.

Now with $k = \text{const}$ in Eq. (44.1) these equations reduce simply to the Cauchy-Riemann equations of analytic function theory, so that

$$\varphi + i k \psi = \text{analytic function of } r - i\vartheta.$$

For Mach number tending to zero we have, approximately,

$$r \approx \log \frac{q}{q_0}, \qquad r - i\vartheta \approx \log \frac{1}{q_0}(u - i v).$$

This suggests the following method for the generation of compressible flows from incompressible ones. Suppose $w(\zeta)$ is the complex velocity potential of an incompressible irrotational flow in the ζ-plane. Then the parametric equations

$$\varphi + i k \psi = \text{const}\, w(\zeta), \qquad r - i\vartheta = \log dw/d\zeta \tag{44.3}$$

clearly define a compressible flow (subject, of course, to the assumption $k = \text{const}$). For small Mach numbers, the flow thus defined will be very nearly the same as the incompressible flow; for larger Mach numbers there will be an appreciable difference, although it may be presumed that the new flow pattern will remain generally similar to that of the original incompressible one. The exact correspondence between the z and ζ-planes is determined from

$$z = \int^{\zeta} e^{i\vartheta}\left(\frac{d\varphi}{q} + i\,\frac{d\psi}{\varrho q}\right). \tag{44.4}$$

The quadratures involved in Eq. (44.4) are of course quite complicated, so that it is reasonable to keep the original flow pattern while at the same time changing the velocities according to the rule $(44.3)_2$, that is, according to

$$r(q) = \log q_{\text{inc}}.$$

The Karman-Tsien velocity correction formula[1], in particular, is based on this idea together with the choice $p = a/\varrho + b$ as equation of state [this equation of state makes $k = \text{const}$, and at the same time facilitates the integration (44.2)]. Using the correct equation of state may lead to a better velocity correction factor than that of KARMAN.

[The function $r(q)$ has not been tabulated for an ideal gas, so far as the author is aware, but the nearly equal integral

$$\sigma = \int \varrho q^{-1} dq$$

appears in the tables of GARRICK and KAPLAN[2] as a function of M. The velocity correction can then be read off from these tables by means of the formula

$$\sigma(M) = \sigma(M_0) + \log q_{\text{inc}},$$

it being assumed, as always, that the incompressible flow is normalized so that its speed is 1 at the reference point.]

Other velocity-correction formulas for subsonic compressible flow are due to GARRICK and KAPLAN, and to RINGLEB[3]. Though these formulas are derived from somewhat different arguments than the one presented above, nevertheless all of them predict approximately the same result, this being due in all likelihood to the close similarity of Eqs. (44.1) to the Cauchy-Riemann equations.

2. *Spiral flow.* There are two very simple solutions of Eq. (43.4), namely

$$\psi = \vartheta \quad \text{and} \quad \psi = \sigma = \int \varrho q^{-1} dq.$$

---

[1] T. VON KARMAN: J. Aeronaut. Sci. **8**, 337 (1941).
[2] J. GARRICK and C. KAPLAN: NACA Rep. 789 (1944).
[3] See [*23*], p. 340.

The first represents radial flow and the second, vortex flow (see COURANT and FRIEDRICHS, [*17*], pp. 252—254). The linear combination $a\vartheta + b\sigma$ thus determines a *spiral flow*.

3. Ringleb's solution and Manwell's solution. We seek the most general solution of Eq. (43.2) which can be written in the form

$$\psi = f(q)\sin\vartheta, \qquad \varphi = h(q)\cos\vartheta.$$

This is readily found to be given by

$$f = q^{-1}\Big[a + b\int_0^q \varrho q\, dq\Big], \qquad h = -\varrho^{-1} q f',$$

where a and b are constants. The particular choice of constants $a=1$, $b=0$ leads to the well-known solution of RINGLEB[1]. MANWELL[2] pointed out another valuable example, namely

$$f = q^{-1}\int_a^q \varrho q\, dq, \qquad h = \varrho^{-1} f - q,$$

where a is constant. The transformation to the physical plane is obtained from

$$\left.\begin{aligned} z &= \int e^{i\vartheta}\left(\frac{d\varphi}{q} + i\,\frac{d\psi}{\varrho q}\right) \\ &= \frac{1}{4}\,(2i\vartheta - e^{2i\vartheta}) + e^{i\vartheta}\left[\cos\vartheta \int_a^q \frac{dh}{q} + i\sin\vartheta \int_a^q \frac{df}{\varrho q}\right]; \end{aligned}\right\} \tag{44.5}$$

this evaluation is greatly simplified by performing the ϑ integration at the value $q=a$, and the q integration for fixed ϑ. It is easy to see that the image of the hodograph region $0 \leqq q \leqq a$, $0 \leqq \vartheta \leqq \pi$, is the exterior of the semi-infinite body shown in Fig. 6. We note that $\psi = f\sin\vartheta$ vanishes on the boundary, which is therefore a streamline. Moreover, the boundary is independent of the parameter a. Thus, MANWELL's solution gives a class of flows of varying Mach number past a *fixed* semi-infinite body.

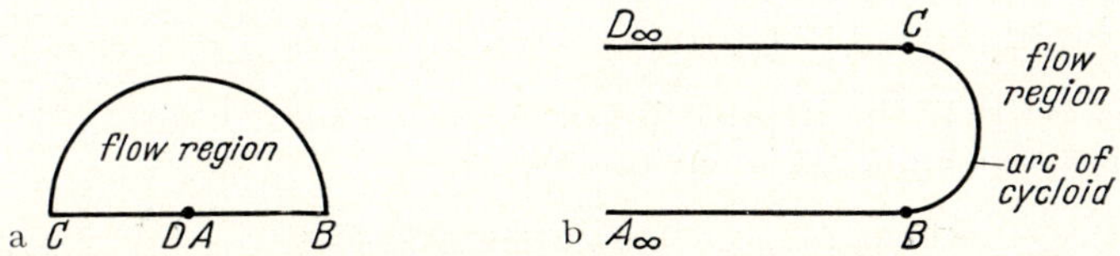

Fig. 6a and b. (a) Flow region in the hodograph plane for MANWELL's solution. (b) Flow region in the physical plane for MANWELL's solution.

For subsonic flow, that is, $a <$ critical speed, the Jacobian (43.3) is non-zero, and the transformation from (q, ϑ) to (x, y) is one-to-one. On the other hand, when a is greater than the critical speed, no physical flow exists. The simplest way to see this is to note that the boundary streamline $\psi = 0$ is doubled back in the physical plane. Indeed from Eq. (44.5),

$$\left.\frac{dx}{dq}\right|_{\vartheta=0} = \frac{1}{q}\,\frac{dh}{dq} = \frac{f}{\varrho q}\,(M^2 - 1),$$

[1] F. RINGLEB: Z. angew. Math. Mech. **20**, 185 (1940). See also G. TEMPLE and J. YARWOOD: Aero. Res. Comm. R & M 2077 (1942).

[2] A. MANWELL: J. Math. Phys. **34**, 113 (1955).

which changes sign at sonic speed. For $a <$ critical speed the flow can be continued across the boundary to exhibit a transonic flow exactly as in RINGLEB's example.

The breakdown of MANWELL's example at supersonic speeds seems to be connected with a theorem of NIKOLSKY and TAGANOV (Sect. 52) which asserts that no transonic flow can exist with a local supersonic zone adjacent to a straight arc of the boundary.

4. Chaplygin's solutions. We seek the most general solution of Eq. (43.2) of the form

$$\psi = f(q)\,F(\vartheta), \qquad \varphi = h(q)\,H(\vartheta).$$

Inserting the first of these into Eq. (43.4) we find that $F = e^{in\vartheta}$ where n is any real number, and the equation satisfied by f is then

$$f_{\sigma\sigma} - n^2 K(\sigma)\,f = 0.$$

This equation is the starting point for much modern work on exact solutions[1].

5. *Crocco's solutions.* The complex velocity potential

$$w = (\log q - i\vartheta)^n = \sum_{k=0}^{n} c_{nk} (\log q)^k (-i\vartheta)^{n-k}$$

is obviously valid for motions of an incompressible fluid; CROCCO[2] has shown how to modify this solution so that it will satisfy the hodograph equations for flow of a compressible fluid. It is convenient in this process to think of these equations in the form (43.6). We set

$$\varphi = \sum_{k=0}^{n} c_{nk} L(q,k)\,(-i\vartheta)^{n-k}, \qquad \psi = i\sum_{k=0}^{n} c_{nk} \tilde{L}(q,k)\,(-i\vartheta)^{n-k}, \tag{44.6}$$

where the functions L and $\tilde{L}$ are defined by

$$L(q,k) = k!\,\underbrace{\int^{Q^{-1}} q\,dQ^{-1} \int^{q^{-1}} Q\,dq^{-1} \ldots}_{k \text{ times}}, \qquad L(q,0) = 1,$$

$$\tilde{L}(q,k) = k!\,\overbrace{\int^{q^{-1}} Q\,dq^{-1} \int^{Q^{-1}} q\,dQ^{-1} \ldots}, \qquad \tilde{L}(q,0) = 1;$$

it is understood that the iterated integrals are evaluated with a fixed reference state for the lower limit. It is obvious that

$$\frac{dL}{dQ^{-1}} = k\,q\,\tilde{L}(q,k-1), \qquad \frac{d\tilde{L}}{dq^{-1}} = k\,Q\,L(q,k-1).$$

This being verified, there is no trouble in showing that Eq. (44.6) yields a solution of Eq. (43.6). Real solutions are of course obtained by using only the real or imaginary parts of Eq. (44.6). In the paper referred to above, CROCCO has shown how the exact solutions (44.6) can be used to construct flows past obstacles in the physical plane.

IV. Subsonic potential flow.

In this subchapter we treat some of the important theoretical questions concerning steady subsonic potential flow of a perfect gas.

[1] M. LIGHTHILL [35], Chap. 7. — L. CROCCO: NACA Tech. Note 2432 (1951). — A. GHAFFARI: The Hodograph Method in Gas Dynamics. Univ. of Teheran Publ. No. 85 (1950).

[2] L. CROCCO: NACA Tech. Note 2432 (1951).

45. General principles. The basic equations of steady potential flow are BERNOULLI's equation

$$\frac{1}{2} q^2 + \int \frac{dp}{\varrho} = \text{const}, \tag{45.1}$$

where $p = f(\varrho)$ is given, and the equation of continuity. Since $\mathbf{v} = \operatorname{grad} \varphi$ the latter can be written in the form $\operatorname{div}(\varrho \operatorname{grad} \varphi) = 0$, or in tensor notation,

$$(\varrho\, \varphi_{,i})_{,i} = 0, \qquad v^i = \varphi_{,i}. \tag{45.2}$$

If the differentiations in Eq. (45.2) are carried out, the result can be expressed in the form

$$c^2 \nabla^2 \varphi - v^i v^j \varphi_{,ij} = 0. \tag{45.3}$$

This celebrated differential equation is of course valid whether or not the flow is subsonic. For two-dimensional flow it takes the explicit form

$$(c^2 - u^2)\, \varphi_{xx} - 2uv\, \varphi_{xy} + (c^2 - v^2)\, \varphi_{yy} = 0. \tag{45.4}$$

Besides the two forms (45.2) and (45.3) of the potential equation, we have also $p_{v^i v^j}\, \varphi_{,ji} = 0$, this being connected with the fact that φ solves a certain variational problem (Sect. 47, Appendix).

Mathematically, Eq. (45.3) is a second order quasi-linear differential equation for the velocity potential; its type is determined by the nature of the quadratic form $c^2 \xi_i \xi_i - v^i v^j \xi_i \xi_j$ where ξ is an arbitrary real vector. Considering from here on only subsonic flow, this quadratic form is positive definite [$> (c^2 - q^2)\, \xi^2$, in fact], and accordingly Eq. (45.3) is an *elliptic* partial differential equation. Its mathematical treatment is not easy because the coefficients c^2 and $v^i v^j$ are functions of the velocity field. There are, nevertheless, a number of important results.

1. A velocity maximum cannot occur in the interior of the fluid. To see this, let us differentiate Eq. (45.3) with respect to x to obtain

$$c^2 \nabla^2 u - v^i v^j u_{,ij} + D^i u_{,i} = 0, \tag{45.5}$$

where u is the x-component of velocity and the D^i are certain coefficients whose exact form need not be given. For an everywhere subsonic flow Eq. (45.5) is an elliptic differential equation (see above) for u. According to a theorem of E. HOPF[1], non-constant solutions of an elliptic differential equation of the form (45.5) cannot take on interior maximum values. Therefore u does not take on an interior maximum, and, by the same reasoning, neither does v or w. The conclusion is now a consequence of KIRCHHOFF's reasoning [*8*], § 37.

2. Flow past an obstacle; development at infinity. We consider for definiteness a plane flow, uniform at infinity, impinging on a fixed obstacle and in continuous motion around the obstacle. Let the velocity at infinity be $\mathbf{U}$, directed (for simplicity) along the x-axis. The flow being assumed subsonic, the Mach number M_∞ is less than 1. The asymptotic behavior of the flow as $\mathbf{x} \to \infty$ is given by the following formulas:

$$\left.\begin{aligned} \varphi &= \mathbf{U} \cdot \mathbf{x} + C + (\Gamma/2\pi) \arctan(\beta \tan\theta) + O(r^{-1+\varepsilon}), \\ \mathbf{v} &= \mathbf{U} + \frac{\varrho \Gamma}{2\pi} \frac{(-y, x)}{x^2 + \beta^2 y^2} + O(r^{-2+\varepsilon}). \end{aligned}\right\} \tag{45.6}$$

In these formulas (r, θ) are ordinary polar coordinates in the plane, $\beta = \sqrt{1 - M_\infty^2}$, Γ is the circulation, and ε is a *positive* number which can be taken as near zero

[1] E. HOPF: Sitzgsber. preuß. Akad. Wiss. 147 (1927).

as one cares. If there is an outflow of strength Δ from a source in the finite part of the plane, an additional term $(\Delta/4\pi\beta)\log(x^2+\beta^2 y^2)$ must be added to Eq. (45.6), and a corresponding term to Eq. $(45.6)_2$. A complete expansion for φ can be given when the pressure-density relation is analytic, namely,

$$\left.\begin{aligned}\varphi = \mathbf{U}\cdot\mathbf{x} + (\Delta/2\pi\beta)\log r + (\Gamma/2\pi)\arctan(\beta\tan\theta) + \\ + \sum_{n=0}^{\infty}\sum_{m=0}^{\infty} a_{nm}(\theta)\left(\frac{\log r}{r}\right)^n\left(\frac{1}{r}\right)^m,\end{aligned}\right\} \tag{45.7}$$

unless both Δ and Γ are zero, in which case

$$\varphi = \mathbf{U}\cdot\mathbf{x} + \sum_{n=0}^{\infty} a_n(\theta)\, r^{-n}. \tag{45.7'}$$

These series are uniformly and absolutely convergent for large enough r, and can be differentiated term by term at will. The resulting series have similar convergence properties.

The history of these expansions is worth recounting. At an early stage the form of the initial terms was surmised from the fact that, for large r, the equation for φ becomes "nearly"

$$(1-M_\infty^2)\,\varphi_{xx} + \varphi_{yy} = 0.$$

Making the transformation $x \to \sqrt{1-M_\infty^2}\,\xi$ gives LAPLACE's equation; we are thus led to Eq. (45.6) by analogy with the known expansions for the incompressible case. This treatment, although highly suggestive, is no proof that Eq. (45.6) really holds; moreover, the rest of the expansion remains unknown. BATEMAN[1] was the first to gues the true form of the complete expansion, though he included terms $(\log r^n)/r^p$ with $n > p$ which actually do not occur. Next, BERGMAN[2] obtained a development of φ in terms of the hodograph variables, and LUDFORD[3] performed the calculations necessary to transform BERGMAN's development into physical variables. The result of this work was formula (45.7). One step remained, however, namely, to show that the flow potential actually had the asymptotic behavior supposed by BERGMAN as the basis for his development. This was done by FINN and GILBARG[4], who gave an independent proof of the necessary formula (45.6). The reader will see from the above outline that formula (45.7) involves exceedingly deep considerations, beginning with BERGMAN's theory of singularities of solutions of linear analytic elliptic differential equations, and concluding with the (not simple) demonstration of Eq. (45.6).

One of the major applications of Eq. (45.6) is in the proof of the KUTTA-JOUKOWSKY lift formula for flows of compressible fluids. GILBARG and FINN[5] have recently pointed out that all that is really necessary for this proof is the estimate

$$\mathbf{v} = \mathbf{U} + o(r^{-\frac{1}{2}}). \tag{45.8}$$

Eq. (45.8) is relatively simpler than Eqs. (45.6) or (45.7), and we can outline its proof.

Following GILBARG and FINN, let us make the change of variables $x \to \sqrt{1-M_\infty^2}\,\xi$ in Eq. (45.4), yielding an equation of the form

$$A\,\varphi_{\xi\xi} + 2B\,\varphi_{\xi y} + C\,\varphi_{yy} = 0, \tag{45.9}$$

---

[1] H. BATEMAN: Proc. Nat. Acad. Sci. U.S.A. **24**, 246 (1938).

[2] S. BERGMAN: Trans. Amer. Math. Soc. **62**, 452 (1947).

[3] G. LUDFORD: J. Math. Phys. **30**, 117 (1952). An explicit development for flow past a circle is given by I. IMAI, J. Phys. Soc. Japan **8**, 537 (1953).

[4] R. FINN and D. GILBARG: Comm. Pure Appl. Math. **10**, 23 (1957).

[5] R. FINN and D. GILBARG: Trans. Amer. Math. Soc. **88**, 375 (1958).

where $A, C \to 1$ and $B \to 0$ as (ξ, y) tends to infinity. From Eq. (45.9) the velocity "components" $\bar{u} = \varphi_\xi$ and $v = \varphi_y$ satisfy the equations

$$-C v_y = A \bar{u}_\xi + 2B \bar{u}_y, \quad v_\xi = \bar{u}_y.$$

Now, outside a circle Σ of suitably large radius A, B, C differ from their limiting values by less than ε. Hence

$$C(v_\xi \bar{u}_y - v_y \bar{u}_\xi) = A \bar{u}_\xi^2 + 2B \bar{u}_\xi \bar{u}_y + C \bar{u}_y^2 \geqq (1 - 2\varepsilon)(\bar{u}_\xi^2 + \bar{u}_y^2),$$

outside Σ. Similarly

$$A(v_\xi \bar{u}_y - v_y \bar{u}_\xi) \geqq (1 - 2\varepsilon)(v_\xi^2 + v_y^2),$$

and so

$$\bar{u}_\xi^2 + \bar{u}_y^2 + v_\xi^2 + v_y^2 \leqq 2K(v_\xi \bar{u}_y - v_y \bar{u}_\xi) \tag{45.10}$$

outside Σ, where $K = (1 + \varepsilon)/(1 - 2\varepsilon)$. From inequality (45.10), which in mathematical terms means that $w = v + i\bar{u}$ is a quasi-conformal mapping, it can be shown that[1]

$$|v|, \ |\bar{u} - \beta U| \leqq \text{const} \left|\frac{R}{r'}\right|^\mu, \qquad r' > 2R,$$

where $\mu = K - \sqrt{K^2 - 1}$, R is the radius of Σ, and $r' = \sqrt{\xi^2 + y^2}$. Returning to the original variables gives

$$|v|, \ |u - U| \leqq \text{const} \left|\frac{R}{r}\right|^\mu, \qquad r > 2R/\beta,$$

and Eq. (45.8) is an immediate consequence provided ε is chosen so that $\mu > \frac{1}{2}$.

3. *Flow past an obstacle: Force formulas.* It is a remarkable fact that the familiar results for flow of an incompressible fluid,

$$X = 0, \qquad Y = -\varrho \Gamma U,$$

hold also for subsonic flow past an obstacle. This may be inferred almost exactly as in the original proofs of the Kutta-Joukowsky theorem [8], § 370b. Indeed, from Bernoulli's equation we have

$$\begin{aligned} p &= p_\infty + \left(\frac{dp}{dq}\right)_\infty (q - q_\infty) + \cdots \\ &= p_\infty - \varrho_\infty U(u - U) + o(r^{-1}) \end{aligned}$$

using Eq. (45.8). Hence by the force formula (10.2),

$$X = -\oint (p \cos\theta + \varrho u \mathbf{v} \cdot \mathbf{n})\, ds = -U \oint \varrho \mathbf{v} \cdot \mathbf{n}\, ds + o(1),$$

since $\mathbf{v} \cdot \mathbf{n} = u \cos\theta + v \sin\theta$. Since the outflow integral vanishes, it follows in the usual way that $X = 0$. The treatment of the lift formula is the same. The above proof should be compared with the analogous one in Sect. 23, No. 4.

The d'Alembert paradox for three-dimensional flows has been proved by FINN and GILBARG[2] using the asymptotic formula $\mathbf{v} = \mathbf{U} + o(r^{-2})$.

46. Existence and uniqueness theorems. As in the previous paragraphs, we consider plane steady flow past a profile. The basic problem is to determine the fluid motion when (1) the conditions in the uniform stream and the circulation are prescribed, or (2) the conditions in the uniform stream are prescribed and the circulation is determined by the KUTTA-JOUKOWSKY condition. In both cases a solution should be proved to exist, it should be unique, and a procedure for

[1] R. FINN and J. SERRIN: Trans. Amer. Math. Soc. **89**, 1 (1958).
[2] R. FINN and D. GILBARG: Acta math. **98**, 265 (1957).

computation should be given. All of these problems have been attacked more or less successfully in recent years. We shall outline the results concerning existence and uniqueness, but a discussion of the numerical computation of compressible flows is beyond the scope of this article. The reader interested in this field may consult recent textbooks in gas dynamics (e.g. [*23*], [*25*], [*40*], and [*43*]) from which further references may be obtained.

The best results on the problem of uniqueness have been obtained by Finn and Gilbarg[1]. By using the asymptotic formulas (45.6) and certain integral identities somewhat analogous to the kinetic energy formula (23.1) they have proved the following theorem. *A plane subsonic potential flow past a smooth profile is uniquely determined by conditions in the uniform stream and by the circulation.*

A plane subsonic potential flow past a profile with a sharp trailing edge is uniquely determined by conditions in the uniform stream.

These results have the following significance in the theory of dynamical similarity. Suppose two ideal gases having the same ratio of specific heats are in continuous subsonic potential flow past geometrically similar profiles. Suppose also that both flows have the same Mach number M_∞ and the same circulation ratio Γ/U (the last condition can be dropped if the profiles have a sharp trailing edge). Then the flows are dynamically similar.

It would be of some theoretical interest to know if Γ/U is an increasing function of the Mach number in flows past a profile with a sharp trailing edge. The lift coefficient $C_L = Y/\frac{1}{2}\varrho U^2$ would then be an increasing function of M_∞.

The mathematical problem of existence, although extremely difficult, has been largely settled (for plane flows) by the work of Frankl and Keldysh[2], Shiffman[3], and Bers[4]. For definiteness the problem is phrased for a *fixed* Bernoulli equation (45.1), a fixed profile, and a fixed velocity direction at ∞; the prescribed conditions are then the Mach number M_∞ and,in case of a smooth profile, the circulation Γ. The basic result is a follows:

For a given smooth profile and a given Bernoulli equation[5] *there is a region in the* (M_∞, Γ) *plane, including the origin, such that for any point in this region there exists a unique subsonic flow past the profile with these values of* M_∞ *and* Γ. *Moreover, as the point* (M_∞, Γ) *approaches the boundary of this region the maximum local Mach number of the corresponding flow approaches 1.*

For a given profile with a sharp trailing edge there is a number $\hat{M}$, *such that for every* M_∞ *in the interval* $0 \leqq M_\infty < \hat{M}$ *there exists a unique subsonic flow past the profile with this speed at infinity. Moreover, as* $M_\infty \to \hat{M}$, *the maximum local Mach number approaches 1.*

The existence proofs are too technical to be more than cursorily described here. Frankl and Keldysh use (essentially) an interation procedure, and establish the existence of flows only for "sufficiently small" M_∞. Shiffman's proof uses direct methods in the calculus of variations (starting with the Bateman-

[1] R. Finn and D. Gilbarg: Trans. Amer. Math. Soc. **88**, 375 (1958). Earlier but less elegant attacks on the uniqueness problem are due to M. Shiffman and L. Bers, see footnotes 3 and 4 below.

[2] F. Frankl and M. Keldysh: Bull. Acad. Sci. USSR. **12**, 561 (1934).

[3] M. Shiffman: J. Rational Mech. Anal. **1**, 645 (1952).

[4] L. Bers: Comm. Pure Appl. Math. **7**, 441 (1954).

[5] For an ideal gas the condition of a fixed Bernoulli equation can be left out, provided that Γ is replaced by Γ/U. The flow is then unique only up to a similarity transformation, of course.

Kelvin principle), combined with an ingenious device which allows one always to conclude the existence of a minimizing extremal. BERS' proof may be described broadly as being function-theoretic (as in the treatment of plane flow of an incompressible fluid), but a whole arsenal of analysis comes into play. In addition to establishing the existence of subsonic flows, BERS proves their continuous dependence on M_∞, on the shape of the profile, and on the form of the speed-density relation. In spite of the highly difficult mathematical work in these papers, they fill a gap long felt by applied mathematicians and aerodynamicists[1].

The problem of existence and uniqueness of three-dimensional subsonic flows has been studied resently by GILBARG and FINN[2]. Their comprehensive results include a complete solution of the uniqueness problem, an asymptotic expansion of the potential at infinity, and the existence of subsonic flows when the local Mach number does not exceed 0.53. Moreover, a remarkable theorem of NASH[3] may lead to the solution of the existence problem in comparable generality to that for plane flows.

47. Variational principles in gas dynamics. In this section we consider some *maximum* and *minimum* principles in steady subsonic flow. The motivation for these principles is the desire to extend Kelvin's minimum energy theorem to gas dynamics, and also the need for practical methods to compute compressible flows. Our discussion does not include results such as Herivel's theorem (Sect. 15) because these are not true minimization principles. On the other hand, HERIVEL's discovery that $\mathfrak{T}-\mathfrak{E}$ is the appropriate Lagrangian function in Hamilton's principle may serve as a partial motivation for the choice of integrands below.

Consider now a finite region $\mathscr{v}$ with boundary $\mathscr{s}$. Let a normal mass-flux h be prescribed on $\mathscr{s}$ subject to the condition

$$\text{Outflow} = \oint_{\mathscr{s}} h\, da = 0 .$$

We are interest in setting up a variational problem which will characterize irrotational motion by the minimization of some function of the velocity field. For this purpose it is convenient to define for each velocity field a corresponding "density" field. This we do by means of the Bernoulli equation[4]

$$\frac{1}{2} q^2 + \int \frac{dp}{\varrho} = \text{const.} \tag{47.1}$$

The flow $(\varrho, \mathbf{v})$ thus determined will in general satisfy neither the equation of continuity nor the equation of motion. We shall say that $\mathbf{v}$ is subsonic if $q < c = \sqrt{dp/d\varrho}$. With these preliminaries understood we may proceed to the results in question.

---

[1] Other theoretical work of an allied nature will be found in the following papers: L. BERS: Comm. Pure Appl. Math. **7**, 79 (1952); D. GILBARG: J. Rational Mech. Anal. **2**, 233 (1953); D. GILBARG and M. SHIFFMAN: J. Rational Mech. Anal. **3**, 209 (1954); C. LOEWNER: J. Rational Mech. Anal. **2**, 537 (1954) and an article on the critical Mach number in Studies in Mathematics and Mechanics, presented to R. VON MISES, New York, 1954; J. SERRIN: J. Math. Phys. **33**, 27 (1954).

[2] D. GILBARG and R. FINN: Acta math. **98**, 265 (1957).

[3] J. NASH: Proc. Nat. Acad. Sci. U.S.A. **43**, 754 (1957).

[4] If one wishes, (47.1) can be considered as a "side condition" for the following variational problems. The constant of integration and the constant on the right hand side of Eq. (47.1) are supposed fixed throughout the ensuing discussion.

The Bateman-Kelvin principle[1]. *Consider the variational problem, to minimize the integral*

$$\mathscr{I}(\mathbf{v}) = \int_{v} (p + \varrho q^2)\, dv$$

among all subsonic velocity fields which satisfy the equation of continuity and have prescribed mass-flux h on s. Then

$$\mathscr{I}(\mathbf{v}) = \text{minimum}$$

if and only if $\mathbf{v}$ *is irrotational.*

It is clear that the minimizing flow field provides a dynamically possible, isentropic, irrotational flow satisfying the prescribed boundary conditions. It is this fact which makes the Bateman principle especially valuable. There is a converse proposition, also due in essence to Bateman.

The Bateman-Dirichlet principle[2]. *Consider the variational problem, to maximize the integral*

$$\mathscr{J}(\mathbf{v}) = \int_{v} p\, dv + \oint_{s} \varphi\, h\, da$$

among all subsonic velocity fields $\mathbf{v} = \operatorname{grad} \varphi$. *Then*

$$\mathscr{J}(\mathbf{v}) = \text{maximum}$$

if and only if $\operatorname{div}(\varrho\, \mathbf{v}) = 0$ *and* $\varrho\, \mathbf{v} \cdot \mathbf{n} = h$ *on* s.

Now an extremal for one of these problems is also an extremal for the other. Moreover, as we shall see later, an extremal is unique if it exists at all. It follows therefore that these problems either possess a common extremal or none at all. In the former case, we see by application of the divergence theorem that

$$\mathscr{I}_{\min} = \mathscr{J}_{\max} = \int_{v} (p + \varrho q^2)\, dv,$$

(first noticed by Lush and Cherry). The possibility that there may be no extremal arises from the fact that there may be no irrotational subsonic flow satisfying the given boundary conditions. Shiffman[3] has shown how to modify the variational problems so that they will always possess an extremal.

In order to prove the Bateman-Kelvin principle, we set $\mathbf{Q} = \varrho \mathbf{v}$ and note from the Bernoulli equation that $\mathbf{v}$, and hence also $\mathscr{I}$, may be considered a function of $\mathbf{Q}$. (There are, of course, two speeds corresponding to each value of Q, see Sect. 37. We naturally choose that one corresponding to subsonic flow.) The advantage of using $\mathbf{Q}$ instead of $\mathbf{v}$ as the fundamental variable is that $\mathbf{Q}$ is subject to simpler conditions than $\mathbf{v}$, namely just

$$\operatorname{div} \mathbf{Q} = 0.$$

---

[1] H. Bateman: Proc. Nat. Acad. Sci. U.S.A. **16**, 816 (1930). The present formulation as a minimum problem is based on the results of a paper of P.E. Lush and T.M. Cherry, Quart. J. Mech. Appl. Math. **9**, 6 (1956). It is unlikely that any of these authors noted the strict analogy with Kelvin's theorem, for they were primarily concerned with the two-dimensional problem. Another formulation of the Bateman principle is given by E. Hölder, Math. Nachr. **4**, 366 (1950).

As a motivation for the choice of integrand, we observe the identity $p + \varrho q^2 = \frac{1}{2}\varrho q^2 - \varrho E + \varrho(\frac{1}{2} q^2 + I) = \frac{1}{2}\varrho q^2 - \varrho(E + \text{const})$; thus since E is defined only up to an arbitrary constant, $\mathscr{I} = \mathfrak{T} - \mathfrak{E}$.

[2] H. Bateman: Cf. footnote 1. Although Bateman discovered the integrand p, the additional surface integral necessary to make a true maximum principle was found only recently by Lush and Cherry (footnote 1). The present formulation is slightly more general than that of Lush and Cherry.

[3] M. Shiffman: J. Rational Mech. Anal. **1**, 605 (1952).

Now consider a vector field $\mathbf{Q}$ which minimizes $\mathcal{I}$, and let $\mathbf{Q}^* = \mathbf{Q} + \varepsilon\boldsymbol{\zeta}$ be a competing field. Expanding $\mathcal{I}(\mathbf{Q}^*)$ in powers of ε yields

$$\mathcal{I}(\mathbf{Q}^*) = \mathcal{I}(\mathbf{Q}) + \varepsilon\,\delta\mathcal{I} + \varepsilon^2\mathcal{K},$$

where

$$\delta\mathcal{I} = \int_v \mathbf{v}\cdot\boldsymbol{\zeta}\,dv,$$

$$\mathcal{K} = \frac{1}{2}\int_v \frac{(\tilde{\mathbf{v}}\cdot\boldsymbol{\zeta})^2 + (\tilde{c}^2 - \tilde{q}^2)\,\zeta^2}{\tilde{\varrho}\,(\tilde{c}^2 - \tilde{q}^2)}\,dv;$$

here the tildes denote evaluations at some intermediate Q; the computation of $\delta\mathcal{I}$ and $\mathcal{K}$ is simplified by setting $p + \varrho q^2 = F(Q^2)$ and noting that $F' = (2\varrho)^{-1}$, $F'' = [4\varrho^3(c^2 - q^2)]^{-1}$.

Since $\mathcal{K} \geqq 0$ by the condition of subsonic flow, the extremal $\mathbf{Q}$ is characterized by $\delta\mathcal{I} = 0$. We must show that this condition is equivalent to curl $\mathbf{v} = 0$.

First, if curl $\mathbf{v} = 0$, then $\mathbf{v} = \operatorname{grad}\varphi$ and

$$\int_v \mathbf{v}\cdot\boldsymbol{\zeta}\,dv = \int_v \operatorname{div}(\varphi\boldsymbol{\zeta})\,dv = 0$$

where we have made use of the conditions div $\boldsymbol{\zeta} = 0$ and $\boldsymbol{\zeta}\cdot\mathbf{n} = 0$ on $\mathfrak{s}$. On the other hand, if $\delta\mathcal{I} = 0$ for all admissible variations $\boldsymbol{\zeta}$ then $\mathbf{v}$ must be irrotational. For suppose curl $\mathbf{v} \neq 0$ at some point P. Then we can find a vector $\mathbf{A}$ which vanishes outside the immediate neighborhood of P and has the property

$$\int_v \mathbf{A}\cdot\operatorname{curl}\mathbf{v}\,dv \neq 0.$$

But this implies $\delta\mathcal{I} \neq 0$ for the admissible variation $\boldsymbol{\zeta} = \operatorname{curl}\mathbf{A}$. This contradiction proves that curl $\mathbf{v} = 0$.

Having proved the Bateman-Kelvin principle, it remains only to note the relation

$$\mathcal{I}(\mathbf{v}^*) = \mathcal{I}(\mathbf{v}) + \mathcal{K}$$

between an extremal flow $\mathbf{v}$ and any competing flow $\mathbf{v}^*$. It follows that $\mathcal{I}(v^*) > \mathcal{I}(\mathbf{v})$ unless $\mathbf{v}^* - \mathbf{v} = 0$, so the extremal is unique. The proof of the Bateman-Dirichlet principle is very similar, but simpler because $\mathcal{J}$ depends only on the single function φ.

In applying the Bateman-Kelvin principle to plane flow it is usual to introduce the stream function as dependent variable. The equation of continuity is then automatically satisfied while the boundary condition reduces to prescribing ψ on $\mathfrak{s}$. Similar schemes have been proposed for three-dimensional flows[1], but it is not apparent that they are any improvement over the use of the vector $\mathbf{Q}$ as dependent variable.

As we have already remarked, the above variational principles can be used in the construction of gas flows by actually attempting to minimize or maximize the integrals $\mathcal{I}$ and $\mathcal{J}$. For the important case of flow past a finite body, however, the integrals are divergent. Wang[2], Shiffman[3], and Lush and Cherry have shown that this difficulty is avoided if certain appropriate terms are added to the integrands. The modified integral for the Bateman-Kelvin principle (in the absence of circulation) can be written in the form

$$\int_v (p + \varrho q^2 - p_\infty - \varrho\,\mathbf{v}\cdot\mathbf{U})\,dv, \tag{47.2}$$

[1] Lush and Cherry (p. 13). — J. Giese: J. Math. Phys. **30**, 31 (1951).
[2] C. Wang: J. Aeronaut. Sci. **15**, 675 (1948). — Quart. Appl. Math. **9**, 99 (1951).
[3] M. Shiffman: Cf. footnote 3, p. 204.

where $\mathbf{U}$ is the velocity of the impinging uniform stream. It is easy to see that the integral (47.2) is convergent in case $\mathbf{v}-\mathbf{U}=O(r^{-1-\varepsilon})$ in plane flow and $\mathbf{v}-\mathbf{U}=O(r^{-\frac{3}{2}-\varepsilon})$ in threedimensional flow. These conditions are satisfied in particular for an actual motion (cf. Sect. 46, No. 2). Besides its use in the numerical computation of flows[1], minimization of the integral (47.2) is the starting point in SHIFFMAN's proof of the existence of subsonic flows past a prescribed obstacle.

Other variational principles in gas dynamics. The Bernoulli equation (47.1) may be modified by assuming $p=f(\varrho, S)$ where S is a given function of ψ. The Bateman-Kelvin principle remains valid, but the extremal flow is rotational and isoenergetic[2]. On the other hand, if Eq. (47.2) is modified to

$$\frac{1}{2}q^2+\int\frac{dp}{\varrho}=H(\psi),$$

then LUSH and CHERRY assert that the extremal gives rotational isentropic motion.

Finally, it is interesting to consider the variational principle arising from the integrand $\frac{1}{2}\varrho q^2-\varrho E$, where E is the internal energy, and ϱ and $\mathbf{v}$ are to be varied independently. With the side condition $\operatorname{div}(\varrho\,\mathbf{v})=0$ it can be shown that an extremal is irrotational, though it will not necessarily supply a minimum.

Appendix. The problems of maximizing $\mathcal{J}(\varphi)$, and in plane flow of minimizing $\mathcal{I}(\psi)$, are special cases of a variational problem which has been intensely studied, namely

$$\mathfrak{F}(\varphi)=\iint F(u,v)\,dx\,dy=\text{Min}, \tag{47.3}$$

where $u=\varphi_x$, $v=\varphi_y$. The Euler equation for the problem (47.3) is

$$(F_u)_x+(F_v)_y=0, \tag{47.4}$$

or

$$F_{uu}\varphi_{xx}+2F_{uv}\varphi_{xy}+F_{vv}\varphi_{yy}=0. \tag{47.5}$$

This is an elliptic equation provided $F_{uu}F_{vv}-F_{uv}^2>0$. The condition of ellipticity appears in another guise in the formula

$$\mathfrak{F}(\varphi+\zeta)=\mathfrak{F}(\varphi)+\tfrac{1}{2}\iint(\tilde{F}_{uu}\zeta_k^2+2\tilde{F}_{uv}\zeta_k\zeta_y+\tilde{F}_{vv}\zeta_y^2)\,dx\,dy,$$

which expresses the integral of an arbitrary function in terms of the integral of an extremal φ. The condition $F_{uu}F_{vv}-F_{uv}^2>0$ implies that $\mathfrak{F}(\varphi+\zeta)\geqq\mathfrak{F}(\varphi)$, thus showing that the extremal provides a unique minimum.

In the application to fluid dynamics, we have $F(u,v)=-p$, whence the potential φ satisfies the equation

$$p_{uu}\varphi_{xx}+2p_{uv}\varphi_{xy}+p_{vv}\varphi_{yy}=0. \tag{47.6}$$

A similar equations holds for the stream function, as the reader will easily see.

V. Supersonic flow and characteristics.

The theory of unsteady flow and supersonic flow of a compressible fluid is based largely on the existence of characteristic curves or surfaces in the flow field. Indeed, our insight into the behavior of gases at supersonic speeds is due largely to our understanding of the characteristic field, and most of the available solutions have been obtained from this knowledge.

---

[1] See the interesting paper of H. GISPERT: Wiss. Z. Univ. Halle 6, 14 (1956/57).

[2] C.C. LIN: Quart. Appl. Math. 9, 421 (1952).

48. The nature of characteristics. Consider for the moment a general flow of a compressible fluid. Let Σ be a 3-dimensional manifold in the four-dimensional (x, t)-space occupied by the flow, or, in less abstract terms, let Σ be a *moving* surface in the three-dimensional physical space. Suppose now that the values of the flow variables $\mathbf{v}$, ϱ, p, and S are known on Σ. Then by means of Eqs. (35.1) to (35.4) we can, in general, uniquely determine their derivatives at points of Σ. The process is a familiar one: the derivatives tangential to Σ are known because the flow variables on Σ are known, while the remaining *normal* derivatives can be obtained by considering Eqs. (35.1) to (35.4) at points of Σ as a system of linear equations with these derivatives as the unknowns. It may happen, however, that Eqs. (35.1) to (35.4) do not thus determine the normal derivatives, and in this case Σ is called a characteristic manifold. The physical significance of a characteristic manifold lies in the fact that it is only along such a manifold that two solutions may be "tangent", or in other words, discontinuities in the derivative of a solution can only appear on characteristic manifolds. It may also be remarked that characteristic manifolds play an important role in the propagation of disturbances in a flow field, as is apparent from the above discussion.

In the following two sections we shall consider the special case of steady flow[1]. The characteristic manifolds then do not involve the variable t, and hence are curves in plane flow and surfaces in spatial flow. During the discussion it will become apparent that characteristics *do not* occur in steady subsonic flow, streamlines of the motion being excepted. Thus until Sect. 51 our considerations will be directed mainly to supersonic flows. An alternative treatment of characteristic manifolds is given in Sect. 51, serving to complement the present discussion.

The elegant theory of characteristic curves in one-dimensional unsteady flows is not covered in this article, since a number of excellent treatments are available.

49. Steady plane flow. Let C be a curve in a region of steady plane flow, defined parametrically by the equation $\mathbf{x} = \mathbf{x}(\sigma)$ where $\mathbf{x} = (x, y)$ and σ is arc-length on C. The values of the flow variables on C may be expressed in the form

$$\mathbf{v} = \mathbf{v}(\sigma), \quad p = p(\sigma), \quad \varrho = \varrho(\sigma), \quad S = S(\sigma). \tag{49.1}$$

We ask, under what conditions on C will the functions (49.1) not determine the derivatives of $\mathbf{v}$, p, ϱ, and S on C?

We have the following set of conditions for the determination of these derivatives

$$\mathbf{v} \cdot \operatorname{grad} \varrho + \varrho \operatorname{div} \mathbf{v} = 0,$$

$$\varrho \mathbf{v} \cdot \operatorname{grad} \mathbf{v} + \operatorname{grad} p = 0,$$

$$\mathbf{v} \cdot \operatorname{grad} S = 0,$$

where $p = f(\varrho, S)$ is the given equation of state. These equations can easily be reduced to the form

$$\left.\begin{aligned} \varrho \mathbf{v} \cdot \operatorname{grad} \mathbf{v} + \operatorname{grad} p &= 0, \\ \varrho c^2 \operatorname{div} \mathbf{v} + \mathbf{v} \cdot \operatorname{grad} p &= 0; \end{aligned}\right\} \tag{49.2}$$

it is this set of equations which we shall actually use. A simple artifice now suggests itself for determining the derivatives of $\mathbf{v}$ and p on C. We orient the

[1] Characteristic manifolds for a general three-dimensional nonsteady flow are treated in [*21*], pp. 112—116. This book also contains a useful discussion of characteristic manifolds for an arbitrary system of first order partial differential equations (pp. 103—112).

coordinates so that the y-axis is tangential to C at some point P; then the y-derivatives will be known at P, while it is only the x-derivatives which must be found. For these we have the system of linear equations

$$\left.\begin{aligned} \varrho u u_x \qquad\qquad + p_x &= -\varrho v u_y, \\ \varrho u v_x \qquad &= -\varrho v v_y - p_y, \\ \varrho c^2 u_x \qquad + u p_x &= -\varrho c^2 v_y - v p_y. \end{aligned}\right\} \tag{49.3}$$

The condition that C be a characteristic is that these equations *not* determine u_x, v_x and p_x.

Equating to zero the determinant of the coefficients of Eqs. (49.3) yields

$$\varrho^2 u (u^2 - c^2) = 0.$$

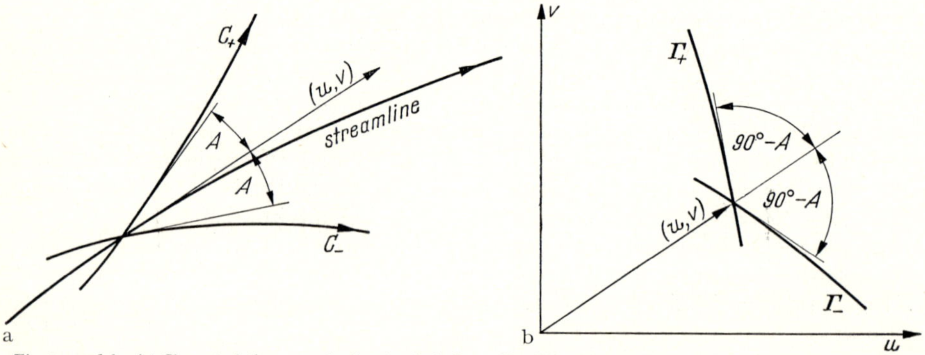

Fig. 7a and b. (a) Characteristic curves in the physical plane. (b) The corresponding curves in the hodograph plane.

That is, *a curve C is a characteristic if and only if at each point on C either (1) the normal velocity component is zero, or (2) the normal velocity component has magnitude equal to the local sound speed.* Characteristics of the first kind are obviously nothing more than the streamlines of the motion. The occurence of streamlines in this role is certainly not surprising and is relatively unimportant in the theory.

Characteristic curves satisfying the second condition evidently occur only in supersonic flow. In a fixed coordinate system (x, y) let us introduce the two direction fields

$$\frac{dy}{dx} = \tan(\vartheta + A), \qquad \frac{dy}{dx} = \tan(\vartheta - A), \tag{49.4}$$

where ϑ is the velocity inclination and A is the (local) *Mach angle*,

$$\sin A = \frac{c}{q} = \frac{1}{M}.$$

Then the curves C_+ satisfying the first of Eqs. (49.4), the curves C_- satisfying the second of Eqs. (49.4), together with the streamlines form the set of characteristics of two-dimensional steady flow. There are three characteristics, therefore, passing through each point of a supersonic flow region; we note that the C_+ and C_- characteristics are bisected by the streamline (Fig. 7a). One may interpret the $C_\pm$ characteristics as the paths of infinitesimal (steady-state) disturbances in the flow; equally important, however, is the interpretation of these characteristics as curves along which two solutions may be "tangent".

The flow variables cannot be entirely arbitrary along a characteristic curve. Indeed, on the streamline characteristics we have the evident conditions

$$S = \text{const}, \quad H = \text{const},$$

expressing constancy of entropy and "energy". On a Mach line (i.e., a $C_\pm$ characteristic) the vanishing of the determinant of coefficients in Eq. (49.3) similarly places a compatability condition on the right hand members, namely

$$\begin{vmatrix} -\varrho v u_y & & 1 \\ -\varrho v v_y - p_y & \varrho u & \\ -\varrho c^2 v_y - v p_y & & u \end{vmatrix} = 0,$$

or, after cancellation of a non-zero factor,

$$\varrho c^2 v_y - \varrho u v u_y + v p_y = 0. \tag{49.5}$$

This equation is of course expressed in the specially oriented coordinate system which was introduced at the beginning of the discussion. Using now the condition that $|u| = c$ on a Mach line, we may write Eq. (49.5) in the form

$$\varrho (u v_y - v u_y) \pm \cot A \, p_y = 0, \tag{49.6}$$

where the $+$ and $-$ signs refer respectively to the C_+ and C_- characteristics. Eq. (49.6) may in turn be written

$$\varrho q^2 \dot{\vartheta} \pm \cot A \, \dot{p} = 0, \tag{49.7}$$

the dot denoting differentiation with respect to "y" at a point on the characteristic, or with respect to σ along the length of the characteristic.

In irrotational isentropic flow the streamlines no longer appear as characteristics (the conditions $H \equiv$ const, $S \equiv$ const give additional information sufficient to determine flow derivatives on a streamline). Moreover, using the Bernoulli equation (37.3) we can eliminate p from Eq. (49.7), thus obtaining the important relation

$$\frac{d\vartheta}{dq} = \pm \frac{\cot A}{q} = \pm \frac{\sqrt{M^2 - 1}}{q}, \tag{49.8}$$

holding along a Mach line. The right hand side is of course a function of q alone. Consequently along any characteristic in the physical plane, we have the following simple relation between the speed and flow angle:

$$\vartheta = \pm \int \frac{\sqrt{M^2 - 1}}{q} \, dq = \pm \imath (q) + \text{const}. \tag{49.9}$$

Otherwise expressed, *the image of a $C_\pm$ characteristic in the hodograph plane belongs to a one-parameter family of fixed curves.* It is customary to call the image of a C_+ characteristic a Γ_+ curve, and the image of a C_- characteristic a Γ_- curve. (Since the $\Gamma_\pm$ curves are characteristics of the hodograph equations (43.2), they are also called *hodograph characteristics.*)

A considerable amount of information concerning the geometry of the $\Gamma_\pm$ curves can be deduced. To begin with, we observe that the function $\imath(q)$ is monotonically increasing for $q_* \leqq q < q_{\max}$. Moreover, for $q = q_*$ we have $M = 1$ and $d\vartheta/dq = 0$, while for $q = q_{\max}$ we have $M = \infty$ and $d\vartheta/dq = \infty$. The curvature of the Γ_+ curves is given by

$$\frac{q^2 + 2q'^2 - q q''}{(q^2 + q'^2)^{\frac{3}{2}}} = \frac{a}{c\sqrt{M^2 - 1}}, \qquad ' = \frac{d}{d\vartheta},$$

see Eq. (37.7), and is therefore always positive. Consequently, *the Γ_+ curves in the (u, v)-plane are counter-clockwise spirals between the fixed circles $q = q_*$ and*

$q = q_{\max}$; *all of them can be obtained by rotating any one about the origin* (Fig. 8). A similar result obviously holds for the Γ_- curves. Finally by elementary geometry Eq. (49.8) is seen to be equivalent to

$$\frac{dv}{du} = -\cot(\vartheta \mp A). \tag{49.10}$$

From Eqs. (49.4) and (49.10) it follows that *the directions of the C-characteristics of one kind are perpendicular to the Γ-characteristics of the other kind* (Fig. 7). The above results are valid for any gas, irrespective of its equation of state.

It can be shown that a discontinuity in grad $\mathbf{v}$ which appears across a characteristic in isentropic, irrotational flow will satisfy a Riccati equation along that characteristic[1]. It follows that such discontinuities are uniquely determined and are not zero along a whole characteristic if they are known to be different from zero at any point of the characteristic. It should be pointed out that these remarks on the propagation of discontinuities in grad $\mathbf{v}$ do not apply to discontinuities in $\mathbf{v}$ itself. Discontinuities in the functions themselves are propagated as "shocks" in quite a different manner (Part F).

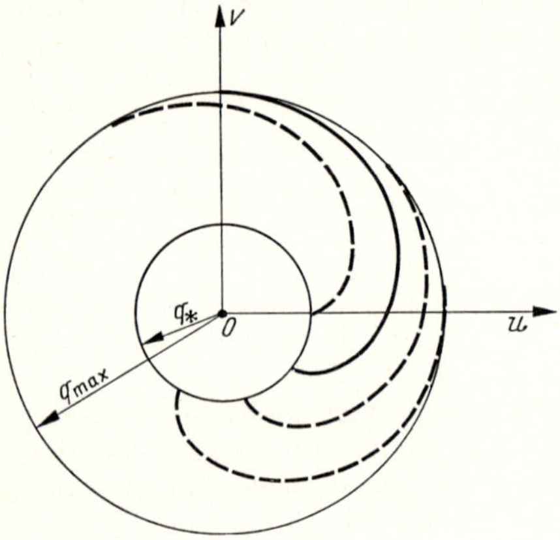

Fig. 8. Γ_+ curves in the hodograph plane.

In the special case of an ideal gas with constant specific heats, the Γ-characteristics are epicycloids generated by a circle of radius $\frac{1}{2}(q_{\max} - q_*)$ rolling on the circle $q = q_*$. One advantage of an ideal gas is that a single characteristic diagram will serve, whatever the reference state may be. For a general gas, on the contrary, the hodograph characteristics are essentially different for different entropy and energy levels of the reference state. This is no particular disadvantage theoretically, but for the purposes of numerical computation it is a decisive reason for employing the ideal gas law.

Axially-symmetric flow. The procedure applied above to deduce the characteristic equations for plane flow can be used similarly for axially-symmetric flow. Because of the changed form of div $\mathbf{v}$ we find that in place of Eqs. (49.3) there arises the slightly different set of equations,

$$\begin{aligned}
\varrho u u_x \qquad\qquad + p_x &= -\varrho v u_y, \\
\varrho u v_x \qquad\qquad &= -\varrho v v_y - p_y, \\
\varrho c^2 u_x \qquad + u p_x &= -\varrho c^2 v_y - v p_y - \varrho q c^2 \frac{\sin\vartheta}{y},
\end{aligned}$$

where ϑ is the inclination of the velocity vector to the axis of revolution. It follows that the characteristic curves in the flow half-plane are given exactly as before. The characteristic condition (49.7) is, however, replaced by

$$\dot{\vartheta} \pm \left(\frac{\cot A}{\varrho q^2}\dot{p} + \frac{\sin A \sin\vartheta}{y}\right) = 0, \tag{49.11}$$

as is seen by following the preceding calculation.

[1] JOH. NITSCHE: J. Rational Mech. Anal. 2, 291 (1953).

In isentropic irrotational flow Eq. (49.11) may be written

$$\frac{d}{d\sigma}(\imath \mp \vartheta) = \frac{\sin A \sin\vartheta}{y}. \tag{49.12}$$

The hodograph image of a Mach line is therefore not one of a fixed family of curves as in two-dimensional flow. This fact contributes to the difficulty of any exact treatment of axially-symmetric flow.

50. Steady irrotational flow in three dimensions. According to theorem 2 of Sect. 39, there is no loss of generality in assuming the motion to be isentropic and isoenergetic. Bernoulli's theorem therfore holds in its strong form (37.2).

The velocity potential φ of an irrotational flow in space satisfies the equation

$$c^2 \nabla^2 \varphi - v^i v^j \varphi_{,ij} = 0, \tag{50.1}$$

(see Sect. 45). In supersonic flow $q > c$, and Eq. (50.1) may be identified as a quasi-linear hyperbolic partial differential equation of the second order. The theory of such equations is well-known[1], and we shall merely recount here a few of the salient features.

A surface Σ is a characteristic manifold of Eq. (50.1) if and only if at each point of Σ,

$$\mathbf{n} \cdot \mathbf{A} \cdot \mathbf{n} = 0, \tag{50.2}$$

where $\mathbf{n}$ denotes the unit normal vector to Σ, and $A^{ij} = c^2 \delta^{ij} - v^i v^j$ is the matrix of coefficients of Eq. (50.1). We observe that Eq. (50.2) can be written in the simpler form

$$\mathbf{n} \cdot \mathbf{v} = \pm c, \tag{50.3}$$

i.e., the component of $\mathbf{v}$ normal to Σ has magnitude equal to the local speed of sound. Let P be any point in the (supersonic) flow region. We define the *Mach cone at P* to be the right circular cone having P as its vertex, the velocity vector $\mathbf{v}$ as its axis, and the Mach angle $A = \arcsin c/q$ as its angular opening. Then it is easily seen that Eq. (50.3) is equivalent to the condition that at each point P of Σ, Σ should be tangent to the Mach cone at P.

Consider the line element, or direction, on the surface Σ at P along which the Mach cone is tangent to Σ[2]. We call this the *characteristic direction* of Σ at P. The totality of characteristic directions on a characteristic manifold defines a direction field, the trajectories of which are called *characteristic rays*. Now according to the theory of characteristic surfaces, the characteristic rays may be obtained by solving the system of equations

$$\frac{dx^i}{d\sigma} = A^{ij} n_j, \qquad \frac{dn_i}{d\sigma} = -\frac{1}{2} \frac{\partial A^{jk}}{\partial x^i} n_j n_k, \tag{50.4}$$

subject to the initial conditions that $\mathbf{x}(0)$ is a point P on Σ, and $\mathbf{n}(0)$ is the normal to Σ at P. From this it is apparent that a characteristic ray is determined completely by its initial *surface element*, or, in other words, *two characteristic manifolds which are tangent at a point P are tangent on the entire characteristic ray through P*. This shows that characteristic rays play the same role as the characteristic curves of plane steady flow, in the propagation of infinitesimal disturbances.

A *strip* $\mathbf{x}(\sigma)$, $\mathbf{n}(\sigma)$ satisfying Eqs. (50.2) and (50.4) is called a *bicharacteristic*. From what has just been said, it is seen that all possible characteristic manifolds

[1] [45], Chap. 6.

[2] This line element can be obtained by projecting $\mathbf{v}$ onto Σ.

may be obtained by "piecing together" appropriate bicharacteristics. This can perhaps be seen more clearly if we introduce the *characteristic conoid*, the locus of all bicharacteristics passing through a given point. Then the effect of a disturbance emanating from an arbitrary point set is confined to the envelope of the characteristic conoids whose vertices range over that set of points. This is, of course, nothing more than the Huyghens construction for wave fronts.

A method of characteristics for dealing with certain problems of three-dimensional supersonic flow, somewhat analogous to the methods of characteristics in plane flow, has been prepared by COBURN and DOLPH[1]. More recently, HOLT[2] and COBURN[3] have considered the problem of characteristic manifolds for steady *rotational* supersonic motion. In this work, the equations of motion are expressed in intrinsic form with respect to differentiations along characteristic directions, much as in Sect. 49. COBURN has used his equations to determine some new exact spatial flows.

51. Singular surfaces and sound waves. The preceding work in this article has been concerned primarily with "continuous motion", i.e. twice differentiable velocity fields. Consider now a surface $\Sigma = \Sigma(t)$ in the flow region, such that the flow variables themselves are continuous across Σ, but certain derivatives of these quantities are discontinuous there; (it is assumed that on either side of Σ the flow variables are continuously differentiable and that the derivatives have definite limiting values on the two sides of Σ). Such a surface is called a *singular suface on order one*, but for brevity will be referred to here simply as a singular surface. It is the purpose of this section to determine the nature of singular surfaces and their laws of propagation in a general three-dimensional unsteady flow. One sees easily that a singular surface must be a characteristic manifold (Sect. 48), and we could therefore study these surfaces from that point of view. On the other hand, a direct attack has considerable appeal and leads quickly and elegantly to the required results.

We suppose that Σ has the equation $F(\mathbf{x}, t) = 0$, with the function F satisfying $|\operatorname{grad} F| > 0$. The normal vector $\mathbf{n}$ to Σ is given by

$$\mathbf{n} = \frac{\operatorname{grad} F}{|\operatorname{grad} F|},$$

and the *normal speed of advance* of Σ is

$$G = -\frac{\partial F/\partial t}{|\operatorname{grad} F|}.$$

Suppose now that a flow variable $f = f(\mathbf{x}, t)$ is continuous across Σ, but that at least one component of $\operatorname{grad} f$ is discontinuous there. We shall show that there is a multiplier $\alpha \neq 0$, defined over Σ and having the property that

$$[\operatorname{grad} f] = \alpha\,\mathbf{n}, \qquad \left[\frac{\partial f}{\partial t}\right] = -\alpha\, G, \tag{51.1}$$

where the square brackets about a quantity denote its *jump* across Σ (that is, the difference of its limiting values on either side of Σ)[4]. To prove (51.1), observe that for any direction $d\mathbf{x}$, dt lying on Σ we have

$$\left[d\mathbf{x}\cdot\operatorname{grad} f + \left(\frac{\partial f}{\partial t}\right) dt\right] = 0, \tag{51.2}$$

[1] N. COBURN and C. DOLPH [36], p. 55.
[2] M. HOLT: J. Fluid Mech. **1**, 409 (1956).
[3] N. COBURN: Quart. Appl. Math. **15**, 237 (1957).
[4] This theorem is due to J. C. MAXWELL: Electricity and Magnetism. Oxford 1881. Sect. 78a.

since f, and hence its surface gradient, is continuous across Σ. In other words, Eq. (51.2) holds for all $d\mathbf{x}$, dt such that

$$d\mathbf{x}\cdot\operatorname{grad}F+\left(\frac{\partial F}{\partial t}\right)dt=0.$$

It follows at once that

$$\frac{[\operatorname{grad}f]}{\operatorname{grad}F}=\frac{[\partial f/\partial t]}{\partial F/\partial t},$$

and setting this last ratio equal to $\alpha\,|\operatorname{grad}F|^{-1}$, we obtain Eq. (51.1). By virtue of Eq. (51.1),

$$\left[\frac{df}{dt}\right]=-\alpha G+\mathbf{v}\cdot\alpha\mathbf{n}=-\alpha\Pi$$

where $\Pi=G-\mathbf{v}\cdot\mathbf{n}$ is the speed of advance of Σ relative to the particles instantaneously situated on it.

Now on Σ, by assumption, certain derivatives of the flow variables p, ϱ, S, and $\mathbf{v}$ are discontinuous. The preceding argument therefore applies to these variables; that is, there exist multipliers α, β, γ and $\boldsymbol{\delta}$, defined over Σ and not all zero, such that

$$\begin{aligned}
[\operatorname{grad}p]&=\alpha\,\mathbf{n}, & \left[\frac{dp}{dt}\right]&=-\alpha\Pi,\\
[\operatorname{grad}\varrho]&=\beta\,\mathbf{n}, & \left[\frac{d\varrho}{dt}\right]&=-\beta\Pi,\\
[\operatorname{grad}S]&=\gamma\,\mathbf{n}, & \left[\frac{dS}{dt}\right]&=-\gamma\Pi,\\
[\operatorname{grad}\mathbf{v}]&=\boldsymbol{\delta}\,\mathbf{n}, & \left[\frac{d\mathbf{v}}{dt}\right]&=-\boldsymbol{\delta}\Pi.
\end{aligned}$$

Now from the Eqs. (35.1) to (35.4), which hold on *either side* of Σ, we find by subtraction

$$\left.\begin{aligned}
&-\beta\Pi+\varrho\,\boldsymbol{\delta}\cdot\mathbf{n}=0,\\
&-\varrho\,\boldsymbol{\delta}\Pi+\alpha\,\mathbf{n}=0,\\
&\gamma\Pi=0,\qquad \alpha=c^2\beta+B\gamma.
\end{aligned}\right\}\tag{51.3}$$

Here $c^2=(\partial p/\partial\varrho)_S$ and $B=(\partial p/\partial S)_\varrho$ are thermodynamics variables. In treating Eqs. (51.3) it is convenient and useful to consider separately the two cases $\alpha\neq 0$ and $\alpha=0$.

A singular surface on which $\alpha\neq 0$ is called a *sound wave* since it carries a discontinuity in the pressure gradient. The relative speed of advance Π of a sound wave is then by definition the *speed of sound* (of course, Π will vary from point to point over Σ, so that it is more accurate to call Π the *local speed of sound*). We shall show that the speed of sound, as thus defined, has exactly the value c. In fact, under the assumption $\alpha\neq 0$ it follows from Eq. $(51.3)_2$ that $\Pi\neq 0$, and then from Eq. $(51.3)_3$ that $\gamma=0$. Now by forming the scalar product of Eq. $(51.3)_2$ with $\mathbf{n}$ and using Eq. $(51.3)_4$ there results

$$-\varrho\,\Pi\,\boldsymbol{\delta}\cdot\mathbf{n}+c^2\beta=0.\tag{51.4}$$

Elimination of $\varrho\,\boldsymbol{\delta}\cdot\mathbf{n}$ between Eqs. (51.4) and $(51.3)_1$ gives finally

$$\Pi=\pm c=\pm\sqrt{\left(\frac{\partial p}{\partial\varrho}\right)_S},\tag{51.5}$$

as asserted. This derivation of the speed of sound is due, in essence, to HUGONIOT[1]. It is relatively simple, mathematically rigorous, rests upon an unequivocal

[1] H. HUGONIOT: C. R. Acad. Sci., Paris **101**, 1118, 1229 (1885). — J. Math. Pures Appl. (4) **3**, 477 (1887); **4**, 153 (1888).

definition of the speed of sound, and applies to an entirely arbitrary motion of a perfect fluid. The earlier derivation of the speed of sound (Sect. 35) satisfies, at best, only the first of these criteria. We should point out, however, that even the present method is open to the criticism that it applies only to a perfect fluid. An alternate approach to the speed of sound, to some extent avoiding this criticism, will be given in Sect. 57.

There are several other points that should be made concerning sound waves. Since $\Pi = G - \mathbf{v} \cdot \mathbf{n}$ we have

$$|\mathbf{v} \cdot \mathbf{n} - G| = c \tag{51.6}$$

that is, the component of velocity normal to Σ, less the speed of advance of Σ, has magnitude equal to the local speed of sound c. This generalizes a result found earlier in connection with characteristic manifolds in steady flows. Also, across a sound wave we have $\gamma = 0$ and $[\boldsymbol{\omega}] = \boldsymbol{\delta} \times \mathbf{n} = 0$; *the entropy is continuously differentiable and the vorticity continuous across a sound wave.* Similarly, in view of Eq. $(51.3)_2$ *the discontinuity of the acceleration has no longitudinal component,* i.e.

$$[\mathbf{a}] = -\boldsymbol{\delta} \Pi = \frac{\alpha}{\varrho} \mathbf{n}.$$

Table 3. *Fundamental differences between the two types of singular surfaces of order one.*

Type	Sound wave	Material wave
Speed of propagation	$c = \sqrt{\left(\frac{\partial p}{\partial \varrho}\right)_s}$	0
Conserved quantities	$\mathbf{a}_t$	$\mathbf{a}$
	$\boldsymbol{\omega}$	Θ, ω_n
	grad S	grad p

Consider next a singular surface on which $\alpha = 0$. From $(51.3)_2$ it follows that $\Pi = 0$ (otherwise $\alpha = \beta = \gamma = \boldsymbol{\delta} = 0$), and since $dF/dt = -\Pi\,|\text{grad}\,F|$, we have by the theorem of Sect. 8 that Σ is a material surface. The pressure is continuously differentiable and the expansion and acceleration are continuous across such a singular surface.

For an incompressible fluid, Eqs. $(51.3)_1$ and $(51.3)_2$ remain valid, provided we set $\beta = 0$. Forming the scalar product of Eq. $(51.3)_2$ with $\boldsymbol{n}$ and using Eq. $(51.3)_1$ gives $\alpha = 0$, whence also $\Pi = 0$. This shows that *the only possible singular surfaces in an incompressible fluid motion are material surfaces.*

If a singular surface is considered as a fixed manifold in the four-dimensional $(\mathbf{x}, t)$-space, condition (51.6) may be interpreted by the following geometric criterion: *at each point P of a sound wave, the wave is tangent to the cone*

$$|\mathbf{x} - \mathbf{v}_P\, t|^2 = c_P^2\, t^2, \tag{51.7}$$

along the line (characteristic ray)

$$\mathbf{x} = (\mathbf{v}_P \pm c_P\, \mathbf{n})\, t. \tag{51.8}$$

The coordinates are chosen so that P is the origin. Formulae (51.7) and (51.8) admit an immediate interpretation in terms of the propagation of a sound wave in space (HUYGHEN's principle). In the same manner, *at every point of a material singular surface, the surface is tangent to the line*

$$\mathbf{x} = \mathbf{v}_P\, t. \tag{51.9}$$

We have seen that every singular surface is a characteristic manifold. The converse is certainly not true, but at least the geometric conditions defining a singular surface must also apply to a characteristic manifold. Thus, by the remarks of the preceding paragraph, there are two kinds of characteristic manifolds in a general flow of a compressible fluid: specifically, *a manifold Σ is a characteristic manifold if and only if at each point P it is tangent* *either to the cone (51.7) or to the line (51.9).* This result can also be obtained directly from the definition of a characteristic manifold. At the present time there are still some untouched problems in the theory of characteristic manifolds. The theory of bicharacteristics has been treated only sketchily, nor is it known what equation governs the propagation of discontinuities along characteristic rays.

VI. Special topics.

52. Transonic flow. A gas flow is called transonic if the motion is partly subsonic and partly supersonic. A number of transonic flow problems have been treated in the literature in recent years, but limitations of space make it impossible to deal here with more than one aspect of the situation. The problem chosen for discussion is of considerable physical interest, and also exhibits a remarkable mathematical behavior which has provoked much comment.

Consider the steady plane flow of a perfect gas past a fixed profile, the flow being uniform at infinite distances. We have noted the existence of a unique everywhere subsonic flow past the profile when the Mach number M_∞ lies in a certain range $0 \leqq M_\infty < \tilde{M}$; moreover, as M_∞ approaches $\tilde{M}$ the maximum local Mach number in the flow approaches 1. Now when M_∞ increases beyond $\tilde{M}$ it is observed experimentally that local supersonic zones develop on the sides of the profile, and, after further increase of M_∞, shock waves occur in the supersonic zones. The Mach number M_{sw} at which shock waves first appear is not too well-defined, but at all events satisfies $\tilde{M} < M_{sw} < 1$.

Now by using the hodograph method it is possible to construct exact transonic flows past profiles[1]. Although this result is of considerable importance, it does not guarantee that a solution exists for an arbitrary profile shape; furthermore no hodograph solution has ever provided a continuous transition from subsonic to transonic flow for a *given fixed* profile. These problems might be expected to yield to further analysis but for the difficulty that once a continuous transonic flow past a fixed profile is set up no mechanism is known which will explain the eventual breakdown of the flow as M_∞ is increased[2], the attractive limiting line hypothesis having been shown false[3]. A reason for these apparent anomalies may be gained from the following important theorem of Nikolsky and Taganov:

If in a continuous potential flow there is a local supersonic zone adjacent to an arc of the flow boundary, this arc must be strictly convex[4].

Leaving the proof until later, we see plainly from this result that, should a transonic flow exist, it could always be destroyed by the slightest variation of the profile, namely any variation putting a straight or concave arc into the supersonic region[5]. This result leads naturally to the following assertion, made in-

---

[1] M. J. Lighthill [*35*], p. 251. — T.M. Cherry: Phil. Trans. Roy. Soc. Lond., Ser. A **245**, 583 (1953).

[2] This statement refers only to breakdown mechanisms lying in the domain of perfect fluid theory; when viscosity is taken into account the situation may be somewhat different, see below.

[3] K.O. Friedrichs: Comm. Pure Appl. Math. **1**, 287 (1948); a simpler proof is due to I. Kolodner and C.S. Morawetz: Comm. Pure Appl. Math. **6**, 97 (1953); cf. also A. Manwell: Quart. Appl. Math. **12**, 343; **13**, 337 (1955).

[4] A.A. Nikolsky and G.I. Taganov: Prikl. Mat. Mek., USSR. **10**, 481 (1946), [English translation, NACA Tech. Mem. 1213 (1949)].

[5] Using a method somewhat similar to that of Nikolsky and Taganov, H. Johnson (Masters thesis, U. of Minn.) has shown that an axially-symmetric transonic flow is likewise unstable to small variations of the boundary.

dependently by FRANKL, GUDERLEY, and BUSEMANN[1], and finally proved in 1957 by C. S. MORAWETZ[2]: *the problem of continuous transonic flow past a fixed profile is badly set in the theory of perfect fluids.*

The explanation for the observed phenomena seems therefore to involve the effect of viscosity in a boundary layer. Presumably the edge of the boundary layer makes the adjustments necessary to accommodate a non-viscous flow outside the boundary layer; as M_∞ increases, the edge of the boundary layer develops a very large curvature at some point and a shock line enters the flow. This surmise is supported by the result of Friedrichs quoted earlier. LIN has conjectured that the transonic flow problem can be solved for *analytic* convex profiles; if this is the case then the boundary layer argument just given provides a sort of existence theorem for transonic flows past a profile.

According to the discussion of the preceding paragraph we may expect continuous inviscid transonic flow to exist *outside* the boundary layer. Some information on the possible location of local supersonic zones can then be inferred from the Nikolsky-Taganov theorem: for example, the first appearance of sonic speed and the first appearance of a shock line must occur on convex portions of the profile boundary. The theorem applies also to local supersonic zones in a plane nozzle, and can be used to determine the location of the sonic point in transonic flow past a wedge.

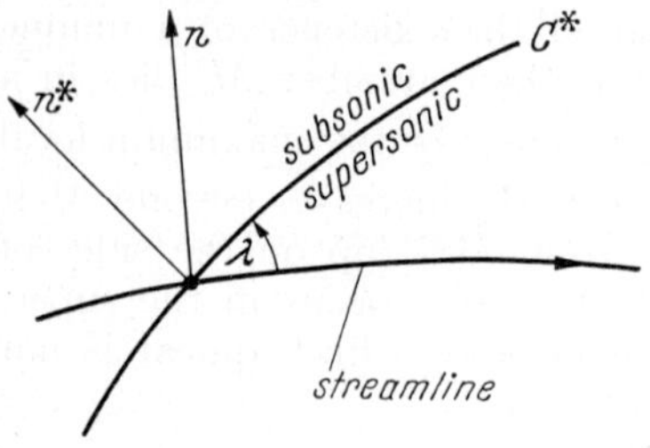

Fig. 9. Geometry of the sonic line C^*.

The proof of the Nikolsky-Taganov theorem follows in three parts.

1. Let C^* be a sonic arc in the flow region, separating a zone of subsonic flow from a zone of supersonic flow. Then the inclination of the velocity vector decreases monotonically as C^* is traversed so that the supersonic zone is to the right (Fig. 9).

For let s and s^* denote, respectively, arc length on the streamlines and on C^*. Then (see Fig. 9)

$$\frac{\partial \vartheta}{\partial s^*} = \frac{\partial \vartheta}{\partial s}\cos\lambda + \frac{\partial \vartheta}{\partial n}\sin\lambda. \tag{52.1}$$

Now on C^*, $M=1$ and $q=q_*=\text{const}$. Therefore by Eq. (52.1) and the intrinsic Eqs. (41.4),

$$\frac{\partial \vartheta}{\partial s^*} = \frac{1}{q_*}\frac{\partial q}{\partial n}\cos\lambda = \frac{\cos^2\lambda}{q_*}\frac{\partial q}{\partial n^*}.$$

Since n^* is measured into the subsonic zone we have $\partial q/\partial n^* \leqq 0$; it follows that $\partial\vartheta/\partial s^* \leqq 0$, and our assertion is proved.

According to this lemma there cannot exist a bounded supersonic region in the interior of a flow: if this occured, then a complete traversal of the boundary would contradict the single-valuedness of ϑ.

2. A local supersonic zone $\mathfrak{D}$ adjacent to the flow boundary has a simply covered image in the hodograph plane.

For consider a C_- characteristic in the supersonic zone emanating from a point P on the profile. This characteristic ends at a point A on the sonic line, for it surely does not return to the profile. Let Q be a variable point on AP, and let R the sonic point on the C_+ characteristic through Q (see Fig. 10). In the hodograph plane, the image points A', R', B' have the order indicated since $\partial\vartheta/\partial s^* \leqq 0$. Thus as Q goes from A to P, R' moves from A' to B', and Q' moves from A' to P'. Now letting A vary the length of the sonic line, it is easily seen that the hodograph image of $\mathfrak{D}$ is simply covered.

[1] F. I. FRANKL: Prikl. Mat. Mek., USSR. **11**, 192 (1947), [English translation, NACA Tech. Mem. 1251 (1949)]; G. GUDERLEY: Wright Field Rep. No. F-TR-1171-ND; and A. BUSEMANN: J. Aeronaut. Sci. **16**, 337 (1949).

[2] C. S. MORAWETZ: Comm. Pure Appl. Math. **10**, 107 (1957); **11**, 129 (1958).

3. The theorem of NIKOLSKY and TAGANOV can now be proved. Let Λ denote the curve in the hodograph plane which is the image of the boundary arc P_1PP_2. As we follow Λ from P_1' to P_2' the angle ϑ must continually decrease, for otherwise Λ would intersect some characteristic twice. That characteristic would then, in the physical plane, begin and end on the boundary, which is impossible. It follows that $\partial\vartheta/\partial s \leqq 0$ on P_1PP_2; that is, the boundary arc is necessarily convex. (A further argument shows that it must be *strictly* convex; this will be omitted, however, since it adds no basically new information.)

a 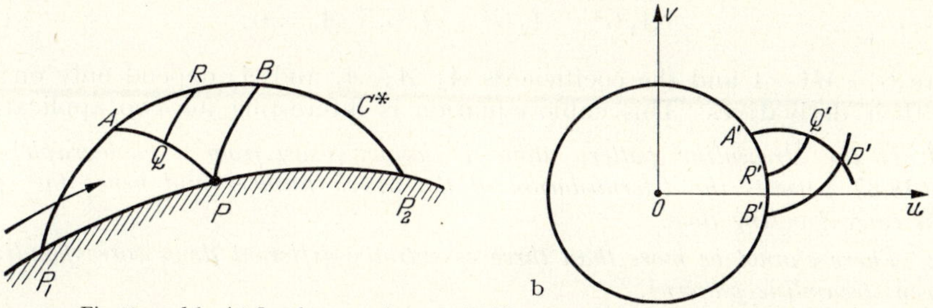 b

Fig. 10a and b. (a) Local supersonic zone. (b) The corresponding characteristic diagram.

The above argument also proves that the hodograph image of the supersonic zone must lie between the Γ_+ characteristic emanating from P_2' and the Γ_- characteristic emanating from P_1'. Thus the maximum speed $\bar{q}$ attainable in a local supersonic zone is given by

$$\imath(\bar{q}) = \frac{\vartheta_1 - \vartheta_2}{2},$$

where $\vartheta = \pm\,\imath(q)$ is the equation of the characteristic curves. For thin profiles the angles ϑ_1 and ϑ_2 are very nearly equal, so that high speeds in a local supersonic zone in continuous flow are impossible.

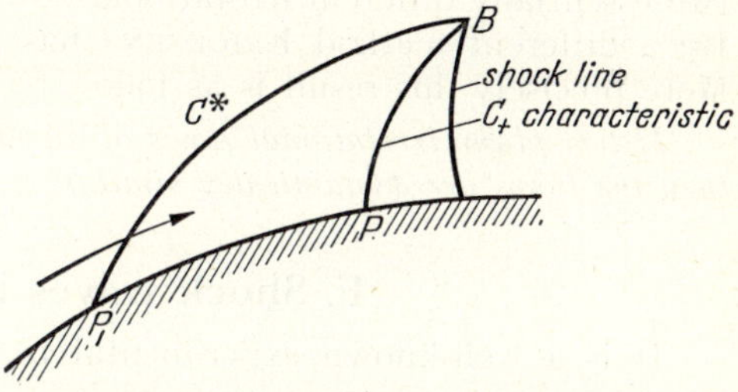

Fig. 11. Local supersonic zone bounded by a shock line.

The reader will note that the results of 1, 2, and 3 apply equally well to the supersonic region P_1BP in Fig. 11. Since such configurations are observed to be completely stable, we have another example of the predominant role which the boundary layer plays in smoothing out profile variations in transonic flows.

53. Elimination of the pressure and density from the equations of motion. It is of some interest to eliminate p, ϱ and S from Eqs. (35.1) to (35.4), thereby obtaining integrability conditions on the velocity field of any possible fluid motion. This was accomplished recently by BERKER[1], but since the matter is fairly complicated the reader must be referred to the original paper for details. As part of his investigation, BERKER finds a number of new exact solutions.

The situation is somewhat easier when the flow is restricted to being steady and two-dimensional. Considering an ideal gas with constant specific heats, ERICKSEN[2] finds the pair of equations

$$\left.\begin{aligned}\frac{\partial M^2}{\partial s} &= \frac{K M^2}{M^2-1}\left[2+(\gamma-1)\,M^2\right],\\ \frac{\partial M^2}{\partial n} &= \frac{M^2(M^2-1)}{K}\left[\frac{\partial K}{\partial n}+\frac{\partial \varkappa}{\partial s}-2K\varkappa-M^2\left(\frac{\partial\varkappa}{\partial s}+\gamma K\varkappa\right)\right],\end{aligned}\right\}\qquad(53.1)$$

[1] R. BERKER: C. R. Acad. Sci., Paris **242**, 342 (1956).
[2] J.L. ERICKSEN: Bull. Tech. Univ. Istanbul **6**, 1 (1953).

in which only the Mach number and flow pattern enter ($\varkappa$ and K are the curvatures of the streamlines and their orthogonal trajectories). By putting $f = M^2$ in the compatibility condition

$$\frac{\partial}{\partial n}\left(\frac{\partial f}{\partial s}\right) - \frac{\partial}{\partial s}\left(\frac{\partial f}{\partial n}\right) = \varkappa \frac{\partial f}{\partial s} + K \frac{\partial f}{\partial n}, \tag{53.2}$$

he finds from Eq. (53.1) that

$$A_3 G^3 + A_2 G^2 + A_1 G + A_0 = 0, \tag{53.3}$$

where $G = M^2 - 1$ and the coefficients A_3, A_2, A_1 and A_0 depend only on $\varkappa$, K and their derivatives. This cubic equation is interesting for two applications:

1. If the streamline pattern alone is known (say from a photograph) then Eq. (53.3) permits the determination of the Mach number and hence the speeds in the corresponding flow.

2. There cannot be more than three essentially different flows corresponding to a given streamline pattern[1].

For irrotational motion in two dimensions there is of course no problem in eliminating the pressure and density, this being already accomplished by the intrinsic Eqs. (41.4). Applying condition (53.2) with $f = \log q$ to the intrinsic equations yields a quadratic equation in G, hence there cannot be more than two essentially different irrotational flows corresponding to a given flow pattern. By a different method ERICKSEN[2] has shown that actually there is only one. More precisely, his result is as follows:

If two plane irrotational flows of an ideal gas have the same streamline pattern, then the flows are dynamically similar.

F. Shock waves in perfect fluids.

It is a well-known experimental fact that abrupt changes in pressure and density can occur across surfaces in gas flow. The physical and mathematical reasons for the occurence of such transition surfaces or shock waves are also well-known and widely discussed in works on gas dynamics. This is not the place to present these arguments[3], but rather we shall assume that the reader is already familiar with the importance of shock waves. This chapter can then be devoted to the fundamental theoretical results of the subject. In particular we shall derive the shock relations, determine some elementary properties of shock waves, and finally consider the structure of shock waves.

54. Shock relations. Mathematically, a shock wave is a surface $\Sigma = \Sigma(t)$ in the flow region across which one or more of the flow variables $\mathbf{v}$, ϱ, p and S suffers a jump discontinuity. In order to describe the conditions which hold at a shock surface we begin by assigning the subscript 1 to denote quantities on one side of the shock and the subscript 2 to denote quantities on the other side, (eventually we shall interpret side 1 as the front of the shock and side 2 as the back, but for the moment no such distinction is made). Let $\mathbf{n}$ be the unit normal vector to the shock surface, directed towards side 2, and let G be the speed of advance of the surface in that direction. Then the following equations hold relat-

---

[1] See also T.Y. THOMAS and B. BERNSTEIN: J. Rational Mech. Anal. **1**, 703 (1955).

[2] J.L. ERICKSEN: J. Math. Phys. **31**, 63 (1952).

[3] See [*17*], §§ 50, 117, and the article of H. CABANNES in this Handbuch, vol. IX.

ing the flow variables on the two sides of Σ:

$$\left.\begin{aligned} [\varrho U] &= 0, \\ [\varrho U \mathbf{v} + p\,\mathbf{n}] &= 0, \\ [\varrho U(\tfrac{1}{2}q^2 + E) + p\,\mathbf{v}\cdot\mathbf{n}] &= 0, \\ [\varrho U S] &\geqq 0. \end{aligned}\right\} \tag{54.1}$$

In these equations $U = \mathbf{v}\cdot\mathbf{n} - G$ is the relative normal flow velocity on Σ, and the brackets denote the jump of a quantity across the discontinuity front, i.e.

$$[f] = f_2 - f_1.$$

The first three of conditions (54.1) express respectively, conservation of mass, momentum, and energy as the fluid crosses Σ [1]. The final condition is a consequence of postulate (33.5) governing the change of entropy of a material volume [2]. The above equations are usually obtained from considerations more or less independent of the basic postulates of Chaps. B and D, so that it is perhaps worthwhile to indicate here how they can be obtained directly from these postulates.

We assume in what follows that the shock surface Σ separates two states of continuous flow, that the flow variables have definite limiting values on either side of Σ, and that these limiting values are different for at least one of the flow variables. Consider now a volume $\mathscr{V}$ moving with the fluid particles, and let Σ divide $\mathscr{V}$ into two parts. According to Eq. (5.2)

$$\frac{d}{dt}\int\limits_{\mathscr{V}} \varrho\, dv = 0. \tag{54.2}$$

In analogy with the derivations in Chap. B, we should like to use Eq. (4.1) to evaluate the left hand side of Eq. (54.2). Because of possible discontinuities of both the density and velocity across Σ, it is necessary to use Eq. (4.1) in a modified form, namely,

$$\frac{d}{dt}\int\limits_{\mathscr{V}} f\, dv = \int\limits_{\mathscr{V}} \left(\frac{df}{dt} + f \operatorname{div}\mathbf{v}\right) dv + \int\limits_{\Sigma} [f U]\, da. \tag{54.3}$$

In this equation, which is easily inferred from Eq. (4.2), the designation Σ as the area of integration naturally refers only to the portion of Σ inside $\mathscr{V}$. From

[1] The concept of a discontinuity surface and the first two conditions above are due originally to G. Stokes, Phil. Mag. (3) **33**, 349 (1848). Stokes' remarks concerning these topics still make interesting reading: "These conclusions certainly seem sufficiently startling; yet a still more extraordinary result ..."; "the result, however, is so strange ..."; etc.

The fact that energy should be conserved across a shock wave is implicit in an investigation of Rankine [Phil. Trans. Roy. Soc. Lond. **160**, 277 (1870)], and was later given precise form by Hugoniot [J. Ecole Polytech. Cahier 57, 1 (1887); Cahier 58, 1 (1889)].

[2] That the entropy should increase across a shock was first pointed out by G. Zemplén, C. R. Acad. Sci., Paris **141**, 710 (1905). Zemplén's remark, which today seems obvious enough, is actually far from a triviality. At the time when his note was published, both Kelvin and Rayleigh were of the opinion that $[S] = 0$ at a shock surface. They therefore had serious doubts as to the validity of the shock wave hypothesis as a model for the behavior of real gases, since the first three of Eqs. (54.1) are incompatible with the presumed truth of $[S] = 0$. Even Stokes had joined this view, for in his Collected Papers the 1848 note is purposely abridged to omit the shock conditions! It should be added that the continental hydrodynamicists generally did not entertain the doubts of the English school, and that, in any case, the correct principles were more or less universally understood by 1915, (strangely enough, however, Lamb persists in the earlier misconception).

Eqs. (54.2) and (54.3), together with the equation of continuity, we obtain

$$\int_{\Sigma} [\varrho U]\, da = 0.$$

Since the portion of Σ over which this integration takes place may be arbitrarily small, it follows in the usual way that the integrand is zero, proving Eq. (54.1). The remaining equations of (54.1) are derived similarly from Eqs. (6.1), (33.3), and (33.5); of course, in these laws it is assumed that $\mathbf{t} = -p\mathbf{n}$ and $\mathbf{q} = 0$. (It is of related interest to study the shock relations which hold at a discontinuity surface in a viscous fluid motion, especially since certain of the results are quite remarkable[1]. Such a study must be mainly of theoretical importance, however, since there does not appear to be any experimental situation which would require viscous shocks for its explanation.)

The remainder of this section is concerned with certain elementary consequences of the shock relations. In order to facilitate the discussion it is convenient to consider separately the two cases

I. $U_1 = U_2 = 0$;

II. Neither U_1 nor U_2 is zero.

In the first case no fluid crosses Σ so that it can hardly be considered a true shock. Such a discontinuity surface in fact moves with the gas and separates two zones of different density (and temperature); but the pressure and normal velocity are the same on both sides. We shall exclude this simple and relatively unimportant case from the further discussion. The second case is that of a genuine shock wave. Here it can be assumed without loss of generality that

$$U_1 > 0, \quad U_2 > 0, \tag{54.4}$$

for the other possibility can be converted into this one simply by relabeling the sides 1 and 2 of Σ (consequently reversing the direction of $\mathbf{n}$). The geometrical significance of Eq. (54.4) is that the fluid enters the shock surface on side 1 and emerges on side 2.

Now let $\mathbf{v}_t$ denote the (vector) projection of $\mathbf{v}$ onto the shock surface. By means of some simple reductions making use of the fact that U_1 and U_2 are positive we may rewrite Eq. (54.1) in the elegant form

$$\left.\begin{aligned} &[\varrho U] = 0, \\ &[\varrho U^2 + p] = 0, \quad [\mathbf{v}_t] = 0, \\ &[\tfrac{1}{2} U^2 + I] = 0, \\ &[S] \geqq 0, \end{aligned}\right\} \tag{54.5}$$

---

[1] The basic work on this subject is due to P. DUHEM, Recherches sur l'hydrodynamique, Ann. Toulouse (2) (1901—1903), reprinted Paris 1903—1904. Unfortunately, DUHEM's paper is quite difficult to read due to its shear bulk, its somewhat outdated notation, and an altogether remarkable profusion of symbols. In view of this fact, and since some of DUHEM's results (see below) have an inherent interest quite apart from possible applications, it seems desirable to reexamine DUHEM's work. This the author has done, with particular regard to the following two of DUHEM's results: (A) no singular surface of zero order (shock wave) can exist in a viscous fluid, and (B) singular surfaces of order one (Sect. 51) in a non-viscous heat-conducting fluid propagate with the Newtonian speed of sound. Our conclusions relative to these statements are as follows: (1) shock waves, across which all of the fundamental conservation laws hold, *are* possible in viscous fluids; (2) if, however, it is postulated that $[\mathbf{v}] = [T] = 0$ across any discontinuity surface in a viscous flow, then only contact discontinuities are possible (this is the true content of DUHEM's first result); (3) in a non-viscous, heat-conducting fluid it *is* possible for a singular surface to propagate at the Newtonian sound speed. A complete discussion of these results will be published in the Journal of Mathematics and Mechanics.

where I is the specific enthalpy, $I = E + p/\varrho$. When the motion is steady and the shock surface consequently stationary, we have from Eqs. $(54.5)_3$ and $(54.5)_4$,

$$[\tfrac{1}{2} q^2 + I] = 0. \tag{54.5a}$$

Thus BERNOULLI'S equation (38.3) holds for steady flow even when shock fronts intervene in the motion.

It is useful to exhibit Eqs. (54.5) in several other forms where the thermodynamic variables stand separated. To this end, let us introduce the mass flux m across the shock

$$m = \varrho_1 U_1 = \varrho_2 U_2. \tag{54.6}$$

Then from Eqs. $(54.5)_2$ and $(54.5)_1$,

$$\left.\begin{aligned} p_2 - p_1 &= \varrho_1 U_1^2 - \varrho_2 U_2^2 \\ &= m(U_1 - U_2) = m^2(\tau_1 - \tau_2) = U_1 U_2 (\varrho_2 - \varrho_1), \end{aligned}\right\} \tag{54.7}$$

(τ denotes specific volume). From the first, second, and third forms respectively of the right hand side of Eq. (54.7) we derive

$$(p_2 - p_1)(\tau_2 + \tau_1) = U_1^2 - U_2^2, \tag{54.8}$$

and

$$\frac{p_2 - p_1}{\tau_2 - \tau_1} = - m^2, \tag{54.9}$$

$$\frac{p_2 - p_1}{\varrho_2 - \varrho_1} = U_1 U_2. \tag{54.10}$$

Finally from Eqs. (54.8) and $(54.5)_4$ follows

$$(p_2 - p_1)(\tau_2 + \tau_1) = 2(I_2 - I_1). \tag{54.11}$$

The important Eq. (54.11) was first obtained by HUGONIOT, although the result for ideal gases was already known to RANKINE. Eq. (54.11) determines all the possible thermodynamical states (p_2, τ_2) which may be reached across a shock wave from an initial state (p_1, τ_1). Another form of (54.11) is

$$(p_2 + p_1)(\tau_2 - \tau_1) = 2(E_2 - E_1).$$

An important property of shock waves is that they introduce vorticity into an otherwise irrotational flow. The usual reason advanced for this statement is that energy (more precisely, the stagnation enthalpy H) is conserved across a shock while entropy is introduced. This argument is restricted to steady motion. Recently, however, several papers have appeared in which the unsteady flow situation is analysed and in which the same conclusion is reached[1].

There is a remarkably simple formula for the vorticity introduced behind a shock when the flow in front is uniform, namely[2]

$$\boldsymbol{\omega} = \frac{(\tau_1 - \tau_2)^2}{\tau_2} \mathbf{n} \times \operatorname{grad}_\Sigma m, \tag{54.12}$$

where $\operatorname{grad}_\Sigma$ denotes the surface gradient operator, and $m = \varrho U$. The proof of Eq. (54.12) is too long to include here, but it is worthwhile to notice several

[1] W. D. HAYES: J. Fluid Mech. **2**, 595 (1957). — R. P. KANWAL: Arch. Rational Mech. Anal. **1**, 225 (1958).

[2] M. J. LIGHTHILL: J. Fluid Mech. **2**, 1 (1957). — W. D. HAYES: J. Fluid Mech. **2**, 595 (1957).

consequences. First, it is apparent that $\boldsymbol{\omega}$ is tangential to the shock surface. Also, in plane or axially-symmetric steady flow Eq. (54.12) reduces simply to

$$\omega = \frac{(\varrho_2-\varrho_1)^2}{\varrho_1\varrho_2} K v_t, \tag{54.13}$$

where K is the curvature of the shock line and v_t is the tangential component of velocity[1]. It is seen from Eq. (54.13) that vorticity is introduced at every point of a shock front where its curvature is non-zero and its inclination not normal to the uniform stream. Furthermore, although the entropy introduced by a shock front is of third order in shock strength, the vorticity is of second order.

In Sect. 56 we shall obtain several further properties of the shock transition in an arbitrary perfect fluid. In particular it will be shown that the entropy change across a shock front is of third order in the shock strength $\tau_1-\tau_2$. Thus, considering a sequence of shock fronts whose strengths tend to zero, we have

$$\lim U_1^2 = \lim U_2^2 = \lim \frac{p_2-p_1}{\varrho_2-\varrho_1} = c^2.$$

In other words, *the speed of advance of an infinitely weak shock front relative to the fluid is precisely the speed of sound.* This result offers another justification for calling c the speed of sound.

55. Shock relations for an ideal gas. For an ideal gas with constant specific heats,

$$I = \frac{c^2}{\gamma-1} = \frac{\gamma}{\gamma-1} p\,\tau.$$

This allows the Hugoniot relation (54.11) to be written in the useful form[2]

$$\left(p_2+\frac{\gamma-1}{\gamma+1}p_1\right)\left(\tau_2-\frac{\gamma-1}{\gamma+1}\tau_1\right) = \frac{4\gamma}{(\gamma+1)^2} p_1\tau_1. \tag{55.1}$$

Eq. (55.1) determines all possible end states (p_2, τ_2) which can be reached across a shock wave from the initial state (p_1, τ_1). The locus of these end states in the (p, τ)-plane is a rectangular hyperbola with asymptotes

$$p = -\frac{\gamma-1}{\gamma+1}p_1, \qquad \tau = \frac{\gamma-1}{\gamma+1}\tau_1;$$

this curve is called the Hugoniot curve. The condition $S_2 \geqq S_1$ requires us to choose only that portion of the hyperbola above the point (p_1, τ_1), whence

$$\frac{\gamma-1}{\gamma+1}\tau_1 < \tau_2 < \tau_1 \quad \text{or} \quad \varrho_1 < \varrho_2 < \frac{\gamma+1}{\gamma-1}\varrho_1;$$

in other words the increase in density across a shock wave cannot be arbitrarily great. The adiabatic through (p_1, τ_1) and the Hugoniot curve through that point are shown in Fig. 12; these curves have a second order contact.

The fluid state in front of the shock wave, together with the shock speed G, suffices for the complete determination of the state behind the shock. Specifically, introducing the "Mach numbers"

$$\mathsf{M}_1 = U_1/c_1, \qquad \mathsf{M}_2 = U_2/c_2,$$

[1] C. TRUESDELL: J. Aeronaut. Sci. **19**, 826 (1952).

[2] Other forms of the Hugoniot relation for ideal gases are

$$\frac{p_2}{p_1} = \frac{(\gamma+1)\varrho_2-(\gamma-1)\varrho_1}{(\gamma+1)\varrho_1-(\gamma-1)\varrho_2} \quad \text{and} \quad \frac{p_2-p_1}{\varrho_2-\varrho_1} = \gamma\,\frac{p_2+p_1}{\varrho_2+\varrho_1}.$$

we have for the ideal gas,

$$\left.\begin{aligned}\frac{U_2-U_1}{U_1}&=\frac{\tau_2-\tau_1}{\tau_1}=\frac{2}{\gamma+1}\,\frac{1-\mathsf{M}_1^2}{\mathsf{M}_1^2}\\ \frac{p_2-p_1}{p_1}&=\frac{2\gamma}{\gamma+1}(\mathsf{M}_1^2-1)\\ \frac{T_2-T_1}{T_1}&=\frac{2(\gamma-1)}{(\gamma+1)^2}\,\frac{(\gamma\mathsf{M}_1^2+1)(\mathsf{M}_1^2-1)}{\mathsf{M}_1^2}\\ 1-\mathsf{M}_2^2&=\frac{\mathsf{M}_1^2-1}{1+\dfrac{2\gamma}{\gamma+1}(\mathsf{M}_1^2-1)}\,.\end{aligned}\right\}\tag{55.2}$$

It is sufficient to prove the first of these, for the others then follow readily. From Eqs. (54.9) and (54.6),

$$\left.\begin{aligned}p_2-p_1&=m^2(\tau_1-\tau_2)\\ &=\gamma p_1\mathsf{M}_1^2(1-\tau_2/\tau_1)\,.\end{aligned}\right\}\tag{55.3}$$

It is a simple matter to eliminate the quantity (p_2/p_1-1) between Eqs. (55.1) and (55.3), and thus to obtain Eq. $(55.2)_1$.

The entropy increase through a shock wave is given by

$$\frac{S_2-S_1}{c_v}=\log\left(\frac{p_2}{p_1}\right)\left(\frac{\tau_2}{\tau_1}\right)^{\gamma}.\tag{55.4}$$

This may be brought into a somewhat different form when the flow is steady. For by Eq. (54.5a) the stagnation enthalpy is the same in front of the shock as behind the shock, hence the same holds for the stagnation temperature. Thus, using the fact that entropy is constant along streamlines, we find that

$$\frac{p_2\tau_2^{\gamma}}{p_1\tau_1^{\gamma}}=\left(\frac{p_{02}}{p_{01}}\right)^{1-\gamma}\left(\frac{T_{02}}{T_{01}}\right)^{\gamma}=\left(\frac{p_{02}}{p_{01}}\right)^{1-\gamma},\tag{55.5}$$

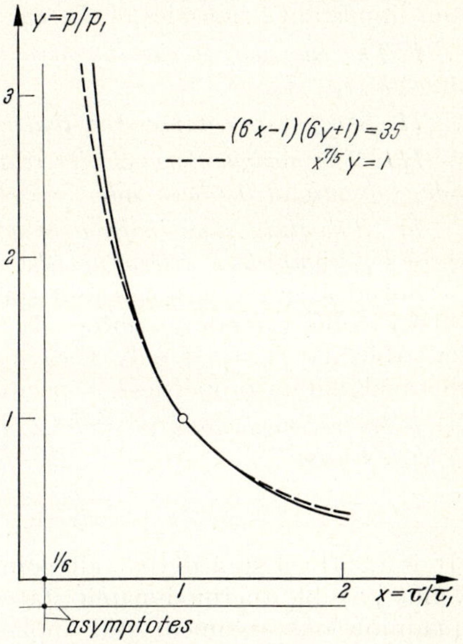

Fig. 12. Hugoniot curve (solid line) and adiabatic curve (broken line) for $\gamma=\frac{7}{5}$. The asymptotes of the Hugoniot curve are indicated.

where the subscript zeros denote stagnation quantities. With the help of Eq. (55.5) we can therefore write Eq. (55.4) in the alternate form

$$S_2-S_1=R\log(p_{01}/p_{02})\,.\tag{55.6}$$

Since the critical speed q_* and the critical enthalpy I_* are also unchanged across a shock front [because of Eq. (54.5a) and the fact that $I=c^2/\gamma-1$], the above reasoning also serves to prove the useful chain of equalities,

$$\frac{p_{01}}{p_{02}}=\frac{\varrho_{01}}{\varrho_{02}}=\frac{p_{*1}}{p_{*2}}=\frac{\varrho_{*1}}{\varrho_{*2}}=\frac{Q_{*1}}{Q_{*2}}\,.\tag{55.7}$$

The ratio (55.7) is tabulated as the final column in Table 1 of Sect. 37.

Finally, since $p_2/p_1>1$ we must have $\mathsf{M}_1>1$ according to Eq. $(55.2)_2$. This implies $U_1>c_1$; that is, *the relative normal flow velocity in front of a shock front is supersonic.* Conversely $\mathsf{M}_2<1$ and *the normal velocity behind a shock front is subsonic with respect to the shock front*[1]. These properties of a shock front are also true for a general gas, as we shall see in the following section. For steady flow, by Eq. $(55.2)_1$ and Bernoulli's equation,

$$v_{1n} v_{2n} = U_1 U_2 = \frac{\gamma-1}{\gamma+1} U_1^2 + \frac{2}{\gamma+1} c_1^2 = \frac{\gamma-1}{\gamma+1} (q_{\max}^2 - v_t^2)$$
$$= q_*^2 - \frac{\gamma-1}{\gamma+1} v_t^2 .$$

This interesting formula is due to PRANDTL. For normal shocks it reduces to

$$q_1 q_2 = c_*^2 .$$

56. Basic properties of the shock transition. In this section we shall establish four important properties of the gas state on either side of a shock front, namely

I. The increase of entropy across a shock front is of third order in the shock strength $(\tau_1 - \tau_2)$.

II. Shocks are compressive, that is $p_2 > p_1$, $\tau_2 < \tau_1$.

III. The normal flow velocity relative to a shock front is supersonic at the front side, subsonic at the back side.

IV. The fluid state in front of a shock wave, together with the relative normal speed U_1, *completely determines the state behind the shock wave.*

For ideal gases with constant specific heats, properties (II) through (IV) were shown in the preceding section. It is remarkable that the same properties hold for arbitrary gases, if only very mild assumptions are made concerning their thermodynamic properties[2]. Specifically, we require of the gas that:

1. Its thermodynamical state Z is uniquely determined by the pressure and specific volume;

2. $$\left(\frac{\partial p}{\partial \tau}\right)_S < 0, \quad \left(\frac{\partial^2 p}{\partial \tau^2}\right)_S > 0\,[3].$$

[It is tacitly assumed that all points in the first quadrant of the (p, τ)-plane define possible thermodynamic states Z. If (1) and (2) do not hold over the whole quadrant, our argument still applies (with only slight changes) in any *convex* region where (1) and (2) are valid.] Before giving the formal proof of I to IV we observe that our assumptions imply that adiabatics in the (p, τ)-plane are convex curves with negative slope (Fig. 13). Now it can be shown that (1) and (2) imply furthermore that $(\partial S/\partial p)_\tau$ must be either everywhere positive or everywhere negative. We shall suppose

$$\left(\frac{\partial S}{\partial p}\right)_\tau > 0, \tag{56.1}$$

this being the case encountered in practice [actually only a few cases are known in which Eq. (56.1) is violated, the best example being liquid water below 4° centigrade; in any case, the alternative to Eq. (56.1) would make little difference]. Because of Eq. (56.1), adiabatics in the (p, τ)-plane corresponding to higher values of entropy lie above and to the right of adiabatics with lower entropy.

---

[1] Some geometric consequences of this for the shock line-characteristic line configuration are given in [*17*], p. 305.

[2] First noticed by H. BETHE and H. WEYL; see H. WEYL: Comm. Pure Appl. Math. **2**, 103 (1949). Another treatment of this topic was recently given by R.D. COWAN, J. Fluid Mech. **3**, 531 (1958).

[3] These assumptions will be recognized as precisely those postulated in the earlier discussion of thermodynamical principles, see Eqs. (30.7) and (37.6).

Proof of I to IV. For *fixed* (p_1, τ_1) let us set

$$H(p, \tau) = 2(I - I_1) - (p - p_1)(\tau + \tau_1). \qquad (56.2)$$

The locus $H = 0$ in the (p, τ)-plane is the Hugoniot curve for the state $Z_1 = (p_1, \tau_1)$; it will be denoted by $\mathfrak{H}$. Any state $Z_2 = (p_2, \tau_2)$ which can be reached across a shock wave from the front state Z_1 must lie on $\mathfrak{H}$. The differential of the function $H(p, \tau)$ is given by

$$dH = 2T\,dS - [(p - p_1)\,d\tau + (\tau_1 - \tau)\,dp], \qquad (56.3)$$

which follows at once from $dI = T\,dS - \tau\,dp$. Along the Hugoniot curve $dH = 0$, hence

$$dS = 0 \quad \text{along } \mathfrak{H} \text{ at } Z_1.$$

Again, by forming the second and third differentials of H and evaluating at Z_1, we find

$$d^2S = 0, \quad 2T\,d^3S = dp\,d^2\tau - d\tau\,d^2p,$$

along $\mathfrak{H}$ at Z_1. Taking τ as independent variable now gives $dS = d^2S = 0$ and $d^3S > 0$ for $d\tau < 0$. This proves assertion *I* [1].

We now set

$$r = \frac{p - p_1}{\tau - \tau_1};$$

r is the slope of the straight line joining Z_1 to Z. In terms of r, Eq. (56.3) takes the form

$$dH = 2T\,dS + (\tau_1 - \tau)^2\,dr. \qquad (56.4)$$

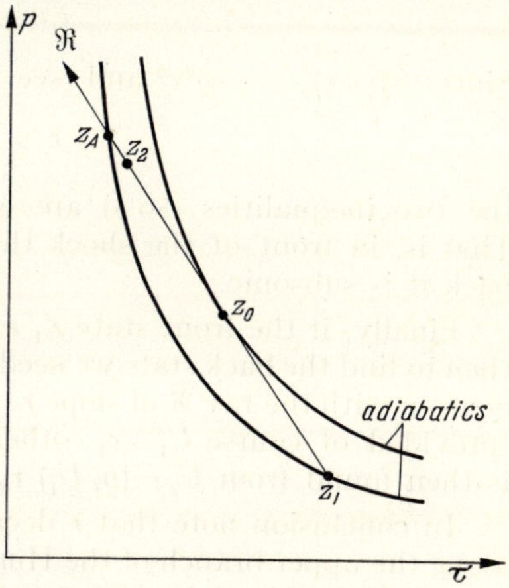

Fig. 13. (p, τ) diagram for the Hugoniot curve.

Now the adiabatic $\mathfrak{A}$ through Z_1 is convex, so that r increases as we trace $\mathfrak{A}$ from left to right. Thus by Eq. (56.4)

$$dH > 0 \quad \text{as we trace } \mathfrak{A} \text{ from left to right.}$$

Since $H = 0$ at Z_1, it follows that $H < 0$ on the upper branch of $\mathfrak{A}$ while $H > 0$ on the lower branch (see Fig. 13). If $\mathfrak{R}$ denotes a ray $r = \text{const}$ through Z_1, then $dH = 2T\,dS$ along $\mathfrak{R}$.

Consider a ray $\mathfrak{R}$ which is directed so that it intersects $\mathfrak{A}$ only at Z_1. Then by virtue of Eq. (56.1) dS is always positive or always negative as we follow $\mathfrak{R}$ away from Z_1. Since $dH = 2T\,dS$, such a ray cannot contain any points where $H = 0$. Next let $\mathfrak{R}$ intersect $\mathfrak{A}$ at a point Z_A on the upper branch of $\mathfrak{A}$. Because all adiabatic curves are convex it is geometrically evident that as we follow $\mathfrak{R}$ away from Z_1, S first increases from Z_1 to Z_0 (see Fig. 13), and decreases from then on. Since $dH = 2T\,dS$, H also increases and then decreases as we follow $\mathfrak{R}$ away from Z_1. But $H < 0$ when we arrive at Z_A, so that there must be exactly one point Z_2 on $\mathfrak{R}$ between Z_0 and Z_A where $H = 0$. The entropy at this point is obviously greater than the entropy at Z_1.

Finally, if $\mathfrak{R}$ intersects $\mathfrak{A}$ on the lower branch, the same procedure shows that $\mathfrak{R}$ can contain at most one point where $H = 0$. Such a point Z would have to

[1] In fact, we have the following development of $S - S_1$ along the Hugoniot curve,

$$S - S_1 = \frac{1}{12\,T_1}\left(\frac{\partial^2 p}{\partial \tau^2}\right)_{S,1}(\tau_1 - \tau)^3 + \cdots.$$

lie *below* $\mathfrak{A}$ (recall that $H > 0$ on the lower branch of $\mathfrak{A}$), and would therefore have $S < S_1$.

The Hugoniot curve is thus shown to be a simple line through Z_1 with $S > S_1$ on the upper branch and $S < S_1$ on the lower. According to the shock condition $(54.5)_5$ only states Z on the upper branch can be reached across a shock wave from the front state Z_1. Since $p > p_1$ and $\tau < \tau_1$ on this branch, assertion II is proved.

To prove III, note from Fig. 13 that for a shock front joining the front state Z_1 and the back state Z_2,

$$\left(\frac{\partial p}{\partial \tau}\right)_{S,Z_2} < r < \left(\frac{\partial p}{\partial \tau}\right)_{S,Z_1}. \tag{56.5}$$

Since $(\partial p/\partial \tau)_S = -\varrho^2 c^2$ and [see Eq. (54.6)]

$$r = -m^2 = -\varrho^2 U^2,$$

the two inequalities (56.5) are equivalent respectively to $c_2 > U_2$ and $U_1 > c_1$. That is, in front of the shock the relative normal speed is supersonic while in back it is subsonic.

Finally, if the front state Z_1 and the relative normal speed U_1 are prescribed, then to find the back state we need only intersect the upper branch of the Hugoniot contour with the ray $\mathfrak{R}$ of slope $r = -\varrho_1^2 U_1^2$. There is *exactly one* such intersection (provided of course $U_1 > c_1$: otherwise there is no shock possible). The value U_2 is then found from $U_2 = (\varrho_1 U_1)\, \tau_2$.

In conclusion note that r decreases monotonically as Z moves away from Z_1 along the upper branch of the Hugoniot contour. Moreover as r decreases, S must increase because of Eq. (56.4): that is, *for a given thermodynamic state in front of a shock wave, the greater the normal speed* U_1, *the greater the change in entropy across the shock.* The entropy increase across a detached bow wave in supersonic flight, for example, is greatest at the central streamline and monotonically decreases as one proceeds out along the wave.

57. The shock layer. In real gases, the passage of a particle through a shock front is not an instantaneous process in which the particle suddenly finds itself confronted with the new state behind the shock, but rather it involves a rapid transition from the front state to the back state through a narrow region, the shock layer. In this region the motion cannot be described adequately by perfect fluid theory, and therefore there is some question as to the validity of the preceding derivation of the Rankine-Hugoniot conditions. Considerable interest has thus been focused on the shock layer, and its structure has been widely studied. These investigations have yielded an increased understanding of the nature of shock waves, some information concerning the thickness of a shock layer, and an alternative justification of the Rankine-Hugoniot conditions. Moreover the comparison of the theoretical results with experiment provides a crucial testing ground for the validity of the Navier-Stokes equation. For mathematical reasons the problem has been considered mainly in the simplest case of one-dimensional steady motion, but this is in many respects the prototype of all shock phenomena.

The problem of shock structure in one-dimensional motion includes two essential phases: first, proving that the differential equations of viscous fluids actually admit a solution of the general type desired (the velocity profile should be of the form shown in Fig. 14), and second, describing the shock profile with particular emphasis on its thickness. The first of these problems, after being studied inconclusively by RAYLEIGH[1], was solved by VON MISES[2] and GILBARG[3]. The second problem—quantitative description of the profile—involves fairly difficult numerical computation and therefore lies mostly outside the scope of this article.

Since the work below is based on the equations of continuum mechanics, it is only fair to point out certain objections to the applicability of these equations. It is claimed, first, that since the thickness of a shock layer is of the order of a few molecular mean free paths, therefore any approach by continuum mechanics is *a priori* invalid[4]; and second, that continuum mechanics predicts too small values for shock thicknesses (bearing out the former criticism). The second objection has been completely negated by the work of GILBARG and PAOLUCCI[5], who have shown that if account is taken of the temperature dependence of viscosity and heat conductivity—effects only partially considered by most earlier investigators, then the Navier-Stokes equation provides at least as good values for shock thickness as does kinetic theory, values, moreover, which are in acceptable agreement with recent experiments[6]. Finally, the first objection, upon due reflection, can hardly be considered convincing[7]. For these reasons we definitely do not believe it outmoded to use continuum methods in studying the shock layer.

The mathematical theory of the shock layer, so far as it falls under the scope of continuum mechanics, is based on the equations of one-dimensional steady motion, namely

$$\left.\begin{aligned} &\frac{d}{dx}(\varrho u) = 0, \\ &\varrho u \frac{du}{dx} = \frac{dT_{xx}}{dx}, \\ &\varrho u \frac{dE}{dx} = T_{xx}\frac{du}{dx} - \frac{dq}{dx}, \end{aligned}\right\} \qquad (57.1)$$

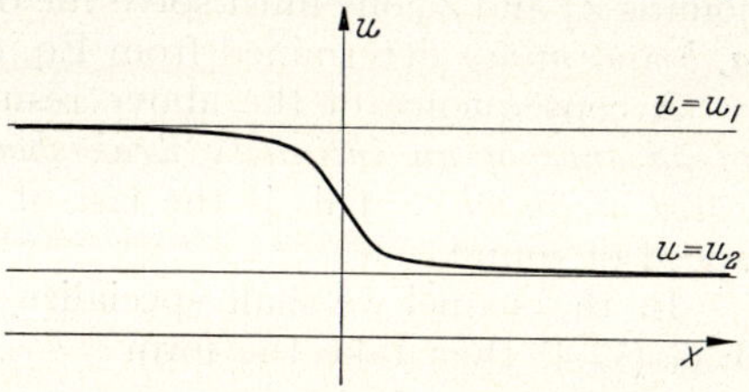

Fig. 14. Velocity profile in a shock layer.

[cf. Eqs. (5.4), (6.7), and (33.4)]. From the following chapter, Sects. 61 and 63, we draw the constitutive formulae

$$T_{xx} = -p + (\lambda + 2\mu)\frac{du}{dx}, \qquad q = -\varkappa \frac{dT}{dx}. \tag{57.2}$$

Eqs. (57.1) can be integrated once without difficulty, and with the help of Eq. (57.2) this integrated form may be written

$$\varrho u = m \tag{57.3}$$

and

$$\left.\begin{aligned} (\lambda + 2\mu)\frac{du}{dx} &= p + m(u - a), \\ \varkappa \frac{dT}{dx} &= m\left[E - \frac{1}{2}(u-a)^2 + b\right], \end{aligned}\right\} \tag{57.4}$$

[1] Lord RAYLEIGH: Proc. Roy. Soc. Lond., Ser. A **84**, 247 (1910); see also G. I. TAYLOR: Proc. Roy. Soc. Lond., Ser. A **84**, 371 (1910).

[2] R. VON MISES: J. Aeronaut. Sci. **17**, 551 (1950). The shock layer in three-dimensional flow is discussed by LUDFORD, Quart. Appl. Math. **10**, 1 (1952).

[3] D. GILBARG: Amer. J. Math. **73**, 256 (1951).

[4] The most recent statements to this effect will be found in [*43*], p. 126 and [*23*], p. 550.

[5] D. GILBARG and D. PAOLUCCI: J. Rational Mech. Anal. **2**, 617 (1953).

[6] F. S. SHERMAN: NACA Tech. Note 3298 (1955); see also the comprehensive review of G. N. PATTERSON [*34*], Chap. 4.

[7] A. E. PUCKETT and H. J. STEWART [Quart. Appl. Math. **7**, 457 (1950)] conclude that the Navier-Stokes equation should apply except in certain exceptional situations, e.g., where dissociation or condensation effects are important, in highly rarified gases, or when the stagnation temperature is very high. See also the penetrating remarks of C. TRUESDELL concerning the relative validity of methods based on continuum mechanics and on kinetic theory [J. Rational Mech. Anal. **2**, 678 (1954); **5**, 55 (1956)].

where a, b and m are constants. Here $p = f(\varrho, T)$ and $E = E(\varrho, T)$ can be considered known functions of u and T, by virtue of Eq. (57.3).

A solution $u = u(x)$, $T = T(x)$, of the system (57.4) is called a *shock layer* if, as x tends respectively to $-\infty$ and $+\infty$ the point $Z(u, T)$ tends to finite "endvalues" $Z_1(u_1, T_1)$ and $Z_2(u_2, T_2)$, with $u_2 < u_1$. It is easy to see that for a shock layer to exist the endvalues must reduce the right members of Eqs. (57.4) to zero, or in other words,

$$\left.\begin{aligned} \varrho_1 u_1 &= \varrho_2 u_2 = m\,, \\ p_1 + m u_1 &= p_2 + m u_2 = a m\,, \\ E_1 - \tfrac{1}{2}(u_1 - a)^2 &= E_2 - \tfrac{1}{2}(u_2 - a)^2 = b\,. \end{aligned}\right\} \tag{57.5}$$

These conditions are equivalent to the Rankine-Hugoniot conditions (54.5); therefore *a shock layer joining two states Z_1 and Z_2* can occur only if Z_1 and Z_2 *are allowable initial and final states, respectively, of a normal shock of an ideal fluid having the same equations of state as the given fluid.* Conversely, if states Z_1 and Z_2 satisfy the Rankine-Hugoniot conditions, then to find a shock layer joining Z_1 and Z_2 one must solve the differential equations (57.4) where the values a, b and m are determined from Eq. (57.5).

A consequence of the above result may be mentioned in passing: *the speed of advance of an infinitely weak shock layer relative to the fluid is precisely the speed of sound c.* This is the last of our series of justifications for calling c the speed of sound.

In the sequel we shall specialize to ideal gases with constant specific heats[1]. Eqs. (57.4) then take the form

$$\left.\begin{aligned} (\lambda + 2\mu)\frac{du}{dx} &= m(RT/u + u - a)\,. \\ \varkappa\frac{dT}{dx} &= m\left[c_v T - \frac{1}{2}(u-a)^2 - b\right]. \end{aligned}\right\} \tag{57.6}$$

[These equations admit an exact solution when

$$\frac{c_p(\lambda + 2\mu)}{\varkappa} = 1\,.$$

Indeed in this case, if Eq. $(57.6)_1$ is multiplied by u and added to Eq. $(57.6)_2$ there results

$$(\lambda + 2\mu)\frac{d}{dt}\left(c_p T + \frac{1}{2}u^2\right) = m\left(c_p T + \frac{1}{2}u^2 - \frac{1}{2}a^2 - b\right),$$

whence

$$c_p T + \tfrac{1}{2}u^2 = \tfrac{1}{2}a^2 + b = \text{const}\,. \tag{57.7}$$

Using Eq. (57.7) to eliminate T from Eq. $(57.6)_1$ leads obviously to

$$(\lambda + 2\mu)\frac{du}{dx} = \text{const}\,\frac{(u-u_1)(u-u_2)}{u}$$

which is easily integrated if $\lambda + 2\mu$ is constant, and numerically integrable[2] if $\lambda + 2\mu = f(T)$.]

[1] For a discussion of the case of a general gas, see D. GILBARG, Amer. J. Math. **73**, 256 (1951).

[2] L.H. THOMAS: J. Chem. Phys. **12**, 449 (1944). — M. MORDUCHOW and P. LIBBY: J. Aeronaut. Sci. **16**, 674 (1949). — R. VON MISES: J. Aeronaut. Sci. **17**, 551 (1950). — L. MEYERHOFF: J. Aeronaut. Sci. **17**, 775 (1950). — A.E. PUCKETT and H.J. STEWART: Quart. Appl. Math. **7**, 457 (1953).

We now show, following GILBARG[1], that *there exists exactly one shock layer joining any two allowable endstates Z_1 and Z_2*. In order to do this, it is useful to visualize the direction field of Eqs. (57.6) in the $Z(u, T)$-plane. This has the form shown in Fig. 15, where the parabolic curves have the equations

$$L(u, T) = RT/u + u - a = 0,$$

$$M(u, T) = c_v T - \tfrac{1}{2}(u-a)^2 - b = 0,$$

necessarily intersecting at Z_1 and Z_2. The problem is to find an integral curve ("shock curve") joining Z_1 and Z_2. Now Z_1 and Z_2 are singular points of Eq. (57.6) so that to determine the nature of the direction field in the neighborhood of these points it is necessary to examine the roots of the "characteristic" equation

$$\begin{vmatrix} \frac{1}{\lambda+2\mu}\frac{\partial L}{\partial u} - \delta & \frac{1}{\lambda+2\mu}\frac{\partial L}{\partial T} \\ \frac{1}{\varkappa}\frac{\partial M}{\partial u} & \frac{1}{\varkappa}\frac{\partial M}{\partial T} - \delta \end{vmatrix} = 0. \tag{57.8}$$

It is easily found that the roots of Eq. (57.8) are real and of equal sign at Z_1, real and of opposite sign at Z_2. Hence the former point is a node and the latter a saddle[2], as indicated in Fig. 15. If we follow backwards along the integral curve entering Z_2 from the right, then we never cross the curves $L=0$ or $M=0$ (the arrows are directed so that this cannot occur). We must therefore approach the other singular point Z_1 as $x \to -\infty$. This proves the existence of a shock layer joining Z_1 and Z_2, and the uniqueness of this layer follows by a similar argument.

(The method just outlined provides a practical procedure for the numerical determination of shock profiles, cf. GILBARG and PAOLUCCI.)

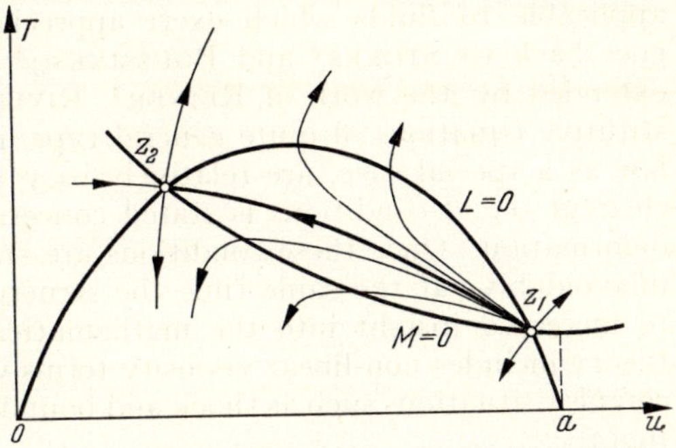

Fig. 15. Field of integral curves and the shock curve in the Z-plane.

It remains only to verify that for small $\varkappa$ and $\lambda+2\mu$ the shock profile has qualitatively the form shown in Fig. 14, with the transition region arbitrarily narrow. Rather than give a formal proof of this fact, it will be sufficient to make it plausible. First of all, the monotone decrease of u is obvious from the fact that $du/dx < 0$ along the entire shock curve. Now suppose we wish 90%, say, of the change in u to occur in an interval of width less than ε. In other words, we wish the "shock curve" to cross the greater part of the distance between Z_1 and Z_2 with x-variation less than ε. A glance at Eq. (57.6) shows that this will indeed occur if $\lambda+2\mu$ and $\varkappa$ are sufficiently small whether they are variable or not.

Further discussion of Eq. (57.6) is facilitated by the substitution $v = u^2$. The resulting equation may be treated geometrically with some ease, and simple

---

[1] See footnote 3, p. 227.

[2] Cf. E. A. CODDINGTON and N. LEVINSON: Theory of Ordinary Differential Equations, Chap. 15. New York 1955.

and valuable inequalities for the shock thickness can be obtained (cf. the paper of VON MISES). A comprehensive treatment of the shock layer from a more physical point of view has recently been given by LIGHTHILL[1].

G. Viscous fluids.

I. The constitutive equations of a viscous fluid.

58. The stress tensor. The Cauchy stress vector $\mathbf{t}$ which describes the action of material forces across a surface was shown in Sect. 6 to have the decomposition

$$\mathbf{t} = \mathbf{n} \cdot \mathbf{T}$$

where $\mathbf{T} = \mathbf{T}(\mathbf{x}, t)$ is the stress tensor and $\mathbf{n}$ is the unit normal to the surface in question. Through its appearance in the equation of motion the stress tensor governs the dynamic response of the medium: thus by relating $\mathbf{T}$ to other kinematic and thermodynamic variables we effectively define or delimit the type of medium which we study, eg. fluid, elastic, plastic, and so on. Such a relation between $\mathbf{T}$ and other flow quantities is called a *constitutive equation*. A particular example of a constitutive equation has already been considered, namely that of a perfect fluid, $\mathbf{T} = -p\mathbf{I}$.

The purpose of the following sections is to derive a constitutive equation applicable to fluids which exert appreciable tangential stresses. The method goes back to STOKES[2] and BOUSSINESQ[3], and has been greatly simplified and extended by the work of REINER[4], RIVLIN[5], and TRUESDELL[6], until now constitutive equations of quite general type, including the classical Cauchy-Poisson law as a special case, are relatively easy to obtain. In the following section, a clearcut set of conditions is stated concerning the way the fluid should react in deformation. Once these conditions are stated the constitutive equations follow unavoidably; at the same time the structural simplicity of the derivation leads to increased insight into the mathematical nature of the fluid. The resulting theory includes non-linear viscosity terms which may be of importance in certain complex situations such as shock and boundary layer phenomena and high altitude flight.

The procedure outlined above belongs to the realm of continuum mechanics. It is completely independent of the molecular nature of liquids and gases, and accordingly has been criticized as inadequate in some situations. It is claimed, for example, that the Navier-Stokes equations cannot be applied to high-altitude flight or to shock layer phenomena, since the mean free path then becomes of appreciable size. This argument has considerable force, but ultimately it must stand or fall on the comparison of theory with experiment; and here the Navier-Stokes equation appears to give satisfactory results whenever it is properly used. In addition, the only alternative seems to be kinetic theory, and this has certainly not yet reached the simplicity or elegance of continuum mechanics.

---

[1] M. J. LIGHTHILL: Surveys in Applied Mechanics, p. 250. Cambridge 1956.

[2] G. STOKES: Trans. Cambridge Phil. Soc. **8**, 287 (1845). (Papers **1**, pp. 75–129).

[3] J. BOUSSINESQ: J. Math. Pures Appl. (2) **13**, 377 (1868).

[4] M. REINER: Amer. J. Math. **67**, 350 (1945).

[5] R. S. RIVLIN: Nature, Lond. **160**, 611 (1947). — Proc. Roy. Soc. Lond., Ser. A **193**, 260 (1948).

[6] C. TRUESDELL: J. Math. Pures Appl. (9) **29**, 215 (1950); (9) **30**, 111 (1951). Cf. also J. Rational Mech. Anal. **1**, 125 (1952); **2**, 593 (1953).

59. STOKES' principle. In a remarkable paper published when he was 26 years old, Sir GEORGE STOKES stated the concept of fluidity in the following form[1]: "That the difference between the pressure on a plane in a given direction passing through any point P of a fluid in motion and the pressure which would exist in all directions about P if the fluid in its neighborhood were in a state of relative equilibrium depends only on the relative motion of the fluid immediately about P; and that the relative motion due to any motion of rotation may be eliminated without affecting the differences of the pressures above mentioned." Although this may seem fairly vague, it nevertheless contains the essential idea of fluidity. In his actual computations Stokes makes his ideas more precise. Specifically, they can be stated in the following postulational form:

1. $\mathbf{T}$ *is a continuous function of the deformation tensor* $\mathbf{D}$, *and is independent of all other kinematic quantities.*

2. $\mathbf{T}$ *does not depend explicitly on the position* $\mathbf{x}$ *(spatial homogeneity).*

3. There is no preferred direction in space (isotropy).

4. When $\mathbf{D}=0$, $\mathbf{T}$ *reduces to* $-p\mathbf{I}$.

Other sets of postulates are course possible and in some cases desirable[2], but for the purposes of this article and for almost all present-day hydrodynamical applications, STOKES' assumptions are sufficient. A medium whose constitutive equation satisfies the above postulates will be called a *Stokesian fluid.*

The mathematical expression of (1) and (2) is simply

$$\mathbf{T}=f(\mathbf{D}), \tag{59.1}$$

while the requirement of isotropy is expressed by the condition[3]

$$\mathbf{S}\,\mathbf{T}\,\mathbf{S}^{-1}=f(\mathbf{S}\,\mathbf{D}\,\mathbf{S}^{-1}) \tag{59.2}$$

for all orthogonal transformation matrices $\mathbf{S}$. Eq. (59.2) implies that there is no preferred direction either in the fluid or in space, in other words, that regardless of its orientation a given deformation produces the same intrinsic response. Alternatively, Eq. (59.2) implies that Eq. (59.1) is invariant under all rectangular coordinate transformations.

It is tacitly assumed that $\mathbf{T}$ depends on the thermodynamic state, but for the moment this dependence is irrevelant and need not be shown in Eq. (59.1).

We shall now show that postulates (1) to (4) lead to the following simple formula for the stress tensor,

$$\mathbf{T}=\alpha\mathbf{I}+\beta\mathbf{D}+\gamma\mathbf{D}^2, \tag{59.3}$$

where α, β, γ are scalar functions of the principal invariants of $\mathbf{D}$, that is

$$\alpha=\alpha(\mathrm{I},\mathrm{II},\mathrm{III}),\ \text{etc.}$$

Note. Principal invariants may be defined as the coefficients of λ in the expansion of the determinant $D(\lambda)=\det(\lambda\mathbf{I}-\mathbf{D})$; thus

$$D(\lambda)=\lambda^3-\mathrm{I}\,\lambda^2+\mathrm{II}\,\lambda-\mathrm{III}. \tag{59.4}$$

It follows in particular that $\mathrm{I}=\mathrm{Trace}\,\mathbf{D}=\mathrm{div}\,\mathbf{v}=\Theta$. The principal values d_1, d_2, d_3 of $\mathbf{D}$ are the roots of the equation $D(\lambda)=0$; they are real since $\mathbf{D}$ is

[1] G. STOKES: Papers **1**, pp. 75—129.

[2] See the article of C. TRUESDELL: J. Rational Mech. Anal. **1**, 125 (1952). Also W. NOLL: J. Rational Mech. Anal. **4**, 1 (1955). An interesting point of NOLL's work is his careful treatment of the notion of isotropy.

[3] It is convenient at this point to use the notation and terminology of matrix algebra.

symmetric. Clearly the principal values of $\mathbf{D}$ are functions of the principal invariants.

An assignment of the functions α, β, and γ gives rise to a definite type of viscous response for the fluid. For example, if we choose α, β, and γ so that $\mathbf{T}$ is linear in $\mathbf{D}$ we obtain the classical Cauchy-Poisson law of viscosity. In Sect. 65 we shall present some flow examples retaining the full non-linearity of Eq. (59.3).

Proof of Eq. (59.3)[1]. It will first be shown that the principal directions of $\mathbf{T}$ coincide with the principal directions of $\mathbf{D}$, or, in other words, that any orthogonal transformation reducing $\mathbf{D}$ to diagonal form likewise reduces $\mathbf{T}$ to diagonal form. Indeed, suppose that $\mathbf{D}$ has been transformed into

$$\overline{\mathbf{D}} = \begin{pmatrix} d_1 & 0 & 0 \\ 0 & d_2 & 0 \\ 0 & 0 & d_3 \end{pmatrix},$$

and let $\overline{\mathbf{T}}$ be the corresponding transformation of $\mathbf{T}$. Then by Eqs. (59.1) and (59.2), $\overline{\mathbf{T}} = f(\overline{\mathbf{D}})$. Now the orthogonal transformation

$$\mathbf{S} = \begin{pmatrix} 1 & 0 & 0 \\ 0 & -1 & 0 \\ 0 & 0 & -1 \end{pmatrix}$$

leaves $\overline{\mathbf{D}}$ unaltered. Therefore, again by assumptions (59.1) and (59.2),

$$\mathbf{S}\overline{\mathbf{T}}\mathbf{S}^{-1} = f(\mathbf{S}\overline{\mathbf{D}}\mathbf{S}^{-1}) = f(\overline{\mathbf{D}}) = \overline{\mathbf{T}}. \tag{59.5}$$

Thus $\overline{\mathbf{T}}$ is also unaltered by $\mathbf{S}$. It follows that $\bar{t}_{12} = \bar{t}_{13} = \bar{t}_{21} = \bar{t}_{31} = 0$, and in the same way $\bar{t}_{23} = \bar{t}_{32} = 0$. Thus we have finally

$$\overline{\mathbf{T}} = \begin{pmatrix} t_1 & 0 & 0 \\ 0 & t_2 & 0 \\ 0 & 0 & t_3 \end{pmatrix}.$$

Geometrically, $\mathbf{S}$ represents a rotation of 180° about the x_1-axis, and Eq. (59.5) shows that $\overline{\mathbf{T}}$ is symmetric about this axis.

Since $\overline{\mathbf{T}}$ is diagonal, it follows that the principal values of $\overline{\mathbf{T}}$ are functions of d_1, d_2, and d_3, that is

$$t_i = f_i(d_1, d_2, d_3), \quad i = 1, 2, 3. \tag{59.6}$$

Now assuming for the moment that the principal values of $\mathbf{D}$ are all different, we can determine multipliers α, β, and γ such that

$$t_i = \alpha + \beta\, d_i + \gamma\, d_i^2, \quad i = 1, 2, 3. \tag{59.7}$$

Indeed, Eq. (59.7) can be considered as three linear equations in the unknowns α, β, γ with coefficient determinant

$$\Delta = \begin{vmatrix} 1 & d_1 & d_1^2 \\ 1 & d_2 & d_2^2 \\ 1 & d_3 & d_3^2 \end{vmatrix} = (d_1 - d_2)(d_2 - d_3)(d_3 - d_1) \neq 0.$$

[1] Except for the final part of the proof we follow the elegant method of J.L. ERICKSEN and R.S. RIVLIN, J. Rational Mech. Anal. 4, 323 (1955), especially § 30. In another place ERICKSEN has examined certain restrictions which the physical situation might possibly impose on the coefficients α, β, γ [J. Washington Acad. Sci. 44, 33 (1954)].

Thus by Cramer's rule,

$$\alpha = \frac{1}{\Delta} \begin{vmatrix} t_1 & d_1 & d_1^2 \\ t_2 & d_2 & d_2^2 \\ t_3 & d_3 & d_3^2 \end{vmatrix}, \tag{59.8}$$

with similar expressions for β and γ. The multipliers are continuous functions of t_i and d_i, and the t_i in turn are functions of d_i. Therefore, as long as the principal values of $\overline{\mathbf{D}}$ are unequal, α, β, γ can be expressed as continuous functions of these principal values.

We observe next that any permutation of the d_i leads to a corresponding permutation of the t_i, [this is because the permutation can be effected by an orthogonal transformation, and by Eq. (59.2) this has the same effect on $\overline{\mathbf{T}}$ as on $\overline{\mathbf{D}}$]. Using this fact, it then follows from Eq. (59.8) that a permutation of the d_i leaves α unchanged. Naturally, the same result is true of β and γ; that is, *α, β and γ are symmetric functions of the variables d_i*. But this implies that α, β, and γ depend solely on the principal invariants Θ, II, and III (this is because the d_i are roots of the polynomial (59.4) having Θ, II, and III as coefficients). We have thus shown that *α, β, and γ are single-valued, continuous functions of the principal invariants of* **D**. Reverting to matrix notation, Eq. (59.7) reads

$$\overline{\mathbf{T}} = \alpha \mathbf{I} + \beta \overline{\mathbf{D}} + \gamma \overline{\mathbf{D}}^2,$$

and this, when transformed to the original matrices **T** and **D**, is precisely Eq. (59.3)

When two or more principal values of **D** coincide, then by a permutation of these values one sees that likewise the corresponding principal values of **T** coincide. Therefore by the reasoning which led to Eq. (59.7) we can establish either

$$\overline{\mathbf{T}} = \alpha \mathbf{I} + \beta \overline{\mathbf{D}},$$

or, if all the principal values are equal, $\overline{\mathbf{T}} = \alpha \mathbf{I}$. Since these formulas are also of the type (59.3), our proof is completed.

It is a slight disappointment to find that α, β, γ need not be continuous at a coalescence of the principal value of **D**. If, however, **T** is assumed to be *three times* continuously differentiable in the components of **D**, then continuity holds even at a coalescence. Since this result is not used in this sequel, its (relatively simple) proof will be omitted.

If to postulates 1 to 4 is added the condition that the components of **T** be linear in the components of **D**, then Eq. (59.3) must reduce to the form

$$\mathbf{T} = (-p + \lambda \Theta)\mathbf{I} + 2\mu \mathbf{D}. \tag{59.9}$$

Although this result will appear later as a special case of the theorem of Sect. 60, it is nevertheless of interest to present here an alternate and much simpler proof, which is independent of most of the preceeding argument.

We begin with formula (59.6), and observe that in virtue of postulate 4 and the hypothesis of linearity it must have the form

$$\begin{aligned} t_1 &= a_1 d_1 + a_2 d_2 + a_3 d_3 - p, \\ t_2 &= b_1 d_1 + b_2 d_2 + b_3 d_3 - p, \\ t_3 &= c_1 d_1 + c_2 d_2 + c_3 d_3 - p. \end{aligned}$$

Where the coefficients are independent of **D**. Then since permutation of the d_i causes a corresponding permutation of the t_i, the cyclic permutation $\langle 231 \rangle$

leads to the conditions

$$a_1 = b_2 = c_3, \quad a_2 = b_3 = c_1, \quad a_3 = b_1 = c_2$$

while the acyclic permutation $\langle 213 \rangle$ gives in addition $a_2 = b_1$. These equalities lead at once to

$$a_2 = a_3 = b_1 = b_3 = c_1 = c_2 = \lambda, \quad a_1 = b_2 = c_3 = \lambda + 2\mu,$$

and Eq. (59.9) then follows by transformation to the original matrices **T** and **D**.

In the next section the concept of fluid pressure will be discussed and clarified, following which we shall conclude our treatment of the Stokesian fluid by considering the interesting case where the stress components T_{ij} are assumed to be *polynomials* in the deformation components D_{ij}.

59A. Pressure. For a compressible fluid the pressure is a well defined thermodynamic variable. This fact allows us to write Eq. (59.3) in the form

$$\mathbf{T} = (-p + \alpha^*) I + \beta \mathbf{D} + \gamma \mathbf{D}^2, \tag{59.10}$$

where p is the thermodynamic pressure and $\alpha^* = \alpha + p$. According to postulate 4 on p. 231, α^* must vanish when $\mathbf{D} = 0$. Also, comparing Eq. (59.10) with Eq. (34.1) gives the formula

$$\mathbf{V} = \alpha^* \mathbf{I} + \beta \mathbf{D} + \gamma \mathbf{D}^2,$$

expressing the viscosity tensor in terms of the deformation tensor.

For an *incompressible* fluid, on the other hand, we have already noted (in Sect. 33) that pressure is *not* a thermodynamic variable, and, in fact, it has so far been left undefined[1]. We are at liberty, therefore, to introduce any definition of pressure whatsoever, so long as it is compatible with postulate 4 of the preceding section. No matter what choice is finally made, it should be borne in mind that what is called "pressure" in the hydrodynamical equations is not necessarily what is recorded by a pressure measuring device; in fact, the latter is usually a particular component of the stress tensor.

In view of the remarks above it seems reasonable to choose for pressure a quantity which will lead to the greatest simplicity in the equations of motion. We thus define p to be the negative of the coefficient α in Eq. (59.3). This gives the formula

$$\mathbf{T} = -p\mathbf{I} + \beta \mathbf{D} + \gamma \mathbf{D}^2 \tag{59.11}$$

for the stress tensor in an *incompressible* fluid. It should be noted that this definition of pressure is compatible with the condition that **T** reduce to $-p\mathbf{I}$ when $\mathbf{D} = 0$.

In some works (eg. LAMB [*8*]) fluid pressure is defined by $p = -\frac{1}{3}\,\mathrm{Trace}\,\mathbf{T}$. Although this is entirely permissible, it does not give as simple a formula for **T** as does the above definition. In the present article we shall call $-\frac{1}{3}\,\mathrm{Trace}\,\mathbf{T}$ the *mean pressure* and denote it by $\bar{p}$. In order to see the difference between pressure and mean pressure in an incompressible fluid, we have from Eq. (59.11),

$$3(p - \bar{p}) = \gamma \mathbf{D} : \mathbf{D}.$$

Thus $p = \bar{p}$ if and only if $\gamma = 0$; that is, general equality of pressure and mean pressure in an incompressible fluid is equivalent to a quasi-linear stress-deformation relation. In particular, the distinction between p and $\bar{p}$ vanishes in the

[1] This refers only to *viscous* fluids, of course.

classical linear viscosity theory: either definition of the pressure, $p=-\alpha$ or $p=-\frac{1}{3}\operatorname{Trace}\mathbf{T}$, leads to exactly the same result. We emphasize this point because in many places the somewhat arbitrary nature of the pressure in an incompressible fluid is entirely overlooked.

60. Polynomial dependence. It was shown in the previous section that Eqs. (59.10) and (59.11) are the most general stress-deformation equations consistent with postulates 1 to 4 on p. 231. The coefficients α^*, β, and γ in these equations are arbitrary functions of the principal invariants of $\mathbf{D}$ and of the thermodynamic state variables. In order to treat actual flow problems one must specify the particular forms of α^*, β, and γ, since otherwise, if they are allowed to remain arbitrary, prohibitive difficulties would arise in the solution of all but the simplest type of problem. For this reason, it is almost universal practice to choose α^*, β, γ so that the stress components T_{ij} are *polynomials* in the deformation components D_{ij}.

The most important and most frequently occuring case, namely $\mathbf{T}$ linear in $\mathbf{D}$, has already been treated in Sect. 59. Of next importance is quadratic dependence of $\mathbf{T}$ on $\mathbf{D}$. Since Θ, II, III are respectively of degrees 1, 2, and 3 in the components of $\mathbf{D}$, this can be achieved simply by specializing Eqs. (59.10) and (59.11) to the form

$$\mathbf{T}=\begin{cases}(-p+\lambda\Theta+\lambda'\Theta^2+\lambda''\,\mathrm{II})\,\mathbf{I}+\\ \qquad+(2\mu+2\mu'\Theta)\,\mathbf{D}+4\nu\,\mathbf{D}^2 & \text{(compressible)},\\ -p\mathbf{I}+2\mu\mathbf{D}+4\nu\mathbf{D}^2 & \text{(incompressible)},\end{cases}\tag{60.1}$$

and higher order stress-deformations are likewise easily written down. The question remains, whether Eq. (60.1) and its higher order analogues are the *most general* relations possible when quadratic or higher order dependence is assumed. The crucial theorem is this:

The most general constitutive equation satisfying postulates 1 to 4 above, and such that the stress components T_{ij} are polynomials of degree N in the deformation components D_{ij}, is

$$\mathbf{T}=(-p+P_0)\,\mathbf{I}+P_1\mathbf{D}+P_2\mathbf{D}^2,\tag{60.2}$$

where the P_k, $k=0, 1, 2$, are polynomials in the principal invariants of $\mathbf{D}$, with weight[1] *$P_k\leqq N-k$. For a compressible fluid, the constant term of P_0 must vanish, while for an incompressible fluid $P_0\equiv 0$*[2].

Proof. It will be sufficient to demonstrate that α^* in Eq. (59.10) has the form P_0, the argument for β and γ being exactly similar. Now according to hypothesis the functions f_i in Eq. (59.6) must be polynomials of degree N at most (orthogonal transformations clearly do not affect the assumed polynomial dependence). Therefore the determinant in the expression Eq. (59.8) for α is a polynomial of degree $N+3$ at most in the variables d_i. It vanishes when $d_1=d_2$ (since then

[1] By the weight of P_k is meant the maximum weight of any of its terms, a term $\Theta^k\,\mathrm{II}^l\,\mathrm{III}^m$ being counted of weight $k+2l+3m$.

[2] This theorem has been stated and proved in various degrees of generality by a number of writers. For the special case of linear dependence the result is due to STOKES. Interest in a general polynomial dependence of $\mathbf{T}$ on $\mathbf{D}$ has arisen more recently, the formula (60.2) appearing first in the work of REINER and RIVLIN (loc. cit. Sect. 58). The first rigorous proof, however, seems to be due to RIVLIN and ERICKSEN, though their derivation (Sects. 39 and 41 of the paper cited above) is far from simple. The proof we give is different and quite straightforward; the author is indebted to E. CALABI for some of the ideas.

The theorem may be generalized to the case of analytic dependence of $\mathbf{T}$ on $\mathbf{D}$, the P_k in this case being analytic functions of the principal invariants.

$t_1 = t_2$), hence contains $(d_1 - d_2)$ as a factor; similarly it has $(d_2 - d_3)$ and $(d_3 - d_1)$ as factors. We may therefore divide out the factor Δ in Eq. (59.8), thus leaving for α a polynomial of at most degree N in d.

But we have shown earlier that α is a symmetric function of the d_i, so by a well known theorem of algebra[1] α is a polynomial of weight at most N in the principal invariants of $\mathbf{D}$. To satisfy postulate 4, the constant-term of α must be $-p$, hence $\alpha^* = \alpha + p$ is a polynomial P_0 with constant term zero. Q.E.D.

Using dimensional analysis, TRUESDELL[2] has shown how the coefficients in the polynomials P_k must depend on thermodynamic quantities.

61. Classical hydrodynamics. The Navier-Stokes equation. Because the deformation tensor is in general fairly small in comparison with, say, the ratio of some reference speed and reference length, it is a reasonable hypothesis to assume a linear relation between $\mathbf{T}$ and $\mathbf{D}$. The fact that this is a hypothesis should be clearly understood: it is not to be derived from experiments, nor can it be proved by abstract reasoning; if results obtained on the basis of this hypothesis agree with experiments, then of course so much the better for the hypothesis and our faith in its validity.

The hypothesis of linearity leads, by application of the final result of Sect. 59, to the classical constitutive equations

$$\mathbf{T} = \begin{cases} (-p + \lambda\Theta)\,\mathbf{I} + 2\mu\,\mathbf{D} & \text{(compressible)}, \\ \qquad -p\,\mathbf{I} + 2\mu\,\mathbf{D} & \text{(incompressible)}. \end{cases} \tag{61.1}$$

Here, for a compressible fluid p is the thermodynamic pressure, $\Theta = \operatorname{div}\mathbf{v}$, and λ and μ are scalar functions of the thermodynamic state. For an incompressible fluid p is a fundamental dynamical variable and μ is a scalar function of temperature[3].

The dependence of the viscosity coefficients on the thermodynamic state is of some importance and is treated at length by CHAPMAN and COWLING[4]. TRUESDELL has clarified the nature of the kinetic theory argument used to support the result $\mu \sim T^{\frac{1}{2}}$, and has considered the problem from the point of view of dimensional analysis[5]. Except in extreme cases, both theory and experiment indicate that the viscosity coefficients are sensibly independent of pressure and that a formula $\mu \sim T^m$ is quite accurate. Further remarks on this subject will be found in the following section.

The dissipation function corresponding to the Cauchy-Poisson law (61.1) is

$$\Phi = \mathbf{V} : \mathbf{D} = \begin{cases} \lambda\,\Theta^2 + 2\mu\,\mathbf{D} : \mathbf{D} & \text{(compressible)}, \\ \qquad 2\mu\,\mathbf{D} : \mathbf{D} & \text{(incompressible)}. \end{cases} \tag{61.2}$$

The condition $\Phi \geqq 0$, derived in Chap. D, Sect. 34, places some restrictions on the possible values of λ and μ. In particular, for an incompressible fluid we must

---

[1] B. L. VAN DER WAERDEN: Modern Algebra, Vol. 1, New York 1949, especially pp. 78 to 81.

[2] C. TRUESDELL: Cf. footnote 6, p. 230.

[3] Eq. (61.1) appeared first in the work of S.-D. POISSON, J. Ecole Polytech. **13**, Cahier 20, 1 (1831). CAUCHY had earlier found a similar constitutive equation, lacking only the term $-p\mathbf{I}$. Further references are given by H. BATEMAN [*2*], pp. 89—91 and by C. TRUESDELL, J. Rational Mech. Anal. **1**, 126 (1952).

[4] [*30*], Chaps. 9—12. COPE and HARTREE have examined the available experimental data for air [Phil. Trans. Roy. Soc. Lond. A **241**, 282 (1948)], and recent work of F. R. GILMORE [Rand. Corp. Memo. RM-1543 (Santa Monica, 1955)] may also be consulted in this respect.

[5] C. TRUESDELL: Z. Physik **131**, 273 (1952); cf. also footnote 6, p. 230.

have $\mu \geqq 0$. For a compressible fluid, a fairly straightforward computation shows that

$$3\Phi = (3\lambda + 2\mu)\,\Theta^2 + 2\mu\left[(d_1 - d_2)^2 + (d_2 - d_3)^2 + (d_3 - d_1)^2\right],$$

and hence Φ is positive for all $\mathbf{D}$ if and only if

$$\mu \geqq 0, \quad 3\lambda + 2\mu \geqq 0.$$

The quantity $(3\lambda + 2\mu)$ also arises in an expression for the difference between pressure and mean pressure in a compressible fluid, namely

$$3(p - \bar{p}) = (3\lambda + 2\mu)\,\Theta. \tag{61.3}$$

The Navier-Stokes equation[1]. The dynamical equation which results from inserting the Cauchy-Poisson law into (6.7) is known as the Navier-Stokes equation. It takes a slightly different form for compressible and for incompressible fluids, viz.

$$\text{Compressible:} \quad \varrho \frac{d\mathbf{v}}{dt} = \varrho\mathbf{f} - \operatorname{grad} p + \operatorname{grad}(\lambda\Theta) + \operatorname{div}(2\mu\mathbf{D}), \tag{61.4}$$

$$\text{Incompressible:} \quad \varrho \frac{d\mathbf{v}}{dt} = \varrho\mathbf{f} - \operatorname{grad} p + \operatorname{div}(2\mu\mathbf{D}). \tag{61.5}$$

If one wishes, Eq. (61.5) can be thought of as the special case of Eq. (61.4) which arises when $\Theta = \operatorname{div}\mathbf{v} = 0$. This view is somewhat superficial, however, because the pressure has fundamentally different meanings for compressible and incompressible fluids; we prefer therefore to write Eqs. (61.4) and (61.5) as separate equations. If λ and μ are constant Eqs. (61.4) and (61.5) simplify to the forms,

$$\text{Compressible:} \quad \varrho \frac{d\mathbf{v}}{dt} = \varrho\mathbf{f} - \operatorname{grad} p + (\lambda + \mu)\operatorname{grad}\Theta + \mu\nabla^2\mathbf{v}, \tag{61.6}$$

$$\text{Incompressible:} \quad \varrho \frac{d\mathbf{v}}{dt} = \varrho\mathbf{f} - \operatorname{grad} p + \mu\nabla^2\mathbf{v}. \tag{61.7}$$

In order to express the above equations in orthogonal coordinates it is necessary to have formulas for the acceleration, for Θ, and for $\nabla^2\mathbf{v}$. Formulas suitable for the evaluation of $\mathbf{a}$ and Θ will be found in Sect. 12, while the Laplacian is most easily obtained by using the identity

$$\nabla^2\mathbf{v} = \operatorname{grad}\Theta - \operatorname{curl}\boldsymbol{\omega};$$

even for incompressible fluids it is convenient to retain the term $\operatorname{grad}\Theta$, for it serves to cancel a number of terms from $\operatorname{curl}\boldsymbol{\omega}$. The components of the stress tensor (61.1) in general coordinates are given by

$$T^i{}_k = (-p + \lambda\Theta)\,\delta^i_k + 2\mu D^i{}_k,$$

where

$$D^i{}_i = \frac{\partial v^i}{\partial x^i} + v^k \frac{\partial \log h_i}{\partial x^k}, \quad D^i{}_k = \frac{1}{2}\left[\frac{\partial v^i}{\partial x^k} + \left(\frac{h_k}{h_i}\right)^2 \frac{\partial v^k}{\partial x^i}\right] \quad (k \neq i).$$

---

[1] C.-L.-M.-H. NAVIER: Mem. Acad. Sci. Inst. France (2) **6**, 289 (1827), the memoir is dated 1822. — G. STOKES: Papers **1**, pp. 75–129. NAVIER considered only incompressible fluids.

Formulas for **a**, Θ, and ω in cylindrical polar coordinates are given at the end of Sect. 12. Also, by the method outlined in the previous paragraph we find

$$(\operatorname{grad}\Theta)_r = \frac{1}{r}\frac{\partial}{\partial r}(r\Theta) - \frac{\Theta}{r} = \frac{1}{r}\frac{\partial}{\partial r}\left(r\frac{\partial v_r}{\partial r}\right) + \frac{1}{r}\frac{\partial^2 v_\theta}{\partial r\,\partial\theta} + \frac{\partial^2 v_z}{\partial r\,\partial z} - \frac{1}{r^2}\frac{\partial v_\theta}{\partial\theta} - \frac{v_r}{r^2}.$$

$$(\operatorname{grad}\Theta)_\theta = \frac{1}{r^2}\frac{\partial}{\partial\theta}(r\Theta) = \frac{1}{r}\frac{\partial^2 v_r}{\partial r\,\partial\theta} + \frac{1}{r^2}\frac{\partial^2 v_\theta}{\partial\theta^2} + \frac{1}{r}\frac{\partial^2 v_z}{\partial\theta\,\partial z} + \frac{1}{r^2}\frac{\partial v_r}{\partial\theta},$$

$$(\operatorname{grad}\Theta)_z = \frac{1}{r}\frac{\partial}{\partial z}(r\Theta) = \frac{1}{r}\frac{\partial}{\partial r}\left(r\frac{\partial v_r}{\partial z}\right) + \frac{1}{r}\frac{\partial^2 v_\theta}{\partial\theta\,\partial z} + \frac{\partial^2 v_z}{\partial z^2},$$

and

$$(\nabla^2\mathbf{v})_r = \Delta v_r - \frac{2}{r^2}\frac{\partial v_\theta}{\partial\theta} - \frac{v_r}{r^2},$$

$$(\nabla^2\mathbf{v})_\theta = \Delta v_\theta + \frac{2}{r^2}\frac{\partial v_r}{\partial\theta} - \frac{v_\theta}{r^2},$$

$$(\nabla^2\mathbf{v})_z = \Delta v_z, \qquad \Delta \equiv \frac{1}{r}\frac{\partial}{\partial r}\left(r\frac{\partial}{\partial r}\right) + \frac{1}{r^2}\frac{\partial^2}{\partial\theta^2} + \frac{\partial^2}{\partial z^2}.$$

Finally, letting $\widehat{rr}$, $\widehat{r\theta}$, etc., stand for the physical components of stress, we have

$$\widehat{rr} = -p + \lambda\Theta + 2\mu\frac{\partial v_r}{\partial r}, \qquad \widehat{zz} = -p + \lambda\Theta + 2\mu\frac{\partial v_z}{\partial z},$$

$$\widehat{\theta\theta} = -p + \lambda\Theta + 2\mu\left(\frac{1}{r}\frac{\partial v_\theta}{\partial\theta} + \frac{v_r}{r}\right),$$

$$\widehat{r\theta} = \mu\left(\frac{1}{r}\frac{\partial v_r}{\partial\theta} + \frac{\partial v_\theta}{\partial r} - \frac{v_\theta}{r}\right), \quad \widehat{\theta z} = \mu\left(\frac{\partial v_\theta}{\partial z} + \frac{1}{r}\frac{\partial v_z}{\partial\theta}\right), \quad \widehat{zr} = \mu\left(\frac{\partial v_z}{\partial r} + \frac{\partial v_r}{\partial z}\right).$$

Explicit evaluation of Eqs. (61.6) and (61.7) for spherical coordinates will be found in reference [*42*], §§ 39 to 41.

62. The Stokes relation. In the paper referred to in Sect. 58 STOKES set forth two arguments in justification of the relation

$$3\lambda + 2\mu = 0, \tag{62.1}$$

between the viscosity coefficients of a compressible viscous fluid. Summarized briefly, they are that unless Eq. (62.1) holds we would find in a uniform spherical expansion both non-zero dissipation and a difference between pressure and mean pressure [see formula (61.3)]. Another and perhaps stronger argument in favor of Eq. (62.1) is that it arises in MAXWELL'S kinetic theory of monatomic gases. Now STOKES' reasons are not very convincing, and indeed at a later time[1] STOKES said that he never put great faith in his relation. Moreover, MAXWELL'S result has been shown by TRUESDELL[2] to be tantamount to assuming (62.1), though it nevertheless retains much force.

Another facet of the question arises if one adopts not the phenomenological viewpoint of Sect. 58 and 59, but considers instead the internal constitution of a fluid undergoing large stresses. Then already the simple thermodynamic theory of Chap. D may not be adequate for the explanation of observed behavior, and one may be inclined to use the bulk viscosity term in the stress tensor to make up in one way or another for the failure of the thermodynamic equation of state. Obviously if one adopts this point of view, Eq. (62.1) cannot be seriously maintained.

Turning to the experimental situation there are considerable complications, not the least because any experiment to determine λ must involve relatively

[1] G. STOKES: Papers **3**, p. 136–137.
[2] C. TRUESDELL: Z. Physik **131**, 273 (1952).

large values of the expansion, perhaps so large that a linear stress-deformation relation is already in doubt. From the basic papers on the subject[1] we draw the following conclusions: that Eq. (62.1) is reasonably correct for monatomic gases; that for liquids and polyatomic gases, on the other hand, λ is always positive and sometimes many times greater than μ. As for appropriate values to assign to λ and μ the reader is referred to the treatise of CHAPMAN and COWLING [*30*] and to the papers noted in the preceding footnotes.

Of course, the value of λ may not be very important in cases where compressibility effects are slight.

63. Heat conduction. In order to complete the system of equations of classical fluid mechanics it is necessary to express the heat conduction vector $\mathbf{q}$ in terms of mechanical and thermodynamical variables. We follow the commonly accepted formulation and postulate that $\mathbf{q}$ *is an isotropic function of the temperature gradient and thermodynamic state*. More general situations are easily conceived, in which deformations give rise to heat conduction (and vice versa)[2], but for present-day situations our assumption seems entirely adequate. Let us see where it leads.

From the condition of isotropy it is apparent that $\mathbf{q}$ must be parallel to grad T, whence follows the classical Newton-Fourier law

$$\mathbf{q} = -\varkappa \operatorname{grad} T, \tag{63.1}$$

where $\varkappa$ is a scalar function of $|\operatorname{grad} T|$ and of thermodynamical variables. The thermodynamical condition (34.4) implies that $\varkappa \geqq 0$. The particular functional form of $\varkappa$ to be adopted in a given problem is of course a matter for experiment and kinetic theory to decide. Here the evidence favors a relation[3]

$$\frac{\mu c_p}{\varkappa} = \text{const}. \tag{63.2}$$

This is consistent with the frequent assumption that $\varkappa$, μ and c_p are all constants, and in any case implies that $\varkappa$ should not depend on $|\operatorname{grad} T|$. For an ideal gas with constant specific heats, the ratio (63.2) is usually given values as follows:

$$\frac{\mu c_p}{\varkappa} = \frac{2}{3}, \quad \frac{3}{4}, \quad \text{and } 0.72,$$

respectively for monatomic gases, diatomic gases, and air. $\mu c_p/\varkappa$ is called the Prandtl number; it will appear again in considering the dynamical similarity of flows with non-zero heat conduction.

When Eq. (63.1) is substituted into the energy equation (34.3) there results

$$\varrho \frac{dS}{dt} = \Phi + \operatorname{div}(\varkappa \operatorname{grad} T). \tag{63.3}$$

This equation, the Navier-Stokes equation, the equation of continuity, and the thermodynamical equations of state constitute the general set of equations upon which classical hydrodynamics is based. Of course, these equations are hardly amenable to any general analysis, but rather one must be content with various special cases of the theory.

[1] L. TISZA: Phys. Rev. **61**, 531 (1942). — L. LIEBERMAN: Phys. Rev. **75**, 1415; **76**, 440 (1950). — S. KARIM and L. ROSENHEAD: Rev. Mod. Phys. **24**, 108 (1952). See also C. TRUESDELL: Proc. Roy. Soc. Lond., Ser. A **226**, 59 (1954).

[2] Cf. footnote 2, p. 231.

[3] CHAPMAN and COWLING [*30*], Chap. 13.

64. Boundary conditions. We must now inquire into the dynamical conditions to be satisfied at the boundaries of a fluid. At a free surface, or at an interface between two dissimilar fluids, the stress vector should be continuous, as remarked by Lamb. Whether this guarantees a continuous velocity distribution across the surface or interface seems to be an open question, although this appears likely from consideration of special examples.

The conditions to be satisfied at a solid boundary are more difficult to state, and subject to some controversy. Stokes argued[1] that the fluid must adhere to the solid, since the contrary assumption implies an infinitely greater resistance to the sliding of one portion of fluid past another than to the sliding of fluid over a solid. Another and perhaps stronger argument in favor of adherence, at least for the case of liquids at ordinary conditions, is found in experiments with tube viscometers where the fourth power of the diameter law is conclusively verified. Although these facts are quite convincing when moderate pressures and low surface stresses are involved, they do not apply in all cases; indeed in high altitude aerodynamics an adherence condition is no longer true[2].

To explain the observed phenomena, we have first of all the classical adherence condition

$$\Delta \mathbf{v} = 0 \quad \text{at solid boundaries,} \tag{64.1}$$

where $\Delta \mathbf{v}$ denotes the difference between the fluid and boundary velocities. Various slip conditions have been proposed in place of Eq. (64.1), the most important being

$$\Delta v_n = 0, \qquad \Delta \mathbf{v}_t = k\,\mathbf{t}_t, \tag{64.2}$$

(the subscripts n and t denote respectively normal and tangential components at the boundary). This law is phenomenologically reasonable and moreover has some justification in kinetic theory. If the coefficient k is a function of the thermodynamic variables (in particular, if k is zero except at low pressures), then Eq. (64.2) can even account for adherence. The present author would like to suggest a modification of Eq. (64.2) which includes a "coefficient of friction" k_1; this modification implies adherence at low tangential stresses and high pressures, and at the same time reduces to Eq. (64.2) for the opposite extremes. Specifically, we set

$$K = \begin{cases} 0 & \text{if } k\,|\mathbf{t}_t| \leqq k_1\,|t_n|, \\ k - k_1 \left|\dfrac{t_n}{\mathbf{t}_t}\right| & \text{otherwise,} \end{cases}$$

where k and k_1 are certain positive constants, and propose the boundary condition

$$\Delta v_n = 0, \qquad \Delta \mathbf{v}_t = K\,\mathbf{t}_t. \tag{64.3}$$

As yet no calculations have been made to see how well Eq. (64.3) agrees with observations. Other boundary conditions have been proposed by Maxwell, Duhem, Knudsen, and by Chang and Uhlenbeck, and the entire field has been reviewed by Bateman[3], and more recently by Truesdell[4] and Patterson[5].

In the remainder of this article we adopt Eq. (64.1) as the standard boundary condition. With this assumption it is easy to show that the vorticity vector is

[1] G. Stokes: Cf. footnote 1 p. 231.
[2] H. Tsien: J. Aeronaut. Sci. **13**, 653 (1946).
[3] H. Bateman [*2*], Part II, §§ 1.2, 1.7, 3.2.
[4] C. Truesdell: J. Rational Mech. Anal. **1**, 125 (1952), especially § 79.
[5] G.N. Patterson [*34*], Chap. 5.

tangential to a fixed boundary wall. Indeed by STOKES' theorem,

$$\int_{s} \boldsymbol{\omega} \cdot \mathbf{n}\, da = \oint_{c} \mathbf{v} \cdot d\mathbf{x} = 0,$$

where s is an arbitrary area on the wall bounded by the circuit c. Thus necessarily $\boldsymbol{\omega} \cdot \mathbf{n} = 0$ on the wall. By a similar argument BERKER[1] has shown that the stress vector at a fixed wall reduces to

$$\mathbf{t} = \left\{ \begin{array}{ll} [-p + (\lambda + 2\mu)\,\Theta]\,\mathbf{n} + \mu\,(\boldsymbol{\omega} \times \mathbf{n}) & \text{(compressible)}, \\ -p\,\mathbf{n} + \mu\,(\boldsymbol{\omega} \times \mathbf{n}) & \text{(incompressible)}, \end{array} \right\} \tag{64.4}$$

provided the classical viscosity law (64.1) is used. This shows that tangential stresses depend only on the local vorticity, while normal stresses are due to the pressure and expansion. It may be noticed that the normal stress at the wall is *not* equal to the mean pressure $\bar{p}$ in the case of a compressible fluid; indeed, the following relation holds between the normal stress p_n the fluid pressure p, and the mean pressure $\bar{p}$,

$$p_n = p - (\lambda + 2\mu)\,\Theta = \bar{p} - \tfrac{4}{3}\mu\,\Theta. \tag{64.5}$$

65. Appendix: Special solutions with non-linear viscosity. The qualitative effect of the non-linear terms in formula (59.3) can be assessed most easily by examining special solutions of the equations of motion. We consider here two simple examples of motion of an incompressible fluid, first worked out in detail by RIVLIN[2]. They indicate a basic qualitative difference between linear and non-linear viscosity, namely that shearing may produce normal stresses.

1. *Rectilinear shearing flow.* Suppose that $u = ky$, $v = w = 0$, where k is constant. Then by Eq. (59.3) the stress tensor is

$$\mathbf{T} = -p\,\mathbf{I} + \tfrac{1}{2}\beta k \begin{pmatrix} 0 & 1 & 0 \\ 1 & 0 & 0 \\ 0 & 0 & 0 \end{pmatrix} + \tfrac{1}{4}\gamma k^2 \begin{pmatrix} 1 & 0 & 0 \\ 0 & 1 & 0 \\ 0 & 0 & 0 \end{pmatrix}, \tag{65.1}$$

where $\beta = \beta\,(\mathrm{I}, \mathrm{II}, \mathrm{III}) = \beta\,(0, -\frac{1}{4}k^2, 0)$ and $\gamma = \gamma\,(0, -\frac{1}{4}k^2, 0)$. A particular consequence of Eq. (65.1) is that the specific resistance T_{xy} is necesarily an odd function of k, the rate of shearing. Since there is no acceleration in a shear flow, the dynamical equations (6.7) become

$$\left. \begin{aligned} 0 &= -\frac{\partial p}{\partial x} + \frac{\partial}{\partial x}\left(\frac{1}{4}\gamma k^2\right) + \frac{\partial}{\partial y}\left(\frac{1}{2}\beta k\right), \\ 0 &= -\frac{\partial p}{\partial y} + \frac{\partial}{\partial x}\left(\frac{1}{2}\beta k\right) + \frac{\partial}{\partial y}\left(\frac{1}{4}\gamma k^2\right). \end{aligned} \right\} \tag{65.2}$$

Now if β and γ do not depend on temperature, then Eq. (65.2) has the simple solution $p = \text{const}$, and

$$T_{yy} = -p + \frac{\gamma k^2}{2}.$$

---

[1] R. BERKER: C. R. Acad. Sci., Paris **232**, 148 (1951). — BERKER's proof goes as follows: By [48], p. 72, we have

$$\oint \mathbf{v} \times d\mathbf{x} = -\int (\mathbf{n} \times \nabla) \times \mathbf{v}\, da = \int (\mathbf{n}\Theta + \tfrac{1}{2}\boldsymbol{\omega} \times \mathbf{n} - \mathbf{n} \cdot \mathbf{D})\, da.$$

Since the integral on the left vanishes at a fixed wall, the integrand $\mathbf{n}\,\Theta + \frac{1}{2}\boldsymbol{\omega} \times \mathbf{n} - \mathbf{n} \cdot \mathbf{D}$ must likewise vanish there. Using this fact, the formula $\mathbf{t} = \mathbf{n} \cdot \mathbf{T} = (-p + \lambda\,\Theta)\mathbf{n} + 2\mu\,\mathbf{n} \cdot \mathbf{D}$ is easily transformed into Eq. (64.4).

[2] R. S. RIVLIN: Proc. Roy. Soc. Lond., Ser. A **193**, 260 (1948). — Proc. Cambridge Phil. Soc. **45**, 88 (1949).

This conclusion shows that to produce a shearing flow between two parallel infinite plates, one needs in addition to the usual shearing force and pressure, an additional stress normal to the plates and proportional to the *square* of the rate of shearing. This striking phenomenon has been called a Poynting effect. When temperature gradients are present, the simple solution $p = \text{const}$ is no longer adequate, and the specific dependence of β and γ on pressure and temperature must be given before a solution can be effected.

2. *Poiseuille flow.* In cylindrical polar coordinates r, θ, z, we suppose a motion of the form

$$v_r = v_\theta = 0, \qquad v_z \equiv w = w(r), \qquad 0 \leqq r \leqq a,$$

and $w(a) = 0$. In this case $\mathbf{T}$ has the form (cf. Sect. 61)

$$\mathbf{T} = -p\mathbf{I} + \tfrac{1}{2}\beta w' \begin{pmatrix} 0 & 0 & 1 \\ 0 & 0 & 0 \\ 1 & 0 & 0 \end{pmatrix} + \tfrac{1}{4}\gamma w'^2 \begin{pmatrix} 1 & 0 & 0 \\ 0 & 0 & 0 \\ 0 & 0 & 1 \end{pmatrix},$$

and $\beta = \beta\,(0, -\tfrac{1}{4}w'^2, 0)$, $\gamma = \gamma\,(0, -\tfrac{1}{4}w'^2, 0)$. The equations of motion (12.3) reduce by means of Eq. (12.9) to

$$\left.\begin{aligned} \frac{\partial p}{\partial r} - \frac{1}{4r}\frac{\partial}{\partial r}(r\gamma w'^2) - \frac{w'}{2}\frac{\partial \beta}{\partial z} &= 0, \\ \frac{\partial p}{\partial z} - \frac{1}{2r}\frac{\partial}{\partial r}(r\beta w') - \frac{w'^2}{4}\frac{\partial \gamma}{\partial z} &= 0. \end{aligned}\right\} \tag{65.3}$$

If β, γ are independent of both pressure and temperature, then we can obtain a solution under the hypothesis

$$p = Cz + f(r), \qquad C = \text{const}. \tag{65.4}$$

Indeed, substituting this expression for p into Eq. (65.3) leads to the following ordinary differential equation for the velocity profile

$$\beta w' = Cr. \tag{65.5}$$

Then from Eq. (65.3), we have

$$f(r) = \int \frac{1}{4r}\frac{d}{dr}(r\gamma w'^2)\,dr. \tag{65.6}$$

The mass flux $\mathfrak{M}$ is given by

$$-\varrho \int w\,da = -\pi\varrho \int_0^a w\,d(r^2) = \pi\varrho C \int_0^a r^3 \beta^{-1}\,dr. \tag{65.7}$$

[With gravity present C is to be replaced by $C - \varrho q$ in Eq. (65.4).]

In the special case of quadratic dependence of $\mathbf{T}$ on $\mathbf{D}$ the coefficients β and γ are constant, since we are considering only incompressible fluids. Setting $\beta - 2\mu$ and solving Eq. (65.5) yields the classical formula for velocity

$$w = \frac{C}{4\mu}(r^2 - a^2),$$

and mass flux,

$$\mathfrak{M} = \frac{\pi\varrho C}{8\mu}a^4. \tag{65.8}$$

On the other hand, the pressure distribution across a section of the pipe is no longer uniform. To investigate this effect in detail we may suppose the fluid to issue from the pipe into an atmosphere at pressure p_0, the latter exerting a force on the output cross section in the amount $\pi a^2 p_0$. Since

$$\widehat{zz} = \widehat{rr} = -Cz - \frac{1}{32}\frac{\gamma C^2}{\mu^2} r^2 - \text{const},$$

we have the following force balance at the exit section (taken to be $z=0$),

$$\pi a^2 p_0 = -\pi \int_0^a \widehat{zz}\, d(r^2) = \frac{\pi}{64}\frac{\gamma C^2}{\mu^2} a^4 + \pi a^2 \,\text{const}.$$

Thus the fluid exerts a force per unit area on the wall of the amount

$$P = -\widehat{rr}\Big|_{r=a} = Cz + \frac{1}{64}\frac{\gamma C^2}{\mu^2} a^2 + p_0.$$

If we introduce the quantity $\Gamma = \mathfrak{M}/\pi a^2 \varrho =$ volume of flow per second per unit cross section area, then from Eq. (65.8),

$$C = 8\mu\Gamma/a^2,$$

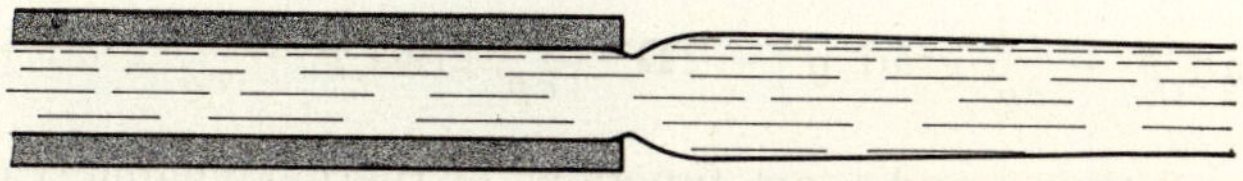

Fig. 16. Fluid stream issuing from a small diameter viscometer (after MERRINGTON).

and our preceding equation can be written in the interesting form

$$\frac{P - p_0}{(\Gamma/a)^2} = 8\mu\Gamma^{-1} z + \gamma. \tag{65.9}$$

Formula (65.9) may serve as the theoretical explanation of an interesting experimental phenomenon discovered by MERRINGTON[1], namely the tendency of a fluid stream to swell at the exit section of a viscometer (Fig. 16). In particular, according to Eq. (65.9) there is a pressure difference at the exit section ($z=0$) which is positive if $\gamma > 0$, so that MERRINGTON's experiment can be explained simply on the basis of a positive second coefficient of viscosity. It would be possible to check Eq. (65.9) by determining the variation of P along the pipe for various values of Γ; at the same time this would give a well verified experimental value for γ. In carrying out such an experiment, it may be noted from Eq. (65.9) that the effect of γ is emphasized by high flux and small pipe radius, and is *independent of pipe length* (MERRINGTON in fact observed that the swelling shown in Fig. 16 increased with increasing stress and concentration).

In the papers referred to earlier RIVLIN also treated the case of Couette flow, but this analysis will be omitted. GILBARG and PAOLUCCI[2] have considered the shock layer solution for a fluid with non-linear viscosity.

II. Dynamical similarity.

In the following sections we shall determine necessary conditions for two viscous fluid motions to be dynamically similar. We assume that the stress-deformation relation is linear, but do not require constant viscosity and conductivity[3]. It is convenient to consider compressible and incompressible fluids separately.

[1] A.C. MERRINGTON: Nature, Lond. **152**, 663 (1943).

[2] D. GILBARG and D. PAOLUCCI: J. Rational Mech. Anal. **2**, 617 (1953).

[3] In the usual treatment the viscosities are assumed either to be constant or to be proportional to a power of the absolute temperature. The following analysis shows that an assumption of this sort is *necessary*: without such behavior strict dynamical similarity is impossible.

66. Compressible viscous fluids. Two fluid motions are dynamically similar if they are related by equations

$$\mathbf{v} = U\,\mathbf{v}', \qquad \varrho = R\,\varrho', \qquad p = P\,p' \tag{66.1}$$

and

$$\mathbf{x} = D\,\mathbf{x}', \qquad t = (D/U)\,t', \tag{66.2}$$

(cf. Sect. 36). We shall inquire into the conditions which these relations place on the two flows; since the analysis is somewhat lengthy, the reader interested only in the results may turn at once to a summarizing statement on p. 246.

The equation of continuity supplies no conditions, so we proceed to the Navier-Stokes equation (61.4), neglecting the extraneous force term. If Eqs. (66.1) and (66.2) are substituted into this equation there results

$$\left.\begin{aligned} R\,U\,\varrho'\,\frac{d\mathbf{v}'}{dt} &= -\frac{P}{U}\,\mathrm{grad}'\,p' + \frac{1}{D}\Big\{\lambda\,\mathrm{grad}'\,\Theta' + 2\mu\,\mathrm{div}'\,\mathbf{D}' + \\ &+ \Theta'\left(\frac{\partial\lambda}{\partial p'}\,\mathrm{grad}'\,p' + \frac{\partial\lambda}{\partial\varrho'}\,\mathrm{grad}'\,\varrho'\right) + 2\mathbf{D}'\cdot\left(\frac{\partial\mu}{\partial p'}\,\mathrm{grad}'\,p' + \frac{\partial\mu}{\partial\varrho'}\,\mathrm{grad}'\,\varrho'\right)\Big\}, \end{aligned}\right\} \tag{66.3}$$

it being assumed that λ and μ are functions of thermodynamic variables alone, and $\Theta = \mathrm{div}\,\mathbf{v}$. [In the special case of constant viscosities the terms on the second line of Eq. (66.3) vanish.] Now consider the congruence of curves C in the flow region determined by the equations $p' = \mathrm{const}$, $\varrho' = \mathrm{const}$. Along any one of these curves, Eq. (66.3) has the form

$$\sum_{i=1}^{8} a_i\,\boldsymbol{\xi}_i = 0,$$

where the a_i are constants and the $\boldsymbol{\xi}_i$ are vector variables; specifically $a_1 = R\,U$, $\boldsymbol{\xi}_1 = \varrho'\,d\mathbf{v}'/dt$, $a_2 = P/U$, $\boldsymbol{\xi}_2 = \mathrm{grad}'\,p'$, etc. Since the "primed" flow is a solution of the Navier-Stokes equation we have also

$$\sum_{i=1}^{8} b_i\,\boldsymbol{\xi}_i = 0$$

along the curves C, where $b_1 = b_2 = 1$, $b_3 = -\lambda'$, etc. It follows from the last two displayed equations that $a_i/b_i = \mathrm{const} = R\,U$, leading to the conditions

$$R\,U^2/P = 1, \tag{66.4}$$

and

$$R\,U\,D = \frac{\lambda}{\lambda'} = \frac{\mu}{\mu'}. \tag{66.5}$$

(This argument fails when the $\boldsymbol{\xi}_i$ are not independent along the curves C, as in plane flow. In such cases, however, we can assume constant viscosities, or more generally

$$\lambda,\ \mu = \mathrm{const}\; p^m\,\varrho^n,$$

and our results can be obtained without introducing the curves C.)

The interpretation of Eq. (66.4) is best deferred until certain other aspects of similarity have been derived. From Eq. (66.5) it follows that *the ratio λ/μ and the local Reynolds number $Re = \varrho\,q\,l/\mu$ must be the same at corresponding points of the two flows.* Here l is a representative distance in the (geometrically similar) flow fields. We emphasize that our assertion is proved even for *variable* viscosities, and is independent of the Stokes relation.

From Eq. (66.5) it can also be seen that the ratio μ/μ' is independent of p'. Therefore

$$\frac{\mu(Pp')}{\mu'(p')} = \frac{\mu(P)}{\mu'(1)}.$$

If this is true for all values of P, as is reasonable to suppose, then

$$\frac{\mu'(p')}{\mu'(1)} = \frac{\mu(Pp')}{\mu(P)} = \frac{\mu(p')}{\mu(1)},$$

since the left hand side is independent of P. Consequently

$$\mu(P\,p') = \text{const}\,\mu(P)\,\mu(p'),$$

and therefore $\mu \sim p^m$.[1] Similarly one has $\mu \sim \varrho^n$ so that finally $\mu = \text{const}\, p^m\, \varrho^n$. Using the relation $\mu/\mu' = \lambda/\lambda'$ now gives the theorem: *in order that two compressible fluids should allow dynamical similarity for arbitrary values of R and P it is necessary that the viscosities of each have the form*

$$\lambda, \mu = \text{const}\, p^m\, \varrho^n \tag{66.6}$$

with the same constants m and n. Moreover the ratio λ/μ must be the same for each.

In the subsequent work, the author has found it necessary to assume the ideal gas law[2]

$$p = \mathsf{R}\,\varrho\, T, \qquad E = E(T). \tag{66.7}$$

From Eqs. (66.1) and (66.7) we obtain

$$T = \frac{P}{R}\frac{\mathsf{R}'}{\mathsf{R}}\, T' \equiv T_0\, T', \tag{66.8}$$

the last equality serving to define the similarity constant T_0. The energy equation (63.3) becomes, upon making the substitutions (66.1), (66.2), (66.8) and (66.9)

$$\left.\begin{aligned} R\,T_0\, c_v\, \varrho' \frac{dT'}{dt'} + P\,p'\,\Theta' &= \frac{U}{D}(-\lambda\Theta'^2 + 2\mu\,\mathbf{D}:\mathbf{D}') + \\ &+ \frac{T_0}{DU}\left\{\varkappa\,\nabla^{2\prime}\, T' + \operatorname{grad}' T' \cdot \left(\frac{\partial\varkappa}{\partial p'}\operatorname{grad}' p' + \frac{\partial\varkappa}{\partial\varrho'}\operatorname{grad}'\varrho'\right)\right\}, \end{aligned}\right\} \tag{66.9}$$

where $c_v = dE/dT$. Now by introducing the congruence of curves C and using the earlier argument there results

$$R\,T_0\left(\frac{c_v}{c_v'}\right) = P \quad \text{and} \quad R\,U\,D\left(\frac{c_v}{c_v'}\right) = \frac{\varkappa}{\varkappa'}. \tag{66.10}$$

Then from Eqs. (66.8) and (66.10), we have $\mathsf{R}' c_v = \mathsf{R} c_v'$. Since $\mathsf{R} = c_p - c_v$ this implies that $\gamma = \gamma'$; in other words the ratio of specific heats for each gas must be the same at corresponding points in the flows. Using this fact, we obtain from Eqs. (66.5) and $(66.10)_2$ that the Prandtl number

$$\sigma = \mu\, c_p/\varkappa$$

is also the same at corresponding points in the two flows. Finally

$$\frac{c^2}{c'^2} = \frac{\gamma p/\varrho}{\gamma' p'/\varrho'} = \frac{R}{P}. \tag{66.11}$$

Returning to condition (66.4) and combining it with Eq. (66.11) shows that the local Mach number must be the same at corresponding points of the two flows.

---

[1] See footnote 1, p. 183.
[2] But note that the specific heats are *not* assumed to be constant.

When the gases admit dynamical similarity for all values of R and P, then γ and γ' must be constant. But this implies c_v and c_v' are constant, and finally $\varkappa = \text{const}\, p^m \varrho^n$. The foregoing work may be summarized as follows:

If two ideal gases with non-zero viscosities and non-zero heat conductivities are in dynamically similar motion, then the local Reynolds number and the local Mach number must be the same at corresponding points in the two flows. Moreover, the ratio of specific heats γ, the ratio of viscosities λ/μ, and the Prandtl number σ must be the same at corresponding points.

If the gases allow dynamically similar motions for arbitrary values of R and P, then for each gas

$$\mu, \lambda, \varkappa = \text{const}\, p^m \varrho^n,$$

with the same constants m and n. Moreover the ratio of specific heats and the Prandtl number of each gas must be constant and equal.

The conditions enumerated in the above theorem are relatively restrictive, and it is fortunate that the common gases obey them more or less well.

Other factors which must be considered in determining dynamical similarity arise from the given boundary conditions. These may introduce complicated problems more readily treated by dimensional analysis than by a full-scale investigation of the type just concluded. In all cases where a complete investigation is not made, however, it is well to keep in mind the earlier discussion (Sect. 36) concerning the possible inadequacy of dimensional analysis or incomplete similarity arguments.

67. Dynamical similarity; Incompressible viscous fluids. The situation here is actually somewhat more complicated, because the thermodynamical behavior of liquids is less well understood than that of gases. Since pressure is only defined up to an additive constant, condition (66.1) should be replaced by

$$p = P p' + \text{const}.$$

Then in case the viscosity is constant we derive easily that *the local Reynolds number must be the same at corresponding points in each flow*. Further progress must be based on assumptions such as

$$T = T_0 T' \quad \text{and} \quad E = kT,$$

somewhat difficult to justify. These assumptions being made, however, then it follows as in the preceding work that the viscosity and heat conductivity must have the form

$$\mu, \varkappa = \text{const}\, T^m,$$

and the "Prandtl number" $\mu k/\varkappa$ must be the same for each fluid. For a discussion of the influence of gravity, see Birkhoff [*16*].

III. Incompressible viscous fluids.

The remaining sections of the article concern incompressible viscous fluids for which the stress-deformation relation is linear,

$$\mathbf{T} = -p\mathbf{I} + 2\mu\mathbf{D}.$$

It will be assumed that the viscosity coefficient μ is constant, since otherwise considerable mathematical difficulties intervene. In any case, experimental evidence indicates that the assumption is a good one, provided the overall temperature variation in the fluid is not great. Finally, it is assumed that the external force is derivable from a potential, $\mathbf{f} = -\operatorname{grad} \Omega$.

The theory of compressible viscous fluids has not been appreciably developed except in the acoustic approximation (this Encyclopedia, Vol. XI), and in boundary layer theory (this Encyclopedia, Vol. VIII), and so will not be reported here. There are, however, some known exact solutions which should be mentioned, in particular the shock layer solution (Sect. 57), the simple shear flows of ILLINGWORTH[1], and the discussion of Rayleigh's problem by HOWARTH[2].

68. The equations of motion. The motion of an incompressible viscous fluid is governed by the equation of continuity

$$\operatorname{div} \mathbf{v} = 0, \tag{68.1}$$

and by the Navier-Stokes equation

$$\varrho \frac{d\mathbf{v}}{dt} = -\operatorname{grad}(p + \varrho\Omega) + \mu \nabla^2 \mathbf{v}. \tag{68.2}$$

Now by virtue of the equation of continuity

$$\nabla^2 \mathbf{v} = -\operatorname{curl} \boldsymbol{\omega}, \tag{68.3}$$

whence by using the identity (17.1) the Navier-Stokes equation can be written in the alternate form

$$\frac{\partial \mathbf{v}}{\partial t} + \boldsymbol{\omega} \times \mathbf{v} = -\operatorname{grad} H - \nu \operatorname{curl} \boldsymbol{\omega} \tag{68.4}$$

where $H = \frac{1}{2} q^2 + p/\varrho + \Omega$ and $\nu = \mu/\varrho$. The energy transfer equation (9.2) will be useful in later considerations. Under the present assumptions it is easy to see that $\mathbf{T}:\mathbf{D} = 2\mu\,\mathbf{D}:\mathbf{D} = \Phi$, where Φ is the dissipation function defined in Sect. 61. Thus the energy transfer equation for an incompressible viscous fluid may be written

$$\frac{d}{dt}(\mathfrak{T} + \mathfrak{U}) = \oint_{\mathscr{S}} \mathbf{t} \cdot \mathbf{v}\, da - \int_{\mathscr{V}} \Phi\, dv; \tag{68.5}$$

the physical interpretation of the various terms is obvious. Finally, Eq. (63.3) governing temperature distribution in the fluid takes the form

$$\varrho\, c_v \frac{dT}{dt} = \Phi + \varkappa \nabla^2 T, \tag{68.6}$$

where it is assumed that c_v and $\varkappa$ are constants. Since Eqs. (68.1) and (68.2) do not involve the temperature of the fluid (assuming always that μ is constant), there is no need to consider Eq. (68.6) unless one needs the actual temperature distribution in the fluid. The temperature distribution problem has hardly been touched in the literature, except in engineering applications[3], and we shall not consider it further in this article.

The reader will have no trouble expressing the above equations in curvilinear coordinates if he uses the general methods indicated in Sect. 61.

69. Vorticity. A salient feature of the motion of viscous fluids is the presence of vorticity. The reason for the appearance of vorticity, and the equations governing its distribution, form the content of this section.

[1] C.R. ILLINGWORTH: Proc. Cambridge Phil. Soc. **46**, 469 (1950). The case of plane Couette flow is further elaborated in [*19*], pp. 306—313.

[2] L. HOWARTH: Quart. J. Mech. Appl. Math. **4**, 157 (1951).

[3] See the article of H.B. SQUIRE in [*43*], Vol. 2. Also N.A. HALL: The Thermodynamics of Fluid Flow. New York 1951.

Impossibility of irrotational motion. The velocity field $\mathbf{v} = \operatorname{grad} \varphi$ is easily seen to satisfy Eqs. (68.1) and (68.2) if φ is harmonic, and it follows that irrotational motion is dynamically allowable for an incompressible viscous fluid. In spite of this fact, it is virtually impossible for irrotational flow to exist. The reason is that viscous fluids adhere to bounding surfaces (Sect. 64), while irrotational motions generally cannot so adhere (Sect. 23, No. 3). (The above result is in no sense contradictory to boundary layer theory where the flow outside the boundary layer is assumed to be irrotational: the explanation is simply that the flow outside the boundary layer, although definitely rotational, has so little vorticity that for all practical purposes it may be calculated as if it were irrotational.)

A special case where viscous irrotational flow can exist occurs when fluid occupies the exterior of a rotating circular cylinder; specifically, a vortex flow with potential $\varphi = A/r$ can be found such that the fluid adheres to the wall of the cylinder. No exhaustive list of such special cases seems to be available, although there are certainly not many.

Vorticity distribution. The basic equation of vorticity distribution in an incompressible viscous fluid is

$$\frac{d\boldsymbol{\omega}}{dt} = \boldsymbol{\omega} \cdot \operatorname{grad} \mathbf{v} + \nu \nabla^2 \boldsymbol{\omega}, \tag{69.1}$$

which may be obtained most simply by taking the curl of Eq. (68.4). But for the second term on the right, the vorticity distribution in a viscous fluid would follow the theorems of HELMHOLTZ. This term shows, however, that vorticity variation in the flow field generally leads to a *diffusion* of that same vorticity. A general result of some importance may be drawn from these considerations, namely that *vorticity cannot be generated in the interior of a viscous incompressible fluid, but is necessarily diffused inward from the boundaries.* In actual fluids, appreciable vorticity exists only in those parts of the fluid which have passed near to rigid boundaries, as is strikingly exhibited in the case of the wake behind a ship which arises solely in water which has passed near to the ship's hull. The same observation shows that the eddy disturbance in the wake is damped out by friction. The above conclusions can also be reached by examining the rate of change of circulation around a closed curve $\mathscr{C}$. Using Eqs. (25.1) and (68.2) we have

$$\frac{d}{dt} \oint_{\mathscr{C}} \mathbf{v} \cdot d\mathbf{x} = \oint_{\mathscr{C}} \mathbf{a} \cdot d\mathbf{x} = \nu \int_{\mathscr{S}} \nabla^2 \mathbf{v}\, da,$$

where $\mathscr{S}$ denotes any surface in the fluid spanning the curve $\mathscr{C}$.

In plane flow Eq. (69.1) reduces to the elegant form

$$\frac{d\omega}{dt} = \nu \nabla^2 \omega, \tag{69.2}$$

which is similar to the heat equation. The resulting analogy with heat flow constitutes additional heuristic evidence for the diffusion of vorticity inwards from bounding surfaces.

Examples. It is of interest to consider some special solutions of the Navier-Stokes equations which illustrate the birth and decay of vorticity in a viscous fluid. Consider first a motion in concentric circles about the z-axis, where the speed q is a function of the radial distance from that axis. The vorticity is found from formula (12.12), namely

$$\omega = \frac{1}{r} \frac{\partial}{\partial r} (r q). \tag{69.3}$$

By use of the fact that ω is a function of r alone, Eq. (69.2) becomes simply

$$\frac{\partial \omega}{\partial t} = \nu \left(\frac{\partial^2 \omega}{\partial r^2} + \frac{1}{r} \frac{\partial \omega}{\partial r} \right).$$

The solution

$$\omega = \frac{A}{4\pi \nu t} \mathrm{e}^{-\chi} \quad \text{where} \quad \chi = \frac{r^2}{4\nu t}, \tag{69.4}$$

corresponds to the decay of an *irrotational* vortex of strength A. For this solution we find from Eq. (69.3) that

$$q = \frac{A}{2\pi r} (1 - \mathrm{e}^{-\chi}),$$

where an additive term $f(t)/r$ has been omitted in order that q should be finite along the z-axis. The motion is easily seen to have initial circulation A about the z-axis, and to have constant total vorticity. At a fixed place ($r \neq 0$) the vorticity is zero at $t = 0$ and $t = \infty$ and takes a maximum value at some inter mediate time[1]. On the other hand, the kinetic energy, the angular momentum, and the energy dissipation are infinite so that the motion is not physically attainable in an unbounded region.

A more realistic motion is obtained from the vorticity distribution[2]

$$\omega = \frac{A}{2\pi \nu t^2} (1 - \chi)\, \mathrm{e}^{-\chi};$$

[this solution can be derived from Eq. (69.4) by differentiating with respect to t]. The speed is given by

$$q = \frac{r A}{4\pi \nu t^2} \mathrm{e}^{-\chi}.$$

Here the circulation is zero at $t = 0$; but the total energy and dissipation of energy are finite, and the angular momentum constant:

$$\text{Ang. Mom.} = \int_0^\infty 2\pi \cdot \varrho r q \cdot r\, dr = \varrho A.$$

At a fixed time $t > 0$ the speed is zero at the origin and at infinity and has a maximum value $A/2\pi \sqrt{2\nu\, \mathrm{e}\, t^3}$ at the radius $r = \sqrt{2\nu t}$. The value

$$r_0 = \sqrt{2\nu t_0}$$

is called by TAYLOR the "radius" of the eddy at time t_0. Since the maximum speed in the eddy decreases according to a $t^{-\frac{3}{2}}$ law, the time for an eddy of radius r_0 and maximum speed q_0 to die down to an eddy of maximum speed $\frac{1}{2} q_0$ is

$$t - t_0 = (2^{\frac{2}{3}} - 1)\, t_0 = 0.296\, r_0^2/\nu.$$

TAYLOR adopts this figure as a measure of the rate of decay of the eddy[3].

A final example which may be mentioned is that of the dissolution of a discontinuity surface of gliding contact, discussed by LAMB [8], p. 590. The result indicates how rapidly such a surface would be obliterated, if indeed it could

[1] The vorticity measure of this motion is $\mathfrak{W} = \chi/(e^{\chi} - 1 - \chi)$, which increases steadily with time from $\mathfrak{W} = 0$ at $t = 0$ to $\mathfrak{W} = \infty$ at $t = \infty$. That is, the motion becomes steadily more rotational even while the vorticity itself decays to zero.

[2] G.I. TAYLOR: Aero. Res. Comm. R & M No. 598 (1918).

[3] Here, also, the vorticity measure $\mathfrak{W} = |\chi^{-1} - 1|$ eventually increases beyond all bounds, in spite of the fact that the vorticity itself decays to zero.

ever be formed. The same example also may be interpreted as giving the subsequent motion of an infinite mass of fluid after a plane edge is suddenly set in motion (Rayleigh's problem).

70. Intrinsic equations of steady motion. For plane flow, resolution of Eq. (68.2) along streamlines and their normals yields

$$\varrho q \frac{\partial q}{\partial s} + \frac{\partial p}{\partial s} = -\mu \frac{\partial \omega}{\partial n}, \qquad \varrho q^2 \varkappa + \frac{\partial p}{\partial n} = \mu \frac{\partial \omega}{\partial s}.$$

Combining these with

$$\operatorname{div} \mathbf{v} = \frac{\partial q}{\partial s} + K q = 0, \qquad \omega = -\frac{\partial q}{\partial n} + \varkappa q,$$

(cf. Sect. 20) gives a complete set of intrinsic equations.

For axially-symmetric flow we have similarly

$$\varrho q \frac{\partial q}{\partial s} + \frac{\partial p}{\partial s} = -\frac{\mu}{y} \frac{\partial}{\partial n}(y\omega), \qquad \varrho q^2 \varkappa + \frac{\partial p}{\partial n} = \frac{\mu}{y} \frac{\partial}{\partial s}(y\omega),$$

and

$$\frac{1}{y} \frac{\partial}{\partial s}(y q) + K q = 0, \qquad \omega = -\frac{\partial q}{\partial n} + \varkappa q.$$

Equations for the stream function in plane and axially-symmetric flow are given in [*42*].

71. Energy formulas. There are two identities which deserve special mention here because of their frequent usefulness, namely the Lamb-Thomson formula[1] for kinetic energy,

$$\mathfrak{T} = \varrho \int_{\mathscr{v}} (\mathbf{r} \cdot \boldsymbol{\omega} \times \mathbf{v})\, dv + \varrho \oint_{\mathscr{s}} [\tfrac{1}{2} q^2 (\mathbf{r} \cdot \mathbf{n}) - (\mathbf{r} \cdot \mathbf{v})(\mathbf{v} \cdot \mathbf{n})]\, da, \tag{71.1}$$

and the Bobyleff-Forsythe formula[2] for energy dissipation,

$$\int_{\mathscr{v}} \Phi\, dv = \mu \int_{\mathscr{v}} \omega^2\, dv + 2\mu \oint_{\mathscr{s}} \mathbf{a} \cdot \mathbf{n}\, da. \tag{71.2}$$

In these formulas it is assumed that $\mathscr{v}$ is a finite region with bounding surface $\mathscr{s}$. It may be noted that the only appeal to mechanics in the proof of Eqs. (71.1) and (71.2) is in the use of the equation of continuity, $\operatorname{div} \mathbf{v} = 0$, and the dissipation formula $\Phi = 2\mu\, \mathbf{D} : \mathbf{D}$. When the velocity vanishes on $\mathscr{s}$ they reduce simply to

$$\mathfrak{T} = \varrho \int_{\mathscr{v}} (\mathbf{r} \cdot \boldsymbol{\omega} \times \mathbf{v})\, dv, \tag{71.3}$$

and

$$\int_{\mathscr{v}} \Phi\, dv = \mu \int_{\mathscr{v}} \omega^2\, dv. \tag{71.4}$$

In order to prove Eq. (71.1) we note the simple identities

$$\operatorname{div}(q^2 \mathbf{r}) = 3 q^2 + \mathbf{r} \cdot \operatorname{grad} q^2,$$

$$\operatorname{div}[(\mathbf{r} \cdot \mathbf{v})\mathbf{v}] = q^2 + \mathbf{v} \cdot \mathbf{r} \times \boldsymbol{\omega} + \tfrac{1}{2} \mathbf{r} \cdot \operatorname{grad} q^2;$$

where, in proving the second, we have used $\operatorname{div} \mathbf{v} = 0$. Combining these identities and applying the divergence theorem yields

$$\oint_{s} [\tfrac{1}{2} q^2 \mathbf{r} - (\mathbf{r} \cdot \mathbf{v})\mathbf{v}] \cdot \mathbf{n}\, da = \int_{v} (\tfrac{1}{2} q^2 - \mathbf{v} \cdot \mathbf{r} \times \boldsymbol{\omega}]\, dv,$$

[1] H. LAMB: A Treatise on the Mathematical Theory of the Motion of Fluids. Cambridge 1879 (1st edition of [*8*]). J. J. THOMSON: A Treatise on the Motion of Vortex Rings. London 1883.

[2] D. BOBYLEFF: Math. Ann. **6**, 72 (1873). — A.R. FORSYTHE: Mess. Math. **9**, 134 (1880).

which leads at once to Eq. (71.1). Eq. (71.1) is easily generalized to allow for compressibility, when it becomes

$$\int_{\mathcal{V}} \tfrac{1}{2} q^2 \, dv = \int_{\mathcal{V}} [(\mathbf{r}\cdot\mathbf{v})\,\Theta + \mathbf{r}\cdot\boldsymbol{\omega}\times\mathbf{v}]\, dv + \oint_{\mathcal{S}} [q^2(\mathbf{r}\cdot\mathbf{n}) - (\mathbf{r}\cdot\mathbf{v})(\mathbf{v}\cdot\mathbf{n})]\, da. \tag{71.5}$$

LAMB has pointed out that the closely similar Eq. (26.6) is the condition that the right hand side of Eq. (71.5) be independent of the origin of coordinates. Finally, let us observe that the surface integral in Eq. (71.1) or (71.5) can be written in the more symmetric form $\frac{1}{2}[(\mathbf{r}\times\mathbf{v})\cdot(\mathbf{v}\times\mathbf{n}) + (\mathbf{r}\cdot\mathbf{v})(\mathbf{v}\cdot\mathbf{n})]$.

Next, to prove Eq. (71.2), we have from (28.1)

$$\mathbf{D}:\mathbf{D} = \tfrac{1}{2}\omega^2 + \operatorname{div}\mathbf{a},$$

since $\Theta = \operatorname{div}\mathbf{v} = 0$. Eq. (71.2) follows at once by application of the divergence theorem. The proofs just given should be compared for simplicity with those given by LAMB ([8], p. 218 and 580). Several other integral identities will be found in Sect. 26 of this article.

72. Uniqueness of viscous flows. Consider a viscous incompressible fluid filling a bounded region $\mathcal{V} = \mathcal{V}(t)$ of space, whose boundary $\mathcal{S}$ consists of finitely many closed rigid surfaces moving in some prescribed manner (rigid bodies moving in a bounded container). The velocity of the fluid on $\mathcal{S}$ is the same as the velocity of $\mathcal{S}$ itself, by virtue of the adherence condition of Sect. 64. In these circumstances, it is natural to ask whether the complete fluid motion is uniquely determined by the velocity distribution at some initial instant $t=0$. The answer is yes; in fact, more generally, *if two flows in a bounded region* $\mathcal{V} = \mathcal{V}(t)$ *have the same velocity distribution at* $t=0$ *and on the boundary of* $\mathcal{V}$, *then they must be identical*[1].

The proof of this result is based upon a simple identity for the kinetic energy of the difference motion. Thus let $\mathbf{v}$ and $\mathbf{v}^*$ be the velocity fields of the two flows in question, and define

$$\mathbf{u} = \mathbf{v}^* - \mathbf{v}, \qquad \mathfrak{K} = \tfrac{1}{2}\int_{\mathcal{V}} u^2\, dv.$$

Then we have[2]

$$\frac{d\mathfrak{K}}{dt} = -\int_{\mathcal{V}} (\nu \operatorname{grad}\mathbf{u} : \operatorname{grad}\mathbf{u} + \mathbf{u}\cdot\mathbf{D}\cdot\mathbf{u})\, dv, \tag{72.1}$$

where $\mathbf{D}$ is the deformation tensor of the motion $\mathbf{v}$. In order to prove Eq. (72.1), we use the fact that both $\mathbf{v}$ and $\mathbf{v}^*$ are solutions of the Navier-Stokes equation (68.2), thus obtaining by subtraction

$$\frac{\partial\mathbf{u}}{\partial t} + \mathbf{v}^*\cdot\operatorname{grad}\mathbf{u} + \mathbf{u}\cdot\operatorname{grad}\mathbf{v} = -\operatorname{grad}\frac{p^*-p}{\varrho} + \nu\nabla^2\mathbf{u}.$$

[1] This theorem is due to E. FOÁ, L'Industria (Milan) **43**, 426 (1929). FOÁ's theorem was rediscovered in 1954 by D.E. DOLIDZE, Dokl. Akad. Nauk SSSR. **96**, 437, and an extension to the case of compressible fluids was given by D. GRAFFI, J. Rational Mech. Anal. **2**, 99 (1953). Cf. also a paper of the present writer, to appear in the Archive for Rational Mechanics and Analysis, 1959.

Other uniqueness theorems for the Navier-Stokes equations, having particular reference to so-called "weak" solutions (cf. below), were proved by LERAY and by KISELEV and LADYZHENSKAYA in the papers referred to at the close of this section.

[2] Eq. (72.1) may be traced to the work of OSBOURNE REYNOLDS, Phil. Trans. Roy. Soc. Lond. A **186**, 123 (1894), and W. McF. ORR, Proc. Roy. Irish Acad. A **27**, 69–138 (1907). Several alternate and occasionally useful forms of Eq. (72.1) arise from the simple identity

$$\int \operatorname{grad}\mathbf{u}:\operatorname{grad}\mathbf{u}\, dv = \int |\operatorname{curl}\mathbf{u}|^2\, dv = 2\int \mathbf{D}':\mathbf{D}'\, dv, \tag{72.1$'$}$$

which holds in virtue of the vanishing of $\mathbf{u}$ on S, and the fact that $\operatorname{div}\mathbf{u} = 0$. A proof of Eq. (72.1)′ is easily given by the methods of Sect 28.

Forming the scalar product of Eq. (72.1) with $\mathbf{u}$ and using the incompressibility conditions $\operatorname{div}\mathbf{u} = \operatorname{div}\mathbf{v} = 0$ then leads easily to

$$\frac{\partial}{\partial t}\left(\frac{1}{2}u^2\right) = -\nu\,\operatorname{grad}\mathbf{u}:\operatorname{grad}\mathbf{u} - \mathbf{u}\cdot\mathbf{D}\cdot\mathbf{u} + \operatorname{div}\left(\nu\,\operatorname{grad}\frac{1}{2}u^2 - \frac{p^*-p}{\varrho}\mathbf{u} - \frac{1}{2}u^2\mathbf{v}^*\right),$$

from which Eq. (72.1) follows by integration over $\mathscr{V}$ and application of the boundary condition $\mathbf{u} = 0$ on $\mathscr{S}$.

Now let $-m$ be a lower bound for the characteristic values of the tensor $\mathbf{D}$ in the time interval $0 < t < T$; since Trace $\mathbf{D} = \operatorname{div}\mathbf{v} = 0$, we observe that $m \geqq 0$. From the definition of m and the properties of characteristic values it follows that at each point of $\mathscr{V}$ and for all t, $0 < t < T$,

$$\mathbf{u}\cdot\mathbf{D}\cdot\mathbf{u} \geqq -m u^2. \tag{72.2}$$

Therefore from Eq. (72.1),

$$\frac{d\mathfrak{K}}{dt} \leqq m\int_{\mathscr{V}} u^2\,dv = 2m\,\mathfrak{K};$$

writing this in the form

$$\frac{d}{dt}\left(\mathfrak{K}\,\mathrm{e}^{-2mt}\right) \leqq 0$$

and integrating from $t = 0$ to $t = T$ yields finally

$$\mathfrak{K}(T)\,\mathrm{e}^{-2mT} \leqq 0.$$

Since T was an arbitrary instant it follows that $\mathfrak{K}$ must be identically zero. Hence $\mathbf{u} = 0$, and the two flows $\mathbf{v}$ and $\mathbf{v}^*$ are identical. Under appropriate hypotheses concerning the asymptotic behavior of the flow as $r \to \infty$ the above result can be carried over to infinite regions bounded internally by surfaces $\mathscr{S}$. In particular, if both $\mathbf{v}$ and $\mathbf{v}^*$ satisfy

$$\mathbf{v} = \mathbf{U} + O(r^{-k}), \qquad \operatorname{grad}\mathbf{v} = O(r^{-k+1}), \qquad p = p_\infty + O(r^{-k+1}),$$

where $k > \frac{3}{2}$, then the integral $\mathfrak{K}$ exists, the formal procedures leading to Eq. (72.1) can be justified, and the proof remains valid. (These are fairly strict conditions and possibly not satisfied in the wake behind an obstacle; other conditions could easily be framed, however, which would allow for special behavior in the wake.)

We can no more than mention here the corresponding problem of existence of solutions of the Navier-Stokes equations for preassigned initial and boundary data. This extremely difficult subject is still not completely settled, although a number of formidable papers have dealt with the problem. While a complete bibliography would be beyond our limits, the following fundamental monographs form the core of present-day knowledge:

C. W. Oseen, Neuere Methoden und Ergebnisse in der Hydrodynamik, Leipzig, 1927.

J. Leray, Étude de diverses équations intégrales nonlinéaires et de quelques problèmes que pose l'hydrodynamique, J. Math. Pures Appl. (9) **12**, 1–82 (1933).

J. Leray, Essai sur les mouvements plans d'un liquide visqueux que limitent des parois, J. Math. Pures Appl. (9) **13**, 331–418 (1934).

J. Leray, Sur le mouvement d'un liquide visqueux emplissant l'espace, Acta Math. **63**, 193–248 (1934).

D. E. Dolidze, A non-linear boundary value problem for unsteady motion of a viscous fluid, Prikl. Mat. Meh. (Akad. Nauk SSSR), **12**, 165–180 (1948).

E. Hopf, Über die Anfangswertaufgabe für die hydrodynamischen Grundgleichungen, Math. Nachr. **4**, 213–231 (1951).

A. A. Kiselev and O. A. Ladyshenskaya, On the existence and uniqueness of solutions of the initial value problem for viscous incompressible fluids, Izvestia Akad. Nauk SSSR. **21**, 655–680 (1957).

The major difficulty in the problem is that smooth initial data apparently in some cases give rise to solutions not continuously differentiable for more than a finite time interval. This has necessitated the introduction of various types of "weak" solutions of the Navier-Stokes equations (see the references above), with the result that penetration of the problem's defenses has called for the most refined of modern mathematical methods.

73. Stability of viscous flows. Closely related to the uniqueness problem is the much more difficult question of hydrodynamic stability. We consider a definite flow filling a region $\mathscr{V}$, and subject to prescribed velocity distribution on the boundary of $\mathscr{V}$. In the cases of greatest interest $\mathscr{V}$ is bounded by material walls and the boundary conditions arise from the motion of these walls (as, for example, in Couette flow). Now suppose the velocity field of the flow under consideration is varied slightly at the instant $t=0$; it is natural to ask whether the subsequent motion, subject to the same boundary conditions, will alter only slightly from what it was, or whether it will radically change character. There are two different methods available for treating this problem, the first involving standard linear perturbation procedures, the second depending on the energy formula (72.1). We can consider only the second method here[1]. It is based on the observation that if $\mathfrak{K}$ tends to zero, then $\mathbf{u}$ must likewise tend to zero almost everywhere. Thus if $\mathbf{v}$ is the velocity field of the basic flow and if $\mathbf{v}^*$ is the velocity field of a perturbed motion, then the basic flow will be stable (stable in the mean) provided the energy of the disturbance $\mathbf{u}=\mathbf{v}^*-\mathbf{v}$ tends to zero as t increases. To apply the method, one seeks to determine the sign of the right hand side of Eq. (72.1); if it is negative for arbitrary $\mathbf{u}$ satisfying $\operatorname{div}=\mathbf{u}=0$ then there is stability. Since the first term on the right of Eq. (72.1) is always negative, the viscosity tends to damp out any disturbance, while on the other hand a high rate of shear in the basic flow can cause the second term to be highly positive, thus fostering the growth of disturbances. The relative importance of these terms determines the stability of the flow.

Another criterion of the same sort arises when the right hand side of Eq. (72.1) is written in a slightly different form. Indeed, since $\operatorname{div}\mathbf{u}=0$ we have

$$\mathbf{u}\cdot\mathbf{D}\cdot\mathbf{u}=\operatorname{div}\left[(\mathbf{u}\cdot\mathbf{v})\,\mathbf{u}\right]-\mathbf{u}\cdot\operatorname{grad}\mathbf{u}\cdot\mathbf{v}$$

whence, by application of the divergence theorem, Eq. (72.1) can be written in the form

$$\frac{d\mathfrak{K}}{dt}=\int\limits_{\mathscr{V}}(\mathbf{u}\cdot\operatorname{grad}\mathbf{u}\cdot\mathbf{v}-\nu\operatorname{grad}\mathbf{u}:\operatorname{grad}\mathbf{u})\,dv. \tag{73.1}$$

If the first term on the right of Eq. (73.1) is less than the second term for all admissable functions $\mathbf{u}$, then clearly the basic flow $\mathbf{v}$ will be stable. Since the size of the first term is governed by the magnitude of $\mathbf{v}$, it follows that high speeds in the basic flow, as well as high rates of shear, tend to cause instability. The qualitative nature of these effects will be investigated in the next several paragraphs.

It is important to note that the energy method cannot provide accurate knowledge of the limits of stability, such as can be gained from the perturbation method, for in the energy method one considers the sign of the right hand side of Eq. (72.1) or Eq. (73.1) for arbitrary fields $\mathbf{u}$, not just those which are hydrodynamically possible. Nevertheless, the investigation of these equations leads to a number of interesting and valuable results.

---

[1] For a discussion of the first approach, see the article of J.L. Synge in Semi-Centennial Publications of the Amer. Math. Soc. **2** (Addresses), pp. 227—269. Also C.C. Lin: The Theory of Hydrodynamic Stability, Cambridge 1954; H. Bateman [2], pp. 335—384.

Let $\mathscr{V}$ have a finite diameter d. Then the kinetic energy of any disturbance $\mathbf{u}=\mathbf{v}^*-\mathbf{v}$ *satisfies both the inequalities*

$$\mathfrak{K} \leqq \mathfrak{K}_0\, e^{(2m - 6\pi^2 \nu/d^2)t}, \tag{73.2}$$

and

$$\mathfrak{K} \leqq \mathfrak{K}_0\, e^{(V^2 - 3\pi^2\nu^2/d^2)t/\nu}, \tag{73.3}$$

where $\mathfrak{K}_0$ is the initial energy of the disturbance, $-m$ is a lower bound for the characteristic values of the deformation tensor of the basic flow in the time interval 0 to t, and V is the maximum speed of the basic flow in the same time interval. If $m<3\pi^2\nu/d^2$ or if $V<\sqrt{3}\,\pi\nu/d$ for all t, then $\mathfrak{K}\to 0$ as $t\to\infty$ and the basic motion is stable[1].

Proof. Let $\mathbf{h}$ be an arbitrary differentiable vector field in $\mathscr{V}$, and let $\mathscr{S}$ denote the boundary of $\mathscr{V}$. Then we have

$$0 \leqq (\operatorname{grad}\mathbf{u} + \mathbf{h}\mathbf{u}) : (\operatorname{grad}\mathbf{u} + \mathbf{h}\mathbf{u}) = \operatorname{grad}\mathbf{u} : \operatorname{grad}\mathbf{u} + \mathbf{h}\cdot\operatorname{grad} u^2 + h^2 u^2,$$

whence by integration over $\mathscr{V}$ and use of the condition $\mathbf{u}=0$ on $\mathscr{S}$ follows

$$\int_{\mathscr{V}} \operatorname{grad}\mathbf{u} : \operatorname{grad}\mathbf{u}\, dv \geqq \int_{\mathscr{V}} (\operatorname{div}\mathbf{h} - h^2)\, u^2\, dv. \tag{73.4}$$

Now the particular field $\mathbf{h} = C\tan Cr\cdot(\mathbf{r}/r)$ is differentiable in a sphere of radius $\pi/2C$ about the origin. If we set $C=\pi/d$ and suitably locate the origin in $\mathscr{V}$, this vector can be substituted into (72.6). A simple computation then gives

$$\int_{\mathscr{V}} \operatorname{grad}\mathbf{u} : \operatorname{grad}\mathbf{u}\, dv \geqq 3C^2 \int_{\mathscr{V}} u^2\, dv = (6\pi^2/d^2)\,\mathfrak{K}. \tag{73.5}$$

Combining Eqs. (72.1), (72.2), and (73.5) yields

$$\frac{d\mathfrak{K}}{dt} \leqq (2m - 6\pi^2\nu/d^2)\,\mathfrak{K},$$

and Eq. (73.2) follows by integration, as in the earlier proof of uniqueness.

The proof of Eq. (73.3) follows similar lines, beginning with the observation that, for any dyadic $\mathbf{A}$,

$$\mathbf{A}:\mathbf{A} - 2\mathbf{u}\cdot\mathbf{A}\cdot\mathbf{v} + u^2 v^2 = (\mathbf{A} - \mathbf{u}\,\mathbf{v}) : (\mathbf{A} - \mathbf{u}\,\mathbf{v}) \geqq 0,$$

hence

$$\mathbf{u}\cdot\mathbf{A}\cdot\mathbf{v} \leqq \tfrac{1}{2}\,(\mathbf{A}:\mathbf{A} + u^2 v^2). \tag{73.6}$$

Putting $\mathbf{A} = \nu\operatorname{grad}\mathbf{u}$ in Eq. (73.6) and using the result to eliminate $\mathbf{u}\cdot\operatorname{grad}\mathbf{u}\cdot\mathbf{v}$ from the right side of (73.1) yields

$$\frac{d\mathfrak{K}}{dt} \leqq \frac{1}{2\nu}\int_{\mathscr{V}} (u^2 v^2 - \nu^2 \operatorname{grad}\mathbf{u} : \operatorname{grad}\mathbf{u})\, dv$$

$$\leqq \frac{1}{\nu}\,(V^2 - 3\pi^2\nu^2/d^2)\,\mathfrak{K},$$

and Eq. (73.3) then follows by integration.

---

[1] This theorem and the proof below are due essentially to T.Y. THOMAS, Proc. Nat. Acad. Sci. U.S.A. **29**, 243 (1943), and to E. HOPF, Math. Ann. **117**, 769 (1941). Similar results are true when the region $\mathscr{V}$ can be enclosed in an infinite cylinder, or between two planes, or if the disturbances can be assumed periodic.

It is interesting to observe that the stability criterion $V\leqq\sqrt{3}\,\pi\nu/d$ can be rephased in terms of a "Reynolds number": *if* $\mathrm{Re}=\varrho V d/\mu \leqq \sqrt{3}\,\pi = 5.44$ *then the motion will be stable.*

Although actual numerical results based on Eqs. (73.2) and (73.3) are somewhat disappointing[1], there are still some interesting corollaries to be gained. For example, *disturbances of small enough wave length d will be damped out no matter what the basic motion may be.* In other words, even in a turbulent motion small size "eddies" will not appear; macroscopically, the flow may have the appearance of an intricate chance movement, but, if observed with sufficient magnifying power, the regularity of the flow would never be doubted.

At the other extreme, suppose the boundaries of $\mathscr{V}$ consist of rigid *fixed* walls, so that $\mathbf{v}=0$ on $\mathscr{S}$. Then taking $\mathbf{v}\equiv 0$ as the basic flow, we see that the kinetic energy of any motion whatever in $\mathscr{V}$ must tend to zero according to the law

$$\mathfrak{T} \leqq \mathfrak{T}_0 \, e^{-6\pi^2 \nu t/d^2}, \tag{73.7}$$

where $\mathfrak{T}_0$ is the kinetic energy at $t=0$[2]. It is still an open question whether the velocity itself must tend to zero as $t\to\infty$. As a final application, we have the following uniqueness theorem concerning *steady* motions in a fixed bounded region $\mathscr{v}$.

Let $\mathbf{v}$ *and* $\mathbf{v}^*$ *be two steady flows in* $\mathscr{v}$, *subject to a prescribed time-independent velocity distribution on the boundary of* $\mathscr{v}$. *Let* $-m$ *be a lower bound for the characteristic values of the deformation tensor of the motion* $\mathbf{v}$, *let* $V=\max|\mathbf{v}|$, and *suppose that* either

$$m < 3\nu\pi^2/d^2 \quad \text{or} \quad V < \sqrt{3}\,\pi\nu/d. \tag{73.8}$$

Then the two flows must be identical.

The proof is immediate: the kinetic energy of the difference motion must be constant and at the same time it must satisfy Eqs. (73.2) and (73.3). In view of Eq. (73.8) this can happen only if $\mathfrak{R}_0=\mathfrak{R}=0$, and this in turn implies $\mathbf{v}=\mathbf{v}^*$. The above theorem depends strongly on the assumption (73.8), but without some such condition it is extremely unlikely that the conclusion is true.

For flow under prescribed boundary conditions, the preceding work shows that provided the viscosity is large enough every flow settles down in the long run to a single definite pattern. On the other hand, for smaller viscosity (or what comes to the same thing, larger Reynolds' numbers) the observed flows do not tend to a single limit flow. This is readily illustrated by the simple examples of Couette and Poiseuille flow, where steady laminar motion occurs only at low Reynolds' numbers. In view of these experimental results, E. HOPF[3] has conjectured that there exist certain solutions of the Navier-Stokes equation which correspond to flows observed in the long run after the influence of initial conditions has died down. For high viscosity there is but one such solution, but as the viscosity decreases, more and more possibilities appear, these solutions constituting for fixed ν a "stable" manifold in the phase space of all solutions. In the paper referred to, the conjecture is given more precise form and is supported by an interesting "mathematical model" of the Navier-Stokes equation whose solutions can be studied in exact form.

In line with HOPF's conjecture, it is to be expected that the kinetic energy of any flow must eventually fall beneath some value which depends only on the

[1] See, for example, [2], p. 336 and p. 377, and the paper of T.Y. THOMAS cited in the preceding section.

[2] Inequality (73.7) is due to J. KAMPÉ de FÉRIET, Ann. Soc. Sci. Bruxelles (1) **63**, 36 (1949); this paper also contains references to earlier work of LERAY on a similar inequality for plane flows.

[3] E. HOPF: Comm. Pure Appl. Math. **1**, 303 (1948) and Proc. of the Conference on Differential Equations, Univ. of Maryland 1956, p. 49.

viscosity and upon the boundary conditions. This problem has been treated by E. HOPF[1] for the situation described at the opening of the section. Although the results are essentially simple, the mathematical work is somewhat involved and we must refer the reader to the original papers for further details.

Treatment of flows in an infinite region is no different in principle from the work already carried out, so that the statement of further results can be left to the reader.

74. Variational techniques associated with the stability problem. In the preceding section we have found stability criteria based on "arbitrary" perturbations $\mathbf{u}$, whereas in reality not all vector fields $\mathbf{u}$ are allowable. To investigate this situation more fully, consider the maximum value of the right hand side of Eq. (72.1) under the additional condition that $\operatorname{div}\mathbf{u}=0$. After a suitable normalization, we are led to the following variational problem for studying stability:

$$\int_{\mathscr{V}} \mathbf{u}\cdot\mathbf{D}\cdot\mathbf{u}\,dv = \text{Minimum}, \tag{74.1}$$

under the side conditions

$$\operatorname{div}\mathbf{u}=0, \qquad \int_{\mathscr{V}} \operatorname{grad}\mathbf{u} : \operatorname{grad}\mathbf{u}\,dv = 1, \qquad \mathbf{u}=0 \text{ on } \mathscr{S}. \tag{74.2}$$

If the minimum value is $-\tilde{\nu}$, and if $\tilde{\nu}<\nu$, then the right hand side of Eq. (72.1) will be negative for all "hydrodynamically allowable" perturbations $\mathbf{u}$, and the basic motion will be stable (in the mean).

The problem (74.1), (74.2) can be reformulated as a partial differential equation for the extremal function $\mathbf{u}$, according to known procedures of the calculus of variations. Thus, introducing Lagrange multipliers ν^* and $\lambda=\lambda(\mathbf{x})$, the problem (74.1), (74.2) may be stated (formally) as

$$\delta\int_{\mathscr{V}} (\mathbf{u}\cdot\mathbf{D}\cdot\mathbf{u} + \nu^*\operatorname{grad}\mathbf{u} : \operatorname{grad}\mathbf{u} - \lambda\operatorname{div}\mathbf{u})\,dv = 0. \tag{74.3}$$

The differential equations which correspond to Eq. (74.3) are

$$\mathbf{u}\cdot\mathbf{D} = -\operatorname{grad}\lambda + \nu^*\nabla^2\mathbf{u}, \qquad \operatorname{div}\mathbf{u}=0, \tag{74.4}$$

and these are to be solved subject to the side condition $\mathbf{u}=0$ on $\mathscr{S}$. The linear Eqs. (74.4) presumably have non-trivial solutions only for a bounded set of eigenvalues ν^*. If $\tilde{\nu}$ is the greatest of these eigenvalues, then standard techniques of variational calculus yield the inequality

$$-\int_{\mathscr{V}} \mathbf{u}\cdot\mathbf{D}\cdot\mathbf{u}\,dv \leqq \tilde{\nu},$$

for all $\mathbf{u}$ satisfying Eq. (74.2). This (formally) proves the following result.

Let $\tilde{\nu}$ be the greatest eigenvalue of the system (72.14) *in $\mathscr{V}$. Then the basic flow* $\mathbf{v}$ *in $\mathscr{V}$ is stable provided that*

$$\tilde{\nu}<\nu.$$

The reader will observe a remarkable similarity between equations (74.4) and the equations of hydrodynamics.

Unfortunately, the solution of Eq. (74.4) is not an easy matter even for relatively simple basic flows. For the case of plane shear flows $\mathbf{v}=\{u(y), 0, 0\}$

[1] E. HOPF: Math. Ann. **117**, 764 (1941).

the equations corresponding to Eq. (74.4) were found by ORR[1] and HAMEL[2]. In this case $\mathbf{D}$ has only two non-vanishing components $D_{xy} = D_{yx} = \frac{1}{2} U'$, and for plane disturbances one can introduce a stream function ψ. This reduces (74.4) to the fourth order equation of ORR and HAMEL,

$$\nu^* \nabla^4 \psi = \tfrac{1}{2} \{U' \psi_{xy} + U'' \psi_x\}. \tag{74.5}$$

Eq. (74.5) was carefully studied by ORR. As one might expect, the numerical results do not give very accurate criteria of stability, though of course they indicate correct trend. In particular, for the distribution $U = ky$ in a channel $0 \leqq y \leqq d$ ORR found the critical REYNOLDS number

$$\widetilde{Re} = k\, d^2 \tilde{\nu}^{-1} = 177.$$

In his book[3] LIN comments that the flow in question is probably stable, irrespective of the Reynolds number. The seeming paradox is resolved if we remember that LIN refers only to infinitesimal disturbances; it is quite possible that finite size disturbances once present in a flow would not damp out, even though infinitesimal ones would never grow important. Clearly ORR's critical value applies to the former type. The reader will find further remarks on the interpretation of ORR's theory in [2], pp. 335—336 and 377.

Similar considerations apply to the flow between rotating cylinders, the socalled Couette motion. If the inner and outer cylinders have radii R_1 and R_2, respectively, and rotate with angular speeds $\Omega_1 (>0)$ and Ω_2, one finds the velocity field

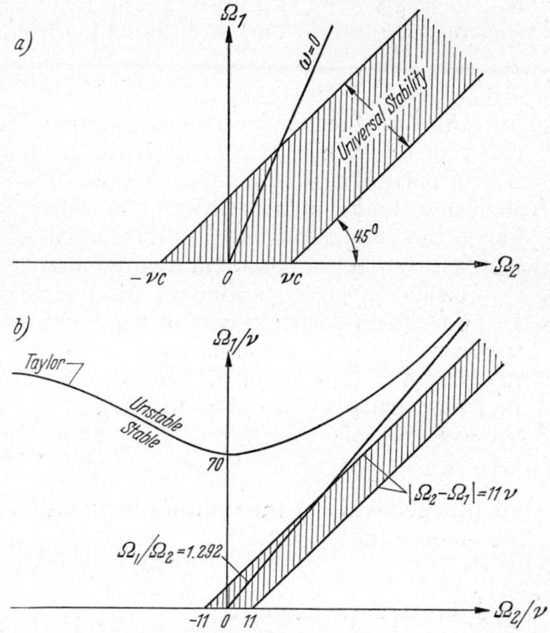

Fig. 17a and b. (a) Stability zones in Couette flow. (b) Stability zones in Couette flow for $R_1 = 3.55$, $R_2 = 4.03$.

$$v_r = 0, \quad v_\theta = A r^{-1} + B r,$$

where

$$A = -\frac{(R_1 R_2)^2 (\Omega_2 - \Omega_1)}{R_2^2 - R_1^2}, \quad B = \frac{R_2^2 \Omega_2 - R_1^2 \Omega_1}{R_2^2 - R_1^2},$$

and

$$\omega = 2B, \quad \mathbf{D} = -\frac{A}{r^2} \begin{pmatrix} 0 & 1 \\ 1 & 0 \end{pmatrix}.$$

Since $\mathbf{D}$ depends only on the coefficient A, we see immediately that the solution of Eq. (74.4) will yield stability criteria for flows with suitably small $|A|$. More precisely, one finds complete stability to all disturbances whenever

$$\left| \frac{(\Omega_2 - \Omega_1)}{\nu} \right| < C(R_1, R_2).$$

The form of the function $C(R_1, R_2)$ is at present unknown.

[1] W. McF. ORR: Proc. Roy. Irish Acad. A **27**, 69 (1906).
[2] G. HAMEL: Nachr. Ges. Wiss. Göttingen, pp. 261—270 (1911).
[3] C.C. LIN: The Theory of Hydrodynamic Stability, p. 11. Cambridge 1954.

Previously, SYNGE[1] had shown stability to infinitesimal disturbances when $\omega \geqq 0$, i.e. $\Omega_1/\Omega_2 \leqq (R_2/R_1)^2$. The relative zones of stability in the (Ω_1, Ω_2) plane are shown in Fig. 17a. For the case $R_1 \sim R_2$, TAYLOR's theory[2] applies; the situation for the particular pair of radii $R_1 = 3.55$, $R_2 = 4.03$ is illustrated in Fig. 17b. Calculations indicate that C is about 11, and this value has been used in preparing the figure[3].

75. The Helmholtz-Rayleigh dissipation theorem. Some interesting general theorems, relating to the dissipation of energy in the motion of a viscous fluid, have been given by HELMHOLTZ[4] and RAYLEIGH[5]. They involve the basic assumption that the vector curl $\boldsymbol{\omega}$ is derivable from a potential

$$\operatorname{curl} \boldsymbol{\omega} = \operatorname{grad} \sigma. \tag{75.1}$$

According to the Navier-Stokes equation, Eq. (75.1) is equivalent to the condition that the acceleration be derivable from a potential. Condition (75.1) is satisfied in particular for plane shear flow, Poiseuille and Couette flow, steady Beltrami flow, and generally in any flow where inertia terms may be neglected. Although these are admittedly quite special situations, the fact that they can be handled by rigorous mathematical demonstration is of great importance.

Consider a given motion of fluid satisfying Eq. (75.1) in a finite region $\mathscr{v}$. Let $\mathbf{v}$ be the velocity vector of this motion, and let $\mathbf{v}^* = \mathbf{v} + \mathbf{v}'$ be the velocity vector of *any other* incompressible motion. Finally let $\mathfrak{F}$, $\mathfrak{F}^*$, and $\mathfrak{F}'$ denote the dissipation in these respective motions (whether or not $\mathbf{v}^*$ and $\mathbf{v}'$ are dynamically possible). Then we have the formula

$$\mathfrak{F}^* = \mathfrak{F} + \mathfrak{F}' + 2\mu \oint_{\mathscr{s}} [\sigma \mathbf{v}' \cdot \mathbf{n} + 2\mathbf{v}' \cdot \mathbf{D} \cdot \mathbf{n}]\, da, \tag{75.2}$$

slightly generalizing the result of RAYLEIGH and HELMHOLTZ. To prove Eq. (75.2), we observe that

$$\mathfrak{F}^* = \int_{\mathscr{v}} \Phi^* dv = \mathfrak{F} + \mathfrak{F}' + 4\mu \int_{\mathscr{v}} \mathbf{D} : \mathbf{D}' dv,$$

and (in tensor notation)

$$\int_{\mathscr{v}} \mathbf{D} : \mathbf{D}' dv = \int_{\mathscr{v}} [(D^{ik} v_i')_{,k} - D^{ik}{}_{,k} v_i'] dv = \oint_{\mathscr{s}} \mathbf{v}' \cdot \mathbf{D} \cdot \mathbf{n}\, da - \tfrac{1}{2} \int_{\mathscr{v}} \nabla^2 \mathbf{v} \cdot \mathbf{v}' dv,$$

(using $\operatorname{div} \mathbf{v} = 0$). Now $\nabla^2 \mathbf{v} = -\operatorname{curl} \boldsymbol{\omega} = -\operatorname{grad} \sigma$, so that the last integral transforms into $-\oint_{\mathscr{s}} \sigma \mathbf{v}' \cdot \mathbf{n}\, da$. This proves Eq. (75.2).

Let us see what can be learned from the Helmholtz-Rayleigh formula. Suppose first that the altered motion has the same velocity distribution on $\mathscr{s}$ as the original motion, that is, suppose $\mathbf{v}' = 0$ on $\mathscr{s}$. Then the surface integral in Eq. (75.2) vanishes, and, since $\mathfrak{F}' \geqq 0$, we have

Helmholtz's Theorem: A motion of an incompressible viscous fluid satisfying Eq. (75.1) is characterized by the property that the dissipation in any region is less than in any other motion consistent with the same values of $\mathbf{v}$ *on the boundary.*

Next, consider the case of *generalized Poiseuille flow* (laminar flow) in a straight pipe of arbitrary cross section R[6]. The velocity components are $u = v = 0$,

[1] J.L. SYNGE: Proc. 5th Int. Congr. Appl. Math. Cambridge, USA, pp. 326–332.
[2] G.I. TAYLOR: Phil. Trans. Roy. Soc. Lond. A **223**, 289 (1923).
[3] J. SERRIN: Arch. Rational Mech. Anal. **2**, 1 (1959).
[4] H. HELMHOLTZ: Verh. naturhist.-med. Ver. (1868), (Wiss. Abh. **1**, p. 223).
[5] Lord RAYLEIGH: Phil. Mag. (6) **26**, 776 (1913).
[6] This application was suggested by some work of T.Y. THOMAS: Amer. J. Math. **64**, 754 (1942).

$w = w(x, y)$, and the Navier-Stokes equation becomes

$$0 = -\operatorname{grad} p + \mu \nabla^2 \mathbf{v}.$$

It follows that Eq. (75.1) is satisfied with

$$\sigma = -p/\mu; \tag{75.3}$$

in addition, it should be observed that the pressure must be a linear function of z. In the Helmholtz-Rayleigh formula take v to be a section of the pipe of length l. Also, let us assume that the altered flow is laminar, or more generally that w' is spatially periodic of period l along the length of the pipe. Then, since $v' = 0$ on the pipe walls, we have in formula (75.2),

$$\mu \oint_{s} \sigma \mathbf{v}' \cdot \mathbf{n}\, da = \Delta p (Q^* - Q), \qquad \oint_{s} \mathbf{v}' \cdot \mathbf{D} \cdot \mathbf{n}\, da = 0;$$

here $\Delta p > 0$ is the pressure drop along the section of pipe in question, and Q and Q^* are, respectively, the fluxes in the original and altered flows. The Helmholtz-Rayleigh formula then takes the form

$$\mathfrak{F}^* = \mathfrak{F} + \mathfrak{F}' + 2\Delta p (Q^* - Q), \tag{75.4}$$

and this proves the following

Theorem: The steady laminar flow of an incompressible viscous fluid down a straight pipe of arbitrary cross section is characterized by the property that its energy dissipation is least among all laminar (or spatially periodic) flows down the pipe which have the same total flux.

Now suppose the flow $\mathbf{v}^*$ has the same pressure drop $\Delta p > 0$ as the laminar flow $\mathbf{v}$. Then it can be shown that

$$\frac{\partial \mathfrak{T}^*}{\partial t} = -\mathfrak{F}' - \Delta p (Q^* - Q), \tag{75.5}$$

where $\mathfrak{T}^*$ refers to the kinetic energy of $\mathbf{v}^*$ over the section of pipe in question. To prove Eq. (75.5), we have first from Eq. (68.5),

$$\frac{d\mathfrak{T}}{dt} = \oint_{\mathscr{S}} \mathbf{t} \cdot \mathbf{v}\, da - \mathfrak{F}, \qquad \frac{d\mathfrak{T}^*}{dt} = \oint_{\mathscr{S}} \mathbf{t}^* \cdot \mathbf{v}^*\, da - \mathfrak{F}^*.$$

In these equations d/dt can be replaced by $\partial/\partial t$ because of the assumed periodicity, and clearly $\partial \mathfrak{T}/\partial t = 0$. Thus using Eq. (75.4)

$$\begin{aligned}\frac{\partial \mathfrak{T}^*}{\partial t} &= \oint_{\mathscr{S}} \mathbf{t}^* \cdot \mathbf{v}^*\, da - \{\mathfrak{F} + \mathfrak{F}' + 2\Delta p (Q^* - Q)\} \\ &= -\mathfrak{F}' - 2\Delta p (Q^* - Q) + \oint_{\mathscr{S}} (\mathbf{t}^* \cdot \mathbf{v}^* - \mathbf{t} \cdot \mathbf{v})\, da.\end{aligned}$$

To evaluate the last integral, we observe that the integrand is zero on the bounding walls, while (by virtue of the spatial periodicity) $\mathbf{t}^*$ and $\mathbf{t}$ at the ends of the section may be replaced respectively by $-p^* \mathbf{n}$ and $-p\mathbf{n}$. Evaluation of the resulting integral leads at once to Eq. (75.5).

As an application of Eq. (75.5), suppose that $Q^* \geqq Q$. Then $\partial \mathfrak{T}^*/\partial t < 0$, and $\mathfrak{T}^*$ decreases. Moreover, $\mathfrak{T}^*$ obviously continues to decrease so long as $Q^* \geqq Q$. This proves the following.

Instability Theorem[1]*: Spatially periodic flow in a straight pipe with fixed pressure drop is unstable when its total flux exceeds that in laminar flow with the same pressure drop.*

[1] T.Y. THOMAS: Amer. J. Math. **64**, 754 (1942). THOMAS considered only pipes of circular cross section. See also Proc. Nat. Acad. Sci. U.S.A. **29**, 243 (1943).

This result can also be stated in somewhat more physical terms: *the pressure drop required to produce a given discharge in a pipe is greater for turbulent flow than for laminar flow.* This is in strict agreement with observation and naturally expresses a fact of considerable practical importance. (The condition on the turbulent flow that it be spatially periodic at each instant can be replaced by the less stringent condition that the perturbing flow be independent of z *in the average*; in this case the conclusion of course involves *averaged* dissipation rather than instantaneous dissipation.)

76. Bernoulli theorems. The condition $\operatorname{curl}\boldsymbol{\omega} = \operatorname{grad}\sigma$ introduced in the previous section has several further implications. In particular, for flows possessing this property the acceleration is derivable from a potential,

$$\mathbf{a} = -\operatorname{grad}\left(\frac{p}{\varrho} + \Omega + \nu\sigma\right),$$

hence almost all results of Part C may be carried over. For example, the vorticity convection formulas (17.3) and (17.5) remain valid, together with Kelvin's circulation theorem and the Helmholtz vorticity theorems. Kelvin's theorem, in particular, shows that *a necessary and sufficient condition for* (75.1)

$$\operatorname{curl}\boldsymbol{\omega} = \operatorname{grad}\sigma$$

to hold in the flow of an incompressible viscous fluid is that the flow be circulation-preserving.

Finally, the derivation of the Bernoullian theorem of Sect. 18 depends only on the existence of an acceleration potential, so that the results of that section retain their validity if we but add the term $\nu\sigma$. We thus obtain the following theorem: *In a steady, circulation-preserving motion of a viscous incompressible fluid the function*

$$\frac{1}{2}q^2 + \frac{p}{\varrho} + \Omega + \nu\sigma$$

is constant along streamlines and vortex lines. A similar result holds if only the vorticity is steady (cf. Sect. 18).

The special types of flow which satisfy Eq. (75.1), although rare among the totality of all viscous flows, may nevertheless be useful in determining new exact solutions of the Navier-Stokes equations by means of semi-inverse methods[1]. This field is as yet relatively unexplored.

When the flow is not circulation-preserving [equivalently, when Eq. (75.1) does not hold], there is in general no Bernoulli theorem of the usual type. We can show, however, that[2] *in steady motion the classical Bernoulli expression*

$$H = \frac{1}{2}q^2 + \frac{p}{\varrho} + \Omega$$

is constant along each trajectory of the direction field

$$\boldsymbol{\lambda} = (\boldsymbol{\omega}\times\mathbf{v})\times\operatorname{curl}\boldsymbol{\omega}. \tag{76.1}$$

This follows at once from Eq. (68.4). Degenerate cases of Eq. (76.1) occur when $\operatorname{curl}\boldsymbol{\omega} = 0$, when $\boldsymbol{\omega}\times\mathbf{v} = 0$, and when $\operatorname{curl}\boldsymbol{\omega}$ is parallel to $\boldsymbol{\omega}\times\mathbf{v}$. In the first two of these cases the motion already admits a potential for $\operatorname{curl}\boldsymbol{\omega}$ so that the preceding Bernoulli theorem applies. Finally if $\operatorname{curl}\boldsymbol{\omega}$ is parallel to $\boldsymbol{\omega}\times\mathbf{v}$ it is clear from Eq. (68.4) that the classical Bernoulli theorem holds, that is, H is constant on streamlines and vortex lines.

[1] P.F. NEMÉNYI [29], Vol. 2, pp. 123–151.
[2] C. TRUESDELL: Phys. Rev. 77, 535 (1950).

Another theorem concerning the Bernoulli expression H is the following: *in the steady motion of a viscous fluid H takes its maximum value on the boundary of the flow region.* To prove this, we observe that from Eq. (68.4) follows both

$$\nabla^2 H = \operatorname{div} \operatorname{grad} H = \operatorname{div} (\mathbf{v} \times \boldsymbol{\omega}) \tag{76.2}$$

and

$$\mathbf{v} \cdot \operatorname{grad} H = -\nu \mathbf{v} \cdot \operatorname{curl} \boldsymbol{\omega}. \tag{76.3}$$

On the other hand, we have the simple identity

$$\operatorname{div} (\mathbf{v} \times \boldsymbol{\omega}) = \omega^2 - \mathbf{v} \cdot \operatorname{curl} \boldsymbol{\omega},$$

hence using Eqs. (76.2) and (76.3) one easily verifies that

$$\nu \nabla^2 H - \mathbf{v} \cdot \operatorname{grad} H = \nu \omega^2. \tag{76.4}$$

The theorem now follows from the maximum principle for elliptic partial differential equations (footnote 1, p. 199), or else from the fact that Eq. (76.4) could not possible hold at a point interior to the flow region where H attained a local maximum value. [The above theorem, and the auxillary equations (76.2) and (76.4), should be compared with the similar results of Sect. 28.]

77. Asymptotic behavior of viscous flows. Both theoretically and practically there is a need for asymptotic formulas applicable to the motion of a viscous fluid at large distances. For the Stokes and Oseen approximations we have, in fact[1],

$$\mathbf{v} = \mathbf{U} + O(r^{-1}) \quad \text{as} \quad r \to \infty, \tag{77.1}$$

but for the exact Navier-Stokes equation no formula of the type (77.1) seems to be known. In lieu of a precise result, UDESCHINI[2] and BERKER[3] have approached the problem from a slightly different point of view. They assume for a steady flow past a fixed obstacle that the asymptotic behavior is of the type

$$\mathbf{v} = \mathbf{U} + O(r^{-k}), \qquad D\mathbf{v}, D^2\mathbf{v} = O(r^{-k-1}), \tag{77.2}$$

where D denotes any partial derivative of the first order; it is then proved that only values $k \leqq 2$ can occur.

BERKER's proof begins with the identity

$$\operatorname{div} (\mathbf{v} \times \boldsymbol{\omega}) = \omega^2 - \mathbf{v} \cdot \operatorname{curl} \boldsymbol{\omega}.$$

Now from Eq. (68.4) and the fact that the motion is assumed to be steady,

$$\mathbf{v} \cdot \operatorname{curl} \boldsymbol{\omega} = -\frac{1}{\nu} \mathbf{v} \cdot \operatorname{grad} H = -\frac{1}{\nu} \operatorname{div} (H \mathbf{v}).$$

Combining the previous two formulas shows that

$$\omega^2 = \operatorname{div} \left(\mathbf{v} \times \boldsymbol{\omega} - \frac{1}{\nu} H \mathbf{v} \right);$$

if this is integrated over a sphere of (large) radius R containing the obstacle and use is made of the divergence theorem and the boundary condition $\mathbf{v} = 0$, there results

$$\int_{\mathcal{V}} \omega^2 \, dv = \oint_{\Sigma} \left(\mathbf{v} \times \boldsymbol{\omega} - \frac{1}{\nu} H \mathbf{v} \right) \cdot \mathbf{n} \, da, \tag{77.3}$$

[1] [8], §§ 336, 342; cf. also R. FINN and W. NOLL: Arch. Rational Mech. Anal. **1**, 97 (1957).
[2] P. UDESCHINI: Rend. Accad. Italia Cl. Sci.-Fis. (7) **2**, 957 (1941).
[3] R. BERKER: Rend. Circ. Mat. Palermo (2) **1**, 1 (1952).

where Σ denotes the surface of the sphere. Now by assumption

$$\mathbf{v}\times\boldsymbol{\omega}=O(r^{-k-1}),\quad H=H_0+O(r^{-k}),$$

(the second of these is not quite obvious, and the reader is referred to BERKER'S paper for a proof). Since Eq. (77.3) holds equally with H replaced by $H-H_0$ it follows that

$$\int_v \omega^2\,dv=O(R^{-k+2})\quad\text{as}\quad R\to\infty.$$

Therefore if $k>2$ the motion must be irrotational. This, however, is impossible as we have seen in Sect. 69.

Bibliography.

I. General works.

[1] APPELL, P.: Traité de Mécanique Rationelle, Vol. 3, Equilibre et Mouvement des Milieux Continus, 3rd edit. Paris 1921.
[2] BATEMAN, H., H.L. DRYDEN and F.D. MURNAGHAN: Hydrodynamics. Bull. National Res. Council No. 84. Washington 1932. Reprinted New York 1955.
[3] BJERKNES, V.: Physikalische Hydrodynamik. Berlin 1933.
[4] FRIEDRICHS, K.O., and R. VON MISES: Fluid Dynamics. Notes: Brown University 1942.
[5] GOLDSTEIN, S.: Lectures on Fluid Mechanics, Seminar in Applied Mathematics. Boulder 1957.
[6] HAMEL, G.: Theoretische Mechanik. Berlin 1949.
[7] HAMEL, G.: Mechanik der Kontinua. Stuttgart 1956.
[8] LAMB, H.: Hydrodynamics, 6th edit. Cambridge 1932.
[9] LICHTENSTEIN, L.: Grundlagen der Hydromechanik. Berlin 1929.
[10] MILNE-THOMSON, L.M.: Theoretical Hydrodynamics, 3rd edit. New York 1950.
[11] PRANDTL, L.: Strömungslehre. Braunschweig 1942. English edition, New York 1952.
[12] PRANDTL, L., and O.G. TIETJENS: Hydro- und Äromechanik. Berlin 1929. English edition, New York 1934.
[13] VILLAT, H.: Mécanique des fluides, 2nd. edit. Paris 1938.

II. Monographs and specialized textbooks.

[14] BERGMAN, S., and M. SCHIFFER: Kernel Functions and Elliptic Differential Equations in Mathematical Physics. New York 1953.
[15] BERS, L.: Mathematical Aspects of Subsonic and Transonic Gas Dynamics. New York 1958.
[16] BIRKHOFF, G.: Hydrodynamics, A Study in Logic, Fact, and Similitude. Princeton 1950.
[17] COURANT, R., and K.O. FRIEDRICHS: Supersonic Flow and Shock Waves. New York 1948.
[18] HADAMARD, J.: Leçons sur la Propagation des Ondes et les Equations de l'Hydrodynamique. Paris 1903.
[19] LIEPMANN, H.W., and A. ROSHKO: Elements of Gasdynamics. New York 1957.
[20] LIN, C.C.: The Theory of Hydrodynamic Stability. Cambridge 1955.
[21] MISES, R. VON: Mathematical Theory of Compressible Fluid Flow. New York 1958.
[22] OSEEN, C.W.: Neuere Methoden und Ergebnisse der Hydrodynamik. Leipzig 1927.
[23] OSWATITSCH, K.: Gasdynamik. Wien 1952. English version by G. KUERTI. New York 1956.
[24] SAUER, R.: Einführung in die Theoretische Gasdynamik, 2. Aufl. Berlin 1951.
[25] SHAPIRO, A.H.: The Dynamics and Thermodynamics of Compressible Fluid Flow, 2 vols. New York 1953.
[26] TRUESDELL, C.: The Kinematics of Vorticity. Indiana University 1954.
[27] TRUESDELL, C.: Vorticity and the thermodynamics state in a gas flow, Fasc. 119, Memorial des Sciences Mathématiques. Paris 1952.
[28] VILLAT, H.: Leçons sur la Théorie des Tourbillons. Paris 1930.
[29] VILLAT, H.: Leçons sur les Liquides Visqueux. Paris 1943.

On Thermodynamics and Kinetic Theory:

[30] CHAPMAN, S., and T.G. COWLING: The Mathematical Theory of Non-Uniform Gases, 2nd edit. Cambridge 1952.
[31] EPSTEIN, P.S.: Textbook of Thermodynamics. New York 1937.
[32] GUGGENHEIM, E.: Advanced Thermodynamics. New York and Amsterdam 1949.

[*33*] KEENAN, J.H.: Thermodynamics. New York 1941.
[*34*] PATTERSON, G.N.: Molecular Flow of Gases. New York 1956.
[*35*] High Speed Aerodynamics and Jet Propulsion, Vol. 1, Thermodynamics and Physics of Matter. Edit. by F. ROSSINI. Princeton 1955.

III. Handbooks, symposia, etc.

[*36*] Advances in Applied Mechanics, Vols. 1 to 4. New York 1948 to 1956.
[*37*] Handbuch der Experimental-Physik (WIEN-HARMS), Bd. IV, Hydrodynamik. Leipzig 1931.
[*38*] Handbuch der Physik (GEIGER-SCHEEL) Bd. V, Grundlagen der Mechanik. Berlin 1927.
[*39*] Handbuch der Physik (GEIGER-SCHEEL), Bd. VII, Mechanik der flüssigen und gasförmigen Körper. Berlin 1927.
[*40*] High Speed Aerodynamics and Jet Propulsion, Vol. 6, General Theory of High Speed Aerodynamics. Edit. by W.R. SEARS. Princeton 1954.
[*41*] High Speed Aerodynamics and Jet Propulsion, Vol. 3, Foundations of Gas Dynamics. Edit. by H.W. EMMONS. Princeton 1956.
[*42*] Modern Developments in Fluid Dynamics, 2 vols. Edit. by S. GOLDSTEIN. Oxford 1938.
[*43*] Modern Developments in Fluid Dynamics, High Speed Flow, 2 vols. Edit. by L. HOWARTH. Oxford 1953.
[*44*] Proceedings of Symposia in Applied Mathematics, Vol. 1, Non-linear Problems in Mechanics of Continua. New York 1949.

IV. Mathematical works quoted.

[*45*] COURANT, R., and D. HILBERT: Methoden der Mathematischen Physik, Bd. 2. Berlin 1937.
[*46*] KELLOGG, O. D.: Foundations of Potential Theory. Berlin 1929.
[*47*] MICHAL, A.: Matrix and Tensor Calculus. New York 1947.
[*48*] PHILLIPS, H. B.: Vector Analysis. New York 1933.

Many of the works listed above have extensive bibliographies; cf. in particular [*2*], [*8*], [*15*], [*17*], [*20*], [*21*], [*23*], [*26*], [*34*], and [*37*] to [*43*].

Laminar Boundary Layers.

By

L. HOWARTH.

With 8 Figures.

1. Introduction. The subject of boundary layers is going through a period of rapid growth. It has always been a lively subject ever since its study was initiated by PRANDTL[1] in 1904 but as is only to be expected, it has gone through a variety of phases. The impetus of the original idea spent itself in dealing with two-dimensional aspects of boundary layers and this branch of the subject then continued to grow steadily until the second world war. Some of the effort had then to be turned to examining the effects of compressibility and this led to a second upsurge of thought from which the original theory has emerged fully capable of application to high speed flows. Other phases in its development are now taking place; some, such as knowledge of boundary layer behaviour in hypersonic flow and in dissociating gases have grown rapidly whilst this article has been in course of preparation and printing and are in the circumstances excluded. Others, such as the importance of three-dimensional effects, have been appreciated for some time and have already been the subject of wide-spread investigation. At first sight it might be imagined that the extension of the theory from two to three dimensions would cause an increase in complexity without calling into play any fundamentally new ideas. This may indeed be true in principle but changes of emphasis such as are needed in discussing separation for example, may be far reaching and are the subject of much current thought. Indeed this has stimulated further work on separation in two-dimensional flow since this article was originally written and a brief reference to it will be included at the appropriate place. Finally, too much importance cannot be attached to the attempts at present widespread to determine the ranges of validity of the theory and to extend it beyond its original confines.

It is very difficult to give a satisfactory account of a growing subject and the confines of a short article make this doubly apparent. The plan of the article is as follows. The early parts will be concerned with the two-dimensional incompressible flow and these will be followed by a discussion of the extension of the theory to three dimensions. After that there will be an attempt to examine the ability of the theory to obtain approximate solutions of the Navier-Stokes equations and finally there will be found a discussion of the effects of compressibility and some aspects of boundary-layer shock-wave interaction. Throughout, emphasis will be laid on the development of the fundamental ideas rather than on giving details of the more elaborate techniques.

---

[1] Verhandlungen des Dritten Internationalen Mathematiker-Kongresses, Heidelberg, 1904 (Leipzig, 1905), pp. 484—491; reprinted in: Vier Abhandlungen zur Hydrodynamik und Aerodynamik, by L. PRANDTL and A. BETZ. Göttingen 1927.

I. Two-dimensional incompressible boundary layers.

2. Physical considerations for steady flow. When fluid flows past a fixed obstacle the boundary condition which has to be satisfied at the obstacle is that there should be no relative velocity between the fluid and the obstacle at points on the surface of the obstacle. It has long been recognized that if the boundary has to be impervious to the fluid then there can be no relative normal component of velocity between fluid and surface. The fact that there is in addition no tangential relative velocity of slip stems from the researches of NAVIER[1], STOKES[2] and POISEUILLE[3], a century ago, but the full impact of this fact has only been felt over the last fifty years or so. This has been largely due to the complexity of the equations of flow and the difficulties of experimentation. To take the former first of all, few exact solutions of the full equations are known even now and some approximate treatment is necessary if progress is to be made. The more amenable approximations are based on the assumption that the fluid is inviscid, which in turn reduces the order of the differential equations of flow and makes it impossible to do more than satisfy the condition that there should be no relative normal component of velocity. This approximation is found by comparison with experiment to be quite unsatisfactory and progress had to await the development of a theory which would take account of the tangential velocity as well. On the experimental side it was necessary to await development not only of refined methods of measurement but also of convenient ways of generating fluid flows such as we now have in wind and water tunnels in laboratories.

The origin of boundary layer theory lies essentially in the boundary condition that there should be no tangential velocity of slip as well as no normal velocity at the surface of an immersed obstacle. If the flow is fast enough, PRANDTL conceived that it could be broken down conveniently into two regions, a region very close to the surface where the viscous properties of the fluid were called into full play by the no-slip condition and the region outside this layer where the effects of viscosity would be much less important. In the region immediately adjacent to the boundary and affected by the viscous properties of the fluid the flow adjusts itself rapidly from its zero velocity at the surface to the general velocity of streaming in the region away from the surface. We thus have a thin layer of thickness δ, say, in which the viscous stresses are of the order $\mu U/\delta$ where U is the general velocity of streaming outside and hence the force experienced by a length d of the surface is of order $\mu U d/\delta$. Furthermore since the momentum changes that this force produces are of order $\varrho U^2 \delta$ we must have

$$\mu U d/\delta = O(\varrho U^2 \delta) \tag{2.1}$$

that is

$$\frac{\delta^2}{d^2} = O\left(\frac{\nu}{U d}\right). \tag{2.2}$$

Precise mathematical arguments giving more details of the flow are deferred until the next section; it is sufficient to note that the assumed balance between the inertia forces on the one hand and the viscous forces on the other is sufficient to give an order of magnitude for the thickness of the boundary layer and that this thickness is of the order $R^{-\frac{1}{2}}$ where R is a representative Reynolds number. The assumption on which these arguments are based, that the layer is a thin one is then seen to imply that the Reynolds number must be large.

[1] C. L. M. H. NAVIER: Mém. Acad. Sci. **6**, 416 (1823).
[2] G. G. STOKES: Trans. Cambridge Phil. Soc. **8**, 303 (1845).
[3] J. L. M. POISEUILLE: Mém. Savants Etrangers **9**, 433–544 (1846).

Outside the layer, which is now always referred to as a boundary layer, the viscosity can be assumed in some problems to produce negligible effects and the fluid to behave as though it were inviscid and streaming past substantially the same boundary. In other problems this may be too gross a simplification for the following reason. The friction which operates in the boundary layer may, in a region where the pressure is rising in the direction of flow, cause the layer to leave the surface, or in the usual designation "to separate". For example consider the inviscid flow past a circular cylinder in which, following the flow in the immediate vicinity of the cylinder, we have a stagnation point along the leading generator, a gradual increase in velocity to the middle section and then a gradual fall in velocity until we reach another stagnation point on the leeward generator. It seems fairly obvious that if any friction is called into play the fluid adjacent to the surface cannot conceivably have enough momentum to carry it round to the leeward generator when it only just reaches there with zero velocity in the absence of friction. Such is indeed found to be the case in practice; the boundary layer in regions of rising pressure may have insufficient momentum to carry it completely round the surface and it separates from it. Once this separation has occurred the vorticity which was present in the boundary layer then finds its way into the main body of the fluid and it is then no longer true that the general streaming outside the boundary layer is substantially the same as the inviscid flow past the same boundaries. Calculation of the sequence of events once this has happened is very difficult but the general behaviour is clear and we have the results of many experiments in specific instances. Further discussion of this aspect of the problem will be deferred until the simpler problems of the attached layer have been dealt with.

3. Derivation of the equations of steady flow[1]. *Plane wall.* The theory can be developed in its simplest form by considering the steady flow near a plane boundary in two-dimensional flow. Let us take the axis of x along the boundary (in the plane of the flow) and the axis of y normal to it. Then, with this coordinate system, the equations of motion and continuity take on the form

$$u\frac{\partial u}{\partial x}+v\frac{\partial u}{\partial y}=-\frac{1}{\varrho}\frac{\partial p}{\partial x}+\nu\left\{\frac{\partial^2 u}{\partial x^2}+\frac{\partial^2 u}{\partial y^2}\right\}, \tag{3.1}$$

$$u\frac{\partial v}{\partial x}+v\frac{\partial v}{\partial y}=-\frac{1}{\varrho}\frac{\partial p}{\partial y}+\nu\left\{\frac{\partial^2 v}{\partial x^2}+\frac{\partial^2 v}{\partial y^2}\right\}, \tag{3.2}$$

$$\frac{\partial u}{\partial x}+\frac{\partial v}{\partial y}=0. \tag{3.3}$$

As explained above the approximation is based on the assumption that the adjustment of the velocity from the general streaming motion past the boundary to the condition of zero tangential velocity at the boundary takes place over a distance δ, small compared with a length representative of the changes that are taking place parallel to the wall. If therefore we take u, $\partial u/\partial x$, and $\partial p/\partial x$ as of standard order of magnitude $O(1)$ the equation of continuity (3.3) implies that v is $O(\delta)$ throughout the layer since, of course, v must be zero at the wall itself. The terms on the left-hand side of Eq. (3.1) are then both $O(1)$ since, in particular, in the second of these terms v is $O(\delta)$ and $\partial u/\partial y$ is $O(1/\delta)$. On the right-hand side of this equation $\partial^2 u/\partial x^2$ is $O(1)$ whilst $\partial^2 u/\partial y^2$ is $O(1/\delta^2)$ and is clearly large in comparison with $\partial^2 u/\partial x^2$. If therefore in addition we assume that the layer

[1] For a more detailed treatment the reader is referred to "Modern Developments in Fluid Dynamics", ed. Goldstein. London: Oxford University Press 1938.

is characterized by a balance between the inertia forces and pressure forces on the one hand and the viscous stresses on the other, we must have ν/δ^2 of order one and Eq. (3.1) taking on the approximate form

$$u\frac{\partial u}{\partial x}+v\frac{\partial u}{\partial y}=-\frac{1}{\varrho}\frac{\partial p}{\partial x}+\nu\frac{\partial^2 u}{\partial y^2}. \tag{3.4}$$

A similar treatment of Eq. (3.2) shows that all the terms on the left-hand side are $O(\delta)$ whilst the viscous terms on the right-hand side are at most $O(\nu/\delta)$ that is, $O(\delta)$. We must therefore conclude from Eq. (3.2) that

$$-\frac{1}{\varrho}\frac{\partial p}{\partial y}=O(\delta). \tag{3.5}$$

As a consequence of Eq. (3.5) we see that the total change in pressure across the layer is $O(\delta^2)$ and this we shall neglect. That is, the pressure along any normal to the boundary will be taken as constant across the layer and equal to its value at the boundary or indeed, in the flow just outside the layer.

The deduction that δ^2 is $O(\nu)$ and the original assumption that δ is small means that the theory can, expressed in this rather crude dimensional form of argument, be applied only to fluids of small viscosity. Expressed more precisely, we may say as before that the theory is applicable only when the Reynolds number is large.

Prandtl assumed, in formulating his theory for attached layers, that outside this layer in which the velocity adjusts itself from zero at the boundary to its value in the general streaming, the effects of viscosity could be neglected. Thus we have, if U is the velocity component parallel to the boundary in the flow just outside the boundary layer,

$$U\frac{\partial U}{\partial x}=-\frac{1}{\varrho}\frac{\partial p}{\partial x} \tag{3.6}$$

where p can be taken to be the pressure inside the boundary layer in view of Eq. (3.5).

Curved wall. The same type of analysis as in the preceding section can be carried out in a system of curvilinear co-ordinates when the boundary is no longer plane. Still limiting consideration to a two-dimensional system we can use the given surface and all parallel surfaces as one set of co-ordinates and the normals to the boundary as the other. In effect, we then measure our co-ordinate x along the curved boundary and our co-ordinate y along the normals to it. The equations of flow and continuity can be written down in this set of curvilinear co-ordinates and the same approximations made as for the plane wall. The results in the absence of acute changes of curvature are substantially the same, the equations of flow in the x co-ordinate being exactly the same as Eq. (3.4) above, the equation of continuity remaining to this order of approximation the same as in (3.3) above but there is a slight difference to Eq. (3.5). Instead of having a pressure gradient normal to the surface of $O(\delta)$, we now find a pressure gradient

$$\frac{\partial p}{\partial y}=\varkappa\varrho u^2 \tag{3.7}$$

where $\varkappa$ is the curvature of the surface.

Thus $\partial p/\partial y$ is $O(1)$ and not $O(\delta)$ as before. The net result of this change is not very significant however because the layer is still supposed to be a thin one and the pressure changes across it, instead of being $O(\delta^2)$ are now $O(\delta)$ which, though not as small as before, are still small and will be neglected. We then have as before the relation

$$-\frac{1}{\varrho}\frac{\partial p}{\partial x}=U\frac{\partial U}{\partial x} \tag{3.8}$$

for the pressure gradient inside the layer.

The equations of flow for the curved wall are thus seen to be exactly the same as the equations for the plane wall. The sequence of events in the calculations of the flow are then as follows. The flow outside the boundary layer is assumed to be known either from calculations of inviscid flow or by observation and the pressure gradient required in Eq. (3.4) is obtained from Eq. (3.8). Eqs. (3.4) and (3.3) are then, with suitable boundary conditions, the equations which determine the velocity components u and v throughout the layer.

Non-dimensional form of the equations. The arguments given above have been put in dimensional form in order to strip them of all but their essentials, but ideally and of course for all applications they should be couched in non-dimensional form. To do this first of all for a plane surface we introduce a length d representative of changes that are taking place in the direction of the x co-ordinate, a velocity U_0 representative of some standard condition, usually the flow at infinity, and thereby define a Reynolds number $R=U_0\,d/\nu$. The boundary layer thickness δ then as previously mentioned can be put in the form

$$\frac{\delta}{d}=O(R^{-\frac{1}{2}}),$$

and we shall introduce non-dimensional variables

$$x'=\frac{x}{d},\qquad y'=R^{\frac{1}{2}}\frac{y}{d},\qquad u'=\frac{u}{U_0},\qquad U'=\frac{U}{U_0},\qquad v'=R^{\frac{1}{2}}\frac{v}{U_0}. \tag{3.9}$$

The equations of flow become

$$u'\frac{\partial u'}{\partial x'}+v'\frac{\partial u'}{\partial y'}=-\frac{1}{\varrho U_0^2}\frac{\partial p}{\partial x'}+\frac{1}{R}\frac{\partial^2 u'}{\partial x'^2}+\frac{\partial^2 u'}{\partial y'^2} \tag{3.10}$$

$$\frac{1}{R^{\frac{1}{2}}}\left(u'\frac{\partial v'}{\partial x'}+v'\frac{\partial v'}{\partial y'}\right)=-\frac{1}{\varrho U_0^2}\frac{\partial p}{\partial y'}+\frac{1}{R}\frac{\partial^2 v'}{\partial x'^2}+\frac{1}{R^{\frac{1}{2}}}\frac{\partial^2 v'}{\partial y'^2}, \tag{3.11}$$

and

$$\frac{\partial u'}{\partial x'}+\frac{\partial v'}{\partial y'}=0. \tag{3.12}$$

Hence if we take the limit as $R\to\infty$ for x', y' fixed (the Prandtl limit in the phraseology of KAPLUN and LAGERSTROM and COLE) we must have from (3.11) at all regular points

$$\frac{\partial p}{\partial y'}=0. \tag{3.13}$$

Thus, as explained above, the pressure inside the boundary layer is the same as the pressure in the mainstream just outside the boundary layer.

In fact when R is large

$$\frac{\partial p}{\partial y'}=O\left(\frac{1}{R^{\frac{1}{2}}}\right). \tag{3.14}$$

Similarly taking the Prandtl limit in Eq. (3.10) we must have

$$u'\frac{\partial u'}{\partial x'}+v'\frac{\partial u'}{\partial y'}=U'\frac{dU'}{dx'}+\frac{\partial^2 u'}{\partial y'^2} \tag{3.15}$$

and from (3.12)

$$\frac{\partial u'}{\partial x'} + \frac{\partial v'}{\partial y'} = 0, \tag{3.16}$$

which are then the limiting forms of the equations of flow near the boundary as $R \to \infty$, or in other words the boundary layer equations.

For large R we see that the errors resulting from taking the equations of flow in the form (3.15) and (3.16) are:

(a) In Eq. (3.15) essentially $O(R^{-1})$.

(b) In Eq. (3.16) nothing since this equation is exact.

For a curved surface the analysis can be carried out similarly in curvilinear co-ordinates. The same Eqs. (3.15) and (3.16) are obtained. The error is however essentially increased to a term of order $\varkappa' R^{-\frac{1}{2}}$ in both equations, where $\varkappa' = \varkappa d$ is the non-dimensional form of the surface curvature.

Boundary conditions. It is clear from what has already been said that at the wall (assumed at rest) we require that both u and v should vanish. At the outside of the boundary layer the boundary layer and mainflow must blend. This might at first sight be expected to lead to conditions on u and v at $y = \delta$ but this is not precisely the case. It is found to be impossible to insist on u taking the value U for any finite δ though it is possible to make $u \to U$ as $y \to \infty$. Again at first sight this might be thought to be so fundamentally at variance with the basic concepts of the theory as to result in a contradiction. Fortunately this is not the case for it is found that with such a boundary condition u differs from U by more than say 0.1% only when $0 \leqq y' \leqq n$ where n is usually a small number of the order of 3 or 4. Since the corresponding range of y is $0 \leqq y \leqq nd/R^{\frac{1}{2}}$, the *significant* variations of u are still confined to a layer of thickness of the order $R^{-\frac{1}{2}}$.

Eq. (3.15) is parabolic in form (as is the equation obtained by introducing a stream function from (3.16) and using it as independent variable) so that a condition is required at some cross-section $x = \text{const}$. This has to be determined from the data in any given problem. In many problems the boundary layer originates at a stagnation point in which case the appropriate condition is $u = 0$ there. In others there may be a sharp leading edge and then u is determined there by the velocity of the incident stream for it should be noticed that to the order of this (parabolic) approximation the boundary layer creates no disturbance upstream of the leading edge.

These conditions are found to be sufficient in all known cases to determine the solution completely. It is in consequence impossible to specify any condition on v at the edge of the layer. This is automatically determined by the equations and may be regarded as giving the disturbance produced by the boundary layer to the mainflow. Further discussion of this interesting feature is reserved till Chap. III.

The vorticity and the stress components. The only component of vorticity existing in two-dimensional motion is the component normal to the plane of flow and its magnitude is given by the equation

$$\zeta = \frac{\partial v}{\partial x} - \frac{\partial u}{\partial y}. \tag{3.17}$$

With the boundary layer approximations the first term is $O(\delta)$ whereas the second is $O(1/\delta)$. Hence for all boundary layer work the vorticity is taken to be $-\partial u/\partial y$. Moreover, the flux of vorticity across any section of the boundary layer is

$$\int_0^\delta u \zeta \, dy \tag{3.18}$$

which, in view of the form of ζ can be integrated to give $-\frac{1}{2}U^2$ where U is the velocity of general streaming just outside the boundary layer. This result is an important one not only because it shows how the vorticity transport changes from section to section in the boundary layer but also because it shows how much vorticity there is in the layer if it should separate from the surface at a "point of separation" as already described in the previous section and so we are able to estimate the rate at which vorticity is being sent out into the main body of the fluid.

The stress at the boundary which clearly is one of the most important results required of the theory, has the components p_{yy} normal to the boundary and p_{yx} tangential to it. The former differs from $-p$, the hydrostatic pressure, by a term $\mu\,\partial v/\partial y$ and this difference is $O(\varrho\delta^2)$ and is therefore negligible. The tangential stress p_{yx} is given by

$$p_{yx} = \mu\left(\frac{\partial u}{\partial y} + \frac{\partial v}{\partial x}\right). \tag{3.19}$$

Here, as in the discussion of ζ the term in $\partial u/\partial y$ predominates and to the boundary layer approximation we have

$$p_{yx} = \mu\left(\frac{\partial u}{\partial y}\right). \tag{3.20}$$

Finally, the rate of dissipation of energy is worthy of comment. When the boundary layer approximations are made in the expression for the dissipation function Φ, we find that

$$\Phi = \mu\left(\frac{\partial u}{\partial y}\right)^2 \tag{3.21}$$

and this expression tends to a finite limit as $R\to\infty$. Indeed, we could have based our investigation of the thickness of the boundary layer by starting from this result as a prerequisite.

Von Mises's transformation. With the stream function ψ as defined by the relations

$$u = \frac{\partial\psi}{\partial y}, \qquad v = -\frac{\partial\psi}{\partial x}, \tag{3.22}$$

VON MISES[1] has pointed out the advantages of changing the independent variables from x and y to x and ψ. Then

$$\left(\frac{\partial u}{\partial y}\right)_x = \left(\frac{\partial u}{\partial\psi}\right)_x\left(\frac{\partial\psi}{\partial y}\right)_x = u\left(\frac{\partial u}{\partial\psi}\right)_x, \tag{3.23}$$

$$\left(\frac{\partial^2 u}{\partial y^2}\right)_x = u\,\frac{\partial}{\partial\psi}\left(u\,\frac{\partial u}{\partial\psi}\right) = \frac{u}{2}\,\frac{\partial^2 u^2}{\partial\psi^2}, \tag{3.24}$$

$$\left(\frac{\partial u}{\partial x}\right)_y = \left(\frac{\partial u}{\partial x}\right)_\psi + \left(\frac{\partial u}{\partial\psi}\right)_x\left(\frac{\partial\psi}{\partial x}\right)_y = \left(\frac{\partial u}{\partial x}\right)_\psi - v\left(\frac{\partial u}{\partial\psi}\right)_x. \tag{3.25}$$

Hence the boundary layer equation of motion becomes, in terms of the new variables

$$u\,\frac{\partial u}{\partial x} - uv\,\frac{\partial u}{\partial\psi} + uv\,\frac{\partial u}{\partial\psi} = -\frac{1}{\varrho}\,\frac{\partial p}{\partial x} + \frac{\nu u}{2}\,\frac{\partial^2 u^2}{\partial\psi^2} \tag{3.26}$$

and if we put $Z = U^2 - u^2$ we have

$$\frac{\partial Z}{\partial x} = \nu u\,\frac{\partial^2 Z}{\partial\psi^2} = \nu\,(U^2 - Z)^{\frac{1}{2}}\,\frac{\partial^2 Z}{\partial\psi^2}. \tag{3.27}$$

[1] R. v. MISES: Z. angew. Math. Mech. **7**, 425–431 (1927).

The boundary conditions on Z are

$$\left.\begin{array}{l}\text{(i) } Z\to 0 \text{ as } x\to 0,\\ \text{(ii) } Z=U^2, \text{ a known function of } x, \text{ when } \psi=0,\\ \text{(iii) } Z\to 0 \text{ as } \psi\to\infty.\end{array}\right\} \quad (3.28)$$

Separation. The phenomenon of separation has already been mentioned and we must now go on to discuss how we can recognize it. A more detailed analysis is however deferred until Sect. 6 below. In a region of rising pressure it is found that the tangential stress p_{yx} at the boundary decreases with increasing distance along the boundary. A stage is reached where it first of all vanishes and then changes sign and becomes negative. Since the velocity at the boundary itself is zero a negative value for p_{yx} means that the flow in the vicinity of the boundary has become "reversed", that is, is taking place in the direction opposite to the general streaming flow past the obstacle. The question then arises—can this happen without materially affecting the boundary layer hypothesis and the flow outside. The answer, based on experiment, is that generally the reverse flow region is of substantial thickness, that the streamline through the point S of zero stress leaves the surface abruptly and that the mainstream also breaks away from the surface. Whether this breakaway occurs just at the point S is open for discussion (see, for example, W. W. WOOD's[1] dissertation) but there is little doubt that in general it occurs very near S. We shall not in the sequel attempt to distinguish between the two and we shall speak of S as the point of separation. Once separation occurs vorticity is no longer confined to the vicinity of the boundaries and we have free vortex or shear layers appearing in the body of the fluid, some at least of this vorticity being convected from the attached part of the boundary layer.

4. Exact solutions. Apart from series solutions the known exact solutions of the boundary layer equations are all "similar" solutions. In such solutions the velocity profile at any one section is geometrically similar to the profile at any other; it can be shown that similarity of this kind occurs if and only if the velocity distributions outside the boundary layer are of the form $a\,x^m$ or $a\,e^{\alpha x}$ $(\alpha > 0)$. For a mainstream velocity $U=a\,x^m$ one can readily verify following FALKNER and SKAN[2] that the boundary layer equations can be transformed into an ordinary differential equation by putting the stream function ψ in the form

$$\psi = a^{\frac{1}{2}}\,x^{\frac{1}{2}(m+1)}\,\nu^{\frac{1}{2}}\,f(\eta) \tag{4.1}$$

where

$$\eta = a^{\frac{1}{2}}\,x^{\frac{1}{2}(m-1)}\,\nu^{-\frac{1}{2}}\,y, \tag{4.2}$$

the equation for f being

$$m f'^2 - \tfrac{1}{2}(m+1)\,f f'' = m + f'''. \tag{4.3}$$

The boundary conditions require that u and v should both vanish at $y=0$ and that u should tend to $a\,x^m$ as $y\to\infty$, that is

$$f(0)=0, \quad f'(0)=0, \quad f'(\infty)=1. \tag{4.4}$$

With this form of solution it should be noticed that $u=a\,x^m f'(\eta)$ so that $u=0$ at $x=0$ if $m>0$, and $u=a$ at $x=0$ when $m=0$. If however $m<0$, u becomes infinite at $x=0$ so that for a physically significant problem the initial section

[1] W. W. WOOD: Diss. Cambridge University 1956.

[2] V. M. FALKNER and S. W. SKAN: A.R.C. Reports and Memoranda No. 1314 (1930).

must correspond to some finite value of x. The value of u at that section moreover is determined from our solution and is not at our disposal as a boundary condition and the solution is therefore somewhat artificial when $m<0$.

With $m=0$ we have a constant mainstream flow and the flow corresponds to the flow over a semi-infinite flat plate, a problem first discussed by BLASIUS[1]. With $m=1$ we have the flow in the vicinity of a stagnation point originally discussed by HIEMENZ[2], with m between 0 and 1 we have the flow in the vicinity of a sharp leading edge and with $m=-1$ we have the flow in a convergent channel. HARTREE[3] has discussed the solution of Eq. (4.3) by writing

$$\left[\frac{1}{2}(m+1)\right]^{\frac{1}{2}}\eta=\zeta, \quad \left[\frac{1}{2}(m+1)\right]^{\frac{1}{2}}f=g, \quad \beta=\frac{2m}{m+1}, \tag{4.5}$$

which gives

$$\frac{d^3g}{d\zeta^3}+g\frac{d^2g}{d\zeta^2}=\beta\left\{\left(\frac{dg}{d\zeta}\right)^2-1\right\} \tag{4.6}$$

as the equation for g together with the boundary conditions

$$g=0, \quad \frac{dg}{d\zeta}=0 \quad \text{at} \quad \zeta=0, \quad \frac{dg}{d\zeta}\to 1 \quad \text{as} \quad \zeta\to\infty. \tag{4.7}$$

HARTREE found for positive values of β (that is also for positive values of m) that the solution is unique. His paper contains tables for $\beta=0$, 0.1, 0.2, 0.3, 0.4, 0.5, 0.6, 0.8, 1.0, 1.2, 1.6, 2.0, 2.4. The flow with $U=a\,e^{\alpha x}$ $(\alpha>0)$ can really be treated[4] as a special case of the foregoing solutions in which $\beta=2$.

If β is negative the situation is much more complicated. For a range of values of β $(0>\beta>-0.1988)$ solutions corresponding to forward flow in a non-separated boundary layer do exist. They are made somewhat artificial as explained above by the necessity for special starting conditions. The reader is referred to HARTREE'S[3] original paper for a full discussion and to a later paper by STEWARTSON[5]. Suffice it to say here that in this range for any value β, a single infinity of solutions of the equations exist and that Hartree chooses the one which approaches its outer boundary condition most rapidly. In fact this approach is exponential compared with an algebraic approach for all the others save for an exceptional one discovered by Stewartson which also has an exponential approach but corresponds to a separated layer. The solution corresponding to $\beta=-0.1988$ gives a layer which is on the verge of separating throughout its history and, though of very little physical significance, provides a most useful yard-stick for assessing approximate methods. HARTREE'S paper contains the solutions for $\beta=-0.10$, -0.14, -0.16, -0.18, -0.19 and -0.1988.

5. Series solutions. For our immediate purpose however it is the solutions of the previous paragraph corresponding to $m=0$ $(\beta=0)$ and $m=1$ $(\beta=1)$ which are the most important cases, because they form the leading terms of series expansions for a wide variety of problems. The flow outside the boundary layer in the flow past a symmetrical cylinder of any section with a smooth leading edge can be expanded in the form

$$U=\beta_1 x+\beta_3 x^3+\beta_5 x^5+\cdots. \tag{5.1}$$

[1] H. BLASIUS: Z. Math. Phys. **56**, 4—13 (1908).

[2] K. HIEMENZ: Diss. Göttingen; Dinglers polytechn. J. **1911**, 326.

[3] D. R. HARTREE: Proc. Cambridge Phil. Soc. **33**, 223—239 (1937).

[4] S. GOLDSTEIN: Proc. Cambridge Phil. Soc. **35**, 338 (1939) who also proves that the only similar solutions are those given by $U=a\,x^m$ and $a\,e^{\alpha x}$.

[5] K. STEWARTSON: Proc. Cambridge Phil. Soc. **50**, 454—465 (1954).

It is then possible as shown by HIEMENZ[1] to expand the stream function ψ for the flow inside the boundary layer in the form

$$\psi = F_1 x + F_3 x^3 + F_5 x^5 + \cdots \tag{5.2}$$

where the F's are functions of y only. [This is in conformity with Eq. (4.2) where when m is put equal to unity the x-dependence of η disappears.] There would not be any great advantage from this procedure however did it not happen that, as shown by HOWARTH[2], the functions F could be split up into parts independent of the coefficients β and so capable of being computed once and for all. Thus the solution for u can be written in the form

$$\left.\begin{aligned} u = \beta_1 f_1' x + 4\beta_3 f_3' x^3 + 6\left(\beta_5 g_5' + \frac{\beta_3^2}{\beta_1} h_5'\right) x^5 + \\ + 8\left(\beta_7 g_7' + \frac{\beta_3\beta_5}{\beta_1} h_7' + \frac{\beta_3^3}{\beta_1^2} k_7'\right) x^7 + \cdots \end{aligned}\right\} \tag{5.3}$$

where the functions $f_1, f_3, g_5, h_5 \ldots$ are all functions of $\eta\,(= \{\beta_1/\nu\}^{\frac{1}{2}} y)$ which have been tabulated once and for all[2] (see Table 1, where f_1 is due to BICKLEY).

A corresponding series development exists for the non-symmetrical cylinder for which the velocity distribution in the mainstream starting from the forward stagnation point can be written in the form

$$U = \beta_1 x + \beta_2 x^2 + \beta_3 x^3 + \cdots. \tag{5.4}$$

The corresponding solution for u is then

$$u = \beta_1 f_1' x + 3\beta_2 f_2' x^2 + 4\left(\beta_3 g_3' + \frac{\beta_2^2}{\beta_1} h_3'\right) x^3 + 5\left(\beta_4 g_4' + \frac{\beta_2\beta_3}{\beta_1} h_4' + \frac{\beta_2^3}{\beta_1^2} k_4'\right) x^4 + \cdots \tag{5.5}$$

where as before $f_1, f_2, g_3, h_3 \ldots$ are functions of the same variable η as above and are tabulated in Table 2.

A rather more artificial problem but one which is of some importance arises from the development of a series whose leading term corresponds to the flow along a flat plate. If we insert such a flat plate in a stream which, due to the presence of constraining walls for example, is not uniform we can represent the mainstream flow by the series

$$U = U_0 + U_1 x + \cdots. \tag{5.6}$$

If U_1 is negative the mainstream flow is retarded and the possibility of separation arises. In fact it is for this reason that much time and effort has been devoted to the discussion of the flow in the boundary layer when the flow in the mainstream is given by the two terms

$$U = \beta_0 - \beta_1 x \tag{5.7}$$

where β_1 is now a positive constant. A series solution for the flow inside the boundary layer exists in which

$$u = \beta_0 \{f_0'(\eta) - 8\xi f_1'(\eta) + (8\xi)^2 f_2'(\eta) - (8\xi)^3 f_3'(\eta) + (8\xi)^4 f_4'(\eta) - \cdots\} \tag{5.8}$$

where

$$\eta = \tfrac{1}{2}\beta_0^{\frac{1}{2}} \nu^{-\frac{1}{2}} y x^{-\frac{1}{2}} \quad \text{and} \quad \xi = \beta_1 x/\beta_0. \tag{5.9}$$

KÁRMÁN and MILLIKAN[3] introduced this problem, into the literature and the solution was first given in the form (5.8) by the present writer[4]. It has

[1] K. HIEMENZ: Diss. Göttingen.
[2] L. HOWARTH: A.R.C. Reports and Memoranda No. 1632 (1935).
[3] T. VON KÁRMÁN and C. B. MILLIKAN: N.A.C.A. Report No. 504 (1934).
[4] L. HOWARTH: Proc. Roy. Soc. Lond. **164**, 547—579 (1938).

Table 1.

η	f_1	f_1'	f_1''	f_3	f_3'	f_3''	g_5	g_5'	g_5''	h_5	h_5'	h_5''	k_7	k_7'	k_7''
0.0	0.0000	0.0000	1.2326	0.000	0.000	0.7246	0.00	0.00	0.637	0.00	0.00	0.12	0.00	0.00	0.012
0.1	0.0060	0.1183	1.1328	0.004	0.068	0.625	0.00	0.06	0.54	0.00	0.01	0.07	0.00	0.00	0.01
0.2	0.0233	0.2266	1.0345	0.013	0.125	0.529	0.01	0.11	0.44	0.00	0.01	+0.03	0.00	0.00	0.02
0.3	0.0510	0.3252	0.9386	0.028	0.174	0.438	0.03	0.15	0.35	0.00	0.02	−0.01	0.00	0.00	0.02
0.4	0.0881	0.4145	0.8463	0.048	0.213	0.354	0.04	0.18	0.27	0.01	0.01	−0.04	0.00	0.01	0.02
0.5	0.1336	0.4946	0.7583	0.071	0.245	0.278	0.06	0.20	0.20	0.01	0.01	−0.07	0.00	0.01	0.03
0.6	0.1867	0.5663	0.6752	0.096	0.269	0.211	0.08	0.22	0.14	0.01	+0.00	−0.08	0.00	0.01	0.04
0.7	0.2466	0.6299	0.5974	0.124	0.287	0.153	0.10	0.23	0.09	0.01	−0.01	−0.08	0.00	0.01	0.05
0.8	0.3124	0.6859	0.5251	0.154	0.300	0.104	0.13	0.24	0.05	0.00	−0.02	−0.08	0.00	0.01	0.05
0.9	0.3835	0.7351	0.4587	0.184	0.308	0.063	0.15	0.24	+0.02	0.00	−0.03	−0.08	0.00	0.02	0.05
1.0	0.4592	0.7779	0.3980	0.215	0.313	0.029	0.17	0.24	−0.01	+0.00	−0.03	−0.07	0.01	0.02	0.05
1.1	0.5389	0.8149	0.3431	0.246	0.314	+0.003	0.20	0.24	−0.03	−0.01	−0.04	−0.06	0.01	0.03	0.05
1.2	0.6220	0.8467	0.2938	0.277	0.313	−0.017	0.22	0.24	−0.04	−0.01	−0.05	−0.04	0.01	0.03	0.04
1.3	0.7081	0.8738	0.2498	0.309	0.311	−0.031	0.25	0.23	−0.05	−0.02	−0.05	−0.03	0.01	0.04	0.03
1.4	0.7967	0.8968	0.2110	0.340	0.307	−0.041	0.27	0.23	−0.06	−0.02	−0.05	−0.02	0.02	0.04	0.02
1.5	0.8873	0.9162	0.1770	0.370	0.302	−0.048	0.29	0.22	−0.06	−0.03	−0.05	−0.01	0.02	0.05	0.02
1.6	0.9798	0.9323	0.1474	0.400	0.298	−0.051	0.31	0.21	−0.07	−0.03	−0.05	0.00	0.02	0.05	0.01
1.7	1.0738	0.9458	0.1218	0.429	0.293	−0.052	0.34	0.21	−0.06	−0.04	−0.05	+0.01	0.03	0.05	0.01
1.8	1.1689	0.9568	0.1000	0.458	0.288	−0.051	0.36	0.20	−0.06	−0.04	−0.05	0.02	0.03	0.05	+0.01
1.9	1.2650	0.9659	0.0814	0.487	0.283	−0.048	0.38	0.19	−0.06	−0.05	−0.04	0.02	0.04	0.05	0.00
2.0	1.3620	0.9732	0.0658	0.515	0.278	−0.045	0.39	0.19	−0.06	−0.05	−0.04	0.03	0.04	0.05	0.00
2.1	1.4596	0.9791	0.0528	0.543	0.273	−0.040	0.41	0.19	−0.05	−0.05	−0.04	0.03	0.05	0.05	−0.01
2.2	1.5578	0.9839	0.0420	0.570	0.269	−0.036	0.43	0.18	−0.04	−0.05	−0.03	0.03	0.05	0.04	−0.02
2.3	1.6563	0.9876	0.0332	0.597	0.266	−0.032	0.45	0.18	−0.04	−0.05	−0.03	0.02	0.06	0.04	−0.03
2.4	1.7553	0.9905	0.0260	0.623	0.263	−0.028	0.46	0.18	−0.03	−0.05	−0.03	0.02	0.07	0.04	−0.04
2.5	1.8544	0.9929	0.0202	0.649	0.259	−0.023	0.48	0.18	−0.03	−0.05	−0.02	0.02	0.08	0.03	−0.04
2.6	1.9538	0.9946	0.0156	0.676	0.258	−0.020	0.49	0.18	−0.02	−0.05	−0.02	0.02	0.09	0.02	−0.03
2.7	2.0533	0.9960	0.0119	0.701	0.257	−0.017	0.51	0.18	−0.01	−0.05	−0.01	0.01	0.09	0.01	−0.02
2.8	2.1530	0.9970	0.0090	0.726	0.256	−0.013	0.53	0.17	−0.01	−0.05	0.00	0.01	0.09	0.00	−0.01
2.9	2.2527	0.9978	0.0068	0.751	0.254	−0.011	0.54	0.17	0.00	−0.05	0.00	0.00	0.09	0.00	−0.01
3.0	2.3526	0.9984	0.0051	0.777	0.253	−0.010	0.56	0.17	0.00	−0.05	0.00	0.00	0.09	0.00	0.00
3.1	2.4524	0.9989	0.0038	0.802	0.252	−0.008	0.58	0.17	0.00	−0.05	0.00	0.00	0.09	0.00	0.00
3.2	2.5523	0.9992	0.0028	0.828	0.251	−0.007									
3.3	2.6523	0.9994	0.0020	0.853	0.251	−0.005									
3.4	2.7522	0.9996	0.0014	0.879	0.251	−0.004									
3.5	2.8522	0.9997	0.0010	0.904	0.250	−0.003									
3.6	2.9521	0.9998	0.0007	0.929	0.250	−0.002									
3.7	3.0521	0.9999	0.0005	0.954	0.250	−0.002									
3.8	3.1521	0.9999	0.0004	0.979	0.250	−0.001									
3.9	3.2521	0.9999	0.0002	1.004	0.250	−0.001									
4.0	3.3521	1.0000	0.0002	1.029	0.250	−0.001									
4.1	3.4521	1.0000	0.0001	1.054	0.250	0.000									
4.2	3.5521	1.0000	0.0001	1.079	0.250	0.000									

η	f_2	f_2'	f_2''	g_3	g_3'	g_3''	h_3	h_3'	h_3''	k_4	k_4'	k_4''
0.0	0.000	0.000	0.7982	0.000	0.000	0.725	0.00	0.00	0.166	0.00	0.00	−0.019
0.1	0.004	0.075	0.699	0.004	0.068	0.625	0.00	0.01	0.12	0.00	0.00	−0.02
0.2	0.015	0.140	0.602	0.013	0.125	0.529	0.00	0.02	0.07	0.00	0.00	−0.02
0.3	0.032	0.195	0.509	0.028	0.174	0.438	0.01	0.03	+0.03	0.00	−0.01	−0.01
0.4	0.054	0.242	0.423	0.048	0.213	0.354	0.01	0.03	−0.01	0.00	−0.01	−0.01
0.5	0.080	0.280	0.344	0.071	0.245	0.278	0.01	0.03	−0.04	0.00	−0.01	0.00
0.6	0.109	0.311	0.273	0.096	0.269	0.211	0.01	0.02	−0.05	0.00	−0.01	0.00
0.7	0.142	0.336	0.210	0.124	0.287	0.153	0.02	0.02	−0.07	−0.01	0.00	+0.01
0.8	0.175	0.353	0.156	0.154	0.300	0.104	0.02	+0.01	−0.07	−0.01	0.00	0.02
0.9	0.212	0.367	0.109	0.184	0.308	0.063	0.02	0.00	−0.07	−0.01	0.00	0.03
1.0	0.249	0.375	0.070	0.215	0.313	0.029	0.02	−0.01	−0.07	−0.01	0.00	0.03
1.1	0.287	0.381	0.037	0.246	0.314	+0.003	0.02	−0.01	−0.06	−0.01	0.00	0.04
1.2	0.325	0.384	+0.012	0.277	0.313	−0.017	0.01	−0.02	−0.05	−0.01	+0.01	0.04
1.3	0.363	0.384	−0.007	0.309	0.311	−0.031	0.01	−0.02	−0.04	0.00	0.01	0.04
1.4	0.402	0.382	−0.021	0.340	0.307	−0.041	0.01	−0.03	−0.03	0.00	0.01	0.04
1.5	0.440	0.380	−0.032	0.370	0.302	−0.048	+0.01	−0.03	−0.02	0.00	0.02	0.03
1.6	0.477	0.377	−0.039	0.400	0.298	−0.051	0.00	−0.03	0.00	0.00	0.02	0.03
1.7	0.515	0.373	−0.042	0.429	0.293	−0.052	0.00	−0.03	0.00	0.00	0.02	0.02
1.8	0.552	0.368	−0.043	0.458	0.288	−0.051	0.00	−0.03	+0.01	+0.01	0.03	0.01
1.9	0.588	0.364	−0.043	0.487	0.283	−0.048	−0.01	−0.03	0.02	0.01	0.03	+0.01
2.0	0.625	0.361	−0.041	0.515	0.278	−0.045	−0.01	−0.03	0.03	0.01	0.03	0.00
2.1	0.661	0.357	−0.038	0.543	0.273	−0.040	−0.01	−0.02	0.03	0.02	0.03	−0.01
2.2	0.696	0.353	−0.034	0.570	0.269	−0.036	−0.01	−0.02	0.03	0.02	0.03	−0.01
2.3	0.731	0.350	−0.030	0.597	0.266	−0.032	−0.01	−0.02	0.03	0.02	0.02	−0.02
2.4	0.766	0.346	−0.026	0.623	0.263	−0.028	−0.01	−0.02	0.04	0.02	0.02	−0.02
2.5	0.801	0.344	−0.022	0.649	0.259	−0.023	−0.02	−0.01	0.03	0.03	0.02	−0.03
2.6	0.835	0.342	−0.019	0.676	0.258	−0.020	−0.02	−0.01	0.03	0.03	0.02	−0.03
2.7	0.870	0.340	−0.016	0.701	0.257	−0.017	−0.02	−0.01	0.02	0.03	0.02	−0.03
2.8	0.904	0.338	−0.014	0.726	0.256	−0.013	−0.02	−0.01	0.02	0.03	0.01	−0.02
2.9	0.938	0.337	−0.011	0.751	0.254	−0.011	−0.02	0.00	0.02	0.03	0.01	−0.02
3.0	0.972	0.336	−0.009	0.777	0.253	−0.010	−0.02	0.00	0.02	0.03	0.00	−0.01
3.1	1.006	0.335	−0.007	0.802	0.252	−0.008	−0.02	0.00	0.02	0.03	0.00	0.00
3.2	1.040	0.335	−0.006	0.828	0.251	−0.007	−0.02	0.00	0.01	0.03	0.00	0.00
3.3	1.073	0.335	−0.005	0.853	0.251	−0.005	−0.02	0.00	0.01	0.03	0.00	0.00
3.4	1.106	0.334	−0.003	0.879	0.251	−0.004	−0.02	0.00	0.00	0.03	0.00	0.00
3.5	1.139	0.334	−0.003	0.904	0.250	−0.003	−0.02	0.00	0.00	0.03	0.00	0.00
3.6	1.172	0.334	−0.002	0.929	0.250	−0.002	−0.02	0.00	0.00	0.03	0.00	0.00
3.7	1.205	0.334	−0.001	0.954	0.250	−0.002	−0.02	0.00	0.00	0.03	0.00	0.00
3.8	1.238	0.333	−0.001	0.979	0.250	−0.001	−0.02	0.00	0.00	0.03	0.00	0.00
3.9	1.271	0.333	−0.001	1.004	0.250	−0.001	−0.02	0.00	0.00	0.03	0.00	0.00
4.0	1.304	0.333	−0.001	1.029	0.250	−0.001	−0.02	0.00	0.00	0.03	0.00	0.00
4.1	1.337	0.333	0.000	1.054	0.250	0.000	−0.02	0.00	0.00	0.03	0.00	0.00
4.2	1.370	0.333	0.000									
4.3	1.403	0.333	0.000									

subsequently been investigated among others by HARTREE[1], LEIGH[2], GÖRTLER[3], GOLDSTEIN[4] and JONES[5]. Of these the first three were concerned with the solution as a whole as was the present writer and the last two with the possible forms of flow near separation on its upstream side. LEIGH and JONES following GOLDSTEIN and HARTREE find that the forward integration is consistent with a solution near separation in which

$$\left(\frac{\partial u}{\partial y}\right)_0 \propto (s-x)^{\frac{1}{2}} \tag{5.10}$$

where s is the abscissa of separation[6]. This solution has been used by HARTREE and LEIGH to complete the numerical integration of the boundary layer as a whole; they find that

$$\frac{\beta_1 s}{\beta_0} = 0.120 \tag{5.11}$$

in accord with the earliest estimate of the present writer.

More recently I. TANI has extended consideration to mainstream flows of the form $\beta_0 - \beta_1 x^n$ when n is different from unity. He does not however subject the behaviour near separation to the close examination accorded to the above problem.

GÖRTLER'S recent work which gives a value 0.126 for this constant, diverges from the British work only in the immediate vicinity of separation and there is little room for doubt that the finite difference method he uses has not coped adequately with the singularity in the skin friction given by (5.10). The difference is in any event of little practical significance.

A somewhat similar series approach has been developed by GÖRTLER (loc. cit.) who has introduced certain advantages into the method by modifying the independent variables. He writes

$$\xi = \frac{1}{\nu}\int_0^x U(x)\,dx, \qquad \eta = U(x)\,y \Big/ \left\{2\nu \int_0^x U(x)\,dx\right\}^{\frac{1}{2}} \tag{5.12}$$

where U is the velocity in the mainstream outside the boundary layer. Apart from the inclusion of sharp leading edges the advantages introduced by the modified variables are primarily that the zero order term is found to give a good approximation for cross-sections surprisingly far from the leading edge and that the data of any special problem are collected together into one function. This function is defined by

$$\beta(\xi) = 2\,U'(x) \int_0^x U(x)\,dx / U^2(x) \tag{5.13}$$

---

[1] D. R. HARTREE: A.R.C. Reports and Memoranda No. 2426 (1939, issued 1949).

[2] D. C. F. LEIGH: Proc. Cambridge Phil. Soc. **51**, 320–332 (1955).

[3] H. GÖRTLER: A new series for the calculation of steady laminar boundary layer flow. Mathematisches Institut Universität Freiburg i. Br.

[4] S. GOLDSTEIN: Quart. J. Mech. Appl. Math. **1**, 43–69 (1948).

[5] C.W. JONES: Quart. J. Mech. Appl. Math. **1**, 385–407 (1948).

[6] The artificiality of the problem must be clearly borne in mind in interpreting these results. It is virtually certain that an effective treatment of separation cannot be given by considering the boundary layer in isolation. The interaction between boundary layer and mainflow must be expected to be crucial.

An important investigation carried out by STEWARTSON (to be published in Quart. J. Mech. Appl. Math.) whilst this article was in press has shown that further logarithmic terms should be added to the Goldstein-Jones solution, though the behaviour of the leading terms is unaltered. STEWARTSON also discusses the solution downstream of separation.

and GÖRTLER calls it the principal function of the boundary layer problem. It does of course reduce to the Hartree parameter, used above, when $U = a x^m$. The method consists in making series developments in the new variables analogous to the ones given above. The stream function is expanded in powers of ξ with coefficients functions of η only; the whole investigation is accompanied by an extensive set of tables of the utmost value to which the reader is referred for particular applications. A number of special cases are worked out in detail; of particular interest are the results for several retarded flows and the position x_s of the points of separation as given by GÖRTLER are contained in the following Table[1].

It should be noted that these flows have not yet had their behaviour in the vicinity of separation subject to the same close examination as has $(1-x)$. The question of whether they are all singular as seems likely is a subject for further research.

Table 3.

U	x_s
$(1+x)^{-1}$	0.159
$(1+x)^{-2}$	0.078
$(1-x)^{\frac{1}{2}}$	0.223
$(1-x)^2$	0.067
$\cos x$	0.410
$1-x^3$	0.401
$\sin x$	1.902
$1-x^2$	0.271
$1-x^4$	0.462

6. Separation in two-dimensional flow. Further considerations. The results given above for the special flow in which the mainstream velocity is $U = \beta_0 - \beta_1 x$ comprise much of our detailed information on separation. Whilst it is highly desirable that many more flows should be examined in this way to see whether or not they become singular in the same way, the investigation cannot stop there. What is required in addition is an estimate of the interaction between boundary layer and mainflow and this can only be done properly for a specific boundary problem rather than for a problem in which the mainstream velocity is prescribed. Methods of taking into account this interaction are being developed both in incompressible and compressible[2] flows but much remains to be done.

In the absence of any more detailed information we shall then take the results for $U = \beta_0 - \beta_1 x$ as the best guide we have though fully realizing their limitations. This solution gives, with s as the abscissa of separation

(i) $\left(\frac{\partial u}{\partial y}\right)_0 \propto (s-x)^{\frac{1}{2}}$

(ii) $v \propto (s-x)^{-\frac{1}{2}}$ at all points off the surface.

It gives no immediate information on what happens on the downstream side of separation and we shall defer until later (Sect. 10) any discussion of this important feature of any separated flow.

Let us consider[3] for the moment the *likely* overall picture of a flow with separation from a surface. If we denote the boundary by AB with A upstream and B downstream of the point of separation S, then near S the flow on the upstream side close to the boundary is in the direction AS and the skin friction also acts in that direction. On the downstream side the picture is just reversed with the

[1] This table has been abstracted from GÖRTLER's results and appears in a paper by CURLE and SKAN, Aeronaut. Quart. **8**, 257 (1957).

[2] It is of some interest to remark that perhaps the biggest strides have been taken with supersonic mainstreams where the problems of interaction are simpler. See, for example G. E. GADD: J. Aeronaut. Sci. **20**, 123 (1953).

[3] The approach adopted here is similar to the approach used by MASKELL in three dimensions (see Sect. 14).

flow near the boundary and the skin friction in the direction BS. At a small distance h from the boundary we would have

$$u = \left(\frac{\partial u}{\partial y}\right)_0 h + O(h^2), \tag{6.1}$$

$$v = \left(\frac{\partial v}{\partial y}\right)_0 h + O(h^2) = -\left(\frac{\partial u}{\partial x}\right)_0 h + O(h^2) = O(h^2) \tag{6.2}$$

so long as the flow is regular. Therefore at all regular points of the flow we can define a limiting streamline direction which is in fact in the surface except possibly at S since

$$\lim_{h\to 0} \frac{v}{u} = 0$$

unless $(\partial u/\partial y)_0 = 0$. If the point of separation S were a regular point of the flow defined by the condition $(\partial u/\partial y)_0 = 0$ the slope as given by our condition would become indeterminate and it would have to be replaced by

$$\lim_{h\to 0} \frac{v}{u} = \frac{-\left(\frac{\partial^2 u}{\partial x\,\partial y}\right)_0}{\left(\frac{\partial^2 u}{\partial y^2}\right)_0}.$$

In fact the boundary layer solution of the special problem gives values of v becoming infinite like $(s-x)^{-\frac{1}{2}}$ everywhere off the surface at the cross section through S whilst u remains finite there so that this theory gives a limiting streamline normal to the surface at S. It may well be as explained that the singular behaviour of the flow at S is a product of the artificial boundary layer problem rather than of solutions of the exact equations of flow but it is not unreasonable to expect the slope of the limiting streamline to become very large at S. Near the surface we are therefore presented with the flows converging on S from both upstream and downstream and leaving the surface abruptly in the vicinity of S. The skin friction on the boundary is regular except possibily in the vicinity of S where it has a zero and changes sign as we pass through S from one side to the other. Here again we may expect any exact description of the flow to modify the precise way in which the skin friction approaches zero but the result of that special problem, which gives it as vanishing like $(s-x)^{\frac{1}{2}}$, may be some guide on the upstream side.

7. The momentum integral equation in two-dimensional flow. A valuable result is obtained by integrating the equation of momentum through the boundary layer[1]. If the thickness of the boundary layer is denoted by δ we then have

$$\int_0^\delta \frac{\partial u}{\partial t}\,dy + \int_0^\delta u\,\frac{\partial u}{\partial x}\,dy + \int_0^\delta v\,\frac{\partial u}{\partial y}\,dy = -\frac{1}{\varrho}\,\frac{\partial p}{\partial x}\,\delta + \int_0^\delta \nu\,\frac{\partial^2 u}{\partial y^2}\,dy. \tag{7.1}$$

Integrating the third term on the left by parts and using the equation of continuity then enables us to write (7.1) in the form

$$\int_0^\delta \frac{\partial u}{\partial t}\,dy + [v\,u]_0^\delta + 2\int_0^\delta u\,\frac{\partial u}{\partial x}\,dy = -\frac{1}{\varrho}\,\frac{\partial p}{\partial x}\,\delta - \nu\left(\frac{\partial u}{\partial y}\right)_0 \tag{7.2}$$

[1] We shall anticipate Sect. 9 and include the term $\partial u/\partial t$ in the equation of motion as in (9.3) below to cover unsteady flows as well.

assuming that $\partial u/\partial y$ is zero when $y=\delta$. A further application of the equation of continuity shows that

$$[v]_{y=\delta} = -\int_0^\delta \frac{\partial u}{\partial x}\, dy. \tag{7.3}$$

Hence

$$\int_0^\delta \frac{\partial u}{\partial t}\, dy + 2\int_0^\delta u\frac{\partial u}{\partial x}\, dy - U\int_0^\delta \frac{\partial u}{\partial x}\, dy = -\frac{1}{\varrho}\frac{\partial p}{\partial x}\delta - \nu\left(\frac{\partial u}{\partial y}\right)_0 \tag{7.4}$$

since $u=U$ the mainstream velocity when $y=\delta$. Furthermore we may write (7.4) in the form

$$\left.\begin{aligned}\frac{\partial}{\partial t}\int_0^\delta u\, dy - U\frac{\partial \delta}{\partial t} + \frac{\partial}{\partial x}\int_0^\delta u^2\, dy - U^2\frac{\partial\delta}{\partial x} - U\frac{\partial}{\partial x}\int_0^\delta u\, dy + U^2\frac{\partial\delta}{\partial x}\\ = -\frac{1}{\varrho}\frac{\partial p}{\partial x}\delta - \nu\left(\frac{\partial u}{\partial y}\right)_0\end{aligned}\right\} \tag{7.5}$$

that is

$$-\frac{\partial}{\partial t}\int_0^\delta u\, dy + U\frac{\partial\delta}{\partial t} - \frac{\partial}{\partial x}\int_0^\delta u^2\, dy + U\frac{\partial}{\partial x}\int_0^\delta u\, dy = \frac{1}{\varrho}\frac{\partial p}{\partial x}\delta + \nu\left(\frac{\partial u}{\partial y}\right)_0. \tag{7.6}$$

Eq. (7.6) is a convenient form for some applications. In others it is convenient to introduce the displacement thickness δ_1 and the momentum thickness ϑ by the relations

$$\delta_1 = \int_0^\delta \left(1-\frac{u}{U}\right) dy, \tag{7.7}$$

$$\vartheta = \int_0^\delta \frac{u}{U}\left(1-\frac{u}{U}\right) dy. \tag{7.8}$$

It then follows from (7.6) that

$$\left.\begin{aligned}\frac{\partial}{\partial t}(U\delta_1) - \delta\frac{\partial U}{\partial t} + \frac{\partial}{\partial x}(U^2\vartheta) + \frac{\partial U}{\partial x}U\delta_1 - U\frac{\partial U}{\partial x}\delta\\ = -\left(\frac{\partial U}{\partial t} + U\frac{\partial U}{\partial x}\right)\delta + \nu\left(\frac{\partial u}{\partial y}\right)_0\end{aligned}\right\} \tag{7.9}$$

so that

$$\frac{1}{U^2}\frac{\partial}{\partial t}(U\delta_1) + \frac{\partial\vartheta}{\partial x} + \frac{1}{U}\frac{\partial U}{\partial x}(2\vartheta + \delta_1) = \frac{\nu}{U^2}\left(\frac{\partial u}{\partial y}\right)_0 \tag{7.10}$$

and in particular when the motion is steady

$$\frac{d\vartheta}{dx} + \frac{1}{U}\frac{dU}{dx}(2\vartheta + \delta_1) = \frac{\nu}{U^2}\left(\frac{\partial u}{\partial y}\right)_0. \tag{7.11}$$

Further integral relationships[1] may be found by multiplying the equation of momentum parallel to the boundary by an integral power n of u and integrating throughout the boundary layer. Of these only the first corresponding to $n=1$ need be considered here. An analysis exactly similar to the foregoing shows that if we write

$$E = \int_0^\delta \frac{u}{U}\left(1-\frac{u^2}{U^2}\right) dy$$

[1] See, for example, W. G. L. SUTTON: Phil. Mag. **23**, 1146 (1937); K. WIEGHARDT: Ing.-Arch. **16**, 231 (1948).

for the energy thickness and

$$D = \mu \int_0^\delta \left(\frac{\partial u}{\partial y}\right)^2 dy$$

for the dissipation, then

$$\frac{\partial}{\partial t}(U^2 \vartheta) + U^2 \frac{\partial \delta_1}{\partial t} + \frac{\partial}{\partial x}(U^3 E) = 2D/\varrho$$

which takes on the particularly simple form

$$\frac{d}{dx}(\varrho U^3 E) = 2D$$

for steady flow.

8. Approximate methods. *The Karman-Pohlhausen method for steady flow.* This method[1] is an approximate one based on the momentum integral equation in either the form (7.6) or (7.10). If plausible (polynomial or other) forms are assumed for the velocity distribution

$$\frac{u}{U} = f\left(\frac{y}{\delta}\right) \tag{8.1}$$

throughout the boundary layer then (7.6) or (7.10) can be used to give the rate of growth with distance x of the boundary layer thickness δ. First of all we must consider the boundary conditions on u/U. At the boundary $y=0$ we must have

(i) $u=0$, (8.2)

(ii) from the equation of flow parallel to the boundary when $u=0$

$$\nu \frac{\partial^2 u}{\partial y^2} = \frac{1}{\varrho}\frac{\partial p}{\partial x}, \tag{8.3}$$

(iii) from the equation of flow by differentiation with respect to y and then putting $y=0$

$$\frac{\partial^3 u}{\partial y^3} = 0, \tag{8.4}$$

and so on, further boundary conditions at $y=0$ being obtained by differentiation of the equation of flow.

Next, the boundary condition at $y=\delta$ is somewhat more artificial. In fact in the boundary layer equations $u \to U$, $\frac{\partial u}{\partial y} \to 0$, $\frac{\partial^2 u}{\partial y^2} \to 0, \ldots$ as $y \to \infty$; we approximate to these boundary conditions by putting

$$u = U, \quad \frac{\partial u}{\partial y} = 0, \quad \frac{\partial^2 u}{\partial y^2} = 0, \ldots \text{ at } y = \delta. \tag{8.5}$$

For an assumed polynomial distribution of velocity in the boundary layer it is obviously not possible to satisfy all the boundary conditions at $y=0$ and $y=\delta$ and we have to select appropriately. A useful choice of polynomial is the quartic and for this it is reasonable to select

$$u = 0, \quad \nu \frac{\partial^2 u}{\partial y^2} = \frac{1}{\varrho}\frac{\partial p}{\partial x} \quad \text{at} \quad y = 0 \tag{8.6}$$

$$u = U, \quad \frac{\partial u}{\partial y} = \frac{\partial^2 u}{\partial y^2} = 0 \quad \text{at} \quad y = \delta. \tag{8.7}$$

[1] T. VON KÁRMÁN and K. POHLHAUSEN: Z. angew. Math. Mech. 1, 233—268 (1921).

We find that, if we write

$$\eta = \frac{y}{\delta} \quad \text{and} \quad \lambda = \frac{-\delta^2}{\nu \varrho U} \frac{dp}{dx} = \frac{\delta^2}{\nu} \frac{dU}{dx}, \tag{8.8}$$

then

$$\frac{u}{U} = f(\eta) = F(\eta) + \lambda G(\eta) \tag{8.9}$$

where

$$F(\eta) = 2\eta - 2\eta^3 + \eta^4 \quad \text{and} \quad G(\eta) = \tfrac{1}{6}\eta(1-\eta)^3. \tag{8.10}$$

The velocity distribution is thus determined as a one-parameter family of curves with λ as parameter. The skin friction at the wall $\mu(\partial u/\partial y)_0$ is given by

$$\frac{\mu U}{\delta}\left(2 + \frac{\lambda}{6}\right) \tag{8.11}$$

and the displacement and momentum thicknesses by

$$\delta_1 = \frac{\delta}{120}(36 - \lambda), \tag{8.12}$$

$$\vartheta = \frac{\delta}{315}\left(37 - \frac{\lambda}{3} - \frac{5\lambda^2}{144}\right). \tag{8.13}$$

Substituting these values in Eq. (7.11) and putting

$$Z = \frac{\delta^2}{\nu} = \frac{\lambda}{\dfrac{dU}{dx}} \tag{8.14}$$

we find that

$$\frac{dZ}{dx} = \frac{g(\lambda)}{U} + Z^2 \frac{d^2 U}{dx^2} h(\lambda) \tag{8.15}$$

where

$$g(\lambda) = \frac{15120 - 2784\lambda + 79\lambda^2 + \frac{5}{3}\lambda^2}{(12-\lambda)(37 + \frac{25}{12}\lambda)}, \tag{8.16}$$

$$h(\lambda) = \frac{8 + \frac{5}{3}\lambda}{(12-\lambda)(37 + \frac{25}{12}\lambda)}. \tag{8.17}$$

These functions are tabulated in Table 4. Eq. (8.15) is an ordinary differential

Table 4.

λ	$g(\lambda)$	$h(\lambda)$	λ	$g(\lambda)$	$h(\lambda)$
12.0	∞	∞	3.0	19.40	0.0334
11.0	−62.20	0.4395	2.0	24.00	0.0275
10.0	−27.25	0.2133	+1.0	28.88	0.0225
9.0	−13.88	0.1375	0.0	34.05	0.0180
8.0	−5.80	0.0994	−1.0	39.61	0.0140
7.8	−4.46	0.0939	−2.0	45.66	0.0102
7.6	−3.20	0.0889	−3.0	52.33	0.0065
7.4	−1.99	0.0843	−4.0	59.77	+0.0029
7.2	−0.831	0.0801	−5.0	68.17	−0.00074
7.052	0.00	0.0772	−6.0	77.81	−0.0045
6.8	+1.37	0.0727	−7.0	88.95	−0.0085
6.6	2.43	0.0693	−8.0	102.28	−0.0131
6.4	3.46	0.0662	−9.0	118.36	−0.0183
6.2	4.47	0.0633	−10.0	138.31	−0.0244
6.0	5.45	0.0606	−11.0	163.88	−0.0319
5.0	10.19	0.0492	−12.0	198.00	−0.0417
4.0	14.76	0.0404			

equation for Z (or δ); it could be written as an equation for λ

$$\frac{d\lambda}{dx} = \frac{1}{U}\frac{dU}{dx} g(\lambda) + \frac{\frac{d^2U}{dx^2}}{\frac{dU}{dx}}\{\lambda^2 h(\lambda) + \lambda\}, \tag{8.18}$$

but it is in fact more convenient except in a few special applications to use the form involving Z. The singularities of $g(\lambda)$ and $h(\lambda)$ clearly occur at $\lambda = 12$ and $\lambda = -444/25 = -17.76$. The latter is not really important physically because $\partial u/\partial y$ vanishes when λ reaches -12 and any smaller value of λ corresponds to a reversed flow for which the method is anyway unreliable. Before considering the singularity at $\lambda = 12$ let us examine conditions at the start of the layer. If $U \neq 0$ at the point where the boundary layer starts then $\delta = 0$ and Eq. (8.8) shows that $\lambda = 0$. Eq. (8.15) then gives the initial value of dZ/dx as $g(0)/U$. This is finite and non-zero so that initially δ behaves like $x^{\frac{1}{2}}$. More usually the boundary layer starts from a stagnation point and therefore from Eq. (8.15) we require

$$g(\lambda) = 0 \quad \text{when} \quad U = 0$$

in order to avoid infinite values of dZ/dx. The zeroes of $g(\lambda)$ are $\lambda = 7.052$, 17.75 and -70 and the negative one is clearly irrelevant since dU/dx is initially positive and therefore so is λ. If the relevant zero were 17.75 then dZ/dx would necessarily become infinite at $\lambda = 12$ and every boundary layer would have an infinite value of $d\delta/dx$ before it reached the pressure minimum. If however $\lambda = 7.052$ initially no such difficulty arises and this is the value we choose. With this choice the initial value of dZ/dx is given by

$$\left.\begin{aligned} \frac{dZ}{dx} &= \lim_{x\to 0}\left\{\frac{g(\lambda)}{U} + Z^2 \frac{d^2U}{dx^2} h(\lambda)\right\} \\ &= \lim_{x\to 0}\left[g'(\lambda)\left\{\frac{dZ}{dx} + \lambda \frac{\frac{d^2U}{dx^2}}{\left(\frac{dU}{dx}\right)^2}\right\} + \frac{\frac{d^2U}{dx^2}}{\left(\frac{dU}{dx}\right)^2}\lambda^2 h(\lambda)\right]. \end{aligned}\right\} \tag{8.19}$$

Therefore

$$\left(\frac{dZ}{dx}\right)_{x=0} = -5.391 \frac{\frac{d^2U}{dx^2}}{\left(\frac{dU}{dx}\right)^2}. \tag{8.20}$$

The difficulty associated with the singularity at $\lambda = 12$ is not necessarily obviated by the choice $\lambda = 7.052$ initially. Even with this choice it is possible for λ to increase to 12 given the right sort of pressure distribution though fortunately such cases do not arise very frequently in practice. When they do the method has to be modified but space does not permit the details to be given here. For these the reader is referred to a paper by DRYDEN[1] or to an account given by the present writer of DRYDEN's method[2].

When the velocity distribution outside the boundary layer is given by $U = a\,x^m$ the form given by (8.18) is the most convenient and we see that

$$\frac{d\lambda}{dx} = \frac{m}{x} g(\lambda) + \frac{(m-1)}{x}\{\lambda^2 h(\lambda) + \lambda\}. \tag{8.21}$$

[1] H. L. DRYDEN: N.A.C.A. Report No. 497 (1934).

[2] L. HOWARTH: A.R.C. Reports and Memoranda No. 1632 (1934).

It can readily be shown that the appropriate solution is $\lambda = \text{const} = \lambda_m$, say where

$$m\, g(\lambda_m) + (m-1)\,[\lambda_m^2\, h(\lambda_m) + \lambda_m] = 0. \tag{8.22}$$

In particular when

$$\left.\begin{aligned} m &= 1, \quad 0, \quad -0.100 \\ \lambda_m &= 7.052, \quad 0, \quad -12. \end{aligned}\right\} \tag{8.23}$$

The second solution corresponds to flow a long a flat plate and can be shown to lead to $\mu\left(\frac{\partial u}{\partial y}\right)_0 = 0.343\, \varrho\, U^2 \left(\frac{U x}{\nu}\right)^{-\frac{1}{2}}$ as compared with $\mu\left(\frac{\partial u}{\partial y}\right)_0 = 0.332\, \varrho\, U^2 \left(\frac{U x}{\nu}\right)^{-\frac{1}{2}}$ in the exact solution. The first which corresponds to flow near a stagnation point gives

$$\mu\left(\frac{\partial u}{\partial y}\right)_0 = 1.196\, \varrho\, \nu^{\frac{1}{2}}\, x \left(\frac{dU}{dx}\right)^{\frac{3}{2}}$$

as compared with $1.233\, \varrho \nu^{\frac{1}{2}} x \left(\frac{dU}{dx}\right)^{\frac{3}{2}}$ in the exact solution. The value of $m = -0.100$ in the third-named solution (which corresponds to $\lambda = -12$ and therefore to a flow just separating everywhere) should be compared with the value $m = -0.0904$ for the flow which has this same property in the exact solution.

A more searching test for retarded flows is however provided by the flow past a flat plate when the velocity distribution is given by

$$U = \beta_0 - \beta_1 x. \tag{8.24}$$

Then from Eq. (8.18)

$$\frac{d\lambda}{dx} = \frac{-\beta_1}{\beta_0 - \beta_1 x}\, g(\lambda) \tag{8.25}$$

so that

$$\log(\beta_0 - \beta_1 x) = \int \frac{d\lambda}{g(\lambda)}. \tag{8.26}$$

Hence the abscissa x_s of separation is given by

$$1 - \frac{\beta_1 x_s}{\beta_0} = \exp\left\{-\int\limits_{-12}^{7.052} \frac{d\lambda}{g(\lambda)}\right\} \tag{8.27}$$

or

$$\frac{\beta_1 x_s}{\beta_0} = 0.156. \tag{8.28}$$

The exact series solution gives

$$\frac{\beta_1 x_s}{\beta_0} = 0.120, \tag{8.29}$$

and there is thus an appreciable divergence. In fact the consensus of opinion now is that the present method is reasonably satisfactory in any non-retarded region of flow but that it should be used with caution in any retarded region where its tendency seems to be to give too large values to the skin friction and to delay separation unduly.

Thwaites's method. THWAITES[1] has developed a semi-empirical method based on the momentum integral equation (7.11). As in the Kármán-Pohlhausen method the velocity profiles are regarded as members of a one-parameter family, but the parameter now chosen is

$$m = \frac{\vartheta^2}{U}\left(\frac{\partial^2 u}{\partial y^2}\right)_{y=0} = -\frac{\vartheta^2}{\nu}\frac{dU}{dx}. \tag{8.30}$$

[1] B. THWAITES: Aeronaut. Quart. 1, 245–280 (1949).

In particular the dimensionless quantities

$$H = \frac{\delta_1}{\vartheta} \quad \text{and} \quad l = \frac{\vartheta}{U}\left(\frac{\partial u}{\partial y}\right)_0 \tag{8.31}$$

are regarded as functions of m. Known exact solutions give a series of curves for the functions $H(m)$ and $l(m)$ which if the assumption of the one-parametric family were accurately true would collapse on to a single curve. The assumption is not however strictly true but it is possible to choose mean curves which are reasonably representative. Recently CURLE and SKAN[1] have added further results to those which were originally available to THWAITES; their suggestions for $H(m)$ and $l(m)$ are given in the following table.

Table 5.

m	$l(m)$	$H(m)$	m	$l(m)$	$H(m)$	m	$l(m)$	$H(m)$
−0.25	0.500	2.00	−0.016	0.244	2.55	0.068	0.095	3.09
−0.20	0.463	2.07	0	0.220	2.61	0.072	0.085	3.15
−0.14	0.404	2.18	0.016	0.195	2.67	0.076	0.072	3.22
−0.12	0.382	2.23	0.032	0.168	2.75	0.080	0.056	3.30
−0.10	0.359	2.28	0.040	0.153	2.81	0.084	0.038	3.39
−0.080	0.333	2.34	0.048	0.138	2.87	0.086	0.027	3.44
−0.064	0.313	2.39	0.056	0.122	2.94	0.088	0.015	3.49
−0.048	0.291	2.44	0.060	0.113	2.99	0.090	0	3.55
−0.032	0.268	2.49	0.064	0.104	3.04			

It follows from (8.30) and (8.31) in conjunction with (7.11) that

$$\vartheta \frac{d\vartheta}{dx} + (H+2)\frac{1}{U}\frac{dU}{dx}\vartheta^2 = \frac{+\nu\vartheta}{U^2}\left(\frac{\partial u}{\partial y}\right)_0 = \frac{\nu\, l(m)}{U}$$

so that

$$\frac{d\frac{\vartheta^2}{2}}{dx} - (H+2)\frac{\nu m}{U} = \frac{\nu\, l(m)}{U}$$

and hence that

$$\frac{U}{2\nu}\frac{d\vartheta^2}{dx} = \{H(m)+2\}\, m + l(m) \tag{8.32}$$

$$= \frac{1}{2} L(m), \quad \text{say} \tag{8.33}$$

where

$$L(m) = 2\left[\{H(m)+2\}\, m + l(m)\right]. \tag{8.34}$$

With $L(m)$ a known function of m, Eq. (8.33) can be integrated numerically since $m = -\vartheta^2 \frac{dU}{dx}\Big/\nu$. THWAITES noted that it was approximately true that

$$L(m) = 0.45 + 6m.$$

If this approximation is taken as adequate, then from Eq. (8.33)

$$\frac{U}{\nu}\frac{d\vartheta^2}{dx} = 0.45 - \frac{6\vartheta^2 \frac{dU}{dx}}{\nu};$$

that is

$$U\frac{d\vartheta^2}{dx} + 6\vartheta^2\frac{dU}{dx} = 0.45\,\nu \tag{8.35}$$

[1] N. CURLE and S. W. SKAN: Aeronaut. Quart. 8, 257 (1957).

so that

$$\vartheta^2 = 0.45\,\nu\,U^{-6}\int_0^x U^5\,dx, \tag{8.36}$$

and ϑ is obtained as a function of x. Therefore so are m and hence $l(m)$ and $H(m)$.

A result similar to this empirical result of THWAITES's has been derived by TRUCKENBRODT[1] from the equation for the energy thickness E. This thickness is, as we have seen, determined by the equation

$$\frac{d}{dx}(\varrho\,U^3 E) = 2D$$

and hence, if we put

$$K = \frac{E}{\vartheta} \quad \text{and} \quad L = \frac{\vartheta D}{\mu U^2},$$

then

$$L = \int_0^\delta \left\{\frac{\partial (u/U)}{\partial (y/\vartheta)}\right\}^2 d\left(\frac{y}{\vartheta}\right).$$

Therefore the energy equation becomes

$$\frac{d}{dx}[K\vartheta\,U^3] = \frac{2\nu\,U^2}{\vartheta}L$$

so that

$$\frac{d}{dx}[K^2 U^6 \vartheta^2] = 4\nu\,U^5 K L.$$

Hence

$$K^2 U^6 \vartheta^2 = 4\nu\int_0^x U^5 K L\,dx$$

since $U^3\vartheta \to 0$ at the start $x=0$ of the boundary layer. If we treat K and L as constants independent of x then

$$\vartheta^2 = \frac{4L\nu}{K U^6}\int_0^x U^5\,dx.$$

Separation in this one-parameter approach is of course associated with a particular value m_s of m. This value THWAITES takes as 0.082 though the later work of CURLE and SKAN suggests that 0.090 is more appropriate in the light of the later exact solutions. It follows that the abscissa x_s of separation is given by

$$\frac{-m_s\,\nu}{\left(\dfrac{dU}{dx}\right)_s} = 0.45\,\nu\,U_s^{-6}\int_0^{x_s} U^5\,dx$$

so that the separation condition is

$$\int_0^{x_s} U^5\,dx = \frac{-m_s U_s^6}{0.45\left(\dfrac{dU}{dx}\right)_s}, \tag{8.37}$$

a formula which provides a very rapid way of estimating separation which has in practice been found to be very reliable. The known exact solutions having

[1] E. TRUCKENBRODT: Ing.-Arch. **20**, 211 (1952); see also G. E. GADD: Chap. VI, Laminar boundary layers (ed. L. ROSENHEAD), to be published by Oxford University Press.

been used in the compilation of the functions $H(m)$, $l(m)$ and $L(m)$, comparison with these exact solutions clearly does not provide an independent check.

Eq. (8.36), or the more accurate form found from using the tables for numerical integration, gives $(\partial u/\partial y)_0$, δ_1 and ϑ as functions of x and this information enables the form of the velocity profile at any station to be estimated. For the details of this aspect of the work the reader is referred to THWAITES's original paper. THWAITES[1] has also developed a method somewhat similar to the KÁRMÁN-POHLHAUSEN but instead of taking u/U as a function of y/δ he takes y/δ as a function of u/U, a modification which has some advantages.

Stratford's method[2]. This method is designed for estimating the effects of rapid rises of pressure on boundary layers and in particular on their separation. Broadly speaking, in this method as in an earlier method due to KÁRMÁN and MILLIKAN[3], the boundary layer is divided into two portions, an inner and an outer. In the outer in the present method the changes wrought by the pressure and by viscosity are regarded as independent, the change in velocity along a streamline being assessed from the change in total head exactly as if the flow were inviscid and from the change in the corresponding boundary layer flow without pressure gradient (the Blasius flow past a flat plate). The inner solution is effectively determined by expansion in powers of the distance from the boundary. The two solutions inner and outer are joined at any particular station by insisting on the continuity of the stream function ψ and of $\partial u/\partial y$ and $\partial^2 u/\partial y^2$.

The details of the analysis are too involved to be reproduced here but the result is quite simple. We write U_m for the maximum velocity in the mainstream (the initial velocity or the velocity at the pressure minimum whichever is appropriate) and put

(i)
$$e = \frac{p - p_0}{\frac{1}{2}\varrho U_m^2} = 1 - \frac{U^2}{U_m^2}, \tag{8.38}$$

(ii) $x_0 = 0$ if the pressure gradient is everywhere retarding or

$$x_0 = x_m - \int_0^{x_m} (U/U_m)^5\, dx \tag{8.39}$$

otherwise, where x_m is the abscissa of the pressure minimum. Then STRATFORD's result is that at separation

$$e = 7.64 \times 10^{-3} \left\{\frac{1}{(x - x_0)\dfrac{de}{dx}}\right\}^2 \left[(1 + 0.35\varDelta)\left\{1 + 0.46\, e \frac{\dfrac{d^2 e}{dx^2}}{\left(\dfrac{de}{dx}\right)^2} \frac{1 + 0.14\varDelta}{1 + 0.80\varDelta}\right\}\right] \tag{8.40}$$

where

$$\varDelta = \frac{e}{(x - x_0)\dfrac{de}{dx}}. \tag{8.41}$$

CURLE and SKAN[4] who have examined the results of (8.40) in detail against various exact solutions find that it gives results rather more accurate than THWAITES's method and that all the comparisons are within 6% of the exact solutions. They also find that the very simple result

$$e = \frac{1.04 \times 10^{-2}}{\left[(x - x_0)\dfrac{de}{dx}\right]^2} \tag{8.42}$$

---

[1] B. THWAITES: A.R.C. Reports and Memoranda No. 2587.

[2] B. S. STRATFORD: A.R.C. Reports and Memoranda No. 3002.

[3] T. VON KÁRMÁN and C. B. MILLIKAN: N.A.C.A. Report No. 504 (1934).

[4] N. CURLE and S. W. SKAN: Aeronaut. Quart. **8**, 257 (1957).

is in fact as good as the more complicated formula (8.40) over a wide range of applications though it should be remembered that the method was essentially designed for sharp rises of pressure whereas the exact solutions with which it is compared are scarcely in that category. In other words the leading term in (8.40) is what would be expected for a very rapid rise in pressure, but for more gradual rises the modification of the numerical factor to 1.04×10^{-2} is sufficient to give a wide range of applicability.

Lighthill's approximation. LIGHTHILL[1] has pointed out how VON MISES's equation can be made the basis of a useful approximation particularly in accelerated regions. This method was designed primarily for the determination of temperature distributions in boundary layers but is applicable to velocity distributions as well. If we approximate to u in Eq. (3.27) by putting in its value near the surface, we have

$$u = \frac{\tau(x)}{\mu} y \tag{8.43}$$

where $\tau(x)$ is the skin friction at the wall and therefore to this approximation

$$\psi = \int u\, dy = \tau(x) \frac{y^2}{2\mu}. \tag{8.44}$$

Hence

$$u = \left(\frac{2\tau(x)}{\mu}\psi\right)^{\frac{1}{2}}, \tag{8.45}$$

and Eq. (3.27) becomes

$$\frac{\partial Z}{\partial x} = \left(\frac{2\nu\tau(x)\psi}{\varrho}\right)^{\frac{1}{2}} \frac{\partial^2 Z}{\partial \psi^2}. \tag{8.46}$$

Then, if we write

$$t = \int_0^x \left(\frac{2\nu\tau(z)}{\varrho}\right)^{\frac{1}{2}} dz \tag{8.47}$$

we find that

$$\frac{\partial Z}{\partial t} = \psi^{\frac{1}{2}} \frac{\partial^2 Z}{\partial \psi^2}. \tag{8.48}$$

The boundary conditions on Z are

$$Z \to 0 \text{ as } \psi \to \infty \tag{8.49}$$

$$Z \to 0 \text{ as } x \to 0, \tag{8.50}$$

$$Z = U^2(x) - \left(\frac{\tau(x)}{\mu} y\right)^2 + O(y^3) = U^2(x) - \frac{2\tau(x)}{\mu}\psi + O(\psi^{\frac{3}{2}}) \quad \text{as} \quad \psi \to 0. \tag{8.51}$$

If now we introduce the Heaviside operator p corresponding to t we have

$$p Z = \psi^{\frac{1}{2}} \frac{\partial^2 Z}{\partial \psi^2} \tag{8.52}$$

of which LIGHTHILL gives the solution subject to the condition (8.51) as

$$\left.\begin{aligned} Z = \left(\frac{2}{3} p^{\frac{1}{2}}\right)^{\frac{2}{3}} \psi^{\frac{1}{2}} \left(-\frac{2}{3}\right)!\, I_{-\frac{2}{3}}\left(\frac{4}{3} p^{\frac{1}{2}} \psi^{\frac{3}{4}}\right)[U^2(x)] + {}\\ + \left(\frac{2}{3} p^{\frac{1}{2}}\right)^{-\frac{2}{3}} \psi^{\frac{1}{2}} \left(\frac{2}{3}\right)!\, I_{\frac{2}{3}}\left(\frac{4}{3} p^{\frac{1}{2}} \psi^{\frac{3}{4}}\right)\left[\frac{-2\tau(x)}{\mu}\right]. \end{aligned}\right\} \tag{8.53}$$

Since $Z \to 0$ as $\psi \to \infty$ the coefficients of $I_{-\frac{2}{3}}$ and $I_{\frac{2}{3}}$ in Eq. (8.53) must be equal

[1] M. J. LIGHTHILL: Proc. Roy. Soc. Lond. **202**, 359–377 (1950).

and opposite and so we must have

$$\left.\begin{aligned} U^2(x) &= \frac{3^{\frac{4}{3}}(\frac{2}{3})!}{2^{\frac{1}{3}}(-\frac{2}{3})!\,\mu}\, p^{-\frac{2}{3}}\,\tau(x) \\ &= \frac{3^{\frac{1}{3}}\,2^{\frac{2}{3}}}{(-\frac{2}{3})!\,\mu}\int_0^x \frac{\tau(x_1)}{(t-t_1)^{\frac{1}{3}}}\,\frac{dt_1}{dx_1}\,dx_1 \\ &= \frac{3^{\frac{1}{3}}\,2}{(-\frac{2}{3})!\,\mu^{\frac{2}{3}}\,\varrho^{\frac{4}{3}}}\int_0^x \left\{\int_{x_1}^x \{\tau(z)\}^{\frac{1}{2}}\,dz\right\}^{-\frac{1}{3}} \{\tau(x_1)\}^{\frac{3}{2}}\,dx_1 . \end{aligned}\right\} \tag{8.54}$$

Thus we have an integral equation to solve for $\tau(x)$. LIGHTHILL finds by comparison with the similar solutions $U = a\,x^m$ that when $m \geqq 0$ the error in the skin friction so determined lies between -6 and -8%. He points out that if the values are empirically scaled up by a factor 1.075 the results are within 1% for most accelerated laminar layers. On the other hand, in the retarded region the approximation provides no improvement on such methods as POHLHAUSEN'S. The importance of the method lies in the application of similar ideas to heat transfer problems, see Sect. 27.

MEKSYN[1] also has developed useful methods of integration of the boundary layer equations by approximating to the slowly varying terms in the equations of flow and has shown how it is possible to develop rapidly convergent results with a minimum of effort. He has applied his method to such problems as the flow past a flat plate when $U = \beta_0 - \beta_1 x$, the flow past an elliptic cylinder when SCHUBAUER'S observed pressure distribution is used and the flow in a wake behind a flat plate. These results have been published in a series of papers to which the reader is referred for the details.

Before leaving the subject of approximate methods it may be mentioned that the present writer[2] developed a method of integrating the boundary layer equations in a region of retarded flow by using the local slope of the mainstream velocity gradient as the gradient for linearly retarded flow past a flat plate and patching the solutions together. This method leads to an ordinary differential equation for the momentum thickness. This method is appreciably more accurate than POHLHAUSEN'S in regions of retarded flow and the labour involved in applying it is much the same. If however only the position of separation is required THWAITES'S method or STRATFORD'S will give a much more rapid answer. This is particularly true of STRATFORD'S method.

9. Unsteady flow in two-dimensional boundary layers. The Navier-Stokes equations of unsteady incompressible flow differ from the equations of steady flow only by the introduction of the terms $\partial u/\partial t$ and $\partial v/\partial t$ on the left-hand side of Eqs. (3.1) and (3.2) of Sect. 3, the equation of continuity being unaltered. We have therefore to investigate their importance relative to the other terms in the equations. If in addition to the representative length d and the representative velocity U_0 we introduce a representative time difference T and put $t' = t/T$ we see that

$$\frac{\partial u}{\partial t} + u\frac{\partial u}{\partial x} + v\frac{\partial u}{\partial y} = \frac{U^2}{d}\left[\frac{d}{UT}\frac{\partial u'}{\partial t'} + u'\frac{\partial u'}{\partial x'} + v'\frac{\partial u'}{\partial y'}\right] \tag{9.1}$$

so that in addition to the Reynolds number $R = \frac{Ud}{\nu}$ already introduced for steady flows we have to consider $\frac{UT}{d}$. The time scale implicit in the determination of $\frac{\partial u}{\partial t}$

[1] D. MEKSYN: Proc. Roy. Soc. Lond. **192**, 545, 567 (1948); **194**, 218 (1948); **201**, 268 (1950); **209**, 375 (1951).

[2] L. HOWARTH: Proc. Roy. Soc. Lond. **164**, 547 (1938).

in a particular problem may not, it should be noticed, necessarily be represented by d/U[1].

The viscous terms on the right of Eqs. (3.1) and (3.2) make it plain that a prerequisite for a solution of boundary layer type is that R should be large. With this as starting point we notice that when in addition d/UT is small we have a boundary layer problem of steady type in which the time variable nature of the solution has small effect. When d/UT is $O(1)$ we still have a boundary layer problem with now the time variable part playing a role of the same order of importance as the convection terms. Finally when d/UT is large we can still have a solution of boundary layer type provided the boundary layer thickness δ is determined by

$$\frac{\nu U}{\delta^2} = O\left(\frac{U}{T}\right)$$

or

$$\frac{\delta}{d} = O\left(\frac{\nu T}{d^2}\right)^{\frac{1}{2}} = O\left(\frac{UT}{d}\Big/R\right)^{\frac{1}{2}} \tag{9.2}$$

so that $\frac{\nu T}{d^2}$ must be small.

We can, in fact, cover all these various possibilities by taking the boundary layer equations in the form

$$\frac{\partial u}{\partial t} + u\frac{\partial u}{\partial x} + v\frac{\partial u}{\partial y} = -\frac{1}{\varrho}\frac{\partial p}{\partial x} + \nu\frac{\partial^2 u}{\partial y^2} \tag{9.3}$$

$$\frac{\partial u}{\partial x} + \frac{\partial v}{\partial y} = 0 \tag{9.4}$$

and noting that the relative importance of the terms on the left hand side of (9.3) may vary from one problem to another.

Problems of unsteady flow in boundary layers may arise from two main sources
(i) boundaries moving in a time-variable fashion,
(ii) fluctuations in the mainstream.
It is the purpose of the present section to consider flows of both types.

Flat plate problems. We shall start by dealing with solutions under our first heading; the simplest of this type is RAYLEIGH'S[2] problem of the flow engendered by an infinite plate instantaneously started from rest with a velocity U parallel to itself and subsequently maintained at this velocity. Then it can readily be verified that the equations of flow and continuity are satisfied by a fluid velocity of the form $u(y, t)$ where u is measured parallel to the imposed velocity U and y is measured normal to the plane, provided that

$$\frac{\partial u}{\partial t} = \nu\frac{\partial^2 u}{\partial y^2} \tag{9.5}$$

with boundary conditions

$$u = 0 \quad \text{for} \quad t < 0 \quad \text{and when} \quad y \to \infty, \quad t > 0 \tag{9.6}$$

$$u = U \quad \text{for} \quad y = 0, \quad t > 0. \tag{9.7}$$

[1] For a more detailed discussion of this point and indeed of the subject of unsteady boundary layers generally the reader is referred to a most informative article by Dr. J.T. STUART which is to be published under the editorship of Professor ROSENHEAD in a volume entitled Laminar Boundary Layers by Oxford University Press.

[2] Lord RAYLEIGH: Phil. Mag. (6) **21**, 697—711 (1911). — Sci. Papers **6**, 29—40.

The solution is

$$u = U\left(1 - \operatorname{erf} \frac{y}{2\sqrt{\nu t}}\right). \tag{9.8}$$

This is an exact solution of the full equations of flow which through the variable $\frac{y}{2\sqrt{\nu t}}$ serves to emphasize the boundary layer nature of the solution, the boundary layer thickness being proportional to $\sqrt{\nu t}$.

A solution of a similar character was originally given by BLASIUS[1] for the flow when the plane is accelerated from rest at time $t = 0$ with uniform acceleration a. Then Eq. (9.5) remains unaltered as does boundary condition (9.6). Boundary condition (9.7) has to be replaced by

$$u = a\,t \quad \text{for} \quad y = 0, \quad t > 0. \tag{9.9}$$

The solution is

$$u = a t\left\{\left(1 + \frac{y^2}{2\nu t}\right)\left(1 - \operatorname{erf} \frac{y}{2\sqrt{\nu t}}\right) - \frac{y}{\sqrt{\pi \nu t}}\, e^{-\frac{y^2}{4\nu t}}\right\}. \tag{9.10}$$

WATSON[2] has generalised the problems just discussed to the extent of finding when, if the velocity of the plane is denoted by $U(t)$ [with $U(t) = 0$ for $t < 0$], "similar" solutions of the type

$$u = U(t)\, F\,[y\, f(t)] \tag{9.11}$$

exist. Here again, Eq. (9.5) and boundary conditions (9.6) are still valid, but boundary condition (9.7) has to be replaced by

$$u = U(t) \quad \text{for} \quad y = 0, \quad t > 0. \tag{9.12}$$

Watson shows that similar solutions of the type defined by (9.11) exist when $U(t)$ is proportional to t^{α} (α real) or $e^{\beta t}$. In the former case $f(t)$ is found to be proportional to $t^{-\frac{1}{2}}$ and in the latter it is constant.

In the former case we put $\eta = y/2(\nu t)^{\frac{1}{2}}$ and obtain

$$F'' + 2\eta F' - 4\alpha F = 0 \tag{9.13}$$

as the differential equation for $F(\eta)$; the boundary conditions are

$$F = 1 \quad \text{at} \quad \eta = 0 \quad \text{and} \quad F \to 0 \quad \text{as} \quad \eta \to \infty.$$

The appropriate solution is

$$F = 2^{\alpha + \frac{1}{2}} \pi^{-\frac{1}{2}} \Gamma(\alpha + 1)\, e^{-\eta^2/2} D_{-2\alpha-1}(\sqrt{2}\eta) \tag{9.14}$$

where $D_{-2\alpha-1}$ is the parabolic cylinder function[3].

When $U(t)$ is proportional to $e^{\beta t}$, it can be shown that β must be positive; we put

$$\eta = \left(\frac{\beta}{\nu}\right)^{\frac{1}{2}} y \quad \text{and obtain} \quad F'' = F$$

with boundary conditions $F = 1$ at $\eta = 0$, $F \to 0$ as $\eta \to \infty$. The appropriate solution is

$$F = e^{-\eta}. \tag{9.15}$$

[1] H. BLASIUS: Z. Math. Phys. **56**, 1 (1908).

[2] E. J. WATSON: Proc. Roy. Soc. Lond. **231**, 104 (1955).

[3] The reader is referred to WATSON for the details which include a discussion of the reasons for omitting the second solution when $\alpha < 0$.

Impulsive motion of cylinders. Suppose we have an infinitely long cylinder initially at rest in fluid also at rest. Initially at time $t=0$ the cylinder is started from rest and its subsequent motion is prescribed, the motion throughout taking place in planes perpendicular to the axis of the cylinder.

The solutions given above form a useful guide to the sequence of events to be expected in this rather more complicated flow. We may expect, and indeed observation shows it to be so, that the initial motion is irrotational without circulation. This leads to the formation of a vortex sheet coincident with the surface which immediately starts to diffuse exactly as in the flat plate problems just discussed. However as this boundary layer grows in thickness separation will start to occur in regions of sufficiently adverse pressure gradient. Once separation has occurred the appearance in the main body of the fluid of regions of vorticity means that the assumptions that the main flow is irrotational is no longer valid. We shall therefore have to be content to follow in detail the sequence of events up to the first separation.

We shall start by considering the cylinder started impulsively from rest with velocity U_0 and maintained thereafter at this velocity. With a frame of reference fixed with respect to the cylinder the equations of boundary layer flow take on the form

$$\frac{\partial u}{\partial t}+u\frac{\partial u}{\partial x}+v\frac{\partial u}{\partial y}=U\frac{dU}{dx}+\nu\frac{\partial^2 u}{\partial y^2} \tag{9.16}$$

where x is measured around the cross-section of the cylinder, y normal to it and $U(x)$ is the (steady) velocity corresponding to a uniform flow U_0 at infinity. Initially the flat plate solutions just given suggest that $\frac{\partial u}{\partial t}$ and $\nu\frac{\partial^2 u}{\partial y^2}$ will be the dominant terms and this can in fact be verified *a posteriori*. Thus the first approximation is determined by

$$\frac{\partial u_0}{\partial t}=\nu\frac{\partial^2 u_0}{\partial y^2}, \tag{9.17}$$

and the solution is

$$u_0=U(x)\operatorname{erf}\eta \tag{9.18}$$

where

$$\eta=\frac{y}{2(\nu t)^{\frac{1}{2}}}.$$

The corresponding solution v_0 for v is determined from the equation of continuity

$$\frac{\partial u}{\partial x}+\frac{\partial v}{\partial y}=0 \tag{9.19}$$

and is

$$v_0=-2(\nu t)^{\frac{1}{2}}\frac{\partial U}{\partial x}\left[\eta\operatorname{erf}\eta-\pi^{-\frac{1}{2}}(1-e^{-\eta^2})\right]. \tag{9.20}$$

It follows immediately from (9.20) that when η is large v behaves like $-y\frac{dU}{dx}$ and so tends to infinity with y. This of course represents a limitation of the boundary layer solution which can be removed at the expense of added complication by including all the viscous terms in (9.17) on the right and an approximate inertia term $U\frac{\partial u}{\partial x}$ on the left[1]. This refinement is scarcely necessary for our present purpose since for moderate values of η for which u_0 is nearly equal to U, v_0 is of order $(\nu t)^{\frac{1}{2}}\frac{dU}{dx}$.

[1] This statement is based on some unpublished work of the present writer.

Successive approximations can then be obtained in the usual fashion. It will suffice for our purpose to obtain the second approximation which is given by putting

$$\left.\begin{aligned} u &= u_0 + u_1, \\ v &= v_0 + v_1. \end{aligned}\right\} \tag{9.21}$$

Hence

$$\nu \frac{\partial^2 u_1}{\partial y^2} - \frac{\partial u_1}{\partial t} = - U \frac{dU}{dx} + u_0 \frac{\partial u_0}{\partial x} + v_0 \frac{\partial u_0}{\partial y}. \tag{9.22}$$

Putting

$$u_1 = t U \frac{dU}{dx} f(\eta) \tag{9.23}$$

we find that[1]

$$f'' + 2\eta f' - 4f = 4\left[\operatorname{erf}^2 \eta - \frac{2}{\sqrt{\pi}} \eta\, e^{-\eta^2} \operatorname{erf} \eta - 1 + \frac{2}{\pi} \left(e^{-\eta^2} - e^{-2\eta^2}\right)\right] \tag{9.24}$$

of which the appropriate solution is

$$\left.\begin{aligned} f = \frac{1}{2} (2\eta^2 - 1) \operatorname{erf}^2 \eta + \frac{3}{\sqrt{\pi}} \eta\, e^{-\eta^2} \operatorname{erf} \eta + 1 - \frac{4}{3\pi} e^{-\eta^2} + \\ + \frac{2}{\pi} e^{-2\eta^2} + \alpha (2\eta^2 + 1) + \beta \left[\frac{\sqrt{\pi}}{2} (2\eta^2 + 1) \operatorname{erf} \eta + \eta\, e^{-\eta^2}\right] \end{aligned}\right\} \tag{9.25}$$

where α and β have to be chosen so that

$$f = 0 \quad \text{at} \quad \eta = 0 \quad \text{and as} \quad \eta \to \infty.$$

Hence

$$\left.\begin{aligned} \alpha &= -\left(1 + \frac{2}{3\pi}\right) = -1.21221, \\ \beta &= \frac{1}{\sqrt{\pi}} \left(1 + \frac{4}{3\pi}\right) = 0.80364. \end{aligned}\right\} \tag{9.26}$$

The most important single feature of the solution is the value of the skin friction at the boundary which to this approximation is

$$\mu \left(\frac{\partial u}{\partial y}\right)_0 = \frac{\mu}{(\pi \nu t)^{\frac{1}{2}}} \left[1 + \left(1 + \frac{4}{3\pi}\right) t \frac{dU}{dx}\right]. \tag{9.27}$$

It follows that separation first occurs in the region where dU/dx is negative of course and at the point where dU/dx has its maximum numerical value and after a time

$$t = \frac{1}{\left(1 + \frac{4}{3\pi}\right)} \left(- \frac{dU}{dx}\right)_{\max} = 0.70205 \Big/ \left(- \frac{dU}{dx}\right)_{\max}. \tag{9.28}$$

GOLDSTEIN and ROSENHEAD[2] have determined the third approximation and in particular its effect on the time t to separation and find that

$$t = \frac{1}{0.7122 \left(- \frac{dU}{dx}\right) + \left[0.7271 \left(\frac{dU}{dx}\right)^2 + 0.05975\, U \frac{d^2 U}{dx^2}\right]^{\frac{1}{2}}} \tag{9.29}$$

to this order of approximation. WUNDT[3] has asserted that there are errors in the detailed calculations for GOLDSTEIN and ROSENHEAD's third approximation and he gives corrected results and tables. The errors however do not affect the skin friction and (9.29) is in accord with WUNDT's numerical results.

---

[1] H. BLASIUS: Z. Math. Phys. **56**, 20–37 (1908).
[2] S. GOLDSTEIN and L. ROSENHEAD: Proc. Cambridge Phil. Soc. **32**, 392–401 (1936).
[3] H. VON WUNDT: Ing.-Arch. **23**, 212 (1955).

It can be shown that according to (9.29) separation will occur first where $-\frac{dU}{dx}$ takes its maximum if and only if U is zero there. For a circular cylinder of radius a, $U=2U_0 \sin\frac{x}{a}$ and $-\frac{dU}{dx}$ is a maximum at the rear stagnation point. Hence both (9.28) and (9.29) agree in giving the rear stagnation point as the point where separation starts, the two estimates of the time interval to separation being $0.35\, a/U$ and $0.32\, a/U$ respectively. TOLLMIEN[1] has discussed the case of an elliptic cylinder and has shown that here the position where $\left(-\frac{dU}{dx}\right)$ is a maximum need not necessarily occur at the backward stagnation point. GÖRTLER has investigated this case[2] in detail using both (9.28) and (9.29) and has also dealt with cases[3] in which the velocity of a cylinder of general cross-section varies with time, like t^n where n is an integer. These latter solutions are the analogue of WATSON's similar solutions for the flat plate for these integer values and WATSON[4] himself has given the solutions corresponding to $A t^{\alpha}$ and $A e^{\beta t}$ when α is non-integral.

The flow engendered by starting a *semi-infinite* flat plate impulsively from rest which falls roughly into the category of problems we have been discussing deserves special comment. This problem has been investigated by STEWARTSON[5] but the complete solution has not yet been given. That the problem is complex can be seen from STEWARTSON's solution of the corresponding problem when the inertia terms in the equations of motion are linearized. Suppose the velocity of the plate after its impulsive start is U. Then referred to axes moving with the plate the full boundary layer equations are

$$\frac{\partial u}{\partial t} + u\frac{\partial u}{\partial x} + v\frac{\partial u}{\partial y} = \nu\frac{\partial^2 u}{\partial y^2} \tag{9.30}$$

$$\frac{\partial u}{\partial x} + \frac{\partial v}{\partial y} = 0 \tag{9.31}$$

with boundary conditions

$$\left.\begin{array}{l} u=0 \quad \text{when} \quad y=0,\ x>0, \qquad u=U \quad \text{when} \quad y=0,\ x<0 \\ u\to U \quad \text{as} \quad y\to\infty \quad \text{or} \quad t\to 0. \end{array}\right\} \tag{9.32}$$

When the inertia terms are linearized in OSEEN's fashion Eq. (9.30) becomes

$$\frac{\partial u}{\partial t} + U\frac{\partial u}{\partial x} = \nu\frac{\partial^2 u}{\partial y^2}. \tag{9.33}$$

To solve (9.33) with the boundary conditions (9.32), STEWARTSON writes

$$\zeta = \frac{y}{\sqrt{\nu t}}, \qquad \tau = \frac{U t}{x} \tag{9.34}$$

and then (9.33) becomes

$$(\tau - \tau^2)\frac{\partial u}{\partial \tau} = \frac{\partial^2 u}{\partial \zeta^2} + \frac{1}{2}\zeta\frac{\partial u}{\partial \zeta} \tag{9.35}$$

with boundary conditions $u=0$ when $\zeta=0$, $\tau>0$ and $u\to U$ when $\zeta\to\infty$ and when $\tau\to\infty$.

---

[1] W. TOLLMIEN: Handbuch der Experimentalphysik, Vol. 4, Part 1, p. 274. 1931.
[2] H. GÖRTLER: Arch. Math. **1**, 138 (1948).
[3] H. GÖRTLER: Ing.-Arch. **14**, 286 (1944).
[4] E. J. WATSON: Proc. Roy. Soc. Lond. **231**, 104 (1955).
[5] K. STEWARTSON: Quart. J. Mech. Appl. Math. **4**, 182 (1951).

When $x>0$, $t>0$ the solution obtained is

$$u = U \operatorname{erf} \zeta/2 = U \operatorname{erf}(y/2\sqrt{\nu t}) \quad \text{when} \quad 0<\tau\leqq 1, \tag{9.36}$$

$$u = U \operatorname{erf} \tau^{\frac{1}{2}} \zeta/2 = U \operatorname{erf}\left\{\frac{1}{2} y \sqrt{\frac{U}{\nu x}}\right\} \quad \text{when} \quad \tau \geqq 1. \tag{9.37}$$

Hence we see that for $0<\tau<1$ i.e. for $x>Ut$ the solution for u is independent of x and does in fact coincide with the solution given above for the *infinite* plane. For $\tau>1$ i.e. for $Ut>x$ the solution for u is independent of t and coincides with the *steady* (Oseen linearized) flow past a semi-infinite plane.

At first sight this result which ceases to be regular at $\tau=1$ seems very surprising. However it is perhaps not so surprising when one remarks that with the assumed form of the convection terms the convective velocity is U; hence $\tau=1$ is seen to be the condition which separates those parts of the field which are and those which are not aware of the existence of the leading edge.

STEWARTSON also considers the full Eq. (9.30) and makes use of the momentum integral equation (see Sect. 7)

$$U^2 \frac{d\vartheta}{dx} + U \frac{\partial \delta_1}{\partial t} = \nu \left(\frac{\partial u}{\partial y}\right)_0 \tag{9.38}$$

together with LAMB's form for the velocity distribution

$$\frac{u}{U} = \sin \frac{\pi y}{2\delta}$$

to obtain a Pohlhausen type solution. This exhibits much the same characteristics as the solution already given for he finds that

$$\left.\begin{aligned} \mu\left(\frac{\partial u}{\partial y}\right)_0 &= 0.328\,\varrho\, U\left(\frac{U\nu}{x}\right)^{\frac{1}{2}} \quad \text{when} \quad \tau \geqq 2.65 \\ &= 0.534\,\varrho\, U\left(\frac{\nu}{t}\right)^{\frac{1}{2}} \quad \text{when} \quad \tau \leqq 2.65. \end{aligned}\right\} \tag{9.39}$$

It is not surprising of course that the position of the discontinuity $\tau=2.65$ now differs from its position $\tau=1$ in the foregoing solution. It might be hoped that the Pohlhausen type of investigation would in fact deal more adequately with the inner part of the boundary layer and the linearized solution more adequately with the outer and that in reality the two regimes of flow would, for given t, merge at different values of y (and x). For further details which include an examination of the behaviour of the full boundary layer equations near $\tau=1$, the reader is referred to STEWARTSON'S original paper.

The oscillatory flat plate. The simplest problem of a periodic type involving boundary layers is provided by the oscillations of an infinite plane parallel to itself when the fluid at infinity is at rest.

It can readily be seen that an exact solution of the full Navier-Stokes equations is given by having the u velocity of the fluid parallel to the direction of the plane and given by

$$\frac{\partial u}{\partial t} = \nu \frac{\partial^2 u}{\partial y^2} \tag{9.40}$$

where $u = a\cos\omega t = \operatorname{Re}(a\,e^{i\omega t})$ when $y=0$ and $u\to 0$ as $y\to\infty$. A solution is given by $u = \operatorname{Re}[f(y)\,e^{i\omega t}]$ where

$$\nu f'' - i\omega f = 0, \tag{9.41}$$

that is

$$f'' - (1+i)^2 \frac{\omega}{2\nu} f = 0. \tag{9.42}$$

The solution which is exponentially large when y is large and positive is clearly not relevant and hence we have[1]

$$u = \mathrm{Re}\, a \exp\left\{-\left(\frac{\omega}{2\nu}\right)^{\frac{1}{2}}(1+i)\, y + i\omega t\right\}, \tag{9.43}$$

$$= a\, e^{-\left(\frac{\omega}{2\nu}\right)^{\frac{1}{2}} y} \cos\left\{\omega t - \left(\frac{\omega}{2\nu}\right)^{\frac{1}{2}} y\right\}. \tag{9.44}$$

The solution has the property expected of a boundary layer determined by the reference time $\frac{2\pi}{\omega}$, the oscillations becoming insignificant once $\left(\frac{\omega}{2\nu}\right)^{\frac{1}{2}} y$ reaches a moderate value. At any given value of y the phase change from the plate is a lag of amount $\left(\frac{\omega}{2\nu}\right)^{\frac{1}{2}} y$.

The solution just given can be extended immediately to the cases

(i) when the velocity at infinity is zero still but the plate moves with velocity $U_0 + a\cos\omega t$,

(ii) when the velocity at infinity is $U = U_0 + a\cos\omega t$ and the plate is at rest,

(iii) when the velocity at infinity is U_0 and the plate oscillates with velocity $a\cos\omega t$.

In case (i) the solution is

$$u = U_0\left\{1 - \mathrm{erf}\,\frac{y}{2(\nu t)^{\frac{1}{2}}}\right\} + a\, e^{-\left(\frac{\omega}{2\nu}\right)^{\frac{1}{2}} y} \cos\left\{\omega t - \left(\frac{\omega}{2\nu}\right)^{\frac{1}{2}} y\right\}. \tag{9.45}$$

In case (ii) it is

$$u = U_0\left\{\mathrm{erf}\,\frac{y}{2(\nu t)^{\frac{1}{2}}}\right\} + a\left\{\cos\omega t - e^{-\left(\frac{\omega}{2\nu}\right)^{\frac{1}{2}} y} \cos\left(\omega t - \left(\frac{\omega}{2\nu}\right)^{\frac{1}{2}} y\right)\right\}, \tag{9.46}$$

whilst in case (iii) we have

$$u = U_0\left\{\mathrm{erf}\,\frac{y}{2(\nu t)^{\frac{1}{2}}}\right\} + a\, e^{-\left(\frac{\omega}{2\nu}\right)^{\frac{1}{2}} y} \cos\left\{\omega t - \left(\frac{\omega}{2\nu}\right)^{\frac{1}{2}} y\right\}. \tag{9.47}$$

These solutions illustrate a general feature of periodic boundary layer solutions, namely that fundamentally the solution is the same whether the motion arises from an oscillation of the boundary or an oscillation of the mainflow outside the boundary layer. [Of course in cases (ii) and (iii) the term $\partial U/\partial t$ where U is the velocity of the mainstream has to be included on the right-hand side of Eq. (9.40).] As LIGHTHILL[2] has pointed out, if a certain *incompressible* flow is represented by velocity $\boldsymbol{v}(x, y, z, t)$ and pressure p then $\boldsymbol{v}(x, y, z, t) + \boldsymbol{V}(t)$, $p - \varrho \boldsymbol{V}' \cdot \boldsymbol{r}$ where $\boldsymbol{r} = (x, y, z)$ will represent another possible flow. It is not necessary therefore in order to get effectively equivalent results for two systems to have the *relative* velocity constant so long as *at any time* the relative velocity is the same for all corresponding points. It is of course the infinite velocity of acoustic waves in such problems which makes possible this instantaneous readjustment of the pressure.

Our results (ii) and (iii) could therefore be seen to stem directly from (i) and indeed in any problems of the type we are now considering we can, without loss

[1] Sir G. G. STOKES: Trans. Cambridge Phil. Soc. **9**, 20 (1851).

[2] M. J. LIGHTHILL: Proc. Roy. Soc. Lond. **224**, 1 (1954).

of generality, take the boundary as fixed and the mainstream velocity as containing the periodic component.

A body of general shape in an oscillatory mainstream. This field has not yet been completely investigated and we shall limit our discussion in the main to problems in which the mainstream fluctuates slightly in magnitude but not at all in direction. Thus we shall have a mainstream given by

$$U(x,t) = U_0(x) + \varepsilon\, U_1(x) \cos\omega t = U_0(x) + \varepsilon\, U_1(x)\, \mathrm{Re}\, e^{i\omega t} \tag{9.48}$$

where ε is small.

In particular if the fluctuations are caused simply by fluctuations in the incident stream in the flow past an obstacle, the velocity of the incident flow can be expressed as

$$V(1 + \varepsilon\, e^{i\omega t}) \tag{9.49}$$

where the real part will be taken subsequently and the velocity in the mainstream at the edge of the boundary layer will be

$$U = U_0(x)\,(1 + \varepsilon\, e^{i\omega t}) \tag{9.50}$$

where $U_0(x)$ is the velocity when the velocity of the incident stream is V. In these cases then $U_1(x) = U_0(x)$, and it is to such cases that we limit ourselves henceforward.

Following LIGHTHILL[1] who first investigated this class of problems we put

$$\left.\begin{aligned} u &= u_0(x,y) + \varepsilon\, u_1(x,y)\, e^{i\omega t}, \\ v &= v_0(x,y) + \varepsilon\, v_1(x,y)\, e^{i\omega t} \end{aligned}\right\} \tag{9.51}$$

and find on retaining the first order terms in ε only that

$$u_0 \frac{\partial u_0}{\partial u} + v_0 \frac{\partial u_0}{\partial y} = U_0 \frac{d U_0}{d x} + \nu \frac{\partial^2 u_0}{\partial y^2}, \qquad \frac{\partial u_0}{\partial x} + \frac{\partial v_0}{\partial y} = 0 \tag{9.52}$$

where $u_0 = 0$, $v_0 = 0$ at $y = 0$ and $u_0 \to U_0$ as $y \to \infty$

$$i\omega u_1 + u_0 \frac{\partial u_1}{\partial u} + \frac{\partial u_0}{\partial x} u_1 + v_0 \frac{\partial u_1}{\partial y} + \frac{\partial u_0}{\partial y} v_1 = i\omega U_0 + \frac{d}{dx}(U_0^2) + \nu \frac{\partial^2 u_1}{\partial y^2}. \tag{9.53}$$

$$\frac{\partial u_1}{\partial u} + \frac{\partial v_1}{\partial y} = 0 \tag{9.54}$$

where $u_1 = 0$, $v_1 = 0$ at $y = 0$ and $u_1 \to U_0$ as $y \to \infty$. The solutions of Eqs. (9.53) and (9.54) as $\omega \to 0$ can be readily verified to be

$$u_1 = u_s, \qquad v_1 = v_s$$

where

$$u_s = u_0 + \frac{1}{2} y \frac{\partial u_0}{\partial y}, \qquad v_s = \frac{1}{2}\left(v_0 + y \frac{\partial v_0}{\partial y}\right). \tag{9.55}$$

Now put $u_1 = u_s + i\omega u_\omega$, $v_1 = v_s + i\omega v_\omega$ where u_ω and v_ω are functions of x, y. Then from (9.53) and (9.54) we see that

$$i\omega u_\omega + u_0 \frac{\partial u_\omega}{\partial x} + \frac{\partial u_0}{\partial x} u_\omega + v_0 \frac{\partial u_\omega}{\partial y} + \frac{\partial u_0}{\partial y} v_\omega - \nu \frac{\partial^2 u_\omega}{\partial y^2} = U_0 - u_s. \tag{9.56}$$

The solution which LIGHTHILL gives is built upon the two cases when ω is large and small respectively. In the former the most convenient equation to use is (9.53) whilst in the latter it is Eq. (9.56).

[1] M. J. LIGHTHILL: Proc. Roy. Soc. Lond. **224**, 1 (1954).

For large ω the leading term in the solution of (9.53) is given by the solution of the equation

$$i\omega(u_1 - U_0) = \nu \frac{\partial^2 u_1}{\partial y^2}, \tag{9.57}$$

which is exactly of the type of (9.40) and has a solution

$$u_1 = U_0\left(1 - e^{-y(1+i)\left(\frac{\omega}{2\nu}\right)^{\frac{1}{2}}}\right) \tag{9.58}$$

so that the velocity distribution is given by

$$u_0 + \varepsilon U_0\left[1 - e^{-y(1+i)\left(\frac{\omega}{2\nu}\right)^{\frac{1}{2}}}\right] e^{i\omega t} \tag{9.59}$$

and taking the real part this yields

$$u_0 + \varepsilon U_0\left[\cos\omega t - e^{-y\left(\frac{\omega}{2\nu}\right)^{\frac{1}{2}}}\cos\left(\omega t - \left(\frac{\omega}{2\nu}\right)^{\frac{1}{2}} y\right)\right]. \tag{9.60}$$

In particular the skin friction is given by

$$\mu\frac{\partial u_0}{\partial y} + \varepsilon\mu\,\mathrm{Re}\left[U_0(1+i)\left(\frac{\omega}{2\nu}\right)^{\frac{1}{2}} e^{i\omega t}\right] = \mu\frac{\partial u_0}{\partial y} + \varepsilon\mu\, U_0\left(\frac{\omega}{\nu}\right)^{\frac{1}{2}}\cos\left(\omega t + \frac{\pi}{4}\right). \tag{9.61}$$

The phase of the fluctuation of the skin friction is thus in advance by $\pi/4$ of the fluctuations in mainstream velocity. This result which is perhaps rather surprising at first sight can be explained by the fact that slow moving fluid near the boundary responds more readily to the pressure fluctuations implied by the mainstream flow than does the more rapidly moving fluid in the outer parts of the boundary layer.

When ω is small LIGHTHILL uses a Kármán-Pohlhausen type of approximation. Integrating Eq. (9.56) through the boundary layer he finds that

$$\nu\left(\frac{\partial u_\omega}{\partial y}\right)_0 = \frac{1}{2}\int_0^\infty (U_0 - u_0)\,dy + \left(U_0\frac{d}{dx} - i\omega\right)\int_0^\infty u_\omega\,dy - 2\frac{d}{dx}\int_0^\infty u_0 u_\omega\,dy \tag{9.62}$$

and of course the boundary value obtained by putting $y=0$ in Eq. (9.56) namely

$$\nu\left(\frac{\partial^2 u_\omega}{\partial y^2}\right)_0 = -U_0(x) \tag{9.63}$$

is available as usual in this method.

For the unperturbed layer we have summarizing the results of Sect. 7 above

$$\frac{u_0}{U_0} = F(\eta) + \lambda G(\eta) \tag{9.64}$$

where $\eta = \frac{y}{\delta}$, $F(\eta) = 2\eta - 2\eta^3 + \eta^4$, $G(\eta) = \frac{1}{6}\eta(1-\eta)^3$ and $\lambda = \frac{\delta^2}{\nu}\frac{dU_0}{dx}$ is determined by putting $Z = \delta^2/\nu$ and solving the equation

$$\frac{dZ}{dx} = \frac{g(\lambda)}{U} + Z^2\frac{d^2U}{dx^2}h(\lambda) \tag{9.65}$$

where $g(\lambda)$ and $h(\lambda)$ are defined in Sect. 7. The skin friction at the wall τ_0 is given by $\tau_0 = \frac{\mu U_0}{\delta}\left(2 + \frac{\lambda}{6}\right)$.

The solution of Eq. (9.62) is then sought by putting

$$u_\omega = \frac{U_0\,\delta^2}{\nu}\,(1-\eta)^2\left[A\,\eta + \left(2A - \frac{1}{2}\right)\eta^2\right] \tag{9.66}$$

which has been chosen to satisfy Eq. (9.63) and the condition $u=0$ at $y=0$ and $\partial u/\partial y=0$ when $y=\delta$, $(\eta=1)$.

It is found that a good approximation to (9.62) can be obtained by neglecting all but the first term on the right so that we then have

$$\nu\left(\frac{\partial u_\omega}{\partial y}\right)_0 = \frac{1}{2}\int\limits_0^\infty (U_0 - u_0)\,dy \tag{9.67}$$

and hence

$$A = \frac{(36-\lambda)}{240}. \tag{9.68}$$

The skin friction at the wall is then given by

$$\left.\begin{aligned} &\mu\left(\frac{\partial u_0}{\partial y}\right)_0 + \varepsilon\mu\left[\left(\frac{\partial u_s}{\partial y}\right)_0 + i\,\omega\left(\frac{\partial u_\omega}{\partial y}\right)_0\right]\mathrm{e}^{i\omega t}\\ &\quad = \mu\,\frac{U_0}{\delta}\left(2+\frac{\lambda}{6}\right)\left[1+\varepsilon\left\{\frac{3}{2} + \frac{i\,\omega\,\delta^2}{\nu}\,\frac{(36-\lambda)}{240\left(2+\frac{\lambda}{6}\right)}\right\}\mathrm{e}^{i\omega t}\right]. \end{aligned}\right\} \tag{9.69}$$

As in the high frequency approximation we have a phase advance in the skin friction over the mainstream fluctuations, the amount of the advance this time being arc tan $\dfrac{\omega\,\delta^2}{\nu}\,\dfrac{(36-\lambda)}{360\left(2+\frac{\lambda}{6}\right)}$.

This phase advance reaches the value $\pi/4$ found in the high frequency fluctuations when $\omega=\omega_0$ where ω_0 is given by

$$\frac{\omega_0\,\delta^2}{\nu} = \frac{360\left(2+\frac{\lambda}{6}\right)}{(36-\lambda)}, \tag{9.70}$$

and the corresponding amplitude is then

$$\frac{3}{2}\sqrt{2}\,\varepsilon\,\mu\,\frac{U_0}{\delta}\left(2+\frac{\lambda}{6}\right). \tag{9.71}$$

The ratio of (9.71) to the corresponding high frequency result (9.61) is, when $\omega=\omega_0$,

$$\left[\frac{\left(2+\frac{\lambda}{6}\right)(36-\lambda)}{80}\right]^{\frac{1}{2}}, \tag{9.72}$$

a ratio which varies from 0.8 at $\lambda=-4$ to 1.1 at $\lambda=8$. This range of values of λ is the range over which the theory might reasonably be expected to apply since lower values of λ at least correspond to very retarded profiles approaching separation and here the Kármán-Pohlhausen solution is known to be inadequate. The approximate coincidence of the amplitudes when $\omega=\omega_0$ gives some grounds for hoping that the low frequency approximation may be applicable up to this frequency and the high frequency approximation beyond it particularly since this coincidence of the amplitudes is also exhibited in the in-phase and out-of-phase velocity profiles themselves. However further investigation in the medium range is clearly necessary before this result can be applied with confidence.

We may note that for flow along a semi-infinite flat plate $\lambda = 0$, $g(\lambda) = 34$ and $\frac{U_0 \delta^2}{\nu} = 34x$ so that the skin friction at the wall is given by

$$\frac{\tau}{\varrho U^2} = \left(\frac{2\nu}{17(Ux)}\right)^{\frac{1}{2}} \left[1 + \frac{3\varepsilon}{2}\left(\cos\omega t - \frac{17}{10}\,\frac{\omega x}{U}\sin\omega t\right)\right] \tag{9.73}$$

according to the low frequency approximation and is of course given directly by (9.64) for the high frequency oscillations. The value ω_0 of ω when the low frequency oscillations reach $\pi/4$ occurs when

$$\frac{\omega_0 x}{U} = \frac{10}{17}. \tag{9.74}$$

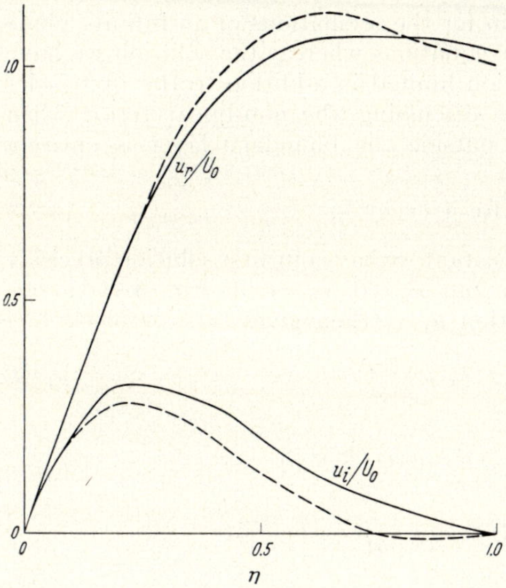

Fig. 1.

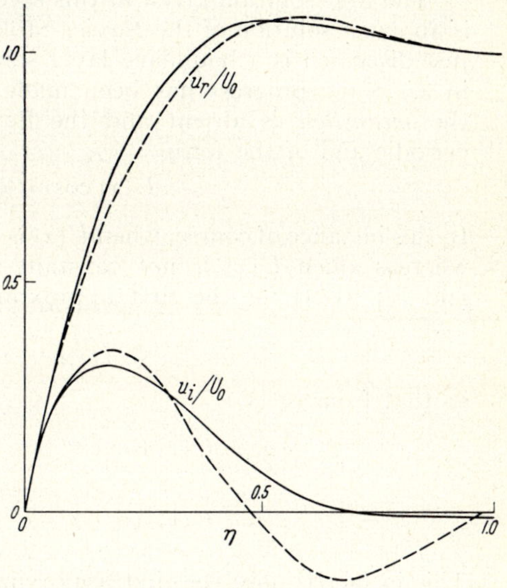

Fig. 2.

For given ω, the flow sufficiently near the leading edge will be such that $\omega x/U < \frac{10}{17}$ whilst sufficiently far downstream $\omega x/U$ will be greater than $\frac{10}{17}$. Hence the low frequency result will be valid sufficiently near to the leading edge and the high frequency one sufficiently far downstream. The in-phase u_r and out-of-phase u_i velocity profiles for the high and low frequency approximations are compared in Fig. 1 for $\omega = \omega_0$, the high frequency results being shown by the full lines.

For flow near a stagnation point

$$U_0 = \beta x, \qquad \lambda = 7.05, \qquad g(\lambda) = 0, \qquad \delta = \text{const} \quad \text{and} \quad \frac{U_0 \delta^2}{\nu} = 7.05\,x.$$

In such a flow

$$\frac{\omega \delta^2}{\nu} = 7.05\,\omega/\beta \tag{9.75}$$

and the value of ω_0 is given by

$$\omega_0 = 5.6\beta \tag{9.76}$$

and is independent of x. Fig. 2 gives a comparison of the velocity profiles when $\omega = \omega_0$. In this case the value of β determines at once whether the fluctuation is high or low frequency throughout the whole length of the layer. Thus for a circular cylinder it is approximately true that the velocity over the front quadrant can be represented by $\frac{3.6V}{d}x$ where d is the diameter, x is distance measured from the stagnation point around the cylinder and V is the velocity at infinity.

Hence

$$\omega_0 = 20\,V/d\,.$$

In all cases the phase of the velocity fluctuation varies throughout the thickness of the layer. It is, of course, in phase with the skin friction fluctuations sufficiently close to the wall and so is an advance but it is found to decrease in general as the distance from the boundary increases often becoming a lag in the outer part of the layer.

The first solution given in this section for the oscillations of an infinite plane is an exact solution of the Navier-Stokes equations whereas the solution we have just discussed is a boundary layer solution limited in addition to the first order in ε. Some progress has been made in discussing the non-linear terms when the *mean-flow* is absent and the flow outside the boundary layer is entirely periodic and of the form

$$U(x)\cos\omega t = \mathrm{Re}\left[U(x)\,\mathrm{e}^{i\omega t}\right]. \tag{9.77}$$

In this instance of course, when $U(x)$ is constant we have our first solution precisely whereas when $U(x)$ is not constant we put $u_0=0$, $v_0=0$ in Eq. (9.51) above and Eq. (9.53) for the first approximation u_1, v_1 then gives

$$i\omega u_1 - i\omega U = \nu\frac{\partial^2 u_1}{\partial y^2} \tag{9.78}$$

so that from (9.43)

$$u_1 = U(x)\,\mathrm{Re}\left[\mathrm{e}^{i\omega t} - \mathrm{e}^{-\left(\frac{\omega}{2\nu}\right)^{\frac{1}{2}}y + i\left(\omega t - \left(\frac{\omega}{2\nu}\right)^{\frac{1}{2}}y\right)}\right]. \tag{9.79}$$

$$= U(x)\left[\cos\omega t - \mathrm{e}^{-\left(\frac{\omega}{2\nu}\right)^{\frac{1}{2}}y}\cos\left(\omega t - \left(\frac{\omega}{2\nu}\right)^{\frac{1}{2}}y\right)\right]. \tag{9.80}$$

This in fact is only the first approximation when $U(x)$ is not constant since the term $U\frac{dU}{dx}$ is non-zero and since there is also an associated value of v_1 different from zero given by the equation of continuity, namely

$$\left.\begin{aligned} v_1 = -\left(\frac{2\nu}{\omega}\right)^{\frac{1}{2}}U'(x)\left[\left(\frac{\omega}{2\nu}\right)^{\frac{1}{2}}y\cos\omega t + \frac{1}{\sqrt{2}}\cos\left(\omega t + \frac{3\pi}{4}\right) + \right.\\ \left. + \frac{\mathrm{e}^{-\left(\frac{\omega}{2\nu}\right)^{\frac{1}{2}}y}}{\sqrt{2}}\cos\left(\omega t - \left(\frac{\omega}{2\nu}\right)^{\frac{1}{2}}y - \frac{\pi}{4}\right)\right]. \end{aligned}\right\} \tag{9.81}$$

The second approximation since it depends on terms containing $\cos^2\omega t = \frac{1}{2}(1 + \cos 2\omega t)$ brings in terms independent of the frequency as well as terms of twice the original frequency. It has been shown[1] that the small steady motion arising from the first of these terms exists even at the edge of the boundary layer where it has a component $\frac{-3}{4\omega}U\frac{dU}{dx}$ parallel to the wall. This disturbance of the main flow does not, of course, extend indefinitely far into the main flow as boundary layer theory would perhaps suggest, but is of a type to which boundary layer approximations are inapplicable. SCHLICHTING has considered in detail the special

[1] H. SCHLICHTING: Phys. Z. **33**, 327 (1932).

case $U = a \cos kx$; STUART shows how in this case the extra steady flow can be dealt with in its turn to provide a solution of the equations of flow which tends to zero exponentially with distance penetrated in the mainstream.

In fact it is not necessary to deal with this investigation in two parts; the first approximation is a true first approximation of the full equations and the labour of obtaining a second approximation of these full equations is little more than in obtaining the boundary layer approximation. RAYLEIGH[1] in fact did this in 1883 for a particular problem connected with KUNDT'S tube.

SCHLICHTING'S calculations referred to above are concerned effectively with the oscillations of a circular cylinder and experiment serves to show that for large Reynolds numbers the flow pattern so determined is adequate. However caution is necessary in applying the theory to the determination of the forces. The additional steady flow referred to above does in fact affect the pressure and boundary layer theory is therefore inadequate for the estimation of pressure forces though it gives the skin friction perfectly adequately. For a detailed discussion of this very interesting point the reader is referred to a paper by STUART and WOODGATE[2].

Unsteady flow near a stagnation point. ROTT[3] has pointed out that if a stream is imagined to impinge normally against a flat plane which is oscillating parallel to itself with velocity $\beta\, e^{i\omega t}$, the mainstream flow is given by

$$U = \alpha x$$

and it is possible to find a solution for all β and ω by putting

$$\left.\begin{aligned} u &= u_0 + \beta\, u_1\, e^{i\omega t}, \\ v &= v_0 + \beta\, v_1\, e^{i\omega t} \end{aligned}\right\} \tag{9.82}$$

where $u \to \alpha x$ as $y \to \infty$, $u = \beta\, e^{i\omega t}$, $v = 0$ when $y = 0$. In fact u_0, v_0 are given by the standard steady stagnation point solutions (see Sect. 4)

$$u_0 = \alpha\, x\, f'(\eta), \qquad v_0 = -(\alpha\, \nu)^{\frac{1}{2}} f(\eta) \quad \text{where} \quad \eta = \left(\frac{\alpha}{\nu}\right)^{\frac{1}{2}} y \tag{9.83}$$

and

$$f'^2 - f f'' = 1 + f'''.$$

These expressions for the boundary layer velocities are also solutions of the full Navier-Stokes equations, the only difference between the standard boundary layer solutions and the solutions of the full equations lying in a slight modification of the pressure.

The appropriate solution for u_1 and v_1 can be shown to be

$$u_1 = g(\eta), \qquad v_1 = 0 \tag{9.84}$$

where

$$g'' + f g' - f' g - i \frac{\omega}{\alpha} g = 0 \tag{9.85}$$

and $g = 1$ when $\eta = 0$, $g \to 0$ as $\eta \to \infty$. This in turn makes (9.82) into a solution of the full Navier-Stokes equations for all α, β and ω.

When $\omega = 0$, i.e. the plate is moving with constant velocity parallel to itself, the solution $g = g_0(\eta)$ of Eq. (9.85) is

$$g_0 = \frac{f''(\eta)}{f''(0)} = 0.811\, f''. \tag{9.86}$$

---

[1] Lord RAYLEIGH: Phil. Trans. Roy. Soc. Lond. **175**, 1 (1883).
[2] J.T. STUART and L. WOODGATE: Phil. Mag. (7) **46**, 40 (1955).
[3] N. ROTT: Quart. Appl. Math. **13**, 444 (1956).

The skin friction τ at the plate is given by

$$\tau = \varrho(\alpha\nu)^{\frac{1}{2}}\left\{\alpha\, x f''(0) - \frac{\beta}{f''(0)}\right\} \tag{9.87}$$

so that although the relative velocity of the mainstream and the boundary is zero when $x=\beta/\alpha$, the skin friction τ vanishes when $x=\beta/\alpha[f''(0)]^2 = 0.658\beta/\alpha$. In this type of problem however there is no reason to believe that $\tau=0$ signifies separation of the boundary layer.

It is clearly possible to extend this solution when $\omega=0$ to cover small values of ω by expanding g in the form

$$g = g_0 + \left(\frac{i\omega}{\alpha}\right) g_1 + \left(\frac{i\omega}{\alpha}\right)^2 g_2 + \cdots. \tag{9.88}$$

For the details the reader is referred to ROTT's paper. Suffice it to say that, with

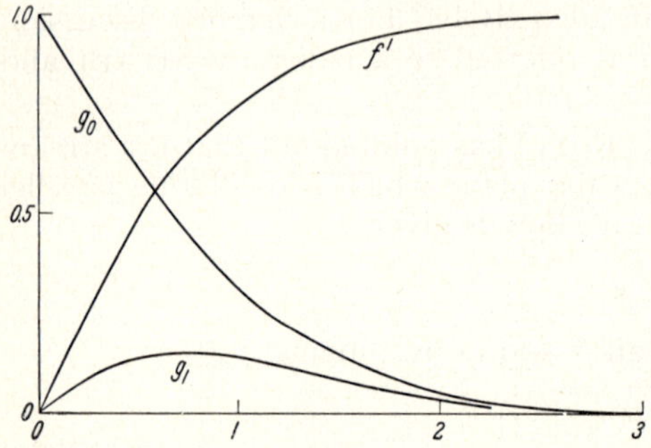

Fig. 3.

$$E = \exp\left(-\int_0^\eta f\, d\eta\right), \tag{9.89}$$

$$g_1 = \frac{f}{f''(0)} - \left\{\frac{1}{f''(0)}\int_0^\infty \frac{f''^2}{E}\, d\eta\right\} f'' \int_0^\eta \frac{E}{f''^2}\, d\eta \tag{9.90}$$

and that

$$g_1'(0) = -\frac{1}{[f''(0)]^2}\int_0^\infty \frac{f''^2}{E}\, d\eta = -0.496 \tag{9.91}$$

the forms of f', g_0 and g_1 are shown in Fig. 3. To the first order in ω the skin friction is given by

$$\tau = \varrho(\alpha\nu)^{\frac{1}{2}}\left\{1.233\,\alpha\, x - \beta\,\mathrm{Re}\left[0.811 + i\frac{\omega}{\alpha}\, 0.496\right] e^{i\omega t}\right\}, \tag{9.92}$$

$$\tau = \varrho(\alpha\nu)^{\frac{1}{2}}\left\{1.233\,\alpha\, x - \beta\left[0.811\cos\omega t - 0.496\,\frac{\omega}{\alpha}\sin\omega t\right]\right\}. \tag{9.93}$$

When ω is large, the W.B.K. method is applicable and writing $g=\exp\left(\int_0^\eta s\, d\eta\right)$ ROTT finds that

$$s' + s^2 - f s - f' = i\frac{\omega}{\alpha} \tag{9.94}$$

and that

$$g = \exp\left[-\left(\frac{\omega}{2\alpha}\right)^{\frac{1}{2}} i\,\eta\right] \exp\left[-\left(\frac{\omega}{2\alpha}\right)^{\frac{1}{2}}\eta\right] \exp\left[-\frac{1}{2}\int_0^\eta f\, d\eta\right] \tag{9.95}$$

approximately.

10. Shear layers. The ideas developed for dealing with the flow near boundaries—in boundary layers in other words—may be useful in parts of the field of flow where rapid changes of shear take place even though no boundaries may be occurring in their immediate vicinity. Broadly speaking such flows include jets and wakes and may also include boundary layers after they have separated from the surfaces on which they originated. A particularly important instance of the latter type of flow occurs in the flow past a bluff body. The slowly moving fluid in the lee of the body is separated from the stream flowing past the body by a shear layer. The behaviour of this layer is all important in determining the behaviour of the slowly moving fluid in the lee of the body and hence in determining the drag of the body. On the whole there is a greater tendency for such layers to become turbulent than there is for the corresponding attached layers but their importance in problems where separation occurs is such as to warrant a detailed study in both regimes.

Wakes. Let us start by considering the flow in the wake far downstream from a two dimensional obstacle immersed in a stream moving with velocity U parallel to the x axis. Sufficiently far downstream we may take the pressure as constant and equal to the ambient pressure and the velocity of the flow as $u = U - u'$. The boundary layer equation then takes on the approximate form[1]

$$U \frac{\partial u'}{\partial x} = \nu \frac{\partial^2 u'}{\partial y^2}. \tag{10.1}$$

It follows from (10.1) that $\int u' dy$ is independent of x (as indeed it should be since this integral is proportional to the drag) so that we may look for a similar solution of the form $u' = U x^{-m} F(y/x^m)$. Eq. (10.1) then requires that m should be equal to $\frac{1}{2}$ and in introducing the non-dimensional variable

$$\eta = \left(\frac{U}{2\nu x}\right)^{\frac{1}{2}} y \tag{10.2}$$

we find that

$$u' = A\, U\, x^{-\frac{1}{2}} f(\eta) \tag{10.3}$$

where A is a constant and

$$f'' + \eta f' + f = 0. \tag{10.4}$$

The boundary conditions are $\partial u'/\partial y = 0$ when $y = 0$, $u' \to 0$ as $y \to \infty$; that is $f' = 0$ when $\eta = 0$ and $f \to 0$ as $\eta \to \infty$. The appropriate solution is

$$f = e^{-\eta^2/2} \tag{10.5}$$

since the arbitrary multiplicative constant A has already been included in (10.3). This constant A is of course related to the drag D of the obstacle; since

$$D = \varrho U \int_{-\infty}^{\infty} u' dy$$

we find that

$$A = \frac{1}{2} \left(\frac{U}{\pi \nu}\right)^{\frac{1}{2}} \left(\frac{D}{\varrho U^2}\right). \tag{10.6}$$

This result has been compared with experiment for the flow behind a flat plate by Goldstein[2] who made the comparison with some measurements[3] of Fage. The difficulty is that sufficiently far downstream the flow becomes turbulent and sufficiently near to the plate the effects of pressure gradient are not negligible. Goldstein was able to get a second approximation to the above results and showed that reasonable agreement occurred at a distance $0.02L$ behind the trailing edge of a plate of length L in streams of Reynolds numbers 0.536×10^5 and 2.01×10^5. At distances of $0.5\,L$ however and comparable Reynolds numbers the flow was found to be turbulent. Luckert[4] has also calculated results up to distances of L downstream of the trailing edge and these agree substantially with those of Goldstein.

---

[1] W. Tollmien: Handbuch der Experimentalphysik, Vol. 4, Part 1, p. 269. 1931.
[2] S. Goldstein: Proc. Roy. Soc. Lond. **142**, 545 (1933).
[3] A. Fage: Proc. Roy. Soc. Lond. **142**, 560 (1933).
[4] H. J. Luckert: Diss. Berlin 1933.

It is interesting in this connection to note that GOLDSTEIN was unable to obtain a third approximation. This difficulty may be related to those discussed in Chap. IV below.

A similar analysis may be applied to the three-dimensional case when there is symmetry about the axis of the incident stream. The velocity in the wake is found to be of the form

$$U\left[1-\frac{A}{x}\,\mathrm{e}^{-\frac{U y^2}{4\nu x}}\right]. \tag{10.7}$$

Jets. Consider next the efflux of fluid through a small orifice in a plane wall into fluid at rest. In the two dimensional case the orifice will be a narrow slit normal to the plane of motion. Sufficiently far from the orifice where as in the previous instance the pressure is constant, the flow is determined by the boundary layer equations

$$u\frac{\partial u}{\partial x}+v\frac{\partial u}{\partial y}=\nu\frac{\partial^2 u}{\partial y^2}, \tag{10.8}$$

$$\frac{\partial u}{\partial x}+\frac{\partial v}{\partial y}=0. \tag{10.9}$$

This time the rate M at which momentum flows across any section of the jet must be the same as that at any other so that

$$M=\varrho\int_{-\infty}^{\infty} u^2\,dy \tag{10.10}$$

is constant. The analysis follows closely the lines of the preceding solution though now it is convenient to work in terms of the stream function ψ. We find that, with

$$\eta=\frac{1}{3\nu^{\frac{1}{2}}}\frac{y}{x^{\frac{2}{3}}} \quad\text{and}\quad \psi=\nu^{\frac{1}{2}}\,x^{\frac{1}{3}}\,f(\eta), \tag{10.11}$$

the equation of flow[1] is

$$\frac{d}{d\eta}(f f')+f'''=0, \tag{10.12}$$

together with the boundary conditions $f=0$, $f''=0$ when $\eta=0$ and $f'\to 0$ as $\eta\to\infty$. With these conditions (10.12) integrates immediately to

$$f f'+f''=0. \tag{10.13}$$

BICKLEY[2] has shown that (10.13) can be solved by writing

$$\xi=\alpha\eta, \qquad f=2\alpha F(\xi)$$

where α is an arbitrary constant. Eq. (10.13) then becomes

$$F F'+2F''=0. \tag{10.14}$$

Since α is arbitrary we may insist that in (10.14) in addition to $F=0$ when $\xi=0$ and $F'\to 0$ as $\xi\to\infty$ we must have $F'=1$ when $\xi=0$.

This then gives

$$F=\tanh\xi \tag{10.15}$$

Eq. (10.10) then serves to determine α; it gives

$$\alpha=\left(\frac{9M}{16\varrho\nu^{\frac{1}{2}}}\right)^{\frac{1}{3}} \tag{10.16}$$

and so completes the solution.

[1] H. SCHLICHTING: Z. angew. Math. Mech. **13**, 260 (1933).
[2] W. G. BICKLEY: Phil. Mag. (7) **23**, 727 (1937).

A similar approach can be adopted for the axi-symmetric case. It is found that

$$u = \frac{3M}{8\pi\mu}\,\frac{1}{x}\,\frac{1}{(1+\frac{1}{4}\xi^2)^2} \tag{10.17}$$

where

$$\xi = \frac{1}{4\nu}\left(\frac{3M}{\pi\varrho}\right)^{\frac{1}{2}}\frac{r}{x}. \tag{10.18}$$

It should be clearly borne in mind that in practice the flow in jets is usually turbulent.

Superposed streams. Consider next two streams of kinematic viscosities ν_1 and ν_2 moving parallel to each other with different velocities U_1 and U_2, contact between the streams being supposed to start from some origin O. Downstream of O shear layers will extend in the two streams with characteristics which are determined by the boundary layer equations. Thus with Ox measured parallel to the streams which are assumed to move horizontally we shall have

$$u\frac{\partial u}{\partial x} + v\frac{\partial u}{\partial y} = \nu\frac{\partial^2 u}{\partial y^2}, \qquad \frac{\partial u}{\partial x} + \frac{\partial v}{\partial y} = 0$$

where $u \to U_1$ as $y \to +\infty$, $u \to U_2$ as $y \to -\infty$, the remaining condition being supplied by continuity of velocity and stress at the interface and ν taking the value appropriate to each region. Just as in the corresponding problem of flow past a semi-infinite flat plate introduction of independent variables η of the form $\left(\frac{U_1}{2\nu x}\right)^{\frac{1}{2}} y$ reduce the equations of flow in the two regions to ordinary differential equations which are in fact the same as the flat plate equation[1] $f''' + f f'' = 0$. The only difference then arises from the boundary conditions. When $\varrho_1 \neq \varrho_2$ the interface is found to coincide with the plane $y = 0$ and the boundary conditions then are, using suffixes 1 and 2 for the two regions

$$f_1(0) = f_2(0) = 0, \qquad f_1'(0) = f_2'(0)$$

$$(\varrho_1\mu_1)^{\frac{1}{2}} f_1''(0) = (\varrho_2\mu_2)^{\frac{1}{2}} f_2''(0), \qquad f_1' \to 1 \text{ as } \eta \to \infty \qquad f_2' \to U_1/U_2 \text{ as } \eta \to -\infty.$$

When however $\varrho_1 = \varrho_2$ the position of the interface is found to be arbitrary. In this case boundary layer considerations are in fact insufficient to determine the flow and a proper boundary problem for the entire flow must therefore be posed before it becomes definite.

Flow up a step. In a sense we may regard the solutions for jets and wakes as showing the asymptotic behaviour of shear layers at large distances from the bodies on which they originated. No doubt this is the correct role of the theory but the question of whether it cannot also be applied to give the behaviour of shear layers nearer to their points of departure from the originating bodies is of the greatest importance. Unfortunately this has not proved possible yet but an important first step has been taken.

The detached shear layer of course influences the flow outside the boundary layer itself and this first step has been to determine a first approximation to that influence and to the position of the shear layer. This has been attempted in only a few instances and it will be sufficient here to consider LIGHTHILL's[2] solution for the flow up a step.

In Fig. 4 the plate AD is parallel to the incident stream and the plate CF is normal to it with D the mid point of CF. The incident stream separates from

[1] R. C. LOCK: Quart. J. Mech. Appl. Math. **4**, 42 (1951).
[2] M. J. LIGHTHILL: Proc. Roy. Soc. Lond. **217**, 344 (1953).

the two sides of the plate AD at some point B. Beyond B LIGHTHILL takes the external flow to follow free streamlines BC and BF and then separating from the edges at C and F to follow two further free streamlines CE and FG. The object of the analysis is then to determine the position of B and the form of BC. The method depends on the fact that for any position of B it is possible to determine the external flow but for only one of these external flows does B coincide with the point of separation of the associated flow. This is then the required flow.

Let us denote by l, h, c and b the lengths of AD, CD, AB and BD respectively and by U and V the velocities of the incident stream and the free streamline flow along BC (or BF) respectively. We notice that $V < U$ and we write w for the complex potential of the flow (in the upper half of the external flow plane which we call the z plane) and put

$$\Omega = \log \frac{dw}{dz} = \log q - i\vartheta \tag{10.19}$$

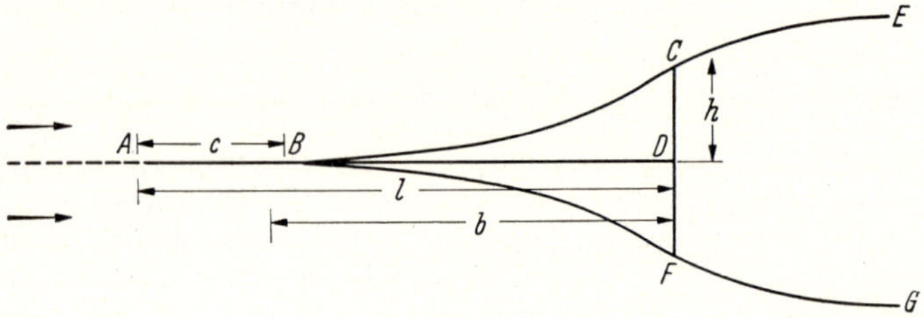

Fig. 4.

where q is the speed of the flow and ϑ its inclination. Then it can be shown that

$$i k (\Omega - \log V) = \operatorname{Ar\,Tan} \left(\frac{w}{VS}\right)^{\frac{1}{2}} \tag{10.20}$$

where

$$k = \frac{\pi/2}{\log(U/V)}, \tag{10.21}$$

and S is the length of the free streamline BC. The intrinsic equation of BC is

$$k\vartheta = \operatorname{Ar\,Tan} (s/S)^{\frac{1}{2}} \tag{10.22}$$

where $s\,(= w/V)$ is distance along it measured from B and the velocity distribution along AB is given by the formula

$$x = -S \int_0^{\log q/V} e^{-t}\, d\{\tan^2 (k t)\}. \tag{10.23}$$

The problem is then reduced to the determination of the point of separation of a boundary layer subject to a mainflow given by (10.23). This is perhaps not so straightforward as it would seem at first sight for whatever the position of B the velocity gradient given by (10.23) is infinite at B. This is a real difficulty with existing approximate methods which determine separation in terms of the velocity gradient in the mainstream and which would all inevitably lead to separation upstream of B no matter where B was chosen. LIGHTHILL points out the difficulties anyway of assessing the position of separation when the velocity gradient is changing rapidly and deals with the problem crudely be adapting the result for the flow past a plate in the presence of a linearly retarded mainstream. For this problem separation occurs when the mainstream speed has fallen to 88% of its initial value; LIGHTHILL modifies this value to 91% in the present application to allow for the altered form of velocity distribution. The resulting values of c/h and b/h are given in the following table.

LIGHTHILL finds good agreement between the interpolated result for $l/h = 5.7$ which gives $k = 4.6$, $b/h = 4.6$ and $c/h = 1.1$ with plate 19b of Modern Developments of Fluid Dynamics (O.U.P. 1938).

This solution provides the skeleton for a flow of shear layer type along BC. The solution of the shear layer equations has not so far as is known been attempted.

Other such problems can be and have been formulated. For example, in the flow past a circular cylinder[1] the skeleton of the shear layer which springs from the point of separation may be regarded as a free streamline as a first approximation. This is probably not such a realistic representation as the free streamline representation in the problem just discussed, because the point C in LIGHTHILL's problem provides a suitable anchor which is absent in the flow past the cylinder, where anyway the wake flow is known to diverge very markedly from the free streamline representation and the exchanges which take place across the shear layer may be much more important[2]. However arguments can be given here for fixing the point of separation at 55° from the nose which is not in good agreement with the observed results possibly for the reasons given.

k	b/h	c/h	l/h
16	16	∞	∞
12	12	63	75
8	8.0	7.5	15.5
6	6.0	2.5	8.5
4	3.9	0.7	4.6
2	1.86	0.08	1.94

Here again the same difficulty of the infinite velocity gradient at the point of separation appears and it is reasonable to suppose that some modification of the free streamline skeleton of the shear flow is required in the vicinity of the point of separation. That and the actual development of the shear layer from its skeleton form a fascinating subject for future research.

II. Three-dimensional boundary layers.

11. Derivation of the equations[3]. Consider the flow over a regular surface S and any point P of the flow. Through P let us draw the normal to the surface meeting it in P_0. Then the position of P can be expressed in terms of the position of P_0 and the distance $\zeta = P_0 P$ along the normal $\boldsymbol{n}$ to the surface. Let us further define the position of P_0 by introducing curvilinear co-ordinates ξ, η in the surface. Then if $\boldsymbol{R}$ and $\boldsymbol{r}$ are the position vectors of P and P_0 respectively

$$\boldsymbol{R} = \boldsymbol{r}(\xi, \eta) + \zeta \boldsymbol{n}(\xi, \eta).$$

We can then regard ξ, η, ζ as the curvilinear co-ordinates of P. The surfaces $\zeta =$ const are surfaces parallel to S; the surfaces $\xi =$ const $\eta =$ const are developables formed by the normals along the curves $\xi =$ const $\eta =$ const.

Further let us write in the customary notation of differential geometry

$$\boldsymbol{r}_1 = \frac{\partial \boldsymbol{r}}{\partial \xi}, \qquad \boldsymbol{r}_2 = \frac{\partial \boldsymbol{r}}{\partial \eta} \tag{11.1}$$

$$E = \boldsymbol{r}_1^2, \quad F = \boldsymbol{r}_1 \cdot \boldsymbol{r}_2, \quad G = \boldsymbol{r}_2^2, \quad H^2 = E\,G - F^2. \tag{11.2}$$

[1] See for example KAWAGUTI: J. Phys. Soc. Japan **8**, 403 (1953).

[2] L. CROCCO and L. LEES: J. Aeronaut. Sci. **19**, 649 (1951) have developed a most important method of dealing with such exchanges in a semi-empirical fashion with particular reference to compressible flows.

[3] This derivation follows a method developed by E. J. WATSON in an unpublished thesis. See also for example W. D. HAYES: NAVORD Rep. No. 1313 (1951); L. C. SQUIRE: Diss. Bristol University 1956.

Then (WEATHERBURN Chap. 13) the gradient operator ∇_s for changes in the surface is given by

$$\nabla_s = \frac{1}{H^2}\,\boldsymbol{r}_1\left(G\frac{\partial}{\partial\xi} - F\frac{\partial}{\partial\eta}\right) + \boldsymbol{r}_2\left(E\frac{\partial}{\partial\eta} - F\frac{\partial}{\partial\xi}\right) \tag{11.3}$$

and the gradient operator proper ∇ is related to ∇_s by[1]

$$\nabla = \nabla_s + \boldsymbol{n}\frac{\partial}{\partial\zeta}. \tag{11.4}$$

It is convenient to write the velocity of flow in the form $\boldsymbol{v} + w\boldsymbol{n}$ so that $\boldsymbol{v}$ represents the contribution parallel to the surface. Then if we introduce the same assumptions as in the corresponding two-dimensional problem we shall have

$$\boldsymbol{v},\ \frac{\partial\boldsymbol{v}}{\partial\xi},\quad \frac{\partial\boldsymbol{v}}{\partial\eta},\quad \frac{\partial w}{\partial\zeta}\quad \text{all } O(1)$$

so that w is $O(\delta)$ as before, and the equations of flow become, to the boundary layer approximation

$$\frac{\partial\boldsymbol{v}}{\partial t} + (\boldsymbol{v}\cdot\nabla_s)\,\boldsymbol{v} + w\frac{\partial\boldsymbol{v}}{\partial\zeta} = -\frac{1}{\varrho}\nabla_s p + \nu\frac{\partial^2\boldsymbol{v}}{\partial\zeta^2}, \tag{11.5}$$

$$\frac{\partial p}{\partial\zeta} = O(1), \tag{11.6}$$

$$\nabla_s\cdot\boldsymbol{v} + \frac{\partial w}{\partial\zeta} = 0. \tag{11.7}$$

For many practical purposes it is convenient to choose the curvilinear co-ordinates ξ, η in the surface S to be orthogonal. It should be noted that the *surfaces* $\xi = \text{const}$, $\eta = \text{const}$, $\zeta = \text{const}$ are then not necessarily orthogonal everywhere in space. Of course they are locally orthogonal at S but only when the curves $\xi = \text{const}$ and $\eta = \text{const}$ in S coincide with the lines of curvature of S do the three families of surfaces become orthogonal everywhere. However the boundary layer is a local phenomenon on the surface of S and it is quite sufficient for our purpose to have the system of curvilinear co-ordinates locally orthogonal at S.

When therefore the curves $\xi = \text{const}$ and $\eta = \text{const}$ are orthogonal on S we write

$$E = h_1^2,\quad F = 0,\quad G = h_2^2,\quad H = h_1 h_2$$

and put

$$\boldsymbol{v} = \frac{u}{h_1}\boldsymbol{r}_1 + \frac{v}{h_2}\boldsymbol{r}_2. \tag{11.8}$$

We then find that

$$\left.\begin{aligned}(\boldsymbol{v}\cdot\nabla_s)\,\boldsymbol{v} = &\left\{\frac{u}{h_1}\frac{\partial u}{\partial\xi} + \frac{v}{h_2}\frac{\partial u}{\partial\eta} + \frac{uv}{h_1 h_2}\frac{\partial h_1}{\partial\eta} - \frac{v^2}{h_1 h_2}\frac{\partial h_2}{\partial\xi}\right\}\frac{\boldsymbol{r}_1}{h_1} + \\ &+ \left\{\frac{u}{h_1}\frac{\partial v}{\partial\xi} + \frac{v}{h_2}\frac{\partial v}{\partial\eta} - \frac{u^2}{h_1 h_2}\frac{\partial h_1}{\partial\eta} + \frac{uv}{h_1 h_2}\frac{\partial h_2}{\partial\xi}\right\}\frac{\boldsymbol{r}_2}{h_2}.\end{aligned}\right\} \tag{11.9}$$

$$\nabla_s p = \frac{1}{h_1}\frac{\partial p}{\partial\xi}\frac{\boldsymbol{r}_1}{h_1} + \frac{1}{h_2}\frac{\partial p}{\partial\eta}\frac{\boldsymbol{r}_2}{h_2}, \tag{11.10}$$

$$\nabla_s\cdot\boldsymbol{v} = \frac{1}{h_1 h_2}\left\{\frac{\partial}{\partial\xi}(h_2 u) + \frac{\partial}{\partial\eta}(h_1 v)\right\}. \tag{11.11}$$

[1] ∇_s should strictly be taken in the parallel surface through P, but for boundary layer applications it is adequate to take it in S itself.

Hence with this system the equations of motion become

$$\frac{\partial u}{\partial t}+\frac{u}{h_1}\frac{\partial u}{\partial \xi}+\frac{v}{h_2}\frac{\partial u}{\partial \eta}+w\frac{\partial u}{\partial \zeta}+\frac{uv}{h_1 h_2}\frac{\partial h_1}{\partial \eta}-\frac{v^2}{h_1 h_2}\frac{\partial h_2}{\partial \xi}=-\frac{1}{\varrho h_1}\frac{\partial p}{\partial \xi}+\nu\frac{\partial^2 u}{\partial \zeta^2}, \tag{11.12}$$

$$\frac{\partial v}{\partial t}+\frac{u}{h_1}\frac{\partial v}{\partial \xi}+\frac{v}{h_2}\frac{\partial v}{\partial \eta}+w\frac{\partial v}{\partial \zeta}-\frac{u^2}{h_1 h_2}\frac{\partial h_1}{\partial \eta}+\frac{uv}{h_1 h_2}\frac{\partial h_2}{\partial \xi}=-\frac{1}{\varrho h_2}\frac{\partial p}{\partial \eta}+\nu\frac{\partial^2 v}{\partial \zeta^2}, \tag{11.13}$$

$$\frac{1}{h_1}\frac{\partial u}{\partial \xi}+\frac{1}{h_2}\frac{\partial v}{\partial \eta}+\frac{\partial w}{\partial \zeta}+\frac{u}{h_1 h_2}\frac{\partial h_2}{\partial \xi}+\frac{v}{h_1 h_2}\frac{\partial h_1}{\partial \eta}=0 \tag{11.14}$$

where the pressure p remains constant throughout the layer and is determined by BERNOULLI's equation in terms of the mainstream velocity components U and V. The boundary conditions of course require that $u=v=0$ when $\zeta=0$ and $u\to U$, $v\to V$ as $\zeta\to\infty$.

Unlike the two dimensional equations these equations contain terms $\partial h_1/\partial\eta$ and $\partial h_2/\partial\xi$ depending explicitly on the curvatures of the co-ordinate system.

We may notice that if it is possible to choose a co-ordinate system such that both $\partial h_1/\partial\eta$ and $\partial h_2/\partial\xi$ vanish everywhere on the surface then the Gauss curvature K of the surface which is given by

$$K=-h_1 h_2\left\{\frac{\partial}{\partial\xi}\left(\frac{1}{h_1}\frac{\partial h_2}{\partial\xi}\right)+\frac{\partial}{\partial\eta}\left(\frac{1}{h_2}\frac{\partial h_1}{\partial\eta}\right)\right\} \tag{11.15}$$

vanishes and so the surface must be developable[1].

Conversely if the surface is developable the parametric curves can be chosen so that $h_1=h_2=1$ and the curvature terms disappear from the equations of flow. This is a point of some practical importance and a method of obtaining the co-ordinates will now be indicated.

We may start by choosing a single infinity of geodesics as parametric curves $\eta=$const and their orthogonal trajectories as the curves $\xi=$const. This choice ensures that h_1 is a function of ξ alone and if we then define $\int h_1 d\xi$ as a new parameter ξ, the square of the length element ds is given by

$$ds^2=d\xi^2+h_2^2\,d\eta^2. \tag{11.16}$$

Since the surface is developable the Gaussian curvature vanishes and therefore since h_1 now is equal to unity

$$\frac{\partial^2 h_2}{\partial\xi^2}=0$$

so that

$$h_2=\xi f(\eta)+g(\eta).$$

Next we define $\int f(\eta)\,d\eta$ as a new parameter η so that

$$ds^2=d\xi^2+[\xi+k(\eta)]^2\,d\eta^2 \tag{11.17}$$

where $k(\eta)=g(\eta)/f(\eta)$.

Finally we introduce new parameters ξ' and η' defined by

$$\left.\begin{aligned}\xi'&=\xi\sin\eta+\int k(\eta)\cos\eta\,d\eta,\\ \eta'&=\xi\cos\eta-\int k(\eta)\sin\eta\,d\eta\end{aligned}\right\} \tag{11.18}$$

and obtain

$$ds^2=d\xi'^2+d\eta'^2.$$

[1] This result was first stated by L. PRANDTL: M.A.P. Völkenrode Rep. Trans. No. 64 (1946). Proofs have been given by WATSON (unpublished) and L.C. SQUIRE: Diss. Bristol University 1956.

In any given problem of the flow over a developable surface the desirability of introducing such co-ordinates in order to eliminate the curvature terms depends largely on the mainstream flow. It may well happen, as for example in the problem of swirl in a conical nozzle, that the obvious spherical polar system of co-ordinates is, despite the occurrence of one of the curvatures, more tractible than the orthogonal geodesics.

Moore[1] and L. C. Squire[2] have pointed out that whether the surface is developable or not there may be advantages to be gained by choosing a single infinity of geodesics as parametric curves $\eta = \text{const}$, say. This then reduces the terms in $\partial h_1/\partial \eta$ to zero.

As a very special case Squire considers a steady flow in which the mainstream component V vanishes all along a particular curve $\eta = 0$, say, of such a family. Then since

$$-\frac{1}{\varrho}\frac{\partial p}{\partial \eta} = U\frac{\partial V}{\partial \xi} + V\frac{\partial V}{\partial \eta} \tag{11.19}$$

Eq. (11.13) and the boundary conditions on v are satisfied by putting $v(\xi, \zeta) = 0$ when $\eta = 0$ and the flow direction in the boundary layer coincides with the direction of mainstream flow.

Eqs. (11.12) and (11.14) then require if this solution is to be valid that

$$\frac{u}{h_1}\frac{\partial u}{\partial \xi} + w\frac{\partial u}{\partial \zeta} = \frac{U}{h_1}\frac{\partial U}{\partial \xi} + \nu\frac{\partial^2 u}{\partial \zeta^2}, \tag{11.20}$$

$$\frac{1}{h_1}\frac{\partial u}{\partial \xi} + \frac{1}{h_2}\left(\frac{\partial v}{\partial \eta}\right)_{\eta=0} + \frac{\partial w}{\partial \zeta} + \frac{u}{h_1 h_2}\frac{\partial h_2}{\partial \xi} = 0. \tag{11.21}$$

Eq. (11.20) is thus of the same form as the flow in a two-dimensional layer but the occurrence of the term $(\partial v/\partial \eta)_{\eta=0}$ in (11.21) prevents a complete correspondence. So long as the flow is regular in the neighbourhood of $\eta = 0$ this term can be obtained from Eq. (11.13) by writing

$$v = \eta\, v_1(\xi, \zeta), \qquad V = \eta\, V_1(\xi)$$

and taking the limit as $\eta \to 0$. Then

$$\left(\frac{\partial v}{\partial \eta}\right)_0 = v_1(\xi, \zeta) \tag{11.22}$$

and, from (11.13)

$$\frac{u}{h_1}\frac{\partial v_1}{\partial \xi} + \frac{v_1^2}{h_2} + w\frac{\partial v_1}{\partial \zeta} + \frac{u v_1}{h_1 h_2}\frac{\partial h_2}{\partial \xi} = \frac{U}{h_1}\frac{\partial V_1}{\partial \xi} + \frac{V_1^2}{h_2} + \frac{U V_1}{h_1 h_2}\frac{\partial h_2}{\partial \xi} + \nu\frac{\partial^2 v_1}{\partial \zeta^2}. \tag{11.23}$$

Eq. (11.21) may then be written

$$\frac{1}{h_1 h_2}\frac{\partial (h_2 u)}{\partial \xi} + \frac{v_1}{h_2} + \frac{\partial w}{\partial \zeta} = 0. \tag{11.24}$$

The most commonly occurring instance of this arises when the surface has a plane of symmetry about which the external flow is also symmetrical. Then the symmetry implies that $\partial h_1/\partial \eta$ and V vanish along the line of intersection of this plane with the surface. Eqs. (11.20) to (11.23) then show the flow is determined along this line independently of the rest of the flow. Such planes when they exist provide very useful "anchors" for any boundary layer calculations.

It can readily be seen conversely that if $v = V = 0$ along a certain curve $\eta = \text{const}$ then that curve must be a geodesic of the surface.

---

[1] F. K. Moore: Adv. Appl. Mech. **4**, 160 (1956).

[2] L.C. Squire: Diss. Bristol University 1956.

12. Axial flow past bodies of revolution and flow past yawed infinite cylinders. *Bodies of revolution.* For axial flow past a body of revolution it is convenient to take ξ as distance measured from the forward stagnation point around a meridian section and η as the azimuth φ around the axis. Then on the body we have

$$h_1 = 1 \quad \text{and} \quad h_2 = r$$

where r denotes normal distance from the axis of symmetry. Furthermore all derivatives with respect to φ vanish and $v = 0$. Hence Eqs. (11.12) and (11.14) become

$$\frac{\partial u}{\partial t} + u \frac{\partial u}{\partial \xi} + w \frac{\partial u}{\partial \zeta} = -\frac{1}{\varrho} \frac{\partial p}{\partial \xi} + \nu \frac{\partial^2 u}{\partial \zeta^2}, \tag{12.1}$$

$$\frac{\partial u}{\partial \xi} + \frac{\partial w}{\partial \zeta} + \frac{u}{r} \frac{\partial r}{\partial \xi} = 0. \tag{12.2}$$

In (12.2) we can, as far as the boundary layer is concerned, replace r by its value r_0 on the body except possibly at the forward stagnation point. However even there for a blunt nosed body u/r remains finite and this approximation is still valid. Hence (12.2) may be written

$$\frac{\partial}{\partial \xi}(u r_0) + \frac{\partial}{\partial \zeta}(r_0 w) = 0. \tag{12.3}$$

Mangler's transformation. It follows from (12.3) that ψ exists such that

$$r_0 u = \frac{\partial \psi}{\partial \zeta}, \qquad r_0 w = -\frac{\partial \psi}{\partial \xi}. \tag{12.4}$$

Now following MANGLER[1] we introduce

$$\left.\begin{aligned} x &= c^2 \int_0^{\xi} \frac{r_0^2}{d^2}\, d\xi, \qquad z = c\,\frac{r_0}{d}\,\zeta, \\ \overline{\psi}(x, z) &= \frac{c}{d}\,\psi(\xi, \zeta) \end{aligned}\right\} \tag{12.5}$$

where d is a representative length and c is a scaling factor. Further we define $\overline{u}$ and $\overline{w}$ by

$$\overline{u} = \frac{\partial \overline{\psi}}{\partial z}, \qquad \overline{w} = -\frac{\partial \psi}{\partial x}. \tag{12.6}$$

Then

$$\frac{\partial}{\partial \zeta} = \frac{c r_0}{d} \frac{\partial}{\partial z}, \qquad \frac{\partial}{\partial \xi} = \frac{c^2 r_0^2}{d^2} \frac{\partial}{\partial x} + \frac{c r_0'}{d} \frac{\partial}{\partial z} \tag{12.7}$$

$$u = \overline{u} \quad \text{and} \quad w = \frac{c r_0}{d}\,\overline{w} - \frac{r_0'}{r_0}\,\overline{u} \tag{12.8}$$

where

$$r_0' = \frac{d}{d\xi}\, r_0(\xi).$$

It follows that

$$u \frac{\partial u}{\partial \xi} + w \frac{\partial u}{\partial \zeta} = \frac{c^2 r_0^2}{d^2}\left(\overline{u} \frac{\partial \overline{u}}{\partial x} + \overline{w} \frac{\partial \overline{u}}{\partial z}\right) \tag{12.9}$$

and hence that

$$\overline{u} \frac{\partial \overline{u}}{\partial x} + \overline{w} \frac{\partial \overline{u}}{\partial z} = \overline{U} \frac{\partial \overline{U}}{\partial x} + \nu \frac{\partial^2 \overline{u}}{\partial z^2} \tag{12.10}$$

and

$$\frac{\partial \overline{u}}{\partial x} + \frac{\partial \overline{w}}{\partial z} = 0 \tag{12.11}$$

[1] W. MANGLER: Z. angew. Math. Mech. **28**, 97 (1948).

where

$$U(x) = \bar{U}(\xi). \tag{12.12}$$

The transformation represented by (12.5) therefore serves to put Eqs. (12.1) and (12.3) into two dimensional form and makes immediately available for both exact and approximation methods the resources of two dimensional analysis to problems on axial flow about bodies of revolution.

We may illustrate this solution by considering the flow near the forward stagnation point of the body of revolution. Here we have

$$U(\xi) = a\xi \tag{12.13}$$

and

$$r_0 = \xi. \tag{12.14}$$

Therefore

$$x = \frac{c^2}{d^2}\frac{\xi^3}{3}, \qquad z = \frac{c}{d}\xi\zeta \tag{12.15}$$

and

$$\bar{U}(x) = a\xi = a\left(\frac{3d^2}{c^2}x\right)^{\frac{1}{3}}. \tag{12.16}$$

That is, the flow near the stagnation point of the body with axial symmetry coincides with the flow over a plane when the velocity outside the boundary layer is proportional to $x^{\frac{1}{3}}$. We can verify this by noting that when $m = \frac{1}{3}$, Eq. (4.3) becomes

$$f'^2 - 2ff'' = 1 + 3f''' \tag{12.17}$$

and this by putting $f = 3^{\frac{1}{2}}F$, $\eta = 3^{\frac{1}{2}}Y$ gives

$$F'^2 - 2FF'' = 1 + F''' \tag{12.18}$$

and

$$\frac{dF}{dY} = \frac{df}{d\eta} \tag{12.19}$$

in agreement with the equation first derived by HOMANN[1].

This type of solution is subject to a limitation in three dimensions which is not immediately evident from this correlation with two dimensional flow. Consider the simplest case of all when r_0 is constant and the layer is on the surface of a circular cylinder. For such a cylinder unless the pressure is altered by some external means (such as the walls of the wind tunnel) it will be constant to the boundary layer approximation and the flow given by Eqs. (12.1) and (12.3) is exactly the same for each azimuth as the flow past a semi-infinite plane in two dimensions. In the present case however as the boundary layer grows parabolically in thickness with increasing ξ a stage will be reached when its thickness can no longer be neglected compared with r_0, an approximation which is implicit in (12.3). Hence the solution breaks down sufficiently far downstream.

LIGHTHILL and GLAUERT[2] and STEWARTSON[3] have investigated the asymptotic form of this flow for large distances downstream. The boundary layer equations retaining the correct derivatives in r may be written in the form

$$u\frac{\partial u}{\partial x} + v\frac{\partial u}{\partial r} = \nu\left(\frac{\partial^2 u}{\partial r^2} + \frac{1}{r}\frac{\partial u}{\partial r}\right), \tag{12.20}$$

$$\frac{\partial}{\partial x}(ru) + \frac{\partial}{\partial r}(rv) = 0 \tag{12.21}$$

---

[1] F. HOMANN: Z. angew. Math. Mech. **16**, 153 (1936). See also Sect. 13 below.
[2] M. J. LIGHTHILL and M. B. GLAUERT: Proc. Roy. Soc. Lond. **230**, 188 (1955).
[3] K. STEWARTSON: Quart. Appl. Math. **13**, 113 (1955).

where r is the distance measured radially from the axis, x is axial distance and v and u are the corresponding velocities. The boundary conditions are $u=v=0$ at $r=a$ and $u\to U$ as $r\to\infty$. A stream function ψ exists such that

$$r u = \frac{\partial \psi}{\partial r}, \qquad r v = -\frac{\partial \psi}{\partial x} \tag{12.22}$$

and we introduce a new variable

$$\xi = \frac{U r^2}{4 \nu x} \quad \text{and put} \quad \beta = \log\left(\frac{4 \nu x}{U a^2}\right) \tag{12.23}$$

where U is the velocity of the mainstream and also put

$$\psi = \nu x f(\xi, x). \tag{12.24}$$

The appropriate form of asymptotic expansion is found (LIGHTHILL and GLAUERT) to be

$$\psi = \nu x f(\xi, x) \sim \nu x \left\{ f_0(\xi) + \frac{1}{\beta} f_1(\xi) + \frac{1}{\beta^2} f_2(\xi) + \cdots \right\}$$

and the first two terms are given by

$$f_0 = 2\xi, \qquad f_1 = 2\xi \,\mathrm{Ei}(-\xi) + 2\mathrm{e}^{-\xi} - 2 \tag{12.25}$$

where

$$\mathrm{Ei}(-\xi) = \int_{\infty}^{\xi} \frac{\mathrm{e}^{-t}}{t}\, dt.$$

An interesting feature of the solution is the form of $f_0(\xi) = 2\xi$. This corresponds simply to a uniform flow with velocity U and therefore the departure from the uniform flow is asymptotically $O(\beta^{-1})$. It is indeed not surprising that the uniform velocity is the leading term in the expansion at large distances for the force exerted by the cylinder on the fluid must obviously tend to zero if the skin friction remains finite. The asymptotic form determined for the skin friction τ is

$$\tau = \frac{\mu U}{a}\left[\frac{2}{\beta} + \frac{2\gamma}{\beta^2} + \frac{2\gamma^2 - \frac{1}{2}\pi^2 - 4\log_e 2}{\beta^3} + O\left(\frac{1}{\beta^4}\right)\right] \tag{12.26}$$

where γ is EULER'S constant.

The reader is referred to the original paper for further details which include a solution along the Kármán-Pohlhausen lines.

Flow past yawed infinite cylinders. For a cylindrical body we may take ξ as distance measured around a right section and η as distance measured parallel to the axis. Then h_1 and h_2 are both unity and all derivatives with respect to η vanish. Hence from Eqs. (11.12) to (11.14) we have, following SEARS[1]

$$\frac{\partial u}{\partial t} + u\frac{\partial u}{\partial \xi} + w\frac{\partial u}{\partial \zeta} = -\frac{1}{\varrho}\frac{\partial p}{\partial \xi} + \nu\frac{\partial^2 u}{\partial \zeta^2}, \tag{12.27}$$

$$\frac{\partial v}{\partial t} + u\frac{\partial v}{\partial \xi} + w\frac{\partial v}{\partial \zeta} = \nu\frac{\partial^2 v}{\partial \zeta^2}, \tag{12.28}$$

$$\frac{\partial u}{\partial \xi} + \frac{\partial w}{\partial \zeta} = 0. \tag{12.29}$$

---

[1] W. R. SEARS: J. Aeronaut. Sci. **15**, 49 (1948). See also J. M. WILD: J. Aeronaut. Sci. **16**, 41—45 (1949); N. ROTT and L.F. CRABTREE: J. Aeronaut. Sci. **19**, 553 (1952); J. C. COOKE: Proc. Cambridge Phil. Soc. **46**, 645 (1950).

The flow determined by (12.27) and (12.29) is independent of (12.28) and since the flow at infinity can be resolved into a component V parallel to the generators and a component U_0 in the plane of the right section the problem itself is then resolved into

(i) the solution of the two dimensional problem represented by (12.27) and (12.29) when the velocity at infinity is U_0;

(ii) the determination of v from Eq. (12.28) when u and w are known and $v \to V$ at infinity.

Eq. (12.28) has the form of the heat conduction equation in two dimensional flow. The extension of the flow past a non-yawed cylinder to the corresponding yawed cylinder is not therefore a very formidable task. The form of the solution of Eq. (12.28) for a variety of exact solutions of Eqs. (12.27) and (12.29) is given in the section on exact solutions below. Suffice it for the moment to remark that the absence of pressure gradient in Eq. (12.28) means that $(\partial v/\partial \eta)_0$ does not vanish anywhere and separation of the flow from the surface takes place where the two dimensional flow separation given by (12.27) and (12.29) occurs.

13. Exact solutions of steady flow in three-dimensional boundary layers: Approximate methods of solution. The exact solutions which have so far been given are all applicable either to developable surfaces or surfaces of revolution, For developable surfaces, as previously explained, co-ordinates can be chosen such that the equations of steady flow take on the form

$$u\frac{\partial u}{\partial x} + v\frac{\partial u}{\partial y} + w\frac{\partial u}{\partial z} = U\frac{\partial U}{\partial x} + V\frac{\partial U}{\partial y} + \nu\frac{\partial^2 u}{\partial z^2}, \tag{13.1}$$

$$u\frac{\partial v}{\partial x} + v\frac{\partial v}{\partial y} + w\frac{\partial v}{\partial z} = U\frac{\partial V}{\partial x} + V\frac{\partial V}{\partial y} + \nu\frac{\partial^2 v}{\partial z^2}, \tag{13.2}$$

$$\frac{\partial u}{\partial x} + \frac{\partial v}{\partial y} + \frac{\partial w}{\partial z} = 0. \tag{13.3}$$

The first class of exact solutions relates to flow past infinite yawed cylinders. Then, as shown in Sect. 12, the equations take the form (12.27) to (12.29). Exact solutions of (12.27) and (12.29) exist when $U = a x^m$ or $a e^{a x}$ (see Sect. 4 above). All that is therefore required here is the corresponding solution of (12.28). If we put, as before,

$$\eta = \left(\frac{a}{\nu}\right)^{\frac{1}{2}} x^{\frac{1}{2}(m-1)}\, y \quad \text{and} \quad u = a x^m f'(\eta) \tag{13.4}$$

we find[1] that

$$v = V g(\eta)$$

where

$$g'' + \tfrac{1}{2}(m+1) f g' = 0 \tag{13.5}$$

of which the appropriate solution is

$$g = \frac{\int\limits_0^\eta \exp\left\{-\left(\frac{m+1}{2}\right)\int\limits_0^\eta f\,d\eta\right\} d\eta}{\int\limits_0^\infty \exp\left\{-\left(\frac{m+1}{2}\right)\int\limits_0^\eta f\,d\eta\right\} d\eta}. \tag{13.6}$$

Next to return to the general Eqs. (13.1) to (13.3) an exact solution has been given[2] when

$$U = a x, \qquad V = b y. \tag{13.7}$$

[1] E. ECKERT and O. DREWITZ: Luftfahrtforsch. **19**, 189 (1942).

[2] L. HOWARTH: Phil. Mag. **42**, 1433 (1951).

To obtain the solution we put

$$u = a x f'(\zeta), \quad v = b y g'(\zeta), \quad \zeta = \left(\frac{a}{\nu}\right)^{\frac{1}{2}} z \tag{13.8}$$

and find that Eqs. (13.1) to (13.3) require that

$$f'^2 - f f'' - c g f'' = 1 + f''', \tag{13.9}$$

$$g'^2 - g g'' - \frac{1}{c} f g'' = 1 + g''' \tag{13.10}$$

where $c = b/a$ and the boundary conditions are

$$\left.\begin{aligned} f(0) = g(0) = f'(0) = g'(0) = 0, \\ f' \to 1 \quad \text{and} \quad g' \to 1 \quad \text{as} \quad \zeta \to \infty. \end{aligned}\right\} \tag{13.11}$$

The following Table 6 includes values of f' and g' for $c = 0$ (0.25) 1.0.

Table 6.

	$c=0$	$c=0.25$		$c=0.50$		$c=0.75$		$c=1.0$
ζ	f'	f'	g'	f'	g'	f'	g'	$f'=g'$
0.0	0.000	0.000	0.000	0.000	0.000	0.000	0.000	0.000
0.1	0.118	0.120	0.079	0.122	0.097	0.124	0.113	0.126
0.2	0.227	0.230	0.156	0.233	0.190	0.238	0.218	0.242
0.3	0.325	0.330	0.230	0.335	0.277	0.342	0.315	0.349
0.4	0.414	0.420	0.301	0.428	0.359	0.436	0.405	0.445
0.5	0.495	0.502	0.369	0.511	0.435	0.521	0.488	0.532
0.6	0.566	0.574	0.434	0.585	0.506	0.596	0.562	0.609
0.7	0.630	0.639	0.496	0.650	0.572	0.663	0.630	0.677
0.8	0.686	0.696	0.554	0.708	0.631	0.722	0.690	0.736
0.9	0.735	0.746	0.608	0.758	0.686	0.772	0.742	0.787
1.0	0.778	0.789	0.658	0.802	0.734	0.816	0.789	0.830
1.1	0.815	0.826	0.704	0.839	0.777	0.852	0.828	0.865
1.2	0.847	0.858	0.746	0.870	0.815	0.883	0.862	0.896
1.3	0.874	0.884	0.784	0.896	0.848	0.909	0.891	0.920
1.4	0.897	0.907	0.817	0.918	0.877	0.929	0.914	0.940
1.5	0.916	0.926	0.847	0.936	0.901	0.946	0.934	0.955
1.6	0.932	0.941	0.873	0.951	0.921	0.759	0.949	0.967
1.7	0.946	0.954	0.896	0.962	0.938	0.970	0.962	0.975
1.8	0.957	0.964	0.915	0.971	0.952	0.978	0.971	0.983
1.9	0.966	0.972	0.932	0.979	0.963	0.984	0.979	0.988
2.0	0.973	0.979	0.946	0.984	0.972	0.988	0.984	0.992
2.1	0.979	0.984	0.957	0.988	0.979	0.992	0.989	0.995
2.2	0.984	0.988	0.966	0.992	0.984	0.994	0.992	0.997
2.3	0.988	0.991	0.974	0.994	0.988	0.996	0.994	0.998
2.4	0.990	0.993	0.980	0.996	0.991	0.997	0.996	0.999
2.5	0.993	0.995	0.985	0.997	0.994	0.998	0.997	0.999
2.6	0.995	0.996	0.988	0.998	0.996	0.998	0.998	
2.7	0.996	0.997	0.991	0.998	0.997	0.999	0.998	
2.8	0.997	0.998	0.993	0.999	0.998	0.999	0.999	
2.9	0.998	0.998	0.995	0.999	0.998	0.999	0.999	
3.0	0.998	0.999	0.997	0.999	0.999	1.000	0.999	

It should be noticed that perhaps more important than providing an exact solution of the boundary layer equations this solution provides the flow in the vicinity of the stagnation point on *any* three dimensional surface developable or not. For, since $\partial U/\partial y = \partial V/\partial x$ it is always possible to choose axes so that near the stagnation point the external flow can be expressed in the form (13.7) above. A solution of the form (13.8) is then possible in that vicinity since the curvature terms in the complete equations are of higher order in x and y than those shown in (13.9) and (13.10). In particular when $c=1$ we have the flow near the stagnation point on a body of revolution which since g then is clearly equal to f must satisfy the equation

$$f'^2 - 2ff'' = 1 + f''' \tag{13.12}$$

first given by HOMANN[1]. It has already been derived above from MANGLER'S transformation [see Eq. (12.18)].

It is perhaps worth noting that in addition to the solution given for the semi-infinite circular cylinder an exact solution exists when the cylinder itself is rotating. This solution is analogous to the yawed cylinder solutions in that the flow in the axial direction is found to be independent of the rotation and the flow due to the rotation is determined by an equation of heat transfer type.

Rotating disc. Other problems containing rotating boundaries are perhaps more important. Of these the flow engendered by a rotating disc of infinite extent in a fluid which is otherwise at rest is classical. It provides an interesting example of a boundary layer problem which has been solved exactly and which is moreover an exact solution of the full equations of flow.

Choosing cylindrical polar co-ordinates r, ϑ, z with the rotating disc in the plane $z=0$ and the axis of the co-ordinate system coinciding with the axis of rotation, it is found that the full Navier-Stokes equations can be satisfied by taking

$$u = r\Omega F(\zeta), \quad v = r\Omega G(\zeta), \quad w = (\nu\Omega)^{\frac{1}{2}} H(\zeta), \quad p = -\varrho\nu\Omega P(\zeta)$$

where

$$\zeta = \left(\frac{\Omega}{\nu}\right)^{\frac{1}{2}} z \tag{13.13}$$

and u, v and w are the velocity components in the directions r, ϑ, z increasing respectively with Ω the angular velocity of the disc.

The equations to determine the functions F, G, H and P are

$$F^2 - G^2 + F'H = F'', \tag{13.14}$$

$$2FG + G'H = G'', \tag{13.15}$$

$$HH' = P' + H'', \tag{13.16}$$

$$2F + H' = 0 \tag{13.17}$$

and the boundary conditions are

$$\left.\begin{aligned} &F = 0, \quad G = 1, \quad H = 0 \quad \text{at} \quad \zeta = 0, \\ &F \to 0, \quad G \to 0 \qquad\qquad\quad \text{as} \quad \zeta \to \infty. \end{aligned}\right\} \tag{13.18}$$

Kármán[2] originally gave the Eqs. (13.14) to (13.17) for this problem and used an approximate method of solution based on the Kármán-Pohlhausen method. COCHRAN[3] subsequently integrated the equations numerically by the Adams method and his solution is shown in Fig. 5.

The point of particular interest in relation to the present section on Boundary Layers is that the viscous terms which in boundary layer theory are represented

---

[1] F. HOMANN: Z. angew. Math. Mech. **16**, 153 (1936).
[2] T. VON KÁRMÁN: Z. angew. Math. Mech. **1**, 233 (1921).
[3] W. COCHRAN: Proc. Cambridge Phil. Soc. **30**, 365 (1934).

approximately by $\nu \frac{\partial^2 u}{\partial z^2}$, $\nu \frac{\partial^2 v}{\partial z^2}$ in the equations of radial and transverse flow are in this instance the only non-zero contributions to the complete viscous terms. The exact solution of the full equations is thus also the solution of a problem of boundary layer type. It is a matter of some importance to be able to see even in a single special case how the effects of viscosity are limited to the neighbourhood of the boundaries exactly as postulated in the boundary layer theory.

The solution given above can be extended formally to the case when the fluid is rotating about the axis of symmetry as well. If the angular velocity of

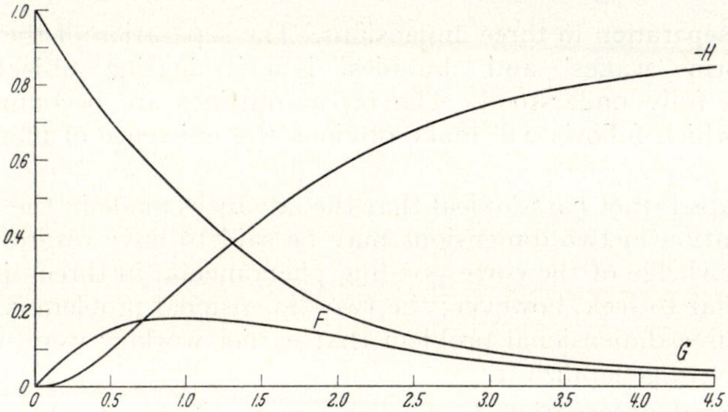

Fig. 5.

the fluid at infinity is ω and p is replaced by $\frac{\varrho}{2}\omega^2 r^2 - \varrho \nu \Omega P(\zeta)$, Eqs. (13.15) to (13.17) are unaltered, but Eq. (13.14) is replaced by

$$F^2 - G^2 + 2F'H = -\frac{\omega^2}{\Omega^2} + F'', \tag{13.19}$$

and the boundary condition on G at infinity is $G \to \omega/\Omega$ as $\zeta \to \infty$.

The solution here for general values of ω/Ω turns out to be much more complicated than might at first sight be anticipated. BODEWADT[1] has considered the case when $\Omega = 0$, $\omega \neq 0$, STEWARTSON[2] has considered cases when $\omega \approx \Omega$ and points out an apparent discrepancy in BODEWADT's solution whilst BATCHELOR[3] has considered the whole field qualitatively. When $\Omega > \omega$ as in the Kármán case above there is an inflow from the fluid outside towards the boundary whilst when $\omega > \Omega$ this process appears to be reversed. This reversal brings difficulties in its train particularly where Ω and ω are in opposite directions and since the investigations are by no means complete no further analysis will be attempted here.

The flow between two rotating discs which again leads to ordinary differential equations for solution has been studied qualitatively by BATCHELOR and considered by STEWARTSON over certain ranges of the parameters is, as might be expected, no less complicated and here again the investigation is not yet nearly complete. Both types of problem are being actively investigated using computing machines and the results when available promise to be most interesting.

Approximate methods of solution of three-dimensional flow problems are yet in their infancy and it is not proposed to discuss them in detail here. Successful

[1] U. T. BODEWADT: Z. angew. Math. Mech. **20**, 24 (1940).

[2] K. STEWARTSON: Proc. Cambridge Phil. Soc. **49**, 333 (1953); see also H.B. SQUIRE: A. R. C. 16021.

[3] G. K. BATCHELOR: Quart. J. Mech. Appl. Math. **4**, 29 (1951).

applications of the Kármán-Pohlhausen technique to the momentum integral equations (which can be derived by methods analogous to those used in two dimensional flows) have been described[1] and attempts have also been made to extend THWAITES's method[2]. The reader is referred to the original papers for details.

Finally in this section mention may be made of an important investigation by TAYLOR[3] of the flow inside the converging nozzle of a swirl atomizer. This investigation which makes use of the Kármán-Pohlhausen technique shows how crucial a role is played by the boundary layer in determining the flow and in particular the discharge through the nozzle.

14. Flow separation in three dimensions. The separation of the flow from the surface to form "wakes" and "bubbles" is a fascinating subject which is yet by no means fully understood. The broad outlines are becoming clearer but the account which follows will make obvious the existence of many gaps in our knowledge.

It is perhaps rather paradoxical that the advances made in the understanding of flow separation in two dimensions may be said to have retarded rather than advanced knowledge of the corresponding phenomenon in three dimensions. The reason is not far to seek, however; the two-dimensional problem is such a special case of the three dimensional problem that earlier workers were misled by it in their attempts to generalize it.

Some general observations[4] are therefore justifiable at this stage. In the two-dimensional flow over a cusped aerofoil it is possible for the flow on one or other or both of the surfaces to reach the trailing edge without $(\partial u/\partial y)_0$ becoming zero. The flow nevertheless separates from the surface at the trailing edge. Separation of the flow from a body of finite extent is in fact inevitable whether in two or three dimensions.

As above we shall find it convenient to introduce the idea of limiting streamlines for the flow indefinitely near the surface. A streamline (including a limiting streamline) cannot end in the interior of the fluid. It must either begin at infinity upstream of the body and end at infinity downstream or form a closed curve. If therefore a limiting streamline does not form a closed curve on the solid surface it must join it at some point of attachment A and leave at some point of separation S. In two-dimensional aerofoil flows we are familiar with the forward stagnation point as a point of attachment and Sect. 6 makes clear the use of the word separation in such a flow.

In three dimensions from arguments of continuity of the flow it is to be expected that attachment and separation take place in general over certain curves (which may degenerate to points) so that we may speak of attachment and separation curves on the surface. Attachment is as vital a concept to the flow as separation. The boundary layer begins to develop from the line of attachment and continues up to the line of separation.

[1] See for example. R TIMMAN: Proc. N.P.L. Symposium on Boundary Layer Effects in Aerodynamics, **1**, p. 1—22; Nat. Aeronaut. Res. Inst., Amsterdam **15**, F31—F43 (1951), and E. EICHELBRENNER and A. OUDART: O.N.E.R.A. Publication No. 76 (1955).

[2] L.C. SQUIRE: Diss. Bristol University 1956.

[3] G. I. TAYLOR: Quart. J. Mech. Appl. Math. **3**, 129 (1950). See also J.C. COOKE: J. Aeronaut. Sci. **19**, 486 (1952).

[4] These observations are based upon an important paper by E.C. MASKELL: Flow Separation in Three Dimensions (in course of publication). Further reference may be made to E. EICHELBRENNER and A. OUDART: La Recherche Aeronautique Nos. 40 and 47 (1955); W. D. HAYES: NAVORD Rep. No. 1313 (1951); L.C. SQUIRE: Phil. Mag. (7) **45**, 1272 (1954).

With z now measured normal to the surface, we have when $z = h$

$$u = \left(\frac{\partial u}{\partial z}\right)_0 h + O(h^2), \tag{14.1}$$

$$v = \left(\frac{\partial v}{\partial z}\right)_0 h + O(h^2), \tag{14.2}$$

$$w = \left(\frac{\partial w}{\partial z}\right) h + O(h^2) = -\left\{\left(\frac{\partial u}{\partial x}\right)_0 + \left(\frac{\partial v}{\partial y}\right)_0\right\} h + O(h^2) = O(h^2) \tag{14.3}$$

at all regular points. Hence unless $(\partial u/\partial z)_0$ and $(\partial v/\partial z)_0$ both vanish simultaneously we must have

$$\lim_{h\to 0} \frac{w}{q} = 0 \quad \text{where} \quad q^2 = u^2 + v^2. \tag{14.4}$$

Excluding for the moment the simultaneous vanishing of $(\partial u/\partial z)_0$ and $(\partial v/\partial z)_0$ we see that at all regular points the limiting streamline is parallel to the surface and given in direction by

$$\lim_{h\to 0} \frac{v}{u} = \left(\frac{\partial v}{\partial z}\right)_0 \Big/ \left(\frac{\partial u}{\partial z}\right)_0. \tag{14.5}$$

Let us now postulate that just as in the two-dimensional case when separation occurs we have two different regimes of flow near the surface of our three-dimensional body. These two regions we shall suppose are capable of co-existing and meet each other along some curve L. In the first place let us suppose that the surface is regular at all points of L so that it has a unique tangent plane along L and at all points in the vicinity of L. Then by definition we must have no interpenetration between the two regions along L and hence

$$\left(\frac{\partial v_1}{\partial z}\right)_0 \Big/ \left(\frac{\partial u_1}{\partial z}\right)_0 = \left(\frac{\partial v_2}{\partial z}\right)_0 \Big/ \left(\frac{\partial u_2}{\partial z}\right)_0 \tag{14.6}$$

along L where suffixes 1 and 2 are used to distinguish the two regions.

In the absence of a complete theory or any general solutions we may appeal with caution to the paragraph on "Flow past yawed infinite cylinders" (p. 313) of Sect. 12 for some insight into the behaviour of the flow near L. For yawed cylinders the separation behaviour is almost certainly determined by the two-dimensional flow problem posed by (12.27) and (12.29). All that (12.28) does is to determine a skin friction component parallel to the generators, constant along each generator and different from zero. If s denotes the ξ-component of separation as determined by (12.27) and (12.29), then taking the solution of Sect. 6 for the flow near separation on the upstream side we must have for $s - \xi$ small and positive

$$\left(\frac{\partial u}{\partial \zeta}\right)_0 = A(s - \xi)^{\frac{1}{2}}$$

where A is a positive constant.

Furthermore from (12.28) we shall have, near $\xi = s$

$$\left(\frac{\partial v}{\partial \zeta}\right)_0 = B$$

where B is a positive constant. Hence among the limiting streamlines is the singular one

(i) $$\xi = s$$

the remainder being given by

(ii)
$$\frac{d\xi}{A(s-\xi)^{\frac{1}{2}}} = \frac{d\eta}{B}$$

i.e.
$$(s-\xi)^{\frac{1}{2}} = \frac{A}{2B}(\eta_0 - \eta)$$

where η_0 is an arbitrary constant.

Thus through any point P of the singular solution (i) there passes one streamline of the family (ii), these streamlines being tangential to (i) at the point from which they emanate.

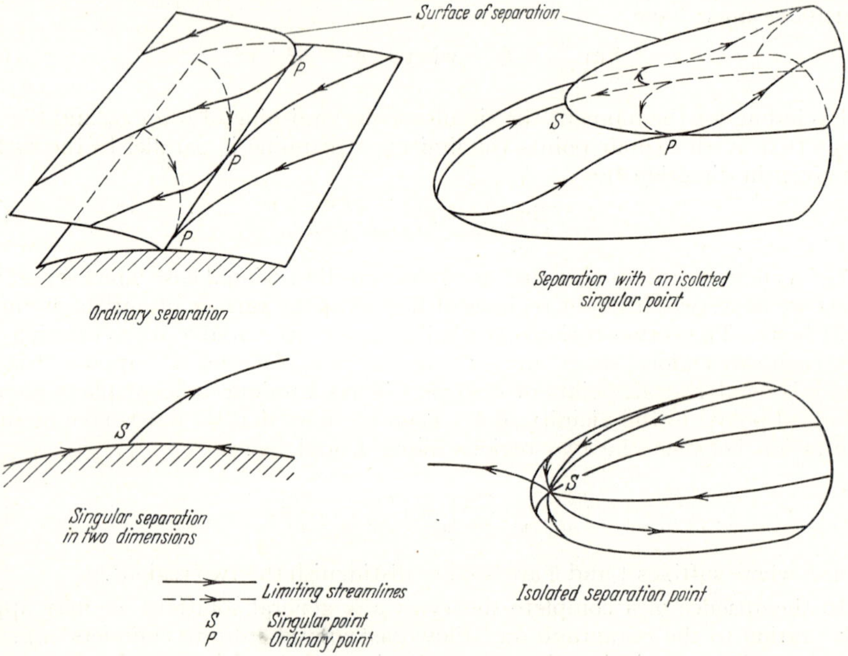

Fig. 6 a—d.

If the flow on the downstream side were similar (and our solution gives us no information about this) we might expect $\xi = s$ to be a singular solution for this region also and the streamlines to come into it tangential in a manner exactly analogous to those on the upstream side, the streamline coming in at P forming a cusp with the one from the upstream side[1].

It must be stressed that the half cusps are entirely independent of each other and in no sense is a single streamline cusped. In Fig. 6a, b[2] the points P are points of separation of this nature. MASKELL calls them ordinary points of separation.

The fluid coming from the two sides of L must, once it reaches L, leave the surface and these streamlines then form a surface of separation E. The continu-

[1] Of course if the behaviour of $\left(\frac{\partial u}{\partial \xi}\right)_0$ near $\xi = s$ is not adequately represented by the $(s-\xi)^{\frac{1}{2}}$ singularity, this picture will be modified. The reader is referred to an article by M. J. LIGHTHILL in "Laminar Boundary Layers" (edited by L. ROSENHEAD and to be published by Oxford University Press) written too late to be included in this present article, for a more comprehensive account of three-dimensional separation in general.

[2] Figs. 6 and 7 are sketches due to MASKELL.

ation of the limiting streamlines in this surface E are initially tangential to L (which it must be remembered lies in the original boundary surface).

Next we consider what happens at a point S where $(\partial u/\partial z)_0$ and $(\partial v/\partial z)_0$ both vanish. The limiting streamline will in general, since $\lim_{h\to 0} w/q \neq 0$, become

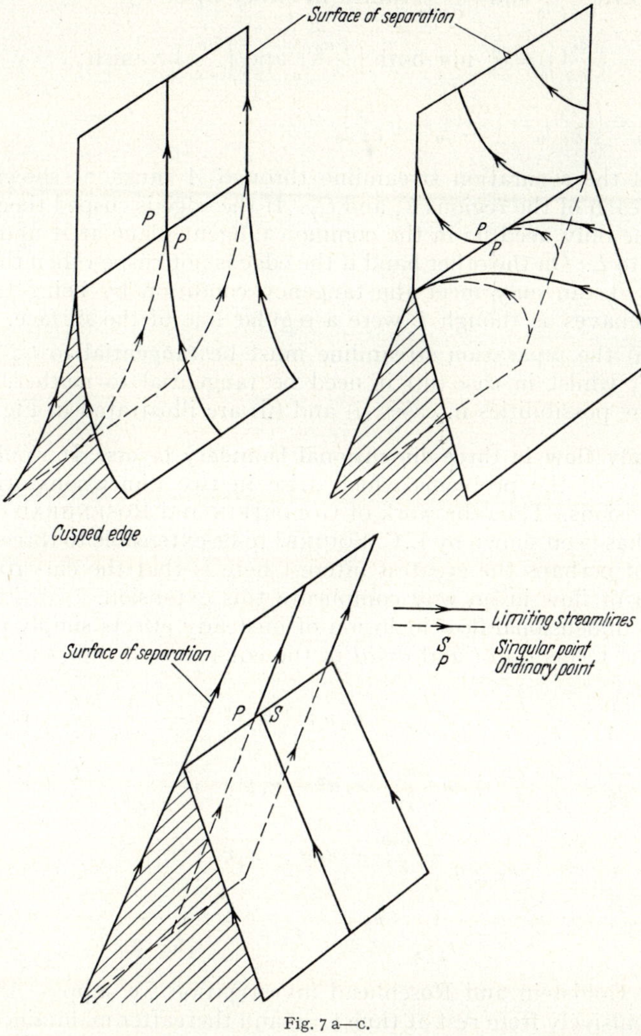

Fig. 7 a—c.

inclined to the boundary. Furthermore, since $(\partial v/\partial z)_0/(\partial u/\partial z)_0$ becomes indeterminate two or more limiting streamlines may approach S independently and in different directions. The point S may lie on a line L in which case typically two limiting streamlines may intersect at S, or S may be isolated when usually a single infinity of limiting streamlines meet there. Examples of the occurrence of such points S, which MASKELL calls singular points of separation, are given in Figs. 6 and 7.

Let us now consider what happens when the line L is an edge or singular line of the surface such as a cusped trailing edge. In such a case the two regions

C_1, C_2 separated by L would be the upper and lower surfaces of the aerofoil. Consider any point A on L; it is clearly no longer necessary that L should be a common streamline of the two regions C_1 and C_2. At A we may have

(i) not both $\left(\frac{\partial u}{\partial z}\right)_0$ and $\left(\frac{\partial v}{\partial z}\right)_0$ vanish in either C_1 or C_2;

(ii) $\left(\frac{\partial u_1}{\partial z}\right)_0 = \left(\frac{\partial v_1}{\partial z}\right)_0 = 0$; not both $\left(\frac{\partial u_2}{\partial z}\right)_0$ and $\left(\frac{\partial v_2}{\partial z}\right)_0$ vanish;

(iii) $\left(\frac{\partial u_1}{\partial z}\right)_0 = \left(\frac{\partial v_1}{\partial z}\right)_0 = \left(\frac{\partial u_2}{\partial z}\right)_0 = \left(\frac{\partial v_2}{\partial z}\right)_0 = 0$.

In case (i) the separation streamline through A must, as shown above, be tangential to each of the regions C_1 and C_2. If the edge is cusped then the separation streamline only need lie in the common tangent plane at A and it need not be tangential to L. On the other hand if the edge is not cusped then the separation streamline at A can only meet the tangency condition by being tangent to L which then behaves as though L were a regular line of the surface.

In case (ii) the separation streamline must be tangential to C_2 but may be inclined to C_1 whilst in case (iii) it need be tangential to neither. MASKELL'S sketches of the possibilities in cases (i) and (ii) are illustrated in Fig. 7.

15. Unsteady flow in three-dimensional boundary layers. It would be fair to say that many of the problems which arise in two dimensions arise similarly in three dimensions. Thus the work of GOLDSTEIN and ROSENHEAD on boundary layer growth has been shown by L.C. SQUIRE[1] to be extensible to three dimensions. The feature of perhaps the greatest interest here is that the curvature terms in the equations of flow in no way complicate this extension.

As in two-dimensional flow inclusion of unsteady effects simply results in the addition of the terms $\partial u/\partial t$ and $\partial v/\partial t$ in the equations of flow and we have

$$\frac{\partial u}{\partial t} + \frac{u}{h_1}\frac{\partial u}{\partial \xi} + \frac{v}{h_2}\frac{\partial u}{\partial \eta} + w\frac{\partial u}{\partial \zeta} - \varkappa_2 u v + \varkappa_1 v^2 = -\frac{1}{\varrho h_1}\frac{\partial p}{\partial \xi} + \nu\frac{\partial^2 u}{\partial \zeta^2}, \tag{15.1}$$

$$\frac{\partial v}{\partial t} + \frac{u}{h_1}\frac{\partial v}{\partial \xi} + \frac{v}{h_2}\frac{\partial v}{\partial \eta} + w\frac{\partial v}{\partial \zeta} + \varkappa_2 u^2 - \varkappa_1 u v = -\frac{1}{\varrho h_2}\frac{\partial p}{\partial \eta} + \nu\frac{\partial^2 v}{\partial \zeta^2}, \tag{15.2}$$

$$\frac{1}{h_1}\frac{\partial u}{\partial \xi} + \frac{1}{h_2}\frac{\partial v}{\partial \eta} + \frac{\partial w}{\partial \zeta} - \varkappa_1 u - \varkappa_2 v = 0, \tag{15.3}$$

where

$$\varkappa_1 = -\frac{1}{h_1 h_2}\frac{\partial h_2}{\partial \xi}, \qquad \varkappa_2 = -\frac{1}{h_1 h_2}\frac{\partial h_1}{\partial \eta}. \tag{15.4}$$

As in the Goldstein and Rosenhead investigation we suppose the boundary is started impulsively from rest at time $t=0$ and thereafter maintained in uniform motion. Then relative to axes fixed in the boundary we have for $t>0$ a main-stream flow $U(\xi,\eta)$, $V(\xi,\eta)$. As in two dimensions the first approximation for small time t is given by

$$\frac{\partial u_0}{\partial t} = \nu\frac{\partial^2 u_0}{\partial \zeta^2}, \qquad \frac{\partial v_0}{\partial t} = \nu\frac{\partial^2 v_0}{\partial \zeta^2} \tag{15.5}$$

so that $u_0 = U \operatorname{erf} Z$, $v_0 = V \operatorname{erf} Z$ where $Z = \zeta/2(\nu t)^{\frac{1}{2}}$. The corresponding velocity component normal to the boundary is given by

$$w_0 = 2(\nu t)^{\frac{1}{2}} N\{Z \operatorname{erf} Z - \pi^{-\frac{1}{2}}(1 - e^{-Z^2})\} \tag{15.6}$$

[1] L.C. SQUIRE: Phil. Mag. (7) **45**, 1272 (1954).

and

$$N = \varkappa_1 U + \varkappa_2 V - \frac{1}{h_1}\frac{\partial U}{\partial \xi} - \frac{1}{h_2}\frac{\partial V}{\partial \eta}. \tag{15.7}$$

The next approximation is found by writing

$$\left.\begin{aligned} u &= u_0 + u_1, \\ v &= v_0 + v_1 \end{aligned}\right\} \tag{15.8}$$

where

$$\left.\begin{aligned} \nu\frac{\partial^2 u_1}{\partial \zeta^2} - \frac{\partial u_1}{\partial t} = &- \frac{U}{h_1}\frac{\partial U}{\partial \xi} - \frac{V}{h_2}\frac{\partial U}{\partial \eta} + \frac{u_0}{h_1}\frac{\partial u_0}{\partial \xi} + \frac{v_0}{h_2}\frac{\partial u_0}{\partial \eta} + \\ &+ w_0\frac{\partial u_0}{\partial \zeta} - \varkappa_2 u_0 v_0 + \varkappa_1 v_0^2, \end{aligned}\right\} \tag{15.9}$$

$$\left.\begin{aligned} \nu\frac{\partial^2 v_1}{\partial \zeta^2} - \frac{\partial v_1}{\partial t} = &- \frac{U}{h_1}\frac{\partial V}{\partial \xi} - \frac{V}{h_2}\frac{\partial V}{\partial \eta} + \frac{u_0}{h_1}\frac{\partial v_0}{\partial \xi} + \frac{v_0}{h_2}\frac{\partial v_0}{\partial \eta} + \\ &+ w_0\frac{\partial v_0}{\partial \zeta} + \varkappa_2 u_0^2 - \varkappa_1 u_0 v_0, \end{aligned}\right\} \tag{15.10}$$

$$\frac{1}{h_1}\frac{\partial u_1}{\partial \xi} + \frac{1}{h_2}\frac{\partial v_1}{\partial \eta} + \frac{\partial w_1}{\partial \zeta} - \varkappa_1 u_1 - \varkappa_2 v_1 = 0. \tag{15.11}$$

Then SQUIRE finds

$$u_1 = t\{- U N(\xi,\eta)\, A(Z) + L(\xi,\eta)\, B(Z)\}, \tag{15.12}$$

$$v_1 = t\{- V N(\xi,\eta)\, A(Z) + M(\xi,\eta)\, B(Z)\} \tag{15.13}$$

where N has been defined above and

$$L = \frac{V}{h_1}\frac{\partial V}{\partial \xi} - \frac{U}{h_2}\frac{\partial V}{\partial \eta} + \varkappa_1 U^2 + \varkappa_2 U V, \tag{15.14}$$

$$M = \frac{U}{h_2}\frac{\partial U}{\partial \eta} - \frac{V}{h_1}\frac{\partial U}{\partial \xi} + \varkappa_1 U V + \varkappa_2 V^2, \tag{15.15}$$

$$\left.\begin{aligned} A(Z) = &\frac{1}{2}(2Z^2 - 1)\operatorname{erf}^2 Z + \frac{3Z}{\sqrt{\pi}}\mathrm{e}^{-Z^2}\operatorname{erf} Z + 1 - \frac{4}{3\pi}\mathrm{e}^{-Z^2} + \frac{2}{\pi}\mathrm{e}^{-2Z^2} - \\ &- \left(1 + \frac{2}{3\pi}\right)(2Z^2 + 1) + \frac{1}{\sqrt{\pi}}\left(1 + \frac{4}{3\pi}\right)\left[\frac{\sqrt{\pi}}{2}(2Z^2 + 1)\operatorname{erf} Z + Z\mathrm{e}^{-Z^2}\right], \end{aligned}\right\} \tag{15.16}$$

$$\left.\begin{aligned} B(Z) = &2Z^2\operatorname{erf}^2 Z + \frac{4}{\sqrt{\pi}} Z\mathrm{e}^{-Z^2}\operatorname{erf} Z + \frac{2}{\pi}\mathrm{e}^{-2Z^2} + 1 - \\ &- \left(1 + \frac{2}{\pi}\right)(2Z^2 + 1) + \frac{4}{\pi^{\frac{3}{2}}}\left[\frac{\sqrt{\pi}}{2}(2Z^2 + 1)\operatorname{erf} Z + Z\mathrm{e}^{-Z^2}\right]. \end{aligned}\right\} \tag{15.17}$$

SQUIRE goes on to determine the next approximation and for this the reader is referred to the original paper. Eqs. (15.16) and (15.17) have been corrected for a *misprint* [the same misprint as WUNDT has pointed out in the second approximation quoted by GOLDSTEIN and ROSENHEAD and which is corrected in (9.25) above] which occurs in SQUIRE's paper. His thesis and the tables in his paper are based on the correct form. The leading terms in the skin friction are

$$\left(\frac{\partial u}{\partial \zeta}\right)_0 = \frac{1}{2}(\nu t)^{-\frac{1}{2}}[1.1284\, U + t\{- 1.6073\, N U + 1.4370\, L\}], \tag{15.18}$$

$$\left(\frac{\partial v}{\partial \zeta}\right)_0 = \frac{1}{2}(\nu t)^{-\frac{1}{2}}[1.1284\, V + t\{- 1.6073\, N V + 1.4370\, M\}]. \tag{15.19}$$

SQUIRE applies his results to examine the onset of separation on an ellipsoid and of course his general results contain effectively those for bodies of revolution[1].

16. Impulsive motion of cylinders parallel to their axes. A class of problem which has received much attention arises from considerations of infinite cylinders which are instantaneously started to move from rest parallel to their generators. We may include in this class the flow arising from a semi-infinite plane which is started to move parallel to its edge, or the flow due to two intersecting planes started to move parallel to their line of intersection. The prime interest in these problems is due to the light they throw on edge effects in steady three dimensional flow as will be explained below.

We take the η axis parallel to the generators of the cylinder or the edge and then we have a solution in which $u = w = 0$ and $v = v(\xi, \eta, t)$ is given by

$$\frac{\partial v}{\partial t} = \nu\left(\frac{\partial^2 v}{\partial \xi^2} + \frac{\partial^2 v}{\partial \zeta^2}\right). \tag{16.1}$$

For problems in which edges occur it clearly is not possible to make the boundary layer assumption of neglecting $\partial^2 v/\partial\xi^2$ in relation to $\partial^2 v/\partial\zeta^2$ and we shall retain it in the cylindrical problems as well, in order to include effects of changes of curvature and anyway we have then a solution of the full equations of motion.

Take first of all the flow engendered by a semi-infinite flat plate moving parallel to its edge. We require a solution of Eq. (16.1) subject to the conditions

$$\left.\begin{aligned} &v = 0 \text{ at } t = 0, \quad v = V \text{ when } \zeta = 0,\ \xi > 0,\ t > 0,\\ &\frac{\partial v}{\partial \zeta} = 0 \text{ when } \zeta = 0,\ \xi < 0,\ t > 0,\\ &v \to 0 \text{ as } |\xi| \text{ or } |\zeta| \to \infty \text{ when } \xi < 0,\\ &\qquad \text{and as } |\zeta| \to \infty \text{ when } \xi > 0.\end{aligned}\right\} \tag{16.2}$$

Eq. (16.1) is the heat conduction equation and has been solved in series form for these particular boundary conditions. HOWARTH[2] has shown that rather more convenient expressions in the form of integrals can be derived. These are

$$1 - \frac{v}{V} = \operatorname{erf}\frac{1}{2}Z + \frac{1}{(2\pi)^{\frac{3}{2}}}\int\limits_R^\infty \left[\left(\frac{s}{s-Z}\right)^{\frac{1}{2}} - \left(\frac{s}{s+Z}\right)^{\frac{1}{2}}\right] e^{-\frac{1}{8}s^2} K_{\frac{1}{4}}\left(\frac{1}{8}s^2\right) ds \tag{16.3}$$

when $\xi > 0, \zeta > 0$, and

$$\frac{v}{V} = \frac{1}{(2\pi)^{\frac{3}{2}}}\int\limits_R^\infty \left[\left(\frac{s}{s-Z}\right)^{\frac{1}{2}} + \left(\frac{s}{s+Z}\right)^{\frac{1}{2}}\right] e^{-\frac{1}{8}s^2} K_{\frac{1}{4}}\left(\frac{1}{8}s^2\right) ds \tag{16.4}$$

when $\xi < 0, \zeta > 0$, where

$$R^2 = X^2 + Z^2, \qquad X = \xi/(\nu t)^{\frac{1}{2}}, \qquad Z = \zeta/(\nu t)^{\frac{1}{2}}$$

and K_n is the Bessel function denoted in that way by WATSON. The skin friction at the plate is given by

$$\tau = \frac{\mu V}{(\nu t)^{\frac{1}{2}}}\left[\frac{1}{\pi^{\frac{1}{2}}} + \frac{1}{(2\pi)^{\frac{3}{2}}}\int\limits_R^\infty e^{-\frac{1}{8}s^2} K_{\frac{1}{4}}\left(\frac{1}{8}s^2\right)\frac{ds}{s}\right] \tag{16.5}$$

in which the first term gives the skin friction for the infinite plate and the second therefore represents the excess due to the presence of the edge. The skin friction

[1] Compare for example E. BOLTZE: Diss. Göttingen 1908.

[2] L. HOWARTH: Proc. Cambridge Phil. Soc. **46**, 127 (1950).

actually becomes infinite at the edge like $R^{-\frac{1}{2}}$ for small R but the *excess* skin friction is integrable over the whole semi-infinite plate and leads to a force

$$\tfrac{1}{2}\mu V$$

per unit length parallel to the edge and is, as we see, a constant independent of the time.

The asymptotic expansion for the skin friction which HOWARTH derived from (16.5) contains an error which has been corrected by SOWERBY and COOKE[1] who give

$$\tau \sim \frac{\mu V}{(\pi \nu t)^{\frac{1}{2}}}\left[1+\sqrt{\frac{2}{\pi}}\,e^{-\frac{X^2}{4}}\left(\frac{1}{X^3}-\frac{27}{4X^5}+\frac{2265}{32X^7}+\cdots\right)\right].$$

The corresponding flow for two planes intersecting at an angle β has been discussed by SOWERBY[2] and by SOWERBY and COOKE[1].

BATCHELOR[3] and HASIMOTO[4] have discussed the flow when an infinite cylinder of any cross sectional shape is started to move impulsively from rest parallel to its generators. For a circular cylinder the equations are the same as those given in CARSLOW and JAEGER for a problem in heat conduction and have as the solution of (16.1)

$$v = V + \frac{2V}{\pi}\int\limits_0^\infty e^{-\alpha^2 \nu t}\left[\frac{J_0(\alpha r)\,Y_0(\alpha a)-J_0(\alpha a)\,Y_0(\alpha r)}{J_0^2(\alpha a)+Y_0^2(\alpha a)}\right]\frac{d\alpha}{\alpha}. \tag{16.6}$$

This leads to a skin friction $\tau = \mu W \chi/a$ where

$$\chi(\nu t/a^2) = \frac{4}{\pi^2}\int\limits_0^\infty \frac{e^{-\alpha^2 \nu t}\,d\alpha}{\alpha\,[J_0^2(\alpha a)+Y_0^2(\alpha a)]}. \tag{16.7}$$

Moreover, for small t,

$$\chi(\nu t/a^2) = \left(\frac{a^2}{\pi \nu t}\right)^{\frac{1}{2}} + \frac{1}{2} - \frac{1}{4}\left(\frac{\nu t}{\pi a^2}\right)^{\frac{1}{2}} + \frac{1}{8}\,\frac{\nu t}{a^2} + \cdots, \tag{16.8}$$

so that the first term in τ, which is the leading term for small times, is independent of a and is in fact the same as the intensity of skin friction on an infinite plate started instantaneously from rest. BATCHELOR has established the same result for the leading term for a cylinder of any shape (with restrictions on the radius of curvature essentially designed to exclude corners) and has shown how curvature effects first manifest themselves. He shows that locally the first effects of curvature can be related to the flow past a circular cylinder of the same radius of curvature. To this approximation BATCHELOR shows that the frictional force F on a cylinder of perimeter L is

$$\mu V\left[\frac{L}{\sqrt{\pi \nu t}} + \pi\right]. \tag{16.9}$$

This result, which is effectively the second approximation for small times, has been extended by HASIMOTO as far as the fourth approximation in which variations in curvature around the surface are shown to be significant.

By using SOWERBY and COOKE'S results for wedges BATCHELOR has extended his results for the second approximation to include the effects of corners. His result (corrected by a factor of 2 as pointed out by HASIMOTO) is, when the

[1] L. SOWERBY and J. C. COOKE: Quart. J. Mech. Appl. Math. **6**, 50 (1953).
[2] L. SOWERBY: Phil. Mag. (7) **42**, 176 (1951).
[3] G. K. BATCHELOR: Quart. J. Mech. Appl. Math. **7**, 179 (1954).
[4] H. HASIMOTO: J. Phys. Soc. Japan **9**, 611 (1954); **10**, 397 (1955).

cylinder has n corners of angles $\pi+\alpha_n$,

$$F=\mu V\left[\frac{L}{\sqrt{\pi\nu t}}+\left(\pi-\frac{1}{2}\Sigma\alpha_n\right)+2\,\Sigma_n K(\alpha_n)\right], \tag{16.10}$$

where $K(\alpha)$ is a function of α only given in Fig. 8. (The approximations made require that the distances between successive corners should be large compared with $\sqrt{\nu t}$.) STUART has remarked that $K(\alpha)<\frac{1}{4}\alpha$ for α positive, so that it follows that the skin friction on cylinders with convex curvature with corners is less than on cylinders of the same perimeter with convex curvature and no corners. In particular, to this approximation the skin friction on a plate of finite breadth is less than for a circular cylinder of the same perimeter.

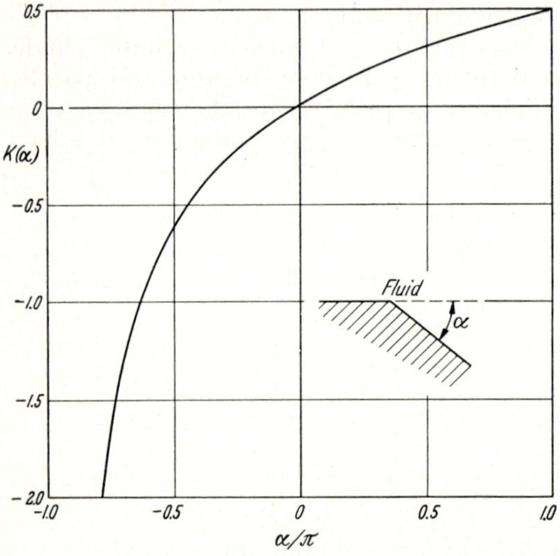

Fig. 8.

The reader is referred to BATCHELOR'S and HASIMOTO'S papers for a discussion of the approximations valid at large times. Suffice it to remark here that the leading term is given by the appropriate solution of LAPLACE'S equation.

The results of this section may be regarded as throwing some light on the steady flow past *semi*-infinite hollow cylinders when the incident flow is parallel to the generators or, in the case of the plane considered first of all, on the flow past a quarter plane when one of the edges is parallel to the incident stream. For, if the inertia terms in the boundary layer equations of flow for these steady problems are linearized in OSEEN'S fashion the resulting equation differs from (16.1) only in so far as the time derivative on the left is replaced by $V\frac{\partial v}{\partial \eta}$. Hence to this approximation all the results can be interpreted as giving curvature assessments or edge effects in steady flow.

An important investigation by LAGERSTRÖM and COLE[1] forms a fitting tailpiece to this section and an introduction to the next. The problem is the slightly artificial one of an infinitely long circular cylinder, whose radius is a function $R(t)$ of the time, moving parallel to its generators through infinite fluid which is otherwise at rest. For $t<0$, $R(t)$ is supposed constant and the cylinder and fluid to be at rest; at $t=0$, $R(t)$ starts to vary and the cylinder to move instantaneously parallel to the generators (and thereafter to be maintained in uniform motion) with velocity V.

With u the component in the radial direction r increasing and v the velocity component parallel to the generators, the full equations of motion and continuity

[1] P. A. LAGERSTRÖM and J. D. COLE: Journ. Rat. Mech. Anal. **4**, 817 (1955).

take on the form

$$\frac{\partial u}{\partial t} + u\frac{\partial u}{\partial r} = -\frac{1}{\varrho}\frac{\partial p}{\partial r} + \nu\left(\frac{\partial^2 u}{\partial r^2} + \frac{1}{r}\frac{\partial u}{\partial r} - \frac{1}{r^2}u\right), \tag{16.11}$$

$$\frac{\partial v}{\partial t} + u\frac{\partial v}{\partial r} = \nu\left(\frac{\partial^2 v}{\partial r^2} + \frac{1}{r}\frac{\partial v}{\partial r}\right), \tag{16.12}$$

$$\frac{\partial}{\partial r}(r\,u) = 0. \tag{16.13}$$

The boundary conditions are

$$p = p_0, \quad u = v = 0 \quad \text{for} \quad t \leqq 0; \tag{16.14}$$

$$u = \frac{dR}{dt} \qquad v = V \quad \text{for} \quad t \geqq 0, \qquad r = R(t); \tag{16.15}$$

$$u = v = 0 \text{ for all } t, \qquad r = \infty. \tag{16.16}$$

It follows immediately from (16.13) and (16.15) that

$$u = \frac{R}{r}\frac{dR}{dt};$$

Eq. (16.11) then determines p and Eq. (16.12) v.

Let us fix attention on v; then from (16.12)

$$\frac{\partial v}{\partial t} + \frac{F(t)}{r}\frac{\partial v}{\partial r} = \nu\left(\frac{\partial^2 v}{\partial r^2} + \frac{1}{r}\frac{\partial v}{\partial r}\right) \tag{16.17}$$

where $F(t) = R\,\frac{dR}{dt}$.

Lagerström and Cole limit detailed attention to cases where

$$R = A\,t^n, \quad 0 \leqq n \leqq 1, \qquad \text{so that } F(t) = n\,A^2\,t^{2n-1}, \qquad 0 \leqq n \leqq 1,$$

and note that exact solutions can be obtained when $n = 0$ and $n = \frac{1}{2}$. When $n = 0$, $F(t) = 0$ and we have precisely the case discussed earlier in this section with the solution given in (16.6). When $n = \frac{1}{2}$, $F(t) = \frac{1}{2}A^2$ and the solution obtained is

$$\frac{v}{V} = \frac{g(\xi,\eta)}{g(\eta,\eta)} \tag{16.18}$$

where

$$\xi = \frac{r}{2\sqrt{\nu t}}, \qquad \eta = \frac{1}{2}\frac{R}{\sqrt{\nu t}} \qquad (= \text{a constant}),$$

and

$$g(\xi,\eta) = \int\limits_{\xi}^{\infty} \mathrm{e}^{-\sigma^2}\,\sigma^{(2\eta^2-1)}\,d\sigma = \tfrac{1}{2}\Gamma(\eta^2, \xi^2)$$

and Γ denotes the Incomplete Gamma Function.

The prime importance of this investigation from the standpoint of this article is not so much the existence of these exact solutions but rather in the discussion the authors give of their relation to solutions of boundary layer type. The boundary layer form of (16.17) is

$$\frac{\partial v}{\partial t} + \frac{F(t)}{r}\frac{\partial v}{\partial r} = \nu\,\frac{\partial^2 v}{\partial r^2}. \tag{16.19}$$

When $n=0$ we have immediately

$$\frac{v}{V}=1-\operatorname{erf}\frac{(r-R)}{2\sqrt{\nu t}} \tag{16.20}$$

whilst when $n=\frac{1}{2}$ it can readily be verified that

$$\frac{v}{V}=1-\operatorname{erf}\frac{(r-R)}{\sqrt{2\nu t}}\,. \tag{16.21}$$

The authors show how these solutions fit into the picture provided by exact solutions by introducing certain variables and limit processes. Of these we need mention only two here; Euler variables are defined by

$$r^*=\frac{r}{L}, \qquad t^*=\frac{Vt}{L}, \qquad u^*=\frac{u}{V}, \qquad v^*=\frac{v}{V}$$

and Prandtl variables by

$$\bar{r}=R_e^{\frac{1}{2}}(r^*-R^*), \qquad t^*, \qquad \bar{u}=R_e^{\frac{1}{2}}(u^*-u_w^*), \qquad v^*, \qquad R_e=\frac{VL}{\nu}$$

where the suffix w refers to values at the wall ($r=R$) and L denotes a representative length. The Euler limit process is obtained by letting R_e tend to infinity with r^*, t^* fixed and the Prandtl limit by letting R_e tend to infinity with $\bar{r}$, t^* fixed. Roughly speaking the first limit process yields the main-stream flow outside the boundary layer and the second the flow in the boundary layer. A method for repetition of the limit process is devised which may in appropriate cases lead to asymptotic developments.

These processes are applied to the flow corresponding to the general value of n but in addition we have the great advantage of being able to see them in action for the two cases $n=0$ or $\frac{1}{2}$ for which the exact solutions are given above. For both these cases repeated applications of the Prandtl limit lead to an expansion in powers of $R_e^{-\frac{1}{2}}$ for the velocity distribution, the first term of which is either (16.20) or (16.21) above. The Euler limit on the other hand gives zero for the velocity and so do repeated applications of it as one might expect. Lagerström and Cole go on to show that the convergence to the Euler limit is non-uniform at the cylinder (again as one might expect) whilst the convergence to the Prandtl limit is uniform over the entire range for $n=\frac{1}{2}$ but is non-uniform for large t when $n=0$.

Examples such as these give invaluable insight into the role that boundary layer theory has to play in obtaining a unified picture of the flow as a whole and we are led on very naturally to the topics of the next section.

III. Limitations of the boundary layer approximation.

17. Introduction. In this section we pose the question of how the basic assumptions of boundary layer theory limit its applicability. This is a much easier question to pose than to answer as the sequel will make abundantly clear.

Consider the equations in their simplest form namely for two dimensional incompressible steady flow. Then we have

$$u\frac{\partial u}{\partial x}+v\frac{\partial u}{\partial y}=-\frac{1}{\varrho}\frac{\partial p}{\partial x}+\nu\frac{\partial^2 u}{\partial y^2} \tag{17.1}$$

and, in virtue of the equation of continuity a stream function ψ exists such that

$$u = \frac{\partial \psi}{\partial y}, \quad v = -\frac{\partial \psi}{\partial x}. \tag{17.2}$$

Substituting from (17.2) into (17.1) we have

$$\frac{\partial \psi}{\partial y}\frac{\partial^2 \psi}{\partial x \partial y} - \frac{\partial \psi}{\partial x}\frac{\partial^2 \psi}{\partial y^2} = -\frac{1}{\varrho}\frac{\partial p}{\partial x} + \nu \frac{\partial^3 \psi}{\partial y^3}, \tag{17.3}$$

a third order partial differential equation for ψ when $\partial p/\partial x$ as it must be in boundary layer theory is given as a function of x. The *exact* equation for ψ is of course

$$\left(\frac{\partial \psi}{\partial y}\frac{\partial}{\partial x} - \frac{\partial \psi}{\partial x}\frac{\partial}{\partial y} - \nu \nabla^2\right)\nabla^2 \psi = 0, \tag{17.4}$$

a fourth order differential equation.

The boundary layer equation can be derived from (17.4) by the same limiting process as in Sect. 3. First of all we put (17.4) in the approximate form

$$\left(\frac{\partial \psi}{\partial y}\frac{\partial}{\partial x} - \frac{\partial \psi}{\partial x}\frac{\partial}{\partial y} - \nu \frac{\partial^2}{\partial y^2}\right)\left(\frac{\partial^2 \psi}{\partial y^2}\right) = 0 \tag{17.5}$$

and then one integration with respect to y is possible to give (17.3).

However derived, we may regard the boundary layer equations as the first approximation for small values of ν or more precisely for large values of the Reynolds number. One way to achieve the object of this section would be to determine the next approximation. This would indeed, if it were possible, be the ideal way because we should then be able to estimate quantitatively the errors in the first approximation. Unfortunately it is very difficult to achieve and has only been attempted in a limited number of special cases with varying degrees of success.

The moment we try to improve on the boundary layer approximation we have to allow for the effect of the boundary layer on the flow outside the boundary layer. This effect may be thought of as arising from the fact that the boundary layer equations lead in general to non-vanishing velocities normal to the boundary at the edge of the layer[1]. In turn the altered mainflow affects the boundary layer itself. There is also the considerable difficulty that in passing from (17.4) to (17.5) and hence to (17.3) we have neglected one of the highest order derivatives in the equation, a process liable to be fraught with difficulties when further approximations are required.

18. Optimal co-ordinate systems. Considerable progress has been made for non-separated flows with the first of these aspects following a fundamental paper by Kaplun[2]. The starting point is really the observation that different systems of co-ordinates lead to boundary layer equations which are not everywhere equivalent and which diverge outside the layer itself. In each co-ordinate system one can proceed by determining the effect of the boundary layer on the flow outside and then patching the two flows together to give an overall picture. Kaplun shows how it is possible to determine in each case, what he calls an

[1] An equivalent though less useful concept in the present context is provided by the displacement of the mainflow by the boundary layer through an amount equal to the "displacement thickness" $\delta_1 = \int \left(1 - \frac{u}{U}\right) dy$.

[2] S. Kaplun: J. Appl. Math. Phys. (ZAMP) 5, 111 (1954).

optimal co-ordinate system, in which the boundary layer solution gives an approximation which is valid over the whole field of flow. The reader is referred to KAPLUN's paper for the derivation of this result. It will suffice for our purpose to state how to determine this optimal system. First of all the (inviscid) potential flow past the given boundaries is determined. Suppose its stream function is ψ_m; then with *any* suitable system of co-ordinates the boundary layer flow associated with this mainstream flow is determined. The next step is to determine the perturbation in the external flow ψ'_m due to the presence of the boundary layer. KAPLUN shows that the co-ordinate system used for this determination is immaterial. Once however ψ_m and ψ'_m have been determined the optimal co-ordinate system is defined by

$$\xi = \psi'_m, \qquad \eta = \psi_m \tag{18.1}$$

or equivalently

$$\xi = f(\psi'_m), \qquad \eta = g(\psi'_m)\,\psi_m. \tag{18.2}$$

Consider by way of illustration the flow corresponding to a stream function axy. This gives

$$U = \frac{\partial \psi}{\partial y} = a\,x \tag{18.3}$$

and so corresponds to the mainflow near a stagnation point on a plane wall. Hence we may write

$$\psi_m = a\,x\,y. \tag{18.4}$$

The boundary layer solution corresponding to a mainflow $U = a\,x$ has been given in Sect. 4 and is

$$\psi_b = (\nu\,a)^{\frac{1}{2}}\,x\,f(\eta) \tag{18.5}$$

where

$$\eta = \left(\frac{a}{\nu}\right)^{\frac{1}{2}} y \tag{18.6}$$

and

$$f'^2 - f f'' = 1 + f''' \tag{18.7}$$

and $f = f' = 0$ when $\eta = 0$, $f' \to 1$ when $\eta \to \infty$. In particular $f \to \eta + A$ where A is a constant, when η is large. Hence, when η is large,

$$\psi_b = (\nu\,a)^{\frac{1}{2}}\,x\left[\left(\frac{a}{\nu}\right)^{\frac{1}{2}} y + A\right] = a\,x\,y + (\nu\,a)^{\frac{1}{2}}\,x\,A \tag{18.8}$$

so that

$$\psi_b - \psi_m = (\nu\;a)^{\frac{1}{2}}\,A\,x. \tag{18.9}$$

It follows as KAPLUN shows from this result that the effect of the boundary layer on the mainflow can be determined from a stream function ψ'_m which satisfies LAPLACE's equation and has a value $\psi'_m = (\nu\,a)^{\frac{1}{2}}\,A\,x$ along the boundary $y = 0$. The appropriate value for ψ'_m is simply

$$\psi'_m = (\nu\,a)^{\frac{1}{2}}\,A\,x \tag{18.10}$$

everywhere so that we may take $\xi = x$ and hence η which equals $g(\xi)\,x\,y$ in its simplest form as $\frac{1}{x}\,(x\,y) = y$. Hence the original Cartesian co-ordinates are the optimal co-ordinates for this problem. In the event this is not a surprising result for this boundary layer solution in these co-ordinates is in fact a solution of the full Navier-Stokes equations.

Take next the flow along a semi-infinite flat plate. The potential mainflow associated with this boundary is

$$\psi_m = U\,y \tag{18.11}$$

where U is the velocity of flow, Ox is measured along the plate and Oy perpendicular to it. The boundary layer solution associated with this flow has been given in the form

$$\psi_b = (\nu U x)^{\frac{1}{2}} f(\lambda) \tag{18.12}$$

where

$$\lambda = \frac{1}{2}\left(\frac{U}{\nu x}\right)^{\frac{1}{2}} y \tag{18.13}$$

$$\left.\begin{aligned} &f''' + f f'' = 0, \\ &f = f' = 0 \quad \text{at} \quad \lambda = 0, \qquad f' \to 2 \quad \text{as} \quad \eta \to \infty. \end{aligned}\right\} \tag{18.14}$$

Again as $\lambda \to \infty$ $f \to 2\lambda + B$ where B is a constant so that for large λ

$$\psi_b \to (\nu U x)^{\frac{1}{2}} \left[\left(\frac{U}{\nu x}\right)^{\frac{1}{2}} y + B\right], \tag{18.15}$$

$$\left.\begin{aligned} &= U y + (\nu U x)^{\frac{1}{2}} B, \\ &= \psi_m + (\nu U x)^{\frac{1}{2}} B. \end{aligned}\right\} \tag{18.16}$$

Hence ψ_m' is determined by the solution of LAPLACE'S equation which takes values $(\nu U x)^{\frac{1}{2}} B$ along the two sides of the plate $y=0$, $x>0$. This potential problem has a solution

$$\psi_m' \propto \mathrm{Re}\,(x + i y)^{\frac{1}{2}}. \tag{18.17}$$

Hence we may take

$$\xi = \mathrm{Re}\,(x + i y)^{\frac{1}{2}} \tag{18.18}$$

and then, by appropriate choice of $g(\psi_m')$ in Eq. (18.2),

$$\eta = \mathrm{Im}\,(x + i y)^{\frac{1}{2}}. \tag{18.19}$$

If ξ and η are used as curvilinear co-ordinates the boundary layer equations have, as KAPLUN shows in the general case, a solution formally the same as that in x and y. Hence we have as the optimal solution of the boundary layer equations

$$\psi = (\nu U)^{\frac{1}{2}} \xi f(\lambda) \tag{18.20}$$

where

$$\lambda = \left(\frac{U}{\nu}\right)^{\frac{1}{2}} \eta \tag{18.21}$$

$$f''' + f f'' = 0 \tag{18.22}$$

and $f = f' = 0$ when $\lambda = 0$, $f' \to 2$ as $\lambda \to \infty$.

It is worth noting that the general result quoted above, that there is formal similarity between the boundary layer solution in optimal co-ordinates and that in any other set of co-ordinates, means in particular that the skin friction obtained is independent of the choice of co-ordinates. In other words although one might reasonably have expected the process of patching correctly the boundary layer and mainflow to lead to a modification of the skin friction this is not the case, the skin friction remaining unaltered by this improvement in the overall flow picture.

Of course in general the optimal solution of the boundary layer equations will not be a solution of the full equations of motion and this is indeed the case with the present illustration. DEAN[1] has however pointed out that in fact it appears to be a good approximation everywhere in the field and he has used it as the basis for obtaining a further approximation to the full equations. Whether

[1] W. R. DEAN: Mathematika **1** (1955).

in fact the accuracy of the optimal boundary layer approximation in this particular investigation is representative of other problems is a matter for further investigation. There are indeed grounds for believing that it is specially good in this particular instance.

19. Uniformly valid approximations. Having got the boundary layer solution into what is very reasonably called its optimal form the problem of how to obtain the next approximation still remains. This has been approached by KUO[1] in a particular problem by the application of what TSIEN[2] calls the P.L.K. (POINCARÉ, LIGHTHILL, KUO) technique of making approximations uniformly valid. This is a development by LIGHTHILL[3] and later by KUO of a method originally used by POINCARÉ[4] for dealing with successive approximations when, as here, one of the highest order derivatives is omitted in the first approximation.

Consider by way of illustration the flow past a semi-infinite or finite flat plate parallel to the x-axis, with the origin at the leading edge. Near the leading edge the boundary layer solution gives ψ proportional to $x^{\frac{1}{2}}f(\eta)$ where $\eta = y/x^{\frac{1}{2}}$ so that $\frac{\partial^3\psi}{\partial x\,\partial y^2}$ behaves like $\frac{1}{x^{\frac{3}{2}}}$ and $\frac{\partial^3\psi}{\partial x^3}$ like $\frac{1}{x^{\frac{5}{2}}}$. Clearly the assumption that $\frac{\partial^3\psi}{\partial x^3}$ is small compared with $\frac{\partial^3\psi}{\partial x\,\partial y^2}$ is invalid near $x=0$. Any attempt to improve this state of affairs by a straightforward method of successive approximations only leads to even more singular approximations. However a process of this kind which in addition calls into play a suitable distortion of the co-ordinate system can very often be employed to overcome such difficulties, as LIGHTHILL has shown. KUO has applied the method to the flow past a finite plate; historically his paper precedes KAPLUN's work and is expressed in Cartesian co-ordinates. Some advantage might accrue here from the use of optimal co-ordinates but the presence of the wake behind the plate adds complications. In any event the part of the investigation relevant to the present discussion would not, it is thought, be appreciably affected.

Suppose the velocity and pressure at infinity are U and p_0, the length of the plate L, the fluid velocity components u', v', the pressure p' and the Cartesian co-ordinates x', y' with x' measured along the plate. Then KUO introduces dimensionless quantities

$$\left.\begin{aligned} R &= \frac{UL}{\nu}, & u &= \frac{u'}{U}, & v &= R^{\frac{1}{2}}\frac{v'}{U}, \\ p &= \frac{p'-p_0}{\varrho U^2}, & x &= \frac{x'}{L}, & y &= R^{\frac{1}{2}}\frac{y'}{L} \end{aligned}\right\} \tag{19.1}$$

and obtains as the full Navier-Stokes equations in these variables (suffixes being used to denote differentiations)

$$\psi_y\psi_{xy} - \psi_x\psi_{yy} - \psi_{yyy} = -p_x + \frac{1}{R}\psi_{yxx}, \tag{19.2}$$

$$\frac{1}{R}(\psi_x\psi_{xy} - \psi_y\psi_{xx} + \psi_{xyy}) = -p_y - \frac{1}{R^2}\psi_{xxx} \tag{19.3}$$

where $u=\psi_y$ and $v=-\psi_x$.

[1] Y. H. KUO: J. Math. Phys. **32**, 83 (1953).
[2] H. S. TSIEN: Adv. Appl. Math. **4**, 281 (1956).
[3] M. J. LIGHTHILL: Phil. Mag. (7) **40**, 1179 (1949).
[4] H. POINCARÉ: Les méthodes nouvelles de la mécanique céleste, Vol. 1, Chap. III. Paris 1892.

A straightforward method of successive approximations would be based on expansions of the form

$$\psi = \psi^{(0)} + \varepsilon\,\psi^{(1)} + \varepsilon^2\,\psi^{(2)} + \cdots, \tag{19.4}$$

$$p = p^{(0)} + \varepsilon\,p^{(1)} + \varepsilon^2\,p^{(2)} + \cdots \tag{19.5}$$

in terms of some convenient small parameter ε. In order to introduce the boundary layer flow as the first approximation and achieve matching between the boundary layer flow and the mainstream KUO takes $p_0 = 0$ and $\varepsilon = R^{-\frac{1}{2}}$ and then obtains as the equations for the first two approximations

$$\psi_y^{(0)}\,\psi_{xy}^{(0)} - \psi_x^{(0)}\,\psi_{yy}^{(0)} = \psi_{yyy}^{(0)}, \tag{19.6}$$

$$\psi_y^{(0)}\,\psi_{xy}^{(1)} + \psi_{xy}^{(0)}\,\psi_y^{(1)} - \psi_x^{(0)}\,\psi_{yy}^{(1)} - \psi_{yy}^{(0)}\,\psi_x^{(1)} = -\,p_x^{(1)} + \psi_{yyy}^{(1)}, \tag{19.7}$$

$$0 = -\,p_y^{(1)}. \tag{19.8}$$

Eq. (19.6) is the standard boundary layer equation and Eqs. (19.7) and (19.8) are still of boundary layer type. In fact their interpretation is simply that $p^{(1)}$ arises from the influence of the boundary layer on the mainflow which in turn affects the boundary layer. The object of introducing optimal co-ordinates would be to include the second approximation equations (19.7) and (19.8) in the first approximation.

However it is worth noting that KUO finds that the inclusion of Eqs. (19.7) and (19.8) does in fact modify the skin friction as given by (19.6). This is apparently in conflict with KAPLUN'S general result for optimal co-ordinates. The discrepancy may be due to the effect of the wake (which was specifically excluded from KAPLUN'S discussion), to the assumptions made by KUO about the wake or by the process of patching he has adopted. This discrepancy if it exists remains to be resolved.

The prime difficulty with which we are concerned in this section doesn't arise however until the next approximation when the term $\partial^2 u'/\partial x'^2$ which we have neglected in comparison with $\partial^2 u'/\partial y'^2$ makes its appearance. It is here that it becomes necessary to distort the co-ordinate system as well and KUO introduces new variables $\bar{x}$, $\bar{y}$ related to x, y by the relations

$$x = \bar{x} + \varepsilon^2\,x^{(2)}(\bar{x}, \bar{y}) + \cdots, \tag{19.9}$$

$$y = \bar{y} \tag{19.10}$$

and replaces (19.4) and (19.5) by

$$\psi = \psi^{(0)}(\bar{x}, \bar{y}) + \varepsilon\,\psi^{(1)}(\bar{x}, \bar{y}) + \varepsilon^2\,\psi^{(2)}(\bar{x}, \bar{y}) + \cdots,$$

$$p = \varepsilon\,p^{(1)}(\bar{x}, \bar{y}) + \varepsilon^2\,p^{(2)}(\bar{x}, \bar{y}) + \cdots.$$

No first order term in ε appears in the expansion for x since the singularities in the first two terms as given by (19.6) to (19.8) are identical both being boundary layer approximations as explained above. The equations for the new $\psi^{(0)}$ and $\psi^{(1)}$ are then identical with the preceding but $\psi^{(2)}$ is determined by

$$\left.\begin{aligned} &\psi_{\bar{y}}^{(0)}\,\psi_{\bar{x}\bar{y}}^{(2)} + \psi_{\bar{x}\bar{y}}^{(0)}\psi_{\bar{y}}^{(2)} - \psi_{\bar{x}}^{(0)}\,\psi_{\bar{y}\bar{y}}^{(2)} - \psi_{\bar{y}\bar{y}}^{(0)}\,\psi_{\bar{x}}^{(2)} - \psi_{\bar{y}\bar{y}\bar{y}}^{(2)} = \{\psi_{\bar{x}}^{(1)}\,\psi_{\bar{y}\bar{y}}^{(1)} - \psi_{\bar{y}}^{(1)}\,\psi_{\bar{y}\bar{x}}^{(1)}\} + \\ &\quad + [-\,p_{\bar{x}}^{(2)} + \psi_{\bar{y}\bar{x}\bar{x}}^{(0)} + \psi_{\bar{y}\bar{y}\bar{y}}^{(0)}\,x_{\bar{x}}^{(2)} + (p_{\bar{y}}^{(2)} - 2\psi_{\bar{x}\bar{y}\bar{y}}^{(0)})\,x_{\bar{y}}^{(2)} + \psi_{\bar{y}}^{(0)}\,\psi_{\bar{x}}^{(0)}\,x_{\bar{x}\bar{y}}^{(2)} - \\ &\quad - (\psi_{\bar{x}}^{(0)})^2\,x_{\bar{y}\bar{y}}^{(2)} - \psi_{\bar{x}}^{(0)}\,x_{\bar{y}\bar{y}\bar{y}}^{(2)} - 3\,\psi_{\bar{x}\bar{y}}^{(0)}\,x_{\bar{y}\bar{y}}^{(2)}] \end{aligned}\right\} \tag{19.11}$$

and

$$p_{\bar{y}}^{(2)} + \psi_{\bar{x}}^{(0)}\,\psi_{\bar{x}\bar{y}}^{(2)} - \psi_{\bar{y}}^{(0)}\,\psi_{\bar{x}\bar{x}}^{(0)} + \psi_{\bar{x}\bar{y}\bar{y}}^{(0)} = 0. \tag{19.12}$$

Without the terms in $x^{(2)}$ the terms in square brackets in Eq. (19.11) would, for small x, dominate the remaining terms in (19.11). KUO then goes on to choose $x^{(2)}$ so that the expression in square brackets vanishes and to show how in principle $\psi^{(2)}$ may then be determined with a singularity no worse than that occurring in $\psi^{(0)}$. The results of the calculation for $\psi^{(2)}$ are not complete but KUO is able to show that the distortion he obtains in his function $x^{(2)}$ leads to a behaviour of the velocity near the leading edge which satisfies the Stokes equation of slow flow and agrees with that predicted in an independent investigation by CARRIER and LIN[1].

Judgment as to the success of KUO's method must be reserved until the solution is completed both as regards the terms already discussed and also the highest order term in x [the last term on the right hand side of (19.3)] which, as it happens, comes up for treatment at a later stage of the stretching process. The same problem has been discussed by ALDEN[2] by a process of asymptotic expansion and again judgment must be reserved pending the resolution of a difficulty over the determination of certain constants in which as presented there seems to be an element of arbitrariness.

The problem is a fascinating one and much remains to be done before a complete solution is obtained. The reader is referred to the paper by CARRIER and LIN for further details of their investigation which despite its achievements also serves to emphasize what still remains to be done. They divide up the flow field into four parts,

(i) a part in which a slow flow solution holds,

(ii) a part in which a boundary layer solution holds (effectively modified as in KAPLUN'S work—which it precedes—by using parabolic co-ordinates which KAPLUN shows are optimal),

(iii) a potential part and

(iv) finally a part intermediate between these regions.

It seems to be possible as CARR ER and LIN show to make progress with (i), (ii) and (iii) but in (iv) the doubts they express about the possibility of finding any reasonably simple analytic expression and about the possibilities of any approach but the numerical, still seem to be very real.

IV. The laminar boundary layer in compressible flow.

20. Introduction. As the speed of flow increases it becomes important to allow for the effects of the compressibility of the medium. This opens up a further field of research which by its very nature is more complicated than the incompressible flow. As with incompressible flow the range of applicability is limited by the onset of turbulence and it might at first sight be thought that the speeds at which compressibility is significant would be such as to call in turbulence anyway. The discussion of this important problem is not within the scope of this chapter. Suffice it to say that this is not the case and that indeed laminar flows often occur at high Mach numbers.

This subject of compressibility effects in boundary layers is now so vast that it is not possible to do more than touch the fringe of it here. We shall limit attention to perfect gases with constant specific heats. For any gas the speed of sound a is given by

$$a^2 = \left(\frac{\partial p}{\partial \varrho}\right)_S \tag{20.1}$$

[1] G. F. CARRIER and C. C. LIN: Quart. Appl. Math. **6**, 63 (1948).
[2] H. L. ALDEN: J. Math. Phys. **27**, 91 (1948).

where p is the pressure, ϱ the density and S the entropy. It can be shown that for perfect gases

$$a^2 = \frac{\gamma p}{\varrho} \tag{20.2}$$

where γ is the ratio of the specific heats which on our assumptions is constant. Compressibility effects are then measured in terms of the appropriate parameter which is the Mach number M defined as the ratio between a representative fluid velocity U and a representative speed of sound a.

The complexity introduced by compressibility is easily stated. In dealing with a compressible fluid we have by definition to allow for density changes so that the density ϱ now becomes one of our variables instead of a constant as previously. The equations of motion and continuity are not sufficient to determine ϱ and it becomes necessary to add to them. This we do by introducing the temperature T as well. T is connected to p and ϱ by the equation of state

$$p = \mathsf{R} \varrho T \tag{20.3}$$

(for a perfect gas) where R is a constant and T is itself determined by the energy equation. In its full generality this equation can be written

$$\varrho c_p \frac{DT}{Dt} = \Phi + \frac{Dp}{Dt} + \operatorname{div}(k \operatorname{grad} T) \tag{20.4}$$

where c_p is the specific heat at constant pressure, k is the thermal conductivity, D/Dt is the operator for differentiation following the motion and Φ is the dissipation function given by

$$\Phi = \mu(e_{12}^2 + e_{23}^2 + e_{31}^2) + \frac{\mu}{6}[(e_{11} - e_{22})^2 + (e_{22} - e_{33})^2 + (e_{33} - e_{11})^2] \tag{20.5}$$

where e_{ij} is the Cartesian rate of strain tensor

$$e_{ij} = \frac{\partial u_i}{\partial x_j} + \frac{\partial u_j}{\partial x_i}.$$

Once temperature variations are taken into account it is no longer permissible to regard the coefficient of viscosity μ as constant. The equations of momentum for such a flow are very complicated; they are

$$\left.\begin{aligned} \varrho \frac{D\boldsymbol{u}}{Dt} &= \varrho \boldsymbol{F} - \operatorname{grad} p + \frac{4}{3}\operatorname{grad}(\mu\Delta) + \operatorname{grad}(\boldsymbol{u} \cdot \operatorname{grad}\mu) - \\ &\quad - \boldsymbol{u}\nabla^2\mu + \operatorname{grad}\mu \times \operatorname{curl}\boldsymbol{u} - \Delta \operatorname{grad}\mu - \operatorname{curl}\operatorname{curl}\mu\boldsymbol{u} \end{aligned}\right\} \tag{20.6}$$

where Δ has been written for div $\boldsymbol{u}$ and $\boldsymbol{u}$ is the fluid velocity.

21. The boundary layer equations for two-dimensional compressible flow. As in incompressible flow we measure x along the boundary and y normal to it and apply the same processes of approximation as in incompressible flow retaining only the leading terms in each group. This leads to a marked simplification in the equations of momentum and energy which assume the forms

$$\varrho\left(\frac{\partial u}{\partial t} + u\frac{\partial u}{\partial x} + v\frac{\partial u}{\partial y}\right) = -\frac{\partial p}{\partial x} + \frac{\partial}{\partial y}\left(\mu\frac{\partial u}{\partial y}\right), \tag{21.1}$$

$$0 = \frac{\partial p}{\partial y}, \tag{21.2}$$

$$\varrho c_p\left(\frac{\partial T}{\partial t} + u\frac{\partial T}{\partial x} + v\frac{\partial T}{\partial y}\right) = \mu\left(\frac{\partial u}{\partial y}\right)^2 + \frac{\partial}{\partial y}\left(k\frac{\partial T}{\partial y}\right) + \left(\frac{\partial p}{\partial t} + u\frac{\partial p}{\partial x}\right) \tag{21.3}$$

where k like μ must be regarded as temperature-dependent. The equation of continuity is

$$\frac{\partial \varrho}{\partial t} + \frac{\partial}{\partial x}(\varrho u) + \frac{\partial}{\partial y}(\varrho v) = 0. \tag{21.4}$$

In virtue of (21.2) the pressure p is, as in incompressible flow, determined by the velocity U of the mainflow outside the boundary layer and in particular the term $\partial p/\partial x$ in Eq. (21.1) is given by

$$\varrho_1\left(\frac{\partial U}{\partial t} + U\frac{\partial U}{\partial x}\right) = -\frac{\partial p}{\partial x} \tag{21.5}$$

where ϱ_1 denotes the density of the mainflow.

The cycle of equations for u, v, ϱ, T is then closed by adding the equation of state [Eq. (20.3)] and including a specification of the variation of μ and k with T. Sutherland's formula, $\mu \propto T^{\frac{3}{2}}/(A+T)$, where A is a constant is found to be in reasonable accord with experiment for many gases when A is properly chosen. For air with which we are mainly concerned an empirical power law $\mu \propto T^n$ with n appropriately chosen for the temperature is found very useful. Cope and Hartree[1] give $n=\frac{8}{9}$ for temperatures between 90 and 300° K and $n=\frac{3}{4}$ for the range 200 to 400° K. The results for k are usually expressed in terms of the Prandtl number $\sigma = \mu c_p/k$. Here there is little evidence, experimental or theoretical, of any temperature variation of σ which we shall take to be constant. This implies that the temperature variation of k and the temperature variation of μ are identical, a result which is in accord with their roles in kinetic theory. For air $\sigma = 0.72$.

For the present we shall confine attention to problems of steady flow so that we have

$$\varrho\left(u\frac{\partial u}{\partial x} + v\frac{\partial u}{\partial y}\right) = -\frac{\partial p}{\partial x} + \frac{\partial}{\partial y}\left(\mu\frac{\partial u}{\partial y}\right), \tag{21.6}$$

$$\varrho c_p\left(u\frac{\partial T}{\partial x} + v\frac{\partial T}{\partial y}\right) - u\frac{\partial p}{\partial x} = \mu\left(\frac{\partial u}{\partial y}\right)^2 + \frac{\partial}{\partial y}\left(k\frac{\partial T}{\partial y}\right), \tag{21.7}$$

$$\frac{\partial}{\partial x}(\varrho u) + \frac{\partial}{\partial y}(\varrho v) = 0. \tag{21.8}$$

An equation often more useful than (21.7) itself is found by combining it with (21.6) by multiplying the latter by u and adding it to (21.7). Then

$$\varrho\left(u\frac{\partial}{\partial x} + v\frac{\partial}{\partial y}\right)\left(c_p T + \frac{1}{2}u^2\right) = \frac{\partial}{\partial y}\left\{\frac{k}{c_p}\frac{\partial}{\partial y}\left(c_p T + \sigma\frac{u^2}{2}\right)\right\}. \tag{21.9}$$

22. Correlated compressible and incompressible flows. The number of parameters makes it impracticable except by the use of large calculating machines to cover adequately the large field comprising compressible boundary layers and this has not yet been done at all extensively. Of course the first question to ask is whether or not the introduction of compressibility brings into play essentially new features. This can be answered in some measure by considering special cases and as a class the most useful prove to be those provided when the idealized fluid for which

$$\sigma = 1, \quad \mu \propto T \tag{22.1}$$

flows past heat insulating boundaries. For such a fluid it follows immediately from (21.9) that an integral of the energy equation exists in the form

$$c_p T + \tfrac{1}{2}u^2 = \text{const} \tag{22.2}$$

[1] W. F. Cope and D. R. Hartree: Phil. Trans. Roy. Soc. Lond. **241**, 282 (1948).

and since this integral is such that $\partial T/\partial y$ vanishes when u vanishes it is appropriate to a heat insulating boundary.

CROCCO[1] discussed the flow past a semi-infinite flat plate in such a fluid. The present author[2] considered the more general case in which pressure gradients occurred and was followed by ILLINGWORTH[3] and STEWARTSON[4] who arrived independently at a most important result. This result states that any compressible boundary layer problem (within the present restrictions) is associated with a corresponding incompressible boundary layer flow. It at once throws open the results of incompressible boundary layer theory to this special, but by no means unrepresentative, class of compressible flow problems. At the same time it makes it almost certain that the effects of the introduction of compressibility into boundary layer theory are effects of degree rather than of character. It should be noted moreover that the relations in Eq. (22.1) are not so very different from those pertaining to air and it is unlikely therefore that the actual results or air will differ substantially from those obtained for this special class of fluids.

To arrive at the results of STEWARTSON and ILLINGWORTH consider a flow of compressible fluid in which conditions in some standard state, say at infinity upstream of an obstacle, are denoted by velocity U_0, pressure p_0, density ϱ_0, temperature T_0 and speed of sound a_0. Suppose the velocity in the mainstream outside the boundary layer is U_1 (which will in general be a function of x) and that the corresponding pressure, density, temperature and speed of sound are p_1, ϱ_1, T_1 and a_1 respectively. Then inside the boundary layer we have from (22.2)

$$\frac{T}{T_1} = 1 + \frac{\gamma - 1}{2a_1^2}\left[U_1^2 - u^2\right]. \tag{22.3}$$

STEWARTSON obtains his result by distorting the co-ordinate system by putting

$$X = \int^x \left(\frac{a_1}{a_0}\right)^{\frac{(3\gamma-1)}{(\gamma-1)}} dx, \tag{22.4}$$

$$Y = \frac{a_1}{a_0 \nu_0^{\frac{1}{2}}} \int_0^y \frac{\varrho}{\varrho_0}\, dy. \tag{22.5}$$

If we introduce a stream function ψ defined in the original x, y co-ordinates by

$$\varrho u = \varrho_0 \nu_0^{\frac{1}{2}} \frac{\partial \psi}{\partial y}, \qquad \varrho v = -\varrho_0 \nu_0^{\frac{1}{2}} \frac{\partial \psi}{\partial x}, \tag{22.6}$$

we find that

$$u = \frac{a_1}{a_0}\frac{\partial \psi}{\partial Y}, \tag{22.7}$$

and that

$$\frac{\partial \psi}{\partial Y}\frac{\partial^2 \psi}{\partial X\,\partial Y} - \frac{\partial \psi}{\partial X}\frac{\partial^2 \psi}{\partial Y^2} = V_1 \frac{d V_1}{d X} - \frac{\partial^3 \psi}{\partial Y^3} \tag{22.8}$$

where

$$V_1 = a_0 U_1/a_1 = a_0 M_1. \tag{22.9}$$

[1] L. CROCCO: Monogr. Sci. Aeronaut. **3** (1946).
[2] L. HOWARTH: Proc. Roy. Soc. Lond. **94**, 16 (1948).
[3] C. R. ILLINGWORTH: Proc. Roy. Soc. Lond. **199**, 533 (1949).
[4] K. STEWARTSON: Proc. Roy. Soc. Lond. **200**, 84 (1949).

Eq. (22.8) establishes the required result for this is the equation of flow in a two-dimensional incompressible layer with a mainstream velocity V_1. The skin friction at the wall is given by

$$\tau = \mu \left(\frac{\partial u}{\partial y}\right)_{y=0} = \varrho_0 \nu_0^{\frac{1}{2}} \left(\frac{a_1}{a_0}\right)^{\frac{4\gamma-2}{\gamma-1}} \left(\frac{\partial^2 \psi}{\partial Y^2}\right)_{Y=0}. \tag{22.10}$$

When the mainstream velocity in the compressible flow is U_1, we must have

$$a_1^2 + \frac{\gamma - 1}{2} U_1^2 = a_0^2 + \frac{\gamma - 1}{2} U_0^2 \tag{22.11}$$

so that

$$M_1 = \frac{U_1}{a_1} = \frac{U_1}{\left[a_0^2 + \frac{\gamma - 1}{2}(U_0^2 - U_1^2)\right]^{\frac{1}{2}}}. \tag{22.12}$$

Thus when U_1 is an increasing function of x, M_1 increases more rapidly than U_1; similarly when U_1 is a decreasing function of x, M_1 decreases more rapidly. In either event the effect of compressibility is to emphasize any change in velocity.

When U_1 is constant $(= U_0)$, a_1 is $(= a_0)$ and there is no distortion of the coordinate in the x direction. The value of $(\partial^2\psi/\partial Y^2)_{Y=0}$ is determined by the standard Blasius solution as

$$0.332 \frac{a_0^{\frac{3}{2}} M_0^{\frac{3}{2}}}{x^{\frac{1}{2}}},$$

so that

$$\tau = 0.332\, \varrho_0 \nu_0^{\frac{1}{2}} U_0^{\frac{3}{2}}/x^{\frac{1}{2}}, \tag{22.13}$$

exactly as in incompressible flow.

The fact that compressibility has no effect on the flat plate skin friction is dependent of course on the assumptions in (22.1). KÁRMÁN and TSIEN[1], BRAINERD and EMMONS[2] and CROCCO[3] amongst others have in fact made extensive calculations for this problem when μ and σ are not limited by (22.1). The reader is referred to the original papers for the detailed results. It will suffice here to instance the results for air which show a steady fall from 0.332 at zero Mach number to 0.26 approximately at a Mach number of 5 in the multiplicative factor in (22.13).

CHAPMAN and RUBESIN have also considered this problem subject only to the condition that $\mu \propto T$. When x and the stream function ψ defined by

$$\varrho u = \frac{\partial \psi}{\partial y}, \qquad \varrho v = -\frac{\partial \psi}{\partial x} \tag{22.14}$$

are introduced as independent variables as in VON MISES's transformation (Sect. 3) the equations of flow take on the form

$$\frac{\partial u}{\partial x} = \frac{\partial}{\partial \psi}\left(\mu \varrho u \frac{\partial u}{\partial \psi}\right), \tag{22.15}$$

$$\frac{\partial T}{\partial x} = \frac{\mu \varrho u}{c_p}\left(\frac{\partial u}{\partial \psi}\right)^2 + \frac{1}{\sigma}\frac{\partial}{\partial \psi}\left(\mu \varrho u \frac{\partial T}{\partial \psi}\right). \tag{22.16}$$

---

[1] T. VON KÁRMÁN and H. S. TSIEN: J. Aeronaut. Sci. **5**, 227 (1938).

[2] J. G. BRAINERD and H. W. EMMONS: J. Appl. Mech. **8**, 105 (1941); **9**, 1 (1942).

[3] L. CROCCO: Monogr. Sci. Aeronaut. **3** (1946).

The effects of compressibility are confined to the terms μ and ϱ which appear in the combination $\mu\varrho$ only and this, since $\mu \propto T$ and the pressure is constant, is itself constant. Thus in the form (22.15) and (22.16) the equations are the same as the corresponding equations for incompressible flow. Although of course the velocity profiles change with compressibility since ψ does, this method gives a straightforward means of determining their form and in particular it can be shown that heat transfer and the skin friction in a compressible flow are the same as in the corresponding incompressible flow.

The most striking feature of all the results whether derived from (22.1) or not is the importance of the stretched Y co-ordinate on the velocity distribution. When use is made of (22.1) HOWARTH gives an approximate relation

$$\frac{\delta - \delta_i}{\delta_i} = 0.08\, M_1^2 \tag{22.17}$$

for the increase in boundary layer thickness δ over its incompressible value. Thus there is an 8% increase in thickness at $M_1 = 1$ and a doubling in thickness at $M_1 = 3.5$.

Calculations when a pressure gradient is present have largely been confined to cases in which (22.1) holds. One may reasonably hope that in the light of the comparisons for the flat plate these results will qualitatively represent those for air and that the quantitative errors will not be large. The calculations referred to are not however limited to insulated boundaries as in our presentation above but first of all let us consider the insulated case. It then follows from (22.2) that the wall temperature is everywhere the same. Little need be said about accelerated flows; as remarked above M_1 then increases more rapidly than U_1 and in effect compressibility makes the layer appear more accelerated than the corresponding incompressible flow. When the layer is retarded as we saw, just the reverse happens, the layer appearing to be more retarded than the corresponding compressible one. The question then arises as to how much this affects the position of separation. STEWARTSON has answered this question for the flow

$$U = U_0(1 - \beta x)\,. \tag{22.18}$$

He finds the following results in terms of the Mach number M_0 associated with U_0

M_0	0	2	4	6	10
βx_s	0.120	0.096	0.062	0.044	0.024

where x_s is the abscissa of separation. (The method adopted was to determine the associated incompressible flow—which is not linear, of course—and then to apply HOWARTH's method to it.) The problem is an artificial one in so far as the existence of a mainflow given by (22.18) would be unlikely to occur (when $M_0 > 1$) without an associated shock wave or shock waves which would materially affect the boundary layer flow. This is a point we shall be discussing below in more detail; for the present it is sufficient to note the very marked effect of compressibility in producing earlier separation. It may be worth pointing out that the effect is not simply due to the need to define the mainstream by its Mach number rather than its actual velocity—a need anyone familiar with compressible flows would take as axiomatic—but it arises in part and indeed in large part from the distortion of the x co-ordinate as given by (22.4). For, with $\gamma = 1.4$, $\frac{3\gamma - 1}{\gamma - 1} = 8$, and the increase in the speed of sound associated with the fall in mainstream velocity has a more important effect on the scale in the x direction than it does on the mainstream Mach number.

ILLINGWORTH[1] has considered compressible flows in which (22.1) hold but in which the assumption of the heat insulating boundary is dispensed with and a variety of other conditions imposed in its stead. The solutions he obtains are approximate ones and are obtained by methods similar to that introduced by LIGHTHILL[2] for incompressible flows and they are in reasonable agreement with the preceding solution where they overlap. Broadly speaking ILLINGWORTH finds that the determining parameter is the ratio r of the stream temperature to the wall temperature. (With the insulating boundary the wall temperature $T_w = T_1 + \frac{U_1^2}{2c_p}$ and so always exceeds the mainstream temperature.) He finds that the effect of pressure gradient on a boundary layer is enhanced or reduced according as r is less than or greater than 1. In uniformly retarded flow the drop in velocity to the point of separation varies, he finds, as $r^{\frac{1}{2}}$, and shows little independent variation with Mach number. This remark is not in fact at variance with the preceding table which contains the effect of Mach number and temperature combined. ILLINGWORTH concludes that the effect of a pressure gradient in producing thinning, thickening or separation of the boundary layer is determined principally by its action on the fluid very near the wall, and so the effects are enhanced if and only if this fluid is hotter and so lighter than that in the mainstream.

23. MANGLER's transformation for axi-symmetric flow. It has already been shown that in incompressible flow a transformation exists which relates any axi-symmetric boundary layer flow to an associated two-dimensional flow. This is a special case of the transformation given by MANGLER for the same problem in compressible flow.

The same arguments as in incompressible flow lead to the compressible form of the equation of steady flow in an axi-symmetric boundary layer, namely

$$\varrho\left(u\frac{\partial u}{\partial \xi} + w\frac{\partial u}{\partial \zeta}\right) = -\frac{\partial p}{\partial \xi} + \frac{\partial}{\partial \zeta}\left(\mu\frac{\partial u}{\partial \zeta}\right) \tag{23.1}$$

where ξ is measured along a meridian and ζ normal to the surface. Similarly the equation of heat transfer in the boundary layer is obtained as

$$\varrho c_p\left(u\frac{\partial T}{\partial \xi} + w\frac{\partial T}{\partial \zeta}\right) - u\frac{\partial p}{\partial \xi} = \mu\left(\frac{\partial u}{\partial \zeta}\right)^2 + \frac{\partial}{\partial \zeta}\left(k\frac{\partial T}{\partial \zeta}\right). \tag{23.2}$$

The equation of continuity is

$$\frac{\partial}{\partial \xi}(\varrho r_0 u) + \frac{\partial}{\partial \zeta}(\varrho r_0 w) = 0 \tag{23.3}$$

where r_0 is the perpendicular distance of the meridian curve from the axis of symmetry. The transformation formulae

$$\left.\begin{aligned} &x = c^2\int\frac{r_0^2}{d^2}\,d\xi, \quad z = c\frac{r_0}{d}\zeta, \quad \overline{\psi}(x,z) = \frac{c}{d}\psi(\xi,\zeta), \quad \overline{p}(x) = p(\xi),\\ &\overline{T}(x,z) = T(\xi,\zeta), \quad \overline{\varrho}(x,z) = \varrho(x,y), \quad \overline{\mu}(x,z) = \mu(\xi,\zeta) \text{ and } \overline{k}(x,z) = k(\xi,\zeta) \end{aligned}\right\} \tag{23.4}$$

[1] C. R. ILLINGWORTH: J. Mech. Appl. Math. **7**, 8 (1954).

[2] M. J. LIGHTHILL: Proc. Roy. Soc. Lond. **202**, 359 (1950). See also Sect. 27 below.

where as before d is a representative length and c a convenient scaling factor then give

$$\bar{\varrho}\left(\bar{u}\frac{\partial \bar{u}}{\partial x}+\bar{w}\frac{\partial \bar{u}}{\partial z}\right)=-\frac{\partial \bar{p}}{\partial x}+\frac{\partial}{\partial z}\left(\bar{\mu}\frac{\partial \bar{u}}{\partial z}\right), \tag{23.5}$$

$$\bar{\varrho}\,c_p\left(\bar{u}\frac{\partial \bar{T}}{\partial x}+\bar{w}\frac{\partial \bar{T}}{\partial z}\right)-\bar{u}\frac{\partial \bar{p}}{\partial x}=\bar{\mu}\left(\frac{\partial \bar{u}}{\partial z}\right)^2+\frac{\partial}{\partial z}\left(\bar{k}\frac{\partial \bar{T}}{\partial z}\right) \tag{23.6}$$

where

$$\bar{\varrho}\bar{u}=\frac{\partial \psi}{\partial z}, \qquad \bar{\varrho}\bar{w}=-\frac{\partial \psi}{\partial x}. \tag{23.7}$$

Eqs. (23.5) to (23.7) are the required equations of two-dimensional flow. These can, in the special case where (22.1) holds and the boundary is insulating, be turned into the equations of two-dimensional incompressible flow by the transformations of STEWARTSON and ILLINGWORTH.

We may notice that the associated two-dimensional flow has the same velocity, temperature, density, pressure, viscosity and conductivity at corresponding points, the only differences between the two flows arising from the distortion of the co-ordinates. In particular the skin friction at the wall is given by

$$\mu\left(\frac{\partial u}{\partial \zeta}\right)_{\zeta=0}=\bar{\mu}\left(\frac{\partial \bar{u}}{\partial z}\right)_{z=0}\frac{c\,r_0}{d}.$$

An interesting example is provided by the flow along a cone in supersonic flow. Here there is a shock wave attached to the tip of the cone for a certain range of Mach number and within that range the velocity in the mainstream outside the boundary layer is constant. Hence in the associated two-dimensional flow the velocity, pressure, density and temperature are constant outside the boundary layer. The distortion of the scales in x and z, since $r_0=a\xi$ where a is a constant, is given by

$$x=\frac{c^2a^2}{d^2}\frac{\xi^3}{3}, \qquad z=\frac{c\,a}{d}\,\xi\,\zeta.$$

It follows that

$$\mu\left(\frac{\partial u}{\partial \zeta}\right)_{\zeta=0}=\frac{c\,a\,\xi}{d}\,\bar{\mu}\left(\frac{\partial \bar{u}}{\partial z}\right)_{z=0}=\left(\frac{3x}{\xi}\right)^{\frac{1}{2}}\bar{\mu}\left(\frac{\partial \bar{u}}{\partial z}\right)_0$$

and therefore that

$$\mu\,\xi^{\frac{1}{2}}\left(\frac{\partial u}{\partial \zeta}\right)_{\zeta=0}=3^{\frac{1}{2}}\bar{\mu}\,x^{\frac{1}{2}}\left(\frac{\partial \bar{u}}{\partial z}\right)_0.$$

When in addition we make the assumptions (22.1) and take the boundaries to be heat insulating we have, for the flat plate

$$\bar{\mu}\left(\frac{\partial \bar{u}}{\partial z}\right)_{z=0}=0.332\,\bar{\varrho}\,U\left(\frac{\bar{\mu}\,U}{\bar{\varrho}\,x}\right)^{\frac{1}{2}}$$

so that

$$\mu\left(\frac{\partial u}{\partial \zeta}\right)_{\zeta=0}=3^{\frac{1}{2}}\left[0.332\,\bar{\varrho}\,U\left(\frac{\bar{\mu}\,U}{\bar{\varrho}\,\xi}\right)^{\frac{1}{2}}\right],$$

showing that the skin friction at a distance ξ from the nose is enhanced on the cone by a factor $\sqrt{3}$ compared with the skin friction at the same distance from the leading edge of the flat plate.

24. The interaction between boundary layers and shock waves. This is a most complicated subject and let it be said at once that the present article is not the correct place for a detailed discussion. In general the course of events when a shock wave meets a boundary layer depends crucially on a number of factors. These include the state of the layer (whether it is laminar or turbulent and if turbulent where transition has taken place) and if separation has taken place, as it very often does, the state and behaviour of the shear layer which springs from the point of separation and the behaviour of the slowly moving body of fluid downstream of the shear layer.

No clear cut analysis of the details of all these effects has yet been given. All that will be attempted here will be a brief description of what occurs when the boundary layer and shear layer are both laminar. Even here much remains to be done.

Consider a laminar boundary layer in a flow in which a shock wave is generated in the mainstream (by the introduction of a wedge for example) and impinges on the boundary layer. All but the weakest shock waves cause separation to occur at some point in the layer either at or upstream of the impinging shock.

With or without separation of the boundary layer some influence of the shock wave is observable upstream of the point I where it meets the boundary layer. Of course in an entirely supersonic flow of inviscid fluid such upstream effects would not occur and their origin is to be sought in the boundary layer. One may say immediately that the subsonic part of the layer provides a channel for such disturbances but the original theories due to the present writer[1] followed by TSIEN and FINSTON[2], LIGHTHILL[3] and ROBINSON[4] who all neglected viscous effects (except in so far as they produced a subsonic layer) were found to be inadequate. LIGHTHILL'S[5] later and much more elaborate analysis taking into account viscous effects is in close accord with experiment in giving the possibility of upstream effects for distances of the order of ten boundary layer thicknesses.

If the shock wave is weak enough not to cause separation (and it has to be very weak not to cause it in a laminar layer) the effect just discussed is the only one. It is found to cause a local thickening of the boundary layer in the neighbourhood of I in the form of a ridge. This ridge causes compression on its upstream and downstream sides and an expansion near its vertex. Thus the reflection of the original wave at the boundary leads to compressive wavelets on the upstream and downstream sides and an expansion fan from the top of the ridge.

The much more frequently occurring case arises when the shock wave is strong enough to cause separation. Once separation occurs a dead, or slowly moving, air region is formed and this dead air region may be thought of as a barrier to the oncoming flow rather like a bluff body. Its effects can then be important much further upstream than can the effects when the flow is non-separated. The compressive waves then associated with the thickening of the layer occur further forward and if as sometimes happens they are fairly localized the shock-wave configuration in its upstream parts looks rather like the Greek letter lambda.

One suggestion that has been made is that in part the extent of the separated region will be determined by allowing the tip of the upstream foot of the lambda to move upstream until it is just but only just capable of causing separation through its associated pressure rise. STEWARTSON[6] has indeed made estimates of the minimum shock strength necessary for separation.

[1] L. HOWARTH: Proc. Cambridge Phil. Soc. **44**, 380 (1948).
[2] H. S. TSIEN and M. FINSTON: J. Aeronaut. Sci. **16**, 515 (1949).
[3] M. J. LIGHTHILL: Quart. J. Mech. Appl. Math. **3**, 303 (1950).
[4] A. ROBINSON: Proc. Cambridge Phil. Soc. **47**, 528 (1951).
[5] M. J. LIGHTHILL: Proc. Roy. Soc. Lond. **217**, 458 (1953).
[6] K. STEWARTSON: Proc. Cambridge Phil. Soc. **47**, 545 (1951).

Whilst this may be so it is also true that this in itself is not sufficient to determine it completely. In fact the extent of the dead air region and the behaviour of the shear layer are also of prime importance and in short a unified treatment comprising external flow, boundary layer, shear layer and dead air region becomes necessary to complete the investigation. This would take us outside the scope of the present article and for the substantial progress that has been made towards such a treatment the reader is referred to a paper by HOLDER and GADD[1] and its comprehensive list of references.

V. Heat transfer in incompressible boundary layers.

25. Introduction. The term fluid includes gases and liquids. Both gases and liquids are to some extent compressible but in many problems of fluid flow the density changes occurring are small. When they are small enough to be negligible we can regard the flow as incompressible. In Chap. IV we have established the equations for compressible flow of gases and these can of course be used to determine when density changes in a gas flow are in fact negligible. Broadly speaking this will be so when the temperature changes as determined by the energy equation are small enough.

The energy equation for a liquid may be shown to be of the form

$$\varrho c_p \frac{DT}{Dt} = \Phi + \beta T \frac{Dp}{Dt} + \operatorname{div}(k \operatorname{grad} T) \tag{25.1}$$

where Φ is the dissipation function as before and β defined by

$$\beta = -\frac{1}{\varrho}\left(\frac{\partial \varrho}{\partial T}\right)_p \tag{25.2}$$

is a coefficient of expansion which is usually so small that the corresponding term in (25.1) may be neglected. When this is so we have

$$\varrho c_p \frac{DT}{Dt} = \Phi + \operatorname{div}(k \operatorname{grad} T) \tag{25.3}$$

which is the approximate form usually taken for liquids. The associated boundary layer equation is

$$\varrho c_p \frac{DT}{Dt} = \mu \left(\frac{\partial u}{\partial y}\right)^2 + \frac{\partial}{\partial y}\left(k \frac{\partial T}{\partial y}\right) \tag{25.4}$$

and this is the form we shall take in this section.

The terms associated with the density changes in the equations of momentum and continuity will also be neglected and these equations are then in the form applicable to homogeneous incompressible fluids. They form a closed system without the inclusion of (25.4) and are indeed independent of it, its solution being tackled once the velocity field has been determined. Thus for liquids we have to discuss the solution of (25.4) when u and v are already known.

It should be said at once that the number of known solutions is small and are mainly confined to the case when dissipation is neglected completely. The

[1] D. W. HOLDER and G. E. GADD: Interaction between shock waves and boundary layers. N.P.L. Symposium on Boundary Layer Effects in Aerodynamics. London: Stationery Office 1955.

corresponding equation of steady flow is

$$\varrho c_p \left(u \frac{\partial T}{\partial x} + v \frac{\partial T}{\partial y} \right) = k \frac{\partial^2 T}{\partial y^2} \tag{25.5}$$

where the temperature variation of k has also been neglected so that $k/\varrho c_p$ will be treated as constant. This further approximation limits the allowable temperature variations throughout the field but not usually in a very restrictive fashion.

26. Particular solutions. Solutions of (25.5) have been given when the flow in the mainstream is of the form $U = a x^m$ where as we have previously noted $m = 0$ corresponds to the flow past a semi-infinite plate and $m = 1$ to the flow near a stagnation point.

For general values of m we have

$$u = U f'(\eta), \tag{26.1}$$

$$v = -\frac{1}{2} \left(\frac{U \nu}{x} \right)^{\frac{1}{2}} [(m+1) f(\eta) + (m-1) \eta f'(\eta)], \tag{26.2}$$

where

$$\eta = (U/\nu x)^{\frac{1}{2}} y, \tag{26.3}$$

$$m f'^2 - \tfrac{1}{2}(m+1) f f'' = m + f''', \tag{26.4}$$

and $f = f' = 0$ when $\eta = 0$, $f' \to 1$ when $\eta \to \infty$. The appropriate solution of (25.5) may be shown to be, when the temperature of the boundary is T_0 and the temperature of mainflow is T_1 (both constants),

$$T = T_1 - (T_1 - T_0)\, \vartheta(\eta) \tag{26.5}$$

where

$$\vartheta'' + \tfrac{1}{2} \sigma (m+1) f \vartheta' = 0, \tag{26.6}$$

and σ is the Prandtl number as previously defined. Thus

$$\vartheta(\eta) = \alpha(\sigma) \int_0^{\eta} \left\{ \exp\left[-\frac{(m+1)}{2} \sigma \int_0^{\xi} f(\zeta)\, d\zeta \right] \right\} d\xi \tag{26.7}$$

where

$$1/\alpha(\sigma) = \int_0^{\infty} \left\{ \exp\left[-\frac{(m+1)}{2} \sigma \int_0^{\xi} f(\zeta)\, d\zeta \right] \right\} d\xi. \tag{26.8}$$

The heat transfer Q per unit area at the boundary is given by

$$Q = -h \left(\frac{\partial T}{\partial y} \right)_{y=0} = k \alpha(\sigma) (T_1 - T_0) \left(\frac{U}{\nu x} \right)^{\frac{1}{2}}. \tag{26.9}$$

ECKERT and DREWITZ[1] have calculated $\vartheta(\eta)$ and α for $\sigma = 0.7$ and a number of values of m. They give

$\beta = \frac{2m}{m+1}$	0	0.2	0.5	1.0	1.6
m	0	0.111	0.333	1.0	4.0
$\alpha(0.7)$	0.413	0.444	0.470	0.496	0.514

[1] E. ECKERT and O. DREWITZ: Luftf.-Forschg. **19**, 189 (1942). — H. B. SQUIRE: Modern Developments in Fluid Dynamics: High Speed Flow, Chap. XIV. London: Oxford University Press 1953.

The only complete solution given when dissipation is present corresponds to the flow along an insulated flat plate. The velocity distribution is given by $u = \frac{1}{2} U f'(\eta)$ where $\eta = \frac{1}{2}(U/\nu x)^{\frac{1}{2}} y$ and

$$f f'' + f''' = 0$$

with

$$f = f' = 0 \quad \text{at} \quad \eta = 0, \qquad f' \to 2 \quad \text{as} \quad \eta \to \infty.$$

We find that with the dissipation taken into account as in Eq. (25.4) the solution is of the form

$$T = T_0 + \frac{U^2}{2 c_p} \vartheta(\eta)$$

where T_0 is the temperature of the mainstream and

$$\vartheta'' + \sigma f \vartheta' + 0.5\, \sigma f''^2 = 0.$$

The appropriate solution given by POHLHAUSEN[1] is

$$\vartheta(\eta) = \tfrac{1}{2} \sigma \int_\eta^\infty \exp\left[- \sigma \int_0^\xi f(\zeta)\, d\zeta\right] \left[\int_0^\xi \{f''(\tau)\}^2 \exp\left[\sigma \int_0^\tau f(\zeta)\, d\zeta\right] d\tau\right] d\xi,$$

and in particular the temperature at the plate is given by

$$T = T_0 + \frac{U^2}{2 c_p} \vartheta(0)$$

where $\vartheta(0)$ is given as a function of σ in the following table. A useful approximate form for $\vartheta(0)$ is $\sigma^{\frac{1}{2}}$.

σ	$\vartheta(0)$	σ	$\vartheta(0)$
0.6	0.77	1.1	1.05
0.7	0.835	7.0	2.51
0.8	0.895	10.0	2.96
0.9	0.95	15.0	3.54
1.0	1.00		

27. Approximate methods. LIGHTHILL[2] has given an approximate method of dealing with heat transfer when dissipation is neglected. With ψ the stream function, and x as independent variables, the energy equation takes the form

$$\frac{\partial T}{\partial x} = \frac{\mu \varrho}{\sigma} \frac{\partial}{\partial \psi}\left(u \frac{\partial T}{\partial \psi}\right). \tag{27.1}$$

As explained in connection with the analogous method of determining the velocity distribution the method essentially makes use of the form for u appropriate to the flow near the surface, as originally suggested by FAGE and FALKNER[3]. Thus we put

$$u = \frac{y \tau(x)}{\mu} \tag{27.2}$$

and

$$\psi = \varrho \int_0^y u\, dy = \frac{\varrho y^2 \tau(x)}{2\mu}. \tag{27.3}$$

Then Eq. (27.1) becomes

$$\frac{\partial T}{\partial x} = \frac{1}{\sigma} [2 \mu \varrho \tau(x)]^{\frac{1}{2}} \frac{\partial}{\partial \psi}\left(\psi^{\frac{1}{2}} \frac{\partial T}{\partial \psi}\right); \tag{27.4}$$

[1] K. POHLHAUSEN: Z. angew. Math. Mech. **1**, 120 (1921), SQUIRE (loc.cit.).
[2] M. J. LIGHTHILL: Proc. Roy. Soc. Lond. **202**, 359 (1950).
[3] A. FAGE and V. M. FALKNER: Rep. Memor. Aeronaut. Res. Coun. No. 1408 (1931).

the boundary conditions chosen are

$$\left.\begin{array}{l}\text{(i)}\quad T=0 \quad\text{at}\quad x=0 \quad\text{at}\quad y=\infty,\\ \text{(ii)}\quad T=T_0(x) \quad\text{and}\quad k\dfrac{\partial T}{\partial y}=Q(x)\quad\text{at}\quad y=0.\end{array}\right\} \tag{27.5}$$

Next LIGHTHILL introduces a new variable

$$t=\int\limits_0^x \frac{1}{\sigma}\left[2\mu\,\varrho\,\tau(z)\right]^{\frac{1}{2}}dz \tag{27.6}$$

and the associated Heaviside operator p to give

$$p\,T=\frac{\partial}{\partial\psi}\left(\psi^{\frac{1}{2}}\frac{\partial T}{\partial\psi}\right),$$

of which the solution appropriate to (27.5, ii) is found to be

$$T=\left(\frac{2}{3}p^{\frac{1}{2}}\right)^{\frac{1}{3}}\psi^{\frac{1}{4}}\left(-\frac{1}{3}\right)!\,I_{-\frac{1}{3}}\left(\frac{4}{3}p^{\frac{1}{2}}\psi^{\frac{3}{4}}\right)T_0(x)+\left(\frac{2}{3}p^{\frac{1}{2}}\right)^{-\frac{1}{3}}\psi^{\frac{1}{4}}\left(\frac{1}{3}\right)!\,I_{\frac{1}{3}}\left(\frac{4}{3}p^{\frac{1}{2}}\psi^{\frac{3}{4}}\right)\frac{Q(x)}{k}\left(\frac{2\mu}{\varrho\,\tau(x)}\right)^{\frac{1}{2}}.$$

Finally application of (27.5, i) and interpretation of the operational forms leads to

$$Q(x)=-k\left(\frac{\sigma\varrho}{9\mu^2}\right)^{\frac{1}{3}}\frac{\sqrt{\tau(x)}}{(\frac{1}{3})!}\int\limits_0^x\left(\int\limits_{x_1}^x\sqrt{\tau(z)}\,dz\right)^{-\frac{1}{3}}dT_0(x_1),$$

the required relation for the heat transfer coefficient in terms of the skin friction and temperature of the plate. The corresponding result for the total heat transfer over an area of the plate of unit breadth between $x=0$ and $x=l$ is

$$\int\limits_0^l Q(x)\,dx=\frac{-\frac{1}{2}k}{(\frac{1}{3})!}\left(\frac{3\sigma\varrho}{\mu^2}\right)^{\frac{1}{3}}\int\limits_0^l\left(\int\limits_x^l\sqrt{\tau(z)}\,dz\right)^{\frac{2}{3}}dT_0(x).$$

LIGHTHILL gives a critical appraisement of the result and finds that it should be very accurate for large σ but tends to be somewhat too large numerically when σ is of the order of 0.7 (as for air) though even here when the mainstream velocity is uniform the error is not more than 3%.

As in other branches of the subject the equation obtained by integrating the energy equation throughout the boundary layer (the energy integral equation) forms the basis of other approximate methods. For steady flow it can be shown that this integral takes on the form[1]

$$\varrho\,c_p\frac{\partial}{\partial x}\int\limits_0^h u\,(T_H-T_{H_0})\,dy=-k\left(\frac{\partial T_H}{\partial y}\right)_0$$

[1] See for example H. B. SQUIRE, Chap. XIV, Modern Developments in Fluid Dynamics: High Speed Flow. Ed. HOWARTH. London: Oxford University Press 1953.

where T_H is the total temperature $(T + u^2/2c_p)$ and h is a length at least as great as the thicknesses of both the velocity and temperature layers[1], and can be subjected to an analysis similar to the Kármán-Pohlhausen analysis for the velocity layer[2].

VI. Boundary Layer Control.

28. The boundary layer has obviously an important role to play in determining any fluid flow in which there are solid boundaries. This is particularly true for aircraft and aerofoils. The boundary layer determines directly the skin friction at the aerofoil surface and perhaps less directly but with no less importance it determines, through the shear layers which spring from the points of separation, the form of the wake. The lift and drag forces on the aerofoil in two-dimensional flow are determined by combining the skin frictional stress with (to the boundary layer approximation) the normal pressures and the distribution of the latter is intimately connected with the form of the wake.

In aircraft design as in many other subjects it would be a great advantage therefore to be able to control the behaviour of the boundary layer and much research both experimental and theoretical has been and is being devoted to these ends. It has become a very specialized branch of the subject and space does not permit a comprehensive account even if this were the right place for it.

It is perhaps permissible to single out for brief mention researches directed towards suppressing or delaying the transition to turbulence or towards suppressing or delaying separation. Methods used are of the following types

(i) sucking away the boundary layer through slots or through specially designed porous walls to the aerofoil,

(ii) directing additional momentum from the mainstream to the boundary layer.

Of these (i) may contribute both to the suppression of turbulence and separation whilst (ii) is usually confined to delaying separation by such devices as vortex generators.

Further comments here will be devoted to (i) where it is fair to say that both localized suction (through slots) and distributed suction (through the walls) can, when applied to aerofoils whose shapes are such as to give appropriate pressure distributions outside the boundary layer, give laminar and unseparated boundary layers right up to the trailing edge. Economically these designs offer marked advantages in the reduction of drag they make possible even when due allowance is made for the power required for the pumping machinery it is necessary to install.

A further discussion of these points would take us right outside the scope of this chapter. For further details and a discussion of other possibilities the reader is referred to a comprehensive account by R. C. Pankhurst[3].

There is also little that can be usefully said here about the effect of suction by localized slots except to make the obvious remark that in thinning the boundary layer they clearly contribute towards delaying the onset of turbulence and the

---

[1] It should be noted that the velocity and temperature do not necessarily approach the mainstream conditions at the same rate and that it is therefore important to differentiate between these two thicknesses.

[2] See for example H. B. Squire: Rep. Memor. Aeronaut. Res. Coun. No. 1986 (1942); H. Schuh: M.A.P. Völkenrode Report, Rep. Trans. No. 1007 (1948).

[3] R.C. Pankhurst: N.P.L. Symposium on Boundary Layer Effects in Aerodynamics, 1955, 6. p. 1.

possibility of separation. Distributed suction does however call for some further comment and the remainder of the section is devoted to that end. The effect of such a suction on the analysis we have already given is to replace the boundary condition of no normal velocity at the boundary by the condition that the velocity there should be the velocity of flow into the surface. In many of the problems that have so far been discussed this velocity of inflow is regarded as datum but in reality the situation is more complicated, the flows on the two sides of the permeable surface having to be considered together. This has only so far been achieved in the special cases of porous wedges or cones when the pressure inside is different from the pressure outside and there is no *imposed* stream flowing past the surfaces. This very interesting investigation by TAYLOR[1] is backed by experimental results with which the agreement is found to be good.

Unfortunately in the absence of further investigations of this character (which would no doubt be very complicated in general) the assumption is made that the pressure distribution outside the boundary layer is unaffected by the passage of air through the surface. Furthermore it is very often assumed that the amount of inflow into the surface depends only on the amount of suction applied at the back, a condition which assumes effectively that the porous surface has high resistance and that the suction is much greater than the pressure variations in the field.

In such circumstances it is possible to modify (it must be admitted rather crudely) boundary layer results by using an *imposed* boundary condition at the wall. It should be made quite clear that the limitations of what follows reside in the assumptions that are made about the velocity of inflow into the wall; once these are accepted the results that stem from them are unexceptionable. The classic example[2] in this part of the subject is provided by the asymptotic form of the flow along a pervious wall in the absence of a pressure gradient. If such a flow has an asymptotic form independent of the distance x measured along the wall then we must have, for incompressible flow,

$$v\frac{\partial u}{\partial y} = \nu\frac{\partial^2 u}{\partial y^2} \tag{28.1}$$

and

$$\frac{\partial v}{\partial y} = 0 \tag{28.2}$$

so that $v = -v_0$, a constant and hence from (28.1)

$$u = U(1 - \mathrm{e}^{-v_0 y/\nu}) \tag{28.3}$$

where U is the (constant) velocity outside the boundary layer. This solution may be shown to satisfy the full equations of motion and not just the boundary layer approximation to them. It can also be extended to compressible flows[3].

A number of "similar" solutions of the boundary layer equations exist. These are all derived from the flow with mainstreams of the form $U = a x^m$ with the exponential form as a special case. With an impervious boundary layer the solutions were found to be of the form

$$\psi = a^{\frac{1}{2}} x^{\frac{1}{2}(m+1)} \nu^{\frac{1}{2}} f(\eta) \tag{28.4}$$

---

[1] G. I. TAYLOR: Proc. Roy. Soc. Lond. **234**, 456 (1956).

[2] A. A. GRIFFITH and F. W. MEREDITH: See Modern Developments in Fluid Dynamics, Editor GOLDSTEIN, Vol. 2, p. 534. 1938.

[3] A. D. YOUNG: Quart. J. Mech. Appl. Math. **1**, 70 (1948).

where
$$\eta = a^{\frac{1}{2}} x^{\frac{1}{2}(m-1)} \nu^{-\frac{1}{2}} y, \tag{28.5}$$
$$m f'^2 - \tfrac{1}{2}(m+1) f f'' = m + f''' \tag{28.6}$$

and $f = f' = 0$ at $\eta = 0$ and $f' \to 1$ as $\eta \to \infty$.

With this form of solution
$$v = -\tfrac{1}{2} a^{\frac{1}{2}} x^{\frac{1}{2}(m-1)} \nu^{\frac{1}{2}} [(m+1) f + (m-1) \eta f']. \tag{28.7}$$

It follows that a solution of the same form as (28.4) is also possible when the suction velocity is
$$v = -k(m+1) a^{\frac{1}{2}} x^{\frac{1}{2}(m-1)} \nu^{\frac{1}{2}} \tag{28.8}$$

with the same Eq. (28.6) holding, the only difference being that the boundary condition $f = 0$ when $\eta = 0$ is replaced by $f = 2k$ when $\eta = 0$. Of course this means that the required solution depends on the two parameters m and k and no extensive tabulation has been attempted, but some at least have been given by HOLSTEIN[1].

Two specific cases may merit special comment. In the first, when $m = 0$, the flow is the flow along a flat plate and the suction velocity is proportional to $x^{-\frac{1}{2}}$. Here THWAITES[2] gives the solutions for a range of values of k (0.5, 1.0, 2.5, 5.0, 10.0) as determined by a differential analyser and WATSON[3] has examined in detail the asymptotic form when k is large.

The other special case is provided by $m = 1$, the flow near a stagnation point where now the velocity of suction is a constant.

When the velocity of suction is not related to the incident flow as in (28.8) the problem becomes much more complicated. The problem of this type which has received the most detailed investigation is the flow along a semi-infinite flat plate when the suction velocity is uniform. Here THWAITES[4] has shown that the flow in the vicinity of the leading edge tends to the standard Blasius solution whilst far downstream of course it tends to the asymptotic suction profile.

More general problems involving general pressure gradients have been tackled by SCHLICHTING[5], IGLISCH[6], PRESTON[7], WATSON[8] and THWAITES[9] by methods usually (though there are exceptions) based on the momentum integral equation modified to include the effects of suction. The aim of these calculations is of course primarily to determine the velocity distribution in the boundary layer so that estimates can be made not only of the position of separation but also the liability of the velocity profiles to instability and the consequent onset of turbulence. The calculations support the qualitative conclusions already drawn that suction tends to delay both separation and the onset of turbulence. For details the reader is referred to the original reports.

---

[1] H. HOLSTEIN: U.M. 3040 (1943).
[2] B. THWAITES: Rep. Memor. Aeronaut. Res. Coun. No. 2241 (1946).
[3] E. J. WATSON: Rep. Memor. Aeronaut. Res. Coun. No. 2298 (1950).
[4] B. THWAITES: Rep. Memor. Aeronaut. Res. Coun. No. 2243 (1946).
[5] H. SCHLICHTING: Luftf.-Forschg. **19**, 293 (1942); also H. SCHLICHTING and A. BUSEMANN: Schr. dtsch. Akad. Luftf.-Forschg. **7** B, 25 (1943).
[6] R. IGLISCH: Schr. dtsch. Akad. Luftf.-Forschg. **8** (1944).
[7] J. H. PRESTON: Rep. Memor. Aeronaut. Res. Coun. Nos. 2244 (1948), 2537 (1951).
[8] E. J. WATSON: Rep. Memor. Aeronaut. Res. Coun. Nos. 2537 (1951), 2538 (1951).
[9] B. THWAITES: Rep. Memor. Aeronaut. Res. Coun. No. 2587 (1952).

General works of reference

each containing numerous references to individual papers.

PRANDTL, L.: Essentials of Fluid Dynamics. (Führer durch die Strömungslehre.) English edition: London: Blackie & Son 1952; German edition: Braunschweig 1949.

GOLDSTEIN, S.: Modern Developments in Fluid Dynamics. Two vols. London: Oxford University Press 1938.

HOWARTH, L.: Modern Developments in Fluid Dynamics: High Speed Flow. Two vols. London: Oxford University Press 1953.

WIEN, W., and F. HARMS: Handbuch der Experimentalphysik, Vol. IV, Part I. 1931.

SCHLICHTING, H.: Grenzschicht-Theorie. Karlsruhe: Braun 1951.

GÖRTLER, H., u. W. TOLLMIEN: 50 Jahre Grenzschichtforschung. Braunschweig: Vieweg 1955.

Proceedings of National Physical Laboratory Symposium on Boundary Layer Effects in Aerodynamics. London: H. M. Stationery Office 1955.

Advances in Applied Mechanics:

Vol. I (1948) Article by DRYDEN on Recent Advances in the Mechanics of Boundary Layer Flow.

Vol. II (1951) Article by KUERTI on The Laminar Boundary Layer in Compressible Flow.

Vol. III (1953) Article by CARRIER on Boundary Layer Problems in Applied Mechanics.

Vol. IV (1956) Article by MOORE on Three Dimensional Boundary Layer Theory, and by TSIEN on The Poincaré-Lighthill-Kuo Method. New York: Academic Press.

GÖRTLER, H..: A new series for the calculation of steady laminar boundary layer flows. Freiburg i. Br.: Mathematisches Institut der Universität.

SEARS, W. R.: Boundary Layers in Three-Dimensional Flow. Appl. Mechanics Reviews, 281 to 285. 1954.

MICHAL, A. D.: Matrix and Tensor Calculus, Chap. 18, on the applications of tensor calculus to boundary layer theory.

Entstehung der Turbulenz[1].

Von

H. Schlichting.

Mit 92 Figuren.

I. Einige experimentelle Ergebnisse über den Umschlag laminar-turbulent.

1. Der Umschlag laminar-turbulent bei der Rohrströmung. Die Strömungen einer wirklichen Flüssigkeit weichen in vielen Fällen von den in den vorstehenden Beiträgen behandelten Strömungen einer reibungslosen Flüssigkeit und einer zähen Flüssigkeit bei laminarer Strömung erheblich ab. Sie weisen ein besonderes Kennzeichen auf, das man als *Turbulenz* bezeichnet.

Sowohl die Strömung durch Rohrleitungen und Kanäle als auch die in der Grenzschicht umströmter Körper weist bei Steigerung der Reynoldsschen Zahl einen auffälligen Übergang von der laminaren in die turbulente Strömungsform auf. Dieser Umschlag der laminaren Strömung in die turbulente, auch Entstehung der Turbulenz genannt, ist für die gesamte Strömungsmechanik von fundamentaler Bedeutung.

Am auffälligsten und daher am längsten bekannt ist diese Erscheinung bei der Strömung durch gerade Rohre und Kanäle, so daß sie für diesen Fall etwas näher beschrieben werden möge. Bei einem langen geraden Rohr von gleichförmigem Querschnitt bewegt sich bei kleinen Reynoldsschen Zahlen jedes Flüssigkeitsteilchen mit gleichförmiger Geschwindigkeit auf geradliniger Bahn. Es herrscht eine wohlgeordnete Strömung in nebeneinanderher laufenden Schichten (Laminarströmung). Die Beobachtung zeigt jedoch, daß bei Steigerung der Reynoldsschen Zahlen diese geordnete Strömung ziemlich plötzlich aufhört zu bestehen und einer ungeordneten Strömung mit starker Durchmischung in der Querrichtung Platz macht (turbulente Strömung). Diese beiden Strömungszustände kann man nach O. Reynolds[2] mit Hilfe eines in die Strömung eingeführten Farbfadens sichtbar machen (Fig. 1). Solange die Strömung laminar ist, fließt der Farbfaden als scharf begrenzter Faden durch das Rohr. Sobald aber die Strömung turbulent wird, zerflattert der Farbfaden und läßt die Flüssigkeit im Rohr ziemlich gleichmäßig gefärbt erscheinen. Bei der turbulenten

[1] Anmerkung des Verfassers März 1959: Der vorliegende Beitrag wurde Mitte 1956 im Manuskript abgeschlossen und Anfang 1957 dem Herausgeber übermittelt. Mitte 1957 erhielt ich vom Verlag die Fahnenkorrekturen dieses Beitrages zur Durchsicht. Aus verschiedenen Gründen verzögerte sich jedoch die Drucklegung dieses Bandes erheblich. Infolge der sehr regen Forschungstätigkeit auf dem Gebiet der Turbulenzentstehung in den letzten Jahren ist seit Abschluß dieses ersten Manuskriptes eine große Zahl von neuen Arbeiten erschienen, deren Berücksichtigung wünschenswert erschien.

Als nun Anfang 1959 vom Herausgeber das Erscheinen dieses Bandes für Ende 1959 zugesagt wurde, habe ich mich daher entschlossen, das Manuskript dieses Beitrages unter Berücksichtigung der in den letzten Jahren erschienenen Arbeiten nochmals zu überarbeiten. Hierbei hat mir mein Mitarbeiter Herr Ing. J. Rotta, Aerodynamische Versuchsanstalt Göttingen, in dankenswerter Weise sehr wertvolle Hilfe geleistet.

[2] O. Reynolds: An experimental investigation of the circumstances which determine whether the motion of water shall be direct or sinuous, and of the law of resistance in parallel channels. Trans. Roy. Soc. Lond. **174**, 935 (1883). — Collected Papers **2**, 51.

Strömung sind der Hauptbewegung in Richtung der Rohrachse Querbewegungen senkrecht zur Achse überlagert, welche für diese Durchmischung sorgen. Durch die Mischbewegung wird ein Impulsaustausch in der Querrichtung verursacht, da jedes Teilchen bei der Mischbewegung seinen Impuls in der Längsrichtung im wesentlichen beibehält. Als Folge hiervon ist bei der turbulenten Strömung die Verteilung der Geschwindigkeit über dem Querschnitt wesentlich gleichmäßiger als bei der laminaren. In Fig. 2 ist für die Rohrströmung die gemessene Geschwindigkeitsverteilung für die laminare und turbulente Strömung dargestellt. Während bei laminarer Strömung die Verteilung der Geschwindigkeit über den Querschnitt nach HAGEN und POISEUILLE parabolisch ist, ist sie bei turbulenter

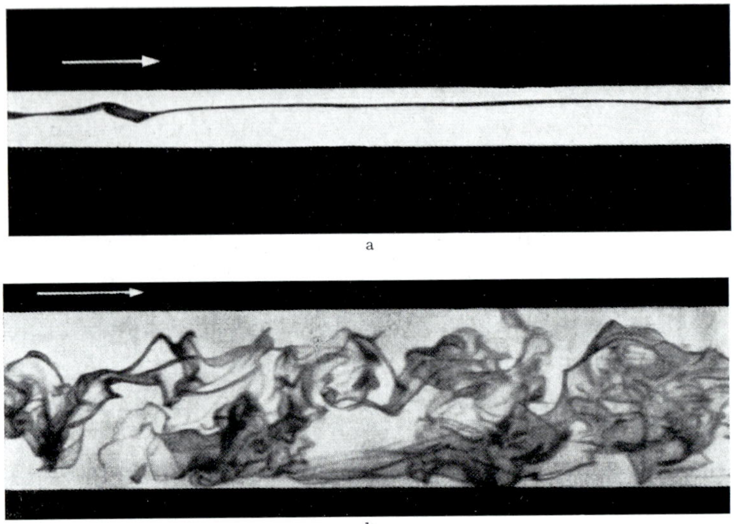

a

b

Fig. 1 a u. b. Reynoldsscher Farbfadenversuch, nach W. DUBS[1]. a Laminar, b turbulent.

Strömung infolge des Impulsaustausches in der Querrichtung wesentlich gleichförmiger.

Bei näherer Analyse einer turbulenten Strömung erweist sich als ihr hervorstechendstes Merkmal, daß in einem festgehaltenen Raumpunkt die Geschwindigkeit (und auch der Druck) zeitlich nicht konstant sind, sondern daß diese unregelmäßige Schwankungen von hoher Frequenz aufweisen (Fig. 5, S. 356 und Fig. 31, S. 386). Nur im Mittel über ein längeres Zeitintervall kann die Geschwindigkeit in einem festen Raumpunkt als zeitlich konstant angesehen werden (quasi-stationäre Bewegung). Die Flüssigkeitselemente, die als Ganzes Schwankungen in und quer zur Strömungsrichtung ausführen, sind nicht etwa die einzelnen Moleküle wie in der kinetischen Gastheorie, sondern makroskopische, mehr oder weniger kleine „Flüssigkeitsballen". Die zeitlichen Schwankungen der Geschwindigkeit der turbulenten Strömung betragen bei der Rohrströmung nur wenige Prozent der mittleren Geschwindigkeit, sind aber trotzdem von ausschlaggebender Bedeutung für den Ablauf der ganzen Bewegung. Näheres hierüber wird in dem Beitrag von LIN über turbulente Strömungen berichtet.

Daß mit dem Übergang der laminaren Strömung in die turbulente auch eine auffällige Änderung des Widerstandsgesetzes der Rohrströmung verbunden ist,

[1] W. DUBS: Über den Einfluß laminarer und turbulenter Strömung auf das Röntgenstreubild von Wasser und Nitrobenzol. — Ein röntgenographischer Beitrag zum Turbulenzproblem. Helv. phys. Acta **12**, 169—228 (1939).

wurde bereits von G. HAGEN 1839 erkannt[1]. Bei laminarer Strömung ist der Druckabfall, welcher die Flüssigkeit durch das Rohr treibt, der ersten Potenz der mittleren Durchflußgeschwindigkeit proportional, während im turbulenten Fall Proportionalität nahezu mit dem Quadrat der Geschwindigkeit beobachtet wird (quadratisches Rohrwiderstandsgesetz).

Eine klare Einsicht in die näheren Umstände, welche den Strömungszustand der Rohrströmung bestimmen, lieferten aber erst die späteren systematischen Untersuchungen von O. REYNOLDS, wobei er insbesondere auch den oben angegebenen Farbfadenversuch ausführte. Er fand dabei das nach ihm benannte Ähnlichkeitsgesetz der Rohrströmung, welches aussagt, daß der Umschlag der laminaren in die turbulente Strömungsform immer bei nahezu dem gleichen Zahlenwert der nach ihm benannten dimensionslosen Zahl, der Reynoldsschen Zahl $\overline{w}\,d/\nu$ eintritt, wobei d den Rohrdurchmesser und $\overline{w} = Q/F$ die mittlere Strömungsgeschwindigkeit und ν die kinematische Zähigkeit bedeuten (Q = Durchflußmenge, F = Rohrquerschnitt). Der Zahlenwert der Reynoldsschen Zahl, bei welcher der Umschlag eintritt, wurde zu etwa

$$Re_{\mathrm{krit}} = \left(\frac{\overline{w}\,d}{\nu}\right)_{\mathrm{krit}} = 2300$$

gefunden. Hiernach sind Rohrströmungen, deren Reynoldssche Zahl $Re < Re_{\mathrm{krit}}$ ist, laminar und solche, für welche $Re > Re_{\mathrm{krit}}$ ist, turbulent. Der Zahlenwert der kritischen Reynoldsschen Zahl hängt ziemlich stark von den besonderen Bedingungen des Rohreinlaufs und der Zuströmung ab.

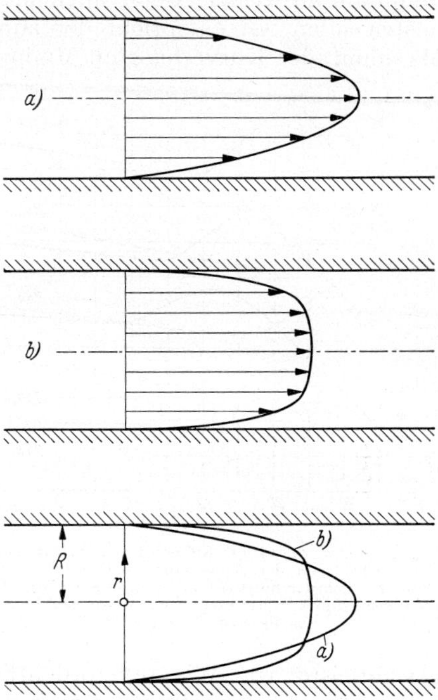

Fig. 2a u. b. Geschwindigkeitsverteilung im Rohr, a Laminar, b turbulent.

Schon von REYNOLDS wurde vermutet, daß die kritische Reynoldssche Zahl um so größer sei, je kleiner die Störung in der Zuströmung ist. Dies wurde durch Versuche von H. T. BARNES und E. G. COKER[2] und später von L. SCHILLER[3] bestätigt, wobei Werte von Re_{krit} bis zu 20000 erhalten wurden. V. W. EKMAN[4] gelang es, durch einen ganz besonders störungsfreien Einlauf eine kritische Reynoldssche Zahl von 40000 zu erhalten.

Wie weit die kritische Reynoldssche Zahl der Rohrströmung bei extrem störungsfreier Zuströmung erhöht werden kann, ist noch unbekannt. Dagegen gibt es, wie die verschiedensten Experimente gezeigt haben, einen unteren Grenzwert von Re_{krit}, der bei ungefähr 2000 liegt. Unterhalb dieser Reynoldsschen Zahl klingen auch die stärksten Störungen zeitlich ab.

[1] G. HAGEN: Über die Bewegung des Wassers in engen zylindrischen Röhren. Pogg. Ann. **46**, 423 (1839).

[2] H. T. BARNES u. E. G. COKER: The flow of water through pipes. Proc. Roy. Soc. Lond. **74**, 341 (1905).

[3] L. SCHILLER: Untersuchungen über laminare und turbulente Strömung. Forschungsarb. Ing.-Wesen H. 248 (1922). — Vgl. auch Z. angew. Math. Mech. **2**, 96—106 (1922). — Phys. Z. **23**, 14 (1922).

[4] V. W. EKMAN: On the change from steady to turbulent motion of liquids. Ark. Mat., Astronom. Fys. **6**, No. 12 (1910).

Die mit dem Umschlag der laminaren Strömung in die turbulente auftretende Änderung des Rohrwiderstandsgesetzes, wie sie von G. HAGEN[1] gefunden wurde, ist in Fig. 3 dargestellt. Hierbei ist für verschiedene konstante Ausflußhöhen h des Wassers die Änderung der Ausflußgeschwindigkeit $\overline{w}$ mit der Temperatur dargestellt. Man erkennt z.B. für die oberste Kurve, wie bei konstanter Druckhöhe mit zunehmender Temperatur (abnehmendem Zähigkeitsbeiwert) die mittlere Geschwindigkeit $\overline{w}$ zunächst wächst, dann aber bei weiterer Temperaturzunahme nach Überschreitung eines Maximums abfällt, um später von einem Minimum an wieder, wenn auch langsamer als vorher, zu steigen. Dem ersten ansteigenden Ast entspricht der laminare Strömungszustand, dem Gebiet vom Maximum der Kurve bis zum Minimum entspricht der Übergang von laminar zu turbulent, und dem anschließenden, schwächer ansteigenden Ast der turbulente Strömungszustand.

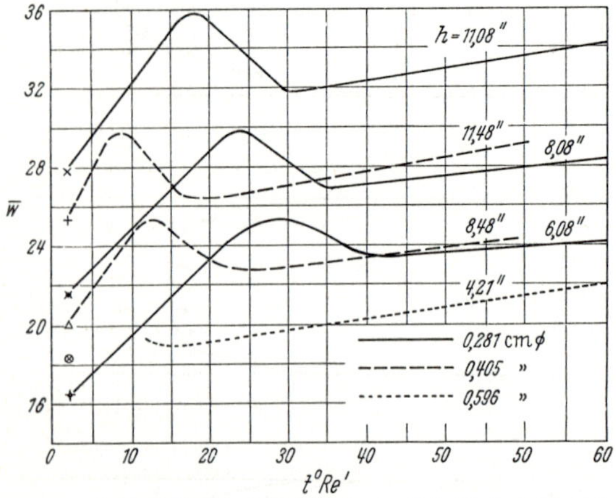

Fig. 3. Geschwindigkeit der Rohrströmung $\overline{w}$ (in Rhein. Zoll/sec) in Abhängigkeit von der Temperatur (in Grad Réaumur) für verschiedene Rohrdurchmesser und verschiedene Druckhöhen h (in Rhein. Zoll) im Vorratskessel, nach Messungen von G. HAGEN[1], aus PRANDTL TIETJENS, Bd. II [*11*].

Obgleich HAGEN eine für die damalige Zeit beträchtliche Einsicht in die Vorgänge der laminaren und turbulenten Strömung besaß, ist es ihm nicht gelungen, für seine in Fig. 3 dargestellten Meßergebnisse ein ordnendes Prinzip zu finden. Diesen Schritt getan zu haben, ist das besondere Verdienst von REYNOLDS. Er zeigte, daß der Übergang der laminaren Strömung in die turbulente nur abhängig sein kann von der nach ihm benannten dimensionslosen Reynoldsschen Zahl $Re = \overline{w}\, d/\nu$, wenn die geometrische Ähnlichkeit der verglichenen Strömungen gewährleistet ist. Wie außerordentlich übersichtlich sich diese Vorgänge in der Rohrströmung darstellen lassen, wenn man das Reynoldssche Ähnlichkeitsgesetz heranzieht, erkennt man aus Fig. 4. In diesem Bild sind die Kurven von Fig. 3 umgerechnet und auf die Reynoldssche Zahl als unabhängige Variable bezogen. Als Ordinate ist die dimensionslose Rohrwiderstandsziffer

$$\lambda = \frac{\Delta p}{\frac{\varrho}{2}\,\overline{w}^2}\,\frac{d}{l} \tag{1.1}$$

aufgetragen, wobei Δp den Druckabfall infolge Reibung auf der Rohrlänge l und ϱ die Dichte bedeuten. Man erkennt aus Fig. 4, daß alle umgerechneten Kurven von Fig. 3 einen ganz gleichartigen Charakter aufweisen. Bis zu einem gewissen Wert von Reynoldsschen Zahlen ($Re = \overline{w}\, d/\nu = 2200$ bis 2800) liegen die Widerstandszahlen auf der Hagen-Poiseuilleschen Geraden der laminaren Strömung; dann zeigt sich ein ziemlich plötzlicher Anstieg von λ bis zu einem gewissen Maximum, um mit weiter anwachsender Reynoldsscher Zahl, dann aber langsamer, abzunehmen entsprechend der Blasiusschen Geraden der turbulenten Strömung. Dem Bereich mit wachsendem Widerstandsbeiwert λ entspricht der eigentliche Übergang laminar-turbulent.

[1] G. HAGEN: Über den Einfluß der Temperatur auf die Bewegung des Wassers in Röhren. Math. Abh. Akad. Wiss. Berlin **1855**, 17—98.

Derjenige Wert der Reynoldsschen Zahl, bei dem sich infolge des ersten Auftretens der Turbulenz eine Abweichung der Widerstandsbeiwerte von der Hagen-Poiseuilleschen Geraden ergibt, wird die kritische Reynoldssche Zahl genannt; sie beträgt nach Fig. 4 etwa $Re_{\text{krit}} = 2300$, wie bereits oben angegeben[1].

O. REYNOLDS entdeckte bei Durchführung seines Farbfadenversuchs auch, daß die Strömung beim Übergang in den turbulenten Zustand intermittierenden Charakter hat. Turbulente Störungen erscheinen über eine gewisse Länge des Rohres und werden mit der Strömung fortgeführt. Neuere eingehende experimentelle Untersuchungen mit einem Hitzdrahtanemometer haben weitere Einzelheiten der Rohrströmung im Bereich der Reynolds-Zahlen, in welchem sich der

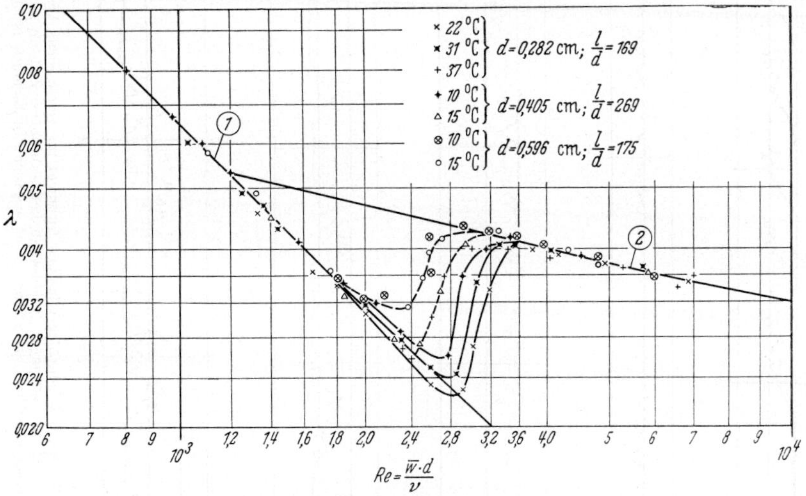

Fig. 4. Die Widerstandsziffer λ des Rohres als Funktion der Reynoldsschen Zahl Re, umgerechnet nach den Hagenschen Messungen von Fig. 3; scharfkantiger Einlauf; Kurve (1): laminar, $\lambda = 64/Re$, (HAGEN-POISEUILLE); Kurve (2): turbulent, $\lambda = 0{,}316\,(Re)^{-\frac{1}{4}}$, (BLASIUS).

Umschlag laminar-turbulent vollzieht, zu Tage gefördert. Fig. 5 zeigt nach Messungen von J. ROTTA[2] den Geschwindigkeitsverlauf in Abhängigkeit von der Zeit für verschiedene Stellen über den Rohrradius r/R. Aus den Geschwindigkeitsschrieben erkennt man, daß Zeitabschnitte mit laminarer und turbulenter Strömung in unregelmäßiger Folge abwechseln. Für Stellen in der Nähe der Rohrmitte ist die Geschwindigkeit in den laminaren Zeitabschnitten größer als der zeitliche Mittelwert in den turbulenten Zeitabschnitten; für Stellen in der Nähe der Rohrwand ist es umgekehrt. Da bei den Versuchen dafür gesorgt war, daß die Durchflußmenge über große Zeitintervalle konstant blieb, muß man hieraus schließen, daß sich bei der intermittierenden Strömung jeweils die Geschwindigkeitsverteilung der zugehörigen ausgebildeten laminaren und turbulenten Rohrströmung nach Fig. 2a bzw. 2b einstellt. Der physikalische Charakter dieser Strömung kann gut gekennzeichnet werden durch den Intermittenzfaktor γ, welcher den Bruchteil der Zeit angibt, in welchem an einer bestimmten Stelle turbulente Strömung herrscht. Es bedeutet also $\gamma = 1$ die andauernd turbulente

[1] Diese kritische Reynolds-Zahl ist keineswegs eine scharf definierte Größe. Bezüglich einer strengeren Definition vgl. Ziff. 6 und 14.

[2] J. ROTTA: Experimenteller Beitrag zur Entstehung turbulenter Strömung im Rohr. Ing.-Arch. **24**, 258—281 (1956).

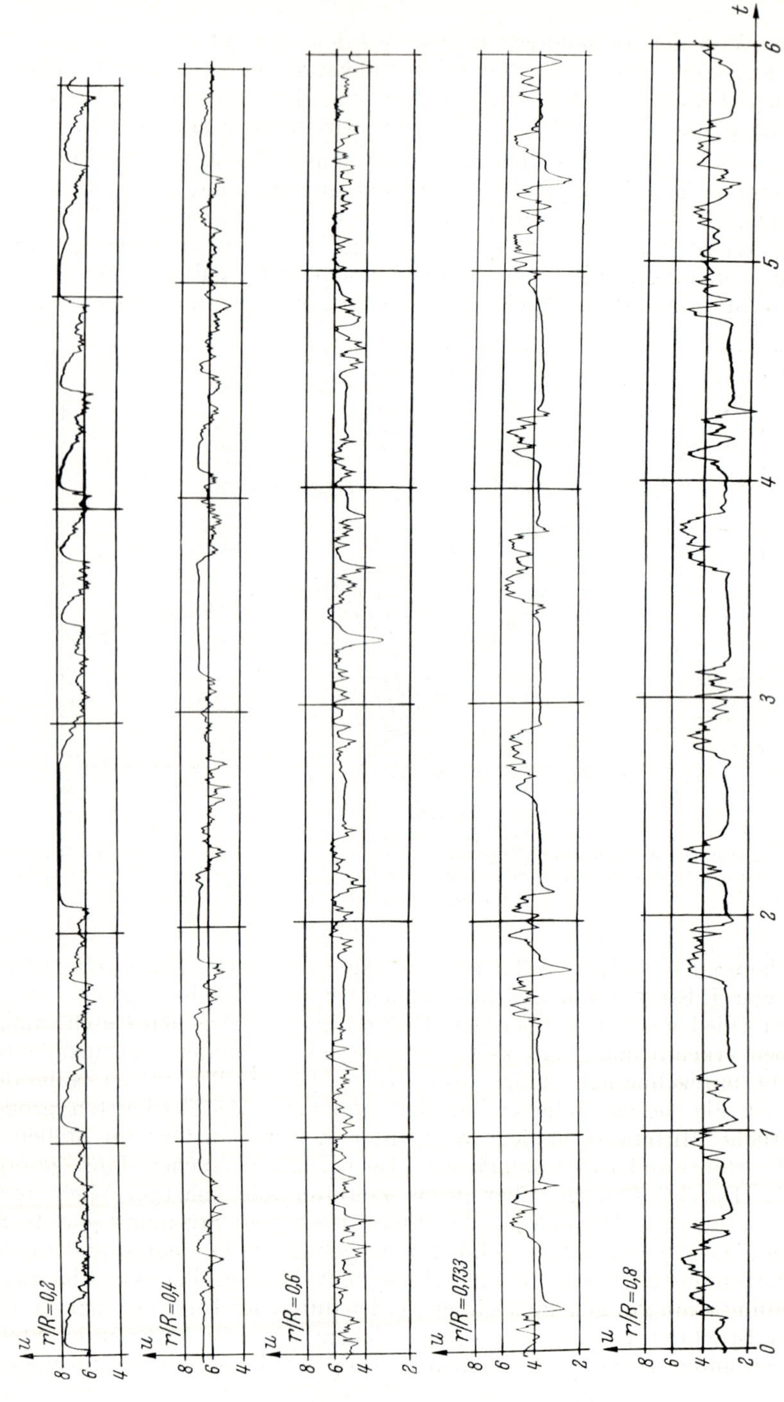

Fig. 5. Zeitlicher Verlauf der Geschwindigkeit der Rohrströmung im Bereich des Umschlages laminar-turbulent für verschiedene Abstände von der Rohrmitte nach J. ROTTA (s. Fußnote 2, S. 355). Reynolds-Zahl $Re = \overline{w}d/\nu = 2550$; Lauflänge $x/d = 322$; $\overline{w} = 4{,}27$ m/sec; Geschwindigkeit w in m/sec; Zeit t in sec. Diese mit einem Hitzdrahtanemometer aufgenommenen Geschwindigkeitsschriebe zeigen den intermittierenden Charakter der Strömung: es wechseln Zeitabschnitte mit laminarer und turbulenter Strömung.

und $\gamma = 0$ die andauernd laminare Strömung. In Fig. 6 ist nach den Messungen von J. ROTTA dieser Intermittenzfaktor für verschiedene Reynolds-Zahlen über der Lauflänge x aufgetragen. Für konstante Reynolds-Zahl steigt der Intermittenzfaktor stetig mit der Lauflänge an; die Häufigkeit der Wechsel zwischen laminarer und turbulenter Strömung nimmt dagegen mit der Lauflänge ab. Die Reynolds-Zahlen umfassen den Bereich zwischen $Re = 2000$ bis 3000, in welchem sich nach Fig. 4 der Umschlag vollzieht. Für die Reynolds-Zahlen nahe der unteren Grenze dieses Bereiches erstreckt sich die Entwicklung von der laminaren bis zur vollturbulenten Strömung über sehr große Rohrlängen, die nach Tausenden von Rohrdurchmessern zählen, während für größere Reynoldssche Zahlen sich der Umschlag auf einer wesentlich kürzeren Strecke vollzieht.

Bei Untersuchungen von E. R. LINDGREN [1] wurde von der Tatsache Gebrauch gemacht, daß gewisse Flüssigkeiten bei der Strömung eine Doppelbrechung des Lichtes bewirken und so ein Sichtbarmachen der Strömung ermöglichen [2]. Durch

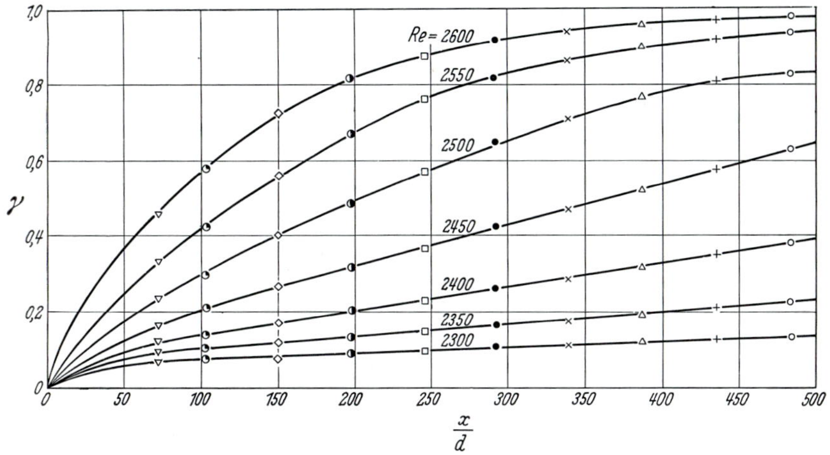

Fig. 6. Intermittenzfaktor γ für die Rohrströmung im Bereich des Umschlages laminar-turbulent in Abhängigkeit von der Lauflänge x bei verschiedenen Reynolds-Zahlen Re, nach Messungen von J. ROTTA (s. Fußnote 2, S. 355). Es bedeutet $\gamma = 1$ die dauernd turbulente und $\gamma = 0$ die dauernd laminare Strömung.

Beobachtungen an zwei verschiedenen Orten des Rohres und durch Druckmessungen konnten die Laufgeschwindigkeiten der turbulenten Partien im Rohr ermittelt werden. Fig. 7 zeigt die Zusammenstellung dieser Meßergebnisse. Das Wesentliche ist, daß die Laufgeschwindigkeit v_1 der vorderen Begrenzung der turbulenten Partien oder Pfropfen größer als die Geschwindigkeit v_2 der hinteren Begrenzung ist. Die turbulenten Pfropfen wachsen, während sie das Rohr durchlaufen, und bewirken so die Zunahme des Intermittenzfaktors. Die Differenz $v_1 - v_2$ nimmt mit der Reynolds-Zahl zu. Das arithmetische Mittel von v_1 und v_2 hat ziemlich genau die Größe der mittleren Strömungsgeschwindigkeit $\bar{w}$. Der untere Teil von Fig. 7 zeigt die Größe $\frac{\bar{w}}{v_2} - \frac{\bar{w}}{v_1}$, die auch aus dem Verlauf des Intermittenzfaktors, Fig. 6, und der Häufigkeit der Wechsel zwischen laminarer und turbulenter Strömung berechnet werden kann. Die Ergebnisse der Arbeiten von ROTTA und LINDGREN schließen gut aneinander an.

Zum Schluß sei noch auf die zusammenfassende Arbeit von M. A. KUETHE [3] verwiesen, in der auch über periodische Störungen der Rohrströmung berichtet wird.

[1] E. R. LINDGREN: The transition process and other phenomena in viscous flow. Ark. Physik **12**, No. 1, 1–169 (1957). Vgl. auch E. R. LINDGREN: Liquid flow in tubes, Part I, Ark. Fysik **15**, No. 8 (1959) u. Part II, Ark. Fysik **15**, No. 37 (1959).

[2] Vgl. hierzu auch A. M. BINNIE u. J. S. FOWLER: A study by a doublerefraction method of the development of turbulence in a long circular tube. Proc. Roy. Soc. Lond., Ser. A **192**, 32–44 (1947).

[3] M. A. KUETHE: Some features of boundary layers and transition to turbulent flow. J. Aeron. Sci. **23**, 444–452, 506 (1956).

2. Der Umschlag in der Grenzschicht umströmter Körper. Erheblich später stellte man fest, daß auch in der Grenzschicht umströmter Körper die Strömung entweder laminar oder turbulent ist. In vielen Fällen ist das gesamte Verhalten der Strömung eines umströmten Körpers, insbesondere die von der Strömung auf den Körper übertragene Kraft, stark davon abhängig, ob die Grenzschicht laminar oder turbulent ist.

α) Stumpfe Körper. Eine besonders auffällige Erscheinung, die mit dem Umschlag laminar-turbulent in der Grenzschicht zusammenhängt, tritt bei stumpfen Körpern wie z. B. Kugel und Kreiszylinder auf. Aus Fig. 8 ist ersichtlich, daß für die Kugel bei Reynoldsschen Zahlen $Re = VD/\nu$ von etwa $3 \cdot 10^5$ ein plötzlicher starker Abfall des Widerstandsbeiwertes eintritt. Dieser starke Widerstandsabfall, der von G. Eiffel[1] zuerst gefunden wurde, ist auf ein Turbulentwerden der Grenzschicht zurückzuführen. Durch das Turbulentwerden der Grenzschicht wird erreicht, daß die Ablösungsstelle sich weiter nach hinten verlagert, da bei der turbulenten Grenzschicht infolge der turbulenten Mischbewegungen die mitschleppende Wirkung der Außenströmung wesentlich größer ist als bei der laminaren. Durch die mit dem Turbulentwerden der Grenzschicht verbundene Verlagerung der Ablösungsstelle stromabwärts wird das Totwassergebiet wesentlich schmaler.

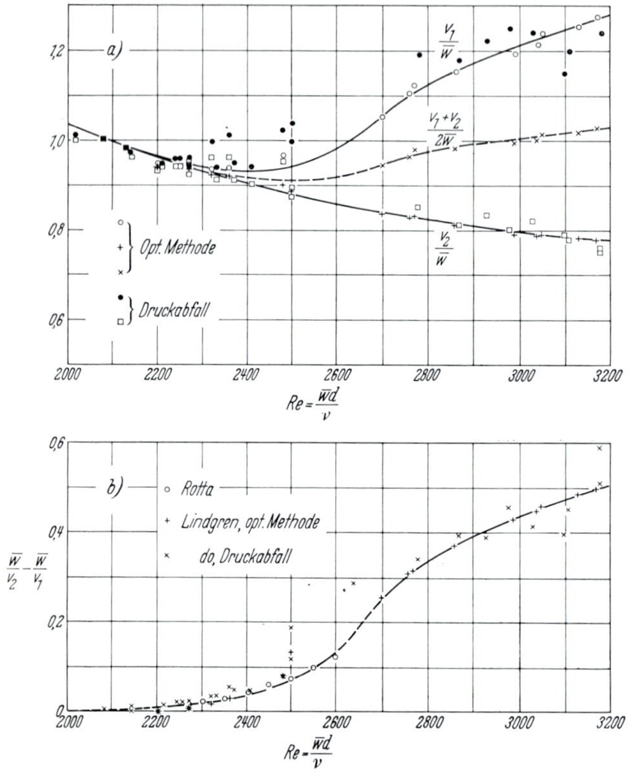

Fig. 7. Relative Laufgeschwindigkeiten der turbulenten Gebiete beim Umschlag der Rohrströmung als Funktion der Reynolds-Zahl nach Versuchen von R. E. Lindgren (s. Fußnote 1, S. 357) und J. Rotta (s. Fußnote 2, S. 355). $\bar{v}_1$ = Laufgeschwindigkeit der vorderen Begrenzung, $\bar{v}_2$ = Laufgeschwindigkeit der hinteren Begrenzung eines turbulenten Gebietes.

Die Druckverteilung für die überkritische Reynoldssche Zahl (Fig. 9) nähert sich mehr derjenigen der reibungslosen Strömung, wodurch eine beträchtliche Verminderung des Druckwiderstandes und damit der Abfall der Kurve $c_w = f(Re)$ verursacht wird. Daß diese Erklärung tatsächlich zutrifft, konnte L. Prandtl[2] dadurch zeigen, daß er auf die Kugel etwas vor dem Äquator einen dünnen Drahtreif auflegte. Dadurch wird die laminare Grenzschicht schon bei einer kleineren Reynolds-Zahl künstlich turbulent gemacht, und es wird in gleicher Weise die Widerstandsverminderung erreicht, die sonst erst bei Erhöhung der *Re*-Zahl eintritt. In Fig. 10 zeigen Strömungsaufnahmen mit Rauch nach C. Wieselsberger[3] für eine Kugel den unterkritischen

[1] G. Eiffel: C. R. Acad. Sci., Paris **155**, 1597 (1912).
[2] L. Prandtl: Über den Luftwiderstand von Kugeln. Göttinger Nachr. **1914**, 177.
[3] C. Wieselsberger: Der Luftwiderstand von Kugeln. Z. Flugtech. u. Motoruftsch. **15**, 140—145 (1914).

Strömungszustand mit großem Totwasser und großem Widerstand und den überkritischen Zustand mit kleinem Totwasser und geringem Widerstand. Dabei ist der letztere Zustand durch den Prandtlschen „Stolperdraht" erzeugt worden.

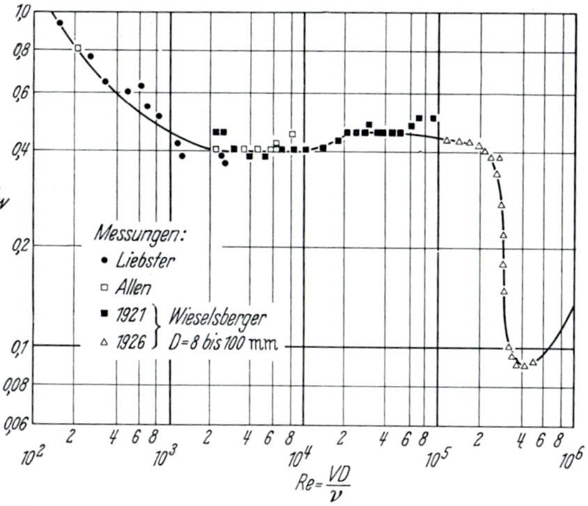

Fig. 8. Widerstandsbeiwert der Kugel in Abhängigkeit von der Reynoldsschen Zahl.

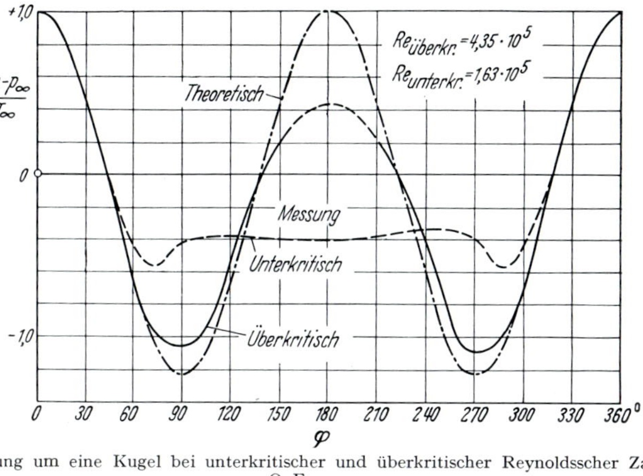

Fig. 9. Druckverteilung um eine Kugel bei unterkritischer und überkritischer Reynoldsscher Zahl, nach Messungen von O. Flachsbart.

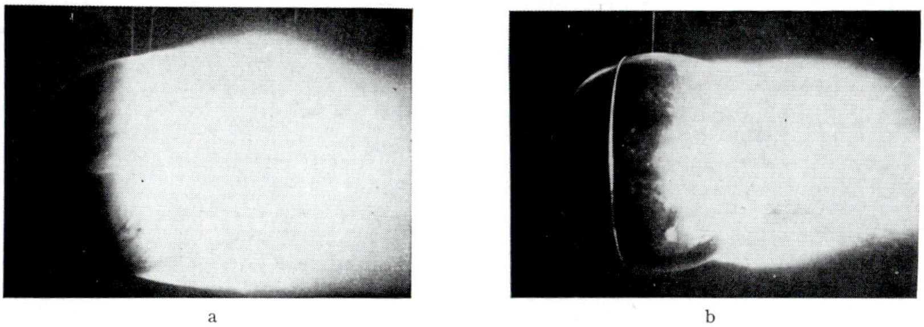

a b

Fig. 10a u. b. Strömung um eine Kugel a bei *unterkritischer* Reynolds-Zahl, b bei *überkritischer* Reynolds-Zahl, nach Wieselsberger (s. Fußnote 3, S. 358). Durch Auflegen eines dünnen Drahtreifens („Stolperdraht") ist der überkritische Strömungszustand erhalten worden.

Durch diesen Versuch ist sehr überzeugend gezeigt, daß der Sprung in der Widerstandskurve der Kugel nur als ein Grenzschichteffekt verstanden werden kann, der mit dem Umschlag laminar-turbulent zusammenhängt. Einen grundsätzlich ähnlichen Verlauf des Widerstandsbeiwertes in Abhängigkeit von der Reynoldsschen Zahl zeigen auch andere Körperformen mit stumpfer, abgerundeter Rückseite (z.B. Kreiszylinder und elliptischer Zylinder). Mit wachsendem Schlankheitsgrad tritt der Sprung in der Widerstandskurve mehr und mehr zurück, da bei schlanken Körpern keine wesentliche Ablösung der Grenzschicht auftritt, die durch den Umschlag beeinflußt werden kann.

Der Umschlag laminar-turbulent in der Grenzschicht eines umströmten Körpers wird von vielen Parametern beeinflußt, von denen außer der Reynoldsschen Zahl die wichtigsten der Druckverlauf der Außenströmung, der Wärmeübergang von der Wand zur Flüssigkeit, die Wandbeschaffenheit (Rauhigkeit) und die Störungsfreiheit der Außenströmung (Turbulenzgrad) sind; Näheres hierüber s. Abschnitt V bis X.

β) Längsangeströmte Platte. Etwas einfacher als bei einem Körper beliebiger Gestalt läßt sich der Umschlag laminar-turbulent für die Grenzschicht an der längsangeströmten ebenen Platte übersehen. Für die laminare Grenzschicht an der Platte wächst die Grenzschichtdicke mit $\sqrt{x}$ an, wobei x den Abstand von der Plattenvorderkante (Lauflänge der Grenzschicht) bedeutet. Der Übergang der laminaren in die turbulente Grenzschicht wurde zuerst von J. M. BURGERS[1], G. B. VAN DER HEGGE ZIJNEN[2], und später von M. HANSEN[3] und eingehender von H. L. DRYDEN[4] untersucht. In der Nähe der Plattenvorderkante ist die Reibungsschicht immer laminar, und weiter stromabwärts wird sie u.U. turbulent. Für eine Platte mit scharfer Vorderkante, die sich in einem normalen Luftstrom befindet, findet der Umschlag der laminaren in die turbulente Grenzschicht in einem Abstand x von der Vorderkante statt, der gegeben ist durch

$$Re_{x\,\text{krit}} = \left(\frac{U_\infty x}{\nu}\right)_{\text{krit}} = 3{,}5 \cdot 10^5 \text{ bis } 5 \cdot 10^5.$$

Mit wachsender Anströmgeschwindigkeit U_∞ wandert die Umschlagstelle also stromaufwärts. Auch bei der längsangeströmten Platte kann ebenso wie beim Rohr die kritische Reynoldssche Zahl stark heraufgesetzt werden, wenn man für eine sehr störungsfreie Zuströmung (geringer Turbulenzgrad) sorgt. So konnten H. L. DRYDEN[4] und G. B. SCHUBAUER und H. K. SKRAMSTAD[5] in einem ganz besonders störungsfreien Luftstrom eine kritische Reynoldssche Zahl von $Re_{x\,\text{krit}} = 3 \cdot 10^6$ erreichen, vgl. Abschnitt IV.

Am auffälligsten kommt hier der Übergang von der laminaren in die turbulente Strömungsform in der Geschwindigkeitsverteilung in der Grenzschicht zum Ausdruck. Wie aus Fig. 11 zu ersehen ist, tritt der Umschlag durch ein

[1] J. M. BURGERS: Proc. of the First Internat. Congr. for Appl. Mech., Delft S. 113, 1924.

[2] B. G. VAN DER HEGGE ZIJNEN: Measurements of the velocity distribution in the boundary layer along a plane surface. Thesis Delft 1924.

[3] M. HANSEN: Die Geschwindigkeitsverteilung in der Grenzschicht an einer eingetauchten Platte. Z. angew. Math. Mech. **8**, 185—199 (1928).

[4] H. L. DRYDEN: Some recent contributions to the study of transition and turbulent boundary layers. (Paper presented at the Sixth Internat. Congr. for Appl. Mech., Paris, Sept. 1946.) NACA T.N. 1168, 1947. Vgl. auch: Recent Advances in the mechanics of boundary layer flow. Adv. Appl. Mech. New York **1**, 2 (1948).

[5] G. B. SCHUBAUER u. H. K. SKRAMSTAD: Laminar boundary layer oscillations and stability of laminar flow. National Bureau of Standards Research Paper 1772. (Wiederabdruck eines geheimen NACA-Berichtes vom April 1943, später freigegeben als NACA War-time Report W-8). — J. Aeron. Sci. **14**, 69—78 (1947). — Vgl. auch NACA Rep. 909 (1948).

plötzliches starkes Anwachsen der Grenzschichtdicke in Erscheinung. In der laminaren Grenzschicht ist die dimensionslose Grenzschichtdicke $\delta/\sqrt{\nu x/U_\infty}$ konstant und etwa gleich 5. Die Auftragung in Fig. 11, wo diese dimensionslose Grenzschichtdicke über der mit der Lauflänge gebildeten Reynolds-Zahl $Re_x = U_\infty x/\nu$ dargestellt ist, zeigt für $Re_x > 3{,}2 \cdot 10^5$ ein plötzliches starkes Anwachsen. Hiermit verbunden ist ein auffälliger Wechsel in der Form der Geschwindigkeitsverteilung. In Fig. 12 ist nach Messungen von G. B. SCHUBAUER und P. S. KLEBANOFF[1] die Geschwindigkeitsverteilung im Übergangsbereich laminar-turbulent dargestellt, der sich in diesem Fall von $Re_x = 3 \cdot 10^6$ bis $4 \cdot 10^6$ erstreckt. Für das erste Geschwindigkeitsprofil ist die theoretische Kurve der laminaren Plattengrenzschicht nach BLASIUS und für das letzte das theoretische Gesetz der voll ausgebildeten turbulenten Strömung eingetragen. Man erkennt aus Fig. 12, wie sich im Umschlagsbereich das Geschwindigkeitsprofil allmählich vom laminaren zum turbulenten umbildet.

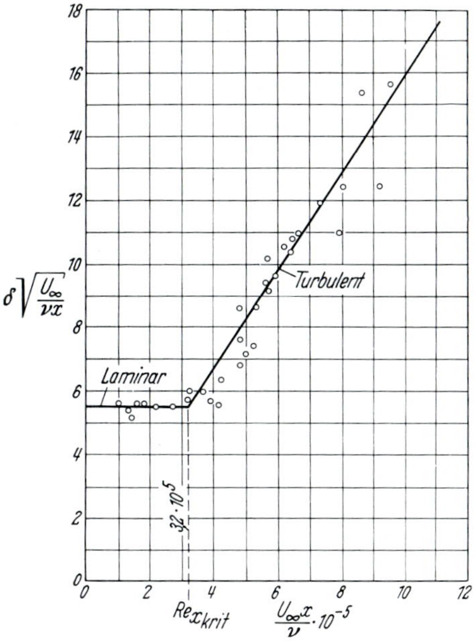

Fig. 11. Die Grenzschichtdicke δ der längsangeströmten ebenen Platte in Abhängigkeit von der Lauflänge x, nach Messungen von HANSEN (s. Fußnote 3, S. 360).

Wie Fig. 12 zeigt, tritt in der Grenzschicht im Umschlagsbereich beim Übergang von laminarer zu turbulenter Strömung in nächster Wandnähe eine beträchtliche Zunahme der Geschwindigkeit ein. Diesen Umstand kann man für eine

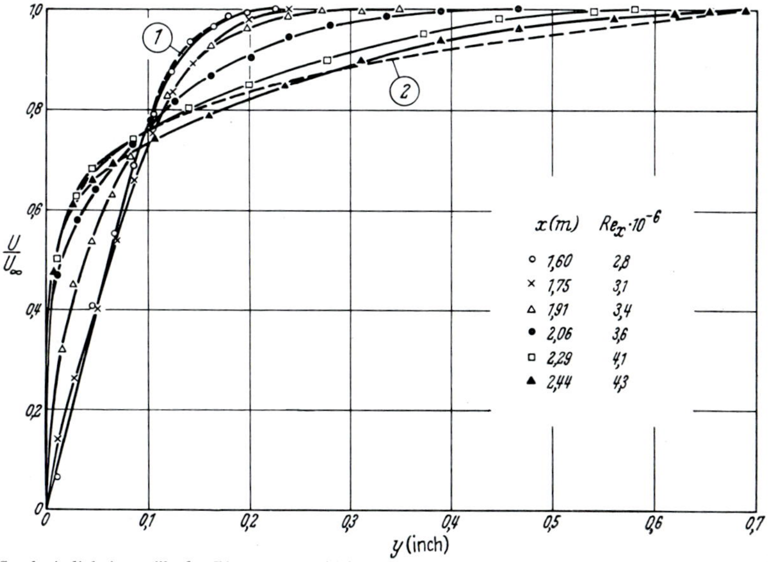

Fig. 12. Geschwindigkeitsprofile der Plattengrenzschicht im Bereich des Umschlages laminar-turbulent, nach Messungen von SCHUBAUER und KLEBANOFF[1]. Kurve (1): Blasius-Profil; Kurve (2): $\frac{1}{7}$-Potenzgesetz (Grenzschichtdicke $\delta = 1{,}8$ cm). Außengeschwindigkeit $U_\infty = 27$ m/sec. Turbulenzgrad $Tu = 0{,}03$ %.

[1] G. B. SCHUBAUER u. P. S. KLEBANOFF: Contributions on the mechanics of boundary layer transition. NACA T.N. 3489 (1955); NACA Rep. 1289 (1956).

bequeme Messung der Lage des Umschlagspunktes (oder besser des Umschlagsbereiches) ausnutzen. Das Prinzip ist in Fig. 13 dargestellt: Ein Staurohr oder ein Pitot-Rohr wird wandparallel in einem solchen Abstand verschoben, daß es sich mit seiner Achse in der Schicht des größten Geschwindigkeitsunterschiedes des laminaren und turbulenten Geschwindigkeitsprofiles befindet. Beim Durchschreiten des Umschlagsgebietes stromabwärts zeigt das Rohr ein ziemlich plötzliches Ansteigen des Staudruckes bzw. des Gesamtdruckes an. In Fig. 14 ist ein Beispiel einer solchen Messung aus einer Arbeit von E. G. FEINDT[1] angegeben. Es wurde der Umschlag der Grenzschicht auf der Innenwand eines schwach divergenten Kanales mit Kreisringquerschnitt für verschiedene Eintrittsgeschwindigkeiten U_1 gemessen. Die Staudruckanzeigen für die vier verschiedenen Geschwindigkeiten haben etwa gleichartigen Verlauf: Der linke abfallende Teil der Kurven entspricht der laminaren Grenzschicht, der anschließende steile

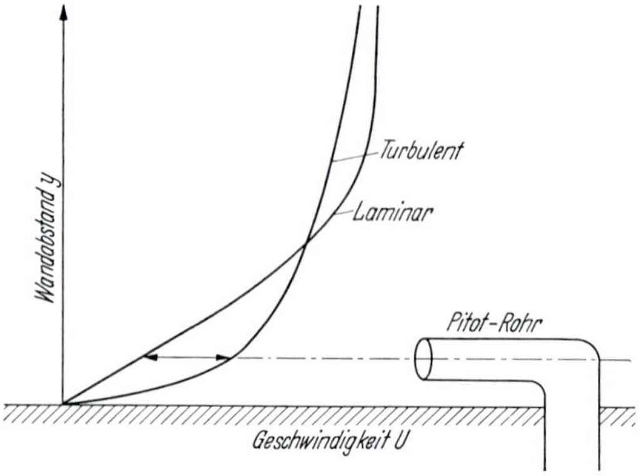

Fig. 13. Zur Messung des Umschlages laminar-turbulent mittels eines Pitot-Rohres.

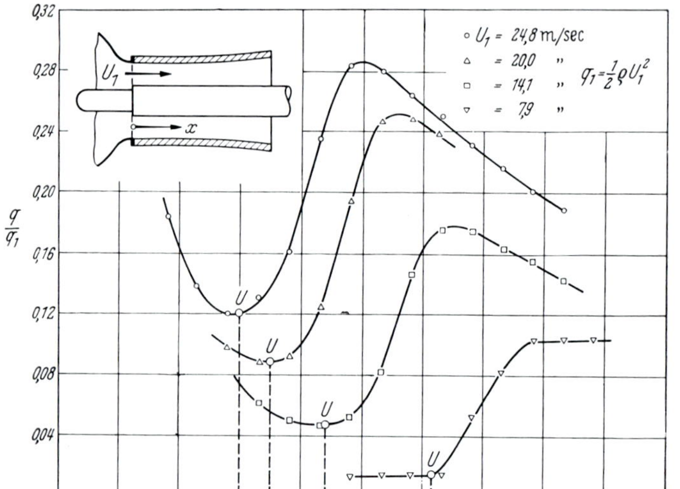

Fig. 14. Beispiel einer Messung des Umschlages laminar-turbulent mittels eines Pitot-Rohres in einem schwach divergenten Kanal von kreisringförmigem Querschnitt nach E. G. FEINDT[1]. q Staudruck an der Stelle x, q_1 Staudruck, U_1 Geschwindigkeit am Eintritt des Kanales. Druckanstieg $\frac{d}{dx}\left(\frac{p}{q_1}\right) = 0{,}37\ \mathrm{m}^{-1}$.

Anstieg dem Umschlagsgebiet und der rechte wieder abfallende Teil der voll turbulenten Grenzschicht. Die mit U bezeichneten Minima der Kurven geben den Anfang des Umschlagsbereiches; dieser rückt mit wachsender Eintrittsgeschwindigkeit U_1 nach vorn.

[1] E. G. FEINDT: Untersuchungen über die Abhängigkeit des Umschlages laminar-turbulent von der Oberflächenrauhigkeit und der Druckverteilung. Jb. schiffsbautechn. Ges. **50**, 180—202 (1956).

Ein besonders einfaches Gerät zur Bestimmung des Umschlagpunktes ist das Stau-Hörrohr (Stethoskop). Bei diesem wird das Staurohr nach Fig. 13 durch eine Schlauchleitung mit dem Ohr des Beobachters verbunden. Die Sonde kann

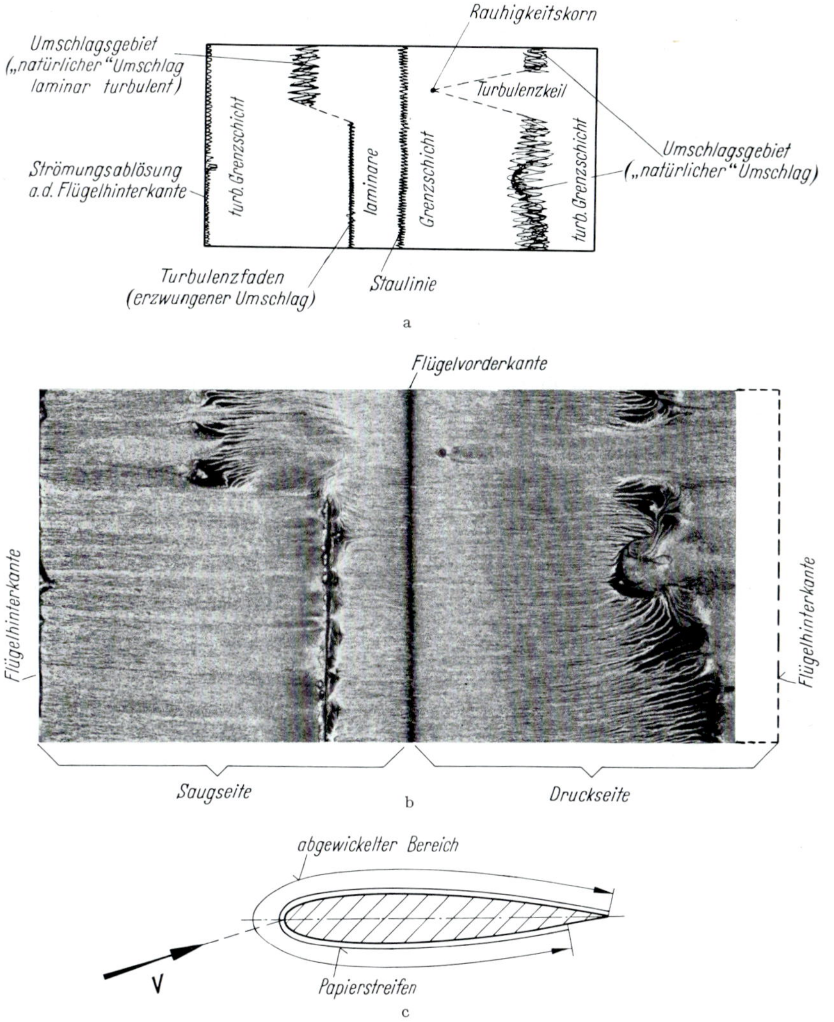

Fig. 15 a—c. Der Umschlag laminar-turbulent an einem Tragflügelprofil, sichtbar gemacht mittels eines Anstrichverfahrens, aus einer unveröffentlichten Arbeit von K. Nickel. Flügelprofil NACA 0015; Flügeltiefe $l = 110$ mm; Reynolds-Zahl $Re = V\,l/\nu = 4 \cdot 10^5$; Anströmgeschwindigkeit $V = 42$ m/sec, Auftriebsbeiwert $c_A \approx 0{,}05$. Ein um das Profil gelegter Papierstreifen wird mit einer Petroleum-Ruß-Mischung bespritzt und ergibt nach kurzzeitiger Anströmung das in der Abwicklung dargestellte Bild. Auf der Flügelsaugseite ist in einem Teilbereich der Umschlag durch einen Turbulenzdraht (Durchmesser 0,5 mm) erzwungen worden. Außerdem ist auf der Druckseite ein Rauhigkeitskorn (halbkugelförmig, Radius 0,5 mm) vorhanden, das hinter sich einen Turbulenzkeil erzeugt. In den übrigen Gebieten liegt „natürlicher“ Umschlag vor.

mit der freien Hand längs der Modell-Oberfläche geführt werden. Das Durchfahren der Umschlagstelle ist durch das Einsetzen eines typischen Rauschens zu erkennen.

Man kann den Umschlag in der Grenzschicht mittels eines Anstrichverfahrens auch sichtbar machen. Dies ist in Fig. 15 für das Beispiel eines Tragflügelprofiles dargestellt. Hierbei ist um das Profil ein Papierstreifen gelegt worden, der, mit einer Mischung von Ruß und Petroleum bespritzt, nach kurzer Zeit der Anströmung das in der Abwicklung dargestellte Strömungsbild liefert. Wie in der beigefügten Erläuterungsskizze angegeben, ist auf der einen Profilseite in einem Teilbereich der Umschlag durch einen Turbulenzdraht nach der Art von Fig. 10b erzeugt worden („erzwungener" Umschlag), während in den übrigen Gebieten „natürlicher" Umschlag vorliegt. Außerdem ist auf jeder Flügelseite je eine kornartige

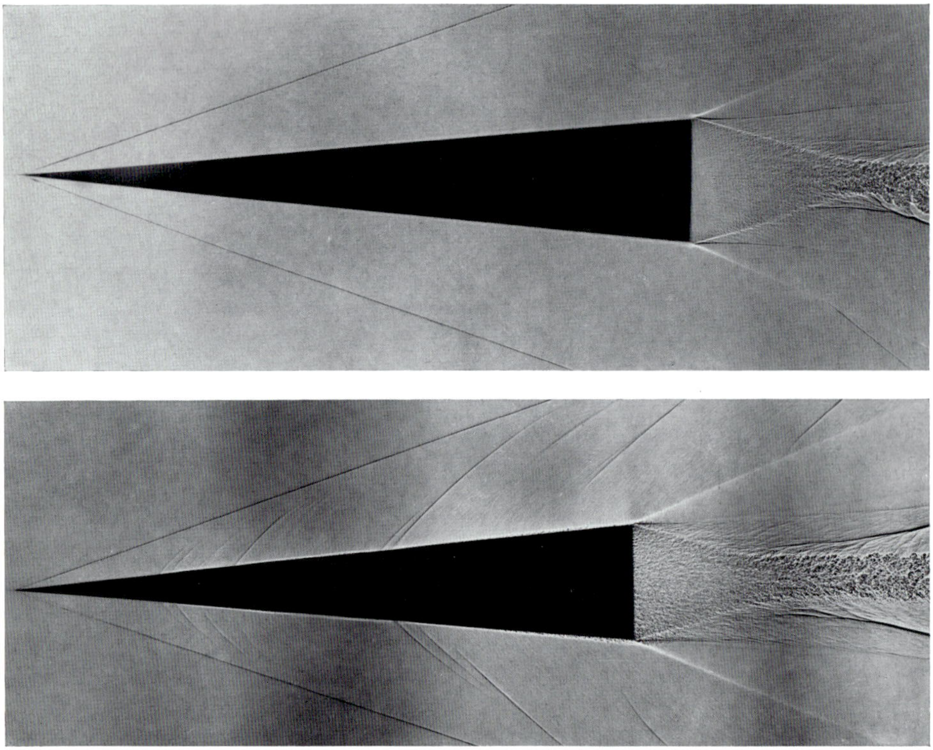

Fig. 16. Aufnahmen nach dem Schattenverfahren an einem Kegel im freien Flug bei Überschallgeschwindigkeit, $Ma = 3{,}2$, nach W. R. WITT jr. (s. Fußnote 1, S. 365). Oberes Bild: laminare Grenzschicht, unteres Bild: teilweise turbulente Grenzschicht.

Rauhigkeit nahe der Flügelnase vorhanden, die hinter sich einen Turbulenzkeil erzeugt. Besonders im Bereich des natürlichen Umschlages zeigt dieses Anstrichverfahren eigenartige Riefenbildungen und einen Verlauf der Wandstromlinien, der stark von der Richtung der äußeren Strömung abweicht. Auch erkennt man, daß im Falle des natürlichen Umschlages der Umschlagsbereich eine beträchtliche Breite hat.

Bei kompressiblen Strömungen lassen sich die auftretenden Dichteänderungen mit Hilfe optischer Methoden sichtbar machen. Da nun in turbulenten Grenzschichten bei Überschallgeschwindigkeit Dichteschwankungen vorkommen, die ebenso unregelmäßig wie die turbulenten Geschwindigkeiten sind, so kann man z.B. auf Schattenaufnahmen die turbulente Grenzschicht von der laminaren deutlich unterscheiden. Dieses Verfahren wird daher auch zur Untersuchung des Umschlags laminar-turbulent benutzt. Fig. 16 zeigt solche Aufnahmen nach dem Schattenverfahren für die Strömung um einen Kegel bei einer Mach-Zahl

$Ma = 3{,}2$ nach W. R. WITT jr.[1]. Dieses Bild wurde beim freien Flug durch eine unter Überdruck stehende ballistische Meßstrecke aufgenommen. Im oberen Bild ist die Grenzschicht laminar, im unteren ist sie teilweise laminar und teilweise turbulent. Bemerkenswert ist die Beobachtung, daß im Umschlaggebiet der Grenzschicht ebenso wie bei der Rohrströmung laminare und turbulente Bereiche miteinander abwechseln. Diese Erscheinung wird in Abschnitt IV erörtert werden.

γ) Laminarprofile. Bei solchen schlanken Körperformen, bei denen eine Ablösungsgefahr nicht besteht und deren Widerstand infolgedessen überwiegend aus Reibungswiderstand besteht, kann man den Widerstand durch eine Beeinflussung des Umschlages laminar-turbulent noch weiter verringern, indem man die Grenzschicht, die an sich bei großen Reynoldsschen Zahlen turbulent sein würde, durch besondere Maßnahmen laminar erhält. Die hierdurch erreichte

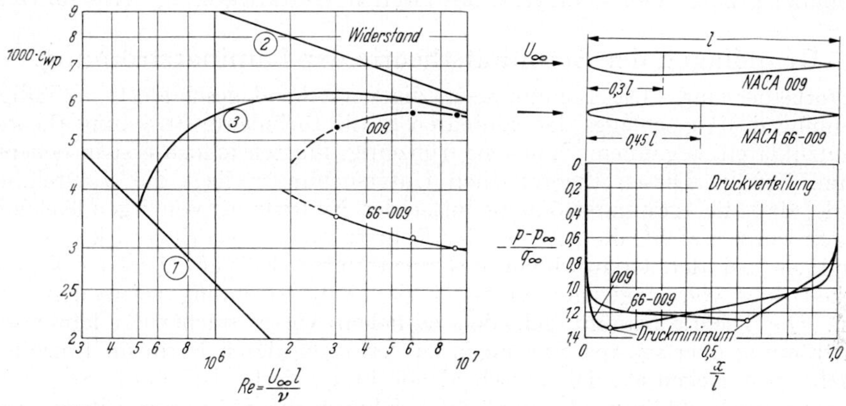

Fig. 17. Widerstandsbeiwerte und Druckverteilung eines „normalen" Profiles und eines Laminarprofiles (s. Fußnote 2, S. 366). *1* Widerstandsbeiwert der längsangeströmten ebenen Platte bei laminarer Strömung, *2* bei vollturbulenter Strömung, *3* vorn laminar, hinten turbulent, $Re_{x\,\text{krit}} = 5 \cdot 10^5$.

Widerstandsverminderung beruht darauf, daß der Reibungswiderstand bei laminarer Strömung sehr viel geringer ist als bei turbulenter Strömung.

Bei der längsangeströmten Platte gelingt die Laminarerhaltung der Grenzschicht und damit die Widerstandsverminderung durch Absaugung der Reibungsschicht. Hierüber wird in Abschnitt VI berichtet werden. Wesentlich einfacher ist die Laminarhaltung bei profilierten Körpern durch geeignete Formgebung zu erreichen, da der Druckgradient der Außenströmung einen sehr starken Einfluß auf den Umschlag der Grenzschicht hat (vgl. hierzu Abschnitt V). Im Gebiet des Druckabfalles bleibt die Grenzschicht im allgemeinen laminar, während ein geringer Druckanstieg meist den Umschlag in die turbulente Strömungsform herbeiführt. Die Lage des Druckminimums bestimmt also in erster Näherung die Lage der Umschlagsstelle. Da die Lage des Druckminimums in erster grober Näherung durch die Lage der größten Profildicke bestimmt wird, ergibt sich hieraus die einfache Regel, daß man Profile mit langen laminaren Laufstrecken der Grenzschicht und damit geringem Widerstand (sog. Laminarprofile) bei einer Zurückverlegung der größten Profildicke erhält. Als Beispiel hierfür sind in Fig. 17 die Widerstandsbeiwerte und die Druckverteilungen von zwei symmetrischen Tragflügelprofilen bei symmetrischer Anströmung angegeben. Das eine Profil ist ein „Normalprofil" mit einer Dickenrücklage von 30% der Sehnenlänge l und

[1] W. R. WITT jr.: Free flight boundary layer transition studies on cones. A paper given before the Midwestern Conference on fluid and solid mechanics at Purdue University, 9 and 10 Sept. 1955.

das andere ein Laminarprofil mit einer Dickenrücklage von 45%. Das Druckminimum liegt bei dem Normalprofil bei 0,1 l, dagegen bei dem Laminarprofil bei 0,65 l. Die Widerstandsbeiwerte des Laminarprofiles sind nur etwa halb so groß wie die des Normalprofiles. Zum Vergleich sind in Fig. 17 die theoretischen Kurven für den Widerstandsbeiwert der längsangeströmten ebenen Platte bei voll laminarer (Kurve (1)), bei voll turbulenter Grenzschicht (Kurve (2)), sowie bei einer Lage der Umschlagsstelle bei $Re_{x\,\mathrm{krit}} = 5 \cdot 10^5$ (Kurve (3)) mit eingetragen.

Dieser starke Einfluß des Druckgradienten auf den Umschlag laminar-turbulent wurde von H. DOETSCH[1] zuerst rein empirisch gefunden und erregte seinerzeit erhebliches Aufsehen. Später sind solche Laminarprofile in der flugtechnischen Aerodynamik in den USA in großem Umfang experimentell untersucht worden[2]. Die theoretische Aufklärung dieses Effektes durch die Stabilitätstheorie der Laminarströmung gelang bereits während des zweiten Weltkrieges, vgl. Abschnitt V.

II. Grundlagen der Stabilitätstheorie der Laminarströmung.

3. Vorbemerkung. Die Bemühungen, die vorstehend geschilderte auffällige Erscheinung des Umschlages der laminaren in die turbulente Strömung theoretisch aufzuklären, begannen schon sehr frühzeitig, führten jedoch erst in neuerer Zeit zum Erfolg. Diesen theoretischen Untersuchungen liegt die Vorstellung zugrunde, daß die Laminarströmung unter der Einwirkung von irgendwelchen kleinen Störungen steht, die z.B. bei der Rohrströmung vom Einlauf herrühren, während sie bei der Grenzschicht des umströmten Körpers von der Wandrauhigkeit oder von Ungleichmäßigkeiten der Außenströmung verursacht sein können. Die Theorie bemüht sich, den zeitlichen Ablauf solcher der laminaren Grundströmung überlagerten Störungen zu verfolgen, deren Form im Einzelfall noch näher festzulegen ist. Die entscheidende Frage hierbei ist, ob die Störungsbewegung zeitlich abklingt oder anwächst. Klingen die Störungen mit der Zeit ab, so wird die Grundströmung als stabil angesehen, wachsen sie zeitlich an, so ist die Grundströmung instabil, und es ist die Möglichkeit des Umschlages in die turbulente Strömungsform gegeben. Es wird auf diese Weise eine *Stabilitätstheorie* der Laminarströmung gewonnen, deren Ziel die theoretische Berechnung der kritischen Reynoldsschen Zahl für eine vorgegebene Laminarströmung ist. Der Grundgedanke einer solchen Stabilitätstheorie ist die zuerst von O. REYNOLDS[3] ausgesprochene Vermutung, daß die laminare Strömung, die als Lösung der hydrodynamischen Differentialgleichungen immer eine mögliche Strömung darstellt, oberhalb einer gewissen Grenze (eben der kritischen Reynoldsschen Zahl) instabil wird und in die turbulente Strömungsform umschlägt.

An der mathematischen Begründung dieser *Reynoldsschen Vermutung* ist durch viele Jahrzehnte gearbeitet worden, nach O. REYNOLDS selbst zunächst vor allem von Lord RAYLEIGH[4]. Diese theoretischen Bemühungen, die zu sehr komplizierten Rechnungen führten, waren zunächst lange Zeit ohne Erfolg geblieben. Erst seit Anfang der dreißiger Jahre ist das ursprüngliche Ziel der theoretischen Berechnung einer kritischen Reynoldsschen Zahl durch L. PRANDTL und seine Mitarbeiter in befriedigender Weise gelöst worden. Erst über zehn Jahre

[1] H. DOETSCH: Untersuchungen an einigen Profilen mit geringem Widerstand im Bereich kleiner c_a-Werte. Jb. dtsch. Luftfahrtforschg. **I**, 54—57 (1940).

[2] J. H. ABBOTT, A.E. v. DOENHOFF u. L. S. STIVERS: Summary of airfoil data. NACA Rep. 824, 1945.

[3] O. REYNOLDS: Sci. Papers **2** (1883). — On the dynamic theory of incompressible viscous fluids and the determination of the criterion. Phil. Trans. Roy. Soc. Lond. **1895**.

[4] Lord RAYLEIGH: On the instability of certain fluid motions. Proc. Lond. Math. Soc. **11**, 57 (1880); **19**, 67 (1887) (Sci. Papers **1**, 474; **3**, 17). Vgl. auch Sci. Papers **4**, 203 (1895); **6**, 197 (1913).

später gelang H. L. Dryden und seinen Mitarbeitern die experimentelle Bestätigung der Stabilitätstheorie, wobei eine glänzende Übereinstimmung von Theorie und Experiment erhalten wurde. In neuer Zeit hat C. C. Lin zwei zusammenfassende Berichte über die Stabilitätstheorie der Laminarströmung gegeben[1,2]; man vgl. auch H. Schlichting[3].

4. Grundlagen der Methode der kleinen Schwingungen. Bei der Stabilitätsuntersuchung der laminaren Strömung wird die Bewegung zerlegt in die Grundströmung, deren Stabilität untersucht werden soll, und eine überlagerte Störungsbewegung. Für die Grundströmung, die als stationär angesehen werden kann, seien die rechtwinkligen Geschwindigkeitskomponenten U, V, W und der Druck P. Die Grundströmung ist eine Lösung der Navier-Stokesschen Gleichungen oder der Grenzschichtgleichungen. Für die zeitlich veränderliche Störungsbewegung seien die entsprechenden Größen u', v', w' und p'. Für die resultierende Strömung hat man demnach für die Geschwindigkeit

$$u = U + u', \qquad v = V + v', \qquad w = W + w' \tag{4.1}$$

und für den Druck

$$p = P + p'. \tag{4.2}$$

In den meisten Fällen wird dabei vorausgesetzt, daß die Störungsgrößen klein sind im Vergleich zu den Werten der Grundströmung.

Die Untersuchung der Stabilität einer solchen gestörten Bewegung kann nach zwei verschiedenen Methoden ausgeführt werden. Bei der ersten Methode wird lediglich die zeitliche Änderung der Energie der Störungsbewegung ermittelt *(Energie-Methode)*. Aus dem zeitlichen Abnehmen oder Anwachsen der Energie der Störungsbewegung wird über Stabilität oder Instabilität entschieden. Dabei wird eine beliebige Form der Störungsbewegung zugelassen, die aber natürlich mit der Kontinuitätsgleichung verträglich sein muß. Diese Energiemethode, die hauptsächlich von H. A. Lorentz[4] ausgebaut wurde, hat nicht zum Erfolg geführt, und sie soll deshalb hier nicht näher behandelt werden.

Bei der zweiten Methode werden nur solche Störungsbewegungen zugelassen, die mit den hydrodynamischen Bewegungsgleichungen verträglich sind, und es wird der zeitliche Ablauf der Störungsbewegung auf Grund dieser Differentialgleichungen verfolgt. Dies ist die *Methode der kleinen Schwingungen*. Diese zweite Methode hat in neuerer Zeit zu einem vollen Erfolg geführt, und sie soll deshalb im folgenden etwas eingehender erörtert werden.

Die Navier-Stokesschen Gleichungen und die Kontinuitätsgleichung für die ebene Strömung einer inkompressiblen Flüssigkeit lauten:

$$\left.\begin{aligned}
\frac{\partial u}{\partial t} + u\frac{\partial u}{\partial x} + v\frac{\partial u}{\partial y} &= -\frac{1}{\varrho}\frac{\partial p}{\partial x} + \nu\left(\frac{\partial^2 u}{\partial x^2} + \frac{\partial^2 u}{\partial y^2}\right),\\
\frac{\partial v}{\partial t} + u\frac{\partial v}{\partial x} + v\frac{\partial v}{\partial y} &= -\frac{1}{\varrho}\frac{\partial p}{\partial y} + \nu\left(\frac{\partial^2 v}{\partial x^2} + \frac{\partial^2 v}{\partial y^2}\right),\\
\frac{\partial u}{\partial x} + \frac{\partial v}{\partial y} &= 0.
\end{aligned}\right\} \tag{4.3}$$

Es sei jetzt die Methode der kleinen Schwingungen für den Fall einer zweidimensionalen inkompressiblen Grundströmung und einer ebenfalls zweidimensionalen

[1] C. C. Lin: The theory of hydrodynamic stability, Cambridge: University Press 1955.

[2] C. C. Lin: On the Instability of Laminar Flow and its Transition to Turbulence. Boundary Layer Research, Symposium Freiburg i. Br. 1957. Berlin: Springer 1958, pp. 144—160.

[3] H. Schlichting: Über die Theorie der Turbulenzentstehung. Zusammenfassender Bericht. Vortrag VDI-Hauptversammlung 1949. Forsch.-Geb. Ing.-Wes. **16**, 65—78 (1950).

[4] H. A. Lorentz: Abh. theor. Phys. **1**, 43 (1907); (Neubearbeitung einer Arbeit aus dem Zittingsverlag Akad. v. Wet. Amsterdam, **6**, 28 (1897). Vgl. auch L. Prandtl, The mechanics of viscous fluids. In F. W. Durand, Aerodynamic Theory, Vol. 3, S. 34—208. 1935.

Störungsbewegung näher erläutert. Dabei soll die zugrunde gelegte Grundströmung nach Fig. 18 noch insofern besonders einfach sein, als die Komponente U nur von y abhängig sei, $U = U(y)$, während die beiden übrigen Geschwindigkeitskomponenten verschwinden, $V \equiv W \equiv 0$. Eine solche Schichtenströmung liegt bei einem Kanal oder einem Rohr von konstantem Querschnitt in genügender Entfernung vom Eintrittsquerschnitt exakt vor (x-Achse parallel zur Kanalachse, Fig. 18a). Aber auch die Grenzschichtströmung kann näherungsweise als eine solche Schichtenströmung angesehen werden, da hier die Abhängigkeit der Grundströmung U von der Längskoordinate x sehr viel geringer ist als von der Querkoordinate y, Fig. 18b. Für den Druck der Grundströmung muß naturgemäß auch eine Abhängigkeit von x angenommen werden, $P(x, y)$, da das Druckgefälle $\partial P/\partial x$ die Strömung treibt. Die vorgelegte Grundströmung hat also die Form:

$$U(y), \quad V \equiv W \equiv 0; \quad P(x, y). \tag{4.4}$$

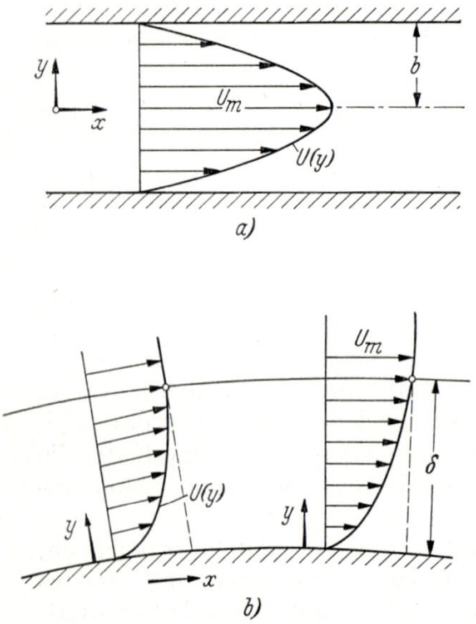

Fig. 18a u. b. Zweidimensionale Grundströmung $U(y)$ für die Stabilitätsuntersuchung. a Kanalströmung; b Grenzschichtströmung.

Dieser Grundströmung wird eine zweidimensionale Störungsbewegung überlagert, die auch von der Zeit abhängig ist. Für diese sind die Geschwindigkeitskomponenten und der Druck:

$$u'(x, y, t), \quad v'(x, y, t), \quad p'(x, y, t). \tag{4.5}$$

Damit ist dann die resultierende Bewegung nach Gl. (4.1):

$$\left.\begin{aligned} u &= U + u'; & v &= v'; \\ w &= 0; & p &= P + p'. \end{aligned}\right\} \tag{4.6}$$

Während die Grundströmung, Gl. (4.4), voraussetzungsgemäß eine Lösung der Navier-Stokesschen Gleichungen ist, hat die resultierende Bewegung nach Gl. (4.6) ebenfalls die Navier-Stokesschen Gleichungen zu erfüllen. Die überlagerte Störungsbewegung nach Gl. (4.5) wird als „klein" angenommen in dem Sinne, daß sämtliche quadratischen Glieder der Störungsbewegung gegenüber den linearen Gliedern vernachlässigt werden. Nähere Angaben über die Form der Störungsbewegung werden im nächsten Abschnitt gemacht. Es ist nun Aufgabe der Stabilitätsuntersuchung, festzustellen, ob für eine vorgelegte Grundströmung die Störungsbewegung zeitlich abklingt oder anwächst. Je nachdem, ob die Störungsbewegung zeitlich abklingt oder anwächst, bezeichnet man die Grundströmung als stabil oder instabil.

Durch Einsetzen von Gl. (4.6) in die Navier-Stokesschen Gleichungen der zweidimensionalen inkompressiblen instationären Strömung, Gl. (4.3), erhält man unter Vernachlässigung der in den Störungsgeschwindigkeiten quadratischen Glieder:

$$\begin{aligned} &\frac{\partial u'}{\partial t} + U\frac{\partial u'}{\partial x} + v'\frac{dU}{dy} + \frac{1}{\varrho}\frac{\partial P}{\partial x} + \frac{1}{\varrho}\frac{\partial p'}{\partial x} = \nu\left(\frac{d^2 U}{d y^2} + \Delta u'\right), \\ &\frac{\partial v'}{\partial t} + U\frac{\partial v'}{\partial x} \qquad\quad + \frac{1}{\varrho}\frac{\partial P}{\partial y} + \frac{1}{\varrho}\frac{\partial p'}{\partial y} = \nu\,\Delta v', \\ &\qquad\qquad\qquad\qquad \frac{\partial u'}{\partial x} + \frac{\partial v'}{\partial y} = 0. \end{aligned}$$

Dabei bedeutet Δ den Operator $\partial^2/\partial x^2 + \partial^2/\partial y^2$.

Beachtet man, daß die Grundströmung für sich allein die Navier-Stokesschen Gleichungen erfüllt, so vereinfachen sich diese Gleichungen zu:

$$\left.\begin{aligned} \frac{\partial u'}{\partial t} + U\frac{\partial u'}{\partial x} + v'\frac{dU}{dy} + \frac{1}{\varrho}\frac{\partial p'}{\partial x} &= \nu\,\Delta u', \\ \frac{\partial v'}{\partial t} + U\frac{\partial u'}{\partial x} \qquad\quad + \frac{1}{\varrho}\frac{\partial p'}{\partial y} &= \nu\,\Delta v', \end{aligned}\right\} \tag{4.7}$$

$$\frac{\partial u'}{\partial x} + \frac{\partial v'}{\partial y} = 0. \tag{4.8}$$

Dies sind drei Gleichungen für u', v', p'. Die zugehörigen Randbedingungen sind, daß die Störungsgeschwindigkeiten u' und v' an den begrenzenden Wänden verschwinden (Haftbedingung). Aus den beiden Gln. (4.7) läßt sich noch leicht der Druck p' eliminieren, so daß man dann zusammen mit der Kontinuitätsgleichung zwei Gleichungen für u' und v' hat.

Gegen die angesetzte Form der Grundströmung nach Gl. (4.4) könnte im Hinblick auf Grenzschichtströmungen der Einwand erhoben werden, daß die Änderung der Längskomponente der Geschwindigkeit der Grundströmung U mit x und auch die Normalkomponente V vernachlässigt werden. Von J. PRETSCH[1] wurde jedoch nachgewiesen, daß die hieraus resultierenden Glieder für die Stabilitätsuntersuchung einer Grenzschicht bedeutungslos sind, vgl. auch [2].

5. Form der Störungsbewegung. Der Grundströmung in der x-Richtung mit der Geschwindigkeit $U(y)$ nach Fig. 18 sei eine Störungsbewegung überlagert, die aus einzelnen Partialschwingungen aufgebaut ist, wobei jede Partialschwingung eine in der x-Richtung fortschreitende Welle ist. Für die als zweidimensional vorausgesetzte Störungsbewegung kann eine Stromfunktion $\psi(x, y, t)$ eingeführt werden, wodurch die Kontinuitätsgleichung (4.8) integriert ist. Für die Stromfunktion einer Partialschwingung der Störungsbewegung wird der Ansatz gemacht:

$$\psi(x, y, t) = \varphi(y)\, e^{i(\alpha x - \beta t)}. \tag{5.1}$$ [3]

Eine beliebige ebene Störungsbewegung denkt man sich nach FOURIER in solche Partialstörungen zerlegt. Hierbei ist α rein reell, und es bedeutet $\lambda = 2\pi/\alpha$ die Wellenlänge der Störung. Die Größe β ist komplex,

$$\beta = \beta_r + i\,\beta_i,$$

und es bedeutet β_r die Kreisfrequenz der Partialschwingung, während β_i über die Anfachung oder Dämpfung der Schwingung entscheidet. Ist $\beta_i < 0$, so wird die Schwingung gedämpft, und die Laminarströmung ist stabil, während für $\beta_i > 0$ Instabilität vorhanden ist.

Es ist zweckmäßig, neben α und β noch die aus ihnen gebildete Größe

$$c = \frac{\beta}{\alpha} = c_r + i\,c_i \tag{5.2}$$

[1] J. PRETSCH: Die Stabilität einer ebenen Laminarströmung bei Druckgefälle und Druckanstieg. Jb. dtsch. Luftfahrtforschg. **I**, 58–75 (1941).

[2] S. J. CHENG: On the stability of laminar boundary layer flow. Quart. Appl. Math. **11**, 346–350 (1953).

[3] Hier ist die bequeme komplexe Schreibweise verwendet worden. Physikalisch sinnvoll ist allein der Realteil der Stromfunktion, also

$$\mathrm{Re}(\psi) = e^{\beta_i t}\left[\varphi_r \cos(\alpha x - \beta_r t) - \varphi_i \sin(\alpha x - \beta_r t)\right],$$

wobei $\varphi = \varphi_r + i\varphi_i$ die komplexwertige Amplitudenfunktion bedeutet.

einzuführen. Es bedeutet c_r die Wellenfortpflanzungsgeschwindigkeit in der x-Richtung (Phasengeschwindigkeit), während wiederum c_i über Dämpfung oder Anfachung entscheidet, je nachdem, ob es negativ oder positiv ist. Die Amplitudenfunktion φ der Störungsbewegung ist nur von y abhängig angesetzt worden, da auch die Grundströmung nur von y abhängig ist. Aus Gl. (5.1) ergibt sich für die Geschwindigkeitskomponenten der Störungsbewegung:

$$u' = \frac{\partial \psi}{\partial y} = \varphi'(y)\, e^{i(\alpha x - \beta t)}, \tag{5.3}$$

$$v' = -\frac{\partial \psi}{\partial x} = -i\,\alpha\,\varphi(y)\, e^{i(\alpha x - \beta t)}. \tag{5.4}$$

Setzt man dies in Gl. (4.6) und (4.7) ein, so ergibt sich nach Elimination des Druckes für die Amplitudenfunktion $\varphi(y)$ die folgende gewöhnliche Differentialgleichung vierter Ordnung:

$$(U - c)(\varphi'' - \alpha^2 \varphi) - U''\varphi = -\frac{i}{\alpha\, Re}(\varphi'''' - 2\alpha^2\varphi'' + \alpha^4\varphi). \tag{5.5}$$

Diese *Störungsdifferentialgleichung*, die auch als *Orr-Sommerfeldsche Gleichung* bezeichnet wird, bildet den Ausgangspunkt der Stabilitätstheorie der Laminarströmung. Dabei sind in Gl. (5.5) dimensionslose Größen eingeführt worden, indem alle Längen auf eine geeignet gewählte Bezugslänge b oder δ (Kanalbreite oder Grenzschichtdicke nach Fig. 18) und alle Geschwindigkeiten auf die Maximalgeschwindigkeit U_m der Grundströmung bezogen wurden. Der Strich bedeutet die Differentiation nach der dimensionslosen Koordinate y/δ, und es bedeutet

$$Re = \frac{U_m\, b}{\nu} \quad \text{oder} \quad Re = \frac{U_m\, \delta}{\nu}$$

die für die vorgelegte Laminarströmung (Grundströmung) charakteristische Reynoldssche Zahl. Die Glieder der linken Seite von Gl. (5.5) rühren her von den Trägheitsgliedern, diejenigen der rechten Seite von den Reibungsgliedern der Bewegungsgleichungen. Die Randbedingungen sind z.B. für eine Grenzschichtströmung, daß an der Wand ($y=0$) und in großem Wandabstand (Außenströmung) beide Komponenten der Störungsgeschwindigkeit verschwinden.

Dies ergibt:

$$\left.\begin{aligned} y = 0:&\quad u' = v' = 0:\quad \varphi = 0,\quad \varphi' = 0,\\ y = \infty:&\quad u' = v' = 0:\quad \varphi = 0,\quad \varphi' = 0. \end{aligned}\right\} \tag{5.6}$$

Ein Einwand, der gegen die hier angesetzte Form der Störungsbewegung erhoben werden könnte, ist, daß auch bei zweidimensionaler Grundströmung die Störungsbewegung dreidimensional anzusetzen wäre, um eine vollständige Stabilitätsuntersuchung zu erhalten. Dieser Einwand ist durch eine Untersuchung von H. B. Squire[1] widerlegt worden, der durch einen Ansatz von Störungen, die auch in der z-Richtung periodisch sind, zeigen konnte, daß bei dreidimensionalen Störungen eine ebene Strömung erst bei höheren Reynoldsschen Zahlen instabil wird als bei zweidimensionalen. Die zweidimensionalen Störungen sind in diesem Sinne also „gefährlicher" als die dreidimensionalen. Die kritische Reynoldssche Zahl als niedrigste Stabilitätsgrenze erhält man also gerade bei Annahme zweidimensionaler Störungen.

6. Das Eigenwertproblem. Die Stabilitätsuntersuchung einer Laminarströmung ist nun ein Eigenwertproblem der Störungsdifferentialgleichung (5.5) mit den

[1] H. B. Squire: On the stability of threedimensional disturbances of viscous fluid between parallel walls. Proc. Roy. Soc. Lond., Ser. A **142**, 621 (1933).

Randbedingungen (5.6). Bei vorgegebener Grundströmung $U(y)$ enthält Gl. (5.5) vier Parameter, nämlich Re, α, c_r und c_i. Von diesen ist die Reynolds-Zahl der Grundströmung ebenfalls vorgegeben; aber auch die Wellenlänge der Störungsbewegung $\lambda = 2\pi/\alpha$ kann als vorgegeben angesehen werden. Die Differentialgleichung (5.5) mit den Randbedingungen (5.6) liefert dann zu jedem Wertepaar α, Re eine Eigenfunktion $\varphi(y)$ und einen komplexen Eigenwert $c = c_r + i\,c_i$. Dabei gibt c_r die Phasengeschwindigkeit der vorgegebenen Partialschwingung, während c_i durch sein Vorzeichen über die Anfachung ($c_i > 0$) oder Dämpfung ($c_i < 0$) entscheidet. Der Grenzfall $c_i = 0$, der identisch ist mit $\beta_i = 0$, gibt die neutralen (indifferenten) Störungen. Man kann das Ergebnis der Stabilitätsrechnung für eine vorgelegte Laminarströmung in der Weise darstellen, daß jedem Punkt der Re, α-Ebene ein Wertepaar c_r, c_i zugeordnet wird. Insbesondere trennt die Kurve $c_i = 0$ die stabilen von den instabilen Störungen; sie heißt die *Indifferenzkurve* (Fig. 19). Von dieser Indifferenzkurve interessiert besonders die Stelle mit der kleinsten Reynoldsschen Zahl, die durch die Tangente an die Indifferenzkurve parallel zur α-Achse gegeben ist. Diese Tangente gibt diejenige Reynoldssche Zahl an, unterhalb welcher alle Partialschwingungen gedämpft sind, während oberhalb von ihr wenigstens einige angefacht sind. Diese kleinste Reynoldssche Zahl auf der Indifferenzkurve ist die *theoretische kritische Reynoldssche Zahl* oder *Stabilitätsgrenze* der untersuchten Laminarströmung.

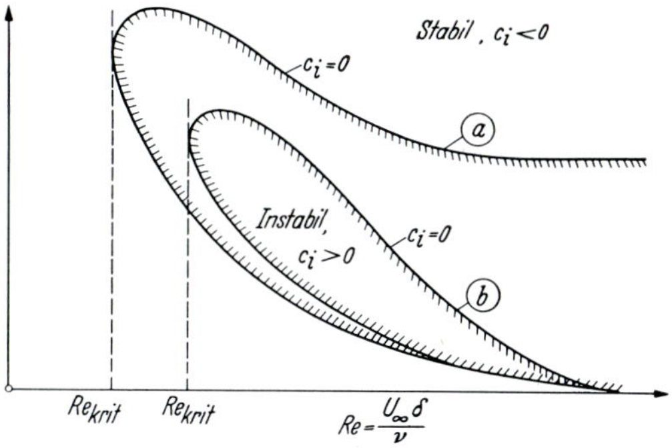

Fig. 19. Indifferenzkurven als Ergebnis der Stabilitätsuntersuchung. a „Reibungslose" Instabilität, b „zähe" Instabilität.

Auf Grund der oben besprochenen Versuchsergebnisse über den laminar- turbulenten Umschlag erwartet man, daß bei kleinen Reynoldsschen Zahlen, bei denen die Strömung laminar ist, bei allen Wellenlängen nur stabile Störungen vorhanden sind, während bei größeren Reynoldsschen Zahlen, wo die Strömung turbulent ist, mindestens für einige Wellenlängen instabile Störungen auftreten. Es sei schon hier ausdrücklich bemerkt, daß nicht erwartet werden kann, daß die aus der Stabilitätsuntersuchung erhaltene theoretische kritische Reynoldssche Zahl mit der experimentell ermittelten Reynoldsschen Zahl beim Umschlag laminar-turbulent übereinstimmt. Bei der Grenzschichtströmung längs einer Wand z.B. gibt die aus der Stabilitätsrechnung erhaltene theoretische kritische Reynoldssche Zahl diejenige Stelle an der Wand an, von der aus stromabwärts eine Anfachung einiger Partialschwingungen erfolgt. Es dauert aber eine gewisse Zeit, bis durch die Anfachung dieser instabilen Störungen Turbulenz entstanden ist. Bis dahin ist die instabile Störung weiter stromabwärts gewandert. Es ist deshalb zu erwarten, daß die Stelle des beobachteten Umschlages laminar-turbulent weiter stromabwärts liegt als die theoretisch errechnete Stabilitätsgrenze, oder mit anderen Worten, daß die experimentelle kritische Reynoldssche Zahl größer ist als die theoretische kritische Reynoldssche Zahl, und zwar gilt dies sowohl für die mit der Lauflänge als auch für die mit der Grenzschichtdicke gebildeten Reynoldsschen Zahlen. Um die theoretische und experimentelle kritische Reynoldssche Zahl zu unterscheiden, nennen wir die Stelle, an der die theoretische kritische Reynoldssche Zahl (Stabilitätsgrenze) erreicht wird, den *Indifferenzpunkt* und die Stelle, wo die Strömung experimentell turbulent wird, den *Umschlagspunkt*.

Das hiermit kurz umrissene Stabilitätsproblem ist in seiner mathematischen Durchführung außerordentlich schwierig. Wegen der großen mathematischen Schwierigkeiten wurde das erstrebte Ziel der Berechnung der kritischen Reynoldsschen Zahl trotz größter Anstrengungen zunächst jahrzehntelang nicht erreicht. Im folgenden ist deshalb auch eine lückenlose Darstellung der Stabilitätstheorie nicht möglich. Wir müssen uns vielmehr darauf beschränken, die wichtigsten Ergebnisse zu referieren.

7. Allgemeine Eigenschaften der Störungsdifferentialgleichung. Da auf Grund des experimentellen Befundes die Stabilitätsgrenze $c_i = 0$ bei großen Reynoldsschen Zahlen erwartet wird, ist es naheliegend, die allgemeine Störungsdifferentialgleichung (5.5) dadurch zu vereinfachen, daß man die mit dem kleinen Faktor $1/Re$ behafteten Reibungsglieder der rechten Seite gegenüber den Trägheitsgliedern der linken Seite vernachlässigt. Man erhält dann die sog. reibungslose Störungsdifferentialgleichung

$$(U - c)(\varphi'' - \alpha^2 \varphi) - U'' \varphi = 0. \tag{7.1}$$

Da diese Gleichung von zweiter Ordnung ist, können von den vier Randbedingungen (5.6) der vollständigen Störungsdifferentialgleichung jetzt nur noch zwei erfüllt werden. Diese sind entsprechend der reibungslosen Strömung das Verschwinden der Normalkomponente der Störungsgeschwindigkeit an beiden Wänden bei einer Kanalströmung bzw. an der Wand und in großem Wandabstand bei einer Grenzschichtströmung. Für letztere gilt also:

$$y = 0: \quad \varphi = 0; \quad y = \infty: \varphi = 0. \tag{7.2}$$

Die Streichung der Reibungsglieder bedeutet einen sehr schwerwiegenden Eingriff, da hierdurch die Ordnung der Differentialgleichung von vier auf zwei erniedrigt wird, und dadurch möglicherweise wichtige Eigenschaften der allgemeinen Störungsdifferentialgleichung verloren gehen. Auf Grund dieser reibungslosen Störungsdifferentialgleichung konnte bereits Lord RAYLEIGH[1] einige wichtige Feststellungen über die Stabilität laminarer Geschwindigkeitsprofile treffen, die später bei Hinzunahme des Reibungseinflusses in der Störungsdifferentialgleichung bestätigt werden konnten.

Ein erster wichtiger allgemeiner Satz dieser Art ist das sog. *Wendepunktkriterium*. Dieses besagt, daß Geschwindigkeitsprofile mit Wendepunkt instabil sind. Während Lord RAYLEIGH lediglich das Vorhandensein eines Wendepunktes als notwendige Bedingung für das Auftreten instabiler Schwingungen nachweisen konnte, hat viel später W. TOLLMIEN[2] gezeigt, daß das Vorhandensein eines Wendepunktes auch eine hinreichende Bedingung für das Vorhandensein angefachter Schwingungen ist. Dieses Wendepunktkriterium ist von grundlegender Bedeutung für die ganze Stabilitätstheorie, da es — unter dem Vorbehalt einer Korrektur infolge des vernachlässigten Zähigkeitsflusses — eine erste grobe Klassifizierung aller Laminarströmungen bezüglich ihrer Stabilität gibt. Praktisch ist es von großer Wichtigkeit, da das Vorhandensein eines Wendepunktes im Geschwindigkeitsprofil unmittelbar mit dem Druckgradienten der Strömung zusammenhängt. Bei Kanalströmungen nach Fig. 20a hat man im konvergenten Kanal mit Druckabfall sehr völlige Geschwindigkeitsprofile ohne Wendepunkt, dagegen im divergenten Kanal mit Druckanstieg spitze Geschwindigkeits-

---

[1] Lord RAYLEIGH: Sci. Papers **1**, 474 (1880); **3**, 17 (1887); **4**, 203 (1895); **6**, 197 (1913).

[2] W. TOLLMIEN: Ein allgemeines Kriterium der Instabilität laminarer Geschwindigkeitsverteilungen. Nachr. Ges. Wiss. Göttingen, math.-phys. Kl. Fachgr. I **1**, 79—114 (1935); engl. Übersetzung in NACA Techn. Mem. Nr. 792, 1936.

profile mit Wendepunkt. Die gleichen Formunterschiede der Geschwindigkeitsprofile hat man auch in der laminaren Grenzschicht an einem umströmten Körper nach Fig. 20b. Nach der Grenzschichttheorie haben die Geschwindigkeitsprofile im Druckabfallgebiet keinen Wendepunkt, dagegen diejenigen im Druckanstieggebiet immer einen Wendepunkt. Somit gibt das Wendepunktkriterium unmittelbar eine Aussage über den Einfluß des Druckgradienten auf die Stabilität, insbesondere für die Strömung in der Grenzschicht: Druckabfall wirkt stabilisierend, Druckanstieg wirkt instabilisierend. Somit ist bei der Umströmung eines Körpers für die Reibungsschicht im Druckanstieggebiet (verzögerte Strömung)

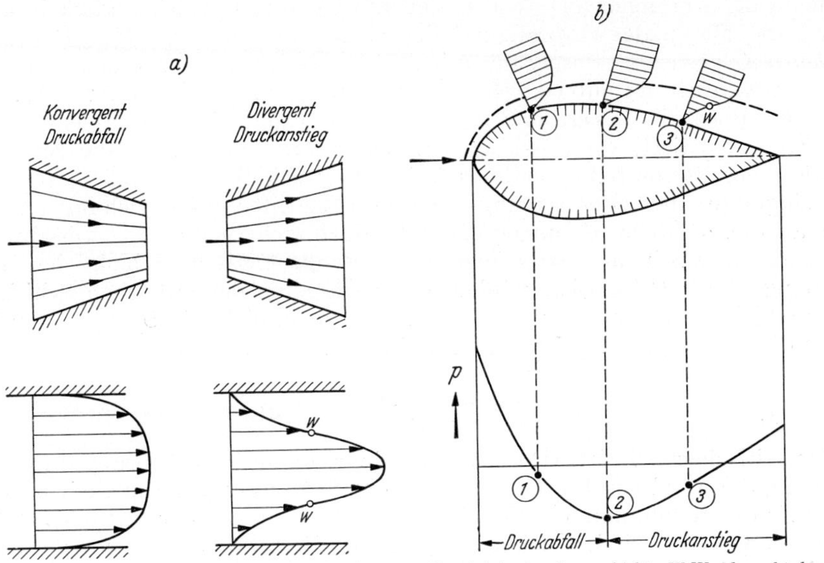

Fig. 20a u. b. Laminare Geschwindigkeitsprofile a im Kanal, b in der Grenzschicht. *W* Wendepunkt des Geschwindigkeitsprofiles.

eine wesentlich größere Neigung zum Turbulentwerden zu erwarten als im Druckabfallgebiet (beschleunigte Strömung). Daraus folgt, daß bei einem umströmten Körper die Lage des Druckminimums von ganz entscheidendem Einfluß auf die Lage der Umschlagstelle ist. Es gilt die einfache Regel, daß in grober Näherung die Lage des Druckminimums die Lage der Umschlagstelle bestimmt, derart daß die Umschlagstelle nahe hinter dem Druckminimum liegt.

Der hier noch vernachlässigte Einfluß der Zähigkeit ändert an diesem Ergebnis nur wenig. Man bezeichnet diese soeben besprochene Instabilität auch als *reibungslose Instabilität,* da die Laminarströmung schon instabil ist bei Vernachlässigung des Reibungseinflusses auf die Störungsbewegung. In dem Stabilitätsdiagramm von Fig. 19 ist die reibungslose Instabilität durch den Typus *a* der Indifferenzkurve gegeben. Es existiert schon bei $Re = \infty$ ein gewisser instabiler Bereich von Störungswellenlängen, der zu den kleineren Reynoldsschen Zahlen hin durch die Indifferenzkurve gegenüber dem stabilen Bereich abgegrenzt wird.

Demgegenüber tritt eine *zähe Instabilität* mit einer Indifferenzkurve vom Typus *b* in Fig. 19 z.B. bei den laminaren Grenzschichtprofilen ohne Wendepunkt auf. Für unendlich große Reynoldssche Zahlen schrumpft der Bereich der instabilen Störungswellenlängen auf Null zusammen, und es existiert nur ein Bereich instabiler Schwingungen im Bereich endlich großer Reynoldsscher Zahlen. Im ganzen ist das Maß der Anfachung bei der reibungslosen Instabilität

(Geschwindigkeitsprofile mit Wendepunkt) sehr viel größer als bei der zähen Instabilität (Geschwindigkeitsprofile ohne Wendepunkt).

Die zähe Instabilität kann nur aufgedeckt werden, wenn man die vollständige Störungsdifferentialgleichung heranzieht. Sie ist deshalb schwieriger zu behandeln als die reibungslose Instabilität. Die einfachste Grenzschichtströmung, nämlich diejenige entlang einer ebenen Wand ohne Druckgradient, gehört zu dem Typus, bei dem lediglich zähe Instabilität besteht. Sie ist deshalb erst verhältnismäßig spät erfolgreich behandelt worden.

Ein zweiter, wichtiger, allgemeiner Satz besagt, daß bei Grenzschichtprofilen für neutrale Störungen ($c_i = 0$) die Wellenfortpflanzungsgeschwindigkeit kleiner ist als die Maximalgeschwindigkeit der Grundströmung, $c_r < U_m$. Dieser Satz wurde mit gewissen einschränkenden Voraussetzungen ebenfalls schon von Lord Rayleigh[1] und unter allgemeineren Voraussetzungen später von W. Tollmien[2] bewiesen. Er besagt, daß für neutrale Störungen im Innern der Strömung eine Stelle existiert, wo $U - c = 0$ ist. Diese Tatsache ist für die Stabilitätstheorie ebenfalls von fundamentaler Bedeutung: Die Stelle $U - c = 0$ ist nämlich eine singuläre Stelle der reibungslosen Störungsdifferentialgleichung (7.1). Es wird an dieser Stelle φ'' unendlich, falls dort nicht gerade U'' verschwindet. Man nennt die Schicht $y = y_K$, wo $U = c$ ist, die kritische Schicht der Grundströmung. Falls $U_K'' \neq 0$ ist, wird in der Umgebung der kritischen Schicht, wo $U - c = U_K'(y - y_K)$ gesetzt werden kann, φ'' unendlich wie $U_K''/U_K'(y - y_K)$ und damit die x-Komponente der Geschwindigkeit:

$$u' = \varphi' \sim \frac{U_K''}{U_K'} \cdot \ln (y - y_K). \tag{7.3}$$

In der kritischen Schicht wird also nach der reibungslosen Störungsdifferentialgleichung die wandparallele Komponente der Störungsgeschwindigkeit u' unendlich, falls die Krümmung des Geschwindigkeitsprofiles in der kritischen Schicht nicht gerade verschwindet. Diese Singularität, die für die Diskussion der Stabilität eine fundamentale Rolle spielt, verschwindet erst bei Hinzunahme der Reibung.

Aus diesen beiden Rayleighschen Sätzen folgt, daß die Krümmung des Geschwindigkeitsprofiles für die Stabilität der Laminarströmung eine wichtige Rolle spielt. Gleichzeitig ist damit gezeigt, daß man im Hinblick auf Stabilitätsuntersuchungen an die Berechnung der Geschwindigkeitsprofile der Grundströmung recht hohe Genauigkeitsansprüche zu stellen hat: Es muß nicht nur $U(y)$, sondern auch noch die zweite Ableitung $d^2 U/dy^2$ ausreichend genau vorhanden sein.

III. Ergebnisse der Stabilitätstheorie für die Grenzschicht an der längsangeströmten ebenen Platte und für das Poiseuillesche Parabelprofil.

8. Einige ältere Stabilitätsuntersuchungen. Bei den weiteren Stabilitätsuntersuchungen nach Lord Rayleigh beschränkte man sich zunächst ausschließlich auf die Couette-Strömung, d.i. die lineare Geschwindigkeitsverteilung zwischen zwei parallelen ebenen Wänden. Die sehr ausführliche Diskussion mit voller Berücksichtigung der Zähigkeit durch A. Sommerfeld[3], R. v. Mises[4] und

[1] Siehe Fußnote 1, S. 372.
[2] W. Tollmien: Göttinger Monographie über Grenzschichten, Teil B 3. 1946.
[3] A. Sommerfeld: Atti del congr. Internat. dei Mat. Rome 1908.
[4] R. v. Mises: Heinrich Weber Festschrift (1912). — Jber. dtsch. Math.-Ver. **1912**.

L. HOPF[1] ergab Stabilität für alle Reynoldsschen Zahlen und alle Störungswellenlängen. Nach diesem negativen Ergebnis hielt man zeitweise die Methode der kleinen Schwingungen für ungeeignet zur Lösung des Problems Umschlag laminar-turbulent. Doch erwies sich diese Ansicht als unberechtigt, da die Couette-Strömung ein allzu spezielles Beispiel ist, und da die Krümmung des Geschwindigkeitsprofiles so wesentlich ist, daß man sie nicht vernachlässigen darf.

Im Jahre 1921 griff dann L. PRANDTL[2] die theoretische Behandlung des Stabilitätsproblems wieder auf. Um die Stabilität einer laminaren Grenzschicht längs einer ebenen Wand zu behandeln, wurden ebenso wie schon früher bei Lord

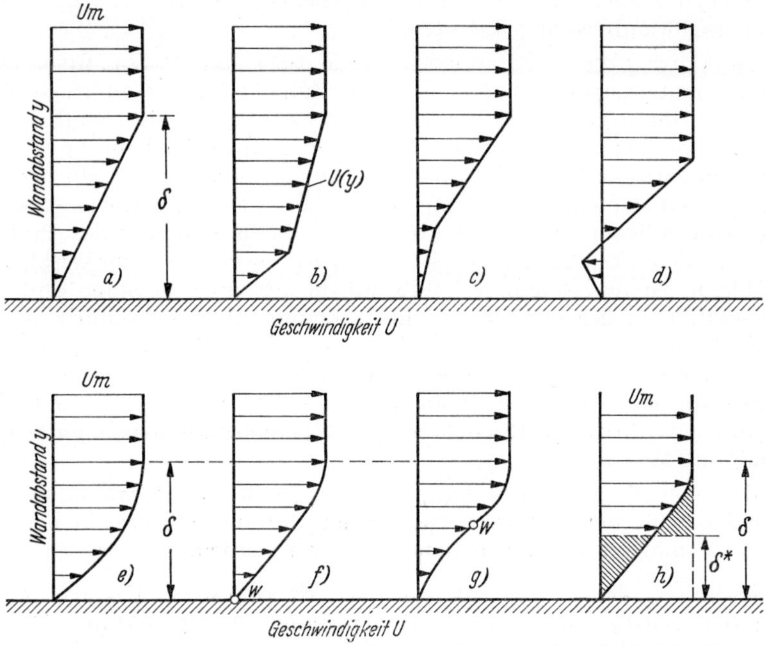

Fig. 21 a—h. Zur Stabilitätsuntersuchung von laminaren Grenzschichtprofilen. $U(y)$ Geschwindigkeitsverteilung; U_m Außenströmung; δ Grenzschichtdicke; δ^* Verdrängungsdicke der Grenzschicht; W Wendepunkt des Geschwindigkeitsprofils. Profile vom Typus *a*, *b*, *e*, *f* sind für $Re = \infty$ stabil, Profile vom Typus *c*, *d*, *g* instabil. Profile vom Typus *e* liegen vor bei Druckabfall, *f* bei Gleichdruck, *g* bei Druckanstieg.

RAYLEIGH aus Gründen der mathematischen Einfachheit Geschwindigkeitsverteilungen zugrunde gelegt, die aus Geradenstücken bestehen (Fig. 21). Rechnungen von O. TIETJENS[3] auf Grund der reibungslosen Störungsdifferentialgleichung (7.1) ergaben für konvexe Ecken (Fig. 21a und b) Stabilität, dagegen für einspringende Ecken (Fig. 21c und d) Instabilität. Damit lag die Vermutung nahe, daß Geschwindigkeitsprofile mit Wendepunkt (Fig. 21g) instabil sind, was dann später von TOLLMIEN[4] bewiesen wurde, vgl. Abschnitt II.

Um für Geschwindigkeitsprofile vom instabilen Typus (Fig. 21c und d) eine kritische Reynoldssche Zahl als Stabilitätsgrenze zu erhalten, wurden von TIETJENS[3] in der vollständigen Störungsdifferentialgleichung (5.5) dann auch die

[1] L. HOPF: Ann. d. Phys. **44**, 1 (1914); **59**, 538 (1919). Man vgl. auch den zusammenfassenden Bericht von F. NOETHER, Z. angew. Math. Mech. **1**, 125—138 (1921).

[2] L. PRANDTL: Bemerkungen über die Entstehung der Turbulenz. Z. angew. Math. Mech. **1**, 431—436 (1921). — Phys. Z. **23**, 19 (1922).

[3] O. TIETJENS: Beiträge zur Entstehung der Turbulenz. Diss. Göttingen 1922. — Z. angew. Math. Mech. **5**, 200—217 (1924).

[4] Siehe Fußnote 2, S. 372.

größten Reibungsglieder berücksichtigt, wovon man natürlich eine Dämpfung erwartete. Der Einfluß der Zähigkeit auf die Störungsbewegung erstreckte sich dabei nur auf einen sehr kleinen Teilbereich des ganzen Geschwindigkeitsprofiles in unmittelbarer Wandnähe (Erfüllung der Haftbedingung). Die Rechnungen führten zu dem ganz unerwarteten Ergebnis, daß durch Berücksichtigung des Einflusses der Zähigkeit auf die Störungsbewegung nicht nur Geschwindigkeitsprofile vom instabilen Typus (Fig. 21c und d) bei kleinen Reynoldsschen Zahlen keine Dämpfung erfuhren, sondern daß sich sogar für Profile vom Typus *a* und *b* in Fig. 21, die reibungslos gerechnet stabil sind, eine Anfachung ergab für alle Reynoldsschen Zahlen und alle Störungswellenlängen, auf die das Näherungsverfahren angewandt werden konnte.

Die Aufklärung dieses Paradoxons wurde 1929 von W. TOLLMIEN[1] gegeben. TOLLMIEN konnte zeigen, daß der Einfluß der Zähigkeit auf die Störungsbewegung nicht nur in unmittelbarer Wandnähe berücksichtigt werden muß, wie es bei O. TIETJENS geschah, sondern außerdem auch noch in der Umgebung der kritischen Schicht, wo die Wellenfortpflanzungsgeschwindigkeit der Störung mit der Geschwindigkeit der Grundströmung übereinstimmt, und wo, wie oben gezeigt, die u'-Geschwindigkeit unendlich wird, wenn die Krümmung des Profiles von Null verschieden ist. Auch in dieser *kritischen Schicht*, wo in Wirklichkeit u' endlich bleibt, ist der Reibungseinfluß auf die Störungsbewegung groß. Dieser Reibungseinfluß in der kritischen Schicht kommt aber nur dann zum Tragen, wenn die Krümmung des Geschwindigkeitsprofiles berücksichtigt wird. Dies ist von W. TOLLMIEN in der angegebenen Arbeit ausgeführt worden, und es hat sich dabei für die Grenzschicht an der längsangeströmten ebenen Platte eine Stabilitätsgrenze (kritische Reynoldssche Zahl) ergeben, welche in guter Übereinstimmung mit Messungen ist.

Da das von W. TOLLMIEN entwickelte Verfahren der Stabilitätsrechnung die Grundlage für den weiteren Ausbau der Stabilitätstheorie in neuerer Zeit geworden ist, möge es hier etwas näher erläutert werden.

9. Berechnung der Indifferenzkurve nach W. TOLLMIEN. Um das Randwertproblem der vollständigen Störungsdifferentialgleichung (5.5) mit den Randbedingungen (5.6) formulieren zu können, hat man zunächst ein Fundamentalsystem $\varphi_1, \varphi_2, \varphi_3, \varphi_4$ dieser Differentialgleichung zu beschaffen. Da die Beschaffung von vier Partikularlösungen der allgemeinen Störungsdifferentialgleichung (5.5) sehr schwierig ist, geht man so vor, daß man sich ein erstes Lösungspaar φ_1, φ_2 aus der reibungslosen Störungsdifferentialgleichung (7.1) beschafft und ein zweites Lösungspaar φ_3, φ_4 aus einer aus der vollständigen Störungsgleichung (5.5) hergeleiteten neuen Gleichung, welche nur das wichtigste Reibungsglied enthält.

α) Reibungslose Lösungen. Als Grundströmung $U(y)$ werde ein Grenzschichtprofil nach Fig. 21h angenommen, das in einem endlichen Wandabstand δ an die Außenströmung $U = U_m = \text{const}$ anschließt. Für das Gebiet der Außenströmung läßt sich für die reibungslose Störungsdifferentialgleichung (7.1) sofort die Lösung angeben; sie lautet mit Erfüllung der Randbedingung bei $y = \infty$:

$$\varphi = e^{-\alpha y}. \tag{9.1}$$

Für neutrale Störungen existiert, wie oben ausgeführt wurde, eine Stelle $U - c_r = 0$, die mit $y = y_K$ (kritische Schicht) bezeichnet werden möge. Das Lösungspaar

[1] W. TOLLMIEN: Über die Entstehung der Turbulenz. I. Mitteilung. Nachr. Ges. Wiss. Göttingen, math.-phys. Kl. **1929**, 21—44.

φ_1, φ_2 der reibungslosen Differentialgleichung (7.1) läßt sich mit Hilfe von Potenzreihen nach $y - y_K$ darstellen in der Form:

$$\left.\begin{aligned} \varphi_1 &= (y - y_K) \cdot P_1, \\ \varphi_2 &= P_2 + \varphi_1 \cdot \frac{U_K''}{U_K'} \ln (y - y_K). \end{aligned}\right\} \tag{9.2}$$

Dabei bedeuten U_K' und U_K'' die Werte von dU/dy bzw. d^2U/dy^2 an der Stelle $y = y_K$ und P_1 und P_2 Potenzreihen in $(y - y_K)$. Da φ_2' bei $y = y_K$ unendlich ist, wird nach dieser reibungslosen Lösung die x-Komponente der Störungsgeschwindigkeit in der kritischen Schicht unendlich. Die Lösung φ_2 bedarf also in der Umgebung von $y = y_K$ einer Korrektur durch die Reibung. Diese Reibungskorrektur muß auch darüber Auskunft geben, welcher Zweig des vieldeutigen Logarithmus beim Übergang von positivem zu negativem $y - y_K$ zu nehmen ist.

β) Reibungskorrektur. Um diese Reibungskorrektur für φ_2 und das andere Lösungspaar φ_3, φ_4 zu berechnen, wird aus Gl. (5.5) eine vereinfachte Störungsgleichung hergeleitet, welche nur die größten Reibungsglieder enthält. Führt man die neue Variable η ein durch

$$\eta = \frac{y - y_K}{\varepsilon}$$

mit

$$\varepsilon = (\alpha\, Re\, U_K')^{-\frac{1}{3}}, \tag{9.3}$$

so erhält man für $\varphi(\eta)$ die Differentialgleichung

$$i\,\varphi'''' + \eta\,\varphi'' = \varepsilon \frac{U_K''}{U_K'}. \tag{9.4}$$

Dabei ist ε im allgemeinen eine kleine Größe.

Die Reibungskorrektur für φ_2 erhält man aus dieser Gleichung, indem man setzt

$$\varphi_2^{(1)} = 1 + \varepsilon\,\varphi_{21}.$$

Dies liefert für $\varphi_{21}(\eta)$ aus (9.4) die Differentialgleichung

$$i\,\frac{d^4\varphi_{21}}{d\eta^4} + \eta\,\frac{d^2\varphi_{21}}{d\eta^2} = \frac{U_K''}{U_K'}.$$

Für die Größe η muß die Lösung dieser Gleichung an die reibungslose Lösung φ_2 angeschlossen werden. Die von W. TOLLMIEN durchgeführte eingehende Diskussion ergibt, daß, wenn für $y - y_K > 0$ in (9.2) der Logarithmus rein reell genommen wird, er dann für negative $y - y_K$ zu $\ln|y - y_K| - i\pi$ zu nehmen ist.

Dies bedeutet, daß man für die u'-Komponente der Störungsgeschwindigkeit bei positivem $y - y_K$ zu nehmen hat:

$$\frac{U_K''}{U_K'} \ln (y - y_K) \cos (\alpha x - \beta t), \tag{9.5a}$$

und bei negativem $y - y_K$:

$$\frac{U_K''}{U_K'} \ln |y - y_K| \cdot \cos (\alpha x - \beta t) + \pi \frac{U_K''}{U_K'} \sin (\alpha x - \beta t). \tag{9.5b}$$

Beim Durchgang durch die kritische Schicht tritt somit ein *Phasensprung* in der u'-Komponente ein, der auch beim Grenzübergang zu sehr großen Reynoldsschen Zahlen bestehen bleibt. Dieser Phasensprung ist für den Mechanismus der Störungsbewegung von grundlegender Bedeutung.

Das zweite Lösungspaar φ_3, φ_4 erhält man aus (9.4), indem man die rechte Seite gleich Null setzt, also aus

$$i\,\varphi'''' + \eta\,\varphi'' = 0. \tag{9.6}$$

Das Lösungspaar φ_3, φ_4 ist von der Grundströmung $U(y)$ gar nicht abhängig; es kann deshalb ein für allemal berechnet werden. Mit Rücksicht auf die Randbedingungen kommt von den beiden Lösungen nur diejenige in Frage, welche für große η stark abklingt, sie möge mit φ_3 bezeichnet werden. Man erhält somit als Lösung von (9.6):

$$\varphi_3(\eta) = \int\limits_{\infty}^{\eta}\int\limits_{\infty}^{\eta''} \eta'^{\frac{1}{2}} H_{\frac{1}{3}}^{(1)}\left[\tfrac{2}{3}(i\,\eta')^{\frac{3}{2}}\right] d\eta'\,d\eta'',$$

wo $H_{\frac{1}{3}}^{(1)}$ die Hankelsche Funktion erster Art bedeutet. Diese Funktion ist zuerst von O. TIETJENS[1] und später mit größerer Genauigkeit von H. HOLSTEIN[2] tabuliert worden.

γ) Das Eigenwertproblem. Hiermit läßt sich jetzt das Eigenwertproblem in folgender Weise formulieren: Die Grundströmung $U(y)$ sei eine Grenzschichtströmung, die bei $y = \delta$ an die konstante Außenströmung anschließt. Es gilt somit für $y > \delta$ die Lösung (9.1), oder $\varphi' + \alpha\varphi = 0$ für $y \geq \delta$. Die allgemeine Lösung der vollständigen Störungsdifferentialgleichung setzt sich aus den drei Partikular-Integralen $\varphi_1, \varphi_2, \varphi_3$ zusammen in der Form

$$\varphi = C_1\,\varphi_1 + C_2\,\varphi_2 + C_3\,\varphi_3.$$

Da die Lösung φ_3 für große y stark abklingt, braucht man für $y = \delta$ diese nicht zu berücksichtigen. Man hat deshalb als erste Randbedingung:

$$C_1\,\Phi_{1\delta} + C_2\,\Phi_{2\delta} = 0,$$

wobei zur Abkürzung $\Phi_{\nu\delta} = \varphi'_{\nu\delta} + \alpha\,\varphi_{\nu\delta}$ gesetzt worden ist ($\nu = 1,2$). An der Wand, Index w, muß nach (5.6) φ und φ' verschwinden. Hier muß die Reibungslösung φ_3 berücksichtigt werden, somit:

$$C_1\,\varphi_{1w} + C_2\,\varphi_{2w} + C_3\,\varphi_{3w} = 0,$$
$$C_1\,\varphi'_{1w} + C_2\,\varphi'_{2w} + C_3\,\varphi'_{3w} = 0.$$

Aus diesen drei homogenen Gleichungen für C_1, C_2, C_3 ergibt sich die Determinantenbedingung

$$\begin{vmatrix} \varphi_{1w} & \varphi_{2w} & \varphi_{3w} \\ \varphi'_{1w} & \varphi'_{2w} & \varphi'_{3w} \\ \Phi_{1\delta} & \Phi_{2\delta} & 0 \end{vmatrix} = 0$$

oder ausgerechnet

$$\frac{\varphi_{3w}}{\varphi'_{3w}} = \frac{\varphi_{2w}\,\Phi_{1\delta} - \varphi_{1w}\,\Phi_{2\delta}}{\varphi'_{2w}\,\Phi_{1\delta} - \varphi'_{1w}\,\Phi_{2\delta}}. \tag{9.7}$$

Aus dieser Gleichung müssen weiterhin für eine neutrale Schwingung die zusammengehörigen Eigenwerte, nämlich Wellenlänge der Störung $\lambda = 2\pi/\alpha$, Wellenfortpflanzungsgeschwindigkeit c_r und Reynoldssche Zahl Re nach einem numerischen oder graphischen Verfahren ermittelt werden. Die rechte Seite dieser

---

[1] Siehe Fußnote 3, S. 375.

[2] H. HOLSTEIN: Über die äußere und innere Reibungsschicht bei Störungen laminarer Strömungen. Z. angew. Math. Mech. **30**, 25–49 (1950).

Gleichung, welche nur die beiden reibungslosen Lösungen enthält, hängt nur ab von α und c_r. Die linke Seite, welche nur die Reibungslösung φ_3 enthält, hängt nur ab von $\eta_w = -y_K/\varepsilon = -y_K(\alpha Re\, U'_K)^{\frac{1}{3}}$. Um die komplexe Gleichung (9.7) zu lösen, wird in einem Polardiagramm einmal die linke Seite mit η_w als Parameter aufgetragen, und zum andern die rechte Seite bei festem c_r mit α als Parameter. Aus den zwei Schnittpunkten der beiden Kurven lassen sich die Werte c_r, α und Re der Indifferenzkurve ermitteln. Dabei entsprechen die zwei Schnittpunkte je einem Punkt auf dem oberen und unteren Zweig der Indifferenzkurve (Fig. 23).

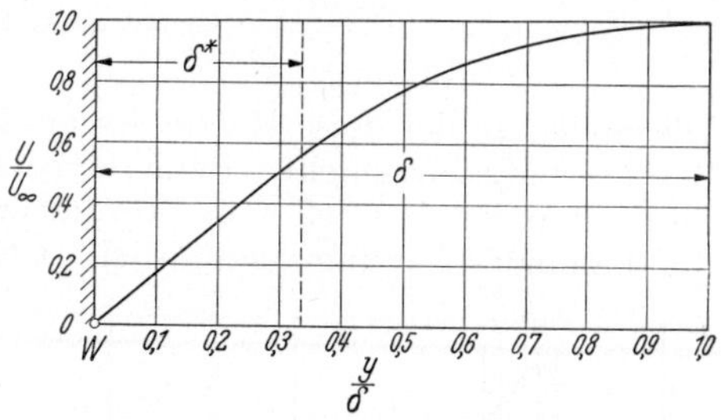

Fig 22. Die Geschwindigkeitsverteilung in der laminaren Grenzschicht an der längsangeströmten ebenen Platte, nach H. Blasius[2]. δ Grenzschichtdicke; $\delta = 5{,}2\sqrt{\nu x/U_\infty}$. δ^* Verdrängungsdicke der Grenzschicht, Gl. (10.1). W Wendepunkt des Geschwindigkeitsprofiles.

10. Ergebnisse für die Plattengrenzschicht. Nach diesem Verfahren wurde zuerst von W. Tollmien[1] die Stabilität der Reibungsschicht an der längsangeströmten ebenen Platte untersucht. Das Geschwindigkeitsprofil der Plattengrenzschicht nach H. Blasius[2] ist in Fig. 22 dargestellt. Die Geschwindigkeitsprofile an den verschiedenen Stellen längs der Platte sind zueinander affin, d.h. sie fallen zusammen, wenn man sie über $y/\delta(x)$ aufträgt. Dabei ist $\delta(x)$ die Grenzschichtdicke, für die $\delta = 5{,}2\sqrt{\nu x/U_\infty}$ ist, während für die Verdrängungsdicke (vgl. Fig. 22) gilt:

$$\delta^* = 1{,}72\sqrt{\frac{\nu x}{U_\infty}}. \qquad (10.1)$$

Das Geschwindigkeitsprofil hat einen Wendepunkt an der Wand; es ist also $d^2U/dy^2 = 0$ für $y = 0$. Bezüglich des in Ziff. 7 erwähnten Wendepunktkriteriums liegt also dieses Profil gerade auf der Grenze zwischen den Profilen ohne Wendepunkt, die reibungslos gerechnet stabil sind, und denen mit Wendepunkt, die reibungslos instabil sind. Dieses Blasiussche Geschwindigkeitsprofil ist von demjenigen Typus, der lediglich eine zähe Instabilität besitzt, d.h. daß angefachte Schwingungen sich nur ergeben, wenn man den Einfluß der Zähigkeit auf den Ablauf der Störungsbewegung in Betracht zieht.

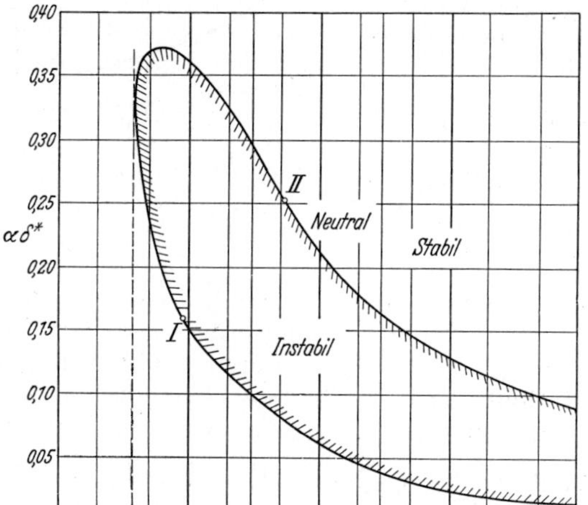

Fig. 23. Indifferenzkurve für die Störungswellenlängen $\alpha\delta^*$ in Abhängigkeit von der Reynoldsschen Zahl Re für die Grenzschicht an der längsangeströmten ebenen Platte (Blasius-Profil nach Fig. 22).

Die Indifferenzkurven, wie sie sich nach der in Ziff. 9 erläuterten Rechnung ergeben, sind in Fig. 23 und 24 dargestellt. Die Zustände auf den Kurven selbst stellen die neutralen Schwingungen dar; der Bereich innerhalb der Kurven ist instabil und außerhalb der Kurven stabil. Für sehr große Reynoldssche Zahlen

[1] Siehe Fußnote 1, S. 376.

[2] H. Blasius: Grenzschichten in Flüssigkeiten mit kleiner Reibung. Z. Math. Phys. **56**, 1 (1908).

gehen beide Zweige der Indifferenzkurve gegen Null. Die kleinste Reynoldssche Zahl, bei welcher noch eine indifferente Störung existiert, ist die kritische Reynoldssche Zahl mit

$$\left(\frac{U_\infty \delta^*}{\nu}\right)_{\text{krit}} = Re_{\text{krit}} = 420 \quad \text{(Indifferenzpunkt)}.$$

Die Stelle, an der diese Reynoldssche Zahl erreicht wird, ist der *Indifferenzpunkt* der Plattengrenzschicht. Bemerkenswert ist, daß nach Fig. 23 und 24 nur ein sehr schmaler Bereich von Störungswellenlängen und Störungsfrequenzen für die Laminarströmung „gefährlich" ist. Ebenso wie für die Reynoldssche Zahl eine untere Grenze existiert, gibt es für die Störungsparameter eine obere Grenze, nach deren Überschreiten keine Instabilität mehr eintritt. Es ergibt sich

$$\frac{c_r}{U_\infty} = 0{,}42; \qquad \alpha\,\delta^* = 0{,}37;$$
$$\frac{\beta_r \delta^*}{U_\infty} = 0{,}15.$$

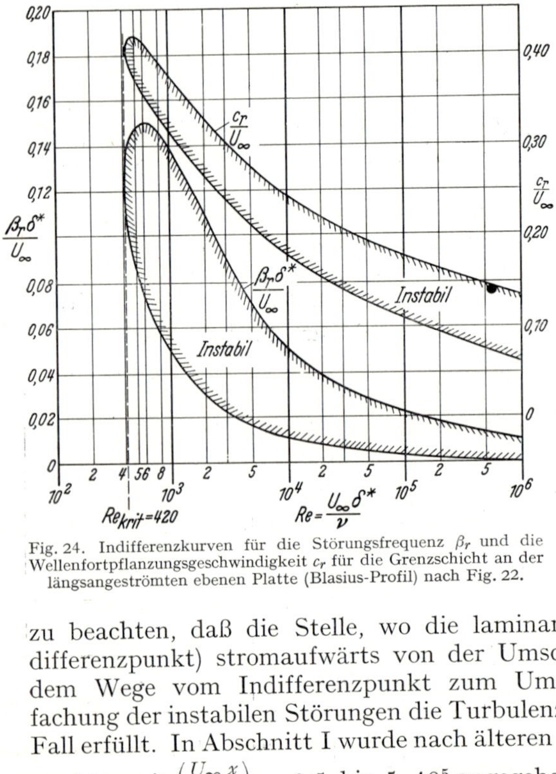

Fig. 24. Indifferenzkurven für die Störungsfrequenz β_r und die Wellenfortpflanzungsgeschwindigkeit c_r für die Grenzschicht an der längsangeströmten ebenen Platte (Blasius-Profil) nach Fig. 22.

Auffällig ist die recht große Wellenlänge der instabilen Störungen im Vergleich zur Grenzschichtdicke. Die kleinste instabile Wellenlänge ist

$$\lambda_{\min} = \frac{2\pi}{0{,}37}\,\delta^* = 17{,}0\,\delta^* \approx 6\,\delta.$$

Der Vergleich dieser theoretischen Ergebnisse mit Versuchen soll im nächsten Abschnitt näher erörtert werden. Hier sei nur kurz folgendes bemerkt: Es ist zu beachten, daß die Stelle, wo die laminare Grenzschicht instabil wird (Indifferenzpunkt) stromaufwärts von der Umschlagstelle zu erwarten ist, da auf dem Wege vom Indifferenzpunkt zum Umschlagspunkt erst durch die Anfachung der instabilen Störungen die Turbulenz entsteht. Dies ist im vorliegenden Fall erfüllt. In Abschnitt I wurde nach älteren Messungen die Lage des Umschlagspunktes mit $\left(\frac{U_\infty x}{\nu}\right)_u = 3{,}5$ bis $5 \cdot 10^5$ angegeben. Dies entspricht nach Gl. (10.1)

$$\left(\frac{U_\infty \delta^*}{\nu}\right)_u = 950 \quad \text{(Umschlagspunkt)}.$$

Wie weit Indifferenzpunkt und Umschlagspunkt auseinander liegen, hängt unter anderem vom Turbulenzgrad der Außenströmung ab, vgl. Abschnitt IV.

Um eine nähere Einsicht in den Mechanismus der Störungsbewegung zu erhalten, sind von H. SCHLICHTING[1] für einige neutrale Schwingungen auch die Eigenfunktionen $\varphi(y)$ ermittelt worden. Damit wird es möglich, das Stromlinienbild der gestörten Strömung für die neutralen Schwingungen zu zeichnen. Ein Beispiel hierfür ist in Fig. 25 angegeben. Später hat W. TOLLMIEN[2] die in seiner

[1] H. SCHLICHTING: Amplitudenverteilung und Energiebilanz der kleinen Störungen bei der Plattenströmung. Nachr. Ges. Wiss. Göttingen, math.-phys. Kl. Fachgr. I **1**, 47–78 (1935).

[2] W. TOLLMIEN: Asymptotische Integration der Störungsdifferentialgleichung ebener laminarer Strömungen bei hohen Reynoldsschen Zahlen. Z. angew. Math. Mech. **25/27**, 33–50 (1947).

Arbeit von 1929 benutzten asymptotischen Abschätzungen der Näherungslösungen durch eine eingehende Fehlerabschätzung mit in jeder Weise befriedigendem Ergebnis gesichert.

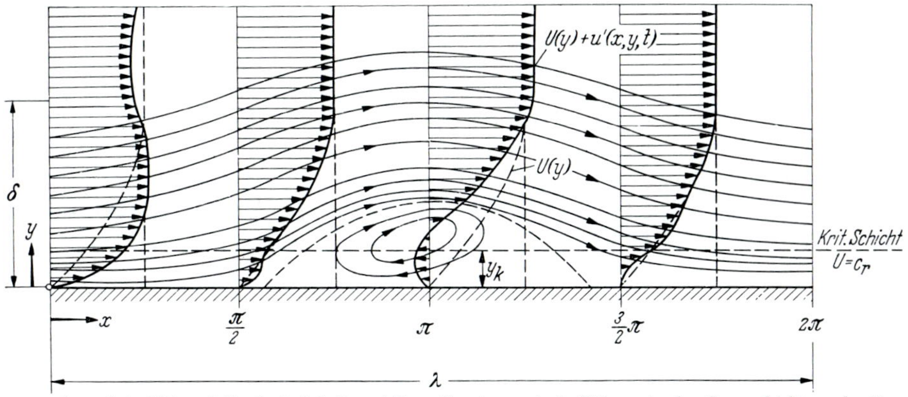

Fig. 25. Stromlinienbild und Geschwindigkeitsverteilung für eine neutrale Störung in der Grenzschicht an der längsangeströmten ebenen Platte (Störung I in Fig. 23).

Der Abstand zwischen Instabilitätspunkt und Umschlagspunkt wird maßgeblich von der Größe der *Anfachung* der instabilen Störungen bestimmt. Einen Aufschluß über die Stärke der Anfachung erhält man jedoch, wenn man für die Störungsparameter im Innern der Indifferenzkurve die Anfachungsgröße $c_i > 0$ ermittelt. Dies wurde für die Plattengrenzschicht zuerst von H. Schlichting[1] ausgeführt und neuerdings von S. F. Shen[2] wiederholt. Fig. 26 zeigt das Ergebnis für die Plattengrenzschicht.

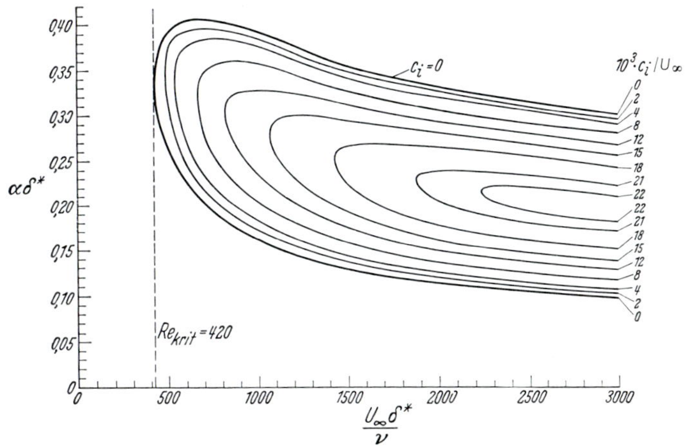

Fig. 26. Anfachungskurven für die Grenzschicht an der längsangeströmten ebenen Platte, nach S. F. Shen[2].

Es liegt die Vermutung nahe, daß zu einem gegebenen Wertepaar *Re* und α der Störungsgleichung (5.5) nicht nur ein einziges c, sondern unendlich viele diskret gelegene Eigenwerte gehören. Dies wird durch Untersuchungen von D. Grohne[3] bestätigt, bei denen für die gerade Couette-Strömung und die ebene Poiseuille-Strömung eine Anzahl von Eigenwerten als Funktion der Reynolds-Zahl bei festgehaltenem α berechnet wurden. Hierüber wurde auch von Tollmien[4] berichtet.

[1] H. Schlichting: Zur Entstehung der Turbulenz bei der Plattenströmung. Nachr. Ges. Wiss. Göttingen, math.-phys. Kl. **1933**, 181—208. Vgl. auch Z. angew. Math. Mech. **13**, 171—174 (1933).

[2] S. F. Shen: Calculated amplified oscillations in the plane Poiseuille and Blasius flows. J. Aeron. Sci. **21**, 62—64 (1954).

[3] D. Grohne: Über das Spektrum bei Eigenschwingungen ebener Laminarströmungen. Z. angew. Math. Mech. **34**, 344—357 (1954).

[4] W. Tollmien: Miscellen der Turbulenzforschung. Teoria della Turbolenza **2** Centro Internazionale di Matematica Estivo (CIME) Torino (1957). 43 S.

In neuerer Zeit hat J.T. STUART[1] den Vorgang der Anfachung der instabilen Störungen unter Berücksichtigung der nichtlinearen Glieder zu berechnen versucht. Wesentlich ist hierbei, daß durch das Anwachsen der Störungen die Grundströmung verzerrt wird. Hierdurch wird die Energieübertragung von der Hauptbewegung (Grundströmung) auf die Nebenbewegung (Störströmung) geändert, da sie proportional zu dU/dy ist. Dies wirkt sich so aus, daß im späteren Stadium die Störungen nicht mehr linear mit $e^{\beta_i t}$ anwachsen, sondern einem endlichen Wert zustreben, der vom Anfangswert der Störung unabhängig ist. Man vgl. hierzu Ziff. 14.

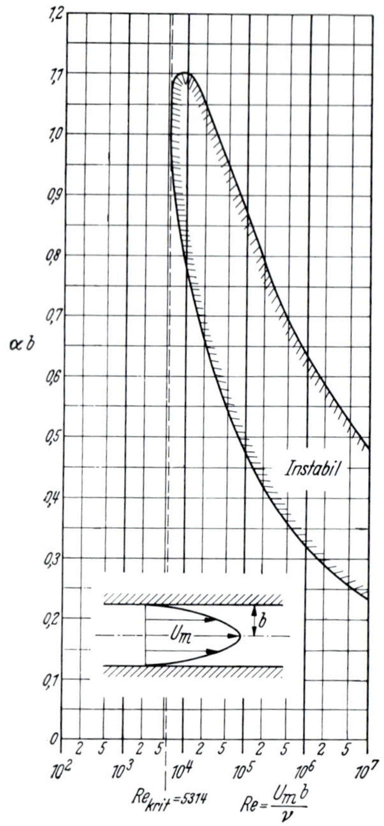

Fig. 27. Indifferenzkurve für die parabolische Geschwindigkeitsverteilung zwischen zwei parallelen ebenen Platten (Poiseuille-Strömung), nach C. C. LIN[2].

11. Ergebnisse für das Parabelprofil. Nachdem die experimentelle Bestätigung der Stabilitätstheorie bereits bekannt war, ist sie von C.C. LIN[2] einer Nachrechnung unterzogen worden, wobei sich in allen wesentlichen Punkten mit den Ergebnissen von TOLLMIEN und SCHLICHTING Übereinstimmung ergeben hat. Bei dieser Gelegenheit ist von C. C. LIN auch für die ebene laminare Kanalströmung mit der parabolischen Geschwindigkeitsverteilung die Indifferenzkurve ermittelt worden. Sie ist in Fig. 27 wiedergegeben. Die kritische Reynoldssche Zahl, bezogen auf die Maximalgeschwindigkeit U_m und die halbe Kanalbreite b, ergibt sich zu

$$Re_{\text{krit}} = \left(\frac{U_m b}{\nu}\right)_{\text{krit}} = 5314.$$

Die kleinste instabile Störungswellenlänge ist nach Fig. 27

$$\lambda_{\min} = 5{,}7\, b.$$

Sie ist also von etwa gleicher Größe wie für die Plattengrenzschicht, wo $\lambda_{\min} \approx 6\delta$ gefunden wurde. Eine spätere sehr eingehende Nachrechnung von L. H. THOMAS[3] bestätigte diese Ergebnisse. In diesem Zusammenhang sei auch noch auf eine Bemerkung von A. v. BARANOFF[4] über die Möglichkeit einer exakten Lösung der Orr-Sommerfeldschen Gleichung hingewiesen.

Die Stabilität der ausgebildeten Strömung durch ein kreiszylindrisches Rohr (Hagen-Poiseuille-Strömung) wurde von J. PRETSCH[5] und neuerdings von G.M. CORCOS und J.R. SELLARS[6] untersucht. Hiernach ist diese Strömung gegenüber rotationssymmetrischen kleinen Störungen für alle Reynolds-Zahlen stabil.

---

[1] J. T. STUART: On the non-linear mechanics of hydrodynamic stability. J. Fluid Mech. **4**, 1—21 (1958).

[2] C. C. LIN: On the stability of two-dimensional parallel flows. Quart. Appl. Math. **3**, 117, 218, 277 (1945/46).

[3] L. H. THOMAS: The stability of plane Poiseuille flow. Phys. Rev. **86**, 812 (1952).

[4] A. v. BARANOFF: Sur une solution exacte de l'équation d'ORR-SOMMERFELD. C. R. Acad. Sci., Paris **248**, 186—188 (1959).

[5] J. PRETSCH: Über die Stabilität einer Laminarströmung in einem geraden Rohr mit kreisförmigem Querschnitt. Z. angew. Math. Mech. **21**, 204—217 (1941).

[6] G.M. CORCOS and J.R. SELLARS: On the stability of fully developed flow in a pipe. J. Fluid Mec. **5**, 97—112 (1959).

IV. Vergleich der Stabilitätstheorie mit Versuchsergebnissen.

12. Einige ältere Messungen über den Umschlag laminar-turbulent. Mit den vorstehenden Ergebnissen hat die Stabilitätstheorie zum ersten Mal als Stabilitätsgrenze eine kritische Reynoldssche Zahl geliefert, die in der gleichen Größenordnung liegt wie die Versuchsergebnisse. Nach den Vorstellungen dieser Theorie sollen kleine Störungen, die in einem gewissen Wellenlängenbereich und Frequenzbereich liegen, angefacht werden, während Störungen von kleinerer und größerer Wellenlänge gedämpft werden, vorausgesetzt, daß die Reynoldssche Zahl oberhalb einer gewissen Grenze liegt. Dabei sollen insbesondere langwellige Störungen, deren Wellenlänge gleich einem Mehrfachen der Grenzschichtdicke ist, besonders „gefährlich" sein. Es wurde weiter angenommen, daß durch das Anwachsen der angefachten Störungen schließlich der Umschlag der laminaren in die turbulente Strömung herbeigeführt wird. Der Anfachungsvorgang stellt sozusagen die Verbindung her zwischen der Stabilitätstheorie und dem experimentell beobachteten Umschlag.

Schon vor den ersten Erfolgen der Stabilitätstheorie hatte L. SCHILLER[1] besonders für die Rohrströmung das Umschlagproblem eingehend experimentell untersucht. Hieraus war eine halbempirische Theorie für den Umschlag entwickelt worden, die von der Vorstellung ausgeht, daß sowohl bei der Rohrströmung als auch in der Grenzschicht der Umschlag wesentlich durch die endlich großen Störungen verursacht wird, die beim Rohr vom Einlauf herrühren und bei der Grenzschicht sich in der Außenströmung befinden. Besonders G. I. TAYLOR[2] hatte diese Vorstellung theoretisch weit ausgebaut.

Die Entscheidung zwischen den beiden Theorien mußte dem Experiment vorbehalten bleiben. Schon vor der Aufstellung der Stabilitätstheorie war die laminare Grenzschicht und der Umschlag an der ebenen Platte von J. M. BURGERS[3], B. G. VAN DER HEGGE ZIJNEN[4] und M. HANSEN[5] eingehend vermessen worden. Dabei hatte sich eine kritische Reynoldssche Zahl

$$\left(\frac{U_\infty x}{\nu}\right)_u = 3{,}5 \text{ bis } 5 \cdot 10^5$$

ergeben. Bald nach Bekanntwerden der Stabilitätstheorie wurden von H. L. DRYDEN[6,7] und seinen Mitarbeitern weitere sehr eingehende und sorgfältige Untersuchungen der Plattengrenzschicht angestellt. Dabei wurde insbesondere die örtliche und zeitliche Verteilung der Geschwindigkeit mit Hitzdrahtmeßverfahren sehr eingehend untersucht. Es gelang bei diesen Versuchen jedoch nicht, die von der Theorie vorausgesagte selektive Anfachung von Störungen nachzuweisen.

Etwa um die gleiche Zeit in Göttingen ausgeführte Untersuchungen (Fig. 28) ergaben jedoch eine gewisse qualitative Bestätigung der Stabilitätstheorie. Fig. 28 zeigt für die Plattengrenzschicht die Entstehung der Turbulenz aus einer

---

[1] L. SCHILLER: Neue quantitative Versuche zur Turbulenzentstehung. Z. angew. Math. Mech. **14**, 36—42 (1934).

[2] G. I. TAYLOR: Some recent developments in the study of turbulence. Proc. of the Fifth Internat. Congr. for Appl. Mech., held at Cambridge, Mass. 1938; New York 1939, S. 294—310. Vgl. auch: Statistical Theory of Turbulence. V. Effect of turbulence on boundary layers. Proc. Roy. Soc. Lond., Ser. A **156**, 307—317 (1936).

[3] Siehe Fußnote 1, S. 360.

[4] Siehe Fußnote 2, S. 360.

[5] Siehe Fußnote 3, S. 360.

[6] H. L. DRYDEN: Airflow in the boundary layer near a plate. NACA Rep. 562, 1936.

[7] H. L. DRYDEN: Turbulence and the boundary layer. J. Aeron. Sci. **6**, 85, 101 (1939).

anfangs langwelligen Störung. Die Ähnlichkeit dieser Aufnahme mit dem theoretischen Stromlinienbild einer neutralen Störung (Fig. 25) ist unverkennbar.

Daß der Umschlag laminar-turbulent stark abhängig ist vom „Störungsgrad" der Strömung, war schon frühzeitig aus Widerstandsmessungen an Kugeln in verschiedenen Windkanälen erkannt worden. Es ergab sich, daß die kritische Reynoldssche Zahl der Kugel, definiert als diejenige Reynoldssche Zahl, für welche der Widerstandsbeiwert $c_w = 0{,}3$ ist (Fig. 8), um so größer ist, je geringer der Störungsgrad der Strömung ist. Die größte kritische Reynoldssche Zahl der Kugel wurde nach C. B. MILLIKAN und A. L. KLEIN[1] im freien Fluge mit $Re_u = 3{,}85 \cdot 10^5$ gemessen. Erst später lernte man, den Störungsgrad einer Strömung quantitativ zu messen. Er ist gegeben durch den zeitlichen Mittelwert des Quadrates der turbulenten Geschwindigkeitsschwankungen, wie sie etwa in einiger Entfernung hinter einem Maschengitter auftreten. Bezeichnen $\overline{u'^2}$, $\overline{v'^2}$, $\overline{w'^2}$ diesen zeitlichen Mittelwert für die drei Komponenten der Schwankungsgeschwindigkeit, so versteht man unter dem *Turbulenzgrad* einer Strömung die Größe

Fig. 28. Plattenströmung; Entstehung der Turbulenz aus einer anfangs langwelligen Störung, nach L. PRANDTL[2]. Das Aufnahmegerät, ein langsam arbeitender Kinoapparat, fährt auf einem Wagen mit der Strömung mit, so daß dauernd dieselbe Wirbelgruppe im Gesichtsfeld bleibt. Die Strömung ist durch Aufstreuen von Aluminiumstaub auf die Wasseroberfläche sichtbar gemacht.

$$Tu = \sqrt{\tfrac{1}{3}(\overline{u'^2} + \overline{v'^2} + \overline{w'^2})}\,/\,U, \quad (12.1)$$

wobei U die Grundströmung (Geschwindigkeit des Windkanals) bedeutet. Für eine Windkanalströmung ist im allgemeinen in einiger Entfernung hinter den Sieben sog. *isotrope Turbulenz* vorhanden, d. h. eine turbulente Strömung, für welche die mittlere Geschwindigkeitsschwankung in allen drei Koordinatenrichtungen gleich ist:

$$\overline{u'^2} = \overline{v'^2} = \overline{w'^2}.$$

In diesem Fall kann man die Längsschwankung allein als maßgeblich für den Turbulenzgrad ansehen:

$$Tu = \sqrt{\overline{u'^2}}\,/\,U. \quad (12.2)$$

In Fig. 29 ist nach Messungen von H. L. DRYDEN und seinen Mitarbeitern[3,4] die kritische Reynoldssche Zahl der Kugel in Abhängigkeit vom Turbulenzgrad nach Gl. (12.2) aufgetragen. Es zeigt sich, daß mit abnehmendem Turbulenzgrad

---

[1] C. B. MILLIKAN u. A. L. KLEIN: The effect of turbulence. Aircraft Eng. **1933**, 169.

[2] L. PRANDTL: Neuere Ergebnisse der Turbulenzforschung. Z. VDI **77**, 105—114 (1933).

[3] H. L. DRYDEN u. A. M. KUETHE: Effect of turbulence in wind-tunnel measurements. NACA Rep. 342, 1929.

[4] H. L. DRYDEN, G. B. SCHUBAUER, W. C. MOCK u. H. K. SKRAMSTAD: Measurements of intensity and scale of wind-tunnel turbulence and their relation to the critical Reynolds number of spheres. NACA Rep. 581, 1937.

die kritische Reynoldssche Zahl der Kugel beträchtlich zunimmt. Für ältere Windkanäle normaler Bauart beträgt der Turbulenzgrad etwa 0,01.

13. Bestätigung der Stabilitätstheorie durch Versuche. Im Jahre 1940 wurde von H. L. DRYDEN und seinen Mitarbeitern G. B. SCHUBAUER und H. K. SKRAMSTAD im National Bureau of Standards, Washington, erneut ein umfangreiches experimentelles Forschungsprogramm zur Untersuchung des laminar-turbulenten Umschlages in Angriff genommen[1,2]. Da nach den vorstehenden Ergebnissen für die Kugel zu vermuten war, daß der Turbulenzgrad einen entscheidenden Einfluß auf den Umschlag hat, wurde ein Windkanal geschaffen, in welchem

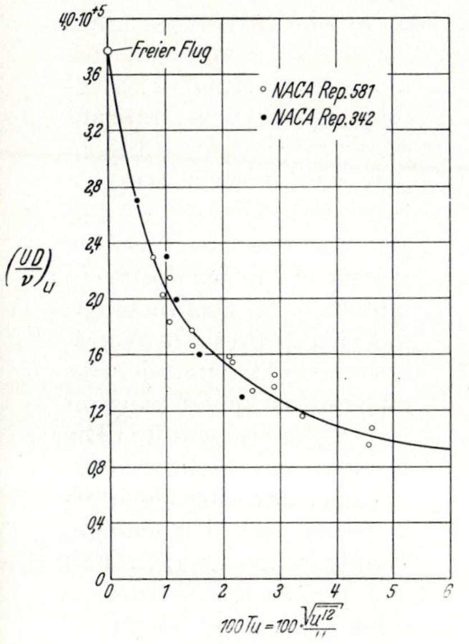

Fig. 29. Die kritische Reynoldssche Zahl der Kugel in Abhängigkeit vom Turbulenzgrad, nach Messungen von H. L. DRYDEN u. Mitarb.[3].

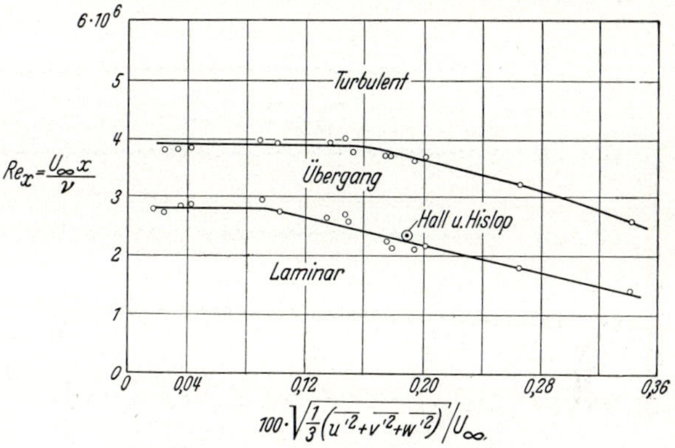

Fig. 30. Einfluß des Turbulenzgrades auf die kritische Reynoldssche Zahl der längsangeströmten ebenen Platte, nach Messungen von SCHUBAUER und SKRAMSTAD[2].

durch sehr viele Beruhigungssiebe der Turbulenzgrad auf den bisher noch nicht erreichten sehr niedrigen Wert von

$$Tu = \sqrt{\tfrac{1}{3}\left(\overline{u'^2} + \overline{v'^2} + \overline{w'^2}\right)}\Big/ U_\infty = 0{,}0002$$

herabgesetzt werden konnte. In diesem Windkanal wurde die Grenzschicht an der längsangeströmten ebenen Platte sehr eingehend untersucht. Hierbei zeigte sich, daß für kleine Turbulenzgrade, $Tu < 0{,}001$, die mit der Lauflänge gebildete kritische Reynoldssche Zahl, die früher zu $Re_{x\,u} = 3{,}5$ bis $5\cdot 10^5$ gemessen worden war, nunmehr auf

$$\left(\frac{U_\infty x}{\nu}\right)_u \approx 2{,}8\cdot 10^6$$

heraufgesetzt war. Darüber hinaus ergab sich das in Fig. 30 dargestellte sehr bemerkenswerte Verhalten: Mit abnehmendem Turbulenzgrad wächst die kritische Reynoldssche Zahl $(U_\infty x/\nu)_u$ ebenso wie bei der Kugel (Fig. 29) beträchtlich an und erreicht bei etwa $Tu = 0{,}0008$ den Wert $Re_{x\,u} = 2{,}8\cdot 10^6$. Eine weitere

[1] H. L. DRYDEN: Some recent contributions to the study of transition and turbulent boundary layers (Paper presented at the Sixth Internat. Congr. for Appl. Mech., Paris, September 1946). NACA T.N. 1168 (1947). Vgl. auch: Recent Advances in the mechanics of boundary layer flow. Adv. Appl. Mech., New York **1**, 2 (1948).

[2] G. B. SCHUBAUER u. H. K. SKRAMSTAD: Laminar boundary-layer oscillations and stability of laminar flow. National Bureau of Standards Research Paper 1772. (Wiederabdruck eines geheimen NACA-Berichtes vom April 1943, später freigegeben als NACA War-time Report W-8). — J. Aeron. Sci. **14**, 69—78 (1947). Vgl. auch NACA Rep. 909 (1948).

[3] Siehe Fußnote 2 und 3, S. 384.

Verminderung des Turbulenzgrades hat jedoch keinen Einfluß mehr auf die Lage des Umschlagspunktes. Eine früher von A. A. HALL und G. S. HISLOP[1] ausgeführte Messung fügt sich in Fig. 30 gut ein.

Die im folgenden besprochenen Messungen wurden sämtlich bei einem Turbulenzgrad von $Tu = 0{,}0003$ vorgenommen. Die Geschwindigkeitsmessungen wurden mit einem Hitzdrahtaggregat ausgeführt und durch einen Kathodenstrahl-Oszillographen aufgenommen. Es wurde der zeitliche Geschwindigkeitsverlauf an verschiedenen Stellen längs der Platte untersucht, und zwar einmal für den normalen Zustand der Strömung (natürliche Störungen) und sodann insbesondere bei künstlich erregten Störungen. Solche Störungen von einer bestimmten Frequenz wurden durch ein schwingendes Band erzeugt, das sich in 0,15 mm Wandabstand befand und elektromagnetisch zu Schwingungen angeregt wurde. Die Existenz angefachter sinusförmiger Schwingungen als Vorstufe des Umschlages konnte schon in dem Fall der *natürlichen Störungen* (ohne Erregung) einwandfrei nachgewiesen werden (Fig. 31). Unregelmäßige Schwankungen sind bei dem äußerst geringen Turbulenzgrad kaum vorhanden. Aber bei Annäherung an das Umschlagsgebiet erscheinen fast reine sinusförmige Schwingungen, deren Amplitude zunächst gering ist, aber stromabwärts stark anwächst. Kurz vor dem Umschlag treten sehr große Amplituden auf, bis dann die regelmäßigen Schwingungen plötzlich in unregelmäßige hochfrequente Schwankungen aufbrechen, wie sie für turbulente Strömung charakteristisch sind.

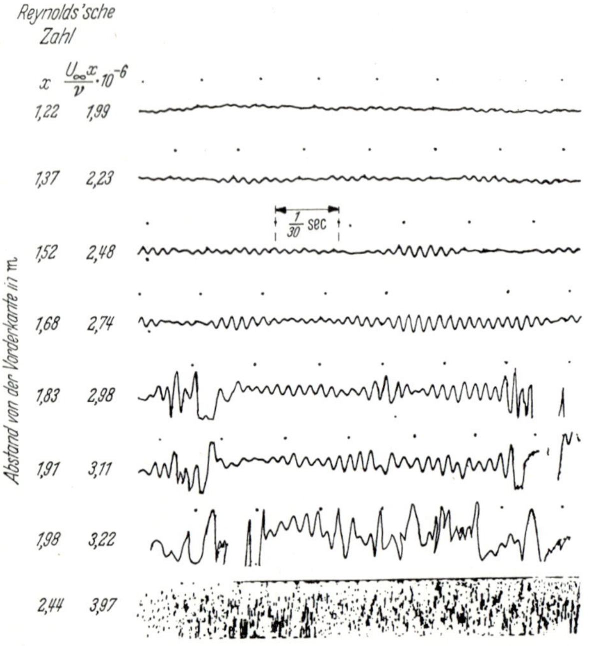

Fig. 31. Oszillogramm der u'-Schwankungen von zufälligen („natürlichen") Störungen in der laminaren Reibungsschicht an einer mit Luft längsangeströmten ebenen Platte, nach Messungen des laminar-turbulenten Umschlages nach SCHUBAUER und SKRAMSTAD (s. Fußnote 2, S. 385). Wandabstand 0,57mm; Anströmungsgeschwindigkeit $U_\infty = 24$ m/sec; Zeitabstand zwischen den Marken $\frac{1}{30}$ sec.

Diese Messungen gaben auch eine Aufklärung darüber, warum frühere Versuche diese sinusförmigen Schwingungen nicht geliefert hatten. Erhöht man nämlich den Turbulenzgrad, der hier $Tu = 0{,}0003$ betrug, auf $Tu = 0{,}01$, wie es bei allen früheren Messungen gewesen war, so zeigt sich, daß der Umschlag unmittelbar durch die zufälligen Störungen hervorgerufen wird, ohne daß eine selektive Anfachung sinusförmiger Schwingungen vorausgeht.

Bei der Untersuchung von *künstlichen Störungen* wurde ein dünnes Metallband von 0,05 mm Stärke und 2,5 mm Tiefe, das sich über eine Breite von 30 cm erstreckte, in einem Wandabstand von 0,15 mm angebracht und durch einen

[1] A. A. HALL u. G. S. HISLOP: Experiments on the transition of the laminar boundary layer on a flat plate. ARC Rep. a. Memo 1843, 1938.

Wechselstrom und ein magnetisches Feld zu Schwingungen angeregt. Auf diese Weise konnten die in der Theorie vorausgesetzten zweidimensionalen Störungen von vorgegebener Frequenz erzeugt werden. Hierbei ergaben sich in eindeutiger Weise angefachte, gedämpfte und neutrale Schwingungen, die mit der Hitzdrahtsonde gemessen wurden. In Fig. 32 ist das Ergebnis solcher Messungen dargestellt. Die eingetragenen Punkte (gestrichelte Kurve) geben die gemessenen neutralen Schwingungen. Die zum Vergleich eingetragene theoretische Indifferenzkurve nach Fig. 24 stimmt mit den Messungen sehr gut überein.

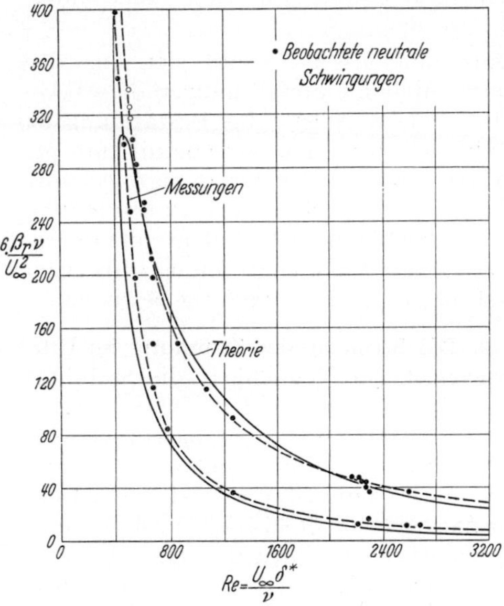

Fig. 32.

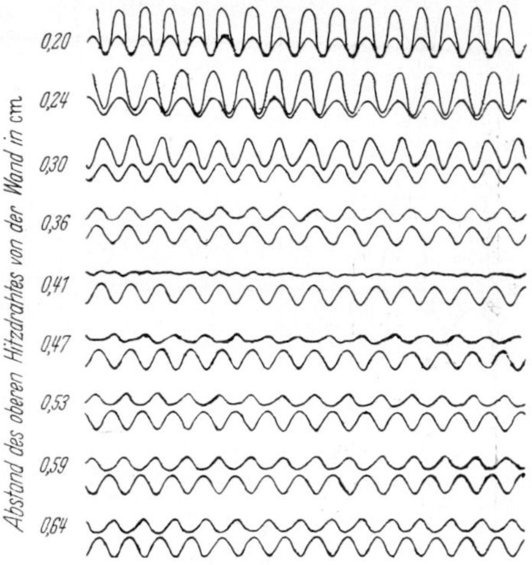

Fig. 33.

Fig. 32. Indifferenzkurven für neutrale Störungsfrequenzen bei der längsangeströmten ebenen Platte. Messungen von SCHUBAUER und SKRAMSTAD (s. Fußnote 2, S. 385); Theorie nach TOLLMIEN (s. Fußnote 1, S. 376).

Fig. 33. Messungen der Schwingungen in der laminaren Reibungsschicht von SCHUBAUER und SKRAMSTAD (s. Fußnote 2, S. 385). Oszillogramme, welche die Phasenumkehr der u'-Komponente zeigen bei Schwingungen, die von einem schwingenden Band in der Grenzschicht erzeugt werden („künstliche“ Störungen). Gleichzeitige Aufzeichnungen der Geschwindigkeit durch zwei Hitzdrähte, die sich 30 cm hinter dem Band befinden. Die untere Kurve gehört zu einem Hitzdraht, der sich in 1,4 mm Wandabstand befindet; die obere Kurve zu einem Hitzdraht in verschiedenen Wandabständen, wie angegeben. Das Band befindet sich 90 cm hinter der Plattenvorderkante. Frequenz 70 pro sec. Geschwindigkeit $U_\infty = 13$ m/sec.

Um noch einen tieferen Einblick in den Mechanismus der Störungsbewegung zu erhalten, wurde für einige neutrale Störungen die Verteilung der u'-Komponente in Abhängigkeit vom Wandabstand untersucht. Fig. 33 zeigt den gleichzeitigen Verlauf der sinusförmigen u'-Schwingungen für zwei Punkte, von denen der eine in einem bestimmten Wandabstand festgehalten wird, während der andere sich nacheinander in verschiedenen Wandabständen in der Grenzschicht befindet. Mit wachsendem Wandabstand nimmt die Amplitude am zweiten Punkt ab und wechselt schließlich das Vorzeichen. Dies entspricht dem von der Theorie vorausgesagten Phasensprung. Ferner zeigt Fig. 34 die Verteilung der u'-Amplitude über die Grenzschichtbreite für zwei in Fig. 23 angegebene neutrale Störungen. Auch hier ist die Übereinstimmung ausgezeichnet.

Für die Grenzschichtströmung längs einer ebenen Platte in Wasser konnten in neuerer Zeit die Ergebnisse der Stabilitätstheorie von F. X. WORTMANN[1] mittels der Tellur-Methode in ausgezeichneter Weise bestätigt werden.

[1] F. X. WORTMANN: Untersuchung instabiler Grenzschichtschwingungen in einem Wasserkanal mit der Tellur-Methode. Festschrift „Fünfzig Jahre Grenzschichtforschung“, S. 460—470. Braunschweig 1955.

Ferner möge noch erwähnt werden, daß der Rayleigh-Tollmiensche Satz über die Instabilität von Wendepunktprofilen schon früher von G. ROSENBROOK[1] einer experimentellen Nachprüfung unterzogen wurde, wobei gute Übereinstimmung der Theorie mit den Messungen gefunden wurde. Einen Beitrag zur Stabilität der Geschwindigkeitsprofile im Nachlauf eines Körpers enthält eine Arbeit von S. HOLLINGDALE[2]. Die Stabilität von laminaren Strahlen ist von N. CURLE[3] untersucht worden.

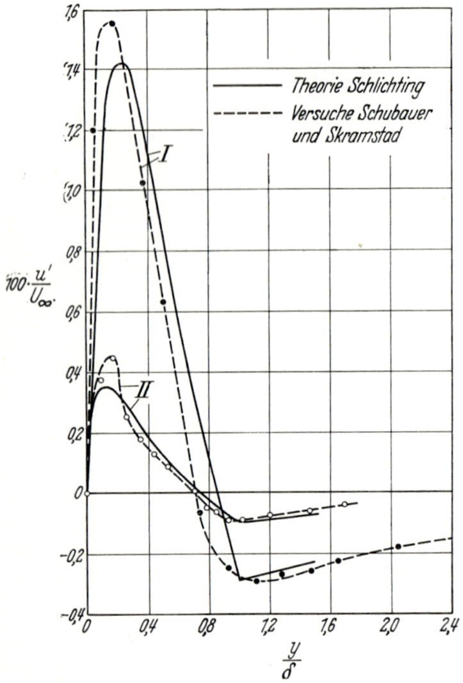

Fig. 34. Amplitudenverteilung der u'-Schwingung für zwei neutrale Störungen in der laminaren Reibungsschicht an der längsangeströmten ebenen Platte. Messungen von SCHUBAUER und SKRAMSTAD (s. Fußnote 2, S. 385); Theorie nach SCHLICHTING[4]. Die mit *I* und *II* bezeichneten Kurven gehören zu den neutralen Störungen *I* und *II* nach Fig. 23.

Zusammenfassend ergibt sich aus den experimentellen Untersuchungen dieses Abschnittes eine so vollständige Bestätigung der Stabilitätstheorie, daß diese damit zum gesicherten Bestand der Strömungsmechanik gehört. Die Reynoldssche Vermutung, daß der Umschlag laminar-turbulent auf eine Instabilität der Laminarströmung zurückzuführen ist, ist damit endgültig bewiesen.

14. Die Struktur der Strömung im Umschlaggebiet. Die Möglichkeit, die Stabilität der laminaren Grenzschicht berechnen zu können, ist von unüberschätzbarem Wert für die Beurteilung, wann laminare und wann turbulente Strömung zu erwarten ist. Dennoch darf man nicht übersehen, daß damit das eigentliche Problem der Turbulenzentstehung noch nicht gelöst ist. Sehr häufig findet man, daß eine Strömung auch nach Überschreiten der Stabilitätsgrenze noch sehr lange laminar bleibt und andererseits beobachtet man mitunter schon Turbulenz dort, wo die laminare Strömung noch stabil gegen kleine Störungen ist. Die theoretische Berechnung der turbulenten Strömung ist bis jetzt noch nicht gelungen, und so sind auch die Vorgänge bei der Turbulenzentstehung, d.h. der Umbildung der laminaren Strömung in die turbulente, einer rein theoretischen Behandlung noch nicht zugänglich. Über den Mechanismus der Turbulenzentstehung sind in neuerer Zeit jedoch sehr aufschlußreiche experimentelle Untersuchungen veröffentlicht worden.

Lange Zeit bestand die Auffassung, daß der Übergang in die turbulente Strömung sehr plötzlich vor sich gehe. Aus dieser Zeit stammt der Begriff des Umschlag*punktes* als einer wohldefinierten Stelle, an der die turbulente Strömung die laminare ablöst. Spätere Untersuchungen haben offenbart, daß es einen plötzlichen Übergang nicht gibt. Eine entscheidende Entdeckung machte

[1] G. ROSENBROOK: Instabilität der Gleitschichten im schwach divergenten Kanal. Z. angew. Math. Mech. **17**, 8–24 (1937).

[2] S. HOLLINGDALE: Stability and configuration of the wakes produced by solid bodies moving through fluids. Phil. Mag. VII **29**, 209 (1940).

[3] N. CURLE: Hydrodynamic stability in unlimited fields of viscous flow. Proc. Roy. Soc. Lond., Ser. A **238**, 489–501 (1957).

[4] Siehe Fußnote 1 von S. 380.

H. W. EMMONS[1,2] an einem Wassertisch, bei dem er Wasser in einer Schichtdicke von 3 bis 6 mm über eine Glasplatte strömen ließ. Er beobachtete, daß an einer beliebigen Stelle S (Fig. 35) plötzlich ein kleines turbulentes Gebiet (turbulent spot) von unregelmäßiger Gestalt auftritt. Die Größe dieses „Turbulenzfleckens", der mit der Strömung fortgeführt wird, nimmt mit der Zeit zu. Die ungefähre Gestalt und die Größe dieser Turbulenzzone, nachdem sie eine Zeitlang angewachsen ist, zeigt A in Fig. 35. Solche Turbulenzflecken oder -kleckse erscheinen in unregelmäßiger zeitlicher Folge an verschiedenen unregelmäßig verteilten Stellen der beströmten Platte. Die Stärke dieser Turbulenzflecken und ihre zeitliche Häufigkeit an einem festgehaltenen Ort wachsen mit Zunahme der Strömungsgeschwindigkeit und bei Vergrößerung der Störungen in der Zuströmung an. Das bei den Versuchen von SCHUBAUER und SKRAMSTAD[3] beobachtete Aufbrechen der anwachsenden Sinuswellen muß als Entstehung eines Turbulenzfleckens gedeutet werden.

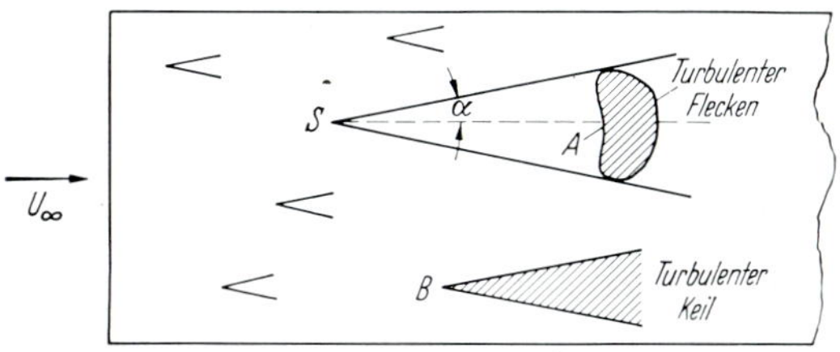

Fig. 35. Turbulenz-Flecken (turbulent spots) in der Plattengrenzschicht nach H. W. EMMONS[2]. S zufälliger Entstehungsort eines Turbulenzfleckens A, der von S aus anwachsend stromabwärts wandert; B punktförmige Rauhigkeit, die ein keilförmiges turbulentes Gebiet erzeugt.

Der Prozeß des Überganges von der laminaren in die turbulente Strömung kann daher etwa folgendermaßen erklärt werden: Unter dem Einfluß der Zähigkeit bildet sich eine laminare Grenzschicht an der Platte (oder allgemeiner am Körper) aus. Diese Grenzschicht wird durch Bewegungen gestört, die bezüglich Ort, Zeit, Frequenz und Amplitude statistisch unregelmäßig verteilt sind, und die von der freien Strömung herangeführt, durch Schall erzeugt oder durch Oberflächenunregelmäßigkeiten und Vibrationen der Platte verursacht werden. Jede dieser Störungen wird in der Grenzschicht verstärkt oder gedämpft. So ist es zu verstehen, daß stromabwärts des Indifferenzpunkts an einigen Stellen große Störamplituden auftreten, die zur Bildung von Turbulenzflecken führen, während an anderen Orten die Amplituden kleinere Beträge haben. Jeder dieser Turbulenzflecken wandert in Strömungsrichtung und wächst dabei. Gleichzeitig entstehen immer mehr Turbulenzflecken, die bei Berührung miteinander zusammenschmelzen. Die von ihnen überdeckte Fläche nimmt so stromabwärts schnell zu, bis schließlich der vollturbulente Strömungszustand etabliert ist. Hiernach erstreckt sich also der Übergang von laminarer in turbulente Strömung über ein Gebiet endlicher Abmessungen.

Daß der Aufbau der turbulenten Strömung im Rohr in ähnlicher Weise geschieht, wurde schon im Kap. I erwähnt.

G. B. SCHUBAUER und P. S. KLEBANOFF[4,5] haben die Verhältnisse im Übergangsgebiet sorgfältig untersucht, um jeden Zweifel an der Richtigkeit der gegebenen Erklärung auszuschließen. Für diese Versuche wurden die gleiche Platte

[1] H. W. EMMONS: The laminar-turbulent transition in a boundary layer. Part I. J. Aeron. Sci. **18**, 490—498 (1951).

[2] H. W. EMMONS u. A. E. BRYSON: The laminar-turbulent transition in a boundary layer. Part II. Proc. First US Nat. Congr. Appl. Mech. 1952, p. 859—868.

[3] Siehe Fußnote 2, S. 385.

[4] G. B. SCHUBAUER u. P. S. KLEBANOFF: Contributions on the mechanics of boundary layer transition. NACA T.N. 3489 (1955), und NACA Rep. 1289 (1956); vgl. auch Proc. Symposium on Boundary Layer Theory, Nat. Phys. Lab. England, London 1955.

[5] G. B. SCHUBAUER: Mechanism of transition at subsonic speeds. H. GÖRTLER, Grenzschichtforschung. IUTAM Symposium Freiburg i. Brsg. 1957, S. 85—109 [*4*].

und der gleiche Windkanal wie bei den Schwingungsuntersuchungen[1] benutzt. Bei Beobachtung mit einer Hitzdrahtsonde an einem festen Ort innerhalb des Übergangsgebietes manifestiert sich das Vorbeiwandern turbulenter Flecken in intermittierendem Erscheinen turbulenter und laminarer Strömung. Aus zahlreichen Geschwindigkeitsschrieben von der Art wie Fig. 39 kann derjenige Bruchteil der gesamten Beobachtungszeit ermittelt werden, in welcher turbulente Strömung herrscht. Dieser Bruchteil, der als Intermittenzfaktor γ bezeichnet wird, ist in Fig. 36 für verschiedene Fälle dargestellt. Die Länge des Umschlaggebietes ist in jedem Fall verschieden, aber die Verteilungen von γ sind ähnlich, was durch die dimensionslose Auftragung veranschaulicht wird, bei der γ über dem Abstand vom Punkt $\bar{x}$, für den $\gamma = 0{,}5$ ist, aufgetragen wurde; der Abstand selbst wurde in Einheiten der jeweiligen Streuung gemessen. Die nahe Ähnlichkeit der Verteilung von γ mit der Gauß-

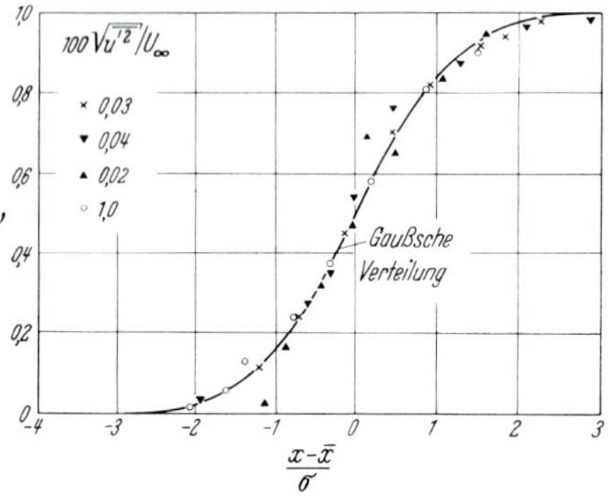

Fig. 36.

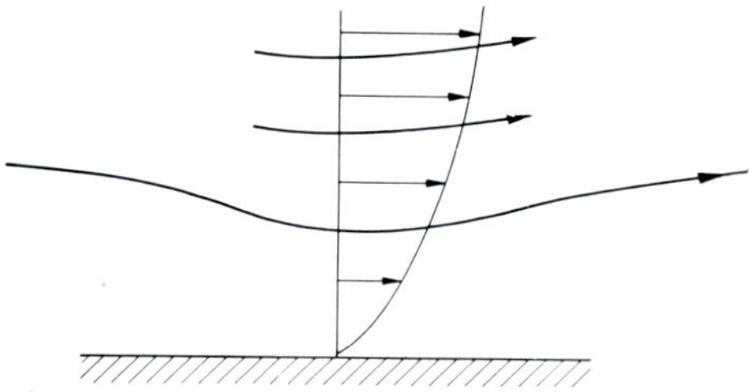

Fig. 37.

Fig. 36. In ermittenzfaktor γ der Plattengrenzschicht im Bereich des Umschlags laminar-turbulent in Abhängigkeit von der dimensionsiosen Lauflänge $(x - \bar{x})/\sigma$ für verschiedene Umschlagbedingungen nach Messungen von G. B. Schubauer und P. S. Klebanoff[2]. $\bar{x}$ ist die Lauflänge, bei der $\gamma = 0{,}5$ ist; σ = Streuung, (definiert durch $\sigma^2 = \int_0^1 (x - \bar{x})^2\, d\gamma$). Bereich der Streuung $\sigma = 0{,}3$ bis 0,8 Fuß.

Fig. 37. Konkavität in den Tälern wellenartig verlaufender Stromlinien.

schen Fehlerkurve ist ein Zeichen dafür, daß der Umschlag durch zufällige Störungen bewirkt wird, die sich den mehr oder weniger regulär angefachten Schwingungen in der Grenzschicht überlagern.

Die Entstehung der Turbulenzflecken aus den laminaren Wellen ist der Teil des Umschlagvorganges, der noch am wenigsten verstanden ist, wenngleich die Untersuchungen von Schubauer und Klebanoff[3], bei denen wie in [1] in der laminaren Grenzschicht durch ein schwingendes Band kleine Störungen von vorgegebener Frequenz erzeugt wurden, viele interessante Einzelheiten zu Tage gefördert haben. Sehr auffällig ist zunächst, daß die Intensität der angefachten Wellen besonders in der Nähe des Turbulenzbeginns fast periodische Variationen quer zur Strömungsrichtung zeigt. Es wurde zwar gefunden, daß diese Variationen auf kaum feststellbare Unregelmäßigkeiten des Luftstromes zurückzuführen waren, doch ist die beobachtete Empfindlichkeit gegen kleinste Unregelmäßigkeiten in bezug auf die theoretischen Arbeiten von H. Görtler und H. Witting[4] beachtenswert. Nach den letztgenannten Untersuchungen ist in den Tälern wellenartig verlaufender Stromlinien, Fig. 37, das Entstehen von

[1] Siehe Fußnote 2, S. 385.
[2] Siehe Fußnote 4, S. 389.
[3] Siehe Fußnote 5, S. 389.
[4] H. Görtler u. H. Witting: Theorie der sekundären Instabilität der laminaren Grenzschichten. H. Görtler, Grenzschichtforschung. IUTAM Symposium Freiburg i. Brsg. 1957, S. 110—126 [4]. Vgl. auch H. Witting: Über den Einfluß der Stromlinienkrümmung auf die Stabilität laminarer Strömungen. Arch. Rational Mech. Anal. **2**, 243—283 (1958).

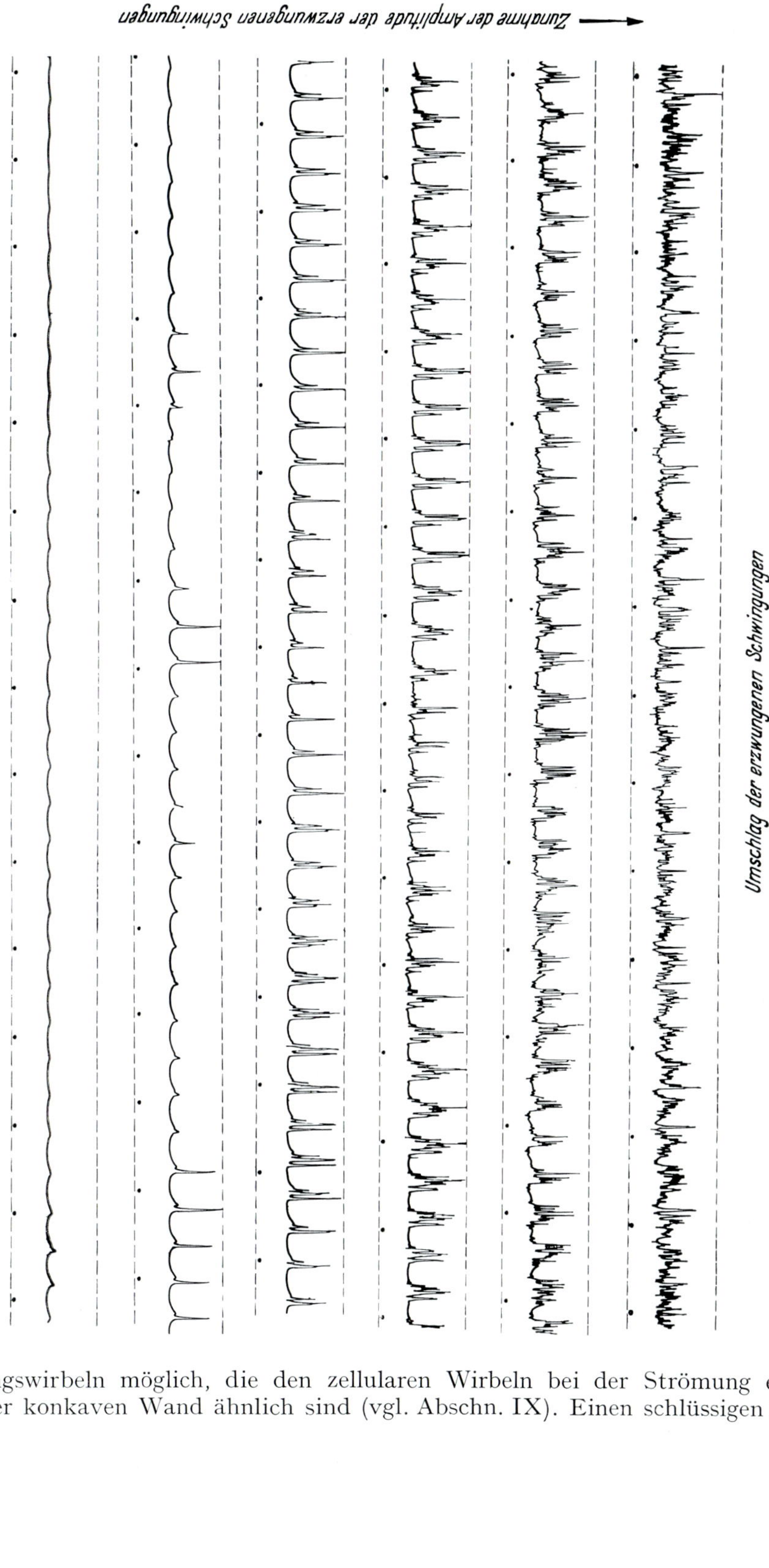

Fig. 38. Fortschreitende Entwicklung des Aufbrechens und Bildung turbulenter Flecken nach Versuchen von SCHUBAUER und KLEBANOFF (s. Fußnote 4, S. 389). Ausschläge nach unten bedeuten Geschwindigkeitsabnahme. (Anwachsen der aufgezwungenen Schwingung.) Zeitintervall zwischen zwei Punkten 1/60 sec.

Längswirbeln möglich, die den zellularen Wirbeln bei der Strömung entlang einer konkaven Wand ähnlich sind (vgl. Abschn. IX). Einen schlüssigen Beweis für die Existenz einer derartigen Instabilität zweiter Ordnung konnten die Untersuchungen SCHUBAUERS aber nicht bringen.

Das Aufbrechen geschieht stets an den Stellen, an denen die Amplituden ihre Größtwerte annehmen und beginnt damit, daß sich auf dem Geschwindigkeitsschrieb ein oder zwei scharfe Zacken abbilden, die nach niedrigeren Geschwindigkeiten weisen. Die weitere Entwicklung zeigt Fig. 38. Die Aufbrüche stellen einzelne Turbulenzflecken dar, die hier in regelmäßiger Folge erscheinen, da sie ja durch eine künstlich erzeugte stationäre Schwingung in der Grenzschicht hervorgerufen werden. Durch gleichzeitige Messungen mit zwei nebeneinander

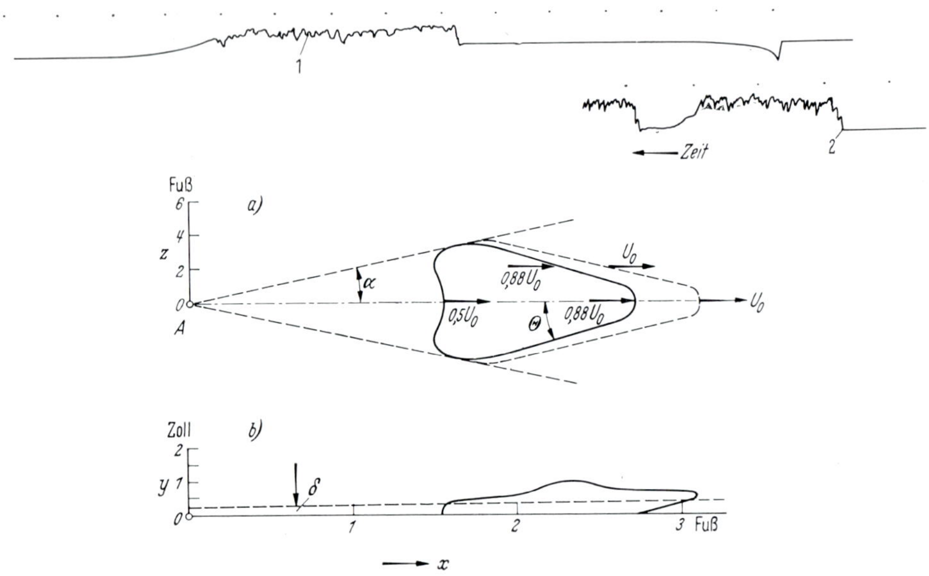

Fig. 39a u. b. Anwachsen eines künstlichen „Turbulenzfleckens" (turbulent spot) in der laminaren Grenzschicht an einer längs angeströmten ebenen Platte, nach Messungen von G. B. SCHUBAUER und P. S. KLEBANOFF (s. Fußnote 4, S. 389). a) Grundriß, b) Seitenriß eines an der Stelle A künstlich erzeugten Turbulenzfleckens im Abstand von etwa 2,4 Fuß vom Entstehungsort. Die Stelle A liegt 2,3 Fuß hinter der Plattenvorderkante. $\alpha = 11{,}3°$, $\Theta = 15{,}3°$; δ = Dicke der laminaren Grenzschicht, $U_\infty \approx 10$ m/s Anströmgeschwindigkeit. (1) und (2) Oszillogramm eines Hitzdrahtanemometers beim Durchgang eines künstlich erzeugten bzw. eines natürlich entstandenen Turbulenzfleckens. Zeitintervall zwischen zwei Marken: 1/60 sec.

bzw. übereinander angeordneten Hitzdrähten konnte festgestellt werden, daß die Abmessungen der Aufbrüche zur Zeit der Beobachtung kleiner als eine Grenzschichtdicke sind und in einem früheren Zeitpunkt vermutlich noch kleiner waren. Die Struktur und das Wachstum der Turbulenzflecken konnte in der Arbeit[1] an einzelnen Turbulenzflecken genauer studiert werden, die vermittels eines elektrischen Funkens künstlich erzeugt wurden. Die Form dieses Turbulenzfleckens mit Angaben der Geschwindigkeiten seiner Begrenzungen ist in Fig. 39 dargestellt. Das Wachstum kommt in der seitlichen Ausbreitung und durch die größere Laufgeschwindigkeit der vorderen Begrenzung gegenüber dem hinteren Rand zum Ausdruck. Die Geschwindigkeitsschriebe zeigen, daß die Strömung innerhalb der Turbulenzflecken nahezu die Geschwindigkeitsverteilung über y annimmt, die zur ausgebildeten turbulenten Grenzschicht gehört. Bemerkenswert ist der zeitliche Geschwindigkeitsverlauf, der sich auf den Schrieben zeigt. Bei Beobachtung im Abstand $y = 0{,}32$ mm von der Platte nimmt die Geschwindigkeit bei Ankunft eines Fleckens fast sprungartig zu, unter gleichzeitigem Einsetzen

[1] Siehe Fußnote 4, S. 389.

heftiger Turbulenzschwankungen, während sie nach dem Passieren des Fleckens nur langsam wieder auf den Betrag der laminaren Strömung abfällt. Zum Verständnis dieser Erscheinung ist es interessant, daß im Umschlaggebiet der Rohrströmung die umgekehrte Beobachtung gemacht wird (Fig. 5). Die Annäherung eines turbulenten Pfropfens kündigt sich in Rohrmitte durch langsame Abnahme der Geschwindigkeit an, während das Ende der turbulenten Partie durch ziemlich plötzliche Geschwindigkeitszunahme gekennzeichnet ist. Für diese Erscheinung scheint folgendes verantwortlich zu sein: Der Turbulenzfleck in der Grenzschicht bewegt sich schneller als die Flüssigkeit der laminaren Grenzschicht in dem beobachteten Wandabstand. Der turbulente Pfropfen im Rohr läuft langsamer als die laminare Strömung in Rohrmitte. In beiden Fällen dringt also nichtturbulente Flüssigkeit durch die scharf ausgebildete Turbulenzfront in das turbulente Gebiet ein. Dabei bewirken die starken Turbulenzschwankungen eine rasche Umformung des Geschwindigkeitsprofils. Es liegen vermutlich ähnliche Verhältnisse vor, wie man sie bei turbulenter Strömung im Strahl, im Nachlauf und in der Grenzschicht beobachtet, wo sich unter der Wirkung eindringender nichtturbulenter Flüssigkeit ebenfalls eine scharfe Turbulenzfront ausprägt. An den unscharfen Begrenzungen der turbulenten Partien — bei der Grenzschicht hinten, beim Rohr vorn — strömt dagegen Flüssigkeit aus den Turbulenzgebieten in die nichtturbulenten Bereiche. Die Geschwindigkeitsschwankungen sterben dabei langsam ab, ähnlich wie die Turbulenz hinter einem durchströmten Sieb, und die nur geringen Zähigkeitskräfte bringen nur eine allmähliche Umwandlung des Geschwindigkeitsprofils zustande. Die den Turbulenzflecken folgende laminare Strömung erweist sich als sehr stabil und neue Turbulenzausbrüche finden hier nicht statt.

Die in Fig. 12 dargestellten Geschwindigkeitsprofile im Umschlaggebiet, die einen stetigen Übergang vom laminaren Profil in das turbulente zeigen, stellen in Wirklichkeit zeitliche Mittelwerte der zwischen dem laminaren und turbulenten Strömungszustand schwankenden Grenzschichtprofile dar. Eine angenäherte Berechnung dieser gemittelten Geschwindigkeitsprofile ist mit Hilfe des Intermittenzfaktors γ möglich. Da man mit dem Pitot-Rohr jeweils den Gesamtdruck mißt, gilt für die Berechnung der mit dem Pitot-Rohr gemessenen Geschwindigkeitsprofile die Beziehung:

$$u_P(y) = \sqrt{(1-\gamma)\, u_L^2 + \gamma\, u_T^2}\,, \tag{14.1}$$

während die tatsächliche mittlere Geschwindigkeit

$$\bar{u}(y) = (1-\gamma)\, u_L + \gamma\, u_T \tag{14.2}$$

beträgt. u_L und u_T sind dabei die Geschwindigkeitsverteilungen bei laminarer bzw. turbulenter Strömung. S. Dhawan und R. Narasimha[1] konnten zeigen, daß die Unterschiede nach den beiden Formeln nicht sehr groß sind, und daß die Übereinstimmung mit Meßergebnissen gut ist. In entsprechender Weise können auch andere Größen im Umschlaggebiet berechnet werden, z.B. der örtliche Reibungsbeiwert

$$c_f = (1-\gamma)\, c_{fL} + \gamma\, c_{fT}\,. \tag{14.3}$$

Die Berechnung der Strömungsgrößen im Umschlaggebiet ist also möglich, wenn die Verteilung des Intermittenzfaktors bekannt ist.

H.W. Emmons[2] hatte auf Grund seiner Beobachtungen versucht, den Vorgang des Umschlages mit statistischen Methoden zu berechnen. Obwohl er sich in

[1] S. Dhawan u. R. Narasimha: Some properties of boundary layer flow during the transition from laminar to turbulent motion. J. Fluid Mech. **3** (4), 418—436 (1958).

[2] Siehe Fußnote 1, S. 389.

Ermangelung vorliegender Informationen auf spekulative Annahmen bezüglich der Entstehung der Turbulenzflecken stützen mußte, sind seine Rechnungsergebnisse für den Intermittenzfaktor qualitativ in bemerkenswerter Übereinstimmung mit den später durchgeführten Experimenten nach[1]. Nach S. DHAWAN und R. NARASIMHA genügt es, alle Turbulenzflecken auf einer Linie bei $x = x_t$ entstehend zu denken: Für diesen Fall ergibt sich

$$\gamma = 1 - \exp\left[-0{,}412\left(\frac{x - x_t}{\lambda}\right)^2\right], \tag{14.4}$$

wobei λ ein Maß für die Ausdehnung des Umschlaggebietes ist:

$$\lambda = x_{\gamma=0{,}75} - x_{\gamma=0{,}25}.$$

Die Größe λ hängt von der Zahl der je Zeiteinheit bei x_t erzeugten Turbulenzflecken und von der Wachstumsgeschwindigkeit der Flecken ab,

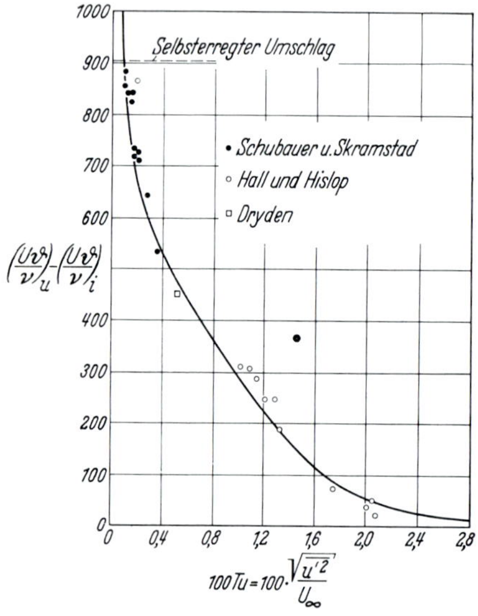

Fig. 40. Messungen des Umschlages laminar-turbulent in der Grenzschicht der längsangeströmten ebenen Platte, nach GRANVILLE[2]. Differenz der Reynoldsschen Zahlen des Umschlagspunktes und des Indifferenzpunktes in Abhängigkeit vom Turbulenzgrad. Mit wachsendem Turbulenzgrad rückt der Umschlagspunkt näher an den Indifferenzpunkt.

Zur theoretischen Beherrschung des gesamten Umschlagvorganges fehlen also hauptsächlich noch Erfahrungsangaben über den Abstand des Entstehungsortes x_t der Turbulenzflecken vom Indifferenzpunkt sowie über die Zahl der in der Zeiteinheit erzeugten Turbulenzflecken, sowie auch darüber, wie diese Größen durch die äußeren Umstände (z. B. den Druckgradienten und den Turbulenzgrad) beeinflußt werden. Außerdem ist zu klären, inwieweit die Ergebnisse von SCHUBAUER und KLEBANOFF über die Wachstumsgeschwindigkeit der Turbulenzflecken verallgemeinert werden können.

In der Praxis hilft man sich meistens dadurch, daß man einfach einen punktweisen Umschlag annimmt und die Lage des experimentell beobachteten Umschlagpunktes mit der des Indifferenzpunktes vergleicht. Dieser Art sind z. B die Untersuchungen von P. S. GRANVILLE[2].

Bereits oben wurde darauf hingewiesen, daß die experimentelle Bestätigung der Stabilitätstheorie erst ermöglicht wurde durch die Herstellung eines Luftstromes von sehr geringem Turbulenzgrad. Daß der experimentell beobachtete Umschlagspunkt der Erwartung gemäß stromabwärts vom theoretisch vorausgesagten Indifferenzpunkt liegt, hatten auch bereits die älteren Messungen bei den damals vorhandenen Turbulenzgraden von etwa $Tu = 0{,}01$ ergeben. Der Abstand des Umschlagpunktes vom Indifferenzpunkt hängt jedoch sehr stark vom Turbulenzgrad ab. Es ist zu erwarten, daß dieser Abstand um so geringer ist, je größer der Turbulenzgrad ist, da in diesem Fall nur eine geringere Anfachung erforderlich ist, um aus den instabilen Störungen Turbulenz zu erhalten. In Fig. 40 ist dieser Sachverhalt für die Plattengrenzschicht nach P. S. GRANVILLE[2] dargestellt. Als Maß für den Abstand Umschlagspunkt—Indifferenzpunkt ist

[1] Siehe Fußnote 4, S. 389.

[2] P. S. GRANVILLE: The calculation of viscous drag of bodies of revolution. Navy Department. The David Taylor Model Basin. Rep. No. 849, 1953.

die Differenz der mit der Impulsverlustdicke[1] gebildeten Reynoldsschen Zahlen, also die Größe

$$\left(\frac{U\vartheta}{\nu}\right)_u - \left(\frac{U\vartheta}{\nu}\right)_i,$$

in Abhängigkeit vom Turbulenzgrad aufgetragen. Dabei ist nach Ziff. 10 für den Indifferenzpunkt der Plattengrenzschicht:

$$\left(\frac{U\vartheta}{\nu}\right)_i = \frac{1}{2{,}6}\left(\frac{U\delta^*}{\nu}\right)_i = \frac{420}{2{,}6} = 163.$$

a, b, c

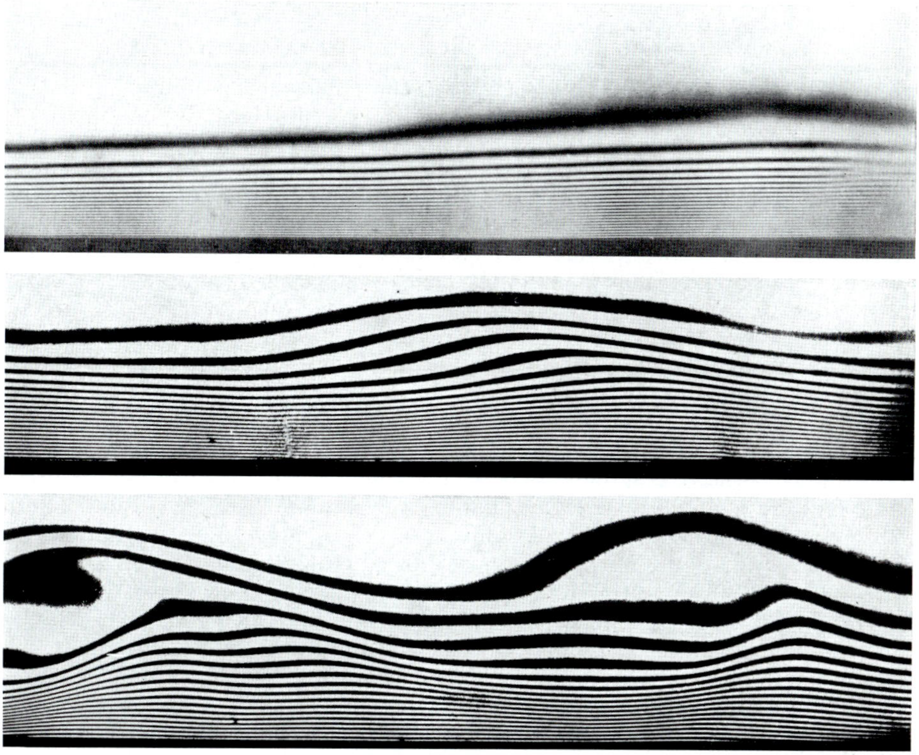

Fig. 41 a—c. Interferenzaufnahmen der Grenzschicht der freien Konvektionsströmung an einer senkrechten Platte bei beginnender Turbulenz nach E. Eckert, E. Soehngen und P. J. Schneider (s. Fußnote 1, S. 396). Die Interferenzstreifen sind Linien konstanter Temperatur. Von einer bestimmten Stelle an bilden sich sinusförmige Wellen, deren Amplitude stromabwärts anwächst (Fig. 41 a u. b). Dies führt schließlich zum Aufsteilen und Überkippen der Wellen (Fig. 41 c).

In dieser Auftragung ordnen sich sowohl die neueren Messungen von Schubauer und Skramstad[2] bei sehr geringem Turbulenzgrad als auch die älteren Messungen von Hall und Hislop[3] bei höherem Turbulenzgrad sehr gut auf einem Kurvenzug an. Erst bei recht hoher Turbulenz, etwa $Tu = 0{,}02$ bis $0{,}03$, fällt der Umschlagspunkt nahezu mit dem Indifferenzpunkt zusammen.

[1] Für das Verhältnis von Impulsverlustdicke ϑ und Verdrängungsdicke δ^* gilt $\delta^*/\vartheta = 2{,}6$. Die Impulsverlustdicke ist definiert durch

$$U^2\vartheta = \int_{y=0}^{\delta} u(U-u)\,dy,$$

mit $u(y)$ als Geschwindigkeitsverteilung in der Grenzschicht und U als Geschwindigkeit der Außenströmung.

[2] Siehe Fußnote 2, S. 385.

[3] Siehe Fußnote 1, S. 386.

Eine anschauliche Vorstellung von dem Mechanismus der Anfachung der instabilen Schwingungen geben schließlich auch die nach der Interferenzstreifen-Methode aufgenommenen Bilder in Fig. 41 von E. ECKERT und H. SOEHNGEN[1]. Sie beziehen sich zwar nicht auf den bisher allein betrachteten Fall der erzwungenen Strömung längs einer Platte, sondern auf die freie Konvektionsströmung an einer senkrecht stehenden geheizten Platte. Man erkennt aus Fig. 41 recht deutlich, daß sich von einer bestimmten Stelle an (Fig. 41 a) regelmäßige sinusförmige Wellen bilden, deren Amplitude stromabwärts anwächst (Fig. 41 b), bis schließlich ein Aufsteilen und Überkippen der Wellen eintritt (Fig. 41 c).

V. Einfluß des Druckgradienten auf den Umschlag.

15. Vorbemerkung. Durch die in den beiden vorigen Abschnitten mitgeteilten Ergebnisse ist die Brauchbarkeit der Stabilitätstheorie nach der Methode der kleinen Schwingungen zur Untersuchung des Umschlages laminar-turbulent grundsätzlich erwiesen. Man darf daher von dieser Stabilitätstheorie erwarten, daß sie auch Auskunft darüber gibt, welche anderen Parameter — außer der bisher behandelten Reynolds-Zahl — auf den Umschlag einen wesentlichen Einfluß haben. In Abschnitt II wurde schon kurz darüber berichtet, daß der Druckgradient, wie er in einem konvergenten oder divergenten Kanal oder bei einem umströmten Körper in der Grenzschicht vorliegt, einen großen Einfluß auf die Lage des Umschlagspunktes hat. Auch eingeprägte Kräfte, wie z.B. die Zentrifugalkraft in einer gekrümmten Strömung und der hydrostatische Auftrieb in einer inhomogenen Strömung haben unter Umständen einen starken Einfluß auf den Umschlag. In neuerer Zeit haben die Fragen der Beeinflussung der Strömung in der Reibungsschicht durch Absaugen oder Ausblasen, sowie der Einfluß dieser Maßnahmen auf den Umschlag Bedeutung erlangt. Bei den Strömungen mit sehr großer Geschwindigkeit, bei denen das strömende Medium als kompressibel angesehen werden muß, hat sich ergeben, daß die Zufuhr oder Abfuhr von Wärme durch die beströmte Wand (Heizung oder Kühlung) einen großen Einfluß auf den Umschlag hat. Wärmeübergang von der Strömung auf die Wand wirkt stark stabilisierend, dagegen von der Wand in die Strömung stark instabilisierend. Von großer praktischer Bedeutung sind auch die mit dem Einfluß der Rauhigkeit auf den Umschlag zusammenhängenden Probleme. Über diese verschiedenartigen Fragen sollen die folgenden Kapitel einen Überblick vermitteln. Dabei möge der für die praktische Anwendungen besonders wichtige Fall des Einflusses des Druckgradienten auf den Umschlag zuerst behandelt werden.

16. Grenzschichten an ebenen Wänden mit Druckgradient. Die Grenzschicht an der längsangeströmten ebenen Platte, deren Stabilität in Abschnitt III behandelt wurde, ist dadurch ausgezeichnet, daß die Geschwindigkeitsprofile in verschiedenem Abstand von der Vorderkante zueinander affin sind (Fig. 22). Diese Affinität ist eine Folge des konstanten Druckes der Außenströmung. Bei einem beliebigen zylindrischen Körper, bei dem der Druckgradient längs der Wand von Ort zu Ort verschieden ist, sind die Grenzschichtprofile an den verschiedenen Stellen nicht mehr zueinander affin. Im Druckabfallgebiet hat man Geschwindigkeitsprofile ohne Wendepunkt vom Typus Fig. 21 e, und im Druckanstieggebiet solche mit Wendepunkt vom Typus Fig. 21 g. Während bei der

[1] E. R. G. ECKERT, E. SOEHNGEN u. P. J. SCHNEIDER: Studien zum Umschlag laminar-turbulent der freien Konvektions-Strömung an einer senkrechten Platte. Festschrift „Fünfzig Jahre Grenzschichtforschung", herausgeg. von H. GÖRTLER und W. TOLLMIEN. Braunschweig 1955. S. 407—418.

längsangeströmten ebenen Platte sämtliche Geschwindigkeitsprofile die gleiche Stabilitätsgrenze, nämlich $Re_{\text{krit}} = (U_\infty \delta^*/\nu)_{\text{krit}} = 420$ besitzen, ist nun hier diese Stabilitätsgrenze für die einzelnen Profile sehr stark verschieden, und zwar im Druckabfallgebiet höher und im Druckanstieggebiet niedriger als für die Plattengrenzschicht. Um nun für einen vorgegebenen Körper die Lage des Indifferenzpunktes zu erhalten, hat man folgende Rechnungen nacheinander auszuführen:

1. Druckverteilung längs der Körperkontur in reibungsloser Strömung;
2. Ermittlung der laminaren Grenzschicht aus dieser Druckverteilung;
3. Stabilitätsrechnung für die einzelnen Geschwindigkeitsprofile dieser laminaren Grenzschicht.

Die Berechnung der Druckverteilung bei beliebiger Form eines zylindrischen Körpers kann z.B. nach T. THEODORSEN und J. E. GARRICK[1] oder nach F. RIEGELS[2] in bequemer Weise ausgeführt werden. Die Berechnung der laminaren Grenzschicht wird in dem Artikel von L. HOWARTH in diesem Bande behandelt, vgl. auch H. SCHLICHTING [*12*]. Jedoch mögen hier ein paar Ausführungen dazu gemacht werden. Der dritte Punkt, die Stabilitätsrechnung, soll hier anschließend erörtert werden.

Aus der Theorie der laminaren Grenzschicht ist bekannt, daß bei der Umströmung eines zylindrischen Körpers (z.B. Tragflügel) die Wandkrümmung im allgemeinen keinen wesentlichen Einfluß auf die Ausbildung der Grenzschicht hat, nämlich solange der Krümmungsradius der Wand sehr viel größer ist als die Grenzschichtdicke, was praktisch meist erfüllt ist. Dies kommt darauf hinaus, daß für die Ausbildung der Grenzschicht an solchen Körpern die Wirkung der Zentrifugalkraft vernachlässigt werden kann, so daß sie sich in gleicher Weise ausbildet wie an einer ebenen Wand unter der Wirkung desjenigen Druckgradienten, wie er durch die reibungslose Umströmung des Körpers gegeben ist. Das gleiche gilt für die Stabilitätsuntersuchung der laminaren Grenzschicht mit Druckgradient. Während bei der längsangeströmten ebenen Platte die Außenströmung der Grenzschicht konstant ist, $U_\infty = \text{const}$, hat man jetzt eine mit der Lauflänge x längs der Wand veränderliche Außenströmung $U_m(x)$, die mit dem Druckgradienten längs der Wand dp/dx durch die Bernoullische Gleichung zusammenhängt:

$$\frac{dp}{dx} = -\varrho\, U_m \frac{dU_m}{dx}. \tag{16.1}$$

Trotz dieser Abhängigkeit der Außenströmung von x kann aber die Stabilitätsuntersuchung der Laminarströmung mit Druckgradient in gleicher Weise behandelt werden wie bei der längsangeströmten ebenen Platte, also mit einer nur von der Querkoordinate y abhängigen Grundströmung $U(y)$. Der Einfluß des Druckgradienten kommt bei der Stabilitätsuntersuchung lediglich in der Form des Geschwindigkeitsprofiles $U(y)$ zum Ausdruck. Schon in Abschnitt II wurde darauf hingewiesen, daß die Stabilität einer Grenzschicht stark von der Form des Geschwindigkeitsprofiles abhängig ist, und zwar in der Weise, daß Profile mit Wendepunkt erheblich mehr instabil sind als solche ohne Wendepunkt (Wendepunktkriterium).

Da nun der Druckgradient die Krümmung des Geschwindigkeitsprofiles maßgeblich beeinflußt nach der Gleichung

$$\mu \left(\frac{d^2 U}{dy^2}\right)_{\text{Wand}} = \frac{dp}{dx}, \tag{16.2}$$

[1] T. THEODORSEN u. J. E. GARRICK: General potential theory of arbitrary wing sections. NACA Techn. Rep. No. 452, 1933.

[2] F. RIEGELS: Das Umströmungsproblem bei inkompressiblen Potentialströmungen. Ing.-Arch. **16**, 373—376 (1948); **17**, 94—106 (1949).

ist die starke Abhängigkeit der Stabilität von der Form des Geschwindigkeitsprofiles gleichbedeutend mit einem starken Einfluß des Druckgradienten auf die Stabilität: Es gilt, daß Grenzschichten im Bereich des Druckabfalles ($dp/dx < 0$, $dU_m/dx > 0$, beschleunigte Strömung) erheblich stabiler sind als solche im Bereich des Druckanstieges ($dp/dx > 0$, $dU_m/dx < 0$, verzögerte Strömung).

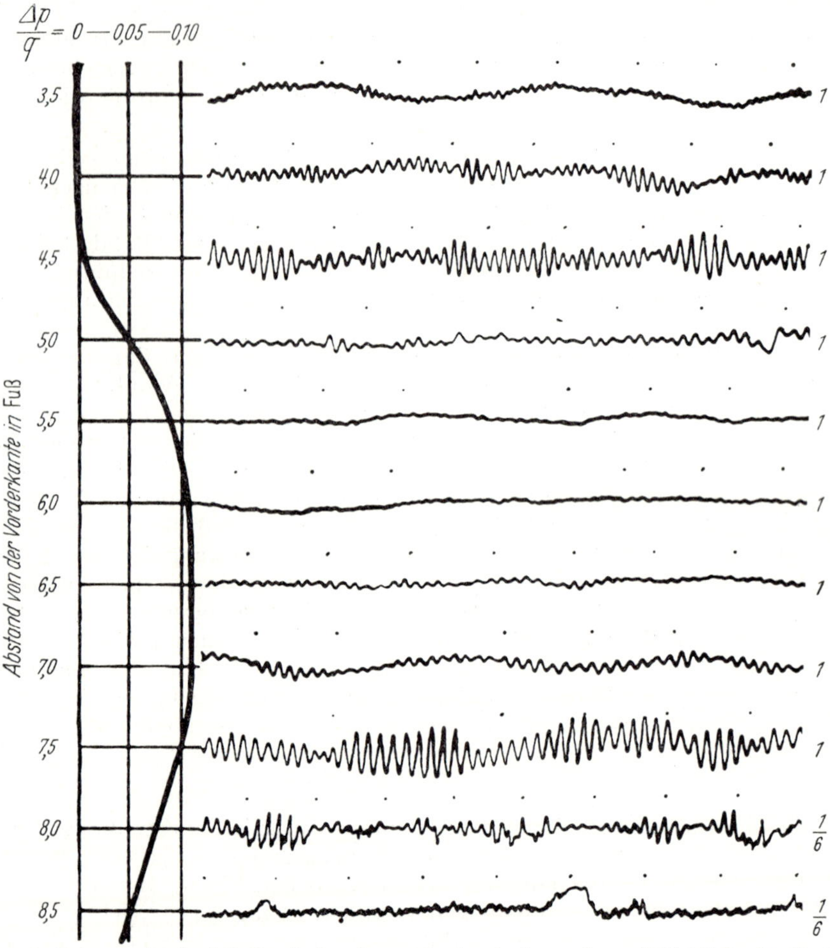

Fig. 42. Oszillogramm der Geschwindigkeitsschwankungen in einer laminaren Grenzschicht mit Druckgradient, nach Messungen von SCHUBAUER und SKRAMSTAD[1]. Druckabfall wirkt dämpfend, Druckanstieg stark anfachend und führt zum Umschlag. Abstand der Meßstelle von der Wand 0,5 mm; Geschwindigkeit $U_\infty = 29$ m/sec.

Der von der Stabilitätstheorie (Wendepunktkriterium) vorausgesagte starke Einfluß des Druckgradienten auf die Stabilität und die Anfachung kleiner Störungen konnte von G. B. SCHUBAUER und H. K. SKRAMSTAD in deren in Abschnitt IV besprochenen Arbeit[1] sehr gut experimentell bestätigt werden. Fig. 42 zeigt für die Grenzschicht an einer ebenen Wand mit Druckgradient ein Oszillogramm der Geschwindigkeitsschwankungen. Aus der oberen Hälfte der Figur ist zu sehen, daß ein Druckabfall von 10% des Staudruckes die Schwankungen völlig zum Erlöschen bringt, während ein nachfolgender Druckanstieg von nur 5% des Staudruckes die Schwingungen nicht nur stark anfacht, sondern sofort

[1] Siehe Fußnote 2, S. 385.

den Umschlag herbeiführt. (Man beachte den verkleinerten Maßstab der letzten beiden Diagramme!)

Für die Stabilitätsuntersuchung erscheint es zweckmäßig, den Einfluß des Druckgradienten durch einen Formparameter des Geschwindigkeitsprofiles zum Ausdruck zu bringen, und dabei der Einfachheit halber eine einparametrige Schar von laminaren Geschwindigkeitsprofilen zugrunde zu legen. Ein Beispiel einer solchen einparametrigen Schar von Geschwindigkeitsprofilen, die exakte Lösungen der Grenzschichtdifferentialgleichungen darstellen, sind die von D. R. HARTREE[1] für die Keilströmung

$$U_m(x) = u_1 \cdot x^m \qquad (16.3)$$

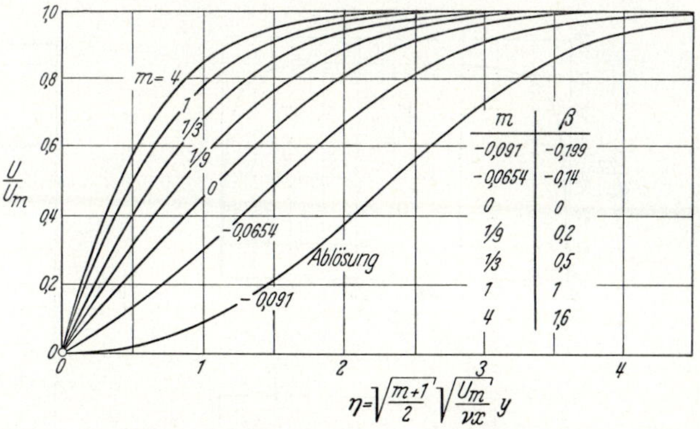

Fig. 43. Geschwindigkeitsverteilungen in der laminaren Grenzschicht der Keilströmung $U(x) = u_1 x^m$, nach HARTREE[1].

berechneten Geschwindigkeitsprofile nach Fig. 43. Dabei bedeutet $\beta = 2m/(m+1)$ den Keilwinkel. Für $m < 0$ (Druckanstieg) haben die Geschwindigkeitsprofile einen Wendepunkt, für $m > 0$ (Druckabfall) jedoch nicht.

Für die Berechnung der laminaren Grenzschicht an einem zylindrischen Körper beliebiger Form ist ein bequemes Näherungsverfahren von K. POHLHAUSEN[2] angegeben worden. Dabei ist die Form der Grenzschichtprofile von dem dimensionslosen Formparameter

$$\Lambda = \frac{\delta^2}{\nu} \frac{dU_m}{dx} \qquad (16.4)$$

abhängig. Die einparametrige Schar der Geschwindigkeitsprofile ist in Fig. 44 angegeben. Der Formparameter Λ hat Werte zwischen $\Lambda = +12$ und -12, wobei der letztere Wert den Ablösungspunkt bedeutet; im vorderen Staupunkt ist $\Lambda = +7{,}05$. Der Fall $\Lambda = 0$ entspricht der längsangeströmten Platte. Für $\Lambda < 0$ (Druckanstieg) haben die Geschwindigkeitsprofile einen Wendepunkt, für $\Lambda > 0$ (Druckabfall) jedoch nicht.

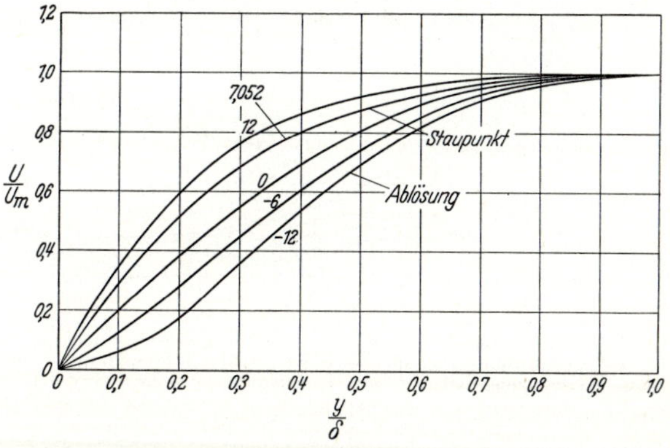

Fig. 44. Geschwindigkeitsverteilungen in der laminaren Grenzschicht mit Druckgradient, nach K. POHLHAUSEN[2]; Λ Formparameter der Geschwindigkeitsprofile nach Gl. (16.4).

[1] D. R. HARTREE: On an equation occurring in FALKNER and SKAN's approximate treatment of the equations of the boundary layer. Proc. Cambridge Phil. Soc. **33**, Part II, 223 (1937).

[2] K. POHLHAUSEN: Zur näherungsweisen Integration der Differentialgleichung der laminaren Reibungsschicht. Z. angew. Math. Mech. **1**, 252—268 (1921).

Wegen der Einzelheiten der Berechnung der Grenzschicht nach diesem Verfahren oder anderen ähnlichen Verfahren verweisen wir auf[1], Kap. XII. Hier sei zur Veranschaulichung lediglich ein Beispiel mitgeteilt. In Fig. 45 sind für den in Richtung der großen Achse angeströmten elliptischen Zylinder vom Achsenverhältnis $a/b=4$ die potentialtheoretische Geschwindigkeit $U_m(x)$, die

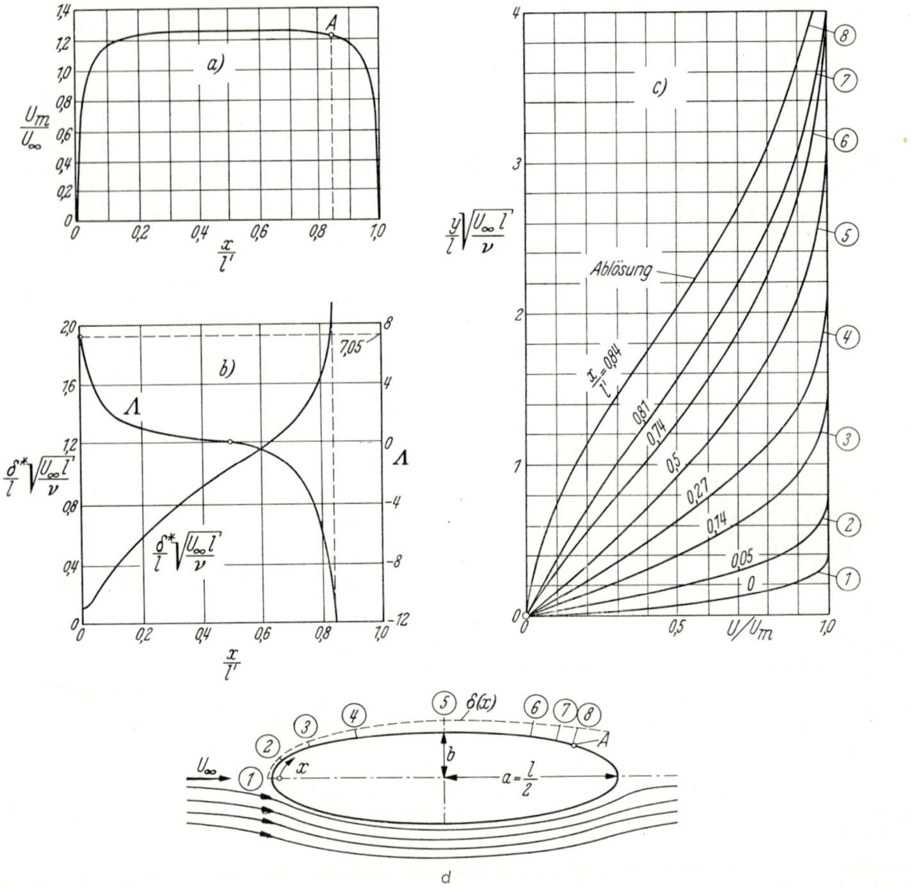

Fig. 45a—d. Ergebnis der Berechnung der laminaren Grenzschicht an einem elliptischen Zylinder vom Achsenverhältnis $a/b=4$ bei Anströmung parallel zur großen Achse. a Potentialtheoretische Geschwindigkeitsverteilung, b Grenzschichtdicke (Verdrängungsdicke) δ^* und Formparameter Λ nach Gl. (16.4), c Geschwindigkeitsprofile in der Grenzschicht, d Körperkontur.

Grenzschichtdicke δ^*, der Formparameter Λ, sowie die Grenzschichtprofile an verschiedenen Stellen längs der Wand angegeben. Dies sind sämtliche Größen, die aus der Berechnung der laminaren Grenzschicht (vgl. oben Punkt 2) bereitgestellt werden müssen, um die anschließende Stabilitätsrechnung ausführen zu können.

17. Stabilitätsgrenze bei Druckabfall und Druckanstieg. Die ersten Stabilitätsrechnungen für Grenzschichten mit Druckabfall und Druckanstieg wurden von

[1] H. SCHLICHTING: Grenzschichttheorie, 3. Aufl. Karlsruhe 1958. Englische Übersetzung von J. KESTIN: Boundary Layer Theory. New York u. London 1955.

H. SCHLICHTING[1] für Geschwindigkeitsprofile in einem konvergenten und divergenten Kanal mit der Außenströmung $U_m(x) = U_0 - a x$ ausgeführt ($a < 0$ beschleunigte, $a > 0$ verzögerte Strömung). Diese Rechnungen bestätigten bereits die erwartete starke stabilisierende Wirkung des Druckabfalles und die instabilisierende Wirkung des Druckanstieges. Für die in Fig. 43 angegebenen Geschwindigkeitsprofile der Keilströmung führte kurz darauf J. PRETSCH[2] die Stabilitätsrechnung durch. In Tabelle 1 sind die hierbei erhaltenen Werte der kritischen Reynoldsschen Zahl angegeben. Auch hier ändert sich die Stabilitätsgrenze sehr stark mit dem Druckgradienten.

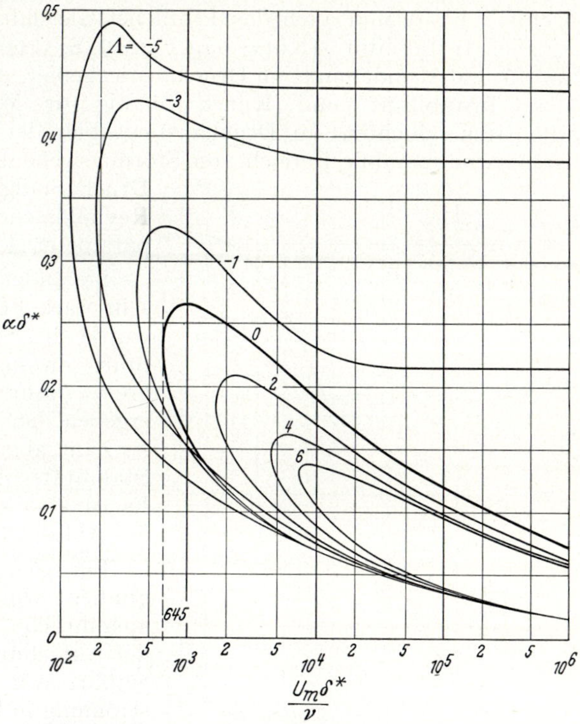

Fig. 46. Indifferenzkurven für die Geschwindigkeitsprofile der laminaren Grenzschicht nach Fig. 44. Es bedeutet $\Lambda < 0$ Druckanstieg, $\Lambda > 0$: Druckabfall.

Für die Schar der Geschwindigkeitsprofile des Pohlhausenschen Näherungsverfahrens nach Fig. 44 ist die Stabilitätsrechnung von H. SCHLICHTING und A. ULRICH[3] ausgeführt worden. In Fig. 46 sind die Indifferenzkurven angegeben. Während für die Geschwindigkeitsprofile im Druckabfallgebiet ($\Lambda > 0$) für $Re \to \infty$ beide Zweige der Indifferenzkurve gegen Null gehen (wie bei der Plattengrenzschicht mit $\Lambda = 0$), hat für die Geschwindigkeitsverteilungen bei

Tabelle 1. *Abhängigkeit der kritischen Reynoldsschen Zahl vom Formparameter β des Geschwindigkeitsprofiles bei Strömungen mit Druckgradient nach Pretsch*[2]; *Geschwindigkeitsprofile nach Fig. 43.*

β	$-0{,}10$	0	0,2	0,4	0,6	1,0
$m = \frac{x}{U_m}\frac{dU_m}{dx}$	$-0{,}048$	0	0,111	0,25	0,43	1,0
$\left(\frac{U_m \delta^*}{\nu}\right)_{\text{krit}}$	126	660	3200	5000	8300	12600

[1] H. SCHLICHTING: Über die theoretische Berechnung der kritischen Reynoldsschen Zahl einer Reibungsschicht in beschleunigter und verzögerter Strömung. Jb. dtsch. Luftfahrtforschg. **I**, 97—112 (1940).

[2] J. PRETSCH: Die Stabilität einer ebenen Laminarströmung bei Druckgefälle und Druckanstieg. Jb. dtsch. Luftfahrtforschg. **I**, 58—75 (1941).

[3] H. SCHLICHTING u. A. ULRICH: Zur Berechnung des Umschlages laminar-turbulent. Jb. dtsch. Luftfahrtforschg. **I**, 8 (1942) (Preisausschreiben 1940 der Lilienthalgesellschaft für Luftfahrtforschung, Flugzeugbau). Ausführliche Fassung in Bericht S. 10 der Lilienthal-Gesellschaft, 1941.

Druckanstieg der obere Zweig der Indifferenzkurve eine von Null verschiedene Asymptote, so daß auch bei $Re \to \infty$ ein endlicher Wellenlängenbereich von angefachten Störungen vorhanden ist. Die Geschwindigkeitsprofile im Druckabfallgebiet, $\Lambda > 0$, und auch das Profil bei Gleichdruck, $\Lambda = 0$, sind vom Typus der „zähen Instabilität" (Kurve b in Fig. 19, S. 371), während die Geschwindigkeitsprofile mit Wendepunkt im Druckanstieggebiet, $\Lambda < 0$, vom Typus der „reibungslosen Instabilität" sind (Kurve a in Fig. 19). Man erkennt aus Fig. 46, daß für die Grenzschichten im Druckanstieggebiet der von der Indifferenzkurve umschlossene instabile Bereich von Störungswellenlängen sehr viel größer ist als im Druckabfallgebiet. In Fig. 47 ist die kritische Reynoldssche Zahl in Abhängigkeit vom Formparameter Λ dargestellt[1].

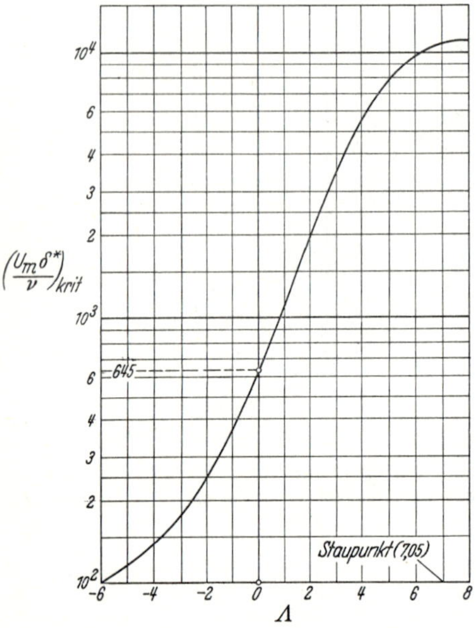

Fig. 47. Die kritische Reynoldssche Zahl der Grenzschichtprofile mit Druckgradient in Abhängigkeit vom Formparameter Λ.

Sie ändert sich mit dem Druckgradienten sehr stark. Für das Ablösungsprofil, $\Lambda = -12$, wurde die Stabilitätsrechnung nicht ausgeführt, da sich für dieses an der Stabilitätsgrenze sehr niedrige Reynoldssche Zahlen ergeben, bei denen das auf große Werte der Re-Zahl abgestellte Näherungsverfahren der Stabilitätsrechnung nicht mehr anwendbar ist. Es ist aber sicher, daß die Stabilitätsgrenze des Ablösungsprofiles sehr niedrig liegt.

Für Geschwindigkeitsprofile mit Druckgradient wurde von J. Pretsch[2] auch eine ausführliche Untersuchung über die Größe der Anfachung der instabilen Störungen ausgeführt von der Art wie sie für die Plattenströmung in Fig. 26 dargestellt ist. Wie zu erwarten, ist die Anfachungsgröße β_i bei Druckanstieg sehr viel größer als bei Druckabfall.

18. Berechnung der Lage des Indifferenzpunktes für einen vorgegebenen Körper. Mit den Ergebnissen von Fig. 46 und 47 läßt sich nun die Berechnung der Lage des Indifferenzpunktes für einen vorgelegten Körper (ebene Umströmung) recht einfach ausführen. Es ist zu erwarten, daß sich für einen vorgegebenen Körper die Lage des Indifferenzpunktes einmal ändert mit seiner Lage relativ zur Anströmrichtung (Anstellwinkel), weil sich mit dieser die potentialtheoretische Druckverteilung stark ändert. Bei festgehaltener Lage des Körpers wird sich die Lage des Indifferenzpunktes noch mit der Reynolds-Zahl des Körpers ändern, weil die Dicke der laminaren Grenzschicht sich mit der Reynolds-Zahl ändert.

Für den vorgelegten Körper ist zunächst die Berechnung der potentialtheoretischen Geschwindigkeit $U_m(x)/U_\infty$ längs der Körperkontur auszuführen, sowie anschließend die Berechnung der laminaren Grenzschicht, etwa nach dem Pohlhausenschen Näherungsverfahren, vgl. Fig. 45. Diese Grenzschichtrechnung liefert die dimensionslose Verdrängungsdicke der Grenzschicht in der Form

[1] Für $\Lambda = 0$ ist hier $Re_{krit} = 645$, während in Fig. 23 der Wert 420 angegeben wurde. Dies liegt daran, daß die Indifferenzkurve für die Plattengrenzschicht in Fig. 46 mit einer Näherungsfunktion für die Geschwindigkeitsverteilung berechnet wurde, während der Fig. 23 die exakte Lösung von Blasius zugrunde liegt.

[2] J. Pretsch: Die Anfachung instabiler Störungen in einer laminaren Reibungsschicht. Jb. dtsch. Luftfahrtforschg. 1, 54—71 (1942).

$\frac{\delta^*}{l}\sqrt{\frac{U_\infty l}{\nu}}$ und den Formparameter Λ, wobei l eine feste Bezugslänge des Körpers und U_∞ die Anströmgeschwindigkeit bedeutet. Verfolgt man bei einer festgehaltenen Reynolds-Zahl $Re_l = U_\infty l/\nu$ die laminare Grenzschicht vom vorderen Staupunkt stromabwärts, so ist kurz hinter dem Staupunkt wegen des starken Druckabfalles (große positive Λ) die Stabilitätsgrenze $(U_m\delta^*/\nu)_{\text{krit}}$ nach Fig. 47 hoch, aber die Grenzschichtdicke klein, also die örtliche Reynolds-Zahl $U_m\delta^*/\nu$ sicher kleiner als die örtliche Stabilitätsgrenze $(U_m\delta^*/\nu)_{\text{krit}}$. Die Grenzschicht ist stabil. Weiter stromabwärts wird der Druckabfall schwächer. Infolgedessen nimmt die örtliche Stabilitätsgrenze $(U_m\delta^*/\nu)_{\text{krit}}$ stromabwärts ab, während die Grenzschichtdicke und damit auch die örtliche Reynolds-Zahl $U_m\delta^*/\nu$ zunimmt. An einer bestimmten Stelle wird

$$\left.\begin{array}{c}\frac{U_m\delta^*}{\nu} = \left(\frac{U_m\delta^*}{\nu}\right)_{\text{krit}} \\ \text{(Indifferenzpunkt)}.\end{array}\right\} \qquad (18.1)$$

Hier ist der *Indifferenzpunkt* erreicht, und stromabwärts von dieser Stelle wird die Grenzschicht instabil.

Das soeben erläuterte Verfahren ist in Fig. 48 für das Beispiel der Umströmung eines elliptischen Zylinders vom Achsenverhältnis $a/b = 4$, der parallel zur großen Achse angeströmt wird, dargestellt. Die potentialtheoretische Geschwindigkeitsverteilung und das Ergebnis der Grenzschichtrechnung für diesen Fall wurde bereits in Fig. 45 angegeben. Aus dem Verlauf des Formparameters Λ über x/l (Fig. 45b) erhält man mit Hilfe von Fig. 47 den Verlauf der örtlichen kritischen Reynoldsschen Zahl $(U_m\delta^*/\nu)_{\text{krit}}$, die in Fig. 48 als „Stabilitätsgrenze" eingetragen ist. Aus dem Verlauf der dimensionslosen Verdrängungsdicke $\frac{\delta^*}{l}\sqrt{\frac{U_\infty l}{\nu}}$ von Fig. 45b erhält man für eine festgehaltene Reynolds-Zahl des Körpers $U_\infty l/\nu$ die mit der Verdrängungsdicke gebildete örtliche Reynoldssche Zahl $U_m\delta^*/\nu$ durch die Beziehung

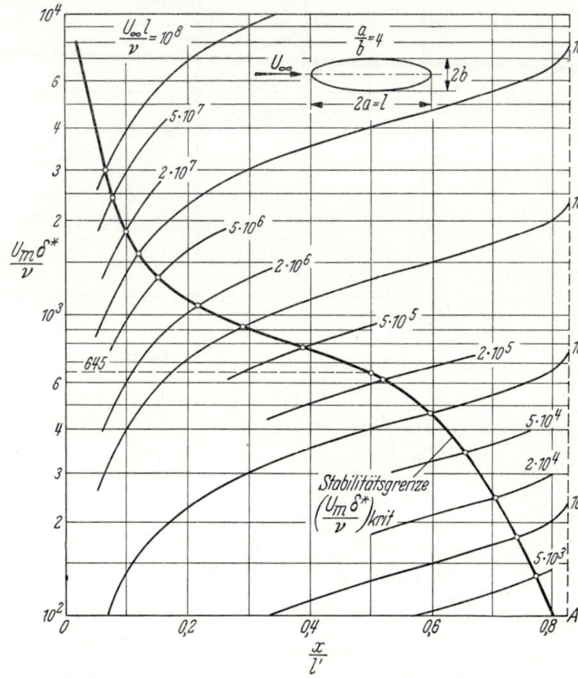

Fig. 48. Rechnerische Ermittlung der Lage des Indifferenzpunktes in Abhängigkeit von der Reynoldsschen Zahl $Re_l = U_\infty l/\nu$ für den elliptischen Zylinder vom Achsenverhältnis $a/b = 4$ (l' = halber Umfang).

$$\frac{U_m\delta^*}{\nu} = \left(\frac{\delta^*}{l}\sqrt{\frac{U_\infty l}{\nu}}\right)\sqrt{\frac{U_\infty l}{\nu}} \cdot \frac{U_m}{U_\infty}. \qquad (18.2)$$

Dabei ist die potentialtheoretische Geschwindigkeitsverteilung $U_m(x)/U_\infty$ durch Fig. 45a gegeben. Die Kurven $U_m\delta^*/\nu$ über x/l' für verschiedene Werte der Reynolds-Zahl $U_\infty l/\nu$ sind in Fig. 48 eingetragen. Die Schnittpunkte dieser letzteren Kurven mit der „Stabilitätsgrenze" ergeben die Lage des Indifferenzpunktes $(x/l')_{\text{krit}}$ für die betreffende Reynoldssche Zahl $U_\infty l/\nu$.

In dieser Weise ist die Stabilitätsgrenze (Lage des Indifferenzpunktes x_{krit}) für eine Serie von elliptischen Zylindern vom Achsenverhältnis $a/b = 1, 2, 4, 8$ ermittelt worden. Man ersieht aus Fig. 49, daß für den Kreiszylinder die Wanderung des Indifferenzpunktes mit der Reynoldsschen Zahl sehr gering ist und mit wachsendem Schlankheitsgrad des Körpers zunimmt.

Dies ist bedingt durch die potentialtheoretische Druckverteilung, welche beim Kreiszylinder ein stark ausgeprägtes Minimum besitzt, während bei den schlan-

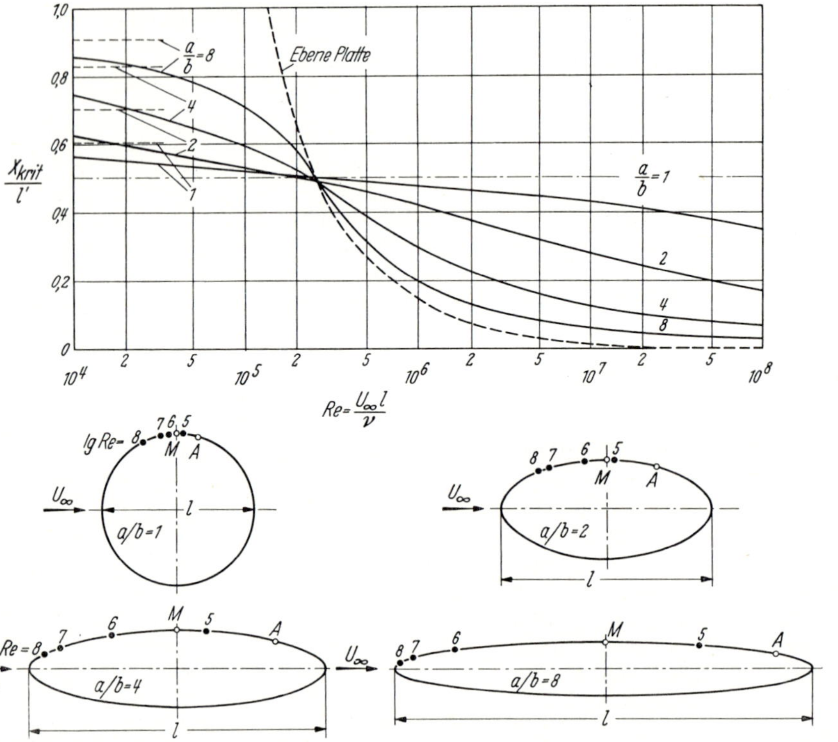

Fig. 49. Lage des Indifferenzpunktes in Abhängigkeit von der Reynoldsschen Zahl $Re = U_\infty l/\nu$ für elliptische Zylinder vom Achsenverhältnis $a/b = 1$; 2; 4; 8; ∞ (ebene Platte). l' halber Umfang; A laminarer Ablösungspunkt; M Druckminimum.

keren elliptischen Zylindern das Minimum sehr flach ist. In den beigegebenen Körperkonturen ist die Lage der Indifferenzpunkte noch besonders verdeutlicht.

In gleicher Weise läßt sich die Lage des Indifferenzpunktes auch für ein Tragflügelprofil ermitteln, wobei außer der Änderung mit der Reynoldsschen Zahl insbesondere die Abhängigkeit vom Anstellwinkel interessiert. Der Einfluß des Anstellwinkels auf die Lage des Indifferenzpunktes wird maßgeblich bestimmt durch die Druckverteilung. In Fig. 50a ist für ein symmetrisches Tragflügelprofil die Druckverteilung für drei verschiedene Anstellwinkel $\alpha = 0°$, $4{,}1°$ und $8{,}2°$ dargestellt; sie entsprechen den Auftriebsbeiwerten $c_a = 0$,0,5, 1,0. Das Druckminimum, das bei symmetrischer Anströmung bei $x/l = 0{,}15$ liegt, wandert mit wachsendem Anstellwinkel auf der Saugseite nach vorn und auf der Druckseite nach hinten. Die gleiche Wanderung mit dem Anstellwinkel zeigt die Lage des Indifferenzpunktes nach Fig. 50b. In einer Zeichnung des Flügelschnittes läßt sich die Lage des Indifferenzpunktes in Abhängigkeit von der Reynolds-Zahl der Anströmung angeben (Fig. 50b). Man erkennt hieraus, daß der Indifferenzpunkt für die praktisch wichtigen Reynolds-Zahlen zwischen $U_\infty l/\nu = 10^6$

und 10^8 nahe am Druckminimum M liegt. Mit wachsender Reynolds-Zahl rückt der Indifferenzpunkt auf Druck- und Saugseite nach vorn, und mit wachsendem Anstellwinkel, entsprechend der Verschiebung des Druckminimums, auf der Druckseite nach hinten und auf der Saugseite nach vorn. Umfangreiche theoretische Ergebnisse über die Lage des Indifferenzpunktes von Tragflügelprofilen in Abhängigkeit von ihrer Form sowie von Reynolds-Zahl und Anstellwinkel findet man in einer Arbeit von K. BUSSMANN und A. ULRICH[1].

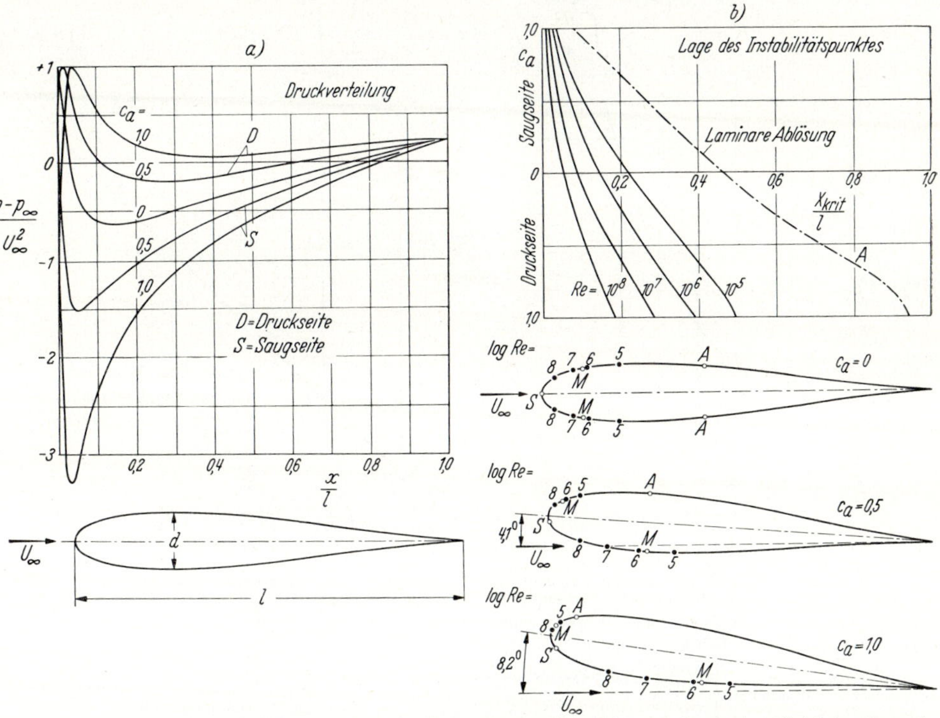

Fig. 50a u. b. Ermittlung des Indifferenzpunktes für ein Tragflügelprofil in Abhängigkeit vom Anstellwinkel und von der Reynoldsschen Zahl nach H. SCHLICHTING und A. ULRICH (s. Fußnote 3, S. 401). a Druckverteilung bei verschiedenen Anstellwinkeln, b Lage des Indifferenzpunktes in Abhängigkeit von der Reynoldsschen Zahl $Re = U_\infty l/\nu$. Symmetrisches Joukowsky-Profil der relativen Dicke $d/l = 0{,}15$. S Staupunkt; M Druckminimum; A laminarer Ablösungspunkt.

Auch für die Grenzschicht mit Druckgradient gilt wieder, wie schon bei der Plattengrenzschicht erläutert, daß der Umschlagspunkt stromabwärts vom Indifferenzpunkt liegt. Während die Lage des Indifferenzpunktes für einen vorgelegten Körper nach dem Vorstehenden verhältnismäßig sicher ermittelt werden kann, ist man bezüglich des Abstandes Umschlagsbeginn—Indifferenzpunkt und der Ausdehnung des Umschlagsgebietes noch ganz auf empirische Feststellungen angewiesen. Grundsätzlich ist zu erwarten, daß im Druckabfallgebiet der Abstand Umschlagsbeginn—Indifferenzpunkt größer ist als im Druckanstieggebiet, da im letzteren Fall die Anfachung der instabilen Störungen wesentlich größer ist. Hierüber und auch über die Auswirkung des Druckgradienten auf die Geschwindigkeit des Anwachsens der Turbulenzflecken ist nichts bekannt. Während es also an detaillierten Messungen über den Umschlagvorgang fehlt, sind aber ausführliche Untersuchungen über die summarische Auswirkung des Turbulenzgrades

[1] K. BUSSMANN u. A. ULRICH: Systematische Untersuchungen über den Einfluß der Profilform auf die Lage des Umschlagspunktes. Vorabdruck Jb. 1943 der dtsch. Luftfahrtforschg. In Techn. Ber. **10**, H. 9 (1943).

auf den Umschlag von G. B. SCHUBAUER[1], A. FAGE[2] und R. MICHEL[3] veröffentlicht worden. In ähnlicher Weise wie in Fig. 40 für die Plattengrenzschicht ist in Fig. 51 für Grenzschichten mit Druckgradient als Maß für den Abstand Umschlagspunkt—Indifferenzpunkt die Differenz der mit der Impulsverlustdicke gebildeten Reynolds-Zahlen, also $(U\vartheta/\nu)_u - (U\vartheta/\nu)_i$ im Umschlags- bzw. Indifferenzpunkt über dem mittleren Druckgradienten $\overline{K}$ aufgetragen. Dabei ist

$$\overline{K} = \frac{1}{x_u - x_i}\int_{x_i}^{x_u} \frac{\vartheta^2}{\nu}\,\frac{dU_m}{dx}\,dx = \frac{1}{x_u - x_i}\int_{x_i}^{x_u} K(x)\,dx. \qquad (18.3)^4$$

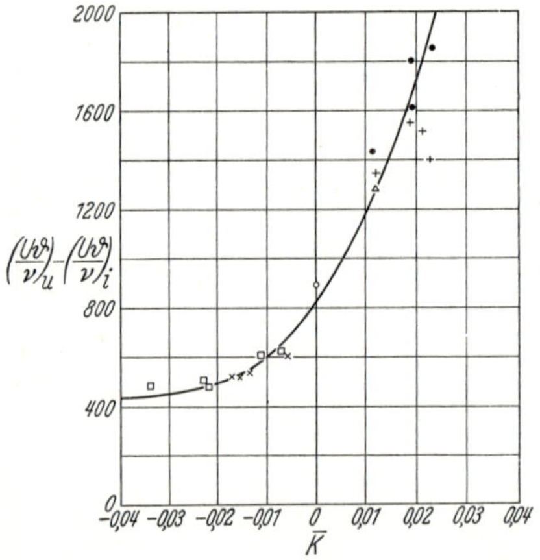

Fig. 51.

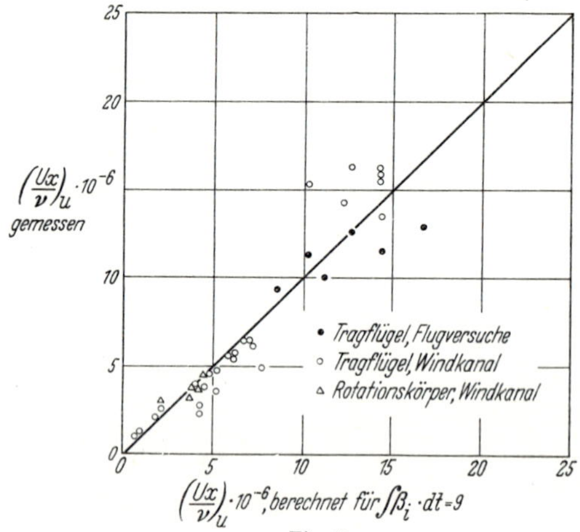

Fig. 52.

Fig. 51. Messungen des Umschlages laminar-turbulent in der Grenzschicht mit Druckgradient nach GRANVILLE (s. Fußnote 2, S. 394). Differenz der Reynoldsschen Zahlen des Umschlagspunktes $Re_{\vartheta u} = (U\vartheta/\nu)_u$ und des Indifferenzpunktes $Re_{\vartheta i} = (U\vartheta/\nu)_i$ in Abhängigkeit vom mittleren Druckgradienten $\overline{K}$. Mit abnehmendem Druckabfall rückt der Umschlagspunkt näher an den Indifferenzpunkt.

Turbulenzarmer Windkanal: Saugseite, Druckseite: BRASLOW und VISCONTI[5], Profil NACA $65_{(215)}-114$; VON DOENHOFF[6], Profil NACA 0012, SCHUBAUER und SKRAMSTAD (s. Fußnote 2, S. 385), ebene Platte.

Flugmessungen: JONES (s. Fußnote 4, S. 407), Profil 12% dick, ZALOVCIK, SKOOG[7]. Profil 14,7% dick.

Fig. 52. Ermittlung des Anfachungsfaktors $\exp \int \beta_i dt$ instabiler Störungen auf dem Wege vom theoretischen Indifferenzpunkt bis zum experimentellen Umschlagpunkt, nach A. M. O. SMITH (s. Fußnote 2, S. 407).

---

[1] G. B. SCHUBAUER: The effect of turbulence on transition in the boundary layer of an elliptic cylinder. Proc. 5 Int. Congr. Appl. Mech. Cambridge, Mass. 1938 (1939), p. 321—325.

[2] A. FAGE: Transition in the boundary layer caused by turbulence. Aero. Res. Comm. London Rep. Mem. 1896 (1942), p. 1—14.

[3] R. MICHEL: Détermination du point de transition et calcul de la trainée des profils d'ailes en incompressible. ONERA Publ. No. 58, 1952.

[4] Zwischen $K(x)$ und dem Formparameter $\Lambda(x)$ nach Gl. (16.4) besteht folgender Zusammenhang; vgl. [*12*], Gl. (12.30):

$$K(x) = \frac{\vartheta^2}{\nu}\,\frac{dU_m}{dx} = \frac{\delta^2}{\nu}\,\frac{dU_m}{dx}\left(\frac{\vartheta}{\delta}\right)^2 = \Lambda\left(\frac{37}{315} - \frac{\Lambda}{945} - \frac{\Lambda^2}{9072}\right)^2.$$

[5] A. L. BRASLOW u. F. VISCONTI: Investigation of boundary layer Reynolds Number for transition on an NACA 65 (215)—114 airfoil in the Langley Two-Dimensional Low-Turbulence Pressure Tunnel. NACA T.N. 1704, 1948.

[6] A. E. v. DOENHOFF: Investigation of the boundary layer about a symmetrical airfoil in a wind tunnel of low turbulence. NACA War-Time Report L-507, 1940.

[7] J. A. ZALOVCIK u. R. B. SKOOG: Flight investigation of boundary layer transition and profile drag of an experimental low-drag wing installed on a Fighter-Type Airplane. NACA War-time Report L-94, 1945.

Die herangezogenen Messungen beziehen sich sämtlich auf sehr geringen Turbulenzgrad (Flugmessungen und Messungen in turbulenzarmen Windkanälen). Fig. 51 zeigt, daß sich die Ergebnisse verschiedener Experimentatoren in befriedigender Weise auf *einer* Kurve anordnen. Dabei ist für Druckabfall ($\overline{K} > 0$) die Differenz $Re_{\vartheta u} - Re_{\vartheta i}$ erheblich größer als für Druckanstieg ($\overline{K} < 0$). Der Wert von $Re_{\vartheta u} - Re_{\vartheta i}$ für $\overline{K} = 0$ beträgt etwa 800 und stimmt gut mit demjenigen für die Plattengrenzschicht nach Fig. 40 bei sehr geringem Turbulenzgrad überein.

Als praktisch wichtige Regel kann man aus den vorstehenden Betrachtungen entnehmen, daß bei großen Reynoldsschen Zahlen von Tragflügelprofilen ($Re_l = 10^6$ bis 10^7) der Umschlagspunkt näherungsweise im Druckminimum liegt.

Eine theoretisch besser begründete Beziehung zwischen der Lage des theoretischen Indifferenzpunktes und des experimentell beobachteten Umschlagpunktes als nach Fig. 51 erhält man, wenn man den Anfachungsvorgang berücksichtigt. Jede instabile Störung, die in der Grenzschicht stromabwärts wandert, erfährt nach Eintritt in den Instabilitätsbereich von Fig. 46 eine Anfachung, die proportional zu $e^{\beta_i t}$ ist, oder, wenn β_i noch zeitabhängig ist, proportional zu

$$e^{\int \beta_i \, dt}. \tag{18.4}$$

Die zu verschiedenen Druckgradienten gehörigen Anfachungsdiagramme $\beta_i = \text{const}$ nach der Art von Fig. 26 sind von J. Pretsch[1] ermittelt worden. Auf Grund dieser Diagramme hat A. M. O. Smith[2] für eine große Zahl von Tragflügelprofilen und Rotationskörpern, für welche Umschlagpunktmessungen vorliegen, den Anfachungsfaktor nach Gl. (18.4) für die Laufstrecke vom theoretischen Indifferenzpunkt bis zum gemessenen Umschlagspunkt ermittelt. Das Ergebnis ist in Fig. 52 dargestellt. Die Auswertung der sehr verschiedenartigen Messungen, die sich sämtlich auf einen sehr geringen Turbulenzgrad der Außenströmung und auf sehr glatte Wand beziehen, ergibt, daß der Anfachungsfaktor der instabilen Störungen auf der Laufstrecke vom Indifferenzpunkt bis zum Umschlagspunkt den Betrag

$$e^{\int \beta_i \, dt} = e^9$$

erreicht.

Laminarprofile. Der hiermit aufgezeigte sehr starke Einfluß der Druckverteilung der Außenströmung auf die Lage des Indifferenzpunktes und damit auch des Umschlagspunktes bildet die physikalische Grundlage für die von seiten der Flugtechnik entwickelten Laminarprofile. Wie schon in Abschnitt I angegeben, wird bei diesen Profilen eine möglichst große laminare Laufstrecke der Grenzschicht und damit ein sehr geringer Profilwiderstandsbeiwert durch eine Kontur mit großer Rücklage der größten Dicke erreicht, da hierbei dann das Druckminimum ebenfalls weit hinten liegt. Allerdings kann diese große Rücklage des Druckminimums immer nur für einen gewissen kleinen Anstellwinkelbereich erreicht werden. Nachdem H. Doetsch[3] 1939 die ersten Windkanal-Meßergebnisse an Laminarprofilen veröffentlicht hatte, und schon vorher von B. M. Jones[4] in Flugmessungen lange laminare Laufstrecken der Grenzschicht festgestellt worden waren, sind während des Krieges in den amerikanischen

[1] Siehe Fußnote 2, S. 402.

[2] A. M. O. Smith: Transition, pressure gradient and stability theory. Ninth Internat. Congr. of Appl. Mech., **4**, 234—244, Brussels, 1956. Vgl. auch J. Aero. Space Sci. **26**, 229—245 (1959).

[3] H. Doetsch: Untersuchungen an einigen Profilen mit geringem Widerstand im Bereich kleiner c_a-Werte. Jb. dtsch. Luftfahrtforschg. **I**, 54—57 (1940).

[4] B. M. Jones: Flight experiments on the boundary layer. J. Aeron. Sci. **5**, 81—101 (1938). Siehe auch Aircraft Eng. **10**, 135—141 (1938).

Luftfahrtforschungsanstalten umfangreiche systematische Meßreihen an solchen Profilen ausgeführt worden[1]. Eine Zusammenstellung von Widerstandsbeiwerten von Laminarprofilen zeigt Fig. 53. Die Widerstandsersparnisse durch den

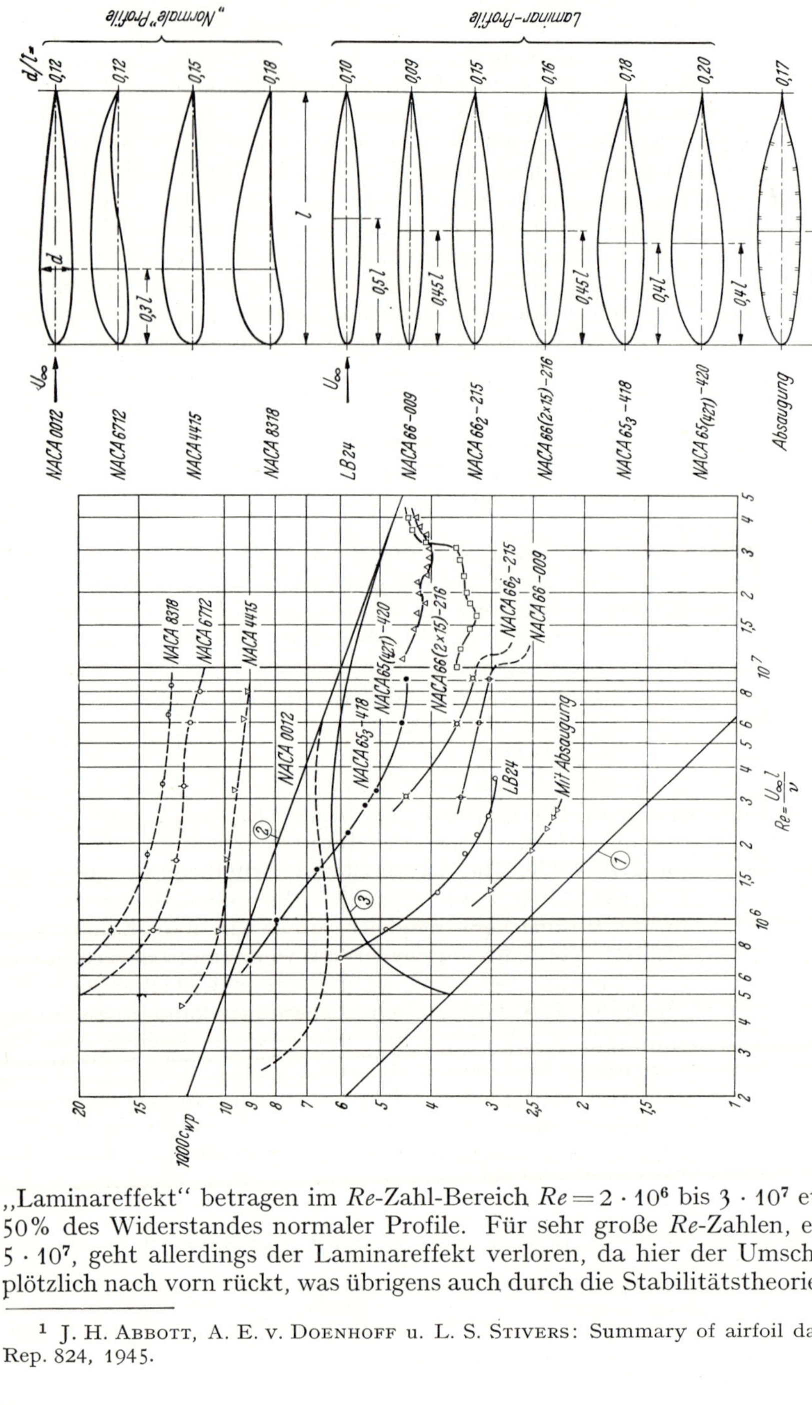

Fig. 53. Widerstandsbeiwerte von Laminarprofilen in Abhängigkeit von der Reynoldsschen Zahl. „Normale“ Profile aus NACA Rep. 586. Laminarprofile aus NACA Rep. 824. *1* Ebene Platte bei laminarer Grenzschicht, *2* ebene Platte bei turbulenter Grenzschicht, *3* ebene Platte; Übergang laminar-turbulent.

„Laminareffekt“ betragen im *Re*-Zahl-Bereich $Re = 2 \cdot 10^6$ bis $3 \cdot 10^7$ etwa 30 bis 50% des Widerstandes normaler Profile. Für sehr große *Re*-Zahlen, etwa $Re > 5 \cdot 10^7$, geht allerdings der Laminareffekt verloren, da hier der Umschlagspunkt plötzlich nach vorn rückt, was übrigens auch durch die Stabilitätstheorie zwanglos

[1] J. H. ABBOTT, A. E. v. DOENHOFF u. L. S. STIVERS: Summary of airfoil data. NACA Rep. 824, 1945.

erklärt werden kann. Es muß jedoch erwähnt werden, daß einige Umstände die praktische Verwendung der Laminarprofile beträchtlich erschweren. Dies sind vor allem die sehr hohen Ansprüche, die an die Oberflächenglätte gestellt werden müssen, damit nicht durch Rauhigkeit ein vorzeitiger Umschlag herbeigeführt wird.

VI. Einfluß der Absaugung auf den Umschlag laminar-turbulent.

19. Vorbemerkung. Die Absaugung der Reibungsschicht als eine Maßnahme zur Beeinflussung der Strömung um einen Körper ist schon von PRANDTL in seiner ersten Grenzschichtarbeit 1904 angegeben worden[1]. Dabei handelte es sich zunächst um die Vermeidung der Ablösung und damit um die Verminderung des Druckwiderstandes und beim Tragflügel auch um die Erhöhung des Maximalauftriebes. Später ist zuerst experimentell von J. ACKERET[2] und H. HOLSTEIN[3] gezeigt worden, daß durch Absaugung der Reibungsschicht auch der Umschlag laminar-turbulent beeinflußt werden kann. Durch Absaugung mittels geeignet angeordneter Schlitze konnte die Umschlagstelle stromabwärts verschoben und dadurch der Reibungswiderstand verringert werden. In Fig. 53 ist der Profilwiderstandsbeiwert eines Tragflügels mit Absaugung nach W. PFENNINGER[4] mit eingetragen. Die Wirkung der *Laminarhaltung durch Absaugung* beruht einmal darauf, daß die infolge Absaugung dünnere Reibungsschicht weniger Neigung zeigt, turbulent zu werden. Darüber hinaus aber wirkt noch der Umstand mit, daß die Geschwindigkeitsprofile der laminaren Grenzschicht mit Absaugung im Vergleich zu denen ohne Absaugung eine solche Form besitzen, die auch bei gleicher Dicke weniger Neigung zum Turbulentwerden hat. Man vergleiche hierzu auch A. BETZ[5].

20. Die laminare Grenzschicht mit Absaugung und Ausblasen. Um theoretisch über den Einfluß der Absaugung auf den Umschlag eine Aussage machen zu können, muß die laminare Grenzschicht mit Absaugung mit großer Genauigkeit berechnet werden, um anschließend eine Stabilitätsuntersuchung ausführen zu können. Für die rechnerische Behandlung der laminaren Reibungsschicht mit Absaugung ist es am einfachsten, den Fall kontinuierlicher Absaugung zugrunde zu legen, den man sich durch eine poröse Wand verwirklicht denken kann. Eine besonders einfache Lösung der Grenzschichtgleichungen ergibt sich für den Fall der längsangeströmten ebenen Platte mit homogener (gleichmäßiger) Absaugung auf der ganzen Plattenfläche. Sei U_∞ die Anströmungsgeschwindigkeit und v_0 die Absaugegeschwindigkeit ($v_0 < 0$: Absaugen, $v_0 > 0$: Ausblasen), so ist die gesamte abgesaugte Menge für die Platte der Länge l und Breite b:

$$Q = (-v_0)\, b \cdot l = c_Q\, b\, l \cdot U_\infty .$$

Dabei ist

$$c_Q = -v_0/U_\infty \tag{20.1}$$

[1] L. PRANDTL: Über Flüssigkeitsbewegung bei sehr kleiner Reibung. Verh. III. Internat. Math. Kongr., Heidelberg 1904. Wieder abgedruckt in: Vier Abhandlungen zur Hydrodynamik und Aerodynamik. Göttingen 1927.

[2] J. ACKERET, M. RAS u. W. PFENNINGER: Verhinderung des Turbulentwerdens einer Reibungsschicht durch Absaugung. Naturwiss. **1941**, 622. — Helv. phys. Acta **14**, 323 (1941).

[3] HOLSTEIN, H.: Messung der Laminarhaltung der Grenzschicht durch Absaugung an einem Tragflügel. Bericht S 10 der Lilienthal Ges. für Luftfahrtforschg. 1941, S. 17—27.

[4] W. PFENNINGER: Untersuchungen über Reibungsverminderung an Tragflügeln, insbesondere mit Hilfe der Grenzschichtabsaugung. Mitt. Inst. Aerodynamik, E. T. H. Zürich, **1946**, H. 13. Vgl. auch J. Aeron. Sci. **16**, 227—236 (1949).

[5] A. BETZ: Beeinflussung der Reibungsschicht und ihre praktische Verwertung. Schr. dtsch. Akad. Luftfahrtforschg. **1939**, H. 49. Vgl. auch Jb. dtsch. Akad. Luftfahrtforschg. **1939/40**, 246.

der dimensionslose Mengenbeiwert der Absaugung, der in der Größenordnung 0,0001 bis 0,01 liegt ($c_Q > 0$: Absaugung; $c_Q < 0$: Ausblasen).

Für die längsangeströmte Platte mit homogener Absaugung ergibt sich nach H. Schlichting[1] in einigem Abstand von der Plattenvorderkante eine von der Lauflänge x unabhängige Grenzschicht mit der Verdrängungsdicke

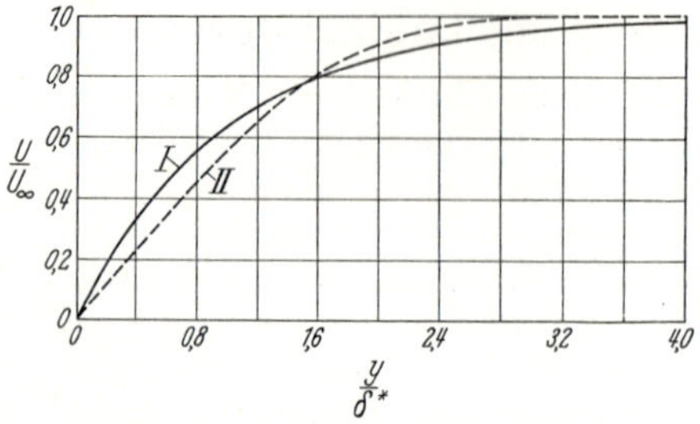

Fig. 54. Geschwindigkeitsverteilung in der Grenzschicht an der längsangeströmten ebenen Platte. *I* Mit homogener Absaugung, „asymptotisches Absaugeprofil" nach Gl. (20.3), *II* ohne Absaugung; Blasius-Profil, nach Fig. 22.

$$\delta^* = \frac{\nu}{-v_0}. \qquad (20.2)$$

Dabei ist die Geschwindigkeitsverteilung:

$$U(y) = U_\infty\left(1 - e^{\frac{v_0 y}{\nu}}\right). \qquad (20.3)$$

Dieses sog. asymptotische Absaugeprofil ist in Fig. 54 im Vergleich mit der Geschwindigkeitsverteilung der Plattengrenzschicht ohne Absaugung (Blasius-Profil) dargestellt. Es besitzt in Wandnähe eine wesentlich stärkere Krümmung als das Blasius-Profil, und infolgedessen auch eine höhere Stabilitätsgrenze.

Für die Beurteilung der Stabilität der Grenzschicht mit Absaugung an der ebenen Platte ist auch die Kenntnis der Geschwindigkeitsprofile im Anlauf, d.h. vor Erreichen des asymptotischen Absaugeprofiles, erforderlich. Diese sind von R. Iglisch[2] berechnet worden. Dabei hat sich ergeben, daß das asymptotische Gesetz (20.3) nach einer Anlauflänge von etwa

$$\xi = \left(\frac{-v_0}{U_\infty}\right)^2 \frac{U_\infty x}{\nu} = 4 \quad \text{oder} \quad c_Q \sqrt{Re_x} = 2$$

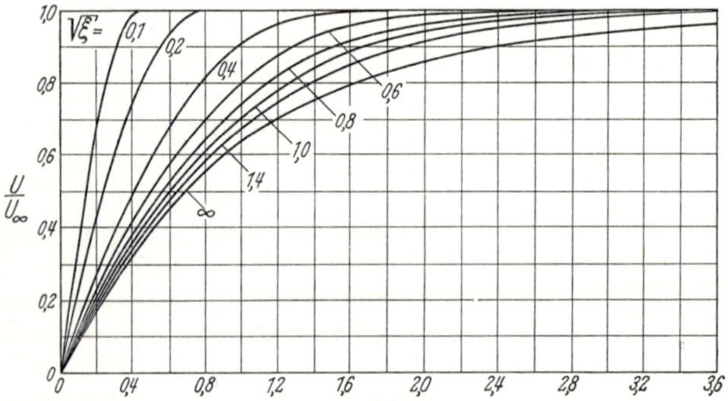

Fig. 55. Geschwindigkeitsverteilung in der laminaren Grenzschicht an der längsangeströmten ebenen Platte mit homogener Absaugung: Geschwindigkeitsprofile im Anlauf. Die Kurve $\xi = \infty$ ist das „asymptotische Absaugeprofil" nach Fig. 54 und Gl. (20.3).

erreicht wird. Die Geschwindigkeitsprofile im Anlauf, die in Fig. 55 dargestellt sind, sind nicht zueinander affin. Ganz nahe an der Vorderkante haben sie die Form wie im Fall ohne Absaugung (Blasius-Profil); weiter stromabwärts findet allmählich ein Übergang in das asymptotische Profil (20.3) statt. Dabei wächst die Verdrängungsdicke der Grenzschicht vom Wert Null an der Plattenvorderkante auf den asymptotischen Wert nach Gl. (20.2) an.

Den unterschiedlichen Einfluß des Ausblasens und Absaugens auf die Geschwindigkeitsverteilung erkennt man aus einer Schar von Lösungen, die von

[1] H. Schlichting: Die Grenzschicht mit Absaugung und Ausblasen. Luftf.-Forschg. **19**, 179—181 (1942).

[2] R. Iglisch: Exakte Berechnung der laminaren Reibungsschicht an der längsangeströmten ebenen Platte mit homogener Absaugung. Schr. dtsch. Akad. Luftfahrtforschg. **8** B, H. 1 (1944).

H. SCHLICHTING und K. BUSSMANN[1] ebenfalls für die Plattengrenzschicht angegeben worden ist. Für das Absaugegesetz

$$v_0(x) = -\frac{1}{2} c_Q^* \sqrt{\frac{\nu U_\infty}{x}} \tag{20.4}$$

mit $c_Q^* > 0$ für Absaugen und $c_Q^* < 0$ für Ausblasen ergeben sich für jedes feste c_Q^* längs der Platte affine Geschwindigkeitsprofile. Jedoch hängt die Form der Geschwindigkeitsprofile stark von dem Mengenbeiwert der Absaugung ab, wie die Darstellung der Geschwindigkeitsprofile in Fig. 56 zeigt. Das Profil mit $c_Q^* = 0$ ist das Blasiussche Plattenprofil ohne Absaugung nach Fig. 22. Die Geschwindigkeitsprofile mit Absaugung ($c_Q^* > 0$) sind auch hier vom Typus der

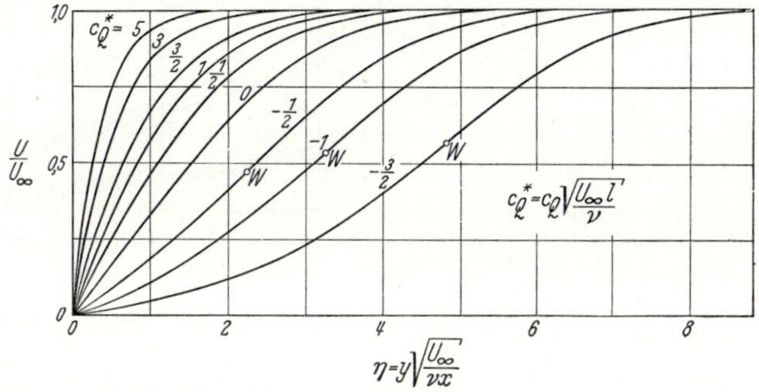

Fig. 56. Geschwindigkeitsverteilung in der laminaren Grenzschicht an der längsangeströmten ebenen Platte mit Absaugung und Ausblasen nach Gl. (20.4). c_Q^*, reduzierter Mengenbeiwert der Absaugung. $c_Q^* > 0$, Absaugung; $c_Q^* < 0$, Ausblasen. W Wendepunkt.

stark gekrümmten Profile wie in Fig. 55. Dagegen haben die Geschwindigkeitsprofile mit Ausblasen ($c_Q^* < 0$) sämtlich einen Wendepunkt.

Zusammenfassend kann man auf Grund dieser Ergebnisse feststellen, daß für die Form des laminaren Grenzschichtprofils die Absaugung sich in gleicher Weise auswirkt wie ein Druckabfall und das Ausblasen wie ein Druckanstieg. Da in der bisher behandelten Stabilitätstheorie der inkompressiblen Strömung die Form des Geschwindigkeitsprofiles allein maßgeblich ist für die kritische Reynoldssche Zahl, ergibt sich hieraus auch unmittelbar der Einfluß von Absaugen und Ausblasen auf die kritische Reynoldssche Zahl: Durch Absaugung ergibt sich eine Erhöhung und durch Ausblasen eine Erniedrigung der kritischen Reynoldsschen Zahl.

21. Stabilität der Grenzschicht mit Absaugung. Die erste Stabilitätsuntersuchung für eine laminare Reibungsschicht mit Absaugung wurde von K. BUSSMANN und H. MÜNZ[2] für das asymptotische Absaugeprofil nach Gl. (20.3) und Fig. 54 ausgeführt. Dabei ergab sich für die Stabilitätsgrenze der sehr hohe Wert $(U_\infty \delta^*/\nu)_{\text{krit}} = 70000$. Von J. PRETSCH[3] wurde etwa gleichzeitig nach einem etwas anderen Rechenverfahren der Wert 57000 errechnet, während später FREEMAN[4]

[1] H. SCHLICHTING u. K. BUSSMANN: Exakte Lösungen für die laminare Grenzschicht mit Absaugung und Ausblasen. Schr. dtsch. Akad. Luftfahrtforschg. **7** B, H. 2 (1943).

[2] K. BUSSMANN u. H. MÜNZ: Die Stabilität der laminaren Reibungsschicht mit Absaugung. Jb. dtsch. Luftfahrtforschg. **I**, 36—39 (1942); vgl. auch: H. SCHLICHTING: Die Beeinflussung der Grenzschicht durch Absaugung und Ausblasen. Jb. dtsch. Akad. Luftfahrtforschg. **1943/44**, 90—108.

[3] J. PRETSCH: Umschlagsbeginn und Absaugung. Jb. dtsch. Luftfahrtforschg. **I**, 1—7 (1942).

[4] P. CHIARULLI u. J. C. FREEMAN: Stability of the boundary layer. Techn. Rep. No. F-TR/1197-1 A. Headquarters Air Material Command, Dayton 1948.

den Wert 40000 erhielt. Somit liegt für das asymptotische Absaugeprofil die kritische Reynoldssche Zahl in den Grenzen

$$\left(\frac{U_\infty \delta^*}{\nu}\right)_{\text{krit}} = 40000 \text{ bis } 70000. \qquad (21.1)$$

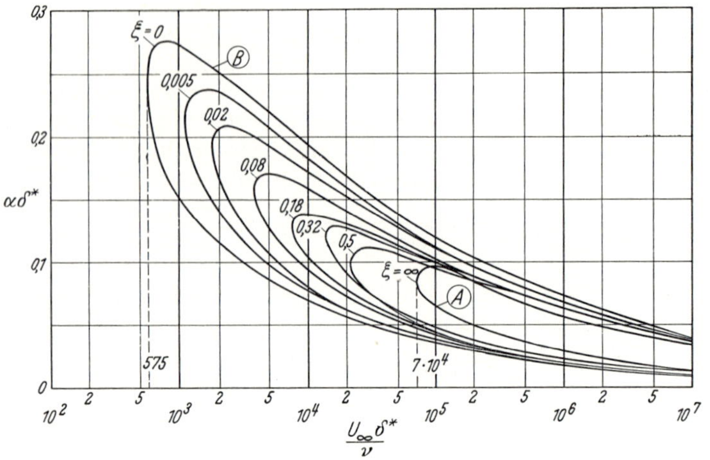

Fig. 57. Indifferenzkurven für die Grenzschichtprofile an der längsangeströmten ebenen Platte mit homogener Absaugung

$$\xi = \left(\frac{-v_0}{U_\infty}\right)^2 \frac{U_\infty x}{\nu} = \text{Absaugebeiwert.}$$

Kurve A: Asymptotisches Absaugeprofil; ($\xi = \infty$). Kurve B: Profil ohne Absaugung; ($\xi = 0$).

Hiernach ist die kritische Reynoldssche Zahl des asymptotischen Absaugeprofiles also rund hundertmal größer als diejenige der Plattengrenzschicht ohne Absaugung. Für die Plattengrenzschicht mit homogener Absaugung sind von A. ULRICH[1] auch die übrigen Geschwindigkeitsprofile im Anlaufgebiet nach Fig. 55 auf Stabilität untersucht worden. In Fig. 57 sind die Indifferenzkurven dargestellt. Man erkennt hieraus, daß nicht nur die kritische Reynoldssche Zahl durch die Wirkung der Absaugung sich beträchtlich erhöht, sondern daß auch der von der Indifferenzkurve umschlossene Bereich der instabilen Störungswellenlängen gegenüber der Grenzschicht ohne Absaugung sehr stark zusammenschrumpft.

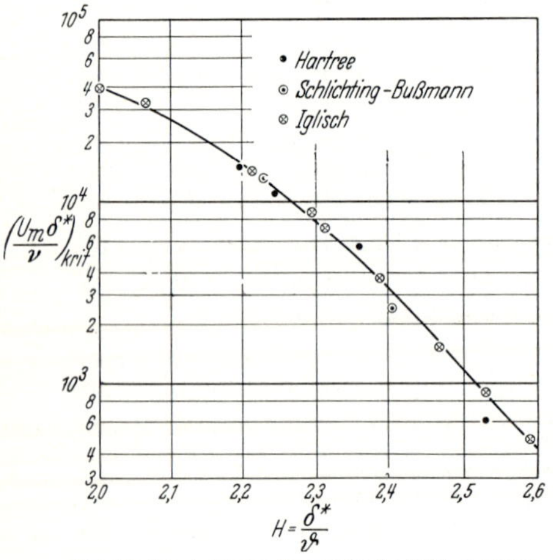

Fig. 58. Die kritische Reynoldssche Zahl von laminaren Grenzschichten mit Absaugung und Druckgradient in Abhängigkeit vom Formparameter $H = \delta^*/\vartheta$.

Der Einfluß der Absaugung auf die Stabilitätsgrenze läßt sich zusammen mit demjenigen des Druckgradienten darstellen, wenn man nach Fig. 58 die kritische Reynoldssche Zahl in Abhängigkeit von dem Formparameter $H = \delta^*/\vartheta$ des Geschwindigkeitsprofiles angibt. Die Ergebnisse für die Platte mit homogener Absaugung (Iglisch-Profile), diejenigen für die Platte mit der Absaugung $v_0 \sim 1/\sqrt{x}$ (Schlichting-Bußmann-Profile) sowie auch diejenigen ohne Absaugung, aber mit Druckgradient (Hartree-Profile) fallen gut in *einem*

[1] A. ULRICH: Theoretische Untersuchungen über die Widerstandsersparnis durch Laminarhaltung mit Absaugung. Schr. dtsch. Akad. Luftfahrtforschg. **8** B, H. 2 (1944).

Kurvenzug zusammen. Für das asymptotische Absaugeprofil ist $H=2$ und für die Platte ohne Absaugung $H=2{,}59$. Beispielrechnungen für die Lage des Indifferenzpunktes an Tragflügelprofilen mit Absaugung enthält eine Arbeit von H. KRÜGER[1]. Von W. WUEST[2,3] ist gezeigt worden, daß bei Absaugung durch mehrere hintereinander liegende Schlitze die stabilisierende Wirkung der Absaugung wesentlich geringer ist als bei kontinuierlicher Absaugung. Die Ursache hierfür ist darin zu suchen, daß sich an der Wand zwischen den Absaugstellen in sich abgeschlossene entgegengesetzt drehende Wirbelgebiete ausbilden.

22. Widerstandsersparnis durch Laminarhaltung mit Absaugung. Eine wichtige Frage im Zusammenhang mit der Laminarhaltung durch Absaugung ist die nach der erforderlichen Absaugemenge. Durch Steigerung der Absaugemenge kann die Grenzschichtdicke beliebig verkleinert werden und damit die Reynoldssche Zahl der Grenzschicht unterhalb der Stabilitätsgrenze gehalten werden. Eine zu große Absaugemenge ist aber unwirtschaftlich, da dann ein wesentlicher Teil der durch die Widerstandsersparnis erreichten Leistungsersparnis für die Absaugeleistung (Leistung des Absaugegebläses) wieder verbraucht wird. Wichtig ist somit vor allem die Frage nach der *Mindestabsaugemenge,* die für die Laminarhaltung erforderlich ist. Für diese Mindestabsaugemenge ergibt sich auch gleichzeitig die größte Widerstandsersparnis, die durch Absaugung erreicht werden kann. Denn jede größere Absaugemenge gibt eine dünnere Grenzschicht und damit größere Wandschubspannung.

Eine erste rohe Abschätzung für die zur Laminarhaltung erforderliche Absaugmenge für die längsangeströmte ebene Platte erhält man aus der Annahme, daß das asymptotische Absaugeprofil nach Gl. (20.3) schon von der Plattenvorderkante an vorhanden ist. Man erhält dann eine längs der ganzen Platte stabile Grenzschicht, wenn die mit der Verdrängungsdicke δ^* gebildete Reynoldssche Zahl überall unterhalb der durch Gl. (21.1) gegebenen Stabilitätsgrenze liegt, somit

$$\text{stabil:}\quad \frac{U_\infty\,\delta^*}{\nu} < \left(\frac{U_\infty\,\delta^*}{\nu}\right)_{\text{krit}}.$$

Setzt man für δ^* den Wert des asymptotischen Absaugeprofiles nach Gl. (20.2) ein, und für $(U_\infty\,\delta^*/\nu)_{\text{krit}}$ den kleinsten Wert nach Gl. (21.1), so ergibt sich

$$\text{stabil:}\quad \frac{-v_0}{U_\infty} = c_Q > \frac{1}{40000}.$$

Hiernach ist also Stabilität vorhanden, falls der Mengenbeiwert der Absaugung größer ist als der sehr kleine Wert $c_Q = 0{,}000025$.

Hierzu ist jedoch zu bemerken, daß aus einer genaueren Rechnung sich ein etwas größerer Mengenbeiwert für die Mindestabsaugemenge ergibt. Das der Abschätzung zugrunde gelegte asymptotische Absaugeprofil wird erst in einem gewissen Abstand von der Vorderkante erreicht. Weiter vorn, im Anlaufbereich, ist zwar die Grenzschicht dünner als nach Gl. (20.2), aber auch die Stabilitätsgrenze niedriger als 40000, vgl. Fig. 57. Die genauere Rechnung mit Berücksichtigung des

[1] H. KRÜGER: Über den Einfluß der Absaugung auf die Lage der Umschlagsstelle an Tragflügelprofilen. Ing.-Arch. **19**, 384—387 (1951).

[2] W. WUEST: Näherungsweise Berechnung und Stabilitätsverhalten von laminaren Grenzschichten mit Absaugung durch Einzelschlitze. Ing.-Arch. **21**, 90—103 (1953).

[3] W. WUEST: Stabilitätsmindernde Einflüsse der Absauggrenzschichten. Z. Flugwiss. **4**, 81—84 (1956); vgl. auch Grenzschicht Symposium. Freiburg 1957, S. 319—329. Berlin: Springer 1958; und H. SCHLICHTING: Einige neuere Ergebnisse über Grenzschichtbeeinflussung. Proceedings of the First Internat. Congr. in the Aeronautical Sciences, Madrid, 8.—13. Sept. 1958.

Anlaufs, die von A. ULRICH[1] ausgeführt wurde, ergibt eine *Mindestabsaugemenge für die Laminarhaltung* vom Betrage

$$c_{Q\,\min} = 0{,}00012 \quad \text{(stabil)}. \tag{22.1}$$ [2]

Die Widerstandsersparnis, die bei der längsangeströmten Platte mit homogener Absaugung für diese Absaugemenge erreicht werden kann, kann aus Fig. 59 entnommen werden. Der Beiwert des Reibungswiderstandes bei „günstigster Absaugung" ist nur wenig größer als derjenige bei laminarer Grenzschicht ohne Absaugung. Bezogen auf den Widerstand bei turbulenter Grenzschicht beträgt die Widerstandsersparnis für Reynolds-Zahlen zwischen 10^6 und 10^8 etwa 70 bis 85%.

Daß Widerstandsersparnis in dieser Größenordnung tatsächlich erreicht werden können, ist durch Windkanalmessungen von A.L. BRASLOW[3] u. a. und Flugmessungen von M. JONES und M. R. HEAD[4,5] an Tragflügeln mit poröser Oberfläche nachgewiesen worden. Man vergleiche hierzu auch die Untersuchungen von A. RASPET[6] und B. H. CARMICHAEL[7] an einem Segelflugzeug.

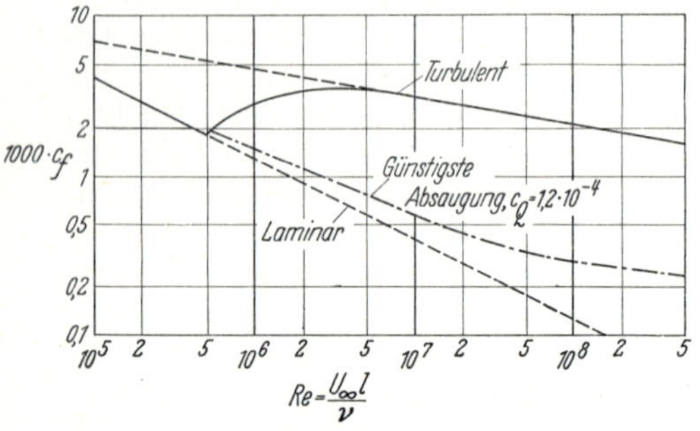

Fig. 59. Widerstandsbeiwert der längsangeströmten ebenen Platte in Abhängigkeit von der Reynolds-Zahl. „Günstigste Absaugung" bedeutet die Absaugemenge $c_{Q\,\min} = 0{,}000\,12$ welche mindestens erforderlich ist, um die Grenzschicht laminar zu halten.

Neben der Absaugung ist aber auch die Wirkung des Ausblasens von Flüssigkeit auf die Turbulenzentstehung von Interesse. Eine Möglichkeit, die Oberfläche bei hohen Überschallgeschwindigkeiten vor unzulässiger Erhitzung durch Reibungswärme zu schützen, besteht in der Injektion eines Kühlmittels (Gas oder Flüssigkeit) durch die poröse Oberfläche. Die Menge des Kühlmittels, die erforderlich ist, um die Oberflächentemperatur in den gewünschten Grenzen zu halten, ist bei turbulenter Grenzschicht wesentlich größer als bei laminarer. Theoretische Stabilitätsuntersuchungen über Grenzschichten mit Ausblasen sind nicht bekannt geworden. Jedoch ist grundsätzlich zu erwarten, daß durch das Ausblasen die Stabilitätsgrenze erniedrigt wird, da durch das Ausblasen sich das laminare Geschwindigkeitsprofil in Richtung auf ein Wendepunktprofil verändert (vgl. Fig. 56). Von C. J. SCOTT und G.E. ANDERSON[8] wurden Versuche an einem Kegelmodell bei einer Mach-Zahl von 3,4 mit Injektion von Helium

[1] Siehe Fußnote 1, S. 412.

[2] Die für die Laminarhaltung erforderliche Absaugemenge ist hiernach außerordentlich gering: sie beträgt etwa 0,1‰ der Menge, welche durch einen Querschnitt von der Größe der benetzten Plattenfläche senkrecht zur Strömungsrichtung hindurchfließt.

[3] BRASLOW, A. L., D. L. BURROWS, N. TETERVIN u. F. VISCONTI: Experimental and Theoretical Studies of Area Suction for the Control of the Laminar Boundary Layer on an NACA 64 A 010 Airfoil. NACA Rep. 1025 (1951).

[4] M. JONES u. M. R. HEAD: The reduction of drag by distributed suction. Proc. Third Anglo-American Aeron. Conf. Brighton 1951, S. 199—230.

[5] M. R. HEAD: The boundary layer with distributed suction. ARC. Rep. a. Memo 2783, 1955.

[6] A. RASPET: Boundary layer studies on a sailplane. Aeron. Eng. Rev. **11**, No. 6, 52 (1952).

[7] B. H. CARMICHAEL: Flight observation of suction-stabilized boundary layers. Aeron. Eng. Rev. **13**, No. 2, 36—41 (1954).

[8] C. J. SCOTT, u. G. E. ANDERSON: Boundary-layer transition with gas injection. J. Aeron. Sci. **25**, 791 (12) (1958) (Readers' Forum) und University of Minnesota, Rosemount Rep. No. 151, 1958.

und Luft durchgeführt. Die Reynolds-Zahl des Umschlags nimmt danach mit wachsender Ausblasemenge ab; diese Abnahme wird jedoch durch die bewirkte Kühlung kompensiert. (Über den Einfluß des Wärmeübergangs vgl. Abschnitt VIII.)

VII. Einfluß eingeprägter Kräfte auf den Umschlag laminar-turbulent.

23. Vorbemerkung. Es gibt einige Fälle, wo der laminar-turbulente Umschlag durch den Einfluß eingeprägter äußerer Kräfte wesentlich beeinflußt wird. Ein Beispiel hierfür ist die Strömung in dem Spaltraum zwischen zwei konzentrischen rotierenden Zylindern. Bei stillstehendem inneren und umlaufendem äußeren Zylinder ergibt sich in dem Spalt eine Geschwindigkeitsverteilung, die vom Wert Null an der inneren Wand auf den Wert der Umlaufgeschwindigkeit der äußeren Wand etwa linear zunimmt. Ein Flüssigkeitsteilchen aus einer äußeren Schicht widersetzt sich einem Transport nach innen, da seine Zentrifugalkraft größer ist als die eines Teilchens aus inneren Schichten, so daß es bei einer Bewegung nach innen wieder nach außen geschleudert wird. Aber auch die Wanderung von innen nach außen wird erschwert, weil die Zentrifugalkraft der Innenschicht kleiner ist als außen, und deshalb ein Teilchen aus einer Innenschicht einen „Auftrieb nach innen" erfährt. Die Querbewegungen, welche das Kennzeichen der turbulenten Strömung sind, sind also im vorliegenden Fall durch die Zentrifugalkräfte erschwert, die Zentrifugalkräfte wirken stabilisierend.

In gewisser Weise verwandt mit dem Einfluß der Zentrifugalkräfte bei der Strömung einer homogenen Flüssigkeit längs einer gekrümmten Wand ist die Strömung einer inhomogenen Flüssigkeit längs einer horizontalen ebenen Wand mit Dichteunterschieden in der vertikalen Richtung. In diesem Fall liegt eine stabile Schichtung vor, wenn die Dichte nach oben abnimmt, und eine instabile, wenn sie nach oben zunimmt.

24. Einfluß der Zentrifugalkräfte. Alle bisher besprochenen Stabilitätsuntersuchungen bezogen sich auf Laminarströmungen an ebenen Wänden sowie auf zweidimensionale (ebene) Störungsbewegungen. Über den Einfluß der von der Wandkrümmung herrührenden Zentrifugalkräfte auf solche Stabilitätsuntersuchungen ist von H. Görtler[1] eine Verallgemeinerung des Tollmienschen Instabilitätskriteriums für Wendepunktprofile angegeben worden. Der Tollmiensche Satz, daß im Grenzfall sehr hoher Reynoldsscher Zahlen an ebenen Wänden Geschwindigkeitsprofile mit Vorzeichenwechsel von $d^2 U/dy^2$ instabil sind (vgl. Abschnitt II), nimmt für gekrümmte Wände die Form an, daß der Vorzeichenwechsel von

$$\frac{d^2 U}{d y^2} + \frac{1}{R}\,\frac{d U}{d y} = 0 \tag{24.1}$$

die reibungslose Instabilität herbeiführt. Dabei bedeutet R den Krümmungsradius der Wand mit $R > 0$ für konvexe und $R < 0$ für konkave Wand. Da die linke Seite von Gl. (24.1) nach der ersten Grenzschichtgleichung an der Wand bis auf einen Faktor mit dem Druckgradienten dp/dx übereinstimmt, tritt also hier in gleicher Weise wie bei ebenen Wänden die Instabilität gegenüber zweidimensionalen fortschreitenden Störungswellen genau an der Stelle des Druckminimums auf. Im ganzen ist dieser Einfluß der Wandkrümmung bei Grenzschichtströmungen, bei denen das Verhältnis $\delta/|R| \ll 1$ ist (δ = Grenzschichtdicke), jedoch sehr gering. Für konkave Wände ist erheblich wichtiger eine ganz andere Art von Instabilität gegenüber gewissen dreidimensionalen Störungen, die in Abschnitt IX besprochen wird.

[1] H. Görtler: Über den Einfluß der Wandkrümmung auf die Entstehung der Turbulenz. Z. angew. Math. Mech. 20, 138—147 (1940).

Von einiger Bedeutung ist der Einfluß der Zentrifugalkräfte auf die Stabilität bei der schon oben erwähnten Strömung im Spaltraum zwischen zwei konzentrischen rotierenden Zylindern. Es sei hier zunächst nur der Fall des ruhenden inneren und umlaufenden äußeren Zylinders betrachtet. Für den Grenzfall, daß die Spaltweite s sehr klein ist gegen den Radius des äußeren Zylinders, $s \ll R$, hat man den Fall der Couetteströmung mit linearer Geschwindigkeitsverteilung. Für diesen Fall ist, wie schon in Abschnitt II angegeben, keine Stabilitätsgrenze vorhanden ($Re_{\text{krit}} = \infty$). Sowohl für diesen Fall, als auch für den Fall größerer s/R läßt sich jedoch eine Stabilitätsgrenze berechnen, wenn man die Anlaufströmung untersucht, d.h. die Geschwindigkeitsprofile, die sich

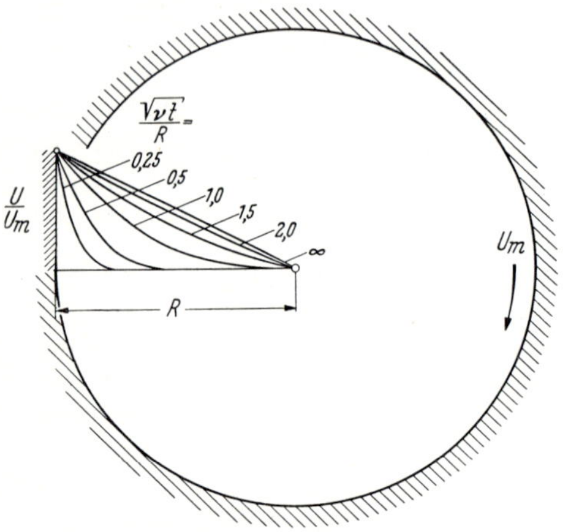

Fig. 60. Geschwindigkeitsverteilung in einem rotierenden Zylinder bei der Anfahrt.

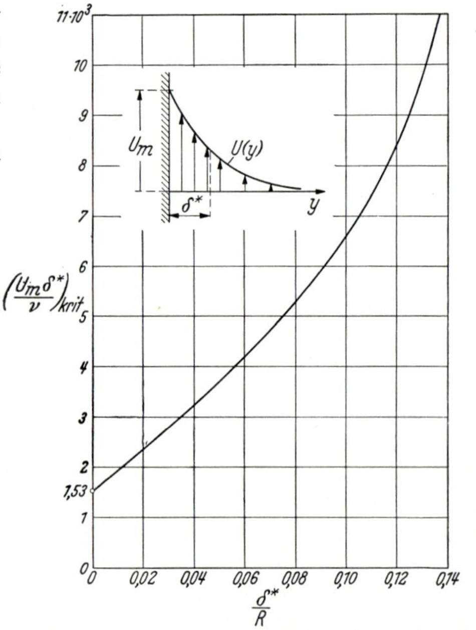

Fig. 61. Kritische Reynoldssche Zahl der in einem rotierenden Zylinder bei der Anfahrt entstehenden Geschwindigkeitsprofile, nach SCHLICHTING[1].

ausbilden, wenn der äußere Zylinder plötzlich in Gang gesetzt wird. Nimmt man der Einfachheit halber an, daß ein innerer Zylinder nicht vorhanden ist, so erhält man in zeitlicher Aufeinanderfolge die in Fig. 60 angegebenen Geschwindigkeitsverteilungen, die durch den Parameter δ^*/R charakterisiert werden können. Diese Geschwindigkeitsprofile sind von H. SCHLICHTING[1] auf Stabilität untersucht worden. Die Stabilitätsgrenze $(U_m \delta^*/\nu)_{\text{krit}}$ in Abhängigkeit von δ^*/R ist in Fig. 61 und Tabelle 2 angegeben. Daß die Stabilitätsgrenze für $\delta^*/R = 0$ mit $(U_m \delta^*/\nu)_{\text{krit}} = 1530$ höher liegt als bei der längsangeströmten ebenen Platte,

Tabelle 2. *Kritische Reynoldssche Zahl der in einem rotierenden Zylinder bei der Anfahrt entstehenden Geschwindigkeitsprofile nach Fig. 60, nach Schlichting*[1].

$\frac{\delta^*}{R}$	0	0,011	0,027	0,055	0,073	0,109	0,136
$\left(\frac{U_m \delta^*}{\nu}\right)_{\text{krit}} \cdot 10^{-3}$	1,53	1,96	2,65	3,96	4,90	7,32	10,8
$\left(\frac{U_m R}{\nu}\right)_{\text{krit}} \cdot 10^{-4}$	∞	17,9	9,69	7,24	6,72	6,74	7,89

[1] H. SCHLICHTING: Über die Entstehung der Turbulenz in einem rotierenden Zylinder. Nachr. Ges. Wiss. Göttingen, math.-phys. Kl. **1932**, 160—198.

liegt daran, daß im vorliegenden Fall das Geschwindigkeitsprofil in Wandnähe eine stärkere Krümmung besitzt als das Plattenprofil. Errechnet man aus den Werten von Fig. 61 die auf den Zylinderradius bezogene kritische Reynoldssche Zahl, so hat diese ein Minimum vom Betrage

$$\left(\frac{U_m R}{\nu}\right)_{\text{krit}} = 66000. \tag{24.2}$$

Diese ist also die niedrigste kritische Reynoldssche Zahl während des Anlaufes, und sie kann somit schlechthin als die kritische Reynoldssche Zahl der Strömung zwischen zwei konzentrischen rotierenden Zylindern bei umlaufendem äußeren und stillstehendem inneren Zylinder und bei großer Spaltweite angesehen werden. Genauer gesagt, gilt dieser Wert für den Grenzfall $s \to R$.

Nach den vorliegenden Versuchsergebnissen sind die gemessenen kritischen Reynoldsschen Zahlen noch abhängig von dem Verhältnis Spaltweite zu Außenradius, s/R. In Fig. 62 sind einige Versuchsergebnisse[1–3] dargestellt. Der obige theoretische Wert ist bei $s/R = 1$ eingetragen. Die Extrapolation der gemessenen Werte auf den Fall $s/R = 1$ ergibt $(U_m R/\nu)_{\text{krit}} = 200000$. Dies kann als eine befriedigende Übereinstimmung mit dem theoretischen Wert angesehen werden, wenn man wieder bedenkt, daß an der theoretischen Stabilitätsgrenze nur gerade eine neutrale Störungswellenlänge existiert, während zur Herbeiführung des Umschlages sicher ein größerer Wellenlängenbereich angefacht werden muß[4].

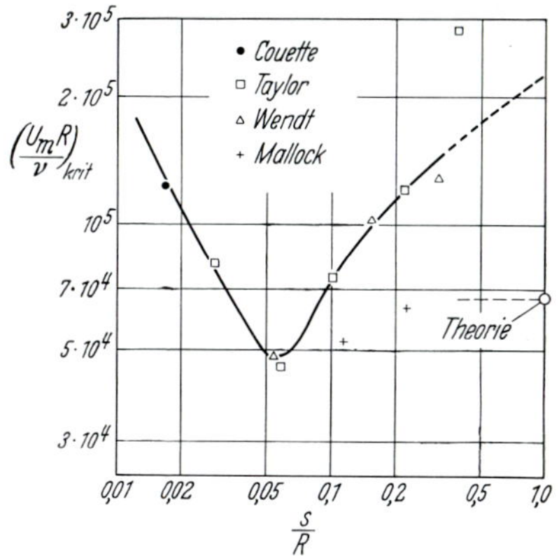

Fig. 62. Die kritische Reynoldssche Zahl für die Strömung zwischen zwei konzentrischen rotierenden Zylindern; der innere ruht, der äußere läuft um. R Radius des äußeren Zylinders; s Radiendifferenz.

Für den Fall, daß von den beiden Zylindern der innere umläuft und der äußere ruht, ergibt sich ebenso wie für die Grenzschicht an einer konkaven Wand eine Instabilität gegenüber dreidimensionalen Störungen, die ebenfalls in Abschnitt IX behandelt wird.

25. Einfluß einer Dichteschichtung. Bei einer Strömung über eine horizontale Wand mit Dichteunterschieden in der vertikalen Richtung liegt ein stabilisierender Einfluß vor, wenn die Dichte nach oben abnimmt und ein instabilisierender Einfluß, wenn die Dichte nach oben zunimmt. Im Falle der Strömung mit stabiler Schichtung wird die turbulente Mischbewegung in der vertikalen Richtung dadurch gehemmt, daß Schwereres gehoben und Leichteres gegen den hydrostatischen Auftrieb gesenkt werden muß. Wenn die Schichtung stark genug ist, kann dadurch die Turbulenz ganz zum Erlöschen kommen. Dieser Effekt spielt bei einigen meteorologischen Vorgängen eine gewisse Rolle. So kann man z.B. an kühlen Sommerabenden bei schwachem Wind zuweilen die Beobachtung machen, daß über feuchten Wiesen Nebelschwaden mit einer scharfen Begrenzung

[1] M. Mallock: Phil. Trans. A **41** (1896).

[2] G. I. Taylor: Stability of a viscous liquid contained between two rotating cylinders. Phil. Trans. A **223**, 289 (1923). Vgl. auch Proc. Roy. Soc. Lond., Ser. A **151**, 494 (1935); **157**, 546, 565 (1936).

[3] F. Wendt: Turbulente Strömungen zwischen zwei rotierenden konaxialen Zylindern. Ing.-Arch. **4**, 577—595 (1933).

[4] Vgl. die nach Abschluß dieses Beitrages erschienene Arbeit von F. Schultz-Grunow: Zur Stabilität der Couette-Strömung. Z. angew. Math. Mech. **39**, 101—110 (1959).

sich hinziehen. Dies ist ein Zeichen dafür, daß die Turbulenz des Windes gänzlich aufgehört hat, so daß die Luftschichten ohne turbulente Vermischung laminar übereinander hingleiten. Dies ist dadurch zu erklären, daß sich infolge der abendlichen Abkühlung in Bodennähe ein ausgeprägtes Temperaturgefälle gebildet hat, welches eine Vermischung der wärmeren und infolgedessen spezifisch leichteren oberen Schichten mit den bodennahen, kälteren, schwereren Luftschichten verhindert.

Eine Energiebetrachtung sowohl für solche geschichteten Strömungen als auch für die oben besprochenen gekrümmten Strömungen mit Zentrifugalkrafteinfluß ist von L. Prandtl[1] angegeben worden. Dabei hat sich ergeben, daß für die Stabilität geschichteter Strömungen neben der Reynoldsschen Zahl die dimensionslose Schichtungsgröße

$$Ri = \frac{-\frac{g}{\varrho}\frac{d\varrho}{dy}}{\left(\frac{dU}{dy}\right)_W^2} \tag{25.1}$$

maßgeblich ist, die man als Richardsonsche Zahl bezeichnet. Dabei bedeutet g die Erdbeschleunigung, ϱ die Dichte, $U(y)$ die Geschwindigkeitsverteilung über der horizontalen Ebene, wobei y vertikal nach oben positiv gerechnet ist. Der Index W bedeutet den Wert an der Wand. Es bedeutet $Ri=0$ die homogene Flüssigkeit, $Ri>0$ stabile und $Ri<0$ instabile Schichtung. Die energetischen Abschätzungen von L. F. Richardson[2] und L. Prandtl hatten ergeben, daß für $Ri \geqq 2$ die Turbulenz erlöschen soll. Durch eine Verfeinerung der Prandtlschen Überlegungen hatte G. I. Taylor[3] später $Ri=1$ als Stabilitätsgrenze erhalten.

Die Methode der kleinen Schwingungen wurde von G. I. Taylor[3] und S. Goldstein[4] auf dieses Problem zuerst angewandt. Für den Fall einer stetigen Dichteverteilung und bei linearer Geschwindigkeitsverteilung in einer in der Querrichtung unendlich ausgedehnten Flüssigkeit erhielten sie $Ri=\frac{1}{4}$ als Stabilitätsgrenze. Es wurde dabei außer der Krümmung des Geschwindigkeitsprofiles der Einfluß der Zähigkeit auf die Störungsbewegung vernachlässigt. Eine Stabilitätsrechnung für eine Grenzschichtströmung mit Dichteschichtung im Sinne der Tollmienschen Theorie wurde von H. Schlichting[5] ausgeführt. Dabei wurde das Blasiussche Geschwindigkeitsprofil der Plattenströmung zugrunde gelegt und eine Dichteschichtung nur in der Grenzschicht, dagegen konstante Dichte außerhalb der Grenzschicht angenommen. Es ergibt sich ein starkes Anwachsen der kritischen Reynoldsschen Zahl mit zunehmender Schichtungsgröße (Fig. 63). Die auf die Verdrängungsdicke bezogene kritische Reynoldssche Zahl wächst von $Re_{\text{krit}}=575$ für $Ri=0$ (homogene Flüssigkeit) an auf $Re_{\text{krit}}=\infty$ für $Ri=\frac{1}{24}$. Hiernach bleibt für

$$Ri \geqq 0{,}0417 \qquad \text{(stabil)}$$

die Plattengrenzschicht mit Dichteschichtung stabil.

---

[1] L. Prandtl: Einfluß stabilisierender Kräfte auf die Turbulenz. Vorträge aus d. Geb. d. Aerodyn. und verwandter Gebiete. Aachen 1929, 1—10; Berlin 1930.

[2] L. F. Richardson: The supply of energy from and to atmospheric eddies. Proc. Roy. Soc. Lond. **97**, 354 (1926).

[3] G. I. Taylor: Effect of variation in density on the stability of superposed streams of fluid. Proc. Roy. Soc. Lond., Ser. A **132**, 499 (1931).

[4] S. Goldstein: On the stability of superposed streams of fluids of different densities. Proc. Roy. Soc., Lond., Ser. A **132**, 524 (1931).

[5] H. Schlichting: Turbulenz bei Wärmeschichtung. Z. angew. Math. Mech. **15**, 313—338 (1935). — Proc. Fourth Internat. Congr. Appl. Mech., Cambridge, S. 245, 1935.

Dieses theoretische Ergebnis ist in Fig. 63 mit Messungen von H. REICHARDT[1] in einem Warm-Kalt-Luftkanal verglichen worden. Hierbei strömte Luft durch einen Kanal von rechteckigem Querschnitt, dessen obere Wand mit Dampf geheizt und dessen untere Wand mit Wasser gekühlt werden konnte. Nach Fig. 63 liegen alle beobachteten laminaren Strömungen im theoretisch stabilen Bereich und alle beobachteten turbulenten Strömungen im theoretisch instabilen Bereich. Die Übereinstimmung ist somit ausgezeichnet.

Für Meeresströmungen wurde von G. I. TAYLOR[2] Turbulenz auch noch bei wesentlich größeren Werten der Schichtungsgröße beobachtet. Dies ist offenbar auf die Abwesenheit von Wänden zurückzuführen.

Neuerdings ist von J. T. STUART[3] auch der Einfluß eines magnetischen Feldes auf den Umschlag studiert worden. Es wurde die parabolische Laminarströmung zwischen zwei parallelen ebenen Wänden untersucht, deren kritische Reynolds-Zahl nach Abschnitt III 5300 beträgt. Für ein magnetisches Feld, das zu der Plattenebene parallel ist, und dessen Stärke ungefähr 10% der Trägheitskraft beträgt, ergab sich eine Erhöhung der kritischen Reynoldsschen Zahl auf den Wert 32000. Das Interesse an den magnetischen Wirkungen auf Flüssigkeits- und Gasströmungen ist in den letzten Jahren sehr in den Vordergrund gerückt und hat zur Bildung neuer Wissenszweige, nämlich der Magneto-Hydrodynamik und der Magneto-Gasdynamik geführt. Hierauf näher einzugehen würde jedoch den Rahmen dieses Beitrags überschreiten.

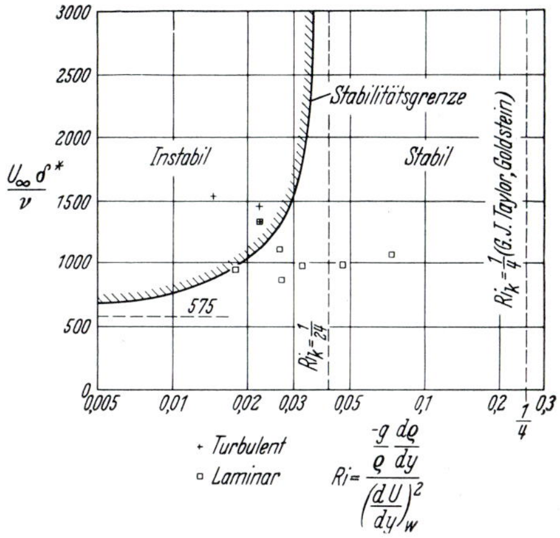

Fig. 63. Die kritische Reynoldssche Zahl für die Grenzschicht an der längsangeströmten ebenen Platte in Abhängigkeit von der Schichtungsgröße Ri (= Richardsonsche Zahl). Auf Grund der Messungen von REICHARDT[1] ergibt sich laminare Strömung im stabilen und turbulente im instabilen Bereich, also völlige Übereinstimmung zwischen Theorie und Experiment.

VIII. Einfluß des Wärmeüberganges und der Kompressibilität auf den Umschlag laminar-turbulent.

26. Vorbemerkung über Grenzschichten in kompressibler Strömung. Die in den vorstehenden Abschnitten mitgeteilten theoretischen und experimentellen Ergebnisse über den Umschlag laminar-turbulent beziehen sich sämtlich auf Strömungen mit mäßigen Geschwindigkeiten (inkompressible Strömungen). In neuerer Zeit ist, angeregt durch die Flugtechnik, der Einfluß der Kompressibilität des strömenden Mediums auf den Umschlag laminar-turbulent untersucht worden. Für den Einfluß der Kompressibilität ist maßgeblich die Machsche Zahl $Ma = U_\infty/c_\infty$, die das Verhältnis von Strömungsgeschwindigkeit U_∞ zur Schallgeschwindigkeit c_∞ darstellt. Bei den kompressiblen Strömungen tritt als weiterer für den Umschlag wichtiger Parameter der Wärmeübergang zwischen der Wand und dem strömenden Medium auf. In einer inkompressiblen Strömung ist ein Wärmeübergang zwischen der Wand und dem strömenden Medium nur

[1] L. PRANDTL u. H. REICHARDT: Einfluß von Wärmeschichtung auf die Eigenschaften einer turbulenten Strömung. Dtsch. Forschg. **1934**, H. 21, 110.

[2] G. I. TAYLOR: Internal waves and turbulence in a fluid of variable density. Rapp. Proc. Verb. Cons. Internat. pour l'Exploration de la Mer. LXVI Kopenhagen, S 20, 1931.

[3] J. T. STUART: Proc. Roy. Soc. Lond., Ser. A **221**, 189—206 (1954).

vorhanden, wenn die Wand auf einer höheren oder tieferen Temperatur als die vorbeiströmende Flüssigkeit gehalten wird. Im ersteren Fall wird die Wand durch die vorbeiströmende Flüssigkeit gekühlt, im letzteren Fall aufgeheizt. In einer kompressiblen Strömung wird der Wärmeübergang zwischen der Wand und dem strömenden Medium durch die in der Grenzschicht erzeugte Reibungswärme stark beeinflußt. Es bildet sich neben der Strömungsgrenzschicht eine Temperaturgrenzschicht aus. Ist die Wand wärmeundurchlässig, so wird diese infolge der Reibungswärme auf die sog. „Eigentemperatur" T_e aufgeheizt. Für die mit der Geschwindigkeit U_∞ längsangeströmte Platte bei laminarer Strömung hat diese Aufheizung den Betrag

$$T_e - T_\infty = \sqrt{Pr}\,\frac{U_\infty^2}{2 g c_p}\,. \tag{26.1}$$

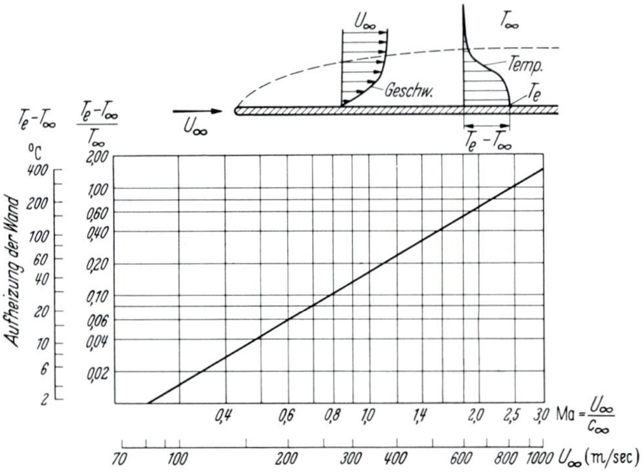

Fig. 64. Aufheizung der längsangeströmten ebenen Platte infolge Reibungswärme bei wärmeundurchlässiger Wand in Abhängigkeit von der Mach-Zahl nach Gl. (26.2a) für Luft, Prandtl-Zahl $Pr = 0{,}71$.

Dabei ist T_∞ die Temperatur der Außenströmung, $Pr = \nu/a$ die Prandtl-Zahl (a = Temperaturleitzahl) und c_p die spezifische Wärme bei konstantem Druck. Hierbei stellt $U_\infty^2/2 g c_p$ die Erwärmung eines Gases durch adiabatische Kompression dar, wenn es aus der Geschwindigkeit U_∞ zur Ruhe gebracht wird. Unter Einführung der Mach-Zahl $Ma = U_\infty/c_\infty$ läßt sich Gl. (26.1) auch schreiben in der Form:

$$T_e = T_\infty\left(1 + \sqrt{Pr}\,\frac{\varkappa - 1}{2}\,Ma^2\right), \tag{26.2}$$

wobei $\varkappa = c_p/c_v$ das Verhältnis der spezifischen Wärmen bei konstantem Druck und konstanter Temperatur bedeutet. Mit den Zahlenwerten für Luft $Pr = 0{,}71$ und $\varkappa = 1{,}4$ ist

$$T_e = T_\infty(1 + 0{,}170\,Ma^2)\,. \tag{26.2a}$$

In Fig. 64 ist die hiernach berechnete Eigentemperatur der Platte in Abhängigkeit von der Mach-Zahl dargestellt. Die Aufheizung ist bei Mach-Zahlen > 1 sehr beträchtlich: bei $Ma = 2$ ist $T_e/T_\infty = 1{,}68$ und bei $Ma = 5$ ist $T_e/T_\infty = 5{,}25$.

Für turbulente Strömung tritt in Gl. (26.1) an Stelle des Faktors $\sqrt{Pr}$ ($= 0{,}84$ für Luft) eine etwas größere Zahl (etwa 0,9 für Luft). Es ist in neuerer Zeit gebräuchlich geworden, Gl. (26.1) in der allgemeineren Form

$$T_e = T_\infty + r\,\frac{U_\infty^2}{2 g c_p} = T_\infty\left(1 + r\,\frac{\varkappa - 1}{2}\,Ma^2\right) \tag{26.3}$$

zu schreiben. Dabei stellt dann der *Recovery-Faktor* r das Verhältnis der Aufheizung der Wand infolge Reibung zur Aufheizung infolge adiabatischer Kompression dar. Für laminare Strömung ist somit der Recovery-Faktor

$$r = \sqrt{Pr} \quad \text{(laminar)}. \tag{26.4}$$

Die Messung des Umschlagspunktes bei Überschallströmungen wird meist auf eine Messung der Aufheizung der Wand und damit auf die Ermittlung dieses Recovery Faktors zurückgeführt (vgl. Ziff. 28, insbesondere Fig. 70).

Maßgeblich für den Wärmeübergang zwischen der Wand und dem strömenden Medium ist bei kompressibler Strömung die Differenz zwischen der Wandtemperatur T_W und der oben erwähnten Eigentemperatur T_e. Für $T_W - T_e > 0$ geht Wärme von der Wand auf das Gas und für $T_W - T_e < 0$ von dem Gas auf die Wand über, während für $T_W = T_e$ kein Wärmefluß stattfindet (wärmeundurchlässige Wand). Diese Feststellung ist wichtig, da wir sogleich sehen werden, daß der Wärmeübergang zwischen Wand und strömendem Medium den Umschlag laminar-turbulent sehr stark beeinflußt.

27. Einfluß des Wärmeüberganges. Schon sehr frühzeitig sind von W. Linke[1] einige experimentelle Untersuchungen über den Einfluß des Wärmeüberganges auf den Umschlag ausgeführt worden. Aus Messungen des Reibungswiderstandes an einer vertikal stehenden und horizontal angeströmten, geheizten ebenen Platte ergab sich im Bereich der Reynoldsschen Zahlen $Re_l = 10^5$ bis 10^6 infolge der Erwärmung eine beträchtliche Zunahme des Widerstandes. Hieraus wurde von Linke mit Recht geschlossen, daß die Erwärmung der Platte die kritische Reynoldssche Zahl herabsetzt und in dem angegebenen Bereich von Reynolds-Zahlen, der ja den Übergangsbereich von laminar zu turbulent darstellt, eine merkliche Zunahme des Reibungswiderstandes zur Folge hat.

Daß bei inkompressibler Strömung der Wärmeübergang von der Wand in die Grenzschicht, $T_W > T_\infty$, die kritische Reynoldssche Zahl erniedrigt, während eine Kühlung der Wand, $T_W < T_\infty$, die Stabilitätsgrenze erhöht, läßt sich durch die folgende Abschätzung einsehen: Der stabilisierende bzw. instabilisierende Einfluß des Wärmeüberganges an der Wand rührt im wesentlichen von der Abhängigkeit des Zähigkeitsbeiwertes μ von der Temperatur her. Bedeutet $U(y)$ die Geschwindigkeitsverteilung in der Grenzschicht nach Fig. 18, so gilt bei Berücksichtigung der Temperaturabhängigkeit der Zähigkeit an Stelle von Gl. (16.2):

$$\frac{d}{dy}\left(\mu \frac{dU}{dy}\right)_W = \frac{dp}{dx} \tag{27.1}$$

und somit für die längsangeströmte Platte

$$\frac{d}{dy}\left(\mu \frac{dU}{dy}\right)_W = 0. \tag{27.2}$$

Nach Ausführung der Differentiation hat man:

$$\mu_W \left(\frac{d^2 U}{dy^2}\right)_W + \left(\frac{d\mu}{dy}\right)_W \left(\frac{dU}{dy}\right)_W = 0,$$

und damit für die Krümmung des Geschwindigkeitsprofiles an der Wand

$$\left(\frac{d^2 U}{dy^2}\right)_W = -\frac{1}{\mu_W}\left(\frac{d\mu}{dy}\right)_W \left(\frac{dU}{dy}\right)_W. \tag{27.3}$$

[1] W. Linke: Über den Strömungswiderstand einer beheizten ebenen Platte. Luftfahrtforschg. **19**, 157—160 (1942).

Ist nun die Wand wärmer als das Gas außerhalb der Grenzschicht, $T_W > T_\infty$, so ist der Temperaturgradient an der Wand negativ, $(\partial T/\partial y)_W < 0$, und weil der Zähigkeitsbeiwert mit wachsender Temperatur wächst, somit auch $(d\mu/dy)_W < 0$. Da der Geschwindigkeitsgradient an der Wand positiv ist, folgt hiermit aus Gl. (27.3):

$$T_W \gtrless T_\infty : \left(\frac{d^2 U}{d y^2}\right)_W \gtrless 0 . \tag{27.4}$$

Es ist also bei geheizter Wand die Krümmung des Geschwindigkeitsprofiles an der Wand positiv und bei gekühlter Wand negativ. Weiter folgt dann aber sofort, daß für die geheizte Wand, $T_W > T_\infty$, innerhalb der Grenzschicht eine Stelle mit verschwindender Krümmung vorhanden ist, wo $d^2U/dy^2 = 0$ ist. Bei Heizung der Wand hat also das Geschwindigkeitsprofil einen Wendepunkt, und es ist damit nach dem Wendepunktkriterium (Abschnitt II) stark instabil. Die Wärmezufuhr von der Wand in das vorbeiströmende Gas wirkt also in gleicher Weise stark instabilisierend wie ein Druckanstieg in Strömungsrichtung, während der Wärmeentzug aus dem strömenden Gas, $T_W < T_\infty$, stark stabilisierend wirkt wie ein Druckabfall.

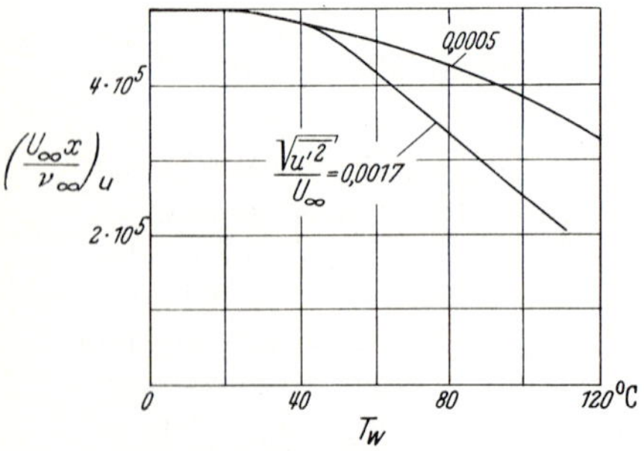

Fig. 65. Reynoldssche Zahl des Umschlages einer geheizten längsangeströmten ebenen Platte bei verschiedenem Turbulenzgrad $\sqrt{\overline{u'^2}}/U_\infty$, nach Messungen von LIEPMANN und FILA[1].

Dieser instabilisierende Einfluß der Aufheizung der Wand wird auch gut bestätigt durch Messungen von H. W. LIEPMANN und G. H. FILA[1] an einer vertikal stehenden längsangeströmten ebenen Platte, die in Fig. 65 wiedergegeben sind. Dabei ist der Abfall der Reynoldsschen Zahl des Umschlages mit steigender Wandtemperatur um so stärker, je höher der Turbulenzgrad der Strömung ist. Dies ist nach den Ausführungen in Abschnitt IV über den Einfluß des Turbulenzgrades auf den Umschlag zu erwarten. Man vergleiche hierzu auch die Messungen von R. W. HIGGINS und C. C. PAPPAS[2].

28. Einfluß der Kompressibilität. Die Stabilität der laminaren Reibungsschicht bei kompressibler Strömung ist nach der Methode der kleinen Schwingungen zuerst von D. KÜCHEMANN[3] in seiner Göttinger Dissertation untersucht worden. Dabei wurde zur Vereinfachung der Rechnung eine lineare Geschwindigkeitsverteilung nach Fig. 21a zugrunde gelegt, die für die Plattengrenzschicht bei Überschallgeschwindigkeit eine wesentlich bessere Annäherung an die wirkliche Geschwindigkeitsverteilung darstellt als für die inkompressible Strömung. Der Einfluß der Reibung auf die Störungsbewegung wurde vernachlässigt. Es wurden einmal neutrale Schwingungen vom Typus der fortschreitenden Wellen von Abschnitt II untersucht und andererseits auch erzwungene Schwingungen diskutiert, die in Form von schrägen Störungswellen, wie sie für die Überschallströmung charakteristisch sind, von der Außenströmung her einfallen

[1] H. W. LIEPMANN u. G. H. FILA: Investigations of effects of surface temperature and single roughness elements on boundary-layer transition. NACA T.N. 1196, 1947 und NACA Rep. No. 890, 1947.

[2] R. W. HIGGINS u. C. C. PAPPAS: An experimental investigation of the effect of surface heating on boundary-layer transition on a flat plate in supersonic flow. NACA T.N. No. 2351, 1951.

[3] D. KÜCHEMANN: Störungsbewegungen in einer Gasströmung mit Grenzschicht. Z. angew. Math. Mech. **18**, 207—222 (1938). Man vgl. die Bemerkung von H. GÖRTLER, Z. angew. Math. Mech. **23**, 179 (1943).

und in der Grenzschicht reflektiert werden. Es wurden indifferente Eigenschwingungen erhalten, aber wegen der Vernachlässigung der Reibung keine kritischen Reynoldsschen Zahlen.

Die Stabilität der kompressiblen laminaren Grenzschicht mit Berücksichtigung von Profilkrümmung und Reibung ist von L. LEES und C. C. LIN[1,2] sehr eingehend untersucht worden[3]. Im Fall der *wärmeundurchlässigen* Wand ist bei mäßigen Mach-Zahlen der Einfluß der Kompressibilität auf die Stabilität der Grenzschicht nur gering. Dies zeigt Fig. 66, wo für die Grenzschicht an der längsangeströmten ebenen Platte die Indifferenzkurven für verschiedene Machsche Zahlen angegeben sind. Die auf die Verdrängungsdicke der Grenzschicht δ^* bezogene kritische Reynoldssche Zahl nimmt mit wachsender Mach-Zahl nur geringfügig ab. Der instabilisierende Einfluß der Machschen Zahl erscheint etwas größer, wenn man die Reynoldssche Zahl auf die Impulsverlustdicke ϑ bezieht, was mit Hilfe des in Fig. 66 mit angegebenen Verhältnisses δ^*/ϑ (= Formparameter) leicht möglich ist.

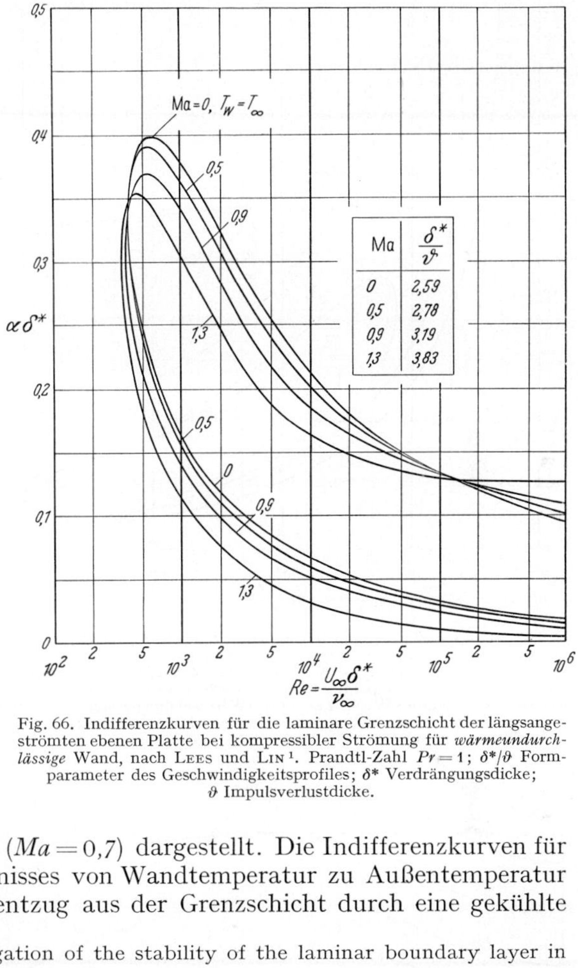

Fig. 66. Indifferenzkurven für die laminare Grenzschicht der längsangeströmten ebenen Platte bei kompressibler Strömung für *wärmeundurchlässige* Wand, nach LEES und LIN[1]. Prandtl-Zahl $Pr=1$; δ^*/ϑ Formparameter des Geschwindigkeitsprofiles; δ^* Verdrängungsdicke; ϑ Impulsverlustdicke.

Für den Fall einer *wärmedurchlässigen* Wand ergibt sich jedoch auch bei kompressibler Strömung ein sehr starker Einfluß des Wärmeüberganges zwischen Wand und strömendem Medium auf die Stabilität. Einige Ergebnisse hierüber sind in Fig. 67 ebenfalls für die Plattengrenzschicht bei einer mäßig großen Machschen Zahl ($Ma=0,7$) dargestellt. Die Indifferenzkurven für verschiedene Werte des Verhältnisses von Wandtemperatur zu Außentemperatur T_W/T_∞ zeigen, daß ein Wärmeentzug aus der Grenzschicht durch eine gekühlte

---

[1] L. LEES u. C. C. LIN: Investigation of the stability of the laminar boundary layer in a compressible fluid. NACA T.N. 1115, 1946.

[2] L. LEES: The stability of the laminar boundary layer in a compressible flow. NACA T.N. 1360, 1947 and NACA Rep. No. 876, 1947.

[3] Man vergleiche hierzu die anschließende Diskussion in den folgenden Arbeiten: M. BLOOM The effect of surface cooling on laminar-boundary layer stability. J. Aeron. Sci. **18**, 635—636 (1951). — E. R. VAN DRIEST: Cooling required to stabilize the laminar boundary layer on a flat plate. J. Aeron. Sci. **18**, 698—699 (1951). — L. LEES: J. Aeron. Sci. **18**, 844 (1951). — M. BLOOM: J. Aeron. Sci. **19**, 359 (1952).

Wir verweisen ferner auf die folgenden beiden zusammenfassenden Berichte: W. TOLLMIEN: Über Stabilitätsprobleme gasförmiger Grenzschichten. Jb. wiss. Ges. Luftfahrt **1953**, 215—224. — H. L. DRYDEN: Transition from laminar to turbulent flow at subsonic and supersonic speeds. Proc. Conference on High-Speed Aeronautics. Polytechnic Institute of Brooklyn, New York, 1955. S. 41—74.

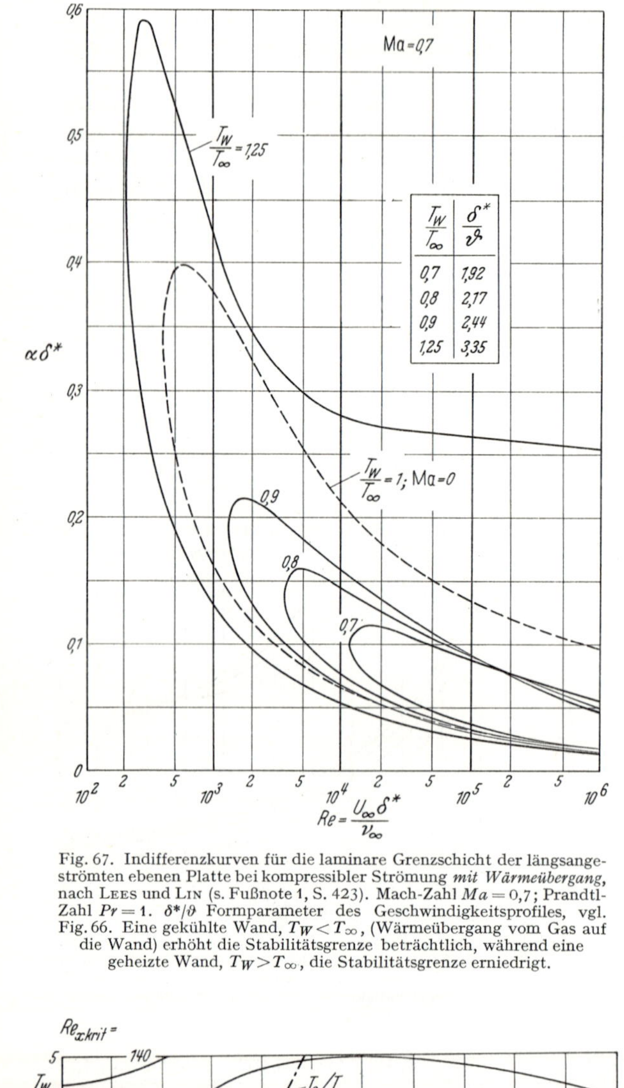

Fig. 67. Indifferenzkurven für die laminare Grenzschicht der längsangeströmten ebenen Platte bei kompressibler Strömung *mit Wärmeübergang*, nach LEES und LIN (s. Fußnote 1, S. 423). Mach-Zahl $Ma = 0{,}7$; Prandtl-Zahl $Pr = 1$. δ^*/ϑ Formparameter des Geschwindigkeitsprofiles, vgl. Fig. 66. Eine gekühlte Wand, $T_W < T_\infty$, (Wärmeübergang vom Gas auf die Wand) erhöht die Stabilitätsgrenze beträchtlich, während eine geheizte Wand, $T_W > T_\infty$, die Stabilitätsgrenze erniedrigt.

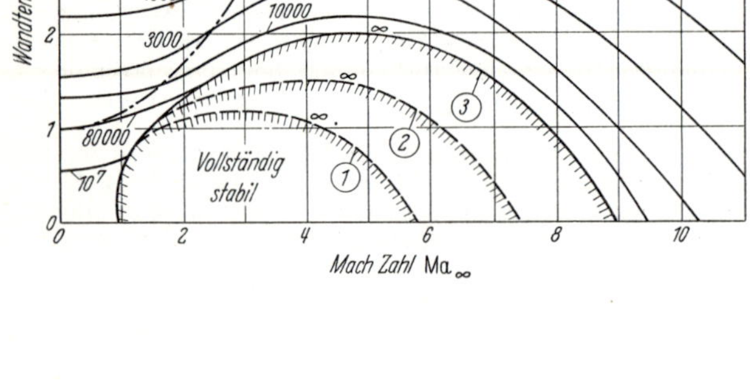

Wand, $T_W < T_\infty$, die Stabilitätsgrenze stark erhöht, während eine Wärmezufuhr in die Grenzschicht, $T_W > T_\infty$, die Stabilitätsgrenze stark erniedrigt. Auch bei kompressibler Strömung gilt also, wie schon oben für inkompressible Strömung erläutert, daß ein Wärmeentzug aus der Grenzschicht stabilisierend wirkt wie ein Druckabfall, dagegen eine Wärmezufuhr in die Grenzschicht instabilisierend wie ein Druckanstieg längs der Wand. Diese Beziehung zwischen dem Einfluß des Druckgradienten und des Wärmeüberganges wird besonders deutlich durch Vergleich von Fig. 67 und Fig. 46.

Besonders interessante Verhältnisse ergeben sich, wenn der Einfluß eines starken Wärmeüberganges bei hoher Mach-Zahl (starker Kompressibilitätseinfluß) betrachtet wird. Fig. 68 gibt nach theoretischen Stabilitätsuntersuchungen von E. R. VAN DRIEST[1] die kritische Reynoldssche Zahl der längsangeströmten ebenen Platte in Abhängigkeit von der Mach-Zahl *Ma* und dem Verhältnis Wandtemperatur zu Außentemperatur T_W/T_∞. Die mit (I) gekennzeichnete Kurve gibt

[1] E. R. VAN DRIEST: Calculation of the stability of the laminar boundary layer in a compressible fluid on a flat plate with heat transfer. J. Aeron. Sci. **19**, 801—812 (1952).

Fig. 68. Einfluß der Mach-Zahl und der Wandtemperatur auf die kritische Reynolds-Zahl der längsangeströmten ebenen Platte, nach E. R. VAN DRIEST[1]. Kurve (I): Eigentemperatur nach Gl. (26.2a). Kurven (1), (2), (3): Grenzen des Bereiches vollständiger Stabilisierung für verschiedene Zähigkeitstemperatur-Gesetze $\mu/\mu_0 = (T/T_0)^\omega$. Kurve (1): $Pr = 1$, $\omega = 1$, Kurve (2): $Pr = 0{,}75$, $\omega = 1$, Kurve (3): $Pr = 0{,}75$; SUTHERLANDS Zähigkeitsgesetz.

den Grenzfall zwischen Kühlung und Aufheizung der Grenzschicht von der Wand her. Sie stellt die nach Gl. (26.2a) errechnete Eigentemperatur T_e/T_∞ dar. In dem Bereich links von dieser Kurve wird die Grenzschicht von der Wand her aufgeheizt und rechts von dieser Kurve gekühlt. Bei genügender Kühlung der Grenzschicht, etwa für $T_W/T_\infty < 0{,}75$, existiert nach diesen Rechnungen im Gebiet der Überschallströmung ein Bereich von Mach-Zahlen, in welchem bei beliebig großer Reynolds-Zahl keine Instabilität eintritt. Dieser Bereich der „vollständigen Stabilisierung" wurde zuerst von L. Lees gefunden und später von van Driest genauer untersucht; seine Grenzen hängen noch etwas von der Prandtl-Zahl und dem empirischen Gesetz des Zusammenhanges zwischen Zähigkeitsbeiwert und Temperatur $\mu(T)$ ab. Diese Untersuchungen sind von D. W. Dunn und C. C. Lin[1] noch weiter ausgebaut worden, indem einmal der Einfluß von Temperaturschwankungen und zum anderen auch der Einfluß dreidimensionaler Störungen (vgl. Abschnitt IX) untersucht wurden. Hiernach kann die Grenzschicht allerdings bezüglich aller dreidimensionalen Störungen niemals vollständig stabilisiert werden. Aber die Tatsache, daß die Oberflächenkühlung ein sehr wirksames Mittel zur Grenzschichtstabilisierung ist, bleibt bestehen. Über den Einfluß des Druckgradienten der Außenströmung auf die Stabilität der kompressiblen Grenzschicht geben Arbeiten von H. Weil[2] und G. M. Low[3] einige Aufklärung.

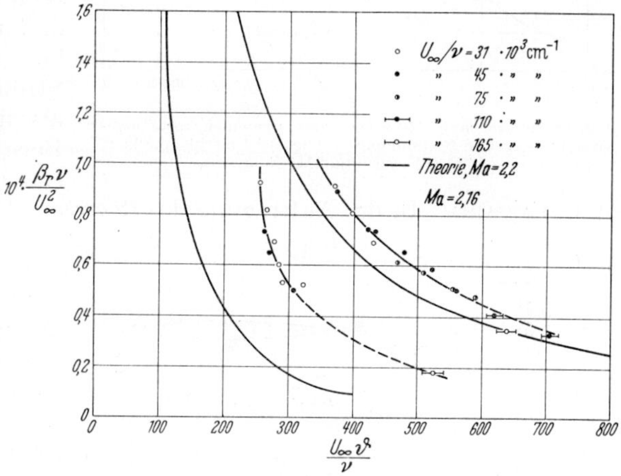

Fig. 69. Indifferenzkurven der laminaren Grenzschicht an der längsangeströmten Platte. Messungen von Laufer und Vrebalovich[4] für $Ma = 2{,}16$. Theorie nach Lees u. Lin (s. Fußnote 1, S. 423) (Rechnungen von Mack).

Eine experimentelle Untersuchung der Instabilität der Grenzschicht an einer ebenen Platte bei Unterschallgeschwindigkeit wurde von J. Laufer und Th. Vrebalovich[4] durchgeführt. Künstliche Störungen bestimmter Frequenz wurden von einer unter der Platte angebrachten Sirene erzeugt. Diese Messungen wurden mit einer Hitzdrahtsonde vorgenommen. Wegen der schwächeren Anfachung der Störungen ist die selektive Anfachung sinusförmiger Schwingungen nicht so ausgeprägt wie im inkompressiblen Fall (vgl. Fußnote 2 von S. 385). Die instabilen Schwingungen konnten daher nicht einfach auf dem Oszillographenschirm beobachtet werden; es waren vielmehr Spektrums- und Korrektionsmessungen erforderlich. Fig. 69 gibt die experimentell bestimmten Indifferenzkurven im Vergleich mit Rechnungsergebnissen wieder, die nach der Theorie von Lin-Lees ermittelt wurden. Die Versuche bestätigen qualitativ die

[1] D. W. Dunn u. C. C. Lin: On the stability of the laminar boundary layer in a compressible fluid. J. Aeron. Sci. **22**, 455—477 (1955).

[2] H. Weil: Effects of pressure gradient on stability and skin friction in laminar boundary layers in compressible fluids. J. Aeron. Sci. **18**, 311—318 (1951).

[3] G. M. Low: Cooling requirements for stability of laminar boundary layer with small pressure gradient at supersonic speeds. NACA T.N. 3103, 1954.

[4] J. Laufer u. Th. Vrebalovich: Experiments on the instability of a supersonic boundary layer. IX. Int. Congr. Appl. Mech., Brüssel, Vol. IV, 1957, p. 121—131.

Richtigkeit der Theorie. Die quantitativen Unterschiede sind auf schon erwähnte Vernachlässigungen der Theorie zurückzuführen.

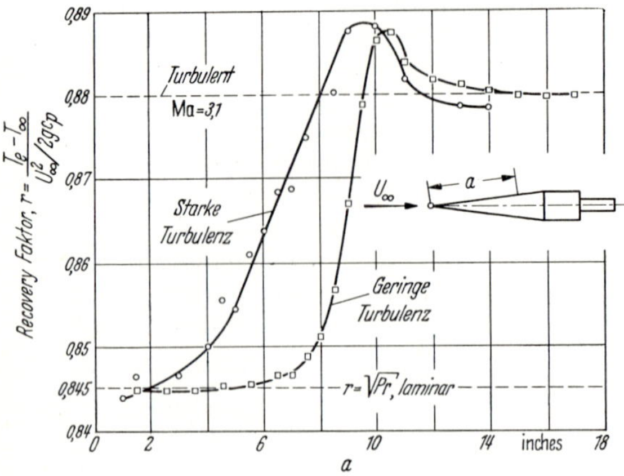

Fig. 70. Messungen des Recovery-Faktors an einem axial angeströmten Kegel zur Bestimmung der Lage des Umschlagpunktes, nach J. C. Evvard und M. Tucker[1].

Im Bereich der Überschallgeschwindigkeit ist die experimentelle Ermittlung des Umschlagpunktes mittels Hitzdrahtmessungen oder Staudruckmessungen mitunter nicht möglich. Jedoch läßt sich hier der Umschlag aus einer Messung der Aufheizung der Wand durch die Reibungswärme bestimmen. Beim Übergang von laminarer zu turbulenter Strömung steigt die Wandtemperatur und damit der in Ziff. 26 definierte Recovery-Faktor ziemlich steil an, weil in turbulenter Strömung die Aufheizung stärker ist als in laminarer. Fig. 70 zeigt ein Beispiel einer solchen Messung an einem axial angeströmten Kegel nach J. C. Evvard[1]. In der Auftragung des Recovery-Faktors über der Lauflänge zeigt der steile Anstieg die Lage der Umschlagstelle an. Die beiden Kurven beziehen sich auf verschiedenen Turbulenzgrad der Außenströmung. Bei stärkerem Turbulenzgrad liegt der Umschlagpunkt etwas weiter stromaufwärts als bei geringem Turbulenzgrad. Weitere Messungen dieser Art findet man bei Ross[2] und van Driest[3].

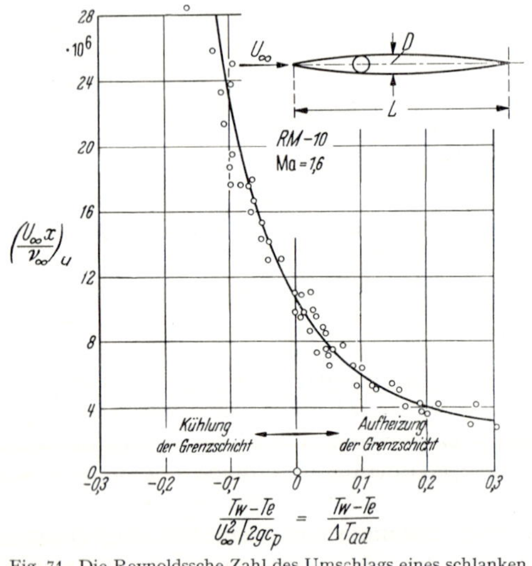

Fig. 71. Die Reynoldssche Zahl des Umschlags eines schlanken Rotationskörpers ($RM-10$) bei Überschallgeschwindigkeit (Mach-Zahl $Ma=1{,}6$) bei Kühlung und Aufheizung der Grenzschicht nach Windkanalmessungen von H. Czarnecki und A. R. Sinclair[4]. T_W = Wandtemperatur, T_e = Eigentemperatur der Wand nach Gl. (26.2a).

Einige Messungen über den Einfluß des Wärmeüberganges auf den Umschlag bei hohen Mach-Zahlen zeigt Fig. 71 nach K. R. Czarnecki und A. R. Sinclair[4]; sie beziehen sich auf einen axial angeströmten Rotationskörper bei der Mach-Zahl $Ma=1{,}6$. In Fig. 71 bedeutet T_W die Wandtemperatur und T_e die Eigentemperatur nach Gl. (26.2a). Für $T_W - T_e < 0$ findet Wärmeübergang von der Grenzschicht auf die Wand (Kühlung der Grenzschicht) und für $T_W - T_e > 0$ Wärmeübergang

[1] J. C. Evvard, M. Tucker u. W. C. Burgess: Transition point fluctuations in supersonic flow. J. Aeron. Sci. **21**, 731—738 (1954). Vgl. auch NACA T.N. 3100, 1954.

[2] A. O. Ross: Determination of boundary layer transition Reynolds Numbers by surface-temperature measurements of a 10° cone in various NACA supersonic wind tunnels. NACA T.N. 3020, 1953.

[3] E. R. van Driest u. J. C. Boison: Experiments on boundary-layer transition at supersonic speeds. **24**, 885—899 (1957).

[4] K. R. Czarnecki u. A. R. Sinclair: An investigation of the effects of heat transfer on boundary-layer transition on a parabolic body of revolution (NACA RM-10) at a Mach Number of 1.61. — NACA Rep. No. 1240, 1955.

von der Wand in die Grenzschicht statt (Aufheizung der Grenzschicht). Dabei ist die Temperaturdifferenz $T_W - T_e$ noch auf die adiabatische Stautemperatur $\Delta T_{ad} = U_\infty^2/2gc_p$ bezogen. Nach diesen Windkanalmessungen ist die größte Reynolds-Zahl des Umschlags bei Kühlung der Grenzschicht $Re_{xu} = 28 \cdot 10^6$, d. i. der zehnfache Betrag gegenüber der Plattengrenzschicht ohne Wärmeübergang bei geringem Turbulenzgrad nach Messungen von SCHUBAUER und SKRAMSTAD (Fig. 30). Bei Flugversuchen mit der V2-Rakete[1] wurde die noch wesentlich höhere Stabilitätsgrenze $Re_{xu} = 90 \cdot 10^6$ erreicht. Dabei bleibt es noch offen, bis zu welchem Grade die von der Theorie vorausgesagte Stabilisierung durch Oberflächenkühlung experimentell verwirklicht werden kann. Daß der Stabilisierung offenbar eine Grenze gesetzt ist, lassen Versuche von J. R. JACK, R. J. WISNIEWSKI und N. S. DIACONIS[2] erkennen, nach denen die Reynolds-Zahl des Umschlags bei extrem starker Kühlung wieder abnimmt.

Für die praktische Abschätzung des Einflusses der Oberflächentemperatur ist eine dimensionslose Darstellung bequem, wie sie nach einem Vorschlag von J. L. POTTER in Fig. 72 angegeben ist. Hierbei wird eine relative Reynolds-Zahl über einer relativen Wandtemperatur aufgetragen. Theorie und Experiment weichen in dieser Darstellung nur wenig voneinander ab. Auch im Überschallbereich hat die Druckverteilung längs der Wand einen starken Einfluß auf die Lage des Umschlagpunktes[3].

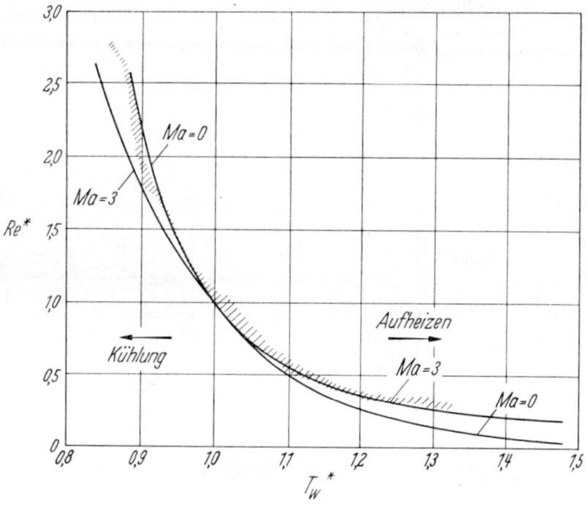

Fig. 72. Einfluß der Wandtemperatur T_W auf die kritische Reynolds-Zahl $Re_{x\,\mathrm{krit}} = \left[\frac{U_\infty x}{\nu_\infty}\right]_{\mathrm{krit}}$

$T_W^* = T_W/T_e$; T_e = Eigentemperatur, definiert durch Gl. (26.3)

$$Re^* = \frac{Re_{x\,\mathrm{krit}} \text{ bei Wandtemperatur } T_W}{Re_{x\,\mathrm{krit}} \text{ bei Wandtemperatur } T_e}$$

—— Theorie nach E. R. VAN DRIEST (s. Fußnote 1, S. 424)

///// Messungen nach K. R. CZARNECKI und A. R. SINCLAIR (s. Fußnote 4, S. 426).

Untersuchungen über die „Feinstruktur" des Umschlages bei hohen Mach-Zahlen[4] zeigen, daß auch hier die Lage der Umschlagstelle ebenso wie bei inkompressibler Strömung nach statistischen Gesetzen schwankt. Beobachtungen über Form und Wachstumsgeschwindigkeit turbulenter Flecken bei Überschallströmung wurden von C. S. JAMES[5] vorgenommen.

29. Der Übergang von der turbulenten in die laminare Strömung. Der Fall, daß eine turbulente Strömung wieder laminar wird, gehört zwar nicht unmittelbar

[1] J. STERNBERG: A free-flight investigation of the possibility of high Reynolds Number supersonic laminar boundary layers. J. Aeron. Sci. **19**, 721—733 (1952).

[2] J. R. JACK, R. J. WISNIEWSKI u. N. S. DIACONIS: Effects of extreme surface cooling on boundary-layer transition. NACA T.N. 4094 (October 1957).

[3] J. H. HILTON u. K. R. CZARNECKI: An exploratory investigation of skin friction and transition on three bodies of revolution at a Mach Number of 1.61. NACA T.N. 3193, 1954, sowie J. R. JACK: Effect of favorable pressure gradients on transition for several bodies of revolution at Mach number of 3.12. NACA T.N. 4313 (July 1958).

[4] J. C. EVVARD, M. TUCKER u. W. C. BURGESS: Statistical study of transition-point fluctuations in supersonic flow. NACA T.N. 3100, 1954.

[5] C. S. JAMES: Obervations of turbulent-burst geometry and growth in supersonic flow. NACA T.N. 4235 (April 1958).

zum Thema der Turbulenzentstehung. Da aber einerseits dieses Problem einige praktische Bedeutung hat und andererseits hierdurch das Verständnis für das Zustandekommen turbulenter Strömungen gefördert wird, sollen hier zwei Beispiele dieser Art besprochen werden. Bereits in Abschnitt IV wurde diese Frage schon einmal berührt, als erwähnt wurde, daß an der Rückseite der turbulenten Flecken in der Grenzschicht und an der Vorderseite der turbulenten Pfropfen im Rohr Flüssigkeit aus dem turbulenten Gebiet in das nichtturbulente strömt und sich dabei beruhigt. Es gibt aber auch Fälle, bei denen das Laminarwerden einer turbulenten Strömung im größeren Maßstab auftritt.

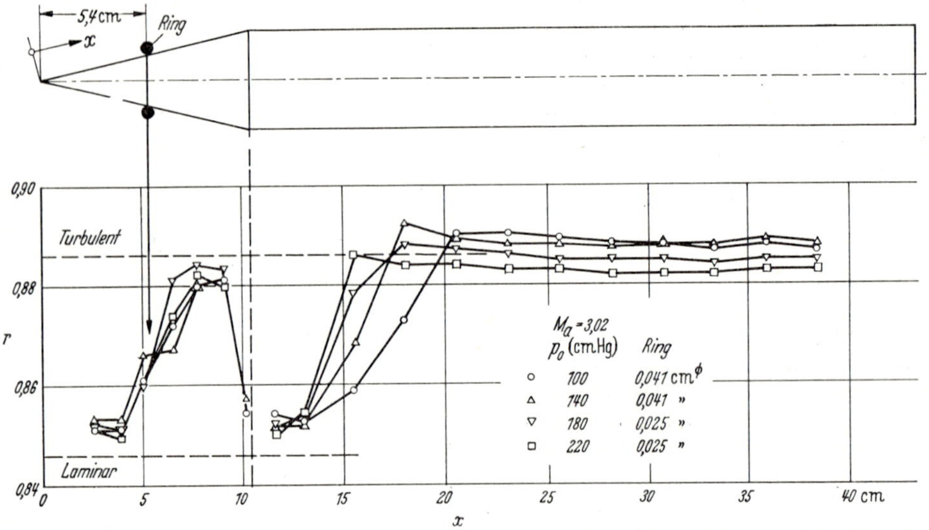

Fig. 73. Verlauf des Recovery-Faktors entlang der Oberfläche eines axial angeströmten Zylinders mit Kegelspitze bei Mach-Zahl $Ma = 3{,}02$ nach [1]. Die turbulente Grenzschicht am Kegel wurde durch einen aufgesetzten Drahtring erzeugt. Variation des Kesseldrucks p_0 ist identisch mit einer Variation der Anström-Reynolds-Zahl.

Daß ein Druckanstieg in der Grenzschicht den Umschlag der laminaren in die turbulente Strömung begünstigt, wurde in Abschnitt V ausführlich diskutiert. In gleicher Weise kann aber durch einen sehr starken Druckabfall, wie er an scharfen Kanten bei Überschallströmung auftritt, eine bereits turbulent gewordene Grenzschicht vorübergehend wieder laminar werden. Interessante Beobachtungen dieser Art wurden von J. STERNBERG[1] an einem Zylindermodell mit Kegelspitze gemacht. Fig. 73 zeigt den längs der Oberfläche gemessenen Recovery-Faktor für eine Mach-Zahl $Ma_\infty = 3{,}02$ (vgl. hierzu Ziff. 28). An dem Verlauf des Recovery-Faktors erkennt man, daß die zunächst laminare Grenzschicht am Kegel durch den aufgesetzten Drahtring turbulent wird. Am Übergang auf den zylindrischen Teil wird die Grenzschicht laminar und nach einer weiteren Lauflänge von etwa 15 cm wieder turbulent. Dieses erneute Turbulentwerden geschieht um so früher, je größer die Reynolds-Zahl ist. Durch Schattenaufnahmen wurde diese Erscheinung von STERNBERG sehr sorgfältig studiert. Es ergibt sich dabei folgender Sachverhalt (Fig. 74): Der starke Druckabfall an der Schulter des Modells erzeugt eine große Geschwindigkeitszunahme in der Grenzschicht, so daß sogar nahe der Oberfläche die Luft auf Überschallgeschwindigkeit beschleunigt wird. Die Wirkung dieser Geschwindigkeitszunahme auf die Turbulenz der

[1] J. STERNBERG: The transition from a turbulent to a laminar boundary layer. Ballistic Research Laboratories Rep. 906, 104 S. Aberdeen Proving Ground, Maryland 1954.

Grenzschicht ist ähnlich der einer Kontraktion im Windkanal: Es findet eine weitgehende Verminderung der turbulenten Schwankungen statt. Die in der turbulenten Grenzschicht vor der Ecke enthaltene Luft bildet daher hinter der Ecke eine Zone mäßig turbulenter Strömung, in der in Wandnähe eine neu beginnende laminare Grenzschicht entsteht (Fig. 75). Diese neue Grenzschicht

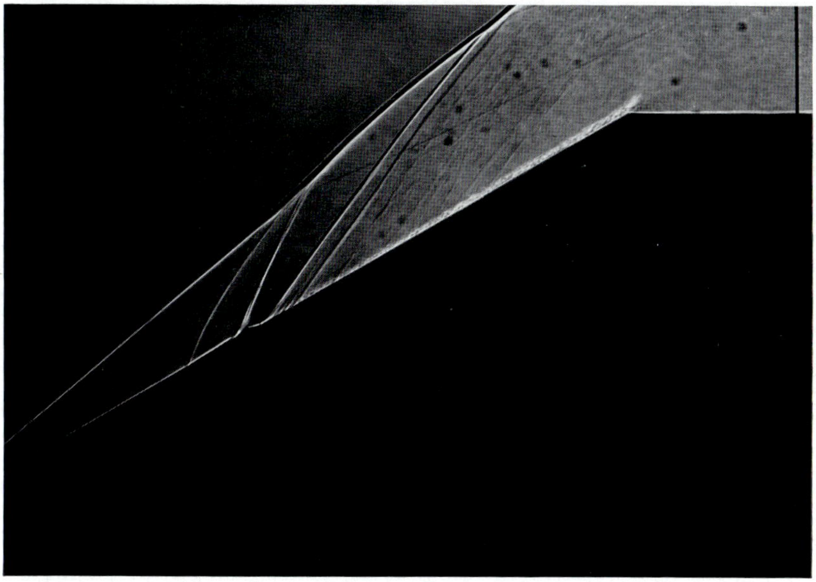

Fig. 74. Schattenaufnahme des Überganges einer turbulenten in eine laminare Grenzschicht an einer mit Überschallgeschwindigkeit umströmten Ecke $Ma_\infty = 3{,}02$, nach J. STERNBERG (s. Fußnote 1, S. 428).

ist also von einer Strömung relativ hohen Turbulenzgrades umgeben. Sie wird daher bei ziemlich kleinen Reynolds-Zahlen turbulent. Ähnliche Beobachtungen wurden auch von A. H. LANGE und R. E. LEE[1] gemacht.

Während diese Versuche bei Überschallgeschwindigkeit ausgeführt wurden, sollte man ähnliche Erscheinungen auch bei mäßigen Strömungsgeschwindigkeiten erwarten, wenn entsprechende Bedingungen vorliegen. So ist es z.B. denkbar,

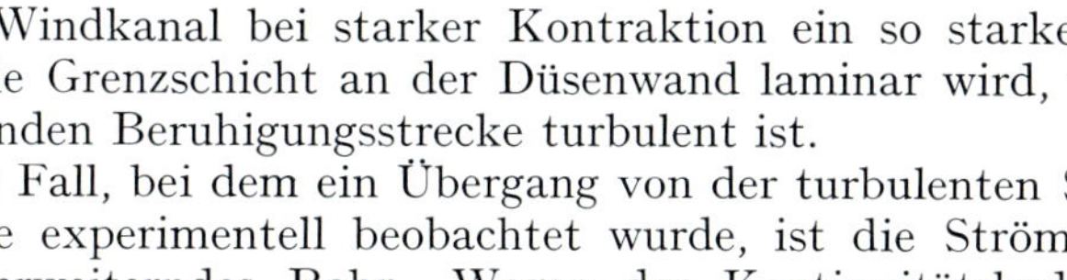

Fig. 75. Schematische Darstellung der Grenzschichtströmung an einer Überschallecke, nach STERNBERG (s. Fußnote 1, S. 428).

daß in einem Windkanal bei starker Kontraktion ein so starkes Druckgefälle auftritt, daß die Grenzschicht an der Düsenwand laminar wird, während sie in der davor liegenden Beruhigungsstrecke turbulent ist.

Ein anderer Fall, bei dem ein Übergang von der turbulenten Strömungsform in die laminare experimentell beobachtet wurde, ist die Strömung durch ein sich schwach erweiterndes Rohr. Wegen der Kontinuitätsbedingung ist die Geschwindigkeit hierbei dem Quadrat des Durchmessers umgekehrt proportional.

[1] A. H. LANGE u. R. E. LEE: Note on boundary-layer transition in supersonic flow. J. Aeron. Sci. **21**, 58 (1954); **22**, 282 (1955).

Folglich nimmt die mit dem Durchmesser gebildete Reynolds-Zahl mit dem Kehrwert des Durchmessers D ab,

$$Re = Re_0 \frac{D_0}{D},$$

wenn D_0 und Re_0 die Werte am Rohreinlauf sind. Bei den Versuchen von O. Lauer[1] wurde ein konisches Rohr mit einem Öffnungswinkel $\hat{\vartheta} = 5 \cdot 10^{-4}$ benutzt. Die durch diesen Öffnungswinkel bewirkte Verzögerung der Strömung ist so gering, daß sich praktisch die gleiche Geschwindigkeitsverteilung wie beim zylindrischen Rohr einstellt. Fig. 76 zeigt den Druckabfall über der in Strömungsrichtung abnehmenden Reynolds-Zahl. Die gemessene Druckverlaufkurve zeigt einen Knick bei $Re = 2250$, also bei fast der gleichen Reynolds-Zahl, bei der im zylindrischen Rohr mit scharfkantigem Einlauf der Umschlag von der laminaren in die turbulente Strömung beobachtet wird. Im weiteren Verlauf findet ein stetiger Übergang des Druckverlaufs in die für laminare Strömung berechnete Kurve statt. Man kann diese Erscheinung so erklären, daß unterhalb eines gewissen Wertes der Reynolds-Zahl die Zähigkeitskräfte so groß werden, daß die von der Hauptbewegung an die Turbulenzbewegung abgegebene Energie nicht ausreicht, der Dissipation das Gleichgewicht zu halten. Es erfolgt dann ein stetiges Abklingen der Turbulenz zur laminaren Strömung, das sich bei dem erwähnten Versuch herab bis zu Reynolds-Zahlen von 1600 erstreckt. Der Nachweis, daß unterhalb einer gewissen Reynolds-Zahl die laminare Strömungsform die einzig mögliche ist, erscheint als das wichtigste Ergebnis dieser Untersuchungen.

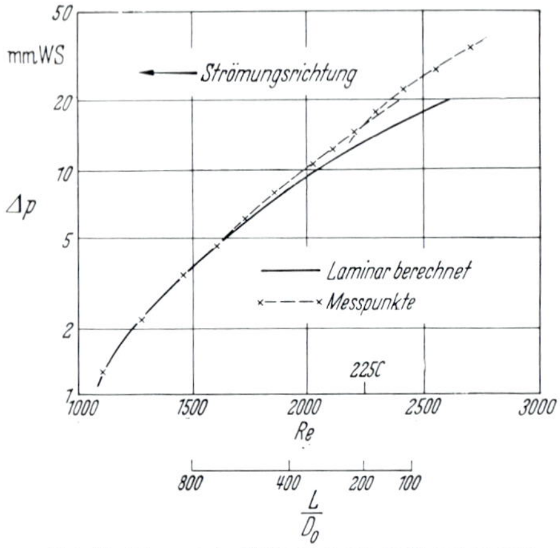

Fig. 76. Divergente Strömung von Luft mit gestörtem Einlauf in einem 1,5 m langen konischen Rohr, nach Lauer[1]. L = Entfernung vom Einlauf, $D_0 = 0{,}5$ cm, Rohrdurchmesser am Einlauf.

IX. Stabilität gegen dreidimensionale Störungen.

30. Strömung zwischen konzentrischen rotierenden Zylindern. Bei allen bisher besprochenen Fällen von theoretischen Stabilitätsuntersuchungen war eine ebene (zweidimensionale) Grundströmung und eine überlagerte ebenfalls ebene Störungsbewegung zugrunde gelegt worden. Letztere hat die Form einer in Richtung der Grundströmung fortschreitenden ebenen Welle. Soweit es sich um Strömungen längs einer ebenen Wand handelt, erhält man auf diese Weise die niedrigste Stabilitätsgrenze (kritische Reynoldssche Zahl), da hier dreidimensionale Störungen nach einer Bemerkung von H. B. Squire (vgl. Abschnitt II) immer eine höhere Stabilitätsgrenze liefern.

Eine ganz andersartige Instabilität ergibt sich jedoch bei der Strömung an gekrümmten Wänden. Bei der Strömung zwischen zwei konzentrischen Zylindern, von denen der innere umläuft und der äußere ruht, liegt eine instabile Schichtung infolge der Zentrifugalkräfte vor, da die Flüssigkeitsteile in der Nähe der inneren Wand wegen ihrer größeren Zentrifugalkraft das Bestreben haben,

[1] O. Lauer: Laminare und turbulente stationäre Strömung von Luft und Kohlensäure in einem schwach konischen Rohr in der Nähe der kritischen Reynoldsschen Zahl. Z. angew. Phys. 5, 81—90 (1953).

nach außen zu gelangen. Wie G. I. TAYLOR[1] zuerst gezeigt hat, treten bei dieser Strömung von einer gewissen Reynolds-Zahl an regelmäßige, abwechselnd rechts und links drehende Wirbel auf mit Achsen längs der Umfangsrichtung. Fig. 77 zeigt das Stromlinienbild eines solchen Wirbels in einem Schnitt senkrecht zur Wirbelachse. Die Bedingungen für das Einsetzen dieser *zellularen Wirbel* sind von G. I. TAYLOR sehr eingehend untersucht worden, wobei ausgezeichnete Übereinstimmung zwischen Theorie und Messung erhalten wurde. Nach L. PRANDTL[2] läßt sich die Bedingung für das Einsetzen der Wirbelbildung schreiben in der Form:

$$\frac{U_i h}{\nu} > 41{,}3 \sqrt{\frac{R_i}{h}}, \qquad (30.1)$$

wobei h die Spaltweite, R_i den Radius und U_i die Umfangsgeschwindigkeit des inneren Zylinders bedeuten. Dabei ist es jedoch, wie die Messungen zeigen, so, daß in einem ziemlich großen Bereich von Reynolds-Zahlen oberhalb der durch Gl. (30.1) gegebenen Grenze die zellularen Wirbel noch durchaus stabil sind und einen laminaren Strömungscharakter aufweisen. Erst bei sehr viel größeren Reynoldsschen Zahlen werden sie instabil und damit turbulent. Dies erkennt man sehr deutlich aus Strömungsaufnahmen dieser Taylor-Wirbel, die in neuerer Zeit von F. SCHULTZ-GRUNOW und H. HEIN[3] veröffentlicht worden sind, und von denen einige in Fig. 78 wiedergegeben sind. Bei der benutzten Versuchsapparatur mit einer Spaltweite von $h = 4$ mm und einem Innenhalbmesser von $R_i = 21$ mm liegt die durch Gl. (30.1) gegebene theoretische Grenze für das Einsetzen der Wirbelbildung bei $Re = U_i h/\nu = 94{,}5$. Bei genau dieser Reynoldsschen Zahl wurde im Experiment auch das Einsetzen der Wirbelbildung beobachtet (Fig. 78a). Aber bei den wesentlich größeren Reynoldsschen Zahlen $Re = 322$ nach Fig. 78b und $Re = 865$ nach Fig. 78c ist die Strömung noch laminar. Erst bei etwa $Re = 3960$ ist die Turbulenz stark ausgebildet (Fig. 78d).

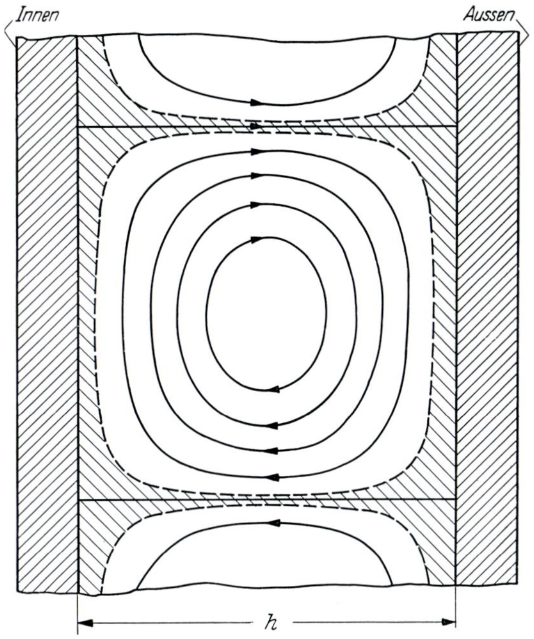

Fig. 77. Stromlinienbild der Sekundärströmung zwischen zwei konzentrischen Zylindern, von denen der innere umläuft und der äußere ruht (Taylor-Wirbel), nach G. I. TAYLOR[1].

Von S. GOLDSTEIN[4] wurden diese Untersuchungen ausgedehnt auf den Fall, daß zwischen beiden Zylindern ein axiales Durchströmen stattfindet.

Der Taylorsche Grundgedanke der Stabilitätsuntersuchung einer laminaren Strömung durch Überlagerung einer wirbelartigen Störungsbewegung wurde von

[1] Siehe Fußnote 2, S. 417.

[2] L. PRANDTL: Führer durch die Strömungslehre, 5. Aufl., S. 124. Braunschweig 1957.

[3] F. SCHULTZ-GRUNOW u. H. HEIN: Beitrag zur Couette-Strömung. Z. Flugwiss. **4**, 28—30 (1956).

[4] S. GOLDSTEIN: The stability of viscous fluid flow between rotating cylinders. Proc. Cambridge Phil. Soc. **33**, 41—61 (1937).

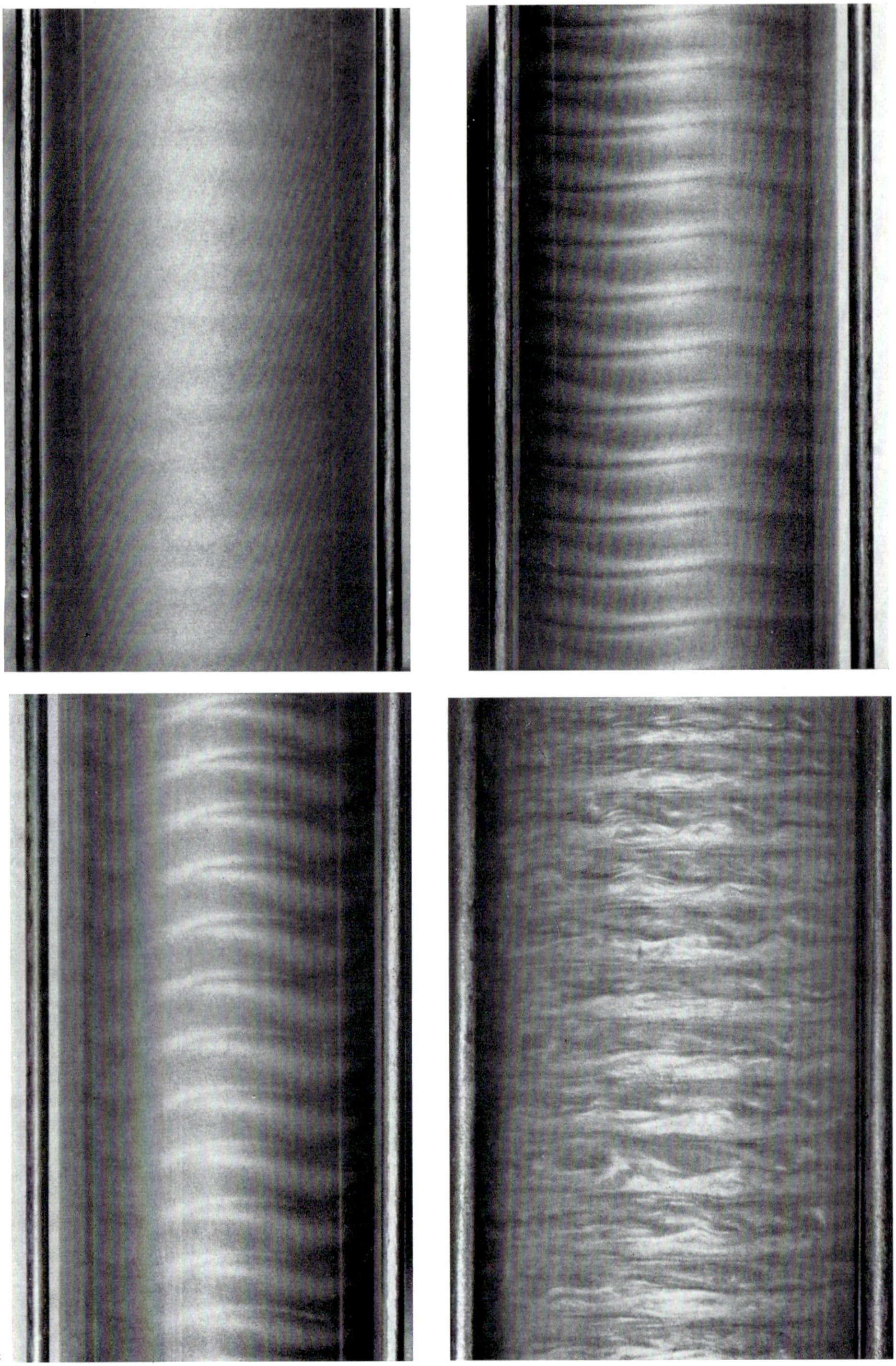

a b c d

Fig. 78a—d. Strömungsaufnahmen der Taylor-Wirbel nach Fig. 77 zwischen zwei konzentrischen Zylindern, bei umlaufendem inneren und ruhendem äußeren Zylinder, nach F. SCHULTZ-GRUNOW und H. HEIN (s. Fußnote 3, S. 431); $Re = U_i h/\nu$. a $Re = 94{,}5$, Beginn der Wirbelbildung. b $Re = 322$, laminar. c $Re = 865$, laminar ,d $Re = 3960$, turbulent.

W. R. DEAN[1] auf die Strömung in einem gekrümmten Kanal übertragen. Hiernach ergibt sich in Analogie zu Gl. (30.1) Instabilität, wenn

$$\frac{U\,h}{\nu} > 54\sqrt{\frac{R_i}{h}}\,, \tag{30.2}$$

wobei h die Kanalbreite, R_i den Krümmungsradius der inneren Wand und U die mittlere Durchflußgeschwindigkeit bedeutet. Unabhängig hiervon wurde das Problem auch von C. S. YIH und W. M. SANGSTER[2] bearbeitet, jedoch gelangten diese Autoren zu einem wesentlich anderen Ergebnis. Daraufhin wurde die Aufgabe erneut von G. HÄMMERLIN[3] mit exakten Verfahren behandelt. Diese Untersuchung bestätigt die Richtigkeit des Ergebnisses von DEAN.

31. Stabilität von Grenzschichten an konkaven Wänden. Eine ähnlich geartete Instabilität gegen dreidimensionale Störungen ergibt sich für Grenzschichten an konkaven Wänden. Während bei Grenzschichten an konvexen Wänden der Einfluß der Zentrifugalkräfte auf die Stabilitätsgrenze gering ist, wie in Abschnitt VI gezeigt wurde, ist bei Grenzschichten an konkaven Wänden dieser Einfluß recht groß. Wie H. GÖRTLER[4] zuerst gezeigt hat, tritt hierbei eine Instabilität auf, die den Taylor-Wirbeln von Fig. 77 ähnlich ist. Für eine Grundströmung $U(y)$, welche nach Fig. 79 in der x-Richtung erfolgt (y = Wandabstand, z = quer zur Grundströmung in der Wandebene), wird eine dreidimensionale Störungsbewegung angesetzt in der Form:

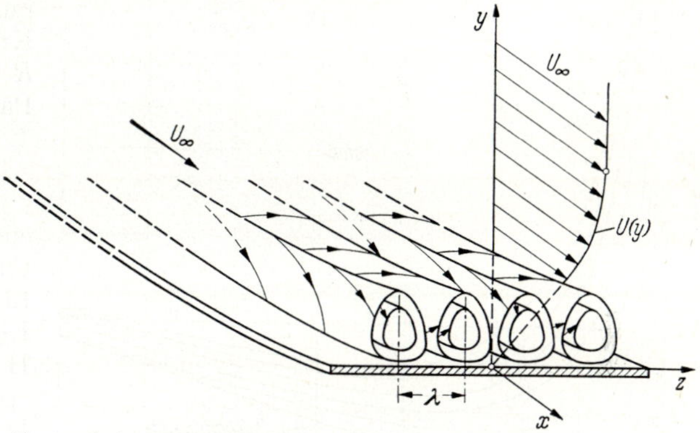

Fig. 79. Stehende Wirbel der dreidimensionalen Störungen in der Grenzschicht an einer konkaven Wand, nach GÖRTLER[4].

$$\left.\begin{aligned} u' &= u_1(y)\cdot\cos(\alpha z)\cdot e^{\beta t},\\ v' &= v_1(y)\cdot\cos(\alpha z)\cdot e^{\beta t},\\ w' &= w_1(y)\cdot\sin(\alpha z)\cdot e^{\beta t}. \end{aligned}\right\} \tag{31.1}$$

Dabei ist β reell und gibt die Anfachung oder Dämpfung, während $\lambda = 2\pi/\alpha$ die Wellenlänge der Störung quer zur Hauptströmungsrichtung darstellt. Die Störungswirbel haben somit die in Fig. 79 dargestellte Form, wobei die Wirbelachsen parallel zur Grundströmung sind. Im Gegensatz zu den in Abschnitt II besprochenen fortschreitenden ebenen Wellen handelt es sich hier um stehende Wellen (zellulare Wirbel). Sie werden in der neueren Literatur allgemein als

[1] W. R. DEAN: Fluid motion in a curved channel. Proc. Roy. Soc. Lond., Ser. A **121**, 402–420 (1928).

[2] C. S. YIH u. W. M. SANGSTER: Stability of laminar flow in curved channels. Phil. Mag., Ser. VIII **2**, 305–310 (1957).

[3] G. HÄMMERLIN: Die Stabilität der Strömung in einem gekrümmten Kanal. Arch. Rational Mech. Anal. **1** (3), 212–224 (1958).

[4] H. GÖRTLER: Über eine dreidimensionale Instabilität laminarer Grenzschichten an konkaven Wänden. Nachr. Ges. Wiss. Göttingen, math.-phys., Kl., N.F. **2**, No. 1 (1940). Vgl. nach Z. angew. Math. Mech. **21**, 250–252 (1941).

Taylor-Görtler-Wirbel bezeichnet. Die Berechnung des zeitlichen Anwachsens dieser Wirbel nach der Methode der kleinen Schwingungen führt in ähnlicher Weise auf ein Eigenwertproblem wie bei der Diskussion der ebenen Störungsbewegung (Abschnitt II). Der Einfluß der Zähigkeit wurde auch hier berücksichtigt. Im Gegensatz zu den zweidimensionalen Störungen zeigt sich jedoch hier, daß die Stabilitätsgrenze nur geringfügig von dem zugrunde gelegten Geschwindigkeitsprofil der Grundströmung abhängig ist. Als Stabilitätsgrenze (d.h. als Grenze für das erste Auftreten der Wirbel) ergibt sich das in Fig. 80 dargestellte Diagramm. Für jede Störungswellenlänge ergibt sich eine Grenze für das Einsetzen der Wirbel, wenn der aus der Impulsverlustdicke ϑ und dem Krümmungsradius der Wand R gebildete charakteristische Parameter

$$\frac{U_\infty \vartheta}{\nu} \sqrt{\frac{\vartheta}{R}}$$

eine gewisse Grenze überschreitet. Die erste näherungsweise Lösung des recht schwierigen Eigenwertproblems wurde von H. GÖRTLER[1] angegeben. Eine spätere Nachrechnung von D. MEKSYN[2] ergab sehr große Abweichungen von den Görtlerschen Werten. Daraufhin hat G. HÄMMERLIN[3] eine exakte Lösung des Eigenwertproblems gegeben, welche die Görtlersche Näherung gut bestätigte. Das in Fig. 80 angegebene Stabilitätsdiagramm ist das Ergebnis der Rechnung von HÄMMERLIN. Dabei wurden auch die Kurven konstanter Anfachung $\beta = \text{const} > 0$ berechnet. Diese Ergebnisse sind durch eine eingehende rechnerische Untersuchung von A. M. O. SMITH[4] nochmals bestätigt worden. G. HÄMMERLIN[5] hat noch eine Verfeinerung für den Bereich kleiner α-Werte vorgenommen.

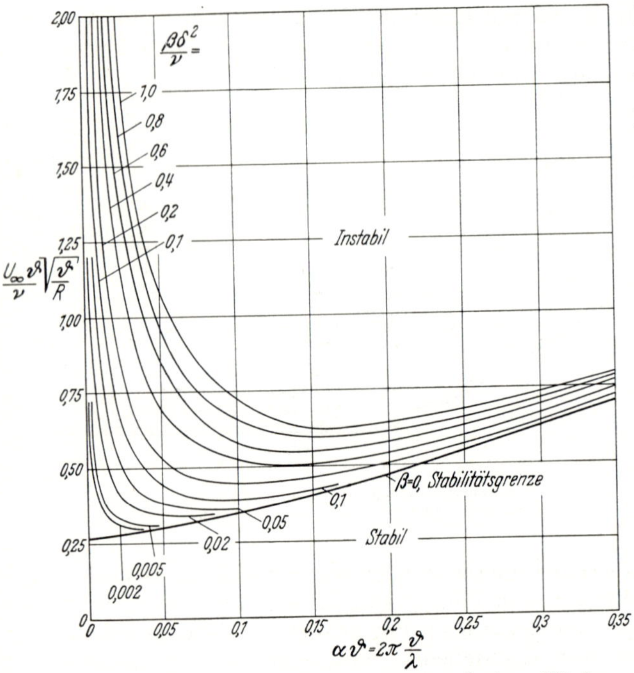

Fig. 80. Stabilitätsdiagramm für die Strömung an konkaven Wänden, nach GÖRTLER[1] und HÄMMERLIN[3]. ϑ Impulsverlustdicke, δ Grenzschichtdicke, β Anfachungsgröße nach (Gl. 31.1).

Die Ergebnisse der Theorie lassen sich nachprüfen durch Versuche mit Grenzschichten an umströmten Körpern mit nach außen konkaven Wänden. Dabei ist zu beachten, daß wegen der Anfachung die Umschlagstelle laminar-turbulent hier ebenso wie bei den fortschreitenden ebenen Wellen nach TOLLMIEN

---

[1] Siehe Fußnote 4, S. 433.

[2] D. MEKSYN: Stability of viscous flow over concave cylindrical surfaces. Proc. Roy. Soc. Lond., Ser. A **203**, 253—265 (1950).

[3] G. HÄMMERLIN: Über das Eigenwertproblem der dreidimensionalen Instabilität laminarer Grenzschichten an konkaven Wänden. Diss. Freiburg i. Brs. 1954. J. Rat. Mech. a. Anal. **4**, 279—321 (1955). Vgl. auch Z. angew. Math. Mech. **35**, 366—367 (1955).

[4] A. M. O. SMITH: On the growth of Taylor-Görtler vortices along highly concave walls. Quart. Appl. Math. **13**, No. 3 (1955).

[5] G. HÄMMERLIN: Zur Theorie der dreidimensionalen Instabilität laminarer Grenzschichten. Z. angew. Math. Phys. **7**, 156—164 (1956).

und SCHLICHTING (Abschnitt IV) bei einem beträchtlichen Überschreiten der Stabilitätsgrenze nach Fig. 80 zu erwarten ist[1]. Versuche über den Umschlag laminar-turbulent in Grenzschichten an gekrümmten Wänden sind von H. CLAUSER und F. CLAUSER[2] und später von H.W. LIEPMANN[3, 4] ausgeführt worden. In Fig. 81 sind die Ergebnisse von LIEPMANN wiedergegeben, die sich sowohl auf konkave als auch auf konvexe Wände beziehen. Die Darstellung in Fig. 81a bestätigt die theoretischen Voraussagen, daß für konvexe Wände der Einfluß der Wandkrümmung auf die kritische Reynoldssche Zahl gering ist, und daß für konkave Wände die kritische Reynoldssche Zahl niedriger ist als für konvexe

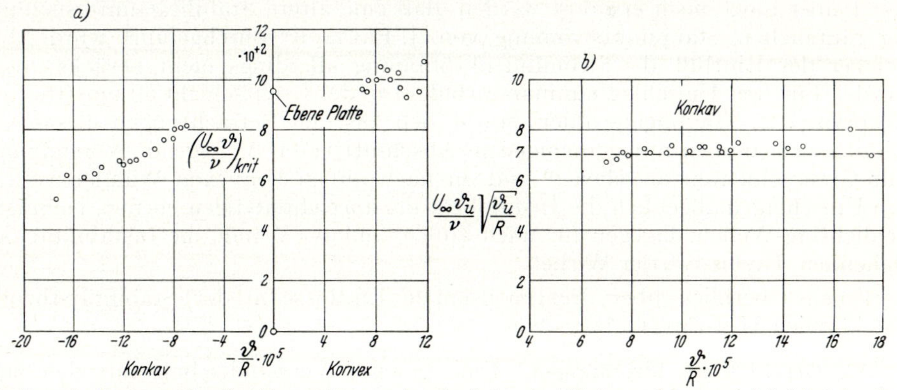

Fig. 81 a u. b. Messungen des Umschlagspunktes an schwach gekrümmten Wänden, nach LIEPMANN[3, 4]; ϑ Impulsverlustdicke; R Krümmungsradius der Wand. a Die kritische Reynoldssche Zahl $\left(\frac{U_\infty \vartheta}{\nu}\right)_{\text{krit}}$ über $\frac{\vartheta}{R}$. b Die charakteristische Zahl $\frac{U_\infty \vartheta_u}{\nu}\sqrt{\frac{\vartheta_u}{R}}$ über $\frac{\vartheta}{R}$.

Wände. In Fig. 81b ist gemäß der Görtlerschen Theorie die kritische Reynoldssche Zahl $\left(\frac{U_\infty \vartheta_u}{\nu}\right)\sqrt{\frac{\vartheta_u}{R}}$ über $\frac{\vartheta}{R}$ aufgetragen. Hiernach tritt der Umschlag ein für

$$Re_{\vartheta_u}\sqrt{\frac{\vartheta_u}{R}} \geqq 7. \tag{31.2}$$

Dieser Wert ist etwa 20mal größer als die Stabilitätsgrenze nach Fig. 80. Nach H. L. DRYDEN[5] hängt der Zahlenwert von Gl. (31.2) auch noch vom Turbulenzgrad ab; er liegt etwa zwischen 6 und 9, wobei der erstere Wert für einen Turbulenzgrad der Außenströmung von $Tu = 0{,}003$ gilt, der letztere dagegen für sehr geringen Turbulenzgrad. In der erwähnten Arbeit von A. M. O. SMITH ist auch der Anfachungsfaktor der instabilen Taylor-Görtler-Wirbel von der Stabilitätsgrenze bis zum Umschlagpunkt ermittelt worden. Es ist überraschend, daß der dabei gefundene Zahlenwert e^{10} nahezu mit dem in Abschnitt V angegebenen Wert e^9 für die Tollmien-Schlichting-Wellen übereinstimmt.

[1] Dagegen muß für die Taylor-Wirbel beim Couette-Versuch erwartet werden, daß die kritischen Reynolds-Zahlen nach Theorie und Versuch zahlenmäßig nahezu übereinstimmen. Bei konstanter Drehzahl des inneren Zylinders vollzieht sich die Anfachung der Störung bei konstanter Reynolds-Zahl, und der Anfachungsfaktor erreicht seine erforderliche Größe einfach durch eine ausreichend lange Versuchsdauer.

[2] H. CLAUSER u. F. CLAUSER: The effect of curvature on the transition from laminar to turbulent boundary layer. NACA T.N. 613, 1937.

[3] H. W. LIEPMANN: Investigations on laminar boundary layer stability and transition on curved boundaries. NACA War-Time Report W-107, 1943.

[4] H. W. LIEPMANN: Investigation of boundary layer transition on concave walls. NACA War-Time Report W-87, 1945.

[5] H. L. DRYDEN: Recent advances in the mechanics of boundary layer flow. Advances in Appl. Mechanics. Herausgeber: R. v. MISES und TH. v. KARMAN, Bd. I, S. 1—40. New York 1948.

Von H. GÖRTLER ist neuerdings darauf hingewiesen worden, daß diese Instabilität auch im Bereich des vorderen Staupunktes eines umströmten Körpers auftreten kann. Die Vorbedingung, daß die Stromlinien nach der Seite der zunehmenden Geschwindigkeit konkav sind, liegt hier vor. Die von H. GÖRTLER[1] und G. HÄMMERLIN[2] für die ebene Staupunktströmung durchgeführten Rechnungen haben zwar instabile Störungen ergeben, jedoch noch keine kritische Reynoldssche Zahl als Stabilitätsgrenze. Versuche von N. A. V. PIERCY und E. G. RICHARDSON[3,4] deuten auf die Instabilität der Strömung in der Umgebung des vorderen Staupunktes eines angeströmten Kreiszylinders. Der Vollständigkeit halber möge noch erwähnt werden, daß eine ältere Stabilitätsuntersuchung der räumlichen Staupunktströmung von J. PRETSCH[5] durchgeführt wurde, bei welcher der Einfluß der Stromlinienkrümmung allerdings nicht berücksichtigt wurde. Für den Umschlag laminar-turbulent in der Grenzschicht an umströmten Körpern (z.B. Tragflügelprofilen) ergibt sich aus den Betrachtungen dieses Abschnittes zusammen mit denjenigen in Abschnitt II bis V folgende Vorstellung: Für Grenzschichten an ebenen und an nach außen konvexen Wänden ist für den Umschlag maßgeblich die Instabilität der fortschreitenden ebenen Tollmien-Schlichting-Wellen, dagegen für nach außen konkave Wände die Instabilität der stehenden Taylor-Görtler-Wirbel.

Einen Überblick über dreidimensionale Einflüsse in der Stabilitätstheorie hat kürzlich H. GÖRTLER[6] gegeben.

32. Geschichtete Strömungen. Eine gewisse Verwandtschaft mit den vorstehend geschilderten Strömungen zwischen konzentrischen rotierenden Zylindern und in Grenzschichten an konkaven Wänden hat die Strömung längs einer ebenen horizontalen Wand mit Dichteunterschieden in der vertikalen Richtung. Der Fall der stabilen Schichtung (Dichteabnahme nach oben) wurde bereits in Abschnitt VII behandelt. Im Fall der instabilen Schichtung (Dichteabnahme nach unten) ergibt sich schon bei ruhender Flüssigkeit eine eigentümliche Strömungsform mit regelmäßigen wabenförmigen Zellen, die von H. BENARD[7] und anderen Autoren[8,9] eingehend untersucht worden ist (Fig. 82). Bei geringer Überschreitung einer von der Schichthöhe abhängigen Temperaturdifferenz bilden sich im Flüssigkeitsinnern Zellen von der Form eines regelmäßigen Sechsecks, wobei die Flüssigkeit in der Mitte der Zelle hochsteigt und längs des Randes absteigt (Fig. 82a). Bei größerer Temperaturdifferenz oder größerer Schichthöhe werden die Einteilungen mehr oder minder unregelmäßig (Fig. 82b), sind aber weiter noch stabil. Bei weiterer Steigerung der Temperaturdifferenz oder noch größerer Schichthöhe tritt eine instationäre unregelmäßige Auf- und

[1] H. GÖRTLER: Dreidimensionale Instabilität der ebenen Staupunktströmung gegenüber wirbelartigen Störungen. Festschrift „Fünfzig Jahre Grenzschicht-Forschung", Braunschweig 1955, S. 304—314.

[2] G. HÄMMERLIN: Zur Instabilitätstheorie der ebenen Staupunktströmung. Festschrift „Fünfzig Jahre Grenzschicht-Forschung", Braunschweig 1955, S. 315—327.

[3] N. A. V. PIERCY u. E. G. RICHARDSON: The variation of velocity amplitude close to the surface of a cylinder moving through a viscous fluid. Phil. Mag. **6**, 970—976 (1928).

[4] N. A. V. PIERCY u. E. G. RICHARDSON: The turbulence in front of a body moving through a viscous fluid. Phil. Mag. **9**, 1038—1041 (1930).

[5] J. PRETSCH: Über die Stabilität der Laminarströmung um eine Kugel. Luftfahrtforschg. **18**, 341—344 (1941).

[6] H. GÖRTLER: Dreidimensionales zur Stabilitätstheorie laminarer Grenzschichten. Z. angew. Math. Mech. **35**, 362—364 (1955).

[7] H. BENARD: Ann. Chim. phys. **23**, 62 (1901).

[8] Lord RAYLEIGH: Phil. Mag. **32**, 529 (1916). — Sci. Papers **6**, 432.

[9] H. JEFFREYS: Phil. Mag. **2**, 833 (1926). — Proc. Roy. Soc. Lond., Ser. A **118**, 195 (1918).

Abwärtsbewegung an Stelle der zellularen Strömung. Dabei ist die Bewegung turbulent geworden (Fig. 82c).

33. Stabilität der Grenzschicht an der rotierenden Scheibe. Wesentlich andersartig als bei den zweidimensionalen (ebenen) Grundströmungen scheint der Umschlag laminar-turbulent sich in einer dreidimensionalen Grenzschicht zu vollziehen. Ein Fall dieser Art, für den die laminare Grenzschicht sehr gut bekannt ist, ist die Strömung an einer rotierenden Scheibe (vgl. H. Schlichting, „Grenzschicht-Theorie", [*12*]) Kap. V. Fig. 83 zeigt eine nach einem Anstrichverfahren erhaltene Strömungsaufnahme über den Umschlag an einer rotierenden Scheibe nach N. Gregory, J. T. Stuart und W. S. Walker[1]. In einem

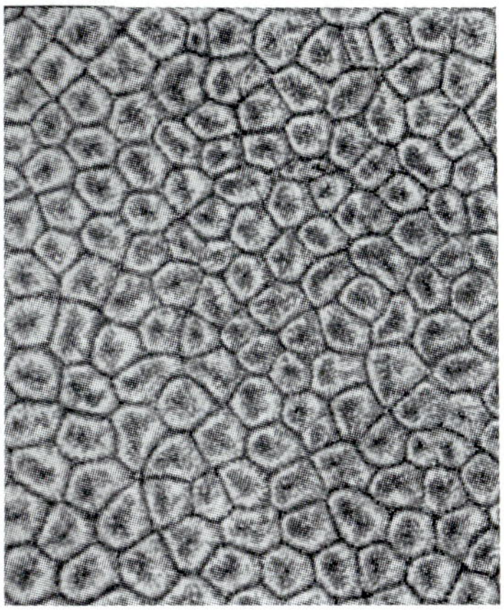

a

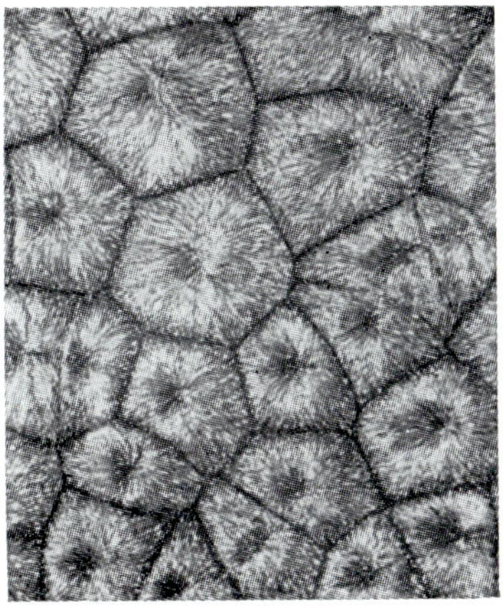

b

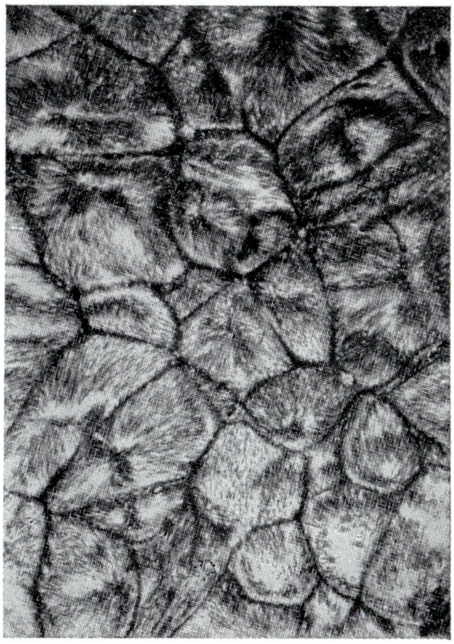

c

Fig. 82a–c. Wärmekonvektion in einer ruhenden, von unten geheizten horizontalen Flüssigkeitsschicht nach Siedentopf, entnommen aus L. Prandtl (s. Fußnote 2, S. 431). Es bilden sich Zellen in Form regelmäßiger Sechsecke, wobei die Flüssigkeit in der Mitte der Zelle hochsteigt und am Rande absteigt. a Schichthöhe 4 mm; laminar. b Schichthöhe 10 mm; laminar. c Schichthöhe 20 mm; turbulent.

Kreisringgebiet bilden sich stehende Wirbel aus in der Form von logarithmischen Spiralen. Der innere Radius dieses Gebietes kennzeichnet den Instabilitätsbeginn, für welchen nach den Messungen die Reynolds-Zahl $Re_r = r^2\omega/\nu = 1{,}9 \cdot 10^5$ beträgt, und der äußere Radius den Umschlag, für den letzteren ist $Re_r = 2{,}8 \cdot 10^5$.

Eine theoretische Stabilitätsuntersuchung dieser Strömung ist zuerst von J. T. Stuart in Angriff genommen worden. Dabei wurden solche dreidimensionalen periodischen Störungen gewählt, die als Sonderfälle die fortschreitenden

[1] N. Gregory, J. T. Stuart u. W. S. Walker: On the stability of three-dimensional boundary layers with application to the flow due to a rotating disk. Phil. Trans. Roy. Soc. Lond., Ser. A **248**, 155–199 (1955).

ebenen Wellen nach TOLLMIEN-SCHLICHTING und die ortsfesten dreidimensionalen Wirbel nach TAYLOR-GÖRTLER umfassen. Er erhält aus seinen Rechnungen ein eigenartiges Störungsmuster mit lauter gleichsinnig drehenden Wirbeln in nächster

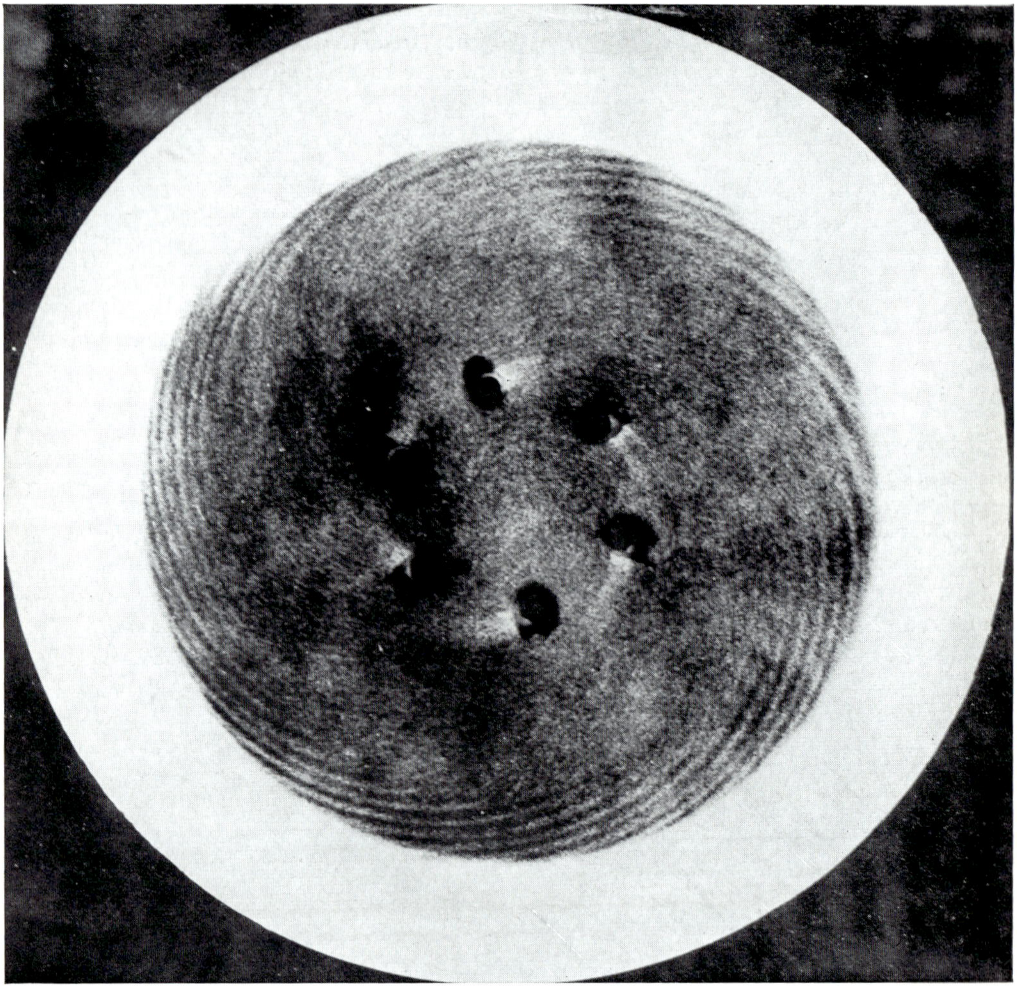

Fig. 83. Nach einem Anstrichverfahren erhaltene Strömungsaufnahme der Instabilität und des Umschlages in der Grenzschicht an einer in ruhender Flüssigkeit rotierenden Scheibe, nach GREGORY, STUART, WALKER (s. Fußnote 1, S. 437). Drehsinn gegen den Uhrzeiger. Drehzahl $n = 3200$ pro min; Radius der Scheibe 15 cm. In einem Kreisringgebiet (Innenradius $R_i = 8{,}7$ cm; Außenradius $R_a = 10{,}1$ cm) bilden sich stehende Wirbel aus. Der Innenradius ist die Stabilitätsgrenze mit $Re = R_i \omega^2/\nu = 1{,}9 \cdot 10^5$; der Außenradius ist die Umschlagstelle mit $Re = R_a \omega^2/\nu = 2{,}8 \cdot 10^5$.

Nähe der drehenden Scheibe, und darüber gelagert in einer weiteren Schicht wieder Wirbel, die unter sich gleichsinnig, aber entgegengesetzt zu den wandnahen Wirbeln drehen. Die Ergebnisse dieser Theorie sind in qualitativer Übereinstimmung mit dem experimentellen Befund nach Fig. 83.

Allgemein ergibt sich, daß in einer dreidimensionalen Grenzschicht eine Instabilität bestehen kann, die sich aus fortschreitenden Wellen nach TOLLMIEN-SCHLICHTING und ortsfesten Wirbeln nach TAYLOR-GÖRTLER zusammensetzt.

Die auf diesen Vorstellungen beruhende Theorie ist von W. B. BROWN und P. H. SAYRE[1,2] weiterentwickelt worden. Die dreidimensionale Grenzschicht läßt sich durch zwei Geschwindigkeitsprofile beschreiben (Fig. 84): eines für die Geschwindigkeitskomponente u in Richtung der Potentialstromlinien außerhalb der Grenzschicht (Hauptströmung) und eines für die Geschwindigkeitskomponente w quer dazu (Sekundärströmung). In der Stabilitätstheorie kann die Sekundärströmung näherungsweise als eine zweidimensionale Strömung betrachtet werden, auf welche die Störungsgleichung (5.5) angewendet werden kann. Die Stabilität für Hauptströmung und Sekundärströmung werden also unabhängig voneinander behandelt. Da nun das Geschwindigkeitsprofil der Sekundärströmung einen Wendepunkt hat, liegt die zugehörige kritische Reynolds-Zahl gewöhnlich eine oder zwei Größenordnungen niedriger als die der Hauptströmung (vgl. hierzu Ziff. 7). Die Lage der Umschlagstelle wird daher fast nur durch die Sekundärströmung bestimmt.

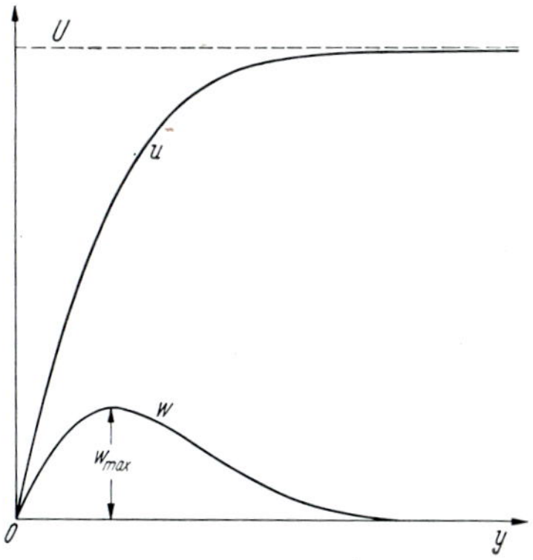

Fig. 84. Typische Geschwindigkeitsprofile einer dreidimensionalen laminaren Grenzschicht. u = Hauptströmung, w = Sekundärströmung.

Die Rechnungen von BROWN[2] ergaben für die Stabilitätsgrenze einen Wert $Re_r = 1{,}75 \cdot 10^5$, der mit dem oben genannten Wert $Re_r = 1{,}9 \cdot 10^5$ gut übereinstimmt.

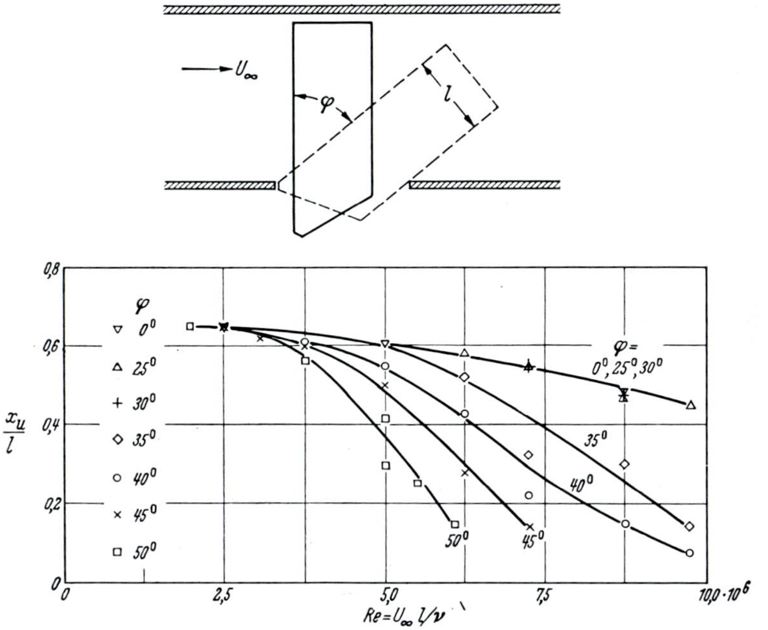

Fig. 85. Einfluß des Pfeilwinkels φ auf die Lage der Umschlagstelle laminar-turbulent x_u an einem Tragflügel nach ANSCOMBE und ILLINGWORTH (s. Fußnote 1, S. 440). Anstellwinkel $\alpha = 0°$.

[1] W. B. BROWN u. P. H. SAYRE: An exact solution of the Orr-Sommerfeld stability equation for low Reynolds numbers. Northrop Aircraft. Inc. Rep. No. BLC-43 (1954), p. 1—20.

[2] W. B. BROWN: Extension of exact solution of the Orr-Sommerfeld stability equation to Reynolds numbers of 4000. Northrop Aircraft, Inc. Rep. No. NAI-55-548 (BLC-78) (1955), p. 1—35.

Auch bezüglich der Abmessungen der Wirbel gibt die Theorie Werte, die den Versuchsbeobachtungen entsprechen.

34. Umschlag laminar-turbulent in der Grenzschicht am schiebenden Flügel. Das genannte Modell der instabilen Störungen in dreidimensionalen Grenzschichten findet auch eine Anwendung auf die Grenzschicht an schiebenden und gepfeilten Tragflügeln. Schon die ersten visuellen Untersuchungen an Pfeilflügeln zeigten, daß der Umschlag viel weiter vorn stattfindet als bei geraden Flügeln. Fig. 85 gibt die Windkanalergebnisse an einem Flügelmodell mit verschiedenen Pfeilwinkeln von A. ANSCOMBE und L.N. ILLINGWORTH[1] wieder, die den Einfluß des Pfeilwinkels sehr eindrucksvoll demonstrieren. Bei Sichtbarmachung des Umschlages mittels eines Anstrichverfahrens ergab sich ein Streifenmuster, das genau wie an der rotierenden Scheibe (Fig. 83) auf stehende Wirbel in Strömungsrichtung schließen läßt.

Theoretische Untersuchungen hierzu wurden von P.R. OWEN und D.G. RANDALL[2-4] durchgeführt. Diese Autoren führen als kennzeichnenden Parameter eine Reynolds-Zahl χ für die Sekundärströmung ein:

$$\chi = \frac{\delta\, w_{\max}}{\nu},$$

wobei $w_{\max}$ der Größtwert der Geschwindigkeit der Sekundärströmung (Fig. 84), δ die Grenzschichtdicke und ν die kinematische Zähigkeit bedeutet. Instabilität tritt ein, wenn χ eine gewisse Größe χ_{krit} überschreitet. Ein Vergleich gerechneter χ-Werte mit den Windkanalmessungen[1] zeigte, daß die Grenzschicht instabil wird, wenn $\chi_{\text{krit}} \approx 125$ ist. Die Theorie von BROWN[5] lieferte für die Staulinienströmung am schiebenden Flügel $\chi_{\text{krit}} = 77$ und für die rotierende Scheibe $\chi_{\text{krit}} = 149$. Rechnungen für verschiedene Grenzschichtprofile mit Absaugung ergaben Werte von $\chi_{\text{krit}} = 200$ bis 405.

X. Einfluß der Wandrauhigkeit auf den Umschlag laminar-turbulent[6].

35. Vorbemerkung. In diesem letzten Abschnitt soll noch eine Frage behandelt werden, die zwar für die praktischen Anwendungen recht wichtig ist, für die aber theoretische Ergebnisse bisher nicht vorliegen, nämlich die Frage, wie der Umschlag laminar-turbulent durch die Wandrauhigkeit beeinflußt wird. Diese Frage hat in neuerer Zeit, insbesondere seit dem Aufkommen der Laminarprofile, für die flugtechnische Aerodynamik erhöhte Bedeutung erlangt. Das vorhandene recht umfangreiche Versuchsmaterial umfaßt zylindrische (zweidimensionale) Rauhigkeiten, punktförmige (dreidimensionale) Einzelrauhigkeiten und flächenmäßig verteilte Rauhigkeiten sowie den Einfluß des Druckgradienten, des Turbulenzgrades und der Machschen Zahl.

Im allgemeinen begünstigt eine Wandrauhigkeit den Umschlag in dem Sinne, daß unter sonst gleichen Bedingungen bei rauher Wand der Umschlag bereits

[1] A. ANSCOMBE u. L. N. ILLINGWORTH: Wind-tunnel observations of boundary-layer transition on a wing at various angles of sweepback. ARC R. a. M. No. 2968 (1952), p. 1–9.

[2] P. R. OWEN u. D. G. RANDALL: Boundary layer transition on a sweptback wing. RAE Tech. Memo No. Aero 277. ARC No. 15.022.

[3] P. R. OWEN u. D. G. RANDALL: The use of distributed suction to delay boundary layer transition on a sweptback wing. RAE Techn. Memo. No. Aero 353 (1953), p. 1–5.

[4] P. R. OWEN u. D. G. RANDALL: Boundary layer transition on a sweptback wing: Effect of Incidence. RAE Tech. Memo. No. Aero. 375 (1953), p. 1–6.

[5] Siehe Fußnote 2, S. 439.

[6] Herrn Dr.-Ing. E. G. FEINDT danke ich für seine Mitarbeit an diesem Abschnitt.

bei kleinerer Reynolds-Zahl eintritt als bei glatter Wand. Dies ist nach der Stabilitätstheorie ohne weiteres verständlich: Die Rauhigkeit erzeugt in der Laminarströmung zusätzliche Störungen, die zu den infolge des Turbulenzgrades schon vorhandenen noch hinzukommen. Die insgesamt stärkeren Störungen bedürfen einer geringeren Anfachung, um den Umschlag herbeizuführen. Der Beitrag der von der Rauhigkeit verursachten Störungen zu dem Frequenzbereich der „gefährlichen" Störungen, die nach der Stabilitätstheorie angefacht werden, hängt von der Form der Rauhigkeit und von dem Verhältnis Rauhigkeitshöhe zu Grenzschichtdicke ab. Bei sehr geringer Rauhigkeitshöhe ist zu erwarten, daß die von der Rauhigkeit erzeugten Störungen unterhalb desjenigen „Störungspegels" liegen, der durch den Turbulenzgrad der Außenströmung bestimmt wird, so daß die Rauhigkeit keine Wirkung auf den Umschlag hat. Dies stimmt mit der Erfahrung überein. Andererseits tritt bei einer sehr starken Rauhigkeit der Umschlag unmittelbar an der Rauhigkeit auf, wie z.B. bei dem Stolperdraht auf der Kugel nach Fig. 10b. Die älteren Arbeiten zu diesem Problemkreis von L. SCHILLER[1], J. TANI, R. HAMA und S. MITUISI[2], S. GOLDSTEIN[3] sowie A. FAGE und J. H. PRESTON[4] gingen von der Vorstellung aus, daß die Lage der Umschlagstelle bei geringer Rauhigkeitshöhe von der Rauhigkeit entweder überhaupt nicht beeinflußt wird, oder daß beim Überschreiten einer gewissen Rauhigkeitshöhe der Umschlag unmittelbar am Rauhigkeitselement erfolgt. Dieser letztere Fall tritt nach H. W. LIEPMANN und G. H. FILA[5] ein, wenn das Rauhigkeitselement so groß ist, daß sich hinter ihm ein turbulenter Nachlauf bildet. Neuerdings hat jedoch A. FAGE[6] gezeigt, daß der Umschlagspunkt mit wachsender Rauhigkeitshöhe kontinuierlich stromaufwärts rückt, ohne sogleich bis an das Rauhigkeitselement zu springen. Ein derartiges Verhalten geht auch aus Untersuchungen von J. STÜPER[7] hervor.

Im ganzen ergeben sich somit für die Praxis die folgenden drei Fragen: 1. Bis zu welcher Rauhigkeitshöhe wird der Umschlag durch die Rauhigkeit nicht beeinflußt? (Zulässige Rauhigkeitshöhe.) 2. Von welcher (größeren) Rauhigkeitshöhe an tritt der Umschlag unmittelbar am Rauhigkeitselement auf? (Kritische Rauhigkeitshöhe.) 3. Wie läßt sich die Lage der Umschlagstelle in dem zwischen diesen beiden Rauhigkeitshöhen liegenden Übergangsgebiet beschreiben?

36. Zylindrische Einzelrauhigkeiten. Unter zylindrischen (oder zweidimensionalen) Einzelrauhigkeiten verstehen wir Rauhigkeiten von der Art eines Drahtes oder eines anderen zylindrischen Körpers, der quer zur Anströmrichtung an der beströmten Wand angebracht ist. Es mögen zunächst die in den oben zitierten älteren Arbeiten gefundenen Ergebnisse wiedergegeben werden, die sich auf Messungen stützen, die an solchen zweidimensionalen Rauhigkeiten in inkompressibler Strömung unter verschiedenen Bedingungen (Druckgradient, Turbulenzgrad) erhalten wurden.

---

[1] L. SCHILLER: Handbuch der Experimental-Physik, Bd. 4, Teil 4, S. 1—207. Leipzig 1932.

[2] J. TANI, R. HAMA u. S. MITUISI: On the permissible roughness in the laminar boundary layer. Rep. Aero. Res. Inst., Tokyo Imp. Univ. No. 199, 1940.

[3] S. GOLDSTEIN: A note on roughness. British ARC Rep. a. Memo 1763, 1936.

[4] A. FAGE u. J. H. PRESTON: On transition from laminar to turbulent flow in the boundary layer. Proc. Roy. Soc. Lond., Ser. A **178**, 201—227 (1941).

[5] H. W. LIEPMANN u. G. H. FILA: Investigation of surface temperature and single roughness elements on boundary-layer transition. NACA Rep. 890, 1947.

[6] A. FAGE: The smallest size of a spanwise surface corrugation which affects boundary-layer transition on an aerofoil. British ARC Rep. a. Memo 2120, 1943.

[7] J. STÜPER: Der Einfluß eines Stolperdrahtes auf den Umschlag der Grenzschicht an einer ebenen Platte. Z. Flugwiss. **4**, 30—34 (1956).

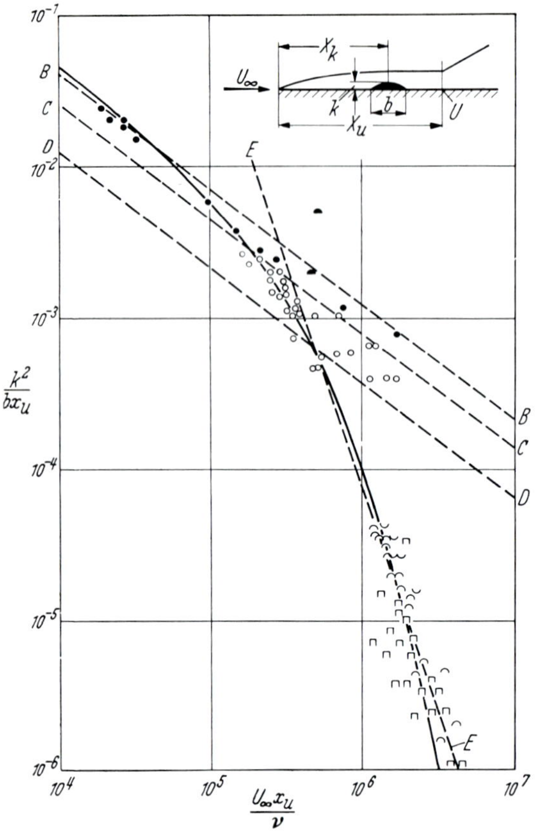

Fig. 86. Einfluß von zweidimensionalen Einzelrauhigkeiten auf den Umschlag, für inkompressible Strömung, nach GAZLEY[6]. Linie BB: Umschlagskriterium nach FAGE und PRESTON[3]:

$$\frac{u_k^* k}{\nu} = 20.$$

Linie CC: Umschlagskriterium nach TANI, HAMA, MITUISI[2]:

$$\frac{u_k^* k}{\nu} = 13.$$

Linie DD: Umschlagskriterium nach GOLDSTEIN[1]:

$$\frac{u_k^* k}{\nu} = 7.$$

Linie EE: Umschlagskriterium nach FAGE[5].

Die Formen der Symbole stellen die Rauhigkeitsquerschnitte dar. ○ kreisrunder Draht (s. Fußnote 4, S. 441, Fußnote 6, S. 441, Fußnote 2, S. 441). ⌒ glatte Erhebung oder Halbzylinder (s. Fußnote 3, S. 441, Fußnote 6, S. 441). ◡ glatte Vertiefung (s. Fußnote 6, S. 441). ⊓ flacher Grat (s. Fußnote 6, S. 441). Ausgefüllte Punkte zeigen an, daß der Umschlag am Rauhigkeitselement stattfindet, $x_u = x_k$.

S. GOLDSTEIN[1] gibt für die zulässige Rauhigkeitshöhe, d. i. also die größte Rauhigkeitshöhe, welche den Umschlag noch nicht beeinflußt, die Beziehung

$$\frac{u_k^* \cdot k_{\text{zul}}}{\nu} = 7. \qquad (36.1)$$

TANI und Mitarbeiter[2] fanden für die kritische Rauhigkeitshöhe, d.i. die kleinste Rauhigkeitshöhe, bei der der Umschlag unmittelbar am Rauhigkeitselement stattfindet, die Gleichung

$$\frac{u_k^* \cdot k_{\text{krit}}}{\nu} = 13, \qquad (36.2\text{a})$$

während nach FAGE und PRESTON[3]

$$\frac{u_k^* \cdot k_{\text{krit}}}{\nu} = 20 \qquad (36.2\text{b})$$

ist. Dabei bedeutet $u_k^* = \sqrt{\tau_{0k}/\varrho}$ die Schubspannungsgeschwindigkeit am Ort des Rauhigkeitselementes mit τ_{0k} als Wandschubspannung der laminaren Grenzschicht am Ort des Rauhigkeitselementes[4]. Die angegebenen Zahlenwerte gelten für Drähte von Kreisquerschnitt. Für flache kuppenartige Rauhigkeiten und Vertiefungen dürften sie erheblich größer, für scharfkantige Rauhigkeiten dagegen kleiner sein. A. FAGE[5] untersuchte Rauhigkeiten von verschiedener Querschnittsform und leitete daraus ein empirisches Gesetz her, das die Lage der Umschlagstelle in Abhängigkeit von der Rauhigkeitshöhe k und der Rauhigkeitsbreite b angibt. Nach C. GAZLEY[6] lassen sich die angeführten Beziehungen auf die Form

$$\frac{U x_u}{\nu} = f\left(\frac{k^2}{b \cdot x_u}\right) \qquad (36.3)$$

[1] Siehe Fußnote 3, S. 441.
[2] Siehe Fußnote 2, S. 441.
[3] Siehe Fußnote 4, S. 441.
[4] Die Schubspannungsgeschwindigkeit spielt in der Theorie der turbulenten Reibungsschicht eine wichtige Rolle.
[5] Siehe Fußnote 6, S. 441.
[6] C. GAZLEY jr.: Boundary layer stability and transition in subsonic and supersonic flow (a review of available information with new data in the supersonic range). J. Aeron. Sci. **20**, 19—28, (1953).

bringen und nach der Art von Fig. 86 darstellen. Nach dieser Darstellung soll die Lage der Umschlagstelle x_u unabhängig sein von der Lage des Rauhigkeitselementes x_k. Dies wird jedoch durch neuere Messungen[1-3] nicht bestätigt. Diese ergeben vielmehr, daß bei stromaufwärtsrückendem Rauhigkeitselement sich die Umschlagstelle ebenfalls stromaufwärts verschiebt.

Zu einem besseren empirischen Gesetz, das die Lage der Umschlagstelle in Abhängigkeit sowohl von der Rauhigkeitshöhe k als auch von der Lage des Rauhigkeitselementes x_k beschreibt, gelangt man nach H. L. DRYDEN[4] durch eine Dimensionsbetrachtung: Für eine zweidimensionale Rauhigkeit von kreisförmigem Querschnitt in inkompressibler Strömung und ohne Druckgradient hängt das Problem von fünf Größen ab: Außengeschwindigkeit U, kinematische Zähigkeit ν, Rauhigkeitshöhe k, Lage der Rauhigkeit x_k und Lage der Umschlagstelle x_u. An Stelle von x_k und x_u kann man auch die zugehörigen Verdrängungsdicken der Grenzschicht δ_k^* bzw. δ_u^* wählen, die aus Gl. (10.1) erhalten werden durch $\delta^* = 1{,}73\sqrt{\nu x/U}$. Aus diesen fünf Größen lassen sich die folgenden drei dimensionslosen Größen bilden $Re_{x\,u} = U x_u/\nu$, k/δ_k^* und x_k/k. Die Reynolds-Zahl der Umschlagstelle könnte statt mit x_u auch mit δ_u^* gebildet werden in der Form $Re_u^* = U\delta_u^*/\nu$. Zwischen diesen beiden Reynolds-Zahlen besteht der Zusammenhang

$$\frac{U\delta_u^*}{\nu} = 1{,}73\sqrt{\frac{U x_u}{\nu}}. \qquad (36.4)$$

DRYDEN fand, daß alle Versuchspunkte, bei denen die Umschlagsstelle nicht unmittelbar hinter dem Rauhigkeitselement liegt, $x_u > x_k$, sich sehr gut auf *einem* Kurvenzug einordnen, wenn man Re_u^* über k/δ_k^* aufträgt (Fig. 87). Dabei ist auf der Ordinatenachse als zweiter Maßstab auch noch $Re_{x\,u}$ nach Gl. (36.4) angegeben. Somit gilt für

$$x_u > x_k: \frac{U x_u}{\nu} = f\left(\frac{k}{\delta_k^*}\right). \qquad (36.5)$$

Bei wachsendem k rückt die Umschlagstelle x_u näher an das Rauhigkeitselement heran, so daß mit wachsendem k in Fig. 87 die Kurve nach Gl. (36.5) von links nach rechts durchlaufen wird. Sobald hierbei der Umschlagspunkt das Rauhigkeitselement erreicht, $x_u = x_k$, beginnen die Versuchspunkte von dieser Kurve nach oben abzuweichen. Sie folgen dann der von dem Parameter x_k/k abhängigen Geradenschar

$$\frac{U\delta_u^*}{\nu} = 3{,}0\,\frac{k}{\delta_k^*}\,\frac{x_k}{k}, \qquad (36.6)$$

die in Fig. 87 mit eingetragen ist. Nach neueren japanischen Messungen[5,6] hat der rechte hyperbelartig verlaufende Ast der Kurven in Fig. 87 sowohl für Strömungen mit verschiedenen schwachen Druckgradienten als auch für Strömungen mit verschiedenen Turbulenzgraden universelle Gültigkeit. Erhöhte Turbulenz bewirkt nur ein früheres Abbiegen von dieser Kurve nach links in die

[1] P. F. BRINICH: Boundary Layer Transition at Mach 3,12 with and without single roughness element. NACA T.N. 3267, 1954.

[2] J. TANI and F. R. HAMA: Some experiments on the effect of a single roughness element on boundary layer transition. J. Aeron. Sci. **20**, 289—290 (1953).

[3] E. G. FEINDT: Untersuchungen über die Abhängigkeit des Umschlages laminar-turbulent von der Oberflächenrauhigkeit und der Druckverteilung. Diss. Braunschweig 1956; Jb. 1956 der schiffbautechn. Ges. **50**, 180—203 (1957).

[4] H. L. DRYDEN: Review of published data on the effect of roughness on transition from laminar to turbulent flow. J. Aeron. Sci. **20**, No. 7, 477—482 (1953).

[5] J. TANI, M. JUCHI and K. YAMAMOTO: Further experiments on the effect of a single roughness element on boundary layer transition. Rep. Inst. Sci. and Technol., Tokyo Univ., Vol. 8, Aug. 1954.

[6] I. TANI, F. R. HAMA u. S. MITUISI: On the effect of a single roughness element on boundary layer transition. Rep. Inst. Sci. Technol. Univ. Tokyo **8**, No. 3, 125 (1954).

Horizontale zu der vom Turbulenzgrad abhängigen Reynoldsschen Zahl der Umschlagstelle der glatten Platte $(Re_{x\,u})_{k=0} = Re_{x\,u\,0}$.

In Fig. 87 ist noch die Kurve $\frac{U\,\delta_k^*}{\nu} = \frac{U\,k}{\nu} \cdot \frac{1}{k/\delta_k^*}$ mit $U\,k/\nu = 900$ eingetragen. Sie fällt in einem weiten Bereich $(U\,x_k/\nu > 10^5)$ mit den Meßpunkten zusammen.

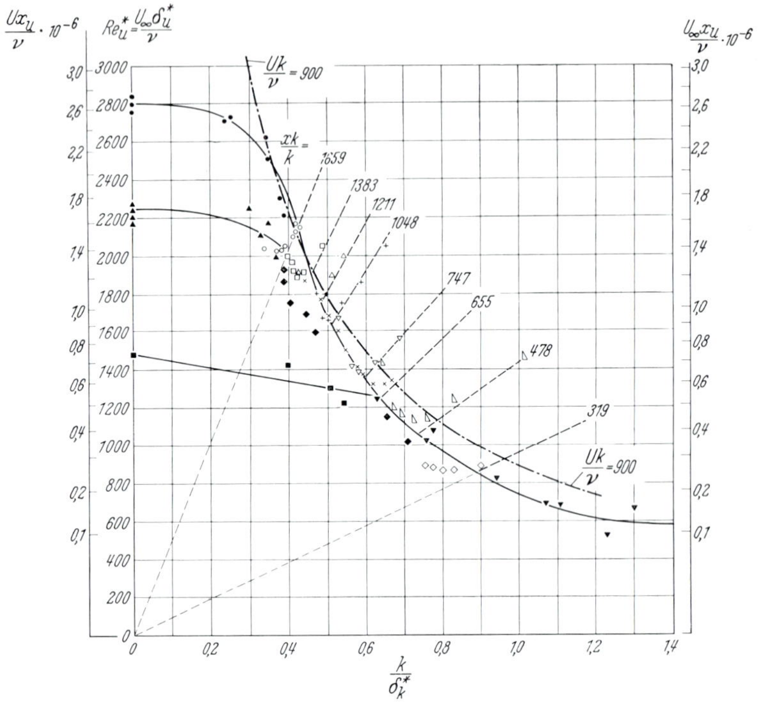

Fig. 87. Die Reynoldssche Zahl der Umschlagstelle einer Reibungsschicht in Abhängigkeit vom Verhältnis Rauhigkeitshöhe zu Grenzschichtdicke für zweidimensionale Einzelrauhigkeiten in inkompressibler Strömung.
$Re_{u\,0}^* = \frac{U\,\delta_u^*}{\nu}$ und $Re_{x\,u\,0} = \frac{U\,x_u}{\nu}$; kritische Reynoldssche Zahlen der glatten Platte.
------ berechnet nach Gl. (36.6). ○ □ ◇ △ ▽ ▷ × + $x_u \geqq x_k$; $(Re_u)_0 = 1{,}7 \cdot 10^6$, $p = \text{const}$ (s. Fußnote 3, S. 443). ▲ $(Re_u)_0 = 1{,}7 \cdot 10^6$, $p = \text{const}$, (s. Fußnote 6, S. 443). ● $Re_{x\,u\,0} = 2{,}7 \cdot 10^6$, $p = \text{const}$ (s. Fußnote 5, S. 443). ◆ $Re_{x\,u\,0} = 2{,}7 \cdot 10^6$, Druckabfall $(p_1 - p_u) \big/ \frac{\varrho}{2} U_1^2 = 0{,}2 \div 0{,}8$, (s. Fußnote 5, S. 443). ▼ $p = \text{const}$, nach SCHUBAUER (s. Fußnote 2 S. 385). ■ $Re_{x\,u\,0} = 6 \cdot 10^5$, $p = \text{const}$ (s. Fußnote 5, S. 443). (Ausgefüllte Punkte bedeuten Meßpunkte mit $x_u > x_k$.)[1] Kurve $U\,k/\nu = 900$ nach K. KRAEMER, Gl. (36.6a).

Daraus folgt, daß der Umschlag der Grenzschicht unmittelbar am Draht erfolgt, wenn

$$U\,k/\nu \geqq 900 \quad \text{(Umschlag am Draht)} \tag{36.6a}$$

ist, worauf K. KRAEMER[2] hingewiesen hat. Andererseits wird nach Fig. 87 der Umschlag durch den Draht praktisch nicht beeinflußt, wenn $k/\delta_k^* \leqq 0{,}3$, oder umgerechnet, wenn

$$U\,k/\nu \leqq 0{,}5 \cdot \sqrt{U\,x_k/\nu} \quad \text{(hydraulisch glatt)}. \tag{36.6b}$$

---

[1] J. TANI, F. R. HAMA u. S. MITUISI: On the effect of a single roughness element on boundary layer transition. Rep. Inst. Sci. and Technol., Tokyo Univ., Vol. 8, pp. 125—133, 1954.

[2] K. KRAEMER: Über die Wirkung von Stolperdrähten auf den Grenzschichtumschlag. Aerodyn. Versuchsanstalt Göttingen, Bericht 59/A/28 (1959).

Für kleine Rücklagen des Drahtes ($U x_k/\nu < 10^5$) ist ein Zusammenhang bedeutsam, auf den PRESTON[1] hingewiesen hat. Ebenso wie für die Rohrströmung (vgl. Abschnitt I) gibt es auch für die Grenzschicht eine Grenze der Reynolds-Zahl, unterhalb welcher Turbulenz nicht aufrechterhalten werden kann. Nach Versuchen liegt diese Grenze bei $U\vartheta/\nu = 320$, wobei ϑ die Impulsverlustdicke bedeutet.

Jedes Rauhigkeitselement hat zweierlei Wirkung auf die Grenzschichtströmung. Es erzeugt Störungen und es vergrößert durch seinen Widerstand die Impulsverlustdicke. Damit der Umschlag am Rauhigkeitselement erfolgen kann

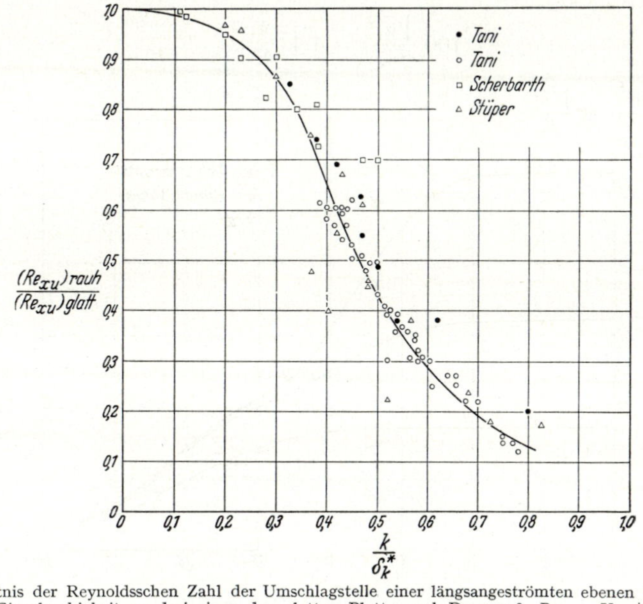

Fig. 88. Verhältnis der Reynoldsschen Zahl der Umschlagstelle einer längsangeströmten ebenen Platte mit einer zweidimensionalen Einzelrauhigkeit zu derjenigen der glatten Platte, nach DRYDEN[2]. $Re_{xu} = U x_u/\nu$, $Re_{xu0} = U x_u/\nu$ für $k = 0$. k Rauhigkeitshöhe; δ_k^* Verdrängungsdicke der Grenzschicht am Ort der Rauhigkeit.

muß dessen Widerstand ausreichen, die Grenzschicht auf mindestens $U\vartheta/\nu = 320$ zu verdicken. Diese Bedingung ist für kleine $U x_k/\nu$ erfüllt, wenn

$$U k/\nu \geqq 600 \quad (\text{Umschlag am Draht, } U x_k/\nu < 10^5)\,. \tag{36.6c}$$

Für größere Rücklagen des Drahtes geht diese Gleichung allmählich in diejenige nach Gl. (36.6a) über.

Um dem Einfluß des Turbulenzgrades Rechnung zu tragen, schlägt H.L. DRYDEN[2] vor, daß nicht Re_{xu} oder Re_u^* wie in Fig. 87, sondern der Quotient der kritischen Reynolds-Zahlen bei rauher und glatter Wand, $\sqrt{Re_{xu}/R_{xu0}} = Re_u^*/Re_{u0}^*$ über k/δ_k^* aufgetragen wird. In dieser Auftragung sollen die aus Messungen mit verschiedenen Turbulenzgraden erhaltenen Versuchspunkte in *einem* Kurvenzug zusammenfallen, d.h. Re_{xu}/Re_{xu0} ist eine Funktion von k/δ_k^* allein:

$$\frac{Re_{xu}}{Re_{xu0}} = f\left(\frac{k}{\delta_k^*}\right). \tag{36.7}$$

In Fig. 88 sind Messungen aus verschiedenen Quellen in dieser Weise aufgetragen; sie ordnen sich gut auf einem Kurvenzug ein.

[1] J. H. PRESTON: The minimum Reynolds number for a turbulent boundary layer and the selection of a transition device. J. Fluid Mech. 3, 373–384 (1958).

[2] Siehe Fußnote 4, S. 443.

In der später erschienen Arbeit[1] behandelt H. L. DRYDEN den kombinierten Einfluß von Turbulenzgrad und Wandrauhigkeit auf den Umschlag etwas eingehender. Er führt den Begriff der „gleichwertigen Turbulenz" $\sqrt{\overline{u_2'^2}}/U_\infty$ ein, die den Umschlag bei gleichem x_u verursacht wie ein zylindrisches Rauhigkeitselement der Höhe k/δ_k^* bei turbulenzfreier Anströmung. Diese gleichwertige Turbulenz läßt sich aus Messungen an längsangeströmten glatten Platten errechnen, für welche der Einfluß des Turbulenzgrades auf die Lage der Umschlagstelle bekannt ist (Abschnitt IV). Es ergibt sich

$$100\,\frac{\sqrt{\overline{u_2'^2}}}{U_\infty} = 4{,}4\left(\frac{k}{\delta_k^*}\right)^3. \tag{36.8a}$$

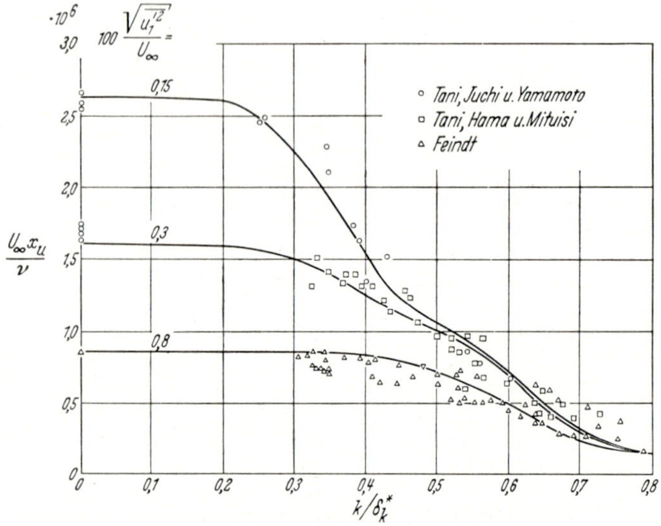

Fig. 89. Zum Vergleich des kombinierten Einflusses von Turbulenzgrad und Rauhigkeit auf den Umschlag laminar-turbulent für die längsangeströmte ebene Platte. Rechnung nach H. L. DRYDEN[1], Messungen nach (s. Fußnote 5, S. 443, Fußnote 3, S. 443 und Fußnote 6, S. 443).

Die Lage des Umschlags wird dann so berechnet, als wenn an einer glatten Platte ein resultierender Turbulenzgrad

$$100\,\frac{\sqrt{\overline{u_{\text{res}}'^2}}}{U_\infty} = 100\sqrt{(\overline{u_1'^2} + \overline{u_2'^2})}\Big/U_\infty \tag{36.8b}$$

vorhanden wäre. Dabei bedeutet u_1' die ohnehin vorhandene turbulente Schwankungsgeschwindigkeit und u_2' die der Rauhigkeit entsprechende zusätzliche „gleichwertige" turbulente Schwankungsgeschwindigkeit". Fig. 89 gibt einen Vergleich der nach dieser Methode berechneten Reynolds-Zahlen mit Meßergebnissen. Mit Hilfe von Fig. 87 bis 89 lassen sich die oben gestellten drei Fragen für zylindrische Einzelrauhigkeiten beantworten.

Kompressible Strömung. Nach Messungen von P. F. BRINICH[2] läßt sich der Einfluß der Rauhigkeit auf den Umschlag laminar-turbulent für kompressible Strömungen nicht mehr in so einfacher Weise darstellen. Die mit kreiszylindrischen Rauhigkeiten bei einer Mach-Zahl $Ma = 3{,}1$ ohne Druckgradient durch-

[1] H. L. DRYDEN: Combined effects of turbulence and roughness on transition. Z. angew. Math. Phys. **96** (5/6), 249—258 (1958) (Ackeret Festschrift).

[2] Siehe Fußnote 1, S. 443.

geführten Messungen liefern in der Auftragung Re_{xu}/Re_{xu0} über k/δ_k^* eine Kurvenschar, die noch stark von der Lage des Rauhigkeitselementes x_k abhängig ist (Fig. 90). Zum Vergleich ist auch die Kurve der inkompressiblen Strömung aus Fig. 88 eingetragen. Hieraus erkennt man, daß bei hohen Mach-Zahlen die Grenzschicht eine wesentlich größere Rauhigkeit „verträgt", ohne turbulent zu werden, als bei inkompressibler Strömung. Bei Überschallströmung ist die kritische Rauhigkeitshöhe etwa drei- bis siebenmal so groß wie bei inkompressibler Strömung. Versuche von R. H. KORKEGI[1] bei der noch größeren Mach-Zahl $Ma = 5{,}8$ zeigten, daß hier ein Stolperdraht keine Turbulenz herbeizuführen

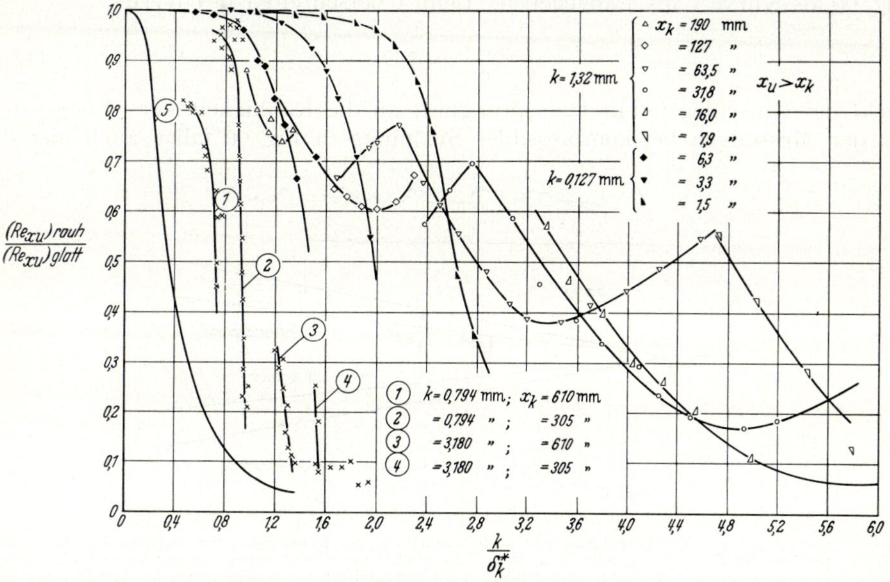

Fig. 90. Einfluß der Rauhigkeit auf die kritische Reynoldssche Zahl; $Re_{xu} = U x_u/\nu$, $Re_{xu0} = U x_u/\nu$ für $k = 0$. Kurven ohne Ziffern für zweidimensionale Rauhigkeiten nach BRINICH (s. Fußnote 1, S. 443) für kompressible Strömung, $Ma = 3{,}1$. Kurve *1* bis *4* für dreidimensionale Rauhigkeiten (Kugeln) in inkompressibler Strömung (s. Fußnote 1, S. 448). Kurve *5* für zweidimensionale Rauhigkeiten (Drähte) nach Fig. 88. Für alle Meßpunkte liegt der Umschlagspunkt hinter dem Rauhigkeitselement, $x_u > x_k$.

vermag. Demgegenüber scheint das Ausblasen von Luft in die Grenzschicht auch bei Überschallgeschwindigkeit ein wirksames Mittel zu sein, den Umschlag zu erzwingen.

37. Punktförmige Einzelrauhigkeiten. Auch bei punktförmigen Einzelrauhigkeiten (z.B. Nietköpfen) tritt bei genügender Höhe des Rauhigkeitselementes der Umschlag unmittelbar an der Rauhigkeit ein. Hinter dem Rauhigkeitselement bildet sich dann ein keilförmiges turbulentes Gebiet aus, das nach Messungen von K. SCHERBARTH[2] einen Öffnungswinkel von 14 bis 18° hat. Eine eingehende Untersuchung eines solchen Turbulenzkeils hinter einer Kugel von etwa 3 mm Durchmesser wurde von SCHUBAUER und KLEBANOFF[3] durchgeführt. Nach Fig. 91 ist die Strömung im Innern des Keils dauernd turbulent, während in den Randzonen ein unregelmäßiger Wechsel zwischen laminarer und turbulenter

[1] R. H. KORKEGI: Transition studies and skin friction measurements on an insulated flat plate at a Mach number of 5,8. J. Aeron. Sci. **23**, 97—102, 192 (1956).

[2] K. SCHERBARTH: Grenzschichtmessungen hinter einer punktförmigen Störung in laminarer Strömung. Jb. dtsch. Luftfahrtforschg. **I**, 51—53 (1942).

[3] Siehe Fußnote 1, S. 448.

Strömung stattfindet. Dabei nimmt die relative Zeitdauer der Turbulenz in der Randzone von innen nach außen stetig ab. In neuerer Zeit haben P. S. KLEBANOFF, G. B. SCHUBAUER und K. D. TIDSTROM[1] Umschlagsmessungen an Einzelrauhigkeiten an einer Platte in einem turbulenzarmen Windkanal bei mäßiger Geschwindigkeit ausgeführt. Die Rauhigkeit wurde durch eine größere Anzahl von Kugeln dargestellt, die in Abständen vom zwei- bis sechsfachen Kugeldurchmesser in einer Reihe quer zur Strömungsrichtung angeordnet waren. Eine Änderung des Kugelabstandes in den angegebenen Grenzen hatte kaum einen Einfluß auf die Lage des Umschlagspunktes. Die Versuchsergebnisse sind in Fig. 90 als Kurve 1 bis 4 angegeben. Beim Überschreiten des Wertes

$$\frac{U_\infty k}{\nu} = 577 \tag{37.1}$$

rückt der Umschlagspunkt fast sprunghaft an die Rauhigkeit vor. Ebenso wie bei den Messungen bei kompressibler Strömung in Fig. 90 fallen auch hier die

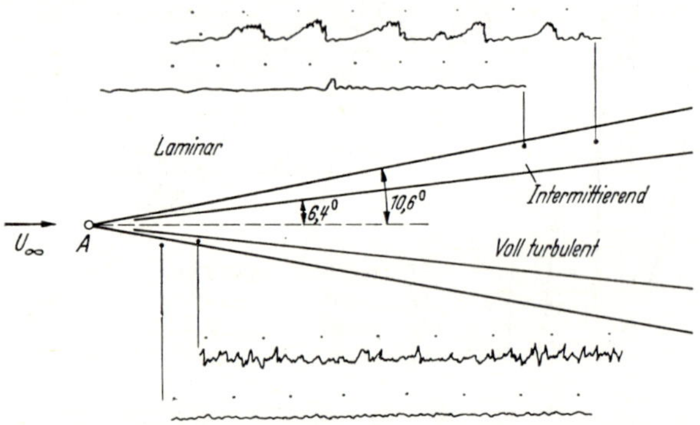

Fig. 91. Turbulenzkeil in der Plattengrenzschicht nach SCHUBAUER und KLEBANOFF[1], mit Angabe des zeitlichen Verlaufes der Geschwindigkeit an vier verschiedenen Stellen. Zwischen dem vollturbulenten Keil und der laminaren Außenströmung ist ein Randgebiet mit „intermittierender" Turbulenz vorhanden. Außengeschwindigkeit $U_\infty = 27$ m/sec; Turbulenzgrad $Tu = 0{,}03\%$; Zeitabstand zwischen den Punkten $\frac{1}{60}$ sec.

Ergebnisse für verschiedene Rauhigkeitshöhen k und verschiedene Lagen des Rauhigkeitselementes x_k nicht in eine Kurve zusammen. Eine experimentelle Untersuchung über die kleinsten Abmessungen eines Rauhigkeitselementes, durch das ein Umschlag bewirkt wird, wurde für verschiedene Formen von Rauhigkeiten von A. M. O. SMITH und D. W. CLUTTER[2] durchgeführt.

38. Flächenhaft verteilte Rauhigkeiten. Über Umschlagsmessungen mit flächenmäßig verteilter Rauhigkeit liegen nur wenige Ergebnisse vor, die noch kein klares Bild ergeben[3-5]. Es möge daher nur über eine Arbeit von

[1] P. S. KLEBANOFF, G. B. SCHUBAUER u. K. D. TIDSTROM: Measurements of the effect of two-dimensional and three-dimensional roughness elements on boundary layer transition. J. Aeron. Sci. **22**, No. 11, 803/804 (1955).

[2] A. M. O. SMITH u. D. W. CLUTTER: The smalles height of roughness capable of affecting boundary-layer transition. J. Aero/Space Sci. **26**, 229—245 (1959)

[3] H. HOLSTEIN: Versuche an einer parallel angeströmten ebenen Platte über den Rauhigkeitseinfluß auf den Umschlag laminar-turbulent. Zentr. wiss. Ber. Wes. UM 3110; (siehe ebenfalls AVA Monographie Reihe RT 1005).

[4] K. R. CZARNECKI, R. B. ROBINSON u. J. H. HILTON jr.: Investigation of distributed surface roughness on a body of revolution at a Mach Number of 1,61. NACA T.N. 3230, 1954.

[5] W. B. FALLIS: On distributed roughness as a means of fixing transition at high supersonic speeds. J. Aeron. Sci. **22**, 339 (1955).

E. G. FEINDT[1] berichtet werden, in welcher für Sandrauhigkeiten bei inkompressibler Strömung der Umschlag laminar-turbulent in Abhängigkeit von der Sandkorngröße k_S und dem Druckgradienten untersucht worden ist. Die Messungen wurden in einem konvergenten und in einem divergenten Kanal von kreisringförmigem Querschnitt nach Fig. 14 ausgeführt, wobei die Wand des inneren Zylinders mit der Rauhigkeit versehen war, während die glatte Außenwand durch ihre Neigung den Druckgradienten bestimmte. In allen Fällen war der Druckverlauf längs des Kanales nahezu linear, somit der Druckgradient dp/dx konstant längs der Lauflänge der Grenzschicht. Infolgedessen kann der Druckverlauf durch den dimensionslosen Druckabfall $(p_u - p_1)/q_1$ eindeutig

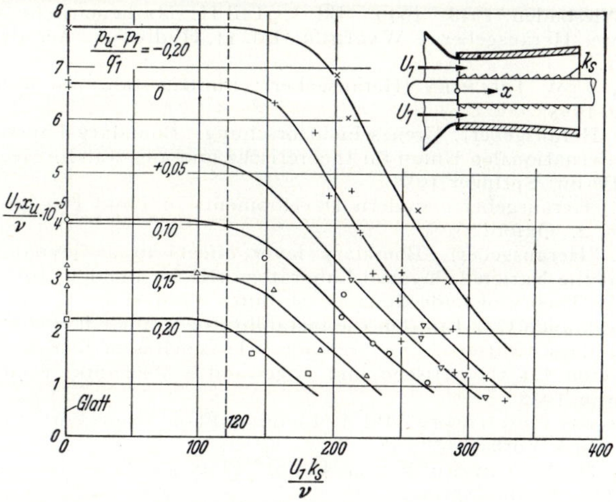

Fig. 92. Einfluß des Druckgradienten und der Oberflächenrauhigkeit einer sandrauhen Wand auf die Lage des Umschlagspunktes für inkompressible Strömung, nach Messungen von FEINDT (s. Fußnote 3, S. 443). Turbulenzgrad $\sqrt{\overline{u'^2}}/U_1 = 0{,}012$. Für $\frac{U_1 k_S}{\nu} < 120$ hat die Sandrauhigkeit keinen Einfluß auf den Umschlag. k_S Sandkorngröße.

gekennzeichnet werden, wobei p_u den statischen Druck an der Umschlagstelle, p_1 den Druck am Beginn des Kanales und $q_1 = \frac{\varrho}{2} U_1^2$ den Staudruck am Eintritt bedeuten. Außer vom Druckgradienten hängt das Problem von den vier Größen U_1, k_S, x_u und ν ab, die sich zu den zwei dimensionslosen Größen $U_1 x_u/\nu$ und $U_1 k_S/\nu$ zusammenfassen lassen. In Fig. 92 ist der aus den umfangreichen Messungen von FEINDT gefundene Zusammenhang zwischen diesen drei dimensionslosen Größen dargestellt. Für $U_1 k_S/\nu = 0$ (glatte Wand) ergeben sich für die verschiedenen Druckgradienten Werte von $U_1 x_u/\nu = 2 \cdot 10^5$ bis $8 \cdot 10^5$ entsprechend dem starken stabilisierenden bzw. instabilisierenden Einfluß des Druckgradienten (vgl. Abschnitt V). Ausgehend von diesen Werten bei glatter Wand ändert sich mit wachsendem $U_1 k_S/\nu$ zunächst die Reynolds-Zahl der Umschlagstelle $U_1 x_u/\nu$ nicht: Die Rauhigkeit ändert den Umschlag nicht. Erst beim Überschreiten des Wertes

$$\frac{U_1 k_S}{\nu} = 120 \tag{38.1}$$

fällt die kritische Reynolds-Zahl stark ab. Dieser Wert bestimmt also die zulässige Rauhigkeitshöhe nach Frage 1 auf S. 441.

[1] Siehe Fußnote 3, S. 443

Der Einfluß solcher flächenhaft verteilten Rauhigkeiten auf den Umschlag bei Grenzschichten mit Druckgradient hat eine gewisse Bedeutung für die Beschaufelung von Strömungsmaschinen, wie Untersuchungen von L. SPEIDEL[1] ergeben haben. Der kombinierte Einfluß von Rauhigkeit und Absaugung auf den Umschlag ist von H. L. DRYDEN[2] betrachtet worden. Weitere Literatur zu diesem Problemkreis findet man in [3] bis [8].

Zusammenfassende Literatur.

[1] DRYDEN, H.L.: Fifty years of boundary layer theory and experiment. Science **121**, 375—380 (1955).

[2] FIAT-Review of German Science 1939—1946. (FIAT = Field Information Agency, Technical), Wiesbaden 1948—1949. Bd. 5, Teil II, Mathematische Grundlagen der Strömungslehre. Herausgeber A. WALTHER. Bd. 11, Hydro- und Aerodynamik. Herausgeber A. BETZ.

[3] GÖRTLER, H., u. W. TOLLMIEN (Herausgeber): Fünfzig Jahre Grenzschichtforschung. Braunschweig 1955.

[4] GÖRTLER, H. (Herausgeber): Grenzschichtforschung. Boundary Layer Research, Symposium der Internationalen Union für theoretische und angewandte Mechanik. Freiburg i. Br. 1957. Berlin: Springer 1958.

[5] HOWARTH, L. (Herausgeber): Modern Developments in Fluid Dynamics. High Speed Flow, Bd. 1 u. 2. Oxford 1953.

[6] HOWARTH, L. (Herausgeber): Boundary layer effects in aerodynamics. Proc. of a Symposium at the National Physical Laboratory (NPL), London, 1955.

[7] LIN, C.C.: The Theory of hydrodynamic stability. Cambridge: Cambridge University Press 1955. Vgl. auch C.C. LIN, On the instability of laminar flow and its transition to turbulence. Grenzschichtforschung—Boundary Layer Research, Symposium der Internationalen Union für theoretische und angewandte Mechanik, Freiburg i. Br. 1957. Springer: Berlin 1958.

[8] PAI, S.I.: Viscous Flow Theory. Bd. I: Laminar Flow. New York 1956. Bd. II: Turbulent Flow. New York 1957.

[9] PRANDTL, L.: The Mechanics of Viscous Fluids. Beitrag zu F.W. DURAND, Aerodynamic Theory, Bd. III. Berlin: Springer 1935.

[10] PRANDTL, L.: Führer durch die Strömungslehre, 4. Aufl. Braunschweig 1956.

[11] PRANDTL, L., u. O. TIETJENS: Hydro- und Aeromechanik. Berlin, Bd. I, 2. Aufl. (1944), Bd. II (1931).

[12] SCHLICHTING, H.: Grenzschicht-Theorie, 3. Aufl. Karlsruhe 1958. Englische Übersetzung von J. KESTIN, Boundary Layer Theory. London and New York 1955.

[13] TOLLMIEN, W.: Fortschritte der Turbulenzforschung. Z. angew. Math. Mech. **33**, 200 bis 211 (1953).

[1] L. SPEIDEL: Einfluß der Oberflächenrauhigkeit auf die Strömungsverluste in ebenen Schaufelgittern. Forsch. Ing.-Wes. **20**, 129—140 (1954).

[2] H. L. DRYDEN: Effects of roughness and suction on transition from laminar to turbulent flow. Publications Scientifiques et Techn. de Ministere de l'Air Paris (SDJT) S. 49—60, 1954.

[3] L. K. LOFTIN: Effects of specific types of surface roughness on boundary layer transition. NACA ACR. L 5129 a, Febr. 1946. NACA/TIB/1272. NACA War-time Report L-48.

[4] G. V. LACHMANN: Laminarization through boundary layer control. Aeron. Eng. Rev. **13**, No. 8, 37—51 (1954).

[5] N. GREGORY u. S. WALKER: The effect on transition of isolated surface excrescences in the boundary layer. ARC 13, 436 (1950).

[6] L. KLANFER and P. R. OWEN: The effect of isolated roughness on boundary layer transition. T.M. AERO. 355, March 1953.

[7] J. STÜPER: The influence of surface irregularities on transition with various pressure gradients. Division of Aeronautics. Australia, Rep. 59, Melbourne, 1949. Vgl. auch Z. Flugw. **4**, 30—34 (1956).

[8] J. R. JEDLICKA, W. WILKINS u. A. SEIFF: Experimental determination of boundary layer transition on a body of revolution at $Ma = 3{,}5$. NACA T.N. 3342, 1954.

Sachverzeichnis.

(Deutsch-Englisch.)

Bei gleicher Schreibweise in beiden Sprachen sind die Stichwörter nur einmal aufgeführt.

Subject Index.

(English-German).

Where English and German spelling of a word is identical the German version is omitted.

a